♣先天易數占卜事項表（應用導讀與卦詩於193頁）

一乾一乾晴雨：氣象、天氣
一乾二兌進學：升學、考試
一乾三離讀書：念書、就學、進修
一乾四震取討：討債、要回東西
一乾五巽招婿：女方選女婿
一乾六坎命運：近期運勢
一乾七艮請醫：就醫
一乾八坤科舉：國考
二兌一乾移居：遷移
二兌二兌會事：會議、接洽、談判
二兌三離謀事：計劃、求職
二兌四震父病：父母親病
二兌五巽買屋：房產、置產
二兌六坎分家：分家產
二兌七艮病症：健康
二兌八坤天花：子女生病
三離一乾求財：
三離二兌借財：
三離三離買畜：寵物、畜養家禽
三離四震開店：創業投資
三離五巽回鄉：返回故鄉
三離六坎放賬：放款、錢財借出
三離七艮墳塋：祖墳、墳墓
三離八坤賭博：手氣
四震一乾秋收：長期投資
四震二兌尋館：住宿、過夜、店面找尋
四震三離求子：
四震四震出行：旅遊
四震五巽捕魚：短期投資
四震六坎夜夢：占夢

四震七艮入贅：入住妻家
四震八坤口舌：糾紛
五巽一乾脫貨：銷售、賣貨
五巽二兌見貴：面試
五巽三離春蠶：養殖、種植
五巽四震解糧：運輸、運貨、米糧生意
五巽五巽起造：建造、房宅、廠房
五巽六坎生意：經商
五巽七艮文憑：簽約、證書、簡章
五巽八坤訴狀：被告澄清、訴清冤情
六坎一乾陞遷：
六坎二兌尋人：拜訪朋友
六坎三離納監：送禮、基層普考、選舉
六坎四震和事：和解
六坎五巽婚姻：求婚
六坎六坎六甲：生產
六坎七艮交易：買賣

六坎八坤娶妾：外面戀情
七艮一乾置田：田產、土地
七艮二兌家信：家人來電、簡訊
七艮三離納史：參政、高考、中央選舉
七艮四震告狀：原告呈告狀
七艮五巽買貨：買進
七艮六坎求官：謀官、謀職
七艮七艮跟官：舉薦、參加競選、公務員
七艮八坤討僕：聘用、徵員工
八坤一乾壽元：
八坤二兌家宅：家事
八坤三離合夥：合作
八坤四震失物：找尋物品
八坤五巽走失：找尋走失家人
八坤六坎行人：來訪
八坤七艮手藝：一技之長
八坤八坤解人：快遞、宅急便、押犯人

西元一八九九年至西元二零六五年
民國前十三年至民國一百五十四年

陰陽曆書。彩色分錄。分柱推演。先天易數。
星命學家。珍藏寶典。時空論命。占卜卦詩。

方便攜帶型

彩色版

史上

最便宜
最精準
最實用

彩色
精校

萬年曆

一〇四年增修版

◎太乙（天易）編著

國家圖書館出版品預行編目資料

史上最便宜、最精準、最實用彩色精校萬年曆／
太乙著—增修初版—臺南市:易林堂文化
2015. 03
面； 公分
ISBN 978-986-89742-4-1(精裝)
ISBN 978-986-89742-5-8(平裝)
1.萬年曆
327.48 103026283

史上最便宜、最精準、最實用彩色精校萬年曆-增修版

作　　者 / 太乙
總 編 輯 / 杜佩穗
執行編輯 / 王彩蠹
發 行 人 / 楊貴美
美編設計 / 圓杜杜工作室
出 版 者 / 易林堂文化事業
發 行 者 / 易林堂文化事業
地　　址 / 台南市中華南路一段186巷2號
電　　話 / (06)2130327
傳　　真 / (06)2130812
電子信箱 / too_sg@yahoo.com.tw
2015年3月增修初版 二刷

總 經 銷 / 紅螞蟻圖書有限公司
地　　址 / 台北市內湖區舊宗路二段121巷28號4樓
網　　站 / www.e-redant.com
郵撥帳號 / 1604621-1 紅螞蟻圖書有限公司
電　　話 / (02)27953656　　傳　　真 / (02)27954100
定　　價 / 平裝289元

序文

「史上最便宜、最精準、最實用的精校萬年曆」易林堂文化事業出版。再次經過精心設計編排的精校之萬年曆，配合電腦程式專家及天文台資料，精準的「節氣」交接時、分，使精準度誤差掌控在60秒內，是史上年份編排最長的一本曆書，年、月、日、時到**分柱第五柱**排列圖表，精編的神煞法應用對照表。

曆書以陰曆、陽曆之日期逐日對照編排，精裝本自民國前十三年至一百七十年，前後一百八十三年間逐日連續排列，本書方便攜帶型自民國前十三年至一百五十四年止，共一百六十七年，內容將了十二節(氣)用六種顏色作為彩色編排，在節與節之間用不同顏色作區分，防止排盤時月令的誤判，以便陰曆及陽曆相互對照，星命學家所必須應用的紫微斗數排盤、八字排盤到分柱排法，以及六十四卦裝卦表，均一目瞭然，勘稱史上最實用最豐富、最方便的一本萬年曆書。本書並將星期日以紅粗體排版，以資醒目，在兩個紅粗體之間，即是星期一至星期六，便利現代各界使用。本書自民國一百零四年以前之節氣時間，係根據天文台實測得之，故絕對正確，而一百零四年之後的節氣時間，亦經專家、學者、及電腦程式專家精確推算所得結果，可即時查閱及作為時空論命用，讓您算八字能不用任何資料。

太乙編製的萬年曆書，初編於民國八十年辛未年由文國書局出版（當時筆名王皇智），至今已歷二十四年了，感謝各界先進、前輩、老師及後賢的支持，原初編至民國一百二十年，於民國九十九年再次出版改編至民國一百五十九年，也由文國書局出版，內容由原本黑白增加了十二節（氣）彩色分段，將節與節之間用不同顏色做區分，使讀者一目瞭然。以及史上空前的八字第五柱的排列應用、太乙兩儀卦卜卦法秘訣及卦牌實例解析、六爻納甲裝卦表等，內容均具實用性與參考價值；於一百零一年編著「史上最便宜、最精準、最實用彩色精校萬年曆」，保留原有一切珍藏資料及重點整理，讓您再使用上更精準、更快速，於民國一百零四年再版再次重新精校、修正，將所有萬年曆之精華串連起來彙集而成的一套命理工具書，更是空前的編排。

《八字時空洩天機》系類書籍是比「十八飛星斗數掌上訣」更快、更靈活的心法，更比其它占卜術還出神入化的秘訣，我敢直言肯定：「《八字時空洩天機》所有系類及《八字十神洩天機》所有系類，必成為所有研究命理者必備的一套珍藏書籍」，是初學的入門、研究者晉升突破的叢書，開館大師珍藏研究的寶庫，這不是狂言，而是事實洩露了八字的心法、秘訣，也讓您突破瓶頸，營造水平的空間，更是一套命理八字的活字典。

目前已上市出版的「八字時空洩天機—雷、風、火三集」已受到數十位命理大師的肯定並廣為引用，成為活教材，以及是師資養成的祖傳秘訣，更是網路排行榜八字命理暢銷書籍，本作者將會有一連串「八字時空洩天機」系類及「八字十神洩天機」及「八字決戰一生」系類的書籍問世，讓您有耳目一新的呈現，您可先試購單片教學DVD，先睹為快，讓您知道「八字時空洩天機」的魅力在哪裏(於彩色萬年曆第343頁有詳細介紹)，而且現在你將親眼目睹此學術，猶如雨後春筍般，讓您目瞪口呆，嘖嘖稱奇。

曆書乃屬專門學術，理頗深邃，編者學術疏淺，恐有謬誤之處，尚幸祈求先進專家及後學不吝指教。

本系類書籍就是要讓您如何知命、用命、運命，由觀察大自然無常現象的變化，體驗出其中的道理，強調的是德行、能力、契機與智慧融合的一套萬用命理書籍。

最後感謝各位讀者的支持，再次購買「史上最便宜、最精準、最實用彩色精校萬年曆」一〇四年增修版，有您們的支持是作者動力的泉源，日後將有一連串《洩天機》與《八字決戰一生》書籍系類問世，詳細於彩色萬年曆後面第347頁，敬請期待、指教。

編著：太乙　謹識
賜教電話：0982243349　06-2130327
中華民國一百零四年一月二十一日午時重新修正
歲次甲午年農曆小寒後十五天壬寅日午時

目錄

◆我國使用「夏令時間」曆年起止表—（農曆）

年號	名稱	起止時間（農曆）
民國34年	夏令時間	3月20日至8月25日
民國35年	夏令時間	4月1日至9月6日
民國36年	夏令時間	3月11日至8月16日
民國37年	夏令時間	3月23日至8月28日
民國38年	夏令時間	4月4日至8月9日
民國39年	夏令時間	3月15日至8月19日
民國40年	夏令時間	3月26日至8月30日
民國41年	日光節約時間	2月6日至9月13日
民國42年	日光節約時間	2月18日至9月24日
民國43年	日光節約時間	2月28日至10月5日
民國44年	日光節約時間	3月9日至8月15日
民國45年	日光節約時間	2月21日至8月26日
民國46年	夏令時間	3月2日至閏8月7日
民國47年	夏令時間	2月13日至8月18日
民國48年	夏令時間	2月24日至8月28日
民國49年	夏令時間	5月8日至8月10日
民國50年	夏令時間	4月18日至8月21日
民國51年至62年		停止夏令時間
民國63年	日光節約時間	3月9日至8月15日
民國64年	日光節約時間	2月20日至8月25日
民國65年至67年		停止夏令時間
民國68年	日光節約時間	6月8日至8月10日
民國69年		停止夏令時間

我國歷用「日光節約時間」歷年起迄日期(國曆)

年代	名稱	起迄日期
民國三十四年至四十年	夏令時間	五月一日至九月三十日
民國四十一年	日光節約時間	三月一日至十月卅一日
民國四十二年至四十三年	日光節約時間	四月一日至十月卅一日
民國四十四年至四十五年	日光節約時間	四月一日至九月三十日
民國四十六年至四十八年	夏令時間	四月一日至九月三十日
民國四十九年至五十年	夏令時間	六月一日至九月三十日
民國五十一年至六十二年		停止夏令時間
民國六十三年至六十四年	日光節約時間	四月一日至九月三十日
民國六十五年至六十七年		停止日光節約時間
民國六十八年	日光節約時間	七月一日至九月三十日
民國六十九年至　　年		停止日光節約時間

◆年柱起月柱排列表(五虎遁)

新曆	農曆	年干／節	甲己之年	乙庚之年	丙辛之年	丁壬之年	戊癸之年
2月	正月	立春 雨→水 驚蟄	丙寅	戊寅	庚寅	壬寅	甲寅
3月	二月	驚蟄 春→分 清明	丁卯	己卯	辛卯	癸卯	乙卯
4月	三月	清明 穀→雨 立夏	戊辰	庚辰	壬辰	甲辰	丙辰
5月	四月	立夏 小→滿 芒種	己巳	辛巳	癸巳	乙巳	丁巳
6月	五月	芒種 夏→至 小暑	庚午	壬午	甲午	丙午	戊午
7月	六月	小暑 大→暑 立秋	辛未	癸未	乙未	丁未	己未
8月	七月	立秋 處→暑 白露	壬申	甲申	丙申	戊申	庚申
9月	八月	白露 秋→分 寒露	癸酉	乙酉	丁酉	己酉	辛酉
10月	九月	寒露 霜→降 立冬	甲戌	丙戌	戊戌	庚戌	壬戌
11月	十月	立冬 小→雪 大雪	乙亥	丁亥	己亥	辛亥	癸亥
12月	十一月	大雪 冬→至 小寒	丙子	戊子	庚子	壬子	甲子
1月	十二月	小寒 大→寒 立春	丁丑	己丑	辛丑	癸丑	乙丑

※訣曰：甲己之年丙作首，乙庚之歲戊爲頭，丙辛之年由庚起
丁壬壬位順水流，戊癸之年起甲寅。

※背法：甲己起丙寅，乙庚起戊寅，丙辛起庚寅，
丁壬起壬寅，戊癸起甲寅。

◆日柱起時柱排列表(五鼠遁)

時辰	日元 時間	甲己之日	乙庚之日	丙辛之日	丁壬之日	戊癸之日
子時	23:00 ～01:00	甲子	丙子	戊子	庚子	壬子
丑時	01:00 ～03:00	乙丑	丁丑	己丑	辛丑	癸丑
寅時	03:00 ～05:00	丙寅	戊寅	庚寅	壬寅	甲寅
卯時	05:00 ～07:00	丁卯	己卯	辛卯	癸卯	乙卯
辰時	07:00 ～09:00	戊辰	庚辰	壬辰	甲辰	丙辰
巳時	09:00 ～11:00	己巳	辛巳	癸巳	乙巳	丁巳
午時	11:00 ～13:00	庚午	壬午	甲午	丙午	戊午
未時	13:00 ～15:00	辛未	癸未	乙未	丁未	己未
申時	15:00 ～17:00	壬申	甲申	丙申	戊申	庚申
酉時	17:00 ～19:00	癸酉	乙酉	丁酉	己酉	辛酉
戌時	19:00 ～21:00	甲戌	丙戌	戊戌	庚戌	壬戌
亥時	21:00 ～23:00	乙亥	丁亥	己亥	辛亥	癸亥

※訣曰：甲己還加甲，乙庚丙作初，丙辛從戊起，
丁壬庚子居，戊癸何方發，壬子是真途

※背法：甲己起甲子，乙庚起丙子，丙辛起戊子，
丁壬起庚子，戊癸起壬子

◆時柱起分柱排列表－子、午時

時分	時柱 / 子午時	甲己之時	乙庚之時	丙辛之時	丁壬之時	戊癸之時
子分	11:00 ～11:09	甲子	丙子	戊子	庚子	壬子
丑分	11:10 ～11:19	乙丑	丁丑	己丑	辛丑	癸丑
寅分	11:20 ～11:29	丙寅	戊寅	庚寅	壬寅	甲寅
卯分	11:30 ～11:39	丁卯	己卯	辛卯	癸卯	乙卯
辰分	11:40 ～11:49	戊辰	庚辰	壬辰	甲辰	丙辰
巳分	11:50 ～11:59	己巳	辛巳	癸巳	乙巳	丁巳
午分	00:00 ～00:09	庚午	壬午	甲午	丙午	戊午
未分	00:10 ～00:19	辛未	癸未	乙未	丁未	己未
申分	00:20 ～00:29	壬申	甲申	丙申	戊申	庚申
酉分	00:30 ～00:39	癸酉	乙酉	丁酉	己酉	辛酉
戌分	00:40 ～00:49	甲戌	丙戌	戊戌	庚戌	壬戌
亥分	00:50 ～00:59	乙亥	丁亥	己亥	辛亥	癸亥

※訣曰：甲己還加甲，乙庚丙作初，丙辛從戊起，
丁壬庚子居，戊癸何方發，壬子是真途

※背法：甲己起甲子，乙庚起丙子，丙辛起戊子，
丁壬起庚子，戊癸起壬子

◆時柱起分柱排列表－丑、未時

時分	時柱 / 丑未時	甲己之時	乙庚之時	丙辛之時	丁壬之時	戊癸之時
子分	01:00 ～01:09	甲子	丙子	戊子	庚子	壬子
丑分	01:10 ～01:19	乙丑	丁丑	己丑	辛丑	癸丑
寅分	01:20 ～01:29	丙寅	戊寅	庚寅	壬寅	甲寅
卯分	01:30 ～01:39	丁卯	己卯	辛卯	癸卯	乙卯
辰分	01:40 ～01:49	戊辰	庚辰	壬辰	甲辰	丙辰
巳分	01:50 ～01:59	己巳	辛巳	癸巳	乙巳	丁巳
午分	02:00 ～02:09	庚午	壬午	甲午	丙午	戊午
未分	02:10 ～02:19	辛未	癸未	乙未	丁未	己未
申分	02:20 ～02:29	壬申	甲申	丙申	戊申	庚申
酉分	02:30 ～02:39	癸酉	乙酉	丁酉	己酉	辛酉
戌分	02:40 ～02:49	甲戌	丙戌	戊戌	庚戌	壬戌
亥分	02:50 ～02:59	乙亥	丁亥	己亥	辛亥	癸亥

※訣曰：甲己還加甲，乙庚丙作初，丙辛從戊起，
丁壬庚子居，戊癸何方發，壬子是真途

※背法：甲己起甲子，乙庚起丙子，丙辛起戊子，
丁壬起庚子，戊癸起壬子

◆時柱起分柱排列表－寅、申時

時分	時柱／寅申時	甲己之時	乙庚之時	丙辛之時	丁壬之時	戊癸之時
子分	03:00 ～03:09	甲子	丙子	戊子	庚子	壬子
丑分	03:10 ～03:19	乙丑	丁丑	己丑	辛丑	癸丑
寅分	03:20 ～03:29	丙寅	戊寅	庚寅	壬寅	甲寅
卯分	03:30 ～03:39	丁卯	己卯	辛卯	癸卯	乙卯
辰分	03:40 ～03:49	戊辰	庚辰	壬辰	甲辰	丙辰
巳分	03:50 ～03:59	己巳	辛巳	癸巳	乙巳	丁巳
午分	04:00 ～04:09	庚午	壬午	甲午	丙午	戊午
未分	04:10 ～04:19	辛未	癸未	乙未	丁未	己未
申分	04:20 ～04:29	壬申	甲申	丙申	戊申	庚申
酉分	04:30 ～04:39	癸酉	乙酉	丁酉	己酉	辛酉
戌分	04:40 ～04:49	甲戌	丙戌	戊戌	庚戌	壬戌
亥分	04:50 ～04:59	乙亥	丁亥	己亥	辛亥	癸亥

※訣曰：甲己還加甲，乙庚丙作初，丙辛從戊起，
丁壬庚子居，戊癸何方發，壬子是真途

※背法：甲己起甲子，乙庚起丙子，丙辛起戊子，
丁壬起庚子，戊癸起壬子

◆時柱起分柱排列表－卯、酉時

時分	時柱 / 卯酉時	甲己之時	乙庚之時	丙辛之時	丁壬之時	戊癸之時
子分	05:00 ～05:09	甲子	丙子	戊子	庚子	壬子
丑分	05:10 ～05:19	乙丑	丁丑	己丑	辛丑	癸丑
寅分	05:20 ～05:29	丙寅	戊寅	庚寅	壬寅	甲寅
卯分	05:30 ～05:39	丁卯	己卯	辛卯	癸卯	乙卯
辰分	05:40 ～05:49	戊辰	庚辰	壬辰	甲辰	丙辰
巳分	05:50 ～05:59	己巳	辛巳	癸巳	乙巳	丁巳
午分	06:00 ～06:09	庚午	壬午	甲午	丙午	戊午
未分	06:10 ～06:19	辛未	癸未	乙未	丁未	己未
申分	06:20 ～06:29	壬申	甲申	丙申	戊申	庚申
酉分	06:30 ～06:39	癸酉	乙酉	丁酉	己酉	辛酉
戌分	06:40 ～06:49	甲戌	丙戌	戊戌	庚戌	壬戌
亥分	06:50 ～06:59	乙亥	丁亥	己亥	辛亥	癸亥

※訣曰：甲己還加甲，乙庚丙作初，丙辛從戊起，
丁壬庚子居，戊癸何方發，壬子是真途

※背法：甲己起甲子，乙庚起丙子，丙辛起戊子，
丁壬起庚子，戊癸起壬子

◆時柱起分柱排列表－辰、戌時

時分	時柱 / 辰戌時	甲己之時	乙庚之時	丙辛之時	丁壬之時	戊癸之時
子分	07:00 ～07:09	甲子	丙子	戊子	庚子	壬子
丑分	07:10 ～07:19	乙丑	丁丑	己丑	辛丑	癸丑
寅分	07:20 ～07:29	丙寅	戊寅	庚寅	壬寅	甲寅
卯分	07:30 ～07:39	丁卯	己卯	辛卯	癸卯	乙卯
辰分	07:40 ～07:49	戊辰	庚辰	壬辰	甲辰	丙辰
巳分	07:50 ～07:59	己巳	辛巳	癸巳	乙巳	丁巳
午分	08:00 ～08:09	庚午	壬午	甲午	丙午	戊午
未分	08:10 ～08:19	辛未	癸未	乙未	丁未	己未
申分	08:20 ～08:29	壬申	甲申	丙申	戊申	庚申
酉分	08:30 ～08:39	癸酉	乙酉	丁酉	己酉	辛酉
戌分	08:40 ～08:49	甲戌	丙戌	戊戌	庚戌	壬戌
亥分	08:50 ～08:59	乙亥	丁亥	己亥	辛亥	癸亥

※訣曰：甲己還加甲，乙庚丙作初，丙辛從戊起，
丁壬庚子居，戊癸何方發，壬子是真途

※背法：甲己起甲子，乙庚起丙子，丙辛起戊子，
丁壬起庚子，戊癸起壬子

◆時柱起分柱排列表－巳、亥時

時分	時柱 / 巳亥時	甲己之時	乙庚之時	丙辛之時	丁壬之時	戊癸之時
子分	09:00 ～09:09	甲子	丙子	戊子	庚子	壬子
丑分	09:10 ～09:19	乙丑	丁丑	己丑	辛丑	癸丑
寅分	09:20 ～09:29	丙寅	戊寅	庚寅	壬寅	甲寅
卯分	09:30 ～09:39	丁卯	己卯	辛卯	癸卯	乙卯
辰分	09:40 ～09:49	戊辰	庚辰	壬辰	甲辰	丙辰
巳分	09:50 ～09:59	己巳	辛巳	癸巳	乙巳	丁巳
午分	10:00 ～10:09	庚午	壬午	甲午	丙午	戊午
未分	10:10 ～10:19	辛未	癸未	乙未	丁未	己未
申分	10:20 ～10:29	壬申	甲申	丙申	戊申	庚申
酉分	10:30 ～10:39	癸酉	乙酉	丁酉	己酉	辛酉
戌分	10:40 ～10:49	甲戌	丙戌	戊戌	庚戌	壬戌
亥分	10:50 ～10:59	乙亥	丁亥	己亥	辛亥	癸亥

※訣曰：甲己還加甲，乙庚丙作初，丙辛從戊起，
丁壬庚子居，戊癸何方發，壬子是真途

※背法：甲己起甲子，乙庚起丙子，丙辛起戊子，
丁壬起庚子，戊癸起壬子

◆數字十神表

十神法 ： 簡稱六神
以生日作為基礎，與其他各個天干及地支比較後的生剋關係：

～記憶口訣～

同我 爲 比肩、劫財 (同陰陽爲比肩、不同陰陽爲劫財)
我生 爲 食神、傷官 (同陰陽爲食神、不同陰陽爲傷官)
我剋 爲 正財、偏財 (同陰陽爲偏財、不同陰陽爲正財)
剋我 爲 正官、七殺 (同陰陽爲七殺、不同陰陽爲正官)
生我 爲 正印、偏印 (同陰陽爲偏印、不同陰陽爲正印)

◆數字十神參照表：

主體／對應			1甲	2乙	3丙	4丁	5戊	6己	7庚	8辛	9壬	0癸
朋友	比肩	客戶	1甲	2乙	3丙	4丁	5戊	6己	7庚	8辛	9壬	0癸
朋友	劫財	客戶	2乙	1甲	4丁	3丙	6己	5戊	8辛	7庚	0癸	9壬
能力	食神	部屬	3丙	4丁	5戊	6己	7庚	8辛	9壬	0癸	1甲	2乙
能力	傷官	部屬	4丁	3丙	6己	5戊	8辛	7庚	0癸	9壬	2乙	1甲
金錢	偏財	感情	5戊	6己	7庚	8辛	9壬	0癸	1甲	2乙	3丙	4丁
金錢	正財	感情	6己	5戊	8辛	7庚	0癸	9壬	2乙	1甲	4丁	3丙
事業	七殺	責任	7庚	8辛	9壬	0癸	1甲	2乙	3丙	4丁	5戊	6己
事業	正官	責任	8辛	7庚	0癸	9壬	2乙	1甲	4丁	3丙	6己	5戊
權利	偏印	保護	9壬	0癸	1甲	2乙	3丙	4丁	5戊	6己	7庚	8辛
權利	正印	保護	0癸	9壬	2乙	1甲	4丁	3丙	6己	5戊	8辛	7庚

◆天干十神表

癸	壬	辛	庚	己	戊	丁	丙	乙	甲	天干／日干
正印	偏印	正官	偏官	正財	偏財	傷官	食神	劫財	比肩	甲
偏印	正印	偏官	正官	偏財	正財	食神	傷官	比肩	劫財	乙
正官	偏官	正財	偏財	傷官	食神	劫財	比肩	正印	偏印	丙
偏官	正官	偏財	正財	食神	傷官	比肩	劫財	偏印	正印	丁
正財	偏財	傷官	食神	劫財	比肩	正印	偏印	正官	偏官	戊
偏財	正財	食神	傷官	比肩	劫財	偏印	正印	偏官	正官	己
傷官	食神	劫財	比肩	正印	偏印	正官	偏官	正財	偏財	庚
食神	傷官	比肩	劫財	偏印	正印	偏官	正官	偏財	正財	辛
劫財	比肩	正印	偏印	正官	偏官	正財	偏財	傷官	食神	壬
比肩	劫財	偏印	正印	偏官	正官	偏財	正財	食神	傷官	癸

◆地支十神表

亥壬	戌戊	酉辛	申庚	未己	午丁	巳丙	辰戊	卯乙	寅甲	丑己	子癸	地支／日主
偏印	偏財	正官	偏官	正財	傷官	食神	偏財	劫財	比肩	正財	正印	甲
正印	正財	偏官	正官	偏財	食神	傷官	正財	比肩	劫財	偏財	偏印	乙
偏官	食神	正財	偏財	傷官	劫財	比肩	食神	正印	偏印	傷官	正官	丙
正官	傷官	偏財	正財	食神	比肩	劫財	傷官	偏印	正印	食神	偏官	丁
偏財	比肩	傷官	食神	劫財	正印	偏印	比肩	正官	偏官	劫財	正財	戊
正財	劫財	食神	傷官	比肩	偏印	正印	劫財	偏官	正官	比肩	偏財	己
食神	偏印	劫財	比肩	正印	正官	偏官	偏印	正財	偏財	正印	傷官	庚
傷官	正印	比肩	劫財	偏印	偏官	正官	正印	偏財	正財	偏印	食神	辛
比肩	偏官	正印	偏印	正官	正財	偏財	偏官	傷官	食神	正官	劫財	壬
劫財	正官	偏印	正印	偏官	偏財	正財	正官	食神	傷官	偏官	比肩	癸

◆十二長生排列表

十二星＼日干		甲	乙	丙	丁	戊	己	庚	辛	壬	癸
長生+3	四子	亥	午	寅	酉	寅	酉	巳	子	申	卯
沐浴+4	二子保吉祥	子	巳	卯	申	卯	申	午	亥	酉	寅
冠帶+5	三位子	丑	辰	辰	未	辰	未	未	戌	戌	丑
臨官+6	三子	寅	卯	巳	午	巳	午	申	酉	亥	子
帝旺5	五子成行	卯	寅	午	巳	午	巳	酉	申	子	亥
衰4	二子	辰	丑	未	辰	未	辰	戌	未	丑	戌
病3	一子	巳	子	申	卯	申	卯	亥	午	寅	酉
死2	至老無兒	午	亥	酉	寅	酉	寅	子	巳	卯	申
墓1	夭亡	未	戌	戌	丑	戌	丑	丑	辰	辰	未
絕0	養取他人子	申	酉	亥	子	亥	子	寅	卯	巳	午
胎+1	頭女有姑娘	酉	申	子	亥	子	亥	卯	寅	午	巳
養+2	三子只留一子	戌	未	丑	戌	丑	戌	辰	丑	未	辰

◆地支人元藏天干十神對照表

巳	辰	卯	寅	丑	子	地支／日干
戊庚丙	癸乙戊	乙	戊丙甲	辛癸己	癸	
偏財 七殺 食神	正印 劫財 偏財	劫財	偏財 食神 比肩	正官 正印 正財	正印	甲
正財 正官 傷官	偏印 比肩 正財	比肩	正財 傷官 劫財	七殺 偏印 偏財	偏印	乙
食神 偏財 比肩	正官 正印 食神	正印	食神 比肩 偏印	正財 正官 傷官	正官	丙
傷官 正財 劫財	七殺 偏印 傷官	偏印	傷官 劫財 正印	偏財 七殺 食神	七殺	丁
比肩 食神 偏印	正財 正官 比肩	正官	比肩 偏印 七殺	傷官 正財 劫財	正財	戊
劫財 傷官 正印	偏財 七殺 劫財	七殺	劫財 正印 正官	食神 偏財 比肩	偏財	己
偏印 比肩 七殺	傷官 正財 偏印	正財	偏印 七殺 偏財	劫財 傷官 正印	傷官	庚
正印 劫財 正官	食神 偏財 正印	偏財	正印 正官 正財	比肩 食神 偏印	食神	辛
七殺 偏印 偏財	劫財 傷官 七殺	傷官	七殺 偏財 食神	正印 劫財 正官	劫財	壬
正官 正印 正財	比肩 食神 正官	食神	正官 正財 傷官	偏印 比肩 七殺	比肩	癸

地支／日干	午	未	申	酉	戌	亥
	丁己	己丁乙	庚壬戊	辛	戊辛丁	壬甲
甲	傷官 正財	正財 傷官 劫財	七殺 偏印 偏財	正官	偏財 正官 傷官	偏印 比肩
乙	食神 偏財	偏財 食神 比肩	正官 正印 正財	七殺	正財 七殺 食神	正印 劫財
丙	劫財 傷官	傷官 劫財 正印	偏財 七殺 食神	正財	食神 正財 劫財	七殺 偏印
丁	比肩 食神	食神 比肩 偏印	正財 正官 傷官	偏財	傷官 偏財 比肩	正官 正印
戊	正印 劫財	劫財 正印 正官	食神 偏財 比肩	傷官	比肩 傷官 正印	偏財 七殺
己	偏印 比肩	比肩 偏印 七殺	傷官 正財 劫財	食神	劫財 食神 偏印	正財 正官
庚	正官 正印	正印 正官 正財	比肩 食神 偏印	劫財	偏印 劫財 正官	食神 偏財
辛	七殺 偏印	偏印 七殺 偏財	劫財 傷官 正印	比肩	正印 比肩 七殺	傷官 正財
壬	正財 正官	正官 正財 傷官	偏印 比肩 七殺	正印	七殺 正印 正財	比肩 食神
癸	偏財 七殺	七殺 偏財 食神	正印 劫財 正官	偏印	正官 偏印 偏財	劫財 傷官

◆男命六親表

日干＼天干	甲	乙	丙	丁	戊	己	庚	辛	壬	癸
甲	兄弟	姊妹	女婿	岳母	父親	妻子	兒子	女兒	岳父	母親
乙	姊妹	兄弟	岳母	女婿	妻子	父親	女兒	兒子	母親	岳父
丙	岳父	母親	兄弟	姊妹	女婿	岳母	父親	妻子	兒子	女兒
丁	母親	岳父	姊妹	兄弟	岳母	女婿	妻子	父親	女兒	兒子
戊	兒子	女兒	岳父	母親	兄弟	姊妹	女婿	岳母	父親	妻子
己	女兒	兒子	母親	岳父	姊妹	兄弟	岳母	女婿	妻子	父親
庚	父親	妻子	兒子	女兒	岳父	母親	兄弟	姊妹	女婿	岳母
辛	妻子	父親	女兒	兒子	母親	岳父	姊妹	兄弟	岳母	女婿
壬	女婿	岳母	父親	妻子	兒子	女兒	岳父	母親	兄弟	姊妹
癸	岳母	女婿	妻子	父親	女兒	兒子	母親	岳父	姊妹	兄弟

男命：比肩為兄弟。劫財為姐妹。食神為女婿。傷官為岳母。偏財為父親。正財為妻子。七殺為兒子。正官為女兒。偏印為岳父。正印為母親。

◆女命六親表

日干＼天干	甲	乙	丙	丁	戊	己	庚	辛	壬	癸
甲	姊妹	兄弟	女兒	兒子	姑姑	父親	兒媳	丈夫	母親	女婿
乙	兄弟	姊妹	兒子	女兒	父親	姑姑	丈夫	兒媳	女婿	母親
丙	母親	女婿	姊妹	兄弟	女兒	兒子	姑姑	父親	兒媳	丈夫
丁	女婿	母親	兄弟	姊妹	兒子	女兒	父親	姑姑	丈夫	兒媳
戊	兒媳	丈夫	母親	女婿	姊妹	兄弟	女兒	兒子	姑姑	父親
己	丈夫	兒媳	女婿	母親	兄弟	姊妹	兒子	女兒	父親	姑姑
庚	姑姑	父親	兒媳	丈夫	母親	女婿	姊妹	兄弟	女兒	兒子
辛	父親	姑姑	丈夫	兒媳	女婿	母親	兄弟	姊妹	兒子	女兒
壬	女兒	兒子	姑姑	父親	兒媳	丈夫	母親	女婿	姊妹	兄弟
癸	兒子	女兒	父親	姑姑	丈夫	兒媳	女婿	母親	兄弟	姊妹

女命：比肩為姐妹。劫財為兄弟。食神為女兒。傷官為兒子。偏財為姑姑。正財為父親。七殺為兒媳。正官為丈夫。偏印為母親。正印為女婿。

◆三元水法(龍門法)

八卦坐山劫曜定局表

先天破後天曰消。後天破先天曰亡。

坐位／方位／煞位	乾	坎	艮	震	巽	離	坤	兌
先天	離	兌	乾	艮	坤	震	坎	巽
後天	艮	坤	震	離	兌	乾	巽	坎
天劫	震	巽	離	乾	坎	艮	震	艮
地刑	離	坤	兌	坤	兌	乾	坎	巽
案刑	巽	離	坤	兌	乾	坎	艮	震
賓位	坤	震	坎	巽	離	兌	乾	艮
客位	兌	乾	巽	坎	艮	坤	震	離
輔卦	坎	艮	兌	坤	震	巽	離	乾
庫池	艮	坤	乾	壬	坤	辛	巽	癸
正曜	午	辰	寅	申	酉	亥	卯	巳
天曜	亥	巳	午	寅	卯	申	辰	酉
地曜	寅	卯	申	亥	巳	午	酉	辰
正竅	巽	巽	坤	乾	艮	辛	甲	甲
水口	甲巽乙	丙巽丁	丙坤丁	庚乾辛	壬乾癸	壬艮癸	甲艮乙	甲艮乙

※八殺曜例：坎龍坤兔震山猴。巽雞乾馬兌蛇頭。艮虎離猪為八殺。墓宅逢之一齊休。

◆三元六十甲子男女命卦速見表〈紫白值年以男命卦論〉

中元為民國十三年至七十二年
下元為民國七十三年至一百三十二年

年命干支	性別	上元	中元	下元
甲子 癸酉 壬午 辛卯 庚子 己酉 戊午	男	坎	巽	兌
	女	艮	坤	艮
乙丑 甲戌 癸未 壬辰 辛丑 庚戌 己未	男	離	震	乾
	女	乾	震	離
丙寅 乙亥 甲申 癸巳 壬寅 辛亥 庚申	男	艮	坤	坤
	女	兌	巽	坎
丁卯 丙子 乙酉 甲午 癸卯 壬子 辛酉	男	兌	坎	巽
	女	艮	艮	坤
戊辰 丁丑 丙戌 乙未 甲辰 癸丑 壬戌	男	乾	離	震
	女	離	乾	震
己巳 戊寅 丁亥 丙申 乙巳 甲寅 癸亥	男	坤	艮	坤
	女	坎	兌	巽
庚午 己卯 戊子 丁酉 丙午 乙卯	男	巽	兌	坎
	女	坤	艮	艮
辛未 庚辰 己丑 戊戌 丁未 丙辰	男	震	乾	離
	女	震	離	乾
壬申 辛巳 庚寅 己亥 戊申 丁巳	男	坤	坤	艮
	女	巽	坎	兌

八宮吉凶表　凡查值中宮者

◎男寄坤宮
◎女寄艮宮

	乾命	坎命	艮命	震命	巽命	離命	坤命	兌命
乾位	伏位	六煞	天醫	五鬼	禍害	絕命	延年	生氣
坎位	六煞	伏位	五鬼	天醫	生氣	延年	絕命	禍害
艮位	天醫	五鬼	伏位	六煞	絕命	禍害	生氣	延年
震位	五鬼	天醫	六煞	伏位	延年	生氣	禍害	絕命
巽位	禍害	生氣	絕命	延年	伏位	天醫	五鬼	六煞
離位	絕命	延年	禍害	生氣	天醫	伏位	六煞	五鬼
坤位	延年	絕命	生氣	禍害	五鬼	六煞	伏位	天醫
兌位	生氣	禍害	延年	絕命	六煞	五鬼	天醫	伏位

◆八宅遊星盤〈男寄坤宮、女寄艮宮〉

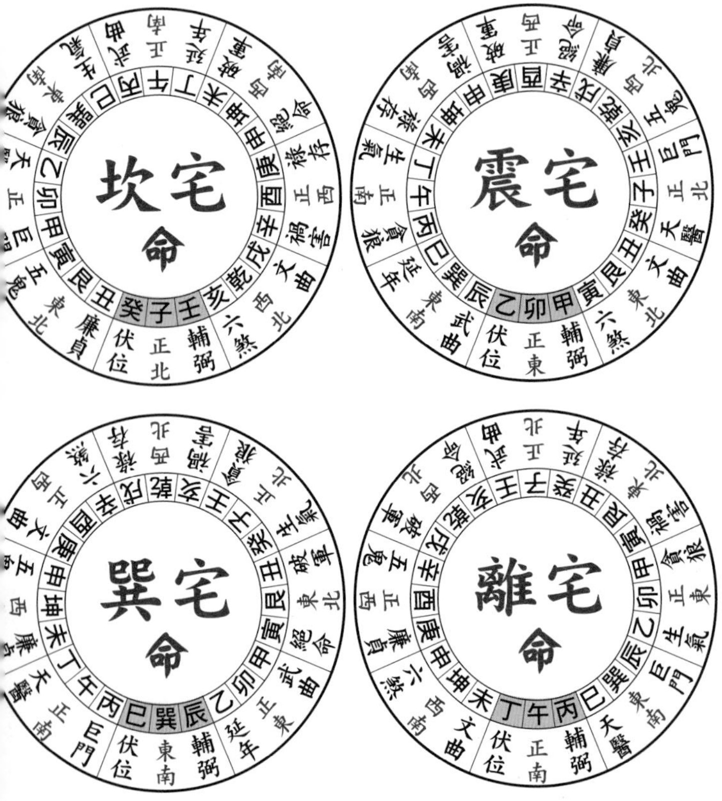

＊八吉星簡釋：

氣—家道興隆，夫婦高壽，　天醫—發財發貴，乾坤壽高，
貪狼木）功名顯赫，人丁旺盛。（巨門土）賢婦持家，健康吉祥。

年—少年登科，田產進益，　伏位—財運小康，初年順利，
武曲金）子孝孫賢，夫妻和睦。（輔弼木）田宅致富，家運和諧。

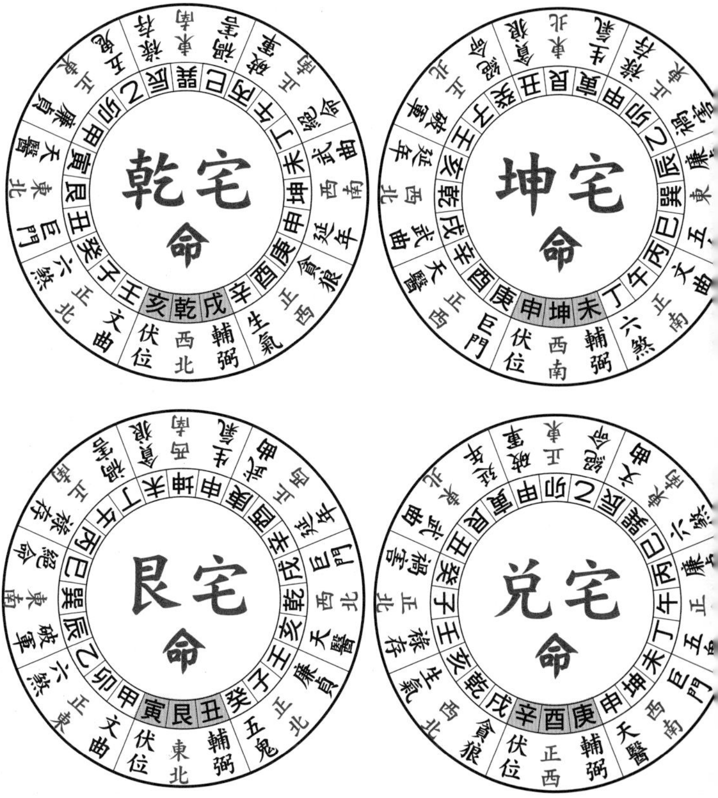

*八凶星簡釋：

五鬼—家業衰敗，災害官非，
(廉貞火) 陰強陽衰，容易招鬼。

禍害—錢財難聚，內外不和
(祿存土) 產業退敗，自我至寇

六煞—桃花傷財，敗財乏嗣，
(文曲水) 家道不寧，身體黃腫。

絕命—財運耗損，疼痛瘋疾
(破軍金) 抱養異性，意外骨折

◆六十四卦速查表

◎數字表宮位　1乾宮　2兌宮　3離宮　4震宮　5巽宮　6坎宮　7艮宮　8坤宮

上卦／下卦	天乾	澤兌	火離	雷震	風巽	水坎	艮山	坤地
乾天	天 1	履 7	同人 3	無妄 5	姤 1	訟 3	遯 1	否 1
兌澤	夬 8	澤 2	革 6	隨 4	大過 4	困 2	咸 2	萃 2
離火	大有 1	睽 7	火 3	噬嗑 5	鼎 3	未濟 3	旅 3	晉 1
震雷	大壯 8	歸妹 2	豐 6	雷 4	恆 4	解 4	小過 2	豫 4
巽風	小畜 5	中孚 7	家人 5	益 5	風 5	渙 3	漸 7	觀 1
坎水	需 8	節 6	既濟 6	屯 6	井 4	水 6	蹇 2	比 8
艮山	大畜 7	損 7	賁 7	頤 5	蠱 5	蒙 3	山 7	剝 1
坤地	泰 8	臨 8	明夷 6	復 8	升 4	師 6	謙 2	地 8

◆世應位置表、納甲裝卦歌訣

世爻	應爻	乾宮	兌宮	離宮	震宮	巽宮	坎宮	艮宮	坤宮
6	3	天	澤	火	雷	風	水	山	地
1	4	姤	困	旅	豫	小畜	節	賁	復
2	5	遯	萃	鼎	解	家人	屯	大畜	臨
3	6	否	咸	未濟	恆	益	既濟	損	泰
4	1	觀	蹇	蒙	升	無妄	革	睽	大壯
5	2	剝	謙	渙	井	噬嗑	豐	履	夬
4	1	晉	小過	訟	大過	頤	明夷	中孚	需
3	6	大有	歸妹	同人	隨	蠱	師	漸	比

渾天甲子納甲裝卦訣

◎順排
- **乾** 甲子外壬午
- **震** 庚子外庚午
- **坎** 戊寅外戊申
- **艮** 丙辰外丙戌

◎逆排
- **坤** 乙未外癸丑
- **巽** 辛丑外辛未
- **兌** 丁巳外丁亥
- **離** 己卯外己酉

六十四卦、六爻、六親卦納甲裝卦表

乾卦 屬金

晉地火 (卦魂遊)	觀地風 (卦世四)	遯山天 (卦世二)	天為乾 (首卦)
官鬼巳火 ━━	妻財卯木 ━━	父母戌土 ━━	父母戌土 ━━ 世
父母未土 ━ ━	官鬼巳火 ━━	兄弟申金 ━━ 應	兄弟申金 ━━
兄弟酉金 ━━ 世	父母未土 ━ ━ 世	官鬼午火 ━━	官鬼午火 ━━
妻財卯木 ━ ━	妻財卯木 ━ ━	兄弟申金 ━━	父母辰土 ━━ 應
官鬼巳火 ━ ━	官鬼巳火 ━ ━	官鬼午火 ━ ━ 世	妻財寅木 ━━
父母未土 ━ ━ 應	父母未土 ━ ━ 應	父母辰土 ━ ━	子孫子水 ━━

有大天火 (卦魂歸)	剝地山 (卦世五)	否地天 (卦世三)	姤風天 (卦世一)
官鬼巳火 ━━ 應	妻財寅木 ━━	父母戌土 ━━ 應	父母戌土 ━━
父母未土 ━ ━	子孫子水 ━ ━ 世	兄弟申金 ━━	兄弟申金 ━━
兄弟酉金 ━━	父母戌土 ━ ━	官鬼午火 ━━	官鬼午火 ━━ 應
父母辰土 ━━ 世	妻財卯木 ━ ━	妻財卯木 ━ ━ 世	兄弟酉金 ━━
妻財寅木 ━━	官鬼巳火 ━ ━ 應	官鬼巳火 ━ ━	子孫亥水 ━━
子孫子水 ━━	父母未土 ━ ━	父母未土 ━ ━	父母丑土 ━ ━ 世

兌卦屬金

兌為澤（首卦）	澤地萃（二世卦）	水山蹇（四世卦）	雷山小過（遊魂卦）
父母未土 - - 世	父母未土 - -	子孫子水 - -	父母戌土 - -
兄弟酉金 —	兄弟酉金 — 應	父母戌土 —	兄弟申金 - -
子孫亥水 —	子孫亥水 —	兄弟申金 - - 世	官鬼午火 — 世
父母丑土 - - 應	妻財卯木 - -	兄弟申金 —	兄弟申金 —
妻財卯木 —	官鬼巳火 - - 世	官鬼午火 - -	官鬼午火 - -
官鬼巳火 —	父母未土 - -	父母辰土 - - 應	父母辰土 - - 應

澤水困（一世卦）	澤山咸（三世卦）	地山謙（五世卦）	雷澤歸妹（歸魂卦）
父母未土 - -	父母未土 - - 應	兄弟酉金 - -	父母戌土 - - 應
兄弟酉金 —	兄弟酉金 —	子孫亥水 - - 世	兄弟申金 - -
子孫亥水 — 應	子孫亥水 —	父母丑土 - -	官鬼午火 —
官鬼午火 - -	兄弟申金 — 世	兄弟申金 —	父母丑土 - - 世
父母辰土 —	官鬼午火 - -	官鬼午火 - - 應	妻財卯木 —
妻財寅木 - - 世	父母辰土 - -	父母辰土 - -	官鬼巳火 —

離卦 屬火

訟水天 (卦魂遊)	蒙水山 (卦世四)	鼎風火 (卦世二)	火為離 (首卦)
子孫 戌土 —	父母 寅木 —	兄弟 巳火 —	兄弟 巳火 — 世
妻財 申金 —	官鬼 子水 - -	子孫 未土 - - 應	子孫 未土 - -
兄弟 午火 — 世	子孫 戌土 - - 世	妻財 酉金 —	妻財 酉金 —
兄弟 午火 - -	兄弟 午火 - -	妻財 酉金 —	官鬼 亥水 — 應
子孫 辰土 —	子孫 辰土 —	官鬼 亥水 — 世	子孫 丑土 - -
父母 寅木 - - 應	父母 寅木 - - 應	子孫 丑土 - -	父母 卯木 —

人同火天 (卦魂歸)	渙水風 (卦世五)	濟未水火 (卦世三)	旅山火 (卦世一)
子孫 戌土 — 應	父母 卯木 —	兄弟 巳火 — 應	兄弟 巳火 —
妻財 申金 —	兄弟 巳火 — 世	子孫 未土 - -	子孫 未土 - -
兄弟 午火 —	子孫 未土 - -	妻財 酉金 —	妻財 酉金 — 應
官鬼 亥水 — 世	兄弟 午火 - -	兄弟 午火 - - 世	妻財 申金 —
子孫 丑土 - -	子孫 辰土 — 應	子孫 辰土 —	兄弟 午火 - -
父母 卯木 —	父母 寅木 - -	父母 寅木 - -	子孫 辰土 - - 世

震卦屬木

震為雷（首卦）	雷水解（二世卦）	地風升（四世卦）	澤風大過（遊魂卦）
妻財戌土 - - 世	妻財戌土 - -	官鬼酉金 - -	妻財未土 - -
官鬼申金 - -	官鬼申金 - - 應	父母亥水 - -	官鬼酉金 —
子孫午火 —	子孫午火 —	妻財丑土 - - 世	父母亥水 — 世
妻財辰土 - - 應	子孫午火 - -	官鬼酉金 —	官鬼酉金 —
兄弟寅木 - -	妻財辰土 — 世	父母亥水 —	父母亥水 —
父母子水 —	兄弟寅木 - -	妻財丑土 - - 應	妻財丑土 - - 應
雷地豫（一世卦）	**雷風恒（三世卦）**	**水風井（五世卦）**	**澤雷隨（歸魂卦）**
妻財戌土 - -	妻財戌土 - - 應	父母子水 - -	妻財未土 - - 應
官鬼申金 - -	官鬼申金 - -	妻財戌土 — 世	官鬼酉金 —
子孫午火 — 應	子孫午火 —	官鬼申金 - -	父母亥水 —
兄弟卯木 - -	官鬼酉金 — 世	官鬼酉金 —	妻財辰土 - - 世
子孫巳火 - -	父母亥水 —	父母亥水 — 應	兄弟寅木 - -
妻財未土 - - 世	妻財丑土 - -	妻財丑土 - -	父母子水 —

巽卦屬木

巽為風（首卦）	風火家人（二世卦）	天雷无妄（四世卦）	山雷頤（遊魂卦）
兄弟卯木 — 世	兄弟卯木 —	妻財戌土 —	兄弟寅木 —
子孫巳火 —	子孫巳火 — 應	官鬼申金 —	父母子水 --
妻財未土 --	妻財未土 --	子孫午火 — 世	妻財戌土 -- 世
官鬼酉金 — 應	父母亥水 —	妻財辰土 --	妻財辰土 --
父母亥水 —	妻財丑土 -- 世	兄弟寅木 --	兄弟寅木 --
妻財丑土 --	兄弟卯木 —	父母子水 — 應	父母子水 — 應

風天小畜（一世卦）	風雷益（三世卦）	火雷噬嗑（五世卦）	山風蠱（歸魂卦）
兄弟卯木 —	兄弟卯木 — 應	子孫巳火 —	兄弟寅木 — 應
子孫巳火 —	子孫巳火 —	妻財未土 -- 世	父母子水 --
妻財未土 -- 應	妻財未土 --	官鬼酉金 —	妻財戌土 --
妻財辰土 —	妻財辰土 -- 世	妻財辰土 --	官鬼酉金 — 世
兄弟寅木 —	兄弟寅木 --	兄弟寅木 -- 應	父母亥水 —
父母子水 — 世	父母子水 —	父母子水 —	妻財丑土 --

坎卦 屬水

地火明夷（遊魂卦）	澤火革（四世卦）	水雷屯（二世卦）	坎為水（首卦）
父母酉金 - -	官鬼未土 - -	兄弟子水 - -	兄弟子水 - - 世
兄弟亥水 - -	父母酉金 —	官鬼戌土 — 應	官鬼戌土 —
官鬼丑土 - - 世	兄弟亥水 — 世	父母申金 - -	父母申金 - -
兄弟亥水 —	兄弟亥水 —	官鬼辰土 - -	妻財午火 - - 應
官鬼丑土 - -	官鬼丑土 - -	子孫寅木 - - 世	官鬼辰土 —
子孫卯木 — 應	子孫卯木 — 應	兄弟子水 —	子孫寅木 - -

地水師（歸魂卦）	雷火豐（五世卦）	水火既濟（三世卦）	水澤節（一世卦）
父母酉金 - - 應	官鬼戌土 - -	兄弟子水 - - 應	兄弟子水 - -
兄弟亥水 - -	父母申金 - - 世	官鬼戌土 —	官鬼戌土 —
官鬼丑土 - -	妻財午火 —	父母申金 - -	父母申金 - - 應
妻財午火 - - 世	兄弟亥水 —	兄弟亥水 — 世	官鬼丑土 - -
官鬼辰土 —	官鬼丑土 - - 應	官鬼丑土 - -	子孫卯木 —
子孫寅木 - -	子孫卯木 —	子孫卯木 —	妻財巳火 — 世

艮卦屬土

艮為山（首卦）	山天大畜（二世卦）	火澤睽（四世卦）	風澤中孚（遊魂卦）
官鬼寅木 ━━ 世	官鬼寅木 ━━	父母巳火 ━━	官鬼卯木 ━━
妻財子水 ━ ━	妻財子水 ━ ━ 應	兄弟未土 ━ ━	父母巳火 ━━
兄弟戌土 ━ ━	兄弟戌土 ━ ━	子孫酉金 ━━ 世	兄弟未土 ━ ━ 世
子孫申金 ━━ 應	兄弟辰土 ━━	兄弟丑土 ━ ━	兄弟丑土 ━ ━
父母午火 ━ ━	官鬼寅木 ━━ 世	官鬼卯木 ━━	官鬼卯木 ━━
兄弟辰土 ━ ━	妻財子水 ━━	父母巳火 ━━ 應	父母巳火 ━━ 應

山火賁（一世卦）	山澤損（三世卦）	天澤履（五世卦）	風山漸（歸魂卦）
官鬼寅木 ━━	官鬼寅木 ━━ 應	兄弟戌土 ━━	官鬼卯木 ━━ 應
妻財子水 ━ ━	妻財子水 ━ ━	子孫申金 ━━ 世	父母巳火 ━━
兄弟戌土 ━ ━ 應	兄弟戌土 ━ ━	父母午火 ━━	兄弟未土 ━ ━
妻財亥水 ━━	兄弟丑土 ━ ━ 世	兄弟丑土 ━ ━	子孫申金 ━━ 世
兄弟丑土 ━ ━	官鬼卯木 ━━	官鬼卯木 ━━ 應	父母午火 ━ ━
官鬼卯木 ━━ 世	父母巳火 ━━	父母巳火 ━━	兄弟辰土 ━ ━

坤卦屬土

坤為地（首卦）	地澤臨（二世卦）	雷天大壯（四世卦）	水天需（遊魂卦）
子孫酉金 - - 世	子孫酉金 - -	兄弟戌土 - -	妻財子水 - -
妻財亥水 - -	妻財亥水 - - 應	子孫申金 - -	兄弟戌土 —
兄弟丑土 - -	兄弟丑土 - -	父母午火 — 世	子孫申金 - - 世
官鬼卯木 - - 應	兄弟丑土 - -	兄弟辰土 —	兄弟辰土 —
父母巳火 - -	官鬼卯木 — 世	官鬼寅木 —	官鬼寅木 —
兄弟未土 - -	父母巳火 —	妻財子水 — 應	妻財子水 — 應

地雷復（一世卦）	地天泰（三世卦）	澤天夬（五世卦）	水地比（歸魂卦）
子孫酉金 - -	子孫酉金 - - 應	兄弟未土 - -	妻財子水 - - 應
妻財亥水 - -	妻財亥水 - -	子孫酉金 — 世	兄弟戌土 —
兄弟丑土 - - 應	兄弟丑土 - -	妻財亥水 —	子孫申金 - -
兄弟辰土 - -	兄弟辰土 — 世	兄弟辰土 —	官鬼卯木 - - 世
官鬼寅木 - -	官鬼寅木 —	官鬼寅木 — 應	父母巳火 - -
妻財子水 — 世	妻財子水 —	妻財子水 —	兄弟未土 - -

節氣	生時	卯宮	寅宮	丑宮	子宮	亥宮	戌宮	酉宮	申宮	未宮	午宮	巳宮	辰宮
大寒後一	立春雨水	子時	丑時	寅時	卯時	辰時	巳時	午時	未時	申時	酉時	戌時	亥時
雨水後二	驚蟄春分	亥時	子時	丑時	寅時	卯時	辰時	巳時	午時	未時	申時	酉時	戌時
春分後三	清明穀雨	戌時	亥時	子時	丑時	寅時	卯時	辰時	巳時	午時	未時	申時	酉時
穀雨後四	立夏小滿	酉時	戌時	亥時	子時	丑時	寅時	卯時	辰時	巳時	午時	未時	申時
小滿後五	芒種夏至	申時	酉時	戌時	亥時	子時	丑時	寅時	卯時	辰時	巳時	午時	未時
夏至後六	小暑大暑	未時	申時	酉時	戌時	亥時	子時	丑時	寅時	卯時	辰時	巳時	午時
大暑後七	立秋處暑	午時	未時	申時	酉時	戌時	亥時	子時	丑時	寅時	卯時	辰時	巳時
處暑後八	白露秋分	巳時	午時	未時	申時	酉時	戌時	亥時	子時	丑時	寅時	卯時	辰時
秋分後九	寒露霜降	辰時	巳時	午時	未時	申時	酉時	戌時	亥時	子時	丑時	寅時	卯時
霜降後十	立冬小雪	卯時	辰時	巳時	午時	未時	申時	酉時	戌時	亥時	子時	丑時	寅時
小雪十一	大雪冬至	寅時	卯時	辰時	巳時	午時	未時	申時	酉時	戌時	亥時	子時	丑時
冬至十二	小寒大寒	丑時	寅時	卯時	辰時	巳時	午時	未時	申時	酉時	戌時	亥時	子時
命屬神位		天赦星	天權星	天厄星	天貴星	天壽星	天藝星	天祕星	天孤星	天驛星	天福星	天文星	天如星

◆先天胎元對照表(八七頁有推算法)

丑癸	丑辛	丑己	丑丁	丑乙	子壬	子庚	子戊	子丙	子甲	生月
辰甲	辰壬	辰庚	辰戊	辰丙	卯癸	卯辛	卯己	卯丁	卯乙	胎月
卯乙	卯癸	卯辛	卯己	卯丁	寅甲	寅壬	寅庚	寅戊	寅丙	生月
午丙	午甲	午壬	午庚	午戊	巳乙	巳癸	巳辛	巳己	巳丁	胎月
巳丁	巳乙	巳癸	巳辛	巳己	辰丙	辰甲	辰壬	辰庚	辰戊	生月
申戊	申丙	申甲	申壬	申庚	未丁	未乙	未癸	未辛	未己	胎月
未己	未丁	未乙	未癸	未辛	午戊	午丙	午甲	午壬	午庚	生月
戌庚	戌戊	戌丙	戌甲	戌壬	酉己	酉丁	酉乙	酉癸	酉辛	胎月
酉辛	酉己	酉丁	酉乙	酉癸	申庚	申戊	申丙	申甲	申壬	生月
子壬	子庚	子戊	子丙	子甲	亥辛	亥己	亥丁	亥乙	亥癸	胎月
亥癸	亥辛	亥己	亥丁	亥乙	戌壬	戌庚	戌戊	戌丙	戌甲	生月
寅甲	寅壬	寅庚	寅戊	寅丙	丑癸	丑辛	丑己	丑丁	丑乙	胎月

◆後天胎息對照表(八七頁有推算法)

酉癸	申壬	未辛	午庚	巳己	辰戊	卯丁	寅丙	丑乙	子甲	生日
辰戊	巳丁	午丙	未乙	申甲	酉癸	戌壬	亥辛	子庚	丑己	胎日
未癸	午壬	巳辛	辰庚	卯己	寅戊	丑丁	子丙	亥乙	戌甲	生日
午戊	未丁	申丙	酉乙	戌甲	亥癸	子壬	丑辛	寅庚	卯己	胎日
巳癸	辰壬	卯辛	寅庚	丑己	子戊	亥丁	戌丙	酉乙	申甲	生日
申戊	酉丁	戌丙	亥乙	子甲	丑癸	寅壬	卯辛	辰庚	巳己	胎日
卯癸	寅壬	丑辛	子庚	亥己	戌戊	酉丁	申丙	未乙	午甲	生日
戌戊	亥丁	子丙	丑乙	寅甲	卯癸	辰壬	巳辛	午庚	未己	胎日
丑癸	子壬	亥辛	戌庚	酉己	申戊	未丁	午丙	巳乙	辰甲	生日
子戊	丑丁	寅丙	卯乙	辰甲	巳癸	午壬	未辛	申庚	酉己	胎日
亥癸	戌壬	酉辛	申庚	未己	午戊	巳丁	辰丙	卯乙	寅甲	生日
寅戊	卯丁	辰丙	巳乙	午甲	未癸	申壬	酉辛	戌庚	亥己	胎日

◆紫微斗數：【安命宮及身宮表】

凡閏月生人，十五日以前出生者，以上月論；十五日後出生者，以下月論。

生時	命身 \ 生月	正月	二月	三月	四月	五月	六月	七月	八月	九月	十月	十一月	十二月
子	命身	寅	卯	辰	巳	午	未	申	酉	戌	亥	子	丑
丑	命	丑	寅	卯	辰	巳	午	未	申	酉	戌	亥	子
	身	卯	辰	巳	午	未	申	酉	戌	亥	子	丑	寅
寅	命	子	丑	寅	卯	辰	巳	午	未	申	酉	戌	亥
	身	辰	巳	午	未	申	酉	戌	亥	子	丑	寅	卯
卯	命	亥	子	丑	寅	卯	辰	巳	午	未	申	酉	戌
	身	巳	午	未	申	酉	戌	亥	子	丑	寅	卯	辰
辰	命	戌	亥	子	丑	寅	卯	辰	巳	午	未	申	酉
	身	午	未	申	酉	戌	亥	子	丑	寅	卯	辰	巳
巳	命	酉	戌	亥	子	丑	寅	卯	辰	巳	午	未	申
	身	未	申	酉	戌	亥	子	丑	寅	卯	辰	巳	午
午	命身	申	酉	戌	亥	子	丑	寅	卯	辰	巳	午	未
未	命	未	申	酉	戌	亥	子	丑	寅	卯	辰	巳	午
	身	酉	戌	亥	子	丑	寅	卯	辰	巳	午	未	申
申	命	午	未	申	酉	戌	亥	子	丑	寅	卯	辰	巳
	身	戌	亥	子	丑	寅	卯	辰	巳	午	未	申	酉
酉	命	巳	午	未	申	酉	戌	亥	子	丑	寅	卯	辰
	身	亥	子	丑	寅	卯	辰	巳	午	未	申	酉	戌
戌	命	辰	巳	午	未	申	酉	戌	亥	子	丑	寅	卯
	身	子	丑	寅	卯	辰	巳	午	未	申	酉	戌	亥
亥	命	卯	辰	巳	午	未	申	酉	戌	亥	子	丑	寅
	身	丑	寅	卯	辰	巳	午	未	申	酉	戌	亥	子

◆斗數：定寅首

十二宮＼本生年干	甲己	乙庚	丙辛	丁壬	戊癸
寅	丙寅	戊寅	庚寅	壬寅	甲寅
卯	丁卯	己卯	辛卯	癸卯	乙卯
辰	戊辰	庚辰	壬辰	甲辰	丙辰
巳	己巳	辛巳	癸巳	乙巳	丁巳
午	庚午	壬午	甲午	丙午	戊午
未	辛未	癸未	乙未	丁未	己未
申	壬申	甲申	丙申	戊申	庚申
酉	癸酉	乙酉	丁酉	己酉	辛酉
戌	甲戌	丙戌	戊戌	庚戌	壬戌
亥	乙亥	丁亥	己亥	辛亥	癸亥
子	丙子	戊子	庚子	壬子	甲子
丑	丁丑	己丑	辛丑	癸丑	乙丑

◆五行局表（一二三頁有六十甲子納音五行）

命宮地支＼命宮天干	甲乙	丙丁	戊己	庚辛	壬癸
子丑	金四局	水二局	火六局	土五局	木三局
寅卯	水二局	火六局	土五局	木三局	金四局
辰巳	火六局	土五局	木三局	金四局	水二局
午未	金四局	水二局	火六局	土五局	木三局
申酉	水二局	火六局	土五局	木三局	金四局
戌亥	火六局	土五局	木三局	金四局	水二局

◆紫微斗數：定十二宮

父母	福德	田宅	官祿	僕役	遷移	疾厄	財帛	子女	夫妻	兄弟	命宮
丑	寅	卯	辰	巳	午	未	申	酉	戌	亥	子
寅	卯	辰	巳	午	未	申	酉	戌	亥	子	丑
卯	辰	巳	午	未	申	酉	戌	亥	子	丑	寅
辰	巳	午	未	申	酉	戌	亥	子	丑	寅	卯
巳	午	未	申	酉	戌	亥	子	丑	寅	卯	辰
午	未	申	酉	戌	亥	子	丑	寅	卯	辰	巳
未	申	酉	戌	亥	子	丑	寅	卯	辰	巳	午
申	酉	戌	亥	子	丑	寅	卯	辰	巳	午	未
酉	戌	亥	子	丑	寅	卯	辰	巳	午	未	申
戌	亥	子	丑	寅	卯	辰	巳	午	未	申	酉
亥	子	丑	寅	卯	辰	巳	午	未	申	酉	戌
子	丑	寅	卯	辰	巳	午	未	申	酉	戌	亥

◆紫微斗數：起大限表

五行局	大限宮位 順逆	命宮	兄弟宮	夫妻宮	子女宮	財帛宮	疾厄宮	遷移宮	僕役宮	宮祿宮	田宅宮	福德宮	父母宮
水二局	順 陽男陰女	2-11	112-121	102-111	92-101	82-91	72-81	62-71	52-61	42-51	32-41	22-31	12-21
	逆 陰男陽女	2-11	12-21	22-31	32-41	42-51	52-61	62-71	72-81	82-91	92-101	102-111	112-121
木三局	順 陽男陰女	3-12	113-122	103-112	93-102	83-92	73-82	63-72	53-62	43-52	33-42	23-32	13-22
	逆 陰男陽女	3-12	13-22	23-32	33-42	43-52	53-62	63-72	73-82	83-92	93-102	103-112	113-122
金四局	順 陽男陰女	4-13	114-123	104-113	94-103	84-93	74-83	64-73	54-63	44-53	34-43	24-33	14-23
	逆 陰男陽女	4-13	14-23	24-33	34-43	44-53	54-63	64-73	74-83	84-93	94-103	104-113	114-123
土五局	順 陽男陰女	5-14	115-124	105-114	95-104	85-94	75-84	65-74	55-64	45-54	35-44	25-34	15-24
	逆 陰男陽女	5-14	15-24	25-34	35-44	45-54	55-64	65-74	75-84	85-94	95-104	105-114	115-124
火六局	順 陽男陰女	6-15	116-125	106-115	96-105	86-95	76-85	66-75	56-65	46-55	36-45	26-35	16-25
	逆 陰男陽女	6-15	16-25	26-35	36-45	46-55	56-65	66-75	76-85	86-95	96-105	106-115	116-125

※陽男陰女自命起，往前一宮(父母宮)順推起大限。

※陰男陽女自命起，往後一宮(兄弟宮)逆推起大限。

◆紫微斗數：起小限表

出生年支	小限之宮	一	二	三	四	五	六	七	八	九	十	十一	十二
		一三	一四	一五	一六	一七	一八	一九	二〇	二一	二二	二三	二四
		二五	二六	二七	二八	二九	三〇	三一	三二	三三	三四	三五	三六
		三七	三八	三九	四〇	四一	四二	四三	四四	四五	四六	四七	四八
		四九	五〇	五一	五二	五三	五四	五五	五六	五七	五八	五九	六〇
		六一	六二	六三	六四	六五	六六	六七	六八	六九	七〇	七一	七二
		七三	七四	七五	七六	七七	七八	七九	八十	八一	八二	八三	八四
		八五	八六	八七	八八	八九	九十	九一	九二	九三	九四	九五	九六
		九七	九八	九九	一〇〇	一〇一	一〇二	一〇三	一〇四	一〇五	一〇六	一〇七	一〇八
		一〇九	一一〇	一一一	一一二	一一三	一一四	一一五	一一六	一一七	一一八	一一九	一二〇
寅午戌	男	辰	巳	午	未	申	酉	戌	亥	子	丑	寅	卯
	女	辰	卯	寅	丑	子	亥	戌	酉	申	未	午	巳
申子辰	男	戌	亥	子	丑	寅	卯	辰	巳	午	未	申	酉
	女	戌	酉	申	未	午	巳	辰	卯	寅	丑	子	亥
巳酉丑	男	未	申	酉	戌	亥	子	丑	寅	卯	辰	巳	午
	女	未	午	巳	辰	卯	寅	丑	子	亥	戌	酉	申
亥卯未	男	丑	寅	卯	辰	巳	午	未	申	酉	戌	亥	子
	女	丑	子	亥	戌	酉	申	未	午	巳	辰	卯	寅

◆紫微斗數：由生日起紫微星表

五行局別／生日	水二局	木三局	金四局	土五局	火六局
初一	丑	辰	亥	午	酉
初二	寅	丑	辰	亥	午
初三	寅	寅	丑	辰	亥
初四	卯	巳	寅	丑	辰
初五	卯	寅	子	寅	丑
初六	辰	卯	巳	未	寅
初七	辰	午	寅	子	戌
初八	巳	卯	卯	巳	未
初九	巳	辰	丑	寅	子
初十	午	未	午	卯	巳
十一	午	辰	卯	申	寅
十二	未	巳	辰	丑	卯
十三	未	申	寅	午	亥
十四	申	巳	未	卯	申
十五	申	午	辰	辰	丑
十六	酉	酉	巳	酉	午
十七	酉	午	卯	寅	卯
十八	戌	未	申	未	辰
十九	戌	戌	巳	辰	子
二十	亥	未	午	巳	酉
二一	亥	申	辰	戌	寅
二二	子	亥	酉	卯	未
二三	子	申	午	申	辰
二四	丑	酉	未	巳	巳
二五	丑	子	巳	午	丑
二六	寅	酉	戌	亥	戌
二七	寅	戌	未	辰	卯
二八	卯	丑	申	酉	申
二九	卯	戌	午	午	巳
三十	辰	亥	亥	未	午

◆安紫微諸星表

星級	甲				
紫微＼諸星	天機	太陽	武曲	天同	廉貞
子	亥	酉	申	未	辰
丑	子	戌	酉	申	巳
寅	丑	亥	戌	酉	午
卯	寅	子	亥	戌	未
辰	卯	丑	子	亥	申
巳	辰	寅	丑	子	酉
午	巳	卯	寅	丑	戌
未	午	辰	卯	寅	亥
申	未	巳	辰	卯	子
酉	申	午	巳	辰	丑
戌	酉	未	午	巳	寅
亥	戌	申	未	午	卯

◆定天府、天府諸星

星級	甲							
紫微＼諸星	天府	太陰	貪狼	巨門	天相	天梁	七殺	破軍
子	辰	巳	午	未	申	酉	戌	寅
丑	卯	辰	巳	午	未	申	酉	丑
寅	寅	卯	辰	巳	午	未	申	子
卯	丑	寅	卯	辰	巳	午	未	亥
辰	子	丑	寅	卯	辰	巳	午	戌
巳	亥	子	丑	寅	卯	辰	巳	酉
午	戌	亥	子	丑	寅	卯	辰	申
未	酉	戌	亥	子	丑	寅	卯	未
申	申	酉	戌	亥	子	丑	寅	午
酉	未	申	酉	戌	亥	子	丑	巳
戌	午	未	申	酉	戌	亥	子	辰
亥	巳	午	未	申	酉	戌	亥	卯

◆斗數月系星座表

星級	甲		乙						
星名／出生月	左輔	右弼	天刑	天姚	天馬	解神	天巫	天月	陰煞
正月	辰	戌	酉	丑	申	申	巳	戌	寅
二月	巳	酉	戌	寅	巳	申	申	巳	子
三月	午	申	亥	卯	寅	戌	寅	辰	戌
四月	未	未	子	辰	亥	戌	亥	寅	申
五月	申	午	丑	巳	申	子	巳	未	午
六月	酉	巳	寅	午	巳	子	申	卯	辰
七月	戌	辰	卯	未	寅	寅	寅	亥	寅
八月	亥	卯	辰	申	亥	寅	亥	未	子
九月	子	寅	巳	酉	申	辰	巳	寅	戌
十月	丑	丑	午	戌	巳	辰	申	午	申
十一月	寅	子	未	亥	寅	午	寅	戌	午
十二月	卯	亥	申	子	亥	午	亥	寅	辰

◆斗數日系星座表

星級	諸星	安星方法
乙	三台	從左輔上起初一，順行，數到本日生。
乙	八座	從右弼上起初一，逆行，數到本日生。
乙	恩光	從文昌上起初一，順行，數到本日生再逆退一宮。
乙	天貴	從文曲上起初一，逆行，數到本日生再逆退一宮。

◆斗數時系星座表

星級	乙				甲								甲	
出生年支					亥卯未		巳酉丑		申子辰		寅午戌			
星名 / 出生時	封誥	台輔	天空	地劫	鈴星	火星	鈴星	火星	鈴星	火星	鈴星	火星	文曲	文昌
子	寅	午	亥	亥	戌	酉	戌	卯	戌	寅	卯	丑	辰	戌
丑	卯	未	戌	子	亥	戌	亥	辰	亥	卯	辰	寅	巳	酉
寅	辰	申	酉	丑	子	亥	子	巳	子	辰	巳	卯	午	申
卯	巳	酉	申	寅	丑	子	丑	午	丑	巳	午	辰	未	未
辰	午	戌	未	卯	寅	丑	寅	未	寅	午	未	巳	申	午
巳	未	亥	午	辰	卯	寅	卯	申	卯	未	申	午	酉	巳
午	申	子	巳	巳	辰	卯	辰	酉	辰	申	酉	未	戌	辰
未	酉	丑	辰	午	巳	辰	巳	戌	巳	酉	戌	申	亥	卯
申	戌	寅	卯	未	午	巳	午	亥	午	戌	亥	酉	子	寅
酉	亥	卯	寅	申	未	午	未	子	未	亥	子	戌	丑	丑
戌	子	辰	丑	酉	申	未	申	丑	申	子	丑	亥	寅	子
亥	丑	巳	子	戌	酉	申	酉	寅	酉	丑	寅	子	卯	亥

◆斗數年支星座表（乙級星系）

星系	乙		年支星座									
星名／出生年	天哭	天虛	龍池	鳳閣	紅鸞	天喜	孤辰	寡宿	蜚廉	破碎	天才	天壽
子	午	午	辰	戌	卯	酉	寅	戌	申	巳	命宮	由身宮起子，順行，數至本生年支，即「天壽星」
丑	巳	未	巳	酉	寅	申	寅	戌	酉	丑	父母	
寅	辰	申	午	申	丑	未	巳	丑	戌	酉	福德	
卯	卯	酉	未	未	子	午	巳	丑	巳	巳	田宅	
辰	寅	戌	申	午	亥	巳	巳	丑	午	丑	官祿	
巳	丑	亥	酉	巳	戌	辰	申	辰	未	酉	僕役	
午	子	子	戌	辰	酉	卯	申	辰	寅	巳	遷移	
未	亥	丑	亥	卯	申	寅	申	辰	卯	丑	疾厄	
申	戌	寅	子	寅	未	丑	亥	未	辰	酉	財帛	
酉	酉	卯	丑	丑	午	子	亥	未	亥	巳	子女	
戌	申	辰	寅	子	巳	亥	亥	未	子	丑	夫妻	
亥	未	巳	卯	亥	辰	戌	寅	戌	丑	酉	兄弟	

◆斗數年干星座表（四化為甲級星）

星級	甲					四化				乙	
星名／年干	祿存	擎羊	陀羅	天魁	天鉞	化祿	化權	化科	化忌	天官	天福
甲	寅	卯	丑	未	丑	廉貞	破軍	武曲	太陽	未	酉
乙	卯	辰	寅	申	子	天機	天梁	紫微	太陰	辰	申
丙	巳	午	辰	酉	亥	天同	天機	文昌	廉貞	巳	子
丁	午	未	巳	亥	酉	太陰	天同	天機	巨門	寅	亥
戊	巳	午	辰	丑	未	貪狼	太陰	右弼	天機	卯	卯
己	午	未	巳	子	申	武曲	貪狼	天梁	文曲	酉	寅
庚	申	酉	未	丑	未	太陽	武曲	太陰	天同	亥	午
辛	酉	戌	申	寅	午	巨門	太陽	文曲	文昌	酉	巳
壬	亥	子	戌	卯	巳	天梁	紫微	左輔	武曲	戌	午
癸	子	丑	亥	巳	卯	破軍	巨門	太陰	貪狼	午	巳

◆博士十二星座表（丙級星）

祿存	不論男女命，尋祿存星起博士，陽男陰女順行，陰男陽女逆行。
博士	力士　青龍　小耗　將軍　奏書　飛廉　喜神　病符　大耗　伏兵　官府

◆斗數十二生旺庫表（乙級星）

十二生旺庫表

星系／星名／五行局	順逆	長生 +3	沐浴 +4	冠帶 +5	臨官 +6	帝旺 5	衰 4	病 3	死 2	墓 1	絕 0	胎 +1	養 +2
水二局	陽男 陰女	申	酉	戌	亥	子	丑	寅	卯	辰	巳	午	未
水二局	陰男 陽女	申	未	午	巳	辰	卯	寅	丑	子	亥	戌	酉
木三局	陽男 陰女	亥	子	丑	寅	卯	辰	巳	午	未	申	酉	戌
木三局	陰男 陽女	亥	戌	酉	申	未	午	巳	辰	卯	寅	丑	子
金四局	陽男 陰女	巳	午	未	申	酉	戌	亥	子	丑	寅	卯	辰
金四局	陰男 陽女	巳	辰	卯	寅	丑	子	亥	戌	酉	申	未	午
土五局	陽男 陰女	申	酉	戌	亥	子	丑	寅	卯	辰	巳	午	未
土五局	陰男 陽女	申	未	午	巳	辰	卯	寅	丑	子	亥	戌	酉
火六局	陽男 陰女	寅	卯	辰	巳	午	未	申	酉	戌	亥	子	丑
火六局	陰男 陽女	寅	丑	子	亥	戌	酉	申	未	午	巳	辰	卯

◆天傷、天使表（丙級星）

星名＼命宮	天傷	天使
星系	傷	使
子	巳	未
丑	午	申
寅	未	酉
卯	申	戌
辰	酉	亥
巳	戌	子
午	亥	丑
未	子	寅
申	丑	卯
酉	寅	辰
戌	卯	巳
亥	辰	午

■註：天傷在僕役宮，天使在疾厄宮

◆截路空亡表（丙級星）

星名＼本生年干	截空
星系	截空
甲	申酉
乙	午未
丙	辰巳
丁	寅卯
戊	子戌丑亥
己	申酉
庚	午未
辛	辰巳
壬	寅卯
癸	子戌丑亥

◆命主表

星名＼命宮	命主
子	貪狼
丑	巨門
寅	祿存
卯	文曲
辰	廉貞
巳	武曲
午	破軍
未	武曲
申	廉貞
酉	文曲
戌	祿存
亥	巨門

◆身主表

星名 / 出生年支	身主
子	火星
丑	天相
寅	天梁
卯	天同
辰	文昌
巳	天機
午	火星
未	天相
申	天梁
酉	天同
戌	文昌
亥	天機

◆安旬中、空亡表（也為八字的空亡表，用年柱或日柱對其它地支）

星級	丙					
年干	年支					
甲	子	戌	申	午	辰	寅
乙	丑	亥	酉	未	巳	卯
丙	寅	子	戌	申	午	辰
丁	卯	丑	亥	酉	未	巳
戊	辰	寅	子	戌	申	午
己	巳	卯	丑	亥	酉	未
庚	午	辰	寅	子	戌	申
辛	未	巳	卯	丑	亥	酉
壬	申	午	辰	寅	子	戌
癸	酉	未	巳	卯	丑	亥
旬中空亡	戌	申	午	辰	寅	子
	亥	酉	未	巳	卯	丑

◆斗數流年將前星表（也為八字的流年星盤表）

星級	丁			戊	丁	戊			戊			
流年支＼星名	將星	攀鞍	歲驛	息神	華蓋	劫煞	災煞	天煞	指背	咸池	月煞	亡神
寅午戌	午	未	申	酉	戌	亥	子	丑	寅	卯	辰	巳
申子辰	子	丑	寅	卯	辰	巳	午	未	申	酉	戌	亥
巳酉丑	酉	戌	亥	子	丑	寅	卯	辰	巳	午	未	申
亥卯未	卯	辰	巳	午	未	申	酉	戌	亥	子	丑	寅

◆斗數安子年斗君表（由生月生時安）

生時＼生月	正月	二月	三月	四月	五月	六月	七月	八月	九月	十月	十一月	十二月
子	子	亥	戌	酉	申	未	午	巳	辰	卯	寅	丑
丑	丑	子	亥	戌	酉	申	未	午	巳	辰	卯	寅
寅	寅	丑	子	亥	戌	酉	申	未	午	巳	辰	卯
卯	卯	寅	丑	子	亥	戌	酉	申	未	午	巳	辰
辰	辰	卯	寅	丑	子	亥	戌	酉	申	未	午	巳
巳	巳	辰	卯	寅	丑	子	亥	戌	酉	申	未	午
午	午	巳	辰	卯	寅	丑	子	亥	戌	酉	申	未
未	未	午	巳	辰	卯	寅	丑	子	亥	戌	酉	申
申	申	未	午	巳	辰	卯	寅	丑	子	亥	戌	酉
酉	酉	申	未	午	巳	辰	卯	寅	丑	子	亥	戌
戌	戌	酉	申	未	午	巳	辰	卯	寅	丑	子	亥
亥	亥	戌	酉	申	未	午	巳	辰	卯	寅	丑	子

☆安流年斗君訣（由本生月及本生時推之）

流年歲建起正月，逆逢生月順回程，
回程順至生時止，便是流年正月春。

◆紫微斗數：流年歲前星表（也為八字的流年星盤表）

星系	丁	戊	戊	戊	戊	戊	戊	丁	戊	丁	戊	戊
星名／年支	歲建	晦氣	喪門	貫索	官符	小耗	大耗	龍德	白虎	天德	弔客	病符
子	子	丑	寅	卯	辰	巳	午	未	申	酉	戌	亥
丑	丑	寅	卯	辰	巳	午	未	申	酉	戌	亥	子
寅	寅	卯	辰	巳	午	未	申	酉	戌	亥	子	丑
卯	卯	辰	巳	午	未	申	酉	戌	亥	子	丑	寅
辰	辰	巳	午	未	申	酉	戌	亥	子	丑	寅	卯
巳	巳	午	未	申	酉	戌	亥	子	丑	寅	卯	辰
午	午	未	申	酉	戌	亥	子	丑	寅	卯	辰	巳
未	未	申	酉	戌	亥	子	丑	寅	卯	辰	巳	午
申	申	酉	戌	亥	子	丑	寅	卯	辰	巳	午	未
酉	酉	戌	亥	子	丑	寅	卯	辰	巳	午	未	申
戌	戌	亥	子	丑	寅	卯	辰	巳	午	未	申	酉
亥	亥	子	丑	寅	卯	辰	巳	午	未	申	酉	戌

紫微斗數：十四顆甲級星廟旺陷平地閑表

破軍	七殺	天梁	天相	巨門	貪狼	太陰	天府	廉貞	天同	武曲	太陽	天機	紫微
寅陷	戌廟	酉地	申廟	未陷	午旺	巳陷	辰廟	辰旺	未陷	申平	酉閑	亥平	子平
丑旺	酉閑	申陷	未閑	午旺	巳陷	辰閑	卯平	巳陷	申旺	酉旺	戌陷	子廟	丑廟
子廟	申廟	未旺	午旺	巳平	辰廟	卯陷	寅廟	午平	酉平	戌廟	亥陷	丑陷	寅廟
亥平	未旺	午廟	巳平	辰平	卯地	寅閑	丑廟	未廟	戌平	亥平	子陷	寅旺	卯旺
戌旺	午旺	巳陷	辰旺	卯廟	寅平	丑廟	子廟	申廟	亥廟	子旺	丑陷	卯旺	辰陷
酉陷	巳平	辰旺	卯陷	寅廟	丑廟	子廟	亥旺	酉平	子旺	丑廟	寅旺	辰廟	巳旺
申陷	辰旺	卯廟	寅廟	丑旺	子旺	亥廟	戌廟	戌陷	丑陷	寅閑	卯廟	巳平	午廟
未廟	卯陷	寅廟	丑廟	子旺	亥陷	戌旺	酉陷	亥旺	寅閑	卯陷	辰旺	午廟	未廟
午廟	寅廟	丑旺	子廟	亥旺	戌廟	酉旺	申平	子平	卯廟	辰廟	巳旺	未陷	申旺
巳閑	丑廟	子廟	亥平	戌旺	酉平	申平	未廟	丑旺	辰平	巳平	午廟	申平	酉平
辰旺	子旺	亥陷	戌廟	酉廟	申平	未平	午旺	寅廟	巳廟	午旺	未平	酉旺	戌閑
卯旺	亥平	戌旺	酉陷	申廟	未廟	午陷	巳平	卯閑	午陷	未廟	申閑	戌廟	亥旺

◆紫微天府星系十二宮速查圖

	天機	紫微破軍	
太陽	未		天府
武曲七殺			太陰
天同天梁	天相	巨門	廉貞貪狼

太陽	破軍	天機	紫微天府
武曲	申		太陰
天同			貪狼
七殺	天梁	廉貞天相	巨門

武曲破軍	太陽	天府	天機太陰
天同	酉		紫微貪狼
			巨門
	廉貞七殺	天梁	天相

天同	武曲天府	太陽太陰	貪狼
破軍	戌		天機巨門
			紫微天相
廉貞		七殺	天梁

天府	天同太陰	武曲貪狼	太陽巨門
	亥		天相
廉貞破軍			天機天梁
			紫微七殺

太陰	貪狼	天同巨門	武曲天相
廉貞天府	子		太陽天梁
			七殺
破軍		紫微	天機

紫微星系排列口訣(逆行)：

紫微天機逆行旁，
隔一陽武天同當，
空二是為廉貞位，
空三復見紫微郎。

紫微 七殺			
天機 天梁	巳		廉貞 破軍
天相			
太陽 巨門	武曲 貪狼	天同 太陰	天府

天機	紫微		破軍
七殺	午		
太陽 天梁			廉貞 天府
武曲 天相	天同 巨門	貪狼	太陰

天梁	七殺		廉貞
紫微 天相	辰		
天機 巨門			破軍
貪狼	太陽 太陰	武曲 天府	天同

天府星系排列口訣（順行）：
天府太陰順貪狼，
巨門天相與天梁，
七殺空三破軍位，
空一定見天府鄉。

天相	天梁	廉貞 七殺	
巨門	卯		
紫微 貪狼			天同
天機 太陰	天府	太陽	武曲 破軍

巨門	廉貞 天相	天梁	七殺
貪狼	寅		天同
太陰			武曲
紫微 天府	天機	破軍	太陽

廉貞 貪狼	巨門	天相	天同 天梁
太陰	丑		武曲 七殺
天府			太陽
	紫微 破軍	天機	

◆十二地支刑沖會合對照表

	子	丑	寅	卯	辰	巳	午	未	申	酉	戌	亥
子		六合		刑	三合		沖	害	三合	破		
丑	六合		暗合		破	三合	害	刑沖		三合	刑	
寅		暗合				刑害	三合	暗合	刑沖		三合	合破
卯	刑				害		破	三合	暗合	沖	六合	三合
辰	三合	破		害	自刑				三合	六合	沖	
巳		三合	刑害						刑合	三合		沖
午	沖	害	三合	破			自刑	六合		刑破	三合	暗合
未	害	刑沖	暗合	三合			六合				刑破	三合
申	三合		刑沖	暗合	三合	合刑破						害
酉	破	三合		沖	六合	三合				自刑	害	
戌		刑	三合	六合	沖		三合	刑破		害		
亥			合破	三合		沖		三合	害			自刑

胞胎丙子、戊寅、丁亥、己亥、壬午、癸未、甲申、乙酉、庚寅、辛卯。

六秀戊子、己丑、戊午、丁未、丙午、己未。

魁罡壬辰(水)、庚戌(金)、庚辰(金)、戊戌(土)。

退神壬辰、壬戌、丁丑、丁未。

進神甲子、甲午、己卯、己酉。

金神己巳、癸酉、乙丑。

平頭殺甲子、甲辰、丙辰、丙寅、甲寅、丙戌。

十靈日甲辰、乙亥、丙辰、丁酉、戊午、庚戌、庚寅、辛亥、壬寅、癸未。

孤鸞甲寅、丁巳、辛亥、乙巳、戊申、丙午、戊午、壬子。

文昌丙申、戊申、丁酉、己酉、壬寅、癸卯。

十惡甲辰、乙巳、壬申、丙申、丁亥。

大敗庚辰、戊戌、癸亥、辛巳、乙丑。

陰錯丁丑、辛卯、癸巳、丁未、辛酉、癸亥。

陽差丙子、戊寅、壬辰、丙午、戊申、壬戌。

◆四柱八字：天干神煞表

日主天干	天財	祿神	飛刃	陽貴	陰貴	暗祿	文昌貴人	學堂	羊刃	金輿	流霞	紅豔多情
甲	戊	寅	酉	未	丑	亥	巳	亥	卯	辰	酉	午
乙	己	卯	戌	申	子	戌	午	午	辰	巳	戌	申
丙	庚	巳	子	酉	亥	申	申	寅	午	未	未	寅
丁	辛	午	丑	亥	酉	未	酉	酉	未	申	申	未
戊	壬	巳	子	丑	未	申	申	寅	午	未	巳	辰
己	癸	午	丑	子	申	未	酉	酉	未	申	午	辰
庚	甲	申	卯	丑	未	巳	亥	巳	酉	戌	辰	戌
辛	乙	酉	辰	寅	午	辰	子	子	戌	亥	卯	酉
壬	丙	亥	午	卯	巳	寅	寅	申	子	丑	亥	子
癸	丁	子	未	巳	卯	丑	卯	卯	丑	寅	寅	申

生月	天醫
正	丑
二	寅
三	卯
四	辰
五	巳
六	午
七	未
八	申
九	酉
十	戌
十一	亥
十二	子

說明：(1)正月生人地支見丑……。為天醫。以月支見日支者是。
(2)命帶天醫之人，可作良醫。一般多喜好研究命理、玄學、心理學或醫學。

◆四柱八字：年支神煞表

年支	勾絞日	卷舌	元辰年	華蓋	將星	驛馬	桃花	血刃	孤辰	寡宿	喪門	弔客	劫煞	血支	太白凶星
子	卯	酉	未	辰	子	寅	酉	戌	寅	戌	寅	戌	巳	戌	巳
丑	辰	戌	午	丑	酉	亥	午	酉	寅	戌	卯	亥	寅	酉	丑
寅	巳	亥	酉	戌	午	申	卯	申	巳	丑	辰	子	亥	申	酉
卯	午	子	申	未	卯	巳	子	未	巳	丑	巳	丑	申	未	巳
辰	未	丑	亥	辰	子	寅	酉	午	巳	丑	午	寅	巳	午	丑
巳	申	寅	戌	丑	酉	亥	午	巳	申	辰	未	卯	寅	巳	酉
午	酉	卯	丑	戌	午	申	卯	辰	申	辰	申	辰	亥	辰	巳
未	戌	辰	子	未	卯	巳	子	卯	申	辰	酉	巳	申	卯	丑
申	亥	巳	卯	辰	子	寅	酉	寅	亥	未	戌	午	巳	寅	酉
酉	子	午	寅	丑	酉	亥	午	丑	亥	未	亥	未	寅	丑	巳
戌	丑	未	巳	戌	午	申	卯	子	亥	未	子	申	亥	子	丑
亥	寅	申	辰	未	卯	巳	子	亥	寅	戌	丑	酉	申	亥	酉

◎四柱八字：(1)天掃、(2)地掃、(3)鐵掃(另有歌訣於一二三頁)

(1)甲年癸未時，乙年壬午時，丙年辛巳時，丁年庚辰時，戊年己卯時，己年戊寅時，庚年丁丑時，辛年丙子時，壬年乙亥時，癸年甲戌時，日時逢之是為天掃。

(2)金年申月午日未時，木年卯月辰日巳時，水年亥月戌日酉時，火年寅月丑日子時，土年卯月辰日巳時，是為地掃。(於一二三頁有歌訣)

(3)申子辰年男正月、女十二月。巳酉丑年男六月、女九月。亥卯未年男二月、女八月。寅午戌年男四月、女七月。　十二掃：金人牛作伴，火人對亥行，木見虎頭生，水土未從生，從生日干五行對地支算起，順數至生時，看得數，即知十二掃吉凶。鐵掃帚好壞如下：

①進掃㊎吉　②退掃凶　③衰掃凶　④祿掃吉　⑤旺掃吉　⑥刑掃凶　⑦沖掃凶　⑧敗掃凶　⑨破掃凶　⑩鳳掃吉　⑪榮掃吉　⑫足掃吉

◆四柱八字：推男女十二生命所犯神煞篇

生年	破月 男破女家	骨破碎 女破男家	鐵掃帚 男掃女家	鐵掃帚 女掃男家
子	二	六	正	十二
丑	三	四	六	九
寅	十	三	四	七
卯	五	正	二	八
辰	十二	六	正	十二
巳	正	四	六	九
午	八	三	四	七
未	九	正	二	八
申	四	六	正	十二
酉	十一	四	六	九
戌	六	三	四	七
亥	七	正	二	八

◆四柱八字：年柱對月令(節氣)

生年	再嫁（女命）	頭蒂	咸池（即桃花煞）	劫煞（不聚財）	相沖（多產厄）	大敗	大狼籍	八敗	飛天	狼籍	小狼籍		破碎	孤辰（男忌）	寡宿（女忌）	重婚（男女忌）	絕房	腳踏
子	五	五	八	四	八	四	五	六	二	三	四	九	四	正	九	四	十一	四
丑	六	六	五	正	九	七	八	九	正	七	八	十	十二	正	九	五	二	五
寅	七	七	二	十	十	十	十一	十二	五	六	十	十二	八	四	十二	六	七	六
卯	八	八	十一	七	十一	十	十二	十二	五	六	四	九	四	四	十二	七	十一	七
辰	九	九	八	四	十二	四	五	六	三	二	四	九	十二	四	十二	八	二	八
巳	十	十	五	正	正	四	五	六	三	二	十	十二	八	七	三	九	七	九
午	十一	十一	二	十	八	十	十一	十二	五	六	二	六	四	七	三	十	十一	十
未	十二	十二	十一	七	九	正	二	三	十	十一	八	十	十二	七	三	十一	二	十一
申	正	正	八	四	十	七	八	三	正	七	八	十	八	十	六	十二	七	十二
酉	二	二	五	正	十一	七	八	三	正	七	二	六	四	十	六	正	十一	正
戌	三	三	二	十	十二	正	二	九	十	十一	二	六	十二	十	六	二	二	二
亥	四	四	十一	七	正	正	二	九	十	十一	十	二	八	正	九	三	七	三

◆四柱八字：年支見地支神煞表

神煞／年支	龍德	金匱	紅鸞	亡神	大耗	五鬼	桃花	血刃	天狗	勾絞	歲破、破碎	晦氣
子	未	子	卯	亥	午	辰	酉	戌	戌	卯	午	丑
丑	申	酉	寅	申	未	巳	午	酉	亥	辰	未	寅
寅	酉	午	丑	巳	申	午	卯	申	子	巳	申	卯
卯	戌	卯	子	寅	酉	未	子	未	丑	午	酉	辰
辰	亥	子	亥	亥	戌	申	酉	午	寅	未	戌	巳
巳	子	酉	戌	申	亥	酉	午	巳	卯	申	亥	午
午	丑	午	酉	巳	子	戌	卯	辰	辰	酉	子	未
未	寅	卯	申	寅	丑	亥	子	卯	巳	戌	丑	申
申	卯	子	未	亥	寅	子	酉	寅	午	亥	寅	酉
酉	辰	酉	午	申	卯	丑	午	丑	未	子	卯	戌
戌	巳	午	巳	巳	辰	寅	卯	子	申	丑	辰	亥
亥	午	卯	辰	寅	巳	卯	子	亥	酉	寅	巳	子

◆日支對照時辰：各種關煞表

二七、木三八、金四九、土五十。如甲見庚煞乃四九歲關，丙見壬煞一六歲關、戊見甲而己見乙煞三八歲關：餘仿推。

論時＼日支	子	丑	寅	卯	辰	巳	午	未	申	酉	戌	亥	所忌
和尚關	辰戌丑未	子午卯酉	寅申巳亥	辰戌丑未	子午卯酉	寅申巳亥	辰戌丑未	子午卯酉	寅申巳亥	辰戌丑未	子午卯酉	寅申巳亥	●勿隨母入宮廟寺觀燒香拜佛。
鬼門關	酉	午	未	申	亥	戌	丑	寅	卯	子	巳	辰	●不宜遠行或勿入陰廟宮寺。
五鬼關	辰	巳	午	未	申	酉	戌	亥	子	丑	寅	卯	●限內勿過塚埔勿近棺木板。
短命關	巳	寅	辰	未	巳	寅	辰	未	巳	寅	辰	未	●限內主小心看護。
天狗關	戌	亥	子	丑	寅	卯	辰	巳	午	未	申	酉	●此關有血光傷害破相等宜制化。
天吊關	巳午	子卯	辰午	午申	巳午	子卯	辰午	午申	巳午	子卯	辰午	午申	●重拜父母和過房，若私生子無妨。
湯火關	午	未	寅	午	未	寅	午	未	寅	午	未	寅	●限內湯火油小心。
撞命關	巳	未	巳	子	午	午	丑	丑	午	亥	未	亥	●犯此關主難養夭壽宜過房圖解制化。
埋兒關	丑	卯	申	丑	卯	申	丑	卯	申	丑	卯	申	●勿看出殯凶喪保平安。

◆日干對照時辰：各種關煞表

日干／論時	雞飛關	急腳關	落井關	千日關	雷公關	斷陽關	取命關	白虎關
甲	丑酉巳	酉申	巳	辰午	丑	未午	辰子申	生日納音金人卯時 木人酉時 火人子時 水土人午時
乙	子	酉申	子	辰午	午	未午	辰子申	
丙	子	子亥	申	酉申	子	巳辰	辰子申	
丁	子	子亥	戌	酉申	子	巳辰	辰子申	
戊	子	卯寅	卯	戌巳	戌	午	未卯亥	
己	丑酉巳	卯寅	巳	戌巳	戌	未	未卯亥	
庚	未卯亥	午巳	子	寅	寅	寅	未卯亥	
辛	戌午寅	午巳	申	寅	寅	寅	戌午寅	
壬	戌午寅	丑辰未戌	戌	亥丑	酉	丑	戌午寅	
癸	戌午寅	丑辰未戌	卯	亥丑	亥	丑	戌午寅	
所忌	●勿看殺生，夜生不妨。	●修造動土上樑勿看。	●勿近井水邊渡游有水厄之災。	●未千日勿往外媽厝。●主驚風、吐乳之患。	●勿抱高空、到處弄跳，注意蹊倒。	●勿看宰六畜，勿入屠宰場。	●勿入中元壇內，勿看普渡。	●刀斧、血光、出疹小心

月令對照時辰關煞表解

月令 \ 論時	正	二	三	四	五	六	七	八	九	十	十一	十二	所忌
四柱關	亥巳	戌辰	酉卯	申寅	未丑	午子	亥巳	戌辰	酉卯	申寅	未丑	午子	●勿坐轎、坐太高為要。
四季關	巳丑	巳丑	巳丑	申辰	申辰	申辰	未亥	未亥	未亥	戌寅	戌寅	戌寅	●四季小心苗而不秀。
將軍關	辰戌酉	辰戌酉	辰戌酉	子卯未	子卯未	子卯未	丑寅午	丑寅午	丑寅午	巳申亥	巳申亥	巳申亥	●勿入將爺廟。
閻王關	未丑	未丑	未丑	戌辰	戌辰	戌辰	午子	午子	午子	卯寅	卯寅	卯寅	●勿看功果做佛事。
百日關	丑辰 未戌	巳寅 亥申	卯子 酉午	丑辰 未戌	巳寅 亥申	卯子 酉午	丑辰 未戌	巳寅 亥申	卯子 酉午	丑辰 未戌	巳寅 亥申	卯子 酉午	●童限犯之初生百日內勿出大門外。
斷橋關	寅	卯	申	丑	戌	酉	辰	巳	午	未	亥	子	●勿渡舟過竹橋竹搖籃。
無情關	子酉寅	子酉寅	子酉寅	巳亥戌	巳亥戌	巳亥戌	丑申	丑申	丑申	午子	午子	午子	●父母偏呼重拜亦可。
浴盆關	辰	辰	辰	未	未	未	戌	戌	戌	丑	丑	丑	●小兒初次洗浴時小心。
水火關	戌未	戌未	戌未	辰丑	辰丑	辰丑	戌丑	戌丑	戌丑	辰未	辰未	辰未	●須防水厄火湯油之災。
深水關	申寅	申寅	申寅	未	未	未	酉	酉	酉	丑	丑	丑	●清明七夕之日主不拜多病多災。
金鎖關	申	酉	戌	亥	子	丑	申	酉	戌	亥	子	丑	●童限忌帶金銀鎖片錢索物。
夜啼關	午	午	午	酉	酉	酉	子	子	子	卯	卯	卯	●限內夜間不要火。逢者制化自定。

◆命宮十二歲君(十二宮神煞介紹)

①太歲：凶，無災便有殃，吉凶分明，立春日安太歲。與孳天、劍鋒、伏屍同宮。
②太陽：吉，由凶轉吉，防口舌是非，三月十九日拜太陽吉。與天空、劫殺同宮。
③喪門：凶，勿探病人，勿入孝家。與地喪、地雉同宮。
④太陰：凶，易招異性平地起風波，勿走暗路，八月十五日夜拜太陰吉。與勾絞同宮。
⑤五鬼：大凶，易遭小人陷害，防刑訟是非。與飛符、官符、三台同宮。
⑥死符：大凶，易遭官災，勿探病，送葬。與月德、小耗同宮。
⑦歲破：大凶，凡事當忍，支票，簽收宜加注意，防火盜。與大耗、月恩同宮。
⑧龍德：大吉，易獲貴人相助，財利極順，防小人計。與天厄、紫微同宮。
⑨白虎：大凶，易有血光失足之災，如車禍，家運不順。與天雄、地殺同宮。
⑩福德：吉，財利雙收，得貴人相助，二月初四拜福德。與天德、卷舌同宮。
⑪天狗：大凶，勿觀看日月蝕，易遭人陷害，有牢獄之災，勿遠行。與弔客同宮。
⑫病符：凶，勿探病，勿食喪物，身體不安，謀事不成。與凶神、陌越同宮。
◎要知「歲君」排法，須先明瞭命宮，以歲支上起太歲(每年的流年年支為基點)，順排1太歲、2太陽、3喪門、4太陰……至12病符，順數至命宮的地支，即是「歲君」。

例如：命宮為丑宮(於四一頁有八字安命宮表)，今年逢乙未年，按歲次乙未年，則未支為基準起太歲1，順行申太陽2、酉喪門3、戌太陰4、亥五鬼5、子死符6、丑歲破7、寅龍德8、卯白虎9、辰福德10、巳天狗11、午病符12，所以命宮丑宮在今年乙未年「歲君」值歲破7。如果命宮為申，今年乙未年「歲

◆命宮十二歲君流年對照表

命宮＼流年	子	丑	寅	卯	辰	巳	午	未	申	酉	戌	亥
子	太歲	病符	天狗	福德	白虎	龍德	歲破	死符	五鬼	太陰	喪門	太陽
丑	太陽	太歲	病符	天狗	福德	白虎	龍德	歲破	死符	五鬼	太陰	喪門
寅	喪門	太陽	太歲	病符	天狗	福德	白虎	龍德	歲破	死符	五鬼	太陰
卯	太陰	喪門	太陽	太歲	病符	天狗	福德	白虎	龍德	歲破	死符	五鬼
辰	五鬼	太陰	喪門	太陽	太歲	病符	天狗	福德	白虎	龍德	歲破	死符
巳	死符	五鬼	太陰	喪門	太陽	太歲	病符	天狗	福德	白虎	龍德	歲破
午	歲破	死符	五鬼	太陰	喪門	太陽	太歲	病符	天狗	福德	白虎	龍德
未	龍德	歲破	死符	五鬼	太陰	喪門	太陽	太歲	病符	天狗	福德	白虎
申	白虎	龍德	歲破	死符	五鬼	太陰	喪門	太陽	太歲	病符	天狗	福德
酉	福德	白虎	龍德	歲破	死符	五鬼	太陰	喪門	太陽	太歲	病符	天狗
戌	天狗	福德	白虎	龍德	歲破	死符	五鬼	太陰	喪門	太陽	太歲	病符
亥	病符	天狗	福德	白虎	龍德	歲破	死符	五鬼	太陰	喪門	太陽	太歲

丑年　　◎十二星盤圖　　子年

丑年		子年	
午◎ 小月 耗德	子◎ 歲陌 合越	午◎ 天災月 哭殺空	子◎ 金將 匱星
咸死 池符	病 符	欄歲大破 干破耗碎	擎伏太劍 天尸歲鋒
未◎ 歲欄 破干	丑◎ 伏劍黃 尸鋒旛	未◎ 紫龍地 微德解	丑◎ 攀歲太 鞍合陽
大破豹月月 耗碎尾殺空	太華擎 歲蓋天	天歲天暴 殺殺厄敗	晦天劫六 氣空殺害
申◎ 天暴紫天 喜敗微厄	寅◎ 孤紅太 辰鸞陽	申◎ 指 背	寅◎ 地 驛 喪 馬
天龍亡地 官 符德神解	劫吞天晦六 殺陷空氣害	天白飛大 雄虎廉殺	孤 喪 辰 門
酉◎ 天將解金 解星神匱	卯◎ 披 頭	酉◎ 咸天福天 池喜德德	卯◎ 太紅 陰鸞
大白浮血天飛八 殺虎沉刃雄廉座	災喪地 殺門喪	卷 絞 舌 煞	三貫勾 刑索絞
戌◎ 天攀 德鞍	辰◎ 勾太 絞陰	戌◎ 浮血八天 沉刃座解	辰◎ 官華三 符蓋台
寡卷絞三福 宿舌煞刑德	天歲貫 殺殺索	月豹弔天寡解吞 殺尾客狗宿神陷	披五飛黃 頭鬼符旛
亥◎ 天 馬	巳◎ 三 台	亥◎ 病陌 符越	巳◎ 小劫月 耗殺德
弔 天 客 狗	官五天指飛 符鬼哭背符	亡 天 　 官 神 符	死 符

◎十二星盤圖

卯年

午◎	太陰 天喜	勾絞 貫索
子◎	天德 紅鸞 絞煞	卷舌 咸池 福德
未◎	天解 三台 解神 華蓋	五鬼 八座 血刃 浮沉 年符 官符 黃旛
丑◎	披頭 寡宿 天狗	豹尾 弔客 月殺
申◎	月德	劫殺 小耗 死符
寅◎	陌越 天官符	病符 亡神
酉◎	月空 災殺	破碎 欄干 歲破 大耗
卯◎	將星 金匱	擎天 伏尸 劍鋒 太歲 天哭
戌◎	龍德 紫微 吞陷	地解 暴敗 天厄 天殺 歲殺
辰◎	攀鞍 太陽	六害 劫殺 天空 晦氣
亥◎	指背 天雄	白虎 地殺
巳◎	驛馬 大煞 飛廉 地喪	喪門 孤辰

寅年

午◎	三台 金匱 將星 五鬼	官符
子◎		天狗 弔客 災殺
未◎	月德 天喜	小耗 死符 攀鞍
丑◎	陌越 紅鸞	歲殺 天殺 寡宿 病符
申◎	解神 天解 天馬 八座	大耗 浮沉 血刃 破碎 欄干 歲破 月空
寅◎	指背 伏尸	擎天 地殺 披頭 太歲 劍鋒
酉◎	紫微 龍德	地解 天厄 暴敗
卯◎	晦氣 太陽	六害 天空 咸池 劫殺
戌◎	白虎 大殺	黃旛 飛廉 華蓋 天雄
辰◎	喪門	月殺 豹尾 天哭 地喪
亥◎	歲合 天德 福星	福德 絞煞 卷舌 劫殺
巳◎	亡神 三刑 天官符	太陰 貫索 孤辰 勾絞

巳年　◎十二星盤圖　辰年

巳年	巳年	辰年	辰年
午◎ 劫殺 太陽 咸池 晦氣 天空 六害	子◎ 地解 紫微 龍德 天厄 暴敗	午◎ 災殺 浮沉 八座 解神 地喪 血刃 喪門 天解 飛廉	子◎ 金匱 將星 白虎 披頭 地殺 天雄
未◎ 大殺 月殺 豹尾 喪門 地喪 飛廉	丑◎ 天雄 黃旛 地殺 白虎 華蓋 天哭	未◎ 吞陷 歲殺 太陰 天殺 貫索 困獄 勾絞	丑◎ 絞煞 福德 天德 卷舌 寡宿 攀鞍
申◎ 歲刑 歲合 太陰 貴人 亡神 貫索 天官符 勾絞 孤辰	寅◎ 天德 絞煞 劫殺 卷舌 福德	申◎ 五鬼 三台 飛符 官符 指背	寅◎ 驛馬 天狗 天哭 弔客
酉◎ 飛符 將星 三台 金匱 官符 五鬼	卯◎ 吞陷 弔客 天狗 災殺	酉◎ 歲合 月德 咸池 死符 小耗	卯◎ 陌越 病符
戌◎ 月德 攀鞍 小耗 死符 紅鸞	辰◎ 天殺 天喜 陌越 寡宿 歲殺 病符	戌◎ 破碎 欄干 月空 月殺 歲破 豹尾 大耗	辰◎ 伏尸 劍鋒 華蓋 太歲 黃旛 擎天
亥◎ 破碎 驛馬 月空 披頭 歲破 欄干 大耗	巳◎ 天解 伏尸 浮沉 解神 擎天 劍鋒 太歲 血刃 指背 八座	亥◎ 紫微 龍德 地解 紅鸞 暴敗 天厄 亡神 天官符	巳◎ 孤辰 晦氣 天喜 太陽 劫殺 天空 六害

◎十二星盤圖

未年

午◎	陌越	子◎	月德 小耗
	歲合 病符 六合		死符 咸池
未◎	華蓋 伏尸	丑◎	月空 大耗 欄干
	擊天 劍鋒 太歲 黃旛		破碎 歲破 豹尾 月殺
申◎	太陽 紅鸞 天空 劫殺	寅◎	天喜 龍德 紫微 地解
	六害 晦氣 孤辰		吞陷 天官府 暴敗 天厄 亡神
酉◎	披頭	卯◎	將星 解神 天解 金匱
	地喪 喪門 災殺		浮沉 八座 天雄 血刃 白虎 地殺 飛廉
戌◎	太陰	辰◎	攀鞍 天德 福德
	歲殺 勾絞 貫索 天殺		絞煞 寡宿 披麻 卷舌
亥◎	三台 五鬼 飛符	巳◎	驛馬 弔客
	指背 天哭 官符		天狗

午年

午◎	將星 金匱	子◎	月空 欄干 破碎
	擊天 劍鋒 太歲 伏尸		大耗 天哭 歲破 災殺
未◎	攀鞍 歲合 太陽	丑◎	龍德 紫微
	六害 晦氣 劫殺 天空		地解 暴敗 天殺 歲殺 天厄
申◎	驛馬	寅◎	大殺 指背 天雄
	地喪 喪門 孤辰		吞陷 飛廉 白虎 地殺
酉◎	紅鸞 太陰	卯◎	天喜 天德 福德
	勾絞 貫索		絞煞 披麻 卷舌 咸池
戌◎	三台 黃旛 五鬼	辰◎	解神 天解 八座 豹尾
	華蓋 披頭 官符 飛符		血刃 寡宿 天狗 弔客 月殺 浮沉
亥◎	月德	巳◎	陌越 病符
	劫殺 死符 小耗		亡神 天官府

◎十二星盤圖

酉年		申年	
午◎ 天德 福德 紅鸞 絞煞 披麻 卷舌 咸池	子◎ 太陰 天喜 勾絞 貫索	午◎ 災殺 弔客 天狗	子◎ 將星 三台 金匱 五鬼 飛符 官符
未◎ 寡宿 披頭 天狗 豹尾 弔客 月殺	丑◎ 解神 三台 天解 飛符 八座 浮沉 血刃 華蓋 五鬼 官符 黃旛	未◎ 寡宿 天殺 紅鸞 歲殺 病符 陌越	丑◎ 月德 攀鞍 天喜 死符 小耗
申◎ 陌越 天官符 亡神 病符	寅◎ 月德 劫殺 死符 小耗	申◎ 指背 劍鋒 擎天 伏尸 披頭 太歲	寅◎ 解神 天解 月空 驛馬 浮沉 欄干 八座 歲刑 血刃 大耗 歲破
酉◎ 金匱 將星 伏尸 擎天 天哭 太歲 劍鋒	卯◎ 月空 欄干 大耗 困獄 災殺 歲破 破碎	酉◎ 太陽 劫殺 天空 六害 晦氣 咸池	卯◎ 地解 玉堂 龍德 紫微 天厄 暴敗
戌◎ 攀鞍 太陽 晦氣 吞陷 六害 天空 劫殺	辰◎ 歲合 紫微 龍德 地解 暴敗 天殺 歲殺 天厄	戌◎ 天哭 豹尾 吞陷 地喪 喪門 月殺	辰◎ 飛廉 黃旛 天雄 華蓋 白虎 地殺
亥◎ 驛馬 地喪 孤辰 喪門 飛廉 大煞	巳◎ 白虎 天雄 指背 地殺	亥◎ 太陰 孤辰 貫索 天官符 亡神 勾絞	巳◎ 福德 歲合 天德 吞陷 絞煞 福星 劫殺 卷舌 劫殺

亥年　◎十二星盤圖　戌年

亥年	亥年	戌年	戌年
午◎ 地龍紫 解德微 天暴 厄敗	子◎ 咸太 池陽 劫天晦六 殺空氣害	午◎ 金將地 匱星解 披白地天 頭虎殺雄	子◎ 地災天八解 喪殺解座神 喪浮血飛 門沉刃廉
未◎ 地華 殺蓋 天黃白天 雄旛虎哭	丑◎ 地 喪 飛豹月喪 廉尾殺門	未◎ 福天 德德 三絞寡卷攀 刑煞宿舌鞍	丑◎ 歲勾太 殺絞陰 天卒貫 殺暴索
申◎ 天福 德星 絞劫披卷福 煞殺麻舌德	寅◎ 吞卒孤歲 陷暴辰合 貫勾亡天太 索絞神官符陰	申◎ 天天 哭馬 天弔驛 狗客馬	寅◎ 飛三 符台 五官指吞 鬼符背陷
酉◎ 災 殺 弔天 客狗	卯◎ 將三金 星台匱 官五 符鬼	酉◎ 陌 越 病 符	卯◎ 小月歲 耗德合 咸死 池符
戌◎ 寡陌天 宿越喜 歲病天 殺符殺	辰◎ 紅 鸞 小死陰月攀 耗符殺德鞍	戌◎ 華伏 蓋尸 劍太黃擎 鋒歲旛天	辰◎ 欄破月 干碎空 豹月歲大 尾殺破耗
亥◎ 天指劍血解 解背鋒刃神 浮太地伏八擎 沉歲殺尸座天	巳◎ 破驛月 碎馬空 大歲披欄 耗破頭干	亥◎ 太天 陽喜 孤天劫六晦 辰空殺害氣	巳◎ 地紫龍紅 解微德鸞 亡天暴天官 神厄敗符

流年星曜註釋

流年之好壞，先看流年干支配合原局為喜為忌，次觀流年所臨之星曜是吉是凶，而後可知一年中禍福之情形。流年星曜，除本節所述者外，吉神類之天乙貴人、月將、驛馬、將星，凶煞類之空亡、孤寡、喪吊、亡神、劫煞、地煞等，亦可參考。

1. 紅鸞：主訂婚結婚之喜，從卯上起子，逆數至生年太歲止即是。
2. 天喜：主添丁、添財之喜，紅鸞對沖是天喜，如紅鸞是酉，對沖卯是天喜。
3. 天德、福德：太歲前九位。天德與福德同宮，福星保身，逢凶化吉，生財有道，貴人之助。
4. 月德：太歲前五位。天月二德，主吉慶，能逢凶化吉，此天月二德，專為著流年之用，與前述天月二德不同。
5. 解神：從戌上起子，逆數至太歲止，主解凶。
6. 天解：與解神同宮，主解厄，變災為福。
7. 地解：太歲前七位，主化凶為吉。
8. 紫微、龍德：與地解同宮，歲前七位，入命或流年遇之，諸凶遠避，凡事迎祥。
9. 三台：太歲前四位，主逢凶化吉。與官符、飛符、五鬼同宮。
10. 八座：與解神同宮，主貴，主逢凶化吉。
11. 太陽：太歲前一位，男命值此最吉，否極泰來之兆。女命防異生糾紛。

12.太陰：太歲前三位，女命值此最吉。男防異性糾紛。

13.金匱：申子辰年在子，巳酉丑年在酉，寅午戌年在午，亥卯未年在卯，主交易順利，財源茂盛。

14.太歲：太歲乃諸神之領袖，忌逢戰鬥，流年值此，常為吉凶之極端，禍福之分界，惟行善可以解災。

15.劍鋒、伏屍、擎天：均與太歲同宮，劍鋒主災禍，再逢陽刃、劫煞、亡神等凶煞，則災重，喜見吉祥解免。伏屍主風光眼目之災，婦女防產厄。

16.天空：與太陽同宮，主錢財虛花，子女多災。

17.官符：太歲前四位，主官事劫財，與陽刃併，刑徒之命，與空亡併，多邪誕不實，又名妄語煞。

18.五鬼：與官符同宮，太歲前四位，與太歲三合，主錢財虛耗，是非口舌。

19.死符：太歲前五位，入命主性剛喜鬥，官刑破財。

20.歲破、月空：太歲前六位，主謀事不遂，是非口舌。月空與歲破同宮。

21.欄干：與歲破同宮，主刑獄，眼目之災，再逢喪門弔客，防懸樑溺水之災。

22.暴敗：太歲前七位，主口舌、驚恐、疾病。

23.天厄：太歲前七位，與暴敗同宮，主謀望不遂。

24.白虎：太歲前八位，主疾病、破財、官事，再逢血刃，主外傷流血。

25.天狗：與弔宮同宮，歲前十位，主刑妻傷子，病痛、流血、破財、孝服。

26. 病符：太歲前十一位，主疾病虛驚，官訟、是非。
27. 卷舌：太歲前九位，入命主貌醜，口舌、官訟、破財、夫婦分離。
28. 血刃：①年支子見他支戌，或月支寅見他支丑，為血刃，餘倣此。
②血刃主刑杖外傷，產厄，疾病流血之災。

年支	血刃	月支	血刃
子	戌	寅	丑
丑	酉	卯	午
寅	申	辰	寅
卯	未	巳	申
辰	午	午	卯
巳	巳	未	酉
午	辰	申	辰
未	卯	酉	子
申	寅	戌	午
酉	丑	亥	亥
戌	子	子	午
亥	亥	丑	子

29. 六害：太歲前一位，日支見剋妻，時支見剋子，月支見剋父母兄弟。
30. 天哭：子年起自午逆行，一年一位，主孝服，子女不安，遇白虎披頭同宮，損傷破財。
31. 披頭：子年起，自辰上逆行，一年一宮，主孝服不寧。
32. 黃旛：申子辰年在辰，寅午戌年在戌，巳酉丑年在丑，亥卯未年在未，主心神恍惚，容貌枯槁，多災多難，遇食神可解。

33. 豹尾：申子辰年在戌，寅午戌年在辰，巳酉丑年在未，亥卯未年在丑，主災難心神不定。

34. 飛廉：又名大殺。飛廉主破財，刑獄、孝服，遇白虎災重。

年支	子	丑	寅	卯	辰	巳	午	未	申	酉	戌	亥
飛廉	申	酉	戌	巳	午	未	寅	卯	辰	亥	子	丑

35. 浮沉煞、血刃：年支為主與血刃同宮，主作事虛花，貪迷酒色，水厄災禍。落財帛宮主富饒，田宅宮破祖。丙、丁、戊、辛、癸、人犯之為重，又值寅、午、戌、申、未年，多水厄。

36. 貫索：太歲前第三位。與太陰、勾絞同宮，主凶。遇天地解神其禍減半。

37. 勾絞：與貫索同宮或陽男陰女，太歲前三位為勾，後三位為絞，陰男陽女，太歲前三位為絞，後三位為勾，主謀不遂，傷身退財之事，大忌與金神、陽刃白虎併，主蛇蟲、虎、狼、牛、犬、傷身。如身剋勾絞，多掌兵刑誅殺之任。勾絞剋身，多非橫災禍，不得令終，歲運遇之，主口如、刑獄。

38. 指背煞：三合之首四長生處取之。巳酉丑見巳，亥卯未見亥，寅午戌見寅，申子辰見申。以年支為主，四柱見之為是。書云：「指背煞主招人嫉妒，為人無功。年上輕，時上重。」常被別人在背後說閒話。

流年吉凶神煞註解

吉星註解

1. 天德：天德福星，逢凶化吉，大事化小，貴人得助。
2. 天喜：天嘉臨昭，瑞靄盈門，其年喜慶，添子添孫。
3. 福德：福德降臨，諸事吉慶，生財有道，諸事順利。
4. 龍德：龍德保身，凡事安寧，龍德貴人，萬事稱心。
5. 月德：月德照臨，逢凶化吉，遇之逢貴，萬事吉祥。
6. 紅鸞：紅鸞星動，滿面春風，喜氣盈門，男女喜慶。
7. 紫微：紫微駕臨，凶神不侵，萬事迪吉，富貴到臨。
8. 玉堂：玉堂貴人，富貴功名，顯達有望，喜氣洋洋。
9. 金匱：交易順利，財利亨通，生意興隆，財源茂盛。
10. 三台：三台神解，逢凶化吉，大事化小，事事如意。
11. 將星：將星主權，文武掌印，經營老闆，做工帶班。
12. 華蓋：文章大有，智慧增加，聰明益智，見解分明。
13. 太陰：太陰照臨，陰盛陽衰，女泰男否，月夜光明。

14.太陽：太陽高照，光明前程，男泰女否，陽盛陰衰。
15.天解：天解解災，變禍為福，諸神同宮，化險為夷。
16.地解：地解吉星，雲開月明，逢凶化吉，萬事安寧。
17.驛馬：驛馬行動，利在遠方，動則吉利，不動不安。

凶星註解

1.太歲：太歲上座，無喜有禍，奉安太歲，以保平安。
2.劍鋒：劍鋒厲害，爭鬥血災，吉星相扶，方可免災。
3.伏屍：伏屍還魂，人主疾病，女主產厄，吉星解平。
4.天空：天空地滿，求財不聚，無安開支，退財安樂。
5.喪門：喪門降臨，孝服臨身，是年欠利，送葬少去。
6.勾絞：勾絞勾絞，事事不好，遇事糾纏，吃力煩惱。
7.五鬼：五鬼小人，主搬是非，重則病患，輕則損財。
8.官符：官符降臨，訟事大興，吉神化解，方保太平。
9.死符：死符還魂，疾惡纏身，官事破財，吉星救星。

10. 小耗：小耗小耗，提防鼠耗，盜竊防護，小破財毫。
11. 歲破：歲破破財，錢財虛耗，其年欠利，口舌是非。
12. 大耗：大耗大耗，提防大盜，大破其財，吉星有救。
13. 紅豔：紅豔降臨，酒色迷心，桃花路忌，災色太平。
14. 浮沉：浮沉不定，醉心酒色，作事虛花，吉星安心。
15. 白虎：白虎白虎，聲聲叫苦，疾難孝服，官事破財。
16. 欄杆：牢獄災難，或眼之災，喪門弔客，意外災害。
17. 天厄：謀事難成，或生疾病，天月星救，方保安寧。
18. 暴敗：暴敗星臨，做事不成，是非口舌，吉星解救。
19. 指背：朋友反背，事不投契，與人不睦，吉星解退。
20. 卷舌：是非口舌，夫婦口角，破財等事，吉星解救。
21. 天狗：天狗血光，提防損傷，重則破相，輕則也傷。
22. 弔客：吊神降臨，孝服上身，吉星解救，方免喪臨。
23. 病符：病符臨官，病患難空，身體怪病，時看郎中。
24. 亡神：又名官符，官司訴訟，謀略算計，兵刑責難。

推胎元法（於四二頁有對照表）

胎元者，受胎之月也。從生月干支逆數十個月，即是胎元。例如：甲子月生，逆數十位乙卯即胎元也。餘類推。即生月天干進一，地支進三也。

推生男女法

七七，四十九。問娘何月有。除去母身歲。加添一十九。如單數生男。如雙數生女。公式49＋月數—母數＋19＝單數生男、雙數生女。

推胎息法（於四二頁有對照表）

推胎息之法，以日柱干支相合之干支，天干五合、地支六合為胎息。例如：甲子日生，天干甲與己合，地支子與丑合，則知胎息為「己丑」也。餘類推。

推胎數法

子午卯酉　男為一四七胎　女是二五八胎

辰戌丑未　男為二五八胎　女是三六九胎

寅申巳亥　男為三六九胎　女是一四七胎

推安命宮心訣求法（於四一頁有安命宮表）

推法依其所生月支之數合生時地支之數，至十四數為其本位，如月時合算之數，不滿十四者，當加至十四數為止。當加之數則命宮之支。若月時合算之數超過十四者，加至二十六數為本位。亦以所加之數為命宮。欲知某宮之干，以年上起月之法推之，則知某干。

月支之數（寅一、卯二、辰三、巳四、午五、未六、申七、酉八、戌九、亥十、子十一、丑十二）時支之數亦適之。

掌訣求法（於七二頁有命宮十二歲君、七三頁有命宮十二歲君流年對照表）

以掌上十二宮「子宮」為起算宮位，不論男女，一律自子宮起算正月，按序逆行至亥宮為二月，戌宮為三月，酉宮為四月…直至算到本位之月為止，然後再就生月所止之宮位，從生時起順數，數至「卯」支為止，這時卯支所止之宮位即為命宮。

例如：申月（大暑起至處暑前止為七月申）子時生，由子宮起寅一、亥二、戌三、酉四、申五、未六、午七月生，再從午宮起生時子順數至未宮為丑、申宮為寅、酉宮為「卯」支，命宮在酉宮。求得命宮後，於七三頁有命宮十二歲君流年對照表，在套入十二星盤圖。

◆十二宮表乾坤星盤法（七四頁起有十二星盤圖或套入歲君用之）

男命	女命	僧道
一命主 七妻妾	一命主 七夫星	一命主 七道情
二則帛 八疾厄	二粧奩 八疾厄	二衣鉢 八疾厄
三兄弟 九遷移	三妯娌 九閨門	三徒弟 九游行
四田宅 十官祿	四父母 十衣祿	四本師 十師號
五男女 十一福德	五男女 十一福份	五小師 十一福德
六女僕 十二相貌	六奴婢 十二相容	六人力 十二相口

★諸神煞應用

天乙貴人（一賦覽云天乙文星得者聰明智慧）

天乙貴人：辰戌乃魁罡惡刹之地，天乙貴人不臨，所以不為貴。

天乙貴人主雅秀之福神，陰陽清秀之氣。讀書人遇之，主聰明智巧、高科文翰。

甲戊庚牛羊　乙己鼠猴鄉　丙丁豬雞位　壬癸兔蛇藏

六辛逢馬虎　此是貴人方　命中如遇者　定作紫衣郎

地支／日主	地支陰貴	地支陽貴
甲	丑	未
乙	子	申
丙	亥	酉
丁	酉	亥
戊	未	丑
己	申	子
庚	未	丑
辛	午	寅
壬	巳	卯
癸	卯	巳

福星貴人（福星貴人以年干和日干對照四柱地支）

甲丙相邀入虎鄉，更逢鼠穴最高強，戊猴己未丁宜亥，乙癸逢牛卯祿昌，

庚趕馬頭辛到巳，壬騎龍背喜非常。

福星貴人：福壽與家，清逸享福；命得福星貴人，須原命地支有日主之強根方真；能獲真福星貴之人，其名揚於當世，勳業超群。

人命帶福星貴人，主一生福祿無缺，配合得當，必然多福多壽、金玉滿堂；平常人得之，亦主三餐無憂無慮，此星多主平安福氣而不主富貴。

年日天干	地支
甲	子寅
乙	卯丑
丙	子寅
丁	亥
戊	申
己	未
庚	午
辛	巳
壬	辰
癸	卯丑

天德（三車一覽云二德扶持利官小貴）

正丁二坤宮 三壬四辛同 五乾六甲上 七癸八艮逢 九丙十居乙 子巽丑庚中

天德貴人：具有消災祈福，能獲幸運的作用。（以月支查四柱干支）

天德貴人所臨之地主貴顯，逢凶化吉之妙，若遇凶神惡煞刑沖，或落空亡，誠不為貴。

月支	天德
寅	丁
卯	申
辰	壬
巳	辛
午	亥
未	甲
申	癸
酉	寅
戌	丙
亥	乙
子	巳
丑	庚

月德（秘訣云主一生無險無慮）

寅午戌月丙 亥卯未月甲 申子辰月壬 巳酉丑月庚

月德貴人：月德貴人所臨之地，主福壽；女命有此，性情溫順，賢良且有貞操之人；月德貴人亦有逢凶化吉之妙用。（以月支查四柱天干）

地支	月德
寅	丙
午	
戌	
亥	甲
卯	
未	
申	壬
子	
辰	
巳	庚
酉	
丑	

天德合與月德合：

此星是和天德貴人的干合與支合，若有正財、偏財、食神等，則表示在經濟方面能大獲發展；若有正官、印綬，則能獲得信望與地位，天德合乃僅次於天德貴人的吉星，月德合亦同。

官貴祿（又稱祿神），當得勢而亨通。

丙戊祿巳丁己午。庚申辛酉喜相逢。壬亥癸子偏相祿。甲寅乙卯祿豐隆。

♥天干祿神

日主天干	祿神
甲	寅
乙	卯
丙	巳
丁	午
戊	巳
己	午
庚	申
辛	酉
壬	亥
癸	子

祿乃官祿，當得勢而亨通。如甲祿，乃東方甲乙之地支，以寅卯配之。餘皆做比。

♥拱祿

戊辰生見丙午，丙午生見戊辰，丁巳生見己未，己未生見丁巳，前後相拱。

♥交祿

祿神互換往來之謂。例如：甲申生之人見庚寅，庚寅生之人見甲申，則甲祿在寅，庚祿在申互換往來。乙酉生之人見辛卯，辛卯生人見乙酉。

♥華蓋（古歌云：生逢華蓋，主文章藝術。聰明之士）

華蓋為藝術之星，遇之主人氣度不凡，喜歡音樂、命理，喜歡讀書，喜燒香拜佛，才華洋溢的高僧，都是華蓋旺盛者。

年日地支	華蓋
寅 午 戌	戌
亥 卯 未	未
申 子 辰	辰
巳 酉 丑	丑

將星（古歌云將星文武兩相宜）

寅午戌生見午　申子辰生見子　巳酉丑生見酉　亥卯未生見卯

地支將星

歌云：將星入命真相宜，祿重權高足可知。所以凡命有將星，主入官界。若好命主掌權，坐官星尤佳。坐煞或刃，主掌生殺之權。坐財星，主掌財政。

將星並金輿，男娶名門之女，女嫁富裕之夫。

日支	將星
寅	午
午	
戌	
申	子
子	
辰	
巳	酉
酉	
丑	
亥	卯
卯	
未	

♥月將（太陽所臨之宮位，比將星還大。入命吉者增吉，凶煞消散。）

月令節氣	地支月將
雨水至驚蟄	亥
春分至清明	戌
穀雨至立夏	酉
小滿至芒種	申
夏至至小暑	未
大暑至立秋	午
處暑至白露	巳
秋分至寒露	辰
霜降至立冬	卯
小雪至大雪	寅
冬至至小寒	丑
大寒至立春	子

♥天廚貴人：天廚為食祿之貴，登科進祿遇之大利。如不逢刑沖剋破，一生不愁吃穿，食祿不虞匱乏。

歌訣：「甲巳乙午丙在子，丁巳戊午己申儲，
庚客寅中辛尋午，壬廚居酉癸臨豬。」

日干	地支
甲	巳
乙	午
丙	子
丁	巳
戊	午
己	申
庚	寅
辛	午
壬	酉
癸	亥

♥ **天赦貴人**（集說云天赦於命中逢凶不凶大吉）

春戊寅日　夏甲午日　秋戊申日　冬甲子日

天赦者，解人之災禍。凡此日生之人，能逢此日，不論何事可進行。

春寅卯辰月：戊寅日生。適合建造房屋、動土，乃戊為自然界的印星。

夏巳午未月：甲午日生。適合開張營利，成立新公司，乃火旺適合木成長。

秋申酉戌月：戊申日生。適合修建祖墳、房子修繕，乃金旺風強易損房屋。

冬亥子丑月：甲子日生。適合結婚、成家，乃甲之印為水，印為家庭，故適合結婚成家。

一生不犯勞災，不逢凶禍，有亦逢凶化吉，轉禍為福。但天赦貴人只有四日，一年最多也只有8日而已。

♥天財：（偏財也。逢得此星，一生求財順利。）

自得他人之援助而生財之義，非是天自降財寶之義也。

日干	甲	乙	丙	丁	戊	己	庚	辛	壬	癸
天財	戊	己	庚	辛	壬	癸	甲	乙	丙	丁

♥十干學堂（賦云聰明坐學堂）

甲日生遇亥月時　乙日生遇午月時　丙日生遇寅月時　丁日生遇酉月時

戊日生遇寅月時　己日生遇酉月時　庚日生遇巳月時　辛日生遇子月時

壬日生遇申月時　癸日生遇卯月時

◎十干學堂、文學之星。因文學而博聲譽，女子有此最合教師之職。日干見月支、時支、最有力，見於年支次之。這種星若在學術方面發展，則大多能發揮其長，大獲成功。

日主天干	甲	乙	丙	丁	戊	己	庚	辛	壬	癸
學堂	亥	午	寅	酉	寅	酉	巳	子	申	卯

♥胎胎日

甲申 乙酉 丙子 丁亥 戊寅 己亥 庚寅 辛卯 壬午 癸未

胞胎逢印，祿享千鐘，然須要日干健旺，八字配合得宜方得可取。

♥三奇貴人：天地間最尊貴的福物之謂之。

凡命遇三奇，主人精神超人，襟懷卓越，好奇尚大，博學多能。

三奇：「年少及第播聲名，日時祿馬公卿貴；換武能文佐聖名，世間榮華福壽人。」

天上三奇：甲戊庚。　人中三奇：壬癸辛。　地下三奇：乙丙丁。

◎天上三奇須日為甲，月戊、年庚為正三奇，如日甲、月庚、年戊為偏三奇。正為上，偏為次；餘非，倒亂更非。

◎地下三奇，以日乙、月丙、年丁，為正三奇，如日乙、月丁、年丙，為偏三奇，　正為上，偏為次；餘非，倒亂更非。

◎人中三奇，須日壬、月癸、年辛，為正三奇，如日壬、月辛、年癸為偏三奇，正為上，偏為次；餘非，倒亂更非。

♥**六秀(說云四柱六秀主聰明伶俐)**

戊子。己丑。戊午。己未。丁未。丙午。四柱見之為是。

六秀者，清雅伶俐、屬工藝之格，聰明多才也。

♥**魁罡(古歌云魁罡四坐神日上加臨重柱內運行身旺文臣)**

壬辰。庚戌。庚辰。戊戌。

魁罡：辰為天罡，戌為河魁。

　　魁罡只有四日，即庚辰、庚戌、壬辰、戊戌。以日柱上見之為最，時次也，再者月也。

　　女子有此星者，容色雖美麗，而心性剛強；多者剋夫，要為寡婦，或常苦於病災者有之。

　　男子有此星者，好議論而且有潔癖；但四柱中有二個以上者，反為富貴發達之人。

♥**暗祿**：暗藏祿馬貴人也；祿馬乃財、官，財官吉神之暗藏，遇有困難，自有人助，或有身外之財可得。

日干	甲	乙	丙	丁	戊	己	庚	辛	壬	癸
暗祿星	亥	戌	申	未	申	未	巳	辰	寅	丑

♥**金輿祿**：秀氣之車也，譬如君子居官得祿，須坐車以載之，主人心性柔軟、樣貌忠、福多，一生清泰。但四柱見將星或貴人，其福方真，不則聰明性柔而已，其福不足；能見將星、貴人，則男命受妻妾蔭福扶持，得美妻、才妻、妻財之福。婦人逢之，必嫁賢能之夫，終達富裕盈餘。尋法以年對月、日、時或日對月、日、時，三支均可；但金輿逢空亡或沖合，即非金輿也。

年日干	甲	乙	丙	丁	戊	己	庚	辛	壬	癸
金輿祿	辰	巳	未	申	未	申	戌	亥	丑	寅

♥**進退神**（以日柱見之者尤驗）

退神　壬辰、壬戌、丁丑、丁未、戊午、丙子。

進神　甲子、甲午、己卯、己酉。

進神者，萬事進之有功，退之反為不美。性剛果斷，進神與桃花同柱、帶官星，傾國傾城之命。

♥進神(賦云男帶進神多出眾，女帶進神揮柳及穿金)
甲子。甲午。陽進神。
己卯。己酉。陰為蔭。

♥金神(賦云金神入火鄉則發如猛虎。金神只有三日、三時)

金神：日是乙丑日、己巳日、癸酉日，月支有火星(巳、午)者方真，否則須運逢火地方能富貴。

時是乙丑時、己巳時、癸酉時日干甲或己，月支見火星(巳、午)方真，否則流年逢火能富貴。金神是一種破壞的，無論對方多精悍、勇猛地反抗，也要想盡辦法置對方於死地；使其根完全斷絕為止；是一種以暴制暴的手段，對手愈是強猛，攻勢就會勇。為人足智多謀，明斷果決，絕不奉承他人，同時也不喜歡聽從別人的意見。喜逢丙丁巳午之流年，不喜歡見壬癸、亥子之年，濕氣蓋火災難催生。

♥文昌(詩云一祿三寶為文昌主聰明靈巧)
丙申。戊申。丁酉。己酉。壬寅。癸卯。
文昌者，聰明靈巧，好學之星，四柱見之為是，以日柱更驗。

文昌貴人：

甲乙巳午報君知，丙戊申宮丁己雞，
庚豬辛鼠壬逢虎，癸人見兔入雲梯。

八字中如有此文昌貴人，大多聰明過人，其影響促使凶惡基因減少力量，八字中如無凶殺基因則吉上加吉，其吉祥因素如天德、月德、天乙同類，也須斟酌判斷。

日干	甲	乙	丙	丁	戊	己	庚	辛	壬	癸
地支	巳	午	申	酉	申	酉	亥	子	寅	卯

♥華蓋（蓋賦云華蓋重重勤學藝術聰明）

寅午戌生見戌　亥卯未生見未　申子辰生見辰　巳酉丑生見丑

華蓋：華蓋者，稱藝術星，藝術昇華之寶蓋也。

華蓋是三合之墓庫，日支見四墓庫而組成。

華蓋人必聰明、好學、有藝術、技藝和思考天才，也與宗教有緣；性格清靜，少慾望，見刑破一生錢財不利。

♥ **咸池（幽微賦云酒色猖狂只為桃花帶殺）**

玉函賦云：天德與咸池同會，晚年有風月之情。秘訣云：桃花驛馬一生不免飄蓬，又云倒花插慷慨風流，又云命內帶咸池自是天然惹是非，男子逢之慷慨女人為此逞風情。

寅午戌兔從茅裏出（生人見卯字）。申子辰雞叫亂人倫（生人見酉字）。

巳酉丑躍馬南方走（生人見午字）。亥卯未鼠子當頭忌（生人見子字）。

『即為咸池殺，此以生年上起或又以日上起，此煞有在日時上者為緊

咸池：（即桃花煞）桃花有咸池桃花、紅艷桃花、桃花劫、正桃花、桃花馬、桃花煞。咸池若有十二運之助，則有貌風流之傾向，因此常導致資產盡失。

桃花，別名敗神，帶桃花主慾望心強旺，易耽於酒色，疏財好歡，為色破敗家業，此星女人最不宜有，有則情凶矣。

「咸池者，娠七星之名，即為桃花殺，易為了酒色而滅家。」

八字四支是子、午、卯、酉俱全為咸池桃花，而子、午、卯、酉全者又叫遍野桃花。桃花在年或月見之，為牆內桃花，主夫妻恩愛，在時支見者，為牆外桃花，主人人可採，但為喜者，主人緣佳。

桃花：一名咸池，主人性巧急，愛風流，多才藝，能藝術。

詩云：「遍野桃花鬪嫩江，男女遇之皆酒色；為其嬌艷弄春風，子午卯酉命中見；咸池、羊刃殺相連，慷慨風流醉管絃；恐耽花酒病傷心，是非林裡反成家。」

日支	桃花
寅	卯
午	卯
戌	卯
申	酉
子	酉
辰	酉
巳	午
酉	午
丑	午
亥	子
卯	子
未	子

一、真桃花大凶，其桃花已達極端。

寅、午、戌見丁卯為真桃花。
申、子、辰見癸酉為真桃花。
巳、酉、丑見庚午為真桃花。
亥、卯、未見甲子為真桃花。

二、倒插桃花之人做事糊塗、性急、風流、善妒。

凡三合字全，而見此三合之桃花字即是。

命上見寅、午、戌全又見卯為倒插桃花。
命上見申、子、辰全又見酉為倒插桃花。
命上見巳、酉、丑全又見午為倒插桃花。
命上見亥、卯、未全又見子為倒插桃花。

♥十惡大敗(以日柱見年來天剋地沖日柱為凶，其餘不忌)

日柱	甲辰	乙巳	壬申	丙申	丁亥	庚辰	戊戌	癸亥	辛巳	乙丑

十惡者凶也。大敗者怯敵也。歌云：甲辰乙巳與壬申，丙申丁亥及庚辰，戊戌癸亥加辛巳，乙丑都拉十位神，邦國用兵須大忌，龍蛇出穴也難伸。人命若還逢此日，倉庫金銀化作塵，有巨富亦為之破產。但天、月德併見不忌(不刑沖)。又以年天剋地沖日，無祿為大忌，餘無妨。如庚戌年見甲辰日；辛亥年見乙巳日；戊寅年見壬申日……餘例推。

♥伏吟

出生年日	子	丑	寅	卯	辰	巳	午	未	申	酉	戌	亥
歲次(流年)	子	丑	寅	卯	辰	巳	午	未	申	酉	戌	亥

如果生於丙午年的人，大運或歲運、流年的行運會一起來臨。這種伏吟易引起事件，若非訴訟案，即為交通事故，一生變化多。命中有合者能轉化。

♥返吟（古歌云，伏吟返吟不但害妻兒，家活難成卓立遲。）

出生年日	子	丑	寅	卯	辰	巳	午	未	申	酉	戌	亥
歲次（流年）	午	未	申	酉	戌	亥	子	丑	寅	卯	辰	巳

書云：返吟伏吟哭泣淋淋，不傷自己也損他人，其法如午年生人，遇流年歲君是午，即為伏吟，如午年生人，遇流年歲君是子，即為返吟，餘例推。

♥破車（三車一覽云：亡劫往來，佛口蛇心之輩。又云：破軍三重，必是徒流之輩。）

古歌云：「命值官事官符多，謾誇才智逞嘍囉，祖宗財物如山阜，也是漂流水上波。」

♥懸針（秘訣云：懸針聚刃可聽屠沾）

「八字柱中，形多拖腳如懸針之狀者，即是懸針緩如甲申辛卯甲午之類。」

♥紫暗星（陽刃在干稱紫暗星，遇吉即吉，遇凶即凶）

「祿前一位在天為紫暗星，專司誅戮人命，遇此更加刑沖破害，其人必主凶惡死。」同一一九頁的羊刃煞。

♥年支血刃（命逢多血光，車禍、開刀手術之災，流血之運）

「以子見戌、丑見酉為血支」

出生年日	歲次（流年）
子	戌
丑	酉
寅	申
卯	未
辰	午
巳	巳
午	辰
未	卯
申	寅
酉	丑
戌	子
亥	亥

♥月支血刃（命逢多傷危，車禍、開刀手術之災，流血之運）

出生月支	歲次（流年）
寅	丑
卯	未
辰	寅
巳	申
午	卯
未	酉
申	辰
酉	戌
戌	巳
亥	亥
子	午
丑	子

♥陽刃：又稱羊刃（羊刃煞）；者為宰割之義。

羊刃者，司刑之特殊星也；有羊刃者，性質剛烈、暴戾、急燥，所以一生之行路急躁。（於擇日學上以祿的前一位為羊刃，所以陰天干的刃在辰戌丑未）

經云：煞刃兩停位至侯王。又云：身強遇刃，災禍勃然。

日干	甲	乙	丙	丁	戊	己	庚	辛	壬	癸
陽刃	卯	寅	午	巳	午	巳	酉	申	子	亥
飛刃	酉	申	子	亥	子	亥	卯	寅	午	巳

♥飛刃：飛刃乃根據陽刃而定，陽刃對沖為飛刃，陽刃在卯，飛刃在酉。好勝、投機事業，人緣好，出外大吉，離祖成功，貴人明現。飛刃的凶比陽刃的凶更甚，乃由六親所支配，由於飛刃之宮會傷害自己的關係。

♥日刃：戊午日。丙午日。壬子日。丁巳。癸亥。己巳。

犯日刃者主剋妻，其人膽大如斗；日刃最忌刑沖，犯者災禍綿綿也。

♥陰錯陽差（最好帶孝結婚）

陰錯陽差是如何　辛卯壬辰癸巳多　丙午丁未戊申位
辛酉壬戌癸亥過　丙子丁丑戊寅日　十二宮中仔細歌
好風流處不風流　花燭迎郎不自由　不是填房因孝娶
洞房定結兩家仇。

陰錯　辛卯、丁丑、癸巳、丁未、辛酉、癸亥。

陽差　壬戌、壬辰、丙子、戊寅、丙午、戊申。

男用陽差，女用陰錯，犯者剋父運。又父子不和，因酒色而破身。女犯者，剋夫之運及剋夫之命。以日柱見之即陰錯陽差日。

♥卷舌（以出生年、日支見流年支）

出生年日	歲次（流年）
子	酉
丑	戌
寅	亥
卯	子
辰	丑
巳	寅
午	卯
未	辰
申	巳
酉	午
戌	未
亥	申

命後四辰為卷舌，本日與流年歲運逢之災滯傷其身或退財。

喪門、弔客(以出生年、日支見流年支)

出生年日支	子	丑	寅	卯	辰	巳	午	未	申	酉	戌	亥
年支喪門	寅	卯	辰	巳	午	未	申	酉	戌	亥	子	丑

凡年日支為子見流年支為寅者；年日支為丑逢流年支為卯者；年日支為寅流逢年支為辰者；年日支為卯逢流年支為巳者；年日支為辰逢流年支為午者；年日支為巳逢流年支為未者；年日支為午逢流年支為申者；年日支為未逢流年支為酉者；年日支為申逢年為戌；年日支為酉逢流年支為亥者，年日戌逢流年為子；年日亥逢流年為丑；皆為喪門入命。

出生年日支	子	丑	寅	卯	辰	巳	午	未	申	酉	戌	亥
年支弔客	戌	亥	子	丑	寅	卯	辰	巳	午	未	申	酉

年日支為子見流年為戌者；年日支為申見流年支為午者……皆為弔客入命。

喪門弔客象徵有早年喪親之虞。

天轉殺(物極而反之理)

氣候	干支
春木旺之時	見乙卯
夏火旺之時	見丙午
秋金旺之時	見辛酉
冬水旺之時	見壬子

地轉殺

氣候	干支
春木	辛卯
夏	戊午
秋	癸酉
冬	丙子

凡天轉、地轉日生身弱者，難養育，做事亦不達成。凡此日受職、出行、商賈、造作、嫁娶等必主凶。

晦氣殺

生日的干支和流年行運的干支合或支合的情況。乍見之下，好像是運勢不錯的暗示，但一生之中仍然免除不去災厄和變動，為吉凶參半之命，此命，尤須注意事故，疾病，意外之災等。

♥孤神、寡宿（以生年地支或生月地支為主，見四柱地支）

孤神者者孤獨之神，又稱孤辰。剋妻子。賦云：孤神、華蓋日時相犯主伶仃。

又云：為林下僧尼。

寡宿者：男剋妻、女剋夫。寡宿、孤神皆有者，與六親緣薄，帶印者，男為僧者，女為尼姑之命。孤寡驛馬者，放蕩於他鄉。

年或月地支	寡宿	年或月地支	孤神
寅卯辰	丑	寅卯辰	巳
巳午未	辰	巳午未	申
申酉戌	未	申酉戌	亥
亥子丑	戌	亥子丑	寅

♥元辰（陽男陰女在沖前一位，陰男陽女在沖後一位）

元辰又叫大耗。為人蠻橫暴虐，做事獨斷，喜歡鬧糾紛，起爭執，是非不明。

年柱地支	陽男陰女	陰男陽女
子	未	巳
丑	申	午
寅	酉	未
卯	戌	申
辰	亥	酉
巳	子	戌
午	丑	亥
未	寅	子
申	卯	丑
酉	辰	寅
戌	巳	卯
亥	午	辰

♥呻吟煞（一名孤鸞煞主剋夫）**四柱見者為是，以日柱見者為驗**。

木火蛇無婿（乙巳、丁巳）　金豬豈有郎（辛亥）　土猴常獨臥（戊申）

赤黃馬獨眠（丙午、戊午）　黑鼠守空房（壬子）　木虎空居孀（甲寅）

♥官符殺

看從年干支等起第五個的干支。如甲子年者遇己巳為官符殺。此殺若出現於命後，常常是官災頻繁的暗示，若又與惡殺結合，則是自己會犯刑事案件的暗示，若又遇空亡，則表示心邪意虛，因此是忌。

♥隔角煞

推法以日時上起，凡日支隔一字者即是。如子日寅時，丑日卯時，寅日辰時，辰日午時……主有牢獄之災。

♥**獄囚（生日子午卯酉又逢沖者是）**

出生之日若見子午卯酉等地支又逢沖，則有遭遇官災之虞。有時所犯的罪並無其實，有時則是自己真正做了違法的事情。

♥**紅艷煞（主女命浪漫不貞淫奔私約）**

多情多欲少人知　六丙逢寅辛見雞　癸臨申上丁見未　眉開眼笑樂嘻嘻
甲午乙申庚見戌　世間只是眾人妻　戊己怕辰壬怕子　祿馬相逢作路妓
任是富家官宦女　花前月下也偷情

紅艷殺：紅艷桃花又叫紅艷煞；凡是年干或日干為甲或乙而遇四支有午、申者；年干或日干為丙遇四支有寅者；年干或日干為丁遇四支有未者；年干或日干為庚遇四支有戌者，年干或日干為辛遇四支有酉者；年干或日干為壬遇四支有子者；年干或日干有癸遇四支有申者，皆為紅艷桃花入命。紅艷桃花主要是影響感情、性慾、魅力，或是婚姻、子女、隱密、陰暗、酒色之類的影響。

年日干	甲	乙	丙	丁	戊	己	庚	辛	壬	癸
紅艷殺	午	申	寅	未	辰	辰	戌	酉	子	申

♥五鬼殺(以年、日柱之納音為主，見四柱者，又逢歲運引動)

年日納音	木命	金命	火命	水土命
	丑子	丑午	卯辰	酉戌

男女值此都是守空房，元神為準逢歲次是也。(納音五行於一三三頁)。

♥殘花煞(桃花劫)：殘花煞、桃花劫二相侵，男命犯此盜犯不免，女命犯此，少入娼門，至老貧困無依。

其法是：寅、卯、辰月生於日支為巳或酉或丑的日子，而且生時為寅時者；或巳、午、未月生於申或子或辰日，且生時為巳時者；或申、酉、戌月生於亥、卯或未日且生時申時者；亥、子、丑月生於寅或午或戌日且生時為亥時者。

古曰：「桃花沐浴不堪聞，叔伯姑姨合共婚，日月時若三犯此，定知無義亂人倫。」

「桃花煞主奸邪淫嬉，疏財好歡，此星入命，有破無成，女命尤忌。」

「男命桃花好酒色，女命風騷多風情，桃花入三合，豈非浪遊子，咸池(即桃花)坐官星，反主因妻致富。」

月支	地支	時支
寅卯辰	巳酉丑	寅
巳午未	申子辰	巳
申酉戌	亥卯未	申
亥子丑	寅午戌	亥

♥地支空亡（以年柱或日柱為主，見四柱支者是）

年干	年支					
甲	子	戌	申	午	辰	寅
乙	丑	亥	酉	未	巳	卯
丙	寅	子	戌	申	午	辰
丁	卯	丑	亥	酉	未	巳
戊	辰	寅	子	戌	申	午
己	巳	卯	丑	亥	酉	未
庚	午	辰	寅	子	戌	申
辛	未	巳	卯	丑	亥	酉
壬	申	午	辰	寅	子	戌
癸	酉	未	巳	卯	丑	亥
旬中空亡	戌亥	申酉	午未	辰巳	寅卯	子丑

淵海子平云：甲子旬中無戌亥。甲戌旬中無申酉。甲申旬中無午未。

甲午旬中無辰巳。甲辰旬中無寅卯。甲寅旬中無子丑。

如日元在甲子旬中，年月時支見戌亥者；即是空亡。

以年或日柱為主，對照餘柱為是；空亡即是所臨之物成空消失，即解消之意。

♥**五行空吉凶：**

木空則朽：五行及納音皆同屬木之柱，落空亡則凶，體弱多災病。

火空則發：五行及納音皆同屬火之柱，落空亡則吉，富裕且騰達。

土空則崩：五行及納音皆同屬土之柱，落空亡則凶，做事每多敗。

金空則響：五行及納音皆同屬金之柱，落空亡則吉，多響亮。

水空則靈：五行及納音皆同屬水之柱，落空亡則不吉亦不凶，虛名虛利也。

♥**孤虛：**空亡之對宮即是孤虛。**如甲子旬空亡為戌亥對宮辰巳為孤虛，陽為辰(五)為孤，陰為巳(六)為虛。**

♥**截路空亡**(截路空亡者，求財不得，百事辛苦，一生不幸。)

甲、己生之人見申酉	乙、庚生之人見午未
丙、辛生之人見辰巳	丁、壬生之人見寅卯
戊、癸生之人見子丑戌亥	

歌云：甲己申酉最為愁，乙庚午未不須求，丙辛辰巳何天門，丁壬寅卯，一場空，戊癸子丑戌亥忌。人生值此也多憂，忽然更向胎中遇，白髮盈簪苦未休。

♥驛馬（身命賦云：馬奔財鄉發如猛虎。古歌云；人命逢驛馬求名利者）

申子辰馬居寅　寅午戌馬居申　亥卯未馬居巳
巳酉丑馬在亥　喜長生臨官祿貴　忌空病絕孤寡

地支驛馬：尋法以生年對月、日、時支，或以生日對年、月、時支，得之便為見馬。驛馬有移動、變遷的影響力；主人聰明伶俐，善於變通、靈機應變，主會聲望高。

日年支	驛馬
寅	申
午	
戌	
申	寅
子	
辰	
巳	亥
酉	
丑	
亥	巳
卯	
未	

◎馬上透三合之旺神為「天馬」。

例如：寅午戌見丙申。申子辰見壬寅。巳酉丑見辛亥。亥卯未見乙巳。

◎馬頭同日干之五行，雙方干同為「活馬」。

例如：甲申年見甲戌日；或壬子日見壬寅年；或丁丑年見丁亥日均為活馬。

◎馬是日干之祿（比肩）為「祿馬同鄉」。

例如：甲祿在寅，而甲子日得丙寅時，則此時支之寅是馬，又為祿，是祿馬同鄉。

◎馬是日干之財，為「馬得財鄉」

例如：丙午日得丙申時，則此時支之申是馬，又是財，是為馬得財鄉。

♣呑陷煞（命逢多災多難事）此煞為大禽呑小禽也，人命時日值之，更加三合，主骨肉刑傷。

豬犬羊逢虎必傷　猴蛇相會樹頭亡　雞逢犬子遭徒配
蛇起兔跑遠離鄉　鼠見犬時當惡死　馬牛遭虎定相傷
兔猴逢犬難迴避　龍來未上水中央　凡人若值凶時日　三合為災仔細詳

生年日	呑陷煞
子	戌
丑	寅
寅	
卯	戌
辰	未
巳	卯
午	寅
未	寅
申	巳戌
酉	戌
戌	寅
亥	寅

♣羊刃煞（主[illegible]長男女多剋夫妻）

甲祿在寅卯羊刃　乙祿在卯辰羊刃　丙戊祿巳午羊刃

丁己祿午未羊刃　庚祿居申酉羊刃　辛祿在酉戌羊刃

壬祿在亥子羊刃　癸祿在子丑羊刃　祿前一位即是也

在天為紫暗星。專誅戮。在地為羊刃。主割害。命吉則吉。命凶則凶。所謂女犯傷官須再嫁。男逢羊刃必重婚。辰戌丑未四時孤，不妨命好六親疏。男兒犯者為僧道。女命逢之為道姑。

♣劫煞（以生年或日為主，日月時見之重，年較輕）

古歌云：「劫煞為災不可當，徒然奔走名利場。」

◎劫者奪也，又名大煞，自外奪之謂之劫，蓋劫在五行絕處。

◎劫煞與天乙貴人同柱者，自然有威，巧於謀事，事半功倍。

◎劫煞與七殺同柱者，不時有災禍，不時有死喪。

◎有劫煞之人，易罹大、小腸之疾，或患耳聾、咽喉之病，也常有意外之災。

◎劫煞逢建祿為好酒之命，才智過人。

申子辰年生見巳　寅午戌年生見亥　亥卯未年生見申　巳酉丑年生見寅

年日支	劫煞
寅午戌	亥
亥卯未	申
申子辰	巳
巳酉丑	寅

♣亡神(天官符)：以年支對月、日、時柱

亡神者剋偶傷子，官災是非，亡神重見必凶災，幼年多災或頭痛之病。

年支	亡神
寅午戌	巳
亥卯未	寅
申子辰	亥
巳酉丑	申

♣六厄：以年支對三柱，為剝官之煞，主兇，不利於仕途官運，命中逢之，事業、工作蹇難不順，有被革職或丟官之危。

《三命通會》云：厄者遭難，常居驛馬前一辰，劫煞後二辰，死而不生謂之厄，六厄為地支三合之死地。如寅午戌三合為火，陽火死於酉地。

年支	六厄
寅午戌	酉
亥卯未	午
申子辰	卯
巳酉丑	子

♣祿馬同鄉

馬是日干之祿稱「祿為同鄉」。如：庚祿在申，而庚午日得甲申時，則此時支申是午的馬，又是庚之祿。

♣金神七殺

金神七殺金神甲己午未、乙庚辰巳、丙辛寅卯、丁壬戌亥、戊癸申酉、年月日時齊全，男七妻、女七夫。

♣月殺星：年支三合局墓庫位的對宮稱月殺。**主破財、意外之災。**申子辰見戌。**寅午戌見辰。亥子未見丑。巳酉丑見未。**

♣月空星：太歲之對宮為月空。主破財、勞累，忌合夥。

♣天羅地網

日干水土火命之人方有 男怕戌天羅火日為最，女怕辰地網水日為最	
年月或日時	天羅　戌亥
年月或日時	地網　辰巳

辰、戌為天羅地網，又為魁罡所占，天乙貴人不臨之地，男犯天羅，女犯地網

者，多為意外、疾病、牢獄之災。兼犯惡煞者，輾死、縊死、溺死、刃傷而亡等。有天月二德解救無憂。

♣**流霞殺（流霞男主他鄉死女產後亡）**

甲雞乙犬丙羊加。丁是猴鄉戊見蛇。

己馬庚龍辛逐兔。壬是豬癸是虎也。

流霞：男主他鄉遭不測，女產厄，若與驛馬一起，則表示不會留在自己家裡，多至他鄉謀發展。

日干	時支
甲	酉
乙	戌
丙	未
丁	申
戊	巳
己	午
庚	辰
辛	卯
壬	亥
癸	寅

♣**婚姻煞（命逢者宜早改）**

每逢初一日、初三日、初九日及十五日，廿五日、廿七日、廿九日生者，男女剋夫妻，婚姻不如意，命帶宜百忍，否則夫妻反目或離異。

♣天掃星（男主剋三妻）同於六六頁

甲逢癸未乙壬午　丙人辛巳丁庚辰　戊愁己卯加時日
己怕戊寅最可嘆　庚人丁丑辛丙子　壬逢乙亥定遭迍
癸怕甲戌為天掃　時日逢之損六親

生年	甲	乙	丙	丁	戊	己	庚	辛	壬	癸	附註
生日時	癸未	壬午	辛巳	庚辰	己卯	戊寅	丁丑	丙子	乙亥	甲戌	男主剋三妻

♣地掃星（女主剋三夫）另於六六頁為以月、日、時見之為是

金人午未及申鄉　土木龍蛇兔月當　水逢雞犬及亥月
火嫌牛鼠虎兒郎　地掃之星語不詳　多是離夫嫁遠鄉
不是貴人門下妾　也須叫喚兩夫郎　擔金尋夫無定位
還當重拜兩姑娘

生年	生月
火命	子丑寅
土木命	卯辰巳
金命	午未申
水命	酉戌亥

♣ **四廢日**

季節		
春	庚申日	辛酉日
夏	壬子日	癸亥日
秋	甲寅日	乙卯日
冬	丙午日	丁巳日

四廢日季節的月令相沖的干支，春月庚申、辛酉日的金氣（金剋木），夏月壬子、癸亥日（水剋火），秋月甲寅、乙卯日（金剋木），冬月丙午、丁巳日（水剋火）四廢日亦無法始終一貫，目的地難達成之表示。

♣ **暴敗殺（以年為主，見生月者是，主敗夫家。性急、輕舉妄動、獨善其身）**

豬羊犬吠春月殺　蛇鼠龍憂夏日常　申酉丑人秋必敗　虎馬兔人冬月妨

暴敗殺：與流年星曜的暴敗星（太歲前七位，主口舌、驚恐、疾病）不同。

♣太白星

生年	生日時
子午卯酉	巳
寅申巳亥	酉
辰戌丑未	丑

子午卯酉的在巳　寅申巳亥的在酉
辰戌丑未的在丑　人命得此主孤夭
貧賤殘疾之徒配

後序

傳統之論命法皆以神煞法論命，讓人聽起來毛骨悚然，但事實上我們只要用大自然生態五行的刑、沖、會、合、害以及配合日、月運行交替的軌跡，所產生的潮汐、陰陽、四象、春夏秋冬、元亨利貞，不難發現更多的奧秘，它伴隨著人生的吉凶禍福，借由此果倒推因，可以不用任何的資料跟生辰年月日時，卻能一窺目前的人生百態，由已出版的「八字時空洩天機」及「八字十神洩天機」與「八字決戰一生」系類集數中有更詳細及有系統的實例論斷解析。

命名時應注意的事項

一、命名不可犯上：

所謂「犯上」就是孩子命名所選用的文字與長輩相同（無論國語或閩南語，同音同字都不行）。倘若犯上，其名字的傷害力，容易讓人一事無成，甚至長上容易有疾病或發生意外。

長輩界定：主要是指祖父母，外祖父母(過往的長上有時子孫為了要紀念，必須乞杯於長上之同意)及父、母親，也包括旁系血親中天上天公、地下母舅公的親母舅及舅媽，其他如：伯、叔、嬸、姑、姨等均不在此限，但最好也要避開為宜。

二、男名禁忌：

如古聖三賢稱三界公：堯、舜、禹這三個字，都屬於平民百姓禁用的文字。使用者則輕易導致意外禍事的發生，容易惹雜事上身；男名也較忌用文、正、政，會有六親緣薄、懷才不遇、不安的感受，事倍功半，同時在即將完成結果的時候，也會造成節外生枝的遺憾。

「聖」字除了肖鼠、龍的人能用外，其他生肖也避免使用，但戲組人員、宗廟的辦事者可用。以前的聖賢黃帝名如：康熙、雍正，乾隆，歷代如李世民（唐太宗）、朱元璋（明太祖）等名也不可使用，因為我們只是普通人，都要避免使用之。

三、女名禁忌：

枝、梅、菊、霜、雪、月、霞、貞、亭、冰、春、夏、秋、冬等文字，都帶有季節性、變化性、孤霜、淒涼、冷漠的解釋，女性的名字出現此類文字時，與丈夫、子女緣份薄，晚年孤獨，健康不良等現象，也容易影響到婚姻幸福及婚後生活，兩夫妻會有聚少離多的現象，有福祿難全的事象發生。

盡量避免名二使用字形含有刀字部的名字，如麗（為離象），帶兩把刀，婦女容易婦科、子宮出問題或生孩子開刀，如霞、露等字意屬於稍縱即逝的美好事物，未婚時，也許才華洋溢，人人稱羨，但結婚後容易有財富健康無法兩全的狀況。尤其是疾病方面，多注意下腹部、腎臟、膀胱、子宮、卵巢、腳等器官的病變。

※女性忌用單名：雖少年得志，表現不凡，明辨是非，但主勞碌，情字難行，財來財散。

※女性也忌用男名：因文字呈陽性，女性朋友用之則常勞心、勞碌不休，女人男命，肩挑男擔，甚至會夫緣薄，要養家活口。結婚後，家庭是由男主人和女主人組成，當女人要取代男人的時候，代表他的男人不是沒路用，就是有暗疾或是能力不足，或是常常不在家中。女人當男人用，不需要靠

男人，所以婚姻感情的路會走得比別人辛苦。但男人用女名，反而主貴氣福祿。

四、關於感情：

少：為不見之意，名一用之感情生變。名一妙：女人少了胸部。

姿：為次女的意思代表第二個女人，女性用之，則婚姻、感情的路容易退位或出現競爭者，心境上受委曲，先生易犯桃花。

品：為三口，名一用之，代表出現三人的字意，感情生變、不專。

亞：為第二的字意。除非配偶是第二次婚姻，否則配偶多半易有第三者介入，令本人心境受委屈，感情不順。

五、關於心性：

韋、爰：文字有孤癖，冷漠之意，用在名字裡個性和心境會有孤傲之氣，嚴重者造成自閉。

冬、冰：文字中帶有寒冷之意，用在名字裡會造成冷漠的個性與勞苦的心境。同時造成體質寒冷，健康狀況不佳，名一感情凍結，名二財務凍結。

以上任何字，用在人的名字裡，就是辛苦，婚姻感情、事業工作、錢財運，都會事與願違。

六、冷僻的文字

很多父母為小孩子命名時，或為自己改名時，為了求與眾不同，選擇了一些罕見，甚至不會唸的文字命名。即使文字本身對本命是正面影響，也容易造成懷才不遇，或在臨門一腳的時候出問題，應小心慎用之。

七、關於勞而無獲：

真：真假是一體兩面，真與貞都屬冬天之情，對於任何事物用心的付出，到結果卻是辛苦，白忙一場，勞而無獲。

萍：浮萍為無根之草，漂浮不定、隨波逐流，沒有自己的方向。用在人的名字上，會讓一個人的命運喪失自己的方向，居無定所，最終常常是白忙一場。

淑：此字用於名一時，文字陽邊是又字根，為庚金、為風，象如在外辛苦付出，女性用在感情時，代表能力強，付出卻得不到所愛，即使婚後，內心世界亦缺乏安全感，必須親力親為。此字用於名二用字時，則會工作事業展現魄力，代表能者多勞。

芬：名一用之，代表分，分開、兩地而居，健康不佳。麗為離。

真、萍、淑、芬等字：只有在事業、求財展現其魅力及特性時，較不受限，但在感情上是辛苦的。

八、特殊意義文字需知：

排行的長幼之序

乾：八卦裡面的「乾」卦，代表老父。

震：代表長男。長子以外的兄弟用之，則弟取代長男的地位。

冠：代表一家之主，一家之主泛指父親，長兄，或丈夫。除了上述三者之外，冠字出現在名中者，會有頂替長上的力量，假若女性用於名中，對父、兄、夫、長子四者皆會產生企圖心減弱，行事不積極的現象。

伯、仲、叔、季：此乃排行的用字典範，依序：長男、次男、三男、四男，切不可錯用排序，否則長幼無序，家中倫理出現問題，必起爭執。

九、春秋禮數：

姓名學的基礎在於十天干、十二地支（生肖）之定位與造字學、及拆字學。

但是運用上首重春秋禮數，所謂的春秋禮數是在說依四季、日月運行之道，春耕、夏耘、秋收、冬藏，不可違背其理，必須遵循其法則，而非坊間所說的屬牛、馬、兔、豬要吃草，屬虎、狗要吃肉…，人於五行當中屬木，依太陽出來日出而作、日落而息之道反覆不已，人稟天地而存，男名的中間字（名一），重陰邊，末尾字（名二）重陽邊。任何人若未能熟悉男有分、女有歸的春秋禮數，請勿亂用姓名學、亂取名字，以免自誤誤人。其為男性與女性命名取用文字不同需求的根據。

十、萬有引力：

這是姓名學的運用依據，人與人之間的相互吸引力，而產生了磁場變化不同，尤其在於夫妻、父子、母子、長幼、朋友、主顧、乃至流年、流月、流日的互動影響和交叉磁場互動。是生活時空，人事互動之間的參考重點。其中最主要者，是夫妻一體的考量：與雙親和子女的親子互動考量。

十一、生肖的認定：

俗語說：（娶某前，生子後）的原理，據此而來不得不知。

天開於子、地闢於丑、人生於寅，所以生肖的認定以寅立春之節為依據，而非以陰曆為依據，此也代表中國人以農立國，一切以節氣為主。

姓名學中的主體為年次的十天干及十二地支，地支俗稱十二生肖，而會以動物之特性來代表十二地支，是方便記載及記憶，乃此十二生肖與這十二地支之特性相似，以此命名。出生年對應姓名時，出生年為主體，以姓名本身來談，名一是主體，假如認定錯誤，則姓名的變化會造成極大的差異。同名同姓又同生肖的人那麼多，論其個性、心性、事業、婚姻、身體、遭遇變化會有類似的情形發生，而成就、富貴之大小者是由前世之福德所定位，絕對不是姓名所主導，所以今世果是前世因，而今世因是來世果，要有好的八字及福份，在於今世的福德之累積。一組好的姓名，如同一套美麗的衣裳，穿在身上可展現其自信與魅力，而非成敗的主因，讀者不可不知，也不可自誤誤人。

十二、六害之歌訣：

羊鼠相逢一旦休、自古青牛怕白馬、蛇遇猛虎如刀戳

玉兔見龍雲裡去、豬遇猿猴似箭投、金雞遇犬淚雙流

（六害歌訣中，原文自古白馬怕青牛是錯的，乃丑牛為結冰寒冬之季，遇午馬夏火，此午火可溶丑冰，故青牛怕白馬。）

◎六十甲子納音五行（依六十甲子順序排列）

甲子乙丑海中金	丙寅丁卯爐中火	戊辰己巳大林木	庚午辛未路傍土	壬申癸酉劍鋒金
甲戌乙亥山頭火	丙子丁丑澗下水	戊寅己卯城頭土	庚辰辛巳白蠟金	壬午癸未楊柳木
甲申乙酉井泉水	丙戌丁亥屋上土	戊子己丑霹靂火	庚寅辛卯松柏木	壬辰癸巳長流水
甲午乙未砂石金	丙申丁酉山下火	戊戌己亥平地木	庚子辛丑壁上土	壬寅癸卯金箔金
甲辰乙巳覆燈火	丙午丁未天河水	戊申己酉大驛土	庚戌辛亥釵釧金	壬子癸丑桑柘木
甲寅乙卯大溪水	丙辰丁巳沙中土	戊午己未天上火	庚申辛酉石榴木	壬戌癸亥大海水

◎十二月代稱

正月端月	二月花月	三月桐月	四月梅月
五月蒲月	六月荔月	七月瓜月	八月桂月
九月菊月	十月陽月	十一月霞月	十二月臘月

熊崎式姓名學81靈動數吉凶表

熊崎式、姓名・商店號八十一字劃吉凶數：

【一畫】大展鴻圖，信用得固，萬人仰望，可獲成功（吉）
【二畫】動搖不安，一榮一枯，一盛一衰，勞而無功（凶）
【三畫】立身出世，有貴人助，天賜吉祥，四海名揚（吉）
【四畫】日被雲遮，前途坎坷，非有毅力，難望成功（凶）
【五畫】陰陽和合，精神愉快，一門興隆，榮譽達利（吉）
【六畫】萬寶集門，天降幸運，立志奮發，得成大功（吉）
【七畫】精力旺盛，和氣致祥，排除萬難，必獲成功（吉）
【八畫】努力發達，貫徹志望，進退得宜，可期成功（吉）
【九畫】雖抱奇才，有才無運，獨營無力，財利難望（凶）
【十畫】烏雲遮月，暗淡無光，時不逢運，徒勞無功（凶）
【十一畫】草木逢春，綠葉發枝，穩健踏實，必得人望（吉）
【十二畫】有志難伸，孤立無援，外祥內苦，謀事難成（凶）
【十三畫】天賦祥運，能得眾望，善用智慧，必獲成功（吉）
【十四畫】忍得逆境，必有後福，是成是敗，惟靠努力（凶）

【十五畫】謙恭做事，外得人和，大事成就，一門興隆（吉）
【十六畫】能獲眾望，成就偉業，名利雙收，盟主四方（吉）
【十七畫】排除萬難，得貴人助，把握時機，可得成功（吉）
【十八畫】經商做事，順利昌隆，如能慎始，百事亨通（吉）
【十九畫】少年得志，慎防虧空，內外不和，障礙重重（凶）
【二十畫】智高志大，歷盡考驗，焦心憂勞，進退兩難（凶）
【二一畫】先歷困苦，後得幸福，霜雪梅花，春來怒放（吉）
【二二畫】秋收逢颱，懷才不遇，憂愁怨苦，事不如意（凶）
【二三畫】旭日東昇，名顯八方，漸次進展，大業已成（吉）
【二四畫】錦繡前成，努力可得，多用智謀，能奏大功（吉）
【二五畫】天時地利，只欠人際，講信修睦，成功在前（吉）
【二六畫】波瀾起伏，變化萬千，凌萬駕難，必可成功（凶帶吉）
【二七畫】一成一敗，一得一失，惟靠謹慎，可守成功（吉帶凶）
【二八畫】魚臨旱地，難逃惡運，此數凶厄，不如更名（凶）
【二九畫】飛龍在天，青雲直上，智謀奮進，才略奏功（吉）
【三十畫】吉凶參半，得失相伴，投機取巧，如賭一樣（吉帶凶）
【三一畫】此數吉祥，名利相伴，漸進向上，大業成就（吉）

【三二畫】業界之龍，風雲際會，一躍上天，名揚四海（吉）

【三三畫】意氣用事，人和必失，慎始行事，必可昌隆（吉）

【三四畫】考驗不絕，難得順遂，此數不吉，不如變通（凶）

【三五畫】處事嚴謹，進退保守，才智兼具，可得非凡（吉）

【三六畫】波瀾重疊，常陷困境，動不如靜，有才無運（凶）

【三七畫】雨過天晴，吉人天相，以德取眾，事業大成（吉）

【三八畫】名雖可得，利潤不佳，文藝發展，可望成功（凶帶吉）

【三九畫】雲開見月，勞碌可成，光明坦途，指日可期（吉）

【四十畫】一旺一退，浮沉不安，知難而退，自獲天幼（吉帶凶）

【四一畫】天賦吉運，德望兼備，努力不懈，前途無限（吉）

【四二畫】事業不精，十成九敗，專心進取，可望成功（吉帶凶）

【四三畫】風雨之花，收成遇阻，忍耐保守，否極泰來（吉帶凶）

【四四畫】百般追求，事與願違，貪功好進，必招失敗（凶）

【四五畫】楊柳遇春，綠葉發枝，重新而來，一舉成名（吉）

【四六畫】仕途不平，艱難重重，若無耐心，難望有成（凶）

【四七畫】貴人相助，可成大業，雖遇颱風，變化不大（吉）

【四八畫】美花豐實，鶴立雞群，名利雙收，繁榮富貴（吉）

【四九畫】遇吉則吉，遇凶則凶，惟靠謹慎，逢凶化吉（凶）
【五十畫】吉凶互見，一成一敗，凶中有吉，吉中有凶（吉帶凶）
【五一畫】一盛一衰，浮沉不常，自重自處，可保平安（吉帶凶）
【五二畫】草木逢春，雨過天晴，渡過難關，即獲成功（吉）
【五三畫】盛衰參半，外祥內憂，先甘後苦，先凶後吉（吉帶凶）
【五四畫】雖傾全力，難望成功，此數不吉，變通轉型（凶）
【五五畫】外觀隆昌，內隱暗憂，克服困難，泰運自來（吉帶凶）
【五六畫】事與願違，成功困屯，欲速不達，有始無終（凶）
【五七畫】雖有逆境，時來運轉，曠野枯草，逢春花開（凶帶吉）
【五八畫】半凶半吉，沉浮多端，始凶終吉，能保成功（凶帶吉）
【五九畫】遇事猶疑，無法成事，大刀闊斧，可得成就（凶）
【六十畫】黑暗無吉，心迷意亂，出爾反爾，難定目標（凶）
【六一畫】雲遮半月，內隱風波，應自謹慎，始保平安（吉帶凶）
【六二畫】煩憂懊惱，事業難展，自防災禍，始免困境（凶）
【六三畫】萬物化育，繁榮之象，專心一意，必能成功（吉）
【六四畫】見異思遷，十九不成，無功而返，不如變通（凶）

【六五畫】吉運自來，能享名利，把握機會，必獲成功（吉）
【六六畫】晝短夜長，進退不祥，內外失利，信用缺乏（凶）
【六七畫】獨營事業，事事如意，功成名就，富貴自來（吉）
【六八畫】思慮週詳，計劃行事，不失先機，即可成功（吉）
【六九畫】動搖不定，常陷困境，不得時運，難得利潤（凶）
【七十畫】慘淡經營，難免貧困，此數不祥，最好變通（凶）
【七一畫】吉凶不定，惟賴勇氣，貫徹力行，即可成功（吉帶凶）
【七二畫】利害混雜，否多泰少，得而復失，難得安定（凶）
【七三畫】安樂福來，自然吉慶，力行不懈，必獲成就（吉）
【七四畫】得不及費，坐食難安，如無智謀，難望成功（凶）
【七五畫】吉中帶凶，欲速不達，進不如守，可保安祥（吉帶凶）
【七六畫】此數不祥，事業重來，變通行事，以避厄來（凶）
【七七畫】先否後甘，先甘後否，如能安份，不致重來（吉帶凶）
【七八畫】先得後失，華而不實，須防劫財，始保安順（吉帶凶）
【七九畫】如行夜路，苦無目標，希望落空，勞而無功（凶）
【八十畫】得而復失，枉費心機，守成勿進，可保安穩（吉帶凶）
【八一畫】極旺之數，還本歸元，能得繁榮，發達成功（吉）

姓名的選用法：

必須配合天命(出生年的納音五行)與出生的四柱八字、三才五格用大自然生態五行定律之生剋及生肖姓名學的形、音、義、九宮之旺格、甲子乾坤數、十神法與質跟氣的平衡，缺一不可。絕不是坊間一般生肖姓名學所用的出生年配合字形、字音、字義。

◎取名不可只以八十一數的吉凶法論吉凶，所以以上八十一數吉凶法的吉數是求安定平穩，凶數是為企圖心旺盛，執行力強，行動力佳，絕非真屬吉、凶。

姓名的架構

❶姓名的兩個關鍵

用字為質摸的到、看的到。筆劃為氣摸不到、看不到『有質無氣則不驗，有氣無質則不靈』。

❷筆劃的正確算法

所有的字體筆畫是以康熙字典(繁體)為標準，其筆劃算法與一般字典略有出入。所有字體必須以繁體字為標準，一般比較容易弄錯的部首筆畫，請查看以下計算表。

	部首		筆劃		舉例
1	心	抱心旁	四劃	三畫以心字算四畫	愉：4＋9＝13劃
2	水	三點水	四劃	三畫以水字算四畫	海：4＋7＝11劃
3	月	月字旁	四劃	四畫以月字算四畫	朏：4＋5＝9劃
4	手	抱手旁	四劃	三畫以手字算四畫	振：4＋7＝11劃
5	犬	秉犭旁	四劃	四畫以犬字算四畫	狄：4＋4＝8劃
6	玉	斜玉旁	五劃	四畫以玉字算五畫	琦：5＋8＝13劃
7	石	石字旁	五劃	五畫以石字算五畫	碧：5＋9＝14劃
8	示	半禮旁	五劃	四畫以示字算五畫	祈：5＋4＝9劃
9	網	网字旁	六劃	五畫以网字算六畫	羅：6＋14＝20劃
10	艸	草字頭	六劃	四畫以艸字算六畫	萍：6＋8＝14劃
11	肉	肉字旁	六劃	四畫以肉字算六畫	胖：6＋5＝11劃
12	衣	衣字旁	六劃	五畫以衣字算六畫	裕：6＋7＝13劃
13	辶	走馬部	七劃	四畫以辶字算七畫	通：7＋7＝14劃
14	邑（右邊）	右鈎耳	七劃	三畫以邑字算七畫	郡：7＋7＝14劃
15	阜（左邊）	左鈎耳	八劃	三畫以阜字算八畫	陳：8＋8＝16劃

◎部首索引

【一劃】

一丨丶丿乙亅

【二劃】

二亠人儿入八冂冖冫勹几凵

刀力匕匚匸十卜卩厂厶又

【三劃】

口囗土士夂夊夕大女子宀寸小

尢尸屮山巛工己巾干幺广廴廾弋

弓彐彡彳

【四劃】

心戈戶手支攴文斗斤方无日曰

月木欠止歹殳毋比毛氏气水火

爪父爻爿片牙牛犬

【五劃】

玄玉瓜瓦甘生用田疋疒癶白皮

皿目矛矢石示禸禾穴立

【六劃】

竹米糸缶网羊羽老而耒耳聿肉

臣自至臼舌舛舟艮色艸虍虫血

行衣襾

【七劃】

見角言谷豆豕豸貝赤走足身車

辛辰辵邑酉釆里

【八劃】

金 長 門 阜 隶 隹 雨 青 非

【九劃】

面 革 韋 韭 音 頁 風 飛 食 首 香

【十劃】

馬 骨 高 髟 鬥 鬯 鬲 鬼

【十一劃】

魚 鳥 鹵 鹿 麥 麻

【十二劃】

黃 黍 黑 黹

【十三劃】

黽 鼎 鼓 鼠

【十四劃】

鼻 齊

【十五劃】

齒

【十六劃】

龍 龜

【十七劃】

龠

◎姓名學、印相學專用標準字彙

一劃之部

一劃屬「土」的字：一乙

二劃之部

二劃屬「金」的字：匕刀人入

二劃屬「水」的字：勹卜

二劃屬「火」的字：刁丁二力了

二劃屬「土」的字：又

三劃之部

三劃屬「金」的字：才叉亍川寸千刃三上士夕小

三劃屬「木」的字：干工弓丌及孑巾久口廿乞彡已

三劃屬「水」的字：凡亡下子

三劃屬「火」的字：彳大孓女勺巳乇麼弋丈之

三劃屬「土」的字：己山土丸兀丫也尢於

四劃之部

四劃屬「金」的字：仇戈仁仍冗少升什乏氏手殳兮心刈仄爪四

四劃屬「木」的字：卞丐公勾介今斤亢孔木牛亓欠犬牙元月勻

四劃屬「水」的字：巴比不歹反方分夫父互戶化幻毛爿匹片壬卅水文毋勿

四劃屬「火」的字：尺丹吊仃斗火井仂內日太天屯午爻仉支止中

四劃屬「土」的字：厄切王卬夭尹引尤友予曰允

五劃之部

五劃屬「金」的字：冊叱斥出叼刊尻仟且仞申生失石史矢世仕市示甩司丑仙乍占正主

五劃屬「木」的字：本尕甘功古瓜宄卉加甲叫句巨卡可叩卯巧丘囚去外未五仡玉札

五劃屬「水」的字：叭白半包北必弁卟布弗付夯禾弘乎矛民皿末母仫目丕皮氕平叵仨兄玄穴疋印匝

五劃屬「火」的字：丙代旦叨氐叮冬叻立尥令另奶尼奴冉他它田仝仗召只左

五劃屬「土」的字：凹瓦戊矽央以永用由右幼孕仔

六劃之部

六劃屬「金」的字：臣丞舛此次氽存丟而吏列任扔如色舌式守妁死寺夙凸刎西吸先囟匈旬曳再在早吒州舟字

六劃屬「木」的字：朳朵尬各共乩吉伎奸幵囝件交臼伉考匡𡗜企犰曲戎朽旭仰吁聿朱竹

六劃屬「水」的字：扒百冰並凼伐帆汜犯仿妃份缶伏亥好合冱回米糸名牟仳牝乒收汀危向刑行凶休血汁

六劃屬「火」的字：吃弛打忉氘多耳旮亙光尖匠她決旯老耒劣六角氖囡年乓全肉同氽佤妄吆宅兆旨至仲自

六劃屬「土」的字：吖安充地圪艮圭灰圾岌圮屺戍似吐圩仵伍戌伡羊伊衣圯夷亦屹因有宇羽圳

七劃之部

七劃屬「金」的字：扱岔吵車成赤

氚串吹忖兌判七唚忍妊礽刪劭佘
伸身束吮私伺兕姒宋忒吻伭辛秀
序巡酉皂巵吱佇助妝壯孜走佐作
坐

七劃屬「木」的字： 杓材岑杈床村
杜呃伽改桿槓告更攻估谷庋咼國
旱何吼肓妓忌夾見角癤劫妗究局
姖君佧扛囥殼克扣困伲你杞扦羌
劬卻杉我吳吾扤杌匣嚇杏言吟杖

七劃屬「水」的字： 吧奤弝伴貝伻
皂彼吡妣庇別兵伯孛吥步汊池
汎妨彷吠吩佛否呋孚甫汞佝含

罕汗亨宏囫弧汲即江戒況冷忙尨
每芈妙尿妞伾屁汝汕汜忘尾污汐
希孝形汛妤妘

七劃屬「火」的字： 犴呈辵呔甙但
低弟佃甸玎疔盯豆囤旰灸牢李利
良吝伶呂卵免男吶佞弄努求忐忑
町廷佟彤吞托佗妥巫妖佁佔志豸
住灼姊足

七劃屬「土」的字： 岙岜坂坌辰坊
坩均坎坑牡圻岐岍坍禿完位圬氙
峴呀岈延冶矣佚役邑吲甬攸卣佑
余歟璵址

八劃之部

八畫屬「金」的字：侘昌抄弨扯忱承忡初垂佌刺兒庚刮戔金淨侃刻拏妻戕青三剎姍疝尚捨社侁呻使始事受抒叔刷祀忪慫所兔昔穸些姓刖甾昃怎咋軋侄忮周妯咒宙侏抓宗卒

八劃屬「木」的字：昂柳板杯杵東婀扼枋斧稈杲疙供咕姑孤固呱乖官果杭忽昏肌亟佶技季佳肩艽佼屆卺京糾赳玖疚居咀具卷卡咖抗肯空快狂林枚杪艿呢杻杷枇其奇歧穹虯屈券枘松枉臥析呷欣芎崖兗杳宜枕枝竺杼

八劃屬「水」的字：岸八把爸扳放版扮姅孢卑屄沘彼畀忭汳汴表秉並帛咆沉沌泛房放非氛汾忿奉扶府咐阜侅罔汩卦沆呵劾和佫呼虎或泐盲犛沒妹門氓孟汨宓明命歿沫侔姆沐牧忸扭狃拋咆庖呸沛佩帔朋批泅汔汽沁沙沈汰汪味汶沃武物弦冼享協忻幸洶沂雨沅咂沚狀

八劃屬「火」的字：哎佰長炒坼侈炊佽徂耷妲沓岱宕到的狄底玓典

店耵定咚侗抖妒咄剁佴昉炅昊阜
姐咎抉炕昆剌來佬肋例戾兩冽囹
呤侶侖旻奈呶妮念砮瘧妾炔乳侍
帑弢忝佻帖投罔昕炎佯易找爭政
知直制帙炙忠隹卓

八劃屬「土」的字：艾坳坻坫礬附
矸岣岵岬坷岢坤垃峁岷坭爬帕坢
坯坪坡坦坨宛往旺委忤岫盱亞奄
餚夜依抑佾詠呦侑於盂臾昀狁

九劃之部

九劃屬「金」的字：臿查奼差拆怊
車疢宬怵穿舡春殂促毒度耏釓宮

剞剄枯前怯侵秋紉彤柔砂衫舢庫
哂矧甚牲省施食室是首姝耍帥
門思娍叟俗剃祆秈庠削信星性咻
庥胥敘宣頁釔俞俁哉昝蚤則眨吒
怔咫峙肘拄拙咨姿俎昨怍屍

九劃屬「木」的字：柲柄柴柢芏俄
枹尜肝柑竿疳肛缸紇革虼哏狗
枸牯故冠咣皈軌癸櫃哄訇虹芨
咭級急紀既枷叚架建笄姜姣皆
界疥蚧矜勁扃九韭拘狙拒軍看柯
科咳客哐柃柳咯芒怩暱拈柈芃枰
祈芑契恰芊俏俅酋畎芍柿柁柝
芄玩俠狎柙相枵彥奕弈疫羿柚

禺竽芋柵柘芝枳柱斫柞

九劃屬「水」的字：疤拔拜拌保抱背祊甭泵毖扁窆拚便昇波泊勃哺怖匆沲法畈飛沸狒玢風封鳧佛拂俘氟罘拊訃負泔沽哈孩河很紅泓侯後狐怙徊奐宦皇虺噦計沮炬姥淚泠泖昴冒玫眉美昧虻咪弭泌沔勉眇秒咩抿泯抹哞某拇泥拍哌泮叛盼狍泡疱怦抨披毗姘品屏潑匍柒泣泅泉染嬈沭泗沱鹹香巷洩卸泫泶妍沿泱盈泳油沾沼治注

九劃屬「火」的字：炳抶抽怛待怠殆眈抵帝酊訂段杸盹盾哆哚赴拐曷烀咴姞柬炯玦俊拉厘俚俐憐亮咧拎律哪娜柰耐南怒虐炮炱泰炭畋殄亭突塗拖拓歪紈胻炫紃殃徉咬映昱怨災炸招昭者貞祉致盅重紂胄炷秄秭耔奏

九劃屬「土」的字：哀垵拗砭垞衩昶垤垌峒肚砘垛垩垡垓垢砍奎趴怕盆砒垧哇娃威韋畏胃甕屋侮型耆峋押埡婭砑咽匽怏垚姚要咿怡咦姨艤姻音垠俑勇幽疣羑囿宥紆昪禹垣爰約玥窀

十劃之部

十劃屬「金」的字：剝財睬倉敕豺
剷倀倡鬯晁昭耖啅宸乘蚩持翅芻
俶純祠脆厝凋釘珐剛罡剮怪借峻
釕倪釙剖倩挈邛訒軔衽狨辱弱珊
閃訕剡扇哨射珅娠神眚師十時拾
狩書紓殊衰拴素祟孫隼唆索慟剜
紊唏息席掀宵笑修脩訏徐痃眩殉
栽宰奘唣哳痄窄釗針真畛疹拯症
紙指酎疰拽酌租祖祚唑座

十劃屬「木」的字：桉芭笆柏柏梆
苄栟屙婀莪芳芬粉芙酐紺羔高哥
格鬲哿根耕哽肱恭蚣躬拱貢股骨
罟掛倌桄鬼桂衮核桁訌笏花桓恢
唧姬屐笄笈脊記珈家痂恝兼豇狡
訐拮桀芥衿肼弳徑柩柏疽桔俱
倨娟倦桊雋拷栲珂痾恪倥恐芤
哭庫框括栝栳栗匿臬耙芘棲芪耆
豈起氣虔欨芡衾芩芹袪拳缺桑芟
秫栓淞筍桃桐砼桅芴奚哮校芯栩
椏芽芫唁苡倚癰邕娛圄峪原紜芸
笊祗芷桎株桌

十劃屬「水」的字：氨粑唄班般舨
豹趵倍倴畚秕俾舭畢珌髟俵病玻
砵亳庯秤臭泚洞娥洱肪紡舫肥匪

肺紛峰俸服祓蚨俯釜害氦蚶邗函
航耗盍狠恨哼恆洪候祜洹洄恚活
洎浹津酒洌洛馬邙旄們猛洣敉秘
眠眄珉秣毪畝紐俳派畔祥旁配疲
紕拼娉俜洴珀圃凄訖迄洽洳灑殺
紗娑洮窪洧紋蚊務洗效脅紲洩屑
恤洫恂洵訓衍洋洇耘撈洲洙濁

十劃屬「火」的字：哧恥翀姹玳耽
疸紞島倒娣玷爹瓞凍恫蚪躉耿烘
恍疾晉玨倔烤朗烙哩娌倆涼料烈
玲瓴凌留旅倫倮耄拿納肭衲孬
能娘恧衄哦秦恁朊芮蚋偌曬晌恕
朔趿肽唐倘討套特疼屜倜恬甜挑

條庭挺徒彖庹挖撾倭烏娭夏畜烜
訊迅秧烊窈舀旃展站珍朕肢值秩
舯衷塚祝倬第恣

十劃屬「土」的字：啊唉埃砹鵪俺
按案盎敖芺峬城埕砥峨恩砝砩個
埂堝砬埒埋砰破埔砌峭竊容埏砷
堍砣娓翁唔阢峽軒蚜氬懨胭宴晏
氧恙眙酏益殷氤蚓祐迂邘育彧眢
員袁砸砟砧肫

十一劃之部

十一劃屬「金」的字：偲彩參曹側

釵產娼常徜唱巢晨跈偁琤瓻匙豉
春崇紬偢處絀啜船釧玼疵瓷粗啐
挫得釣釩副寂祭剪旌勘馗率捏釹
珮阡釬氫圊愨雀蚺唼啥釤商捎紹
奢蛇設赦紳胂售孰庶唰爽悚訟宿
狻捅偷鈄問悉欷覡徙細舷祥斜偰
訢舋邢羞袖酗旋悅責舴扎蚱砦粘
胗梔胝趾終晝珠蛀專著紫族組胙
做

十一劃屬「木」的字：茇苞苯笨苾
梐彬梣茬趁笞茌崔笪笛兜軛梵苻
桴符苷敢舸梗珙苟笱蛄梏牿胍規
匭國悍捍偈寄笳袈戛蛺胛假假堅

筧趼健皎教秸婕堇近婧竟救苴趄
苣捐眷桷捃胩康苛氪啃寇苦眶悝
盔悃捆梱婪笠啉苓茅茆茂梅苠茉
苜旎偶苤笸啟棄乾悄茄卿頃筇蚯
區蛆朐娶悛圈痊苒若嗇苫梢苕笙
倏梳術笥桫梭苔梯笤梃桶偓梧悟
晤狹廂梟偕械許研厴眼悒挹翊
茚英唷圉庾苑笮苧梲茁梓胤

十一劃屬「水」的字：捌豝胈敗絆
邦濱胞狽被偝偪逼閉狴婢庳敝貶
匾遍彪婊邠斌浡舶捕涔唇訛返販
訪啡酚唪趺麩紱紼浮匐艴婦夠海
酣毫浩盒痕珩唿唬扈瓠患凰悔彗

晦婚貨浸涇涓浚浪流痲麥脈曼袤浼瞇覓密冕喵苗敏眸涅徘胖脬袍匏胚旆烹啤偏殍票貧婆粕浦渠澀涉涑挲涕涂晚望偎浯浠習涎消邪挾婞哅虛雪湧魚雩浴淅浞

十一劃屬「火」的字：

欸捭蛃晡眵敕從湊紿帶袋聃膽啖蛋盜羝頂啶動敓舵阨珥烽焓焊斛將涓訣觖徠狼勒梨狸猁唳粒梁聊羚翎聆蛉婁鹵鹿略圇捋珞那婥訥您胬戚軟晟胎酞貪袒啕剔悌糶烴停珽屠豚唾媧襪烷挽焐晞烯珣珧斬張章帳啁偵振執痔窒紬捉啄訾傯

十一劃屬「土」的字：

挨庵唵埯崩埠埱埭崠硐堆崗硌崮硅啍胡基崛崆堀崍硭埝鳥啪培堋埤崎畦牽眭堂窕眺婉唯帷偉尉迕捂悟硒崤硎勖琊崖啞訝迓崦焉偃癢野痍移異埸翌狺寅迎塋庸恿悠蚰蚴狳域欲崢埴蛭

十二劃之部

十二劃屬「金」的字：

鈀鈑鈽猜裁殘傖廁嗏覘孱猖惝敞悵鈔超朝抻掌胵啻惆喘窗創捶詞猝酢悴毳皴嵯痤矬措貂掉鈄鈍貳鈁鈣割鉤辜

壺戟絕鈞竣剴鈉甯鈕掊裒鈐欽
禽情氰然韌絨傘散喪掃嫂痧跚善
稍邵猞畬胥甥盛剩視授瘦疏舒黍
述稅順舜絲斯俟竦嗖酥訴粟飧睃
鈦替童推惜傒晰犀粞舾舄羨象胸
琇須婿絮喧絢喻鑰咱鑿棗迮曾喳
詐掌詔掙猙幀脂殖縶軹眾蛛貯茲
詛尊阼

十二劃屬「木」的字：棒筆草策茶

棖茺楮圌荈棰茈茨答等第棣迭棟
筏棼茯檻皋胳格給莨軲觚酤詁雇
棺貫胱晷貴棍聒槨皓閎喉荒茴嵇
極戟棘殛集幾掎悸迦袷跏間犍薦

絳茭椒蛟絞窖喈街傑結筋藎阱景
痙窘啾廄掬椐莒詎距犋掘珺喀開
凱閌鈧軻棵控筐貺傀喟蛞稜荔椋
絡犖犖荬棉茗猊棚椑期欺祁棋掐
掮茜嵌強羥喬邱球詘蛐荃筌荏茸
茹阮森篩耜覃棠筒統筒橢皖稀廈
筅荇悻荀雅掩雁堯傜萟椅茵硬喲
馭飫寓棧棹植茱椎棕最

十二劃屬「水」的字：跋阪湓綁傍

棓報悲邶備賁絣琫詖邲弼皕贔搧
猋幖郱啵博踣鈈瓿淳淙淬淡發番
飯邡防扉淝悱斐糞馮稃跗涪袱幅
復傅富淦蛤涫胲頇邯涵寒喊琀絎

淏訶喝涸訸賀惚淮喚徨蛔惠混粘
惑漸荊淶涼淋淩淥淪傌買茫蛑貿
帽媒媚寐捫悶猛脒冪黽描淼閔淖
排牌跑彭捧邳痞胼評迫普淇淺清
脎深淑涮淞淌淘添淟涴雯渦無淅
喜閒現項淆雄徇涯淹液淫淤淯淵
雲粥涿淄

十二劃屬「火」的字：掰焙采場焯
掣程塍嗒傣貸單氮悼登迪覿詆邸
睇掂阽惦跌喋耋痘短惇敦掇邇焚
欽焦接嗟晶就厥吭焜啦喇琅稂勞
犁哩理傈痢詈晾量捩裂趔琉硫虜
掠掄捺喃赧捻儺晴閏婼邰毯探掏

啼腆掭祧迢貼婷痛飩跎酡惋惘喔
窩幄欻尋循巽焱蛘軺軼媛哲蟄診
軫證彘智痣軸粢

十二劃屬「土」的字：捱媕啽晻胺
媼傲奡堡堛嵖硨堤奠堞惡費黑
堠畫黃堪喹嵐塄嵋堖蛙崴為圍幃
惟喂硪婺痦翕硤翔硝硯堰揶掖猗
壹詒迤貽胰喑堙喁釉崳黿粵越崽
跖

十三劃之部

十三劃屬「金」的字：鉍缽鈸鉑踩
粲惻插詫琛嗔脭絺飭傺愁稠酬蜍

楚揣歂蠢跐琮催瘁搓脞鈿堵鈷鉀
剿捷靖鉅鈳鈴鉚鉬鈮刨鈹鉕鉛鉗
蜣愜嗪蛩飪揉塞搔裟歃煞傷艄蛸
詵蜃詩獅勢試軾毹暑鼠蜀睡嗍嗣
肆送搜肅嗉睢歲嗦羧嗩鉈鉭酮媳
郤酰嫌蜆跣詳想綃新歆惺猩貅繡
嗅煦揎暄鉉馴詢鈾銪愉揄蝓傴鈺
裕愈鉞載賊楂閘債斟鉦睜黹酯誅
邾瘃莊裝資揍阻

十三劃屬「木」的字：

嗄萡箅筴搽
猹槎莐椿榱戥荻椴莪蛾愕楓莩該
陔賅戤概感幹箇嗝塥跟綆詬彀痼
詿琯詭跪嗬荷猴逅畸嫉楫麂莢嫁

揀筧減楗鍵醬郊跤腳敫揭詰睫解
僅禁靳經莖睛脛敬迥揪舅琚雎櫸
絹筠揩慨楷戡莰稞窠嗑筘窟誇蒯
誆揆睽琨髡廓莨楞莉蒞廉楝琳莽
莓楣娩募楠逆睨鈀榀莆頎琦琪祺
僉愆箝嗆檣愀琴勤傾楸詮輇裙群
嗓莎筲椹筮豎頌荽莛荼莞萵斡
珷晳暇蔹莧楔歇莘楦靴筵罨楊椰
業義肄楹莜蕕莠愚榆瘐預御楂楨
孳罪

十三劃屬「水」的字：

靶頒斑媥稖
雹陂琲迸嗶愊愎痹辟閟惼颮稟摒
脖渤補測滁渡渢蜂脯溉港僙頏嘷

號郃貉郈犼湖猢琥郇換渙豢惶湟揮暉匯會賄喙毀渾賈湔茳湫較粳鳩渴雷粱媽嗎湄猸渼盟迷渺湣愍酩莫貊尿琶湃湓琵媲睥犏剽聘瓶裘惹綏湯湍微湋渭渥熙湘渫溆渲湮游渝郁渣湛湞滯渚煮

十三劃屬「火」的字：稗煲煏煸裎嗤媸馳傳搭靼迨但當碭嗲電殿揲牒鼎督鍛頓躲惰跺煩觥煳煥煌晃愰詼跡煎睞啷廊酪誄儡愣蜊裡煉賃零旒僂賂輅琭祿路亂煤睦乃惱農暖逄稔塔痰逃綈提跳蜓艇退蛻脫馱陀頑脘畹煨煒蝸熄煊煙琰揚暘煬傜虞煜詹盞照罩蜇郅置雉追惴琢貲觜赼訾

十三劃屬「土」的字：阿矮愛嗌揞暗嗷嶅廒奧碑碚碘碉碇碓痱話鮭脊瞼塏塊跬裊硼聖嵊嵩塑碎塌塘塡琬碗嵬猥痿艉蜎溫嗡握嗚蜈隖詡勳塤嗞衙揠蜒意揖飴詣爺裔飲傭雍蛹猶猷瘀園圓援塬氳惲暈慍輊稚睚

十四劃之部

十四劃屬「金」的字：銨艑綵嘈察瘥僝嫦瑒綝稱誠鋮酲銃搊綢裯殠

搐搋舛愴慈雌粹翠銱銩睹鉺罰閥
鉻鉿郝劃鉸精聚劂銬銠閭銘陧齊
綮慊戧腔搶劁寢蜻銓逡認銣瑞睿
搡瘙銫僧鞝韶賒慎逝誓壽綬署說
搠嗽誦嗾瞍速愫傈觫酸猻損銚銅
僮骰途酴僖蜥銑屣郤禊銜線限像
逍需鋣銥劓銦銀腴瑜窬臧造嘖幘
甄賑蜘摭碡帚銖綜腙粽僔

十四劃屬「木」的字：

菝榜菢菶萆
菜菖萇嘗箎椽菙萃萏菪凳摁菲榧
菔嘎蓋趕綱睪膏搞槁誥郜歌搿箇
郠構菇菰箍鼓褂管逛緄幗蜾菡赫
瘊槐萑夥箕暨跽嘉郟瘕箋菅搛戩

僭降僬僥餃酵截竭誡骱緊廑菁
睛兢僦裾菊矩皸菌郡愾犒褃箜骷
酷筷魁睽匱愧萊榔菱榴榪樠萌墓
幕萘箅裴菩榿萋嘁萁旗綦綺葺搴
歉槍敲僑誚篋輕箐逑賕䟵蜷綣榷
榮榕箬瑟蒴槊菘算榫榻萄菾菟菀
偽萎菥簫榍榭菸厭釅疑瘞蜴熒郢
萸語嫗箢瑗願菑搾寨肇榛箏菹槌

十四劃屬「水」的字：

搬蝂飽悖繃
嘣鼻幣潷裨弊碧馝稨滮裱賓菠駁
搏僰箔逋滄滀呆滌滇緋蜚腓翡僨
瘋逢鳳孵郛福輔腑滏腐閣溝嘏寡
滾嗨豪滈閡菏瑚華滑猾瘓滉琿誨

魂溷禍溘濫溧溜獁嘜嘛慢髦瑁瞀
麼酶艋蜢嘧蜜綿瞄滅閩鳴溟暝嫫
麼陌寞溺滂搒脾麃蜱嘌嫖萍頗僕
溥蜞溱溶溽颯飼溲溯溻溏滔網瘟
聞鄔舞郗溪攜熊溴踅熏窨溢滎源
滋滓

十四劃屬「火」的字：熬暢塵逞瞅
綽瘩搗嘀嫡遞腚腖郖逗端對裰奪
爾裹伙獎盡愷瘌辣罱郎嫪嫘酹
嘞嫠奩連踉僚寥廖鄰綾領熘綹嘍
陋綠綸裸雒瑙嫩寧喏搦熗熔煽裳
台態歎搪耥趟慆慝滕逖惕裼舔蜩
通透圖團籜蜿綰腕誒鞅瘍搖熒毓

搌綻嫜彰脹幛趙這禎種逐綴緇

十四劃屬「土」的字：骯獒塝碥碴
墋誕碲墊碟碸閨監碣境逵壺墚
嶁墁嘔碰塹嶇墒塾墅碩碳維瑋誣
誤瘖瑕鞋頊噓墟碹醃嫣耶腋禕旖
夤瑛墉踴誘與鳶冤猿殞翟嶄嶂墜
准

十五劃之部

十五屬「金」的字：鈳鋇慚慘艖摻
摻嬋鋋廛諂腸敞麨瞋漦瘛沖摴廚
鋤諔嘬瘡摐幢踳賜醋摧銼嘟鋨鋒
敷鋯劊劌鋏緘劍節靚鋦劇錁刳鋃

鋰銃鋝劈鋪噙鋟請趣髯糅銳腮毿
磉儍陝殤賞審諗勝實蝕駛奭艏熟
數腧摔誰絲緦嘶駟艘螋誶瑣銻鋌
腿涹嘻陷線腺嘵銷鋅腥陘銹緒儇
縕糌駔噪鋥稹幟陟摯皺噣翥幢諄
諑蹤諏陬

十五屬「木」的字：葆萹箯標槽蓛
郴樗樅稻噔蒂顎樊葑橄稿葛賡鞏
轂廣媯瑰郭摑葒篌餱葫槲篁蝗嘰
緝繼稽瘠擠稷葭價駕稼儉翦賤腱
箭僵槳嬌膠噍頡羯槿儆獍鬮樛駒
踞蒯慷靠頦瞌蝌課緙摳侉儈寬款
誑葵醌閫樓面模耦葩篇葡槭葜慳

槧慶窮煢萩蝤葚樞樘葶葳葦蔿嫵
葸瞎賢緗葙箱蠍萱樣儀誼毅瑩媵
窳葬樟箴葤著箸醉

十五劃屬「水」的字：䰾魃罷瘢魬
褒鴇褓暴輩褙骳奔陛腷駜髲編蝙
褊緶儦摽憋餅葧踣餔部漕潺蝽漘
醇滴幡范魴誹膚帕蝠駙賦腹蝜蝮
澉緱盥虢憨漢撳頷褐滹滸滬嘩踝
逭漶輝麾慧漿漤漣凜漏漉屢落瑪
碼禡勱賣鞔滿慢漫漭貓蝥貌霉魅
緬緲廟緡瞑摸摩漠墨慕暮漚蒎盤
醅賠噴彭郫陴翩漂魄噗漆憇滲漱
霆萬逶嬉蝦餉霄緤寫漩演漾漪穎

漁漳漲震漬

十五劃屬「火」的字：皚僾熛噌層徹踟齒傺惷除褚踔逴輟膢禢逮儋彈德敵骶締踮調蝶董陡緞餌緩踐墐進噘賚閬嘮樂黎厲練諒輛嘹寮撂劉瘤摟魯逯戮慮輪論腡駱熳鼐腩蝻腦鬧餒輦儂駑挪噢僻熱熵踏駘談郯賧羰瑭躺鋱踢緹髫摶褪駝膃輞腰瑤熠熨暫摘獐賬折輒赭陣鴆征諍質觶腫駐縋禚輜

十五劃屬「土」的字：腤鞍璈墺嶓嶒墀磁磋嶝墩墮廢墳磙嘿糊蝴嶠磕蝰嶗磊嶙碾嬲歐毆慪磐嶔確豌緯諉衛慰廡嫻糈鴉養噎葉靨億逸影慵憂郵魷蝣牖諛緣院閱增磔

十六劃之部

十六劃屬「金」的字：錛餐憯穇艙糙蹅儕蟾閶鬯鋹諶踸頳褫憧瘳踹遄陲錘輴錞縒璁璀撮蹉醝錯鎝雕錠輻鋼錮惚輯錦靜鋸錈錕錸鍆錳穆錇憑錡錢錆嬙撳瘸蹂儒縟褥塞嬗膳龥輸螄撕穌錟頹錫羲螅鬩掀醒髹諼謁逾覦諭憎甑瘵戰縝錚整縐諸麈撞錐錙郰撙

十六劃屬「木」的字：蓓蓽篳蓖篦蔀篰蒼橙篘蓴篤餓諤鄂閼蕚遏噩蒽篚噶篙糕縞膈骼鴣轂摜龜輥過蒿嚆橫黌骺鱟樺慌隍葷機畿擊蒺劑冀髻頰縑蒹諫踺彊耩犟撟徼縉噤頸憬橘舉踽窶鄄橛麇瞰眍褲噲窺憒篥夢蒲樸器褰黔橇橋憔樵撬鞘親擒檎螓檠磬遒糗趨鴝磲橈蓉蓐穡樹蒴蒜蓀蓑蓊樨縣橡篠嘯諧蓄閻諺窯蔭縈鎣嬴穎閾遇圜樾蓁蒸築篆嘴樽鼽縊

十六劃屬「水」的字：澳鱍辦鮑虣憊糒甏甓奰鮅鞞遍辨瘭儐撥餑播鮐膊餺潺潮澄霏奮憤諷撫鮒骸駭頷翰翮餬寰遑潢諱闠餛澗澆潔噱潰潦澇霖螞罵瞞蟎醚憫螟瘼默謀霓凝潘螃耪陪霈澎膨駢蹁諞瓢瞟撇瞥頻鮃撲氆潛潤撒霎潸潲澠澍澌潭燙潼隈潙潿閿憲廨興學潯鄅沄澈

十六劃屬「火」的字：撤陳撐鴟熾儔輳達殫撣憚導道燈諦諜蹀都賭憝噸燉遁踱積撅獗賴襤螂撈擂縭璃罹歷璉撩獠燎廩陵遛龍瘻盧陸錄燜撓鯰噥諾遒燃燒燊遂鮐曇糖螗條陶蹄醍頭暾駝橐熹曉璇謔焰

鴦曄燁焱燠璋瘴臻踵豬撰贅諮髭燔

十六劃屬「土」的字：噯嬡諳聱鏊懊磅壁磣慣衡墾垮磨甌磧牆融壇違謂憮歙遐閹燕噫頤嶧殪陰壅餘豫鴛螈運鄆醞磚鴨

十七劃之部

十七劃屬「金」的字：鎄嚓擦縩操艚螬慅馇鍤禪償韔鼂幬懤歜黜膗聰獨鍍鍛鍔鍰徽蹇餞鍵駿鍇鏈鋂鎂麋鍪遣蹌鍬鍥嚅孺鄏賽糝繅擅聲謚蟀瞬鍶聳鎪謖雖隋縮膝蟋谿戲鮮癇獫餡謝鵂遜翼輿糟罾鍘齋氈鍺鍼鍾謅矚總鄒鍋

十七劃屬「木」的字：蒡蔽檦檗蔡檉蓯蔥蔟簇檔瞪懂蔸篼擀鴿篝購媾鴣館簋蟈癀檜豁擊璣激嚌覬艱韉撿檢謇講蔣鮫矯階鮚鞠鞫據颶糠顆髁懇蔻挎獪虧欄檑蓮聯斂蓼檁蔞簍簏蔓懋蕄蔑篾蔦蓬蹊謙瞧擎罄蕖闃篸蔌簌檀蔚檄蓰轄罅薌魈蓿蔫簷營獄岳簀蔗櫛賺樁戩

十七劃屬「水」的字：癍幫謗蹕臂褾豳擘澹點澱璠繁鼢縫縛醢鼾韓

憾撼嚎鴻縠環璜隳澮諢闊莨澧濂
潞嬤縵蟒蟊彌謎縻謐摹膜濃蟠貔
縹螵嬪皤璞霜濉禧霞鄉養褻懈獬
鱏澡澤澶浣

十七劃屬「火」的字：瞹餲燦齔瞠
騁丑黛擔癉擋蹈隊鴯鮞燴績璡爵
闌癆縲儡勵隸褳殮魎療臨瞵磷懍
隆耬螻縷螺麋繆黏嚀騃燧遢蹋餳
膛螳醣螣嚏曈疃臀襄燮謠遙繇燥
擇輾蟑褶鷙膣螽燭縱

十七劃屬「土」的字：癌隘闇鮟醢
遨謷磴礅鮭壕壑磺磯礁壙嶺磽嶸

闈鮪鄔壓陽憶懌翳應嬰膺擁優黝
隅嶼轅遠龠鄖嶷

十八劃之部

十八劃屬「金」的字：翱鏊鎊鎞饆
璨蟬繟儭艟懤雛幮儲蹙竄酆鎬鎘
環穢劐鎵鎧鎿聶囓鎳擰獰闃闋鎔
鞣鎩繕蟮觴嬸雙颼鎖鎢巂餼燹蟓
擤鎰遭賾繒膪鎮織顓鬃鎦

十八劃屬「木」的字：檳檫蕆簞簦
簟蕫鵝額顎藩擱隔鯁遘覯鵠瞽歸
鯀簧蟥蕙犄蕺蟣鯽鰹瞼襇簡譾檻
糨蕉謹覲舊屨瞿鵑蕨騍蕢簣聵攔

瞢擬膩檸騏騎蕁襁鄡蕎竅翹苘軀
璩覷鬈蕘繞蕤蕊蔬檮檮隗魏蕪黠
蕈顏蠅鴒蜮簪蕞獲

十八劃屬「水」的字：魃鞴鄙彆瀑
髀贔鞭飆蹩濱擯殯襏鵓餺鵏闖蕩
翻瀔賻覆馥闔鄠鯇繢蟪濟謾鄚朦
鄸謨饃貘濘蹣蟛癖濮濡鯊濕穗濤
濰隙獯瀅雜濯濠

十八劃屬「火」的字：癡蟲戳叢戴
燾鞮癜斷懟豐燼醪耮釐禮鯉糧繚
膦嚕轆璐謬蟯耨懦適曙抬鵜題闐
餮魍曛曜瞻障遮謫職贄擲躓轉騅

擢

十八劃屬「土」的字：礙璦盦襖蹦
壁礎疆壘謳躂鄢醫黟彝鄞鄘鼬隕
韞

十九劃之部

十九劃屬「金」的字：鏖崩鏢襜蟾
鏟鯧懲遲寵疇辭蹴禱鏑顛櫝犢鏡
鏗鎏鏤鏝錨鏌鍩遷鏘譙鯖鵲顙騷
臊膻鄯繩識獸攄餿擻鏜醯系暹饈
選贊鏨躁譖鯫鏃遵肅

十九劃屬「木」的字：薜簸櫥薋蹬

櫝臌關獷薅薨蕻謊薈譏薊韁繳轎
醮襟饉鯨鬏褲胯膾曠鯤擴蕾櫪櫟
櫓麓難鯢攀麒髂簽薔蹺繰黢醛薩
薯薇蕹蕭肖擷薤蟹薪薛贗遺蟻薏
蕷籀

十九劃屬「水」的字：辦鵯襞瀌癟
薄醭簿瀍鶉瀆蹯鯡羹韝鯝繯繪嚯
濺獵瀏濼懣懵蠓禰靡湎鶓鵬騙鄱
譜蹼瀑擾霧瀉霪

十九劃屬「火」的字：薆擺爆蹭嘲
蟶歠骴噠襠鄧鯛鶇胴蹲齏際譎蹶
羸類離麗嚦簾臁蠊臉蘞遼鄰遴轔
鯪餾嚨擼廬氌蠃蟆攆膿龐曝蹺爍

譚韜鼗璽鄩繹贈鄣轍鄭騭鯔

十九劃屬「土」的字：爊礤壞疆壢
壟壚穩鵡鶩臆臃韻

二十劃之部

二十劃屬「金」的字：鐔犨觸鰆鐙
鐓鐨鏵鑭鐝鐍鐦鐒鐐鏻鑏鏷鐠繾
鏘黥罄蠑襦繻蠕鰓散騸釋孀鍚璺
霰馨續譯譫騶

二十劃屬「木」的字：藊藏櫬籌纂
鶚鰐藁鰉攉蠖籍繼艦藉警競齟遽
醵覺闞嚳跨鄶纊饋藍籃櫳櫨檬藐

篷臍蠐薺騫瓊鰍勸蕠薹犧獻懸薰
嚴邀議櫞黦櫧櫫纂

二十劃屬「水」的字：膀齙鰏避襣
甓鯿辮穮繽瀕蠙臏黼鰒瀚蚝鶘懷
還瀨瀝瀧瀘邁顢饅鶥蠛魔譬嚷邂
瀣瀠瀛瀦

二十劃屬「火」的字：寶闡鄲黨鰈
竇嚼矍懶黧醴癘齡騮朧攏爐擄羅
糯飄贍獺撻騰齠鼉曦耀贏躅

二十劃屬「土」的字：鼇巉礦巋礫
壤鼯鶩鄴癮嚶罌

二十一劃之部

二十一劃屬「金」的字：鐾驂鶬蠆攙
懺羼韂襯鐺躇呲鶿驄鐸鐫鐳鐮囁
譴蛩麝隨隧邃鐵爔險鐿儹躑屬鐲
鄹

二十一劃屬「木」的字：藨鶻顧鰥顥
饑雞殲鶼繭贐夔藜藕鞽驅饒藪籐
囂藥藝齦鶯櫻蘊

二十一劃屬「水」的字：黯霸辯驃瞟
飆襮藩瀵鶴轟護瀾瀲露獼靦邈霹
鼙鰭瀼攘瀟醺瀹

二十一劃屬「火」的字：纏躊躋爝臘

蠟癩孏覽爛累儷癧瓏髏騾曩鰨鰷
鰩鷂灶囀饌齜

二十一劃屬「土」的字：鰲礴蠡礪礱
碌礞巍攖譽躍

二十二劃之部

二十二劃屬「金」的字：鑌鑔躔囅摛
躕攛鑊鑑跫懾襲隰驍癬鑄

二十二劃屬「木」的字：藹龔瓘蘅驕
懼鱇鄺籟藶藺蘢籠蘆蘑孽蘋蘄氍
權蘇儼癭鬻齬

二十二劃屬「水」的字：邊鰾鱉灃灌
驊歡獾霽漓霾鰻艨鮸[illegible]瓤穰灄響
饗鱈藻

二十二劃屬「火」的字：顫齪羅疊讀
龕邋糲鰱躐鷚聾癃窿臚艫孿囊攝
贖儻饕聽彎鷓

二十二劃屬「土」的字：巔巒鷗懿隱
瓔鱅饔

二十三劃之部

二十三劃屬「金」的字：鑣黲髑鱔鑠
鷥髓鼷鰵纖鷳攢髒鱸鱒

二十三劃屬「木」的字：欑蘩蠱鱖藿

鷦鶁鷲蠲蘭蘞欏蘑蘖蘧癯蘚鼴驗
驛鷸孽蘗

二十三劃屬「水」的字：鷩變鱝鬟禳
灘

二十三劃屬「火」的字：讎蠣戀鷯鱗
麟轤孿欒玀猱攤體顯

二十三劃屬「土」的字：巒巖纓

二十四劃之部

二十四劃屬「金」的字：鏄蠶讒讖矗
鑫瓚驟

二十四劃屬「木」的字：靄籪贛羈攪
蘺籬釀衢齲魘鷹欑

二十四劃屬「水」的字：蚌髕鬢霍轡
顰躞

二十四劃屬「火」的字：螭韃癲蠹攫
讕鱧靂靈隴鷺讓闥癱廳齷鱣

二十四劃屬「土」的字：壩罐鹽艷囈

二十五劃之部

二十五劃屬「金」的字：鑶鑱鱨躥钄
躡鑲贓

二十五劃屬「木」的字：觀鱭髖欖蘿籮蘸纘

二十五劃屬「水」的字：灞酆灝韄漯蠻蘼襻

二十五劃屬「火」的字：靉纛攬鬣酃顱臠攞囔

二十五劃屬「土」的字：

二十六劃之部

二十六劃屬「金」的字：饞鑹驥鑷釃躚趲

二十六劃屬「木」的字：蠷躦

二十六劃屬「水」的字：灣

二十六劃屬「火」的字：邐酈驢邏瘰攮

二十六劃屬「土」的字：

二十七劃之部

二十七劃屬「金」的字：黷鑾鑼顳鑽

二十七劃屬「木」的字：顴讞

二十七劃屬「水」的字：灤纈

二十七劃屬「火」的字：讜纜鸕鱸驤

二十七劃屬「土」的字：

二十八劃之部

二十八劃屬「金」的字：

二十八劃屬「木」的字：籩(ㄅㄧㄢ) 戇(ㄓㄨㄤˋ) 欞(ㄌㄧㄥˊ)

二十八劃屬「水」的字：灩(ㄧㄢˋ) 戇(ㄓㄨㄤˋ)

二十八劃屬「火」的字：魑(ㄔ) 轢(ㄌㄧˋ) 躒(ㄌㄧˋ)

二十八劃屬「土」的字：鸚(ㄧㄥ)

二十九劃之部

二十九劃屬「金」的字：

二十九劃屬「木」的字：

二十九劃屬「水」的字：

二十九劃屬「火」的字：驪(ㄌㄧˊ) 躝(ㄌㄧㄣˋ)

二十九劃屬「土」的字：鸛(ㄍㄨㄢˋ)

三十劃之部

三十劃屬「金」的字：爨(ㄘㄨㄢˋ)

三十劃屬「木」的字：

三十劃屬「水」的字：[illegible](ㄔㄞˋ)

三十劃屬「火」的字：鸝(ㄌㄧˊ) 鱺(ㄌㄧˊ) 鸞(ㄌㄨㄢˊ) 囊(ㄋㄤˊ)

三十劃屬「土」的字：

※因電腦編排恐有謬誤之處，所以以上筆劃數、五行及注音，要以康熙字典為主，如讀者發現有錯誤，歡迎來電指正告知，於再版時會再作修正，謝謝！

西元	朝代	歲次	民國前	星運紫白
1816	二一年	丙子	九六	七運四綠
1817	二二年	丁丑	九五	七運三碧
1818	二三年	戊寅	九四	七運二黑
1819	二四年	己卯	九三	七運一白
1820	二五年	庚辰	九二	七運九紫
1821	道光	辛巳	九一	七運八白
1822	二年	壬午	九〇	七運七赤
1823	三年	癸未	八九	七運六白
1824	四年	甲申	八八	八運五黃
1825	五年	乙酉	八七	八運四綠
1826	六年	丙戌	八六	八運三碧
1827	七年	丁亥	八五	八運二黑
1828	八年	戊子	八四	八運一白
1829	九年	己丑	八三	八運九紫
1830	一〇年	庚寅	八二	八運八白
1831	一一年	辛卯	八一	八運七赤
1832	一二年	壬辰	八〇	八運六白
1833	一三年	癸巳	七九	八運五黃
1834	一四年	甲午	七八	八運四綠
1835	一五年	乙未	七七	八運三碧
1836	一六年	丙申	七六	八運二黑
1837	一七年	丁酉	七五	八運一白
1838	一八年	戊戌	七四	八運九紫
1839	一九年	己亥	七三	八運八白
1840	二〇年	庚子	七二	八運七赤
1841	二一年	辛丑	七一	八運六白
1842	二二年	壬寅	七〇	八運五黃
1843	二三年	癸卯	六九	八運四綠
1844	二四年	甲辰	六八	九運三碧
1845	二五年	乙巳	六七	九運二黑
1846	二六年	丙午	六六	九運一白
1847	二七年	丁未	六五	九運九紫
1848	二八年	戊申	六四	九運八白
1849	二九年	己酉	六三	九運七赤
1850	三〇年	庚戌	六二	九運六白
1851	咸豐	辛亥	六一	九運五黃
1852	二年	壬子	六〇	九運四綠
1853	三年	癸丑	五九	九運三碧
1854	四年	甲寅	五八	九運二黑
1855	五年	乙卯	五七	九運一白
1856	六年	丙辰	五六	九運九紫
1857	七年	丁巳	五五	九運八白
1858	八年	戊午	五四	九運七赤
1859	九年	己未	五三	九運六白
1860	一〇年	庚申	五二	九運五黃
1861	一一年	辛酉	五一	九運四綠
1862	同治	壬戌	五〇	九運三碧
1863	二年	癸亥	四九	九運二黑
1864	三年	甲子	四八	一運一白
1865	四年	乙丑	四七	一運九紫
1866	五年	丙寅	四六	一運八白
1867	六年	丁卯	四五	一運七赤
1868	七年	戊辰	四四	一運六白
1869	八年	己巳	四三	一運五黃
1870	九年	庚午	四二	一運四綠
1871	十年	辛未	四一	一運三碧
1872	十一年	壬申	四〇	一運二黑
1873	十二年	癸酉	三九	一運一白
1874	十三年	甲戌	三八	一運九紫
1875	光緒	乙亥	三七	一運八白
1876	二年	丙子	三六	一運七赤
1877	三年	丁丑	三五	一運六白
1878	四年	戊寅	三四	一運五黃
1879	五年	己卯	三三	一運四綠
1880	六年	庚辰	三二	一運三碧
1881	七年	辛巳	三一	一運二黑
1882	八年	壬午	三十	一運一白
1883	九年	癸未	二九	一運九紫
1884	十年	甲申	二八	二運八白
1885	十一年	乙酉	二七	二運七赤
1886	十二年	丙戌	二六	二運六白
1887	十三年	丁亥	二五	二運五黃
1888	一四年	戊子	二四	二運四綠
1889	一五年	己丑	二三	二運三碧
1890	一六年	庚寅	二二	二運二黑
1891	一七年	辛卯	二一	二運一白
1892	一八年	壬辰	二十	二運九紫
1893	一九年	癸巳	一九	二運八白
1894	二〇年	甲午	一八	二運七赤
1895	二一年	乙未	一七	二運六白
1896	二二年	丙申	一六	二運五黃
1897	二三年	丁酉	一五	二運四綠
1898	二四年	戊戌	一四	二運三碧
1899	二五年	己亥	一三	二運二黑

西元	朝代	歲次	民國前	星運紫白
1900	二六年	庚子	一二	二運一白
1901	二七年	辛丑	一一	二運九紫
1902	二八年	壬寅	十	二運八白
1903	二九年	癸卯	九	二運七赤
1904	三〇年	甲辰	八	三運六白
1905	三一年	乙巳	七	三運五黃
1906	三二年	丙午	六	三運四綠
1907	三三年	丁未	五	三運三碧
1908	三四年	戊申	四	三運二黑
1909	宣統	己酉	三	三運一白
1910	二年	庚戌	二	三運九紫
1911	三年	辛亥	一	三運八白
1912		壬子	民國元年	三運七赤
1913		癸丑	二	三運六白
1914		甲寅	三	三運五黃
1915		乙卯	四	三運四綠
1916		丙辰	五	三運三碧
1917		丁巳	六	三運二黑
1918		戊午	七	三運一白
1919		己未	八	三運九紫
1920		庚申	九	三運八白
1921		辛酉	十	三運七赤
1922		壬戌	十一	三運六白
1923		癸亥	十二	三運五黃
1924		甲子	十三	四運四綠
1925		乙丑	十四	四運三碧
1926		丙寅	十五	四運二黑
1927		丁卯	十六	四運一白

西元	歲次	民國	星運紫白
1928	戊辰	十七	四運九紫
1929	己巳	十八	四運八白
1930	庚午	十九	四運七赤
1931	辛未	二十	四運六白
1932	壬申	二一	四運五黃
1933	癸酉	二二	四運四綠
1934	甲戌	二三	四運三碧
1935	乙亥	二四	四運二黑
1936	丙子	二五	四運一白
1937	丁丑	二六	四運九紫
1938	戊寅	二七	四運八白
1939	己卯	二八	四運七赤
1940	庚辰	二九	四運六白
1941	辛巳	三十	四運五黃
1942	壬午	三一	四運四綠
1943	癸未	三二	四運三碧
1944	甲申	三三	五運二黑
1945	乙酉	三四	五運一白
1946	丙戌	三五	五運九紫
1947	丁亥	三六	五運八白
1948	戊子	三七	五運七赤
1949	己丑	三八	五運六白
1950	庚寅	三九	五運五黃
1951	辛卯	四十	五運四綠
1952	壬辰	四一	五運三碧
1953	癸巳	四二	五運二黑
1954	甲午	四三	五運一白
1955	乙未	四四	五運九紫

西元	歲次	民國	星運紫白
1956	丙申	四五	五運八白
1957	丁酉	四六	五運七赤
1958	戊戌	四七	五運六白
1959	己亥	四八	五運五黃
1960	庚子	四九	五運四綠
1961	辛丑	五十	五運三碧
1962	壬寅	五一	五運二黑
1963	癸卯	五二	五運一白
1964	甲辰	五三	六運九紫
1965	乙巳	五四	六運八白
1966	丙午	五五	六運七赤
1967	丁未	五六	六運六白
1968	戊申	五七	六運五黃
1969	己酉	五八	六運四綠
1970	庚戌	五九	六運三碧
1971	辛亥	六十	六運二黑
1972	壬子	六一	六運一白
1973	癸丑	六二	六運九紫
1974	甲寅	六三	六運八白
1975	乙卯	六四	六運七赤
1976	丙辰	六五	六運六白
1977	丁巳	六六	六運五黃
1978	戊午	六七	六運四綠
1979	己未	六八	六運三碧
1980	庚申	六九	六運二黑
1981	辛酉	七十	六運一白
1982	壬戌	七一	六運九紫
1983	癸亥	七二	六運八白

西元	歲次	民國	星運紫白
1984	甲子	七三	七運七赤
1985	乙丑	七四	七運六白
1986	丙寅	七五	七運五黃
1987	丁卯	七六	七運四綠
1988	戊辰	七七	七運三碧
1989	己巳	七八	七運二黑
1990	庚午	七九	七運一白
1991	辛未	八十	七運九紫
1992	壬申	八一	七運八白
1993	癸酉	八二	七運七赤
1994	甲戌	八三	七運六白
1995	乙亥	八四	七運五黃
1996	丙子	八五	七運四綠
1997	丁丑	八六	七運三碧
1998	戊寅	八七	七運二黑
1999	己卯	八八	七運一白
2000	庚辰	八九	七運九紫
2001	辛巳	九十	七運八白
2002	壬午	九一	七運七赤
2003	癸未	九二	七運六白
2004	甲申	九三	八運五黃
2005	乙酉	九四	八運四綠
2006	丙戌	九五	八運三碧
2007	丁亥	九六	八運二黑
2008	戊子	九七	八運一白
2009	己丑	九八	八運九紫
2010	庚寅	九九	八運八白
2011	辛卯	一〇〇	八運七赤
2013	癸巳	一〇二	八運五黃
2014	甲午	一〇三	八運四綠
2015	乙未	一〇四	八運三碧
2016	丙申	一〇五	八運二黑
2017	丁酉	一〇六	八運一白
2018	戊戌	一〇七	八運九紫
2019	己亥	一〇八	八運八白
2020	庚子	一〇九	八運七赤
2021	辛丑	一一〇	八運六白
2022	壬寅	一一一	八運五黃
2023	癸卯	一一二	八運四綠
2024	甲辰	一一三	九運三碧
2025	乙巳	一一四	九運二黑
2026	丙午	一一五	九運一白
2027	丁未	一一六	九運九紫
2028	戊申	一一七	九運八白
2029	己酉	一一八	九運七赤
2030	庚戌	一一九	九運六白
2031	辛亥	一二〇	九運五黃
2032	壬子	一二一	九運四綠
2033	癸丑	一二二	九運三碧
2034	甲寅	一二三	九運二黑
2035	乙卯	一二四	九運一白
2036	丙辰	一二五	九運九紫
2037	丁巳	一二六	九運八白
2038	戊午	一二七	九運七赤
2039	己未	一二八	九運六白
2040	庚申	一二九	九運五黃
2042	壬戌	一三一	九運三碧
2043	癸亥	一三二	九運二黑
2044	甲子	一三三	一運一白
2045	乙丑	一三四	一運九紫
2046	丙寅	一三五	一運八白
2047	丁卯	一三六	一運七赤
2048	戊辰	一三七	一運六白
2049	己巳	一三八	一運五黃
2050	庚午	一三九	一運四綠
2051	辛未	一四〇	一運三碧
2052	壬申	一四一	一運二黑
2053	癸酉	一四二	一運一白
2054	甲戌	一四三	一運九紫
2055	乙亥	一四四	一運八白
2056	丙子	一四五	一運七赤
2057	丁丑	一四六	一運六白
2058	戊寅	一四七	一運五黃
2059	己卯	一四八	一運四綠
2060	庚辰	一四九	一運三碧
2061	辛巳	一五〇	一運二黑
2062	壬午	一五一	一運一白
2063	癸未	一五二	一運九紫
2064	甲申	一五三	二運八白
2065	乙酉	一五四	二運七赤
2066	丙戌	一五五	二運六白
2067	丁亥	一五六	二運五黃
2068	戊子	一五七	二運四綠
2069	己丑	一五八	二運三碧

※六十甲子本命合、祿、馬、貴對照表

◎三合者　本五行生旺墓庫之位凡物生欲其旺　旺欲其成　三者九九相親造化萬物生生不已合本命吉利

◎六合者　天帝左旋而迎天　太陽右轉而合地　天地合德運氣同孚　陰陽相和而各有合　會合本命迪吉

◎天乙貴人者　陽貴從天主之德　陰貴取地主之合　即干德之合氣乃貴能統神煞經世宰物逢本命大吉

◎祿元者　祿起十干長生　由生而長　長而居官　臨政則祿　驛馬者　乃先天三合數備主馳驅利用貞吉

選擇宗鏡曰　相主者何　以四柱八字輔相主人之命也　從來皆論生年　宜合生旺祿馬貴人　忌沖殺刑刃

本命	三合	六合	堆貴	進貴	進長生	堆長生	進旺	堆旺	進祿	堆祿	進馬	堆馬	相沖	三殺	回頭貢殺	三刑	箭刃
甲子金	辰申	丑	丑未	乙己	辛	亥	壬	卯	癸	寅		寅	午	未		卯	卯酉
甲戌火	寅午	卯	丑未			亥		卯		寅		申	辰	丑	亥卯未全	丑未	卯酉
甲申水	子辰	巳	丑未	乙己	壬	亥	辛	卯	庚	寅	寅午戌	寅	寅	未		巳	卯酉
甲午金	寅戌	未	丑未	辛	乙	亥	丙戊	卯	丁己	寅		申	子	丑		午	卯酉
甲辰火	子申	酉	丑未			亥		卯		寅		寅	戌	未	巳酉丑全	辰	卯酉
甲寅水	午戌	亥	丑未	辛	丙戊	亥	乙	卯	甲	寅	申子辰	申	申	丑		巳	卯酉
乙丑金	巳酉	子	子申	甲戊庚		午		寅		卯		亥	未	辰	寅午戌全	戌	辰戌
乙亥火	卯未	寅	子申	丙丁	甲	午	癸	寅	壬	卯	巳酉丑	巳	巳	戌		亥	辰戌
乙酉水	丑巳	辰	子申	丙丁	丁己	午	庚	寅	辛	卯		亥	卯	辰		酉	辰戌
乙未金	卯亥	午	子申	甲戊庚		午		寅		卯		巳	丑	戌	申子辰全	戌	辰戌
乙巳火	丑酉	申	子申	壬癸	庚	午	丁己	寅	丙戊	卯	亥卯未	亥	亥	辰		寅申	辰戌
乙卯水	未亥	戌	子申	壬癸	癸	午	甲	寅	乙	卯		巳	酉	戌		子	辰戌

本命	三合	六合	堆貴	進貴	進長生	堆長生	進旺	堆旺	進祿	堆祿	進馬	堆馬	相沖	三殺	回頭貢殺	三刑	箭刃
丙寅火	午戌	亥	酉亥	辛	丙戊	寅	乙	午	甲	巳	申子辰	申	申	丑		巳	子午
丙子水	辰申	丑	酉亥	乙己	辛	寅	壬	午	癸	巳		寅	午	未		卯	子午
丙戌土	寅午	卯	酉亥			寅		午		巳		申	辰	丑	亥卯未全	丑未	子午
丙申火	子辰	巳	酉亥	乙己	壬	寅	辛	午	庚	巳	寅午戌	寅	寅	未		巳	子午
丙午火	寅戌	未	酉亥	辛	乙	寅	丙戊	午	丁己	巳		申	子	丑		午	子午
丙辰土	子申	酉	酉亥			寅		午		巳		寅	戌	未	巳酉丑全	辰	子午
丁卯火	未亥	戌	酉亥	壬癸	癸	酉	甲	巳	乙	午		巳	酉	戌		子	丑未
丁丑水	巳酉	子	酉亥	甲戊庚		酉		巳		午		亥	未	辰	寅午戌全	戌	丑未
丁亥土	卯未	寅	酉亥	丙丁	甲	酉	癸	巳	壬	午	巳酉丑	巳	巳	戌		亥	丑未
丁酉火	丑巳	辰	酉亥	丙丁	丁己	酉	庚	巳	辛	午		亥	卯	辰		酉	丑未
丁未水	卯亥	午	酉亥	甲戊庚		酉		巳		午		巳	丑	戌	申子辰全	戌	丑未
丁巳土	丑酉	申	酉亥	壬癸	庚	酉	丁己	巳	丙戊	午	亥卯未	亥	亥	辰		寅申	丑未
戊辰木	子申	酉	丑未			寅		午		巳		寅	戌	未	巳酉丑全	辰	子午
戊寅土	午戌	亥	丑未	辛	丙戊	寅	乙	午	甲	巳	申子辰	申	申	丑		巳	子午
戊子火	辰申	丑	丑未	乙己	辛	寅	壬	午	癸	巳		寅	午	未		卯	子午
戊戌木	寅午	卯	丑未			寅		午		巳		申	辰	丑	亥卯未全	丑未	子午
戊申土	子辰	巳	丑未	乙己	壬	寅	辛	午	庚	巳	寅午戌	寅	寅	未		巳	子午
戊午火	寅戌	未	丑未	辛	乙	寅	丙戊	午	丁己	巳		申	子	丑		午	子午

本命	辛酉木	辛亥金	辛丑土	辛卯木	辛巳金	辛未土	庚申木	庚戌金	庚子土	庚寅木	庚辰金	庚午土	己未火	己酉土	己亥木	己丑火	己卯土	己巳木
三合	丑巳	卯未	巳酉	未亥	丑酉	卯亥	子辰	寅午	辰申	午戌	子申	寅戌	卯亥	丑巳	卯未	巳酉	未亥	丑酉
六合	辰	寅	子	戌	申	午	巳	卯	丑	亥	酉	未	午	辰	寅	子	戌	申
堆貴	寅午	寅午	寅午	寅午	寅午	寅午	丑未	丑未	丑未	丑未	丑未	丑未	子申	子申	子申	子申	子申	子申
進貴	丙丁	丙丁	甲戊庚	壬癸	壬癸	甲戊庚	乙己		乙己	辛		辛	甲戊庚	丙丁	丙丁	甲戊庚	壬癸	壬癸
進長生	丁己	甲		癸	庚		壬		辛	丙戊		乙		丁己	甲		癸	庚
堆長生	子	子	子	子	子	子	巳	巳	巳	巳	巳	巳	酉	酉	酉	酉	酉	酉
進旺	庚	癸		甲	丁己		辛		壬	乙		丙戊		庚	癸		甲	丁己
堆旺	申	申	申	申	申	申	酉	酉	酉	酉	酉	酉	巳	巳	巳	巳	巳	巳
進祿	辛	壬		乙	丙戊		庚		癸	甲		丁己		辛	壬		乙	丙戊
堆祿	酉	酉	酉	酉	酉	酉	申	申	申	申	申	申	午	午	午	午	午	午
進馬		巳酉丑			亥卯未		寅午戌			申子辰					巳酉丑			亥卯未
堆馬	亥	巳	亥	巳	亥	巳	寅	申	寅	申	寅	申	巳	亥	巳	亥	巳	亥
相沖	卯	巳	未	酉	亥	丑	寅	辰	午	申	戌	子	丑	卯	巳	未	酉	亥
三殺	辰	戌	辰	戌	辰	戌	未	丑	未	丑	未	丑	戌	辰	戌	辰	戌	辰
回頭貢殺			寅午戌全			申子辰全		亥卯未全			巳酉丑全		申子辰全			寅午戌全		
三刑	酉	亥	戌	子	寅申	戌	巳	丑未	卯	巳	辰	午	戌	酉	亥	戌	子	寅申
箭刃	辰戌	辰戌	辰戌	辰戌	辰戌	辰戌	卯酉	卯酉	卯酉	卯酉	卯酉	卯酉	丑未	丑未	丑未	丑未	丑未	丑未

本命	壬申金	壬午木	壬辰水	壬寅金	壬子木	壬戌水	癸酉金	癸未木	癸巳水	癸卯金	癸丑木	癸亥水
三合	子辰	寅戌	子申	午戌	辰申	寅午	丑巳	卯亥	丑酉	未亥	巳酉	卯未
六合	巳	未	酉	亥	丑	卯	辰	午	申	戌	子	寅
堆貴	卯巳	卯巳	卯巳	卯巳	卯巳	卯巳	卯巳	卯巳	卯巳	卯巳	卯巳	卯巳
進貴	乙己	辛		辛	乙己		丙丁	甲戊庚	壬癸	壬癸	甲戊庚	丙丁
進長生	壬	乙		丙戊	辛		丁己		庚	癸		甲
堆長生	申	申	申	申	申	申	卯	卯	卯	卯	卯	卯
進旺	辛	丙戊		乙	壬		庚		丁己	甲		癸
堆旺	子	子	子	子	子	子	亥	亥	亥	亥	亥	亥
進祿	庚	丁己		甲	癸		辛		丙戊	乙		壬
堆祿	亥	亥	亥	亥	亥	亥	子	子	子	子	子	子
進馬	寅午戌			申子辰					亥卯未			巳酉丑
堆馬	寅	申	寅	申	寅	申	亥	巳	亥	巳	亥	巳
相沖	寅	子	戌	申	午	辰	卯	丑	亥	酉	未	巳
三殺	未	丑	未	丑	未	丑	辰	戌	辰	戌	辰	戌
回頭貢殺			巳酉丑全			亥卯未全		申子辰全			寅午戌全	
三刑	巳	午	辰	巳	卯	丑未	酉	戌	寅申	子	戌	亥
箭刃	子午	子午	子午	子午	子午	子午	丑未	丑未	丑未	丑未	丑未	丑未

◎本命相沖　六辰相對而擊沖本命也　最忌天剋地沖及天比地沖凶　日時沖命大凶　月沖之審用　年沖命應制不忌可用

◎本命三殺　日時均忌　真三殺大凶不能制化；逢貴亦忌　非真三殺取天乙貴人制化從權　如無本命貴人制化則不可用

如甲子命　用五虎遁　遁真三殺辛未日時為真三殺大凶不能制化　其餘四未日時為非真三殺　會逢本命堆貴解化權用

◎回頭貢殺　四柱中三合全局　回頭貢殺本命也如本命戊戌　用未年亥月卯時　亥卯未全局殺戌命為回頭貢殺不能制化

◑本命三刑　僅論忌日　須六合三合貴人解化為合格　如辛卯命用壬子日進貴解化可用　或取用丑六合申辰三合可解化

◑箭刃全　四柱中忌箭刃全　須本命貴人或柱中三合六合解化

※六十四卦論斷秘訣

論斷疾病，隨時代不同，故可論到部位，以衛生署所公佈的十大死因之毛病作依據。以下論斷疾病，配合生剋作用，看氣虛、氣實之症，及卦辭之意論斷，以先天為主，後天為輔。

乾金。兌金。離火。震木。巽木。坎水。艮土 。坤土。以五行生剋看。

例如： ䷇比（水地比）。土剋水。坎水氣虛、不流動、腎循環代謝差、尿毒、結石、糖尿病。

䷁坤（坤為地）。土氣旺，胃腸漲鬱、婦女病、子宮之患、車禍致死。

又：一、三、七、九運卦之1、2、3爻。為左側之患。

二、四、六、八運卦之4、5、6爻。（以坐山論左、右）

又：一、三、七、九運卦之4、5、6爻。為右側之患。

二、四、六、八運卦之1、2、3爻。（以坐山論左、右）

若天卦（上卦）及卦運，有一為合元運，一為失元運，為吉凶參半．進財有疾病。整體性仍以外氣巒頭為大事。斷陰宅之原則：☰乾、☶艮生男 ☷坤、☴巽致富。配合64卦之上下卦看，上卦又主形於外，下卦又主藏於內。

◆乾為首：為首領、領導者、上級人物、為剛。

◆坤土：主富。厚載萬物，有順暢之象。

◆震木為雷：名揚居首，震驚百里。

◆巽主風：利市、行商，快速之象。

◆坎為水：聰明、流動、遠方發展之意，智者、博聞多見。

◆離火：主目，眼光獨到，外貌秀麗，演藝人員、觀光局、名聲遠播。

◆兌口：能言善辯，外交官、律師、法官、外交、外務員、新聞局、老師。

◆艮為手：艮為止，止者阻也。軍警人員、保護者、立法、監察委員、守門員、保全人員。

以上配合卦之上、下卦看，再配合卦辭、巒頭，可知其富貴大小。巒頭形狀，必與理氣納卦配合。尤其在來龍之卦上；大事看巒頭形象，小細節則看卦理納氣。

如：來龍之卦為䷒臨，土生金，氣聚在兌金，兌少女，故知此塊地理，以出生之第三個女兒，貴氣最大。

若：坐山為䷤家人寅，知木生火，氣聚離中女，富命最大，及寅、申年出生獲福第一、次午年生，次戌年生，即以坐山「寅」之三合六沖年論吉凶引入。巽木在上卦，形於外，故出生小孩行商之命，一般出生之八字，大都為食、傷生財。此以小卦分房份，願讀者應用上，應合乎該地立向，勿私心作祟，只有減福澤，沒有益處。則以此述千金不賣之64卦論斷秘訣，才有意義，來龍看貴氣，坐山看財富。以下24山配64卦，皆以坐山論。

◆24山配合64卦論斷秘訣及代號、天卦、卦運。

❶白坎水(北方)

壬　子　癸

卦	卦象	卦運	論斷
觀(風地觀)2	䷓	觀2運	木剋土。坤土氣虛、元氣虛弱、胃腸、婦女開刀，看一看。(觀)子宮。宗教卦。
比(水地比)7	䷇	比7運	土剋水。坎水氣虛、不流動、腎循環代謝差，尿毒、開刀，比一比。(比)糖尿病
剝(山地剝)6	䷖	剝6運	土氣極旺，胃腸漲滿、十二指腸、子宮黑點，剝除、開刀。(剝)刮意。當運財旺。
坤(坤為地)1	䷁	坤1運	土氣旺、胃腸、下元漲、胃腸、婦女之患、子宮，失元運會車禍致死。
復(地雷復)1	䷗	復8運	木剋土、土虛、元氣虛、無力、婦女、胃腸開刀之患。一陽復始、生意不耐久。
頤(山雷頤)6	䷚	頤3運	木剋土、手足無力，子宮瘤、休息、開刀(頤)—休息。桃花。
屯(水雷屯)7	䷂	屯4運	水生木，氣聚生異物、腎結石(屯積之意)。小耳痛、月經痛、足腫漲。
益(風雷益)2	䷩	益9運	木旺、肝氣盛、虛火旺、脾氣差，以胃腸、婦女疾病論斷。女掌權、夫妻不合。

❽白艮土(東北方)

方位	卦	論斷
丑	震(震為雷)8 ䷲ 震1運	木旺，氣實之症、雙足漲滿、斷風濕關節炎，手足無力、引車禍、其它小卦一樣。吵架。
丑	嗑(火雷噬嗑)3 ䷔ 噬嗑6	離火氣聚、木生火。形於外(天卦)為聰明秀麗、光明照耀、名氣高透、食祿不憂、稍劣者掌廚。
丑	隨(澤雷隨)4 ䷐ 隨7運	金剋木，阻足、隨機應變、能言善道、兑口之故。外交人才。依巒頭知其貴之大小。
艮	无妄(天雷无妄)9 ䷘ 无妄2運	金剋木，先乾首無妄之災-意外之傷頭部，再風濕關節炎、手足先麻後無力。高血壓。
艮	明夷(地火明夷)1 ䷣ 明夷3運	火生土、胃腸漲實、吃不下，促使營養失調，貧血心臟無力、再引手足，風濕、關節炎。
寅	賁(山火賁)6 ䷕ 賁8運	火生土、心臟無力、肝火旺、目疾，手足氣實漲滿、無力，仍為風濕、關節炎。車禍。
寅	既濟(水火既濟)7 ䷾ 既濟9運	水剋火，臟火氣虛、坎水增丑艮寅之木氣。心臟無力、膀胱、泌尿系統差、風濕關節。
寅	家人(風火家人)2 ䷤ 家人4運	木生火、木虛、肝火旺、目疾、心悸氣喘、筋骨酸痛、風濕關節。併發燒。女掌權。

❸ 碧震木（東方）

方位	卦	說明
甲	豐（雷火豐）8 ䷶ 豐6運	木生火、感冒、發燒全身發冷。無力，再轉高燒。目疾。肝炎。心臟跳動快。
甲	離（離為火）3 ䷝ 離1運	火旺、感冒、發高燒併臨、全身發冷、無力、轉發高燒。（嘴破）
甲	革（澤火革）4 ䷰ 革2運	火剋金、發燒、扁桃腺發炎。全身發冷、無力、再轉發高燒（嘴破、火氣大）
卯	同人（天火同人）9 ䷌ 同人7運	火剋金、發高燒、頭虛，昏沉沉、斷曼谷A型感冒症狀。嘴破、火氣大。
卯	臨（地澤臨）1 ䷒ 臨4運	土生金、肝火大、口舌、胃腸吸收差、土虛之故、骨頭酸痛。筋骨之患。中風。
卯	損（山澤損）6 ䷨ 損9運	土生金、手無力、筋骨敗壞、開刀、殘廢。割除。傷眼睛。發燒。
乙	節（水澤節）7 ䷻ 節8運	金生水、愈增木旺、腎排洩差、浮腫（肌肉）成節狀、筋骨酸痛，禍從口入—吃。
乙	中孚（風澤中孚）2 ䷼ 中孚3運	金剋木、所有小卦較差者，斷筋骨毛病、骨頭酸痛，禍從口入—吃、車禍、吐血。

❹綠巽木(東南方)

辰　巽　巳

卦	卦象	運	論斷
歸妹(雷澤歸妹)8	䷵	歸妹7運	金剋木，腰閃，坐骨神經。筋骨淤血，行動不便，全身無力，禍從口入(吃)，加上縱慾而生。
睽(火澤睽)3	䷥	睽2運	火剋金，扁桃腺發炎、口舌、火氣大、睽者，失和、背道而馳、發燒、腰閃、坐骨神經。
兌(兌為澤)4	䷹	兌1運	金旺、扁桃腺發炎、發燒、口舌、火氣大。腰閃、筋骨無力、坐骨神經。
履(天澤履)9	䷉	履6運	金旺、寸步難行、腰閃、坐骨神經、筋骨酸痛、頭痛煩燥、講話不清。
泰(地天泰)1	䷊	泰9運	土生金，以坐山論吉、丁財兩旺、平安順泰，受妻之幫助。合陰陽消長之現象。
大畜(山天大畜)6	䷙	大畜4運	土生金、頭漲痛、生異物、蓄積、開刀、筋骨無力、腰閃、坐骨神經、骨刺。食道腫瘤。
需(水天需)7	䷄	需3運	金生水、水旺木浮、腰閃、坐骨神經、骨刺、「需要」要物體撐住行走、水旺、肌肉浮腫、腎患。
小畜(風天小畜)2	䷈	小畜8運	金剋木，本卦為吉，財、丁兩旺，豐收(乾、艮生男，坤巽至富。)

9紫離火（南方）

丙　午　丁

壯（雷天大壯）8 ☳☰ 大壯 2運	金剋木、不良於行、壯大在頭、斷高血壓、斷腦血管、中風、不良於行。
有（火天大有）3 ☲☰ 大有 7運	火剋金、此為吉（下元坐山）、離火在外、聰明、秀氣、多才多藝、名氣高透、致富。
夬（澤天夬）4 ☱☰ 夬6運	金旺、夬者決定、兌口在外，能言善辯、外交、律師人才，意志堅決，積極急性。
乾（乾為天）9 ☰☰ 乾1運	金旺、頭患、血壓高、頭漲痛、雙腳冰冷。斷腦血管、不良於行、心臟無力。
姤（天風姤）9 ☰☴ 姤8運	金剋木、交姤主淫亂。腰閃（坐骨神經）筋骨酸痛、高血壓、病因在淫。
大過（澤風大過）4 ☱☴ 大過3運	金剋木，傷在巽股、腰閃、口舌、火氣大。以後頭痛、坐骨神經。失眠、熬夜虛火旺。棺材卦。
鼎（火風鼎）3 ☲☴ 鼎4運	木生火、心臟跳動加速、有物鼎住、心肌梗塞、藉物支撐。高血壓。
恆（雷風恆）8 ☳☴ 恆9運	木旺、更增大卦火炎。筋骨酸痛、致減少活動、血壓升高、高血壓、恆常、永恆。

參看。若外氣凶，內氣吉為平吉。外氣吉，內氣凶為進財欠安。若陽宅納氣逢此為小孩出生八字，限運干支互有吉凶。

❷黑坤土（西南方）

未		坤				申	
巽（巽為風）2 ䷸ 巽1運	井（水風井）7 ䷯ 井6運	蠱（山風蠱）6 ䷑ 蠱7運	升（地風升）1 ䷭ 升2運	訟（天水訟）9 ䷅ 訟3運	困（澤水困）4 ䷮ 困8運	未濟（火水未濟）3 ䷿ 未濟9運	解（雷水解）8 ䷧ 解4運
木旺、痔瘡、腰閃、坐骨神經、胃腸消化不良、吃不下（木旺土必虛）。巽股。	水生木、筋骨酸痛。氣實生異物、婦女之患、胃腸漲實。如井。積水。開刀。	木剋土、☶艮為止、蠱者壞損、卵巢異變，生瘤、無法行動。小孩牙患流血不止。	木剋土、胃腸無法吸收、氣虛、升上來，吐出來。斷胃出血。以後為胰臟癌。	金生水、水旺氣聚、婦女洗不乾淨、非膀胱發炎。又男為上吐下瀉、夢遺。	金生水。坐山下元為吉、不能曰困。氣聚在水、為流動、奔波。發財、大利外交—兌口。	水剋火、坐山下元為吉、離火在外、秀氣高透、名利雙收。坎水主勞碌奔波。在內較近。	水生木。木旺剋大卦土、震足漲痛、不良於行、腎水之故、胃腸之疾、吃不下、開刀、解下腎。

❼赤兌金（西方）

山	卦	說明
庚	渙（風水渙）2 ䷺ 渙6運	水生木、（渙散）下元坐山論吉、勿受卦詞擾。☴主行商利市、加上坎水、流動、四方之財大發財。
庚	坎（坎為水）7 ䷜ 坎1運	水旺、金又生之。洗不乾淨（婦女）、頭虛、流血過多之故。另男主腎、夢遺不斷、下消。
庚	蒙（山水蒙）6 ䷃ 蒙2運	土剋水、腎水不通、凝滯、斷糖尿病、尿毒、蒙難。陰宅斷官符等。陽宅看外氣決定。
酉	師（地水師）1 ䷆ 師7運	土剋水、坤致富。坎主聰明、略謀、師為師表、領導、陰宅、配合巒頭、斷富貴（將官）。
酉	遯（天山遯）9 ䷠ 遯4運	土生金、遯者隱藏也。頭痛、感冒、半夜睡不著、小孩如受驚、常失神、失眠。腦神經弱。
酉	咸（澤山咸）4 ䷞ 咸9運	土生金、下元坐山為吉、兌口在上、能言辯、外交官、律師、法官乃☶艮止之故。止惡。
辛	旅（火山旅）3 ䷷ 旅8運	火生土、艮止在下。秀麗、聰明、旅行常見、觀光局、導遊、前鋒部（步）隊、依巒頭看。
辛	小過（雷山小過）8 ䷽ 小過3運	木剋土、土虛、手無力、足亦同、手足無力、風濕、關節、常感冒、腦神經衰弱、鼻炎。

❻白乾金（西北方）			
山向	卦	卦運	論斷
戌	漸（風山漸）2 ䷴	漸7運	木剋土，下元坐山為吉、巽致富行商中人、企業家、艮止（主人丁）監察人、按步就班漸漸成功。
戌	蹇（水山蹇）7 ䷦	蹇2運	土剋水、坎水不通、腎臟排洩機能差、手無力、斷紫斑病、以後頭痛。
戌	艮（艮為山）6 ䷳	艮1運	土旺、手漲痛、引車禍，手受傷、頭亦受傷。頭患。漲實（土旺生乾金）
乾	謙（地山謙）1 ䷎	謙6運	土旺、坤主富、艮主丁、丁財兩旺、為人謙虛、艮止為貴、又發貴氣。配合巒頭看。
乾	否（天地否）9 ䷋	否9運	土生金、氣聚乾首。頭漲痛、雙腳冰冷、胃腸氣虛消化不良、吃不下。常感冒。
亥	萃（澤地萃）4 ䷬	萃4運	土生金、萃聚也。發燒感冒、頭漲痛。兌口－扁桃腺炎為發燒。生異物。
亥	晉（火地晉）3 ䷢	晉3運	火生土、土旺生乾金、胃腸漲實、眼神無力、肝火旺、斷頭痛。高血壓、腦中風。
亥	豫（雷地豫）8 ䷏	豫8運	木剋土、土虛、吃不下、營養不良、抵抗力減弱、常感冒、因而頭痛。氣聚長男。

學習八字、五行、數字最重要的是要不斷反覆研習、訓練，我們可用最簡單方法，達到最好的學習成果，那就是透過太乙為您製作的牌卡作為占卜的工具，以下是教您如何用牌卡占卜，至於抽牌後要如何解析，請閱讀「八字時空洩天機-雷集」雅書堂出版第八十八頁後有上課實錄的案例，共有40個案例，只要您用心去揣摩，不斷使用它，必會有神奇的應驗，並且可查對雷集第二百零六頁起十天干與十天干的互動關係，即可知結果。於易林堂出版的「解開神奇數字代碼一」也有完整的一百組對應關係解答。

♣兩儀卜卦步驟

步驟❶：先準備太乙為您製作的牌卡或四副撲克牌，選出自己喜歡的其中一種圖案(梅花、鑽石、紅心、黑桃)，只用自己所選出圖案裡的數字牌(1～10)，四副加總共是四十張，(圖案必須相同)。

步驟❷：充分洗牌後，心裡默念卜卦者想問的事情，然後抽出兩張牌，這兩張牌的第一張是代表卜卦者本人，第二張代表所問之事，而這兩張牌就是代表問卦者本人和問題之間的對應關係。

步驟❸：由本書191頁查出，所抽到的牌是代表什麼的天干屬性，此十天干所代表的特性及特質，在「八字時空洩天機」雅書堂出版雷風雨集都有詳細解說，可由此初步了解問卦者對這件事的態度。

步驟❹：從本書查出這兩張牌之間的五行生剋及沖、合與十神（由本書萬年曆第20、21頁的天干十神表查詢），對待關係，由此推論卜卦者的第一張，代表本身，來對應所抽出的第二張牌相互間的影響及互動關係。

撲克牌圖案的意義：

- **黑花代表（木）也為1及2的情性**—春天開創之氣，初始宏大有投資創業、喜愛新的事物、開創、無中生有、文書、學習、啟蒙、生意人，象徵萬物之初生代表甲乙木之情性。
- **紅心代表（火）也為3及4的情性**—夏天蘊釀之氣，亨通暢達、努力熱情主動好客、活潑、外向、喜歡付出、照顧別人，象徵萬物之成長代表丙丁火之情性。
- **方塊代表（金）也為7及8的情性**—秋天收斂之氣，合宜有利、收成小有積蓄，有形的物質、甜美的果實可秋收，象徵萬物之豐盛，代表庚辛金之情性。
- **黑桃代表（水）也為9及10的情性**—冬天守成之氣，誠信永固、保存、喜動智慧、較神秘、象徵萬物之收藏、冬藏，代表壬癸水情性。

撲克牌數字中所代表的天干及物象

撲克牌數字為❶者：**代表甲木**↓高大的樹木、指標人物、地標；可讓2有目標、方向。1喜歡4及8，不喜歡3與7，也喜愛癸水10的滋養。

撲克牌數字為❷者：**代表乙木**↓小花草藤蔓、競爭者、小人、軍師；遇到1甲，人生有方向目標。喜歡3太陽，可讓2快速成長，遇到6為財星，遇到5求財辛苦，喜歡癸水10滋潤。

撲克牌數字為❸者：**代表丙火**↓太陽火、熱情、名望之人、曝光、展現、全包、無效率；遇到2乙木可展現被需要的價值，遇戊奔波勞碌，遇己生成萬物、遇9名望突顯、遇8因感情所困。

撲克牌數字為❹者：**代表丁火**↓重效率、磁場、極高溫、溫度、小火，人工製作出來的火，如電燈、爐火、燭火…等；遇1甲可突顯被需要的價值，遇2乙木，事倍功半，遇3失去舞台，遇4爭先恐後、遇5執著於事物、遇6付出多收獲少、遇7求財辛苦、遇8情同手足、遇9事業自來、遇10毀滅之象。

撲克牌數字為❺者：**代表戊土**↓高山之土或是堅硬的石材、燥土、固執、宗教、修行之人；遇1事業穩固、遇2心事誰人知、遇3對方為我奔波勞碌、遇4不勞而獲、遇5安泰如山、遇6願意付出、遇7委託執行、遇8密雲不雨、遇9難以溝通、遇10離家出走。

撲克牌數字為❻者：**代表己土**→平原或田園之溼土、可塑性高的土，如黏土、泥土、陶土、平易近人、博愛；喜歡遇到太陽3，能無中生有，遇8重新播種，遇9財利自來，遇10名譽受損。

撲克牌數字為❼者：**代表庚金**→將軍、速度、斧頭、刀劍、鋼筋等堅固的金屬，也代表強烈的氣流，如颱風；遇2因情所困、財星自來，遇到3積極有收穫。

撲克牌數字為❽者：**代表辛金**→貴氣、前進不果、珠寶及貴金屬，也代表雲霧、病毒；遇1因貴人得財，遇2求財順利，遇3魅力十足。

撲克牌數字為❾者：**代表壬水**→積極、流動快速且力量大或面積大的水，如海水、瀑布，有破壞性的水；遇1不如以前，遇3名望突顯，遇4名利雙收。

撲克牌數字為❿者：**代表癸水**→福蔭、雨露之水，面積較小的水，如小河、溪流、井水、雨水；遇1造物有功，遇4遙言製造者。

以上10個數字與10個數字的對應關係，可閱讀雅書堂出版的「八字時空洩天機-雷集」第206頁～242頁，以及易林堂出版的「解開神奇數字代碼一」有相當完整的一百組互動對應解析解析。

兄　安康、興隆　太乙　謹筆

先天易數導讀(一)

使用法：

先天易數是按「伏羲、周文王」先後天數的卦理配數組合而成的五百一十二條卦詩，以八為度、為方，每一方主註卜事有八件，而八方共有卜事六十四事，為六十四卦。再每八件上註一卦名，而八方共成八卦，此以伏羲之先天作為天盤，按乾一、兌二、離三、震四、巽五、坎六、艮七、坤八。而另設一圖後天易數盤，也是以八為度、為方、為圖，圖上註八事，八圖共得卜事六十四事，為六十四卦，再每圖上註一卦名，即後天的坎、艮、震、巽、離、坤、兑、乾之方位，此為周文王的後天八卦，即作為地盤。將天地二盤相合，先天八卦用數、後天八卦用卦，順時針方向挨數推進，即知先後天蘊孕之妙。

使用先天易數占易問卦者不用說明要問何事，只要解卦者老師引導暗看摺圖上「易林堂」設計彩色繡布印製的「先天易數盤」(於彩色萬年曆三三六、三三七頁的摺圖)，就彩色繡布摺圖上的天盤及地盤的兩個卦名，放上先天(十位數)及後天(個位數)的牌卡在摺圖上即可，再專心默念卜卦之事宜、目地，默念完再抽八卦牌卡一張(百位數)。

例如：占易卜卦者來詢問請教，欲用「先天易數」，令他不用說明問何事項，引導占卜者暗看彩色繡布摺圖上「易林堂」設計的「先天易數盤」，找其問事之事項。先找先天盤，找到占卜事項後，拿一張先天牌卡，令其放在卦圖挨數盤上，假如先天盤是「離」；再另其找「後天盤」要與先天盤相同的事項，再拿一張後天牌卡，令其放在卦圖挨數盤上，假如是「乾」，然後引導在心中默念卜卦之事宜(弟子○○○誠心恭請伏羲、文王、周公、孔子、鬼谷先師、神農大帝，六大聖人，以及列位神君，今日因問○○之事，欲透過「先天易數盤」來解析，是非曲直能顯現於先天易數盤上)，默念完後在八卦牌卡上，任意抽出一張，假如是2兌卦，者此為百位數2，再將先天牌卡所放的卦「離」，順時鐘挨推二圖(本身位置要算)為坤「8」十位數(假如任意抽出為5巽，者順時鐘挨推五圖，本身位置要算。離順推五圖為坎「6」十位數)，其次在後天牌卡所放的卦「乾」，順時鐘挨推二圖(本身位置要算)為坎「6」個位數(假如任意抽出一張為5巽，者順時鐘挨推五圖，本身位置要算。乾順推五圖為巽「5」個位數，合成數為五六五之數)，合成為二八六之數。翻看書中(二○五頁)易數二八六卦詩條文即是：

二八六：占問求財事稱心，東西路道互相應，
雖然費卻心機力，利息終得百萬金。

白話註解(師)：占求財，這個卦表示能夠成功，冥冥之中四周的人事物將會給當事人好的回應，話雖如此，請當事人切記，無論老天爺如何眷顧，一切都得靠自己努力才有真正的所得，只要肯努力，定是能夠賺大錢的，但更要惜福感恩。(截錄於八字

本卦參數即從該類的告知占卜之事宜及項目與吉凶了。

先賢將其六十四種現象套入了盤中，分別放在八圖上，應用先天八卦及後天八卦交錯的原理，成了五百一十二條卦詩。易林堂編輯部由「楊欣諭小姐」特別以白話註解，讓讀者更能明瞭其意涵，使用更方便、快速，於「八字決戰一生」的「先天易數 白話專解篇」，全書二百八十八頁，有完整的白話註解。於本書彩色萬年曆三百五十頁有詳細的整套占卜工具組合介紹及免費的先天易數占卜網路教學影片。

♣先天易數（天書）占驗要訣

先天易數導讀（二）

取數法：先引導在心中誠心默念恭請神君，及卜卦之事宜後再取數。參考一九三頁。

一、取數：抽占卜牌卡。或拈米粒。或隨意寫一字，算其筆畫數。或報數目字皆可。

二、取數一至八為基數，超過八除以八或減八的倍數，視餘數為用，為第一個數目，稱為「百位數」。整除、餘數0為八，九等於一、十等於二、十一等於三、十二等於四、十三等於五、十四等於六、十五等於七、十六整除等於八，餘類推。

三、要問事的事項，先於先天盤（於彩色萬年曆三三六頁或另購彩色繡布印製的挨數盤）上找屬在何卦上，便於挨數盤卦位上，順時鐘方向，推至前第二項之基數為止，視其「**後天卦**」上的先天數為何數，為第二個數目，稱為「十位數」。

四、再於後天盤（於彩色萬年曆三三七頁或另購彩色繡布印製的挨數盤）上找要問事的事項，必須與第三項的先天盤的事項相同。（如問事項為買屋，者先天盤的兌卦上找到買屋、然後於後天盤上的巽卦，找到相同的買屋或置產。）於後天盤找屬彩色萬年曆三三七頁在何卦上，便於挨數盤位上，順時鐘方向，推至前第二項之基數為止，視其「**後天卦**」上的先天數為何，為第三個數目，稱之「個位數」。

五、由第二、第三、第四項取得之數目，再查對本書中的條文（第一九九頁至二二四頁，共有五百一十二條），便知問事的答案之吉凶。

例如：問開店。取數得二十七。（取數法可參考本書一九五頁一、取數：）

①二十七數除以八（或減八之倍數，為二十七減二十四餘三），餘數三。者以三為第一個數目，為百位數，為三□□。

②問開店。於先天盤（彩色萬年曆三三六頁）上找到「開店」為在「離卦」欄上。再於挨數盤上的「離卦」位上放上先天牌卡，順時鐘方向，推至①所取得之基數三，本身要算，從離（順推一）、順推二為坤、順推三為兌，落點在「兌卦」上，先天八卦數為二，為第二個數，為十位數。為三二□。

③問開店。於後天盤（彩色萬年曆三三七頁）上找到為在「震卦」欄上。再於挨數盤上「震卦」位上放上後天牌卡，順時鐘方向，推至①所取得之基數三，本身要算，從震（順推一）、 順推二為巽、順推三為離，落點在「離卦」上，先天八卦數為三，為第三個數，為個位數，所取得為三二三之數。

（……之數，查對本書之三二三之條文，即知答案為：

三二三：卦占開店許君開，福德交臨廣進財，
本少利多交易好，貴人騎馬自天來。

（註：白話註解的部份可參考「八字決戰一生」03的白話專解篇。易林堂出版）

再例如：問求財。隨意寫一字「琳」。（取數可參考一九三頁或一九五頁一．取數法：）

①琳算其筆畫數為十二數（王原本玉部以五數計，但用於占卜求數目，可直接用書寫的筆畫數計算。不用姓名學求部首的方式算數目。如育：月直接算四畫，不用算「肉」部的六畫，求得育為八數），者十二數除八餘四，四為基數（或減八的倍數，為十二減八餘四也可）。者以四為第一個數目，為百位數，為四□□。

②問求財。於先天盤（彩色萬年曆三三六頁或另購彩色繡布印製的挨數盤）上找到「求財」為在「離卦」欄上。再於挨數盤上的「離卦」位上，順時鐘方向，推至①所取得之基數四，本身要算，從離（順推一）、順推二為坤、順推三為兌、順推四為乾，落點在「乾卦」上，先天八卦數為一，為第二個數，為十位數。為四一□。

③問求財。於後天盤（彩色萬年曆三三七頁）上找到為在「乾卦」欄上。再於挨數盤上「乾卦」位上，順時鐘方向，推至①所取得之基數四，本身要算，從乾（順

推一)、順推二為坎、順推三為艮、順推四為震，落點在「震卦」上，先天八卦數為四，為第三個數，為個位數，所取得為四一四之數。

④由1、2、3項取得為四一四之數，查對本書之四一四之條文，即知答案為：

四一四：无妄求財終有望，世高應下兩重財，
若逢三七十數內，自然方遂君心懷。

(註：白話註解的部份可參考「八字決戰一生」03的白話專解篇)

以上為使用「先天易數」占卜的導讀，只要反覆復習幾次及反覆研讀導讀，跟著操作二、三次後，即能熟悉了，如果還是不瞭解可上網免費搜尋(太乙文化事業痞客邦)有免費完整的教學影片。使用工具整套組合於萬年曆彩色版後面三百五十頁有詳細組合介紹。

本書蝴蝶頁的「先天易數占卜事項表」也可用於占卜快速查對使用，於取數後一樣直接用挨數盤直接挨推，摺圖於彩色版萬年曆三三六頁、三三七頁。

《八字決戰一生03先天易數、白話專解篇》與八字解象有異曲同工之妙，可訓練解卦、推演之活盤，沒有門檻，進入相當快。

易林堂敬祝所有支持易林堂的好朋友，事業鴻圖大展，安康、順利！

易林堂編輯部

一一一：天雨問晴天必雨，天晴問雨主天晴，若要雨落看亥子，晴多雨少數分明。

一一二：進學占之履卦爻，文書官鬼兩相交，才名俱備得推薦，定主他年在錦標。

一一三：鬼爻持世卦相通，又許讀書望進身，從此功名將得望，須知入泮有鴻名。

一一四：取討財物先不易，爻中財盡始相還，秋冬初討空無財，夏季春時不耐煩。

一一五：選婿未成來問卜，誰知好事多反覆，應來生世得成全，福祿優然終分宿。

一一六：舊來命運固非順，財旺人興值此時，福來家興多遂意，貴人相遇來扶持。

一一七：縱有名醫良國手，淹淹未見退災憂，若逢應位來生世，甲寅之日見奇蹟。

一一八：文書官鬼問蘭亭，許宴佳賓有名利，水上流年多有選，今年科舉只平平。

一二一：移居斷許遂君心，福德星盛利祿厚，若逢東南財得旺，家成業就樂昇平。

一二二：君占會事恐無得，義氣相投事可順，若在秋冬能有望，如逢春夏事多憂。

一二三：子孫臨應福神祥，謀事求職百事宜，春季冬時方可成，夏秋占此事願違。

一二四：財來生鬼病難醫，父母家星需護持，夙願如今還應早，一旬半月得評論。

一二五：應財世逢事能成，買屋占來稱順心，富貴榮華由此得，家成業就永安康。

一二六：分家君占欲上疑，管教日後不差池，春秋財旺無煩惱，任意為來總得宜。

一二七：卦占疾病數無妨，福德天星高空照，亥子庚辛痊癒好，五行有救壽綿長。

一二八：嬰兒得喜數無妨，福德臨爻不必憂，服藥且看過未午，合家歡喜把神酬。

一三一：求財應緩不該急，允時亦少定不多，甲乙寅卯方有望，卦爻注定斷無訛。

一三二：財銀借取問神明，托保求之亦可成，亥子庚辛財發動，目前不遂莫生嗔。

一三三：欲占買畜最為良，世應相旺百事昌，數定買來合君意，牛多生息馬騾強。
一三四：開店占之主大財，妻財持世定無乖，春秋夏季財多息，冬至平平少稱懷。
一三五：回鄉占此主平安，福德財源兩字全，伴侶定教逢貴客，路途更覺能心寬。
一三六：此卦占來放帳宜，管教日後不差池，夏秋得意無煩惱，任意為之不必疑。
一三七：墳塋龍脈不為佳，定主無情不必誇，左右有坑還有破，別尋求巽壽榮華。
一三八：賭博求謀先聲難，本宮財盡始相還，秋冬欠勝無些利，春夏還勞不耐煩。
一四一：財臨應位能收成，種作田禾增十倍，水足米乾天意好，一年收勝兩年春。
一四二：子孫無位兩文書，奈何旁人搬是非，有館被人尋奪去，枉徒勞碌費奔馳。
一四三：子臨福位子孫明，求子占之許遂心，若是早年刑剋過，如今不久產麒麟。
一四四：出行占此恐非宜，兄弟臨門是非多，世應逢沖阻礙生，不宜妄動且遲遲。
一四五：捕漁占之遂心懷，上流有利任君懷，專心致志必君得，縱橫張網登釣台。
一四六：君逢夜夢不相疑，名利牽掛事不濟，家道人丁暫驚恐，時來運到夢魂齊。
一四七：君爻持世未和諧，入贅求婚莫妄為，只好回頭尋別計，免教別後有悲哀。
一四八：是非口舌事多端，世位逢財多不安，凡事勸君退一著，方保事後心得寬。
一五一：君占銷售總逢困，反覆延遲空往還，巳午未臨才可脫，過期又恐有牽纏。
一五二：君占見貴事如何，一見應知喜氣多，多利重重終有望，先天神數不差訛。
一五三：卦占有喜財雙重，福德星臨應上來，春蠶養殖休掛礙，十分財喜稱心懷。
一五四：收解錢糧主太平，六爻無鬼不虛驚，上下貴人多得力，定官得利轉家庭。
一五五：數占起造許君為，日吉時良萬事宜，起後財源還許勝，任君造作不須疑。

一五八：訴辯占之許遂情，文書官鬼兩分明，向陽有理無刑罰，日後方知卦似神。
一六一：財爻應來可陞官，仕宦占之必主歡，秋夏陞遷消息到，人情謀幹得雙全。
一六二：陰險重重卦難安，尋人占此恐難平，世剋應爻有進退，只宜訪察可心寬。
一六三：納監占之怕子孫，文書官鬼兩星明，崢嶸仕路何須慮，定註財物兩稱心。
一六四：文書官鬼兩相侵，和事應知不順情，有事定然反覆去，只須忍耐免虛驚。
一六五：求婚占之十分宜，官鬼妻財兩見之，更喜媒人多助力，定教舉案得齊眉。
一六六：孕育求占險與平，臨時略略有虛驚，庚辛申酉長生日，臨產雖凶不損身。
一六七：交易占來卦得宜，應來生世相扶持，雖然財利平平穩，信實成交沒是非。
一六八：卦占外情問姻緣，妻財不現事纏延，計問招偏緣不是，見枉圖樂莫流連。
一七一：置田占此不得安，差重糧多莫妄干，又見鬼爻臨世位，慎防反覆般弄多。
一七二：家信來時應巳午，六親骨肉喜平安，勸君急整歸家計，免得家中望眼穿。
一七三：參政功名宜斟酌，文章無位枉勞神，莫嫌此卦多屯咎，只恐他時反被侵。
一七四：君占告狀卦逢官，財旺生官福祿全，冬夏成權多得力，許君財喜兩平安。
一七五：今因買貨問神靈，定是求謀得遂心，當道貴人皆來助，此行最終有收成。
一七六：求官謀職卦為高，財旺生官福祿豐，秋令冬時得良位，親榮妻貴樂淘淘。
一七七：君今屬意進衙門，福德星臨百事亨，秋夏冬時多利益，春間少遂莫生嗔。
一七八：君因徵員來占卜，福德星臨事事亨，雖是當前多阻隔，遲遲方許可交成。
一八一：君來卜卦問壽年，生來衣祿是天權，應知生死榮枯事，八八加三夢九泉。
一八二：家宅重重見是非，破財疾病有些微，若有鬼神來相助，春夏秋冬皆相宜。

一八三：日月同逢卦最靈，君占合夥甚施為，六爻安靜身心旺，不必多疑聽是非。

一八四：應來剋世福神傷，失物占之枉白忙，內外兩人分卻去，勸君捨得莫思量。

一八五：世高應下重重見，走失終須得轉頭，壬癸亥子終有信，何必著急去追尋。

一八六：君問訪客何日至，應未臨門音信遲，庚辛巳午交臨日，可望人財兩見宜。

一八七：技藝求財此卦奇，子孫持世事周齊，秋冬財源多順心，更遇高人百事宜。

一八八：解人須忌有虛驚，費力勞心不得寧，交卸擔頭心始放，若不小心有傷刑。

二一一：會商接洽卦最宜，朋友重重兄弟齊，速速去邀保全美，庚申辛酉得全財。

二一二：子孫喜至何須慮，不必憂疑且問醫，虎頭蛇尾災星退，待交節氣病才移。

二一三：財不臨世卦未安，買屋房產慢歡喜，中人多欲難成就，捨此不如別路看。

二一四：占病星辰命犯之，五行有救免憂慮，時逢卯酉災星退，作福祈神莫待遲。

二一五：父母無端疾病占，卦中財動鬼官爻，子未占卜無應事，若把心頭莫掛牽。

二一六：卦問移居許遂心，從今財物自來增，當前爭辯須防備，移過方安切莫緩。

二一七：分家何患不稱心，子孫持世益千金，官臨應位總無忌，老實親族信可憑。

二一八：財爻持世進妻財，謀事無妨慢慢來，最喜星辰應在意，更遇高人百事宜。

二二一：子孫持世福神強，家宅占之大吉昌，秋冬季來財興旺，春夏還須防口舌。

二二二：解人不可不提防，嘔氣傷財人不安，幸得貴人多助力，雖然勞苦不傷心。

二二三：走失家人在北方，細心察訪不須忙，秋冬占此難尋覓，春夏交臨定返鄉。

二二四：世應相助無不遂，惟利微益數安排，況嫌技藝多靈巧，勞心勞力事可為。

二二五：錢財失卻不須憂，內外藏之可緩求，庚甲寅申會見面，賊人自犯失機謀。

二二八：占此財爻不甚佳，與人合夥事難誇，將來定有爭端起，單身別圖錦上花。

二三一：見貴還須苦托人，鬼爻臨印要勞心，應來生世世生我，不必憂疑許遂心。

二三二：訴狀占之得遂心，子孫持世福神欣，待交戌日兼寅午，免罪除刑好脫身。

二三三：君因起造來問卜，竪柱上樑有吉宿，君因起造占此卦，數鳴遇雞任君架；
煞在三方須知避，有一言來為君囑，恐防三煞糾纏來，雖然行時且莫話。

二三四：妻財持世主陞官，占領文書信可安，亥子丑交方有得，貴人當道遇尺緣。

二三五：鬼爻持世事難諧，收解錢糧事不佳，若非小心並謹慎，定主刑耗兩相見。

二三六：妻財旺相可陞官，銷售求財亦許安，亥子丑臨交易好，貴人相助得周全。

二三七：經商占之許遂心，來人不須苦憂煩，只宜謹慎加斟酌，出入經營任君行。

二三八：卯木妻財占大佳，春蠶有益定無差，更兼外卦來相助，絲利重重甚可誇。

二四一：問信重重未見來，若逢子午即音至，家中萬事皆安穩，不必憂疑且放懷。

二四二：歸妹之卦子孫衰，聘用徵員事不良，買得終須防口舌，還可仔細再商量。

二四三：世位逢官應喜生，買貨占來必如心，公平出入且得利，相助應教有貴人。

二四四：跟官舉薦問卜之，財鬼逢沖事不安，莫問別營連利好，只宜守舊可尋歡。

二四五：告狀事旺又升官，君問官司理勢全，妻得貴人來助力，秋冬猶覺得耑權。

二四六：置田耑此卦為高，中證相逢定主交，祿位福神多健旺，又主詞情可相投。

二四七：求官謀職鬼爻持，百里千程得遂緣，舟楫奇才因價重，管教時地姓名傳。

二四八：參政高考多費利，必須斟酌再三思，官鬼持世成就難，無得還防有是非。

二五一：尋鋪尋館來尋人，兄弟相爭互不讓，若問別鄉猶可就，西南方上甚難成。

二五二：糾紛口舌不須爭，福德神強保太平，自有貴人來喝散，任有好話總無憑。
二五三：短投捕魚任君心，逆水行舟走上風，安心穩守南方利，功成業就財利生。
二五四：入住妻家要斟酌，兄弟持世枉勞心，重重險阻財遭劫，只可回頭別處尋。
二五五：出行旅遊不須疑，世位高分應位低，世剋應爻無阻隔，重重財喜遂心機。
二五六：歲晴半雨好年成，君問秋收快稱心，五穀豐登無折耗，後來方許遂君心。
二五七：夜夢蹊蹺總不祥，須防有釁起蕭牆，三思謹慎如神助，凡事饒人得久長。
二五八：卦占求子不稱心，福德不顯子難生，數好先天應不謬，辰年午歲產麒麟。
二六一：官爻生世好求名，入學考試許遂心，策論經書如勉勵，定教科舉有聲名。
二六二：財破文書難上榜，子孫太旺又傷官，成舉二科今可望，國考科舉且寬心。
二六三：卦占選婿最為良，財喜重重福祿強，夫婦和諧多福壽，興家立業好呈祥。
二六四：醫憑福德可持身，福不來扶藥不靈，服藥無緣多楚楚，再逢扁鵲也難成。
二六五：討取資財此卦靈，托中求取事堪成，雖是月前多阻礙，遲遲方許有佳音。
二六六：若問天晴天必晴，若詢不雨雨來臨，坎逢壬癸亥陰雨，要晴但看戌申庚。
二六七：命運何須問短長，喜君運限莫相商，雖然早年多成敗，時來應知福壽長。
二六八：經綸事業聖賢書，讀書事業可堪圖，官臨世位文星旺，選入功名住帝邦。
二七一：鬼爻持世未為奇，欲去尋人要見機，莫若待他來自就，四十七月可相期。
二七二：今君外情來問卜，內外鬼爻要反覆，莫若須從前去尋，後產賢能多進福。
二七三：鬼爻持世問多端，君問求婚卻不安，甚且媒人不得力，一般說成兩三般。
二七四：財爻持世必高強，交易占之卦甚良，買賣看來俱遂意，三七十一見禎祥。

二七七：六甲占之不遂心，許其香願保娘身，只待嬰兒離母腹，自然福壽永康寧。

二七八：卦占納監問神明，福德星強喜氣臨，雖是眼前多阻隔，東西遇貴得前程。

二八一：官鬼妻財兩見奇，與人借貸得便宜，幾番財利遲遲有，目下猶未合事機。

二八二：賭錢手氣只平平，世應相生事有靈，利息不多財許穩，四七十一定佳音。

二八三：回鄉占此未為宜，後有迍邅多是非，且安身心休妄動，不依數斷有差池。

二八四：君占風水主安寧，左右來龍最有奇，財福興隆各發達，人丁強壯樂昇平。

二八五：世高應下任君裁，開店占之定美哉，子亥夏春多利息，何須憂愁稱心懷。

二八六：占問求財事稱心，東西路道互相應，雖然費卻心機力，利息終得百萬金。

二八七：放帳應知要賺錢，兩重兄弟有些嫌，子孫雖是來臨世，只恐將來未必然。

二八八：販賣六畜馬豬羊，時運來時百事昌，且待北方財帛在，東西南方未為強。

三一一：解人占此百無驚，官鬼文書兩字明，當道貴人應有助，先須勞碌後安寧。

三一二：子孫持世卦為吉，合夥占之利潤豐，同心合作伴生涯，有始有終無損失。

三一三：鬼爻持世利賊人，失物西南空自忙，尋覓勸君休急促，花費金錢亦難助。

三一四：天雷無妄問行人，財應初爻主到臨，爻到子亥即可望，預期辰子有佳音。

三一五：手藝求財卦不宜，應逢官鬼有猶疑，交秋方許遂心願，三季無財要見機。

三一六：家宅平安百事宜，貴人得力有扶持，雖然小兒多災晦，財祿豐盈百事依。

三一七：鬼神持世應逢凶，聚散無常事不同，君問年壽富應許，福壽齊眉老令公。

三一八：家人走失定須尋，自有鄰人報信音，亥卯未臨方有確，目前不見莫生嗔。

三二一：賭錢手氣未遂心，心機費盡不順意，內外兩爻無利益，更防失脫莫胡行。

三二二：販賣六畜問財源，世應逢沖事不然，雖見欲成還隔阻，買成之後不周全。

三二三：卦占開店許君開，福德交臨廣進財，本少利多交易好，貴人騎馬自天來。

三二四：放帳應知事有虧，不如不放得便宜，應高世下人強我，凡事三思要見機。

三二五：世高應下最為強，風水占之大吉昌，左右龍虎皆擁護，明堂高潤煥文章。

三二六：財爻上卦為最佳，欲借錢財不必疑，若在秋冬多不吉，如逢春夏利相依。

三二七：君來占卦欲求財，秋夏來臨不用猜，若是九流並雜術，許君財物兩相諧。

三二八：鬼爻持世要商量，君問回鄉合適否，依卦不如莫妄動，春去夏來保安康。

三三一：口舌是非最難當，官訟虛驚有一場，生世要應我勝訴，還須小心免刑傷。

三三二：中年生子有刑傷，目下須知當弄璋，卦見兩沖終來合，菱荷晚景吐秋香。

三三三：世應相剋無罣礙，出行占此主平安，春時略忌旁人算，秋末冬初遇貴緣。

三三四：夢寐之間作鬼祟，許多心事累心機，全虧自己星辰旺，直到春來百事宜。

三三五：入住妻家事可為，夫妻魚水兩和諧，外家得此乘龍婿，舉案齊眉福祿全。

三三六：重重拔薦好門牆，尋館占之得吉昌，世應兩爻皆相合，剛柔相濟有何妨。

三三七：此卦許君半收成，且得文昌兩字興，水少旱多宜粟豆，禾苗必待晚收成。

三三八：短投取魚問卜靈，水中經營有財源，欲謀順利向東方，管教層層不脫空。

三四一：娶妾欣逢此卦爻，妻財臨世最為高，夫君芝蘭叶夢吉，螽斯衍慶且榮華。

三四二：君占納監恐無成，子孫不顯枉費心，更忌文書看重複，三思謹慎得安寧。

三四三：坎卦之中有圓融，君問和事必能通，折獄片言利九月，執中公道兩無容。

三四四：六爻臨卦占孕育，財鬼重重多虛驚，十月之間寅午利，仍須作福保平安。

三四七：陞遷之卦最為高，官鬼文書兩相交，丑未戌辰來好信，芳名著冊在銓曹。
三四八：求婚占之不為宜，財祿逢沖事不齊，猶恐媒人不得力，又兼旁人搬是非。
三五一：六爻安靜辰星旺，聘用徵員事得當，不必多疑須作速，遲遲又恐尚遲遲。
三五二：父母臨應利文書，官鬼休咎卻未宜，今歲不適來參政，來春方許遂心機。
三五三：告狀占之枉勞心，欲告須知不合意，財破文書官鬼伏，不如休息免災星。
三五四：求官最忌弟兄興，目下應知未稱心，財破文書官鬼滅，等交冬令始臨民。
三五五：世高應下喜盈盈，欲進市府喜稱心，勞速生育開始長，從此得濟造家庭。
三五六：弟兄持世有文書，家信重重喜見之，亥子丑交家信至，不須愁悶其人知。
三五七：福神持世固田產，占置田園大順昌，應位逢財利豐厚，喜逢中證得商量。
三五八：文書官鬼兩分明，欲占買貨必稱心，出入財源三五倍，路行平坦無驚險。
三六一：兒郎逢病何日強，子孫持世卻無妨，要逢申酉方除厄，一服仙方便吉昌。
三六二：謀事求職目前難，義氣相投方可參，夏秋二季休提起，直到冬春方可全。
三六三：疾病纏綿父母身，鬼爻相應有精神，庚辛戊己災星退，作福祈神保安寧。
三六四：此卦分家有是非，豈知守舊得便宜，應高世下多煩惱，且自忍耐免被欺。
三六五：君占疾病有何妨，輕重星辰相見傷，作福祈神三煞退，庚申方許見安康。
三六六：君問會事卦無妨，事未相投不要忙，且忌土煞來剋動，寅申巳亥百事昌。
三六七：卦問移居事可為，應爻生世福神齊，目下讒言不可聽，移居之後得歸依。
三六八：此卦多凶不順宜，買屋占來有差池，安定守舊休輕舉，切莫胡為惹是非。
三七一：財爻持世破文章，官鬼休愁總不如，科舉占之終不穩，另謀斷許步雲梯。

三七二：讀書又許恩臨身，印綬相生能稱心，選入芹宮蒙作養，年逢水火得揚名。
三七三：財爻上卦最為奇，欲去取討不必疑，即在目下須作速，遲遲又恐不得齊。
三七四：榮枯得失皆由命，壽夭窮通總在天，欲卜近期休息事，晚年命運勝中年。
三七五：醫藥無踪且慢醫，鬼臨世位有蹊蹺，淹淹疾病遲遲癒，求得神藥卻無助。
三七六：恩成士業已升堂，選入芹宮姓氏香，小試公庭求薦拔，文書端的射星光。
三七七：問卜天晴難許晴，庚辛卯午更傾盆，久晴問雨難求雨，久雨問晴未必晴。
三七八：選婿占之事尤佳，妻財子祿能誇示，將來得此成家計，數卜先天定不差。
三八一：鬼卜書辯耍文書，名利占之百事宜，自有貴人提拔去，當庭訴辯笑嘻嘻。
三八二：鬼爻持世未為良，損失春蠶不大強，幸遇子孫來剋鬼，平平利益也尋常。
三八三：收解錢糧得貴人，子孫臨應喜盈盈，中途驚恐雖然有，祿馬扶持安太平。
三八四：占卦生意事不成，三番四復枉費神，直待秋深冬到日，方許隨心必然成。
三八五：占領文書須便有，日期應在亥子丑，貴人得力喜相生，管取文書來到手。
三八六：世來剋應諸事難，君占見貴苦心煩，必交亥卯方和合，遇此方知空自忙。
三八七：卦占脫貨心為高，貴客支持吉利招，欲售應期亥子日，百謀皆遂永無勞。
三八八：此象占來最為高，起造逢之利六爻，雖是眼前多耗散，臨門財喜後多饒。
四一一：買牛買馬作耕乘，養寵占之遂許心，世應相生財甚旺，牲牛騾馬事宜成。
四一二：君問回鄉許遂情，只因伴侶有娥增，率有貴人有助力，管教穩步到家庭。
四一三：祖宗墳墓鬼爻臨，有水無風意不寧，雖有財星不藏聚，人丁可許利平平。
四一四：无妄求財終有望，世高應下兩重財，若逢三七十數內，自然方遂君心懷。

四一七：官鬼兄弟兩見之，問人借取得相宜，三分財氣可應許，目下相求事可知。
四一八：君問開店是與否，爻中經營無是非，四季不如春季好，遂心財豐事相宜。
四二一：君問春蠶意若何，鬼爻臨位損傷多，誠心祈禱平平利，切勿貪多更損和。
四二二：世應相和最順昌，起造房宅多利益，春秋二季任君為，如逢冬夏不為吉。
四二三：人來問卜為文憑，官鬼重重即日臨，兩處貴人多得利，依然遂志笑顏開。
四二四：銷售脫貨甚為高，妻財重重便見爻，兩貴人來相助力，出門交易利多饒。
四二五：數中生意要經營，此卦占之得遂心，忙裡偷閒尋歡樂，勝過他年十倍金。
四二六：數中訴辯不知情，暗處投明未必明，待到寅申巳亥日，文書發動笑相生。
四二七：見貴占之得有緣，應來生世世相生，重重薦拔吉利多，情意相投笑語喧。
四二八：收解錢糧事有驚，還防雀角有相爭，如逢冬季平平過，若待春時定有刑。
四三一：數占此卦兩文書，參政高考也覺遲，今歲爻辭唯欠快，來年或把姓名題。
四三二：君占置貨不如心，世位逢傷恐不成，縱使成也無大利，不如守己免勞心。
四三三：舉薦公務近貴人，跟官無數樂欣欣，逢沖遇鬼多如意，巳後成家利益身。
四三四：置田占此卦為奇，福德星臨少是非，非糧差輕多利益，勸君早就莫遲遲。
四三五：求官占此卦為奇，官鬼文書兩見之，木腳草頭人動力，夏秋兩季遂心機。
四三六：卦占未濟兩重財，進口添丁亦美哉，聘用徵員皆能行，定知日後能和諧。
四三七：家信深藏大有疑，親朋傳信未為宜，夏秋方許知端倪，目下還需按奈些。
四三八：卦占詞訟遂君心，告狀逢官不吃驚，不必憂疑多進退，貴人得力有扶持。
四四一：鬼應文書來生世，讀書成就實無疑，占來定許成大業，木火之年折桂枝。

四四二：卦占歸妹未堪誇，需知選婿有參差，若是今日圖容易，久後方知有怨嗟。

四四三：醫來剋病病無妨，可有靈丹即便良，始信仙傳醫國手，寅申巳亥保安康。

四四四：人間終日雨淋漓，天道陰陽不定期，到底雨多晴日少，時逢三七九可除。

四四五：君問窮通可順遂，將來造化卻何如，十年好運方行起，家富人康百事昌。

四四六：妻財持世剋文書，科舉國考事不順，雖是入場無阻隔，只因當道有堪虞。

四四七：官鬼持世必超群，入學考試遂稱心，行遠登高從此起，他年能許步青雲。

四四八：取討資財兩見之，只宜急速不宜遲，三分財氣時方許，七分財氣尚遲遲。

四五一：普考選舉不如情，兄弟重重卦不寧，財旺生官還有望，不宜急迫且稍待。

四五二：求婚占來十分宜，二姓交孚兩得之，財喜豐盈多福壽，早應成全莫遲延。

四五三：交易占之事可為，成交之後有差疑，六爻無鬼終須就，若在春時更可奇。

四五四：六爻官星不分明，財動生官事可憑，當道有情求助力，冬初秋底有殊恩。

四五五：子孫旺相助妻財，母子夫妻兩得諧，寅午戌爻音信至，平安孕育保無災。

四五六：外情占之卦伏藏，妻財不見子孫傷，綠衣黃裡休顛倒，免被旁人話短長。

四五七：尋人何必苦追尋，消息雖真不得知，只恐旁人來做鬼，虛心實意枉勞奔。

四五八：欲占和事得稱心，世應相生事順遂，只恐一人來做鬼，喜逢原被要和平。

四六一：子孫妻財最為宜，合夥經營事可期，目下雖知無大利，遲遲財喜自相宜。

四六二：走失家人來問卜，事當節但多不作，旁人啜哄出家門，遂遂追尋猶可捉。

四六三：君占手藝要勞心，若得勞心事可成，秋初冬末多獲利，春夏財喜略平平。

四六四：君問壽年可長久，乃是南山松竹友，一生心地皆無差，兒孫對對福祿官。

[illegible]

四六七：家宅平平少是非，放心生活莫懷疑，福神得力何須卜，秋季年冬利有期。

四六八：失物之人枉自尋，賊人上卦莫思量，財當招見休生怨，財去人安百事昌。

四七一：謀事計畫大吉昌，鬼爻持世小人防，時逢春夏多剝離，定在秋冬財利豐。

四七二：久積青蚨買屋居，知君占宅得順遂，成家立業多財利，旺發人丁百世居。

四七三：病犯星辰宜保之，傷寒時熱總難期，平安藥餌多多服，全仗神藥有扶持。

四七四：若問移居事可為，六爻無鬼沿之遲，妻財持世財星旺，以後應知利益興。

四七五：分家占逢此卦爻，鬼爻持世全徒勞，小型營收有獲利，若是分家有禍招。

四七六：君來占卜問兒病，福德隨身能保安，縱有風波但無浪，吉星拱照喜哈哈。

四七七：會事談判不煩憂，福神拱照必無愁，日逢巳午方成就，戊戌庚申可遇頭。

四七八：子占親病身何恙，病到臨危又復生，日逢巳午能痊癒，從此無災過有秋。

四八一：否極終須有泰來，數占求子遂心懷，六爻無破終須有，求神作喜產貴胎。

四八二：取魚短投志氣高，欲占長川釣巨鰲，幸得福神重重卦，東成西就樂滔滔。

四八三：入住妻家事可為，財臨應位有歸依，只嫌文書多高照，花綻頗多子結稀。

四八四：種田難許大收成，雨少晴多雨不均，早禾不如晚禾好，他時方信卦通靈。

四八五：夜夢顛倒不必憂，只因多利在心頭，紛紛人事難同願，待到春來始遂求。

四八六：是非口舌也須防，破好終須有一場，凡事休強須退步，饒人一著最為良。

四八七：父母重重舉薦多，知君求館問如何，子孫持世多財力，賓主相投似錦羅。

四八八：此卦君來問出行，鬼爻在應有虛驚，徒然跋涉無小利，奔走勞苦枉費心。

五一一：起造占之福德饒，八純乾卦最為高，興家立業從今起，富貴榮華在後招。

五一二：子孫持世有扶持，問解錢糧無是非，驚恐有些無大害，完官得意喜歡歸。
五一三：官鬼文書兩字諧，經商生意不必疑，貴人現身來加持，目下許君七分財。
五一四：見貴面試全順昌，出入求榮果有緣，魚水相投多契合，東成西就益財源。
五一五：文書臨應喜相生，脫貨銷售必稱心，戊己來臨方可全，如逢寅卯且稍停。
五一六：世喜應外不為良，養殖多勞無法強，幸得福神來上卦，收成一半可平常。
五一七：卦占訴辯不知情，勉強行之定有刑，待得秋來可分剖，目下忍耐莫生嗔。
五一八：文書簽約應相生，欲領批回可稱心，戊己庚辛方入手，如逢寅卯且稍停。
五二一：捕魚精通可立身，釣船湖海顯高明，自強不息工夫妙，到手隨身利益增。
五二二：此卦應世不相和，出行旅遊有差訛，秋冬之後能順利，春夏之時憂慮多。
五二三：官鬼妻財兩事周，夢魂顛倒不須憂，一時謹慎無煩惱，困守清貧可自由。
五二四：世應守空未為良，君來占館莫空忙，勸君休聞閒言語，直待年末再主張。
五二五：澤風大過兩重財，投資收成實美哉，旱少雨多禾稻穩，高低兩處並無災。
五二六：子遲子早命中招，且自安心不用焦，目下有求難遂意，海中高樹有仙桃。
五二七：是非糾紛不為凶，有水無風總是空，只管安心休畏懼，自然消散得和同。
五二八：入住妻家喜氣濃，財逢妻子兩星榮，他年管教得家業，少婦齊眉直到終。
五三一：鬼臨世位洩妻財，若問求婚事無諧，待至秋冬另有得，自有好緣遂心懷。
五三二：和事占之無法順，弟兄持世難商量，交冬方得遂心意，若在春秋有刑傷。
五三三：子孫持世子星明，孕產多應喜氣生，母子俱安毋多慮，數中保汝得安甯。
五三四：應來生世問尋人，子丑亥日定有因，不必憂心空費力，遲遲自得返家庭。

五三七：外情原貪美貌才，到家只恐不和諧，不如丟過遲已娶，自有佳人送子來。

五三八：交易占之晉卦爻，應來生世許成交，若問利益秋季旺，百世相生福祿昌。

五四一：買屋房產事可順，只宜速置不宜遲，春秋恐有旁人奪，夏季取之必定宜。

五四二：父母得病把卦占，許福求神或可延，年逢七九休歡喜，兼收妙計始無尤。

五四三：應識分家後有收，自然得利不須愁，福神旺相臨門戶，財利滔滔無怨尤。

五四四：福神不到事難全，會商接洽不安事，目下眼前莫著急，可交同氣共相連。

五四五：遷移移居許稱心，不移當有是非生，吉星應在東南位，家業田園百事亨。

五四六：謀事談判有蹊蹺，義氣相投財可交，若能遂意臨門戶，管教財利日日招。

五四七：子女生病吉凶何，乃因災星臨命宮，非神保佑難為力，猶宜急禱祈神仙。

五四八：君占疾病事無妨，福德天醫不順祥，可去求神並作福，遲遲方許得安康。

五五一：女婿選之枉費心，子孫受剋已無情，若還應重龍子選，方許成家立太平。

五五二：討取物財事遂心，從今財物自然增，求謀遂意無攔阻，申子辰日見祥正。

五五三：近期運勢何細詳，眼前造化已非常，再能積德行方便，子子孫孫福祿長。

五五四：財爻持世喜非常，入學占之定有功，上下貴人皆得力，管教拔選入學堂。

五五五：欲問天晴天不晴，東南方上有青雲，若還問雨寅申見，雨少晴多卦有靈。

五五六：世應重重兄弟存，就學進修可有進，讀書修己練工夫，學業才高自顯明。

五五七：子孫宮破文書破，科舉國考恐失望，年逢子午始得力，今日休問貴高低。

五五八：迎醫行世兩利同，柔位平平病不凶，觀我終身君子道，須知不藥自然通。

五六一：君占此卦欲回鄉，程途迢遙且損傷，秋冬之際莫妄動，夏春二季也平常。

五六二：卦占開店不遂心，勉強開之必有驚，若是不開切莫勸，須知貪戀少收成。
五六三：放帳占之必能收，財爻鬼變主憂愁，弟兄兩見財無旺，算本還頭莫妄求。
五六四：官鬼兄弟兩見之，問人借取定便宜，求謀遂意無攔阻，一任施為喜可期。
五六五：求財喜得貴人助，世應相收大吉昌，但是目前阻礙生，遲遲方許遂心腸。
五六六：販賣六畜未為好，經營不利莫強求，盲目購買利益失，還防走失不周全。
五六七：賭博手氣許稱心，應來生世喜相生，時逢亥子財星旺，一擲金錢得萬文。
五六八：君占風水事非宜，前有空嶇後有崎，辰巳乾龍方算美，其餘山向不為奇。
五七一：逃去家人不必尋，子孫未顯枉勞神，東南方上相安樂，細訪從容報好音。
五七二：失財失物不須忙，躲在東南水井旁，巳亥有人傳消息，甲戊庚日見正祥。
五七三：君占此卦問行人，人在他方未轉身，不歸來時無利息，還防冬上有虛驚。
五七四：家宅平安福壽長，官鬼不現信無妨，三分利息秋冬見，春夏占之更喜揚。
五七五：平生勞碌用心機，早年刑剋可相期，老景豐衣可足食，壽年八十內外傳。
五七六：子孫持世卦為親，合夥占之百事亨，財旺人和多喜色，管教日後收成好。
五七七：解人快遞主和諧，奔波辛勞可放懷，只恐拖拉延歲月，交還便得貴人來。
五七八：一技之長卦為昌，手藝高超揚於世，雖是勞心並勞力，一年四季利汪洋。
五八一：小人難許遂君懷，貪合逢官事不諧，買貨完交多利息，閒非口舌不可聽。
五八二：君占告狀稱君心，官鬼扶身事可成，若還見官有刑剋，寬心和解免憂災。
五八三：求官謀職未遂心，內定貪合亦難諧，春夏兩季猶可勝，還得貴人好商裁。
五八四：家鄉阻隔信音稀，眼望穿兒意莫遺，目下須知當見面，春初夏末是歸期。

五八七：君因聘用徵員來，永遠綿長後我多，目下閒言休妄聽，一心辨價不差池。

五八八：舉薦入閣恐難安，守舊平安自無災，若是妄想繩頭利，定有刑傷費心懷。

六一一：世應比和萬事吉，出行旅遊無紛擾，春夏財利自然高，還占秋冬空費心。

六一二：鬼爻無情未為歡，男女求婚事不安，入住妻家要斟酌，恐防日後不安全。

六一三：投資秋收恐不多，東奔西跑枉勞碌，高田不及低田好，富貴重重破損多。

六一四：樹正何愁月影斜，是非糾紛不須嗟，貴人喝散何須懼，守己安然莫管他。

六一五：君來問卜為身謀，求店住宿不到頭，無奈主人性情異，不如捨此再他求。

六一六：短投捕魚利多強，欲知氣象定商量，風雨交加無防事，秋來有餘勝仲秋。

六一七：求子占之尚未果，刑傷剋害見他年，將來得子成家業，晚景安閒樂自然。

六一八：家不成兮業不就，夢魂顛倒成難剖，三年後運興交成，利祿兼優齊相湊。

六二一：卦中有鬼事難成，告狀知君不稱心，更忌兩重財暗動，不如忍得且稍靜。

六二二：舉薦跟官事不如，文書官鬼兩差池，回頭趁早成家計，免受刑傷空自吁。

六二三：置田買地問端詳，置後財豐利綿延，卻喜中人更有力，田財之後必高強。

六二四：子孫不上卦爻間，聘用徵員事不遂，世應兩空官鬼動，將來口舌有憎嫌。

六二五：家信遲遲未能到，子午逢迎一音開，宅中小有不安貌，家人盼望早歸來。

六二六：買貨占之莫能成，應逢衝突爭執生，兄弟劫世事難遂，如在春冬難占先。

六二七：參政高考卦遇成，世應相生事無難，若臨秋夏多能順，如在春冬難有位。

六二八：鬼爻臨應喜相生，謀職求官必稱心，夏季春時隨君意，秋冬略略欠如心。

六三一：虛名虛利久沉沉，取討財物不得遂，痴心指望圖前進，時來運轉鐵成金。

六三二：焦急匆匆卜就醫，應來生世不須疑，持身福德醫常致，必遇良醫能癒好。
六三三：離宮太旺太陰明，晴雨而今眼見晴，若是久晴還有雨，時逢甲子雨又晴。
六三四：十年寄跡在寒窗，今日文章射斗光，國考占之多遂意，此番斷許姓名揚。
六三五：考試進學弟兄興，絕好文章見不明，一任細思空德義，此運不利枉勞心。
六三六：招選女婿得乾爻，福祿妻財兩見交，未濟之中終有濟，晚年得靠此為高。
六三七：鬼爻無位不為佳，學業占之未足誇，若要讀書須命湊，財源方許擁烏紗。
六三八：近期勞苦皆是命，數年勞困總有天，謀而不遂休生怨，再過三春福祿全。
六四一：失物失財不須焦，財去財來命裡招，寅卯亥子清見到，一輪明月照兩郊。
六四二：一技才能事志真，手藝做得能遂心，春夏兩季只平平，秋冬換來豐收多。
六四三：少年不足遂心機，不覺風景有餘寧，若問壽年多少數，花甲之春方可期。
六四四：解人占現兩重爻，爻卦須記有功勞，幸得貴人來助力，災非見過保安寧。
六四五：數占家宅最為高，興旺妻財喜見饒，小晦有些無大害，夏秋還有大財招。
六四六：人丁走失相先天，兩相無情難再連，命運蹇時休妄想，百凡通達不須言。
六四七：合夥經營此卦宜，不須疑問聽凡心，春秋兩季財源穩，出入謀為百事宜。
六四八：行人來訪信音稀，財破文章事混亂，巳亥庚辛方有信，滿門財喜稱心懷。
六五一：六爻五鬼病難安，父母占之不安多，待到庚辛方漸緩，費心調理得安痊。
六五二：君因目下病擔憂，官鬼重重不必求，寅午戌交方漸退，神前祈保可無愁。
六五三：遷移移居不可移，高低不見移無益，還應安舊休勞碌，待到秋來得便宜。
六五四：孩兒有病不須驚，應下援身喜氣臨，良藥能驅夙小症，三頭四日即安寧。

六五六：買屋房產無不妥，文書官鬼兩相和，移家之後財源旺，二十餘年積聚多。
六五七：謀事計畫問如何，官鬼臨應受折磨，卦內妻財全不見，時來方唱樂欣歌。
六五八：父母持世家團圓，分家分產事不全，三載一過福祿至，兄弟分財亦如願。
六六一：收解錢糧來卜吉，運輸運貨沒虛驚，幸君人事多般遂，利息平平得太平。
六六二：領文簽約至先難，不破文書心不安，要忌小人多阻隔，必須破費得周全。
六六三：銷售脫貨恐遲遲，財破文書事少緣，小人暗算多災厄，財去能得事周全。
六六四：世剋逢凶卦未知，欲知訴辯要防輸，稍為計施緩待客，待到庚申意自舒。
六六五：財爻持世喜相投，見貴面試樂事憂，福祿重重無破綻，更逢春水漾春波。
六六六：起造蓋屋事能諧，世爻無破任君為，田園六畜多興旺，任意作為不必疑。
六六七：養殖春蠶隨心到，內爻興旺得千金，其中官鬼沒防損，作福祈神使得真。
六六八：生意經商未見誇，鬼爻持世紕漏生，謹慎斟酌不可少，只待來春方可佳。
六七一：鬼爻持世卦為奇，開店占之事不宜，卦內福神全不見，財爻無氣枉心機。
六七二：君占風水並無憂，龍虎相迎合巽乾，山向有情兼大利，子孫永保福綿長。
六七三：卦占求財欲解疑，兩人合意自相宜，亥子丑臨方可旺，一人主事有差遲。
六七四：財臨世位有稀奇，賭博手氣事最宜，如遇秋冬防未穩，若逢春夏自能期。
六七五：六爻安靜最吉昌，借取銀錢要著方，春夏占之尚可求，如遇秋冬難濟急。
六七六：回鄉占此卜為疑，我剋他人阻有誰，福德財爻俱上卦，路途平坦少憂疑。
六七七：交易來占問價錢，妻財福德兩能全，欲求畜養能興旺，生物相宜事有緣。
六七八：子孫持世旺財源，放帳放款利息多，如遇春夏猶難就，若到秋冬保得成。

六八一：和事和解喜遂情，兩人公道相安好，私和不若官和好，勉強和之無利益。

六八二：買賣難逢買賣人，欲占交易不如情，財旺重重若無缺，將來必定有歸完。

六八三：此數熒熒官鬼明，君占此卦問陞遷，秋初夏末多權印，進祿加官可稱心。

六八四：娶討外情未可期，應逢隔角有憂疑，若要勉強硬成就，將來是非吃不消。

六八五：世應比和且放心，尋人端許得相親，寅申巳亥應宜獲，管取人財返家庭。

六八六：求婚占之不為宜，官鬼重重有是非，若是重婚加外後，刑傷見過任君為。

六八七：地山謙卦鬼門臨，納監求官欲如意，夏季收成秋未可，秋冬貴助喜成名。

六八八：世應相沖卦未寧，妻宮子育有虛驚，時逢寅卯災星脫，保得母身子無驚。

七一一：從富須從儉上來，跟官舉薦亦無災，世高應下財星旺，管取他年得利歸。

七一二：文書臨應可求官，秋冬謀得始有安，只恐夏春多有阻，時至可許兩相安。

七一三：君占家內信如何，官鬼文書音信無，秋季之中猶可望，春淹夏滯恐全無。

七一四：納吏參政在此時，不須疑慮問高低，目今破耗休慳吝，恐過機緣不相宜。

七一五：父母持世子孫昌，聘用徵員未必良，夏忌閒非多失脫，縱然要聘再商量。

七一六：告狀占之得順情，文書官鬼兩相臨，應來生世他生我，告狀終須理得知。

七一七：置貨占得貴人助，子孫持世不須忙，十分財利平安得，一任經營保久長。

七一八：置田占之恐非宜，官鬼文書是非生，購前利益只平平，糧多差重總不平。

七二一：子孫持世福星強，交易占之得商量，得力中人來助成，不順疑慮保無妨。

七二二：兩重父母一重財，孕育占之實美哉，冬季生男夏產女，虛驚雖有不害傷。

七二三：尋人路上喜相逢，世應相生最有功，岸畔水邊相聚會，人財兩見喜重重。

七二六：和事有阻無法遂，不須退步免虛驚，重重官鬼來相剋，必得官和照可成。

七二七：求婚占此卦有應，世應相生福祿饒，夫婦齊眉家計足，女多子少命能知。

七二八：鬼爻臨應剋妻財，欲問陞遷事未隨，休聽旁人說虛信，只宜守舊必然諧。

七三一：君占疾病問神明，四肢難安節骨疼，家內福神並宅鬼，三牲俱獻定安寧。

七三二：此卦占來有不宜，分家惹來是非生，待到來春方起意，方保無虞有和美。

七三三：會事談判事纏綿，無奈星辰信不然，莫被小人將事算，破費財物又熬煎。

七三四：計畫謀事卦心懷，西北星辰作禍災，只請親友驅逐去，貴人得喜不為難。

七三五：誠心占卜問因由，孩兒喜事不必憂，官勞鬼爻須禱告，身康體健不須愁。

七三六：子占父母病纏綿，只為星辰降瓦紀，還要破財並保佑，請醫服藥自然安。

七三七：房地房產是佳房，遷入人畜皆吉祥，選擇良辰並吉日，親鄰樽酒賀新房。

七三八：來占家宅欲移居，擇取良辰吉日時，安富增榮多吉利，丁旺福祿定為宜。

七四一：卦占塚墓事如何，山向東西乃可過，靠近山林多擇穴，兒孫後代中高科。

七四二：放帳放款問卜來，卦爻世應可生財，如逢夏春平平過，秋末冬初有利歸。

七四三：財爻上卦最為高，借取錢財乃必疑，君在秋冬多不足，如逢春夏兩相宜。

七四四：寵物六畜喜臨門，牛馬豬羊利稱心，好命年年添小犢，耕疇微利有虛驚。

七四五：恒卦財臨世位來，賭錢逢此實親哉，春間利息平平過，夏季秋時滿取財。

七四六：君占開店許君開，接入迎門笑物懷，貨物緩緩多得意，南北東西廣招財。

七四七：世應比和卦甚奇，回鄉此卦無憂慮，家中役戶差徭重，凡事藏機少是非。

七四八：求財卜卦喜生財，任往東西不必猜，若是本微求利益，管教白子得將來。

七五一：一技喜見兩重財，手藝占之利可圖，偏偏兄弟又多現，大財難見小財來。

七五二：行人來訪早與遲，卦內分明說與知，亥丑來臨方可到，隨身財帛自然期。

七五三：家事家宅最為先，老者安之少者閒，官鬼文書俱發達，福人將陰莫憂煎。

七五四：合夥經營應有財，財爻持世稱心懷，夏秋兩季財源盛，若到春冬財更添。

七五五：押犯快遞苦勞多，刑傷不見有憂心，往來路涉多方祿，僅得貴人遇貴來。

七五六：失財失物莫憂心，家賊難防緩緩尋，屢遇賊徒還怕失，時逢丑亥更防驚。

七五七：人丁走失急難尋，卯戌占親莫識音，只在東南方上去，要知消息轉來春。

七五八：目下疾未通相連，官殺桑榆晚景榮，若伏古稀添鶴算，潮消光耀方可終。

七六一：入住妻家未全美，隔角重逢有是非，女命重夫並壽促，必須別計再營為。

七六二：夢寐占之未稱懷，家中小口要防災，是非口舌須謹慎，破費錢財轉福來。

七六三：店面住宿無憂慮，管取今年勝上春，賓主相投多福祿，定知要見大貴人。

七六四：君占求子此卦真，父母親娘剋子孫，要見芝蘭須積德，如無福祉子休論。

七六五：口舌糾紛不足論，貴人必有喜相臨，虎頭蛇尾須當忌，可比空中一陣云。

七六六：兄弟重重爻上春，不如安分守田園，出行若問利和吉，破耗須防事不成。

七六七：取魚短投一葉舟，此身去向北方流，如今撐得灘頭到，尚有機緣在目前。

七六八：收成長投卦中平，只許收成半入門，早禾不及晚禾好，晴多雨少谷豐登。

七七一：文章官鬼貴人多，簽約批文事可和，進步自然少阻隔，見機而作笑呵呵。

七七二：經商生意損卦爻，滿中求損最為高，若用小費方遂意，申未時逢便可拋。

七七三：見貴面試不如意，躊躇不得好功名，縱然見面無些利，何必勞勞守此株。

七七六：錢糧運送要遲遲，目下須知路難行，春夏千金多遂意，秋冬只恐要遲遲。
七七七：起造房廠無需忙，存神用意快商量，六爻安靜財雖旺，必取平安並久長。
七七八：財爻重重剋文書，脫貨銷售要三思，欲脫還請稍緩遲，庚辛亥子可謀之。
七八一：求醫治病不愁凶，福德臨醫定有功，交冬即可享安康，好將禮物謝郎中。
七八二：命運占之實美哉，否極必定得泰來，謀為數載久未遂，今歲秋冬財迎來。
七八三：鬼爻持世破文書，入學考試恐不如，秋夏二季能待望，春冬只得遲遲盼。
七八四：君占進修問功名，隔角重重總不如，雖是文章成錦繡，也還是個白衣儒。
七八五：科舉國考成名揚，無需再問高與低，鹿鳴宴上呼先進，衣紫腰金福祿全。
七八六：應高父母喜相逢，取討財物目下過，還須託人方可遂，途中休聽小人言。
七八七：女婿選擇卦甚宜，子孫持世有扶持，謙平受益生利祿，親者為媒不必疑。
七八八：卦占久雨問晴天，雨怕雲行頃刻間，欲問天晴晴不久，沛然一陣又連纏。
八一一：卦占孕育有虛驚，男在冬兮女在春，申亥日辰方遇吉，不須疑慮苦憂心。
八一二：子孫持世無憂慮，卦問陞遷得如意，寅午戌兼巳酉丑，文書發動有佳音。
八一三：外情無能隨心意，內外平和終得成，水金兩命為全美，餘命遭逢恐不寧。
八一四：求婚占得此卦美，束帛妻財兩事強，管取齊眉多福壽，並產兒孫衣錦郎。
八一五：納監普考往帝都，不如安命莫奔波，寅年午歲官星旺，財多喜氣耀門庭。
八一六：交易卜得此卦爻，應來生世許成交，即使利息僅平平，脫貨求財做這遭。
八一七：兩重官鬼兩相凶，和事和解事不和，縱得和來終欠理，兩平均得要心公。

八一八：尋人不必苦躊躇，應位逢財必自知，丑未戌辰消息到，旁言旁語總成虛。
八二一：近期運勢卜如何，眼前造化正豐盈，六爻安靜星辰旺，官鬼無傷福壽增。
八二二：金龍生水雨淋淋，欲問天晴天不晴，若要晴時寅午戌，晴多雨少數分明。
八二三：文星光耀斗牛虛，科甲國考在此時，天爵既修人爵至，果然方不負男兒。
八二四：女婚選擇卻躊躇，應位高兮世位低，凡事皆因忙裡過，不如別選且相宜。
八二五：讀書進修光門楣，應來生世世相扶，巳酉丑年有進步，熟讀五車爭功名。
八二六：求醫卜卦卻無力，病來生世病源深，當初不禱生嗟怨，服藥如何去病根。
八二七：卦中喜見兩重財，取討見財能得力，七分財氣重重見，管教庚寅得利來。
八二八：文書有氣卦生憂，世位逢沖是不同，欲問功名芹淑裡，當回窗下且藏修。
八三一：火天大有問行人，音信雖有不得真，燈花報喜逢時到，但看天上月鉤釣。
八三二：君占壽數壽不靈，雖洩天機擾家庭，眼前都是冤魂到，縱有錢財枉費心。
八三三：解人押犯有小吉，福德重重皆順昌，自遇貴人多助力，管教得意主安寧。
八三四：財爻持世無憂慮，走失東西定轉頭，目下有人傳小信，近水傍山聽緣由。
八三五：合夥求財有不宜，當前目下有閒非，春秋二季財爻旺，若到冬夏利有虧。
八三六：學技手藝取人財，世應相和多比肩，幸得財爻臨應位，必須捨求利自生。
八三七：失財失物並無蹤，到底終須財物空，著意追究無覓處，財因卦氣兩交沖。
八三八：家宅平安兩見宜，福神得力少憂疑，秋冬財利能多見，六畜田禾儘可期。
八四一：生意經商能稱心，貴人作主喜相生，鰲魚脫出金鉤釣，擺尾搖頭出此門。
八四二：脫貨銷售總多磨，偏偏欲速利源少，亥子癸壬方得脫，時逢寅卯且寬閒。

八四五：春蠶養殖兩重財，官鬼相鄰久稱懷，幸得子孫來世位，七分財喜能帶來。

八四六：欣領批文要用錢，若還不用必遲遲，財逢亥子方如意，寅卯求之尚未然。

八四七：收解錢糧頗稱心，貴人相助必如情，文書官鬼來臨世，冬夏占之更稱心。

八四八：此回面試猶豫顯，三心二意又恐遲，見貴終須並大利，不如不見免奔馳。

八五一：放帳放款卦不周，只因世位旺文書，將來枉費求名利，何不安心且待秋。

八五二：求財占卦遇中孚，管教經營遂取圖，出入貴人因得力，重重財喜有相扶。

八五三：賭錢再怕弟兄臨，反覆無常不順情，莫怪旁人來勸阻，勸阻便是是非人。

八五四：回鄉占得此卦爻，子孫健旺甚為高，況兼伴侶為知己，一路平安不用焦。

八五五：寵物畜養得順遂，如欲財源需主張，君要買時定生息，勸君立意莫徬徨。

八五六：世應相生萬事成，祖墳風水平安地，乘龍伏虎多回顧，後代兒孫產俊英。

八五七：開店求財不順利，財破文書定少來，若有同心來助力，秋冬交節許君開。

八五八：欲借錢財問神明，托保求之事可成，亥子庚辛財發動，眼前不遂莫生嗔。

八六一：求官謀職春夏逢，若到秋冬防有傷，月缺自然有盈日，片雲暫掩亦無妨。

八六二：子孫臨印住田莊，占買田園主吉昌，口舌之災順留心，事成日後利非常。

八六三：聘用徵員能得良，討得成時壽命長，莫聽旁人並外語，成交之後定知詳。

八六四：買進置貨十分財，子母相收利息肥，申子辰中多利益，只嫌夏季未全諧。

八六五：文書官鬼兩相侵，參政高手得進身，財旺陞官官又旺，管教日後定如心。

八六六：舉薦公務未有成，取利何必傍朱門，重重父母從中阻，奉勸君家惜此身。

八六七：呈狀終須告得成，文書無位喜相臨，時逢戊己文書定，定主官司理得成。

八六八：財多臨應剋文書，家信途中遇阻隔，春夏占之即有信，秋冬寬耐要遲遲。
八七一：夜夢顛連不足誇，只因心事亂如麻，平時遇事多謹慎，高臥南窗定不差。
八七二：收成長投卦有奇，官鬼休因福祿齊，小旱無憂農事好，高平底下各相宜。
八七三：是非糾紛亦須防，若不防時定有傷，內外有人多起意，三思行事保安康。
八七四：水中求利總相宜，取魚短投無猜疑，順水中流利益豐，卦爻坤定財利肥。
八七五：求子占之卦有缺，六爻無福只徒然，花多子少皆由命，娶妾空無子息添。
八七六：財爻隱伏事已遲，入住妻家是非到，女命從夫心不願，必須別選事方宜。
八七七：旅遊出行難行多，鬼爻持世無出成，途中危險須防阻，安守田園莫出門。
八七八：子孫持世旺財多，店面住宿好運得，絳帳大開受業重，重重財喜拾青蚨。
八八一：分家分產表不宜，嫌因世位旺兄弟，若還後悔須防妒，省得奔馳意不如。
八八二：遷移枉自費心機，世位逢官不必疑，守舊安心方是美，勉強為之災厄到。
八八三：見喜凶荒苦見傷，子孫臨應未為昌，應皆小子災危至，求神以便保安康。
八八四：買屋房產來占卦，買時增價頻多話，隔角重重卦未安，只宜退步還須罷。
八八五：謀事求職勿牽掛，勞心損氣費精神，自有好友來助力，成全之後得遂心。
八八六：命犯災星煞不輕，傷寒吐瀉腹中疼，災星隨犯無難事，速即求神可保寧。
八八七：父母災殃定不妨，應透官位壽綿長，好藥調和三五劑，限度無沖何必忙。
八八八：談判會事莫憂心，要成須向好朋友，財旺重重無欠缺，七分財喜自然成。

★以上為先天易數五一二條卦詩條文全集。

民國前十三年至民國一百五四年

陰陽曆書。彩色分錄。分柱推演。先天易數。

星命學家。珍藏寶典。時空論命。占卜卦詩。

方便攜帶型

彩色版

史上

最便宜

最精準

最實用

彩色精校

萬年曆

一〇四年增修版

◎太乙（天易）編著

西元一八九九年 歲次己亥

民國前十三年
太歲姓謝名壽

納音屬木
生肖屬豬

年二黑星
女宿值年

月六		月五		月四		月三		月二		月正		別月
未辛		午庚		巳己		辰戊		卯丁		寅丙		柱月
白六		赤七		白八		紫九		白一		黑二		白紫
7/23		7/7	6/21	6/6	5/21	5/6	4/20	4/5	3/21	3/6	2/19	節氣時間
六十		十三	四十	八廿	二十	七廿	一十	五廿	十初	五廿	十初	
10時43分 大暑巳時		17時21分 小暑酉時	23時46分 夏至子時	6時53分 芒種卯時	15時23分 小滿申時	2時10分 立夏丑時	15時33分 穀雨申時	8時9分 清明辰時	3時46分 春分寅時	2時38分 驚蟄丑時	4時8分 雨水寅時	
陽	柱日	曆陽	柱日	曆陽	柱日	曆陽	柱日	曆陽	柱日	曆陽	柱日	曆農
8	丑丁	6 8	未丁	5 10	寅戊	4 10	申戊	3 12	卯己	2 10	酉己	一初
9	寅戊	6 9	申戊	5 11	卯己	4 11	酉己	3 13	辰庚	2 11	戌庚	二初
10	卯己	6 10	酉己	5 12	辰庚	4 12	戌庚	3 14	巳辛	2 12	亥辛	三初
11	辰庚	6 11	戌庚	5 13	巳辛	4 13	亥辛	3 15	午壬	2 13	子壬	四初
12	巳辛	6 12	亥辛	5 14	午壬	4 14	子壬	3 16	未癸	2 14	丑癸	五初
13	午壬	6 13	子壬	5 15	未癸	4 15	丑癸	3 17	申甲	2 15	寅甲	六初
14	未癸	6 14	丑癸	5 16	申甲	4 16	寅甲	3 18	酉乙	2 16	卯乙	七初
15	申甲	6 15	寅甲	5 17	酉乙	4 17	卯乙	3 19	戌丙	2 17	辰丙	八初
16	酉乙	6 16	卯乙	5 18	戌丙	4 18	辰丙	3 20	亥丁	2 18	巳丁	九初
17	戌丙	6 17	辰丙	5 19	亥丁	4 19	巳丁	3 21	子戊	2 19	午戊	十初
18	亥丁	6 18	巳丁	5 20	子戊	4 20	午戊	3 22	丑己	2 20	未己	一十
19	子戊	6 19	午戊	5 21	丑己	4 21	未己	3 23	寅庚	2 21	申庚	二十
20	丑己	6 20	未己	5 22	寅庚	4 22	申庚	3 24	卯辛	2 22	酉辛	三十
21	寅庚	6 21	申庚	5 23	卯辛	4 23	酉辛	3 25	辰壬	2 23	戌壬	四十
22	卯辛	6 22	酉辛	5 24	辰壬	4 24	戌壬	3 26	巳癸	2 24	亥癸	五十
23	辰壬	6 23	戌壬	5 25	巳癸	4 25	亥癸	3 27	午甲	2 25	子甲	六十
24	巳癸	6 24	亥癸	5 26	午甲	4 26	子甲	3 28	未乙	2 26	丑乙	七十
25	午甲	6 25	子甲	5 27	未乙	4 27	丑乙	3 29	申丙	2 27	寅丙	八十
26	未乙	6 26	丑乙	5 28	申丙	4 28	寅丙	3 30	酉丁	2 28	卯丁	九十
27	申丙	6 27	寅丙	5 29	酉丁	4 29	卯丁	3 31	戌戊	3 1	辰戊	十二
28	酉丁	6 28	卯丁	5 30	戌戊	4 30	辰戊	4 1	亥己	3 2	巳己	一廿
29	戌戊	6 29	辰戊	5 31	亥己	5 1	巳己	4 2	子庚	3 3	午庚	二廿
30	亥己	6 30	巳己	6 1	子庚	5 2	午庚	4 3	丑辛	3 4	未辛	三廿
31	子庚	7 1	午庚	6 2	丑辛	5 3	未辛	4 4	寅壬	3 5	申壬	四廿
1	丑辛	7 2	未辛	6 3	寅壬	5 4	申壬	4 5	卯癸	3 6	酉癸	五廿
2	寅壬	7 3	申壬	6 4	卯癸	5 5	酉癸	4 6	辰甲	3 7	戌甲	六廿
3	卯癸	7 4	酉癸	6 5	辰甲	5 6	戌甲	4 7	巳乙	3 8	亥乙	七廿
4	辰甲	7 5	戌甲	6 6	巳乙	5 7	亥乙	4 8	午丙	3 9	子丙	八廿
5	巳乙	7 6	亥乙	6 7	午丙	5 8	子丙	4 9	未丁	3 10	丑丁	九廿
乙太		7 7	子丙	易天		5 9	丑丁	尋搜格落部		3 11	寅戊	十三

月別	月二十		月一十		月十		月九		月八		月七	
月柱	丑丁		子丙		亥乙		戌甲		酉癸		申壬	
紫白	紫九		白一		黑二		碧三		綠四		黃五	
節氣時間	1/20	1/6	12/22	12/7	11/22	11/7	10/23	10/8	9/23	9/8	8/23	8/
	十二	六初	十二	五初	十二	五初	九十	四初	九十	四初	八十	三
	19時32分 大寒戌時	2時4分 小寒丑時	8時56分 冬至辰時	15時5分 大雪申時	20時1分 小雪戌時	22時47分 立冬亥時	23時7分 霜降子時	20時20分 寒露戌時	14時30分 秋分未時	5時24分 白露卯時	17時28分 處暑酉時	3時0分
農曆	曆陽	柱日	曆陽	柱日	曆陽	柱日	曆陽	柱日	曆陽	柱日	曆陽	柱日
初一	1 1	戌甲	12 3	巳乙	11 3	亥乙	10 5	午丙	9 5	子丙	8 6	午丙
初二	1 2	亥乙	12 4	午丙	11 4	子丙	10 6	未丁	9 6	丑丁	8 7	未丁
初三	1 3	子丙	12 5	未丁	11 5	丑丁	10 7	申戊	9 7	寅戊	8 8	申戊
初四	1 4	丑丁	12 6	申戊	11 6	寅戊	10 8	酉己	9 8	卯己	8 9	酉己
初五	1 5	寅戊	12 7	酉己	11 7	卯己	10 9	戌庚	9 9	辰庚	8 10	戌庚
初六	1 6	卯己	12 8	戌庚	11 8	辰庚	10 10	亥辛	9 10	巳辛	8 11	亥辛
初七	1 7	辰庚	12 9	亥辛	11 9	巳辛	10 11	子壬	9 11	午壬	8 12	子壬
初八	1 8	巳辛	12 10	子壬	11 10	午壬	10 12	丑癸	9 12	未癸	8 13	丑癸
初九	1 9	午壬	12 11	丑癸	11 11	未癸	10 13	寅甲	9 13	申甲	8 14	寅甲
初十	1 10	未癸	12 12	寅甲	11 12	申甲	10 14	卯乙	9 14	酉乙	8 15	卯乙
十一	1 11	申甲	12 13	卯乙	11 13	酉乙	10 15	辰丙	9 15	戌丙	8 16	辰丙
十二	1 12	酉乙	12 14	辰丙	11 14	戌丙	10 16	巳丁	9 16	亥丁	8 17	巳丁
十三	1 13	戌丙	12 15	巳丁	11 15	亥丁	10 17	午戊	9 17	子戊	8 18	午戊
十四	1 14	亥丁	12 16	午戊	11 16	子戊	10 18	未己	9 18	丑己	8 19	未己
十五	1 15	子戊	12 17	未己	11 17	丑己	10 19	申庚	9 19	寅庚	8 20	申庚
十六	1 16	丑己	12 18	申庚	11 18	寅庚	10 20	酉辛	9 20	卯辛	8 21	酉辛
十七	1 17	寅庚	12 19	酉辛	11 19	卯辛	10 21	戌壬	9 21	辰壬	8 22	戌壬
十八	1 18	卯辛	12 20	戌壬	11 20	辰壬	10 22	亥癸	9 22	巳癸	8 23	亥癸
十九	1 19	辰壬	12 21	亥癸	11 21	巳癸	10 23	子甲	9 23	午甲	8 24	子甲
二十	1 20	巳癸	12 22	子甲	11 22	午甲	10 24	丑乙	9 24	未乙	8 25	丑乙
廿一	1 21	午甲	12 23	丑乙	11 23	未乙	10 25	寅丙	9 25	申丙	8 26	寅丙
廿二	1 22	未乙	12 24	寅丙	11 24	申丙	10 26	卯丁	9 26	酉丁	8 27	卯丁
廿三	1 23	申丙	12 25	卯丁	11 25	酉丁	10 27	辰戊	9 27	戌戊	8 28	辰戊
廿四	1 24	酉丁	12 26	辰戊	11 26	戌戊	10 28	巳己	9 28	亥己	8 29	巳己
廿五	1 25	戌戊	12 27	巳己	11 27	亥己	10 29	午庚	9 29	子庚	8 30	午庚
廿六	1 26	亥己	12 28	午庚	11 28	子庚	10 30	未辛	9 30	丑辛	8 31	未辛
廿七	1 27	子庚	12 29	未辛	11 29	丑辛	10 31	申壬	10 1	寅壬	9 1	申壬
廿八	1 28	丑辛	12 30	申壬	11 30	寅壬	11 1	酉癸	10 2	卯癸	9 2	酉癸
廿九	1 29	寅壬	12 31	酉癸	12 1	卯癸	11 2	戌甲	10 3	辰甲	9 3	戌甲
三十	1 30	卯癸	乙太		12 2	辰甲	易天		10 4	巳乙	9 4	亥乙

西元一九〇〇年 歲次庚子

民國前十二年
太歲姓虞名起

納音屬土
生肖屬鼠

年一白星
虛宿值年

月	六	月	五	月	四	月	三	月	二	月	正	別月
未	癸	午	壬	巳	辛	辰	庚	卯	己	寅	戊	柱月
碧	三	綠	四	黃	五	白	六	赤	七	白	八	白紫
23	7/7	6/22	6/6	5/21	5/6	4/20	4/5	3/21	3/6	2/19	2/4	節氣時間
廿	一十	六廿	十初	三廿	八初	一廿	六初	一廿	六初	十二	五初	
大暑申時	23時10分 小暑子時	5時40分 夏至卯時	12時39分 芒種午時	21時17分 小滿亥時	7時55分 立夏辰時	21時27分 穀雨亥時	13時53分 清明未時	9時39分 春分巳時	8時22分 驚蟄辰時	10時1分 雨水巳時	13時51分 立春未時	
陽	柱日	曆陽	柱日	曆陽	柱日	曆陽	柱日	曆陽	柱日	曆陽	柱日	曆農
27	未辛	5 28	丑辛	4 29	申壬	3 31	卯癸	3 1	酉癸	1 31	辰甲	一初
28	申壬	5 29	寅壬	4 30	酉癸	4 1	辰甲	3 2	戌甲	2 1	巳乙	二初
29	酉癸	5 30	卯癸	5 1	戌甲	4 2	巳乙	3 3	亥乙	2 2	午丙	三初
30	戌甲	5 31	辰甲	5 2	亥乙	4 3	午丙	3 4	子丙	2 3	未丁	四初
1	亥乙	6 1	巳乙	5 3	子丙	4 4	未丁	3 5	丑丁	2 4	申戊	五初
2	子丙	6 2	午丙	5 4	丑丁	4 5	申戊	3 6	寅戊	2 5	酉己	六初
3	丑丁	6 3	未丁	5 5	寅戊	4 6	酉己	3 7	卯己	2 6	戌庚	七初
4	寅戊	6 4	申戊	5 6	卯己	4 7	戌庚	3 8	辰庚	2 7	亥辛	八初
5	卯己	6 5	酉己	5 7	辰庚	4 8	亥辛	3 9	巳辛	2 8	子壬	九初
6	辰庚	6 6	戌庚	5 8	巳辛	4 9	子壬	3 10	午壬	2 9	丑癸	十初
7	巳辛	6 7	亥辛	5 9	午壬	4 10	丑癸	3 11	未癸	2 10	寅甲	一十
8	午壬	6 8	子壬	5 10	未癸	4 11	寅甲	3 12	申甲	2 11	卯乙	二十
9	未癸	6 9	丑癸	5 11	申甲	4 12	卯乙	3 13	酉乙	2 12	辰丙	三十
10	申甲	6 10	寅甲	5 12	酉乙	4 13	辰丙	3 14	戌丙	2 13	巳丁	四十
11	酉乙	6 11	卯乙	5 13	戌丙	4 14	巳丁	3 15	亥丁	2 14	午戊	五十
12	戌丙	6 12	辰丙	5 14	亥丁	4 15	午戊	3 16	子戊	2 15	未己	六十
13	亥丁	6 13	巳丁	5 15	子戊	4 16	未己	3 17	丑己	2 16	申庚	七十
14	子戊	6 14	午戊	5 16	丑己	4 17	申庚	3 18	寅庚	2 17	酉辛	八十
15	丑己	6 15	未己	5 17	寅庚	4 18	酉辛	3 19	卯辛	2 18	戌壬	九十
16	寅庚	6 16	申庚	5 18	卯辛	4 19	戌壬	3 20	辰壬	2 19	亥癸	十二
17	卯辛	6 17	酉辛	5 19	辰壬	4 20	亥癸	3 21	巳癸	2 20	子甲	一廿
18	辰壬	6 18	戌壬	5 20	巳癸	4 21	子甲	3 22	午甲	2 21	丑乙	二廿
19	巳癸	6 19	亥癸	5 21	午甲	4 22	丑乙	3 23	未乙	2 22	寅丙	三廿
20	午甲	6 20	子甲	5 22	未乙	4 23	寅丙	3 24	申丙	2 23	卯丁	四廿
21	未乙	6 21	丑乙	5 23	申丙	4 24	卯丁	3 25	酉丁	2 24	辰戊	五廿
22	申丙	6 22	寅丙	5 24	酉丁	4 25	辰戊	3 26	戌戊	2 25	巳己	六廿
23	酉丁	6 23	卯丁	5 25	戌戊	4 26	巳己	3 27	亥己	2 26	午庚	七廿
24	戌戊	6 24	辰戊	5 26	亥己	4 27	午庚	3 28	子庚	2 27	未辛	八廿
25	亥己	6 25	巳己	5 27	子庚	4 28	未辛	3 29	丑辛	2 28	申壬	九廿
乙太		6 26	午庚	易天		業事化文乙太		3 30	寅壬	尋搜格落部		十三

月別	月二十		月一十		月十		月九		月八閏		月八		月七	
月柱	丑己		子戊		亥丁		戌丙				酉乙		申甲	
紫白	白六		赤七		白八		紫九				白一		黑二	
節氣時間	2/4	1/21	1/6	12/22	12/7	11/23	11/8	10/24		10/9	9/23	9/8	8/23	8/
	六十	二初	六十	一初	六十	二初	七十	二初		六十	十三	五十	九廿	四
	19時40分 立春戌時	1時16分 大寒丑時	7時53分 小寒辰時	14時42分 冬至未時	20時56分 大雪戌時	1時48分 小雪丑時	4時40分 立冬寅時	4時55分 霜降寅時		2時13分 寒露丑時	20時20分 秋分戌時	11時17分 白露午時	23時20分 處暑子時	8時51分
農曆	曆陽	柱日	曆陽	柱日	曆陽	柱日	曆陽	柱日	曆陽	柱日	曆陽	柱日	曆陽	柱
初一	1 20	戌戊	12 22	巳己	11 22	亥己	10 23	巳己	9 24	子庚	8 25	午庚	7 26	子
初二	1 21	亥己	12 23	午庚	11 23	子庚	10 24	午庚	9 25	丑辛	8 26	未辛	7 27	丑
初三	1 22	子庚	12 24	未辛	11 24	丑辛	10 25	未辛	9 26	寅壬	8 27	申壬	7 28	寅
初四	1 23	丑辛	12 25	申壬	11 25	寅壬	10 26	申壬	9 27	卯癸	8 28	酉癸	7 29	卯
初五	1 24	寅壬	12 26	酉癸	11 26	卯癸	10 27	酉癸	9 28	辰甲	8 29	戌甲	7 30	辰
初六	1 25	卯癸	12 27	戌甲	11 27	辰甲	10 28	戌甲	9 29	巳乙	8 30	亥乙	7 31	巳
初七	1 26	辰甲	12 28	亥乙	11 28	巳乙	10 29	亥乙	9 30	午丙	8 31	子丙	8 1	午
初八	1 27	巳乙	12 29	子丙	11 29	午丙	10 30	子丙	10 1	未丁	9 1	丑丁	8 2	未
初九	1 28	午丙	12 30	丑丁	11 30	未丁	10 31	丑丁	10 2	申戊	9 2	寅戊	8 3	申
初十	1 29	未丁	12 31	寅戊	12 1	申戊	11 1	寅戊	10 3	酉己	9 3	卯己	8 4	酉
十一	1 30	申戊	1 1	卯己	12 2	酉己	11 2	卯己	10 4	戌庚	9 4	辰庚	8 5	戌
十二	1 31	酉己	1 2	辰庚	12 3	戌庚	11 3	辰庚	10 5	亥辛	9 5	巳辛	8 6	亥
十三	2 1	戌庚	1 3	巳辛	12 4	亥辛	11 4	巳辛	10 6	子壬	9 6	午壬	8 7	子
十四	2 2	亥辛	1 4	午壬	12 5	子壬	11 5	午壬	10 7	丑癸	9 7	未癸	8 8	丑
十五	2 3	子壬	1 5	未癸	12 6	丑癸	11 6	未癸	10 8	寅甲	9 8	申甲	8 9	寅
十六	2 4	丑癸	1 6	申甲	12 7	寅甲	11 7	申甲	10 9	卯乙	9 9	酉乙	8 10	卯
十七	2 5	寅甲	1 7	酉乙	12 8	卯乙	11 8	酉乙	10 10	辰丙	9 10	戌丙	8 11	辰
十八	2 6	卯乙	1 8	戌丙	12 9	辰丙	11 9	戌丙	10 11	巳丁	9 11	亥丁	8 12	巳
十九	2 7	辰丙	1 9	亥丁	12 10	巳丁	11 10	亥丁	10 12	午戊	9 12	子戊	8 13	午
二十	2 8	巳丁	1 10	子戊	12 11	午戊	11 11	子戊	10 13	未己	9 13	丑己	8 14	未
廿一	2 9	午戊	1 11	丑己	12 12	未己	11 12	丑己	10 14	申庚	9 14	寅庚	8 15	申
廿二	2 10	未己	1 12	寅庚	12 13	申庚	11 13	寅庚	10 15	酉辛	9 15	卯辛	8 16	酉
廿三	2 11	申庚	1 13	卯辛	12 14	酉辛	11 14	卯辛	10 16	戌壬	9 16	辰壬	8 17	戌
廿四	2 12	酉辛	1 14	辰壬	12 15	戌壬	11 15	辰壬	10 17	亥癸	9 17	巳癸	8 18	亥
廿五	2 13	戌壬	1 15	巳癸	12 16	亥癸	11 16	巳癸	10 18	子甲	9 18	午甲	8 19	子
廿六	2 14	亥癸	1 16	午甲	12 17	子甲	11 17	午甲	10 19	丑乙	9 19	未乙	8 20	丑
廿七	2 15	子甲	1 17	未乙	12 18	丑乙	11 18	未乙	10 20	寅丙	9 20	申丙	8 21	寅
廿八	2 16	丑乙	1 18	申丙	12 19	寅丙	11 19	申丙	10 21	卯丁	9 21	酉丁	8 22	卯
廿九	2 17	寅丙	1 19	酉丁	12 20	卯丁	11 20	酉丁	10 22	辰戊	9 22	戌戊	8 23	辰
三十	2 18	卯丁	乙太		12 21	辰戊	11 21	戌戊	易天		9 23	亥己	8 24	巳

西元一九〇一年 歲次辛丑

月	六	月	五	月	四	月	三	月	二	月	正	別月
未	乙	午	甲	巳	癸	辰	壬	卯	辛	寅	庚	柱月
紫	九	白	一	黑	二	碧	三	綠	四	黃	五	白紫
'8	7/23	7/8	6/22	6/6	5/22	5/6	4/21	4/5	3/21	3/6	2/19	節氣時間
廿	八初	三廿	七初	十二	五初	八十	三初	七十	二初	六十	一初	
立秋未時	22時24分 大暑亥時	5時8分 小暑卯時	11時28分 夏至午時	18時36分 芒種酉時	3時5分 小滿寅時	13時50分 立夏未時	3時13分 穀雨寅時	19時44分 清明戌時	15時24分 春分申時	14時11分 驚蟄未時	15時45分 雨水申時	
陽	柱日	曆陽	柱日	曆陽	柱日	曆陽	柱日	曆陽	柱日	曆陽	柱日	曆農
16	未乙	6 16	丑乙	5 18	申丙	4 19	卯丁	3 20	酉丁	2 19	辰戊	一初
17	申丙	6 17	寅丙	5 19	酉丁	4 20	辰戊	3 21	戌戊	2 20	巳己	二初
18	酉丁	6 18	卯丁	5 20	戌戊	4 21	巳己	3 22	亥己	2 21	午庚	三初
19	戌戊	6 19	辰戊	5 21	亥己	4 22	午庚	3 23	子庚	2 22	未辛	四初
20	亥己	6 20	巳己	5 22	子庚	4 23	未辛	3 24	丑辛	2 23	申壬	五初
21	子庚	6 21	午庚	5 23	丑辛	4 24	申壬	3 25	寅壬	2 24	酉癸	六初
22	丑辛	6 22	未辛	5 24	寅壬	4 25	酉癸	3 26	卯癸	2 25	戌甲	七初
23	寅壬	6 23	申壬	5 25	卯癸	4 26	戌甲	3 27	辰甲	2 26	亥乙	八初
24	卯癸	6 24	酉癸	5 26	辰甲	4 27	亥乙	3 28	巳乙	2 27	子丙	九初
25	辰甲	6 25	戌甲	5 27	巳乙	4 28	子丙	3 29	午丙	2 28	丑丁	十初
26	巳乙	6 26	亥乙	5 28	午丙	4 29	丑丁	3 30	未丁	3 1	寅戊	一十
27	午丙	6 27	子丙	5 29	未丁	4 30	寅戊	3 31	申戊	3 2	卯己	二十
28	未丁	6 28	丑丁	5 30	申戊	5 1	卯己	4 1	酉己	3 3	辰庚	三十
29	申戊	6 29	寅戊	5 31	酉己	5 2	辰庚	4 2	戌庚	3 4	巳辛	四十
30	酉己	6 30	卯己	6 1	戌庚	5 3	巳辛	4 3	亥辛	3 5	午壬	五十
31	戌庚	7 1	辰庚	6 2	亥辛	5 4	午壬	4 4	子壬	3 6	未癸	六十
1	亥辛	7 2	巳辛	6 3	子壬	5 5	未癸	4 5	丑癸	3 7	申甲	七十
2	子壬	7 3	午壬	6 4	丑癸	5 6	申甲	4 6	寅甲	3 8	酉乙	八十
3	丑癸	7 4	未癸	6 5	寅甲	5 7	酉乙	4 7	卯乙	3 9	戌丙	九十
4	寅甲	7 5	申甲	6 6	卯乙	5 8	戌丙	4 8	辰丙	3 10	亥丁	十二
5	卯乙	7 6	酉乙	6 7	辰丙	5 9	亥丁	4 9	巳丁	3 11	子戊	一廿
6	辰丙	7 7	戌丙	6 8	巳丁	5 10	子戊	4 10	午戊	3 12	丑己	二廿
7	巳丁	7 8	亥丁	6 9	午戊	5 11	丑己	4 11	未己	3 13	寅庚	三廿
8	午戊	7 9	子戊	6 10	未己	5 12	寅庚	4 12	申庚	3 14	卯辛	四廿
9	未己	7 10	丑己	6 11	申庚	5 13	卯辛	4 13	酉辛	3 15	辰壬	五廿
10	申庚	7 11	寅庚	6 12	酉辛	5 14	辰壬	4 14	戌壬	3 16	巳癸	六廿
11	酉辛	7 12	卯辛	6 13	戌壬	5 15	巳癸	4 15	亥癸	3 17	午甲	七廿
12	戌壬	7 13	辰壬	6 14	亥癸	5 16	午甲	4 16	子甲	3 18	未乙	八廿
13	亥癸	7 14	巳癸	6 15	子甲	5 17	未乙	4 17	丑乙	3 19	申丙	九廿
乙太		7 15	午甲	易天		業事化文乙太		4 18	寅丙	尋搜格落部		十三

民國前十一年
太歲姓湯名信

納音屬土
生肖屬牛

年九紫星
危宿值年

月別	月二十		月一十		月十		月九		月八		月七	
月柱	丑辛		子庚		亥己		戌戊		酉丁		申丙	
紫白	碧三		綠四		黃五		白六		赤七		白八	
節氣時間	2/5 七廿 1時38分 立春丑時	1/21 二十 7時12分 大寒辰時	1/6 七廿 13時52分 小寒未時	12/22 二十 20時37分 冬至戌時	12/8 八廿 2時53分 大雪丑時	11/23 三十 7時41分 小雪辰時	11/8 八廿 10時34分 立冬巳時	10/24 三十 10時46分 霜降巳時	10/9 七廿 8時6分 寒露辰時	9/24 二十 2時9分 秋分丑時	9/8 六廿 17時10分 白露酉時	8/2 5時7分
農曆	曆陽	柱日	曆陽	柱日	曆陽	柱日	曆陽	柱日	曆陽	柱日	曆陽	柱日
初一	1 10	巳癸	12 11	亥癸	11 11	巳癸	10 12	亥癸	9 13	午甲	8 14	子甲
初二	1 11	午甲	12 12	子甲	11 12	午甲	10 13	子甲	9 14	未乙	8 15	丑乙
初三	1 12	未乙	12 13	丑乙	11 13	未乙	10 14	丑乙	9 15	申丙	8 16	寅丙
初四	1 13	申丙	12 14	寅丙	11 14	申丙	10 15	寅丙	9 16	酉丁	8 17	卯丁
初五	1 14	酉丁	12 15	卯丁	11 15	酉丁	10 16	卯丁	9 17	戌戊	8 18	辰戊
初六	1 15	戌戊	12 16	辰戊	11 16	戌戊	10 17	辰戊	9 18	亥己	8 19	巳己
初七	1 16	亥己	12 17	巳己	11 17	亥己	10 18	巳己	9 19	子庚	8 20	午庚
初八	1 17	子庚	12 18	午庚	11 18	子庚	10 19	午庚	9 20	丑辛	8 21	未辛
初九	1 18	丑辛	12 19	未辛	11 19	丑辛	10 20	未辛	9 21	寅壬	8 22	申壬
初十	1 19	寅壬	12 20	申壬	11 20	寅壬	10 21	申壬	9 22	卯癸	8 23	酉癸
十一	1 20	卯癸	12 21	酉癸	11 21	卯癸	10 22	酉癸	9 23	辰甲	8 24	戌甲
十二	1 21	辰甲	12 22	戌甲	11 22	辰甲	10 23	戌甲	9 24	巳乙	8 25	亥乙
十三	1 22	巳乙	12 23	亥乙	11 23	巳乙	10 24	亥乙	9 25	午丙	8 26	子丙
十四	1 23	午丙	12 24	子丙	11 24	午丙	10 25	子丙	9 26	未丁	8 27	丑丁
十五	1 24	未丁	12 25	丑丁	11 25	未丁	10 26	丑丁	9 27	申戊	8 28	寅戊
十六	1 25	申戊	12 26	寅戊	11 26	申戊	10 27	寅戊	9 28	酉己	8 29	卯己
十七	1 26	酉己	12 27	卯己	11 27	酉己	10 28	卯己	9 29	戌庚	8 30	辰庚
十八	1 27	戌庚	12 28	辰庚	11 28	戌庚	10 29	辰庚	9 30	亥辛	8 31	巳辛
十九	1 28	亥辛	12 29	巳辛	11 29	亥辛	10 30	巳辛	10 1	子壬	9 1	午壬
二十	1 29	子壬	12 30	午壬	11 30	子壬	10 31	午壬	10 2	丑癸	9 2	未癸
廿一	1 30	丑癸	12 31	未癸	12 1	丑癸	11 1	未癸	10 3	寅甲	9 3	申甲
廿二	1 31	寅甲	1 1	申甲	12 2	寅甲	11 2	申甲	10 4	卯乙	9 4	酉乙
廿三	2 1	卯乙	1 2	酉乙	12 3	卯乙	11 3	酉乙	10 5	辰丙	9 5	戌丙
廿四	2 2	辰丙	1 3	戌丙	12 4	辰丙	11 4	戌丙	10 6	巳丁	9 6	亥丁
廿五	2 3	巳丁	1 4	亥丁	12 5	巳丁	11 5	亥丁	10 7	午戊	9 7	子戊
廿六	2 4	午戊	1 5	子戊	12 6	午戊	11 6	子戊	10 8	未己	9 8	丑己
廿七	2 5	未己	1 6	丑己	12 7	未己	11 7	丑己	10 9	申庚	9 9	寅庚
廿八	2 6	申庚	1 7	寅庚	12 8	申庚	11 8	寅庚	10 10	酉辛	9 10	卯辛
廿九	2 7	酉辛	1 8	卯辛	12 9	酉辛	11 9	卯辛	10 11	戌壬	9 11	辰壬
三十	乙太		1 9	辰壬	12 10	戌壬	11 10	辰壬	易天		9 12	巳癸

西元一九〇二年 歲次壬寅

民國前十年 太歲姓賀名諤

納音屬金 生肖屬虎

年八白星 室宿值年

月	六	月	五	月	四	月	三	月	二	月	正	別月
未	丁	午	丙	巳	乙	辰	甲	卯	癸	寅	壬	柱月
白	六	赤	七	白	八	紫	九	白	一	黑	二	白紫
24	7/8	6/22	6/7		5/22	5/6	4/21	4/6	3/21	3/6	2/19	節氣時間
二	四初	七十	二初		五十	九廿	四十	八廿	二十	七廿	二十	
大暑寅時	小暑巳時 10時46分	夏至酉時 17時15分	芒種子時 0時20分		小滿辰時 8時54分	立夏戌時 19時39分	穀雨巳時 9時4分	清明丑時 1時37分	春分亥時 21時17分	驚蟄戌時 20時8分	雨水亥時 21時40分	
陽	柱日	曆陽	柱日	曆陽	柱日	曆陽	柱日	曆陽	柱日	曆陽	柱日	曆農
5	丑己	6 6	申庚	5 8	卯辛	4 8	酉辛	3 10	辰壬	2 8	戌壬	一初
6	寅庚	6 7	酉辛	5 9	辰壬	4 9	戌壬	3 11	巳癸	2 9	亥癸	二初
7	卯辛	6 8	戌壬	5 10	巳癸	4 10	亥癸	3 12	午甲	2 10	子甲	三初
8	辰壬	6 9	亥癸	5 11	午甲	4 11	子甲	3 13	未乙	2 11	丑乙	四初
9	巳癸	6 10	子甲	5 12	未乙	4 12	丑乙	3 14	申丙	2 12	寅丙	五初
10	午甲	6 11	丑乙	5 13	申丙	4 13	寅丙	3 15	酉丁	2 13	卯丁	六初
11	未乙	6 12	寅丙	5 14	酉丁	4 14	卯丁	3 16	戌戊	2 14	辰戊	七初
12	申丙	6 13	卯丁	5 15	戌戊	4 15	辰戊	3 17	亥己	2 15	巳己	八初
13	酉丁	6 14	辰戊	5 16	亥己	4 16	巳己	3 18	子庚	2 16	午庚	九初
14	戌戊	6 15	巳己	5 17	子庚	4 17	午庚	3 19	丑辛	2 17	未辛	十初
15	亥己	6 16	午庚	5 18	丑辛	4 18	未辛	3 20	寅壬	2 18	申壬	一十
16	子庚	6 17	未辛	5 19	寅壬	4 19	申壬	3 21	卯癸	2 19	酉癸	二十
17	丑辛	6 18	申壬	5 20	卯癸	4 20	酉癸	3 22	辰甲	2 20	戌甲	三十
18	寅壬	6 19	酉癸	5 21	辰甲	4 21	戌甲	3 23	巳乙	2 21	亥乙	四十
19	卯癸	6 20	戌甲	5 22	巳乙	4 22	亥乙	3 24	午丙	2 22	子丙	五十
20	辰甲	6 21	亥乙	5 23	午丙	4 23	子丙	3 25	未丁	2 23	丑丁	六十
21	巳乙	6 22	子丙	5 24	未丁	4 24	丑丁	3 26	申戊	2 24	寅戊	七十
22	午丙	6 23	丑丁	5 25	申戊	4 25	寅戊	3 27	酉己	2 25	卯己	八十
23	未丁	6 24	寅戊	5 26	酉己	4 26	卯己	3 28	戌庚	2 26	辰庚	九十
24	申戊	6 25	卯己	5 27	戌庚	4 27	辰庚	3 29	亥辛	2 27	巳辛	十二
25	酉己	6 26	辰庚	5 28	亥辛	4 28	巳辛	3 30	子壬	2 28	午壬	一廿
26	戌庚	6 27	巳辛	5 29	子壬	4 29	午壬	3 31	丑癸	3 1	未癸	二廿
27	亥辛	6 28	午壬	5 30	丑癸	4 30	未癸	4 1	寅甲	3 2	申甲	三廿
28	子壬	6 29	未癸	5 31	寅甲	5 1	申甲	4 2	卯乙	3 3	酉乙	四廿
29	丑癸	6 30	申甲	6 1	卯乙	5 2	酉乙	4 3	辰丙	3 4	戌丙	五廿
30	寅甲	7 1	酉乙	6 2	辰丙	5 3	戌丙	4 4	巳丁	3 5	亥丁	六廿
31	卯乙	7 2	戌丙	6 3	巳丁	5 4	亥丁	4 5	午戊	3 6	子戊	七廿
1	辰丙	7 3	亥丁	6 4	午戊	5 5	子戊	4 6	未己	3 7	丑己	八廿
2	巳丁	7 4	子戊	6 5	未己	5 6	丑己	4 7	申庚	3 8	寅庚	九廿
3	午戊	乙太		易天		5 7	寅庚	尋搜格落部		3 9	卯辛	十三

月別	十二月		十一月		十月		九月		八月		七月	
月柱	癸丑		壬子		辛亥		庚戌		己酉		戊申	
紫白	九紫		一白		二黑		三碧		四綠		五黃	
節氣時間	1/21 廿三 大寒 未時 13時14分	1/6 初八 小寒 戌時 19時44分	12/23 廿四 冬至 丑時 2時36分	12/8 初九 大雪 辰時 8時41分	11/23 廿四 小雪 未時 13時35分	11/8 初九 立冬 申時 16時18分	10/24 廿三 霜降 申時 16時36分	10/9 初八 寒露 未時 13時45分	9/24 廿三 秋分 辰時 7時55分	9/8 初七 白露 亥時 22時46分	8/24 廿一 處暑 巳時 10時53分	8/ 五 20時22分
農曆	陽曆	日柱	陽曆	日柱	陽曆	日柱	陽曆	日柱	陽曆	日柱	陽曆	日柱
初一	12 30	丁亥	11 30	丁巳	10 31	丁亥	10 2	戊午	9 2	戊子	8 4	未
初二	12 31	戊子	12 1	戊午	11 1	戊子	10 3	己未	9 3	己丑	8 5	申
初三	1 1	己丑	12 2	己未	11 2	己丑	10 4	庚申	9 4	庚寅	8 6	酉
初四	1 2	庚寅	12 3	庚申	11 3	庚寅	10 5	辛酉	9 5	辛卯	8 7	戌
初五	1 3	辛卯	12 4	辛酉	11 4	辛卯	10 6	壬戌	9 6	壬辰	8 8	亥
初六	1 4	壬辰	12 5	壬戌	11 5	壬辰	10 7	癸亥	9 7	癸巳	8 9	子
初七	1 5	癸巳	12 6	癸亥	11 6	癸巳	10 8	甲子	9 8	甲午	8 10	丑
初八	1 6	甲午	12 7	甲子	11 7	甲午	10 9	乙丑	9 9	乙未	8 11	寅
初九	1 7	乙未	12 8	乙丑	11 8	乙未	10 10	丙寅	9 10	丙申	8 12	卯
初十	1 8	丙申	12 9	丙寅	11 9	丙申	10 11	丁卯	9 11	丁酉	8 13	辰
十一	1 9	丁酉	12 10	丁卯	11 10	丁酉	10 12	戊辰	9 12	戊戌	8 14	巳
十二	1 10	戊戌	12 11	戊辰	11 11	戊戌	10 13	己巳	9 13	己亥	8 15	午
十三	1 11	己亥	12 12	己巳	11 12	己亥	10 14	庚午	9 14	庚子	8 16	未
十四	1 12	庚子	12 13	庚午	11 13	庚子	10 15	辛未	9 15	辛丑	8 17	申
十五	1 13	辛丑	12 14	辛未	11 14	辛丑	10 16	壬申	9 16	壬寅	8 18	酉
十六	1 14	壬寅	12 15	壬申	11 15	壬寅	10 17	癸酉	9 17	癸卯	8 19	戌
十七	1 15	癸卯	12 16	癸酉	11 16	癸卯	10 18	甲戌	9 18	甲辰	8 20	亥
十八	1 16	甲辰	12 17	甲戌	11 17	甲辰	10 19	乙亥	9 19	乙巳	8 21	子
十九	1 17	乙巳	12 18	乙亥	11 18	乙巳	10 20	丙子	9 20	丙午	8 22	丑
二十	1 18	丙午	12 19	丙子	11 19	丙午	10 21	丁丑	9 21	丁未	8 23	寅
廿一	1 19	丁未	12 20	丁丑	11 20	丁未	10 22	戊寅	9 22	戊申	8 24	卯
廿二	1 20	戊申	12 21	戊寅	11 21	戊申	10 23	己卯	9 23	己酉	8 25	庚辰
廿三	1 21	己酉	12 22	己卯	11 22	己酉	10 24	庚辰	9 24	庚戌	8 26	辛巳
廿四	1 22	庚戌	12 23	庚辰	11 23	庚戌	10 25	辛巳	9 25	辛亥	8 27	壬午
廿五	1 23	辛亥	12 24	辛巳	11 24	辛亥	10 26	壬午	9 26	壬子	8 28	癸未
廿六	1 24	壬子	12 25	壬午	11 25	壬子	10 27	癸未	9 27	癸丑	8 29	甲申
廿七	1 25	癸丑	12 26	癸未	11 26	癸丑	10 28	甲申	9 28	甲寅	8 30	乙酉
廿八	1 26	甲寅	12 27	甲申	11 27	甲寅	10 29	乙酉	9 29	乙卯	8 31	丙戌
廿九	1 27	乙卯	12 28	乙酉	11 28	乙卯	10 30	丙戌	9 30	丙辰	9 1	丁亥
三十	1 28	丙辰	12 29	丙戌	11 29	丙辰	太乙		10 1	丁巳	天易	

西元一九〇三年 歲次癸卯

民國前九年

太歲姓皮名時

納音屬金　生肖屬兔

年七赤星　壁宿值年

月別	正月		二月		三月		四月		五月		閏五月		六月	
月柱	甲寅		乙卯		丙辰		丁巳		戊午				己未	
紫白	八白		七赤		六白		五黃		四綠				三碧	
節氣時間	2/5 初八 立春 7時31分 辰時	2/20 廿三 雨水 3時41分 寅時	3/7 初九 驚蟄 1時59分 丑時	3/22 廿四 春分 3時15分 寅時	4/6 初九 清明 7時26分 辰時	4/21 廿四 穀雨 14時59分 未時	5/7 十一 立夏 1時25分 丑時	5/22 廿六 小滿 14時45分 未時	6/7 二十 芒種 6時7分 卯時	6/22 廿七 夏至 23時5分 子時	7/8 十四 小暑 16時37分 申時		7/24 初一 大暑 9時59分 巳時	立秋 丑時
農曆	日柱	陽曆	日柱	陽曆	日柱	陽曆	日柱	陽曆	日柱	陽曆	日柱	陽曆	日柱	陽曆
初一	丁巳	1 29	丙戌	2 27	丙辰	3 29	乙酉	4 27	乙卯	5 27	甲申	6 25	癸丑	24
初二	戊午	1 30	丁亥	2 28	丁巳	3 30	丙戌	4 28	丙辰	5 28	乙酉	6 26	甲寅	25
初三	己未	1 31	戊子	3 1	戊午	3 31	丁亥	4 29	丁巳	5 29	丙戌	6 27	乙卯	26
初四	庚申	2 1	己丑	3 2	己未	4 1	戊子	4 30	戊午	5 30	丁亥	6 28	丙辰	27
初五	辛酉	2 2	庚寅	3 3	庚申	4 2	己丑	5 1	己未	5 31	戊子	6 29	丁巳	28
初六	壬戌	2 3	辛卯	3 4	辛酉	4 3	庚寅	5 2	庚申	6 1	己丑	6 30	戊午	29
初七	癸亥	2 4	壬辰	3 5	壬戌	4 4	辛卯	5 3	辛酉	6 2	庚寅	7 1	己未	30
初八	甲子	2 5	癸巳	3 6	癸亥	4 5	壬辰	5 4	壬戌	6 3	辛卯	7 2	庚申	31
初九	乙丑	2 6	甲午	3 7	甲子	4 6	癸巳	5 5	癸亥	6 4	壬辰	7 3	辛酉	1
初十	丙寅	2 7	乙未	3 8	乙丑	4 7	甲午	5 6	甲子	6 5	癸巳	7 4	壬戌	2
十一	丁卯	2 8	丙申	3 9	丙寅	4 8	乙未	5 7	乙丑	6 6	甲午	7 5	癸亥	3
十二	戊辰	2 9	丁酉	3 10	丁卯	4 9	丙申	5 8	丙寅	6 7	乙未	7 6	甲子	4
十三	己巳	2 10	戊戌	3 11	戊辰	4 10	丁酉	5 9	丁卯	6 8	丙申	7 7	乙丑	5
十四	庚午	2 11	己亥	3 12	己巳	4 11	戊戌	5 10	戊辰	6 9	丁酉	7 8	丙寅	6
十五	辛未	2 12	庚子	3 13	庚午	4 12	己亥	5 11	己巳	6 10	戊戌	7 9	丁卯	7
十六	壬申	2 13	辛丑	3 14	辛未	4 13	庚子	5 12	庚午	6 11	己亥	7 10	戊辰	8
十七	癸酉	2 14	壬寅	3 15	壬申	4 14	辛丑	5 13	辛未	6 12	庚子	7 11	己巳	9
十八	甲戌	2 15	癸卯	3 16	癸酉	4 15	壬寅	5 14	壬申	6 13	辛丑	7 12	庚午	10
十九	乙亥	2 16	甲辰	3 17	甲戌	4 16	癸卯	5 15	癸酉	6 14	壬寅	7 13	辛未	11
二十	丙子	2 17	乙巳	3 18	乙亥	4 17	甲辰	5 16	甲戌	6 15	癸卯	7 14	壬申	12
廿一	丁丑	2 18	丙午	3 19	丙子	4 18	乙巳	5 17	乙亥	6 16	甲辰	7 15	癸酉	13
廿二	戊寅	2 19	丁未	3 20	丁丑	4 19	丙午	5 18	丙子	6 17	乙巳	7 16	甲戌	14
廿三	己卯	2 20	戊申	3 21	戊寅	4 20	丁未	5 19	丁丑	6 18	丙午	7 17	乙亥	15
廿四	庚辰	2 21	己酉	3 22	己卯	4 21	戊申	5 20	戊寅	6 19	丁未	7 18	丙子	16
廿五	辛巳	2 22	庚戌	3 23	庚辰	4 22	己酉	5 21	己卯	6 20	戊申	7 19	丁丑	17
廿六	壬午	2 23	辛亥	3 24	辛巳	4 23	庚戌	5 22	庚辰	6 21	己酉	7 20	戊寅	18
廿七	癸未	2 24	壬子	3 25	壬午	4 24	辛亥	5 23	辛巳	6 22	庚戌	7 21	己卯	19
廿八	甲申	2 25	癸丑	3 26	癸未	4 25	壬子	5 24	壬午	6 23	辛亥	7 22	庚辰	20
廿九	乙酉	2 26	甲寅	3 27	甲申	4 26	癸丑	5 25	癸未	6 24	壬子	7 23	辛巳	21
三十	部落格搜尋		乙卯	3 28	太乙文化事業		甲寅	5 26	天易		太乙		壬午	22

月別	月二十		月一十		月十		月九		月八		月七	
月柱	丑乙		子甲		亥癸		戌壬		酉辛		申庚	
紫白	白六		赤七		白八		紫九		白一		黑二	
節氣時間	2/5 十二 13時24分 立春未時	1/21 五初 18時58分 大寒酉時	1/7 十二 1時37分 小寒丑時	12/23 五初 8時20分 冬至辰時	12/8 十二 14時35分 大雪未時	11/23 五初 19時21分 小雪戌時	11/8 十二 22時13分 立冬亥時	10/24 五初 22時23分 霜降亥時	10/9 九十 19時42分 寒露戌時	9/24 四初 13時44分 秋分未時	9/9 八十 4時42分 白露寅時	8/2 二 16時42分
農曆	曆陽	柱日	曆陽	柱日	曆陽	柱日	曆陽	柱日	曆陽	柱日	曆陽	柱日
初一	1 17	戌庚	12 19	巳辛	11 19	亥辛	10 20	巳辛	9 21	子壬	8 23	未癸
初二	1 18	亥辛	12 20	午壬	11 20	子壬	10 21	午壬	9 22	丑癸	8 24	申甲
初三	1 19	子壬	12 21	未癸	11 21	丑癸	10 22	未癸	9 23	寅甲	8 25	酉乙
初四	1 20	丑癸	12 22	申甲	11 22	寅甲	10 23	申甲	9 24	卯乙	8 26	戌丙
初五	1 21	寅甲	12 23	酉乙	11 23	卯乙	10 24	酉乙	9 25	辰丙	8 27	亥丁
初六	1 22	卯乙	12 24	戌丙	11 24	辰丙	10 25	戌丙	9 26	巳丁	8 28	子戊
初七	1 23	辰丙	12 25	亥丁	11 25	巳丁	10 26	亥丁	9 27	午戊	8 29	丑己
初八	1 24	巳丁	12 26	子戊	11 26	午戊	10 27	子戊	9 28	未己	8 30	寅庚
初九	1 25	午戊	12 27	丑己	11 27	未己	10 28	丑己	9 29	申庚	8 31	卯辛
初十	1 26	未己	12 28	寅庚	11 28	申庚	10 29	寅庚	9 30	酉辛	9 1	辰壬
十一	1 27	申庚	12 29	卯辛	11 29	酉辛	10 30	卯辛	10 1	戌壬	9 2	巳癸
十二	1 28	酉辛	12 30	辰壬	11 30	戌壬	10 31	辰壬	10 2	亥癸	9 3	午甲
十三	1 29	戌壬	12 31	巳癸	12 1	亥癸	11 1	巳癸	10 3	子甲	9 4	未乙
十四	1 30	亥癸	1 1	午甲	12 2	子甲	11 2	午甲	10 4	丑乙	9 5	申丙
十五	1 31	子甲	1 2	未乙	12 3	丑乙	11 3	未乙	10 5	寅丙	9 6	酉丁
十六	2 1	丑乙	1 3	申丙	12 4	寅丙	11 4	申丙	10 6	卯丁	9 7	戌戊
十七	2 2	寅丙	1 4	酉丁	12 5	卯丁	11 5	酉丁	10 7	辰戊	9 8	亥己
十八	2 3	卯丁	1 5	戌戊	12 6	辰戊	11 6	戌戊	10 8	巳己	9 9	子庚
十九	2 4	辰戊	1 6	亥己	12 7	巳己	11 7	亥己	10 9	午庚	9 10	丑辛
二十	2 5	巳己	1 7	子庚	12 8	午庚	11 8	子庚	10 10	未辛	9 11	寅壬
廿一	2 6	午庚	1 8	丑辛	12 9	未辛	11 9	丑辛	10 11	申壬	9 12	卯癸
廿二	2 7	未辛	1 9	寅壬	12 10	申壬	11 10	寅壬	10 12	酉癸	9 13	辰甲
廿三	2 8	申壬	1 10	卯癸	12 11	酉癸	11 11	卯癸	10 13	戌甲	9 14	巳乙
廿四	2 9	酉癸	1 11	辰甲	12 12	戌甲	11 12	辰甲	10 14	亥乙	9 15	午丙
廿五	2 10	戌甲	1 12	巳乙	12 13	亥乙	11 13	巳乙	10 15	子丙	9 16	未丁
廿六	2 11	亥乙	1 13	午丙	12 14	子丙	11 14	午丙	10 16	丑丁	9 17	申戊
廿七	2 12	子丙	1 14	未丁	12 15	丑丁	11 15	未丁	10 17	寅戊	9 18	酉己
廿八	2 13	丑丁	1 15	申戊	12 16	寅戊	11 16	申戊	10 18	卯己	9 19	戌庚
廿九	2 14	寅戊	1 16	酉己	12 17	卯己	11 17	酉己	10 19	辰庚	9 20	亥辛
三十	2 15	卯己	乙太		12 18	辰庚	11 18	戌庚	易天		尋搜格落部	

西元一九〇四年

歲次甲辰

民國前八年

太歲姓李名成

納音屬火

生肖屬龍

年六白星

奎宿值年

月	六	月五		月四		月三		月二		月正		別月
未	辛	午庚		巳己		辰戊		卯丁		寅丙		柱月
紫	九	白一		黑二		碧三		綠四		黃五		白紫
/8	7/23	7/7	6/22	6/6	5/21	5/6	4/20	4/5	3/21	3/6	2/20	節氣時間
廿	一十	四廿	九初	三廿	七初	一廿	五初	十二	五初	十二	五初	
立秋辰時	15時50分 大暑申時	22時32分 小暑亥時	4時51分 夏至寅時	12時1分 芒種午時	20時29分 小滿戌時	7時19分 立夏辰時	20時42分 穀雨戌時	13時19分 清明未時	8時59分 春分辰時	7時52分 驚蟄辰時	9時25分 雨水巳時	
陽	柱日	曆陽	柱日	曆陽	柱日	曆陽	柱日	曆陽	柱日	曆陽	柱日	曆農
13	申戊	6 14	卯己	5 15	酉己	4 16	辰庚	3 17	戌庚	2 16	辰庚	一初
14	酉己	6 15	辰庚	5 16	戌庚	4 17	巳辛	3 18	亥辛	2 17	巳辛	二初
15	戌庚	6 16	巳辛	5 17	亥辛	4 18	午壬	3 19	子壬	2 18	午壬	三初
16	亥辛	6 17	午壬	5 18	子壬	4 19	未癸	3 20	丑癸	2 19	未癸	四初
17	子壬	6 18	未癸	5 19	丑癸	4 20	申甲	3 21	寅甲	2 20	申甲	五初
18	丑癸	6 19	申甲	5 20	寅甲	4 21	酉乙	3 22	卯乙	2 21	酉乙	六初
19	寅甲	6 20	酉乙	5 21	卯乙	4 22	戌丙	3 23	辰丙	2 22	戌丙	七初
20	卯乙	6 21	戌丙	5 22	辰丙	4 23	亥丁	3 24	巳丁	2 23	亥丁	八初
21	辰丙	6 22	亥丁	5 23	巳丁	4 24	子戊	3 25	午戊	2 24	子戊	九初
22	巳丁	6 23	子戊	5 24	午戊	4 25	丑己	3 26	未己	2 25	丑己	十初
23	午戊	6 24	丑己	5 25	未己	4 26	寅庚	3 27	申庚	2 26	寅庚	一十
24	未己	6 25	寅庚	5 26	申庚	4 27	卯辛	3 28	酉辛	2 27	卯辛	二十
25	申庚	6 26	卯辛	5 27	酉辛	4 28	辰壬	3 29	戌壬	2 28	辰壬	三十
26	酉辛	6 27	辰壬	5 28	戌壬	4 29	巳癸	3 30	亥癸	2 29	巳癸	四十
27	戌壬	6 28	巳癸	5 29	亥癸	4 30	午甲	3 31	子甲	3 1	午甲	五十
28	亥癸	6 29	午甲	5 30	子甲	5 1	未乙	4 1	丑乙	3 2	未乙	六十
29	子甲	6 30	未乙	5 31	丑乙	5 2	申丙	4 2	寅丙	3 3	申丙	七十
30	丑乙	7 1	申丙	6 1	寅丙	5 3	酉丁	4 3	卯丁	3 4	酉丁	八十
31	寅丙	7 2	酉丁	6 2	卯丁	5 4	戌戊	4 4	辰戊	3 5	戌戊	九十
1	卯丁	7 3	戌戊	6 3	辰戊	5 5	亥己	4 5	巳己	3 6	亥己	十二
2	辰戊	7 4	亥己	6 4	巳己	5 6	子庚	4 6	午庚	3 7	子庚	一廿
3	巳己	7 5	子庚	6 5	午庚	5 7	丑辛	4 7	未辛	3 8	丑辛	二廿
4	午庚	7 6	丑辛	6 6	未辛	5 8	寅壬	4 8	申壬	3 9	寅壬	三廿
5	未辛	7 7	寅壬	6 7	申壬	5 9	卯癸	4 9	酉癸	3 10	卯癸	四廿
6	申壬	7 8	卯癸	6 8	酉癸	5 10	辰甲	4 10	戌甲	3 11	辰甲	五廿
7	酉癸	7 9	辰甲	6 9	戌甲	5 11	巳乙	4 11	亥乙	3 12	巳乙	六廿
8	戌甲	7 10	巳乙	6 10	亥乙	5 12	午丙	4 12	子丙	3 13	午丙	七廿
9	亥乙	7 11	午丙	6 11	子丙	5 13	未丁	4 13	丑丁	3 14	未丁	八廿
10	子丙	7 12	未丁	6 12	丑丁	5 14	申戊	4 14	寅戊	3 15	申戊	九廿
乙太		易天		6 13	寅戊	尋搜格落部		4 15	卯己	3 16	酉己	十三

月別	月 二 十		月 一 十		月 十		月 九		月 八		月 七	
月柱	丑 丁		子 丙		亥 乙		戌 甲		酉 癸		申 壬	
紫白	碧 三		綠 四		黃 五		白 六		赤 七		白 八	
節氣時間	1/21	1/6	12/22	12/7	11/23	11/8	10/24	10/9		9/23	9/8	8/2
	六十	一初	六十	一初	七十	二初	六十	一初		四十	九廿	三十
	0時52分 大寒子時	7時27分 小寒辰時	14時14分 冬至未時	20時25分 大雪戌時	1時16分 小雪丑時	4時5分 立冬寅時	4時19分 霜降寅時	1時36分 寒露丑時		19時40分 秋分戌時	10時38分 白露巳時	22時36分 處暑亥時
農曆	曆陽	柱日	曆陽	柱日	曆陽	柱日	曆陽	柱日	曆陽	柱日	曆陽	柱日
初一	1 6	巳乙	12 7	亥乙	11 7	巳乙	10 9	子丙	9 10	未丁	8 11	丑丁
初二	1 7	午丙	12 8	子丙	11 8	午丙	10 10	丑丁	9 11	申戊	8 12	寅戊
初三	1 8	未丁	12 9	丑丁	11 9	未丁	10 11	寅戊	9 12	酉己	8 13	卯己
初四	1 9	申戊	12 10	寅戊	11 10	申戊	10 12	卯己	9 13	戌庚	8 14	辰庚
初五	1 10	酉己	12 11	卯己	11 11	酉己	10 13	辰庚	9 14	亥辛	8 15	巳辛
初六	1 11	戌庚	12 12	辰庚	11 12	戌庚	10 14	巳辛	9 15	子壬	8 16	午壬
初七	1 12	亥辛	12 13	巳辛	11 13	亥辛	10 15	午壬	9 16	丑癸	8 17	未癸
初八	1 13	子壬	12 14	午壬	11 14	子壬	10 16	未癸	9 17	寅甲	8 18	申甲
初九	1 14	丑癸	12 15	未癸	11 15	丑癸	10 17	申甲	9 18	卯乙	8 19	酉乙
初十	1 15	寅甲	12 16	申甲	11 16	寅甲	10 18	酉乙	9 19	辰丙	8 20	戌丙
十一	1 16	卯乙	12 17	酉乙	11 17	卯乙	10 19	戌丙	9 20	巳丁	8 21	亥丁
十二	1 17	辰丙	12 18	戌丙	11 18	辰丙	10 20	亥丁	9 21	午戊	8 22	子戊
十三	1 18	巳丁	12 19	亥丁	11 19	巳丁	10 21	子戊	9 22	未己	8 23	丑己
十四	1 19	午戊	12 20	子戊	11 20	午戊	10 22	丑己	9 23	申庚	8 24	寅庚
十五	1 20	未己	12 21	丑己	11 21	未己	10 23	寅庚	9 24	酉辛	8 25	卯辛
十六	1 21	申庚	12 22	寅庚	11 22	申庚	10 24	卯辛	9 25	戌壬	8 26	辰壬
十七	1 22	酉辛	12 23	卯辛	11 23	酉辛	10 25	辰壬	9 26	亥癸	8 27	巳癸
十八	1 23	戌壬	12 24	辰壬	11 24	戌壬	10 26	巳癸	9 27	子甲	8 28	午甲
十九	1 24	亥癸	12 25	巳癸	11 25	亥癸	10 27	午甲	9 28	丑乙	8 29	未乙
二十	1 25	子甲	12 26	午甲	11 26	子甲	10 28	未乙	9 29	寅丙	8 30	申丙
廿一	1 26	丑乙	12 27	未乙	11 27	丑乙	10 29	申丙	9 30	卯丁	8 31	酉丁
廿二	1 27	寅丙	12 28	申丙	11 28	寅丙	10 30	酉丁	10 1	辰戊	9 1	戌戊
廿三	1 28	卯丁	12 29	酉丁	11 29	卯丁	10 31	戌戊	10 2	巳己	9 2	亥己
廿四	1 29	辰戊	12 30	戌戊	11 30	辰戊	11 1	亥己	10 3	午庚	9 3	子庚
廿五	1 30	巳己	12 31	亥己	12 1	巳己	11 2	子庚	10 4	未辛	9 4	丑辛
廿六	1 31	午庚	1 1	子庚	12 2	午庚	11 3	丑辛	10 5	申壬	9 5	寅壬
廿七	2 1	未辛	1 2	丑辛	12 3	未辛	11 4	寅壬	10 6	酉癸	9 6	卯癸
廿八	2 2	申壬	1 3	寅壬	12 4	申壬	11 5	卯癸	10 7	戌甲	9 7	辰甲
廿九	2 3	酉癸	1 4	卯癸	12 5	酉癸	11 6	辰甲	10 8	亥乙	9 8	巳乙
三十	乙太		1 5	辰甲	12 6	戌甲	易天		尋搜格落部		9 9	午丙

西元一九〇五年 歲次乙巳

民國前七年
太歲姓吳名逐
納音屬火
生肖屬蛇
年五黃星
婁宿值年

月 六		月 五		月 四		月 三		月 二		月 正		別月
未 癸		午 壬		巳 辛		辰 庚		卯 己		寅 戊		柱月
白 六		赤 七		白 八		紫 九		白 一		黑 二		白紫
/23	7/8	6/22	6/6	5/22	5/6	4/21	4/5	3/21	3/6	2/19	2/4	節氣時間
廿	六初	十二	四初	九十	三初	七十	一初	六十	一初	六十	一初	
大暑亥時	4時20分 小暑寅時	10時51分 夏至巳時	17時54分 芒種酉時	2時31分 小滿丑時	13時14分 立夏未時	2時44分 穀雨丑時	19時14分 清明戌時	14時58分 春分未時	13時46分 驚蟄未時	15時21分 雨水申時	19時16分 立春戌時	
陽	柱日	曆陽	柱日	曆陽	柱日	曆陽	柱日	曆陽	柱日	曆陽	柱日	曆農
3	卯癸	6 3	酉癸	5 4	卯癸	4 5	戌甲	3 6	辰甲	2 4	戌甲	一初
4	辰甲	6 4	戌甲	5 5	辰甲	4 6	亥乙	3 7	巳乙	2 5	亥乙	二初
5	巳乙	6 5	亥乙	5 6	巳乙	4 7	子丙	3 8	午丙	2 6	子丙	三初
6	午丙	6 6	子丙	5 7	午丙	4 8	丑丁	3 9	未丁	2 7	丑丁	四初
7	未丁	6 7	丑丁	5 8	未丁	4 9	寅戊	3 10	申戊	2 8	寅戊	五初
8	申戊	6 8	寅戊	5 9	申戊	4 10	卯己	3 11	酉己	2 9	卯己	六初
9	酉己	6 9	卯己	5 10	酉己	4 11	辰庚	3 12	戌庚	2 10	辰庚	七初
10	戌庚	6 10	辰庚	5 11	戌庚	4 12	巳辛	3 13	亥辛	2 11	巳辛	八初
11	亥辛	6 11	巳辛	5 12	亥辛	4 13	午壬	3 14	子壬	2 12	午壬	九初
12	子壬	6 12	午壬	5 13	子壬	4 14	未癸	3 15	丑癸	2 13	未癸	十初
13	丑癸	6 13	未癸	5 14	丑癸	4 15	申甲	3 16	寅甲	2 14	申甲	一十
14	寅甲	6 14	申甲	5 15	寅甲	4 16	酉乙	3 17	卯乙	2 15	酉乙	二十
15	卯乙	6 15	酉乙	5 16	卯乙	4 17	戌丙	3 18	辰丙	2 16	戌丙	三十
16	辰丙	6 16	戌丙	5 17	辰丙	4 18	亥丁	3 19	巳丁	2 17	亥丁	四十
17	巳丁	6 17	亥丁	5 18	巳丁	4 19	子戊	3 20	午戊	2 18	子戊	五十
18	午戊	6 18	子戊	5 19	午戊	4 20	丑己	3 21	未己	2 19	丑己	六十
19	未己	6 19	丑己	5 20	未己	4 21	寅庚	3 22	申庚	2 20	寅庚	七十
20	申庚	6 20	寅庚	5 21	申庚	4 22	卯辛	3 23	酉辛	2 21	卯辛	八十
21	酉辛	6 21	卯辛	5 22	酉辛	4 23	辰壬	3 24	戌壬	2 22	辰壬	九十
22	戌壬	6 22	辰壬	5 23	戌壬	4 24	巳癸	3 25	亥癸	2 23	巳癸	十二
23	亥癸	6 23	巳癸	5 24	亥癸	4 25	午甲	3 26	子甲	2 24	午甲	一廿
24	子甲	6 24	午甲	5 25	子甲	4 26	未乙	3 27	丑乙	2 25	未乙	二廿
25	丑乙	6 25	未乙	5 26	丑乙	4 27	申丙	3 28	寅丙	2 26	申丙	三廿
26	寅丙	6 26	申丙	5 27	寅丙	4 28	酉丁	3 29	卯丁	2 27	酉丁	四廿
27	卯丁	6 27	酉丁	5 28	卯丁	4 29	戌戊	3 30	辰戊	2 28	戌戊	五廿
28	辰戊	6 28	戌戊	5 29	辰戊	4 30	亥己	3 31	巳己	3 1	亥己	六廿
29	巳己	6 29	亥己	5 30	巳己	5 1	子庚	4 1	午庚	3 2	子庚	七廿
30	午庚	6 30	子庚	5 31	午庚	5 2	丑辛	4 2	未辛	3 3	丑辛	八廿
31	未辛	7 1	丑辛	6 1	未辛	5 3	寅壬	4 3	申壬	3 4	寅壬	九廿
乙太		7 2	寅壬	6 2	申壬	易天		4 4	酉癸	3 5	卯癸	十三

月別	月二十		月一十		月十		月九		月八		月七	
月柱	丑己		子戊		亥丁		戌丙		酉乙		申甲	
紫白	紫九		白一		黑二		碧三		綠四		黃五	
節氣時間	1/21	1/6	12/22	12/8	11/23	11/8	10/24	10/9	9/24	9/8	8/24	8/8
	七廿	二十	六廿	二十	七廿	二十	六廿	一十	六廿	十初	四廿	八初
	6時43分 大寒卯時	13時13分 小寒未時	20時4分 冬至戌時	2時11分 大雪丑時	7時5分 小雪辰時	9時50分 立冬巳時	10時8分 霜降巳時	7時20分 寒露辰時	1時30分 秋分丑時	16時22分 白露申時	4時29分 處暑寅時	13時57分 立秋未時
農曆	曆陽	柱日	曆陽	柱日	曆陽	柱日	曆陽	柱日	曆陽	柱日	曆陽	柱日
初一	12 26	亥己	11 27	午庚	10 28	子庚	9 29	未辛	8 30	丑辛	8 1	申壬
初二	12 27	子庚	11 28	未辛	10 29	丑辛	9 30	申壬	8 31	寅壬	8 2	酉癸
初三	12 28	丑辛	11 29	申壬	10 30	寅壬	10 1	酉癸	9 1	卯癸	8 3	戌甲
初四	12 29	寅壬	11 30	酉癸	10 31	卯癸	10 2	戌甲	9 2	辰甲	8 4	亥乙
初五	12 30	卯癸	12 1	戌甲	11 1	辰甲	10 3	亥乙	9 3	巳乙	8 5	子丙
初六	12 31	辰甲	12 2	亥乙	11 2	巳乙	10 4	子丙	9 4	午丙	8 6	丑丁
初七	1 1	巳乙	12 3	子丙	11 3	午丙	10 5	丑丁	9 5	未丁	8 7	寅戊
初八	1 2	午丙	12 4	丑丁	11 4	未丁	10 6	寅戊	9 6	申戊	8 8	卯己
初九	1 3	未丁	12 5	寅戊	11 5	申戊	10 7	卯己	9 7	酉己	8 9	辰庚
初十	1 4	申戊	12 6	卯己	11 6	酉己	10 8	辰庚	9 8	戌庚	8 10	巳辛
十一	1 5	酉己	12 7	辰庚	11 7	戌庚	10 9	巳辛	9 9	亥辛	8 11	午壬
十二	1 6	戌庚	12 8	巳辛	11 8	亥辛	10 10	午壬	9 10	子壬	8 12	未癸
十三	1 7	亥辛	12 9	午壬	11 9	子壬	10 11	未癸	9 11	丑癸	8 13	申甲
十四	1 8	子壬	12 10	未癸	11 10	丑癸	10 12	申甲	9 12	寅甲	8 14	酉乙
十五	1 9	丑癸	12 11	申甲	11 11	寅甲	10 13	酉乙	9 13	卯乙	8 15	戌丙
十六	1 10	寅甲	12 12	酉乙	11 12	卯乙	10 14	戌丙	9 14	辰丙	8 16	亥丁
十七	1 11	卯乙	12 13	戌丙	11 13	辰丙	10 15	亥丁	9 15	巳丁	8 17	子戊
十八	1 12	辰丙	12 14	亥丁	11 14	巳丁	10 16	子戊	9 16	午戊	8 18	丑己
十九	1 13	巳丁	12 15	子戊	11 15	午戊	10 17	丑己	9 17	未己	8 19	寅庚
二十	1 14	午戊	12 16	丑己	11 16	未己	10 18	寅庚	9 18	申庚	8 20	卯辛
廿一	1 15	未己	12 17	寅庚	11 17	申庚	10 19	卯辛	9 19	酉辛	8 21	辰壬
廿二	1 16	申庚	12 18	卯辛	11 18	酉辛	10 20	辰壬	9 20	戌壬	8 22	巳癸
廿三	1 17	酉辛	12 19	辰壬	11 19	戌壬	10 21	巳癸	9 21	亥癸	8 23	午甲
廿四	1 18	戌壬	12 20	巳癸	11 20	亥癸	10 22	午甲	9 22	子甲	8 24	未乙
廿五	1 19	亥癸	12 21	午甲	11 21	子甲	10 23	未乙	9 23	丑乙	8 25	申丙
廿六	1 20	子甲	12 22	未乙	11 22	丑乙	10 24	申丙	9 24	寅丙	8 26	酉丁
廿七	1 21	丑乙	12 23	申丙	11 23	寅丙	10 25	酉丁	9 25	卯丁	8 27	戌戊
廿八	1 22	寅丙	12 24	酉丁	11 24	卯丁	10 26	戌戊	9 26	辰戊	8 28	亥己
廿九	1 23	卯丁	12 25	戌戊	11 25	辰戊	10 27	亥己	9 27	巳己	8 29	子庚
三十	1 24	辰戊	乙太		11 26	巳己	易天		9 28	午庚	尋搜格落部	

西元一九〇六年 歲次丙午

民國前六年

太歲姓文名折

納音屬水

生肖屬馬

年四綠星

胃宿值年

月	六	月	五	月四閏		月	四	月	三	月	二	月	正	別月
未	乙	午	甲			巳	癸	辰	壬	卯	辛	寅	庚	柱月
碧	三	綠	四			黃	五	白	六	赤	七	白	八	白紫
/8	7/24	7/8	6/22		6/6	5/22	5/6	4/21	4/6	3/21	3/6	2/19	2/5	節氣時間
十	四初	七十	一初		五十	九廿	三十	八廿	三十	七廿	二十	六廿	二十	
立秋戌時	大暑寅時 3時33分	小暑巳時 10時15分	夏至申時 16時42分		芒種子時 23時49分	小滿辰時 8時25分	立夏戌時 19時8分	穀雨辰時 8時39分	清明丑時 1時7分	春分戌時 20時53分	驚蟄戌時 19時36分	雨水亥時 21時14分	立春丑時 1時4分	
陽	柱日	曆陽	柱日	曆陽	柱日	曆陽	柱日	曆陽	柱日	曆陽	柱日	曆陽	柱日	曆農
21	寅丙	6 22	酉丁	5 23	卯丁	4 24	戌戊	3 25	辰戊	2 23	戌戊	1 25	巳己	一初
22	卯丁	6 23	戌戊	5 24	辰戊	4 25	亥己	3 26	巳己	2 24	亥己	1 26	午庚	二初
23	辰戊	6 24	亥己	5 25	巳己	4 26	子庚	3 27	午庚	2 25	子庚	1 27	未辛	三初
24	巳己	6 25	子庚	5 26	午庚	4 27	丑辛	3 28	未辛	2 26	丑辛	1 28	申壬	四初
25	午庚	6 26	丑辛	5 27	未辛	4 28	寅壬	3 29	申壬	2 27	寅壬	1 29	酉癸	五初
26	未辛	6 27	寅壬	5 28	申壬	4 29	卯癸	3 30	酉癸	2 28	卯癸	1 30	戌甲	六初
27	申壬	6 28	卯癸	5 29	酉癸	4 30	辰甲	3 31	戌甲	3 1	辰甲	1 31	亥乙	七初
28	酉癸	6 29	辰甲	5 30	戌甲	5 1	巳乙	4 1	亥乙	3 2	巳乙	2 1	子丙	八初
29	戌甲	6 30	巳乙	5 31	亥乙	5 2	午丙	4 2	子丙	3 3	午丙	2 2	丑丁	九初
30	亥乙	7 1	午丙	6 1	子丙	5 3	未丁	4 3	丑丁	3 4	未丁	2 3	寅戊	十初
31	子丙	7 2	未丁	6 2	丑丁	5 4	申戊	4 4	寅戊	3 5	申戊	2 4	卯己	一十
1	丑丁	7 3	申戊	6 3	寅戊	5 5	酉己	4 5	卯己	3 6	酉己	2 5	辰庚	二十
2	寅戊	7 4	酉己	6 4	卯己	5 6	戌庚	4 6	辰庚	3 7	戌庚	2 6	巳辛	三十
3	卯己	7 5	戌庚	6 5	辰庚	5 7	亥辛	4 7	巳辛	3 8	亥辛	2 7	午壬	四十
4	辰庚	7 6	亥辛	6 6	巳辛	5 8	子壬	4 8	午壬	3 9	子壬	2 8	未癸	五十
5	巳辛	7 7	子壬	6 7	午壬	5 9	丑癸	4 9	未癸	3 10	丑癸	2 9	申甲	六十
6	午壬	7 8	丑癸	6 8	未癸	5 10	寅甲	4 10	申甲	3 11	寅甲	2 10	酉乙	七十
7	未癸	7 9	寅甲	6 9	申甲	5 11	卯乙	4 11	酉乙	3 12	卯乙	2 11	戌丙	八十
8	申甲	7 10	卯乙	6 10	酉乙	5 12	辰丙	4 12	戌丙	3 13	辰丙	2 12	亥丁	九十
9	酉乙	7 11	辰丙	6 11	戌丙	5 13	巳丁	4 13	亥丁	3 14	巳丁	2 13	子戊	十二
10	戌丙	7 12	巳丁	6 12	亥丁	5 14	午戊	4 14	子戊	3 15	午戊	2 14	丑己	一廿
11	亥丁	7 13	午戊	6 13	子戊	5 15	未己	4 15	丑己	3 16	未己	2 15	寅庚	二廿
12	子戊	7 14	未己	6 14	丑己	5 16	申庚	4 16	寅庚	3 17	申庚	2 16	卯辛	三廿
13	丑己	7 15	申庚	6 15	寅庚	5 17	酉辛	4 17	卯辛	3 18	酉辛	2 17	辰壬	四廿
14	寅庚	7 16	酉辛	6 16	卯辛	5 18	戌壬	4 18	辰壬	3 19	戌壬	2 18	巳癸	五廿
15	卯辛	7 17	戌壬	6 17	辰壬	5 19	亥癸	4 19	巳癸	3 20	亥癸	2 19	午甲	六廿
16	辰壬	7 18	亥癸	6 18	巳癸	5 20	子甲	4 20	午甲	3 21	子甲	2 20	未乙	七廿
17	巳癸	7 19	子甲	6 19	午甲	5 21	丑乙	4 21	未乙	3 22	丑乙	2 21	申丙	八廿
18	午甲	7 20	丑乙	6 20	未乙	5 22	寅丙	4 22	申丙	3 23	寅丙	2 22	酉丁	九廿
19	未乙	乙太		6 21	申丙	易天		4 23	酉丁	3 24	卯丁	尋搜格落部		十三

月別	月二十		月一十		月十		月九		月八		月七	
月柱	丑辛		子庚		亥己		戌戊		酉丁		申丙	
紫白	白六		赤七		白八		紫九		白一		黑二	
節氣時間	2/5 三廿	1/21 八初	1/6 二廿	12/23 八初	12/8 三廿	11/23 八初	11/8 二廿	10/24 七初	10/9 二廿	9/24 七初	9/8 十二	8/24 五初
	6時59分 立春卯時	12時31分 大寒午時	19時11分 小寒戌時	1時53分 冬至丑時	8時9分 大雪辰時	12時54分 小雪午時	15時47分 立冬申時	15時55分 霜降申時	13時15分 寒露未時	7時15分 秋分辰時	22時16分 白露亥時	10時14分 處暑巳時
農曆	曆陽	柱日	曆陽	柱日	曆陽	柱日	曆陽	柱日	曆陽	柱日	曆陽	柱日
初一	1 14	亥癸	12 16	午甲	11 16	子甲	10 18	未乙	9 18	丑乙	8 20	申丙
初二	1 15	子甲	12 17	未乙	11 17	丑乙	10 19	申丙	9 19	寅丙	8 21	酉丁
初三	1 16	丑乙	12 18	申丙	11 18	寅丙	10 20	酉丁	9 20	卯丁	8 22	戌戊
初四	1 17	寅丙	12 19	酉丁	11 19	卯丁	10 21	戌戊	9 21	辰戊	8 23	亥己
初五	1 18	卯丁	12 20	戌戊	11 20	辰戊	10 22	亥己	9 22	巳己	8 24	子庚
初六	1 19	辰戊	12 21	亥己	11 21	巳己	10 23	子庚	9 23	午庚	8 25	丑辛
初七	1 20	巳己	12 22	子庚	11 22	午庚	10 24	丑辛	9 24	未辛	8 26	寅壬
初八	1 21	午庚	12 23	丑辛	11 23	未辛	10 25	寅壬	9 25	申壬	8 27	卯癸
初九	1 22	未辛	12 24	寅壬	11 24	申壬	10 26	卯癸	9 26	酉癸	8 28	辰甲
初十	1 23	申壬	12 25	卯癸	11 25	酉癸	10 27	辰甲	9 27	戌甲	8 29	巳乙
十一	1 24	酉癸	12 26	辰甲	11 26	戌甲	10 28	巳乙	9 28	亥乙	8 30	午丙
十二	1 25	戌甲	12 27	巳乙	11 27	亥乙	10 29	午丙	9 29	子丙	8 31	未丁
十三	1 26	亥乙	12 28	午丙	11 28	子丙	10 30	未丁	9 30	丑丁	9 1	申戊
十四	1 27	子丙	12 29	未丁	11 29	丑丁	10 31	申戊	10 1	寅戊	9 2	酉己
十五	1 28	丑丁	12 30	申戊	11 30	寅戊	11 1	酉己	10 2	卯己	9 3	戌庚
十六	1 29	寅戊	12 31	酉己	12 1	卯己	11 2	戌庚	10 3	辰庚	9 4	亥辛
十七	1 30	卯己	1 1	戌庚	12 2	辰庚	11 3	亥辛	10 4	巳辛	9 5	子壬
十八	1 31	辰庚	1 2	亥辛	12 3	巳辛	11 4	子壬	10 5	午壬	9 6	丑癸
十九	2 1	巳辛	1 3	子壬	12 4	午壬	11 5	丑癸	10 6	未癸	9 7	寅甲
二十	2 2	午壬	1 4	丑癸	12 5	未癸	11 6	寅甲	10 7	申甲	9 8	卯乙
廿一	2 3	未癸	1 5	寅甲	12 6	申甲	11 7	卯乙	10 8	酉乙	9 9	辰丙
廿二	2 4	申甲	1 6	卯乙	12 7	酉乙	11 8	辰丙	10 9	戌丙	9 10	巳丁
廿三	2 5	酉乙	1 7	辰丙	12 8	戌丙	11 9	巳丁	10 10	亥丁	9 11	午戊
廿四	2 6	戌丙	1 8	巳丁	12 9	亥丁	11 10	午戊	10 11	子戊	9 12	未己
廿五	2 7	亥丁	1 9	午戊	12 10	子戊	11 11	未己	10 12	丑己	9 13	申庚
廿六	2 8	子戊	1 10	未己	12 11	丑己	11 12	申庚	10 13	寅庚	9 14	酉辛
廿七	2 9	丑己	1 11	申庚	12 12	寅庚	11 13	酉辛	10 14	卯辛	9 15	戌壬
廿八	2 10	寅庚	1 12	酉辛	12 13	卯辛	11 14	戌壬	10 15	辰壬	9 16	亥癸
廿九	2 11	卯辛	1 13	戌壬	12 14	辰壬	11 15	亥癸	10 16	巳癸	9 17	子甲
三十	2 12	辰壬	乙太		12 15	巳癸	易天		10 17	午甲	尋搜格落部	

西元一九〇七年　歲次丁未

民國前五年　太歲姓僇名丙

納音屬水　生肖屬羊

年三碧星　昴宿值年

月 六		月 五		月 四		月 三		月 二		月 正		別月
未 丁		午 丙		巳 乙		辰 甲		卯 癸		寅 壬		柱月
紫 九		白 一		黑 二		碧 三		綠 四		黃 五		白紫
	7/24	7/8	6/22	6/7	5/22	5/7	4/21	4/6	3/22	3/7	2/20	節氣時間
	五十	八廿	二十	七廿	一十	五廿	九初	四廿	九初	三廿	八初	
	9時18分 大暑巳時	15時59分 小暑申時	22時23分 夏至亥時	5時33分 芒種卯時	14時3分 小滿未時	0時54分 立夏子時	14時17分 穀雨未時	6時55分 清明卯時	2時33分 春分丑時	1時27分 驚蟄丑時	2時58分 雨水丑時	
曆陽	柱日	曆陽	柱日	曆陽	柱日	曆陽	柱日	曆陽	柱日	曆陽	柱日	曆農
7 10	申庚	6 11	卯辛	5 12	酉辛	4 13	辰壬	3 14	戌壬	2 13	巳癸	一初
7 11	酉辛	6 12	辰壬	5 13	戌壬	4 14	巳癸	3 15	亥癸	2 14	午甲	二初
7 12	戌壬	6 13	巳癸	5 14	亥癸	4 15	午甲	3 16	子甲	2 15	未乙	三初
7 13	亥癸	6 14	午甲	5 15	子甲	4 16	未乙	3 17	丑乙	2 16	申丙	四初
7 14	子甲	6 15	未乙	5 16	丑乙	4 17	申丙	3 18	寅丙	2 17	酉丁	五初
7 15	丑乙	6 16	申丙	5 17	寅丙	4 18	酉丁	3 19	卯丁	2 18	戌戊	六初
7 16	寅丙	6 17	酉丁	5 18	卯丁	4 19	戌戊	3 20	辰戊	2 19	亥己	七初
7 17	卯丁	6 18	戌戊	5 19	辰戊	4 20	亥己	3 21	巳己	2 20	子庚	八初
7 18	辰戊	6 19	亥己	5 20	巳己	4 21	子庚	3 22	午庚	2 21	丑辛	九初
7 19	巳己	6 20	子庚	5 21	午庚	4 22	丑辛	3 23	未辛	2 22	寅壬	十初
7 20	午庚	6 21	丑辛	5 22	未辛	4 23	寅壬	3 24	申壬	2 23	卯癸	一十
7 21	未辛	6 22	寅壬	5 23	申壬	4 24	卯癸	3 25	酉癸	2 24	辰甲	二十
7 22	申壬	6 23	卯癸	5 24	酉癸	4 25	辰甲	3 26	戌甲	2 25	巳乙	三十
7 23	酉癸	6 24	辰甲	5 25	戌甲	4 26	巳乙	3 27	亥乙	2 26	午丙	四十
7 24	戌甲	6 25	巳乙	5 26	亥乙	4 27	午丙	3 28	子丙	2 27	未丁	五十
7 25	亥乙	6 26	午丙	5 27	子丙	4 28	未丁	3 29	丑丁	2 28	申戊	六十
7 26	子丙	6 27	未丁	5 28	丑丁	4 29	申戊	3 30	寅戊	3 1	酉己	七十
7 27	丑丁	6 28	申戊	5 29	寅戊	4 30	酉己	3 31	卯己	3 2	戌庚	八十
7 28	寅戊	6 29	酉己	5 30	卯己	5 1	戌庚	4 1	辰庚	3 3	亥辛	九十
7 29	卯己	6 30	戌庚	5 31	辰庚	5 2	亥辛	4 2	巳辛	3 4	子壬	十二
7 30	辰庚	7 1	亥辛	6 1	巳辛	5 3	子壬	4 3	午壬	3 5	丑癸	一廿
7 31	巳辛	7 2	子壬	6 2	午壬	5 4	丑癸	4 4	未癸	3 6	寅甲	二廿
8 1	午壬	7 3	丑癸	6 3	未癸	5 5	寅甲	4 5	申甲	3 7	卯乙	三廿
8 2	未癸	7 4	寅甲	6 4	申甲	5 6	卯乙	4 6	酉乙	3 8	辰丙	四廿
8 3	申甲	7 5	卯乙	6 5	酉乙	5 7	辰丙	4 7	戌丙	3 9	巳丁	五廿
8 4	酉乙	7 6	辰丙	6 6	戌丙	5 8	巳丁	4 8	亥丁	3 10	午戊	六廿
8 5	戌丙	7 7	巳丁	6 7	亥丁	5 9	午戊	4 9	子戊	3 11	未己	七廿
8 6	亥丁	7 8	午戊	6 8	子戊	5 10	未己	4 10	丑己	3 12	申庚	八廿
8 7	子戊	7 9	未己	6 9	丑己	5 11	申庚	4 11	寅庚	3 13	酉辛	九廿
8 8	丑己	乙太		6 10	寅庚	易天		4 12	卯辛	尋搜格落部		十三

月別	月二十		月一十		月十		月九		月八		月七	
月柱	丑癸		子壬		亥辛		戌庚		酉己		申戊	
紫白	碧三		綠四		黃五		白六		赤七		白八	
節氣時間	1/21	1/7	12/23	12/8	11/23	11/8	10/24	10/9	9/24	9/9	8/24	8/9
	八十	四初	九十	四初	八十	三初	八十	三初	七十	二初	六十	一初
	18時28分 大寒酉時	1時1分 小寒丑時	7時52分 冬至辰時	14時0分 大雪未時	18時52分 小雪酉時	21時36分 立冬亥時	21時52分 霜降亥時	19時3分 寒露戌時	13時9分 秋分未時	4時2分 白露寅時	16時3分 處暑申時	1時36分 立秋丑時
農曆	曆陽	柱日	曆陽	柱日	曆陽	柱日	曆陽	柱日	曆陽	柱日	曆陽	柱日
初一	1 4	午戊	12 5	子戊	11 6	未己	10 7	丑己	9 8	申庚	8 9	寅庚
初二	1 5	未己	12 6	丑己	11 7	申庚	10 8	寅庚	9 9	酉辛	8 10	卯辛
初三	1 6	申庚	12 7	寅庚	11 8	酉辛	10 9	卯辛	9 10	戌壬	8 11	辰壬
初四	1 7	酉辛	12 8	卯辛	11 9	戌壬	10 10	辰壬	9 11	亥癸	8 12	巳癸
初五	1 8	戌壬	12 9	辰壬	11 10	亥癸	10 11	巳癸	9 12	子甲	8 13	午甲
初六	1 9	亥癸	12 10	巳癸	11 11	子甲	10 12	午甲	9 13	丑乙	8 14	未乙
初七	1 10	子甲	12 11	午甲	11 12	丑乙	10 13	未乙	9 14	寅丙	8 15	申丙
初八	1 11	丑乙	12 12	未乙	11 13	寅丙	10 14	申丙	9 15	卯丁	8 16	酉丁
初九	1 12	寅丙	12 13	申丙	11 14	卯丁	10 15	酉丁	9 16	辰戊	8 17	戌戊
初十	1 13	卯丁	12 14	酉丁	11 15	辰戊	10 16	戌戊	9 17	巳己	8 18	亥己
十一	1 14	辰戊	12 15	戌戊	11 16	巳己	10 17	亥己	9 18	午庚	8 19	子庚
十二	1 15	巳己	12 16	亥己	11 17	午庚	10 18	子庚	9 19	未辛	8 20	丑辛
十三	1 16	午庚	12 17	子庚	11 18	未辛	10 19	丑辛	9 20	申壬	8 21	寅壬
十四	1 17	未辛	12 18	丑辛	11 19	申壬	10 20	寅壬	9 21	酉癸	8 22	卯癸
十五	1 18	申壬	12 19	寅壬	11 20	酉癸	10 21	卯癸	9 22	戌甲	8 23	辰甲
十六	1 19	酉癸	12 20	卯癸	11 21	戌甲	10 22	辰甲	9 23	亥乙	8 24	巳乙
十七	1 20	戌甲	12 21	辰甲	11 22	亥乙	10 23	巳乙	9 24	子丙	8 25	午丙
十八	1 21	亥乙	12 22	巳乙	11 23	子丙	10 24	午丙	9 25	丑丁	8 26	未丁
十九	1 22	子丙	12 23	午丙	11 24	丑丁	10 25	未丁	9 26	寅戊	8 27	申戊
二十	1 23	丑丁	12 24	未丁	11 25	寅戊	10 26	申戊	9 27	卯己	8 28	酉己
廿一	1 24	寅戊	12 25	申戊	11 26	卯己	10 27	酉己	9 28	辰庚	8 29	戌庚
廿二	1 25	卯己	12 26	酉己	11 27	辰庚	10 28	戌庚	9 29	巳辛	8 30	亥辛
廿三	1 26	辰庚	12 27	戌庚	11 28	巳辛	10 29	亥辛	9 30	午壬	8 31	子壬
廿四	1 27	巳辛	12 28	亥辛	11 29	午壬	10 30	子壬	10 1	未癸	9 1	丑癸
廿五	1 28	午壬	12 29	子壬	11 30	未癸	10 31	丑癸	10 2	申甲	9 2	寅甲
廿六	1 29	未癸	12 30	丑癸	12 1	申甲	11 1	寅甲	10 3	酉乙	9 3	卯乙
廿七	1 30	申甲	12 31	寅甲	12 2	酉乙	11 2	卯乙	10 4	戌丙	9 4	辰丙
廿八	1 31	酉乙	1 1	卯乙	12 3	戌丙	11 3	辰丙	10 5	亥丁	9 5	巳丁
廿九	2 1	戌丙	1 2	辰丙	12 4	亥丁	11 4	巳丁	10 6	子戊	9 6	午戊
三十	乙太		1 3	巳丁	易天		11 5	午戊	尋搜格落部		9 7	未己

西元一九〇八年 歲次戊申

民國前四年 太歲姓俞名志

納音屬土 生肖屬猴

年二黑星 畢宿值年

月別	正月		二月		三月		四月		五月		六月	
月柱	甲寅		乙卯		丙辰		丁巳		戊午		己未	
紫白	二黑		一白		九紫		八白		七赤		六白	
節氣時間	2/5 初四 立春 12時47分 午時	2/20 十九 雨水 8時54分 辰時	3/6 初四 驚蟄 7時14分 辰時	3/21 十九 春分 8時27分 辰時	4/5 初五 清明 12時40分 午時	4/20 二十 穀雨 20時11分 戌時	5/6 初七 立夏 6時38分 卯時	5/21 廿二 小滿 19時58分 戌時	6/6 初八 芒種 11時19分 午時	6/22 廿四 夏至 4時19分 寅時	7/7 初九 小暑 21時48分 亥時	7/23 廿五 大暑 [illegible] 申時
農曆	陽曆	日柱	陽曆	日柱	陽曆	日柱	陽曆	日柱	陽曆	日柱	陽曆	日柱
初一	2 2	丁亥	3 3	丁巳	4 1	丙戌	4 30	乙卯	5 30	乙酉	29	乙卯
初二	2 3	戊子	3 4	戊午	4 2	丁亥	5 1	丙辰	5 31	丙戌	30	丙辰
初三	2 4	己丑	3 5	己未	4 3	戊子	5 2	丁巳	6 1	丁亥	1	丁巳
初四	2 5	庚寅	3 6	庚申	4 4	己丑	5 3	戊午	6 2	戊子	2	戊午
初五	2 6	辛卯	3 7	辛酉	4 5	庚寅	5 4	己未	6 3	己丑	3	己未
初六	2 7	壬辰	3 8	壬戌	4 6	辛卯	5 5	庚申	6 4	庚寅	4	庚申
初七	2 8	癸巳	3 9	癸亥	4 7	壬辰	5 6	辛酉	6 5	辛卯	5	辛酉
初八	2 9	甲午	3 10	甲子	4 8	癸巳	5 7	壬戌	6 6	壬辰	6	壬戌
初九	2 10	乙未	3 11	乙丑	4 9	甲午	5 8	癸亥	6 7	癸巳	7	癸亥
初十	2 11	丙申	3 12	丙寅	4 10	乙未	5 9	甲子	6 8	甲午	8	甲子
十一	2 12	丁酉	3 13	丁卯	4 11	丙申	5 10	乙丑	6 9	乙未	9	乙丑
十二	2 13	戊戌	3 14	戊辰	4 12	丁酉	5 11	丙寅	6 10	丙申	10	丙寅
十三	2 14	己亥	3 15	己巳	4 13	戊戌	5 12	丁卯	6 11	丁酉	11	丁卯
十四	2 15	庚子	3 16	庚午	4 14	己亥	5 13	戊辰	6 12	戊戌	12	戊辰
十五	2 16	辛丑	3 17	辛未	4 15	庚子	5 14	己巳	6 13	己亥	13	己巳
十六	2 17	壬寅	3 18	壬申	4 16	辛丑	5 15	庚午	6 14	庚子	14	庚午
十七	2 18	癸卯	3 19	癸酉	4 17	壬寅	5 16	辛未	6 15	辛丑	15	辛未
十八	2 19	甲辰	3 20	甲戌	4 18	癸卯	5 17	壬申	6 16	壬寅	16	壬申
十九	2 20	乙巳	3 21	乙亥	4 19	甲辰	5 18	癸酉	6 17	癸卯	17	癸酉
二十	2 21	丙午	3 22	丙子	4 20	乙巳	5 19	甲戌	6 18	甲辰	18	甲戌
廿一	2 22	丁未	3 23	丁丑	4 21	丙午	5 20	乙亥	6 19	乙巳	19	乙亥
廿二	2 23	戊申	3 24	戊寅	4 22	丁未	5 21	丙子	6 20	丙午	20	丙子
廿三	2 24	己酉	3 25	己卯	4 23	戊申	5 22	丁丑	6 21	丁未	21	丁丑
廿四	2 25	庚戌	3 26	庚辰	4 24	己酉	5 23	戊寅	6 22	戊申	22	戊寅
廿五	2 26	辛亥	3 27	辛巳	4 25	庚戌	5 24	己卯	6 23	己酉	23	己卯
廿六	2 27	壬子	3 28	壬午	4 26	辛亥	5 25	庚辰	6 24	庚戌	24	庚辰
廿七	2 28	癸丑	3 29	癸未	4 27	壬子	5 26	辛巳	6 25	辛亥	25	辛巳
廿八	2 29	甲寅	3 30	甲申	4 28	癸丑	5 27	壬午	6 26	壬子	26	壬午
廿九	3 1	乙卯	3 31	乙酉	4 29	甲寅	5 28	癸未	6 27	癸丑	27	癸未
三十	3 2	丙辰	部落格搜尋		天易		5 29	甲申	6 28	甲寅	太乙	

月別	月二十		月一十		月十		月九		月八		月七	
月柱	丑乙		子甲		亥癸		戌壬		酉辛		申庚	
紫白	紫九		白一		黑二		碧三		綠四		黃五	
節氣時間	1/21	1/6	12/22	12/7	11/23	11/8	10/24	10/9	9/23	9/8	8/23	8/8
	十三	五十	九廿	四十	十三	五十	十三	五十	八廿	三十	七廿	二十
	0時11分 大寒子時	6時45分 小寒卯時	13時33分 冬至未時	19時44分 大雪戌時	0時35分 小雪子時	3時22分 立冬寅時	3時37分 霜降寅時	0時51分 寒露子時	18時58分 秋分酉時	9時52分 白露巳時	21時57分 處暑亥時	7時27分 立秋辰時
農曆	曆陽	柱日	曆陽	柱日	曆陽	柱日	曆陽	柱日	曆陽	柱日	曆陽	柱日
初一	12 23	子壬	11 24	未癸	10 25	丑癸	9 25	未癸	8 27	寅甲	7 28	申甲
初二	12 24	丑癸	11 25	申甲	10 26	寅甲	9 26	申甲	8 28	卯乙	7 29	酉乙
初三	12 25	寅甲	11 26	酉乙	10 27	卯乙	9 27	酉乙	8 29	辰丙	7 30	戌丙
初四	12 26	卯乙	11 27	戌丙	10 28	辰丙	9 28	戌丙	8 30	巳丁	7 31	亥丁
初五	12 27	辰丙	11 28	亥丁	10 29	巳丁	9 29	亥丁	8 31	午戊	8 1	子戊
初六	12 28	巳丁	11 29	子戊	10 30	午戊	9 30	子戊	9 1	未己	8 2	丑己
初七	12 29	午戊	11 30	丑己	10 31	未己	10 1	丑己	9 2	申庚	8 3	寅庚
初八	12 30	未己	12 1	寅庚	11 1	申庚	10 2	寅庚	9 3	酉辛	8 4	卯辛
初九	12 31	申庚	12 2	卯辛	11 2	酉辛	10 3	卯辛	9 4	戌壬	8 5	辰壬
初十	1 1	酉辛	12 3	辰壬	11 3	戌壬	10 4	辰壬	9 5	亥癸	8 6	巳癸
十一	1 2	戌壬	12 4	巳癸	11 4	亥癸	10 5	巳癸	9 6	子甲	8 7	午甲
十二	1 3	亥癸	12 5	午甲	11 5	子甲	10 6	午甲	9 7	丑乙	8 8	未乙
十三	1 4	子甲	12 6	未乙	11 6	丑乙	10 7	未乙	9 8	寅丙	8 9	申丙
十四	1 5	丑乙	12 7	申丙	11 7	寅丙	10 8	申丙	9 9	卯丁	8 10	酉丁
十五	1 6	寅丙	12 8	酉丁	11 8	卯丁	10 9	酉丁	9 10	辰戊	8 11	戌戊
十六	1 7	卯丁	12 9	戌戊	11 9	辰戊	10 10	戌戊	9 11	巳己	8 12	亥己
十七	1 8	辰戊	12 10	亥己	11 10	巳己	10 11	亥己	9 12	午庚	8 13	子庚
十八	1 9	巳己	12 11	子庚	11 11	午庚	10 12	子庚	9 13	未辛	8 14	丑辛
十九	1 10	午庚	12 12	丑辛	11 12	未辛	10 13	丑辛	9 14	申壬	8 15	寅壬
二十	1 11	未辛	12 13	寅壬	11 13	申壬	10 14	寅壬	9 15	酉癸	8 16	卯癸
廿一	1 12	申壬	12 14	卯癸	11 14	酉癸	10 15	卯癸	9 16	戌甲	8 17	辰甲
廿二	1 13	酉癸	12 15	辰甲	11 15	戌甲	10 16	辰甲	9 17	亥乙	8 18	巳乙
廿三	1 14	戌甲	12 16	巳乙	11 16	亥乙	10 17	巳乙	9 18	子丙	8 19	午丙
廿四	1 15	亥乙	12 17	午丙	11 17	子丙	10 18	午丙	9 19	丑丁	8 20	未丁
廿五	1 16	子丙	12 18	未丁	11 18	丑丁	10 19	未丁	9 20	寅戊	8 21	申戊
廿六	1 17	丑丁	12 19	申戊	11 19	寅戊	10 20	申戊	9 21	卯己	8 22	酉己
廿七	1 18	寅戊	12 20	酉己	11 20	卯己	10 21	酉己	9 22	辰庚	8 23	戌庚
廿八	1 19	卯己	12 21	戌庚	11 21	辰庚	10 22	戌庚	9 23	巳辛	8 24	亥辛
廿九	1 20	辰庚	12 22	亥辛	11 22	巳辛	10 23	亥辛	9 24	午壬	8 25	子壬
三十	1 21	巳辛	乙太		11 23	午壬	10 24	子壬	易天		8 26	丑癸

西元一九〇九年 歲次己酉

民國前三年
太歲姓程名寅
納音屬土
生肖屬雞
年一白星
觜宿值年

月	六	月	五	月	四	月	三	月二閏		月	二	月	正	別月
未	辛	午	庚	巳	己	辰	戊			卯	丁	寅	丙	柱月
碧	三	綠	四	黃	五	白	六			赤	七	白	八	白紫
8/8	7/23	7/8	6/22	6/6	5/22	5/6	4/21		4/5	3/21	3/6	2/19	2/4	節氣時間
三廿	七初	一廿	五初	九十	四初	七十	二初		五十	十三	五十	九廿	四十	
立秋3時3分未時	大暑21時0分亥時	小暑3時44分寅時	夏至10時6分巳時	芒種17時14分酉時	小滿1時45分丑時	立夏12時31分午時	穀雨1時58分丑時		清明18時29分酉時	春分14時13分未時	驚蟄13時1分未時	雨水14時38分未時	立春18時33分酉時	
曆陽	柱日	曆陽	柱日	曆陽	柱日	曆陽	柱日	曆陽	柱日	曆陽	柱日	曆陽	柱日	曆農
7 17	寅戊	6 18	酉己	5 19	卯己	4 20	戌庚	3 22	巳辛	2 20	亥辛	1 22	午壬	一初
7 18	卯己	6 19	戌庚	5 20	辰庚	4 21	亥辛	3 23	午壬	2 21	子壬	1 23	未癸	二初
7 19	辰庚	6 20	亥辛	5 21	巳辛	4 22	子壬	3 24	未癸	2 22	丑癸	1 24	申甲	三初
7 20	巳辛	6 21	子壬	5 22	午壬	4 23	丑癸	3 25	申甲	2 23	寅甲	1 25	酉乙	四初
7 21	午壬	6 22	丑癸	5 23	未癸	4 24	寅甲	3 26	酉乙	2 24	卯乙	1 26	戌丙	五初
7 22	未癸	6 23	寅甲	5 24	申甲	4 25	卯乙	3 27	戌丙	2 25	辰丙	1 27	亥丁	六初
7 23	申甲	6 24	卯乙	5 25	酉乙	4 26	辰丙	3 28	亥丁	2 26	巳丁	1 28	子戊	七初
7 24	酉乙	6 25	辰丙	5 26	戌丙	4 27	巳丁	3 29	子戊	2 27	午戊	1 29	丑己	八初
7 25	戌丙	6 26	巳丁	5 27	亥丁	4 28	午戊	3 30	丑己	2 28	未己	1 30	寅庚	九初
7 26	亥丁	6 27	午戊	5 28	子戊	4 29	未己	3 31	寅庚	3 1	申庚	1 31	卯辛	十初
7 27	子戊	6 28	未己	5 29	丑己	4 30	申庚	4 1	卯辛	3 2	酉辛	2 1	辰壬	一十
7 28	丑己	6 29	申庚	5 30	寅庚	5 1	酉辛	4 2	辰壬	3 3	戌壬	2 2	巳癸	二十
7 29	寅庚	6 30	酉辛	5 31	卯辛	5 2	戌壬	4 3	巳癸	3 4	亥癸	2 3	午甲	三十
7 30	卯辛	7 1	戌壬	6 1	辰壬	5 3	亥癸	4 4	午甲	3 5	子甲	2 4	未乙	四十
7 31	辰壬	7 2	亥癸	6 2	巳癸	5 4	子甲	4 5	未乙	3 6	丑乙	2 5	申丙	五十
8 1	巳癸	7 3	子甲	6 3	午甲	5 5	丑乙	4 6	申丙	3 7	寅丙	2 6	酉丁	六十
8 2	午甲	7 4	丑乙	6 4	未乙	5 6	寅丙	4 7	酉丁	3 8	卯丁	2 7	戌戊	七十
8 3	未乙	7 5	寅丙	6 5	申丙	5 7	卯丁	4 8	戌戊	3 9	辰戊	2 8	亥己	八十
8 4	申丙	7 6	卯丁	6 6	酉丁	5 8	辰戊	4 9	亥己	3 10	巳己	2 9	子庚	九十
8 5	酉丁	7 7	辰戊	6 7	戌戊	5 9	巳己	4 10	子庚	3 11	午庚	2 10	丑辛	十二
8 6	戌戊	7 8	巳己	6 8	亥己	5 10	午庚	4 11	丑辛	3 12	未辛	2 11	寅壬	一廿
8 7	亥己	7 9	午庚	6 9	子庚	5 11	未辛	4 12	寅壬	3 13	申壬	2 12	卯癸	二廿
8 8	子庚	7 10	未辛	6 10	丑辛	5 12	申壬	4 13	卯癸	3 14	酉癸	2 13	辰甲	三廿
8 9	丑辛	7 11	申壬	6 11	寅壬	5 13	酉癸	4 14	辰甲	3 15	戌甲	2 14	巳乙	四廿
8 10	寅壬	7 12	酉癸	6 12	卯癸	5 14	戌甲	4 15	巳乙	3 16	亥乙	2 15	午丙	五廿
8 11	卯癸	7 13	戌甲	6 13	辰甲	5 15	亥乙	4 16	午丙	3 17	子丙	2 16	未丁	六廿
8 12	辰甲	7 14	亥乙	6 14	巳乙	5 16	子丙	4 17	未丁	3 18	丑丁	2 17	申戊	七廿
8 13	巳乙	7 15	子丙	6 15	午丙	5 17	丑丁	4 18	申戊	3 19	寅戊	2 18	酉己	八廿
8 14	午丙	7 16	丑丁	6 16	未丁	5 18	寅戊	4 19	酉己	3 20	卯己	2 19	戌庚	九廿
8 15	未丁	乙太		6 17	申戊	易天		業事化文乙太		3 21	辰庚	尋搜格落部		十三

月別	月二十		月一十		月十		月九		月八		月七	
月柱	丑丁		子丙		亥乙		戌甲		酉癸		申壬	
紫白	白六		赤七		白八		紫九		白一		黑二	
節氣時間	2/5	1/21	1/6	12/22	12/8	11/23	11/8	10/24	10/9	9/24	9/8	8/24
	六廿	一十	五廿	十初	六廿	一十	六廿	一十	六廿	一十	四廿	九初
	0時27分 立春子時	5時59分 大寒卯時	12時38分 小寒午時	19時20分 冬至戌時	1時35分 大雪丑時	6時20分 小雪卯時	9時13分 立冬巳時	9時22分 霜降巳時	6時43分 寒露卯時	0時45分 秋分子時	15時47分 白露申時	3時43分 處暑寅時
農曆	曆陽	柱日	曆陽	柱日	曆陽	柱日	曆陽	柱日	曆陽	柱日	曆陽	柱日
初一	1 11	子丙	12 13	未丁	11 13	丑丁	10 14	未丁	9 14	丑丁	8 16	申戊
初二	1 12	丑丁	12 14	申戊	11 14	寅戊	10 15	申戊	9 15	寅戊	8 17	酉己
初三	1 13	寅戊	12 15	酉己	11 15	卯己	10 16	酉己	9 16	卯己	8 18	戌庚
初四	1 14	卯己	12 16	戌庚	11 16	辰庚	10 17	戌庚	9 17	辰庚	8 19	亥辛
初五	1 15	辰庚	12 17	亥辛	11 17	巳辛	10 18	亥辛	9 18	巳辛	8 20	子壬
初六	1 16	巳辛	12 18	子壬	11 18	午壬	10 19	子壬	9 19	午壬	8 21	丑癸
初七	1 17	午壬	12 19	丑癸	11 19	未癸	10 20	丑癸	9 20	未癸	8 22	寅甲
初八	1 18	未癸	12 20	寅甲	11 20	申甲	10 21	寅甲	9 21	申甲	8 23	卯乙
初九	1 19	申甲	12 21	卯乙	11 21	酉乙	10 22	卯乙	9 22	酉乙	8 24	辰丙
初十	1 20	酉乙	12 22	辰丙	11 22	戌丙	10 23	辰丙	9 23	戌丙	8 25	巳丁
十一	1 21	戌丙	12 23	巳丁	11 23	亥丁	10 24	巳丁	9 24	亥丁	8 26	午戊
十二	1 22	亥丁	12 24	午戊	11 24	子戊	10 25	午戊	9 25	子戊	8 27	未己
十三	1 23	子戊	12 25	未己	11 25	丑己	10 26	未己	9 26	丑己	8 28	申庚
十四	1 24	丑己	12 26	申庚	11 26	寅庚	10 27	申庚	9 27	寅庚	8 29	酉辛
十五	1 25	寅庚	12 27	酉辛	11 27	卯辛	10 28	酉辛	9 28	卯辛	8 30	戌壬
十六	1 26	卯辛	12 28	戌壬	11 28	辰壬	10 29	戌壬	9 29	辰壬	8 31	亥癸
十七	1 27	辰壬	12 29	亥癸	11 29	巳癸	10 30	亥癸	9 30	巳癸	9 1	子甲
十八	1 28	巳癸	12 30	子甲	11 30	午甲	10 31	子甲	10 1	午甲	9 2	丑乙
十九	1 29	午甲	12 31	丑乙	12 1	未乙	11 1	丑乙	10 2	未乙	9 3	寅丙
二十	1 30	未乙	1 1	寅丙	12 2	申丙	11 2	寅丙	10 3	申丙	9 4	卯丁
廿一	1 31	申丙	1 2	卯丁	12 3	酉丁	11 3	卯丁	10 4	酉丁	9 5	辰戊
廿二	2 1	酉丁	1 3	辰戊	12 4	戌戊	11 4	辰戊	10 5	戌戊	9 6	巳己
廿三	2 2	戌戊	1 4	巳己	12 5	亥己	11 5	巳己	10 6	亥己	9 7	午庚
廿四	2 3	亥己	1 5	午庚	12 6	子庚	11 6	午庚	10 7	子庚	9 8	未辛
廿五	2 4	子庚	1 6	未辛	12 7	丑辛	11 7	未辛	10 8	丑辛	9 9	申壬
廿六	2 5	丑辛	1 7	申壬	12 8	寅壬	11 8	申壬	10 9	寅壬	9 10	酉癸
廿七	2 6	寅壬	1 8	酉癸	12 9	卯癸	11 9	酉癸	10 10	卯癸	9 11	戌甲
廿八	2 7	卯癸	1 9	戌甲	12 10	辰甲	11 10	戌甲	10 11	辰甲	9 12	亥乙
廿九	2 8	辰甲	1 10	亥乙	12 11	巳乙	11 11	亥乙	10 12	巳乙	9 13	子丙
三十	2 9	巳乙	乙太		12 12	午丙	11 12	子丙	10 13	午丙	易天	

西元一九一〇年

歲次庚戌

民國前二年　太歲姓化名秋

納音屬金　生肖屬狗

年九紫星　參宿值年

月別	正月		二月		三月		四月		五月		六月	
月柱	戊寅		己卯		庚辰		辛巳		壬午		癸未	
紫白	五黃		四綠		三碧		二黑		一白		九紫	
節氣時間	2/19 初十 雨水 20時28分戌時	3/6 廿五 驚蟄 18時57分酉時	3/21 十一 春分 20時3分戌時	4/6 廿七 清明 0時23分子時	4/21 十二 穀雨 7時46分辰時	5/6 廿七 立夏 18時19分酉時	5/22 十四 小滿 7時30分辰時	6/6 廿九 芒種 22時56分亥時	6/22 十六 夏至 15時49分申時		7/8 初二 小暑 9時21分巳時	7/24 十八 大暑 [illegible]時[illegible]3分丑時
農曆	陽曆	日柱	陽曆	日柱	陽曆	日柱	陽曆	日柱	陽曆	日柱	陽曆	日柱
初一	2 10	丙午	3 11	乙亥	4 10	乙巳	5 9	甲戌	6 7	癸卯	7 7	癸酉
初二	2 11	丁未	3 12	丙子	4 11	丙午	5 10	乙亥	6 8	甲辰	7 8	甲戌
初三	2 12	戊申	3 13	丁丑	4 12	丁未	5 11	丙子	6 9	乙巳	7 9	乙亥
初四	2 13	己酉	3 14	戊寅	4 13	戊申	5 12	丁丑	6 10	丙午	7 10	丙子
初五	2 14	庚戌	3 15	己卯	4 14	己酉	5 13	戊寅	6 11	丁未	7 11	丁丑
初六	2 15	辛亥	3 16	庚辰	4 15	庚戌	5 14	己卯	6 12	戊申	7 12	戊寅
初七	2 16	壬子	3 17	辛巳	4 16	辛亥	5 15	庚辰	6 13	己酉	7 13	己卯
初八	2 17	癸丑	3 18	壬午	4 17	壬子	5 16	辛巳	6 14	庚戌	7 14	庚辰
初九	2 18	甲寅	3 19	癸未	4 18	癸丑	5 17	壬午	6 15	辛亥	7 15	辛巳
初十	2 19	乙卯	3 20	甲申	4 19	甲寅	5 18	癸未	6 16	壬子	7 16	壬午
十一	2 20	丙辰	3 21	乙酉	4 20	乙卯	5 19	甲申	6 17	癸丑	7 17	癸未
十二	2 21	丁巳	3 22	丙戌	4 21	丙辰	5 20	乙酉	6 18	甲寅	7 18	甲申
十三	2 22	戊午	3 23	丁亥	4 22	丁巳	5 21	丙戌	6 19	乙卯	7 19	乙酉
十四	2 23	己未	3 24	戊子	4 23	戊午	5 22	丁亥	6 20	丙辰	7 20	丙戌
十五	2 24	庚申	3 25	己丑	4 24	己未	5 23	戊子	6 21	丁巳	7 21	丁亥
十六	2 25	辛酉	3 26	庚寅	4 25	庚申	5 24	己丑	6 22	戊午	7 22	戊子
十七	2 26	壬戌	3 27	辛卯	4 26	辛酉	5 25	庚寅	6 23	己未	7 23	己丑
十八	2 27	癸亥	3 28	壬辰	4 27	壬戌	5 26	辛卯	6 24	庚申	7 24	庚寅
十九	2 28	甲子	3 29	癸巳	4 28	癸亥	5 27	壬辰	6 25	辛酉	7 25	辛卯
二十	3 1	乙丑	3 30	甲午	4 29	甲子	5 28	癸巳	6 26	壬戌	7 26	壬辰
廿一	3 2	丙寅	3 31	乙未	4 30	乙丑	5 29	甲午	6 27	癸亥	7 27	癸巳
廿二	3 3	丁卯	4 1	丙申	5 1	丙寅	5 30	乙未	6 28	甲子	7 28	甲午
廿三	3 4	戊辰	4 2	丁酉	5 2	丁卯	5 31	丙申	6 29	乙丑	7 29	乙未
廿四	3 5	己巳	4 3	戊戌	5 3	戊辰	6 1	丁酉	6 30	丙寅	7 30	丙申
廿五	3 6	庚午	4 4	己亥	5 4	己巳	6 2	戊戌	7 1	丁卯	7 31	丁酉
廿六	3 7	辛未	4 5	庚子	5 5	庚午	6 3	己亥	7 2	戊辰	8 1	戊戌
廿七	3 8	壬申	4 6	辛丑	5 6	辛未	6 4	庚子	7 3	己巳	8 2	己亥
廿八	3 9	癸酉	4 7	壬寅	5 7	壬申	6 5	辛丑	7 4	庚午	8 3	庚子
廿九	3 10	甲戌	4 8	癸卯	5 8	癸酉	6 6	壬寅	7 5	辛未	8 4	辛丑
三十	部落格搜尋		4 9	甲辰	太乙文化事業		天易		7 6	壬申	太乙	

月別	月二十		月一十		月十		月九		月八		月七	
月柱	丑己		子戊		亥丁		戌丙		酉乙		申甲	
紫白	碧三		綠四		黃五		白六		赤七		白八	
節氣時間	1/21	1/6	12/23	12/8	11/23	11/8	10/24	10/9	9/24	9/8	8/24	8/8
	一廿	六初	二廿	七初	二廿	七初	二廿	七初	一廿	五初	十二	四初
	11時51分 大寒午時	18時21分 小寒酉時	1時12分 冬至丑時	7時17分 大雪辰時	12時11分 小雪午時	14時53分 立冬未時	15時11分 霜降申時	12時21分 寒露午時	6時31分 秋分卯時	21時22分 白露亥時	9時27分 處暑巳時	18時57分 立秋酉時
農曆	曆陽	柱日	曆陽	柱日	曆陽	柱日	曆陽	柱日	曆陽	柱日	曆陽	柱日
初一	1 1	未辛	12 2	丑辛	11 2	未辛	10 3	丑辛	9 4	申壬	8 5	寅壬
初二	1 2	申壬	12 3	寅壬	11 3	申壬	10 4	寅壬	9 5	酉癸	8 6	卯癸
初三	1 3	酉癸	12 4	卯癸	11 4	酉癸	10 5	卯癸	9 6	戌甲	8 7	辰甲
初四	1 4	戌甲	12 5	辰甲	11 5	戌甲	10 6	辰甲	9 7	亥乙	8 8	巳乙
初五	1 5	亥乙	12 6	巳乙	11 6	亥乙	10 7	巳乙	9 8	子丙	8 9	午丙
初六	1 6	子丙	12 7	午丙	11 7	子丙	10 8	午丙	9 9	丑丁	8 10	未丁
初七	1 7	丑丁	12 8	未丁	11 8	丑丁	10 9	未丁	9 10	寅戊	8 11	申戊
初八	1 8	寅戊	12 9	申戊	11 9	寅戊	10 10	申戊	9 11	卯己	8 12	酉己
初九	1 9	卯己	12 10	酉己	11 10	卯己	10 11	酉己	9 12	辰庚	8 13	戌庚
初十	1 10	辰庚	12 11	戌庚	11 11	辰庚	10 12	戌庚	9 13	巳辛	8 14	亥辛
十一	1 11	巳辛	12 12	亥辛	11 12	巳辛	10 13	亥辛	9 14	午壬	8 15	子壬
十二	1 12	午壬	12 13	子壬	11 13	午壬	10 14	子壬	9 15	未癸	8 16	丑癸
十三	1 13	未癸	12 14	丑癸	11 14	未癸	10 15	丑癸	9 16	申甲	8 17	寅甲
十四	1 14	申甲	12 15	寅甲	11 15	申甲	10 16	寅甲	9 17	酉乙	8 18	卯乙
十五	1 15	酉乙	12 16	卯乙	11 16	酉乙	10 17	卯乙	9 18	戌丙	8 19	辰丙
十六	1 16	戌丙	12 17	辰丙	11 17	戌丙	10 18	辰丙	9 19	亥丁	8 20	巳丁
十七	1 17	亥丁	12 18	巳丁	11 18	亥丁	10 19	巳丁	9 20	子戊	8 21	午戊
十八	1 18	子戊	12 19	午戊	11 19	子戊	10 20	午戊	9 21	丑己	8 22	未己
十九	1 19	丑己	12 20	未己	11 20	丑己	10 21	未己	9 22	寅庚	8 23	申庚
二十	1 20	寅庚	12 21	申庚	11 21	寅庚	10 22	申庚	9 23	卯辛	8 24	酉辛
廿一	1 21	卯辛	12 22	酉辛	11 22	卯辛	10 23	酉辛	9 24	辰壬	8 25	戌壬
廿二	1 22	辰壬	12 23	戌壬	11 23	辰壬	10 24	戌壬	9 25	巳癸	8 26	亥癸
廿三	1 23	巳癸	12 24	亥癸	11 24	巳癸	10 25	亥癸	9 26	午甲	8 27	子甲
廿四	1 24	午甲	12 25	子甲	11 25	午甲	10 26	子甲	9 27	未乙	8 28	丑乙
廿五	1 25	未乙	12 26	丑乙	11 26	未乙	10 27	丑乙	9 28	申丙	8 29	寅丙
廿六	1 26	申丙	12 27	寅丙	11 27	申丙	10 28	寅丙	9 29	酉丁	8 30	卯丁
廿七	1 27	酉丁	12 28	卯丁	11 28	酉丁	10 29	卯丁	9 30	戌戊	8 31	辰戊
廿八	1 28	戌戊	12 29	辰戊	11 29	戌戊	10 30	辰戊	10 1	亥己	9 1	巳己
廿九	1 29	亥己	12 30	巳己	11 30	亥己	10 31	巳己	10 2	子庚	9 2	午庚
三十	乙太		12 31	午庚	12 1	子庚	11 1	午庚	易天		9 3	未辛

西元一九一一年 歲次辛亥

民國前一年

太歲姓葉名堅

納音屬金

生肖屬豬

年八白星

井宿值年

月六閏		月六		月五		月四		月三		月二		月正		別月
		未乙		午甲		巳癸		辰壬		卯辛		寅庚		柱月
		白六		赤七		白八		紫九		白一		黑二		白紫
	8/9	7/24	7/8	6/22	6/7	5/22	5/7	4/21	4/6	3/22	3/7	2/20	2/5	節氣時間
	五十	九廿	三十	六廿	一十	四廿	九初	三廿	八初	二廿	七初	二廿	七初	
	立秋子時0時44分	大暑辰時8時29分	小暑申時15時5分	夏至亥時21時36分	芒種寅時4時38分	小滿未時13時18分	立夏子時0時0分	穀雨未時13時36分	清明卯時6時4分	春分丑時1時54分	驚蟄子時0時39分	雨水丑時2時20分	立春卯時6時10分	
陽	柱日	曆陽	柱日	曆陽	柱日	曆陽	柱日	曆陽	柱日	曆陽	柱日	曆陽	柱日	曆農
26	酉丁	6 26	卯丁	5 28	戌戊	4 29	巳己	3 30	亥己	3 1	午庚	1 30	子庚	一初
27	戌戊	6 27	辰戊	5 29	亥己	4 30	午庚	3 31	子庚	3 2	未辛	1 31	丑辛	二初
28	亥己	6 28	巳己	5 30	子庚	5 1	未辛	4 1	丑辛	3 3	申壬	2 1	寅壬	三初
29	子庚	6 29	午庚	5 31	丑辛	5 2	申壬	4 2	寅壬	3 4	酉癸	2 2	卯癸	四初
30	丑辛	6 30	未辛	6 1	寅壬	5 3	酉癸	4 3	卯癸	3 5	戌甲	2 3	辰甲	五初
31	寅壬	7 1	申壬	6 2	卯癸	5 4	戌甲	4 4	辰甲	3 6	亥乙	2 4	巳乙	六初
1	卯癸	7 2	酉癸	6 3	辰甲	5 5	亥乙	4 5	巳乙	3 7	子丙	2 5	午丙	七初
2	辰甲	7 3	戌甲	6 4	巳乙	5 6	子丙	4 6	午丙	3 8	丑丁	2 6	未丁	八初
3	巳乙	7 4	亥乙	6 5	午丙	5 7	丑丁	4 7	未丁	3 9	寅戊	2 7	申戊	九初
4	午丙	7 5	子丙	6 6	未丁	5 8	寅戊	4 8	申戊	3 10	卯己	2 8	酉己	十初
5	未丁	7 6	丑丁	6 7	申戊	5 9	卯己	4 9	酉己	3 11	辰庚	2 9	戌庚	一十
6	申戊	7 7	寅戊	6 8	酉己	5 10	辰庚	4 10	戌庚	3 12	巳辛	2 10	亥辛	二十
7	酉己	7 8	卯己	6 9	戌庚	5 11	巳辛	4 11	亥辛	3 13	午壬	2 11	子壬	三十
8	戌庚	7 9	辰庚	6 10	亥辛	5 12	午壬	4 12	子壬	3 14	未癸	2 12	丑癸	四十
9	亥辛	7 10	巳辛	6 11	子壬	5 13	未癸	4 13	丑癸	3 15	申甲	2 13	寅甲	五十
10	子壬	7 11	午壬	6 12	丑癸	5 14	申甲	4 14	寅甲	3 16	酉乙	2 14	卯乙	六十
11	丑癸	7 12	未癸	6 13	寅甲	5 15	酉乙	4 15	卯乙	3 17	戌丙	2 15	辰丙	七十
12	寅甲	7 13	申甲	6 14	卯乙	5 16	戌丙	4 16	辰丙	3 18	亥丁	2 16	巳丁	八十
13	卯乙	7 14	酉乙	6 15	辰丙	5 17	亥丁	4 17	巳丁	3 19	子戊	2 17	午戊	九十
14	辰丙	7 15	戌丙	6 16	巳丁	5 18	子戊	4 18	午戊	3 20	丑己	2 18	未己	十二
15	巳丁	7 16	亥丁	6 17	午戊	5 19	丑己	4 19	未己	3 21	寅庚	2 19	申庚	一廿
16	午戊	7 17	子戊	6 18	未己	5 20	寅庚	4 20	申庚	3 22	卯辛	2 20	酉辛	二廿
17	未己	7 18	丑己	6 19	申庚	5 21	卯辛	4 21	酉辛	3 23	辰壬	2 21	戌壬	三廿
18	申庚	7 19	寅庚	6 20	酉辛	5 22	辰壬	4 22	戌壬	3 24	巳癸	2 22	亥癸	四廿
19	酉辛	7 20	卯辛	6 21	戌壬	5 23	巳癸	4 23	亥癸	3 25	午甲	2 23	子甲	五廿
20	戌壬	7 21	辰壬	6 22	亥癸	5 24	午甲	4 24	子甲	3 26	未乙	2 24	丑乙	六廿
21	亥癸	7 22	巳癸	6 23	子甲	5 25	未乙	4 25	丑乙	3 27	申丙	2 25	寅丙	七廿
22	子甲	7 23	午甲	6 24	丑乙	5 26	申丙	4 26	寅丙	3 28	酉丁	2 26	卯丁	八廿
23	丑乙	7 24	未乙	6 25	寅丙	5 27	酉丁	4 27	卯丁	3 29	戌戊	2 27	辰戊	九廿
乙太		7 25	申丙	易天		業事化文乙太		4 28	辰戊	尋搜格落部		2 28	巳己	十三

月別	月二十		月一十		月十		月九		月八		月七	
月柱	丑辛		子庚		亥己		戌戊		酉丁		申丙	
紫白	紫九		白一		黑二		碧三		綠四		黃五	
節氣時間	2/5	1/21	1/7	12/23	12/8	11/23	11/8	10/24	10/9	9/24	9/9	8/24
	八十	三初	九十	四初	八十	三初	八十	三初	八十	三初	七十	一初
	11時54分 立春午時	17時29分 大寒酉時	0時7分 小寒子時	6時53分 冬至卯時	13時8分 大雪未時	17時56分 小雪酉時	20時47分 立冬戌時	20時58分 霜降戌時	18時15分 寒露酉時	12時18分 秋分午時	3時13分 白露寅時	15時13分 處暑申時
農曆	曆陽	柱日	曆陽	柱日	曆陽	柱日	曆陽	柱日	曆陽	柱日	曆陽	柱日
初一	1 19	午甲	12 20	子甲	11 21	未乙	10 22	丑乙	9 22	未乙	8 24	寅丙
初二	1 20	未乙	12 21	丑乙	11 22	申丙	10 23	寅丙	9 23	申丙	8 25	卯丁
初三	1 21	申丙	12 22	寅丙	11 23	酉丁	10 24	卯丁	9 24	酉丁	8 26	辰戊
初四	1 22	酉丁	12 23	卯丁	11 24	戌戊	10 25	辰戊	9 25	戌戊	8 27	巳己
初五	1 23	戌戊	12 24	辰戊	11 25	亥己	10 26	巳己	9 26	亥己	8 28	午庚
初六	1 24	亥己	12 25	巳己	11 26	子庚	10 27	午庚	9 27	子庚	8 29	未辛
初七	1 25	子庚	12 26	午庚	11 27	丑辛	10 28	未辛	9 28	丑辛	8 30	申壬
初八	1 26	丑辛	12 27	未辛	11 28	寅壬	10 29	申壬	9 29	寅壬	8 31	酉癸
初九	1 27	寅壬	12 28	申壬	11 29	卯癸	10 30	酉癸	9 30	卯癸	9 1	戌甲
初十	1 28	卯癸	12 29	酉癸	11 30	辰甲	10 31	戌甲	10 1	辰甲	9 2	亥乙
十一	1 29	辰甲	12 30	戌甲	12 1	巳乙	11 1	亥乙	10 2	巳乙	9 3	子丙
十二	1 30	巳乙	12 31	亥乙	12 2	午丙	11 2	子丙	10 3	午丙	9 4	丑丁
十三	1 31	午丙	1 1	子丙	12 3	未丁	11 3	丑丁	10 4	未丁	9 5	寅戊
十四	2 1	未丁	1 2	丑丁	12 4	申戊	11 4	寅戊	10 5	申戊	9 6	卯己
十五	2 2	申戊	1 3	寅戊	12 5	酉己	11 5	卯己	10 6	酉己	9 7	辰庚
十六	2 3	酉己	1 4	卯己	12 6	戌庚	11 6	辰庚	10 7	戌庚	9 8	巳辛
十七	2 4	戌庚	1 5	辰庚	12 7	亥辛	11 7	巳辛	10 8	亥辛	9 9	午壬
十八	2 5	亥辛	1 6	巳辛	12 8	子壬	11 8	午壬	10 9	子壬	9 10	未癸
十九	2 6	子壬	1 7	午壬	12 9	丑癸	11 9	未癸	10 10	丑癸	9 11	申甲
二十	2 7	丑癸	1 8	未癸	12 10	寅甲	11 10	申甲	10 11	寅甲	9 12	酉乙
廿一	2 8	寅甲	1 9	申甲	12 11	卯乙	11 11	酉乙	10 12	卯乙	9 13	戌丙
廿二	2 9	卯乙	1 10	酉乙	12 12	辰丙	11 12	戌丙	10 13	辰丙	9 14	亥丁
廿三	2 10	辰丙	1 11	戌丙	12 13	巳丁	11 13	亥丁	10 14	巳丁	9 15	子戊
廿四	2 11	巳丁	1 12	亥丁	12 14	午戊	11 14	子戊	10 15	午戊	9 16	丑己
廿五	2 12	午戊	1 13	子戊	12 15	未己	11 15	丑己	10 16	未己	9 17	寅庚
廿六	2 13	未己	1 14	丑己	12 16	申庚	11 16	寅庚	10 17	申庚	9 18	卯辛
廿七	2 14	申庚	1 15	寅庚	12 17	酉辛	11 17	卯辛	10 18	酉辛	9 19	辰壬
廿八	2 15	酉辛	1 16	卯辛	12 18	戌壬	11 18	辰壬	10 19	戌壬	9 20	巳癸
廿九	2 16	戌壬	1 17	辰壬	12 19	亥癸	11 19	巳癸	10 20	亥癸	9 21	午甲
三十	2 17	亥癸	1 18	巳癸	乙太		11 20	午甲	10 21	子甲	易天	

西元一九一二年 歲次壬子

月六		月五		月四		月三		月二		月正		別月
未丁		午丙		巳乙		辰甲		卯癸		寅壬		柱月
碧三		綠四		黃五		白六		赤七		白八		白紫
/8	7/23	7/7	6/22	6/6	5/21	5/6	4/20	4/5	3/21	3/6	2/20	節氣時間
廿	十初	三廿	八初	一廿	五初	十二	四初	八十	三初	八十	三初	
立秋卯時	14時14分 大暑未時	20時57分 小暑戌時	3時17分 夏至寅時	10時28分 芒種巳時	18時57分 小滿酉時	5時47分 立夏卯時	19時12分 穀雨戌時	11時48分 清明午時	7時29分 春分辰時	6時21分 驚蟄卯時	7時56分 雨水辰時	
曆陽	柱日	曆陽	柱日	曆陽	柱日	曆陽	柱日	曆陽	柱日	曆陽	柱日	曆農
14	卯辛	6 15	戌壬	5 17	巳癸	4 17	亥癸	3 19	午甲	2 18	子甲	一初
15	辰壬	6 16	亥癸	5 18	午甲	4 18	子甲	3 20	未乙	2 19	丑乙	二初
16	巳癸	6 17	子甲	5 19	未乙	4 19	丑乙	3 21	申丙	2 20	寅丙	三初
17	午甲	6 18	丑乙	5 20	申丙	4 20	寅丙	3 22	酉丁	2 21	卯丁	四初
18	未乙	6 19	寅丙	5 21	酉丁	4 21	卯丁	3 23	戌戊	2 22	辰戊	五初
19	申丙	6 20	卯丁	5 22	戌戊	4 22	辰戊	3 24	亥己	2 23	巳己	六初
20	酉丁	6 21	辰戊	5 23	亥己	4 23	巳己	3 25	子庚	2 24	午庚	七初
21	戌戊	6 22	巳己	5 24	子庚	4 24	午庚	3 26	丑辛	2 25	未辛	八初
22	亥己	6 23	午庚	5 25	丑辛	4 25	未辛	3 27	寅壬	2 26	申壬	九初
23	子庚	6 24	未辛	5 26	寅壬	4 26	申壬	3 28	卯癸	2 27	酉癸	十初
24	丑辛	6 25	申壬	5 27	卯癸	4 27	酉癸	3 29	辰甲	2 28	戌甲	一十
25	寅壬	6 26	酉癸	5 28	辰甲	4 28	戌甲	3 30	巳乙	2 29	亥乙	二十
26	卯癸	6 27	戌甲	5 29	巳乙	4 29	亥乙	3 31	午丙	3 1	子丙	三十
27	辰甲	6 28	亥乙	5 30	午丙	4 30	子丙	4 1	未丁	3 2	丑丁	四十
28	巳乙	6 29	子丙	5 31	未丁	5 1	丑丁	4 2	申戊	3 3	寅戊	五十
29	午丙	6 30	丑丁	6 1	申戊	5 2	寅戊	4 3	酉己	3 4	卯己	六十
30	未丁	7 1	寅戊	6 2	酉己	5 3	卯己	4 4	戌庚	3 5	辰庚	七十
31	申戊	7 2	卯己	6 3	戌庚	5 4	辰庚	4 5	亥辛	3 6	巳辛	八十
1	酉己	7 3	辰庚	6 4	亥辛	5 5	巳辛	4 6	子壬	3 7	午壬	九十
2	戌庚	7 4	巳辛	6 5	子壬	5 6	午壬	4 7	丑癸	3 8	未癸	十二
3	亥辛	7 5	午壬	6 6	丑癸	5 7	未癸	4 8	寅甲	3 9	申甲	一廿
4	子壬	7 6	未癸	6 7	寅甲	5 8	申甲	4 9	卯乙	3 10	酉乙	二廿
5	丑癸	7 7	申甲	6 8	卯乙	5 9	酉乙	4 10	辰丙	3 11	戌丙	三廿
6	寅甲	7 8	酉乙	6 9	辰丙	5 10	戌丙	4 11	巳丁	3 12	亥丁	四廿
7	卯乙	7 9	戌丙	6 10	巳丁	5 11	亥丁	4 12	午戊	3 13	子戊	五廿
8	辰丙	7 10	亥丁	6 11	午戊	5 12	子戊	4 13	未己	3 14	丑己	六廿
9	巳丁	7 11	子戊	6 12	未己	5 13	丑己	4 14	申庚	3 15	寅庚	七廿
10	午戊	7 12	丑己	6 13	申庚	5 14	寅庚	4 15	酉辛	3 16	卯辛	八廿
11	未己	7 13	寅庚	6 14	酉辛	5 15	卯辛	4 16	戌壬	3 17	辰壬	九廿
12	申庚	乙太		易天		5 16	辰壬	尋搜格落部		3 18	巳癸	十三

民國元年

太歲姓邱名德

納音屬木

生肖屬鼠

年七赤星

鬼宿值年

月別	十二月		十一月		十月		九月		八月		七月	
月柱	癸丑		壬子		辛亥		庚戌		己酉		戊申	
紫白	六白		七赤		八白		九紫		一白		二黑	
節氣時間	2/4	1/20	1/6	12/22	12/7	11/22	11/8	10/24	10/9	9/23	9/8	8/23
	廿九	十四	廿九	十四	廿九	十四	三十	十五	廿九	十三	廿七	十一
	立春酉時 17時43分	大寒子時 23時19分	小寒卯時 5時58分	冬至午時 12時45分	大雪酉時 18時59分	小雪子時 23時48分	立冬丑時 2時39分	霜降丑時 2時50分	寒露子時 0時7分	秋分酉時 18時8分	白露巳時 9時6分	處暑亥時 21時1分
農曆	陽曆	日柱	陽曆	日柱	陽曆	日柱	陽曆	日柱	陽曆	日柱	陽曆	日柱
初一	1 7	戊子	12 9	己未	11 9	己丑	10 10	己未	9 11	庚寅	8 13	辛酉
初二	1 8	己丑	12 10	庚申	11 10	庚寅	10 11	庚申	9 12	辛卯	8 14	壬戌
初三	1 9	庚寅	12 11	辛酉	11 11	辛卯	10 12	辛酉	9 13	壬辰	8 15	癸亥
初四	1 10	辛卯	12 12	壬戌	11 12	壬辰	10 13	壬戌	9 14	癸巳	8 16	甲子
初五	1 11	壬辰	12 13	癸亥	11 13	癸巳	10 14	癸亥	9 15	甲午	8 17	乙丑
初六	1 12	癸巳	12 14	甲子	11 14	甲午	10 15	甲子	9 16	乙未	8 18	丙寅
初七	1 13	甲午	12 15	乙丑	11 15	乙未	10 16	乙丑	9 17	丙申	8 19	丁卯
初八	1 14	乙未	12 16	丙寅	11 16	丙申	10 17	丙寅	9 18	丁酉	8 20	戊辰
初九	1 15	丙申	12 17	丁卯	11 17	丁酉	10 18	丁卯	9 19	戊戌	8 21	己巳
初十	1 16	丁酉	12 18	戊辰	11 18	戊戌	10 19	戊辰	9 20	己亥	8 22	庚午
十一	1 17	戊戌	12 19	己巳	11 19	己亥	10 20	己巳	9 21	庚子	8 23	辛未
十二	1 18	己亥	12 20	庚午	11 20	庚子	10 21	庚午	9 22	辛丑	8 24	壬申
十三	1 19	庚子	12 21	辛未	11 21	辛丑	10 22	辛未	9 23	壬寅	8 25	癸酉
十四	1 20	辛丑	12 22	壬申	11 22	壬寅	10 23	壬申	9 24	癸卯	8 26	甲戌
十五	1 21	壬寅	12 23	癸酉	11 23	癸卯	10 24	癸酉	9 25	甲辰	8 27	乙亥
十六	1 22	癸卯	12 24	甲戌	11 24	甲辰	10 25	甲戌	9 26	乙巳	8 28	丙子
十七	1 23	甲辰	12 25	乙亥	11 25	乙巳	10 26	乙亥	9 27	丙午	8 29	丁丑
十八	1 24	乙巳	12 26	丙子	11 26	丙午	10 27	丙子	9 28	丁未	8 30	戊寅
十九	1 25	丙午	12 27	丁丑	11 27	丁未	10 28	丁丑	9 29	戊申	8 31	己卯
二十	1 26	丁未	12 28	戊寅	11 28	戊申	10 29	戊寅	9 30	己酉	9 1	庚辰
廿一	1 27	戊申	12 29	己卯	11 29	己酉	10 30	己卯	10 1	庚戌	9 2	辛巳
廿二	1 28	己酉	12 30	庚辰	11 30	庚戌	10 31	庚辰	10 2	辛亥	9 3	壬午
廿三	1 29	庚戌	12 31	辛巳	12 1	辛亥	11 1	辛巳	10 3	壬子	9 4	癸未
廿四	1 30	辛亥	1 1	壬午	12 2	壬子	11 2	壬午	10 4	癸丑	9 5	甲申
廿五	1 31	壬子	1 2	癸未	12 3	癸丑	11 3	癸未	10 5	甲寅	9 6	乙酉
廿六	2 1	癸丑	1 3	甲申	12 4	甲寅	11 4	甲申	10 6	乙卯	9 7	丙戌
廿七	2 2	甲寅	1 4	乙酉	12 5	乙卯	11 5	乙酉	10 7	丙辰	9 8	丁亥
廿八	2 3	乙卯	1 5	丙戌	12 6	丙辰	11 6	丙戌	10 8	丁巳	9 9	戊子
廿九	2 4	丙辰	1 6	丁亥	12 7	丁巳	11 7	丁亥	10 9	戊午	9 10	己丑
三十	2 5	丁巳	太乙		12 8	戊午	11 8	戊子	天易		部落格搜尋	

西元一九一三年

歲次 癸丑

民國二年

太歲姓林名簿

納音屬木

生肖屬牛

年六白星

柳宿值年

月	六	月	五	月	四	月	三	月	二	月	正	別月
未	己	午	戊	巳	丁	辰	丙	卯	乙	寅	甲	柱月
紫	九	白	一	黑	二	碧	三	綠	四	黃	五	白紫
23	7/8	6/22	6/6	5/22	5/6		4/21	4/5	3/21	3/6	2/19	節氣時間
二	五初	八十	二初	七十	一初		五十	九廿	四十	九廿	四十	
大暑戌時	小暑丑時 2時39分	夏至巳時 9時10分	芒種申時 16時13分	小滿子時 0時50分	立夏午時 11時35分		穀雨丑時 1時3分	清明酉時 17時36分	春分未時 13時18分	驚蟄午時 12時9分	雨水未時 13時44分	
曆陽	柱日	曆陽	柱日	曆陽	柱日	曆陽	柱日	曆陽	柱日	曆陽	柱日	曆農
4	戌丙	6 5	巳丁	5 6	亥丁	4 7	午戊	3 8	子戊	2 6	午戊	一初
5	亥丁	6 6	午戊	5 7	子戊	4 8	未己	3 9	丑己	2 7	未己	二初
6	子戊	6 7	未己	5 8	丑己	4 9	申庚	3 10	寅庚	2 8	申庚	三初
7	丑己	6 8	申庚	5 9	寅庚	4 10	酉辛	3 11	卯辛	2 9	酉辛	四初
8	寅庚	6 9	酉辛	5 10	卯辛	4 11	戌壬	3 12	辰壬	2 10	戌壬	五初
9	卯辛	6 10	戌壬	5 11	辰壬	4 12	亥癸	3 13	巳癸	2 11	亥癸	六初
10	辰壬	6 11	亥癸	5 12	巳癸	4 13	子甲	3 14	午甲	2 12	子甲	七初
11	巳癸	6 12	子甲	5 13	午甲	4 14	丑乙	3 15	未乙	2 13	丑乙	八初
12	午甲	6 13	丑乙	5 14	未乙	4 15	寅丙	3 16	申丙	2 14	寅丙	九初
13	未乙	6 14	寅丙	5 15	申丙	4 16	卯丁	3 17	酉丁	2 15	卯丁	十初
14	申丙	6 15	卯丁	5 16	酉丁	4 17	辰戊	3 18	戌戊	2 16	辰戊	一十
15	酉丁	6 16	辰戊	5 17	戌戊	4 18	巳己	3 19	亥己	2 17	巳己	二十
16	戌戊	6 17	巳己	5 18	亥己	4 19	午庚	3 20	子庚	2 18	午庚	三十
17	亥己	6 18	午庚	5 19	子庚	4 20	未辛	3 21	丑辛	2 19	未辛	四十
18	子庚	6 19	未辛	5 20	丑辛	4 21	申壬	3 22	寅壬	2 20	申壬	五十
19	丑辛	6 20	申壬	5 21	寅壬	4 22	酉癸	3 23	卯癸	2 21	酉癸	六十
20	寅壬	6 21	酉癸	5 22	卯癸	4 23	戌甲	3 24	辰甲	2 22	戌甲	七十
21	卯癸	6 22	戌甲	5 23	辰甲	4 24	亥乙	3 25	巳乙	2 23	亥乙	八十
22	辰甲	6 23	亥乙	5 24	巳乙	4 25	子丙	3 26	午丙	2 24	子丙	九十
23	巳乙	6 24	子丙	5 25	午丙	4 26	丑丁	3 27	未丁	2 25	丑丁	十二
24	午丙	6 25	丑丁	5 26	未丁	4 27	寅戊	3 28	申戊	2 26	寅戊	一廿
25	未丁	6 26	寅戊	5 27	申戊	4 28	卯己	3 29	酉己	2 27	卯己	二廿
26	申戊	6 27	卯己	5 28	酉己	4 29	辰庚	3 30	戌庚	2 28	辰庚	三廿
27	酉己	6 28	辰庚	5 29	戌庚	4 30	巳辛	3 31	亥辛	3 1	巳辛	四廿
28	戌庚	6 29	巳辛	5 30	亥辛	5 1	午壬	4 1	子壬	3 2	午壬	五廿
29	亥辛	6 30	午壬	5 31	子壬	5 2	未癸	4 2	丑癸	3 3	未癸	六廿
30	子壬	7 1	未癸	6 1	丑癸	5 3	申甲	4 3	寅甲	3 4	申甲	七廿
31	丑癸	7 2	申甲	6 2	寅甲	5 4	酉乙	4 4	卯乙	3 5	酉乙	八廿
1	寅甲	7 3	酉乙	6 3	卯乙	5 5	戌丙	4 5	辰丙	3 6	戌丙	九廿
乙太		易天		6 4	辰丙	尋搜格落部		4 6	巳丁	3 7	亥丁	十三

月別	月二十		月一十		月十		月九		月八		月七	
月柱	丑乙		子甲		亥癸		戌壬		酉辛		申庚	
紫白	碧三		綠四		黃五		白六		赤七		白八	
節氣時間	1/21	1/6	12/22	12/8	11/23	11/8	10/24	10/9	9/23	9/8	8/24	8/8
	六廿	一十	五廿	一十	六廿	一十	五廿	十初	三廿	八初	三廿	七初
	5時12分 大寒卯時	11時43分 小寒午時	18時35分 冬至酉時	0時41分 大雪子時	5時35分 小雪卯時	8時18分 立冬辰時	8時35分 霜降辰時	5時44分 寒露卯時	23時53分 秋分子時	14時42分 白露未時	2時48分 處暑丑時	12時16分 立秋午時
農曆	曆陽	柱日	曆陽	柱日	曆陽	柱日	曆陽	柱日	曆陽	柱日	曆陽	柱日
初一	12 27	午壬	11 28	丑癸	10 29	未癸	9 30	寅甲	9 1	酉乙	8 2	卯乙
初二	12 28	未癸	11 29	寅甲	10 30	申甲	10 1	卯乙	9 2	戌丙	8 3	辰丙
初三	12 29	申甲	11 30	卯乙	10 31	酉乙	10 2	辰丙	9 3	亥丁	8 4	巳丁
初四	12 30	酉乙	12 1	辰丙	11 1	戌丙	10 3	巳丁	9 4	子戊	8 5	午戊
初五	12 31	戌丙	12 2	巳丁	11 2	亥丁	10 4	午戊	9 5	丑己	8 6	未己
初六	1 1	亥丁	12 3	午戊	11 3	子戊	10 5	未己	9 6	寅庚	8 7	申庚
初七	1 2	子戊	12 4	未己	11 4	丑己	10 6	申庚	9 7	卯辛	8 8	酉辛
初八	1 3	丑己	12 5	申庚	11 5	寅庚	10 7	酉辛	9 8	辰壬	8 9	戌壬
初九	1 4	寅庚	12 6	酉辛	11 6	卯辛	10 8	戌壬	9 9	巳癸	8 10	亥癸
初十	1 5	卯辛	12 7	戌壬	11 7	辰壬	10 9	亥癸	9 10	午甲	8 11	子甲
十一	1 6	辰壬	12 8	亥癸	11 8	巳癸	10 10	子甲	9 11	未乙	8 12	丑乙
十二	1 7	巳癸	12 9	子甲	11 9	午甲	10 11	丑乙	9 12	申丙	8 13	寅丙
十三	1 8	午甲	12 10	丑乙	11 10	未乙	10 12	寅丙	9 13	酉丁	8 14	卯丁
十四	1 9	未乙	12 11	寅丙	11 11	申丙	10 13	卯丁	9 14	戌戊	8 15	辰戊
十五	1 10	申丙	12 12	卯丁	11 12	酉丁	10 14	辰戊	9 15	亥己	8 16	巳己
十六	1 11	酉丁	12 13	辰戊	11 13	戌戊	10 15	巳己	9 16	子庚	8 17	午庚
十七	1 12	戌戊	12 14	巳己	11 14	亥己	10 16	午庚	9 17	丑辛	8 18	未辛
十八	1 13	亥己	12 15	午庚	11 15	子庚	10 17	未辛	9 18	寅壬	8 19	申壬
十九	1 14	子庚	12 16	未辛	11 16	丑辛	10 18	申壬	9 19	卯癸	8 20	酉癸
二十	1 15	丑辛	12 17	申壬	11 17	寅壬	10 19	酉癸	9 20	辰甲	8 21	戌甲
廿一	1 16	寅壬	12 18	酉癸	11 18	卯癸	10 20	戌甲	9 21	巳乙	8 22	亥乙
廿二	1 17	卯癸	12 19	戌甲	11 19	辰甲	10 21	亥乙	9 22	午丙	8 23	子丙
廿三	1 18	辰甲	12 20	亥乙	11 20	巳乙	10 22	子丙	9 23	未丁	8 24	丑丁
廿四	1 19	巳乙	12 21	子丙	11 21	午丙	10 23	丑丁	9 24	申戊	8 25	寅戊
廿五	1 20	午丙	12 22	丑丁	11 22	未丁	10 24	寅戊	9 25	酉己	8 26	卯己
廿六	1 21	未丁	12 23	寅戊	11 23	申戊	10 25	卯己	9 26	戌庚	8 27	辰庚
廿七	1 22	申戊	12 24	卯己	11 24	酉己	10 26	辰庚	9 27	亥辛	8 28	巳辛
廿八	1 23	酉己	12 25	辰庚	11 25	戌庚	10 27	巳辛	9 28	子壬	8 29	午壬
廿九	1 24	戌庚	12 26	巳辛	11 26	亥辛	10 28	午壬	9 29	丑癸	8 30	未癸
三十	1 25	亥辛	乙太		11 27	子壬	易天		尋搜格落部		8 31	申甲

西元一九一四年 歲次甲寅

民國三年 太歲姓張名朝

納音屬水 生肖屬虎

年五黃星 星宿值年

月	六	月五閏		月	五	月	四	月	三	月	二	月	正	別月
未	辛			午	庚	巳	己	辰	戊	卯	丁	寅	丙	柱月
白	六			赤	七	白	八	紫	九	白	一	黑	二	白紫
/8	7/24		7/8	6/22	6/6	5/22	5/6	4/21	4/5	3/21	3/6	2/19	2/4	節氣時間
十	二初		六十	九廿	三十	八廿	二十	六廿	十初	五廿	十初	五廿	十初	
立秋酉時	大暑丑時 1時47分		小暑辰時 8時27分	夏至未時 14時55分	芒種亥時 22時0分	小滿卯時 6時38分	立夏酉時 17時20分	穀雨卯時 6時53分	清明子時 23時22分	春分戌時 19時11分	驚蟄酉時 17時56分	雨水戌時 19時38分	立春子時 23時29分	
陽	柱日	曆陽	柱日	曆陽	柱日	曆陽	柱日	曆陽	柱日	曆陽	柱日	曆陽	柱日	曆農
23	戌庚	6 23	辰庚	5 25	亥辛	4 25	巳辛	3 27	子壬	2 25	午壬	1 26	子壬	一初
24	亥辛	6 24	巳辛	5 26	子壬	4 26	午壬	3 28	丑癸	2 26	未癸	1 27	丑癸	二初
25	子壬	6 25	午壬	5 27	丑癸	4 27	未癸	3 29	寅甲	2 27	申甲	1 28	寅甲	三初
26	丑癸	6 26	未癸	5 28	寅甲	4 28	申甲	3 30	卯乙	2 28	酉乙	1 29	卯乙	四初
27	寅甲	6 27	申甲	5 29	卯乙	4 29	酉乙	3 31	辰丙	3 1	戌丙	1 30	辰丙	五初
28	卯乙	6 28	酉乙	5 30	辰丙	4 30	戌丙	4 1	巳丁	3 2	亥丁	1 31	巳丁	六初
29	辰丙	6 29	戌丙	5 31	巳丁	5 1	亥丁	4 2	午戊	3 3	子戊	2 1	午戊	七初
30	巳丁	6 30	亥丁	6 1	午戊	5 2	子戊	4 3	未己	3 4	丑己	2 2	未己	八初
31	午戊	7 1	子戊	6 2	未己	5 3	丑己	4 4	申庚	3 5	寅庚	2 3	申庚	九初
1	未己	7 2	丑己	6 3	申庚	5 4	寅庚	4 5	酉辛	3 6	卯辛	2 4	酉辛	十初
2	申庚	7 3	寅庚	6 4	酉辛	5 5	卯辛	4 6	戌壬	3 7	辰壬	2 5	戌壬	一十
3	酉辛	7 4	卯辛	6 5	戌壬	5 6	辰壬	4 7	亥癸	3 8	巳癸	2 6	亥癸	二十
4	戌壬	7 5	辰壬	6 6	亥癸	5 7	巳癸	4 8	子甲	3 9	午甲	2 7	子甲	三十
5	亥癸	7 6	巳癸	6 7	子甲	5 8	午甲	4 9	丑乙	3 10	未乙	2 8	丑乙	四十
6	子甲	7 7	午甲	6 8	丑乙	5 9	未乙	4 10	寅丙	3 11	申丙	2 9	寅丙	五十
7	丑乙	7 8	未乙	6 9	寅丙	5 10	申丙	4 11	卯丁	3 12	酉丁	2 10	卯丁	六十
8	寅丙	7 9	申丙	6 10	卯丁	5 11	酉丁	4 12	辰戊	3 13	戌戊	2 11	辰戊	七十
9	卯丁	7 10	酉丁	6 11	辰戊	5 12	戌戊	4 13	巳己	3 14	亥己	2 12	巳己	八十
10	辰戊	7 11	戌戊	6 12	巳己	5 13	亥己	4 14	午庚	3 15	子庚	2 13	午庚	九十
11	巳己	7 12	亥己	6 13	午庚	5 14	子庚	4 15	未辛	3 16	丑辛	2 14	未辛	十二
12	午庚	7 13	子庚	6 14	未辛	5 15	丑辛	4 16	申壬	3 17	寅壬	2 15	申壬	一廿
13	未辛	7 14	丑辛	6 15	申壬	5 16	寅壬	4 17	酉癸	3 18	卯癸	2 16	酉癸	二廿
14	申壬	7 15	寅壬	6 16	酉癸	5 17	卯癸	4 18	戌甲	3 19	辰甲	2 17	戌甲	三廿
15	酉癸	7 16	卯癸	6 17	戌甲	5 18	辰甲	4 19	亥乙	3 20	巳乙	2 18	亥乙	四廿
16	戌甲	7 17	辰甲	6 18	亥乙	5 19	巳乙	4 20	子丙	3 21	午丙	2 19	子丙	五廿
17	亥乙	7 18	巳乙	6 19	子丙	5 20	午丙	4 21	丑丁	3 22	未丁	2 20	丑丁	六廿
18	子丙	7 19	午丙	6 20	丑丁	5 21	未丁	4 22	寅戊	3 23	申戊	2 21	寅戊	七廿
19	丑丁	7 20	未丁	6 21	寅戊	5 22	申戊	4 23	卯己	3 24	酉己	2 22	卯己	八廿
20	寅戊	7 21	申戊	6 22	卯己	5 23	酉己	4 24	辰庚	3 25	戌庚	2 23	辰庚	九廿
乙太		7 22	酉己	易天		5 24	戌庚	尋搜格落部		3 26	亥辛	2 24	巳辛	十三

月別	月二十		月一十		月十		月九		月八		月七	
月柱	丑丁		子丙		亥乙		戌甲		酉癸		申壬	
紫白	紫九		白一		黑二		碧三		綠四		黃五	
節氣時間	2/5	1/21	1/6	12/23	12/8	11/23	11/8	10/24	10/9	9/24	9/8	8/2
	二廿	七初	一廿	七初	一廿	六初	一廿	六初	十二	五初	九十	四初
	5時25分 立春卯時	11時0分 大寒午時	17時40分 小寒酉時	0時22分 冬至子時	6時37分 大雪卯時	11時20分 小雪午時	14時11分 立冬未時	14時17分 霜降未時	11時35分 寒露午時	5時34分 秋分卯時	20時33分 白露戌時	8時30分
農曆	曆陽	柱日	曆陽	柱日	曆陽	柱日	曆陽	柱日	曆陽	柱日	曆陽	柱日
初一	1 15	午丙	12 17	丑丁	11 18	申戊	10 19	寅戊	9 20	酉己	8 21	卯己
初二	1 16	未丁	12 18	寅戊	11 19	酉己	10 20	卯己	9 21	戌庚	8 22	辰庚
初三	1 17	申戊	12 19	卯己	11 20	戌庚	10 21	辰庚	9 22	亥辛	8 23	巳辛
初四	1 18	酉己	12 20	辰庚	11 21	亥辛	10 22	巳辛	9 23	子壬	8 24	午壬
初五	1 19	戌庚	12 21	巳辛	11 22	子壬	10 23	午壬	9 24	丑癸	8 25	未癸
初六	1 20	亥辛	12 22	午壬	11 23	丑癸	10 24	未癸	9 25	寅甲	8 26	申甲
初七	1 21	子壬	12 23	未癸	11 24	寅甲	10 25	申甲	9 26	卯乙	8 27	酉乙
初八	1 22	丑癸	12 24	申甲	11 25	卯乙	10 26	酉乙	9 27	辰丙	8 28	戌丙
初九	1 23	寅甲	12 25	酉乙	11 26	辰丙	10 27	戌丙	9 28	巳丁	8 29	亥丁
初十	1 24	卯乙	12 26	戌丙	11 27	巳丁	10 28	亥丁	9 29	午戊	8 30	子戊
十一	1 25	辰丙	12 27	亥丁	11 28	午戊	10 29	子戊	9 30	未己	8 31	丑己
十二	1 26	巳丁	12 28	子戊	11 29	未己	10 30	丑己	10 1	申庚	9 1	寅庚
十三	1 27	午戊	12 29	丑己	11 30	申庚	10 31	寅庚	10 2	酉辛	9 2	卯辛
十四	1 28	未己	12 30	寅庚	12 1	酉辛	11 1	卯辛	10 3	戌壬	9 3	辰壬
十五	1 29	申庚	12 31	卯辛	12 2	戌壬	11 2	辰壬	10 4	亥癸	9 4	巳癸
十六	1 30	酉辛	1 1	辰壬	12 3	亥癸	11 3	巳癸	10 5	子甲	9 5	午甲
十七	1 31	戌壬	1 2	巳癸	12 4	子甲	11 4	午甲	10 6	丑乙	9 6	未乙
十八	2 1	亥癸	1 3	午甲	12 5	丑乙	11 5	未乙	10 7	寅丙	9 7	申丙
十九	2 2	子甲	1 4	未乙	12 6	寅丙	11 6	申丙	10 8	卯丁	9 8	酉丁
二十	2 3	丑乙	1 5	申丙	12 7	卯丁	11 7	酉丁	10 9	辰戊	9 9	戌戊
廿一	2 4	寅丙	1 6	酉丁	12 8	辰戊	11 8	戌戊	10 10	巳己	9 10	亥己
廿二	2 5	卯丁	1 7	戌戊	12 9	巳己	11 9	亥己	10 11	午庚	9 11	子庚
廿三	2 6	辰戊	1 8	亥己	12 10	午庚	11 10	子庚	10 12	未辛	9 12	丑辛
廿四	2 7	巳己	1 9	子庚	12 11	未辛	11 11	丑辛	10 13	申壬	9 13	寅壬
廿五	2 8	午庚	1 10	丑辛	12 12	申壬	11 12	寅壬	10 14	酉癸	9 14	卯癸
廿六	2 9	未辛	1 11	寅壬	12 13	酉癸	11 13	卯癸	10 15	戌甲	9 15	辰甲
廿七	2 10	申壬	1 12	卯癸	12 14	戌甲	11 14	辰甲	10 16	亥乙	9 16	巳乙
廿八	2 11	酉癸	1 13	辰甲	12 15	亥乙	11 15	巳乙	10 17	子丙	9 17	午丙
廿九	2 12	戌甲	1 14	巳乙	12 16	子丙	11 16	午丙	10 18	丑丁	9 18	未丁
三十	2 13	亥乙	乙太		易天		11 17	未丁	尋搜格落部		9 19	申戊

西元一九一五年 歲次乙卯

月六		月五		月四		月三		月二		月正		別月
未癸		午壬		巳辛		辰庚		卯己		寅戊		柱月
碧三		綠四		黃五		白六		赤七		白八		白紫
'8	7/24	7/8	6/22	6/7	5/22	5/6	4/21	4/6	3/22	3/6	2/20	節氣時間
廿	三十	六廿	十初	五廿	九初	三廿	八初	二廿	七初	一廿	七初	
立秋子時	7時26分 大暑辰時	14時8分 小暑未時	20時29分 夏至戌時	3時40分 芒種寅時	12時10分 小滿午時	23時3分 立夏子時	12時29分 穀雨午時	5時9分 清明卯時	0時51分 春分子時	23時48分 驚蟄子時	1時23分 雨水丑時	
陽	柱日	曆陽	柱日	曆陽	柱日	曆陽	柱日	曆陽	柱日	曆陽	柱日	曆農
12	辰甲	6 13	亥乙	5 14	巳乙	4 14	亥乙	3 16	午丙	2 14	子丙	一初
13	巳乙	6 14	子丙	5 15	午丙	4 15	子丙	3 17	未丁	2 15	丑丁	二初
14	午丙	6 15	丑丁	5 16	未丁	4 16	丑丁	3 18	申戊	2 16	寅戊	三初
15	未丁	6 16	寅戊	5 17	申戊	4 17	寅戊	3 19	酉己	2 17	卯己	四初
16	申戊	6 17	卯己	5 18	酉己	4 18	卯己	3 20	戌庚	2 18	辰庚	五初
17	酉己	6 18	辰庚	5 19	戌庚	4 19	辰庚	3 21	亥辛	2 19	巳辛	六初
18	戌庚	6 19	巳辛	5 20	亥辛	4 20	巳辛	3 22	子壬	2 20	午壬	七初
19	亥辛	6 20	午壬	5 21	子壬	4 21	午壬	3 23	丑癸	2 21	未癸	八初
20	子壬	6 21	未癸	5 22	丑癸	4 22	未癸	3 24	寅甲	2 22	申甲	九初
21	丑癸	6 22	申甲	5 23	寅甲	4 23	申甲	3 25	卯乙	2 23	酉乙	十初
22	寅甲	6 23	酉乙	5 24	卯乙	4 24	酉乙	3 26	辰丙	2 24	戌丙	一十
23	卯乙	6 24	戌丙	5 25	辰丙	4 25	戌丙	3 27	巳丁	2 25	亥丁	二十
24	辰丙	6 25	亥丁	5 26	巳丁	4 26	亥丁	3 28	午戊	2 26	子戊	三十
25	巳丁	6 26	子戊	5 27	午戊	4 27	子戊	3 29	未己	2 27	丑己	四十
26	午戊	6 27	丑己	5 28	未己	4 28	丑己	3 30	申庚	2 28	寅庚	五十
27	未己	6 28	寅庚	5 29	申庚	4 29	寅庚	3 31	酉辛	3 1	卯辛	六十
28	申庚	6 29	卯辛	5 30	酉辛	4 30	卯辛	4 1	戌壬	3 2	辰壬	七十
29	酉辛	6 30	辰壬	5 31	戌壬	5 1	辰壬	4 2	亥癸	3 3	巳癸	八十
30	戌壬	7 1	巳癸	6 1	亥癸	5 2	巳癸	4 3	子甲	3 4	午甲	九十
31	亥癸	7 2	午甲	6 2	子甲	5 3	午甲	4 4	丑乙	3 5	未乙	十二
1	子甲	7 3	未乙	6 3	丑乙	5 4	未乙	4 5	寅丙	3 6	申丙	一廿
2	丑乙	7 4	申丙	6 4	寅丙	5 5	申丙	4 6	卯丁	3 7	酉丁	二廿
3	寅丙	7 5	酉丁	6 5	卯丁	5 6	酉丁	4 7	辰戊	3 8	戌戊	三廿
4	卯丁	7 6	戌戊	6 6	辰戊	5 7	戌戊	4 8	巳己	3 9	亥己	四廿
5	辰戊	7 7	亥己	6 7	巳己	5 8	亥己	4 9	午庚	3 10	子庚	五廿
6	巳己	7 8	子庚	6 8	午庚	5 9	子庚	4 10	未辛	3 11	丑辛	六廿
7	午庚	7 9	丑辛	6 9	未辛	5 10	丑辛	4 11	申壬	3 12	寅壬	七廿
8	未辛	7 10	寅壬	6 10	申壬	5 11	寅壬	4 12	酉癸	3 13	卯癸	八廿
9	申壬	7 11	卯癸	6 11	酉癸	5 12	卯癸	4 13	戌甲	3 14	辰甲	九廿
10	酉癸	乙太		6 12	戌甲	5 13	辰甲	易天		3 15	巳乙	十三

民國四年
太歲姓方名清

納音屬水
生肖屬兔

年四綠星
張宿值年

月別	月二十		月一十		月十		月九		月八		月七	
月柱	丑己		子戊		亥丁		戌丙		酉乙		申甲	
紫白	白六		赤七		白八		紫九		白一		黑二	
節氣時間	1/21	1/6	12/23	12/8	11/23	11/8	10/24	10/9	9/24	9/9		8/2
	七十	二初	七十	二初	七十	二初	六十	一初	六十	一初		四十
	16時54分 大寒申時	23時28分 小寒子時	6時16分 冬至卯時	12時24分 大雪午時	17時13分 小雪酉時	19時58分 立冬戌時	20時10分 霜降戌時	17時21分 寒露酉時	11時24分 秋分午時	2時17分 白露丑時		14時15分
農曆	曆陽	柱日	曆陽	柱日	曆陽	柱日	曆陽	柱日	曆陽	柱日	曆陽	柱日
初一	1 5	丑辛	12 7	申壬	11 7	寅壬	10 9	酉癸	9 9	卯癸	8 11	戌甲
初二	1 6	寅壬	12 8	酉癸	11 8	卯癸	10 10	戌甲	9 10	辰甲	8 12	亥乙
初三	1 7	卯癸	12 9	戌甲	11 9	辰甲	10 11	亥乙	9 11	巳乙	8 13	子丙
初四	1 8	辰甲	12 10	亥乙	11 10	巳乙	10 12	子丙	9 12	午丙	8 14	丑丁
初五	1 9	巳乙	12 11	子丙	11 11	午丙	10 13	丑丁	9 13	未丁	8 15	寅戊
初六	1 10	午丙	12 12	丑丁	11 12	未丁	10 14	寅戊	9 14	申戊	8 16	卯己
初七	1 11	未丁	12 13	寅戊	11 13	申戊	10 15	卯己	9 15	酉己	8 17	辰庚
初八	1 12	申戊	12 14	卯己	11 14	酉己	10 16	辰庚	9 16	戌庚	8 18	巳辛
初九	1 13	酉己	12 15	辰庚	11 15	戌庚	10 17	巳辛	9 17	亥辛	8 19	午壬
初十	1 14	戌庚	12 16	巳辛	11 16	亥辛	10 18	午壬	9 18	子壬	8 20	未癸
十一	1 15	亥辛	12 17	午壬	11 17	子壬	10 19	未癸	9 19	丑癸	8 21	申甲
十二	1 16	子壬	12 18	未癸	11 18	丑癸	10 20	申甲	9 20	寅甲	8 22	酉乙
十三	1 17	丑癸	12 19	申甲	11 19	寅甲	10 21	酉乙	9 21	卯乙	8 23	戌丙
十四	1 18	寅甲	12 20	酉乙	11 20	卯乙	10 22	戌丙	9 22	辰丙	8 24	亥丁
十五	1 19	卯乙	12 21	戌丙	11 21	辰丙	10 23	亥丁	9 23	巳丁	8 25	子戊
十六	1 20	辰丙	12 22	亥丁	11 22	巳丁	10 24	子戊	9 24	午戊	8 26	丑己
十七	1 21	巳丁	12 23	子戊	11 23	午戊	10 25	丑己	9 25	未己	8 27	寅庚
十八	1 22	午戊	12 24	丑己	11 24	未己	10 26	寅庚	9 26	申庚	8 28	卯辛
十九	1 23	未己	12 25	寅庚	11 25	申庚	10 27	卯辛	9 27	酉辛	8 29	辰壬
二十	1 24	申庚	12 26	卯辛	11 26	酉辛	10 28	辰壬	9 28	戌壬	8 30	巳癸
廿一	1 25	酉辛	12 27	辰壬	11 27	戌壬	10 29	巳癸	9 29	亥癸	8 31	午甲
廿二	1 26	戌壬	12 28	巳癸	11 28	亥癸	10 30	午甲	9 30	子甲	9 1	未乙
廿三	1 27	亥癸	12 29	午甲	11 29	子甲	10 31	未乙	10 1	丑乙	9 2	申丙
廿四	1 28	子甲	12 30	未乙	11 30	丑乙	11 1	申丙	10 2	寅丙	9 3	酉丁
廿五	1 29	丑乙	12 31	申丙	12 1	寅丙	11 2	酉丁	10 3	卯丁	9 4	戌戊
廿六	1 30	寅丙	1 1	酉丁	12 2	卯丁	11 3	戌戊	10 4	辰戊	9 5	亥己
廿七	1 31	卯丁	1 2	戌戊	12 3	辰戊	11 4	亥己	10 5	巳己	9 6	子庚
廿八	2 1	辰戊	1 3	亥己	12 4	巳己	11 5	子庚	10 6	午庚	9 7	丑辛
廿九	2 2	巳己	1 4	子庚	12 5	午庚	11 6	丑辛	10 7	未辛	9 8	寅壬
三十	2 3	午庚	乙太		12 6	未辛	易天		10 8	申壬	尋搜格落部	

西元一九一六年 歲次丙辰

民國五年 太歲姓辛名亞

納音屬土 生肖屬龍

年三碧星 翼宿值年

月	六	月	五	月	四	月	三	月	二	月	正	別月
未	乙	午	甲	巳	癸	辰	壬	卯	辛	寅	庚	柱月
紫	九	白	一	黑	二	碧	三	綠	四	黃	五	白紫
23	7/7	6/22	6/6	5/21	5/6	4/20	4/5	3/21	3/6	2/20	2/5	節氣時間
廿	八初	二廿	六初	十二	五初	八十	三初	八十	三初	七十	二初	
大暑未時	19時54分 小暑戌時	2時24分 夏至丑時	9時26分 芒種巳時	18時6分 小滿酉時	4時50分 立夏寅時	18時25分 穀雨酉時	10時58分 清明巳時	6時47分 春分卯時	5時37分 驚蟄卯時	7時18分 雨水辰時	11時14分 立春午時	
陽	柱日	曆陽	柱日	曆陽	柱日	曆陽	柱日	曆陽	柱日	曆陽	柱日	曆農
30	戌戊	6 1	巳己	5 2	亥己	4 3	午庚	3 4	子庚	2 4	未辛	一初
1	亥己	6 2	午庚	5 3	子庚	4 4	未辛	3 5	丑辛	2 5	申壬	二初
2	子庚	6 3	未辛	5 4	丑辛	4 5	申壬	3 6	寅壬	2 6	酉癸	三初
3	丑辛	6 4	申壬	5 5	寅壬	4 6	酉癸	3 7	卯癸	2 7	戌甲	四初
4	寅壬	6 5	酉癸	5 6	卯癸	4 7	戌甲	3 8	辰甲	2 8	亥乙	五初
5	卯癸	6 6	戌甲	5 7	辰甲	4 8	亥乙	3 9	巳乙	2 9	子丙	六初
6	辰甲	6 7	亥乙	5 8	巳乙	4 9	子丙	3 10	午丙	2 10	丑丁	七初
7	巳乙	6 8	子丙	5 9	午丙	4 10	丑丁	3 11	未丁	2 11	寅戊	八初
8	午丙	6 9	丑丁	5 10	未丁	4 11	寅戊	3 12	申戊	2 12	卯己	九初
9	未丁	6 10	寅戊	5 11	申戊	4 12	卯己	3 13	酉己	2 13	辰庚	十初
10	申戊	6 11	卯己	5 12	酉己	4 13	辰庚	3 14	戌庚	2 14	巳辛	一十
11	酉己	6 12	辰庚	5 13	戌庚	4 14	巳辛	3 15	亥辛	2 15	午壬	二十
12	戌庚	6 13	巳辛	5 14	亥辛	4 15	午壬	3 16	子壬	2 16	未癸	三十
13	亥辛	6 14	午壬	5 15	子壬	4 16	未癸	3 17	丑癸	2 17	申甲	四十
14	子壬	6 15	未癸	5 16	丑癸	4 17	申甲	3 18	寅甲	2 18	酉乙	五十
15	丑癸	6 16	申甲	5 17	寅甲	4 18	酉乙	3 19	卯乙	2 19	戌丙	六十
16	寅甲	6 17	酉乙	5 18	卯乙	4 19	戌丙	3 20	辰丙	2 20	亥丁	七十
17	卯乙	6 18	戌丙	5 19	辰丙	4 20	亥丁	3 21	巳丁	2 21	子戊	八十
18	辰丙	6 19	亥丁	5 20	巳丁	4 21	子戊	3 22	午戊	2 22	丑己	九十
19	巳丁	6 20	子戊	5 21	午戊	4 22	丑己	3 23	未己	2 23	寅庚	十二
20	午戊	6 21	丑己	5 22	未己	4 23	寅庚	3 24	申庚	2 24	卯辛	一廿
21	未己	6 22	寅庚	5 23	申庚	4 24	卯辛	3 25	酉辛	2 25	辰壬	二廿
22	申庚	6 23	卯辛	5 24	酉辛	4 25	辰壬	3 26	戌壬	2 26	巳癸	三廿
23	酉辛	6 24	辰壬	5 25	戌壬	4 26	巳癸	3 27	亥癸	2 27	午甲	四廿
24	戌壬	6 25	巳癸	5 26	亥癸	4 27	午甲	3 28	子甲	2 28	未乙	五廿
25	亥癸	6 26	午甲	5 27	子甲	4 28	未乙	3 29	丑乙	2 29	申丙	六廿
26	子甲	6 27	未乙	5 28	丑乙	4 29	申丙	3 30	寅丙	3 1	酉丁	七廿
27	丑乙	6 28	申丙	5 29	寅丙	4 30	酉丁	3 31	卯丁	3 2	戌戊	八廿
28	寅丙	6 29	酉丁	5 30	卯丁	5 1	戌戊	4 1	辰戊	3 3	亥己	九廿
29	卯丁	乙太		5 31	辰戊	易天		4 2	巳己	尋搜格落部		十三

月別	月二十		月一十		月十		月九		月八		月七	
月柱	丑辛		子庚		亥己		戌戊		酉丁		申丙	
紫白	碧三		綠四		黃五		白六		赤七		白八	
節氣時間	1/20	1/6	12/22	12/7	11/22	11/8	10/24	10/8	9/23	9/8	8/23	8/8
	七廿	三十	八廿	三十	七廿	三十	八廿	二十	六廿	一十	五廿	十初
	22時37分 大寒亥時	5時9分 小寒卯時	11時59分 冬至午時	18時6分 大雪酉時	22時58分 小雪亥時	1時42分 立冬丑時	1時57分 霜降丑時	23時8分 寒露子時	17時15分 秋分酉時	8時5分 白露辰時	20時8分 處暑戌時	5時35分 立秋卯時
農曆	曆陽	柱日	曆陽	柱日	曆陽	柱日	曆陽	柱日	曆陽	柱日	曆陽	柱日
初一	12 25	申丙	11 25	寅丙	10 27	酉丁	9 27	卯丁	8 29	戌戊	7 30	辰戊
初二	12 26	酉丁	11 26	卯丁	10 28	戌戊	9 28	辰戊	8 30	亥己	7 31	巳己
初三	12 27	戌戊	11 27	辰戊	10 29	亥己	9 29	巳己	8 31	子庚	8 1	午庚
初四	12 28	亥己	11 28	巳己	10 30	子庚	9 30	午庚	9 1	丑辛	8 2	未辛
初五	12 29	子庚	11 29	午庚	10 31	丑辛	10 1	未辛	9 2	寅壬	8 3	申壬
初六	12 30	丑辛	11 30	未辛	11 1	寅壬	10 2	申壬	9 3	卯癸	8 4	酉癸
初七	12 31	寅壬	12 1	申壬	11 2	卯癸	10 3	酉癸	9 4	辰甲	8 5	戌甲
初八	1 1	卯癸	12 2	酉癸	11 3	辰甲	10 4	戌甲	9 5	巳乙	8 6	亥乙
初九	1 2	辰甲	12 3	戌甲	11 4	巳乙	10 5	亥乙	9 6	午丙	8 7	子丙
初十	1 3	巳乙	12 4	亥乙	11 5	午丙	10 6	子丙	9 7	未丁	8 8	丑丁
十一	1 4	午丙	12 5	子丙	11 6	未丁	10 7	丑丁	9 8	申戊	8 9	寅戊
十二	1 5	未丁	12 6	丑丁	11 7	申戊	10 8	寅戊	9 9	酉己	8 10	卯己
十三	1 6	申戊	12 7	寅戊	11 8	酉己	10 9	卯己	9 10	戌庚	8 11	辰庚
十四	1 7	酉己	12 8	卯己	11 9	戌庚	10 10	辰庚	9 11	亥辛	8 12	巳辛
十五	1 8	戌庚	12 9	辰庚	11 10	亥辛	10 11	巳辛	9 12	子壬	8 13	午壬
十六	1 9	亥辛	12 10	巳辛	11 11	子壬	10 12	午壬	9 13	丑癸	8 14	未癸
十七	1 10	子壬	12 11	午壬	11 12	丑癸	10 13	未癸	9 14	寅甲	8 15	申甲
十八	1 11	丑癸	12 12	未癸	11 13	寅甲	10 14	申甲	9 15	卯乙	8 16	酉乙
十九	1 12	寅甲	12 13	申甲	11 14	卯乙	10 15	酉乙	9 16	辰丙	8 17	戌丙
二十	1 13	卯乙	12 14	酉乙	11 15	辰丙	10 16	戌丙	9 17	巳丁	8 18	亥丁
廿一	1 14	辰丙	12 15	戌丙	11 16	巳丁	10 17	亥丁	9 18	午戊	8 19	子戊
廿二	1 15	巳丁	12 16	亥丁	11 17	午戊	10 18	子戊	9 19	未己	8 20	丑己
廿三	1 16	午戊	12 17	子戊	11 18	未己	10 19	丑己	9 20	申庚	8 21	寅庚
廿四	1 17	未己	12 18	丑己	11 19	申庚	10 20	寅庚	9 21	酉辛	8 22	卯辛
廿五	1 18	申庚	12 19	寅庚	11 20	酉辛	10 21	卯辛	9 22	戌壬	8 23	辰壬
廿六	1 19	酉辛	12 20	卯辛	11 21	戌壬	10 22	辰壬	9 23	亥癸	8 24	巳癸
廿七	1 20	戌壬	12 21	辰壬	11 22	亥癸	10 23	巳癸	9 24	子甲	8 25	午甲
廿八	1 21	亥癸	12 22	巳癸	11 23	子甲	10 24	午甲	9 25	丑乙	8 26	未乙
廿九	1 22	子甲	12 23	午甲	11 24	丑乙	10 25	未乙	9 26	寅丙	8 27	申丙
三十	乙太		12 24	未乙	易天		10 26	申丙	尋搜格落部		8 28	酉丁

西元一九一七年 歲次丁巳

民國六年
太歲姓易名彥
納音屬土
生肖屬蛇
年二黑星
軫宿值年

月別	正月		二月		閏二月		三月		四月		五月		六月	
月柱	壬寅		癸卯				甲辰		乙巳		丙午		丁	
紫白	二黑		一白				九紫		八白		七赤		六白	
節氣時間	2/4 十三 立春 16時58分 申時	2/19 廿八 雨水 13時5分 未時	3/6 十三 驚蟄 11時25分 午時	3/21 廿八 春分 12時37分 午時	4/5 十四 清明 16時50分 申時		4/21 初一 穀雨 0時17分 子時	5/6 十六 立夏 10時46分 巳時	5/21 初一 小滿 23時59分 子時	6/6 十七 芒種 15時23分 申時	6/22 初四 夏至 8時14分 辰時	7/8 二十 小暑 1時50分 丑時	7/23 初五 大暑 19時8分 戌時	8 … 立秋 …時
農曆	陽曆	日柱	陽曆	日柱	陽曆	日柱	陽曆	日柱	陽曆	日柱	陽曆	日柱	陽曆	日柱
初一	1 23	乙丑	2 22	乙未	3 23	甲子	4 21	癸巳	5 21	癸亥	6 19	壬辰	19	壬戌
初二	1 24	丙寅	2 23	丙申	3 24	乙丑	4 22	甲午	5 22	甲子	6 20	癸巳	20	癸亥
初三	1 25	丁卯	2 24	丁酉	3 25	丙寅	4 23	乙未	5 23	乙丑	6 21	甲午	21	甲子
初四	1 26	戊辰	2 25	戊戌	3 26	丁卯	4 24	丙申	5 24	丙寅	6 22	乙未	22	乙丑
初五	1 27	己巳	2 26	己亥	3 27	戊辰	4 25	丁酉	5 25	丁卯	6 23	丙申	23	丙寅
初六	1 28	庚午	2 27	庚子	3 28	己巳	4 26	戊戌	5 26	戊辰	6 24	丁酉	24	丁卯
初七	1 29	辛未	2 28	辛丑	3 29	庚午	4 27	己亥	5 27	己巳	6 25	戊戌	25	戊辰
初八	1 30	壬申	3 1	壬寅	3 30	辛未	4 28	庚子	5 28	庚午	6 26	己亥	26	己巳
初九	1 31	癸酉	3 2	癸卯	3 31	壬申	4 29	辛丑	5 29	辛未	6 27	庚子	27	庚午
初十	2 1	甲戌	3 3	甲辰	4 1	癸酉	4 30	壬寅	5 30	壬申	6 28	辛丑	28	辛未
十一	2 2	乙亥	3 4	乙巳	4 2	甲戌	5 1	癸卯	5 31	癸酉	6 29	壬寅	29	壬申
十二	2 3	丙子	3 5	丙午	4 3	乙亥	5 2	甲辰	6 1	甲戌	6 30	癸卯	30	癸酉
十三	2 4	丁丑	3 6	丁未	4 4	丙子	5 3	乙巳	6 2	乙亥	7 1	甲辰	31	甲戌
十四	2 5	戊寅	3 7	戊申	4 5	丁丑	5 4	丙午	6 3	丙子	7 2	乙巳	1	乙亥
十五	2 6	己卯	3 8	己酉	4 6	戊寅	5 5	丁未	6 4	丁丑	7 3	丙午	2	丙子
十六	2 7	庚辰	3 9	庚戌	4 7	己卯	5 6	戊申	6 5	戊寅	7 4	丁未	3	丁丑
十七	2 8	辛巳	3 10	辛亥	4 8	庚辰	5 7	己酉	6 6	己卯	7 5	戊申	4	戊寅
十八	2 9	壬午	3 11	壬子	4 9	辛巳	5 8	庚戌	6 7	庚辰	7 6	己酉	5	己卯
十九	2 10	癸未	3 12	癸丑	4 10	壬午	5 9	辛亥	6 8	辛巳	7 7	庚戌	6	庚辰
二十	2 11	甲申	3 13	甲寅	4 11	癸未	5 10	壬子	6 9	壬午	7 8	辛亥	7	辛巳
廿一	2 12	乙酉	3 14	乙卯	4 12	甲申	5 11	癸丑	6 10	癸未	7 9	壬子	8	壬午
廿二	2 13	丙戌	3 15	丙辰	4 13	乙酉	5 12	甲寅	6 11	甲申	7 10	癸丑	9	癸未
廿三	2 14	丁亥	3 16	丁巳	4 14	丙戌	5 13	乙卯	6 12	乙酉	7 11	甲寅	10	甲申
廿四	2 15	戊子	3 17	戊午	4 15	丁亥	5 14	丙辰	6 13	丙戌	7 12	乙卯	11	乙酉
廿五	2 16	己丑	3 18	己未	4 16	戊子	5 15	丁巳	6 14	丁亥	7 13	丙辰	12	丙戌
廿六	2 17	庚寅	3 19	庚申	4 17	己丑	5 16	戊午	6 15	戊子	7 14	丁巳	13	丁亥
廿七	2 18	辛卯	3 20	辛酉	4 18	庚寅	5 17	己未	6 16	己丑	7 15	戊午	14	戊子
廿八	2 19	壬辰	3 21	壬戌	4 19	辛卯	5 18	庚申	6 17	庚寅	7 16	己未	15	己丑
廿九	2 20	癸巳	3 22	癸亥	4 20	壬辰	5 19	辛酉	6 18	辛卯	7 17	庚申	16	庚寅
三十	2 21	甲午	部落格搜尋		天易		5 20	壬戌	太乙		7 18	辛酉	17	辛卯

月別	月二十		月一十		月十		月九		月八		月七	
月柱	丑癸		子壬		亥辛		戌庚		酉己		申戊	
紫白	紫九		白一		黑二		碧三		綠四		黃五	
節氣時間	2/4	1/21	1/6	12/22	12/8	11/23	11/8	10/24	10/9	9/23	9/8	8/2
	三廿	九初	四廿	九初	四廿	九初	四廿	九初	四廿	八初	二廿	七
	22時53分 立春亥時	4時25分 大寒寅時	11時4分 小寒午時	17時46分 冬至酉時	0時1分 大雪子時	4時45分 小雪寅時	7時37分 立冬辰時	7時44分 霜降辰時	5時2分 寒露卯時	23時0分 秋分子時	13時59分 白露未時	1時54分
農曆	曆陽	柱日	曆陽	柱日	曆陽	柱日	曆陽	柱日	曆陽	柱日	曆陽	柱日
初一	1 13	申庚	12 14	寅庚	11 15	酉辛	10 16	卯辛	9 16	酉辛	8 18	辰壬
初二	1 14	酉辛	12 15	卯辛	11 16	戌壬	10 17	辰壬	9 17	戌壬	8 19	巳癸
初三	1 15	戌壬	12 16	辰壬	11 17	亥癸	10 18	巳癸	9 18	亥癸	8 20	午甲
初四	1 16	亥癸	12 17	巳癸	11 18	子甲	10 19	午甲	9 19	子甲	8 21	未乙
初五	1 17	子甲	12 18	午甲	11 19	丑乙	10 20	未乙	9 20	丑乙	8 22	申丙
初六	1 18	丑乙	12 19	未乙	11 20	寅丙	10 21	申丙	9 21	寅丙	8 23	酉丁
初七	1 19	寅丙	12 20	申丙	11 21	卯丁	10 22	酉丁	9 22	卯丁	8 24	戌戊
初八	1 20	卯丁	12 21	酉丁	11 22	辰戊	10 23	戌戊	9 23	辰戊	8 25	亥己
初九	1 21	辰戊	12 22	戌戊	11 23	巳己	10 24	亥己	9 24	巳己	8 26	子庚
初十	1 22	巳己	12 23	亥己	11 24	午庚	10 25	子庚	9 25	午庚	8 27	丑辛
十一	1 23	午庚	12 24	子庚	11 25	未辛	10 26	丑辛	9 26	未辛	8 28	寅壬
十二	1 24	未辛	12 25	丑辛	11 26	申壬	10 27	寅壬	9 27	申壬	8 29	卯癸
十三	1 25	申壬	12 26	寅壬	11 27	酉癸	10 28	卯癸	9 28	酉癸	8 30	辰甲
十四	1 26	酉癸	12 27	卯癸	11 28	戌甲	10 29	辰甲	9 29	戌甲	8 31	巳乙
十五	1 27	戌甲	12 28	辰甲	11 29	亥乙	10 30	巳乙	9 30	亥乙	9 1	午丙
十六	1 28	亥乙	12 29	巳乙	11 30	子丙	10 31	午丙	10 1	子丙	9 2	未丁
十七	1 29	子丙	12 30	午丙	12 1	丑丁	11 1	未丁	10 2	丑丁	9 3	申戊
十八	1 30	丑丁	12 31	未丁	12 2	寅戊	11 2	申戊	10 3	寅戊	9 4	酉己
十九	1 31	寅戊	1 1	申戊	12 3	卯己	11 3	酉己	10 4	卯己	9 5	戌庚
二十	2 1	卯己	1 2	酉己	12 4	辰庚	11 4	戌庚	10 5	辰庚	9 6	亥辛
廿一	2 2	辰庚	1 3	戌庚	12 5	巳辛	11 5	亥辛	10 6	巳辛	9 7	子壬
廿二	2 3	巳辛	1 4	亥辛	12 6	午壬	11 6	子壬	10 7	午壬	9 8	丑癸
廿三	2 4	午壬	1 5	子壬	12 7	未癸	11 7	丑癸	10 8	未癸	9 9	寅甲
廿四	2 5	未癸	1 6	丑癸	12 8	申甲	11 8	寅甲	10 9	申甲	9 10	卯乙
廿五	2 6	申甲	1 7	寅甲	12 9	酉乙	11 9	卯乙	10 10	酉乙	9 11	辰丙
廿六	2 7	酉乙	1 8	卯乙	12 10	戌丙	11 10	辰丙	10 11	戌丙	9 12	巳丁
廿七	2 8	戌丙	1 9	辰丙	12 11	亥丁	11 11	巳丁	10 12	亥丁	9 13	午戊
廿八	2 9	亥丁	1 10	巳丁	12 12	子戊	11 12	午戊	10 13	子戊	9 14	未己
廿九	2 10	子戊	1 11	午戊	12 13	丑己	11 13	未己	10 14	丑己	9 15	申庚
三十	乙太		1 12	未己	易天		11 14	申庚	10 15	寅庚	尋搜格落部	

西元一九一八年 歲次戊午

民國七年
太歲姓姚名黎
納音屬火
生肖屬馬
年一白星
角宿值年

六月		五月		四月		三月		二月		正月		月別
己未		戊午		丁巳		丙辰		乙卯		甲寅		月柱
三碧		四綠		五黃		六白		七赤		八白		紫白
24	7/8		6/22	6/6	5/22	5/6	4/21	4/5	3/21	3/6	2/19	節氣時間
十	初一		十四	廿八	十三	廿六	十一	廿四	初九	廿四	初九	
大暑子時	小暑辰時 7時32分		夏至未時 14時0分	芒種亥時 21時11分	小滿卯時 5時45分	立夏申時 16時38分	穀雨卯時 6時5分	清明亥時 22時45分	春分酉時 18時26分	驚蟄酉時 17時21分	雨水酉時 18時53分	
陽	日柱	陽曆	日柱	陽曆	日柱	陽曆	日柱	陽曆	日柱	陽曆	日柱	農曆
8	丙辰	6 9	丁亥	5 10	丁巳	4 11	戊子	3 13	己未	2 11	己丑	初一
9	丁巳	6 10	戊子	5 11	戊午	4 12	己丑	3 14	庚申	2 12	庚寅	初二
10	戊午	6 11	己丑	5 12	己未	4 13	庚寅	3 15	辛酉	2 13	辛卯	初三
11	己未	6 12	庚寅	5 13	庚申	4 14	辛卯	3 16	壬戌	2 14	壬辰	初四
12	庚申	6 13	辛卯	5 14	辛酉	4 15	壬辰	3 17	癸亥	2 15	癸巳	初五
13	辛酉	6 14	壬辰	5 15	壬戌	4 16	癸巳	3 18	甲子	2 16	甲午	初六
14	壬戌	6 15	癸巳	5 16	癸亥	4 17	甲午	3 19	乙丑	2 17	乙未	初七
15	癸亥	6 16	甲午	5 17	甲子	4 18	乙未	3 20	丙寅	2 18	丙申	初八
16	甲子	6 17	乙未	5 18	乙丑	4 19	丙申	3 21	丁卯	2 19	丁酉	初九
17	乙丑	6 18	丙申	5 19	丙寅	4 20	丁酉	3 22	戊辰	2 20	戊戌	初十
18	丙寅	6 19	丁酉	5 20	丁卯	4 21	戊戌	3 23	己巳	2 21	己亥	十一
19	丁卯	6 20	戊戌	5 21	戊辰	4 22	己亥	3 24	庚午	2 22	庚子	十二
20	戊辰	6 21	己亥	5 22	己巳	4 23	庚子	3 25	辛未	2 23	辛丑	十三
21	己巳	6 22	庚子	5 23	庚午	4 24	辛丑	3 26	壬申	2 24	壬寅	十四
22	庚午	6 23	辛丑	5 24	辛未	4 25	壬寅	3 27	癸酉	2 25	癸卯	十五
23	辛未	6 24	壬寅	5 25	壬申	4 26	癸卯	3 28	甲戌	2 26	甲辰	十六
24	壬申	6 25	癸卯	5 26	癸酉	4 27	甲辰	3 29	乙亥	2 27	乙巳	十七
25	癸酉	6 26	甲辰	5 27	甲戌	4 28	乙巳	3 30	丙子	2 28	丙午	十八
26	甲戌	6 27	乙巳	5 28	乙亥	4 29	丙午	3 31	丁丑	3 1	丁未	十九
27	乙亥	6 28	丙午	5 29	丙子	4 30	丁未	4 1	戊寅	3 2	戊申	二十
28	丙子	6 29	丁未	5 30	丁丑	5 1	戊申	4 2	己卯	3 3	己酉	廿一
29	丁丑	6 30	戊申	5 31	戊寅	5 2	己酉	4 3	庚辰	3 4	庚戌	廿二
30	戊寅	7 1	己酉	6 1	己卯	5 3	庚戌	4 4	辛巳	3 5	辛亥	廿三
31	己卯	7 2	庚戌	6 2	庚辰	5 4	辛亥	4 5	壬午	3 6	壬子	廿四
1	庚辰	7 3	辛亥	6 3	辛巳	5 5	壬子	4 6	癸未	3 7	癸丑	廿五
2	辛巳	7 4	壬子	6 4	壬午	5 6	癸丑	4 7	甲申	3 8	甲寅	廿六
3	壬午	7 5	癸丑	6 5	癸未	5 7	甲寅	4 8	乙酉	3 9	乙卯	廿七
4	癸未	7 6	甲寅	6 6	甲申	5 8	乙卯	4 9	丙戌	3 10	丙辰	廿八
5	甲申	7 7	乙卯	6 7	乙酉	5 9	丙辰	4 10	丁亥	3 11	丁巳	廿九
6	乙酉	太乙		6 8	丙戌	天易		部落格搜尋		3 12	戊午	三十

月別	月二十		月一十		月十		月九		月八		月七	
月柱	丑乙		子甲		亥癸		戌壬		酉辛		申庚	
紫白	白六		赤七		白八		紫九		白一		黑二	
節氣時間	1/21	1/6	12/22	12/8	11/23	11/8	10/24	10/9	9/24	9/8	8/24	8/8
	十二	五初	十二	六初	十二	五初	十二	五初	十二	四初	八十	二初
	10時21分 大寒巳時	16時51分 小寒申時	23時41分 冬至子時	5時46分 大雪卯時	10時38分 小雪巳時	13時19分 立冬未時	13時33分 霜降未時	10時40分 寒露巳時	4時46分 秋分寅時	19時35分 白露戌時	7時37分 處暑辰時	17時7分 立秋酉時
農曆	曆陽	柱日	曆陽	柱日	曆陽	柱日	曆陽	柱日	曆陽	柱日	曆陽	柱日
初一	1 2	寅甲	12 3	申甲	11 4	卯乙	10 5	酉乙	9 5	卯乙	8 7	戌丙
初二	1 3	卯乙	12 4	酉乙	11 5	辰丙	10 6	戌丙	9 6	辰丙	8 8	亥丁
初三	1 4	辰丙	12 5	戌丙	11 6	巳丁	10 7	亥丁	9 7	巳丁	8 9	子戊
初四	1 5	巳丁	12 6	亥丁	11 7	午戊	10 8	子戊	9 8	午戊	8 10	丑己
初五	1 6	午戊	12 7	子戊	11 8	未己	10 9	丑己	9 9	未己	8 11	寅庚
初六	1 7	未己	12 8	丑己	11 9	申庚	10 10	寅庚	9 10	申庚	8 12	卯辛
初七	1 8	申庚	12 9	寅庚	11 10	酉辛	10 11	卯辛	9 11	酉辛	8 13	辰壬
初八	1 9	酉辛	12 10	卯辛	11 11	戌壬	10 12	辰壬	9 12	戌壬	8 14	巳癸
初九	1 10	戌壬	12 11	辰壬	11 12	亥癸	10 13	巳癸	9 13	亥癸	8 15	午甲
初十	1 11	亥癸	12 12	巳癸	11 13	子甲	10 14	午甲	9 14	子甲	8 16	未乙
十一	1 12	子甲	12 13	午甲	11 14	丑乙	10 15	未乙	9 15	丑乙	8 17	申丙
十二	1 13	丑乙	12 14	未乙	11 15	寅丙	10 16	申丙	9 16	寅丙	8 18	酉丁
十三	1 14	寅丙	12 15	申丙	11 16	卯丁	10 17	酉丁	9 17	卯丁	8 19	戌戊
十四	1 15	卯丁	12 16	酉丁	11 17	辰戊	10 18	戌戊	9 18	辰戊	8 20	亥己
十五	1 16	辰戊	12 17	戌戊	11 18	巳己	10 19	亥己	9 19	巳己	8 21	子庚
十六	1 17	巳己	12 18	亥己	11 19	午庚	10 20	子庚	9 20	午庚	8 22	丑辛
十七	1 18	午庚	12 19	子庚	11 20	未辛	10 21	丑辛	9 21	未辛	8 23	寅壬
十八	1 19	未辛	12 20	丑辛	11 21	申壬	10 22	寅壬	9 22	申壬	8 24	卯癸
十九	1 20	申壬	12 21	寅壬	11 22	酉癸	10 23	卯癸	9 23	酉癸	8 25	辰甲
二十	1 21	酉癸	12 22	卯癸	11 23	戌甲	10 24	辰甲	9 24	戌甲	8 26	巳乙
廿一	1 22	戌甲	12 23	辰甲	11 24	亥乙	10 25	巳乙	9 25	亥乙	8 27	午丙
廿二	1 23	亥乙	12 24	巳乙	11 25	子丙	10 26	午丙	9 26	子丙	8 28	未丁
廿三	1 24	子丙	12 25	午丙	11 26	丑丁	10 27	未丁	9 27	丑丁	8 29	申戊
廿四	1 25	丑丁	12 26	未丁	11 27	寅戊	10 28	申戊	9 28	寅戊	8 30	酉己
廿五	1 26	寅戊	12 27	申戊	11 28	卯己	10 29	酉己	9 29	卯己	8 31	戌庚
廿六	1 27	卯己	12 28	酉己	11 29	辰庚	10 30	戌庚	9 30	辰庚	9 1	亥辛
廿七	1 28	辰庚	12 29	戌庚	11 30	巳辛	10 31	亥辛	10 1	巳辛	9 2	子壬
廿八	1 29	巳辛	12 30	亥辛	12 1	午壬	11 1	子壬	10 2	午壬	9 3	丑癸
廿九	1 30	午壬	12 31	子壬	12 2	未癸	11 2	丑癸	10 3	未癸	9 4	寅甲
三十	1 31	未癸	1 1	丑癸	乙太		11 3	寅甲	10 4	申甲	易天	

西元一九一九年 歲次己未

民國八年 太歲姓傅名稅

納音屬火 生肖屬羊

年九紫星 亢宿值年

月六		月五		月四		月三		月二		月正		別月
未辛		午庚		巳己		辰戊		卯丁		寅丙		柱月
紫九		白一		黑二		碧三		綠四		黃五		白紫
24	7/8	6/22	6/7	5/22	5/6	4/21	4/6	3/22	3/6	2/20	2/5	節氣時間
廿	一十	五廿	十初	三廿	七初	一廿	六初	一廿	五初	十二	五初	
大暑卯時	13時21分 小暑未時	19時53分 夏至戌時	2時57分 芒種丑時	11時39分 小滿午時	22時22分 立夏亥時	11時59分 穀雨午時	4時29分 清明寅時	0時19分 春分子時	23時5分 驚蟄子時	0時47分 雨水子時	4時39分 立春寅時	
陽	柱日	曆陽	柱日	曆陽	柱日	曆陽	柱日	曆陽	柱日	曆陽	柱日	曆農
28	亥辛	5 29	巳辛	4 30	子壬	4 1	未癸	3 2	丑癸	2 1	申甲	一初
29	子壬	5 30	午壬	5 1	丑癸	4 2	申甲	3 3	寅甲	2 2	酉乙	二初
30	丑癸	5 31	未癸	5 2	寅甲	4 3	酉乙	3 4	卯乙	2 3	戌丙	三初
1	寅甲	6 1	申甲	5 3	卯乙	4 4	戌丙	3 5	辰丙	2 4	亥丁	四初
2	卯乙	6 2	酉乙	5 4	辰丙	4 5	亥丁	3 6	巳丁	2 5	子戊	五初
3	辰丙	6 3	戌丙	5 5	巳丁	4 6	子戊	3 7	午戊	2 6	丑己	六初
4	巳丁	6 4	亥丁	5 6	午戊	4 7	丑己	3 8	未己	2 7	寅庚	七初
5	午戊	6 5	子戊	5 7	未己	4 8	寅庚	3 9	申庚	2 8	卯辛	八初
6	未己	6 6	丑己	5 8	申庚	4 9	卯辛	3 10	酉辛	2 9	辰壬	九初
7	申庚	6 7	寅庚	5 9	酉辛	4 10	辰壬	3 11	戌壬	2 10	巳癸	十初
8	酉辛	6 8	卯辛	5 10	戌壬	4 11	巳癸	3 12	亥癸	2 11	午甲	一十
9	戌壬	6 9	辰壬	5 11	亥癸	4 12	午甲	3 13	子甲	2 12	未乙	二十
10	亥癸	6 10	巳癸	5 12	子甲	4 13	未乙	3 14	丑乙	2 13	申丙	三十
11	子甲	6 11	午甲	5 13	丑乙	4 14	申丙	3 15	寅丙	2 14	酉丁	四十
12	丑乙	6 12	未乙	5 14	寅丙	4 15	酉丁	3 16	卯丁	2 15	戌戊	五十
13	寅丙	6 13	申丙	5 15	卯丁	4 16	戌戊	3 17	辰戊	2 16	亥己	六十
14	卯丁	6 14	酉丁	5 16	辰戊	4 17	亥己	3 18	巳己	2 17	子庚	七十
15	辰戊	6 15	戌戊	5 17	巳己	4 18	子庚	3 19	午庚	2 18	丑辛	八十
16	巳己	6 16	亥己	5 18	午庚	4 19	丑辛	3 20	未辛	2 19	寅壬	九十
17	午庚	6 17	子庚	5 19	未辛	4 20	寅壬	3 21	申壬	2 20	卯癸	十二
18	未辛	6 18	丑辛	5 20	申壬	4 21	卯癸	3 22	酉癸	2 21	辰甲	一廿
19	申壬	6 19	寅壬	5 21	酉癸	4 22	辰甲	3 23	戌甲	2 22	巳乙	二廿
20	酉癸	6 20	卯癸	5 22	戌甲	4 23	巳乙	3 24	亥乙	2 23	午丙	三廿
21	戌甲	6 21	辰甲	5 23	亥乙	4 24	午丙	3 25	子丙	2 24	未丁	四廿
22	亥乙	6 22	巳乙	5 24	子丙	4 25	未丁	3 26	丑丁	2 25	申戊	五廿
23	子丙	6 23	午丙	5 25	丑丁	4 26	申戊	3 27	寅戊	2 26	酉己	六廿
24	丑丁	6 24	未丁	5 26	寅戊	4 27	酉己	3 28	卯己	2 27	戌庚	七廿
25	寅戊	6 25	申戊	5 27	卯己	4 28	戌庚	3 29	辰庚	2 28	亥辛	八廿
26	卯己	6 26	酉己	5 28	辰庚	4 29	亥辛	3 30	巳辛	3 1	子壬	九廿
乙太		6 27	戌庚	易天		業事化文乙太		3 31	午壬	尋搜格落部		十三

月別	月 二 十		月 一 十		月 十		月 九		月 八		月七閏		月 七	
月柱	丑 丁		子 丙		亥 乙		戌 甲		酉 癸				申 壬	
紫白	碧 三		綠 四		黃 五		白 六		赤 七				白 八	
節氣時間	2/5	1/21	1/6	12/23	12/8	11/23	11/8	10/24	10/9	9/24		9/9	8/24	8/
	六十	一初	六十	二初	七十	二初	六十	一初	六十	一初		六十	九廿	三
	10時26分 立春巳時	16時4分 大寒申時	22時41分 小寒亥時	5時27分 冬至卯時	11時38分 大雪午時	16時25分 小雪申時	19時12分 立冬戌時	19時21分 霜降戌時	16時33分 寒露申時	10時35分 秋分巳時		1時28分 白露丑時	13時28分 處暑未時	22時58分
農曆	曆陽	柱日	曆陽	柱日	曆陽	柱日	曆陽	柱日	曆陽	柱日	曆陽	柱日	曆陽	柱
初一	1 21	寅戊	12 22	申戊	11 22	寅戊	10 24	酉己	9 24	卯己	8 25	酉己	7 27	辰
初二	1 22	卯己	12 23	酉己	11 23	卯己	10 25	戌庚	9 25	辰庚	8 26	戌庚	7 28	巳
初三	1 23	辰庚	12 24	戌庚	11 24	辰庚	10 26	亥辛	9 26	巳辛	8 27	亥辛	7 29	午
初四	1 24	巳辛	12 25	亥辛	11 25	巳辛	10 27	子壬	9 27	午壬	8 28	子壬	7 30	未
初五	1 25	午壬	12 26	子壬	11 26	午壬	10 28	丑癸	9 28	未癸	8 29	丑癸	7 31	申
初六	1 26	未癸	12 27	丑癸	11 27	未癸	10 29	寅甲	9 29	申甲	8 30	寅甲	8 1	酉
初七	1 27	申甲	12 28	寅甲	11 28	申甲	10 30	卯乙	9 30	酉乙	8 31	卯乙	8 2	戌
初八	1 28	酉乙	12 29	卯乙	11 29	酉乙	10 31	辰丙	10 1	戌丙	9 1	辰丙	8 3	亥
初九	1 29	戌丙	12 30	辰丙	11 30	戌丙	11 1	巳丁	10 2	亥丁	9 2	巳丁	8 4	子
初十	1 30	亥丁	12 31	巳丁	12 1	亥丁	11 2	午戊	10 3	子戊	9 3	午戊	8 5	丑
十一	1 31	子戊	1 1	午戊	12 2	子戊	11 3	未己	10 4	丑己	9 4	未己	8 6	寅
十二	2 1	丑己	1 2	未己	12 3	丑己	11 4	申庚	10 5	寅庚	9 5	申庚	8 7	卯
十三	2 2	寅庚	1 3	申庚	12 4	寅庚	11 5	酉辛	10 6	卯辛	9 6	酉辛	8 8	辰
十四	2 3	卯辛	1 4	酉辛	12 5	卯辛	11 6	戌壬	10 7	辰壬	9 7	戌壬	8 9	巳
十五	2 4	辰壬	1 5	戌壬	12 6	辰壬	11 7	亥癸	10 8	巳癸	9 8	亥癸	8 10	午
十六	2 5	巳癸	1 6	亥癸	12 7	巳癸	11 8	子甲	10 9	午甲	9 9	子甲	8 11	未
十七	2 6	午甲	1 7	子甲	12 8	午甲	11 9	丑乙	10 10	未乙	9 10	丑乙	8 12	申
十八	2 7	未乙	1 8	丑乙	12 9	未乙	11 10	寅丙	10 11	申丙	9 11	寅丙	8 13	酉
十九	2 8	申丙	1 9	寅丙	12 10	申丙	11 11	卯丁	10 12	酉丁	9 12	卯丁	8 14	戌
二十	2 9	酉丁	1 10	卯丁	12 11	酉丁	11 12	辰戊	10 13	戌戊	9 13	辰戊	8 15	亥
廿一	2 10	戌戊	1 11	辰戊	12 12	戌戊	11 13	巳己	10 14	亥己	9 14	巳己	8 16	子
廿二	2 11	亥己	1 12	巳己	12 13	亥己	11 14	午庚	10 15	子庚	9 15	午庚	8 17	丑
廿三	2 12	子庚	1 13	午庚	12 14	子庚	11 15	未辛	10 16	丑辛	9 16	未辛	8 18	寅
廿四	2 13	丑辛	1 14	未辛	12 15	丑辛	11 16	申壬	10 17	寅壬	9 17	申壬	8 19	卯
廿五	2 14	寅壬	1 15	申壬	12 16	寅壬	11 17	酉癸	10 18	卯癸	9 18	酉癸	8 20	辰
廿六	2 15	卯癸	1 16	酉癸	12 17	卯癸	11 18	戌甲	10 19	辰甲	9 19	戌甲	8 21	巳
廿七	2 16	辰甲	1 17	戌甲	12 18	辰甲	11 19	亥乙	10 20	巳乙	9 20	亥乙	8 22	午
廿八	2 17	巳乙	1 18	亥乙	12 19	巳乙	11 20	子丙	10 21	午丙	9 21	子丙	8 23	未
廿九	2 18	午丙	1 19	子丙	12 20	午丙	11 21	丑丁	10 22	未丁	9 22	丑丁	8 24	申
三十	2 19	未丁	1 20	丑丁	12 21	未丁	乙太		10 23	申戊	9 23	寅戊	易天	

西元一九二〇年 歲次庚申

民國九年

太歲姓毛名倖

納音屬木

生肖屬猴

年八白星

氐宿值年

月六		月五		月四		月三		月二		月正		別月
未癸		午壬		巳辛		辰庚		卯己		寅戊		柱月
白六		赤七		白八		紫九		白一		黑二		白紫
/8	7/23	7/7	6/22	6/6	5/21	5/6	4/20	4/5	3/21	3/6	2/20	節氣時間
廿	八初	二廿	七初	十二	四初	八十	二初	七十	二初	六十	一初	
立秋寅時	12時35分 大暑午時	19時19分 小暑戌時	1時40分 夏至丑時	8時50分 芒種辰時	17時22分 小滿酉時	4時11分 立夏寅時	17時39分 穀雨酉時	10時15分 清明巳時	5時59分 春分卯時	4時51分 驚蟄寅時	6時29分 雨水卯時	
陽	柱日	曆陽	柱日	曆陽	柱日	曆陽	柱日	曆陽	柱日	曆陽	柱日	曆農
16	亥乙	6 16	巳乙	5 18	子丙	4 19	未丁	3 20	丑丁	2 20	申戊	一初
17	子丙	6 17	午丙	5 19	丑丁	4 20	申戊	3 21	寅戊	2 21	酉己	二初
18	丑丁	6 18	未丁	5 20	寅戊	4 21	酉己	3 22	卯己	2 22	戌庚	三初
19	寅戊	6 19	申戊	5 21	卯己	4 22	戌庚	3 23	辰庚	2 23	亥辛	四初
20	卯己	6 20	酉己	5 22	辰庚	4 23	亥辛	3 24	巳辛	2 24	子壬	五初
21	辰庚	6 21	戌庚	5 23	巳辛	4 24	子壬	3 25	午壬	2 25	丑癸	六初
22	巳辛	6 22	亥辛	5 24	午壬	4 25	丑癸	3 26	未癸	2 26	寅甲	七初
23	午壬	6 23	子壬	5 25	未癸	4 26	寅甲	3 27	申甲	2 27	卯乙	八初
24	未癸	6 24	丑癸	5 26	申甲	4 27	卯乙	3 28	酉乙	2 28	辰丙	九初
25	申甲	6 25	寅甲	5 27	酉乙	4 28	辰丙	3 29	戌丙	2 29	巳丁	十初
26	酉乙	6 26	卯乙	5 28	戌丙	4 29	巳丁	3 30	亥丁	3 1	午戊	一十
27	戌丙	6 27	辰丙	5 29	亥丁	4 30	午戊	3 31	子戊	3 2	未己	二十
28	亥丁	6 28	巳丁	5 30	子戊	5 1	未己	4 1	丑己	3 3	申庚	三十
29	子戊	6 29	午戊	5 31	丑己	5 2	申庚	4 2	寅庚	3 4	酉辛	四十
30	丑己	6 30	未己	6 1	寅庚	5 3	酉辛	4 3	卯辛	3 5	戌壬	五十
31	寅庚	7 1	申庚	6 2	卯辛	5 4	戌壬	4 4	辰壬	3 6	亥癸	六十
1	卯辛	7 2	酉辛	6 3	辰壬	5 5	亥癸	4 5	巳癸	3 7	子甲	七十
2	辰壬	7 3	戌壬	6 4	巳癸	5 6	子甲	4 6	午甲	3 8	丑乙	八十
3	巳癸	7 4	亥癸	6 5	午甲	5 7	丑乙	4 7	未乙	3 9	寅丙	九十
4	午甲	7 5	子甲	6 6	未乙	5 8	寅丙	4 8	申丙	3 10	卯丁	十二
5	未乙	7 6	丑乙	6 7	申丙	5 9	卯丁	4 9	酉丁	3 11	辰戊	一廿
6	申丙	7 7	寅丙	6 8	酉丁	5 10	辰戊	4 10	戌戊	3 12	巳己	二廿
7	酉丁	7 8	卯丁	6 9	戌戊	5 11	巳己	4 11	亥己	3 13	午庚	三廿
8	戌戊	7 9	辰戊	6 10	亥己	5 12	午庚	4 12	子庚	3 14	未辛	四廿
9	亥己	7 10	巳己	6 11	子庚	5 13	未辛	4 13	丑辛	3 15	申壬	五廿
10	子庚	7 11	午庚	6 12	丑辛	5 14	申壬	4 14	寅壬	3 16	酉癸	六廿
11	丑辛	7 12	未辛	6 13	寅壬	5 15	酉癸	4 15	卯癸	3 17	戌甲	七廿
12	寅壬	7 13	申壬	6 14	卯癸	5 16	戌甲	4 16	辰甲	3 18	亥乙	八廿
13	卯癸	7 14	酉癸	6 15	辰甲	5 17	亥乙	4 17	巳乙	3 19	子丙	九廿
乙太		7 15	戌甲	易天		業事化文乙太		4 18	午丙	尋搜格落部		十三

月別	十二月		十一月		十月		九月		八月		七月	
月柱	己丑		戊子		丁亥		丙戌		乙酉		甲申	
紫白	九紫		一白		二黑		三碧		四綠		五黃	
節氣時間	2/4	1/20	1/6	12/22	12/7	11/22	11/8	10/24	10/8	9/23	9/8	8/2
	廿七	十二	廿八	十三	廿七	十二	廿八	十三	廿七	十二	廿六	初十
	立春申時 16時20分	大寒亥時 21時55分	小寒寅時 4時34分	冬至午時 11時17分	大雪酉時 17時30分	小雪亥時 22時15分	立冬丑時 1時5分	霜降丑時 1時13分	寒露亥時 22時29分	秋分申時 16時28分	白露辰時 7時27分	處暑戌時 19時21分
農曆	陽曆	日柱	陽曆	日柱	陽曆	日柱	陽曆	日柱	陽曆	日柱	陽曆	日柱
初一	1 9	壬申	12 10	壬寅	11 11	癸酉	10 12	癸卯	9 12	癸酉	8 14	甲辰
初二	1 10	癸酉	12 11	癸卯	11 12	甲戌	10 13	甲辰	9 13	甲戌	8 15	乙巳
初三	1 11	甲戌	12 12	甲辰	11 13	乙亥	10 14	乙巳	9 14	乙亥	8 16	丙午
初四	1 12	乙亥	12 13	乙巳	11 14	丙子	10 15	丙午	9 15	丙子	8 17	丁未
初五	1 13	丙子	12 14	丙午	11 15	丁丑	10 16	丁未	9 16	丁丑	8 18	戊申
初六	1 14	丁丑	12 15	丁未	11 16	戊寅	10 17	戊申	9 17	戊寅	8 19	己酉
初七	1 15	戊寅	12 16	戊申	11 17	己卯	10 18	己酉	9 18	己卯	8 20	庚戌
初八	1 16	己卯	12 17	己酉	11 18	庚辰	10 19	庚戌	9 19	庚辰	8 21	辛亥
初九	1 17	庚辰	12 18	庚戌	11 19	辛巳	10 20	辛亥	9 20	辛巳	8 22	壬子
初十	1 18	辛巳	12 19	辛亥	11 20	壬午	10 21	壬子	9 21	壬午	8 23	癸丑
十一	1 19	壬午	12 20	壬子	11 21	癸未	10 22	癸丑	9 22	癸未	8 24	甲寅
十二	1 20	癸未	12 21	癸丑	11 22	甲申	10 23	甲寅	9 23	甲申	8 25	乙卯
十三	1 21	甲申	12 22	甲寅	11 23	乙酉	10 24	乙卯	9 24	乙酉	8 26	丙辰
十四	1 22	乙酉	12 23	乙卯	11 24	丙戌	10 25	丙辰	9 25	丙戌	8 27	丁巳
十五	1 23	丙戌	12 24	丙辰	11 25	丁亥	10 26	丁巳	9 26	丁亥	8 28	戊午
十六	1 24	丁亥	12 25	丁巳	11 26	戊子	10 27	戊午	9 27	戊子	8 29	己未
十七	1 25	戊子	12 26	戊午	11 27	己丑	10 28	己未	9 28	己丑	8 30	庚申
十八	1 26	己丑	12 27	己未	11 28	庚寅	10 29	庚申	9 29	庚寅	8 31	辛酉
十九	1 27	庚寅	12 28	庚申	11 29	辛卯	10 30	辛酉	9 30	辛卯	9 1	壬戌
二十	1 28	辛卯	12 29	辛酉	11 30	壬辰	10 31	壬戌	10 1	壬辰	9 2	癸亥
廿一	1 29	壬辰	12 30	壬戌	12 1	癸巳	11 1	癸亥	10 2	癸巳	9 3	甲子
廿二	1 30	癸巳	12 31	癸亥	12 2	甲午	11 2	甲子	10 3	甲午	9 4	乙丑
廿三	1 31	甲午	1 1	甲子	12 3	乙未	11 3	乙丑	10 4	乙未	9 5	丙寅
廿四	2 1	乙未	1 2	乙丑	12 4	丙申	11 4	丙寅	10 5	丙申	9 6	丁卯
廿五	2 2	丙申	1 3	丙寅	12 5	丁酉	11 5	丁卯	10 6	丁酉	9 7	戊辰
廿六	2 3	丁酉	1 4	丁卯	12 6	戊戌	11 6	戊辰	10 7	戊戌	9 8	己巳
廿七	2 4	戊戌	1 5	戊辰	12 7	己亥	11 7	己巳	10 8	己亥	9 9	庚午
廿八	2 5	己亥	1 6	己巳	12 8	庚子	11 8	庚午	10 9	庚子	9 10	辛未
廿九	2 6	庚子	1 7	庚午	12 9	辛丑	11 9	辛未	10 10	辛丑	9 11	壬申
三十	2 7	辛丑	1 8	辛未	太乙		11 10	壬申	10 11	壬寅	天易	

西元一九二一年 歲次辛酉

民國十年

太歲姓文名政

納音屬木

生肖屬雞

年七赤星

房宿值年

月別	正月		二月		三月		四月		五月		六月	
月柱	庚寅		辛卯		壬辰		癸巳		甲午		乙未	
紫白	八白		七赤		六白		五黃		四綠		三碧	
節氣時間	2/19	3/6	3/21	4/5	4/20	5/6	5/21		6/6	6/22	7/8	/23
	十二	廿七	十二	廿七	十三	廿九	十四		初一	十七	初四	十[illegible]
	雨水午時 12時20分	驚蟄巳時 10時45分	春分午時 11時51分	清明申時 16時9分	穀雨子時 23時32分	立夏巳時 10時4分	小滿子時 23時17分		芒種未時 14時41分	夏至辰時 7時36分	小暑丑時 1時7分	大暑酉時
農曆	日柱	陽曆	日柱	陽曆	日柱	陽曆	日柱	陽曆	日柱	陽曆	日柱	陽曆
初一	壬寅	2 8	壬申	3 10	辛丑	4 8	辛未	5 8	庚子	6 6	己巳	5
初二	癸卯	2 9	癸酉	3 11	壬寅	4 9	壬申	5 9	辛丑	6 7	庚午	6
初三	甲辰	2 10	甲戌	3 12	癸卯	4 10	癸酉	5 10	壬寅	6 8	辛未	7
初四	乙巳	2 11	乙亥	3 13	甲辰	4 11	甲戌	5 11	癸卯	6 9	壬申	8
初五	丙午	2 12	丙子	3 14	乙巳	4 12	乙亥	5 12	甲辰	6 10	癸酉	9
初六	丁未	2 13	丁丑	3 15	丙午	4 13	丙子	5 13	乙巳	6 11	甲戌	10
初七	戊申	2 14	戊寅	3 16	丁未	4 14	丁丑	5 14	丙午	6 12	乙亥	11
初八	己酉	2 15	己卯	3 17	戊申	4 15	戊寅	5 15	丁未	6 13	丙子	12
初九	庚戌	2 16	庚辰	3 18	己酉	4 16	己卯	5 16	戊申	6 14	丁丑	13
初十	辛亥	2 17	辛巳	3 19	庚戌	4 17	庚辰	5 17	己酉	6 15	戊寅	14
十一	壬子	2 18	壬午	3 20	辛亥	4 18	辛巳	5 18	庚戌	6 16	己卯	15
十二	癸丑	2 19	癸未	3 21	壬子	4 19	壬午	5 19	辛亥	6 17	庚辰	16
十三	甲寅	2 20	甲申	3 22	癸丑	4 20	癸未	5 20	壬子	6 18	辛巳	17
十四	乙卯	2 21	乙酉	3 23	甲寅	4 21	甲申	5 21	癸丑	6 19	壬午	18
十五	丙辰	2 22	丙戌	3 24	乙卯	4 22	乙酉	5 22	甲寅	6 20	癸未	19
十六	丁巳	2 23	丁亥	3 25	丙辰	4 23	丙戌	5 23	乙卯	6 21	甲申	20
十七	戊午	2 24	戊子	3 26	丁巳	4 24	丁亥	5 24	丙辰	6 22	乙酉	21
十八	己未	2 25	己丑	3 27	戊午	4 25	戊子	5 25	丁巳	6 23	丙戌	22
十九	庚申	2 26	庚寅	3 28	己未	4 26	己丑	5 26	戊午	6 24	丁亥	23
二十	辛酉	2 27	辛卯	3 29	庚申	4 27	庚寅	5 27	己未	6 25	戊子	24
廿一	壬戌	2 28	壬辰	3 30	辛酉	4 28	辛卯	5 28	庚申	6 26	己丑	25
廿二	癸亥	3 1	癸巳	3 31	壬戌	4 29	壬辰	5 29	辛酉	6 27	庚寅	26
廿三	甲子	3 2	甲午	4 1	癸亥	4 30	癸巳	5 30	壬戌	6 28	辛卯	27
廿四	乙丑	3 3	乙未	4 2	甲子	5 1	甲午	5 31	癸亥	6 29	壬辰	28
廿五	丙寅	3 4	丙申	4 3	乙丑	5 2	乙未	6 1	甲子	6 30	癸巳	29
廿六	丁卯	3 5	丁酉	4 4	丙寅	5 3	丙申	6 2	乙丑	7 1	甲午	30
廿七	戊辰	3 6	戊戌	4 5	丁卯	5 4	丁酉	6 3	丙寅	7 2	乙未	31
廿八	己巳	3 7	己亥	4 6	戊辰	5 5	戊戌	6 4	丁卯	7 3	丙申	1
廿九	庚午	3 8	庚子	4 7	己巳	5 6	己亥	6 5	戊辰	7 4	丁酉	2
三十	辛未	3 9	部落格搜尋		庚午	5 7	天易		太乙		戊戌	3

月別	月二十		月一十		月十		月九		月八		月七	
月柱	丑辛		子庚		亥己		戌戊		酉丁		申丙	
紫白	白六		赤七		白八		紫九		白一		黑二	
節氣時間	1/21	1/6	12/22	12/7	11/23	11/8	10/24	10/9	9/23	9/8	8/24	8/8
	四廿	九初	四廿	九初	四廿	九初	四廿	九初	二廿	七初	一廿	五初
	3時48分 大寒寅時	10時17分 小寒巳時	17時7分 冬至酉時	23時11分 大雪子時	4時5分 小雪寅時	6時46分 立冬卯時	7時2分 霜降辰時	4時11分 寒露寅時	22時20分 秋分亥時	13時10分 白露未時	1時15分 處暑丑時	10時43分 立秋巳時
農曆	曆陽	柱日	曆陽	柱日	曆陽	柱日	曆陽	柱日	曆陽	柱日	曆陽	柱日
初一	12 29	寅丙	11 29	申丙	10 31	卯丁	10 1	酉丁	9 2	辰戊	8 4	亥己
初二	12 30	卯丁	11 30	酉丁	11 1	辰戊	10 2	戌戊	9 3	巳己	8 5	子庚
初三	12 31	辰戊	12 1	戌戊	11 2	巳己	10 3	亥己	9 4	午庚	8 6	丑辛
初四	1 1	巳己	12 2	亥己	11 3	午庚	10 4	子庚	9 5	未辛	8 7	寅壬
初五	1 2	午庚	12 3	子庚	11 4	未辛	10 5	丑辛	9 6	申壬	8 8	卯癸
初六	1 3	未辛	12 4	丑辛	11 5	申壬	10 6	寅壬	9 7	酉癸	8 9	辰甲
初七	1 4	申壬	12 5	寅壬	11 6	酉癸	10 7	卯癸	9 8	戌甲	8 10	巳乙
初八	1 5	酉癸	12 6	卯癸	11 7	戌甲	10 8	辰甲	9 9	亥乙	8 11	午丙
初九	1 6	戌甲	12 7	辰甲	11 8	亥乙	10 9	巳乙	9 10	子丙	8 12	未丁
初十	1 7	亥乙	12 8	巳乙	11 9	子丙	10 10	午丙	9 11	丑丁	8 13	申戊
十一	1 8	子丙	12 9	午丙	11 10	丑丁	10 11	未丁	9 12	寅戊	8 14	酉己
十二	1 9	丑丁	12 10	未丁	11 11	寅戊	10 12	申戊	9 13	卯己	8 15	戌庚
十三	1 10	寅戊	12 11	申戊	11 12	卯己	10 13	酉己	9 14	辰庚	8 16	亥辛
十四	1 11	卯己	12 12	酉己	11 13	辰庚	10 14	戌庚	9 15	巳辛	8 17	子壬
十五	1 12	辰庚	12 13	戌庚	11 14	巳辛	10 15	亥辛	9 16	午壬	8 18	丑癸
十六	1 13	巳辛	12 14	亥辛	11 15	午壬	10 16	子壬	9 17	未癸	8 19	寅甲
十七	1 14	午壬	12 15	子壬	11 16	未癸	10 17	丑癸	9 18	申甲	8 20	卯乙
十八	1 15	未癸	12 16	丑癸	11 17	申甲	10 18	寅甲	9 19	酉乙	8 21	辰丙
十九	1 16	申甲	12 17	寅甲	11 18	酉乙	10 19	卯乙	9 20	戌丙	8 22	巳丁
二十	1 17	酉乙	12 18	卯乙	11 19	戌丙	10 20	辰丙	9 21	亥丁	8 23	午戊
廿一	1 18	戌丙	12 19	辰丙	11 20	亥丁	10 21	巳丁	9 22	子戊	8 24	未己
廿二	1 19	亥丁	12 20	巳丁	11 21	子戊	10 22	午戊	9 23	丑己	8 25	申庚
廿三	1 20	子戊	12 21	午戊	11 22	丑己	10 23	未己	9 24	寅庚	8 26	酉辛
廿四	1 21	丑己	12 22	未己	11 23	寅庚	10 24	申庚	9 25	卯辛	8 27	戌壬
廿五	1 22	寅庚	12 23	申庚	11 24	卯辛	10 25	酉辛	9 26	辰壬	8 28	亥癸
廿六	1 23	卯辛	12 24	酉辛	11 25	辰壬	10 26	戌壬	9 27	巳癸	8 29	子甲
廿七	1 24	辰壬	12 25	戌壬	11 26	巳癸	10 27	亥癸	9 28	午甲	8 30	丑乙
廿八	1 25	巳癸	12 26	亥癸	11 27	午甲	10 28	子甲	9 29	未乙	8 31	寅丙
廿九	1 26	午甲	12 27	子甲	11 28	未乙	10 29	丑乙	9 30	申丙	9 1	卯丁
三十	1 27	未乙	12 28	丑乙	乙太		10 30	寅丙	易天		尋搜格落部	

月	六	月五閏		月	五	月	四	月	三	月	二	月	正	別月
未	丁			午	丙	巳	乙	辰	甲	卯	癸	寅	壬	柱月
紫	九			白	一	黑	二	碧	三	綠	四	黃	五	白紫
8	7/24		7/8	6/22	6/6	5/22	5/6	4/21	4/5	3/21	3/6	2/19	2/4	節氣時間
十	一初		四十	七廿	一十	六廿	十初	五廿	九初	三廿	八初	三廿	八初	
立秋申時	大暑子時 0時20分		小暑卯時 6時57分	夏至未時 13時27分	芒種戌時 20時30分	小滿卯時 5時10分	立夏申時 15時53分	穀雨卯時 5時28分	清明亥時 21時58分	春分酉時 17時48分	驚蟄申時 16時34分	雨水酉時 18時16分	立春亥時 22時6分	
陽	柱日	曆陽	柱日	曆陽	柱日	曆陽	柱日	曆陽	柱日	曆陽	柱日	曆陽	柱日	曆農
24	巳癸	6 25	子甲	5 27	未乙	4 27	丑乙	3 28	未乙	2 27	寅丙	1 28	申丙	一初
25	午甲	6 26	丑乙	5 28	申丙	4 28	寅丙	3 29	申丙	2 28	卯丁	1 29	酉丁	二初
26	未乙	6 27	寅丙	5 29	酉丁	4 29	卯丁	3 30	酉丁	3 1	辰戊	1 30	戌戊	三初
27	申丙	6 28	卯丁	5 30	戌戊	4 30	辰戊	3 31	戌戊	3 2	巳己	1 31	亥己	四初
28	酉丁	6 29	辰戊	5 31	亥己	5 1	巳己	4 1	亥己	3 3	午庚	2 1	子庚	五初
29	戌戊	6 30	巳己	6 1	子庚	5 2	午庚	4 2	子庚	3 4	未辛	2 2	丑辛	六初
30	亥己	7 1	午庚	6 2	丑辛	5 3	未辛	4 3	丑辛	3 5	申壬	2 3	寅壬	七初
31	子庚	7 2	未辛	6 3	寅壬	5 4	申壬	4 4	寅壬	3 6	酉癸	2 4	卯癸	八初
1	丑辛	7 3	申壬	6 4	卯癸	5 5	酉癸	4 5	卯癸	3 7	戌甲	2 5	辰甲	九初
2	寅壬	7 4	酉癸	6 5	辰甲	5 6	戌甲	4 6	辰甲	3 8	亥乙	2 6	巳乙	十初
3	卯癸	7 5	戌甲	6 6	巳乙	5 7	亥乙	4 7	巳乙	3 9	子丙	2 7	午丙	一十
4	辰甲	7 6	亥乙	6 7	午丙	5 8	子丙	4 8	午丙	3 10	丑丁	2 8	未丁	二十
5	巳乙	7 7	子丙	6 8	未丁	5 9	丑丁	4 9	未丁	3 11	寅戊	2 9	申戊	三十
6	午丙	7 8	丑丁	6 9	申戊	5 10	寅戊	4 10	申戊	3 12	卯己	2 10	酉己	四十
7	未丁	7 9	寅戊	6 10	酉己	5 11	卯己	4 11	酉己	3 13	辰庚	2 11	戌庚	五十
8	申戊	7 10	卯己	6 11	戌庚	5 12	辰庚	4 12	戌庚	3 14	巳辛	2 12	亥辛	六十
9	酉己	7 11	辰庚	6 12	亥辛	5 13	巳辛	4 13	亥辛	3 15	午壬	2 13	子壬	七十
10	戌庚	7 12	巳辛	6 13	子壬	5 14	午壬	4 14	子壬	3 16	未癸	2 14	丑癸	八十
11	亥辛	7 13	午壬	6 14	丑癸	5 15	未癸	4 15	丑癸	3 17	申甲	2 15	寅甲	九十
12	子壬	7 14	未癸	6 15	寅甲	5 16	申甲	4 16	寅甲	3 18	酉乙	2 16	卯乙	十二
13	丑癸	7 15	申甲	6 16	卯乙	5 17	酉乙	4 17	卯乙	3 19	戌丙	2 17	辰丙	一廿
14	寅甲	7 16	酉乙	6 17	辰丙	5 18	戌丙	4 18	辰丙	3 20	亥丁	2 18	巳丁	二廿
15	卯乙	7 17	戌丙	6 18	巳丁	5 19	亥丁	4 19	巳丁	3 21	子戊	2 19	午戊	三廿
16	辰丙	7 18	亥丁	6 19	午戊	5 20	子戊	4 20	午戊	3 22	丑己	2 20	未己	四廿
17	巳丁	7 19	子戊	6 20	未己	5 21	丑己	4 21	未己	3 23	寅庚	2 21	申庚	五廿
18	午戊	7 20	丑己	6 21	申庚	5 22	寅庚	4 22	申庚	3 24	卯辛	2 22	酉辛	六廿
19	未己	7 21	寅庚	6 22	酉辛	5 23	卯辛	4 23	酉辛	3 25	辰壬	2 23	戌壬	七廿
20	申庚	7 22	卯辛	6 23	戌壬	5 24	辰壬	4 24	戌壬	3 26	巳癸	2 24	亥癸	八廿
21	酉辛	7 23	辰壬	6 24	亥癸	5 25	巳癸	4 25	亥癸	3 27	午甲	2 25	子甲	九廿
22	戌壬	乙太		易天		5 26	午甲	4 26	子甲	尋搜格落部		2 26	丑乙	十三

西元一九二二年

歲次 壬戌

民國十一年
太歲姓洪名范

納音屬水
生肖屬狗

年六白星
心宿值年

月別	月 二 十		月 一 十		月 十		月 九		月 八		月 七	
月柱	丑 癸		子 壬		亥 辛		戌 庚		酉 己		申 戊	
紫白	碧 三		綠 四		黃 五		白 六		赤 七		白 八	
節氣時間	2/5	1/21	1/6	12/22	12/8	11/23	11/8	10/24	10/9	9/24	9/8	8/24
	十二	五初	十二	五初	十二	五初	十二	五初	九十	四初	七十	二初
	4時0分 立春寅時	9時35分 大寒巳時	16時14分 小寒申時	22時57分 冬至亥時	5時11分 大雪卯時	9時55分 小雪巳時	12時45分 立冬午時	12時53分 霜降午時	10時9分 寒露巳時	4時10分 秋分寅時	19時6分 白露戌時	7時4分 處暑辰時
農曆	曆陽	柱日	曆陽	柱日	曆陽	柱日	曆陽	柱日	曆陽	柱日	曆陽	柱日
初一	1 17	寅庚	12 18	申庚	11 19	卯辛	10 20	酉辛	9 21	辰壬	8 23	亥癸
初二	1 18	卯辛	12 19	酉辛	11 20	辰壬	10 21	戌壬	9 22	巳癸	8 24	子甲
初三	1 19	辰壬	12 20	戌壬	11 21	巳癸	10 22	亥癸	9 23	午甲	8 25	丑乙
初四	1 20	巳癸	12 21	亥癸	11 22	午甲	10 23	子甲	9 24	未乙	8 26	寅丙
初五	1 21	午甲	12 22	子甲	11 23	未乙	10 24	丑乙	9 25	申丙	8 27	卯丁
初六	1 22	未乙	12 23	丑乙	11 24	申丙	10 25	寅丙	9 26	酉丁	8 28	辰戊
初七	1 23	申丙	12 24	寅丙	11 25	酉丁	10 26	卯丁	9 27	戌戊	8 29	巳己
初八	1 24	酉丁	12 25	卯丁	11 26	戌戊	10 27	辰戊	9 28	亥己	8 30	午庚
初九	1 25	戌戊	12 26	辰戊	11 27	亥己	10 28	巳己	9 29	子庚	8 31	未辛
初十	1 26	亥己	12 27	巳己	11 28	子庚	10 29	午庚	9 30	丑辛	9 1	申壬
十一	1 27	子庚	12 28	午庚	11 29	丑辛	10 30	未辛	10 1	寅壬	9 2	酉癸
十二	1 28	丑辛	12 29	未辛	11 30	寅壬	10 31	申壬	10 2	卯癸	9 3	戌甲
十三	1 29	寅壬	12 30	申壬	12 1	卯癸	11 1	酉癸	10 3	辰甲	9 4	亥乙
十四	1 30	卯癸	12 31	酉癸	12 2	辰甲	11 2	戌甲	10 4	巳乙	9 5	子丙
十五	1 31	辰甲	1 1	戌甲	12 3	巳乙	11 3	亥乙	10 5	午丙	9 6	丑丁
十六	2 1	巳乙	1 2	亥乙	12 4	午丙	11 4	子丙	10 6	未丁	9 7	寅戊
十七	2 2	午丙	1 3	子丙	12 5	未丁	11 5	丑丁	10 7	申戊	9 8	卯己
十八	2 3	未丁	1 4	丑丁	12 6	申戊	11 6	寅戊	10 8	酉己	9 9	辰庚
十九	2 4	申戊	1 5	寅戊	12 7	酉己	11 7	卯己	10 9	戌庚	9 10	巳辛
二十	2 5	酉己	1 6	卯己	12 8	戌庚	11 8	辰庚	10 10	亥辛	9 11	午壬
廿一	2 6	戌庚	1 7	辰庚	12 9	亥辛	11 9	巳辛	10 11	子壬	9 12	未癸
廿二	2 7	亥辛	1 8	巳辛	12 10	子壬	11 10	午壬	10 12	丑癸	9 13	申甲
廿三	2 8	子壬	1 9	午壬	12 11	丑癸	11 11	未癸	10 13	寅甲	9 14	酉乙
廿四	2 9	丑癸	1 10	未癸	12 12	寅甲	11 12	申甲	10 14	卯乙	9 15	戌丙
廿五	2 10	寅甲	1 11	申甲	12 13	卯乙	11 13	酉乙	10 15	辰丙	9 16	亥丁
廿六	2 11	卯乙	1 12	酉乙	12 14	辰丙	11 14	戌丙	10 16	巳丁	9 17	子戊
廿七	2 12	辰丙	1 13	戌丙	12 15	巳丁	11 15	亥丁	10 17	午戊	9 18	丑己
廿八	2 13	巳丁	1 14	亥丁	12 16	午戊	11 16	子戊	10 18	未己	9 19	寅庚
廿九	2 14	午戊	1 15	子戊	12 17	未己	11 17	丑己	10 19	申庚	9 20	卯辛
三十	2 15	未己	1 16	丑己	乙太		11 18	寅庚	易天		尋搜格落部	

西元一九二三年

歲次 癸亥

民國十二年

太歲姓虞名程

納音屬水

生肖屬豬

年五黃星

尾宿值年

月六		月五		月四		月三		月二		月正		別月
未己		午戊		巳丁		辰丙		卯乙		寅甲		柱月
白六		赤七		白八		紫九		白一		黑二		白紫
8/8	7/24	7/8	6/22	6/7	5/22	5/6	4/21	4/6	3/21	3/6	2/20	節氣時間
六廿	一十	五廿	九初	三廿	七初	一廿	六初	一廿	五初	九十	五初	
2時5分 立秋亥時	6時0分 大暑卯時	12時42分 小暑午時	19時3分 夏至戌時	2時14分 芒種丑時	10時45分 小滿巳時	21時38分 立夏亥時	11時6分 穀雨午時	3時46分 清明寅時	23時29分 春分子時	22時24分 驚蟄亥時	0時0分 雨水子時	
曆陽	柱日	曆陽	柱日	曆陽	柱日	曆陽	柱日	曆陽	柱日	曆陽	柱日	曆農
7 14	子戊	6 14	午戊	5 16	丑己	4 16	未己	3 17	丑己	2 16	申庚	一初
7 15	丑己	6 15	未己	5 17	寅庚	4 17	申庚	3 18	寅庚	2 17	酉辛	二初
7 16	寅庚	6 16	申庚	5 18	卯辛	4 18	酉辛	3 19	卯辛	2 18	戌壬	三初
7 17	卯辛	6 17	酉辛	5 19	辰壬	4 19	戌壬	3 20	辰壬	2 19	亥癸	四初
7 18	辰壬	6 18	戌壬	5 20	巳癸	4 20	亥癸	3 21	巳癸	2 20	子甲	五初
7 19	巳癸	6 19	亥癸	5 21	午甲	4 21	子甲	3 22	午甲	2 21	丑乙	六初
7 20	午甲	6 20	子甲	5 22	未乙	4 22	丑乙	3 23	未乙	2 22	寅丙	七初
7 21	未乙	6 21	丑乙	5 23	申丙	4 23	寅丙	3 24	申丙	2 23	卯丁	八初
7 22	申丙	6 22	寅丙	5 24	酉丁	4 24	卯丁	3 25	酉丁	2 24	辰戊	九初
7 23	酉丁	6 23	卯丁	5 25	戌戊	4 25	辰戊	3 26	戌戊	2 25	巳己	十初
7 24	戌戊	6 24	辰戊	5 26	亥己	4 26	巳己	3 27	亥己	2 26	午庚	一十
7 25	亥己	6 25	巳己	5 27	子庚	4 27	午庚	3 28	子庚	2 27	未辛	二十
7 26	子庚	6 26	午庚	5 28	丑辛	4 28	未辛	3 29	丑辛	2 28	申壬	三十
7 27	丑辛	6 27	未辛	5 29	寅壬	4 29	申壬	3 30	寅壬	3 1	酉癸	四十
7 28	寅壬	6 28	申壬	5 30	卯癸	4 30	酉癸	3 31	卯癸	3 2	戌甲	五十
7 29	卯癸	6 29	酉癸	5 31	辰甲	5 1	戌甲	4 1	辰甲	3 3	亥乙	六十
7 30	辰甲	6 30	戌甲	6 1	巳乙	5 2	亥乙	4 2	巳乙	3 4	子丙	七十
7 31	巳乙	7 1	亥乙	6 2	午丙	5 3	子丙	4 3	午丙	3 5	丑丁	八十
8 1	午丙	7 2	子丙	6 3	未丁	5 4	丑丁	4 4	未丁	3 6	寅戊	九十
8 2	未丁	7 3	丑丁	6 4	申戊	5 5	寅戊	4 5	申戊	3 7	卯己	十二
8 3	申戊	7 4	寅戊	6 5	酉己	5 6	卯己	4 6	酉己	3 8	辰庚	一廿
8 4	酉己	7 5	卯己	6 6	戌庚	5 7	辰庚	4 7	戌庚	3 9	巳辛	二廿
8 5	戌庚	7 6	辰庚	6 7	亥辛	5 8	巳辛	4 8	亥辛	3 10	午壬	三廿
8 6	亥辛	7 7	巳辛	6 8	子壬	5 9	午壬	4 9	子壬	3 11	未癸	四廿
8 7	子壬	7 8	午壬	6 9	丑癸	5 10	未癸	4 10	丑癸	3 12	申甲	五廿
8 8	丑癸	7 9	未癸	6 10	寅甲	5 11	申甲	4 11	寅甲	3 13	酉乙	六廿
8 9	寅甲	7 10	申甲	6 11	卯乙	5 12	酉乙	4 12	卯乙	3 14	戌丙	七廿
8 10	卯乙	7 11	酉乙	6 12	辰丙	5 13	戌丙	4 13	辰丙	3 15	亥丁	八廿
8 11	辰丙	7 12	戌丙	6 13	巳丁	5 14	亥丁	4 14	巳丁	3 16	子戊	九廿
乙太		7 13	亥丁	易天		5 15	子戊	4 15	午戊	尋搜格落部		十三

月別	月 二 十		月 一 十		月 十		月 九		月 八		月 七	
月柱	丑 乙		子 甲		亥 癸		戌 壬		酉 辛		申 庚	
紫白	紫 九		白 一		黑 二		碧 三		綠 四		黃 五	
節氣時間	1/21	1/6	12/23	12/8	11/23	11/8		10/24	10/9	9/24	9/9	8/24
	六十	一初	六十	一初	六十	一初		五十	九廿	四十	九廿	三十
	15時28分 大寒申時	22時6分 小寒亥時	4時53分 冬至寅時	11時5分 大雪午時	15時54分 小雪申時	18時40分 立冬酉時		18時51分 霜降酉時	16時3分 寒露申時	10時4分 秋分巳時	0時57分 白露子時	12時52分 處暑午時
農曆	曆陽	柱日	曆陽	柱日	曆陽	柱日	曆陽	柱日	曆陽	柱日	曆陽	柱日
初一	1 6	申甲	12 8	卯乙	11 8	酉乙	10 10	辰丙	9 11	亥丁	8 12	巳丁
初二	1 7	酉乙	12 9	辰丙	11 9	戌丙	10 11	巳丁	9 12	子戊	8 13	午戊
初三	1 8	戌丙	12 10	巳丁	11 10	亥丁	10 12	午戊	9 13	丑己	8 14	未己
初四	1 9	亥丁	12 11	午戊	11 11	子戊	10 13	未己	9 14	寅庚	8 15	申庚
初五	1 10	子戊	12 12	未己	11 12	丑己	10 14	申庚	9 15	卯辛	8 16	酉辛
初六	1 11	丑己	12 13	申庚	11 13	寅庚	10 15	酉辛	9 16	辰壬	8 17	戌壬
初七	1 12	寅庚	12 14	酉辛	11 14	卯辛	10 16	戌壬	9 17	巳癸	8 18	亥癸
初八	1 13	卯辛	12 15	戌壬	11 15	辰壬	10 17	亥癸	9 18	午甲	8 19	子甲
初九	1 14	辰壬	12 16	亥癸	11 16	巳癸	10 18	子甲	9 19	未乙	8 20	丑乙
初十	1 15	巳癸	12 17	子甲	11 17	午甲	10 19	丑乙	9 20	申丙	8 21	寅丙
十一	1 16	午甲	12 18	丑乙	11 18	未乙	10 20	寅丙	9 21	酉丁	8 22	卯丁
十二	1 17	未乙	12 19	寅丙	11 19	申丙	10 21	卯丁	9 22	戌戊	8 23	辰戊
十三	1 18	申丙	12 20	卯丁	11 20	酉丁	10 22	辰戊	9 23	亥己	8 24	巳己
十四	1 19	酉丁	12 21	辰戊	11 21	戌戊	10 23	巳己	9 24	子庚	8 25	午庚
十五	1 20	戌戊	12 22	巳己	11 22	亥己	10 24	午庚	9 25	丑辛	8 26	未辛
十六	1 21	亥己	12 23	午庚	11 23	子庚	10 25	未辛	9 26	寅壬	8 27	申壬
十七	1 22	子庚	12 24	未辛	11 24	丑辛	10 26	申壬	9 27	卯癸	8 28	酉癸
十八	1 23	丑辛	12 25	申壬	11 25	寅壬	10 27	酉癸	9 28	辰甲	8 29	戌甲
十九	1 24	寅壬	12 26	酉癸	11 26	卯癸	10 28	戌甲	9 29	巳乙	8 30	亥乙
二十	1 25	卯癸	12 27	戌甲	11 27	辰甲	10 29	亥乙	9 30	午丙	8 31	子丙
廿一	1 26	辰甲	12 28	亥乙	11 28	巳乙	10 30	子丙	10 1	未丁	9 1	丑丁
廿二	1 27	巳乙	12 29	子丙	11 29	午丙	10 31	丑丁	10 2	申戊	9 2	寅戊
廿三	1 28	午丙	12 30	丑丁	11 30	未丁	11 1	寅戊	10 3	酉己	9 3	卯己
廿四	1 29	未丁	12 31	寅戊	12 1	申戊	11 2	卯己	10 4	戌庚	9 4	辰庚
廿五	1 30	申戊	1 1	卯己	12 2	酉己	11 3	辰庚	10 5	亥辛	9 5	巳辛
廿六	1 31	酉己	1 2	辰庚	12 3	戌庚	11 4	巳辛	10 6	子壬	9 6	午壬
廿七	2 1	戌庚	1 3	巳辛	12 4	亥辛	11 5	午壬	10 7	丑癸	9 7	未癸
廿八	2 2	亥辛	1 4	午壬	12 5	子壬	11 6	未癸	10 8	寅甲	9 8	申甲
廿九	2 3	子壬	1 5	未癸	12 6	丑癸	11 7	申甲	10 9	卯乙	9 9	酉乙
三十	2 4	丑癸	乙太		12 7	寅甲	易天		尋搜格落部		9 10	戌丙

西元一九二四年 歲次甲子

月	六	月	五	月	四	月	三	月	二	月	正	別月
未	辛	午	庚	巳	己	辰	戊	卯	丁	寅	丙	柱月
碧	三	綠	四	黃	五	白	六	赤	七	白	八	白紫
/23	7/7	6/22	6/6	5/21	5/6	4/20	4/5	3/21	3/6	2/20	2/5	節氣時間
廿	六初	一廿	五初	八十	三初	七十	二初	七十	二初	六十	一初	
大暑午時	18時29分 小暑酉時	0時59分 夏至子時	8時2分 芒種辰時	16時40分 小滿申時	3時26分 立夏寅時	16時59分 穀雨申時	9時33分 清明巳時	5時20分 春分卯時	4時12分 驚蟄寅時	5時51分 雨水卯時	9時50分 立春巳時	
曆陽	柱日	曆陽	柱日	曆陽	柱日	曆陽	柱日	曆陽	柱日	曆陽	柱日	曆農
2	午壬	6 2	子壬	5 4	未癸	4 4	丑癸	3 5	未癸	2 5	寅甲	一初
3	未癸	6 3	丑癸	5 5	申甲	4 5	寅甲	3 6	申甲	2 6	卯乙	二初
4	申甲	6 4	寅甲	5 6	酉乙	4 6	卯乙	3 7	酉乙	2 7	辰丙	三初
5	酉乙	6 5	卯乙	5 7	戌丙	4 7	辰丙	3 8	戌丙	2 8	巳丁	四初
6	戌丙	6 6	辰丙	5 8	亥丁	4 8	巳丁	3 9	亥丁	2 9	午戊	五初
7	亥丁	6 7	巳丁	5 9	子戊	4 9	午戊	3 10	子戊	2 10	未己	六初
8	子戊	6 8	午戊	5 10	丑己	4 10	未己	3 11	丑己	2 11	申庚	七初
9	丑己	6 9	未己	5 11	寅庚	4 11	申庚	3 12	寅庚	2 12	酉辛	八初
10	寅庚	6 10	申庚	5 12	卯辛	4 12	酉辛	3 13	卯辛	2 13	戌壬	九初
11	卯辛	6 11	酉辛	5 13	辰壬	4 13	戌壬	3 14	辰壬	2 14	亥癸	十初
12	辰壬	6 12	戌壬	5 14	巳癸	4 14	亥癸	3 15	巳癸	2 15	子甲	一十
13	巳癸	6 13	亥癸	5 15	午甲	4 15	子甲	3 16	午甲	2 16	丑乙	二十
14	午甲	6 14	子甲	5 16	未乙	4 16	丑乙	3 17	未乙	2 17	寅丙	三十
15	未乙	6 15	丑乙	5 17	申丙	4 17	寅丙	3 18	申丙	2 18	卯丁	四十
16	申丙	6 16	寅丙	5 18	酉丁	4 18	卯丁	3 19	酉丁	2 19	辰戊	五十
17	酉丁	6 17	卯丁	5 19	戌戊	4 19	辰戊	3 20	戌戊	2 20	巳己	六十
18	戌戊	6 18	辰戊	5 20	亥己	4 20	巳己	3 21	亥己	2 21	午庚	七十
19	亥己	6 19	巳己	5 21	子庚	4 21	午庚	3 22	子庚	2 22	未辛	八十
20	子庚	6 20	午庚	5 22	丑辛	4 22	未辛	3 23	丑辛	2 23	申壬	九十
21	丑辛	6 21	未辛	5 23	寅壬	4 23	申壬	3 24	寅壬	2 24	酉癸	十二
22	寅壬	6 22	申壬	5 24	卯癸	4 24	酉癸	3 25	卯癸	2 25	戌甲	一廿
23	卯癸	6 23	酉癸	5 25	辰甲	4 25	戌甲	3 26	辰甲	2 26	亥乙	二廿
24	辰甲	6 24	戌甲	5 26	巳乙	4 26	亥乙	3 27	巳乙	2 27	子丙	三廿
25	巳乙	6 25	亥乙	5 27	午丙	4 27	子丙	3 28	午丙	2 28	丑丁	四廿
26	午丙	6 26	子丙	5 28	未丁	4 28	丑丁	3 29	未丁	2 29	寅戊	五廿
27	未丁	6 27	丑丁	5 29	申戊	4 29	寅戊	3 30	申戊	3 1	卯己	六廿
28	申戊	6 28	寅戊	5 30	酉己	4 30	卯己	3 31	酉己	3 2	辰庚	七廿
29	酉己	6 29	卯己	5 31	戌庚	5 1	辰庚	4 1	戌庚	3 3	巳辛	八廿
30	戌庚	6 30	辰庚	6 1	亥辛	5 2	巳辛	4 2	亥辛	3 4	午壬	九廿
31	亥辛	7 1	巳辛	乙太		5 3	午壬	4 3	子壬	易天		十三

民國十三年 太歲姓金名赤

納音屬金 生肖屬鼠

年四綠星 箕宿值年

月別	月二十		月一十		月十		月九		月八		月七	
月柱	丑丁		子丙		亥乙		戌甲		酉癸		申壬	
紫白	白六		赤七		白八		紫九		白一		黑二	
節氣時間	1/20	1/6	12/22	12/7	11/22	11/8	10/24	10/8	9/23	9/8	8/23	8/8
	六廿	二十	六廿	一十	六廿	二十	六廿	十初	五廿	十初	三廿	八初
	21時20分 大寒亥時	3時53分 小寒寅時	10時45分 冬至巳時	16時53分 大雪申時	21時46分 小雪亥時	0時29分 立冬子時	0時44分 霜降子時	21時52分 寒露亥時	15時58分 秋分申時	6時46分 白露卯時	18時48分 處暑酉時	4時12分 立秋寅時
農曆	曆陽	柱日	曆陽	柱日	曆陽	柱日	曆陽	柱日	曆陽	柱日	曆陽	柱日
初一	12 26	卯己	11 27	戌庚	10 28	辰庚	9 29	亥辛	8 30	巳辛	8 1	子壬
初二	12 27	辰庚	11 28	亥辛	10 29	巳辛	9 30	子壬	8 31	午壬	8 2	丑癸
初三	12 28	巳辛	11 29	子壬	10 30	午壬	10 1	丑癸	9 1	未癸	8 3	寅甲
初四	12 29	午壬	11 30	丑癸	10 31	未癸	10 2	寅甲	9 2	申甲	8 4	卯乙
初五	12 30	未癸	12 1	寅甲	11 1	申甲	10 3	卯乙	9 3	酉乙	8 5	辰丙
初六	12 31	申甲	12 2	卯乙	11 2	酉乙	10 4	辰丙	9 4	戌丙	8 6	巳丁
初七	1 1	酉乙	12 3	辰丙	11 3	戌丙	10 5	巳丁	9 5	亥丁	8 7	午戊
初八	1 2	戌丙	12 4	巳丁	11 4	亥丁	10 6	午戊	9 6	子戊	8 8	未己
初九	1 3	亥丁	12 5	午戊	11 5	子戊	10 7	未己	9 7	丑己	8 9	申庚
初十	1 4	子戊	12 6	未己	11 6	丑己	10 8	申庚	9 8	寅庚	8 10	酉辛
十一	1 5	丑己	12 7	申庚	11 7	寅庚	10 9	酉辛	9 9	卯辛	8 11	戌壬
十二	1 6	寅庚	12 8	酉辛	11 8	卯辛	10 10	戌壬	9 10	辰壬	8 12	亥癸
十三	1 7	卯辛	12 9	戌壬	11 9	辰壬	10 11	亥癸	9 11	巳癸	8 13	子甲
十四	1 8	辰壬	12 10	亥癸	11 10	巳癸	10 12	子甲	9 12	午甲	8 14	丑乙
十五	1 9	巳癸	12 11	子甲	11 11	午甲	10 13	丑乙	9 13	未乙	8 15	寅丙
十六	1 10	午甲	12 12	丑乙	11 12	未乙	10 14	寅丙	9 14	申丙	8 16	卯丁
十七	1 11	未乙	12 13	寅丙	11 13	申丙	10 15	卯丁	9 15	酉丁	8 17	辰戊
十八	1 12	申丙	12 14	卯丁	11 14	酉丁	10 16	辰戊	9 16	戌戊	8 18	巳己
十九	1 13	酉丁	12 15	辰戊	11 15	戌戊	10 17	巳己	9 17	亥己	8 19	午庚
二十	1 14	戌戊	12 16	巳己	11 16	亥己	10 18	午庚	9 18	子庚	8 20	未辛
廿一	1 15	亥己	12 17	午庚	11 17	子庚	10 19	未辛	9 19	丑辛	8 21	申壬
廿二	1 16	子庚	12 18	未辛	11 18	丑辛	10 20	申壬	9 20	寅壬	8 22	酉癸
廿三	1 17	丑辛	12 19	申壬	11 19	寅壬	10 21	酉癸	9 21	卯癸	8 23	戌甲
廿四	1 18	寅壬	12 20	酉癸	11 20	卯癸	10 22	戌甲	9 22	辰甲	8 24	亥乙
廿五	1 19	卯癸	12 21	戌甲	11 21	辰甲	10 23	亥乙	9 23	巳乙	8 25	子丙
廿六	1 20	辰甲	12 22	亥乙	11 22	巳乙	10 24	子丙	9 24	午丙	8 26	丑丁
廿七	1 21	巳乙	12 23	子丙	11 23	午丙	10 25	丑丁	9 25	未丁	8 27	寅戊
廿八	1 22	午丙	12 24	丑丁	11 24	未丁	10 26	寅戊	9 26	申戊	8 28	卯己
廿九	1 23	未丁	12 25	寅戊	11 25	申戊	10 27	卯己	9 27	酉己	8 29	辰庚
三十	乙太		易天		11 26	酉己	業事化文乙太		9 28	戌庚	尋搜格落部	

西元一九二五年 歲次乙丑

民國十四年
太歲姓陳名泰

納音屬金
生肖屬牛

年三碧星
斗宿值年

月六		月五		月四閏		月四		月三		月二		月正		別月
未癸		午壬				巳辛		辰庚		卯己		寅戊		柱月
紫九		白一				黑二		碧三		綠四		黃五		白紫
/8	7/23	7/8	6/22		6/6	5/21	5/6	4/20	4/5	3/21	3/6	2/19	2/4	節氣時間
十	三初	八十	二初		六十	九廿	四十	八廿	三十	七廿	二十	七廿	二十	
立秋巳時	17時45分 大暑酉時	0時25分 小暑子時	6時50分 夏至卯時		13時56分 芒種未時	22時33分 小滿亥時	9時18分 立夏巳時	22時51分 穀雨亥時	15時22分 清明申時	11時12分 春分午時	10時0分 驚蟄巳時	11時43分 雨水午時	15時37分 立春申時	
曆陽	柱日	曆陽	柱日	曆陽	柱日	曆陽	柱日	曆陽	柱日	曆陽	柱日	曆陽	柱日	曆農
21	午丙	6 21	子丙	5 22	午丙	4 23	丑丁	3 24	未丁	2 23	寅戊	1 24	申戊	一初
22	未丁	6 22	丑丁	5 23	未丁	4 24	寅戊	3 25	申戊	2 24	卯己	1 25	酉己	二初
23	申戊	6 23	寅戊	5 24	申戊	4 25	卯己	3 26	酉己	2 25	辰庚	1 26	戌庚	三初
24	酉己	6 24	卯己	5 25	酉己	4 26	辰庚	3 27	戌庚	2 26	巳辛	1 27	亥辛	四初
25	戌庚	6 25	辰庚	5 26	戌庚	4 27	巳辛	3 28	亥辛	2 27	午壬	1 28	子壬	五初
26	亥辛	6 26	巳辛	5 27	亥辛	4 28	午壬	3 29	子壬	2 28	未癸	1 29	丑癸	六初
27	子壬	6 27	午壬	5 28	子壬	4 29	未癸	3 30	丑癸	3 1	申甲	1 30	寅甲	七初
28	丑癸	6 28	未癸	5 29	丑癸	4 30	申甲	3 31	寅甲	3 2	酉乙	1 31	卯乙	八初
29	寅甲	6 29	申甲	5 30	寅甲	5 1	酉乙	4 1	卯乙	3 3	戌丙	2 1	辰丙	九初
30	卯乙	6 30	酉乙	5 31	卯乙	5 2	戌丙	4 2	辰丙	3 4	亥丁	2 2	巳丁	十初
31	辰丙	7 1	戌丙	6 1	辰丙	5 3	亥丁	4 3	巳丁	3 5	子戊	2 3	午戊	一十
1	巳丁	7 2	亥丁	6 2	巳丁	5 4	子戊	4 4	午戊	3 6	丑己	2 4	未己	二十
2	午戊	7 3	子戊	6 3	午戊	5 5	丑己	4 5	未己	3 7	寅庚	2 5	申庚	三十
3	未己	7 4	丑己	6 4	未己	5 6	寅庚	4 6	申庚	3 8	卯辛	2 6	酉辛	四十
4	申庚	7 5	寅庚	6 5	申庚	5 7	卯辛	4 7	酉辛	3 9	辰壬	2 7	戌壬	五十
5	酉辛	7 6	卯辛	6 6	酉辛	5 8	辰壬	4 8	戌壬	3 10	巳癸	2 8	亥癸	六十
6	戌壬	7 7	辰壬	6 7	戌壬	5 9	巳癸	4 9	亥癸	3 11	午甲	2 9	子甲	七十
7	亥癸	7 8	巳癸	6 8	亥癸	5 10	午甲	4 10	子甲	3 12	未乙	2 10	丑乙	八十
8	子甲	7 9	午甲	6 9	子甲	5 11	未乙	4 11	丑乙	3 13	申丙	2 11	寅丙	九十
9	丑乙	7 10	未乙	6 10	丑乙	5 12	申丙	4 12	寅丙	3 14	酉丁	2 12	卯丁	十二
10	寅丙	7 11	申丙	6 11	寅丙	5 13	酉丁	4 13	卯丁	3 15	戌戊	2 13	辰戊	一廿
11	卯丁	7 12	酉丁	6 12	卯丁	5 14	戌戊	4 14	辰戊	3 16	亥己	2 14	巳己	二廿
12	辰戊	7 13	戌戊	6 13	辰戊	5 15	亥己	4 15	巳己	3 17	子庚	2 15	午庚	三廿
13	巳己	7 14	亥己	6 14	巳己	5 16	子庚	4 16	午庚	3 18	丑辛	2 16	未辛	四廿
14	午庚	7 15	子庚	6 15	午庚	5 17	丑辛	4 17	未辛	3 19	寅壬	2 17	申壬	五廿
15	未辛	7 16	丑辛	6 16	未辛	5 18	寅壬	4 18	申壬	3 20	卯癸	2 18	酉癸	六廿
16	申壬	7 17	寅壬	6 17	申壬	5 19	卯癸	4 19	酉癸	3 21	辰甲	2 19	戌甲	七廿
17	酉癸	7 18	卯癸	6 18	酉癸	5 20	辰甲	4 20	戌甲	3 22	巳乙	2 20	亥乙	八廿
18	戌甲	7 19	辰甲	6 19	戌甲	5 21	巳乙	4 21	亥乙	3 23	午丙	2 21	子丙	九廿
乙太		7 20	巳乙	6 20	亥乙	易天		4 22	子丙	尋搜格落部		2 22	丑丁	十三

月別	月 二 十		月 一 十		月 十		月 九		月 八		月 七	
月柱	丑 己		子 戊		亥 丁		戌 丙		酉 乙		申 甲	
紫白	碧 三		綠 四		黃 五		白 六		赤 七		白 八	
節氣時間	2/4	1/21	1/6	12/22	12/7	11/23	11/8	10/24	10/9	9/23	9/8	8/24
	二廿	八初	二廿	七初	二廿	八初	二廿	七初	二廿	六初	一廿	六初
	21時38分 立春亥時	3時12分 大寒寅時	9時54分 小寒巳時	16時37分 冬至申時	22時52分 大雪亥時	3時35分 小雪寅時	6時26分 立冬卯時	6時31分 霜降卯時	3時47分 寒露寅時	21時43分 秋分亥時	12時40分 白露午時	0時33分 處暑子時
農曆	曆陽	柱日	曆陽	柱日	曆陽	柱日	曆陽	柱日	曆陽	柱日	曆陽	柱日
初一	1 14	卯癸	12 16	戌甲	11 16	辰甲	10 18	亥乙	9 18	巳乙	8 19	亥乙
初二	1 15	辰甲	12 17	亥乙	11 17	巳乙	10 19	子丙	9 19	午丙	8 20	子丙
初三	1 16	巳乙	12 18	子丙	11 18	午丙	10 20	丑丁	9 20	未丁	8 21	丑丁
初四	1 17	午丙	12 19	丑丁	11 19	未丁	10 21	寅戊	9 21	申戊	8 22	寅戊
初五	1 18	未丁	12 20	寅戊	11 20	申戊	10 22	卯己	9 22	酉己	8 23	卯己
初六	1 19	申戊	12 21	卯己	11 21	酉己	10 23	辰庚	9 23	戌庚	8 24	辰庚
初七	1 20	酉己	12 22	辰庚	11 22	戌庚	10 24	巳辛	9 24	亥辛	8 25	巳辛
初八	1 21	戌庚	12 23	巳辛	11 23	亥辛	10 25	午壬	9 25	子壬	8 26	午壬
初九	1 22	亥辛	12 24	午壬	11 24	子壬	10 26	未癸	9 26	丑癸	8 27	未癸
初十	1 23	子壬	12 25	未癸	11 25	丑癸	10 27	申甲	9 27	寅甲	8 28	申甲
十一	1 24	丑癸	12 26	申甲	11 26	寅甲	10 28	酉乙	9 28	卯乙	8 29	酉乙
十二	1 25	寅甲	12 27	酉乙	11 27	卯乙	10 29	戌丙	9 29	辰丙	8 30	戌丙
十三	1 26	卯乙	12 28	戌丙	11 28	辰丙	10 30	亥丁	9 30	巳丁	8 31	亥丁
十四	1 27	辰丙	12 29	亥丁	11 29	巳丁	10 31	子戊	10 1	午戊	9 1	子戊
十五	1 28	巳丁	12 30	子戊	11 30	午戊	11 1	丑己	10 2	未己	9 2	丑己
十六	1 29	午戊	12 31	丑己	12 1	未己	11 2	寅庚	10 3	申庚	9 3	寅庚
十七	1 30	未己	1 1	寅庚	12 2	申庚	11 3	卯辛	10 4	酉辛	9 4	卯辛
十八	1 31	申庚	1 2	卯辛	12 3	酉辛	11 4	辰壬	10 5	戌壬	9 5	辰壬
十九	2 1	酉辛	1 3	辰壬	12 4	戌壬	11 5	巳癸	10 6	亥癸	9 6	巳癸
二十	2 2	戌壬	1 4	巳癸	12 5	亥癸	11 6	午甲	10 7	子甲	9 7	午甲
廿一	2 3	亥癸	1 5	午甲	12 6	子甲	11 7	未乙	10 8	丑乙	9 8	未乙
廿二	2 4	子甲	1 6	未乙	12 7	丑乙	11 8	申丙	10 9	寅丙	9 9	申丙
廿三	2 5	丑乙	1 7	申丙	12 8	寅丙	11 9	酉丁	10 10	卯丁	9 10	酉丁
廿四	2 6	寅丙	1 8	酉丁	12 9	卯丁	11 10	戌戊	10 11	辰戊	9 11	戌戊
廿五	2 7	卯丁	1 9	戌戊	12 10	辰戊	11 11	亥己	10 12	巳己	9 12	亥己
廿六	2 8	辰戊	1 10	亥己	12 11	巳己	11 12	子庚	10 13	午庚	9 13	子庚
廿七	2 9	巳己	1 11	子庚	12 12	午庚	11 13	丑辛	10 14	未辛	9 14	丑辛
廿八	2 10	午庚	1 12	丑辛	12 13	未辛	11 14	寅壬	10 15	申壬	9 15	寅壬
廿九	2 11	未辛	1 13	寅壬	12 14	申壬	11 15	卯癸	10 16	酉癸	9 16	卯癸
三十	2 12	申壬	乙太		12 15	酉癸	易天		10 17	戌甲	9 17	辰甲

西元一九二六年 歲次丙寅

民國十五年

太歲姓沈名興

納音屬火

生肖屬虎

年二黑星

牛宿值年

月別	正月		二月		三月		四月		五月		六月	
月柱	庚寅		辛卯		壬辰		癸巳		甲午		乙未	
紫白	二黑		一白		九紫		八白		七赤		六白	
節氣時間	2/19	3/6	3/21	4/5	4/21	5/6	5/22	6/6	6/22	7/8	7/23	
	初七	廿二	初八	廿三	初十	廿五	十一	廿六	十三	廿九	十四	
	雨水酉時 17時35分	驚蟄申時 16時0分	春分酉時 17時1分	清明亥時 21時18分	穀雨寅時 4時36分	立夏申時 15時8分	小滿寅時 4時14分	芒種戌時 19時42分	夏至午時 12時30分	小暑卯時 6時6分	大暑子時 23時25分	
農曆	日柱	陽曆	日柱	陽曆	日柱	陽曆	日柱	陽曆	日柱	陽曆	日柱	陽曆
初一	癸酉	2 13	壬寅	3 14	辛未	4 12	辛丑	5 12	庚午	6 10	庚子	10
初二	甲戌	2 14	癸卯	3 15	壬申	4 13	壬寅	5 13	辛未	6 11	辛丑	11
初三	乙亥	2 15	甲辰	3 16	癸酉	4 14	癸卯	5 14	壬申	6 12	壬寅	12
初四	丙子	2 16	乙巳	3 17	甲戌	4 15	甲辰	5 15	癸酉	6 13	癸卯	13
初五	丁丑	2 17	丙午	3 18	乙亥	4 16	乙巳	5 16	甲戌	6 14	甲辰	14
初六	戊寅	2 18	丁未	3 19	丙子	4 17	丙午	5 17	乙亥	6 15	乙巳	15
初七	己卯	2 19	戊申	3 20	丁丑	4 18	丁未	5 18	丙子	6 16	丙午	16
初八	庚辰	2 20	己酉	3 21	戊寅	4 19	戊申	5 19	丁丑	6 17	丁未	17
初九	辛巳	2 21	庚戌	3 22	己卯	4 20	己酉	5 20	戊寅	6 18	戊申	18
初十	壬午	2 22	辛亥	3 23	庚辰	4 21	庚戌	5 21	己卯	6 19	己酉	19
十一	癸未	2 23	壬子	3 24	辛巳	4 22	辛亥	5 22	庚辰	6 20	庚戌	20
十二	甲申	2 24	癸丑	3 25	壬午	4 23	壬子	5 23	辛巳	6 21	辛亥	21
十三	乙酉	2 25	甲寅	3 26	癸未	4 24	癸丑	5 24	壬午	6 22	壬子	22
十四	丙戌	2 26	乙卯	3 27	甲申	4 25	甲寅	5 25	癸未	6 23	癸丑	23
十五	丁亥	2 27	丙辰	3 28	乙酉	4 26	乙卯	5 26	甲申	6 24	甲寅	24
十六	戊子	2 28	丁巳	3 29	丙戌	4 27	丙辰	5 27	乙酉	6 25	乙卯	25
十七	己丑	3 1	戊午	3 30	丁亥	4 28	丁巳	5 28	丙戌	6 26	丙辰	26
十八	庚寅	3 2	己未	3 31	戊子	4 29	戊午	5 29	丁亥	6 27	丁巳	27
十九	辛卯	3 3	庚申	4 1	己丑	4 30	己未	5 30	戊子	6 28	戊午	28
二十	壬辰	3 4	辛酉	4 2	庚寅	5 1	庚申	5 31	己丑	6 29	己未	29
廿一	癸巳	3 5	壬戌	4 3	辛卯	5 2	辛酉	6 1	庚寅	6 30	庚申	30
廿二	甲午	3 6	癸亥	4 4	壬辰	5 3	壬戌	6 2	辛卯	7 1	辛酉	31
廿三	乙未	3 7	甲子	4 5	癸巳	5 4	癸亥	6 3	壬辰	7 2	壬戌	1
廿四	丙申	3 8	乙丑	4 6	甲午	5 5	甲子	6 4	癸巳	7 3	癸亥	2
廿五	丁酉	3 9	丙寅	4 7	乙未	5 6	乙丑	6 5	甲午	7 4	甲子	3
廿六	戊戌	3 10	丁卯	4 8	丙申	5 7	丙寅	6 6	乙未	7 5	乙丑	4
廿七	己亥	3 11	戊辰	4 9	丁酉	5 8	丁卯	6 7	丙申	7 6	丙寅	5
廿八	庚子	3 12	己巳	4 10	戊戌	5 9	戊辰	6 8	丁酉	7 7	丁卯	6
廿九	辛丑	3 13	庚午	4 11	己亥	5 10	己巳	6 9	戊戌	7 8	戊辰	7
三十	部落格搜尋		太乙文化事業		庚子	5 11	天易		己亥	7 9	太乙	

月別	月 二 十		月 一 十		月 十		月 九		月 八		月 七	
月柱	丑 辛		子 庚		亥 己		戌 戊		酉 丁		申 丙	
紫白	紫 九		白 一		黑 二		碧 三		綠 四		黃 五	
節氣時間	1/21	1/6	12/22	12/8	11/23	11/8	10/24	10/9	9/24	9/8	8/24	8/8
	八十	三初	八十	四初	九十	四初	八十	三初	八十	二初	七十	一初
	9時12分 大寒巳時	15時45分 小寒申時	22時33分 冬至亥時	4時39分 大雪寅時	9時28分 小雪巳時	12時8分 立冬午時	12時18分 霜降午時	9時25分 寒露巳時	3時27分 秋分寅時	18時16分 白露酉時	6時14分 處暑卯時	15時44分 立秋申時
農曆	曆陽	柱日	曆陽	柱日	曆陽	柱日	曆陽	柱日	曆陽	柱日	曆陽	柱日
初一	1 4	戌戊	12 5	辰戊	11 5	戌戊	10 7	巳己	9 7	亥己	8 8	巳己
初二	1 5	亥己	12 6	巳己	11 6	亥己	10 8	午庚	9 8	子庚	8 9	午庚
初三	1 6	子庚	12 7	午庚	11 7	子庚	10 9	未辛	9 9	丑辛	8 10	未辛
初四	1 7	丑辛	12 8	未辛	11 8	丑辛	10 10	申壬	9 10	寅壬	8 11	申壬
初五	1 8	寅壬	12 9	申壬	11 9	寅壬	10 11	酉癸	9 11	卯癸	8 12	酉癸
初六	1 9	卯癸	12 10	酉癸	11 10	卯癸	10 12	戌甲	9 12	辰甲	8 13	戌甲
初七	1 10	辰甲	12 11	戌甲	11 11	辰甲	10 13	亥乙	9 13	巳乙	8 14	亥乙
初八	1 11	巳乙	12 12	亥乙	11 12	巳乙	10 14	子丙	9 14	午丙	8 15	子丙
初九	1 12	午丙	12 13	子丙	11 13	午丙	10 15	丑丁	9 15	未丁	8 16	丑丁
初十	1 13	未丁	12 14	丑丁	11 14	未丁	10 16	寅戊	9 16	申戊	8 17	寅戊
十一	1 14	申戊	12 15	寅戊	11 15	申戊	10 17	卯己	9 17	酉己	8 18	卯己
十二	1 15	酉己	12 16	卯己	11 16	酉己	10 18	辰庚	9 18	戌庚	8 19	辰庚
十三	1 16	戌庚	12 17	辰庚	11 17	戌庚	10 19	巳辛	9 19	亥辛	8 20	巳辛
十四	1 17	亥辛	12 18	巳辛	11 18	亥辛	10 20	午壬	9 20	子壬	8 21	午壬
十五	1 18	子壬	12 19	午壬	11 19	子壬	10 21	未癸	9 21	丑癸	8 22	未癸
十六	1 19	丑癸	12 20	未癸	11 20	丑癸	10 22	申甲	9 22	寅甲	8 23	申甲
十七	1 20	寅甲	12 21	申甲	11 21	寅甲	10 23	酉乙	9 23	卯乙	8 24	酉乙
十八	1 21	卯乙	12 22	酉乙	11 22	卯乙	10 24	戌丙	9 24	辰丙	8 25	戌丙
十九	1 22	辰丙	12 23	戌丙	11 23	辰丙	10 25	亥丁	9 25	巳丁	8 26	亥丁
二十	1 23	巳丁	12 24	亥丁	11 24	巳丁	10 26	子戊	9 26	午戊	8 27	子戊
廿一	1 24	午戊	12 25	子戊	11 25	午戊	10 27	丑己	9 27	未己	8 28	丑己
廿二	1 25	未己	12 26	丑己	11 26	未己	10 28	寅庚	9 28	申庚	8 29	寅庚
廿三	1 26	申庚	12 27	寅庚	11 27	申庚	10 29	卯辛	9 29	酉辛	8 30	卯辛
廿四	1 27	酉辛	12 28	卯辛	11 28	酉辛	10 30	辰壬	9 30	戌壬	8 31	辰壬
廿五	1 28	戌壬	12 29	辰壬	11 29	戌壬	10 31	巳癸	10 1	亥癸	9 1	巳癸
廿六	1 29	亥癸	12 30	巳癸	11 30	亥癸	11 1	午甲	10 2	子甲	9 2	午甲
廿七	1 30	子甲	12 31	午甲	12 1	子甲	11 2	未乙	10 3	丑乙	9 3	未乙
廿八	1 31	丑乙	1 1	未乙	12 2	丑乙	11 3	申丙	10 4	寅丙	9 4	申丙
廿九	2 1	寅丙	1 2	申丙	12 3	寅丙	11 4	酉丁	10 5	卯丁	9 5	酉丁
三十	乙太		1 3	酉丁	12 4	卯丁	易天		10 6	辰戊	9 6	戌戊

西元一九二七年 歲次丁卯

民國十六年

太歲姓耿名章

納音屬火

生肖屬兔

年一白星

女宿值年

月六		月五		月四		月三		月二		月正		別月
未丁		午丙		巳乙		辰甲		卯癸		寅壬		柱月
碧三		綠四		黃五		白六		赤七		白八		白紫
/24	7/8	6/22	6/7	5/22	5/6	4/21	4/6	3/21	3/6	2/19	2/5	節氣時間
六廿	十初	三廿	八初	二廿	六初	十二	五初	八十	三初	八十	四初	
大暑卯時	11時50分 小暑午時	18時22分 夏至酉時	1時25分 芒種丑時	10時8分 小滿巳時	20時53分 立夏戌時	10時32分 穀雨巳時	3時6分 清明寅時	22時59分 春分亥時	21時50分 驚蟄亥時	23時34分 雨水子時	3時30分 立春寅時	
曆陽	柱日	曆陽	柱日	曆陽	柱日	曆陽	柱日	曆陽	柱日	曆陽	柱日	曆農
29	午甲	5 31	丑乙	5 1	未乙	4 2	寅丙	3 4	酉丁	2 2	卯丁	一初
30	未乙	6 1	寅丙	5 2	申丙	4 3	卯丁	3 5	戌戊	2 3	辰戊	二初
1	申丙	6 2	卯丁	5 3	酉丁	4 4	辰戊	3 6	亥己	2 4	巳己	三初
2	酉丁	6 3	辰戊	5 4	戌戊	4 5	巳己	3 7	子庚	2 5	午庚	四初
3	戌戊	6 4	巳己	5 5	亥己	4 6	午庚	3 8	丑辛	2 6	未辛	五初
4	亥己	6 5	午庚	5 6	子庚	4 7	未辛	3 9	寅壬	2 7	申壬	六初
5	子庚	6 6	未辛	5 7	丑辛	4 8	申壬	3 10	卯癸	2 8	酉癸	七初
6	丑辛	6 7	申壬	5 8	寅壬	4 9	酉癸	3 11	辰甲	2 9	戌甲	八初
7	寅壬	6 8	酉癸	5 9	卯癸	4 10	戌甲	3 12	巳乙	2 10	亥乙	九初
8	卯癸	6 9	戌甲	5 10	辰甲	4 11	亥乙	3 13	午丙	2 11	子丙	十初
9	辰甲	6 10	亥乙	5 11	巳乙	4 12	子丙	3 14	未丁	2 12	丑丁	一十
10	巳乙	6 11	子丙	5 12	午丙	4 13	丑丁	3 15	申戊	2 13	寅戊	二十
11	午丙	6 12	丑丁	5 13	未丁	4 14	寅戊	3 16	酉己	2 14	卯己	三十
12	未丁	6 13	寅戊	5 14	申戊	4 15	卯己	3 17	戌庚	2 15	辰庚	四十
13	申戊	6 14	卯己	5 15	酉己	4 16	辰庚	3 18	亥辛	2 16	巳辛	五十
14	酉己	6 15	辰庚	5 16	戌庚	4 17	巳辛	3 19	子壬	2 17	午壬	六十
15	戌庚	6 16	巳辛	5 17	亥辛	4 18	午壬	3 20	丑癸	2 18	未癸	七十
16	亥辛	6 17	午壬	5 18	子壬	4 19	未癸	3 21	寅甲	2 19	申甲	八十
17	子壬	6 18	未癸	5 19	丑癸	4 20	申甲	3 22	卯乙	2 20	酉乙	九十
18	丑癸	6 19	申甲	5 20	寅甲	4 21	酉乙	3 23	辰丙	2 21	戌丙	十二
19	寅甲	6 20	酉乙	5 21	卯乙	4 22	戌丙	3 24	巳丁	2 22	亥丁	一廿
20	卯乙	6 21	戌丙	5 22	辰丙	4 23	亥丁	3 25	午戊	2 23	子戊	二廿
21	辰丙	6 22	亥丁	5 23	巳丁	4 24	子戊	3 26	未己	2 24	丑己	三廿
22	巳丁	6 23	子戊	5 24	午戊	4 25	丑己	3 27	申庚	2 25	寅庚	四廿
23	午戊	6 24	丑己	5 25	未己	4 26	寅庚	3 28	酉辛	2 26	卯辛	五廿
24	未己	6 25	寅庚	5 26	申庚	4 27	卯辛	3 29	戌壬	2 27	辰壬	六廿
25	申庚	6 26	卯辛	5 27	酉辛	4 28	辰壬	3 30	亥癸	2 28	巳癸	七廿
26	酉辛	6 27	辰壬	5 28	戌壬	4 29	巳癸	3 31	子甲	3 1	午甲	八廿
27	戌壬	6 28	巳癸	5 29	亥癸	4 30	午甲	4 1	丑乙	3 2	未乙	九廿
28	亥癸	乙太		5 30	子甲	易天		尋搜格落部		3 3	申丙	十三

月別	月二十		月一十		月十		月九		月八		月七	
月柱	丑癸		子壬		亥辛		戌庚		酉己		申戊	
紫白	白六		赤七		白八		紫九		白一		黑二	
節氣時間	1/21	1/6	12/23	12/8	11/23	11/8	10/24	10/9	9/24	9/9	8/24	8/8
	九廿	四十	十三	五十	十三	五十	九廿	四十	九廿	四十	七廿	一十
	14時57分 大寒未時	21時31分 小寒亥時	4時18分 冬至寅時	10時26分 大雪巳時	15時14分 小雪申時	17時57分 立冬酉時	18時7分 霜降酉時	15時15分 寒露申時	9時17分 秋分巳時	0時5分 白露子時	12時5分 處暑午時	21時31分 立秋亥時
農曆	曆陽	柱日	曆陽	柱日	曆陽	柱日	曆陽	柱日	曆陽	柱日	曆陽	柱日
初一	12 24	辰壬	11 24	戌壬	10 25	辰壬	9 26	亥癸	8 27	巳癸	7 29	子甲
初二	12 25	巳癸	11 25	亥癸	10 26	巳癸	9 27	子甲	8 28	午甲	7 30	丑乙
初三	12 26	午甲	11 26	子甲	10 27	午甲	9 28	丑乙	8 29	未乙	7 31	寅丙
初四	12 27	未乙	11 27	丑乙	10 28	未乙	9 29	寅丙	8 30	申丙	8 1	卯丁
初五	12 28	申丙	11 28	寅丙	10 29	申丙	9 30	卯丁	8 31	酉丁	8 2	辰戊
初六	12 29	酉丁	11 29	卯丁	10 30	酉丁	10 1	辰戊	9 1	戌戊	8 3	巳己
初七	12 30	戌戊	11 30	辰戊	10 31	戌戊	10 2	巳己	9 2	亥己	8 4	午庚
初八	12 31	亥己	12 1	巳己	11 1	亥己	10 3	午庚	9 3	子庚	8 5	未辛
初九	1 1	子庚	12 2	午庚	11 2	子庚	10 4	未辛	9 4	丑辛	8 6	申壬
初十	1 2	丑辛	12 3	未辛	11 3	丑辛	10 5	申壬	9 5	寅壬	8 7	酉癸
十一	1 3	寅壬	12 4	申壬	11 4	寅壬	10 6	酉癸	9 6	卯癸	8 8	戌甲
十二	1 4	卯癸	12 5	酉癸	11 5	卯癸	10 7	戌甲	9 7	辰甲	8 9	亥乙
十三	1 5	辰甲	12 6	戌甲	11 6	辰甲	10 8	亥乙	9 8	巳乙	8 10	子丙
十四	1 6	巳乙	12 7	亥乙	11 7	巳乙	10 9	子丙	9 9	午丙	8 11	丑丁
十五	1 7	午丙	12 8	子丙	11 8	午丙	10 10	丑丁	9 10	未丁	8 12	寅戊
十六	1 8	未丁	12 9	丑丁	11 9	未丁	10 11	寅戊	9 11	申戊	8 13	卯己
十七	1 9	申戊	12 10	寅戊	11 10	申戊	10 12	卯己	9 12	酉己	8 14	辰庚
十八	1 10	酉己	12 11	卯己	11 11	酉己	10 13	辰庚	9 13	戌庚	8 15	巳辛
十九	1 11	戌庚	12 12	辰庚	11 12	戌庚	10 14	巳辛	9 14	亥辛	8 16	午壬
二十	1 12	亥辛	12 13	巳辛	11 13	亥辛	10 15	午壬	9 15	子壬	8 17	未癸
廿一	1 13	子壬	12 14	午壬	11 14	子壬	10 16	未癸	9 16	丑癸	8 18	申甲
廿二	1 14	丑癸	12 15	未癸	11 15	丑癸	10 17	申甲	9 17	寅甲	8 19	酉乙
廿三	1 15	寅甲	12 16	申甲	11 16	寅甲	10 18	酉乙	9 18	卯乙	8 20	戌丙
廿四	1 16	卯乙	12 17	酉乙	11 17	卯乙	10 19	戌丙	9 19	辰丙	8 21	亥丁
廿五	1 17	辰丙	12 18	戌丙	11 18	辰丙	10 20	亥丁	9 20	巳丁	8 22	子戊
廿六	1 18	巳丁	12 19	亥丁	11 19	巳丁	10 21	子戊	9 21	午戊	8 23	丑己
廿七	1 19	午戊	12 20	子戊	11 20	午戊	10 22	丑己	9 22	未己	8 24	寅庚
廿八	1 20	未己	12 21	丑己	11 21	未己	10 23	寅庚	9 23	申庚	8 25	卯辛
廿九	1 21	申庚	12 22	寅庚	11 22	申庚	10 24	卯辛	9 24	酉辛	8 26	辰壬
三十	1 22	酉辛	12 23	卯辛	11 23	酉辛	乙太		9 25	戌壬	易天	

西元一九二八年 歲次戊辰

民國十七年 太歲姓趙名達

納音屬木 生肖屬龍

年九紫星 虛宿值年

月六		月五		月四		月三		月二閏		月二		月正		別月
未己		午戊		巳丁		辰丙				卯乙		寅甲		柱月
紫九		白一		黑二		碧三				綠四		黃五		白紫
/8	7/23	7/7	6/22	6/6	5/21	5/6	4/20		4/5	3/21	3/6	2/20	2/5	節氣時間
廿	七初	十二	五初	九十	三初	七十	一初		五十	十三	五十	九廿	四十	
立秋寅時	11時2分 大暑午時	17時44分 小暑酉時	0時6分 夏至子時	7時17分 芒種辰時	15時52分 小滿申時	2時43分 立夏丑時	16時17分 穀雨申時		8時55分 清明辰時	4時44分 春分寅時	3時37分 驚蟄寅時	5時19分 雨水卯時	9時16分 立春巳時	
陽	柱日	曆陽	柱日	曆陽	柱日	曆陽	柱日	曆陽	柱日	曆陽	柱日	曆陽	柱日	曆農
17	午戊	6 18	丑己	5 19	未己	4 20	寅庚	3 22	酉辛	2 21	卯辛	1 23	戌壬	一初
18	未己	6 19	寅庚	5 20	申庚	4 21	卯辛	3 23	戌壬	2 22	辰壬	1 24	亥癸	二初
19	申庚	6 20	卯辛	5 21	酉辛	4 22	辰壬	3 24	亥癸	2 23	巳癸	1 25	子甲	三初
20	酉辛	6 21	辰壬	5 22	戌壬	4 23	巳癸	3 25	子甲	2 24	午甲	1 26	丑乙	四初
21	戌壬	6 22	巳癸	5 23	亥癸	4 24	午甲	3 26	丑乙	2 25	未乙	1 27	寅丙	五初
22	亥癸	6 23	午甲	5 24	子甲	4 25	未乙	3 27	寅丙	2 26	申丙	1 28	卯丁	六初
23	子甲	6 24	未乙	5 25	丑乙	4 26	申丙	3 28	卯丁	2 27	酉丁	1 29	辰戊	七初
24	丑乙	6 25	申丙	5 26	寅丙	4 27	酉丁	3 29	辰戊	2 28	戌戊	1 30	巳己	八初
25	寅丙	6 26	酉丁	5 27	卯丁	4 28	戌戊	3 30	巳己	2 29	亥己	1 31	午庚	九初
26	卯丁	6 27	戌戊	5 28	辰戊	4 29	亥己	3 31	午庚	3 1	子庚	2 1	未辛	十初
27	辰戊	6 28	亥己	5 29	巳己	4 30	子庚	4 1	未辛	3 2	丑辛	2 2	申壬	一十
28	巳己	6 29	子庚	5 30	午庚	5 1	丑辛	4 2	申壬	3 3	寅壬	2 3	酉癸	二十
29	午庚	6 30	丑辛	5 31	未辛	5 2	寅壬	4 3	酉癸	3 4	卯癸	2 4	戌甲	三十
30	未辛	7 1	寅壬	6 1	申壬	5 3	卯癸	4 4	戌甲	3 5	辰甲	2 5	亥乙	四十
31	申壬	7 2	卯癸	6 2	酉癸	5 4	辰甲	4 5	亥乙	3 6	巳乙	2 6	子丙	五十
1	酉癸	7 3	辰甲	6 3	戌甲	5 5	巳乙	4 6	子丙	3 7	午丙	2 7	丑丁	六十
2	戌甲	7 4	巳乙	6 4	亥乙	5 6	午丙	4 7	丑丁	3 8	未丁	2 8	寅戊	七十
3	亥乙	7 5	午丙	6 5	子丙	5 7	未丁	4 8	寅戊	3 9	申戊	2 9	卯己	八十
4	子丙	7 6	未丁	6 6	丑丁	5 8	申戊	4 9	卯己	3 10	酉己	2 10	辰庚	九十
5	丑丁	7 7	申戊	6 7	寅戊	5 9	酉己	4 10	辰庚	3 11	戌庚	2 11	巳辛	十二
6	寅戊	7 8	酉己	6 8	卯己	5 10	戌庚	4 11	巳辛	3 12	亥辛	2 12	午壬	一廿
7	卯己	7 9	戌庚	6 9	辰庚	5 11	亥辛	4 12	午壬	3 13	子壬	2 13	未癸	二廿
8	辰庚	7 10	亥辛	6 10	巳辛	5 12	子壬	4 13	未癸	3 14	丑癸	2 14	申甲	三廿
9	巳辛	7 11	子壬	6 11	午壬	5 13	丑癸	4 14	申甲	3 15	寅甲	2 15	酉乙	四廿
10	午壬	7 12	丑癸	6 12	未癸	5 14	寅甲	4 15	酉乙	3 16	卯乙	2 16	戌丙	五廿
11	未癸	7 13	寅甲	6 13	申甲	5 15	卯乙	4 16	戌丙	3 17	辰丙	2 17	亥丁	六廿
12	申甲	7 14	卯乙	6 14	酉乙	5 16	辰丙	4 17	亥丁	3 18	巳丁	2 18	子戊	七廿
13	酉乙	7 15	辰丙	6 15	戌丙	5 17	巳丁	4 18	子戊	3 19	午戊	2 19	丑己	八廿
14	戌丙	7 16	巳丁	6 16	亥丁	5 18	午戊	4 19	丑己	3 20	未己	2 20	寅庚	九廿
乙太		易天		6 17	子戊	業事化文乙太		尋搜格落部		3 21	申庚			十三

月別	月二十		月一十		月十		月九		月八		月七	
月柱	丑乙		子甲		亥癸		戌壬		酉辛		申庚	
紫白	碧三		綠四		黃五		白六		赤七		白八	
節氣時間	2/4	1/20	1/6	12/22	12/7	11/22	11/7	10/23	10/8	9/23	9/8	8/2
	五廿	十初	六廿	一十	六廿	一十	六廿	一十	五廿	十初	五廿	九初
	15時9分 立春申時	20時42分 大寒戌時	3時22分 小寒寅時	10時4分 冬至巳時	16時17分 大雪申時	21時0分 小雪亥時	23時49分 立冬子時	23時55分 霜降子時	21時10分 寒露亥時	15時5分 秋分申時	6時2分 白露卯時	17時53分 處暑酉時
農曆	曆陽	柱日	曆陽	柱日	曆陽	柱日	曆陽	柱日	曆陽	柱日	曆陽	柱日
初一	1 11	辰丙	12 12	戌丙	11 12	辰丙	10 13	戌丙	9 14	巳丁	8 15	亥丁
初二	1 12	巳丁	12 13	亥丁	11 13	巳丁	10 14	亥丁	9 15	午戊	8 16	子戊
初三	1 13	午戊	12 14	子戊	11 14	午戊	10 15	子戊	9 16	未己	8 17	丑己
初四	1 14	未己	12 15	丑己	11 15	未己	10 16	丑己	9 17	申庚	8 18	寅庚
初五	1 15	申庚	12 16	寅庚	11 16	申庚	10 17	寅庚	9 18	酉辛	8 19	卯辛
初六	1 16	酉辛	12 17	卯辛	11 17	酉辛	10 18	卯辛	9 19	戌壬	8 20	辰壬
初七	1 17	戌壬	12 18	辰壬	11 18	戌壬	10 19	辰壬	9 20	亥癸	8 21	巳癸
初八	1 18	亥癸	12 19	巳癸	11 19	亥癸	10 20	巳癸	9 21	子甲	8 22	午甲
初九	1 19	子甲	12 20	午甲	11 20	子甲	10 21	午甲	9 22	丑乙	8 23	未乙
初十	1 20	丑乙	12 21	未乙	11 21	丑乙	10 22	未乙	9 23	寅丙	8 24	申丙
十一	1 21	寅丙	12 22	申丙	11 22	寅丙	10 23	申丙	9 24	卯丁	8 25	酉丁
十二	1 22	卯丁	12 23	酉丁	11 23	卯丁	10 24	酉丁	9 25	辰戊	8 26	戌戊
十三	1 23	辰戊	12 24	戌戊	11 24	辰戊	10 25	戌戊	9 26	巳己	8 27	亥己
十四	1 24	巳己	12 25	亥己	11 25	巳己	10 26	亥己	9 27	午庚	8 28	子庚
十五	1 25	午庚	12 26	子庚	11 26	午庚	10 27	子庚	9 28	未辛	8 29	丑辛
十六	1 26	未辛	12 27	丑辛	11 27	未辛	10 28	丑辛	9 29	申壬	8 30	寅壬
十七	1 27	申壬	12 28	寅壬	11 28	申壬	10 29	寅壬	9 30	酉癸	8 31	卯癸
十八	1 28	酉癸	12 29	卯癸	11 29	酉癸	10 30	卯癸	10 1	戌甲	9 1	辰甲
十九	1 29	戌甲	12 30	辰甲	11 30	戌甲	10 31	辰甲	10 2	亥乙	9 2	巳乙
二十	1 30	亥乙	12 31	巳乙	12 1	亥乙	11 1	巳乙	10 3	子丙	9 3	午丙
廿一	1 31	子丙	1 1	午丙	12 2	子丙	11 2	午丙	10 4	丑丁	9 4	未丁
廿二	2 1	丑丁	1 2	未丁	12 3	丑丁	11 3	未丁	10 5	寅戊	9 5	申戊
廿三	2 2	寅戊	1 3	申戊	12 4	寅戊	11 4	申戊	10 6	卯己	9 6	酉己
廿四	2 3	卯己	1 4	酉己	12 5	卯己	11 5	酉己	10 7	辰庚	9 7	戌庚
廿五	2 4	辰庚	1 5	戌庚	12 6	辰庚	11 6	戌庚	10 8	巳辛	9 8	亥辛
廿六	2 5	巳辛	1 6	亥辛	12 7	巳辛	11 7	亥辛	10 9	午壬	9 9	子壬
廿七	2 6	午壬	1 7	子壬	12 8	午壬	11 8	子壬	10 10	未癸	9 10	丑癸
廿八	2 7	未癸	1 8	丑癸	12 9	未癸	11 9	丑癸	10 11	申甲	9 11	寅甲
廿九	2 8	申甲	1 9	寅甲	12 10	申甲	11 10	寅甲	10 12	酉乙	9 12	卯乙
三十	2 9	酉乙	1 10	卯乙	12 11	酉乙	11 11	卯乙	乙太		9 13	辰丙

西元一九二九年 歲次己巳

民國十八年
太歲姓郭名燦

納音屬木
生肖屬蛇

年八白星
危宿值年

月六		月五		月四		月三		月二		月正		別月
未辛		午庚		巳己		辰戊		卯丁		寅丙		柱月
白六		赤七		白八		紫九		白一		黑二		白紫
23	7/7		6/22	6/6	5/21	5/6	4/20	4/5	3/21	3/6	2/19	節氣時間
十	一初		六十	九廿	三十	七廿	一十	六廿	一十	五廿	十初	
大暑申時	23時32分 小暑子時		6時1分 夏至卯時	13時11分 芒種未時	21時48分 小滿亥時	8時40分 立夏辰時	22時10分 穀雨亥時	14時51分 清明未時	10時35分 春分巳時	9時32分 驚蟄巳時	11時7分 雨水午時	
陽	柱日	曆陽	柱日	曆陽	柱日	曆陽	柱日	曆陽	柱日	曆陽	柱日	曆農
7	丑癸	6 7	未癸	5 9	寅甲	4 10	酉乙	3 11	卯乙	2 10	戌丙	一初
8	寅甲	6 8	申甲	5 10	卯乙	4 11	戌丙	3 12	辰丙	2 11	亥丁	二初
9	卯乙	6 9	酉乙	5 11	辰丙	4 12	亥丁	3 13	巳丁	2 12	子戊	三初
10	辰丙	6 10	戌丙	5 12	巳丁	4 13	子戊	3 14	午戊	2 13	丑己	四初
11	巳丁	6 11	亥丁	5 13	午戊	4 14	丑己	3 15	未己	2 14	寅庚	五初
12	午戊	6 12	子戊	5 14	未己	4 15	寅庚	3 16	申庚	2 15	卯辛	六初
13	未己	6 13	丑己	5 15	申庚	4 16	卯辛	3 17	酉辛	2 16	辰壬	七初
14	申庚	6 14	寅庚	5 16	酉辛	4 17	辰壬	3 18	戌壬	2 17	巳癸	八初
15	酉辛	6 15	卯辛	5 17	戌壬	4 18	巳癸	3 19	亥癸	2 18	午甲	九初
16	戌壬	6 16	辰壬	5 18	亥癸	4 19	午甲	3 20	子甲	2 19	未乙	十初
17	亥癸	6 17	巳癸	5 19	子甲	4 20	未乙	3 21	丑乙	2 20	申丙	一十
18	子甲	6 18	午甲	5 20	丑乙	4 21	申丙	3 22	寅丙	2 21	酉丁	二十
19	丑乙	6 19	未乙	5 21	寅丙	4 22	酉丁	3 23	卯丁	2 22	戌戊	三十
20	寅丙	6 20	申丙	5 22	卯丁	4 23	戌戊	3 24	辰戊	2 23	亥己	四十
21	卯丁	6 21	酉丁	5 23	辰戊	4 24	亥己	3 25	巳己	2 24	子庚	五十
22	辰戊	6 22	戌戊	5 24	巳己	4 25	子庚	3 26	午庚	2 25	丑辛	六十
23	巳己	6 23	亥己	5 25	午庚	4 26	丑辛	3 27	未辛	2 26	寅壬	七十
24	午庚	6 24	子庚	5 26	未辛	4 27	寅壬	3 28	申壬	2 27	卯癸	八十
25	未辛	6 25	丑辛	5 27	申壬	4 28	卯癸	3 29	酉癸	2 28	辰甲	九十
26	申壬	6 26	寅壬	5 28	酉癸	4 29	辰甲	3 30	戌甲	3 1	巳乙	十二
27	酉癸	6 27	卯癸	5 29	戌甲	4 30	巳乙	3 31	亥乙	3 2	午丙	一廿
28	戌甲	6 28	辰甲	5 30	亥乙	5 1	午丙	4 1	子丙	3 3	未丁	二廿
29	亥乙	6 29	巳乙	5 31	子丙	5 2	未丁	4 2	丑丁	3 4	申戊	三廿
30	子丙	6 30	午丙	6 1	丑丁	5 3	申戊	4 3	寅戊	3 5	酉己	四廿
31	丑丁	7 1	未丁	6 2	寅戊	5 4	酉己	4 4	卯己	3 6	戌庚	五廿
1	寅戊	7 2	申戊	6 3	卯己	5 5	戌庚	4 5	辰庚	3 7	亥辛	六廿
2	卯己	7 3	酉己	6 4	辰庚	5 6	亥辛	4 6	巳辛	3 8	子壬	七廿
3	辰庚	7 4	戌庚	6 5	巳辛	5 7	子壬	4 7	午壬	3 9	丑癸	八廿
4	巳辛	7 5	亥辛	6 6	午壬	5 8	丑癸	4 8	未癸	3 10	寅甲	九廿
乙太		7 6	子壬	易天		業事化文乙太		4 9	申甲	尋搜格落部		十三

月別	月二十		月一十		月十		月九		月八		月七	
月柱	丑丁		子丙		亥乙		戌甲		酉癸		申壬	
紫白	紫九		白一		黑二		碧三		綠四		黃五	
節氣時間	1/21	1/6	12/22	12/7	11/23	11/8	10/24	10/9	9/23	9/8	8/23	8/8
	二廿	七初	二廿	七初	三廿	八初	二廿	七初	一廿	六初	九十	四初
	2時33分 大寒丑時	9時3分 小寒巳時	15時53分 冬至申時	21時56分 大雪亥時	2時48分 小雪丑時	5時27分 立冬卯時	5時41分 霜降卯時	2時47分 寒露丑時	20時52分 秋分戌時	11時40分 白露午時	23時41分 處暑子時	9時9分 立秋巳時
農曆	曆陽	柱日	曆陽	柱日	曆陽	柱日	曆陽	柱日	曆陽	柱日	曆陽	柱日
初一	12 31	戌庚	12 1	辰庚	11 1	戌庚	10 3	巳辛	9 3	亥辛	8 5	午壬
初二	1 1	亥辛	12 2	巳辛	11 2	亥辛	10 4	午壬	9 4	子壬	8 6	未癸
初三	1 2	子壬	12 3	午壬	11 3	子壬	10 5	未癸	9 5	丑癸	8 7	申甲
初四	1 3	丑癸	12 4	未癸	11 4	丑癸	10 6	申甲	9 6	寅甲	8 8	酉乙
初五	1 4	寅甲	12 5	申甲	11 5	寅甲	10 7	酉乙	9 7	卯乙	8 9	戌丙
初六	1 5	卯乙	12 6	酉乙	11 6	卯乙	10 8	戌丙	9 8	辰丙	8 10	亥丁
初七	1 6	辰丙	12 7	戌丙	11 7	辰丙	10 9	亥丁	9 9	巳丁	8 11	子戊
初八	1 7	巳丁	12 8	亥丁	11 8	巳丁	10 10	子戊	9 10	午戊	8 12	丑己
初九	1 8	午戊	12 9	子戊	11 9	午戊	10 11	丑己	9 11	未己	8 13	寅庚
初十	1 9	未己	12 10	丑己	11 10	未己	10 12	寅庚	9 12	申庚	8 14	卯辛
十一	1 10	申庚	12 11	寅庚	11 11	申庚	10 13	卯辛	9 13	酉辛	8 15	辰壬
十二	1 11	酉辛	12 12	卯辛	11 12	酉辛	10 14	辰壬	9 14	戌壬	8 16	巳癸
十三	1 12	戌壬	12 13	辰壬	11 13	戌壬	10 15	巳癸	9 15	亥癸	8 17	午甲
十四	1 13	亥癸	12 14	巳癸	11 14	亥癸	10 16	午甲	9 16	子甲	8 18	未乙
十五	1 14	子甲	12 15	午甲	11 15	子甲	10 17	未乙	9 17	丑乙	8 19	申丙
十六	1 15	丑乙	12 16	未乙	11 16	丑乙	10 18	申丙	9 18	寅丙	8 20	酉丁
十七	1 16	寅丙	12 17	申丙	11 17	寅丙	10 19	酉丁	9 19	卯丁	8 21	戌戊
十八	1 17	卯丁	12 18	酉丁	11 18	卯丁	10 20	戌戊	9 20	辰戊	8 22	亥己
十九	1 18	辰戊	12 19	戌戊	11 19	辰戊	10 21	亥己	9 21	巳己	8 23	子庚
二十	1 19	巳己	12 20	亥己	11 20	巳己	10 22	子庚	9 22	午庚	8 24	丑辛
廿一	1 20	午庚	12 21	子庚	11 21	午庚	10 23	丑辛	9 23	未辛	8 25	寅壬
廿二	1 21	未辛	12 22	丑辛	11 22	未辛	10 24	寅壬	9 24	申壬	8 26	卯癸
廿三	1 22	申壬	12 23	寅壬	11 23	申壬	10 25	卯癸	9 25	酉癸	8 27	辰甲
廿四	1 23	酉癸	12 24	卯癸	11 24	酉癸	10 26	辰甲	9 26	戌甲	8 28	巳乙
廿五	1 24	戌甲	12 25	辰甲	11 25	戌甲	10 27	巳乙	9 27	亥乙	8 29	午丙
廿六	1 25	亥乙	12 26	巳乙	11 26	亥乙	10 28	午丙	9 28	子丙	8 30	未丁
廿七	1 26	子丙	12 27	午丙	11 27	子丙	10 29	未丁	9 29	丑丁	8 31	申戊
廿八	1 27	丑丁	12 28	未丁	11 28	丑丁	10 30	申戊	9 30	寅戊	9 1	酉己
廿九	1 28	寅戊	12 29	申戊	11 29	寅戊	10 31	酉己	10 1	卯己	9 2	戌庚
三十	1 29	卯己	12 30	酉己	11 30	卯己	乙太		10 2	辰庚	易天	

西元一九三〇年 歲次庚午

民國十九年
太歲姓王名清
納音屬土
生肖屬馬
年七赤星
室宿值年

月六閏		月	六	月	五	月	四	月	三	月	二	月	正	別月
		未	癸	午	壬	巳	辛	辰	庚	卯	己	寅	戊	柱月
		碧	三	綠	四	黃	五	白	六	赤	七	白	八	白紫
	8/8	7/23	7/8	6/22	6/6	5/22	5/6	4/21	4/5	3/21	3/6	2/19	2/4	節氣時間
	四十	八廿	三十	六廿	十初	四廿	八初	三廿	七初	二廿	七初	一廿	六初	
	14時57分 立秋未時	22時42分 大暑亥時	5時20分 小暑卯時	11時53分 夏至午時	18時58分 芒種酉時	3時42分 小滿寅時	14時27分 立夏未時	4時6分 穀雨寅時	20時37分 清明戌時	16時30分 春分申時	15時17分 驚蟄申時	17時0分 雨水酉時	20時51分 立春戌時	
陽	柱日	曆陽	柱日	曆陽	柱日	曆陽	柱日	曆陽	柱日	曆陽	柱日	曆陽	柱日	曆農
26	丑丁	6 26	未丁	5 28	寅戊	4 29	酉己	3 30	卯己	2 28	酉己	1 30	辰庚	一初
27	寅戊	6 27	申戊	5 29	卯己	4 30	戌庚	3 31	辰庚	3 1	戌庚	1 31	巳辛	二初
28	卯己	6 28	酉己	5 30	辰庚	5 1	亥辛	4 1	巳辛	3 2	亥辛	2 1	午壬	三初
29	辰庚	6 29	戌庚	5 31	巳辛	5 2	子壬	4 2	午壬	3 3	子壬	2 2	未癸	四初
30	巳辛	6 30	亥辛	6 1	午壬	5 3	丑癸	4 3	未癸	3 4	丑癸	2 3	申甲	五初
31	午壬	7 1	子壬	6 2	未癸	5 4	寅甲	4 4	申甲	3 5	寅甲	2 4	酉乙	六初
1	未癸	7 2	丑癸	6 3	申甲	5 5	卯乙	4 5	酉乙	3 6	卯乙	2 5	戌丙	七初
2	申甲	7 3	寅甲	6 4	酉乙	5 6	辰丙	4 6	戌丙	3 7	辰丙	2 6	亥丁	八初
3	酉乙	7 4	卯乙	6 5	戌丙	5 7	巳丁	4 7	亥丁	3 8	巳丁	2 7	子戊	九初
4	戌丙	7 5	辰丙	6 6	亥丁	5 8	午戊	4 8	子戊	3 9	午戊	2 8	丑己	十初
5	亥丁	7 6	巳丁	6 7	子戊	5 9	未己	4 9	丑己	3 10	未己	2 9	寅庚	一十
6	子戊	7 7	午戊	6 8	丑己	5 10	申庚	4 10	寅庚	3 11	申庚	2 10	卯辛	二十
7	丑己	7 8	未己	6 9	寅庚	5 11	酉辛	4 11	卯辛	3 12	酉辛	2 11	辰壬	三十
8	寅庚	7 9	申庚	6 10	卯辛	5 12	戌壬	4 12	辰壬	3 13	戌壬	2 12	巳癸	四十
9	卯辛	7 10	酉辛	6 11	辰壬	5 13	亥癸	4 13	巳癸	3 14	亥癸	2 13	午甲	五十
10	辰壬	7 11	戌壬	6 12	巳癸	5 14	子甲	4 14	午甲	3 15	子甲	2 14	未乙	六十
11	巳癸	7 12	亥癸	6 13	午甲	5 15	丑乙	4 15	未乙	3 16	丑乙	2 15	申丙	七十
12	午甲	7 13	子甲	6 14	未乙	5 16	寅丙	4 16	申丙	3 17	寅丙	2 16	酉丁	八十
13	未乙	7 14	丑乙	6 15	申丙	5 17	卯丁	4 17	酉丁	3 18	卯丁	2 17	戌戊	九十
14	申丙	7 15	寅丙	6 16	酉丁	5 18	辰戊	4 18	戌戊	3 19	辰戊	2 18	亥己	十二
15	酉丁	7 16	卯丁	6 17	戌戊	5 19	巳己	4 19	亥己	3 20	巳己	2 19	子庚	一廿
16	戌戊	7 17	辰戊	6 18	亥己	5 20	午庚	4 20	子庚	3 21	午庚	2 20	丑辛	二廿
17	亥己	7 18	巳己	6 19	子庚	5 21	未辛	4 21	丑辛	3 22	未辛	2 21	寅壬	三廿
18	子庚	7 19	午庚	6 20	丑辛	5 22	申壬	4 22	寅壬	3 23	申壬	2 22	卯癸	四廿
19	丑辛	7 20	未辛	6 21	寅壬	5 23	酉癸	4 23	卯癸	3 24	酉癸	2 23	辰甲	五廿
20	寅壬	7 21	申壬	6 22	卯癸	5 24	戌甲	4 24	辰甲	3 25	戌甲	2 24	巳乙	六廿
21	卯癸	7 22	酉癸	6 23	辰甲	5 25	亥乙	4 25	巳乙	3 26	亥乙	2 25	午丙	七廿
22	辰甲	7 23	戌甲	6 24	巳乙	5 26	子丙	4 26	午丙	3 27	子丙	2 26	未丁	八廿
23	巳乙	7 24	亥乙	6 25	午丙	5 27	丑丁	4 27	未丁	3 28	丑丁	2 27	申戌	九廿
乙太		7 25	子丙	易天		業事化文乙太		4 28	申戌	3 29	寅戊	尋搜格落部		十三

月別	月二十		月一十		月十		月九		月八		月七	
月柱	丑己		子戊		亥丁		戌丙		酉乙		申甲	
紫白	白六		赤七		白八		紫九		白一		黑二	
節氣時間	2/5	1/21	1/6	12/22	12/8	11/23	11/8	10/24	10/9	9/24	9/8	8/
	八十	三初	八十	三初	九十	四初	八十	三初	八十	三初	六十	一
	2時41分 立春丑時	8時18分 大寒辰時	14時56分 小寒未時	21時39分 冬至亥時	3時51分 大雪寅時	8時34分 小雪辰時	11時20分 立冬午時	11時26分 霜降午時	8時38分 寒露辰時	2時36分 秋分丑時	17時28分 白露酉時	5時26分
農曆	曆陽	柱日	曆陽	柱日	曆陽	柱日	曆陽	柱日	曆陽	柱日	曆陽	柱
初一	1 19	戌甲	12 20	辰甲	11 20	戌甲	10 22	巳乙	9 22	亥乙	8 24	午
初二	1 20	亥乙	12 21	巳乙	11 21	亥乙	10 23	午丙	9 23	子丙	8 25	未
初三	1 21	子丙	12 22	午丙	11 22	子丙	10 24	未丁	9 24	丑丁	8 26	申
初四	1 22	丑丁	12 23	未丁	11 23	丑丁	10 25	申戊	9 25	寅戊	8 27	酉
初五	1 23	寅戊	12 24	申戊	11 24	寅戊	10 26	酉己	9 26	卯己	8 28	戌
初六	1 24	卯己	12 25	酉己	11 25	卯己	10 27	戌庚	9 27	辰庚	8 29	亥
初七	1 25	辰庚	12 26	戌庚	11 26	辰庚	10 28	亥辛	9 28	巳辛	8 30	子
初八	1 26	巳辛	12 27	亥辛	11 27	巳辛	10 29	子壬	9 29	午壬	8 31	丑
初九	1 27	午壬	12 28	子壬	11 28	午壬	10 30	丑癸	9 30	未癸	9 1	寅
初十	1 28	未癸	12 29	丑癸	11 29	未癸	10 31	寅甲	10 1	申甲	9 2	卯
十一	1 29	申甲	12 30	寅甲	11 30	申甲	11 1	卯乙	10 2	酉乙	9 3	辰
十二	1 30	酉乙	12 31	卯乙	12 1	酉乙	11 2	辰丙	10 3	戌丙	9 4	巳
十三	1 31	戌丙	1 1	辰丙	12 2	戌丙	11 3	巳丁	10 4	亥丁	9 5	午
十四	2 1	亥丁	1 2	巳丁	12 3	亥丁	11 4	午戊	10 5	子戊	9 6	未
十五	2 2	子戊	1 3	午戊	12 4	子戊	11 5	未己	10 6	丑己	9 7	申
十六	2 3	丑己	1 4	未己	12 5	丑己	11 6	申庚	10 7	寅庚	9 8	酉
十七	2 4	寅庚	1 5	申庚	12 6	寅庚	11 7	酉辛	10 8	卯辛	9 9	戌
十八	2 5	卯辛	1 6	酉辛	12 7	卯辛	11 8	戌壬	10 9	辰壬	9 10	亥
十九	2 6	辰壬	1 7	戌壬	12 8	辰壬	11 9	亥癸	10 10	巳癸	9 11	子
二十	2 7	巳癸	1 8	亥癸	12 9	巳癸	11 10	子甲	10 11	午甲	9 12	丑
廿一	2 8	午甲	1 9	子甲	12 10	午甲	11 11	丑乙	10 12	未乙	9 13	寅
廿二	2 9	未乙	1 10	丑乙	12 11	未乙	11 12	寅丙	10 13	申丙	9 14	卯
廿三	2 10	申丙	1 11	寅丙	12 12	申丙	11 13	卯丁	10 14	酉丁	9 15	辰
廿四	2 11	酉丁	1 12	卯丁	12 13	酉丁	11 14	辰戊	10 15	戌戊	9 16	巳
廿五	2 12	戌戊	1 13	辰戊	12 14	戌戊	11 15	巳己	10 16	亥己	9 17	午
廿六	2 13	亥己	1 14	巳己	12 15	亥己	11 16	午庚	10 17	子庚	9 18	未
廿七	2 14	子庚	1 15	午庚	12 16	子庚	11 17	未辛	10 18	丑辛	9 19	申
廿八	2 15	丑辛	1 16	未辛	12 17	丑辛	11 18	申壬	10 19	寅壬	9 20	酉
廿九	2 16	寅壬	1 17	申壬	12 18	寅壬	11 19	酉癸	10 20	卯癸	9 21	戌
三十	乙太		1 18	酉癸	12 19	卯癸	易天		10 21	辰甲	尋搜格落部	

西元一九三一年 歲次辛未

民國二十年
太歲姓李名素
納音屬土
生肖屬羊
年六白星
壁宿值年

月	六	月	五	月	四	月	三	月	二	月	正	別月
未	乙	午	甲	巳	癸	辰	壬	卯	辛	寅	庚	柱月
紫	九	白	一	黑	二	碧	三	綠	四	黃	五	白紫
8	7/24	7/8	6/22	6/7	5/22	5/6	4/21	4/6	3/21	3/6	2/19	節氣時間
廿	十初	三廿	七初	二廿	六初	九十	四初	九十	三初	八十	三初	
立秋戌時	4時21分 大暑寅時	11時6分 小暑午時	17時28分 夏至酉時	0時42分 芒種子時	9時15分 小滿巳時	20時10分 立夏戌時	9時40分 穀雨巳時	2時20分 清明丑時	22時6分 春分亥時	21時2分 驚蟄亥時	22時40分 雨水亥時	
陽	柱日	曆陽	柱日	曆陽	柱日	曆陽	柱日	曆陽	柱日	曆陽	柱日	曆農
15	未辛	6 16	寅壬	5 17	申壬	4 18	卯癸	3 19	酉癸	2 17	卯癸	一初
16	申壬	6 17	卯癸	5 18	酉癸	4 19	辰甲	3 20	戌甲	2 18	辰甲	二初
17	酉癸	6 18	辰甲	5 19	戌甲	4 20	巳乙	3 21	亥乙	2 19	巳乙	三初
18	戌甲	6 19	巳乙	5 20	亥乙	4 21	午丙	3 22	子丙	2 20	午丙	四初
19	亥乙	6 20	午丙	5 21	子丙	4 22	未丁	3 23	丑丁	2 21	未丁	五初
20	子丙	6 21	未丁	5 22	丑丁	4 23	申戊	3 24	寅戊	2 22	申戊	六初
21	丑丁	6 22	申戊	5 23	寅戊	4 24	酉己	3 25	卯己	2 23	酉己	七初
22	寅戊	6 23	酉己	5 24	卯己	4 25	戌庚	3 26	辰庚	2 24	戌庚	八初
23	卯己	6 24	戌庚	5 25	辰庚	4 26	亥辛	3 27	巳辛	2 25	亥辛	九初
24	辰庚	6 25	亥辛	5 26	巳辛	4 27	子壬	3 28	午壬	2 26	子壬	十初
25	巳辛	6 26	子壬	5 27	午壬	4 28	丑癸	3 29	未癸	2 27	丑癸	一十
26	午壬	6 27	丑癸	5 28	未癸	4 29	寅甲	3 30	申甲	2 28	寅甲	二十
27	未癸	6 28	寅甲	5 29	申甲	4 30	卯乙	3 31	酉乙	3 1	卯乙	三十
28	申甲	6 29	卯乙	5 30	酉乙	5 1	辰丙	4 1	戌丙	3 2	辰丙	四十
29	酉乙	6 30	辰丙	5 31	戌丙	5 2	巳丁	4 2	亥丁	3 3	巳丁	五十
30	戌丙	7 1	巳丁	6 1	亥丁	5 3	午戊	4 3	子戊	3 4	午戊	六十
31	亥丁	7 2	午戊	6 2	子戊	5 4	未己	4 4	丑己	3 5	未己	七十
1	子戊	7 3	未己	6 3	丑己	5 5	申庚	4 5	寅庚	3 6	申庚	八十
2	丑己	7 4	申庚	6 4	寅庚	5 6	酉辛	4 6	卯辛	3 7	酉辛	九十
3	寅庚	7 5	酉辛	6 5	卯辛	5 7	戌壬	4 7	辰壬	3 8	戌壬	十二
4	卯辛	7 6	戌壬	6 6	辰壬	5 8	亥癸	4 8	巳癸	3 9	亥癸	一廿
5	辰壬	7 7	亥癸	6 7	巳癸	5 9	子甲	4 9	午甲	3 10	子甲	二廿
6	巳癸	7 8	子甲	6 8	午甲	5 10	丑乙	4 10	未乙	3 11	丑乙	三廿
7	午甲	7 9	丑乙	6 9	未乙	5 11	寅丙	4 11	申丙	3 12	寅丙	四廿
8	未乙	7 10	寅丙	6 10	申丙	5 12	卯丁	4 12	酉丁	3 13	卯丁	五廿
9	申丙	7 11	卯丁	6 11	酉丁	5 13	辰戊	4 13	戌戊	3 14	辰戊	六廿
10	酉丁	7 12	辰戊	6 12	戌戊	5 14	巳己	4 14	亥己	3 15	巳己	七廿
11	戌戊	7 13	巳己	6 13	亥己	5 15	午庚	4 15	子庚	3 16	午庚	八廿
12	亥己	7 14	午庚	6 14	子庚	5 16	未辛	4 16	丑辛	3 17	未辛	九廿
13	子庚		乙太	6 15	丑辛		易天	4 17	寅壬	3 18	申壬	十三

月別	月二十		月一十		月十		月九		月八		月七	
月柱	丑辛		子庚		亥己		戌戊		酉丁		申丙	
紫白	碧三		綠四		黃五		白六		赤七		白八	
節氣時間	2/5	1/21	1/6	12/23	12/8	11/23	11/8	10/24	10/9	9/24	9/8	8/2
	九廿	四十	九廿	五十	九廿	四十	九廿	四十	八廿	三十	六廿	一
	8時29分 立春辰時	14時7分 大寒未時	20時45分 小寒戌時	3時30分 冬至寅時	9時40分 大雪巳時	14時25分 小雪未時	17時10分 立冬酉時	17時16分 霜降酉時	14時27分 寒露未時	8時23分 秋分辰時	23時17分 白露子時	11時10分
農曆	曆陽	柱日	曆陽	柱日	曆陽	柱日	曆陽	柱日	曆陽	柱日	曆陽	柱日
初一	1 8	辰戊	12 9	戌戊	11 10	巳己	10 11	亥己	9 12	午庚	8 14	丑辛
初二	1 9	巳己	12 10	亥己	11 11	午庚	10 12	子庚	9 13	未辛	8 15	寅壬
初三	1 10	午庚	12 11	子庚	11 12	未辛	10 13	丑辛	9 14	申壬	8 16	卯癸
初四	1 11	未辛	12 12	丑辛	11 13	申壬	10 14	寅壬	9 15	酉癸	8 17	辰甲
初五	1 12	申壬	12 13	寅壬	11 14	酉癸	10 15	卯癸	9 16	戌甲	8 18	巳乙
初六	1 13	酉癸	12 14	卯癸	11 15	戌甲	10 16	辰甲	9 17	亥乙	8 19	午丙
初七	1 14	戌甲	12 15	辰甲	11 16	亥乙	10 17	巳乙	9 18	子丙	8 20	未丁
初八	1 15	亥乙	12 16	巳乙	11 17	子丙	10 18	午丙	9 19	丑丁	8 21	申戊
初九	1 16	子丙	12 17	午丙	11 18	丑丁	10 19	未丁	9 20	寅戊	8 22	酉己
初十	1 17	丑丁	12 18	未丁	11 19	寅戊	10 20	申戊	9 21	卯己	8 23	戌庚
十一	1 18	寅戊	12 19	申戊	11 20	卯己	10 21	酉己	9 22	辰庚	8 24	亥辛
十二	1 19	卯己	12 20	酉己	11 21	辰庚	10 22	戌庚	9 23	巳辛	8 25	子壬
十三	1 20	辰庚	12 21	戌庚	11 22	巳辛	10 23	亥辛	9 24	午壬	8 26	丑癸
十四	1 21	巳辛	12 22	亥辛	11 23	午壬	10 24	子壬	9 25	未癸	8 27	寅甲
十五	1 22	午壬	12 23	子壬	11 24	未癸	10 25	丑癸	9 26	申甲	8 28	卯乙
十六	1 23	未癸	12 24	丑癸	11 25	申甲	10 26	寅甲	9 27	酉乙	8 29	辰丙
十七	1 24	申甲	12 25	寅甲	11 26	酉乙	10 27	卯乙	9 28	戌丙	8 30	巳丁
十八	1 25	酉乙	12 26	卯乙	11 27	戌丙	10 28	辰丙	9 29	亥丁	8 31	午戊
十九	1 26	戌丙	12 27	辰丙	11 28	亥丁	10 29	巳丁	9 30	子戊	9 1	未己
二十	1 27	亥丁	12 28	巳丁	11 29	子戊	10 30	午戊	10 1	丑己	9 2	申庚
廿一	1 28	子戊	12 29	午戊	11 30	丑己	10 31	未己	10 2	寅庚	9 3	酉辛
廿二	1 29	丑己	12 30	未己	12 1	寅庚	11 1	申庚	10 3	卯辛	9 4	戌壬
廿三	1 30	寅庚	12 31	申庚	12 2	卯辛	11 2	酉辛	10 4	辰壬	9 5	亥癸
廿四	1 31	卯辛	1 1	酉辛	12 3	辰壬	11 3	戌壬	10 5	巳癸	9 6	子甲
廿五	2 1	辰壬	1 2	戌壬	12 4	巳癸	11 4	亥癸	10 6	午甲	9 7	丑乙
廿六	2 2	巳癸	1 3	亥癸	12 5	午甲	11 5	子甲	10 7	未乙	9 8	寅丙
廿七	2 3	午甲	1 4	子甲	12 6	未乙	11 6	丑乙	10 8	申丙	9 9	卯丁
廿八	2 4	未乙	1 5	丑乙	12 7	申丙	11 7	寅丙	10 9	酉丁	9 10	辰戊
廿九	2 5	申丙	1 6	寅丙	12 8	酉丁	11 8	卯丁	10 10	戌戊	9 11	巳己
三十	乙太		1 7	卯丁	易天		11 9	辰戊	業事化文乙太		尋搜格落部	

西元一九三二年 歲次壬申

月六		月五		月四		月三		月二		月正		別月
未丁		午丙		巳乙		辰甲		卯癸		寅壬		柱月
白六		赤七		白八		紫九		白一		黑二		白紫
23	7/7	6/21	6/6	5/21	5/6		4/20	4/5	3/21	3/6	2/20	節氣時間
二	四初	八十	三初	六十	一初		五十	十三	五十	十三	五十	
大暑巳時	小暑申時 16時52分	夏至子時 23時23分	芒種卯時 6時28分	小滿申時 15時6分	立夏丑時 1時55分		穀雨申時 15時28分	清明辰時 8時6分	春分寅時 3時54分	驚蟄丑時 2時49分	雨水寅時 4時28分	
陽	柱日	曆陽	柱日	曆陽	柱日	曆陽	柱日	曆陽	柱日	曆陽	柱日	曆農
4	寅丙	6 4	申丙	5 6	卯丁	4 6	酉丁	3 7	卯丁	2 6	酉丁	一初
5	卯丁	6 5	酉丁	5 7	辰戊	4 7	戌戊	3 8	辰戊	2 7	戌戊	二初
6	辰戊	6 6	戌戊	5 8	巳己	4 8	亥己	3 9	巳己	2 8	亥己	三初
7	巳己	6 7	亥己	5 9	午庚	4 9	子庚	3 10	午庚	2 9	子庚	四初
8	午庚	6 8	子庚	5 10	未辛	4 10	丑辛	3 11	未辛	2 10	丑辛	五初
9	未辛	6 9	丑辛	5 11	申壬	4 11	寅壬	3 12	申壬	2 11	寅壬	六初
10	申壬	6 10	寅壬	5 12	酉癸	4 12	卯癸	3 13	酉癸	2 12	卯癸	七初
11	酉癸	6 11	卯癸	5 13	戌甲	4 13	辰甲	3 14	戌甲	2 13	辰甲	八初
12	戌甲	6 12	辰甲	5 14	亥乙	4 14	巳乙	3 15	亥乙	2 14	巳乙	九初
13	亥乙	6 13	巳乙	5 15	子丙	4 15	午丙	3 16	子丙	2 15	午丙	十初
14	子丙	6 14	午丙	5 16	丑丁	4 16	未丁	3 17	丑丁	2 16	未丁	一十
15	丑丁	6 15	未丁	5 17	寅戊	4 17	申戊	3 18	寅戊	2 17	申戊	二十
16	寅戊	6 16	申戊	5 18	卯己	4 18	酉己	3 19	卯己	2 18	酉己	三十
17	卯己	6 17	酉己	5 19	辰庚	4 19	戌庚	3 20	辰庚	2 19	戌庚	四十
18	辰庚	6 18	戌庚	5 20	巳辛	4 20	亥辛	3 21	巳辛	2 20	亥辛	五十
19	巳辛	6 19	亥辛	5 21	午壬	4 21	子壬	3 22	午壬	2 21	子壬	六十
20	午壬	6 20	子壬	5 22	未癸	4 22	丑癸	3 23	未癸	2 22	丑癸	七十
21	未癸	6 21	丑癸	5 23	申甲	4 23	寅甲	3 24	申甲	2 23	寅甲	八十
22	申甲	6 22	寅甲	5 24	酉乙	4 24	卯乙	3 25	酉乙	2 24	卯乙	九十
23	酉乙	6 23	卯乙	5 25	戌丙	4 25	辰丙	3 26	戌丙	2 25	辰丙	十二
24	戌丙	6 24	辰丙	5 26	亥丁	4 26	巳丁	3 27	亥丁	2 26	巳丁	一廿
25	亥丁	6 25	巳丁	5 27	子戊	4 27	午戊	3 28	子戊	2 27	午戊	二廿
26	子戊	6 26	午戊	5 28	丑己	4 28	未己	3 29	丑己	2 28	未己	三廿
27	丑己	6 27	未己	5 29	寅庚	4 29	申庚	3 30	寅庚	2 29	申庚	四廿
28	寅庚	6 28	申庚	5 30	卯辛	4 30	酉辛	3 31	卯辛	3 1	酉辛	五廿
29	卯辛	6 29	酉辛	5 31	辰壬	5 1	戌壬	4 1	辰壬	3 2	戌壬	六廿
30	辰壬	6 30	戌壬	6 1	巳癸	5 2	亥癸	4 2	巳癸	3 3	亥癸	七廿
31	巳癸	7 1	亥癸	6 2	午甲	5 3	子甲	4 3	午甲	3 4	子甲	八廿
1	午甲	7 2	子甲	6 3	未乙	5 4	丑乙	4 4	未乙	3 5	丑乙	九廿
乙太		7 3	丑乙	易天		5 5	寅丙	4 5	申丙	3 6	寅丙	十三

民國二十一年 太歲姓劉名旺

納音屬金 生肖屬猴

年五黃星 奎宿值年

月別	月二十		月一十		月十		月九		月八		月七	
月柱	丑癸		子壬		亥辛		戌庚		酉己		申戊	
紫白	紫九		白一		黑二		碧三		綠四		黃五	
節氣時間	1/20	1/6	12/22	12/7	11/22	11/7	10/23	10/8	9/23	9/8	8/23	8/
	五廿	一十	五廿	十初	五廿	十初	四廿	九初	三廿	八初	二廿	七初
	19時53分 大寒戌時	2時23分 小寒丑時	9時14分 冬至巳時	15時18分 大雪申時	20時10分 小雪戌時	22時50分 立冬亥時	23時4分 霜降子時	20時10分 寒露戌時	14時16分 秋分未時	5時3分 白露卯時	17時6分 處暑酉時	2時32分
農曆	曆陽	柱日	曆陽	柱日	曆陽	柱日	曆陽	柱日	曆陽	柱日	曆陽	柱日
初一	12 27	戌壬	11 28	巳癸	10 29	亥癸	9 30	午甲	9 1	丑乙	8 2	未乙
初二	12 28	亥癸	11 29	午甲	10 30	子甲	10 1	未乙	9 2	寅丙	8 3	申丙
初三	12 29	子甲	11 30	未乙	10 31	丑乙	10 2	申丙	9 3	卯丁	8 4	酉丁
初四	12 30	丑乙	12 1	申丙	11 1	寅丙	10 3	酉丁	9 4	辰戊	8 5	戌戊
初五	12 31	寅丙	12 2	酉丁	11 2	卯丁	10 4	戌戊	9 5	巳己	8 6	亥己
初六	1 1	卯丁	12 3	戌戊	11 3	辰戊	10 5	亥己	9 6	午庚	8 7	子庚
初七	1 2	辰戊	12 4	亥己	11 4	巳己	10 6	子庚	9 7	未辛	8 8	丑辛
初八	1 3	巳己	12 5	子庚	11 5	午庚	10 7	丑辛	9 8	申壬	8 9	寅壬
初九	1 4	午庚	12 6	丑辛	11 6	未辛	10 8	寅壬	9 9	酉癸	8 10	卯癸
初十	1 5	未辛	12 7	寅壬	11 7	申壬	10 9	卯癸	9 10	戌甲	8 11	辰甲
十一	1 6	申壬	12 8	卯癸	11 8	酉癸	10 10	辰甲	9 11	亥乙	8 12	巳乙
十二	1 7	酉癸	12 9	辰甲	11 9	戌甲	10 11	巳乙	9 12	子丙	8 13	午丙
十三	1 8	戌甲	12 10	巳乙	11 10	亥乙	10 12	午丙	9 13	丑丁	8 14	未丁
十四	1 9	亥乙	12 11	午丙	11 11	子丙	10 13	未丁	9 14	寅戊	8 15	申戊
十五	1 10	子丙	12 12	未丁	11 12	丑丁	10 14	申戊	9 15	卯己	8 16	酉己
十六	1 11	丑丁	12 13	申戊	11 13	寅戊	10 15	酉己	9 16	辰庚	8 17	戌庚
十七	1 12	寅戊	12 14	酉己	11 14	卯己	10 16	戌庚	9 17	巳辛	8 18	亥辛
十八	1 13	卯己	12 15	戌庚	11 15	辰庚	10 17	亥辛	9 18	午壬	8 19	子壬
十九	1 14	辰庚	12 16	亥辛	11 16	巳辛	10 18	子壬	9 19	未癸	8 20	丑癸
二十	1 15	巳辛	12 17	子壬	11 17	午壬	10 19	丑癸	9 20	申甲	8 21	寅甲
廿一	1 16	午壬	12 18	丑癸	11 18	未癸	10 20	寅甲	9 21	酉乙	8 22	卯乙
廿二	1 17	未癸	12 19	寅甲	11 19	申甲	10 21	卯乙	9 22	戌丙	8 23	辰丙
廿三	1 18	申甲	12 20	卯乙	11 20	酉乙	10 22	辰丙	9 23	亥丁	8 24	巳丁
廿四	1 19	酉乙	12 21	辰丙	11 21	戌丙	10 23	巳丁	9 24	子戊	8 25	午戊
廿五	1 20	戌丙	12 22	巳丁	11 22	亥丁	10 24	午戊	9 25	丑己	8 26	未己
廿六	1 21	亥丁	12 23	午戊	11 23	子戊	10 25	未己	9 26	寅庚	8 27	申庚
廿七	1 22	子戊	12 24	未己	11 24	丑己	10 26	申庚	9 27	卯辛	8 28	酉辛
廿八	1 23	丑己	12 25	申庚	11 25	寅庚	10 27	酉辛	9 28	辰壬	8 29	戌壬
廿九	1 24	寅庚	12 26	酉辛	11 26	卯辛	10 28	戌壬	9 29	巳癸	8 30	亥癸
三十	1 25	卯辛	乙太		11 27	辰壬	易天		尋搜格落部		8 31	子甲

西元一九三三年 歲次癸酉

民國二十二年 太歲姓康名忠

納音屬金 生肖屬雞

年四綠星 婁宿值年

月別	正月		二月		三月		四月		五月		閏五月		六月	
月柱	甲寅		乙卯		丙辰		丁巳		戊午				己未	
紫白	八白		七赤		六白		五黃		四綠				三碧	
節氣時間	2/4 初十 立春未時 14時9分	2/19 廿五 雨水巳時 10時16分	3/6 十一 驚蟄辰時 8時31分	3/21 廿六 春分巳時 9時43分	4/5 十一 清明未時 13時50分	4/20 廿六 穀雨亥時 21時18分	5/6 十二 立夏辰時 7時42分	5/21 廿七 小滿戌時 20時57分	6/6 十四 芒種午時 12時17分	6/22 三十 夏至卯時 5時12分	7/7 十五 小暑亥時 22時44分		7/23 初一 大暑申時 16時5分	8 十 立秋辰時
農曆	日柱	陽曆	日柱	陽曆	日柱	陽曆	日柱	陽曆	日柱	陽曆	日柱	陽曆	日柱	陽曆
初一	壬辰	1 26	辛酉	2 24	辛卯	3 26	辛酉	4 25	庚寅	5 24	庚申	6 23	庚寅	23
初二	癸巳	1 27	壬戌	2 25	壬辰	3 27	壬戌	4 26	辛卯	5 25	辛酉	6 24	辛卯	24
初三	甲午	1 28	癸亥	2 26	癸巳	3 28	癸亥	4 27	壬辰	5 26	壬戌	6 25	壬辰	25
初四	乙未	1 29	甲子	2 27	甲午	3 29	甲子	4 28	癸巳	5 27	癸亥	6 26	癸巳	26
初五	丙申	1 30	乙丑	2 28	乙未	3 30	乙丑	4 29	甲午	5 28	甲子	6 27	甲午	27
初六	丁酉	1 31	丙寅	3 1	丙申	3 31	丙寅	4 30	乙未	5 29	乙丑	6 28	乙未	28
初七	戊戌	2 1	丁卯	3 2	丁酉	4 1	丁卯	5 1	丙申	5 30	丙寅	6 29	丙申	29
初八	己亥	2 2	戊辰	3 3	戊戌	4 2	戊辰	5 2	丁酉	5 31	丁卯	6 30	丁酉	30
初九	庚子	2 3	己巳	3 4	己亥	4 3	己巳	5 3	戊戌	6 1	戊辰	7 1	戊戌	31
初十	辛丑	2 4	庚午	3 5	庚子	4 4	庚午	5 4	己亥	6 2	己巳	7 2	己亥	1
十一	壬寅	2 5	辛未	3 6	辛丑	4 5	辛未	5 5	庚子	6 3	庚午	7 3	庚子	2
十二	癸卯	2 6	壬申	3 7	壬寅	4 6	壬申	5 6	辛丑	6 4	辛未	7 4	辛丑	3
十三	甲辰	2 7	癸酉	3 8	癸卯	4 7	癸酉	5 7	壬寅	6 5	壬申	7 5	壬寅	4
十四	乙巳	2 8	甲戌	3 9	甲辰	4 8	甲戌	5 8	癸卯	6 6	癸酉	7 6	癸卯	5
十五	丙午	2 9	乙亥	3 10	乙巳	4 9	乙亥	5 9	甲辰	6 7	甲戌	7 7	甲辰	6
十六	丁未	2 10	丙子	3 11	丙午	4 10	丙子	5 10	乙巳	6 8	乙亥	7 8	乙巳	7
十七	戊申	2 11	丁丑	3 12	丁未	4 11	丁丑	5 11	丙午	6 9	丙子	7 9	丙午	8
十八	己酉	2 12	戊寅	3 13	戊申	4 12	戊寅	5 12	丁未	6 10	丁丑	7 10	丁未	9
十九	庚戌	2 13	己卯	3 14	己酉	4 13	己卯	5 13	戊申	6 11	戊寅	7 11	戊申	10
二十	辛亥	2 14	庚辰	3 15	庚戌	4 14	庚辰	5 14	己酉	6 12	己卯	7 12	己酉	11
廿一	壬子	2 15	辛巳	3 16	辛亥	4 15	辛巳	5 15	庚戌	6 13	庚辰	7 13	庚戌	12
廿二	癸丑	2 16	壬午	3 17	壬子	4 16	壬午	5 16	辛亥	6 14	辛巳	7 14	辛亥	13
廿三	甲寅	2 17	癸未	3 18	癸丑	4 17	癸未	5 17	壬子	6 15	壬午	7 15	壬子	14
廿四	乙卯	2 18	甲申	3 19	甲寅	4 18	甲申	5 18	癸丑	6 16	癸未	7 16	癸丑	15
廿五	丙辰	2 19	乙酉	3 20	乙卯	4 19	乙酉	5 19	甲寅	6 17	甲申	7 17	甲寅	16
廿六	丁巳	2 20	丙戌	3 21	丙辰	4 20	丙戌	5 20	乙卯	6 18	乙酉	7 18	乙卯	17
廿七	戊午	2 21	丁亥	3 22	丁巳	4 21	丁亥	5 21	丙辰	6 19	丙戌	7 19	丙辰	18
廿八	己未	2 22	戊子	3 23	戊午	4 22	戊子	5 22	丁巳	6 20	丁亥	7 20	丁巳	19
廿九	庚申	2 23	己丑	3 24	己未	4 23	己丑	5 23	戊午	6 21	戊子	7 21	戊午	20
三十	部落格搜尋		庚寅	3 25	庚申	4 24	天易		己未	6 22	己丑	7 22	太乙	

月別	月 二 十		月 一 十		月 十		月 九		月 八		月 七	
月柱	丑 乙		子 甲		亥 癸		戌 壬		酉 辛		申 庚	
紫白	白 六		赤 七		白 八		紫 九		白 一		黑 二	
節氣時間	2/4	1/21	1/6	12/22	12/7	11/23	11/8	10/24	10/9	9/23	9/8	8/2
	一廿	七初	一廿	六初	十二	六初	一廿	六初	十二	四初	九十	三初
	20時4分 立春戌時	1時37分 大寒丑時	8時17分 小寒辰時	14時57分 冬至未時	21時11分 大雪亥時	1時53分 小雪丑時	4時43分 立冬寅時	4時48分 霜降寅時	2時4分 寒露丑時	20時1分 秋分戌時	10時58分 白露巳時	22時52分
農曆	曆陽	柱日	曆陽	柱日	曆陽	柱日	曆陽	柱日	曆陽	柱日	曆陽	柱日
初一	1 15	戌丙	12 17	巳丁	11 18	子戊	10 19	午戊	9 20	丑己	8 21	未己
初二	1 16	亥丁	12 18	午戊	11 19	丑己	10 20	未己	9 21	寅庚	8 22	申庚
初三	1 17	子戊	12 19	未己	11 20	寅庚	10 21	申庚	9 22	卯辛	8 23	酉辛
初四	1 18	丑己	12 20	申庚	11 21	卯辛	10 22	酉辛	9 23	辰壬	8 24	戌壬
初五	1 19	寅庚	12 21	酉辛	11 22	辰壬	10 23	戌壬	9 24	巳癸	8 25	亥癸
初六	1 20	卯辛	12 22	戌壬	11 23	巳癸	10 24	亥癸	9 25	午甲	8 26	子甲
初七	1 21	辰壬	12 23	亥癸	11 24	午甲	10 25	子甲	9 26	未乙	8 27	丑乙
初八	1 22	巳癸	12 24	子甲	11 25	未乙	10 26	丑乙	9 27	申丙	8 28	寅丙
初九	1 23	午甲	12 25	丑乙	11 26	申丙	10 27	寅丙	9 28	酉丁	8 29	卯丁
初十	1 24	未乙	12 26	寅丙	11 27	酉丁	10 28	卯丁	9 29	戌戊	8 30	辰戊
十一	1 25	申丙	12 27	卯丁	11 28	戌戊	10 29	辰戊	9 30	亥己	8 31	巳己
十二	1 26	酉丁	12 28	辰戊	11 29	亥己	10 30	巳己	10 1	子庚	9 1	午庚
十三	1 27	戌戊	12 29	巳己	11 30	子庚	10 31	午庚	10 2	丑辛	9 2	未辛
十四	1 28	亥己	12 30	午庚	12 1	丑辛	11 1	未辛	10 3	寅壬	9 3	申壬
十五	1 29	子庚	12 31	未辛	12 2	寅壬	11 2	申壬	10 4	卯癸	9 4	酉癸
十六	1 30	丑辛	1 1	申壬	12 3	卯癸	11 3	酉癸	10 5	辰甲	9 5	戌甲
十七	1 31	寅壬	1 2	酉癸	12 4	辰甲	11 4	戌甲	10 6	巳乙	9 6	亥乙
十八	2 1	卯癸	1 3	戌甲	12 5	巳乙	11 5	亥乙	10 7	午丙	9 7	子丙
十九	2 2	辰甲	1 4	亥乙	12 6	午丙	11 6	子丙	10 8	未丁	9 8	丑丁
二十	2 3	巳乙	1 5	子丙	12 7	未丁	11 7	丑丁	10 9	申戊	9 9	寅戊
廿一	2 4	午丙	1 6	丑丁	12 8	申戊	11 8	寅戊	10 10	酉己	9 10	卯己
廿二	2 5	未丁	1 7	寅戊	12 9	酉己	11 9	卯己	10 11	戌庚	9 11	辰庚
廿三	2 6	申戊	1 8	卯己	12 10	戌庚	11 10	辰庚	10 12	亥辛	9 12	巳辛
廿四	2 7	酉己	1 9	辰庚	12 11	亥辛	11 11	巳辛	10 13	子壬	9 13	午壬
廿五	2 8	戌庚	1 10	巳辛	12 12	子壬	11 12	午壬	10 14	丑癸	9 14	未癸
廿六	2 9	亥辛	1 11	午壬	12 13	丑癸	11 13	未癸	10 15	寅甲	9 15	申甲
廿七	2 10	子壬	1 12	未癸	12 14	寅甲	11 14	申甲	10 16	卯乙	9 16	酉乙
廿八	2 11	丑癸	1 13	申甲	12 15	卯乙	11 15	酉乙	10 17	辰丙	9 17	戌丙
廿九	2 12	寅甲	1 14	酉乙	12 16	辰丙	11 16	戌丙	10 18	巳丁	9 18	亥丁
三十	2 13	卯乙	乙太		易天		11 17	亥丁	尋搜格落部		9 19	子戊

西元一九三四年

歲次甲戌

民國二十三年　太歲姓誓名廣

納音屬火　生肖屬狗

年三碧星　胃宿值年

月	六	月	五	月	四	月	三	月	二	月	正	別月
未	辛	午	庚	巳	己	辰	戊	卯	丁	寅	丙	柱月
紫	九	白	一	黑	二	碧	三	綠	四	黃	五	白紫
'8	7/23	7/8	6/22	6/6	5/22	5/6	4/21	4/5	3/21	3/6	2/19	節氣時間
廿	二十	七廿	一十	五廿	十初	三廿	八初	二廿	七初	一廿	六初	
立秋未時	21時42分 大暑亥時	4時24分 小暑寅時	10時48分 夏至巳時	18時1分 芒種酉時	2時35分 小滿丑時	13時31分 立夏未時	3時0分 穀雨寅時	19時44分 清明戌時	15時28分 春分申時	14時26分 驚蟄未時	16時2分 雨水申時	
陽	柱日	曆陽	柱日	曆陽	柱日	曆陽	柱日	曆陽	柱日	曆陽	柱日	曆農
12	申甲	6 12	寅甲	5 13	申甲	4 14	卯乙	3 15	酉乙	2 14	辰丙	一初
13	酉乙	6 13	卯乙	5 14	酉乙	4 15	辰丙	3 16	戌丙	2 15	巳丁	二初
14	戌丙	6 14	辰丙	5 15	戌丙	4 16	巳丁	3 17	亥丁	2 16	午戊	三初
15	亥丁	6 15	巳丁	5 16	亥丁	4 17	午戊	3 18	子戊	2 17	未己	四初
16	子戊	6 16	午戊	5 17	子戊	4 18	未己	3 19	丑己	2 18	申庚	五初
17	丑己	6 17	未己	5 18	丑己	4 19	申庚	3 20	寅庚	2 19	酉辛	六初
18	寅庚	6 18	申庚	5 19	寅庚	4 20	酉辛	3 21	卯辛	2 20	戌壬	七初
19	卯辛	6 19	酉辛	5 20	卯辛	4 21	戌壬	3 22	辰壬	2 21	亥癸	八初
20	辰壬	6 20	戌壬	5 21	辰壬	4 22	亥癸	3 23	巳癸	2 22	子甲	九初
21	巳癸	6 21	亥癸	5 22	巳癸	4 23	子甲	3 24	午甲	2 23	丑乙	十初
22	午甲	6 22	子甲	5 23	午甲	4 24	丑乙	3 25	未乙	2 24	寅丙	一十
23	未乙	6 23	丑乙	5 24	未乙	4 25	寅丙	3 26	申丙	2 25	卯丁	二十
24	申丙	6 24	寅丙	5 25	申丙	4 26	卯丁	3 27	酉丁	2 26	辰戊	三十
25	酉丁	6 25	卯丁	5 26	酉丁	4 27	辰戊	3 28	戌戊	2 27	巳己	四十
26	戌戊	6 26	辰戊	5 27	戌戊	4 28	巳己	3 29	亥己	2 28	午庚	五十
27	亥己	6 27	巳己	5 28	亥己	4 29	午庚	3 30	子庚	3 1	未辛	六十
28	子庚	6 28	午庚	5 29	子庚	4 30	未辛	3 31	丑辛	3 2	申壬	七十
29	丑辛	6 29	未辛	5 30	丑辛	5 1	申壬	4 1	寅壬	3 3	酉癸	八十
30	寅壬	6 30	申壬	5 31	寅壬	5 2	酉癸	4 2	卯癸	3 4	戌甲	九十
31	卯癸	7 1	酉癸	6 1	卯癸	5 3	戌甲	4 3	辰甲	3 5	亥乙	十二
1	辰甲	7 2	戌甲	6 2	辰甲	5 4	亥乙	4 4	巳乙	3 6	子丙	一廿
2	巳乙	7 3	亥乙	6 3	巳乙	5 5	子丙	4 5	午丙	3 7	丑丁	二廿
3	午丙	7 4	子丙	6 4	午丙	5 6	丑丁	4 6	未丁	3 8	寅戊	三廿
4	未丁	7 5	丑丁	6 5	未丁	5 7	寅戊	4 7	申戊	3 9	卯己	四廿
5	申戊	7 6	寅戊	6 6	申戊	5 8	卯己	4 8	酉己	3 10	辰庚	五廿
6	酉己	7 7	卯己	6 7	酉己	5 9	辰庚	4 9	戌庚	3 11	巳辛	六廿
7	戌庚	7 8	辰庚	6 8	戌庚	5 10	巳辛	4 10	亥辛	3 12	午壬	七廿
8	亥辛	7 9	巳辛	6 9	亥辛	5 11	午壬	4 11	子壬	3 13	未癸	八廿
9	子壬	7 10	午壬	6 10	子壬	5 12	未癸	4 12	丑癸	3 14	申甲	九廿
乙太		7 11	未癸	6 11	丑癸	易天		4 13	寅甲	尋搜格落部		十三

月別	月二十		月一十		月十		月九		月八		月七	
月柱	丑丁		子丙		亥乙		戌甲		酉癸		申壬	
紫白	碧三		綠四		黃五		白六		赤七		白八	
節氣時間	1/21	1/6	12/22	12/8	11/23	11/8	10/24	10/9		9/24	9/8	8/2
	七十	二初	六十	二初	七十	二初	七十	二初		六十	十三	五
	7時28分 大寒辰時	14時2分 小寒未時	20時49分 冬至戌時	2時57分 大雪丑時	7時44分 小雪辰時	10時27分 立冬巳時	10時36分 霜降巳時	7時45分 寒露辰時		1時45分 秋分丑時	16時36分 白露申時	4時32分
農曆	曆陽	柱日	曆陽	柱日	曆陽	柱日	曆陽	柱日	曆陽	柱日	曆陽	柱日
初一	1 5	巳辛	12 7	子壬	11 7	午壬	10 8	子壬	9 9	未癸	8 10	丑癸
初二	1 6	午壬	12 8	丑癸	11 8	未癸	10 9	丑癸	9 10	申甲	8 11	寅甲
初三	1 7	未癸	12 9	寅甲	11 9	申甲	10 10	寅甲	9 11	酉乙	8 12	卯乙
初四	1 8	申甲	12 10	卯乙	11 10	酉乙	10 11	卯乙	9 12	戌丙	8 13	辰丙
初五	1 9	酉乙	12 11	辰丙	11 11	戌丙	10 12	辰丙	9 13	亥丁	8 14	巳丁
初六	1 10	戌丙	12 12	巳丁	11 12	亥丁	10 13	巳丁	9 14	子戊	8 15	午戊
初七	1 11	亥丁	12 13	午戊	11 13	子戊	10 14	午戊	9 15	丑己	8 16	未己
初八	1 12	子戊	12 14	未己	11 14	丑己	10 15	未己	9 16	寅庚	8 17	申庚
初九	1 13	丑己	12 15	申庚	11 15	寅庚	10 16	申庚	9 17	卯辛	8 18	酉辛
初十	1 14	寅庚	12 16	酉辛	11 16	卯辛	10 17	酉辛	9 18	辰壬	8 19	戌壬
十一	1 15	卯辛	12 17	戌壬	11 17	辰壬	10 18	戌壬	9 19	巳癸	8 20	亥癸
十二	1 16	辰壬	12 18	亥癸	11 18	巳癸	10 19	亥癸	9 20	午甲	8 21	子甲
十三	1 17	巳癸	12 19	子甲	11 19	午甲	10 20	子甲	9 21	未乙	8 22	丑乙
十四	1 18	午甲	12 20	丑乙	11 20	未乙	10 21	丑乙	9 22	申丙	8 23	寅丙
十五	1 19	未乙	12 21	寅丙	11 21	申丙	10 22	寅丙	9 23	酉丁	8 24	卯丁
十六	1 20	申丙	12 22	卯丁	11 22	酉丁	10 23	卯丁	9 24	戌戊	8 25	辰戊
十七	1 21	酉丁	12 23	辰戊	11 23	戌戊	10 24	辰戊	9 25	亥己	8 26	巳己
十八	1 22	戌戊	12 24	巳己	11 24	亥己	10 25	巳己	9 26	子庚	8 27	午庚
十九	1 23	亥己	12 25	午庚	11 25	子庚	10 26	午庚	9 27	丑辛	8 28	未辛
二十	1 24	子庚	12 26	未辛	11 26	丑辛	10 27	未辛	9 28	寅壬	8 29	申壬
廿一	1 25	丑辛	12 27	申壬	11 27	寅壬	10 28	申壬	9 29	卯癸	8 30	酉癸
廿二	1 26	寅壬	12 28	酉癸	11 28	卯癸	10 29	酉癸	9 30	辰甲	8 31	戌甲
廿三	1 27	卯癸	12 29	戌甲	11 29	辰甲	10 30	戌甲	10 1	巳乙	9 1	亥乙
廿四	1 28	辰甲	12 30	亥乙	11 30	巳乙	10 31	亥乙	10 2	午丙	9 2	子丙
廿五	1 29	巳乙	12 31	子丙	12 1	午丙	11 1	子丙	10 3	未丁	9 3	丑丁
廿六	1 30	午丙	1 1	丑丁	12 2	未丁	11 2	丑丁	10 4	申戊	9 4	寅戊
廿七	1 31	未丁	1 2	寅戊	12 3	申戊	11 3	寅戊	10 5	酉己	9 5	卯己
廿八	2 1	申戊	1 3	卯己	12 4	酉己	11 4	卯己	10 6	戌庚	9 6	辰庚
廿九	2 2	酉己	1 4	辰庚	12 5	戌庚	11 5	辰庚	10 7	亥辛	9 7	巳辛
三十	2 3	戌庚	乙太		12 6	亥辛	11 6	巳辛	易天		9 8	午壬

西元一九三五年 歲次乙亥

民國二十四年 太歲姓伍名保

納音屬火 生肖屬豬

年二黑星 昴宿值年

月	六	月 五		月 四		月 三		月 二		月 正		別月
未	癸	午 壬		巳 辛		辰 庚		卯 己		寅 戊		柱月
白	六	赤 七		白 八		紫 九		白 一		黑 二		白紫
24	7/8	6/22	6/6	5/22	5/6	4/21	4/6	3/21	3/6	2/19	2/5	節氣時間
廿	八初	二廿	六初	十二	四初	九十	四初	七十	二初	六十	二初	
大暑寅時	10時6分 小暑巳時	16時38分 夏至申時	23時42分 芒種子時	8時25分 小滿辰時	19時12分 立夏戌時	8時50分 穀雨辰時	1時26分 清明丑時	21時18分 春分亥時	20時10分 驚蟄戌時	21時52分 雨水亥時	1時49分 立春丑時	
陽	柱日	曆陽	柱日	曆陽	柱日	曆陽	柱日	曆陽	柱日	曆陽	柱日	曆農
1	寅戊	6 1	申戊	5 3	卯己	4 3	酉己	3 5	辰庚	2 4	亥辛	一初
2	卯己	6 2	酉己	5 4	辰庚	4 4	戌庚	3 6	巳辛	2 5	子壬	二初
3	辰庚	6 3	戌庚	5 5	巳辛	4 5	亥辛	3 7	午壬	2 6	丑癸	三初
4	巳辛	6 4	亥辛	5 6	午壬	4 6	子壬	3 8	未癸	2 7	寅甲	四初
5	午壬	6 5	子壬	5 7	未癸	4 7	丑癸	3 9	申甲	2 8	卯乙	五初
6	未癸	6 6	丑癸	5 8	申甲	4 8	寅甲	3 10	酉乙	2 9	辰丙	六初
7	申甲	6 7	寅甲	5 9	酉乙	4 9	卯乙	3 11	戌丙	2 10	巳丁	七初
8	酉乙	6 8	卯乙	5 10	戌丙	4 10	辰丙	3 12	亥丁	2 11	午戊	八初
9	戌丙	6 9	辰丙	5 11	亥丁	4 11	巳丁	3 13	子戊	2 12	未己	九初
10	亥丁	6 10	巳丁	5 12	子戊	4 12	午戊	3 14	丑己	2 13	申庚	十初
11	子戊	6 11	午戊	5 13	丑己	4 13	未己	3 15	寅庚	2 14	酉辛	一十
12	丑己	6 12	未己	5 14	寅庚	4 14	申庚	3 16	卯辛	2 15	戌壬	二十
13	寅庚	6 13	申庚	5 15	卯辛	4 15	酉辛	3 17	辰壬	2 16	亥癸	三十
14	卯辛	6 14	酉辛	5 16	辰壬	4 16	戌壬	3 18	巳癸	2 17	子甲	四十
15	辰壬	6 15	戌壬	5 17	巳癸	4 17	亥癸	3 19	午甲	2 18	丑乙	五十
16	巳癸	6 16	亥癸	5 18	午甲	4 18	子甲	3 20	未乙	2 19	寅丙	六十
17	午甲	6 17	子甲	5 19	未乙	4 19	丑乙	3 21	申丙	2 20	卯丁	七十
18	未乙	6 18	丑乙	5 20	申丙	4 20	寅丙	3 22	酉丁	2 21	辰戊	八十
19	申丙	6 19	寅丙	5 21	酉丁	4 21	卯丁	3 23	戌戊	2 22	巳己	九十
20	酉丁	6 20	卯丁	5 22	戌戊	4 22	辰戊	3 24	亥己	2 23	午庚	十二
21	戌戊	6 21	辰戊	5 23	亥己	4 23	巳己	3 25	子庚	2 24	未辛	一廿
22	亥己	6 22	巳己	5 24	子庚	4 24	午庚	3 26	丑辛	2 25	申壬	二廿
23	子庚	6 23	午庚	5 25	丑辛	4 25	未辛	3 27	寅壬	2 26	酉癸	三廿
24	丑辛	6 24	未辛	5 26	寅壬	4 26	申壬	3 28	卯癸	2 27	戌甲	四廿
25	寅壬	6 25	申壬	5 27	卯癸	4 27	酉癸	3 29	辰甲	2 28	亥乙	五廿
26	卯癸	6 26	酉癸	5 28	辰甲	4 28	戌甲	3 30	巳乙	3 1	子丙	六廿
27	辰甲	6 27	戌甲	5 29	巳乙	4 29	亥乙	3 31	午丙	3 2	丑丁	七廿
28	巳乙	6 28	亥乙	5 30	午丙	4 30	子丙	4 1	未丁	3 3	寅戊	八廿
29	午丙	6 29	子丙	5 31	未丁	5 1	丑丁	4 2	申戊	3 4	卯己	九廿
乙太		6 30	丑丁	易天		5 2	寅戊	業事化文乙太		尋搜格落部		十三

月別	月二十		月一十		月十		月九		月八		月七	
月柱	丑己		子戊		亥丁		戌丙		酉乙		申甲	
紫白	紫九		白一		黑二		碧三		綠四		黃五	
節氣時間	1/21	1/6	12/23	12/8	11/23	11/8	10/24	10/9	9/24	9/8	8/24	8/8
	七廿	二十	八廿	三十	八廿	三十	七廿	二十	七廿	一十	六廿	十初
	13時12分 大寒未時	19時47分 小寒戌時	2時37分 冬至丑時	8時45分 大雪辰時	13時35分 小雪未時	16時17分 立冬申時	16時29分 霜降申時	13時36分 寒露未時	7時38分 秋分辰時	22時24分 白露亥時	10時24分 處暑巳時	19時48分 立秋[illegible]
農曆	曆陽	柱日	曆陽	柱日	曆陽	柱日	曆陽	柱日	曆陽	柱日	曆陽	柱日
初一	12 26	子丙	11 26	午丙	10 27	子丙	9 28	未丁	8 29	丑丁	7 30	未丁
初二	12 27	丑丁	11 27	未丁	10 28	丑丁	9 29	申戊	8 30	寅戊	7 31	申戊
初三	12 28	寅戊	11 28	申戊	10 29	寅戊	9 30	酉己	8 31	卯己	8 1	酉己
初四	12 29	卯己	11 29	酉己	10 30	卯己	10 1	戌庚	9 1	辰庚	8 2	戌庚
初五	12 30	辰庚	11 30	戌庚	10 31	辰庚	10 2	亥辛	9 2	巳辛	8 3	亥辛
初六	12 31	巳辛	12 1	亥辛	11 1	巳辛	10 3	子壬	9 3	午壬	8 4	子壬
初七	1 1	午壬	12 2	子壬	11 2	午壬	10 4	丑癸	9 4	未癸	8 5	丑癸
初八	1 2	未癸	12 3	丑癸	11 3	未癸	10 5	寅甲	9 5	申甲	8 6	寅甲
初九	1 3	申甲	12 4	寅甲	11 4	申甲	10 6	卯乙	9 6	酉乙	8 7	卯乙
初十	1 4	酉乙	12 5	卯乙	11 5	酉乙	10 7	辰丙	9 7	戌丙	8 8	辰丙
十一	1 5	戌丙	12 6	辰丙	11 6	戌丙	10 8	巳丁	9 8	亥丁	8 9	巳丁
十二	1 6	亥丁	12 7	巳丁	11 7	亥丁	10 9	午戊	9 9	子戊	8 10	午戊
十三	1 7	子戊	12 8	午戊	11 8	子戊	10 10	未己	9 10	丑己	8 11	未己
十四	1 8	丑己	12 9	未己	11 9	丑己	10 11	申庚	9 11	寅庚	8 12	申庚
十五	1 9	寅庚	12 10	申庚	11 10	寅庚	10 12	酉辛	9 12	卯辛	8 13	酉辛
十六	1 10	卯辛	12 11	酉辛	11 11	卯辛	10 13	戌壬	9 13	辰壬	8 14	戌壬
十七	1 11	辰壬	12 12	戌壬	11 12	辰壬	10 14	亥癸	9 14	巳癸	8 15	亥癸
十八	1 12	巳癸	12 13	亥癸	11 13	巳癸	10 15	子甲	9 15	午甲	8 16	子甲
十九	1 13	午甲	12 14	子甲	11 14	午甲	10 16	丑乙	9 16	未乙	8 17	丑乙
二十	1 14	未乙	12 15	丑乙	11 15	未乙	10 17	寅丙	9 17	申丙	8 18	寅丙
廿一	1 15	申丙	12 16	寅丙	11 16	申丙	10 18	卯丁	9 18	酉丁	8 19	卯丁
廿二	1 16	酉丁	12 17	卯丁	11 17	酉丁	10 19	辰戊	9 19	戌戊	8 20	辰戊
廿三	1 17	戌戊	12 18	辰戊	11 18	戌戊	10 20	巳己	9 20	亥己	8 21	巳己
廿四	1 18	亥己	12 19	巳己	11 19	亥己	10 21	午庚	9 21	子庚	8 22	午庚
廿五	1 19	子庚	12 20	午庚	11 20	子庚	10 22	未辛	9 22	丑辛	8 23	未辛
廿六	1 20	丑辛	12 21	未辛	11 21	丑辛	10 23	申壬	9 23	寅壬	8 24	申壬
廿七	1 21	寅壬	12 22	申壬	11 22	寅壬	10 24	酉癸	9 24	卯癸	8 25	酉癸
廿八	1 22	卯癸	12 23	酉癸	11 23	卯癸	10 25	戌甲	9 25	辰甲	8 26	戌甲
廿九	1 23	辰甲	12 24	戌甲	11 24	辰甲	10 26	亥乙	9 26	巳乙	8 27	亥乙
三十	乙太		12 25	亥乙	11 25	巳乙	易天		9 27	午丙	8 28	子丙

西元一九三六年 歲次丙子

民國二十五年　太歲姓郭名嘉

納音屬水　生肖屬鼠

年一白星　畢宿值年

月別	正月		二月		三月		閏三月		四月		五月		六月	
月柱	庚寅		辛卯		壬辰				癸巳		甲午		乙未	
紫白	八白		七赤		六白				五黃		四綠		三碧	
節氣	2/5	2/20	3/6	3/21	4/5	4/20	5/6		5/21	6/6	6/21	7/7	7/23	/8
	十三	廿八	十三	廿八	十四	廿九	十六		初一	十七	初三	十九	初六	廿
節氣時間	立春 7時29分辰時	雨水 3時33分寅時	驚蟄 1時49分丑時	春分 2時58分丑時	清明 7時7分辰時	穀雨 14時31分未時	立夏 0時56分子時		小滿 14時7分未時	芒種 5時31分卯時	夏至 22時22分亥時	小暑 15時58分申時	大暑 9時18分巳時	立秋 丑時
農曆	陽曆	日柱	陽曆	日柱	陽曆	日柱	陽曆	日柱	陽曆	日柱	陽曆	日柱	陽	日柱
初一	1 24	乙巳	2 23	乙亥	3 23	甲辰	4 21	癸酉	5 21	癸卯	6 19	壬申	18	辛丑
初二	1 25	丙午	2 24	丙子	3 24	乙巳	4 22	甲戌	5 22	甲辰	6 20	癸酉	19	壬寅
初三	1 26	丁未	2 25	丁丑	3 25	丙午	4 23	乙亥	5 23	乙巳	6 21	甲戌	20	癸卯
初四	1 27	戊申	2 26	戊寅	3 26	丁未	4 24	丙子	5 24	丙午	6 22	乙亥	21	甲辰
初五	1 28	己酉	2 27	己卯	3 27	戊申	4 25	丁丑	5 25	丁未	6 23	丙子	22	乙巳
初六	1 29	庚戌	2 28	庚辰	3 28	己酉	4 26	戊寅	5 26	戊申	6 24	丁丑	23	丙午
初七	1 30	辛亥	2 29	辛巳	3 29	庚戌	4 27	己卯	5 27	己酉	6 25	戊寅	24	丁未
初八	1 31	壬子	3 1	壬午	3 30	辛亥	4 28	庚辰	5 28	庚戌	6 26	己卯	25	戊申
初九	2 1	癸丑	3 2	癸未	3 31	壬子	4 29	辛巳	5 29	辛亥	6 27	庚辰	26	己酉
初十	2 2	甲寅	3 3	甲申	4 1	癸丑	4 30	壬午	5 30	壬子	6 28	辛巳	27	庚戌
十一	2 3	乙卯	3 4	乙酉	4 2	甲寅	5 1	癸未	5 31	癸丑	6 29	壬午	28	辛亥
十二	2 4	丙辰	3 5	丙戌	4 3	乙卯	5 2	甲申	6 1	甲寅	6 30	癸未	29	壬子
十三	2 5	丁巳	3 6	丁亥	4 4	丙辰	5 3	乙酉	6 2	乙卯	7 1	甲申	30	癸丑
十四	2 6	戊午	3 7	戊子	4 5	丁巳	5 4	丙戌	6 3	丙辰	7 2	乙酉	31	甲寅
十五	2 7	己未	3 8	己丑	4 6	戊午	5 5	丁亥	6 4	丁巳	7 3	丙戌	1	乙卯
十六	2 8	庚申	3 9	庚寅	4 7	己未	5 6	戊子	6 5	戊午	7 4	丁亥	2	丙辰
十七	2 9	辛酉	3 10	辛卯	4 8	庚申	5 7	己丑	6 6	己未	7 5	戊子	3	丁巳
十八	2 10	壬戌	3 11	壬辰	4 9	辛酉	5 8	庚寅	6 7	庚申	7 6	己丑	4	戊午
十九	2 11	癸亥	3 12	癸巳	4 10	壬戌	5 9	辛卯	6 8	辛酉	7 7	庚寅	5	己未
二十	2 12	甲子	3 13	甲午	4 11	癸亥	5 10	壬辰	6 9	壬戌	7 8	辛卯	6	庚申
廿一	2 13	乙丑	3 14	乙未	4 12	甲子	5 11	癸巳	6 10	癸亥	7 9	壬辰	7	辛酉
廿二	2 14	丙寅	3 15	丙申	4 13	乙丑	5 12	甲午	6 11	甲子	7 10	癸巳	8	壬戌
廿三	2 15	丁卯	3 16	丁酉	4 14	丙寅	5 13	乙未	6 12	乙丑	7 11	甲午	9	癸亥
廿四	2 16	戊辰	3 17	戊戌	4 15	丁卯	5 14	丙申	6 13	丙寅	7 12	乙未	10	甲子
廿五	2 17	己巳	3 18	己亥	4 16	戊辰	5 15	丁酉	6 14	丁卯	7 13	丙申	11	乙丑
廿六	2 18	庚午	3 19	庚子	4 17	己巳	5 16	戊戌	6 15	戊辰	7 14	丁酉	12	丙寅
廿七	2 19	辛未	3 20	辛丑	4 18	庚午	5 17	己亥	6 16	己巳	7 15	戊戌	13	丁卯
廿八	2 20	壬申	3 21	壬寅	4 19	辛未	5 18	庚子	6 17	庚午	7 16	己亥	14	戊辰
廿九	2 21	癸酉	3 22	癸卯	4 20	壬申	5 19	辛丑	6 18	辛未	7 17	庚子	15	己巳
三十	2 22	甲戌	部落格搜尋		太乙文化事業		5 20	壬寅	天易		太乙		16	庚午

月別	月二十		月一十		月十		月九		月八		月七	
月柱	丑辛		子庚		亥己		戌戊		酉丁		申丙	
紫白	白六		赤七		白八		紫九		白一		黑二	
節氣時間	2/4 三廿 13時26分 立春未時	1/20 八初 19時1分 大寒戌時	1/6 四廿 1時44分 小寒丑時	12/22 九初 8時27分 冬至辰時	12/7 四廿 14時42分 大雪未時	11/22 九初 19時25分 小雪戌時	11/7 四廿 22時15分 立冬亥時	10/23 九初 22時18分 霜降亥時	10/8 三廿 19時32分 寒露戌時	9/23 八初 13時26分 秋分未時	9/8 三廿 4時21分 白露寅時	8/2 七初 16時10分 處暑 (cut)
農曆	曆陽	柱日	曆陽	柱日	曆陽	柱日	曆陽	柱日	曆陽	柱日	曆陽	柱日
初一	1 13	子庚	12 14	午庚	11 14	子庚	10 15	午庚	9 16	丑辛	8 17	未辛
初二	1 14	丑辛	12 15	未辛	11 15	丑辛	10 16	未辛	9 17	寅壬	8 18	申壬
初三	1 15	寅壬	12 16	申壬	11 16	寅壬	10 17	申壬	9 18	卯癸	8 19	酉癸
初四	1 16	卯癸	12 17	酉癸	11 17	卯癸	10 18	酉癸	9 19	辰甲	8 20	戌甲
初五	1 17	辰甲	12 18	戌甲	11 18	辰甲	10 19	戌甲	9 20	巳乙	8 21	亥乙
初六	1 18	巳乙	12 19	亥乙	11 19	巳乙	10 20	亥乙	9 21	午丙	8 22	子丙
初七	1 19	午丙	12 20	子丙	11 20	午丙	10 21	子丙	9 22	未丁	8 23	丑丁
初八	1 20	未丁	12 21	丑丁	11 21	未丁	10 22	丑丁	9 23	申戊	8 24	寅戊
初九	1 21	申戊	12 22	寅戊	11 22	申戊	10 23	寅戊	9 24	酉己	8 25	卯己
初十	1 22	酉己	12 23	卯己	11 23	酉己	10 24	卯己	9 25	戌庚	8 26	辰庚
十一	1 23	戌庚	12 24	辰庚	11 24	戌庚	10 25	辰庚	9 26	亥辛	8 27	巳辛
十二	1 24	亥辛	12 25	巳辛	11 25	亥辛	10 26	巳辛	9 27	子壬	8 28	午壬
十三	1 25	子壬	12 26	午壬	11 26	子壬	10 27	午壬	9 28	丑癸	8 29	未癸
十四	1 26	丑癸	12 27	未癸	11 27	丑癸	10 28	未癸	9 29	寅甲	8 30	申甲
十五	1 27	寅甲	12 28	申甲	11 28	寅甲	10 29	申甲	9 30	卯乙	8 31	酉乙
十六	1 28	卯乙	12 29	酉乙	11 29	卯乙	10 30	酉乙	10 1	辰丙	9 1	戌丙
十七	1 29	辰丙	12 30	戌丙	11 30	辰丙	10 31	戌丙	10 2	巳丁	9 2	亥丁
十八	1 30	巳丁	12 31	亥丁	12 1	巳丁	11 1	亥丁	10 3	午戊	9 3	子戊
十九	1 31	午戊	1 1	子戊	12 2	午戊	11 2	子戊	10 4	未己	9 4	丑己
二十	2 1	未己	1 2	丑己	12 3	未己	11 3	丑己	10 5	申庚	9 5	寅庚
廿一	2 2	申庚	1 3	寅庚	12 4	申庚	11 4	寅庚	10 6	酉辛	9 6	卯辛
廿二	2 3	酉辛	1 4	卯辛	12 5	酉辛	11 5	卯辛	10 7	戌壬	9 7	辰壬
廿三	2 4	戌壬	1 5	辰壬	12 6	戌壬	11 6	辰壬	10 8	亥癸	9 8	巳癸
廿四	2 5	亥癸	1 6	巳癸	12 7	亥癸	11 7	巳癸	10 9	子甲	9 9	午甲
廿五	2 6	子甲	1 7	午甲	12 8	子甲	11 8	午甲	10 10	丑乙	9 10	未乙
廿六	2 7	丑乙	1 8	未乙	12 9	丑乙	11 9	未乙	10 11	寅丙	9 11	申丙
廿七	2 8	寅丙	1 9	申丙	12 10	寅丙	11 10	申丙	10 12	卯丁	9 12	酉丁
廿八	2 9	卯丁	1 10	酉丁	12 11	卯丁	11 11	酉丁	10 13	辰戊	9 13	戌戊
廿九	2 10	辰戊	1 11	戌戊	12 12	辰戊	11 12	戌戊	10 14	巳己	9 14	亥己
三十	乙太		1 12	亥己	12 13	巳己	11 13	亥己	易天		9 15	子庚

西元一九三七年 歲次丁丑

民國二十六年 太歲姓汪名文

納音屬水 生肖屬牛

年九紫星 觜宿值年

月六		月五		月四		月三		月二		月正		別月
未丁		午丙		巳乙		辰甲		卯癸		寅壬		柱月
紫九		白一		黑二		碧三		綠四		黃五		白紫
	7/23	7/7	6/22	6/6	5/21	5/6	4/20	4/5	3/21	3/6	2/19	節氣時間
	六十	九廿	四十	八廿	二十	六廿	十初	四廿	九初	四廿	九初	
	大暑申時 15時7分	小暑亥時 21時46分	夏至寅時 4時12分	芒種午時 11時23分	小滿戌時 19時57分	立夏卯時 6時51分	穀雨戌時 20時19分	清明未時 13時1分	春分辰時 8時45分	驚蟄辰時 7時44分	雨水巳時 9時21分	
陽	柱日	曆陽	柱日	曆陽	柱日	曆陽	柱日	曆陽	柱日	曆陽	柱日	曆農
8	申丙	6 9	卯丁	5 10	酉丁	4 11	辰戊	3 13	亥己	2 11	巳己	一初
9	酉丁	6 10	辰戊	5 11	戌戊	4 12	巳己	3 14	子庚	2 12	午庚	二初
10	戌戊	6 11	巳己	5 12	亥己	4 13	午庚	3 15	丑辛	2 13	未辛	三初
11	亥己	6 12	午庚	5 13	子庚	4 14	未辛	3 16	寅壬	2 14	申壬	四初
12	子庚	6 13	未辛	5 14	丑辛	4 15	申壬	3 17	卯癸	2 15	酉癸	五初
13	丑辛	6 14	申壬	5 15	寅壬	4 16	酉癸	3 18	辰甲	2 16	戌甲	六初
14	寅壬	6 15	酉癸	5 16	卯癸	4 17	戌甲	3 19	巳乙	2 17	亥乙	七初
15	卯癸	6 16	戌甲	5 17	辰甲	4 18	亥乙	3 20	午丙	2 18	子丙	八初
16	辰甲	6 17	亥乙	5 18	巳乙	4 19	子丙	3 21	未丁	2 19	丑丁	九初
17	巳乙	6 18	子丙	5 19	午丙	4 20	丑丁	3 22	申戊	2 20	寅戊	十初
18	午丙	6 19	丑丁	5 20	未丁	4 21	寅戊	3 23	酉己	2 21	卯己	一十
19	未丁	6 20	寅戊	5 21	申戊	4 22	卯己	3 24	戌庚	2 22	辰庚	二十
20	申戊	6 21	卯己	5 22	酉己	4 23	辰庚	3 25	亥辛	2 23	巳辛	三十
21	酉己	6 22	辰庚	5 23	戌庚	4 24	巳辛	3 26	子壬	2 24	午壬	四十
22	戌庚	6 23	巳辛	5 24	亥辛	4 25	午壬	3 27	丑癸	2 25	未癸	五十
23	亥辛	6 24	午壬	5 25	子壬	4 26	未癸	3 28	寅甲	2 26	申甲	六十
24	子壬	6 25	未癸	5 26	丑癸	4 27	申甲	3 29	卯乙	2 27	酉乙	七十
25	丑癸	6 26	申甲	5 27	寅甲	4 28	酉乙	3 30	辰丙	2 28	戌丙	八十
26	寅甲	6 27	酉乙	5 28	卯乙	4 29	戌丙	3 31	巳丁	3 1	亥丁	九十
27	卯乙	6 28	戌丙	5 29	辰丙	4 30	亥丁	4 1	午戊	3 2	子戊	十二
28	辰丙	6 29	亥丁	5 30	巳丁	5 1	子戊	4 2	未己	3 3	丑己	一廿
29	巳丁	6 30	子戊	5 31	午戊	5 2	丑己	4 3	申庚	3 4	寅庚	二廿
30	午戊	7 1	丑己	6 1	未己	5 3	寅庚	4 4	酉辛	3 5	卯辛	三廿
31	未己	7 2	寅庚	6 2	申庚	5 4	卯辛	4 5	戌壬	3 6	辰壬	四廿
1	申庚	7 3	卯辛	6 3	酉辛	5 5	辰壬	4 6	亥癸	3 7	巳癸	五廿
2	酉辛	7 4	辰壬	6 4	戌壬	5 6	巳癸	4 7	子甲	3 8	午甲	六廿
3	戌壬	7 5	巳癸	6 5	亥癸	5 7	午甲	4 8	丑乙	3 9	未乙	七廿
4	亥癸	7 6	午甲	6 6	子甲	5 8	未乙	4 9	寅丙	3 10	申丙	八廿
5	子甲	7 7	未乙	6 7	丑乙	5 9	申丙	4 10	卯丁	3 11	酉丁	九廿
乙太		易天		6 8	寅丙	業事化文乙太		尋搜格落部		3 12	戌戊	十三

月別	月 二 十		月 一 十		月 十		月 九		月 八		月 七	
月柱	丑 癸		子 壬		亥 辛		戌 庚		酉 己		申 戊	
紫白	碧 三		綠 四		黃 五		白 六		赤 七		白 八	
節氣時間	1/21	1/6	12/22	12/7	11/23	11/8	10/24	10/9	9/23	9/8	8/23	8/8
	十二	五初	十二	五初	一廿	六初	一廿	六初	九十	四初	八十	三初
	0時59分 大寒子時	7時31分 小寒辰時	14時22分 冬至未時	20時26分 大雪戌時	1時16分 小雪丑時	3時55分 立冬寅時	4時7分 霜降寅時	1時11分 寒露丑時	19時13分 秋分戌時	9時59分 白露巳時	21時58分 處暑亥時	7時25分 立秋辰時
農曆	曆陽	柱日	曆陽	柱日	曆陽	柱日	曆陽	柱日	曆陽	柱日	曆陽	柱日
初一	1 2	午甲	12 3	子甲	11 3	午甲	10 4	子甲	9 5	未乙	8 6	丑乙
初二	1 3	未乙	12 4	丑乙	11 4	未乙	10 5	丑乙	9 6	申丙	8 7	寅丙
初三	1 4	申丙	12 5	寅丙	11 5	申丙	10 6	寅丙	9 7	酉丁	8 8	卯丁
初四	1 5	酉丁	12 6	卯丁	11 6	酉丁	10 7	卯丁	9 8	戌戊	8 9	辰戊
初五	1 6	戌戊	12 7	辰戊	11 7	戌戊	10 8	辰戊	9 9	亥己	8 10	巳己
初六	1 7	亥己	12 8	巳己	11 8	亥己	10 9	巳己	9 10	子庚	8 11	午庚
初七	1 8	子庚	12 9	午庚	11 9	子庚	10 10	午庚	9 11	丑辛	8 12	未辛
初八	1 9	丑辛	12 10	未辛	11 10	丑辛	10 11	未辛	9 12	寅壬	8 13	申壬
初九	1 10	寅壬	12 11	申壬	11 11	寅壬	10 12	申壬	9 13	卯癸	8 14	酉癸
初十	1 11	卯癸	12 12	酉癸	11 12	卯癸	10 13	酉癸	9 14	辰甲	8 15	戌甲
十一	1 12	辰甲	12 13	戌甲	11 13	辰甲	10 14	戌甲	9 15	巳乙	8 16	亥乙
十二	1 13	巳乙	12 14	亥乙	11 14	巳乙	10 15	亥乙	9 16	午丙	8 17	子丙
十三	1 14	午丙	12 15	子丙	11 15	午丙	10 16	子丙	9 17	未丁	8 18	丑丁
十四	1 15	未丁	12 16	丑丁	11 16	未丁	10 17	丑丁	9 18	申戊	8 19	寅戊
十五	1 16	申戊	12 17	寅戊	11 17	申戊	10 18	寅戊	9 19	酉己	8 20	卯己
十六	1 17	酉己	12 18	卯己	11 18	酉己	10 19	卯己	9 20	戌庚	8 21	辰庚
十七	1 18	戌庚	12 19	辰庚	11 19	戌庚	10 20	辰庚	9 21	亥辛	8 22	巳辛
十八	1 19	亥辛	12 20	巳辛	11 20	亥辛	10 21	巳辛	9 22	子壬	8 23	午壬
十九	1 20	子壬	12 21	午壬	11 21	子壬	10 22	午壬	9 23	丑癸	8 24	未癸
二十	1 21	丑癸	12 22	未癸	11 22	丑癸	10 23	未癸	9 24	寅甲	8 25	申甲
廿一	1 22	寅甲	12 23	申甲	11 23	寅甲	10 24	申甲	9 25	卯乙	8 26	酉乙
廿二	1 23	卯乙	12 24	酉乙	11 24	卯乙	10 25	酉乙	9 26	辰丙	8 27	戌丙
廿三	1 24	辰丙	12 25	戌丙	11 25	辰丙	10 26	戌丙	9 27	巳丁	8 28	亥丁
廿四	1 25	巳丁	12 26	亥丁	11 26	巳丁	10 27	亥丁	9 28	午戊	8 29	子戊
廿五	1 26	午戊	12 27	子戊	11 27	午戊	10 28	子戊	9 29	未己	8 30	丑己
廿六	1 27	未己	12 28	丑己	11 28	未己	10 29	丑己	9 30	申庚	8 31	寅庚
廿七	1 28	申庚	12 29	寅庚	11 29	申庚	10 30	寅庚	10 1	酉辛	9 1	卯辛
廿八	1 29	酉辛	12 30	卯辛	11 30	酉辛	10 31	卯辛	10 2	戌壬	9 2	辰壬
廿九	1 30	戌壬	12 31	辰壬	12 1	戌壬	11 1	辰壬	10 3	亥癸	9 3	巳癸
三十	乙太		1 1	巳癸	12 2	亥癸	11 2	巳癸	易天		9 4	午甲

西元一九三八年

歲次戊寅

月 六		月 五		月 四		月 三		月 二		月 正		別月
未 己		午 戊		巳 丁		辰 丙		卯 乙		寅 甲		柱月
白 六		赤 七		白 八		紫 九		白 一		黑 二		白紫
/23	7/8	6/22	6/6	5/22	5/6	4/21	4/5	3/21	3/6	2/19	2/4	節氣時間
廿	一十	五廿	九初	三廿	七初	一廿	五初	十二	五初	十二	五初	
大暑戌時	3時31分 小暑寅時	10時4分 夏至巳時	17時7分 芒種酉時	1時50分 小滿丑時	12時35分 立夏午時	2時15分 穀雨丑時	18時49分 清明酉時	14時43分 春分未時	13時34分 驚蟄未時	15時20分 雨水申時	19時15分 立春戌時	
陽	柱日	曆陽	柱日	曆陽	柱日	曆陽	柱日	曆陽	柱日	曆陽	柱日	曆農
28	卯辛	5 29	酉辛	4 30	辰壬	4 1	亥癸	3 2	巳癸	1 31	亥癸	一初
29	辰壬	5 30	戌壬	5 1	巳癸	4 2	子甲	3 3	午甲	2 1	子甲	二初
30	巳癸	5 31	亥癸	5 2	午甲	4 3	丑乙	3 4	未乙	2 2	丑乙	三初
1	午甲	6 1	子甲	5 3	未乙	4 4	寅丙	3 5	申丙	2 3	寅丙	四初
2	未乙	6 2	丑乙	5 4	申丙	4 5	卯丁	3 6	酉丁	2 4	卯丁	五初
3	申丙	6 3	寅丙	5 5	酉丁	4 6	辰戊	3 7	戌戊	2 5	辰戊	六初
4	酉丁	6 4	卯丁	5 6	戌戊	4 7	巳己	3 8	亥己	2 6	巳己	七初
5	戌戊	6 5	辰戊	5 7	亥己	4 8	午庚	3 9	子庚	2 7	午庚	八初
6	亥己	6 6	巳己	5 8	子庚	4 9	未辛	3 10	丑辛	2 8	未辛	九初
7	子庚	6 7	午庚	5 9	丑辛	4 10	申壬	3 11	寅壬	2 9	申壬	十初
8	丑辛	6 8	未辛	5 10	寅壬	4 11	酉癸	3 12	卯癸	2 10	酉癸	一十
9	寅壬	6 9	申壬	5 11	卯癸	4 12	戌甲	3 13	辰甲	2 11	戌甲	二十
10	卯癸	6 10	酉癸	5 12	辰甲	4 13	亥乙	3 14	巳乙	2 12	亥乙	三十
11	辰甲	6 11	戌甲	5 13	巳乙	4 14	子丙	3 15	午丙	2 13	子丙	四十
12	巳乙	6 12	亥乙	5 14	午丙	4 15	丑丁	3 16	未丁	2 14	丑丁	五十
13	午丙	6 13	子丙	5 15	未丁	4 16	寅戊	3 17	申戊	2 15	寅戊	六十
14	未丁	6 14	丑丁	5 16	申戊	4 17	卯己	3 18	酉己	2 16	卯己	七十
15	申戊	6 15	寅戊	5 17	酉己	4 18	辰庚	3 19	戌庚	2 17	辰庚	八十
16	酉己	6 16	卯己	5 18	戌庚	4 19	巳辛	3 20	亥辛	2 18	巳辛	九十
17	戌庚	6 17	辰庚	5 19	亥辛	4 20	午壬	3 21	子壬	2 19	午壬	十二
18	亥辛	6 18	巳辛	5 20	子壬	4 21	未癸	3 22	丑癸	2 20	未癸	一廿
19	子壬	6 19	午壬	5 21	丑癸	4 22	申甲	3 23	寅甲	2 21	申甲	二廿
20	丑癸	6 20	未癸	5 22	寅甲	4 23	酉乙	3 24	卯乙	2 22	酉乙	三廿
21	寅甲	6 21	申甲	5 23	卯乙	4 24	戌丙	3 25	辰丙	2 23	戌丙	四廿
22	卯乙	6 22	酉乙	5 24	辰丙	4 25	亥丁	3 26	巳丁	2 24	亥丁	五廿
23	辰丙	6 23	戌丙	5 25	巳丁	4 26	子戊	3 27	午戊	2 25	子戊	六廿
24	巳丁	6 24	亥丁	5 26	午戊	4 27	丑己	3 28	未己	2 26	丑己	七廿
25	午戊	6 25	子戊	5 27	未己	4 28	寅庚	3 29	申庚	2 27	寅庚	八廿
26	未己	6 26	丑己	5 28	申庚	4 29	卯辛	3 30	酉辛	2 28	卯辛	九廿
乙太		6 27	寅庚	易天		尋搜格落部		3 31	戌壬	3 1	辰壬	十三

民國二十七年
太歲姓曾名光

納音屬土
生肖屬虎

年八白星
參宿值年

月別	月二十		月一十		月十		月九		月八		月七閏		月七	
月柱	丑乙		子甲		亥癸		戌壬		酉辛				申庚	
紫白	紫九		白一		黑二		碧三		綠四				黃五	
節氣時間	2/5	1/21	1/6	12/22	12/8	11/23	11/8	10/24	10/9	9/24		9/8	8/24	8/8
	七十	二初	六十	一初	七十	二初	七十	二初	六十	一初		五十	九廿	三十
	1時10分 立春丑時	6時51分 大寒卯時	13時28分 小寒未時	20時13分 冬至戌時	2時22分 大雪丑時	7時6分 小雪辰時	9時48分 立冬巳時	9時54分 霜降巳時	7時1分 寒露辰時	0時59分 秋分子時		15時48分 白露申時	3時46分 處暑寅時	13時13分 立秋未時
農曆	曆陽	柱日	曆陽	柱日	曆陽	柱日	曆陽	柱日	曆陽	柱日	曆陽	柱日	曆陽	柱日
初一	1 20	巳丁	12 22	子戊	11 22	午戊	10 23	子戊	9 24	未己	8 25	丑己	7 27	申庚
初二	1 21	午戊	12 23	丑己	11 23	未己	10 24	丑己	9 25	申庚	8 26	寅庚	7 28	酉辛
初三	1 22	未己	12 24	寅庚	11 24	申庚	10 25	寅庚	9 26	酉辛	8 27	卯辛	7 29	戌壬
初四	1 23	申庚	12 25	卯辛	11 25	酉辛	10 26	卯辛	9 27	戌壬	8 28	辰壬	7 30	亥癸
初五	1 24	酉辛	12 26	辰壬	11 26	戌壬	10 27	辰壬	9 28	亥癸	8 29	巳癸	7 31	子甲
初六	1 25	戌壬	12 27	巳癸	11 27	亥癸	10 28	巳癸	9 29	子甲	8 30	午甲	8 1	丑乙
初七	1 26	亥癸	12 28	午甲	11 28	子甲	10 29	午甲	9 30	丑乙	8 31	未乙	8 2	寅丙
初八	1 27	子甲	12 29	未乙	11 29	丑乙	10 30	未乙	10 1	寅丙	9 1	申丙	8 3	卯丁
初九	1 28	丑乙	12 30	申丙	11 30	寅丙	10 31	申丙	10 2	卯丁	9 2	酉丁	8 4	辰戊
初十	1 29	寅丙	12 31	酉丁	12 1	卯丁	11 1	酉丁	10 3	辰戊	9 3	戌戊	8 5	巳己
十一	1 30	卯丁	1 1	戌戊	12 2	辰戊	11 2	戌戊	10 4	巳己	9 4	亥己	8 6	午庚
十二	1 31	辰戊	1 2	亥己	12 3	巳己	11 3	亥己	10 5	午庚	9 5	子庚	8 7	未辛
十三	2 1	巳己	1 3	子庚	12 4	午庚	11 4	子庚	10 6	未辛	9 6	丑辛	8 8	申壬
十四	2 2	午庚	1 4	丑辛	12 5	未辛	11 5	丑辛	10 7	申壬	9 7	寅壬	8 9	酉癸
十五	2 3	未辛	1 5	寅壬	12 6	申壬	11 6	寅壬	10 8	酉癸	9 8	卯癸	8 10	戌甲
十六	2 4	申壬	1 6	卯癸	12 7	酉癸	11 7	卯癸	10 9	戌甲	9 9	辰甲	8 11	亥乙
十七	2 5	酉癸	1 7	辰甲	12 8	戌甲	11 8	辰甲	10 10	亥乙	9 10	巳乙	8 12	子丙
十八	2 6	戌甲	1 8	巳乙	12 9	亥乙	11 9	巳乙	10 11	子丙	9 11	午丙	8 13	丑丁
十九	2 7	亥乙	1 9	午丙	12 10	子丙	11 10	午丙	10 12	丑丁	9 12	未丁	8 14	寅戊
二十	2 8	子丙	1 10	未丁	12 11	丑丁	11 11	未丁	10 13	寅戊	9 13	申戊	8 15	卯己
廿一	2 9	丑丁	1 11	申戊	12 12	寅戊	11 12	申戊	10 14	卯己	9 14	酉己	8 16	辰庚
廿二	2 10	寅戊	1 12	酉己	12 13	卯己	11 13	酉己	10 15	辰庚	9 15	戌庚	8 17	巳辛
廿三	2 11	卯己	1 13	戌庚	12 14	辰庚	11 14	戌庚	10 16	巳辛	9 16	亥辛	8 18	午壬
廿四	2 12	辰庚	1 14	亥辛	12 15	巳辛	11 15	亥辛	10 17	午壬	9 17	子壬	8 19	未癸
廿五	2 13	巳辛	1 15	子壬	12 16	午壬	11 16	子壬	10 18	未癸	9 18	丑癸	8 20	申甲
廿六	2 14	午壬	1 16	丑癸	12 17	未癸	11 17	丑癸	10 19	申甲	9 19	寅甲	8 21	酉乙
廿七	2 15	未癸	1 17	寅甲	12 18	申甲	11 18	寅甲	10 20	酉乙	9 20	卯乙	8 22	戌丙
廿八	2 16	申甲	1 18	卯乙	12 19	酉乙	11 19	卯乙	10 21	戌丙	9 21	辰丙	8 23	亥丁
廿九	2 17	酉乙	1 19	辰丙	12 20	戌丙	11 20	辰丙	10 22	亥丁	9 22	巳丁	8 24	子戊
三十	2 18	戌丙	乙太		12 21	亥丁	11 21	巳丁	易天		9 23	午戊	尋搜格落部	

西元一九三九年 歲次己卯

民國二十八年
太歲姓伍名仲

納音屬土
生肖屬兔

年七赤星
井宿值年

月 六		月 五		月 四		月 三		月 二		月 正		別月
未 辛		午 庚		巳 己		辰 戊		卯 丁		寅 丙		柱月
碧 三		綠 四		黃 五		白 六		赤 七		白 八		白紫
8/8	7/24	7/8	6/22	6/6	5/22	5/6	4/21	4/6	3/21	3/6	2/19	節氣時間
三廿	八初	二廿	六初	九十	四初	七十	二初	七十	一初	六十	一初	
9時[illegible]分 立秋戌時	2時37分 大暑丑時	9時18分 小暑巳時	15時39分 夏至申時	22時52分 芒種亥時	7時27分 小滿辰時	18時21分 立夏酉時	7時55分 穀雨辰時	0時37分 清明子時	20時28分 春分戌時	19時26分 驚蟄戌時	21時9分 雨水亥時	
曆陽	柱日	曆陽	柱日	曆陽	柱日	曆陽	柱日	曆陽	柱日	曆陽	柱日	曆農
7 17	卯乙	6 17	酉乙	5 19	辰丙	4 20	亥丁	3 21	巳丁	2 19	亥丁	一初
7 18	辰丙	6 18	戌丙	5 20	巳丁	4 21	子戊	3 22	午戊	2 20	子戊	二初
7 19	巳丁	6 19	亥丁	5 21	午戊	4 22	丑己	3 23	未己	2 21	丑己	三初
7 20	午戊	6 20	子戊	5 22	未己	4 23	寅庚	3 24	申庚	2 22	寅庚	四初
7 21	未己	6 21	丑己	5 23	申庚	4 24	卯辛	3 25	酉辛	2 23	卯辛	五初
7 22	申庚	6 22	寅庚	5 24	酉辛	4 25	辰壬	3 26	戌壬	2 24	辰壬	六初
7 23	酉辛	6 23	卯辛	5 25	戌壬	4 26	巳癸	3 27	亥癸	2 25	巳癸	七初
7 24	戌壬	6 24	辰壬	5 26	亥癸	4 27	午甲	3 28	子甲	2 26	午甲	八初
7 25	亥癸	6 25	巳癸	5 27	子甲	4 28	未乙	3 29	丑乙	2 27	未乙	九初
7 26	子甲	6 26	午甲	5 28	丑乙	4 29	申丙	3 30	寅丙	2 28	申丙	十初
7 27	丑乙	6 27	未乙	5 29	寅丙	4 30	酉丁	3 31	卯丁	3 1	酉丁	一十
7 28	寅丙	6 28	申丙	5 30	卯丁	5 1	戌戊	4 1	辰戊	3 2	戌戊	二十
7 29	卯丁	6 29	酉丁	5 31	辰戊	5 2	亥己	4 2	巳己	3 3	亥己	三十
7 30	辰戊	6 30	戌戊	6 1	巳己	5 3	子庚	4 3	午庚	3 4	子庚	四十
7 31	巳己	7 1	亥己	6 2	午庚	5 4	丑辛	4 4	未辛	3 5	丑辛	五十
8 1	午庚	7 2	子庚	6 3	未辛	5 5	寅壬	4 5	申壬	3 6	寅壬	六十
8 2	未辛	7 3	丑辛	6 4	申壬	5 6	卯癸	4 6	酉癸	3 7	卯癸	七十
8 3	申壬	7 4	寅壬	6 5	酉癸	5 7	辰甲	4 7	戌甲	3 8	辰甲	八十
8 4	酉癸	7 5	卯癸	6 6	戌甲	5 8	巳乙	4 8	亥乙	3 9	巳乙	九十
8 5	戌甲	7 6	辰甲	6 7	亥乙	5 9	午丙	4 9	子丙	3 10	午丙	十二
8 6	亥乙	7 7	巳乙	6 8	子丙	5 10	未丁	4 10	丑丁	3 11	未丁	一廿
8 7	子丙	7 8	午丙	6 9	丑丁	5 11	申戊	4 11	寅戊	3 12	申戊	二廿
8 8	丑丁	7 9	未丁	6 10	寅戊	5 12	酉己	4 12	卯己	3 13	酉己	三廿
8 9	寅戊	7 10	申戊	6 11	卯己	5 13	戌庚	4 13	辰庚	3 14	戌庚	四廿
8 10	卯己	7 11	酉己	6 12	辰庚	5 14	亥辛	4 14	巳辛	3 15	亥辛	五廿
8 11	辰庚	7 12	戌庚	6 13	巳辛	5 15	子壬	4 15	午壬	3 16	子壬	六廿
8 12	巳辛	7 13	亥辛	6 14	午壬	5 16	丑癸	4 16	未癸	3 17	丑癸	七廿
8 13	午壬	7 14	子壬	6 15	未癸	5 17	寅甲	4 17	申甲	3 18	寅甲	八廿
8 14	未癸	7 15	丑癸	6 16	申甲	5 18	卯乙	4 18	酉乙	3 19	卯乙	九廿
乙太		7 16	寅甲	易天		尋搜格落部		4 19	戌丙	3 20	辰丙	十三

月別	月二十		月一十		月十		月九		月八		月七	
月柱	丑丁		子丙		亥乙		戌甲		酉癸		申壬	
紫白	白六		赤七		白八		紫九		白一		黑二	
節氣時間	2/5	1/21	1/6	12/23	12/8	11/23	11/8	10/24	10/9	9/24	9/8	8/24
	八廿	三十	七廿	三十	八廿	三十	七廿	二十	七廿	二十	五廿	十初
	立春辰時 7時8分	大寒午時 12時44分	小寒戌時 19時24分	冬至丑時 2時6分	大雪辰時 8時17分	小雪午時 12時58分	立冬申時 15時43分	霜降申時 15時46分	寒露午時 12時57分	秋分卯時 6時49分	白露亥時 21時42分	處暑巳時 9時31分
農曆	曆陽	柱日	曆陽	柱日	曆陽	柱日	曆陽	柱日	曆陽	柱日	曆陽	柱日
初一	1 9	亥辛	12 11	午壬	11 11	子壬	10 13	未癸	9 13	丑癸	8 15	申甲
初二	1 10	子壬	12 12	未癸	11 12	丑癸	10 14	申甲	9 14	寅甲	8 16	酉乙
初三	1 11	丑癸	12 13	申甲	11 13	寅甲	10 15	酉乙	9 15	卯乙	8 17	戌丙
初四	1 12	寅甲	12 14	酉乙	11 14	卯乙	10 16	戌丙	9 16	辰丙	8 18	亥丁
初五	1 13	卯乙	12 15	戌丙	11 15	辰丙	10 17	亥丁	9 17	巳丁	8 19	子戊
初六	1 14	辰丙	12 16	亥丁	11 16	巳丁	10 18	子戊	9 18	午戊	8 20	丑己
初七	1 15	巳丁	12 17	子戊	11 17	午戊	10 19	丑己	9 19	未己	8 21	寅庚
初八	1 16	午戊	12 18	丑己	11 18	未己	10 20	寅庚	9 20	申庚	8 22	卯辛
初九	1 17	未己	12 19	寅庚	11 19	申庚	10 21	卯辛	9 21	酉辛	8 23	辰壬
初十	1 18	申庚	12 20	卯辛	11 20	酉辛	10 22	辰壬	9 22	戌壬	8 24	巳癸
十一	1 19	酉辛	12 21	辰壬	11 21	戌壬	10 23	巳癸	9 23	亥癸	8 25	午甲
十二	1 20	戌壬	12 22	巳癸	11 22	亥癸	10 24	午甲	9 24	子甲	8 26	未乙
十三	1 21	亥癸	12 23	午甲	11 23	子甲	10 25	未乙	9 25	丑乙	8 27	申丙
十四	1 22	子甲	12 24	未乙	11 24	丑乙	10 26	申丙	9 26	寅丙	8 28	酉丁
十五	1 23	丑乙	12 25	申丙	11 25	寅丙	10 27	酉丁	9 27	卯丁	8 29	戌戊
十六	1 24	寅丙	12 26	酉丁	11 26	卯丁	10 28	戌戊	9 28	辰戊	8 30	亥己
十七	1 25	卯丁	12 27	戌戊	11 27	辰戊	10 29	亥己	9 29	巳己	8 31	子庚
十八	1 26	辰戊	12 28	亥己	11 28	巳己	10 30	子庚	9 30	午庚	9 1	丑辛
十九	1 27	巳己	12 29	子庚	11 29	午庚	10 31	丑辛	10 1	未辛	9 2	寅壬
二十	1 28	午庚	12 30	丑辛	11 30	未辛	11 1	寅壬	10 2	申壬	9 3	卯癸
廿一	1 29	未辛	12 31	寅壬	12 1	申壬	11 2	卯癸	10 3	酉癸	9 4	辰甲
廿二	1 30	申壬	1 1	卯癸	12 2	酉癸	11 3	辰甲	10 4	戌甲	9 5	巳乙
廿三	1 31	酉癸	1 2	辰甲	12 3	戌甲	11 4	巳乙	10 5	亥乙	9 6	午丙
廿四	2 1	戌甲	1 3	巳乙	12 4	亥乙	11 5	午丙	10 6	子丙	9 7	未丁
廿五	2 2	亥乙	1 4	午丙	12 5	子丙	11 6	未丁	10 7	丑丁	9 8	申戊
廿六	2 3	子丙	1 5	未丁	12 6	丑丁	11 7	申戊	10 8	寅戊	9 9	酉己
廿七	2 4	丑丁	1 6	申戊	12 7	寅戊	11 8	酉己	10 9	卯己	9 10	戌庚
廿八	2 5	寅戊	1 7	酉己	12 8	卯己	11 9	戌庚	10 10	辰庚	9 11	亥辛
廿九	2 6	卯己	1 8	戌庚	12 9	辰庚	11 10	亥辛	10 11	巳辛	9 12	子壬
三十	2 7	辰庚	乙太		12 10	巳辛	易天		10 12	午壬	尋搜格落部	

西元一九四〇年 歲次庚辰

民國二十九年 太歲姓重名德

納音屬金 生肖屬龍

年六白星 鬼宿值年

月別	正月		二月		三月		四月		五月		六月	
月柱	戊寅		己卯		庚辰		辛巳		壬午		癸未	
紫白	五黃		四綠		三碧		二黑		一白		九紫	
節氣時間	2/20	3/6	3/21	4/5	4/20	5/6	5/21		6/6	6/21	7/7	[illegible]/23
	十三	廿八	十三	廿八	十三	廿九	十五		初一	十六	初三	十九
	雨水 3時4分 寅時	驚蟄 1時24分 丑時	春分 2時24分 丑時	清明 6時35分 卯時	穀雨 13時51分 未時	立夏 0時16分 子時	小滿 13時23分 未時		芒種 4時44分 寅時	夏至 21時36分 亥時	小暑 15時8分 申時	大暑 [illegible]時[illegible]4分 辰時
農曆	日柱	陽曆	日柱	陽曆	日柱	陽曆	日柱	陽曆	日柱	陽曆	日柱	陽曆
初一	辛巳	2 8	辛亥	3 9	辛巳	4 8	庚戌	5 7	庚辰	6 6	己酉	7 5
初二	壬午	2 9	壬子	3 10	壬午	4 9	辛亥	5 8	辛巳	6 7	庚戌	7 6
初三	癸未	2 10	癸丑	3 11	癸未	4 10	壬子	5 9	壬午	6 8	辛亥	7 7
初四	甲申	2 11	甲寅	3 12	甲申	4 11	癸丑	5 10	癸未	6 9	壬子	7 8
初五	乙酉	2 12	乙卯	3 13	乙酉	4 12	甲寅	5 11	甲申	6 10	癸丑	7 9
初六	丙戌	2 13	丙辰	3 14	丙戌	4 13	乙卯	5 12	乙酉	6 11	甲寅	7 10
初七	丁亥	2 14	丁巳	3 15	丁亥	4 14	丙辰	5 13	丙戌	6 12	乙卯	7 11
初八	戊子	2 15	戊午	3 16	戊子	4 15	丁巳	5 14	丁亥	6 13	丙辰	7 12
初九	己丑	2 16	己未	3 17	己丑	4 16	戊午	5 15	戊子	6 14	丁巳	7 13
初十	庚寅	2 17	庚申	3 18	庚寅	4 17	己未	5 16	己丑	6 15	戊午	7 14
十一	辛卯	2 18	辛酉	3 19	辛卯	4 18	庚申	5 17	庚寅	6 16	己未	7 15
十二	壬辰	2 19	壬戌	3 20	壬辰	4 19	辛酉	5 18	辛卯	6 17	庚申	7 16
十三	癸巳	2 20	癸亥	3 21	癸巳	4 20	壬戌	5 19	壬辰	6 18	辛酉	7 17
十四	甲午	2 21	甲子	3 22	甲午	4 21	癸亥	5 20	癸巳	6 19	壬戌	7 18
十五	乙未	2 22	乙丑	3 23	乙未	4 22	甲子	5 21	甲午	6 20	癸亥	7 19
十六	丙申	2 23	丙寅	3 24	丙申	4 23	乙丑	5 22	乙未	6 21	甲子	7 20
十七	丁酉	2 24	丁卯	3 25	丁酉	4 24	丙寅	5 23	丙申	6 22	乙丑	7 21
十八	戊戌	2 25	戊辰	3 26	戊戌	4 25	丁卯	5 24	丁酉	6 23	丙寅	7 22
十九	己亥	2 26	己巳	3 27	己亥	4 26	戊辰	5 25	戊戌	6 24	丁卯	7 23
二十	庚子	2 27	庚午	3 28	庚子	4 27	己巳	5 26	己亥	6 25	戊辰	7 24
廿一	辛丑	2 28	辛未	3 29	辛丑	4 28	庚午	5 27	庚子	6 26	己巳	7 25
廿二	壬寅	2 29	壬申	3 30	壬寅	4 29	辛未	5 28	辛丑	6 27	庚午	7 26
廿三	癸卯	3 1	癸酉	3 31	癸卯	4 30	壬申	5 29	壬寅	6 28	辛未	7 27
廿四	甲辰	3 2	甲戌	4 1	甲辰	5 1	癸酉	5 30	癸卯	6 29	壬申	7 28
廿五	乙巳	3 3	乙亥	4 2	乙巳	5 2	甲戌	5 31	甲辰	6 30	癸酉	7 29
廿六	丙午	3 4	丙子	4 3	丙午	5 3	乙亥	6 1	乙巳	7 1	甲戌	7 30
廿七	丁未	3 5	丁丑	4 4	丁未	5 4	丙子	6 2	丙午	7 2	乙亥	7 31
廿八	戊申	3 6	戊寅	4 5	戊申	5 5	丁丑	6 3	丁未	7 3	丙子	8 1
廿九	己酉	3 7	己卯	4 6	己酉	5 6	戊寅	6 4	戊申	7 4	丁丑	8 2
三十	庚戌	3 8	庚辰	4 7	天易		己卯	6 5	太乙		戊寅	8 3

月別	月二十		月一十		月十		月九		月八		月七	
月柱	丑己		子戊		亥丁		戌丙		酉乙		申甲	
紫白	碧三		綠四		黃五		白六		赤七		白八	
節氣時間	1/20	1/6	12/22	12/7	11/22	11/7	10/23	10/8	9/23	9/8	8/23	8/8
	三廿	九初	四廿	九初	三廿	八初	三廿	八初	二廿	七初	十二	五初
	18時34分 大寒酉時	1時4分 小寒丑時	7時55分 冬至辰時	13時58分 大雪未時	18時49分 小雪酉時	21時27分 立冬亥時	21時39分 霜降亥時	18時42分 寒露酉時	12時46分 秋分午時	3時29分 白露寅時	15時29分 處暑申時	0時52分 立秋子時
農曆	曆陽	柱日	曆陽	柱日	曆陽	柱日	曆陽	柱日	曆陽	柱日	曆陽	柱日
初一	12 29	午丙	11 29	子丙	10 31	未丁	10 1	丑丁	9 2	申戊	8 4	卯己
初二	12 30	未丁	11 30	丑丁	11 1	申戊	10 2	寅戊	9 3	酉己	8 5	辰庚
初三	12 31	申戊	12 1	寅戊	11 2	酉己	10 3	卯己	9 4	戌庚	8 6	巳辛
初四	1 1	酉己	12 2	卯己	11 3	戌庚	10 4	辰庚	9 5	亥辛	8 7	午壬
初五	1 2	戌庚	12 3	辰庚	11 4	亥辛	10 5	巳辛	9 6	子壬	8 8	未癸
初六	1 3	亥辛	12 4	巳辛	11 5	子壬	10 6	午壬	9 7	丑癸	8 9	申甲
初七	1 4	子壬	12 5	午壬	11 6	丑癸	10 7	未癸	9 8	寅甲	8 10	酉乙
初八	1 5	丑癸	12 6	未癸	11 7	寅甲	10 8	申甲	9 9	卯乙	8 11	戌丙
初九	1 6	寅甲	12 7	申甲	11 8	卯乙	10 9	酉乙	9 10	辰丙	8 12	亥丁
初十	1 7	卯乙	12 8	酉乙	11 9	辰丙	10 10	戌丙	9 11	巳丁	8 13	子戊
十一	1 8	辰丙	12 9	戌丙	11 10	巳丁	10 11	亥丁	9 12	午戊	8 14	丑己
十二	1 9	巳丁	12 10	亥丁	11 11	午戊	10 12	子戊	9 13	未己	8 15	寅庚
十三	1 10	午戊	12 11	子戊	11 12	未己	10 13	丑己	9 14	申庚	8 16	卯辛
十四	1 11	未己	12 12	丑己	11 13	申庚	10 14	寅庚	9 15	酉辛	8 17	辰壬
十五	1 12	申庚	12 13	寅庚	11 14	酉辛	10 15	卯辛	9 16	戌壬	8 18	巳癸
十六	1 13	酉辛	12 14	卯辛	11 15	戌壬	10 16	辰壬	9 17	亥癸	8 19	午甲
十七	1 14	戌壬	12 15	辰壬	11 16	亥癸	10 17	巳癸	9 18	子甲	8 20	未乙
十八	1 15	亥癸	12 16	巳癸	11 17	子甲	10 18	午甲	9 19	丑乙	8 21	申丙
十九	1 16	子甲	12 17	午甲	11 18	丑乙	10 19	未乙	9 20	寅丙	8 22	酉丁
二十	1 17	丑乙	12 18	未乙	11 19	寅丙	10 20	申丙	9 21	卯丁	8 23	戌戊
廿一	1 18	寅丙	12 19	申丙	11 20	卯丁	10 21	酉丁	9 22	辰戊	8 24	亥己
廿二	1 19	卯丁	12 20	酉丁	11 21	辰戊	10 22	戌戊	9 23	巳己	8 25	子庚
廿三	1 20	辰戊	12 21	戌戊	11 22	巳己	10 23	亥己	9 24	午庚	8 26	丑辛
廿四	1 21	巳己	12 22	亥己	11 23	午庚	10 24	子庚	9 25	未辛	8 27	寅壬
廿五	1 22	午庚	12 23	子庚	11 24	未辛	10 25	丑辛	9 26	申壬	8 28	卯癸
廿六	1 23	未辛	12 24	丑辛	11 25	申壬	10 26	寅壬	9 27	酉癸	8 29	辰甲
廿七	1 24	申壬	12 25	寅壬	11 26	酉癸	10 27	卯癸	9 28	戌甲	8 30	巳乙
廿八	1 25	酉癸	12 26	卯癸	11 27	戌甲	10 28	辰甲	9 29	亥乙	8 31	午丙
廿九	1 26	戌甲	12 27	辰甲	11 28	亥乙	10 29	巳乙	9 30	子丙	9 1	未丁
三十	乙太		12 28	巳乙	易天		10 30	午丙	業事化文乙太		尋搜格落部	

西元一九四一年 歲次辛巳

民國三十年　太歲姓鄭名祖

納音屬金　生肖屬蛇

年五黃星　柳宿值年

月別	正月		二月		三月		四月		五月		六月		閏六月	
月柱	庚寅		辛卯		壬辰		癸巳		甲午		乙未			
紫白	二黑		一白		九紫		八白		七赤		六白			
節氣時間	2/4 初九 立春 12時50分 午時	2/19 廿四 雨水 8時56分 辰時	3/6 初九 驚蟄 7時10分 辰時	3/21 廿四 春分 8時20分 辰時	4/5 初九 清明 12時25分 午時	4/20 廿四 穀雨 19時50分 戌時	5/6 十一 立夏 6時10分 卯時	5/21 廿六 小滿 19時23分 戌時	6/6 十二 芒種 10時39分 巳時	6/22 廿八 夏至 3時33分 寅時	7/7 十三 小暑 21時3分 亥時	7/23 廿九 大暑 14時26分 未時	8/8 十六 立秋 6時46分 卯時	
農曆	日柱	陽曆	日柱	陽曆	日柱	陽曆	日柱	陽曆	日柱	陽曆	日柱	陽曆	日柱	陽曆
初一	乙亥	1 27	乙巳	2 26	乙亥	3 28	甲辰	4 26	甲戌	5 26	甲辰	6 25	癸酉	24
初二	丙子	1 28	丙午	2 27	丙子	3 29	乙巳	4 27	乙亥	5 27	乙巳	6 26	甲戌	25
初三	丁丑	1 29	丁未	2 28	丁丑	3 30	丙午	4 28	丙子	5 28	丙午	6 27	乙亥	26
初四	戊寅	1 30	戊申	3 1	戊寅	3 31	丁未	4 29	丁丑	5 29	丁未	6 28	丙子	27
初五	己卯	1 31	己酉	3 2	己卯	4 1	戊申	4 30	戊寅	5 30	戊申	6 29	丁丑	28
初六	庚辰	2 1	庚戌	3 3	庚辰	4 2	己酉	5 1	己卯	5 31	己酉	6 30	戊寅	29
初七	辛巳	2 2	辛亥	3 4	辛巳	4 3	庚戌	5 2	庚辰	6 1	庚戌	7 1	己卯	30
初八	壬午	2 3	壬子	3 5	壬午	4 4	辛亥	5 3	辛巳	6 2	辛亥	7 2	庚辰	31
初九	癸未	2 4	癸丑	3 6	癸未	4 5	壬子	5 4	壬午	6 3	壬子	7 3	辛巳	1
初十	甲申	2 5	甲寅	3 7	甲申	4 6	癸丑	5 5	癸未	6 4	癸丑	7 4	壬午	2
十一	乙酉	2 6	乙卯	3 8	乙酉	4 7	甲寅	5 6	甲申	6 5	甲寅	7 5	癸未	3
十二	丙戌	2 7	丙辰	3 9	丙戌	4 8	乙卯	5 7	乙酉	6 6	乙卯	7 6	甲申	4
十三	丁亥	2 8	丁巳	3 10	丁亥	4 9	丙辰	5 8	丙戌	6 7	丙辰	7 7	乙酉	5
十四	戊子	2 9	戊午	3 11	戊子	4 10	丁巳	5 9	丁亥	6 8	丁巳	7 8	丙戌	6
十五	己丑	2 10	己未	3 12	己丑	4 11	戊午	5 10	戊子	6 9	戊午	7 9	丁亥	7
十六	庚寅	2 11	庚申	3 13	庚寅	4 12	己未	5 11	己丑	6 10	己未	7 10	戊子	8
十七	辛卯	2 12	辛酉	3 14	辛卯	4 13	庚申	5 12	庚寅	6 11	庚申	7 11	己丑	9
十八	壬辰	2 13	壬戌	3 15	壬辰	4 14	辛酉	5 13	辛卯	6 12	辛酉	7 12	庚寅	10
十九	癸巳	2 14	癸亥	3 16	癸巳	4 15	壬戌	5 14	壬辰	6 13	壬戌	7 13	辛卯	11
二十	甲午	2 15	甲子	3 17	甲午	4 16	癸亥	5 15	癸巳	6 14	癸亥	7 14	壬辰	12
廿一	乙未	2 16	乙丑	3 18	乙未	4 17	甲子	5 16	甲午	6 15	甲子	7 15	癸巳	13
廿二	丙申	2 17	丙寅	3 19	丙申	4 18	乙丑	5 17	乙未	6 16	乙丑	7 16	甲午	14
廿三	丁酉	2 18	丁卯	3 20	丁酉	4 19	丙寅	5 18	丙申	6 17	丙寅	7 17	乙未	15
廿四	戊戌	2 19	戊辰	3 21	戊戌	4 20	丁卯	5 19	丁酉	6 18	丁卯	7 18	丙申	16
廿五	己亥	2 20	己巳	3 22	己亥	4 21	戊辰	5 20	戊戌	6 19	戊辰	7 19	丁酉	17
廿六	庚子	2 21	庚午	3 23	庚子	4 22	己巳	5 21	己亥	6 20	己巳	7 20	戊戌	18
廿七	辛丑	2 22	辛未	3 24	辛丑	4 23	庚午	5 22	庚子	6 21	庚午	7 21	己亥	19
廿八	壬寅	2 23	壬申	3 25	壬寅	4 24	辛未	5 23	辛丑	6 22	辛未	7 22	庚子	20
廿九	癸卯	2 24	癸酉	3 26	癸卯	4 25	壬申	5 24	壬寅	6 23	壬申	7 23	辛丑	21
三十	甲辰	2 25	甲戌	3 27	天易		癸酉	5 25	癸卯	6 24	太乙		壬寅	22

月別	月 二 十		月 一 十		月 十		月 九		月 八		月 七	
月柱	丑 辛		子 庚		亥 己		戌 戊		酉 丁		申 丙	
紫白	紫 九		白 一		黑 二		碧 三		綠 四		黃 五	
節氣時間	2/4	1/21	1/6	12/22	12/7	11/23	11/8	10/24	10/9	9/23	9/8	8/23
	九十	五初	十二	五初	九十	五初	十二	五初	九十	三初	七十	一初
	18時49分 立春酉時	0時23分 大寒子時	7時2分 小寒辰時	13時44分 冬至未時	19時56分 大雪戌時	0時38分 小雪子時	3時24分 立冬寅時	3時27分 霜降寅時	0時38分 寒露子時	18時33分 秋分酉時	9時24分 白露巳時	21時17分 處暑亥時
農曆	曆陽	柱日	曆陽	柱日	曆陽	柱日	曆陽	柱日	曆陽	柱日	曆陽	柱日
初一	1 17	午庚	12 18	子庚	11 19	未辛	10 20	丑辛	9 21	申壬	8 23	卯癸
初二	1 18	未辛	12 19	丑辛	11 20	申壬	10 21	寅壬	9 22	酉癸	8 24	辰甲
初三	1 19	申壬	12 20	寅壬	11 21	酉癸	10 22	卯癸	9 23	戌甲	8 25	巳乙
初四	1 20	酉癸	12 21	卯癸	11 22	戌甲	10 23	辰甲	9 24	亥乙	8 26	午丙
初五	1 21	戌甲	12 22	辰甲	11 23	亥乙	10 24	巳乙	9 25	子丙	8 27	未丁
初六	1 22	亥乙	12 23	巳乙	11 24	子丙	10 25	午丙	9 26	丑丁	8 28	申戊
初七	1 23	子丙	12 24	午丙	11 25	丑丁	10 26	未丁	9 27	寅戊	8 29	酉己
初八	1 24	丑丁	12 25	未丁	11 26	寅戊	10 27	申戊	9 28	卯己	8 30	戌庚
初九	1 25	寅戊	12 26	申戊	11 27	卯己	10 28	酉己	9 29	辰庚	8 31	亥辛
初十	1 26	卯己	12 27	酉己	11 28	辰庚	10 29	戌庚	9 30	巳辛	9 1	子壬
十一	1 27	辰庚	12 28	戌庚	11 29	巳辛	10 30	亥辛	10 1	午壬	9 2	丑癸
十二	1 28	巳辛	12 29	亥辛	11 30	午壬	10 31	子壬	10 2	未癸	9 3	寅甲
十三	1 29	午壬	12 30	子壬	12 1	未癸	11 1	丑癸	10 3	申甲	9 4	卯乙
十四	1 30	未癸	12 31	丑癸	12 2	申甲	11 2	寅甲	10 4	酉乙	9 5	辰丙
十五	1 31	申甲	1 1	寅甲	12 3	酉乙	11 3	卯乙	10 5	戌丙	9 6	巳丁
十六	2 1	酉乙	1 2	卯乙	12 4	戌丙	11 4	辰丙	10 6	亥丁	9 7	午戊
十七	2 2	戌丙	1 3	辰丙	12 5	亥丁	11 5	巳丁	10 7	子戊	9 8	未己
十八	2 3	亥丁	1 4	巳丁	12 6	子戊	11 6	午戊	10 8	丑己	9 9	申庚
十九	2 4	子戊	1 5	午戊	12 7	丑己	11 7	未己	10 9	寅庚	9 10	酉辛
二十	2 5	丑己	1 6	未己	12 8	寅庚	11 8	申庚	10 10	卯辛	9 11	戌壬
廿一	2 6	寅庚	1 7	申庚	12 9	卯辛	11 9	酉辛	10 11	辰壬	9 12	亥癸
廿二	2 7	卯辛	1 8	酉辛	12 10	辰壬	11 10	戌壬	10 12	巳癸	9 13	子甲
廿三	2 8	辰壬	1 9	戌壬	12 11	巳癸	11 11	亥癸	10 13	午甲	9 14	丑乙
廿四	2 9	巳癸	1 10	亥癸	12 12	午甲	11 12	子甲	10 14	未乙	9 15	寅丙
廿五	2 10	午甲	1 11	子甲	12 13	未乙	11 13	丑乙	10 15	申丙	9 16	卯丁
廿六	2 11	未乙	1 12	丑乙	12 14	申丙	11 14	寅丙	10 16	酉丁	9 17	辰戊
廿七	2 12	申丙	1 13	寅丙	12 15	酉丁	11 15	卯丁	10 17	戌戊	9 18	巳己
廿八	2 13	酉丁	1 14	卯丁	12 16	戌戊	11 16	辰戊	10 18	亥己	9 19	午庚
廿九	2 14	戌戊	1 15	辰戊	12 17	亥己	11 17	巳己	10 19	子庚	9 20	未辛
三十	乙太		1 16	巳己	易天		11 18	午庚	業事化文乙太		尋搜格落部	

西元一九四二年 歲次壬午

民國三十一年
太歲姓陸名明

納音屬木
生肖屬馬

年四綠星
星宿值年

月別	正月		二月		三月		四月		五月		六月	
月柱	壬寅		癸卯		甲辰		乙巳		丙午		丁未	
紫白	八白		七赤		六白		五黃		四綠		三碧	
節氣時間	2/19 初五 雨水 14時47分未時	3/6 二十 驚蟄 13時9分未時	3/21 初五 春分 14時11分未時	4/5 二十 清明 18時24分酉時	4/21 初七 穀雨 1時39分丑時	5/6 廿二 立夏 12時7分午時	5/22 初八 小滿 1時9分丑時	6/6 廿三 芒種 16時33分申時	6/22 初九 夏至 9時16分巳時	7/8 廿五 小暑 2時52分丑時	7/23 十一 大暑 20時7分戌時	8/8 廿七 立秋 [illegible]2時[illegible]0分午時
農曆	陽曆	日柱	陽曆	日柱	陽曆	日柱	陽曆	日柱	陽曆	日柱	陽曆	日柱
初一	2 15	己亥	3 17	己巳	4 15	戊戌	5 15	戊辰	6 14	戊戌	7 13	丁卯
初二	2 16	庚子	3 18	庚午	4 16	己亥	5 16	己巳	6 15	己亥	7 14	戊辰
初三	2 17	辛丑	3 19	辛未	4 17	庚子	5 17	庚午	6 16	庚子	7 15	己巳
初四	2 18	壬寅	3 20	壬申	4 18	辛丑	5 18	辛未	6 17	辛丑	7 16	庚午
初五	2 19	癸卯	3 21	癸酉	4 19	壬寅	5 19	壬申	6 18	壬寅	7 17	辛未
初六	2 20	甲辰	3 22	甲戌	4 20	癸卯	5 20	癸酉	6 19	癸卯	7 18	壬申
初七	2 21	乙巳	3 23	乙亥	4 21	甲辰	5 21	甲戌	6 20	甲辰	7 19	癸酉
初八	2 22	丙午	3 24	丙子	4 22	乙巳	5 22	乙亥	6 21	乙巳	7 20	甲戌
初九	2 23	丁未	3 25	丁丑	4 23	丙午	5 23	丙子	6 22	丙午	7 21	乙亥
初十	2 24	戊申	3 26	戊寅	4 24	丁未	5 24	丁丑	6 23	丁未	7 22	丙子
十一	2 25	己酉	3 27	己卯	4 25	戊申	5 25	戊寅	6 24	戊申	7 23	丁丑
十二	2 26	庚戌	3 28	庚辰	4 26	己酉	5 26	己卯	6 25	己酉	7 24	戊寅
十三	2 27	辛亥	3 29	辛巳	4 27	庚戌	5 27	庚辰	6 26	庚戌	7 25	己卯
十四	2 28	壬子	3 30	壬午	4 28	辛亥	5 28	辛巳	6 27	辛亥	7 26	庚辰
十五	3 1	癸丑	3 31	癸未	4 29	壬子	5 29	壬午	6 28	壬子	7 27	辛巳
十六	3 2	甲寅	4 1	甲申	4 30	癸丑	5 30	癸未	6 29	癸丑	7 28	壬午
十七	3 3	乙卯	4 2	乙酉	5 1	甲寅	5 31	甲申	6 30	甲寅	7 29	癸未
十八	3 4	丙辰	4 3	丙戌	5 2	乙卯	6 1	乙酉	7 1	乙卯	7 30	甲申
十九	3 5	丁巳	4 4	丁亥	5 3	丙辰	6 2	丙戌	7 2	丙辰	7 31	乙酉
二十	3 6	戊午	4 5	戊子	5 4	丁巳	6 3	丁亥	7 3	丁巳	8 1	丙戌
廿一	3 7	己未	4 6	己丑	5 5	戊午	6 4	戊子	7 4	戊午	8 2	丁亥
廿二	3 8	庚申	4 7	庚寅	5 6	己未	6 5	己丑	7 5	己未	8 3	戊子
廿三	3 9	辛酉	4 8	辛卯	5 7	庚申	6 6	庚寅	7 6	庚申	8 4	己丑
廿四	3 10	壬戌	4 9	壬辰	5 8	辛酉	6 7	辛卯	7 7	辛酉	8 5	庚寅
廿五	3 11	癸亥	4 10	癸巳	5 9	壬戌	6 8	壬辰	7 8	壬戌	8 6	辛卯
廿六	3 12	甲子	4 11	甲午	5 10	癸亥	6 9	癸巳	7 9	癸亥	8 7	壬辰
廿七	3 13	乙丑	4 12	乙未	5 11	甲子	6 10	甲午	7 10	甲子	8 8	癸巳
廿八	3 14	丙寅	4 13	丙申	5 12	乙丑	6 11	乙未	7 11	乙丑	8 9	甲午
廿九	3 15	丁卯	4 14	丁酉	5 13	丙寅	6 12	丙申	7 12	丙寅	8 10	乙未
三十	3 16	戊辰	天易		5 14	丁卯	6 13	丁酉	太乙		8 11	丙申

月別	月二十		月一十		月十		月九		月八		月七	
月柱	丑癸		子壬		亥辛		戌庚		酉己		申戊	
紫白	白六		赤七		白八		紫九		白一		黑二	
節氣時間	1/21	1/6	12/22	12/8	11/23	11/8		10/24	10/9	9/24	9/8	8/24
	六十	一初	五十	一初	六十	一初		五十	十三	五十	八廿	三十
	6時19分 大寒卯時	12時55分 小寒午時	19時40分 冬至戌時	1時47分 大雪丑時	6時30分 小雪卯時	9時11分 立冬巳時		9時15分 霜降巳時	6時22分 寒露卯時	0時16分 秋分子時	15時6分 白露申時	2時58分 處暑丑時
農曆	曆陽	柱日	曆陽	柱日	曆陽	柱日	曆陽	柱日	曆陽	柱日	曆陽	柱日
初一	1 6	子甲	12 8	未乙	11 8	丑乙	10 10	申丙	9 10	寅丙	8 12	酉丁
初二	1 7	丑乙	12 9	申丙	11 9	寅丙	10 11	酉丁	9 11	卯丁	8 13	戌戊
初三	1 8	寅丙	12 10	酉丁	11 10	卯丁	10 12	戌戊	9 12	辰戊	8 14	亥己
初四	1 9	卯丁	12 11	戌戊	11 11	辰戊	10 13	亥己	9 13	巳己	8 15	子庚
初五	1 10	辰戊	12 12	亥己	11 12	巳己	10 14	子庚	9 14	午庚	8 16	丑辛
初六	1 11	巳己	12 13	子庚	11 13	午庚	10 15	丑辛	9 15	未辛	8 17	寅壬
初七	1 12	午庚	12 14	丑辛	11 14	未辛	10 16	寅壬	9 16	申壬	8 18	卯癸
初八	1 13	未辛	12 15	寅壬	11 15	申壬	10 17	卯癸	9 17	酉癸	8 19	辰甲
初九	1 14	申壬	12 16	卯癸	11 16	酉癸	10 18	辰甲	9 18	戌甲	8 20	巳乙
初十	1 15	酉癸	12 17	辰甲	11 17	戌甲	10 19	巳乙	9 19	亥乙	8 21	午丙
十一	1 16	戌甲	12 18	巳乙	11 18	亥乙	10 20	午丙	9 20	子丙	8 22	未丁
十二	1 17	亥乙	12 19	午丙	11 19	子丙	10 21	未丁	9 21	丑丁	8 23	申戊
十三	1 18	子丙	12 20	未丁	11 20	丑丁	10 22	申戊	9 22	寅戊	8 24	酉己
十四	1 19	丑丁	12 21	申戊	11 21	寅戊	10 23	酉己	9 23	卯己	8 25	戌庚
十五	1 20	寅戊	12 22	酉己	11 22	卯己	10 24	戌庚	9 24	辰庚	8 26	亥辛
十六	1 21	卯己	12 23	戌庚	11 23	辰庚	10 25	亥辛	9 25	巳辛	8 27	子壬
十七	1 22	辰庚	12 24	亥辛	11 24	巳辛	10 26	子壬	9 26	午壬	8 28	丑癸
十八	1 23	巳辛	12 25	子壬	11 25	午壬	10 27	丑癸	9 27	未癸	8 29	寅甲
十九	1 24	午壬	12 26	丑癸	11 26	未癸	10 28	寅甲	9 28	申甲	8 30	卯乙
二十	1 25	未癸	12 27	寅甲	11 27	申甲	10 29	卯乙	9 29	酉乙	8 31	辰丙
廿一	1 26	申甲	12 28	卯乙	11 28	酉乙	10 30	辰丙	9 30	戌丙	9 1	巳丁
廿二	1 27	酉乙	12 29	辰丙	11 29	戌丙	10 31	巳丁	10 1	亥丁	9 2	午戊
廿三	1 28	戌丙	12 30	巳丁	11 30	亥丁	11 1	午戊	10 2	子戊	9 3	未己
廿四	1 29	亥丁	12 31	午戊	12 1	子戊	11 2	未己	10 3	丑己	9 4	申庚
廿五	1 30	子戊	1 1	未己	12 2	丑己	11 3	申庚	10 4	寅庚	9 5	酉辛
廿六	1 31	丑己	1 2	申庚	12 3	寅庚	11 4	酉辛	10 5	卯辛	9 6	戌壬
廿七	2 1	寅庚	1 3	酉辛	12 4	卯辛	11 5	戌壬	10 6	辰壬	9 7	亥癸
廿八	2 2	卯辛	1 4	戌壬	12 5	辰壬	11 6	亥癸	10 7	巳癸	9 8	子甲
廿九	2 3	辰壬	1 5	亥癸	12 6	巳癸	11 7	子甲	10 8	午甲	9 9	丑乙
三十	2 4	巳癸	乙太		12 7	午甲	易天		10 9	未乙	尋搜格落部	

西元一九四三年 歲次癸未

民國三十二年 太歲姓魏名仁

納音屬木 生肖屬羊

年三碧星 張宿值年

月別	正月		二月		三月		四月		五月		六月	
月柱	甲寅		乙卯		丙辰		丁巳		戊午		己未	
紫白	五黃		四綠		三碧		二黑		一白		九紫	
節氣時間	2/5	2/19	3/6	3/21	4/6	4/21	5/6	5/22	6/6	6/22	7/8	[illegible]/24
	初一	十五	初一	十六	初二	十七	初三	十九	初四	二十	初七	廿[illegible]
	立春子時0時40分	雨水戌時20時40分	驚蟄酉時18時58分	春分戌時20時3分	清明子時0時11分	穀雨辰時7時31分	立夏酉時17時53分	小滿辰時7時3分	芒種亥時22時19分	夏至申時15時12分	小暑辰時8時39分	大暑丑時[illegible]
農曆	日柱	陽曆	日柱	陽曆	日柱	陽曆	日柱	陽曆	日柱	陽曆	日柱	陽曆
初一	甲午	2 5	癸亥	3 6	癸巳	4 5	壬戌	5 4	壬辰	6 3	辛酉	2
初二	乙未	2 6	甲子	3 7	甲午	4 6	癸亥	5 5	癸巳	6 4	壬戌	3
初三	丙申	2 7	乙丑	3 8	乙未	4 7	甲子	5 6	甲午	6 5	癸亥	4
初四	丁酉	2 8	丙寅	3 9	丙申	4 8	乙丑	5 7	乙未	6 6	甲子	5
初五	戊戌	2 9	丁卯	3 10	丁酉	4 9	丙寅	5 8	丙申	6 7	乙丑	6
初六	己亥	2 10	戊辰	3 11	戊戌	4 10	丁卯	5 9	丁酉	6 8	丙寅	7
初七	庚子	2 11	己巳	3 12	己亥	4 11	戊辰	5 10	戊戌	6 9	丁卯	8
初八	辛丑	2 12	庚午	3 13	庚子	4 12	己巳	5 11	己亥	6 10	戊辰	9
初九	壬寅	2 13	辛未	3 14	辛丑	4 13	庚午	5 12	庚子	6 11	己巳	10
初十	癸卯	2 14	壬申	3 15	壬寅	4 14	辛未	5 13	辛丑	6 12	庚午	11
十一	甲辰	2 15	癸酉	3 16	癸卯	4 15	壬申	5 14	壬寅	6 13	辛未	12
十二	乙巳	2 16	甲戌	3 17	甲辰	4 16	癸酉	5 15	癸卯	6 14	壬申	13
十三	丙午	2 17	乙亥	3 18	乙巳	4 17	甲戌	5 16	甲辰	6 15	癸酉	14
十四	丁未	2 18	丙子	3 19	丙午	4 18	乙亥	5 17	乙巳	6 16	甲戌	15
十五	戊申	2 19	丁丑	3 20	丁未	4 19	丙子	5 18	丙午	6 17	乙亥	16
十六	己酉	2 20	戊寅	3 21	戊申	4 20	丁丑	5 19	丁未	6 18	丙子	17
十七	庚戌	2 21	己卯	3 22	己酉	4 21	戊寅	5 20	戊申	6 19	丁丑	18
十八	辛亥	2 22	庚辰	3 23	庚戌	4 22	己卯	5 21	己酉	6 20	戊寅	19
十九	壬子	2 23	辛巳	3 24	辛亥	4 23	庚辰	5 22	庚戌	6 21	己卯	20
二十	癸丑	2 24	壬午	3 25	壬子	4 24	辛巳	5 23	辛亥	6 22	庚辰	21
廿一	甲寅	2 25	癸未	3 26	癸丑	4 25	壬午	5 24	壬子	6 23	辛巳	22
廿二	乙卯	2 26	甲申	3 27	甲寅	4 26	癸未	5 25	癸丑	6 24	壬午	23
廿三	丙辰	2 27	乙酉	3 28	乙卯	4 27	甲申	5 26	甲寅	6 25	癸未	24
廿四	丁巳	2 28	丙戌	3 29	丙辰	4 28	乙酉	5 27	乙卯	6 26	甲申	25
廿五	戊午	3 1	丁亥	3 30	丁巳	4 29	丙戌	5 28	丙辰	6 27	乙酉	26
廿六	己未	3 2	戊子	3 31	戊午	4 30	丁亥	5 29	丁巳	6 28	丙戌	27
廿七	庚申	3 3	己丑	4 1	己未	5 1	戊子	5 30	戊午	6 29	丁亥	28
廿八	辛酉	3 4	庚寅	4 2	庚申	5 2	己丑	5 31	己未	6 30	戊子	29
廿九	壬戌	3 5	辛卯	4 3	辛酉	5 3	庚寅	6 1	庚申	7 1	己丑	30
三十	部落格搜尋		壬辰	4 4	天易		辛卯	6 2	太乙		庚寅	31

月別	月二十		月一十		月十		月九		月八		月七	
月柱	丑乙		子甲		亥癸		戌壬		酉辛		申庚	
紫白	碧三		綠四		黃五		白六		赤七		白八	
節氣時間	1/21	1/6	12/23	12/8	11/23	11/8	10/24	10/9	9/24	9/8	8/24	8/8
	六廿	一十	七廿	二十	六廿	一十	六廿	一十	五廿	九初	四廿	八初
	12時7分 大寒午時	18時39分 小寒酉時	1時29分 冬至丑時	7時33分 大雪辰時	12時21分 小雪午時	14時59分 立冬未時	15時8分 霜降申時	12時11分 寒露午時	6時12分 秋分卯時	20時55分 白露戌時	8時55分 處暑辰時	18時18分 立秋酉時
農曆	曆陽	柱日	曆陽	柱日	曆陽	柱日	曆陽	柱日	曆陽	柱日	曆陽	柱日
初一	12 27	未己	11 27	丑己	10 29	申庚	9 29	寅庚	8 31	酉辛	8 1	卯辛
初二	12 28	申庚	11 28	寅庚	10 30	酉辛	9 30	卯辛	9 1	戌壬	8 2	辰壬
初三	12 29	酉辛	11 29	卯辛	10 31	戌壬	10 1	辰壬	9 2	亥癸	8 3	巳癸
初四	12 30	戌壬	11 30	辰壬	11 1	亥癸	10 2	巳癸	9 3	子甲	8 4	午甲
初五	12 31	亥癸	12 1	巳癸	11 2	子甲	10 3	午甲	9 4	丑乙	8 5	未乙
初六	1 1	子甲	12 2	午甲	11 3	丑乙	10 4	未乙	9 5	寅丙	8 6	申丙
初七	1 2	丑乙	12 3	未乙	11 4	寅丙	10 5	申丙	9 6	卯丁	8 7	酉丁
初八	1 3	寅丙	12 4	申丙	11 5	卯丁	10 6	酉丁	9 7	辰戊	8 8	戌戊
初九	1 4	卯丁	12 5	酉丁	11 6	辰戊	10 7	戌戊	9 8	巳己	8 9	亥己
初十	1 5	辰戊	12 6	戌戊	11 7	巳己	10 8	亥己	9 9	午庚	8 10	子庚
十一	1 6	巳己	12 7	亥己	11 8	午庚	10 9	子庚	9 10	未辛	8 11	丑辛
十二	1 7	午庚	12 8	子庚	11 9	未辛	10 10	丑辛	9 11	申壬	8 12	寅壬
十三	1 8	未辛	12 9	丑辛	11 10	申壬	10 11	寅壬	9 12	酉癸	8 13	卯癸
十四	1 9	申壬	12 10	寅壬	11 11	酉癸	10 12	卯癸	9 13	戌甲	8 14	辰甲
十五	1 10	酉癸	12 11	卯癸	11 12	戌甲	10 13	辰甲	9 14	亥乙	8 15	巳乙
十六	1 11	戌甲	12 12	辰甲	11 13	亥乙	10 14	巳乙	9 15	子丙	8 16	午丙
十七	1 12	亥乙	12 13	巳乙	11 14	子丙	10 15	午丙	9 16	丑丁	8 17	未丁
十八	1 13	子丙	12 14	午丙	11 15	丑丁	10 16	未丁	9 17	寅戊	8 18	申戊
十九	1 14	丑丁	12 15	未丁	11 16	寅戊	10 17	申戊	9 18	卯己	8 19	酉己
二十	1 15	寅戊	12 16	申戊	11 17	卯己	10 18	酉己	9 19	辰庚	8 20	戌庚
廿一	1 16	卯己	12 17	酉己	11 18	辰庚	10 19	戌庚	9 20	巳辛	8 21	亥辛
廿二	1 17	辰庚	12 18	戌庚	11 19	巳辛	10 20	亥辛	9 21	午壬	8 22	子壬
廿三	1 18	巳辛	12 19	亥辛	11 20	午壬	10 21	子壬	9 22	未癸	8 23	丑癸
廿四	1 19	午壬	12 20	子壬	11 21	未癸	10 22	丑癸	9 23	申甲	8 24	寅甲
廿五	1 20	未癸	12 21	丑癸	11 22	申甲	10 23	寅甲	9 24	酉乙	8 25	卯乙
廿六	1 21	申甲	12 22	寅甲	11 23	酉乙	10 24	卯乙	9 25	戌丙	8 26	辰丙
廿七	1 22	酉乙	12 23	卯乙	11 24	戌丙	10 25	辰丙	9 26	亥丁	8 27	巳丁
廿八	1 23	戌丙	12 24	辰丙	11 25	亥丁	10 26	巳丁	9 27	子戊	8 28	午戊
廿九	1 24	亥丁	12 25	巳丁	11 26	子戊	10 27	午戊	9 28	丑己	8 29	未己
三十	乙太		12 26	午戊	易天		10 28	未己	尋搜格落部		8 30	申庚

西元一九四四年 歲次甲申

民國三十三年

太歲姓方名公

納音屬水

生肖屬猴

年二黑星

翼宿值年

月別	正月		二月		三月		四月		閏四月		五月		六月	
月柱	丙寅		丁卯		戊辰		己巳				庚午		辛未	
紫白	二黑		一白		九紫		八白				七赤		六白	
節氣時間	2/5	2/20	3/6	3/21	4/5	4/20	5/5	5/21	6/6		6/21	7/7	7/23	…8
	十二	廿七	十二	廿七	十三	廿八	十三	廿九	十六		初一	十七	初四	…二
	立春卯時 6時23分	雨水丑時 2時27分	驚蟄子時 0時40分	春分丑時 1時49分	清明卯時 5時54分	穀雨未時 13時18分	立夏子時 23時40分	小滿午時 12時51分	芒種寅時 4時11分		夏至亥時 21時2分	小暑未時 14時36分	大暑辰時 7時56分	立秋子時
農曆	陽曆	日柱	陽曆	日柱	陽曆	日柱	陽曆	日柱	陽曆	日柱	陽曆	日柱	陽曆	日柱
初一	1 25	戊子	2 24	戊午	3 24	丁亥	4 23	丁巳	5 22	丙戌	6 21	丙辰	20	乙酉
初二	1 26	己丑	2 25	己未	3 25	戊子	4 24	戊午	5 23	丁亥	6 22	丁巳	21	丙戌
初三	1 27	庚寅	2 26	庚申	3 26	己丑	4 25	己未	5 24	戊子	6 23	戊午	22	丁亥
初四	1 28	辛卯	2 27	辛酉	3 27	庚寅	4 26	庚申	5 25	己丑	6 24	己未	23	戊子
初五	1 29	壬辰	2 28	壬戌	3 28	辛卯	4 27	辛酉	5 26	庚寅	6 25	庚申	24	己丑
初六	1 30	癸巳	2 29	癸亥	3 29	壬辰	4 28	壬戌	5 27	辛卯	6 26	辛酉	25	庚寅
初七	1 31	甲午	3 1	甲子	3 30	癸巳	4 29	癸亥	5 28	壬辰	6 27	壬戌	26	辛卯
初八	2 1	乙未	3 2	乙丑	3 31	甲午	4 30	甲子	5 29	癸巳	6 28	癸亥	27	壬辰
初九	2 2	丙申	3 3	丙寅	4 1	乙未	5 1	乙丑	5 30	甲午	6 29	甲子	28	癸巳
初十	2 3	丁酉	3 4	丁卯	4 2	丙申	5 2	丙寅	5 31	乙未	6 30	乙丑	29	甲午
十一	2 4	戊戌	3 5	戊辰	4 3	丁酉	5 3	丁卯	6 1	丙申	7 1	丙寅	30	乙未
十二	2 5	己亥	3 6	己巳	4 4	戊戌	5 4	戊辰	6 2	丁酉	7 2	丁卯	31	丙申
十三	2 6	庚子	3 7	庚午	4 5	己亥	5 5	己巳	6 3	戊戌	7 3	戊辰	1	丁酉
十四	2 7	辛丑	3 8	辛未	4 6	庚子	5 6	庚午	6 4	己亥	7 4	己巳	2	戊戌
十五	2 8	壬寅	3 9	壬申	4 7	辛丑	5 7	辛未	6 5	庚子	7 5	庚午	3	己亥
十六	2 9	癸卯	3 10	癸酉	4 8	壬寅	5 8	壬申	6 6	辛丑	7 6	辛未	4	庚子
十七	2 10	甲辰	3 11	甲戌	4 9	癸卯	5 9	癸酉	6 7	壬寅	7 7	壬申	5	辛丑
十八	2 11	乙巳	3 12	乙亥	4 10	甲辰	5 10	甲戌	6 8	癸卯	7 8	癸酉	6	壬寅
十九	2 12	丙午	3 13	丙子	4 11	乙巳	5 11	乙亥	6 9	甲辰	7 9	甲戌	7	癸卯
二十	2 13	丁未	3 14	丁丑	4 12	丙午	5 12	丙子	6 10	乙巳	7 10	乙亥	8	甲辰
廿一	2 14	戊申	3 15	戊寅	4 13	丁未	5 13	丁丑	6 11	丙午	7 11	丙子	9	乙巳
廿二	2 15	己酉	3 16	己卯	4 14	戊申	5 14	戊寅	6 12	丁未	7 12	丁丑	10	丙午
廿三	2 16	庚戌	3 17	庚辰	4 15	己酉	5 15	己卯	6 13	戊申	7 13	戊寅	11	丁未
廿四	2 17	辛亥	3 18	辛巳	4 16	庚戌	5 16	庚辰	6 14	己酉	7 14	己卯	12	戊申
廿五	2 18	壬子	3 19	壬午	4 17	辛亥	5 17	辛巳	6 15	庚戌	7 15	庚辰	13	己酉
廿六	2 19	癸丑	3 20	癸未	4 18	壬子	5 18	壬午	6 16	辛亥	7 16	辛巳	14	庚戌
廿七	2 20	甲寅	3 21	甲申	4 19	癸丑	5 19	癸未	6 17	壬子	7 17	壬午	15	辛亥
廿八	2 21	乙卯	3 22	乙酉	4 20	甲寅	5 20	甲申	6 18	癸丑	7 18	癸未	16	壬子
廿九	2 22	丙辰	3 23	丙戌	4 21	乙卯	5 21	乙酉	6 19	甲寅	7 19	甲申	17	癸丑
三十	2 23	丁巳	部落格搜尋		4 22	丙辰	天易		6 20	乙卯	太乙		18	甲寅

月別	月 二 十		月 一 十		月 十		月 九		月 八		月 七	
月柱	丑 丁		子 丙		亥 乙		戌 甲		酉 癸		申 壬	
紫白	紫 九		白 一		黑 二		碧 三		綠 四		黃 五	
節氣時間	2/4	1/20	1/6	12/22	12/7	11/22	11/7	10/23	10/8	9/23	9/8	8/23
	二廿	七初	三廿	八初	二廿	七初	二廿	七初	二廿	七初	一廿	五初
	12時19分 立春午時	17時54分 大寒酉時	0時34分 小寒子時	7時15分 冬至辰時	13時28分 大雪未時	18時7分 小雪酉時	20時55分 立冬戌時	20時56分 霜降戌時	18時9分 寒露酉時	12時2分 秋分午時	2時56分 白露丑時	14時46分 處暑未時
農曆	曆陽	柱日	曆陽	柱日	曆陽	柱日	曆陽	柱日	曆陽	柱日	曆陽	柱日
初一	1 14	未癸	12 15	丑癸	11 16	申甲	10 17	寅甲	9 17	申甲	8 19	卯乙
初二	1 15	申甲	12 16	寅甲	11 17	酉乙	10 18	卯乙	9 18	酉乙	8 20	辰丙
初三	1 16	酉乙	12 17	卯乙	11 18	戌丙	10 19	辰丙	9 19	戌丙	8 21	巳丁
初四	1 17	戌丙	12 18	辰丙	11 19	亥丁	10 20	巳丁	9 20	亥丁	8 22	午戊
初五	1 18	亥丁	12 19	巳丁	11 20	子戊	10 21	午戊	9 21	子戊	8 23	未己
初六	1 19	子戊	12 20	午戊	11 21	丑己	10 22	未己	9 22	丑己	8 24	申庚
初七	1 20	丑己	12 21	未己	11 22	寅庚	10 23	申庚	9 23	寅庚	8 25	酉辛
初八	1 21	寅庚	12 22	申庚	11 23	卯辛	10 24	酉辛	9 24	卯辛	8 26	戌壬
初九	1 22	卯辛	12 23	酉辛	11 24	辰壬	10 25	戌壬	9 25	辰壬	8 27	亥癸
初十	1 23	辰壬	12 24	戌壬	11 25	巳癸	10 26	亥癸	9 26	巳癸	8 28	子甲
十一	1 24	巳癸	12 25	亥癸	11 26	午甲	10 27	子甲	9 27	午甲	8 29	丑乙
十二	1 25	午甲	12 26	子甲	11 27	未乙	10 28	丑乙	9 28	未乙	8 30	寅丙
十三	1 26	未乙	12 27	丑乙	11 28	申丙	10 29	寅丙	9 29	申丙	8 31	卯丁
十四	1 27	申丙	12 28	寅丙	11 29	酉丁	10 30	卯丁	9 30	酉丁	9 1	辰戊
十五	1 28	酉丁	12 29	卯丁	11 30	戌戊	10 31	辰戊	10 1	戌戊	9 2	巳己
十六	1 29	戌戊	12 30	辰戊	12 1	亥己	11 1	巳己	10 2	亥己	9 3	午庚
十七	1 30	亥己	12 31	巳己	12 2	子庚	11 2	午庚	10 3	子庚	9 4	未辛
十八	1 31	子庚	1 1	午庚	12 3	丑辛	11 3	未辛	10 4	丑辛	9 5	申壬
十九	2 1	丑辛	1 2	未辛	12 4	寅壬	11 4	申壬	10 5	寅壬	9 6	酉癸
二十	2 2	寅壬	1 3	申壬	12 5	卯癸	11 5	酉癸	10 6	卯癸	9 7	戌甲
廿一	2 3	卯癸	1 4	酉癸	12 6	辰甲	11 6	戌甲	10 7	辰甲	9 8	亥乙
廿二	2 4	辰甲	1 5	戌甲	12 7	巳乙	11 7	亥乙	10 8	巳乙	9 9	子丙
廿三	2 5	巳乙	1 6	亥乙	12 8	午丙	11 8	子丙	10 9	午丙	9 10	丑丁
廿四	2 6	午丙	1 7	子丙	12 9	未丁	11 9	丑丁	10 10	未丁	9 11	寅戊
廿五	2 7	未丁	1 8	丑丁	12 10	申戊	11 10	寅戊	10 11	申戊	9 12	卯己
廿六	2 8	申戊	1 9	寅戊	12 11	酉己	11 11	卯己	10 12	酉己	9 13	辰庚
廿七	2 9	酉己	1 10	卯己	12 12	戌庚	11 12	辰庚	10 13	戌庚	9 14	巳辛
廿八	2 10	戌庚	1 11	辰庚	12 13	亥辛	11 13	巳辛	10 14	亥辛	9 15	午壬
廿九	2 11	亥辛	1 12	巳辛	12 14	子壬	11 14	午壬	10 15	子壬	9 16	未癸
三十	2 12	子壬	1 13	午壬	乙太		11 15	未癸	10 16	丑癸	易天	

西元一九四五年 歲次乙酉

月	六	月	五	月	四	月	三	月	二	月	正	別月
未	癸	午	壬	巳	辛	辰	庚	卯	己	寅	戊	柱月
碧	三	綠	四	黃	五	白	六	赤	七	白	八	白紫
	7/23	7/7	6/22	6/6	5/21	5/6	4/20	4/5	3/21	3/6	2/19	節氣時間
	五十	八廿	三十	六廿	十初	五廿	九初	三廿	八初	二廿	七初	
	13時45分 大暑未時	20時27分 小暑戌時	2時52分 夏至丑時	10時5分 芒種巳時	18時40分 小滿酉時	5時37分 立夏卯時	19時7分 穀雨戌時	11時52分 清明午時	7時37分 春分辰時	6時38分 驚蟄卯時	8時15分 雨水辰時	
曆陽	柱日	曆陽	柱日	曆陽	柱日	曆陽	柱日	曆陽	柱日	曆陽	柱日	曆農
9	卯己	6 10	戌庚	5 12	巳辛	4 12	亥辛	3 14	午壬	2 13	丑癸	一初
10	辰庚	6 11	亥辛	5 13	午壬	4 13	子壬	3 15	未癸	2 14	寅甲	二初
11	巳辛	6 12	子壬	5 14	未癸	4 14	丑癸	3 16	申甲	2 15	卯乙	三初
12	午壬	6 13	丑癸	5 15	申甲	4 15	寅甲	3 17	酉乙	2 16	辰丙	四初
13	未癸	6 14	寅甲	5 16	酉乙	4 16	卯乙	3 18	戌丙	2 17	巳丁	五初
14	申甲	6 15	卯乙	5 17	戌丙	4 17	辰丙	3 19	亥丁	2 18	午戊	六初
15	酉乙	6 16	辰丙	5 18	亥丁	4 18	巳丁	3 20	子戊	2 19	未己	七初
16	戌丙	6 17	巳丁	5 19	子戊	4 19	午戊	3 21	丑己	2 20	申庚	八初
17	亥丁	6 18	午戊	5 20	丑己	4 20	未己	3 22	寅庚	2 21	酉辛	九初
18	子戊	6 19	未己	5 21	寅庚	4 21	申庚	3 23	卯辛	2 22	戌壬	十初
19	丑己	6 20	申庚	5 22	卯辛	4 22	酉辛	3 24	辰壬	2 23	亥癸	一十
20	寅庚	6 21	酉辛	5 23	辰壬	4 23	戌壬	3 25	巳癸	2 24	子甲	二十
21	卯辛	6 22	戌壬	5 24	巳癸	4 24	亥癸	3 26	午甲	2 25	丑乙	三十
22	辰壬	6 23	亥癸	5 25	午甲	4 25	子甲	3 27	未乙	2 26	寅丙	四十
23	巳癸	6 24	子甲	5 26	未乙	4 26	丑乙	3 28	申丙	2 27	卯丁	五十
24	午甲	6 25	丑乙	5 27	申丙	4 27	寅丙	3 29	酉丁	2 28	辰戊	六十
25	未乙	6 26	寅丙	5 28	酉丁	4 28	卯丁	3 30	戌戊	3 1	巳己	七十
26	申丙	6 27	卯丁	5 29	戌戊	4 29	辰戊	3 31	亥己	3 2	午庚	八十
27	酉丁	6 28	辰戊	5 30	亥己	4 30	巳己	4 1	子庚	3 3	未辛	九十
28	戌戊	6 29	巳己	5 31	子庚	5 1	午庚	4 2	丑辛	3 4	申壬	十二
29	亥己	6 30	午庚	6 1	丑辛	5 2	未辛	4 3	寅壬	3 5	酉癸	一廿
30	子庚	7 1	未辛	6 2	寅壬	5 3	申壬	4 4	卯癸	3 6	戌甲	二廿
31	丑辛	7 2	申壬	6 3	卯癸	5 4	酉癸	4 5	辰甲	3 7	亥乙	三廿
1	寅壬	7 3	酉癸	6 4	辰甲	5 5	戌甲	4 6	巳乙	3 8	子丙	四廿
2	卯癸	7 4	戌甲	6 5	巳乙	5 6	亥乙	4 7	午丙	3 9	丑丁	五廿
3	辰甲	7 5	亥乙	6 6	午丙	5 7	子丙	4 8	未丁	3 10	寅戊	六廿
4	巳乙	7 6	子丙	6 7	未丁	5 8	丑丁	4 9	申戊	3 11	卯己	七廿
5	午丙	7 7	丑丁	6 8	申戊	5 9	寅戊	4 10	酉己	3 12	辰庚	八廿
6	未丁	7 8	寅戊	6 9	酉己	5 10	卯己	4 11	戌庚	3 13	巳辛	九廿
7	申戊	乙太		易天		5 11	辰庚	業事化文乙太		尋搜格落部		十三

民國三十四年

太歲姓蔣名嵩

納音屬水

生肖屬雞

年一白星

軫宿值年

日光節約時間：陽曆（5月1日至9月30日）陰曆（3月20日至8月25日

月別	月二十		月一十		月十		月九		月八		月七	
月柱	丑己		子戊		亥丁		戌丙		酉乙		申甲	
紫白	白六		赤七		白八		紫九		白一		黑二	
節氣時間	1/20	1/6	12/22	12/7	11/22	11/8	10/24	10/8	9/23	9/8	8/23	8/8
	八十	四初	八十	三初	八十	四初	九十	三初	八十	三初	六十	一初
	23時45分 大寒子時	6時16分 小寒卯時	13時4分 冬至未時	19時8分 大雪戌時	23時55分 小雪子時	2時34分 立冬丑時	2時44分 霜降丑時	23時49分 寒露子時	17時50分 秋分酉時	8時38分 白露辰時	20時35分 處暑戌時	6時5分 立秋卯時
農曆	曆陽	柱日	曆陽	柱日	曆陽	柱日	曆陽	柱日	曆陽	柱日	曆陽	柱日
初一	1 3	丑丁	12 5	申戊	11 5	寅戊	10 6	申戊	9 6	寅戊	8 8	酉己
初二	1 4	寅戊	12 6	酉己	11 6	卯己	10 7	酉己	9 7	卯己	8 9	戌庚
初三	1 5	卯己	12 7	戌庚	11 7	辰庚	10 8	戌庚	9 8	辰庚	8 10	亥辛
初四	1 6	辰庚	12 8	亥辛	11 8	巳辛	10 9	亥辛	9 9	巳辛	8 11	子壬
初五	1 7	巳辛	12 9	子壬	11 9	午壬	10 10	子壬	9 10	午壬	8 12	丑癸
初六	1 8	午壬	12 10	丑癸	11 10	未癸	10 11	丑癸	9 11	未癸	8 13	寅甲
初七	1 9	未癸	12 11	寅甲	11 11	申甲	10 12	寅甲	9 12	申甲	8 14	卯乙
初八	1 10	申甲	12 12	卯乙	11 12	酉乙	10 13	卯乙	9 13	酉乙	8 15	辰丙
初九	1 11	酉乙	12 13	辰丙	11 13	戌丙	10 14	辰丙	9 14	戌丙	8 16	巳丁
初十	1 12	戌丙	12 14	巳丁	11 14	亥丁	10 15	巳丁	9 15	亥丁	8 17	午戊
十一	1 13	亥丁	12 15	午戊	11 15	子戊	10 16	午戊	9 16	子戊	8 18	未己
十二	1 14	子戊	12 16	未己	11 16	丑己	10 17	未己	9 17	丑己	8 19	申庚
十三	1 15	丑己	12 17	申庚	11 17	寅庚	10 18	申庚	9 18	寅庚	8 20	酉辛
十四	1 16	寅庚	12 18	酉辛	11 18	卯辛	10 19	酉辛	9 19	卯辛	8 21	戌壬
十五	1 17	卯辛	12 19	戌壬	11 19	辰壬	10 20	戌壬	9 20	辰壬	8 22	亥癸
十六	1 18	辰壬	12 20	亥癸	11 20	巳癸	10 21	亥癸	9 21	巳癸	8 23	子甲
十七	1 19	巳癸	12 21	子甲	11 21	午甲	10 22	子甲	9 22	午甲	8 24	丑乙
十八	1 20	午甲	12 22	丑乙	11 22	未乙	10 23	丑乙	9 23	未乙	8 25	寅丙
十九	1 21	未乙	12 23	寅丙	11 23	申丙	10 24	寅丙	9 24	申丙	8 26	卯丁
二十	1 22	申丙	12 24	卯丁	11 24	酉丁	10 25	卯丁	9 25	酉丁	8 27	辰戊
廿一	1 23	酉丁	12 25	辰戊	11 25	戌戊	10 26	辰戊	9 26	戌戊	8 28	巳己
廿二	1 24	戌戊	12 26	巳己	11 26	亥己	10 27	巳己	9 27	亥己	8 29	午庚
廿三	1 25	亥己	12 27	午庚	11 27	子庚	10 28	午庚	9 28	子庚	8 30	未辛
廿四	1 26	子庚	12 28	未辛	11 28	丑辛	10 29	未辛	9 29	丑辛	8 31	申壬
廿五	1 27	丑辛	12 29	申壬	11 29	寅壬	10 30	申壬	9 30	寅壬	9 1	酉癸
廿六	1 28	寅壬	12 30	酉癸	11 30	卯癸	10 31	酉癸	10 1	卯癸	9 2	戌甲
廿七	1 29	卯癸	12 31	戌甲	12 1	辰甲	11 1	戌甲	10 2	辰甲	9 3	亥乙
廿八	1 30	辰甲	1 1	亥乙	12 2	巳乙	11 2	亥乙	10 3	巳乙	9 4	子丙
廿九	1 31	巳乙	1 2	子丙	12 3	午丙	11 3	子丙	10 4	午丙	9 5	丑丁
三十	2 1	午丙	乙太		12 4	未丁	11 4	丑丁	10 5	未丁	易天	

西元一九四六年 歲次丙戌

民國三十五年 太歲姓向名般

納音屬土 生肖屬狗

年九紫星 角宿值年

月 六		月 五		月 四		月 三		月 二		月 正		別月
未 乙		午 甲		巳 癸		辰 壬		卯 辛		寅 庚		柱月
紫 九		白 一		黑 二		碧 三		綠 四		黃 五		白紫
/23	7/8	6/22	6/6	5/22	5/6	4/21	4/5	3/21	3/6	2/19	2/4	節氣時間
五廿	十初	三廿	七初	二廿	六初	十二	四初	八十	三初	八十	三初	
大暑戌時	2時11分 小暑丑時	8時44分 夏至辰時	15時49分 芒種申時	0時34分 小滿子時	11時21分 立夏午時	1時2分 穀雨丑時	17時39分 清明酉時	13時33分 春分未時	12時25分 驚蟄午時	14時8分 雨水未時	18時4分 立春酉時	
曆陽	柱日	曆陽	柱日	曆陽	柱日	曆陽	柱日	曆陽	柱日	曆陽	柱日	曆農
29	戊甲	5 31	巳乙	5 1	亥乙	4 2	午丙	3 4	丑丁	2 2	未丁	一初
30	亥乙	6 1	午丙	5 2	子丙	4 3	未丁	3 5	寅戊	2 3	申戊	二初
1	子丙	6 2	未丁	5 3	丑丁	4 4	申戊	3 6	卯己	2 4	酉己	三初
2	丑丁	6 3	申戊	5 4	寅戊	4 5	酉己	3 7	辰庚	2 5	戌庚	四初
3	寅戊	6 4	酉己	5 5	卯己	4 6	戌庚	3 8	巳辛	2 6	亥辛	五初
4	卯己	6 5	戌庚	5 6	辰庚	4 7	亥辛	3 9	午壬	2 7	子壬	六初
5	辰庚	6 6	亥辛	5 7	巳辛	4 8	子壬	3 10	未癸	2 8	丑癸	七初
6	巳辛	6 7	子壬	5 8	午壬	4 9	丑癸	3 11	申甲	2 9	寅甲	八初
7	午壬	6 8	丑癸	5 9	未癸	4 10	寅甲	3 12	酉乙	2 10	卯乙	九初
8	未癸	6 9	寅甲	5 10	申甲	4 11	卯乙	3 13	戌丙	2 11	辰丙	十初
9	申甲	6 10	卯乙	5 11	酉乙	4 12	辰丙	3 14	亥丁	2 12	巳丁	一十
10	酉乙	6 11	辰丙	5 12	戌丙	4 13	巳丁	3 15	子戊	2 13	午戊	二十
11	戌丙	6 12	巳丁	5 13	亥丁	4 14	午戊	3 16	丑己	2 14	未己	三十
12	亥丁	6 13	午戊	5 14	子戊	4 15	未己	3 17	寅庚	2 15	申庚	四十
13	子戊	6 14	未己	5 15	丑己	4 16	申庚	3 18	卯辛	2 16	酉辛	五十
14	丑己	6 15	申庚	5 16	寅庚	4 17	酉辛	3 19	辰壬	2 17	戌壬	六十
15	寅庚	6 16	酉辛	5 17	卯辛	4 18	戌壬	3 20	巳癸	2 18	亥癸	七十
16	卯辛	6 17	戌壬	5 18	辰壬	4 19	亥癸	3 21	午甲	2 19	子甲	八十
17	辰壬	6 18	亥癸	5 19	巳癸	4 20	子甲	3 22	未乙	2 20	丑乙	九十
18	巳癸	6 19	子甲	5 20	午甲	4 21	丑乙	3 23	申丙	2 21	寅丙	十二
19	午甲	6 20	丑乙	5 21	未乙	4 22	寅丙	3 24	酉丁	2 22	卯丁	一廿
20	未乙	6 21	寅丙	5 22	申丙	4 23	卯丁	3 25	戌戊	2 23	辰戊	二廿
21	申丙	6 22	卯丁	5 23	酉丁	4 24	辰戊	3 26	亥己	2 24	巳己	三廿
22	酉丁	6 23	辰戊	5 24	戌戊	4 25	巳己	3 27	子庚	2 25	午庚	四廿
23	戌戊	6 24	巳己	5 25	亥己	4 26	午庚	3 28	丑辛	2 26	未辛	五廿
24	亥己	6 25	午庚	5 26	子庚	4 27	未辛	3 29	寅壬	2 27	申壬	六廿
25	子庚	6 26	未辛	5 27	丑辛	4 28	申壬	3 30	卯癸	2 28	酉癸	七廿
26	丑辛	6 27	申壬	5 28	寅壬	4 29	酉癸	3 31	辰甲	3 1	戌甲	八廿
27	寅壬	6 28	酉癸	5 29	卯癸	4 30	戌甲	4 1	巳乙	3 2	亥乙	九廿
乙太		易天		5 30	辰甲	業事化文乙太		尋搜格落部		3 3	子丙	十三

日光節約時間：陽曆 (5 月 1 日至 9 月 30 日) 陰曆 (4 月 1 日至 8 月 16 日

月別	月二十		月一十		月十		月九		月八		月七	
月柱	丑辛		子庚		亥己		戌戊		酉丁		申丙	
紫白	碧三		綠四		黃五		白六		赤七		白八	
節氣時間	1/21	1/6	12/22	12/8	11/23	11/8	10/24	10/9	9/23	9/8	8/24	8/…
	十三	五十	九廿	五十	十三	五十	十三	五十	八廿	三十	八廿	二…
	5時31分 大寒卯時	12時6分 小寒午時	18時53分 冬至酉時	1時0分 大雪丑時	5時46分 小雪卯時	8時27分 立冬辰時	8時35分 霜降辰時	5時41分 寒露卯時	23時41分 秋分子時	14時27分 白露未時	2時26分 處暑丑時	11時52分 …
農曆	曆陽	柱日	曆陽	柱日	曆陽	柱日	曆陽	柱日	曆陽	柱日	曆陽	柱…
初一	12 23	未辛	11 24	寅壬	10 25	申壬	9 25	寅壬	8 27	酉癸	7 28	卯…
初二	12 24	申壬	11 25	卯癸	10 26	酉癸	9 26	卯癸	8 28	戌甲	7 29	辰…
初三	12 25	酉癸	11 26	辰甲	10 27	戌甲	9 27	辰甲	8 29	亥乙	7 30	巳…
初四	12 26	戌甲	11 27	巳乙	10 28	亥乙	9 28	巳乙	8 30	子丙	7 31	午…
初五	12 27	亥乙	11 28	午丙	10 29	子丙	9 29	午丙	8 31	丑丁	8 1	未…
初六	12 28	子丙	11 29	未丁	10 30	丑丁	9 30	未丁	9 1	寅戊	8 2	申…
初七	12 29	丑丁	11 30	申戊	10 31	寅戊	10 1	申戊	9 2	卯己	8 3	酉…
初八	12 30	寅戊	12 1	酉己	11 1	卯己	10 2	酉己	9 3	辰庚	8 4	戌…
初九	12 31	卯己	12 2	戌庚	11 2	辰庚	10 3	戌庚	9 4	巳辛	8 5	亥…
初十	1 1	辰庚	12 3	亥辛	11 3	巳辛	10 4	亥辛	9 5	午壬	8 6	子…
十一	1 2	巳辛	12 4	子壬	11 4	午壬	10 5	子壬	9 6	未癸	8 7	丑…
十二	1 3	午壬	12 5	丑癸	11 5	未癸	10 6	丑癸	9 7	申甲	8 8	寅…
十三	1 4	未癸	12 6	寅甲	11 6	申甲	10 7	寅甲	9 8	酉乙	8 9	卯…
十四	1 5	申甲	12 7	卯乙	11 7	酉乙	10 8	卯乙	9 9	戌丙	8 10	辰…
十五	1 6	酉乙	12 8	辰丙	11 8	戌丙	10 9	辰丙	9 10	亥丁	8 11	巳…
十六	1 7	戌丙	12 9	巳丁	11 9	亥丁	10 10	巳丁	9 11	子戊	8 12	午…
十七	1 8	亥丁	12 10	午戊	11 10	子戊	10 11	午戊	9 12	丑己	8 13	未…
十八	1 9	子戊	12 11	未己	11 11	丑己	10 12	未己	9 13	寅庚	8 14	申…
十九	1 10	丑己	12 12	申庚	11 12	寅庚	10 13	申庚	9 14	卯辛	8 15	酉…
二十	1 11	寅庚	12 13	酉辛	11 13	卯辛	10 14	酉辛	9 15	辰壬	8 16	戌…
廿一	1 12	卯辛	12 14	戌壬	11 14	辰壬	10 15	戌壬	9 16	巳癸	8 17	亥…
廿二	1 13	辰壬	12 15	亥癸	11 15	巳癸	10 16	亥癸	9 17	午甲	8 18	子…
廿三	1 14	巳癸	12 16	子甲	11 16	午甲	10 17	子甲	9 18	未乙	8 19	丑…
廿四	1 15	午甲	12 17	丑乙	11 17	未乙	10 18	丑乙	9 19	申丙	8 20	寅…
廿五	1 16	未乙	12 18	寅丙	11 18	申丙	10 19	寅丙	9 20	酉丁	8 21	卯…
廿六	1 17	申丙	12 19	卯丁	11 19	酉丁	10 20	卯丁	9 21	戌戊	8 22	辰…
廿七	1 18	酉丁	12 20	辰戊	11 20	戌戊	10 21	辰戊	9 22	亥己	8 23	巳…
廿八	1 19	戌戊	12 21	巳己	11 21	亥己	10 22	巳己	9 23	子庚	8 24	午…
廿九	1 20	亥己	12 22	午庚	11 22	子庚	10 23	午庚	9 24	丑辛	8 25	未…
三十	1 21	子庚	乙太		11 23	丑辛	10 24	未辛	易天		8 26	申…

西元一九四七年 歲次丁亥

民國三十六年
太歲姓封名齊

納音屬土
生肖屬豬

年八白星
亢宿值年

六		月五		月四		月三		月二閏		月二		月正		別月
丁		午丙		巳乙		辰甲				卯癸		寅壬		柱月
六		赤七		白八		紫九				白一		黑二		白紫
8	7/24	7/8	6/22	6/6	5/22	5/6	4/21		4/5	3/21	3/6	2/19	2/4	節氣時間
廿	七初	十二	四初	八十	三初	六十	一初		四十	九廿	四十	九廿	四十	
立秋酉時	大暑丑時 1時14分	小暑辰時 7時56分	夏至未時 14時19分	芒種亥時 21時31分	小滿卯時 6時9分	立夏酉時 17時3分	穀雨卯時 6時39分		清明子時 23時20分	春分戌時 19時13分	驚蟄酉時 18時8分	雨水戌時 19時52分	立春子時 23時50分	
陽	柱日	曆陽	柱日	曆陽	柱日	曆陽	柱日	曆陽	柱日	曆陽	柱日	曆陽	柱日	曆農
18	戌戊	6 19	巳己	5 20	亥己	4 21	午庚	3 23	丑辛	2 21	未辛	1 22	丑辛	一初
19	亥己	6 20	午庚	5 21	子庚	4 22	未辛	3 24	寅壬	2 22	申壬	1 23	寅壬	二初
20	子庚	6 21	未辛	5 22	丑辛	4 23	申壬	3 25	卯癸	2 23	酉癸	1 24	卯癸	三初
21	丑辛	6 22	申壬	5 23	寅壬	4 24	酉癸	3 26	辰甲	2 24	戌甲	1 25	辰甲	四初
22	寅壬	6 23	酉癸	5 24	卯癸	4 25	戌甲	3 27	巳乙	2 25	亥乙	1 26	巳乙	五初
23	卯癸	6 24	戌甲	5 25	辰甲	4 26	亥乙	3 28	午丙	2 26	子丙	1 27	午丙	六初
24	辰甲	6 25	亥乙	5 26	巳乙	4 27	子丙	3 29	未丁	2 27	丑丁	1 28	未丁	七初
25	巳乙	6 26	子丙	5 27	午丙	4 28	丑丁	3 30	申戊	2 28	寅戊	1 29	申戊	八初
26	午丙	6 27	丑丁	5 28	未丁	4 29	寅戊	3 31	酉己	3 1	卯己	1 30	酉己	九初
27	未丁	6 28	寅戊	5 29	申戊	4 30	卯己	4 1	戌庚	3 2	辰庚	1 31	戌庚	十初
28	申戊	6 29	卯己	5 30	酉己	5 1	辰庚	4 2	亥辛	3 3	巳辛	2 1	亥辛	一十
29	酉己	6 30	辰庚	5 31	戌庚	5 2	巳辛	4 3	子壬	3 4	午壬	2 2	子壬	二十
30	戌庚	7 1	巳辛	6 1	亥辛	5 3	午壬	4 4	丑癸	3 5	未癸	2 3	丑癸	三十
31	亥辛	7 2	午壬	6 2	子壬	5 4	未癸	4 5	寅甲	3 6	申甲	2 4	寅甲	四十
1	子壬	7 3	未癸	6 3	丑癸	5 5	申甲	4 6	卯乙	3 7	酉乙	2 5	卯乙	五十
2	丑癸	7 4	申甲	6 4	寅甲	5 6	酉乙	4 7	辰丙	3 8	戌丙	2 6	辰丙	六十
3	寅甲	7 5	酉乙	6 5	卯乙	5 7	戌丙	4 8	巳丁	3 9	亥丁	2 7	巳丁	七十
4	卯乙	7 6	戌丙	6 6	辰丙	5 8	亥丁	4 9	午戊	3 10	子戊	2 8	午戊	八十
5	辰丙	7 7	亥丁	6 7	巳丁	5 9	子戊	4 10	未己	3 11	丑己	2 9	未己	九十
6	巳丁	7 8	子戊	6 8	午戊	5 10	丑己	4 11	申庚	3 12	寅庚	2 10	申庚	十二
7	午戊	7 9	丑己	6 9	未己	5 11	寅庚	4 12	酉辛	3 13	卯辛	2 11	酉辛	一廿
8	未己	7 10	寅庚	6 10	申庚	5 12	卯辛	4 13	戌壬	3 14	辰壬	2 12	戌壬	二廿
9	申庚	7 11	卯辛	6 11	酉辛	5 13	辰壬	4 14	亥癸	3 15	巳癸	2 13	亥癸	三廿
10	酉辛	7 12	辰壬	6 12	戌壬	5 14	巳癸	4 15	子甲	3 16	午甲	2 14	子甲	四廿
11	戌壬	7 13	巳癸	6 13	亥癸	5 15	午甲	4 16	丑乙	3 17	未乙	2 15	丑乙	五廿
12	亥癸	7 14	午甲	6 14	子甲	5 16	未乙	4 17	寅丙	3 18	申丙	2 16	寅丙	六廿
13	子甲	7 15	未乙	6 15	丑乙	5 17	申丙	4 18	卯丁	3 19	酉丁	2 17	卯丁	七廿
14	丑乙	7 16	申丙	6 16	寅丙	5 18	酉丁	4 19	辰戊	3 20	戌戊	2 18	辰戊	八廿
15	寅丙	7 17	酉丁	6 17	卯丁	5 19	戌戊	4 20	巳己	3 21	亥己	2 19	巳己	九廿
乙太		易天		6 18	辰戊	業事化文乙太		尋搜格落部		3 22	子庚	2 20	午庚	十三

日光節約時間：陽曆 (5 月 1 日至 9 月 30 日) 陰曆 (3 月 11 日至 8 月 16 日

月別	月二十		月一十		月十		月九		月八		月七	
月柱	丑癸		子壬		亥辛		戌庚		酉己		申戊	
紫白	紫九		白一		黑二		碧三		綠四		黃五	
節氣時間	2/5	1/21	1/6	12/23	12/8	11/23	11/8	10/24	10/9	9/24	9/8	8/2
	六廿	一十	六廿	二十	六廿	一十	六廿	一十	五廿	十初	四廿	九初
	5時42分 立春卯時	11時18分 大寒午時	18時0分 小寒酉時	0時43分 冬至子時	6時56分 大雪卯時	11時38分 小雪午時	14時24分 立冬未時	14時26分 霜降未時	11時37分 寒露午時	5時29分 秋分卯時	20時21分 白露戌時	8時9分 處暑辰時
農曆	曆陽	柱日	曆陽	柱日	曆陽	柱日	曆陽	柱日	曆陽	柱日	曆陽	柱日
初一	1 11	未乙	12 12	丑乙	11 13	申丙	10 14	寅丙	9 15	酉丁	8 16	卯丁
初二	1 12	申丙	12 13	寅丙	11 14	酉丁	10 15	卯丁	9 16	戌戊	8 17	辰戊
初三	1 13	酉丁	12 14	卯丁	11 15	戌戊	10 16	辰戊	9 17	亥己	8 18	巳己
初四	1 14	戌戊	12 15	辰戊	11 16	亥己	10 17	巳己	9 18	子庚	8 19	午庚
初五	1 15	亥己	12 16	巳己	11 17	子庚	10 18	午庚	9 19	丑辛	8 20	未辛
初六	1 16	子庚	12 17	午庚	11 18	丑辛	10 19	未辛	9 20	寅壬	8 21	申壬
初七	1 17	丑辛	12 18	未辛	11 19	寅壬	10 20	申壬	9 21	卯癸	8 22	酉癸
初八	1 18	寅壬	12 19	申壬	11 20	卯癸	10 21	酉癸	9 22	辰甲	8 23	戌甲
初九	1 19	卯癸	12 20	酉癸	11 21	辰甲	10 22	戌甲	9 23	巳乙	8 24	亥乙
初十	1 20	辰甲	12 21	戌甲	11 22	巳乙	10 23	亥乙	9 24	午丙	8 25	子丙
十一	1 21	巳乙	12 22	亥乙	11 23	午丙	10 24	子丙	9 25	未丁	8 26	丑丁
十二	1 22	午丙	12 23	子丙	11 24	未丁	10 25	丑丁	9 26	申戊	8 27	寅戊
十三	1 23	未丁	12 24	丑丁	11 25	申戊	10 26	寅戊	9 27	酉己	8 28	卯己
十四	1 24	申戊	12 25	寅戊	11 26	酉己	10 27	卯己	9 28	戌庚	8 29	辰庚
十五	1 25	酉己	12 26	卯己	11 27	戌庚	10 28	辰庚	9 29	亥辛	8 30	巳辛
十六	1 26	戌庚	12 27	辰庚	11 28	亥辛	10 29	巳辛	9 30	子壬	8 31	午壬
十七	1 27	亥辛	12 28	巳辛	11 29	子壬	10 30	午壬	10 1	丑癸	9 1	未癸
十八	1 28	子壬	12 29	午壬	11 30	丑癸	10 31	未癸	10 2	寅甲	9 2	申甲
十九	1 29	丑癸	12 30	未癸	12 1	寅甲	11 1	申甲	10 3	卯乙	9 3	酉乙
二十	1 30	寅甲	12 31	申甲	12 2	卯乙	11 2	酉乙	10 4	辰丙	9 4	戌丙
廿一	1 31	卯乙	1 1	酉乙	12 3	辰丙	11 3	戌丙	10 5	巳丁	9 5	亥丁
廿二	2 1	辰丙	1 2	戌丙	12 4	巳丁	11 4	亥丁	10 6	午戊	9 6	子戊
廿三	2 2	巳丁	1 3	亥丁	12 5	午戊	11 5	子戊	10 7	未己	9 7	丑己
廿四	2 3	午戊	1 4	子戊	12 6	未己	11 6	丑己	10 8	申庚	9 8	寅庚
廿五	2 4	未己	1 5	丑己	12 7	申庚	11 7	寅庚	10 9	酉辛	9 9	卯辛
廿六	2 5	申庚	1 6	寅庚	12 8	酉辛	11 8	卯辛	10 10	戌壬	9 10	辰壬
廿七	2 6	酉辛	1 7	卯辛	12 9	戌壬	11 9	辰壬	10 11	亥癸	9 11	巳癸
廿八	2 7	戌壬	1 8	辰壬	12 10	亥癸	11 10	巳癸	10 12	子甲	9 12	午甲
廿九	2 8	亥癸	1 9	巳癸	12 11	子甲	11 11	午甲	10 13	丑乙	9 13	未乙
三十	2 9	子甲	1 10	午甲	乙太		11 12	未乙	易天		9 14	申丙

西元一九四八年

歲次戊子

民國三十七年　太歲姓郢名班

納音屬火　生肖屬鼠

年七赤星　氐宿值年

月別	正月		二月		三月		四月		五月		六月	
月柱	甲寅		乙卯		丙辰		丁巳		戊午		己未	
紫白	八白		七赤		六白		五黃		四綠		三碧	
節氣時間	2/20	3/5	3/21	4/5	4/20	5/5	5/21	6/6	6/21		7/7	23
	十一	廿五	十一	廿六	十二	廿七	十三	廿九	十五		初一	十
	雨水丑時 1時37分	驚蟄子時 23時58分	春分子時 0時57分	清明卯時 5時9分	穀雨午時 12時25分	立夏亥時 22時52分	小滿午時 11時58分	芒種寅時 3時20分	夏至戌時 20時11分		小暑未時 13時44分	大暑辰時
農曆	日柱	陽曆	日柱	陽曆	日柱	陽曆	日柱	陽曆	日柱	陽曆	日柱	陽
初一	乙丑	2 10	乙未	3 11	甲子	4 9	甲午	5 9	癸亥	6 7	癸巳	7
初二	丙寅	2 11	丙申	3 12	乙丑	4 10	乙未	5 10	甲子	6 8	甲午	8
初三	丁卯	2 12	丁酉	3 13	丙寅	4 11	丙申	5 11	乙丑	6 9	乙未	9
初四	戊辰	2 13	戊戌	3 14	丁卯	4 12	丁酉	5 12	丙寅	6 10	丙申	10
初五	己巳	2 14	己亥	3 15	戊辰	4 13	戊戌	5 13	丁卯	6 11	丁酉	11
初六	庚午	2 15	庚子	3 16	己巳	4 14	己亥	5 14	戊辰	6 12	戊戌	12
初七	辛未	2 16	辛丑	3 17	庚午	4 15	庚子	5 15	己巳	6 13	己亥	13
初八	壬申	2 17	壬寅	3 18	辛未	4 16	辛丑	5 16	庚午	6 14	庚子	14
初九	癸酉	2 18	癸卯	3 19	壬申	4 17	壬寅	5 17	辛未	6 15	辛丑	15
初十	甲戌	2 19	甲辰	3 20	癸酉	4 18	癸卯	5 18	壬申	6 16	壬寅	16
十一	乙亥	2 20	乙巳	3 21	甲戌	4 19	甲辰	5 19	癸酉	6 17	癸卯	17
十二	丙子	2 21	丙午	3 22	乙亥	4 20	乙巳	5 20	甲戌	6 18	甲辰	18
十三	丁丑	2 22	丁未	3 23	丙子	4 21	丙午	5 21	乙亥	6 19	乙巳	19
十四	戊寅	2 23	戊申	3 24	丁丑	4 22	丁未	5 22	丙子	6 20	丙午	20
十五	己卯	2 24	己酉	3 25	戊寅	4 23	戊申	5 23	丁丑	6 21	丁未	21
十六	庚辰	2 25	庚戌	3 26	己卯	4 24	己酉	5 24	戊寅	6 22	戊申	22
十七	辛巳	2 26	辛亥	3 27	庚辰	4 25	庚戌	5 25	己卯	6 23	己酉	23
十八	壬午	2 27	壬子	3 28	辛巳	4 26	辛亥	5 26	庚辰	6 24	庚戌	24
十九	癸未	2 28	癸丑	3 29	壬午	4 27	壬子	5 27	辛巳	6 25	辛亥	25
二十	甲申	2 29	甲寅	3 30	癸未	4 28	癸丑	5 28	壬午	6 26	壬子	26
廿一	乙酉	3 1	乙卯	3 31	甲申	4 29	甲寅	5 29	癸未	6 27	癸丑	27
廿二	丙戌	3 2	丙辰	4 1	乙酉	4 30	乙卯	5 30	甲申	6 28	甲寅	28
廿三	丁亥	3 3	丁巳	4 2	丙戌	5 1	丙辰	5 31	乙酉	6 29	乙卯	29
廿四	戊子	3 4	戊午	4 3	丁亥	5 2	丁巳	6 1	丙戌	6 30	丙辰	30
廿五	己丑	3 5	己未	4 4	戊子	5 3	戊午	6 2	丁亥	7 1	丁巳	31
廿六	庚寅	3 6	庚申	4 5	己丑	5 4	己未	6 3	戊子	7 2	戊午	1
廿七	辛卯	3 7	辛酉	4 6	庚寅	5 5	庚申	6 4	己丑	7 3	己未	2
廿八	壬辰	3 8	壬戌	4 7	辛卯	5 6	辛酉	6 5	庚寅	7 4	庚申	3
廿九	癸巳	3 9	癸亥	4 8	壬辰	5 7	壬戌	6 6	辛卯	7 5	辛酉	4
三十	甲午	3 10	部落格搜尋		癸巳	5 8	天易		壬辰	7 6	太乙	

日光節約時間：陽曆 (5 月 1 日至 9 月 30 日) 陰曆 (3 月 23 日至 8 月 28 日

月別	月二十		月一十		月十		月九		月八		月七	
月柱	丑乙		子甲		亥癸		戌壬		酉辛		申庚	
紫白	白六		赤七		白八		紫九		白一		黑二	
節氣時間	1/20 二廿 17時9分 大寒酉時	1/5 七初 23時41分 小寒子時	12/22 二廿 6時33分 冬至卯時	12/7 七初 12時38分 大雪午時	11/22 二廿 17時29分 小雪酉時	11/7 七初 20時7分 立冬戌時	10/23 一廿 20時18分 霜降戌時	10/8 六初 17時20分 寒露酉時	9/23 一廿 11時22分 秋分午時	9/8 六初 2時5分 白露丑時	8/23 九十 14時3分 處暑未時	8/ 三初 23時26分
農曆	曆陽	柱日	曆陽	柱日	曆陽	柱日	曆陽	柱日	曆陽	柱日	曆陽	柱日
初一	12 30	丑己	12 1	申庚	11 1	寅庚	10 3	酉辛	9 3	卯辛	8 5	戊壬
初二	12 31	寅庚	12 2	酉辛	11 2	卯辛	10 4	戌壬	9 4	辰壬	8 6	亥癸
初三	1 1	卯辛	12 3	戌壬	11 3	辰壬	10 5	亥癸	9 5	巳癸	8 7	子甲
初四	1 2	辰壬	12 4	亥癸	11 4	巳癸	10 6	子甲	9 6	午甲	8 8	丑乙
初五	1 3	巳癸	12 5	子甲	11 5	午甲	10 7	丑乙	9 7	未乙	8 9	寅丙
初六	1 4	午甲	12 6	丑乙	11 6	未乙	10 8	寅丙	9 8	申丙	8 10	卯丁
初七	1 5	未乙	12 7	寅丙	11 7	申丙	10 9	卯丁	9 9	酉丁	8 11	辰戊
初八	1 6	申丙	12 8	卯丁	11 8	酉丁	10 10	辰戊	9 10	戌戊	8 12	巳己
初九	1 7	酉丁	12 9	辰戊	11 9	戌戊	10 11	巳己	9 11	亥己	8 13	午庚
初十	1 8	戌戊	12 10	巳己	11 10	亥己	10 12	午庚	9 12	子庚	8 14	未辛
十一	1 9	亥己	12 11	午庚	11 11	子庚	10 13	未辛	9 13	丑辛	8 15	申壬
十二	1 10	子庚	12 12	未辛	11 12	丑辛	10 14	申壬	9 14	寅壬	8 16	酉癸
十三	1 11	丑辛	12 13	申壬	11 13	寅壬	10 15	酉癸	9 15	卯癸	8 17	戌甲
十四	1 12	寅壬	12 14	酉癸	11 14	卯癸	10 16	戌甲	9 16	辰甲	8 18	亥乙
十五	1 13	卯癸	12 15	戌甲	11 15	辰甲	10 17	亥乙	9 17	巳乙	8 19	子丙
十六	1 14	辰甲	12 16	亥乙	11 16	巳乙	10 18	子丙	9 18	午丙	8 20	丑丁
十七	1 15	巳乙	12 17	子丙	11 17	午丙	10 19	丑丁	9 19	未丁	8 21	寅戊
十八	1 16	午丙	12 18	丑丁	11 18	未丁	10 20	寅戊	9 20	申戊	8 22	卯己
十九	1 17	未丁	12 19	寅戊	11 19	申戊	10 21	卯己	9 21	酉己	8 23	辰庚
二十	1 18	申戊	12 20	卯己	11 20	酉己	10 22	辰庚	9 22	戌庚	8 24	巳辛
廿一	1 19	酉己	12 21	辰庚	11 21	戌庚	10 23	巳辛	9 23	亥辛	8 25	午壬
廿二	1 20	戌庚	12 22	巳辛	11 22	亥辛	10 24	午壬	9 24	子壬	8 26	未癸
廿三	1 21	亥辛	12 23	午壬	11 23	子壬	10 25	未癸	9 25	丑癸	8 27	申甲
廿四	1 22	子壬	12 24	未癸	11 24	丑癸	10 26	申甲	9 26	寅甲	8 28	酉乙
廿五	1 23	丑癸	12 25	申甲	11 25	寅甲	10 27	酉乙	9 27	卯乙	8 29	戌丙
廿六	1 24	寅甲	12 26	酉乙	11 26	卯乙	10 28	戌丙	9 28	辰丙	8 30	亥丁
廿七	1 25	卯乙	12 27	戌丙	11 27	辰丙	10 29	亥丁	9 29	巳丁	8 31	子戊
廿八	1 26	辰丙	12 28	亥丁	11 28	巳丁	10 30	子戊	9 30	午戊	9 1	丑己
廿九	1 27	巳丁	12 29	子戊	11 29	午戊	10 31	丑己	10 1	未己	9 2	寅庚
三十	1 28	午戊	乙太		11 30	未己	易天		10 2	申庚	尋搜格落部	

西元一九四九年 歲次己丑

民國三十八年
太歲姓潘名蓋

納音屬火
生肖屬牛

年六白星
房宿值年

別月	月正		月二		月三		月四		月五		月六	
柱月	寅丙		卯丁		辰戊		巳己		午庚		未辛	
白紫	黃五		綠四		碧三		黑二		白一		紫九	
節氣時間	2/4 七初 11時23分 立春午時	2/19 二廿 7時27分 雨水辰時	3/6 七初 5時39分 驚蟄卯時	3/21 二廿 6時48分 春分卯時	4/5 八初 10時52分 清明巳時	4/20 三廿 18時17分 穀雨酉時	5/6 九初 4時37分 立夏寅時	5/21 四廿 17時51分 小滿酉時	6/6 十初 9時7分 芒種巳時	6/22 六廿 2時3分 夏至丑時	7/7 二十 19時32分 小暑戌時	23 廿 大暑午時
曆農	柱日	曆陽	柱日	曆陽	柱日	曆陽	柱日	曆陽	柱日	曆陽	柱日	陽
一初	未己	1 29	丑己	2 28	午戊	3 29	子戊	4 28	午戊	5 28	亥丁	26
二初	申庚	1 30	寅庚	3 1	未己	3 30	丑己	4 29	未己	5 29	子戊	27
三初	酉辛	1 31	卯辛	3 2	申庚	3 31	寅庚	4 30	申庚	5 30	丑己	28
四初	戌壬	2 1	辰壬	3 3	酉辛	4 1	卯辛	5 1	酉辛	5 31	寅庚	29
五初	亥癸	2 2	巳癸	3 4	戌壬	4 2	辰壬	5 2	戌壬	6 1	卯辛	30
六初	子甲	2 3	午甲	3 5	亥癸	4 3	巳癸	5 3	亥癸	6 2	辰壬	1
七初	丑乙	2 4	未乙	3 6	子甲	4 4	午甲	5 4	子甲	6 3	巳癸	2
八初	寅丙	2 5	申丙	3 7	丑乙	4 5	未乙	5 5	丑乙	6 4	午甲	3
九初	卯丁	2 6	酉丁	3 8	寅丙	4 6	申丙	5 6	寅丙	6 5	未乙	4
十初	辰戊	2 7	戌戊	3 9	卯丁	4 7	酉丁	5 7	卯丁	6 6	申丙	5
一十	巳己	2 8	亥己	3 10	辰戊	4 8	戌戊	5 8	辰戊	6 7	酉丁	6
二十	午庚	2 9	子庚	3 11	巳己	4 9	亥己	5 9	巳己	6 8	戌戊	7
三十	未辛	2 10	丑辛	3 12	午庚	4 10	子庚	5 10	午庚	6 9	亥己	8
四十	申壬	2 11	寅壬	3 13	未辛	4 11	丑辛	5 11	未辛	6 10	子庚	9
五十	酉癸	2 12	卯癸	3 14	申壬	4 12	寅壬	5 12	申壬	6 11	丑辛	10
六十	戌甲	2 13	辰甲	3 15	酉癸	4 13	卯癸	5 13	酉癸	6 12	寅壬	11
七十	亥乙	2 14	巳乙	3 16	戌甲	4 14	辰甲	5 14	戌甲	6 13	卯癸	12
八十	子丙	2 15	午丙	3 17	亥乙	4 15	巳乙	5 15	亥乙	6 14	辰甲	13
九十	丑丁	2 16	未丁	3 18	子丙	4 16	午丙	5 16	子丙	6 15	巳乙	14
十二	寅戊	2 17	申戊	3 19	丑丁	4 17	未丁	5 17	丑丁	6 16	午丙	15
一廿	卯己	2 18	酉己	3 20	寅戊	4 18	申戊	5 18	寅戊	6 17	未丁	16
二廿	辰庚	2 19	戌庚	3 21	卯己	4 19	酉己	5 19	卯己	6 18	申戊	17
三廿	巳辛	2 20	亥辛	3 22	辰庚	4 20	戌庚	5 20	辰庚	6 19	酉己	18
四廿	午壬	2 21	子壬	3 23	巳辛	4 21	亥辛	5 21	巳辛	6 20	戌庚	19
五廿	未癸	2 22	丑癸	3 24	午壬	4 22	子壬	5 22	午壬	6 21	亥辛	20
六廿	申甲	2 23	寅甲	3 25	未癸	4 23	丑癸	5 23	未癸	6 22	子壬	21
七廿	酉乙	2 24	卯乙	3 26	申甲	4 24	寅甲	5 24	申甲	6 23	丑癸	22
八廿	戌丙	2 25	辰丙	3 27	酉乙	4 25	卯乙	5 25	酉乙	6 24	寅甲	23
九廿	亥丁	2 26	巳丁	3 28	戌丙	4 26	辰丙	5 26	戌丙	6 25	卯乙	24
十三	子戊	2 27	易天		亥丁	4 27	巳丁	5 27	乙太		辰丙	25

日光節約時間：陽曆 (5 月 1 日至 9 月 30 日) 陰曆 (4 月 4 日至 8 月 9 日)

月別	月二十		月一十		月十		月九		月八		月七閏		月七	
月柱	丑丁		子丙		亥乙		戌甲		酉癸				申壬	
紫白	碧三		綠四		黃五		白六		赤七				白八	
節氣時間	2/4	1/20	1/6	12/22	12/7	11/22	11/8	10/24	10/8	9/23		9/8	8/23	8
	八十	三初	八十	三初	八十	三初	八十	三初	七十	二初		六十	九廿	四
	立春酉時 17時21分	大寒子時 23時0分	小寒卯時 5時39分	冬至午時 12時23分	大雪酉時 18時33分	小雪子時 23時16分	立冬丑時 2時0分	霜降丑時 2時3分	寒露子時 23時11分	秋分酉時 17時6分		白露辰時 7時54分	處暑戌時 19時48分	5時15分
農曆	曆陽	柱日	曆陽	柱日	曆陽	柱日	曆陽	柱日	曆陽	柱日	曆陽	柱日	曆陽	柱
初一	1 18	丑癸	12 20	申甲	11 20	寅甲	10 22	酉乙	9 22	卯乙	8 24	戌丙	7 26	巳
初二	1 19	寅甲	12 21	酉乙	11 21	卯乙	10 23	戌丙	9 23	辰丙	8 25	亥丁	7 27	午
初三	1 20	卯乙	12 22	戌丙	11 22	辰丙	10 24	亥丁	9 24	巳丁	8 26	子戊	7 28	未
初四	1 21	辰丙	12 23	亥丁	11 23	巳丁	10 25	子戊	9 25	午戊	8 27	丑己	7 29	申
初五	1 22	巳丁	12 24	子戊	11 24	午戊	10 26	丑己	9 26	未己	8 28	寅庚	7 30	酉
初六	1 23	午戊	12 25	丑己	11 25	未己	10 27	寅庚	9 27	申庚	8 29	卯辛	7 31	戌
初七	1 24	未己	12 26	寅庚	11 26	申庚	10 28	卯辛	9 28	酉辛	8 30	辰壬	8 1	亥
初八	1 25	申庚	12 27	卯辛	11 27	酉辛	10 29	辰壬	9 29	戌壬	8 31	巳癸	8 2	子
初九	1 26	酉辛	12 28	辰壬	11 28	戌壬	10 30	巳癸	9 30	亥癸	9 1	午甲	8 3	丑
初十	1 27	戌壬	12 29	巳癸	11 29	亥癸	10 31	午甲	10 1	子甲	9 2	未乙	8 4	寅
十一	1 28	亥癸	12 30	午甲	11 30	子甲	11 1	未乙	10 2	丑乙	9 3	申丙	8 5	卯
十二	1 29	子甲	12 31	未乙	12 1	丑乙	11 2	申丙	10 3	寅丙	9 4	酉丁	8 6	辰
十三	1 30	丑乙	1 1	申丙	12 2	寅丙	11 3	酉丁	10 4	卯丁	9 5	戌戊	8 7	巳
十四	1 31	寅丙	1 2	酉丁	12 3	卯丁	11 4	戌戊	10 5	辰戊	9 6	亥己	8 8	午
十五	2 1	卯丁	1 3	戌戊	12 4	辰戊	11 5	亥己	10 6	巳己	9 7	子庚	8 9	未
十六	2 2	辰戊	1 4	亥己	12 5	巳己	11 6	子庚	10 7	午庚	9 8	丑辛	8 10	申
十七	2 3	巳己	1 5	子庚	12 6	午庚	11 7	丑辛	10 8	未辛	9 9	寅壬	8 11	酉
十八	2 4	午庚	1 6	丑辛	12 7	未辛	11 8	寅壬	10 9	申壬	9 10	卯癸	8 12	戌
十九	2 5	未辛	1 7	寅壬	12 8	申壬	11 9	卯癸	10 10	酉癸	9 11	辰甲	8 13	亥
二十	2 6	申壬	1 8	卯癸	12 9	酉癸	11 10	辰甲	10 11	戌甲	9 12	巳乙	8 14	子
廿一	2 7	酉癸	1 9	辰甲	12 10	戌甲	11 11	巳乙	10 12	亥乙	9 13	午丙	8 15	丑
廿二	2 8	戌甲	1 10	巳乙	12 11	亥乙	11 12	午丙	10 13	子丙	9 14	未丁	8 16	寅
廿三	2 9	亥乙	1 11	午丙	12 12	子丙	11 13	未丁	10 14	丑丁	9 15	申戊	8 17	卯
廿四	2 10	子丙	1 12	未丁	12 13	丑丁	11 14	申戊	10 15	寅戊	9 16	酉己	8 18	辰
廿五	2 11	丑丁	1 13	申戊	12 14	寅戊	11 15	酉己	10 16	卯己	9 17	戌庚	8 19	巳
廿六	2 12	寅戊	1 14	酉己	12 15	卯己	11 16	戌庚	10 17	辰庚	9 18	亥辛	8 20	午
廿七	2 13	卯己	1 15	戌庚	12 16	辰庚	11 17	亥辛	10 18	巳辛	9 19	子壬	8 21	未
廿八	2 14	辰庚	1 16	亥辛	12 17	巳辛	11 18	子壬	10 19	午壬	9 20	丑癸	8 22	申
廿九	2 15	巳辛	1 17	子壬	12 18	午壬	11 19	丑癸	10 20	未癸	9 21	寅甲	8 23	酉
三十	2 16	午壬	乙太		12 19	未癸	易天		10 21	申甲	業事化文乙太		尋搜格落部	

西元一九五〇年

歲次庚寅

民國三十九年
太歲姓鄔名桓

納音屬木
生肖屬虎

年五黃星
心宿值年

月 六		月 五		月 四		月 三		月 二		月 正		別月
未 癸		午 壬		巳 辛		辰 庚		卯 己		寅 戊		柱月
白 六		赤 七		白 八		紫 九		白 一		黑 二		白紫
'8	7/23	7/8	6/22	6/6	5/21	5/6	4/20	4/5	3/21	3/6	2/19	節氣時間
廿	九初	四廿	八初	一廿	五初	十二	四初	九十	四初	八十	三初	
立秋巳時	大暑酉時18時30分	小暑丑時1時13分	夏至辰時7時36分	芒種未時14時51分	小滿子時23時27分	立夏巳時10時25分	穀雨子時23時59分	清明申時16時44分	春分午時12時35分	驚蟄午時11時35分	雨水未時13時17分	
陽	柱日	曆陽	柱日	曆陽	柱日	曆陽	柱日	曆陽	柱日	曆陽	柱日	曆農
15	亥辛	6 15	巳辛	5 17	子壬	4 17	午壬	3 18	子壬	2 17	未癸	一初
16	子壬	6 16	午壬	5 18	丑癸	4 18	未癸	3 19	丑癸	2 18	申甲	二初
17	丑癸	6 17	未癸	5 19	寅甲	4 19	申甲	3 20	寅甲	2 19	酉乙	三初
18	寅甲	6 18	申甲	5 20	卯乙	4 20	酉乙	3 21	卯乙	2 20	戌丙	四初
19	卯乙	6 19	酉乙	5 21	辰丙	4 21	戌丙	3 22	辰丙	2 21	亥丁	五初
20	辰丙	6 20	戌丙	5 22	巳丁	4 22	亥丁	3 23	巳丁	2 22	子戊	六初
21	巳丁	6 21	亥丁	5 23	午戊	4 23	子戊	3 24	午戊	2 23	丑己	七初
22	午戊	6 22	子戊	5 24	未己	4 24	丑己	3 25	未己	2 24	寅庚	八初
23	未己	6 23	丑己	5 25	申庚	4 25	寅庚	3 26	申庚	2 25	卯辛	九初
24	申庚	6 24	寅庚	5 26	酉辛	4 26	卯辛	3 27	酉辛	2 26	辰壬	十初
25	酉辛	6 25	卯辛	5 27	戌壬	4 27	辰壬	3 28	戌壬	2 27	巳癸	一十
26	戌壬	6 26	辰壬	5 28	亥癸	4 28	巳癸	3 29	亥癸	2 28	午甲	二十
27	亥癸	6 27	巳癸	5 29	子甲	4 29	午甲	3 30	子甲	3 1	未乙	三十
28	子甲	6 28	午甲	5 30	丑乙	4 30	未乙	3 31	丑乙	3 2	申丙	四十
29	丑乙	6 29	未乙	5 31	寅丙	5 1	申丙	4 1	寅丙	3 3	酉丁	五十
30	寅丙	6 30	申丙	6 1	卯丁	5 2	酉丁	4 2	卯丁	3 4	戌戊	六十
31	卯丁	7 1	酉丁	6 2	辰戊	5 3	戌戊	4 3	辰戊	3 5	亥己	七十
1	辰戊	7 2	戌戊	6 3	巳己	5 4	亥己	4 4	巳己	3 6	子庚	八十
2	巳己	7 3	亥己	6 4	午庚	5 5	子庚	4 5	午庚	3 7	丑辛	九十
3	午庚	7 4	子庚	6 5	未辛	5 6	丑辛	4 6	未辛	3 8	寅壬	十二
4	未辛	7 5	丑辛	6 6	申壬	5 7	寅壬	4 7	申壬	3 9	卯癸	一廿
5	申壬	7 6	寅壬	6 7	酉癸	5 8	卯癸	4 8	酉癸	3 10	辰甲	二廿
6	酉癸	7 7	卯癸	6 8	戌甲	5 9	辰甲	4 9	戌甲	3 11	巳乙	三廿
7	戌甲	7 8	辰甲	6 9	亥乙	5 10	巳乙	4 10	亥乙	3 12	午丙	四廿
8	亥乙	7 9	巳乙	6 10	子丙	5 11	午丙	4 11	子丙	3 13	未丁	五廿
9	子丙	7 10	午丙	6 11	丑丁	5 12	未丁	4 12	丑丁	3 14	申戊	六廿
10	丑丁	7 11	未丁	6 12	寅戊	5 13	申戊	4 13	寅戊	3 15	酉己	七廿
11	寅戊	7 12	申戊	6 13	卯己	5 14	酉己	4 14	卯己	3 16	戌庚	八廿
12	卯己	7 13	酉己	6 14	辰庚	5 15	戌庚	4 15	辰庚	3 17	亥辛	九廿
13	辰庚	7 14	戌庚	乙太		5 16	亥辛	4 16	巳辛	易天		十三

日光節約時間：陽曆 (5 月 1 日至 9 月 30 日) 陰曆 (3 月 15 日至 8 月 1 日

月別	月二十		月一十		月十		月九		月八		月七	
月柱	丑己		子戊		亥丁		戌丙		酉乙		申甲	
紫白	紫九		白一		黑二		碧三		綠四		黃五	
節氣時間	2/4	1/21	1/6	12/22	12/8	11/23	11/8	10/24	10/9	9/23	9/8	8/2
	八廿	四十	九廿	四十	九廿	四十	九廿	四十	八廿	二十	六廿	一十
	23時13分 立春子時	4時52分 大寒寅時	11時30分 小寒午時	18時13分 冬至酉時	0時22分 大雪子時	5時3分 小雪卯時	7時44分 立冬辰時	7時45分 霜降辰時	4時52分 寒露寅時	22時44分 秋分亥時	13時34分 白露未時	1時23分 處暑丑時
農曆	曆陽	柱日	曆陽	柱日	曆陽	柱日	曆陽	柱日	曆陽	柱日	曆陽	柱日
初一	1 8	申戊	12 9	寅戊	11 10	酉己	10 11	卯己	9 12	戌庚	8 14	巳辛
初二	1 9	酉己	12 10	卯己	11 11	戌庚	10 12	辰庚	9 13	亥辛	8 15	午壬
初三	1 10	戌庚	12 11	辰庚	11 12	亥辛	10 13	巳辛	9 14	子壬	8 16	未癸
初四	1 11	亥辛	12 12	巳辛	11 13	子壬	10 14	午壬	9 15	丑癸	8 17	申甲
初五	1 12	子壬	12 13	午壬	11 14	丑癸	10 15	未癸	9 16	寅甲	8 18	酉乙
初六	1 13	丑癸	12 14	未癸	11 15	寅甲	10 16	申甲	9 17	卯乙	8 19	戌丙
初七	1 14	寅甲	12 15	申甲	11 16	卯乙	10 17	酉乙	9 18	辰丙	8 20	亥丁
初八	1 15	卯乙	12 16	酉乙	11 17	辰丙	10 18	戌丙	9 19	巳丁	8 21	子戊
初九	1 16	辰丙	12 17	戌丙	11 18	巳丁	10 19	亥丁	9 20	午戊	8 22	丑己
初十	1 17	巳丁	12 18	亥丁	11 19	午戊	10 20	子戊	9 21	未己	8 23	寅庚
十一	1 18	午戊	12 19	子戊	11 20	未己	10 21	丑己	9 22	申庚	8 24	卯辛
十二	1 19	未己	12 20	丑己	11 21	申庚	10 22	寅庚	9 23	酉辛	8 25	辰壬
十三	1 20	申庚	12 21	寅庚	11 22	酉辛	10 23	卯辛	9 24	戌壬	8 26	巳癸
十四	1 21	酉辛	12 22	卯辛	11 23	戌壬	10 24	辰壬	9 25	亥癸	8 27	午甲
十五	1 22	戌壬	12 23	辰壬	11 24	亥癸	10 25	巳癸	9 26	子甲	8 28	未乙
十六	1 23	亥癸	12 24	巳癸	11 25	子甲	10 26	午甲	9 27	丑乙	8 29	申丙
十七	1 24	子甲	12 25	午甲	11 26	丑乙	10 27	未乙	9 28	寅丙	8 30	酉丁
十八	1 25	丑乙	12 26	未乙	11 27	寅丙	10 28	申丙	9 29	卯丁	8 31	戌戊
十九	1 26	寅丙	12 27	申丙	11 28	卯丁	10 29	酉丁	9 30	辰戊	9 1	亥己
二十	1 27	卯丁	12 28	酉丁	11 29	辰戊	10 30	戌戊	10 1	巳己	9 2	子庚
廿一	1 28	辰戊	12 29	戌戊	11 30	巳己	10 31	亥己	10 2	午庚	9 3	丑辛
廿二	1 29	巳己	12 30	亥己	12 1	午庚	11 1	子庚	10 3	未辛	9 4	寅壬
廿三	1 30	午庚	12 31	子庚	12 2	未辛	11 2	丑辛	10 4	申壬	9 5	卯癸
廿四	1 31	未辛	1 1	丑辛	12 3	申壬	11 3	寅壬	10 5	酉癸	9 6	辰甲
廿五	2 1	申壬	1 2	寅壬	12 4	酉癸	11 4	卯癸	10 6	戌甲	9 7	巳乙
廿六	2 2	酉癸	1 3	卯癸	12 5	戌甲	11 5	辰甲	10 7	亥乙	9 8	午丙
廿七	2 3	戌甲	1 4	辰甲	12 6	亥乙	11 6	巳乙	10 8	子丙	9 9	未丁
廿八	2 4	亥乙	1 5	巳乙	12 7	子丙	11 7	午丙	10 9	丑丁	9 10	申戊
廿九	2 5	子丙	1 6	午丙	12 8	丑丁	11 8	未丁	10 10	寅戊	9 11	酉己
三十	乙太		1 7	未丁	易天		11 9	申戊	業事化文乙太		尋搜格落部	

西元一九五一年　歲次辛卯

民國四十年
太歲姓范名寧

納音屬木
生肖屬兔

年四綠星
尾宿值年

月六		月五		月四		月三		月二		月正		別月
未乙		午甲		巳癸		辰壬		卯辛		寅庚		柱月
碧三		綠四		黃五		白六		赤七		白八		白紫
24	7/8	6/22	6/6	5/22	5/6		4/21	4/5	3/21	3/6	2/19	節氣時間
廿	五初	八十	二初	七十	一初		六十	九廿	四十	九廿	四十	
大暑子時	6時54分 小暑卯時	13時25分 夏至未時	20時33分 芒種戌時	5時15分 小滿卯時	16時9分 立夏申時		5時48分 穀雨卯時	22時33分 清明亥時	18時26分 春分酉時	17時27分 驚蟄酉時	19時10分 雨水戌時	
陽	柱日	曆陽	柱日	曆陽	柱日	曆陽	柱日	曆陽	柱日	曆陽	柱日	曆農
4	巳乙	6 5	子丙	5 6	午丙	4 6	子丙	3 8	未丁	2 6	丑丁	一初
5	午丙	6 6	丑丁	5 7	未丁	4 7	丑丁	3 9	申戊	2 7	寅戊	二初
6	未丁	6 7	寅戊	5 8	申戊	4 8	寅戊	3 10	酉己	2 8	卯己	三初
7	申戊	6 8	卯己	5 9	酉己	4 9	卯己	3 11	戌庚	2 9	辰庚	四初
8	酉己	6 9	辰庚	5 10	戌庚	4 10	辰庚	3 12	亥辛	2 10	巳辛	五初
9	戌庚	6 10	巳辛	5 11	亥辛	4 11	巳辛	3 13	子壬	2 11	午壬	六初
10	亥辛	6 11	午壬	5 12	子壬	4 12	午壬	3 14	丑癸	2 12	未癸	七初
11	子壬	6 12	未癸	5 13	丑癸	4 13	未癸	3 15	寅甲	2 13	申甲	八初
12	丑癸	6 13	申甲	5 14	寅甲	4 14	申甲	3 16	卯乙	2 14	酉乙	九初
13	寅甲	6 14	酉乙	5 15	卯乙	4 15	酉乙	3 17	辰丙	2 15	戌丙	十初
14	卯乙	6 15	戌丙	5 16	辰丙	4 16	戌丙	3 18	巳丁	2 16	亥丁	一十
15	辰丙	6 16	亥丁	5 17	巳丁	4 17	亥丁	3 19	午戊	2 17	子戊	二十
16	巳丁	6 17	子戊	5 18	午戊	4 18	子戊	3 20	未己	2 18	丑己	三十
17	午戊	6 18	丑己	5 19	未己	4 19	丑己	3 21	申庚	2 19	寅庚	四十
18	未己	6 19	寅庚	5 20	申庚	4 20	寅庚	3 22	酉辛	2 20	卯辛	五十
19	申庚	6 20	卯辛	5 21	酉辛	4 21	卯辛	3 23	戌壬	2 21	辰壬	六十
20	酉辛	6 21	辰壬	5 22	戌壬	4 22	辰壬	3 24	亥癸	2 22	巳癸	七十
21	戌壬	6 22	巳癸	5 23	亥癸	4 23	巳癸	3 25	子甲	2 23	午甲	八十
22	亥癸	6 23	午甲	5 24	子甲	4 24	午甲	3 26	丑乙	2 24	未乙	九十
23	子甲	6 24	未乙	5 25	丑乙	4 25	未乙	3 27	寅丙	2 25	申丙	十二
24	丑乙	6 25	申丙	5 26	寅丙	4 26	申丙	3 28	卯丁	2 26	酉丁	一廿
25	寅丙	6 26	酉丁	5 27	卯丁	4 27	酉丁	3 29	辰戊	2 27	戌戊	二廿
26	卯丁	6 27	戌戊	5 28	辰戊	4 28	戌戊	3 30	巳己	2 28	亥己	三廿
27	辰戊	6 28	亥己	5 29	巳己	4 29	亥己	3 31	午庚	3 1	子庚	四廿
28	巳己	6 29	子庚	5 30	午庚	4 30	子庚	4 1	未辛	3 2	丑辛	五廿
29	午庚	6 30	丑辛	5 31	未辛	5 1	丑辛	4 2	申壬	3 3	寅壬	六廿
30	未辛	7 1	寅壬	6 1	申壬	5 2	寅壬	4 3	酉癸	3 4	卯癸	七廿
31	申壬	7 2	卯癸	6 2	酉癸	5 3	卯癸	4 4	戌甲	3 5	辰甲	八廿
1	酉癸	7 3	辰甲	6 3	戌甲	5 4	辰甲	4 5	亥乙	3 6	巳乙	九廿
2	戌甲	乙太		6 4	亥乙	5 5	巳乙	易天		3 7	午丙	十三

日光節約時間：陽曆 (5 月 1 日至 9 月 30 日) 陰曆 (3 月 26 日至 8 月 30 日

月別	月 二 十		月 一 十		月 十		月 九		月 八		月 七	
月柱	丑 辛		子 庚		亥 己		戌 戊		酉 丁		申 丙	
紫白	白 六		赤 七		白 八		紫 九		白 一		黑 二	
節氣時間	1/21	1/6	12/23	12/8	11/23	11/8	10/24	10/9	9/24	9/8	8/24	8/8
	五廿	十初	五廿	十初	五廿	十初	四廿	九初	四廿	八初	二廿	六初
	10時38分 大寒巳時	17時10分 小寒酉時	0時0分 冬至子時	6時2分 大雪卯時	10時51分 小雪巳時	13時27分 立冬未時	13時36分 霜降未時	10時36分 寒露巳時	4時37分 秋分寅時	19時18分 白露戌時	7時16分 處暑辰時	16時37分 立秋巳時
農曆	曆陽	柱日	曆陽	柱日	曆陽	柱日	曆陽	柱日	曆陽	柱日	曆陽	柱日
初一	12 28	寅壬	11 29	酉癸	10 30	卯癸	10 1	戌甲	9 1	辰甲	8 3	亥乙
初二	12 29	卯癸	11 30	戌甲	10 31	辰甲	10 2	亥乙	9 2	巳乙	8 4	子丙
初三	12 30	辰甲	12 1	亥乙	11 1	巳乙	10 3	子丙	9 3	午丙	8 5	丑丁
初四	12 31	巳乙	12 2	子丙	11 2	午丙	10 4	丑丁	9 4	未丁	8 6	寅戊
初五	1 1	午丙	12 3	丑丁	11 3	未丁	10 5	寅戊	9 5	申戊	8 7	卯己
初六	1 2	未丁	12 4	寅戊	11 4	申戊	10 6	卯己	9 6	酉己	8 8	辰庚
初七	1 3	申戊	12 5	卯己	11 5	酉己	10 7	辰庚	9 7	戌庚	8 9	巳辛
初八	1 4	酉己	12 6	辰庚	11 6	戌庚	10 8	巳辛	9 8	亥辛	8 10	午壬
初九	1 5	戌庚	12 7	巳辛	11 7	亥辛	10 9	午壬	9 9	子壬	8 11	未癸
初十	1 6	亥辛	12 8	午壬	11 8	子壬	10 10	未癸	9 10	丑癸	8 12	申甲
十一	1 7	子壬	12 9	未癸	11 9	丑癸	10 11	申甲	9 11	寅甲	8 13	酉乙
十二	1 8	丑癸	12 10	申甲	11 10	寅甲	10 12	酉乙	9 12	卯乙	8 14	戌丙
十三	1 9	寅甲	12 11	酉乙	11 11	卯乙	10 13	戌丙	9 13	辰丙	8 15	亥丁
十四	1 10	卯乙	12 12	戌丙	11 12	辰丙	10 14	亥丁	9 14	巳丁	8 16	子戊
十五	1 11	辰丙	12 13	亥丁	11 13	巳丁	10 15	子戊	9 15	午戊	8 17	丑己
十六	1 12	巳丁	12 14	子戊	11 14	午戊	10 16	丑己	9 16	未己	8 18	寅庚
十七	1 13	午戊	12 15	丑己	11 15	未己	10 17	寅庚	9 17	申庚	8 19	卯辛
十八	1 14	未己	12 16	寅庚	11 16	申庚	10 18	卯辛	9 18	酉辛	8 20	辰壬
十九	1 15	申庚	12 17	卯辛	11 17	酉辛	10 19	辰壬	9 19	戌壬	8 21	巳癸
二十	1 16	酉辛	12 18	辰壬	11 18	戌壬	10 20	巳癸	9 20	亥癸	8 22	午甲
廿一	1 17	戌壬	12 19	巳癸	11 19	亥癸	10 21	午甲	9 21	子甲	8 23	未乙
廿二	1 18	亥癸	12 20	午甲	11 20	子甲	10 22	未乙	9 22	丑乙	8 24	申丙
廿三	1 19	子甲	12 21	未乙	11 21	丑乙	10 23	申丙	9 23	寅丙	8 25	酉丁
廿四	1 20	丑乙	12 22	申丙	11 22	寅丙	10 24	酉丁	9 24	卯丁	8 26	戌戊
廿五	1 21	寅丙	12 23	酉丁	11 23	卯丁	10 25	戌戊	9 25	辰戊	8 27	亥己
廿六	1 22	卯丁	12 24	戌戊	11 24	辰戊	10 26	亥己	9 26	巳己	8 28	子庚
廿七	1 23	辰戊	12 25	亥己	11 25	巳己	10 27	子庚	9 27	午庚	8 29	丑辛
廿八	1 24	巳己	12 26	子庚	11 26	午庚	10 28	丑辛	9 28	未辛	8 30	寅壬
廿九	1 25	午庚	12 27	丑辛	11 27	未辛	10 29	寅壬	9 29	申壬	8 31	卯癸
三十	1 26	未辛	乙太		11 28	申壬	易天		9 30	酉癸	尋搜格落部	

月	六	月五閏		月	五	月	四	月	三	月	二	月	正	別月
未	丁			午	丙	巳	乙	辰	甲	卯	癸	寅	壬	柱月
紫	九			白	一	黑	二	碧	三	綠	四	黃	五	白紫
/7	7/23		7/7	6/21	6/6	5/21	5/5	4/20	4/5	3/21	3/5	2/20	2/5	節氣時間
十	二初		六十	九廿	四十	八廿	二十	六廿	一十	六廿	十初	五廿	十初	
立秋亥時	大暑卯時 6時7分		小暑午時 12時45分	夏至戌時 19時12分	芒種丑時 2時20分	小滿午時 11時4分	立夏亥時 21時54分	穀雨午時 11時37分	清明寅時 4時15分	春分子時 0時14分	驚蟄子時 23時7分	雨水子時 0時57分	立春寅時 4時53分	
陽	柱日	曆陽	柱日	曆陽	柱日	曆陽	柱日	曆陽	柱日	曆陽	柱日	曆陽	柱日	曆農
22	巳己	6 22	亥己	5 24	午庚	4 24	子庚	3 26	未辛	2 25	丑辛	1 27	申壬	一初
23	午庚	6 23	子庚	5 25	未辛	4 25	丑辛	3 27	申壬	2 26	寅壬	1 28	酉癸	二初
24	未辛	6 24	丑辛	5 26	申壬	4 26	寅壬	3 28	酉癸	2 27	卯癸	1 29	戌甲	三初
25	申壬	6 25	寅壬	5 27	酉癸	4 27	卯癸	3 29	戌甲	2 28	辰甲	1 30	亥乙	四初
26	酉癸	6 26	卯癸	5 28	戌甲	4 28	辰甲	3 30	亥乙	2 29	巳乙	1 31	子丙	五初
27	戌甲	6 27	辰甲	5 29	亥乙	4 29	巳乙	3 31	子丙	3 1	午丙	2 1	丑丁	六初
28	亥乙	6 28	巳乙	5 30	子丙	4 30	午丙	4 1	丑丁	3 2	未丁	2 2	寅戊	七初
29	子丙	6 29	午丙	5 31	丑丁	5 1	未丁	4 2	寅戊	3 3	申戊	2 3	卯己	八初
30	丑丁	6 30	未丁	6 1	寅戊	5 2	申戊	4 3	卯己	3 4	酉己	2 4	辰庚	九初
31	寅戊	7 1	申戊	6 2	卯己	5 3	酉己	4 4	辰庚	3 5	戌庚	2 5	巳辛	十初
1	卯己	7 2	酉己	6 3	辰庚	5 4	戌庚	4 5	巳辛	3 6	亥辛	2 6	午壬	一十
2	辰庚	7 3	戌庚	6 4	巳辛	5 5	亥辛	4 6	午壬	3 7	子壬	2 7	未癸	二十
3	巳辛	7 4	亥辛	6 5	午壬	5 6	子壬	4 7	未癸	3 8	丑癸	2 8	申甲	三十
4	午壬	7 5	子壬	6 6	未癸	5 7	丑癸	4 8	申甲	3 9	寅甲	2 9	酉乙	四十
5	未癸	7 6	丑癸	6 7	申甲	5 8	寅甲	4 9	酉乙	3 10	卯乙	2 10	戌丙	五十
6	申甲	7 7	寅甲	6 8	酉乙	5 9	卯乙	4 10	戌丙	3 11	辰丙	2 11	亥丁	六十
7	酉乙	7 8	卯乙	6 9	戌丙	5 10	辰丙	4 11	亥丁	3 12	巳丁	2 12	子戊	七十
8	戌丙	7 9	辰丙	6 10	亥丁	5 11	巳丁	4 12	子戊	3 13	午戊	2 13	丑己	八十
9	亥丁	7 10	巳丁	6 11	子戊	5 12	午戊	4 13	丑己	3 14	未己	2 14	寅庚	九十
10	子戊	7 11	午戊	6 12	丑己	5 13	未己	4 14	寅庚	3 15	申庚	2 15	卯辛	十二
11	丑己	7 12	未己	6 13	寅庚	5 14	申庚	4 15	卯辛	3 16	酉辛	2 16	辰壬	一廿
12	寅庚	7 13	申庚	6 14	卯辛	5 15	酉辛	4 16	辰壬	3 17	戌壬	2 17	巳癸	二廿
13	卯辛	7 14	酉辛	6 15	辰壬	5 16	戌壬	4 17	巳癸	3 18	亥癸	2 18	午甲	三廿
14	辰壬	7 15	戌壬	6 16	巳癸	5 17	亥癸	4 18	午甲	3 19	子甲	2 19	未乙	四廿
15	巳癸	7 16	亥癸	6 17	午甲	5 18	子甲	4 19	未乙	3 20	丑乙	2 20	申丙	五廿
16	午甲	7 17	子甲	6 18	未乙	5 19	丑乙	4 20	申丙	3 21	寅丙	2 21	酉丁	六廿
17	未乙	7 18	丑乙	6 19	申丙	5 20	寅丙	4 21	酉丁	3 22	卯丁	2 22	戌戊	七廿
18	申丙	7 19	寅丙	6 20	酉丁	5 21	卯丁	4 22	戌戊	3 23	辰戊	2 23	亥己	八廿
19	酉丁	7 20	卯丁	6 21	戌戊	5 22	辰戊	4 23	亥己	3 24	巳己	2 24	子庚	九廿
乙太		7 21	辰戊	易天		5 23	巳己	業事化文乙太		3 25	午庚	尋搜格落部		十三

西元一九五二年

歲次壬辰

民國四十一年
太歲姓彭名泰

納音屬水
生肖屬龍

年三碧星
箕宿值年

日光節約時間：陽曆 (3 月 1 日至 10 月 30 日) 陰曆 (2 月 6 日至 9 月 13 日

月別	月二十		月一十		月十		月九		月八		月七	
月柱	丑癸		子壬		亥辛		戌庚		酉己		申戊	
紫白	碧三		綠四		黃五		白六		赤七		白八	
節氣時間	2/4	1/20	1/5	12/22	12/7	11/22	11/7	10/23	10/8	9/23	9/8	8/23
	一廿	六初	十二	六初	一廿	六初	十二	五初	十二	五初	十二	四初
	10時46分 立春巳時	16時21分 大寒申時	23時2分 小寒子時	5時43分 冬至卯時	11時56分 大雪午時	16時36分 小雪申時	19時22分 立冬戌時	19時22分 霜降戌時	16時32分 寒露申時	10時24分 秋分巳時	1時14分 白露丑時	13時3分 處暑未時
農曆	曆陽	柱日	曆陽	柱日	曆陽	柱日	曆陽	柱日	曆陽	柱日	曆陽	柱日
初一	1 15	寅丙	12 17	酉丁	11 17	卯丁	10 19	戌戊	9 19	辰戊	8 20	戌戊
初二	1 16	卯丁	12 18	戌戊	11 18	辰戊	10 20	亥己	9 20	巳己	8 21	亥己
初三	1 17	辰戊	12 19	亥己	11 19	巳己	10 21	子庚	9 21	午庚	8 22	子庚
初四	1 18	巳己	12 20	子庚	11 20	午庚	10 22	丑辛	9 22	未辛	8 23	丑辛
初五	1 19	午庚	12 21	丑辛	11 21	未辛	10 23	寅壬	9 23	申壬	8 24	寅壬
初六	1 20	未辛	12 22	寅壬	11 22	申壬	10 24	卯癸	9 24	酉癸	8 25	卯癸
初七	1 21	申壬	12 23	卯癸	11 23	酉癸	10 25	辰甲	9 25	戌甲	8 26	辰甲
初八	1 22	酉癸	12 24	辰甲	11 24	戌甲	10 26	巳乙	9 26	亥乙	8 27	巳乙
初九	1 23	戌甲	12 25	巳乙	11 25	亥乙	10 27	午丙	9 27	子丙	8 28	午丙
初十	1 24	亥乙	12 26	午丙	11 26	子丙	10 28	未丁	9 28	丑丁	8 29	未丁
十一	1 25	子丙	12 27	未丁	11 27	丑丁	10 29	申戊	9 29	寅戊	8 30	申戊
十二	1 26	丑丁	12 28	申戊	11 28	寅戊	10 30	酉己	9 30	卯己	8 31	酉己
十三	1 27	寅戊	12 29	酉己	11 29	卯己	10 31	戌庚	10 1	辰庚	9 1	戌庚
十四	1 28	卯己	12 30	戌庚	11 30	辰庚	11 1	亥辛	10 2	巳辛	9 2	亥辛
十五	1 29	辰庚	12 31	亥辛	12 1	巳辛	11 2	子壬	10 3	午壬	9 3	子壬
十六	1 30	巳辛	1 1	子壬	12 2	午壬	11 3	丑癸	10 4	未癸	9 4	丑癸
十七	1 31	午壬	1 2	丑癸	12 3	未癸	11 4	寅甲	10 5	申甲	9 5	寅甲
十八	2 1	未癸	1 3	寅甲	12 4	申甲	11 5	卯乙	10 6	酉乙	9 6	卯乙
十九	2 2	申甲	1 4	卯乙	12 5	酉乙	11 6	辰丙	10 7	戌丙	9 7	辰丙
二十	2 3	酉乙	1 5	辰丙	12 6	戌丙	11 7	巳丁	10 8	亥丁	9 8	巳丁
廿一	2 4	戌丙	1 6	巳丁	12 7	亥丁	11 8	午戊	10 9	子戊	9 9	午戊
廿二	2 5	亥丁	1 7	午戊	12 8	子戊	11 9	未己	10 10	丑己	9 10	未己
廿三	2 6	子戊	1 8	未己	12 9	丑己	11 10	申庚	10 11	寅庚	9 11	申庚
廿四	2 7	丑己	1 9	申庚	12 10	寅庚	11 11	酉辛	10 12	卯辛	9 12	酉辛
廿五	2 8	寅庚	1 10	酉辛	12 11	卯辛	11 12	戌壬	10 13	辰壬	9 13	戌壬
廿六	2 9	卯辛	1 11	戌壬	12 12	辰壬	11 13	亥癸	10 14	巳癸	9 14	亥癸
廿七	2 10	辰壬	1 12	亥癸	12 13	巳癸	11 14	子甲	10 15	午甲	9 15	子甲
廿八	2 11	巳癸	1 13	子甲	12 14	午甲	11 15	丑乙	10 16	未乙	9 16	丑乙
廿九	2 12	午甲	1 14	丑乙	12 15	未乙	11 16	寅丙	10 17	申丙	9 17	寅丙
三十	2 13	未乙	乙太		12 16	申丙	易天		10 18	酉丁	9 18	卯丁

西元一九五三年 歲次癸巳

民國四十二年 太歲姓徐名舜

納音屬水 生肖屬蛇

年二黑星 斗宿值年

月別	正月		二月		三月		四月		五月		六月	
月柱	甲寅		乙卯		丙辰		丁巳		戊午		己未	
紫白	二黑		一白		九紫		八白		七赤		六白	
節氣時間	2/19	3/6	3/21	4/5	4/20	5/6	5/21	6/6	6/22	7/7	7/23	8/8
	初六	廿一	初七	廿二	初七	廿三	初九	廿五	初十	廿七	十三	廿九
	雨水 6時41分卯時	驚蟄 5時2分卯時	春分 6時0分卯時	清明 10時13分巳時	穀雨 17時25分酉時	立夏 3時52分寅時	小滿 16時53分申時	芒種 8時16分辰時	夏至 1時0分丑時	小暑 18時35分酉時	大暑 11時52分午時	立秋 …時…分寅時
農曆	陽曆	日柱	陽曆	日柱	陽曆	日柱	陽曆	日柱	陽曆	日柱	陽曆	日柱
初一	2 14	丙申	3 15	乙丑	4 14	乙未	5 13	甲子	6 11	癸巳	11	癸亥
初二	2 15	丁酉	3 16	丙寅	4 15	丙申	5 14	乙丑	6 12	甲午	12	甲子
初三	2 16	戊戌	3 17	丁卯	4 16	丁酉	5 15	丙寅	6 13	乙未	13	乙丑
初四	2 17	己亥	3 18	戊辰	4 17	戊戌	5 16	丁卯	6 14	丙申	14	丙寅
初五	2 18	庚子	3 19	己巳	4 18	己亥	5 17	戊辰	6 15	丁酉	15	丁卯
初六	2 19	辛丑	3 20	庚午	4 19	庚子	5 18	己巳	6 16	戊戌	16	戊辰
初七	2 20	壬寅	3 21	辛未	4 20	辛丑	5 19	庚午	6 17	己亥	17	己巳
初八	2 21	癸卯	3 22	壬申	4 21	壬寅	5 20	辛未	6 18	庚子	18	庚午
初九	2 22	甲辰	3 23	癸酉	4 22	癸卯	5 21	壬申	6 19	辛丑	19	辛未
初十	2 23	乙巳	3 24	甲戌	4 23	甲辰	5 22	癸酉	6 20	壬寅	20	壬申
十一	2 24	丙午	3 25	乙亥	4 24	乙巳	5 23	甲戌	6 21	癸卯	21	癸酉
十二	2 25	丁未	3 26	丙子	4 25	丙午	5 24	乙亥	6 22	甲辰	22	甲戌
十三	2 26	戊申	3 27	丁丑	4 26	丁未	5 25	丙子	6 23	乙巳	23	乙亥
十四	2 27	己酉	3 28	戊寅	4 27	戊申	5 26	丁丑	6 24	丙午	24	丙子
十五	2 28	庚戌	3 29	己卯	4 28	己酉	5 27	戊寅	6 25	丁未	25	丁丑
十六	3 1	辛亥	3 30	庚辰	4 29	庚戌	5 28	己卯	6 26	戊申	26	戊寅
十七	3 2	壬子	3 31	辛巳	4 30	辛亥	5 29	庚辰	6 27	己酉	27	己卯
十八	3 3	癸丑	4 1	壬午	5 1	壬子	5 30	辛巳	6 28	庚戌	28	庚辰
十九	3 4	甲寅	4 2	癸未	5 2	癸丑	5 31	壬午	6 29	辛亥	29	辛巳
二十	3 5	乙卯	4 3	甲申	5 3	甲寅	6 1	癸未	6 30	壬子	30	壬午
廿一	3 6	丙辰	4 4	乙酉	5 4	乙卯	6 2	甲申	7 1	癸丑	31	癸未
廿二	3 7	丁巳	4 5	丙戌	5 5	丙辰	6 3	乙酉	7 2	甲寅	1	甲申
廿三	3 8	戊午	4 6	丁亥	5 6	丁巳	6 4	丙戌	7 3	乙卯	2	乙酉
廿四	3 9	己未	4 7	戊子	5 7	戊午	6 5	丁亥	7 4	丙辰	3	丙戌
廿五	3 10	庚申	4 8	己丑	5 8	己未	6 6	戊子	7 5	丁巳	4	丁亥
廿六	3 11	辛酉	4 9	庚寅	5 9	庚申	6 7	己丑	7 6	戊午	5	戊子
廿七	3 12	壬戌	4 10	辛卯	5 10	辛酉	6 8	庚寅	7 7	己未	6	己丑
廿八	3 13	癸亥	4 11	壬辰	5 11	壬戌	6 9	辛卯	7 8	庚申	7	庚寅
廿九	3 14	甲子	4 12	癸巳	5 12	癸亥	6 10	壬辰	7 9	辛酉	8	辛卯
三十	部落格搜尋		4 13	甲午	天易		太乙		7 10	壬戌	9	壬辰

日光節約時間：陽曆 (4 月 1 日至 10 月 30 日) 陰曆 (2 月 18 日至 9 月 24 日

月別	月二十		月一十		月十		月九		月八		月七	
月柱	丑乙		子甲		亥癸		戌壬		酉辛		申庚	
紫白	紫九		白一		黑二		碧三		綠四		黃五	
節氣時間	1/20	1/6	12/22	12/7	11/22	11/8	10/24	10/8	9/23	9/8		8/23
	六十	二初	七十	二初	六十	二初	七十	一初	六十	一初		四十
	22時11分 大寒亥時	4時45分 小寒寅時	11時31分 冬至午時	17時37分 大雪酉時	22時22分 小雪亥時	1時1分 立冬丑時	1時6分 霜降丑時	22時10分 寒露亥時	16時6分 秋分申時	6時53分 白露卯時		18時45分 處暑酉時
農曆	曆陽	柱日	曆陽	柱日	曆陽	柱日	曆陽	柱日	曆陽	柱日	曆陽	柱日
初一	1 5	酉辛	12 6	卯辛	11 7	戌壬	10 8	辰壬	9 8	戌壬	8 10	巳癸
初二	1 6	戌壬	12 7	辰壬	11 8	亥癸	10 9	巳癸	9 9	亥癸	8 11	午甲
初三	1 7	亥癸	12 8	巳癸	11 9	子甲	10 10	午甲	9 10	子甲	8 12	未乙
初四	1 8	子甲	12 9	午甲	11 10	丑乙	10 11	未乙	9 11	丑乙	8 13	申丙
初五	1 9	丑乙	12 10	未乙	11 11	寅丙	10 12	申丙	9 12	寅丙	8 14	酉丁
初六	1 10	寅丙	12 11	申丙	11 12	卯丁	10 13	酉丁	9 13	卯丁	8 15	戌戊
初七	1 11	卯丁	12 12	酉丁	11 13	辰戊	10 14	戌戊	9 14	辰戊	8 16	亥己
初八	1 12	辰戊	12 13	戌戊	11 14	巳己	10 15	亥己	9 15	巳己	8 17	子庚
初九	1 13	巳己	12 14	亥己	11 15	午庚	10 16	子庚	9 16	午庚	8 18	丑辛
初十	1 14	午庚	12 15	子庚	11 16	未辛	10 17	丑辛	9 17	未辛	8 19	寅壬
十一	1 15	未辛	12 16	丑辛	11 17	申壬	10 18	寅壬	9 18	申壬	8 20	卯癸
十二	1 16	申壬	12 17	寅壬	11 18	酉癸	10 19	卯癸	9 19	酉癸	8 21	辰甲
十三	1 17	酉癸	12 18	卯癸	11 19	戌甲	10 20	辰甲	9 20	戌甲	8 22	巳乙
十四	1 18	戌甲	12 19	辰甲	11 20	亥乙	10 21	巳乙	9 21	亥乙	8 23	午丙
十五	1 19	亥乙	12 20	巳乙	11 21	子丙	10 22	午丙	9 22	子丙	8 24	未丁
十六	1 20	子丙	12 21	午丙	11 22	丑丁	10 23	未丁	9 23	丑丁	8 25	申戊
十七	1 21	丑丁	12 22	未丁	11 23	寅戊	10 24	申戊	9 24	寅戊	8 26	酉己
十八	1 22	寅戊	12 23	申戊	11 24	卯己	10 25	酉己	9 25	卯己	8 27	戌庚
十九	1 23	卯己	12 24	酉己	11 25	辰庚	10 26	戌庚	9 26	辰庚	8 28	亥辛
二十	1 24	辰庚	12 25	戌庚	11 26	巳辛	10 27	亥辛	9 27	巳辛	8 29	子壬
廿一	1 25	巳辛	12 26	亥辛	11 27	午壬	10 28	子壬	9 28	午壬	8 30	丑癸
廿二	1 26	午壬	12 27	子壬	11 28	未癸	10 29	丑癸	9 29	未癸	8 31	寅甲
廿三	1 27	未癸	12 28	丑癸	11 29	申甲	10 30	寅甲	9 30	申甲	9 1	卯乙
廿四	1 28	申甲	12 29	寅甲	11 30	酉乙	10 31	卯乙	10 1	酉乙	9 2	辰丙
廿五	1 29	酉乙	12 30	卯乙	12 1	戌丙	11 1	辰丙	10 2	戌丙	9 3	巳丁
廿六	1 30	戌丙	12 31	辰丙	12 2	亥丁	11 2	巳丁	10 3	亥丁	9 4	午戊
廿七	1 31	亥丁	1 1	巳丁	12 3	子戊	11 3	午戊	10 4	子戊	9 5	未己
廿八	2 1	子戊	1 2	午戊	12 4	丑己	11 4	未己	10 5	丑己	9 6	申庚
廿九	2 2	丑己	1 3	未己	12 5	寅庚	11 5	申庚	10 6	寅庚	9 7	酉辛
三十	乙太		1 4	申庚	易天		11 6	酉辛	10 7	卯辛	尋搜格落部	

西元一九五四年　歲次甲午

民國四十三年　太歲姓張名詞

納音屬金　生肖屬馬

年一白星　牛宿值年

月六		月五		月四		月三		月二		月正		別月
未辛		午庚		巳己		辰戊		卯丁		寅丙		柱月
碧三		綠四		黃五		白六		赤七		白八		白紫
/23	7/8	6/22	6/6	5/21	5/6	4/20	4/5	3/21	3/6	2/19	2/4	節氣時間
廿	九初	二廿	六初	九十	四初	八十	三初	七十	二初	七十	二初	
大暑酉時	0時19分 小暑子時	6時54分 夏至卯時	14時1分 芒種未時	22時47分 小滿亥時	9時38分 立夏巳時	23時20分 穀雨子時	15時59分 清明申時	11時53分 春分午時	10時49分 驚蟄巳時	12時32分 雨水午時	16時31分 立春申時	
曆陽	柱日	曆陽	柱日	曆陽	柱日	曆陽	柱日	曆陽	柱日	曆陽	柱日	曆農
30	巳丁	6 1	子戊	5 3	未己	4 3	丑己	3 5	申庚	2 3	寅庚	一初
1	午戊	6 2	丑己	5 4	申庚	4 4	寅庚	3 6	酉辛	2 4	卯辛	二初
2	未己	6 3	寅庚	5 5	酉辛	4 5	卯辛	3 7	戌壬	2 5	辰壬	三初
3	申庚	6 4	卯辛	5 6	戌壬	4 6	辰壬	3 8	亥癸	2 6	巳癸	四初
4	酉辛	6 5	辰壬	5 7	亥癸	4 7	巳癸	3 9	子甲	2 7	午甲	五初
5	戌壬	6 6	巳癸	5 8	子甲	4 8	午甲	3 10	丑乙	2 8	未乙	六初
6	亥癸	6 7	午甲	5 9	丑乙	4 9	未乙	3 11	寅丙	2 9	申丙	七初
7	子甲	6 8	未乙	5 10	寅丙	4 10	申丙	3 12	卯丁	2 10	酉丁	八初
8	丑乙	6 9	申丙	5 11	卯丁	4 11	酉丁	3 13	辰戊	2 11	戌戊	九初
9	寅丙	6 10	酉丁	5 12	辰戊	4 12	戌戊	3 14	巳己	2 12	亥己	十初
10	卯丁	6 11	戌戊	5 13	巳己	4 13	亥己	3 15	午庚	2 13	子庚	一十
11	辰戊	6 12	亥己	5 14	午庚	4 14	子庚	3 16	未辛	2 14	丑辛	二十
12	巳己	6 13	子庚	5 15	未辛	4 15	丑辛	3 17	申壬	2 15	寅壬	三十
13	午庚	6 14	丑辛	5 16	申壬	4 16	寅壬	3 18	酉癸	2 16	卯癸	四十
14	未辛	6 15	寅壬	5 17	酉癸	4 17	卯癸	3 19	戌甲	2 17	辰甲	五十
15	申壬	6 16	卯癸	5 18	戌甲	4 18	辰甲	3 20	亥乙	2 18	巳乙	六十
16	酉癸	6 17	辰甲	5 19	亥乙	4 19	巳乙	3 21	子丙	2 19	午丙	七十
17	戌甲	6 18	巳乙	5 20	子丙	4 20	午丙	3 22	丑丁	2 20	未丁	八十
18	亥乙	6 19	午丙	5 21	丑丁	4 21	未丁	3 23	寅戊	2 21	申戊	九十
19	子丙	6 20	未丁	5 22	寅戊	4 22	申戊	3 24	卯己	2 22	酉己	十二
20	丑丁	6 21	申戊	5 23	卯己	4 23	酉己	3 25	辰庚	2 23	戌庚	一廿
21	寅戊	6 22	酉己	5 24	辰庚	4 24	戌庚	3 26	巳辛	2 24	亥辛	二廿
22	卯己	6 23	戌庚	5 25	巳辛	4 25	亥辛	3 27	午壬	2 25	子壬	三廿
23	辰庚	6 24	亥辛	5 26	午壬	4 26	子壬	3 28	未癸	2 26	丑癸	四廿
24	巳辛	6 25	子壬	5 27	未癸	4 27	丑癸	3 29	申甲	2 27	寅甲	五廿
25	午壬	6 26	丑癸	5 28	申甲	4 28	寅甲	3 30	酉乙	2 28	卯乙	六廿
26	未癸	6 27	寅甲	5 29	酉乙	4 29	卯乙	3 31	戌丙	3 1	辰丙	七廿
27	申甲	6 28	卯乙	5 30	戌丙	4 30	辰丙	4 1	亥丁	3 2	巳丁	八廿
28	酉乙	6 29	辰丙	5 31	亥丁	5 1	巳丁	4 2	子戊	3 3	午戊	九廿
29	戌丙	乙太		易天		5 2	午戊	尋搜格落部		3 4	未己	十三

日光節約時間：陽曆 (4 月 1 日至 10 月 30 日) 陰曆 (2 月 28 日至 10 月 5 日

月別	月二十		月一十		月十		月九		月八		月七	
月柱	丑丁		子丙		亥乙		戌甲		酉癸		申壬	
紫白	白六		赤七		白八		紫九		白一		黑二	
節氣時間	1/21	1/6	12/22	12/7	11/23	11/8	10/24	10/9	9/23	9/8	8/24	8/8
	八廿	三十	八廿	三十	八廿	三十	八廿	三十	七廿	二十	六廿	十初
	4時2分 大寒寅時	10時36分 小寒巳時	17時24分 冬至酉時	23時28分 大雪子時	4時14分 小雪寅時	6時51分 立冬卯時	6時56分 霜降卯時	3時57分 寒露寅時	21時55分 秋分亥時	12時38分 白露午時	0時36分 處暑子時	9時59分 立秋巳時
農曆	曆陽	柱日	曆陽	柱日	曆陽	柱日	曆陽	柱日	曆陽	柱日	曆陽	柱日
初一	12 25	卯乙	11 25	酉乙	10 27	辰丙	9 27	戌丙	8 28	辰丙	7 30	亥丁
初二	12 26	辰丙	11 26	戌丙	10 28	巳丁	9 28	亥丁	8 29	巳丁	7 31	子戊
初三	12 27	巳丁	11 27	亥丁	10 29	午戊	9 29	子戊	8 30	午戊	8 1	丑己
初四	12 28	午戊	11 28	子戊	10 30	未己	9 30	丑己	8 31	未己	8 2	寅庚
初五	12 29	未己	11 29	丑己	10 31	申庚	10 1	寅庚	9 1	申庚	8 3	卯辛
初六	12 30	申庚	11 30	寅庚	11 1	酉辛	10 2	卯辛	9 2	酉辛	8 4	辰壬
初七	12 31	酉辛	12 1	卯辛	11 2	戌壬	10 3	辰壬	9 3	戌壬	8 5	巳癸
初八	1 1	戌壬	12 2	辰壬	11 3	亥癸	10 4	巳癸	9 4	亥癸	8 6	午甲
初九	1 2	亥癸	12 3	巳癸	11 4	子甲	10 5	午甲	9 5	子甲	8 7	未乙
初十	1 3	子甲	12 4	午甲	11 5	丑乙	10 6	未乙	9 6	丑乙	8 8	申丙
十一	1 4	丑乙	12 5	未乙	11 6	寅丙	10 7	申丙	9 7	寅丙	8 9	酉丁
十二	1 5	寅丙	12 6	申丙	11 7	卯丁	10 8	酉丁	9 8	卯丁	8 10	戌戊
十三	1 6	卯丁	12 7	酉丁	11 8	辰戊	10 9	戌戊	9 9	辰戊	8 11	亥己
十四	1 7	辰戊	12 8	戌戊	11 9	巳己	10 10	亥己	9 10	巳己	8 12	子庚
十五	1 8	巳己	12 9	亥己	11 10	午庚	10 11	子庚	9 11	午庚	8 13	丑辛
十六	1 9	午庚	12 10	子庚	11 11	未辛	10 12	丑辛	9 12	未辛	8 14	寅壬
十七	1 10	未辛	12 11	丑辛	11 12	申壬	10 13	寅壬	9 13	申壬	8 15	卯癸
十八	1 11	申壬	12 12	寅壬	11 13	酉癸	10 14	卯癸	9 14	酉癸	8 16	辰甲
十九	1 12	酉癸	12 13	卯癸	11 14	戌甲	10 15	辰甲	9 15	戌甲	8 17	巳乙
二十	1 13	戌甲	12 14	辰甲	11 15	亥乙	10 16	巳乙	9 16	亥乙	8 18	午丙
廿一	1 14	亥乙	12 15	巳乙	11 16	子丙	10 17	午丙	9 17	子丙	8 19	未丁
廿二	1 15	子丙	12 16	午丙	11 17	丑丁	10 18	未丁	9 18	丑丁	8 20	申戊
廿三	1 16	丑丁	12 17	未丁	11 18	寅戊	10 19	申戊	9 19	寅戊	8 21	酉己
廿四	1 17	寅戊	12 18	申戊	11 19	卯己	10 20	酉己	9 20	卯己	8 22	戌庚
廿五	1 18	卯己	12 19	酉己	11 20	辰庚	10 21	戌庚	9 21	辰庚	8 23	亥辛
廿六	1 19	辰庚	12 20	戌庚	11 21	巳辛	10 22	亥辛	9 22	巳辛	8 24	子壬
廿七	1 20	巳辛	12 21	亥辛	11 22	午壬	10 23	子壬	9 23	午壬	8 25	丑癸
廿八	1 21	午壬	12 22	子壬	11 23	未癸	10 24	丑癸	9 24	未癸	8 26	寅甲
廿九	1 22	未癸	12 23	丑癸	11 24	申甲	10 25	寅甲	9 25	申甲	8 27	卯乙
三十	1 23	申甲	12 24	寅甲	乙太		10 26	卯乙	9 26	酉乙	易天	

西元一九五五年 歲次乙未

民國四十四年
太歲姓楊名賢
納音屬金
生肖屬羊
年九紫星
女宿值年

月 六		月 五		月 四		月三閏		月 三		月 二		月 正		別月
未	癸	午	壬	巳	辛			辰	庚	卯	己	寅	戊	柱月
紫	九	白	一	黑	二			碧	三	綠	四	黃	五	白紫
/8	7/23	7/8	6/22	6/6	5/22		5/6	4/21	4/5	3/21	3/6	2/19	2/4	節氣時間
廿	五初	九十	三初	六十	一初		五十	九廿	三十	八廿	三十	七廿	二十	
立秋申時	23時25分 大暑子時	6時6分 小暑卯時	12時31分 夏至午時	19時43分 芒種戌時	4時24分 小滿寅時		15時18分 立夏申時	4時58分 穀雨寅時	21時39分 清明亥時	17時35分 春分酉時	16時31分 驚蟄申時	18時19分 雨水酉時	22時18分 立春亥時	
曆陽	柱日	曆陽	柱日	曆陽	柱日	曆陽	柱日	曆陽	柱日	曆陽	柱日	曆陽	柱日	曆農
19	巳辛	6 20	子壬	5 22	未癸	4 22	丑癸	3 24	申甲	2 22	寅甲	1 24	酉乙	一初
20	午壬	6 21	丑癸	5 23	申甲	4 23	寅甲	3 25	酉乙	2 23	卯乙	1 25	戌丙	二初
21	未癸	6 22	寅甲	5 24	酉乙	4 24	卯乙	3 26	戌丙	2 24	辰丙	1 26	亥丁	三初
22	申甲	6 23	卯乙	5 25	戌丙	4 25	辰丙	3 27	亥丁	2 25	巳丁	1 27	子戊	四初
23	酉乙	6 24	辰丙	5 26	亥丁	4 26	巳丁	3 28	子戊	2 26	午戊	1 28	丑己	五初
24	戌丙	6 25	巳丁	5 27	子戊	4 27	午戊	3 29	丑己	2 27	未己	1 29	寅庚	六初
25	亥丁	6 26	午戊	5 28	丑己	4 28	未己	3 30	寅庚	2 28	申庚	1 30	卯辛	七初
26	子戊	6 27	未己	5 29	寅庚	4 29	申庚	3 31	卯辛	3 1	酉辛	1 31	辰壬	八初
27	丑己	6 28	申庚	5 30	卯辛	4 30	酉辛	4 1	辰壬	3 2	戌壬	2 1	巳癸	九初
28	寅庚	6 29	酉辛	5 31	辰壬	5 1	戌壬	4 2	巳癸	3 3	亥癸	2 2	午甲	十初
29	卯辛	6 30	戌壬	6 1	巳癸	5 2	亥癸	4 3	午甲	3 4	子甲	2 3	未乙	一十
30	辰壬	7 1	亥癸	6 2	午甲	5 3	子甲	4 4	未乙	3 5	丑乙	2 4	申丙	二十
31	巳癸	7 2	子甲	6 3	未乙	5 4	丑乙	4 5	申丙	3 6	寅丙	2 5	酉丁	三十
1	午甲	7 3	丑乙	6 4	申丙	5 5	寅丙	4 6	酉丁	3 7	卯丁	2 6	戌戊	四十
2	未乙	7 4	寅丙	6 5	酉丁	5 6	卯丁	4 7	戌戊	3 8	辰戊	2 7	亥己	五十
3	申丙	7 5	卯丁	6 6	戌戊	5 7	辰戊	4 8	亥己	3 9	巳己	2 8	子庚	六十
4	酉丁	7 6	辰戊	6 7	亥己	5 8	巳己	4 9	子庚	3 10	午庚	2 9	丑辛	七十
5	戌戊	7 7	巳己	6 8	子庚	5 9	午庚	4 10	丑辛	3 11	未辛	2 10	寅壬	八十
6	亥己	7 8	午庚	6 9	丑辛	5 10	未辛	4 11	寅壬	3 12	申壬	2 11	卯癸	九十
7	子庚	7 9	未辛	6 10	寅壬	5 11	申壬	4 12	卯癸	3 13	酉癸	2 12	辰甲	十二
8	丑辛	7 10	申壬	6 11	卯癸	5 12	酉癸	4 13	辰甲	3 14	戌甲	2 13	巳乙	一廿
9	寅壬	7 11	酉癸	6 12	辰甲	5 13	戌甲	4 14	巳乙	3 15	亥乙	2 14	午丙	二廿
10	卯癸	7 12	戌甲	6 13	巳乙	5 14	亥乙	4 15	午丙	3 16	子丙	2 15	未丁	三廿
11	辰甲	7 13	亥乙	6 14	午丙	5 15	子丙	4 16	未丁	3 17	丑丁	2 16	申戊	四廿
12	巳乙	7 14	子丙	6 15	未丁	5 16	丑丁	4 17	申戊	3 18	寅戊	2 17	酉己	五廿
13	午丙	7 15	丑丁	6 16	申戊	5 17	寅戊	4 18	酉己	3 19	卯己	2 18	戌庚	六廿
14	未丁	7 16	寅戊	6 17	酉己	5 18	卯己	4 19	戌庚	3 20	辰庚	2 19	亥辛	七廿
15	申戊	7 17	卯己	6 18	戌庚	5 19	辰庚	4 20	亥辛	3 21	巳辛	2 20	子壬	八廿
16	酉己	7 18	辰庚	6 19	亥辛	5 20	巳辛	4 21	子壬	3 22	午壬	2 21	丑癸	九廿
17	戌庚	乙太		易天		5 21	午壬	業事化文乙太		3 23	未癸	尋搜格落部		十三

日光節約時間：陽曆 (4 月 1 日至 9 月 30 日) 陰曆 (3 月 9 日至 8 月 15 日)

月別	月二十		月一十		月十		月九		月八		月七	
月柱	丑己		子戊		亥丁		戌丙		酉乙		申甲	
紫白	碧三		綠四		黃五		白六		赤七		白八	
節氣時間	2/5	1/21	1/6	12/22	12/8	11/23	11/8	10/24	10/9	9/24	9/8	8/2
	四廿	九初	四廿	九初	五廿	十初	四廿	九初	四廿	九初	二廿	七初
	4時12分 立春寅時	9時48分 大寒巳時	16時30分 小寒申時	23時11分 冬至子時	5時23分 大雪卯時	10時1分 小雪巳時	12時45分 立冬午時	12時43分 霜降午時	9時52分 寒露巳時	3時41分 秋分寅時	18時32分 白露酉時	6時19分 處暑卯時
農曆	曆陽	柱日	曆陽	柱日	曆陽	柱日	曆陽	柱日	曆陽	柱日	曆陽	柱日
初一	1 13	卯己	12 14	酉己	11 14	卯己	10 16	戌庚	9 16	辰庚	8 18	亥辛
初二	1 14	辰庚	12 15	戌庚	11 15	辰庚	10 17	亥辛	9 17	巳辛	8 19	子壬
初三	1 15	巳辛	12 16	亥辛	11 16	巳辛	10 18	子壬	9 18	午壬	8 20	丑癸
初四	1 16	午壬	12 17	子壬	11 17	午壬	10 19	丑癸	9 19	未癸	8 21	寅甲
初五	1 17	未癸	12 18	丑癸	11 18	未癸	10 20	寅甲	9 20	申甲	8 22	卯乙
初六	1 18	申甲	12 19	寅甲	11 19	申甲	10 21	卯乙	9 21	酉乙	8 23	辰丙
初七	1 19	酉乙	12 20	卯乙	11 20	酉乙	10 22	辰丙	9 22	戌丙	8 24	巳丁
初八	1 20	戌丙	12 21	辰丙	11 21	戌丙	10 23	巳丁	9 23	亥丁	8 25	午戊
初九	1 21	亥丁	12 22	巳丁	11 22	亥丁	10 24	午戊	9 24	子戊	8 26	未己
初十	1 22	子戊	12 23	午戊	11 23	子戊	10 25	未己	9 25	丑己	8 27	申庚
十一	1 23	丑己	12 24	未己	11 24	丑己	10 26	申庚	9 26	寅庚	8 28	酉辛
十二	1 24	寅庚	12 25	申庚	11 25	寅庚	10 27	酉辛	9 27	卯辛	8 29	戌壬
十三	1 25	卯辛	12 26	酉辛	11 26	卯辛	10 28	戌壬	9 28	辰壬	8 30	亥癸
十四	1 26	辰壬	12 27	戌壬	11 27	辰壬	10 29	亥癸	9 29	巳癸	8 31	子甲
十五	1 27	巳癸	12 28	亥癸	11 28	巳癸	10 30	子甲	9 30	午甲	9 1	丑乙
十六	1 28	午甲	12 29	子甲	11 29	午甲	10 31	丑乙	10 1	未乙	9 2	寅丙
十七	1 29	未乙	12 30	丑乙	11 30	未乙	11 1	寅丙	10 2	申丙	9 3	卯丁
十八	1 30	申丙	12 31	寅丙	12 1	申丙	11 2	卯丁	10 3	酉丁	9 4	辰戊
十九	1 31	酉丁	1 1	卯丁	12 2	酉丁	11 3	辰戊	10 4	戌戊	9 5	巳己
二十	2 1	戌戊	1 2	辰戊	12 3	戌戊	11 4	巳己	10 5	亥己	9 6	午庚
廿一	2 2	亥己	1 3	巳己	12 4	亥己	11 5	午庚	10 6	子庚	9 7	未辛
廿二	2 3	子庚	1 4	午庚	12 5	子庚	11 6	未辛	10 7	丑辛	9 8	申壬
廿三	2 4	丑辛	1 5	未辛	12 6	丑辛	11 7	申壬	10 8	寅壬	9 9	酉癸
廿四	2 5	寅壬	1 6	申壬	12 7	寅壬	11 8	酉癸	10 9	卯癸	9 10	戌甲
廿五	2 6	卯癸	1 7	酉癸	12 8	卯癸	11 9	戌甲	10 10	辰甲	9 11	亥乙
廿六	2 7	辰甲	1 8	戌甲	12 9	辰甲	11 10	亥乙	10 11	巳乙	9 12	子丙
廿七	2 8	巳乙	1 9	亥乙	12 10	巳乙	11 11	子丙	10 12	午丙	9 13	丑丁
廿八	2 9	午丙	1 10	子丙	12 11	午丙	11 12	丑丁	10 13	未丁	9 14	寅戊
廿九	2 10	未丁	1 11	丑丁	12 12	未丁	11 13	寅戊	10 14	申戊	9 15	卯己
三十	2 11	申戊	1 12	寅戊	12 13	申戊	乙太		10 15	酉己	易天	

西元一九五六年 歲次丙申

月別	正月		二月		三月		四月		五月		六月	
月柱	庚寅		辛卯		壬辰		癸巳		甲午		乙未	
紫白	二黑		一白		九紫		八白		七赤		六白	
節氣時間	2/20 初九 雨水 0時5分子時	3/5 廿三 驚蟄 22時24分亥時	3/20 初九 春分 23時20分子時	4/5 廿五 清明 3時31分寅時	4/20 初十 穀雨 10時43分巳時	5/5 廿五 立夏 21時10分亥時	5/21 十二 小滿 10時13分巳時	6/6 廿八 芒種 1時36分丑時	6/21 十三 夏至 18時24分酉時	7/7 廿九 小暑 11時58分午時	7/23 十六 大暑 5時20分卯時	
農曆	日柱	陽曆	日柱	陽曆	日柱	陽曆	日柱	陽曆	日柱	陽曆	日柱	陽曆
初一	己酉	2 12	戊寅	3 12	戊申	4 11	丁丑	5 10	丁未	6 9	丙子	8
初二	庚戌	2 13	己卯	3 13	己酉	4 12	戊寅	5 11	戊申	6 10	丁丑	9
初三	辛亥	2 14	庚辰	3 14	庚戌	4 13	己卯	5 12	己酉	6 11	戊寅	10
初四	壬子	2 15	辛巳	3 15	辛亥	4 14	庚辰	5 13	庚戌	6 12	己卯	11
初五	癸丑	2 16	壬午	3 16	壬子	4 15	辛巳	5 14	辛亥	6 13	庚辰	12
初六	甲寅	2 17	癸未	3 17	癸丑	4 16	壬午	5 15	壬子	6 14	辛巳	13
初七	乙卯	2 18	甲申	3 18	甲寅	4 17	癸未	5 16	癸丑	6 15	壬午	14
初八	丙辰	2 19	乙酉	3 19	乙卯	4 18	甲申	5 17	甲寅	6 16	癸未	15
初九	丁巳	2 20	丙戌	3 20	丙辰	4 19	乙酉	5 18	乙卯	6 17	甲申	16
初十	戊午	2 21	丁亥	3 21	丁巳	4 20	丙戌	5 19	丙辰	6 18	乙酉	17
十一	己未	2 22	戊子	3 22	戊午	4 21	丁亥	5 20	丁巳	6 19	丙戌	18
十二	庚申	2 23	己丑	3 23	己未	4 22	戊子	5 21	戊午	6 20	丁亥	19
十三	辛酉	2 24	庚寅	3 24	庚申	4 23	己丑	5 22	己未	6 21	戊子	20
十四	壬戌	2 25	辛卯	3 25	辛酉	4 24	庚寅	5 23	庚申	6 22	己丑	21
十五	癸亥	2 26	壬辰	3 26	壬戌	4 25	辛卯	5 24	辛酉	6 23	庚寅	22
十六	甲子	2 27	癸巳	3 27	癸亥	4 26	壬辰	5 25	壬戌	6 24	辛卯	23
十七	乙丑	2 28	甲午	3 28	甲子	4 27	癸巳	5 26	癸亥	6 25	壬辰	24
十八	丙寅	2 29	乙未	3 29	乙丑	4 28	甲午	5 27	甲子	6 26	癸巳	25
十九	丁卯	3 1	丙申	3 30	丙寅	4 29	乙未	5 28	乙丑	6 27	甲午	26
二十	戊辰	3 2	丁酉	3 31	丁卯	4 30	丙申	5 29	丙寅	6 28	乙未	27
廿一	己巳	3 3	戊戌	4 1	戊辰	5 1	丁酉	5 30	丁卯	6 29	丙申	28
廿二	庚午	3 4	己亥	4 2	己巳	5 2	戊戌	5 31	戊辰	6 30	丁酉	29
廿三	辛未	3 5	庚子	4 3	庚午	5 3	己亥	6 1	己巳	7 1	戊戌	30
廿四	壬申	3 6	辛丑	4 4	辛未	5 4	庚子	6 2	庚午	7 2	己亥	7 31
廿五	癸酉	3 7	壬寅	4 5	壬申	5 5	辛丑	6 3	辛未	7 3	庚子	8 1
廿六	甲戌	3 8	癸卯	4 6	癸酉	5 6	壬寅	6 4	壬申	7 4	辛丑	8 2
廿七	乙亥	3 9	甲辰	4 7	甲戌	5 7	癸卯	6 5	癸酉	7 5	壬寅	8 3
廿八	丙子	3 10	乙巳	4 8	乙亥	5 8	甲辰	6 6	甲戌	7 6	癸卯	8 4
廿九	丁丑	3 11	丙午	4 9	丙子	5 9	乙巳	6 7	乙亥	7 7	甲辰	8 5
三十	部落格搜尋		丁未	4 10	太乙文化事業		丙午	6 8	天易		太乙	

民國四十五年
太歲姓管名仲

納音屬火
生肖屬猴

年八白星
虛宿值年

日光節約時間：陽曆 (4 月 1 日至 9 月 30 日) 陰曆 (2 月 21 日至 8 月 26 日

月別	月二十		月一十		月十		月九		月八		月七	
月柱	丑辛		子庚		亥己		戌戊		酉丁		申丙	
紫白	紫九		白一		黑二		碧三		綠四		黃五	
節氣時間	1/20	1/5	12/22	12/7	11/22	11/7	10/23	10/8	9/23	9/8	8/23	8/7
	十二	五初	一廿	六初	十二	五初	十二	五初	九十	四初	八十	二初
	15時39分 大寒申時	22時10分 小寒亥時	5時0分 冬至卯時	11時2分 大雪午時	15時50分 小雪申時	18時26分 立冬酉時	18時34分 霜降酉時	15時36分 寒露申時	9時35分 秋分巳時	0時19分 白露子時	12時15分 處暑午時	21時40分 立秋亥時
農曆	曆陽	柱日	曆陽	柱日	曆陽	柱日	曆陽	柱日	曆陽	柱日	曆陽	柱日
初一	1 1	酉癸	12 2	卯癸	11 3	戌甲	10 4	辰甲	9 5	亥乙	8 6	巳乙
初二	1 2	戌甲	12 3	辰甲	11 4	亥乙	10 5	巳乙	9 6	子丙	8 7	午丙
初三	1 3	亥乙	12 4	巳乙	11 5	子丙	10 6	午丙	9 7	丑丁	8 8	未丁
初四	1 4	子丙	12 5	午丙	11 6	丑丁	10 7	未丁	9 8	寅戊	8 9	申戊
初五	1 5	丑丁	12 6	未丁	11 7	寅戊	10 8	申戊	9 9	卯己	8 10	酉己
初六	1 6	寅戊	12 7	申戊	11 8	卯己	10 9	酉己	9 10	辰庚	8 11	戌庚
初七	1 7	卯己	12 8	酉己	11 9	辰庚	10 10	戌庚	9 11	巳辛	8 12	亥辛
初八	1 8	辰庚	12 9	戌庚	11 10	巳辛	10 11	亥辛	9 12	午壬	8 13	子壬
初九	1 9	巳辛	12 10	亥辛	11 11	午壬	10 12	子壬	9 13	未癸	8 14	丑癸
初十	1 10	午壬	12 11	子壬	11 12	未癸	10 13	丑癸	9 14	申甲	8 15	寅甲
十一	1 11	未癸	12 12	丑癸	11 13	申甲	10 14	寅甲	9 15	酉乙	8 16	卯乙
十二	1 12	申甲	12 13	寅甲	11 14	酉乙	10 15	卯乙	9 16	戌丙	8 17	辰丙
十三	1 13	酉乙	12 14	卯乙	11 15	戌丙	10 16	辰丙	9 17	亥丁	8 18	巳丁
十四	1 14	戌丙	12 15	辰丙	11 16	亥丁	10 17	巳丁	9 18	子戊	8 19	午戊
十五	1 15	亥丁	12 16	巳丁	11 17	子戊	10 18	午戊	9 19	丑己	8 20	未己
十六	1 16	子戊	12 17	午戊	11 18	丑己	10 19	未己	9 20	寅庚	8 21	申庚
十七	1 17	丑己	12 18	未己	11 19	寅庚	10 20	申庚	9 21	卯辛	8 22	酉辛
十八	1 18	寅庚	12 19	申庚	11 20	卯辛	10 21	酉辛	9 22	辰壬	8 23	戌壬
十九	1 19	卯辛	12 20	酉辛	11 21	辰壬	10 22	戌壬	9 23	巳癸	8 24	亥癸
二十	1 20	辰壬	12 21	戌壬	11 22	巳癸	10 23	亥癸	9 24	午甲	8 25	子甲
廿一	1 21	巳癸	12 22	亥癸	11 23	午甲	10 24	子甲	9 25	未乙	8 26	丑乙
廿二	1 22	午甲	12 23	子甲	11 24	未乙	10 25	丑乙	9 26	申丙	8 27	寅丙
廿三	1 23	未乙	12 24	丑乙	11 25	申丙	10 26	寅丙	9 27	酉丁	8 28	卯丁
廿四	1 24	申丙	12 25	寅丙	11 26	酉丁	10 27	卯丁	9 28	戌戊	8 29	辰戊
廿五	1 25	酉丁	12 26	卯丁	11 27	戌戊	10 28	辰戊	9 29	亥己	8 30	巳己
廿六	1 26	戌戊	12 27	辰戊	11 28	亥己	10 29	巳己	9 30	子庚	8 31	午庚
廿七	1 27	亥己	12 28	巳己	11 29	子庚	10 30	午庚	10 1	丑辛	9 1	未辛
廿八	1 28	子庚	12 29	午庚	11 30	丑辛	10 31	未辛	10 2	寅壬	9 2	申壬
廿九	1 29	丑辛	12 30	未辛	12 1	寅壬	11 1	申壬	10 3	卯癸	9 3	酉癸
三十	1 30	寅壬	12 31	申壬	乙太		11 2	酉癸	易天		9 4	戌甲

西元一九五七年 歲次丁酉

民國四十六年 太歲姓康名傑

納音屬火 生肖屬雞

年七赤星 危宿值年

月六		月五		月四		月三		月二		月正		別月
未丁		午丙		巳乙		辰甲		卯癸		寅壬		柱月
碧三		綠四		黃五		白六		赤七		白八		白紫
/23	7/7	6/22	6/6	5/21	5/6	4/20	4/5	3/21	3/6	2/19	2/4	節氣時間
六廿	十初	五廿	九初	二廿	七初	一廿	六初	十二	五初	十二	五初	
1時5分 大暑午時	17時48分 小暑酉時	0時20分 夏至子時	7時25分 芒種辰時	16時10分 小滿申時	2時58分 立夏丑時	16時41分 穀雨申時	9時19分 清明巳時	5時17分 春分卯時	4時10分 驚蟄寅時	5時58分 雨水卯時	9時55分 立春巳時	
曆陽	柱日	曆陽	柱日	曆陽	柱日	曆陽	柱日	曆陽	柱日	曆陽	柱日	曆農
6 28	未辛	5 29	丑辛	4 30	申壬	3 31	寅壬	3 2	酉癸	1 31	卯癸	一初
6 29	申壬	5 30	寅壬	5 1	酉癸	4 1	卯癸	3 3	戌甲	2 1	辰甲	二初
6 30	酉癸	5 31	卯癸	5 2	戌甲	4 2	辰甲	3 4	亥乙	2 2	巳乙	三初
7 1	戌甲	6 1	辰甲	5 3	亥乙	4 3	巳乙	3 5	子丙	2 3	午丙	四初
7 2	亥乙	6 2	巳乙	5 4	子丙	4 4	午丙	3 6	丑丁	2 4	未丁	五初
7 3	子丙	6 3	午丙	5 5	丑丁	4 5	未丁	3 7	寅戊	2 5	申戊	六初
7 4	丑丁	6 4	未丁	5 6	寅戊	4 6	申戊	3 8	卯己	2 6	酉己	七初
7 5	寅戊	6 5	申戊	5 7	卯己	4 7	酉己	3 9	辰庚	2 7	戌庚	八初
7 6	卯己	6 6	酉己	5 8	辰庚	4 8	戌庚	3 10	巳辛	2 8	亥辛	九初
7 7	辰庚	6 7	戌庚	5 9	巳辛	4 9	亥辛	3 11	午壬	2 9	子壬	十初
7 8	巳辛	6 8	亥辛	5 10	午壬	4 10	子壬	3 12	未癸	2 10	丑癸	一十
7 9	午壬	6 9	子壬	5 11	未癸	4 11	丑癸	3 13	申甲	2 11	寅甲	二十
7 10	未癸	6 10	丑癸	5 12	申甲	4 12	寅甲	3 14	酉乙	2 12	卯乙	三十
7 11	申甲	6 11	寅甲	5 13	酉乙	4 13	卯乙	3 15	戌丙	2 13	辰丙	四十
7 12	酉乙	6 12	卯乙	5 14	戌丙	4 14	辰丙	3 16	亥丁	2 14	巳丁	五十
7 13	戌丙	6 13	辰丙	5 15	亥丁	4 15	巳丁	3 17	子戊	2 15	午戊	六十
7 14	亥丁	6 14	巳丁	5 16	子戊	4 16	午戊	3 18	丑己	2 16	未己	七十
7 15	子戊	6 15	午戊	5 17	丑己	4 17	未己	3 19	寅庚	2 17	申庚	八十
7 16	丑己	6 16	未己	5 18	寅庚	4 18	申庚	3 20	卯辛	2 18	酉辛	九十
7 17	寅庚	6 17	申庚	5 19	卯辛	4 19	酉辛	3 21	辰壬	2 19	戌壬	十二
7 18	卯辛	6 18	酉辛	5 20	辰壬	4 20	戌壬	3 22	巳癸	2 20	亥癸	一廿
7 19	辰壬	6 19	戌壬	5 21	巳癸	4 21	亥癸	3 23	午甲	2 21	子甲	二廿
7 20	巳癸	6 20	亥癸	5 22	午甲	4 22	子甲	3 24	未乙	2 22	丑乙	三廿
7 21	午甲	6 21	子甲	5 23	未乙	4 23	丑乙	3 25	申丙	2 23	寅丙	四廿
7 22	未乙	6 22	丑乙	5 24	申丙	4 24	寅丙	3 26	酉丁	2 24	卯丁	五廿
7 23	申丙	6 23	寅丙	5 25	酉丁	4 25	卯丁	3 27	戌戊	2 25	辰戊	六廿
7 24	酉丁	6 24	卯丁	5 26	戌戊	4 26	辰戊	3 28	亥己	2 26	巳己	七廿
7 25	戌戊	6 25	辰戊	5 27	亥己	4 27	巳己	3 29	子庚	2 27	午庚	八廿
7 26	亥己	6 26	巳己	5 28	子庚	4 28	午庚	3 30	丑辛	2 28	未辛	九廿
乙太		6 27	午庚	易天		4 29	未辛	尋搜格落部		3 1	申壬	十三

日光節約時間：陽曆 (4 月 1 日至 9 月 30 日) 陰曆 (3 月 2 日至閏 8 月 7 日

月別	月二十		月一十		月十		月九		月八閏		月八		月七	
月柱	丑癸		子壬		亥辛		戌庚				酉己		申戊	
紫白	白六		赤七		白八		紫九				白一		黑二	
節氣時間	2/4	1/20	1/6	12/22	12/7	11/22	11/8	10/24		10/8	9/23	9/8	8/23	8/8
	六十	一初	七十	二初	六十	一初	七十	二初		五十	十三	五十	八廿	三十
	15時49分 立春申時	21時29分 大寒亥時	4時4分 小寒寅時	10時49分 冬至巳時	16時56分 大雪申時	21時39分 小雪亥時	0時20分 立冬子時	0時24分 霜降子時		21時30分 寒露亥時	15時26分 秋分申時	6時12分 白露卯時	18時7分 處暑酉時	3時32分 立秋寅時
農曆	曆陽	柱日	曆陽	柱日	曆陽	柱日	曆陽	柱日	曆陽	柱日	曆陽	柱日	曆陽	柱日
初一	1 20	酉丁	12 21	卯丁	11 22	戌戊	10 23	辰戊	9 24	亥己	8 25	巳己	7 27	子庚
初二	1 21	戌戊	12 22	辰戊	11 23	亥己	10 24	巳己	9 25	子庚	8 26	午庚	7 28	丑辛
初三	1 22	亥己	12 23	巳己	11 24	子庚	10 25	午庚	9 26	丑辛	8 27	未辛	7 29	寅壬
初四	1 23	子庚	12 24	午庚	11 25	丑辛	10 26	未辛	9 27	寅壬	8 28	申壬	7 30	卯癸
初五	1 24	丑辛	12 25	未辛	11 26	寅壬	10 27	申壬	9 28	卯癸	8 29	酉癸	7 31	辰甲
初六	1 25	寅壬	12 26	申壬	11 27	卯癸	10 28	酉癸	9 29	辰甲	8 30	戌甲	8 1	巳乙
初七	1 26	卯癸	12 27	酉癸	11 28	辰甲	10 29	戌甲	9 30	巳乙	8 31	亥乙	8 2	午丙
初八	1 27	辰甲	12 28	戌甲	11 29	巳乙	10 30	亥乙	10 1	午丙	9 1	子丙	8 3	未丁
初九	1 28	巳乙	12 29	亥乙	11 30	午丙	10 31	子丙	10 2	未丁	9 2	丑丁	8 4	申戊
初十	1 29	午丙	12 30	子丙	12 1	未丁	11 1	丑丁	10 3	申戊	9 3	寅戊	8 5	酉己
十一	1 30	未丁	12 31	丑丁	12 2	申戊	11 2	寅戊	10 4	酉己	9 4	卯己	8 6	戌庚
十二	1 31	申戊	1 1	寅戊	12 3	酉己	11 3	卯己	10 5	戌庚	9 5	辰庚	8 7	亥辛
十三	2 1	酉己	1 2	卯己	12 4	戌庚	11 4	辰庚	10 6	亥辛	9 6	巳辛	8 8	子壬
十四	2 2	戌庚	1 3	辰庚	12 5	亥辛	11 5	巳辛	10 7	子壬	9 7	午壬	8 9	丑癸
十五	2 3	亥辛	1 4	巳辛	12 6	子壬	11 6	午壬	10 8	丑癸	9 8	未癸	8 10	寅甲
十六	2 4	子壬	1 5	午壬	12 7	丑癸	11 7	未癸	10 9	寅甲	9 9	申甲	8 11	卯乙
十七	2 5	丑癸	1 6	未癸	12 8	寅甲	11 8	申甲	10 10	卯乙	9 10	酉乙	8 12	辰丙
十八	2 6	寅甲	1 7	申甲	12 9	卯乙	11 9	酉乙	10 11	辰丙	9 11	戌丙	8 13	巳丁
十九	2 7	卯乙	1 8	酉乙	12 10	辰丙	11 10	戌丙	10 12	巳丁	9 12	亥丁	8 14	午戊
二十	2 8	辰丙	1 9	戌丙	12 11	巳丁	11 11	亥丁	10 13	午戊	9 13	子戊	8 15	未己
廿一	2 9	巳丁	1 10	亥丁	12 12	午戊	11 12	子戊	10 14	未己	9 14	丑己	8 16	申庚
廿二	2 10	午戊	1 11	子戊	12 13	未己	11 13	丑己	10 15	申庚	9 15	寅庚	8 17	酉辛
廿三	2 11	未己	1 12	丑己	12 14	申庚	11 14	寅庚	10 16	酉辛	9 16	卯辛	8 18	戌壬
廿四	2 12	申庚	1 13	寅庚	12 15	酉辛	11 15	卯辛	10 17	戌壬	9 17	辰壬	8 19	亥癸
廿五	2 13	酉辛	1 14	卯辛	12 16	戌壬	11 16	辰壬	10 18	亥癸	9 18	巳癸	8 20	子甲
廿六	2 14	戌壬	1 15	辰壬	12 17	亥癸	11 17	巳癸	10 19	子甲	9 19	午甲	8 21	丑乙
廿七	2 15	亥癸	1 16	巳癸	12 18	子甲	11 18	午甲	10 20	丑乙	9 20	未乙	8 22	寅丙
廿八	2 16	子甲	1 17	午甲	12 19	丑乙	11 19	未乙	10 21	寅丙	9 21	申丙	8 23	卯丁
廿九	2 17	丑乙	1 18	未乙	12 20	寅丙	11 20	申丙	10 22	卯丁	9 22	酉丁	8 24	辰戊
三十	乙太		1 19	申丙	易天		11 21	酉丁	業事化文乙太		9 23	戌戊	尋搜格落部	

西元一九五八年 歲次戊戌

月六		月五		月四		月三		月二		月正		別月
未己		午戊		巳丁		辰丙		卯乙		寅甲		柱月
紫九		白一		黑二		碧三		綠四		黃五		白紫
/8	7/23	7/7	6/22	6/6	5/21	5/6	4/20	4/5	3/21	3/6	2/19	節氣時間
三廿	七初	一廿	六初	九十	三初	八十	二初	七十	二初	七十	二初	
立秋巳時	16時50分 大暑申時	23時33分 小暑子時	5時57分 夏至卯時	13時12分 芒種未時	21時51分 小滿亥時	8時49分 立夏辰時	22時27分 穀雨亥時	15時12分 清明申時	11時6分 春分午時	10時5分 驚蟄巳時	11時48分 雨水午時	
曆陽	柱日	曆陽	柱日	曆陽	柱日	曆陽	柱日	曆陽	柱日	曆陽	柱日	曆農
17	未乙	6 17	丑乙	5 19	申丙	4 19	寅丙	3 20	申丙	2 18	寅丙	一初
18	申丙	6 18	寅丙	5 20	酉丁	4 20	卯丁	3 21	酉丁	2 19	卯丁	二初
19	酉丁	6 19	卯丁	5 21	戌戊	4 21	辰戊	3 22	戌戊	2 20	辰戊	三初
20	戌戊	6 20	辰戊	5 22	亥己	4 22	巳己	3 23	亥己	2 21	巳己	四初
21	亥己	6 21	巳己	5 23	子庚	4 23	午庚	3 24	子庚	2 22	午庚	五初
22	子庚	6 22	午庚	5 24	丑辛	4 24	未辛	3 25	丑辛	2 23	未辛	六初
23	丑辛	6 23	未辛	5 25	寅壬	4 25	申壬	3 26	寅壬	2 24	申壬	七初
24	寅壬	6 24	申壬	5 26	卯癸	4 26	酉癸	3 27	卯癸	2 25	酉癸	八初
25	卯癸	6 25	酉癸	5 27	辰甲	4 27	戌甲	3 28	辰甲	2 26	戌甲	九初
26	辰甲	6 26	戌甲	5 28	巳乙	4 28	亥乙	3 29	巳乙	2 27	亥乙	十初
27	巳乙	6 27	亥乙	5 29	午丙	4 29	子丙	3 30	午丙	2 28	子丙	一十
28	午丙	6 28	子丙	5 30	未丁	4 30	丑丁	3 31	未丁	3 1	丑丁	二十
29	未丁	6 29	丑丁	5 31	申戊	5 1	寅戊	4 1	申戊	3 2	寅戊	三十
30	申戊	6 30	寅戊	6 1	酉己	5 2	卯己	4 2	酉己	3 3	卯己	四十
31	酉己	7 1	卯己	6 2	戌庚	5 3	辰庚	4 3	戌庚	3 4	辰庚	五十
1	戌庚	7 2	辰庚	6 3	亥辛	5 4	巳辛	4 4	亥辛	3 5	巳辛	六十
2	亥辛	7 3	巳辛	6 4	子壬	5 5	午壬	4 5	子壬	3 6	午壬	七十
3	子壬	7 4	午壬	6 5	丑癸	5 6	未癸	4 6	丑癸	3 7	未癸	八十
4	丑癸	7 5	未癸	6 6	寅甲	5 7	申甲	4 7	寅甲	3 8	申甲	九十
5	寅甲	7 6	申甲	6 7	卯乙	5 8	酉乙	4 8	卯乙	3 9	酉乙	十二
6	卯乙	7 7	酉乙	6 8	辰丙	5 9	戌丙	4 9	辰丙	3 10	戌丙	一廿
7	辰丙	7 8	戌丙	6 9	巳丁	5 10	亥丁	4 10	巳丁	3 11	亥丁	二廿
8	巳丁	7 9	亥丁	6 10	午戊	5 11	子戊	4 11	午戊	3 12	子戊	三廿
9	午戊	7 10	子戊	6 11	未己	5 12	丑己	4 12	未己	3 13	丑己	四廿
10	未己	7 11	丑己	6 12	申庚	5 13	寅庚	4 13	申庚	3 14	寅庚	五廿
11	申庚	7 12	寅庚	6 13	酉辛	5 14	卯辛	4 14	酉辛	3 15	卯辛	六廿
12	酉辛	7 13	卯辛	6 14	戌壬	5 15	辰壬	4 15	戌壬	3 16	辰壬	七廿
13	戌壬	7 14	辰壬	6 15	亥癸	5 16	巳癸	4 16	亥癸	3 17	巳癸	八廿
14	亥癸	7 15	巳癸	6 16	子甲	5 17	午甲	4 17	子甲	3 18	午甲	九廿
乙太		7 16	午甲	易天		5 18	未乙	4 18	丑乙	3 19	未乙	十三

民國四十七年 太歲姓姜名武

納音屬木 生肖屬狗

年六白星 室宿值年

日光節約時間：陽曆 (4 月 1 日至 9 月 30 日) 陰曆 (2 月 13 日至 8 月 18 日

月別	月二十		月一十		月十		月九		月八		月七	
月柱	丑乙		子甲		亥癸		戌壬		酉辛		申庚	
紫白	碧三		綠四		黃五		白六		赤七		白八	
節氣時間	2/4 七廿 21時42分 立春亥時	1/21 三十 3時19分 大寒寅時	1/6 七廿 9時58分 小寒巳時	12/22 二十 16時40分 冬至申時	12/7 七廿 22時50分 大雪亥時	11/23 三十 3時29分 小雪寅時	11/8 七廿 6時12分 立冬卯時	10/24 二十 6時11分 霜降卯時	10/9 七廿 3時19分 寒露寅時	9/23 一十 21時9分 秋分亥時	9/8 五廿 11時59分 白露午時	8/23 九初 23時46分 處暑子時
農曆	曆陽	柱日	曆陽	柱日	曆陽	柱日	曆陽	柱日	曆陽	柱日	曆陽	柱日
初一	1 9	卯辛	12 11	戌壬	11 11	辰壬	10 13	亥癸	9 13	巳癸	8 15	子甲
初二	1 10	辰壬	12 12	亥癸	11 12	巳癸	10 14	子甲	9 14	午甲	8 16	丑乙
初三	1 11	巳癸	12 13	子甲	11 13	午甲	10 15	丑乙	9 15	未乙	8 17	寅丙
初四	1 12	午甲	12 14	丑乙	11 14	未乙	10 16	寅丙	9 16	申丙	8 18	卯丁
初五	1 13	未乙	12 15	寅丙	11 15	申丙	10 17	卯丁	9 17	酉丁	8 19	辰戊
初六	1 14	申丙	12 16	卯丁	11 16	酉丁	10 18	辰戊	9 18	戌戊	8 20	巳己
初七	1 15	酉丁	12 17	辰戊	11 17	戌戊	10 19	巳己	9 19	亥己	8 21	午庚
初八	1 16	戌戊	12 18	巳己	11 18	亥己	10 20	午庚	9 20	子庚	8 22	未辛
初九	1 17	亥己	12 19	午庚	11 19	子庚	10 21	未辛	9 21	丑辛	8 23	申壬
初十	1 18	子庚	12 20	未辛	11 20	丑辛	10 22	申壬	9 22	寅壬	8 24	酉癸
十一	1 19	丑辛	12 21	申壬	11 21	寅壬	10 23	酉癸	9 23	卯癸	8 25	戌甲
十二	1 20	寅壬	12 22	酉癸	11 22	卯癸	10 24	戌甲	9 24	辰甲	8 26	亥乙
十三	1 21	卯癸	12 23	戌甲	11 23	辰甲	10 25	亥乙	9 25	巳乙	8 27	子丙
十四	1 22	辰甲	12 24	亥乙	11 24	巳乙	10 26	子丙	9 26	午丙	8 28	丑丁
十五	1 23	巳乙	12 25	子丙	11 25	午丙	10 27	丑丁	9 27	未丁	8 29	寅戊
十六	1 24	午丙	12 26	丑丁	11 26	未丁	10 28	寅戊	9 28	申戊	8 30	卯己
十七	1 25	未丁	12 27	寅戊	11 27	申戊	10 29	卯己	9 29	酉己	8 31	辰庚
十八	1 26	申戊	12 28	卯己	11 28	酉己	10 30	辰庚	9 30	戌庚	9 1	巳辛
十九	1 27	酉己	12 29	辰庚	11 29	戌庚	10 31	巳辛	10 1	亥辛	9 2	午壬
二十	1 28	戌庚	12 30	巳辛	11 30	亥辛	11 1	午壬	10 2	子壬	9 3	未癸
廿一	1 29	亥辛	12 31	午壬	12 1	子壬	11 2	未癸	10 3	丑癸	9 4	申甲
廿二	1 30	子壬	1 1	未癸	12 2	丑癸	11 3	申甲	10 4	寅甲	9 5	酉乙
廿三	1 31	丑癸	1 2	申甲	12 3	寅甲	11 4	酉乙	10 5	卯乙	9 6	戌丙
廿四	2 1	寅甲	1 3	酉乙	12 4	卯乙	11 5	戌丙	10 6	辰丙	9 7	亥丁
廿五	2 2	卯乙	1 4	戌丙	12 5	辰丙	11 6	亥丁	10 7	巳丁	9 8	子戊
廿六	2 3	辰丙	1 5	亥丁	12 6	巳丁	11 7	子戊	10 8	午戊	9 9	丑己
廿七	2 4	巳丁	1 6	子戊	12 7	午戊	11 8	丑己	10 9	未己	9 10	寅庚
廿八	2 5	午戊	1 7	丑己	12 8	未己	11 9	寅庚	10 10	申庚	9 11	卯辛
廿九	2 6	未己	1 8	寅庚	12 9	申庚	11 10	卯辛	10 11	酉辛	9 12	辰壬
三十	2 7	申庚	乙太		12 10	酉辛	易天		10 12	戌壬	尋搜格落部	

西元一九五九年 歲次己亥

民國四十八年 太歲姓謝名壽

納音屬木 生肖屬豬

年五黃星 壁宿值年

月別	正月		二月		三月		四月		五月		六月	
月柱	丙寅		丁卯		戊辰		己巳		庚午		辛未	
紫白	二黑		一白		九紫		八白		七赤		六白	
節氣時間	2/19 二十 雨水 17時38分 酉時	3/6 廿七 驚蟄 15時57分 申時	3/21 十三 春分 16時54分 申時	4/5 廿八 清明 21時3分 亥時	4/21 十四 穀雨 4時16分 寅時	5/6 廿九 立夏 14時39分 未時	5/22 十五 小滿 3時42分 寅時		6/6 初一 芒種 19時0分 戌時	6/22 十七 夏至 11時50分 午時	7/8 初三 小暑 5時20分 卯時	/23 十八 大暑 亥時
農曆	日柱	陽曆	日柱	陽曆	日柱	陽曆	日柱	陽曆	日柱	陽曆	日柱	陽曆
初一	辛酉	2 8	庚寅	3 9	庚申	4 8	庚寅	5 8	己未	6 6	己丑	6
初二	壬戌	2 9	辛卯	3 10	辛酉	4 9	辛卯	5 9	庚申	6 7	庚寅	7
初三	癸亥	2 10	壬辰	3 11	壬戌	4 10	壬辰	5 10	辛酉	6 8	辛卯	8
初四	甲子	2 11	癸巳	3 12	癸亥	4 11	癸巳	5 11	壬戌	6 9	壬辰	9
初五	乙丑	2 12	甲午	3 13	甲子	4 12	甲午	5 12	癸亥	6 10	癸巳	10
初六	丙寅	2 13	乙未	3 14	乙丑	4 13	乙未	5 13	甲子	6 11	甲午	11
初七	丁卯	2 14	丙申	3 15	丙寅	4 14	丙申	5 14	乙丑	6 12	乙未	12
初八	戊辰	2 15	丁酉	3 16	丁卯	4 15	丁酉	5 15	丙寅	6 13	丙申	13
初九	己巳	2 16	戊戌	3 17	戊辰	4 16	戊戌	5 16	丁卯	6 14	丁酉	14
初十	庚午	2 17	己亥	3 18	己巳	4 17	己亥	5 17	戊辰	6 15	戊戌	15
十一	辛未	2 18	庚子	3 19	庚午	4 18	庚子	5 18	己巳	6 16	己亥	16
十二	壬申	2 19	辛丑	3 20	辛未	4 19	辛丑	5 19	庚午	6 17	庚子	17
十三	癸酉	2 20	壬寅	3 21	壬申	4 20	壬寅	5 20	辛未	6 18	辛丑	18
十四	甲戌	2 21	癸卯	3 22	癸酉	4 21	癸卯	5 21	壬申	6 19	壬寅	19
十五	乙亥	2 22	甲辰	3 23	甲戌	4 22	甲辰	5 22	癸酉	6 20	癸卯	20
十六	丙子	2 23	乙巳	3 24	乙亥	4 23	乙巳	5 23	甲戌	6 21	甲辰	21
十七	丁丑	2 24	丙午	3 25	丙子	4 24	丙午	5 24	乙亥	6 22	乙巳	22
十八	戊寅	2 25	丁未	3 26	丁丑	4 25	丁未	5 25	丙子	6 23	丙午	23
十九	己卯	2 26	戊申	3 27	戊寅	4 26	戊申	5 26	丁丑	6 24	丁未	24
二十	庚辰	2 27	己酉	3 28	己卯	4 27	己酉	5 27	戊寅	6 25	戊申	25
廿一	辛巳	2 28	庚戌	3 29	庚辰	4 28	庚戌	5 28	己卯	6 26	己酉	26
廿二	壬午	3 1	辛亥	3 30	辛巳	4 29	辛亥	5 29	庚辰	6 27	庚戌	27
廿三	癸未	3 2	壬子	3 31	壬午	4 30	壬子	5 30	辛巳	6 28	辛亥	28
廿四	甲申	3 3	癸丑	4 1	癸未	5 1	癸丑	5 31	壬午	6 29	壬子	29
廿五	乙酉	3 4	甲寅	4 2	甲申	5 2	甲寅	6 1	癸未	6 30	癸丑	30
廿六	丙戌	3 5	乙卯	4 3	乙酉	5 3	乙卯	6 2	甲申	7 1	甲寅	31
廿七	丁亥	3 6	丙辰	4 4	丙戌	5 4	丙辰	6 3	乙酉	7 2	乙卯	1
廿八	戊子	3 7	丁巳	4 5	丁亥	5 5	丁巳	6 4	丙戌	7 3	丙辰	2
廿九	己丑	3 8	戊午	4 6	戊子	5 6	戊午	6 5	丁亥	7 4	丁巳	3
三十	部落格搜尋		己未	4 7	己丑	5 7	天易		戊子	7 5	太乙	

日光節約時間：陽曆 (4 月 1 日至 9 月 30 日) 陰曆 (2 月 24 日至 8 月 28 日

月別	月二十		月一十		月十		月九		月八		月七	
月柱	丑丁		子丙		亥乙		戌甲		酉癸		申壬	
紫白	紫九		白一		黑二		碧三		綠四		黃五	
節氣時間	1/21	1/6	12/22	12/8	11/23	11/8	10/24	10/9	9/24	9/8	8/24	8/8
	三廿	八初	三廿	九初	三廿	八初	三廿	八初	二廿	六初	一廿	五初
	9時10分 大寒巳時	15時42分 小寒申時	22時34分 冬至亥時	4時37分 大雪寅時	9時27分 小雪巳時	12時2分 立冬午時	12時11分 霜降午時	9時10分 寒露巳時	3時8分 秋分寅時	17時48分 白露酉時	5時43分 處暑卯時	15時4分 立秋申時
農曆	曆陽	柱日	曆陽	柱日	曆陽	柱日	曆陽	柱日	曆陽	柱日	曆陽	柱日
初一	12 30	戌丙	11 30	辰丙	11 1	亥丁	10 2	巳丁	9 3	子戊	8 4	午戊
初二	12 31	亥丁	12 1	巳丁	11 2	子戊	10 3	午戊	9 4	丑己	8 5	未己
初三	1 1	子戊	12 2	午戊	11 3	丑己	10 4	未己	9 5	寅庚	8 6	申庚
初四	1 2	丑己	12 3	未己	11 4	寅庚	10 5	申庚	9 6	卯辛	8 7	酉辛
初五	1 3	寅庚	12 4	申庚	11 5	卯辛	10 6	酉辛	9 7	辰壬	8 8	戌壬
初六	1 4	卯辛	12 5	酉辛	11 6	辰壬	10 7	戌壬	9 8	巳癸	8 9	亥癸
初七	1 5	辰壬	12 6	戌壬	11 7	巳癸	10 8	亥癸	9 9	午甲	8 10	子甲
初八	1 6	巳癸	12 7	亥癸	11 8	午甲	10 9	子甲	9 10	未乙	8 11	丑乙
初九	1 7	午甲	12 8	子甲	11 9	未乙	10 10	丑乙	9 11	申丙	8 12	寅丙
初十	1 8	未乙	12 9	丑乙	11 10	申丙	10 11	寅丙	9 12	酉丁	8 13	卯丁
十一	1 9	申丙	12 10	寅丙	11 11	酉丁	10 12	卯丁	9 13	戌戊	8 14	辰戊
十二	1 10	酉丁	12 11	卯丁	11 12	戌戊	10 13	辰戊	9 14	亥己	8 15	巳己
十三	1 11	戌戊	12 12	辰戊	11 13	亥己	10 14	巳己	9 15	子庚	8 16	午庚
十四	1 12	亥己	12 13	巳己	11 14	子庚	10 15	午庚	9 16	丑辛	8 17	未辛
十五	1 13	子庚	12 14	午庚	11 15	丑辛	10 16	未辛	9 17	寅壬	8 18	申壬
十六	1 14	丑辛	12 15	未辛	11 16	寅壬	10 17	申壬	9 18	卯癸	8 19	酉癸
十七	1 15	寅壬	12 16	申壬	11 17	卯癸	10 18	酉癸	9 19	辰甲	8 20	戌甲
十八	1 16	卯癸	12 17	酉癸	11 18	辰甲	10 19	戌甲	9 20	巳乙	8 21	亥乙
十九	1 17	辰甲	12 18	戌甲	11 19	巳乙	10 20	亥乙	9 21	午丙	8 22	子丙
二十	1 18	巳乙	12 19	亥乙	11 20	午丙	10 21	子丙	9 22	未丁	8 23	丑丁
廿一	1 19	午丙	12 20	子丙	11 21	未丁	10 22	丑丁	9 23	申戊	8 24	寅戊
廿二	1 20	未丁	12 21	丑丁	11 22	申戊	10 23	寅戊	9 24	酉己	8 25	卯己
廿三	1 21	申戊	12 22	寅戊	11 23	酉己	10 24	卯己	9 25	戌庚	8 26	辰庚
廿四	1 22	酉己	12 23	卯己	11 24	戌庚	10 25	辰庚	9 26	亥辛	8 27	巳辛
廿五	1 23	戌庚	12 24	辰庚	11 25	亥辛	10 26	巳辛	9 27	子壬	8 28	午壬
廿六	1 24	亥辛	12 25	巳辛	11 26	子壬	10 27	午壬	9 28	丑癸	8 29	未癸
廿七	1 25	子壬	12 26	午壬	11 27	丑癸	10 28	未癸	9 29	寅甲	8 30	申甲
廿八	1 26	丑癸	12 27	未癸	11 28	寅甲	10 29	申甲	9 30	卯乙	8 31	酉乙
廿九	1 27	寅甲	12 28	申甲	11 29	卯乙	10 30	酉乙	10 1	辰丙	9 1	戌丙
三十	乙太		12 29	酉乙	易天		10 31	戌丙	尋搜格落部		9 2	亥丁

西元一九六〇年 歲次庚子

民國四十九年 太歲姓虞名起

納音屬土 生肖屬鼠

年四綠星 奎宿值年

月別	正月		二月		三月		四月		五月		六月		閏六月	
月柱	戊寅		己卯		庚辰		辛巳		壬午		癸未			
紫白	八白		七赤		六白		五黃		四綠		三碧			
節氣時間	2/5	2/19	3/5	3/20	4/5	4/20	5/5	5/21	6/6	6/21	7/7	7/23	8/7	
	初九	廿三	初八	廿三	初十	廿五	初十	廿六	十三	廿八	十四	三十	十五	
	立春寅時 3時23分	雨水子時 23時26分	驚蟄亥時 21時36分	春分亥時 22時43分	清明丑時 2時44分	穀雨巳時 10時6分	立夏戌時 20時23分	小滿巳時 9時34分	芒種子時 0時49分	夏至酉時 17時42分	小暑午時 11時13分	大暑寅時 4時37分	立秋亥時 21時0分	
農曆	日柱	陽曆	日柱	陽曆	日柱	陽曆	日柱	陽曆	日柱	陽曆	日柱	陽曆	日柱	陽曆
初一	乙卯	1 28	乙酉	2 27	甲寅	3 27	甲申	4 26	癸丑	5 25	癸未	6 24	癸丑	24
初二	丙辰	1 29	丙戌	2 28	乙卯	3 28	乙酉	4 27	甲寅	5 26	甲申	6 25	甲寅	25
初三	丁巳	1 30	丁亥	2 29	丙辰	3 29	丙戌	4 28	乙卯	5 27	乙酉	6 26	乙卯	26
初四	戊午	1 31	戊子	3 1	丁巳	3 30	丁亥	4 29	丙辰	5 28	丙戌	6 27	丙辰	27
初五	己未	2 1	己丑	3 2	戊午	3 31	戊子	4 30	丁巳	5 29	丁亥	6 28	丁巳	28
初六	庚申	2 2	庚寅	3 3	己未	4 1	己丑	5 1	戊午	5 30	戊子	6 29	戊午	29
初七	辛酉	2 3	辛卯	3 4	庚申	4 2	庚寅	5 2	己未	5 31	己丑	6 30	己未	30
初八	壬戌	2 4	壬辰	3 5	辛酉	4 3	辛卯	5 3	庚申	6 1	庚寅	7 1	庚申	31
初九	癸亥	2 5	癸巳	3 6	壬戌	4 4	壬辰	5 4	辛酉	6 2	辛卯	7 2	辛酉	1
初十	甲子	2 6	甲午	3 7	癸亥	4 5	癸巳	5 5	壬戌	6 3	壬辰	7 3	壬戌	2
十一	乙丑	2 7	乙未	3 8	甲子	4 6	甲午	5 6	癸亥	6 4	癸巳	7 4	癸亥	3
十二	丙寅	2 8	丙申	3 9	乙丑	4 7	乙未	5 7	甲子	6 5	甲午	7 5	甲子	4
十三	丁卯	2 9	丁酉	3 10	丙寅	4 8	丙申	5 8	乙丑	6 6	乙未	7 6	乙丑	5
十四	戊辰	2 10	戊戌	3 11	丁卯	4 9	丁酉	5 9	丙寅	6 7	丙申	7 7	丙寅	6
十五	己巳	2 11	己亥	3 12	戊辰	4 10	戊戌	5 10	丁卯	6 8	丁酉	7 8	丁卯	7
十六	庚午	2 12	庚子	3 13	己巳	4 11	己亥	5 11	戊辰	6 9	戊戌	7 9	戊辰	8
十七	辛未	2 13	辛丑	3 14	庚午	4 12	庚子	5 12	己巳	6 10	己亥	7 10	己巳	9
十八	壬申	2 14	壬寅	3 15	辛未	4 13	辛丑	5 13	庚午	6 11	庚子	7 11	庚午	10
十九	癸酉	2 15	癸卯	3 16	壬申	4 14	壬寅	5 14	辛未	6 12	辛丑	7 12	辛未	11
二十	甲戌	2 16	甲辰	3 17	癸酉	4 15	癸卯	5 15	壬申	6 13	壬寅	7 13	壬申	12
廿一	乙亥	2 17	乙巳	3 18	甲戌	4 16	甲辰	5 16	癸酉	6 14	癸卯	7 14	癸酉	13
廿二	丙子	2 18	丙午	3 19	乙亥	4 17	乙巳	5 17	甲戌	6 15	甲辰	7 15	甲戌	14
廿三	丁丑	2 19	丁未	3 20	丙子	4 18	丙午	5 18	乙亥	6 16	乙巳	7 16	乙亥	15
廿四	戊寅	2 20	戊申	3 21	丁丑	4 19	丁未	5 19	丙子	6 17	丙午	7 17	丙子	16
廿五	己卯	2 21	己酉	3 22	戊寅	4 20	戊申	5 20	丁丑	6 18	丁未	7 18	丁丑	17
廿六	庚辰	2 22	庚戌	3 23	己卯	4 21	己酉	5 21	戊寅	6 19	戊申	7 19	戊寅	18
廿七	辛巳	2 23	辛亥	3 24	庚辰	4 22	庚戌	5 22	己卯	6 20	己酉	7 20	己卯	19
廿八	壬午	2 24	壬子	3 25	辛巳	4 23	辛亥	5 23	庚辰	6 21	庚戌	7 21	庚辰	20
廿九	癸未	2 25	癸丑	3 26	壬午	4 24	壬子	5 24	辛巳	6 22	辛亥	7 22	辛巳	21
三十	甲申	2 26	部落格搜尋		癸未	4 25	天易		壬午	6 23	壬子	7 23	太乙	

日光節約時間：陽曆 (6 月 1 日至 9 月 30 日) 陰曆 (5 月 8 日至 8 月 10 日)

月別	月 二 十		月 一 十		月 十		月 九		月 八		月 七	
月柱	丑 己		子 戊		亥 丁		戌 丙		酉 乙		申 甲	
紫白	白 六		赤 七		白 八		紫 九		白 一		黑 二	
節氣時間	2/4	1/20	1/5	12/22	12/7	11/22	11/7	10/23	10/8	9/23	9/7	8/23
	九十	四初	九十	五初	九十	四初	九十	四初	八十	三初	七十	二初
	9 立 時 春 22 巳 分 時	15 大 時 寒 1 申 分 時	21 小 時 寒 43 亥 分 時	4 冬 時 至 26 寅 分 時	10 大 時 雪 38 巳 分 時	15 小 時 雪 18 申 分 時	18 立 時 冬 2 酉 分 時	18 霜 時 降 2 酉 分 時	15 寒 時 露 9 申 分 時	8 秋 時 分 59 辰 分 時	23 白 時 露 45 子 分 時	11 處 時 暑 34 午 分 時
農曆	曆陽	柱日	曆陽	柱日	曆陽	柱日	曆陽	柱日	曆陽	柱日	曆陽	柱日
初一	1 17	戌庚	12 18	辰庚	11 19	亥辛	10 20	巳辛	9 21	子壬	8 22	午壬
初二	1 18	亥辛	12 19	巳辛	11 20	子壬	10 21	午壬	9 22	丑癸	8 23	未癸
初三	1 19	子壬	12 20	午壬	11 21	丑癸	10 22	未癸	9 23	寅甲	8 24	申甲
初四	1 20	丑癸	12 21	未癸	11 22	寅甲	10 23	申甲	9 24	卯乙	8 25	酉乙
初五	1 21	寅甲	12 22	申甲	11 23	卯乙	10 24	酉乙	9 25	辰丙	8 26	戌丙
初六	1 22	卯乙	12 23	酉乙	11 24	辰丙	10 25	戌丙	9 26	巳丁	8 27	亥丁
初七	1 23	辰丙	12 24	戌丙	11 25	巳丁	10 26	亥丁	9 27	午戊	8 28	子戊
初八	1 24	巳丁	12 25	亥丁	11 26	午戊	10 27	子戊	9 28	未己	8 29	丑己
初九	1 25	午戊	12 26	子戊	11 27	未己	10 28	丑己	9 29	申庚	8 30	寅庚
初十	1 26	未己	12 27	丑己	11 28	申庚	10 29	寅庚	9 30	酉辛	8 31	卯辛
十一	1 27	申庚	12 28	寅庚	11 29	酉辛	10 30	卯辛	10 1	戌壬	9 1	辰壬
十二	1 28	酉辛	12 29	卯辛	11 30	戌壬	10 31	辰壬	10 2	亥癸	9 2	巳癸
十三	1 29	戌壬	12 30	辰壬	12 1	亥癸	11 1	巳癸	10 3	子甲	9 3	午甲
十四	1 30	亥癸	12 31	巳癸	12 2	子甲	11 2	午甲	10 4	丑乙	9 4	未乙
十五	1 31	子甲	1 1	午甲	12 3	丑乙	11 3	未乙	10 5	寅丙	9 5	申丙
十六	2 1	丑乙	1 2	未乙	12 4	寅丙	11 4	申丙	10 6	卯丁	9 6	酉丁
十七	2 2	寅丙	1 3	申丙	12 5	卯丁	11 5	酉丁	10 7	辰戊	9 7	戌戊
十八	2 3	卯丁	1 4	酉丁	12 6	辰戊	11 6	戌戊	10 8	巳己	9 8	亥己
十九	2 4	辰戊	1 5	戌戊	12 7	巳己	11 7	亥己	10 9	午庚	9 9	子庚
二十	2 5	巳己	1 6	亥己	12 8	午庚	11 8	子庚	10 10	未辛	9 10	丑辛
廿一	2 6	午庚	1 7	子庚	12 9	未辛	11 9	丑辛	10 11	申壬	9 11	寅壬
廿二	2 7	未辛	1 8	丑辛	12 10	申壬	11 10	寅壬	10 12	酉癸	9 12	卯癸
廿三	2 8	申壬	1 9	寅壬	12 11	酉癸	11 11	卯癸	10 13	戌甲	9 13	辰甲
廿四	2 9	酉癸	1 10	卯癸	12 12	戌甲	11 12	辰甲	10 14	亥乙	9 14	巳乙
廿五	2 10	戌甲	1 11	辰甲	12 13	亥乙	11 13	巳乙	10 15	子丙	9 15	午丙
廿六	2 11	亥乙	1 12	巳乙	12 14	子丙	11 14	午丙	10 16	丑丁	9 16	未丁
廿七	2 12	子丙	1 13	午丙	12 15	丑丁	11 15	未丁	10 17	寅戊	9 17	申戊
廿八	2 13	丑丁	1 14	未丁	12 16	寅戊	11 16	申戊	10 18	卯己	9 18	酉己
廿九	2 14	寅戊	1 15	申戊	12 17	卯己	11 17	酉己	10 19	辰庚	9 19	戌庚
三十	乙太		1 16	酉己	易天		11 18	戌庚	尋搜格落部		9 20	亥辛

西元一九六一年 歲次辛丑

民國五十年

太歲姓湯名信

納音屬土

生肖屬牛

年三碧星

婁宿值年

月	六	月	五	月	四	月	三	月	二	月	正	別月
未	乙	午	甲	巳	癸	辰	壬	卯	辛	寅	庚	柱月
紫	九	白	一	黑	二	碧	三	綠	四	黃	五	白紫
/8	7/23	7/7	6/21	6/6	5/21	5/6	4/20	4/5	3/21	3/6	2/19	節氣時間
汁廿	一十	五廿	九初	三廿	七初	二廿	六初	十二	五初	十二	五初	
立秋丑時	10時24分 大暑巳時	17時7分 小暑酉時	23時30分 夏至子時	6時46分 芒種卯時	15時22分 小滿申時	2時21分 立夏丑時	15時55分 穀雨申時	8時42分 清明辰時	4時32分 春分寅時	3時35分 驚蟄寅時	5時17分 雨水卯時	
曆陽	柱日	曆陽	柱日	曆陽	柱日	曆陽	柱日	曆陽	柱日	曆陽	柱日	曆農
13	未丁	6 13	丑丁	5 15	申戊	4 15	寅戊	3 17	酉己	2 15	卯己	一初
14	申戊	6 14	寅戊	5 16	酉己	4 16	卯己	3 18	戌庚	2 16	辰庚	二初
15	酉己	6 15	卯己	5 17	戌庚	4 17	辰庚	3 19	亥辛	2 17	巳辛	三初
16	戌庚	6 16	辰庚	5 18	亥辛	4 18	巳辛	3 20	子壬	2 18	午壬	四初
17	亥辛	6 17	巳辛	5 19	子壬	4 19	午壬	3 21	丑癸	2 19	未癸	五初
18	子壬	6 18	午壬	5 20	丑癸	4 20	未癸	3 22	寅甲	2 20	申甲	六初
19	丑癸	6 19	未癸	5 21	寅甲	4 21	申甲	3 23	卯乙	2 21	酉乙	七初
20	寅甲	6 20	申甲	5 22	卯乙	4 22	酉乙	3 24	辰丙	2 22	戌丙	八初
21	卯乙	6 21	酉乙	5 23	辰丙	4 23	戌丙	3 25	巳丁	2 23	亥丁	九初
22	辰丙	6 22	戌丙	5 24	巳丁	4 24	亥丁	3 26	午戊	2 24	子戊	十初
23	巳丁	6 23	亥丁	5 25	午戊	4 25	子戊	3 27	未己	2 25	丑己	一十
24	午戊	6 24	子戊	5 26	未己	4 26	丑己	3 28	申庚	2 26	寅庚	二十
25	未己	6 25	丑己	5 27	申庚	4 27	寅庚	3 29	酉辛	2 27	卯辛	三十
26	申庚	6 26	寅庚	5 28	酉辛	4 28	卯辛	3 30	戌壬	2 28	辰壬	四十
27	酉辛	6 27	卯辛	5 29	戌壬	4 29	辰壬	3 31	亥癸	3 1	巳癸	五十
28	戌壬	6 28	辰壬	5 30	亥癸	4 30	巳癸	4 1	子甲	3 2	午甲	六十
29	亥癸	6 29	巳癸	5 31	子甲	5 1	午甲	4 2	丑乙	3 3	未乙	七十
30	子甲	6 30	午甲	6 1	丑乙	5 2	未乙	4 3	寅丙	3 4	申丙	八十
31	丑乙	7 1	未乙	6 2	寅丙	5 3	申丙	4 4	卯丁	3 5	酉丁	九十
1	寅丙	7 2	申丙	6 3	卯丁	5 4	酉丁	4 5	辰戊	3 6	戌戊	十二
2	卯丁	7 3	酉丁	6 4	辰戊	5 5	戌戊	4 6	巳己	3 7	亥己	一廿
3	辰戊	7 4	戌戊	6 5	巳己	5 6	亥己	4 7	午庚	3 8	子庚	二廿
4	巳己	7 5	亥己	6 6	午庚	5 7	子庚	4 8	未辛	3 9	丑辛	三廿
5	午庚	7 6	子庚	6 7	未辛	5 8	丑辛	4 9	申壬	3 10	寅壬	四廿
6	未辛	7 7	丑辛	6 8	申壬	5 9	寅壬	4 10	酉癸	3 11	卯癸	五廿
7	申壬	7 8	寅壬	6 9	酉癸	5 10	卯癸	4 11	戌甲	3 12	辰甲	六廿
8	酉癸	7 9	卯癸	6 10	戌甲	5 11	辰甲	4 12	亥乙	3 13	巳乙	七廿
9	戌甲	7 10	辰甲	6 11	亥乙	5 12	巳乙	4 13	子丙	3 14	午丙	八廿
10	亥乙	7 11	巳乙	6 12	子丙	5 13	午丙	4 14	丑丁	3 15	未丁	九廿
乙太		7 12	午丙	易天		5 14	未丁	尋搜格落部		3 16	申戊	十三

日光節約時間：陽曆 (6 月 1 日至 9 月 30 日) 陰曆 (4 月 18 日至 8 月 21 日

月別	月二十		月一十		月十		月九		月八		月七	
月柱	丑辛		子庚		亥己		戌戊		酉丁		申丙	
紫白	碧三		綠四		黃五		白六		赤七		白八	
節氣時間	1/20	1/6		12/22	12/7	11/22	11/7	10/23	10/8	9/23	9/8	8/23
	五十	一初		五十	十三	五十	九廿	四十	九廿	四十	九廿	三十
	20時58分 大寒戌時	3時35分 小寒寅時		10時19分 冬至巳時	16時26分 大雪申時	21時8分 小雪亥時	23時46分 立冬子時	23時47分 霜降子時	20時51分 寒露戌時	14時42分 秋分未時	5時29分 白露卯時	17時19分 處暑酉時
農曆	曆陽	柱日	曆陽	柱日	曆陽	柱日	曆陽	柱日	曆陽	柱日	曆陽	柱日
初一	1 6	辰甲	12 8	亥乙	11 8	巳乙	10 10	子丙	9 10	午丙	8 11	子丙
初二	1 7	巳乙	12 9	子丙	11 9	午丙	10 11	丑丁	9 11	未丁	8 12	丑丁
初三	1 8	午丙	12 10	丑丁	11 10	未丁	10 12	寅戊	9 12	申戊	8 13	寅戊
初四	1 9	未丁	12 11	寅戊	11 11	申戊	10 13	卯己	9 13	酉己	8 14	卯己
初五	1 10	申戊	12 12	卯己	11 12	酉己	10 14	辰庚	9 14	戌庚	8 15	辰庚
初六	1 11	酉己	12 13	辰庚	11 13	戌庚	10 15	巳辛	9 15	亥辛	8 16	巳辛
初七	1 12	戌庚	12 14	巳辛	11 14	亥辛	10 16	午壬	9 16	子壬	8 17	午壬
初八	1 13	亥辛	12 15	午壬	11 15	子壬	10 17	未癸	9 17	丑癸	8 18	未癸
初九	1 14	子壬	12 16	未癸	11 16	丑癸	10 18	申甲	9 18	寅甲	8 19	申甲
初十	1 15	丑癸	12 17	申甲	11 17	寅甲	10 19	酉乙	9 19	卯乙	8 20	酉乙
十一	1 16	寅甲	12 18	酉乙	11 18	卯乙	10 20	戌丙	9 20	辰丙	8 21	戌丙
十二	1 17	卯乙	12 19	戌丙	11 19	辰丙	10 21	亥丁	9 21	巳丁	8 22	亥丁
十三	1 18	辰丙	12 20	亥丁	11 20	巳丁	10 22	子戊	9 22	午戊	8 23	子戊
十四	1 19	巳丁	12 21	子戊	11 21	午戊	10 23	丑己	9 23	未己	8 24	丑己
十五	1 20	午戊	12 22	丑己	11 22	未己	10 24	寅庚	9 24	申庚	8 25	寅庚
十六	1 21	未己	12 23	寅庚	11 23	申庚	10 25	卯辛	9 25	酉辛	8 26	卯辛
十七	1 22	申庚	12 24	卯辛	11 24	酉辛	10 26	辰壬	9 26	戌壬	8 27	辰壬
十八	1 23	酉辛	12 25	辰壬	11 25	戌壬	10 27	巳癸	9 27	亥癸	8 28	巳癸
十九	1 24	戌壬	12 26	巳癸	11 26	亥癸	10 28	午甲	9 28	子甲	8 29	午甲
二十	1 25	亥癸	12 27	午甲	11 27	子甲	10 29	未乙	9 29	丑乙	8 30	未乙
廿一	1 26	子甲	12 28	未乙	11 28	丑乙	10 30	申丙	9 30	寅丙	8 31	申丙
廿二	1 27	丑乙	12 29	申丙	11 29	寅丙	10 31	酉丁	10 1	卯丁	9 1	酉丁
廿三	1 28	寅丙	12 30	酉丁	11 30	卯丁	11 1	戌戊	10 2	辰戊	9 2	戌戊
廿四	1 29	卯丁	12 31	戌戊	12 1	辰戊	11 2	亥己	10 3	巳己	9 3	亥己
廿五	1 30	辰戊	1 1	亥己	12 2	巳己	11 3	子庚	10 4	午庚	9 4	子庚
廿六	1 31	巳己	1 2	子庚	12 3	午庚	11 4	丑辛	10 5	未辛	9 5	丑辛
廿七	2 1	午庚	1 3	丑辛	12 4	未辛	11 5	寅壬	10 6	申壬	9 6	寅壬
廿八	2 2	未辛	1 4	寅壬	12 5	申壬	11 6	卯癸	10 7	酉癸	9 7	卯癸
廿九	2 3	申壬	1 5	卯癸	12 6	酉癸	11 7	辰甲	10 8	戌甲	9 8	辰甲
三十	2 4	酉癸	乙太		12 7	戌甲	易天		10 9	亥乙	9 9	巳乙

西元一九六二年 歲次壬寅

- 民國五十一年
- 太歲姓賀名諤
- 納音屬金
- 生肖屬虎
- 年二黑星
- 胃宿值年

月別	正月		二月		三月		四月		五月		六月	
月柱	壬寅		癸卯		甲辰		乙巳		丙午		丁未	
紫白	二黑		一白		九紫		八白		七赤		六白	
節氣時間	2/4 三十 立春 15時17分 申時	2/19 十五 雨水 11時15分 午時	3/6 初一 驚蟄 9時30分 巳時	3/21 十六 春分 10時30分 巳時	4/5 初一 清明 14時34分 未時	4/20 十六 穀雨 21時51分 亥時	5/6 初三 立夏 8時9分 辰時	5/21 十八 小滿 21時16分 亥時	6/6 初五 芒種 12時31分 午時	6/22 廿一 夏至 5時24分 卯時	7/7 初六 小暑 22時51分 亥時	/23 廿 大暑 申時
農曆	陽曆	日柱	陽曆	日柱	陽曆	日柱	陽曆	日柱	陽曆	日柱	陽曆	日柱
初一	2 5	甲戌	3 6	癸卯	4 5	癸酉	5 4	壬寅	6 2	辛未	2	辛丑
初二	2 6	乙亥	3 7	甲辰	4 6	甲戌	5 5	癸卯	6 3	壬申	3	壬寅
初三	2 7	丙子	3 8	乙巳	4 7	乙亥	5 6	甲辰	6 4	癸酉	4	癸卯
初四	2 8	丁丑	3 9	丙午	4 8	丙子	5 7	乙巳	6 5	甲戌	5	甲辰
初五	2 9	戊寅	3 10	丁未	4 9	丁丑	5 8	丙午	6 6	乙亥	6	乙巳
初六	2 10	己卯	3 11	戊申	4 10	戊寅	5 9	丁未	6 7	丙子	7	丙午
初七	2 11	庚辰	3 12	己酉	4 11	己卯	5 10	戊申	6 8	丁丑	8	丁未
初八	2 12	辛巳	3 13	庚戌	4 12	庚辰	5 11	己酉	6 9	戊寅	9	戊申
初九	2 13	壬午	3 14	辛亥	4 13	辛巳	5 12	庚戌	6 10	己卯	10	己酉
初十	2 14	癸未	3 15	壬子	4 14	壬午	5 13	辛亥	6 11	庚辰	11	庚戌
十一	2 15	甲申	3 16	癸丑	4 15	癸未	5 14	壬子	6 12	辛巳	12	辛亥
十二	2 16	乙酉	3 17	甲寅	4 16	甲申	5 15	癸丑	6 13	壬午	13	壬子
十三	2 17	丙戌	3 18	乙卯	4 17	乙酉	5 16	甲寅	6 14	癸未	14	癸丑
十四	2 18	丁亥	3 19	丙辰	4 18	丙戌	5 17	乙卯	6 15	甲申	15	甲寅
十五	2 19	戊子	3 20	丁巳	4 19	丁亥	5 18	丙辰	6 16	乙酉	16	乙卯
十六	2 20	己丑	3 21	戊午	4 20	戊子	5 19	丁巳	6 17	丙戌	17	丙辰
十七	2 21	庚寅	3 22	己未	4 21	己丑	5 20	戊午	6 18	丁亥	18	丁巳
十八	2 22	辛卯	3 23	庚申	4 22	庚寅	5 21	己未	6 19	戊子	19	戊午
十九	2 23	壬辰	3 24	辛酉	4 23	辛卯	5 22	庚申	6 20	己丑	20	己未
二十	2 24	癸巳	3 25	壬戌	4 24	壬辰	5 23	辛酉	6 21	庚寅	21	庚申
廿一	2 25	甲午	3 26	癸亥	4 25	癸巳	5 24	壬戌	6 22	辛卯	22	辛酉
廿二	2 26	乙未	3 27	甲子	4 26	甲午	5 25	癸亥	6 23	壬辰	23	壬戌
廿三	2 27	丙申	3 28	乙丑	4 27	乙未	5 26	甲子	6 24	癸巳	24	癸亥
廿四	2 28	丁酉	3 29	丙寅	4 28	丙申	5 27	乙丑	6 25	甲午	25	甲子
廿五	3 1	戊戌	3 30	丁卯	4 29	丁酉	5 28	丙寅	6 26	乙未	26	乙丑
廿六	3 2	己亥	3 31	戊辰	4 30	戊戌	5 29	丁卯	6 27	丙申	27	丙寅
廿七	3 3	庚子	4 1	己巳	5 1	己亥	5 30	戊辰	6 28	丁酉	28	丁卯
廿八	3 4	辛丑	4 2	庚午	5 2	庚子	5 31	己巳	6 29	戊戌	29	戊辰
廿九	3 5	壬寅	4 3	辛未	5 3	辛丑	6 1	庚午	6 30	己亥	30	己巳
三十	部落格搜尋		4 4	壬申	太乙文化事業		天易		7 1	庚子	太乙	

月別	月 二 十		月 一 十		月 十		月 九		月 八		月 七	
月柱	丑 癸		子 壬		亥 辛		戌 庚		酉 己		申 戊	
紫白	紫 九		白 一		黑 二		碧 三		綠 四		黃 五	
節氣時間	1/21	1/6	12/22	12/7	11/23	11/8	10/24	10/9	9/23	9/8	8/23	8/
	六廿	一十	六廿	一十	七廿	二十	六廿	一十	五廿	十初	四廿	九
	2時54分 大寒丑時	9時27分 小寒巳時	16時15分 冬至申時	22時17分 大雪亥時	3時2分 小雪寅時	5時35分 立冬卯時	5時40分 霜降卯時	2時38分 寒露丑時	20時35分 秋分戌時	11時15分 白露午時	23時12分 處暑子時	8時34分
農曆	曆陽	柱日	曆陽	柱日	曆陽	柱日	曆陽	柱日	曆陽	柱日	曆陽	柱日
初一	12 27	亥己	11 27	巳己	10 28	亥己	9 29	午庚	8 30	子庚	7 31	午庚
初二	12 28	子庚	11 28	午庚	10 29	子庚	9 30	未辛	8 31	丑辛	8 1	未辛
初三	12 29	丑辛	11 29	未辛	10 30	丑辛	10 1	申壬	9 1	寅壬	8 2	申壬
初四	12 30	寅壬	11 30	申壬	10 31	寅壬	10 2	酉癸	9 2	卯癸	8 3	酉癸
初五	12 31	卯癸	12 1	酉癸	11 1	卯癸	10 3	戌甲	9 3	辰甲	8 4	戌甲
初六	1 1	辰甲	12 2	戌甲	11 2	辰甲	10 4	亥乙	9 4	巳乙	8 5	亥乙
初七	1 2	巳乙	12 3	亥乙	11 3	巳乙	10 5	子丙	9 5	午丙	8 6	子丙
初八	1 3	午丙	12 4	子丙	11 4	午丙	10 6	丑丁	9 6	未丁	8 7	丑丁
初九	1 4	未丁	12 5	丑丁	11 5	未丁	10 7	寅戊	9 7	申戊	8 8	寅戊
初十	1 5	申戊	12 6	寅戊	11 6	申戊	10 8	卯己	9 8	酉己	8 9	卯己
十一	1 6	酉己	12 7	卯己	11 7	酉己	10 9	辰庚	9 9	戌庚	8 10	辰庚
十二	1 7	戌庚	12 8	辰庚	11 8	戌庚	10 10	巳辛	9 10	亥辛	8 11	巳辛
十三	1 8	亥辛	12 9	巳辛	11 9	亥辛	10 11	午壬	9 11	子壬	8 12	午壬
十四	1 9	子壬	12 10	午壬	11 10	子壬	10 12	未癸	9 12	丑癸	8 13	未癸
十五	1 10	丑癸	12 11	未癸	11 11	丑癸	10 13	申甲	9 13	寅甲	8 14	申甲
十六	1 11	寅甲	12 12	申甲	11 12	寅甲	10 14	酉乙	9 14	卯乙	8 15	酉乙
十七	1 12	卯乙	12 13	酉乙	11 13	卯乙	10 15	戌丙	9 15	辰丙	8 16	戌丙
十八	1 13	辰丙	12 14	戌丙	11 14	辰丙	10 16	亥丁	9 16	巳丁	8 17	亥丁
十九	1 14	巳丁	12 15	亥丁	11 15	巳丁	10 17	子戊	9 17	午戊	8 18	子戊
二十	1 15	午戊	12 16	子戊	11 16	午戊	10 18	丑己	9 18	未己	8 19	丑己
廿一	1 16	未己	12 17	丑己	11 17	未己	10 19	寅庚	9 19	申庚	8 20	寅庚
廿二	1 17	申庚	12 18	寅庚	11 18	申庚	10 20	卯辛	9 20	酉辛	8 21	卯辛
廿三	1 18	酉辛	12 19	卯辛	11 19	酉辛	10 21	辰壬	9 21	戌壬	8 22	辰壬
廿四	1 19	戌壬	12 20	辰壬	11 20	戌壬	10 22	巳癸	9 22	亥癸	8 23	巳癸
廿五	1 20	亥癸	12 21	巳癸	11 21	亥癸	10 23	午甲	9 23	子甲	8 24	午甲
廿六	1 21	子甲	12 22	午甲	11 22	子甲	10 24	未乙	9 24	丑乙	8 25	未乙
廿七	1 22	丑乙	12 23	未乙	11 23	丑乙	10 25	申丙	9 25	寅丙	8 26	申丙
廿八	1 23	寅丙	12 24	申丙	11 24	寅丙	10 26	酉丁	9 26	卯丁	8 27	酉丁
廿九	1 24	卯丁	12 25	酉丁	11 25	卯丁	10 27	戌戊	9 27	辰戊	8 28	戌戊
三十	乙太		12 26	戌戊	11 26	辰戊	易天		9 28	巳己	8 29	亥己

西元一九六三年 歲次癸卯

月	六	月	五	月四閏		月	四	月	三	月	二	月	正	別月
未	己	午	戊			巳	丁	辰	丙	卯	乙	寅	甲	柱月
碧	三	綠	四			黃	五	白	六	赤	七	白	八	白紫
8	7/23	7/8	6/22		6/6	5/22	5/6	4/21	4/5	3/21	3/6	2/19	2/4	節氣時間
十	三初	八十	二初		五十	九廿	三十	八廿	二十	六廿	一十	六廿	一十	
立秋未時	21時59分 大暑亥時	4時38分 小暑寅時	11時4分 夏至午時		18時14分 芒種酉時	2時58分 小滿丑時	13時52分 立夏未時	3時36分 穀雨寅時	20時19分 清明戌時	16時20分 春分申時	15時17分 驚蟄申時	17時9分 雨水酉時	21時8分 立春亥時	
陽	柱日	曆陽	柱日	曆陽	柱日	曆陽	柱日	曆陽	柱日	曆陽	柱日	曆陽	柱日	曆農
21	丑乙	6 21	未乙	5 23	寅丙	4 24	酉丁	3 25	卯丁	2 24	戌戊	1 25	辰戊	一初
22	寅丙	6 22	申丙	5 24	卯丁	4 25	戌戊	3 26	辰戊	2 25	亥己	1 26	巳己	二初
23	卯丁	6 23	酉丁	5 25	辰戊	4 26	亥己	3 27	巳己	2 26	子庚	1 27	午庚	三初
24	辰戊	6 24	戌戊	5 26	巳己	4 27	子庚	3 28	午庚	2 27	丑辛	1 28	未辛	四初
25	巳己	6 25	亥己	5 27	午庚	4 28	丑辛	3 29	未辛	2 28	寅壬	1 29	申壬	五初
26	午庚	6 26	子庚	5 28	未辛	4 29	寅壬	3 30	申壬	3 1	卯癸	1 30	酉癸	六初
27	未辛	6 27	丑辛	5 29	申壬	4 30	卯癸	3 31	酉癸	3 2	辰甲	1 31	戌甲	七初
28	申壬	6 28	寅壬	5 30	酉癸	5 1	辰甲	4 1	戌甲	3 3	巳乙	2 1	亥乙	八初
29	酉癸	6 29	卯癸	5 31	戌甲	5 2	巳乙	4 2	亥乙	3 4	午丙	2 2	子丙	九初
30	戌甲	6 30	辰甲	6 1	亥乙	5 3	午丙	4 3	子丙	3 5	未丁	2 3	丑丁	十初
31	亥乙	7 1	巳乙	6 2	子丙	5 4	未丁	4 4	丑丁	3 6	申戊	2 4	寅戊	一十
1	子丙	7 2	午丙	6 3	丑丁	5 5	申戊	4 5	寅戊	3 7	酉己	2 5	卯己	二十
2	丑丁	7 3	未丁	6 4	寅戊	5 6	酉己	4 6	卯己	3 8	戌庚	2 6	辰庚	三十
3	寅戊	7 4	申戊	6 5	卯己	5 7	戌庚	4 7	辰庚	3 9	亥辛	2 7	巳辛	四十
4	卯己	7 5	酉己	6 6	辰庚	5 8	亥辛	4 8	巳辛	3 10	子壬	2 8	午壬	五十
5	辰庚	7 6	戌庚	6 7	巳辛	5 9	子壬	4 9	午壬	3 11	丑癸	2 9	未癸	六十
6	巳辛	7 7	亥辛	6 8	午壬	5 10	丑癸	4 10	未癸	3 12	寅甲	2 10	申甲	七十
7	午壬	7 8	子壬	6 9	未癸	5 11	寅甲	4 11	申甲	3 13	卯乙	2 11	酉乙	八十
8	未癸	7 9	丑癸	6 10	申甲	5 12	卯乙	4 12	酉乙	3 14	辰丙	2 12	戌丙	九十
9	申甲	7 10	寅甲	6 11	酉乙	5 13	辰丙	4 13	戌丙	3 15	巳丁	2 13	亥丁	十二
10	酉乙	7 11	卯乙	6 12	戌丙	5 14	巳丁	4 14	亥丁	3 16	午戊	2 14	子戊	一廿
11	戌丙	7 12	辰丙	6 13	亥丁	5 15	午戊	4 15	子戊	3 17	未己	2 15	丑己	二廿
12	亥丁	7 13	巳丁	6 14	子戊	5 16	未己	4 16	丑己	3 18	申庚	2 16	寅庚	三廿
13	子戊	7 14	午戊	6 15	丑己	5 17	申庚	4 17	寅庚	3 19	酉辛	2 17	卯辛	四廿
14	丑己	7 15	未己	6 16	寅庚	5 18	酉辛	4 18	卯辛	3 20	戌壬	2 18	辰壬	五廿
15	寅庚	7 16	申庚	6 17	卯辛	5 19	戌壬	4 19	辰壬	3 21	亥癸	2 19	巳癸	六廿
16	卯辛	7 17	酉辛	6 18	辰壬	5 20	亥癸	4 20	巳癸	3 22	子甲	2 20	午甲	七廿
17	辰壬	7 18	戌壬	6 19	巳癸	5 21	子甲	4 21	午甲	3 23	丑乙	2 21	未乙	八廿
18	巳癸	7 19	亥癸	6 20	午甲	5 22	丑乙	4 22	未乙	3 24	寅丙	2 22	申丙	九廿
乙太		7 20	子甲	易天		業事化文乙太		4 23	申丙	尋搜格落部		2 23	酉丁	十三

民國五十二年 太歲姓皮名時

納音屬金 生肖屬兔

年一白星 昴宿值年

月別	月二十		月一十		月十		月九		月八		月七	
月柱	丑乙		子甲		亥癸		戌壬		酉辛		申庚	
紫白	白六		赤七		白八		紫九		白一		黑二	
節氣時間	2/5	1/21	1/6	12/22	12/8	11/23	11/8	10/24	10/9	9/24	9/8	8/2
	二廿	七初	二廿	七初	三廿	八初	三廿	八初	二廿	七初	一廿	六初
	3時5分	8時41分	15時22分	22時2分	4時13分	8時49分	11時32分	11時29分	8時36分	2時23分	17時12分	4時58分
	立春寅時	大寒辰時	小寒申時	冬至亥時	大雪寅時	小雪辰時	立冬午時	霜降午時	寒露辰時	秋分丑時	白露酉時	處暑寅時
農曆	曆陽	柱日	曆陽	柱日	曆陽	柱日	曆陽	柱日	曆陽	柱日	曆陽	柱日
初一	1 15	亥癸	12 16	巳癸	11 16	亥癸	10 17	巳癸	9 18	子甲	8 19	午甲
初二	1 16	子甲	12 17	午甲	11 17	子甲	10 18	午甲	9 19	丑乙	8 20	未乙
初三	1 17	丑乙	12 18	未乙	11 18	丑乙	10 19	未乙	9 20	寅丙	8 21	申丙
初四	1 18	寅丙	12 19	申丙	11 19	寅丙	10 20	申丙	9 21	卯丁	8 22	酉丁
初五	1 19	卯丁	12 20	酉丁	11 20	卯丁	10 21	酉丁	9 22	辰戊	8 23	戌戊
初六	1 20	辰戊	12 21	戌戊	11 21	辰戊	10 22	戌戊	9 23	巳己	8 24	亥己
初七	1 21	巳己	12 22	亥己	11 22	巳己	10 23	亥己	9 24	午庚	8 25	子庚
初八	1 22	午庚	12 23	子庚	11 23	午庚	10 24	子庚	9 25	未辛	8 26	丑辛
初九	1 23	未辛	12 24	丑辛	11 24	未辛	10 25	丑辛	9 26	申壬	8 27	寅壬
初十	1 24	申壬	12 25	寅壬	11 25	申壬	10 26	寅壬	9 27	酉癸	8 28	卯癸
十一	1 25	酉癸	12 26	卯癸	11 26	酉癸	10 27	卯癸	9 28	戌甲	8 29	辰甲
十二	1 26	戌甲	12 27	辰甲	11 27	戌甲	10 28	辰甲	9 29	亥乙	8 30	巳乙
十三	1 27	亥乙	12 28	巳乙	11 28	亥乙	10 29	巳乙	9 30	子丙	8 31	午丙
十四	1 28	子丙	12 29	午丙	11 29	子丙	10 30	午丙	10 1	丑丁	9 1	未丁
十五	1 29	丑丁	12 30	未丁	11 30	丑丁	10 31	未丁	10 2	寅戊	9 2	申戊
十六	1 30	寅戊	12 31	申戊	12 1	寅戊	11 1	申戊	10 3	卯己	9 3	酉己
十七	1 31	卯己	1 1	酉己	12 2	卯己	11 2	酉己	10 4	辰庚	9 4	戌庚
十八	2 1	辰庚	1 2	戌庚	12 3	辰庚	11 3	戌庚	10 5	巳辛	9 5	亥辛
十九	2 2	巳辛	1 3	亥辛	12 4	巳辛	11 4	亥辛	10 6	午壬	9 6	子壬
二十	2 3	午壬	1 4	子壬	12 5	午壬	11 5	子壬	10 7	未癸	9 7	丑癸
廿一	2 4	未癸	1 5	丑癸	12 6	未癸	11 6	丑癸	10 8	申甲	9 8	寅甲
廿二	2 5	申甲	1 6	寅甲	12 7	申甲	11 7	寅甲	10 9	酉乙	9 9	卯乙
廿三	2 6	酉乙	1 7	卯乙	12 8	酉乙	11 8	卯乙	10 10	戌丙	9 10	辰丙
廿四	2 7	戌丙	1 8	辰丙	12 9	戌丙	11 9	辰丙	10 11	亥丁	9 11	巳丁
廿五	2 8	亥丁	1 9	巳丁	12 10	亥丁	11 10	巳丁	10 12	子戊	9 12	午戊
廿六	2 9	子戊	1 10	午戊	12 11	子戊	11 11	午戊	10 13	丑己	9 13	未己
廿七	2 10	丑己	1 11	未己	12 12	丑己	11 12	未己	10 14	寅庚	9 14	申庚
廿八	2 11	寅庚	1 12	申庚	12 13	寅庚	11 13	申庚	10 15	卯辛	9 15	酉辛
廿九	2 12	卯辛	1 13	酉辛	12 14	卯辛	11 14	酉辛	10 16	辰壬	9 16	戌壬
三十	乙太		1 14	戌壬	12 15	辰壬	11 15	戌壬	易天		9 17	亥癸

西元一九六四年 歲次甲辰

月	六	月 五		月 四		月 三		月 二		月 正		別月
未	辛	午 庚		巳 己		辰 戊		卯 丁		寅 丙		柱月
紫	九	白 一		黑 二		碧 三		綠 四		黃 五		白紫
'7	7/23	7/7	6/21	6/6	5/21	5/5	4/20	4/5	3/20	3/5	2/19	節氣時間
三	五十	八廿	二十	六廿	十初	四廿	九初	三廿	七初	二廿	七初	
立秋戌時	3時53分 大暑寅時	10時32分 小暑巳時	16時57分 夏至申時	0時12分 芒種子時	8時50分 小滿辰時	19時51分 立夏戌時	9時27分 穀雨巳時	2時18分 清明丑時	22時10分 春分亥時	21時16分 驚蟄亥時	22時57分 雨水亥時	
陽	柱日	曆陽	柱日	曆陽	柱日	曆陽	柱日	曆陽	柱日	曆陽	柱日	曆農
9	未己	6 10	寅庚	5 12	酉辛	4 12	卯辛	3 14	戌壬	2 13	辰壬	一初
10	申庚	6 11	卯辛	5 13	戌壬	4 13	辰壬	3 15	亥癸	2 14	巳癸	二初
11	酉辛	6 12	辰壬	5 14	亥癸	4 14	巳癸	3 16	子甲	2 15	午甲	三初
12	戌壬	6 13	巳癸	5 15	子甲	4 15	午甲	3 17	丑乙	2 16	未乙	四初
13	亥癸	6 14	午甲	5 16	丑乙	4 16	未乙	3 18	寅丙	2 17	申丙	五初
14	子甲	6 15	未乙	5 17	寅丙	4 17	申丙	3 19	卯丁	2 18	酉丁	六初
15	丑乙	6 16	申丙	5 18	卯丁	4 18	酉丁	3 20	辰戊	2 19	戌戊	七初
16	寅丙	6 17	酉丁	5 19	辰戊	4 19	戌戊	3 21	巳己	2 20	亥己	八初
17	卯丁	6 18	戌戊	5 20	巳己	4 20	亥己	3 22	午庚	2 21	子庚	九初
18	辰戊	6 19	亥己	5 21	午庚	4 21	子庚	3 23	未辛	2 22	丑辛	十初
19	巳己	6 20	子庚	5 22	未辛	4 22	丑辛	3 24	申壬	2 23	寅壬	一十
20	午庚	6 21	丑辛	5 23	申壬	4 23	寅壬	3 25	酉癸	2 24	卯癸	二十
21	未辛	6 22	寅壬	5 24	酉癸	4 24	卯癸	3 26	戌甲	2 25	辰甲	三十
22	申壬	6 23	卯癸	5 25	戌甲	4 25	辰甲	3 27	亥乙	2 26	巳乙	四十
23	酉癸	6 24	辰甲	5 26	亥乙	4 26	巳乙	3 28	子丙	2 27	午丙	五十
24	戌甲	6 25	巳乙	5 27	子丙	4 27	午丙	3 29	丑丁	2 28	未丁	六十
25	亥乙	6 26	午丙	5 28	丑丁	4 28	未丁	3 30	寅戊	2 29	申戊	七十
26	子丙	6 27	未丁	5 29	寅戊	4 29	申戊	3 31	卯己	3 1	酉己	八十
27	丑丁	6 28	申戊	5 30	卯己	4 30	酉己	4 1	辰庚	3 2	戌庚	九十
28	寅戊	6 29	酉己	5 31	辰庚	5 1	戌庚	4 2	巳辛	3 3	亥辛	十二
29	卯己	6 30	戌庚	6 1	巳辛	5 2	亥辛	4 3	午壬	3 4	子壬	一廿
30	辰庚	7 1	亥辛	6 2	午壬	5 3	子壬	4 4	未癸	3 5	丑癸	二廿
31	巳辛	7 2	子壬	6 3	未癸	5 4	丑癸	4 5	申甲	3 6	寅甲	三廿
1	午壬	7 3	丑癸	6 4	申甲	5 5	寅甲	4 6	酉乙	3 7	卯乙	四廿
2	未癸	7 4	寅甲	6 5	酉乙	5 6	卯乙	4 7	戌丙	3 8	辰丙	五廿
3	申甲	7 5	卯乙	6 6	戌丙	5 7	辰丙	4 8	亥丁	3 9	巳丁	六廿
4	酉乙	7 6	辰丙	6 7	亥丁	5 8	巳丁	4 9	子戊	3 10	午戊	七廿
5	戌丙	7 7	巳丁	6 8	子戊	5 9	午戊	4 10	丑己	3 11	未己	八廿
6	亥丁	7 8	午戊	6 9	丑己	5 10	未己	4 11	寅庚	3 12	申庚	九廿
7	子戊	乙太		易天		5 11	申庚	尋搜格落部		3 13	酉辛	十三

民國五十三年
太歲姓李名成

納音屬火
生肖屬龍

年九紫星
畢宿值年

月別	月二十		月一十		月十		月九		月八		月七	
月柱	丑丁		子丙		亥乙		戌甲		酉癸		申壬	
紫白	碧三		綠四		黃五		白六		赤七		白八	
節氣時間	1/20	1/5	12/22	12/7	11/22	11/7	10/23	10/8	9/23	9/7		8/2
	八十	三初	九十	四初	九十	四初	八十	三初	八十	二初		六一
	14時29分 大寒未時	21時2分 小寒亥時	3時50分 冬至寅時	9時53分 大雪巳時	14時39分 小雪未時	17時15分 立冬酉時	17時21分 霜降酉時	14時22分 寒露未時	8時17分 秋分辰時	23時0分 白露子時		10時51分
農曆	曆陽	柱日	曆陽	柱日	曆陽	柱日	曆陽	柱日	曆陽	柱日	曆陽	柱日
初一	1 3	巳丁	12 4	亥丁	11 4	巳丁	10 6	子戊	9 6	午戊	8 8	丑己
初二	1 4	午戊	12 5	子戊	11 5	午戊	10 7	丑己	9 7	未己	8 9	寅庚
初三	1 5	未己	12 6	丑己	11 6	未己	10 8	寅庚	9 8	申庚	8 10	卯辛
初四	1 6	申庚	12 7	寅庚	11 7	申庚	10 9	卯辛	9 9	酉辛	8 11	辰壬
初五	1 7	酉辛	12 8	卯辛	11 8	酉辛	10 10	辰壬	9 10	戌壬	8 12	巳癸
初六	1 8	戌壬	12 9	辰壬	11 9	戌壬	10 11	巳癸	9 11	亥癸	8 13	午甲
初七	1 9	亥癸	12 10	巳癸	11 10	亥癸	10 12	午甲	9 12	子甲	8 14	未乙
初八	1 10	子甲	12 11	午甲	11 11	子甲	10 13	未乙	9 13	丑乙	8 15	申丙
初九	1 11	丑乙	12 12	未乙	11 12	丑乙	10 14	申丙	9 14	寅丙	8 16	酉丁
初十	1 12	寅丙	12 13	申丙	11 13	寅丙	10 15	酉丁	9 15	卯丁	8 17	戌戊
十一	1 13	卯丁	12 14	酉丁	11 14	卯丁	10 16	戌戊	9 16	辰戊	8 18	亥己
十二	1 14	辰戊	12 15	戌戊	11 15	辰戊	10 17	亥己	9 17	巳己	8 19	子庚
十三	1 15	巳己	12 16	亥己	11 16	巳己	10 18	子庚	9 18	午庚	8 20	丑辛
十四	1 16	午庚	12 17	子庚	11 17	午庚	10 19	丑辛	9 19	未辛	8 21	寅壬
十五	1 17	未辛	12 18	丑辛	11 18	未辛	10 20	寅壬	9 20	申壬	8 22	卯癸
十六	1 18	申壬	12 19	寅壬	11 19	申壬	10 21	卯癸	9 21	酉癸	8 23	辰甲
十七	1 19	酉癸	12 20	卯癸	11 20	酉癸	10 22	辰甲	9 22	戌甲	8 24	巳乙
十八	1 20	戌甲	12 21	辰甲	11 21	戌甲	10 23	巳乙	9 23	亥乙	8 25	午丙
十九	1 21	亥乙	12 22	巳乙	11 22	亥乙	10 24	午丙	9 24	子丙	8 26	未丁
二十	1 22	子丙	12 23	午丙	11 23	子丙	10 25	未丁	9 25	丑丁	8 27	申戊
廿一	1 23	丑丁	12 24	未丁	11 24	丑丁	10 26	申戊	9 26	寅戊	8 28	酉己
廿二	1 24	寅戊	12 25	申戊	11 25	寅戊	10 27	酉己	9 27	卯己	8 29	戌庚
廿三	1 25	卯己	12 26	酉己	11 26	卯己	10 28	戌庚	9 28	辰庚	8 30	亥辛
廿四	1 26	辰庚	12 27	戌庚	11 27	辰庚	10 29	亥辛	9 29	巳辛	8 31	子壬
廿五	1 27	巳辛	12 28	亥辛	11 28	巳辛	10 30	子壬	9 30	午壬	9 1	丑癸
廿六	1 28	午壬	12 29	子壬	11 29	午壬	10 31	丑癸	10 1	未癸	9 2	寅甲
廿七	1 29	未癸	12 30	丑癸	11 30	未癸	11 1	寅甲	10 2	申甲	9 3	卯乙
廿八	1 30	申甲	12 31	寅甲	12 1	申甲	11 2	卯乙	10 3	酉乙	9 4	辰丙
廿九	1 31	酉乙	1 1	卯乙	12 2	酉乙	11 3	辰丙	10 4	戌丙	9 5	巳丁
三十	2 1	戌丙	1 2	辰丙	12 3	戌丙	乙太		10 5	亥丁	易天	

西元一九六五年 歲次乙巳

民國五十四年

太歲姓吳名逐

納音屬火

生肖屬蛇

年八白星

觜宿值年

月	六	月	五	月	四	月	三	月	二	月	正	別月
未	癸	午	壬	巳	辛	辰	庚	卯	己	寅	戊	柱月
白	六	赤	七	白	八	紫	九	白	一	黑	二	白紫
23	7/7	6/21	6/6	5/21	5/6	4/20	4/5	3/21	3/6	2/19	2/4	節氣時間
廿	九初	二廿	七初	一廿	六初	九十	四初	九十	四初	八十	三初	
大暑巳時	16時21分 小暑申時	22時56分 夏至亥時	6時2分 芒種卯時	14時50分 小滿未時	1時42分 立夏丑時	15時26分 穀雨申時	8時7分 清明辰時	4時5分 春分寅時	3時1分 驚蟄寅時	4時48分 雨水寅時	8時46分 立春辰時	
陽	柱日	曆陽	柱日	曆陽	柱日	曆陽	柱日	曆陽	柱日	曆陽	柱日	曆農
29	寅甲	5 31	酉乙	5 1	卯乙	4 2	戌丙	3 3	辰丙	2 2	亥丁	一初
30	卯乙	6 1	戌丙	5 2	辰丙	4 3	亥丁	3 4	巳丁	2 3	子戊	二初
1	辰丙	6 2	亥丁	5 3	巳丁	4 4	子戊	3 5	午戊	2 4	丑己	三初
2	巳丁	6 3	子戊	5 4	午戊	4 5	丑己	3 6	未己	2 5	寅庚	四初
3	午戊	6 4	丑己	5 5	未己	4 6	寅庚	3 7	申庚	2 6	卯辛	五初
4	未己	6 5	寅庚	5 6	申庚	4 7	卯辛	3 8	酉辛	2 7	辰壬	六初
5	申庚	6 6	卯辛	5 7	酉辛	4 8	辰壬	3 9	戌壬	2 8	巳癸	七初
6	酉辛	6 7	辰壬	5 8	戌壬	4 9	巳癸	3 10	亥癸	2 9	午甲	八初
7	戌壬	6 8	巳癸	5 9	亥癸	4 10	午甲	3 11	子甲	2 10	未乙	九初
8	亥癸	6 9	午甲	5 10	子甲	4 11	未乙	3 12	丑乙	2 11	申丙	十初
9	子甲	6 10	未乙	5 11	丑乙	4 12	申丙	3 13	寅丙	2 12	酉丁	一十
10	丑乙	6 11	申丙	5 12	寅丙	4 13	酉丁	3 14	卯丁	2 13	戌戊	二十
11	寅丙	6 12	酉丁	5 13	卯丁	4 14	戌戊	3 15	辰戊	2 14	亥己	三十
12	卯丁	6 13	戌戊	5 14	辰戊	4 15	亥己	3 16	巳己	2 15	子庚	四十
13	辰戊	6 14	亥己	5 15	巳己	4 16	子庚	3 17	午庚	2 16	丑辛	五十
14	巳己	6 15	子庚	5 16	午庚	4 17	丑辛	3 18	未辛	2 17	寅壬	六十
15	午庚	6 16	丑辛	5 17	未辛	4 18	寅壬	3 19	申壬	2 18	卯癸	七十
16	未辛	6 17	寅壬	5 18	申壬	4 19	卯癸	3 20	酉癸	2 19	辰甲	八十
17	申壬	6 18	卯癸	5 19	酉癸	4 20	辰甲	3 21	戌甲	2 20	巳乙	九十
18	酉癸	6 19	辰甲	5 20	戌甲	4 21	巳乙	3 22	亥乙	2 21	午丙	十二
19	戌甲	6 20	巳乙	5 21	亥乙	4 22	午丙	3 23	子丙	2 22	未丁	一廿
20	亥乙	6 21	午丙	5 22	子丙	4 23	未丁	3 24	丑丁	2 23	申戊	二廿
21	子丙	6 22	未丁	5 23	丑丁	4 24	申戊	3 25	寅戊	2 24	酉己	三廿
22	丑丁	6 23	申戊	5 24	寅戊	4 25	酉己	3 26	卯己	2 25	戌庚	四廿
23	寅戊	6 24	酉己	5 25	卯己	4 26	戌庚	3 27	辰庚	2 26	亥辛	五廿
24	卯己	6 25	戌庚	5 26	辰庚	4 27	亥辛	3 28	巳辛	2 27	子壬	六廿
25	辰庚	6 26	亥辛	5 27	巳辛	4 28	子壬	3 29	午壬	2 28	丑癸	七廿
26	巳辛	6 27	子壬	5 28	午壬	4 29	丑癸	3 30	未癸	3 1	寅甲	八廿
27	午壬	6 28	丑癸	5 29	未癸	4 30	寅甲	3 31	申甲	3 2	卯乙	九廿
乙太		易天		5 30	申甲	業事化文乙太		4 1	酉乙	尋搜格落部		十三

月別	月二十		月一十		月十		月九		月八		月七	
月柱	丑己		子戊		亥丁		戌丙		酉乙		申甲	
紫白	紫九		白一		黑二		碧三		綠四		黃五	
節氣時間	1/20	1/6	12/22	12/7	11/22	11/7	10/23	10/8	9/23	9/8	8/23	8/8
	九廿	五十	十三	五十	十三	五十	九廿	四十	八廿	三十	七廿	二十
	20時20分 大寒戌時	2時54分 小寒丑時	9時40分 冬至巳時	15時46分 大雪申時	20時29分 小雪戌時	23時7分 立冬子時	23時10分 霜降子時	20時11分 寒露戌時	14時6分 秋分未時	4時48分 白露寅時	16時43分 處暑申時	2時5分 立秋[illegible]
農曆	曆陽	柱日	曆陽	柱日	曆陽	柱日	曆陽	柱日	曆陽	柱日	曆陽	柱日
初一	12 23	亥辛	11 23	巳辛	10 24	亥辛	9 25	午壬	8 27	丑癸	7 28	未癸
初二	12 24	子壬	11 24	午壬	10 25	子壬	9 26	未癸	8 28	寅甲	7 29	申甲
初三	12 25	丑癸	11 25	未癸	10 26	丑癸	9 27	申甲	8 29	卯乙	7 30	酉乙
初四	12 26	寅甲	11 26	申甲	10 27	寅甲	9 28	酉乙	8 30	辰丙	7 31	戌丙
初五	12 27	卯乙	11 27	酉乙	10 28	卯乙	9 29	戌丙	8 31	巳丁	8 1	亥丁
初六	12 28	辰丙	11 28	戌丙	10 29	辰丙	9 30	亥丁	9 1	午戊	8 2	子戊
初七	12 29	巳丁	11 29	亥丁	10 30	巳丁	10 1	子戊	9 2	未己	8 3	丑己
初八	12 30	午戊	11 30	子戊	10 31	午戊	10 2	丑己	9 3	申庚	8 4	寅庚
初九	12 31	未己	12 1	丑己	11 1	未己	10 3	寅庚	9 4	酉辛	8 5	卯辛
初十	1 1	申庚	12 2	寅庚	11 2	申庚	10 4	卯辛	9 5	戌壬	8 6	辰壬
十一	1 2	酉辛	12 3	卯辛	11 3	酉辛	10 5	辰壬	9 6	亥癸	8 7	巳癸
十二	1 3	戌壬	12 4	辰壬	11 4	戌壬	10 6	巳癸	9 7	子甲	8 8	午甲
十三	1 4	亥癸	12 5	巳癸	11 5	亥癸	10 7	午甲	9 8	丑乙	8 9	未乙
十四	1 5	子甲	12 6	午甲	11 6	子甲	10 8	未乙	9 9	寅丙	8 10	申丙
十五	1 6	丑乙	12 7	未乙	11 7	丑乙	10 9	申丙	9 10	卯丁	8 11	酉丁
十六	1 7	寅丙	12 8	申丙	11 8	寅丙	10 10	酉丁	9 11	辰戊	8 12	戌戊
十七	1 8	卯丁	12 9	酉丁	11 9	卯丁	10 11	戌戊	9 12	巳己	8 13	亥己
十八	1 9	辰戊	12 10	戌戊	11 10	辰戊	10 12	亥己	9 13	午庚	8 14	子庚
十九	1 10	巳己	12 11	亥己	11 11	巳己	10 13	子庚	9 14	未辛	8 15	丑辛
二十	1 11	午庚	12 12	子庚	11 12	午庚	10 14	丑辛	9 15	申壬	8 16	寅壬
廿一	1 12	未辛	12 13	丑辛	11 13	未辛	10 15	寅壬	9 16	酉癸	8 17	卯癸
廿二	1 13	申壬	12 14	寅壬	11 14	申壬	10 16	卯癸	9 17	戌甲	8 18	辰甲
廿三	1 14	酉癸	12 15	卯癸	11 15	酉癸	10 17	辰甲	9 18	亥乙	8 19	巳乙
廿四	1 15	戌甲	12 16	辰甲	11 16	戌甲	10 18	巳乙	9 19	子丙	8 20	午丙
廿五	1 16	亥乙	12 17	巳乙	11 17	亥乙	10 19	午丙	9 20	丑丁	8 21	未丁
廿六	1 17	子丙	12 18	午丙	11 18	子丙	10 20	未丁	9 21	寅戊	8 22	申戊
廿七	1 18	丑丁	12 19	未丁	11 19	丑丁	10 21	申戊	9 22	卯己	8 23	酉己
廿八	1 19	寅戊	12 20	申戊	11 20	寅戊	10 22	酉己	9 23	辰庚	8 24	戌庚
廿九	1 20	卯己	12 21	酉己	11 21	卯己	10 23	戌庚	9 24	巳辛	8 25	亥辛
三十	乙太		12 22	戌庚	11 22	辰庚	易天		尋搜格落部		8 26	子壬

西元一九六六年 歲次丙午

民國五十五年
太歲姓文名折
納音屬水
生肖屬馬
年七赤星
參宿值年

月	六	月	五	月	四	月三閏		月	三	月	二	月	正	別月
未	乙	午	甲	巳	癸			辰	壬	卯	辛	寅	庚	柱月
碧	三	綠	四	黃	五			白	六	赤	七	白	八	白紫
8	7/23	7/7	6/22	6/6	5/21		5/6	4/20	4/5	3/21	3/6	2/19	2/4	節氣時間
廿	六初	九十	四初	八十	二初		六十	十三	五十	十三	五十	十三	五十	
立秋辰時	15時23分 大暑申時	22時7分 小暑亥時	4時33分 夏至寅時	11時50分 芒種午時	20時32分 小滿戌時		7時30分 立夏辰時	21時12分 穀雨亥時	13時57分 清明未時	9時53分 春分巳時	8時51分 驚蟄辰時	10時38分 雨水巳時	14時38分 立春未時	
陽	柱日	曆陽	柱日	曆陽	柱日	曆陽	柱日	曆陽	柱日	曆陽	柱日	曆陽	柱日	曆農
18	寅戊	6 19	酉己	5 20	卯己	4 21	戌庚	3 22	辰庚	2 20	戌庚	1 21	辰庚	一初
19	卯己	6 20	戌庚	5 21	辰庚	4 22	亥辛	3 23	巳辛	2 21	亥辛	1 22	巳辛	二初
20	辰庚	6 21	亥辛	5 22	巳辛	4 23	子壬	3 24	午壬	2 22	子壬	1 23	午壬	三初
21	巳辛	6 22	子壬	5 23	午壬	4 24	丑癸	3 25	未癸	2 23	丑癸	1 24	未癸	四初
22	午壬	6 23	丑癸	5 24	未癸	4 25	寅甲	3 26	申甲	2 24	寅甲	1 25	申甲	五初
23	未癸	6 24	寅甲	5 25	申甲	4 26	卯乙	3 27	酉乙	2 25	卯乙	1 26	酉乙	六初
24	申甲	6 25	卯乙	5 26	酉乙	4 27	辰丙	3 28	戌丙	2 26	辰丙	1 27	戌丙	七初
25	酉乙	6 26	辰丙	5 27	戌丙	4 28	巳丁	3 29	亥丁	2 27	巳丁	1 28	亥丁	八初
26	戌丙	6 27	巳丁	5 28	亥丁	4 29	午戊	3 30	子戊	2 28	午戊	1 29	子戊	九初
27	亥丁	6 28	午戊	5 29	子戊	4 30	未己	3 31	丑己	3 1	未己	1 30	丑己	十初
28	子戊	6 29	未己	5 30	丑己	5 1	申庚	4 1	寅庚	3 2	申庚	1 31	寅庚	一十
29	丑己	6 30	申庚	5 31	寅庚	5 2	酉辛	4 2	卯辛	3 3	酉辛	2 1	卯辛	二十
30	寅庚	7 1	酉辛	6 1	卯辛	5 3	戌壬	4 3	辰壬	3 4	戌壬	2 2	辰壬	三十
31	卯辛	7 2	戌壬	6 2	辰壬	5 4	亥癸	4 4	巳癸	3 5	亥癸	2 3	巳癸	四十
1	辰壬	7 3	亥癸	6 3	巳癸	5 5	子甲	4 5	午甲	3 6	子甲	2 4	午甲	五十
2	巳癸	7 4	子甲	6 4	午甲	5 6	丑乙	4 6	未乙	3 7	丑乙	2 5	未乙	六十
3	午甲	7 5	丑乙	6 5	未乙	5 7	寅丙	4 7	申丙	3 8	寅丙	2 6	申丙	七十
4	未乙	7 6	寅丙	6 6	申丙	5 8	卯丁	4 8	酉丁	3 9	卯丁	2 7	酉丁	八十
5	申丙	7 7	卯丁	6 7	酉丁	5 9	辰戊	4 9	戌戊	3 10	辰戊	2 8	戌戊	九十
6	酉丁	7 8	辰戊	6 8	戌戊	5 10	巳己	4 10	亥己	3 11	巳己	2 9	亥己	十二
7	戌戊	7 9	巳己	6 9	亥己	5 11	午庚	4 11	子庚	3 12	午庚	2 10	子庚	一廿
8	亥己	7 10	午庚	6 10	子庚	5 12	未辛	4 12	丑辛	3 13	未辛	2 11	丑辛	二廿
9	子庚	7 11	未辛	6 11	丑辛	5 13	申壬	4 13	寅壬	3 14	申壬	2 12	寅壬	三廿
10	丑辛	7 12	申壬	6 12	寅壬	5 14	酉癸	4 14	卯癸	3 15	酉癸	2 13	卯癸	四廿
11	寅壬	7 13	酉癸	6 13	卯癸	5 15	戌甲	4 15	辰甲	3 16	戌甲	2 14	辰甲	五廿
12	卯癸	7 14	戌甲	6 14	辰甲	5 16	亥乙	4 16	巳乙	3 17	亥乙	2 15	巳乙	六廿
13	辰甲	7 15	亥乙	6 15	巳乙	5 17	子丙	4 17	午丙	3 18	子丙	2 16	午丙	七廿
14	巳乙	7 16	子丙	6 16	午丙	5 18	丑丁	4 18	未丁	3 19	丑丁	2 17	未丁	八廿
15	午丙	7 17	丑丁	6 17	未丁	5 19	寅戊	4 19	申戊	3 20	寅戊	2 18	申戊	九廿
乙太		易天		6 18	申戊	尋搜格落部		4 20	酉己	3 21	卯己	2 19	酉己	十三

月別	十二月		十一月		十月		九月		八月		七月	
月柱	辛丑		庚子		己亥		戊戌		丁酉		丙申	
紫白	六白		七赤		八白		九紫		一白		二黑	
節氣時間	2/4	1/21	1/6	12/22	12/7	11/23	11/8	10/24	10/9	9/23	9/8	8/2
	廿五	十一	廿六	十一	廿六	十二	廿六	十一	廿五	初九	廿四	初八
	20時31分 立春戌時	2時8分 大寒丑時	8時48分 小寒辰時	15時28分 冬至申時	21時38分 大雪亥時	2時14分 小雪丑時	4時55分 立冬寅時	4時51分 霜降寅時	1時57分 寒露丑時	19時43分 秋分戌時	10時32分 白露巳時	22時18分 處暑亥時
農曆	陽曆	日柱	陽曆	日柱	陽曆	日柱	陽曆	日柱	陽曆	日柱	陽曆	日柱
初一	1 11	乙亥	12 12	乙巳	11 12	乙亥	10 14	丙午	9 15	丁丑	8 16	丁未
初二	1 12	丙子	12 13	丙午	11 13	丙子	10 15	丁未	9 16	戊寅	8 17	戊申
初三	1 13	丁丑	12 14	丁未	11 14	丁丑	10 16	戊申	9 17	己卯	8 18	己酉
初四	1 14	戊寅	12 15	戊申	11 15	戊寅	10 17	己酉	9 18	庚辰	8 19	庚戌
初五	1 15	己卯	12 16	己酉	11 16	己卯	10 18	庚戌	9 19	辛巳	8 20	辛亥
初六	1 16	庚辰	12 17	庚戌	11 17	庚辰	10 19	辛亥	9 20	壬午	8 21	壬子
初七	1 17	辛巳	12 18	辛亥	11 18	辛巳	10 20	壬子	9 21	癸未	8 22	癸丑
初八	1 18	壬午	12 19	壬子	11 19	壬午	10 21	癸丑	9 22	甲申	8 23	甲寅
初九	1 19	癸未	12 20	癸丑	11 20	癸未	10 22	甲寅	9 23	乙酉	8 24	乙卯
初十	1 20	甲申	12 21	甲寅	11 21	甲申	10 23	乙卯	9 24	丙戌	8 25	丙辰
十一	1 21	乙酉	12 22	乙卯	11 22	乙酉	10 24	丙辰	9 25	丁亥	8 26	丁巳
十二	1 22	丙戌	12 23	丙辰	11 23	丙戌	10 25	丁巳	9 26	戊子	8 27	戊午
十三	1 23	丁亥	12 24	丁巳	11 24	丁亥	10 26	戊午	9 27	己丑	8 28	己未
十四	1 24	戊子	12 25	戊午	11 25	戊子	10 27	己未	9 28	庚寅	8 29	庚申
十五	1 25	己丑	12 26	己未	11 26	己丑	10 28	庚申	9 29	辛卯	8 30	辛酉
十六	1 26	庚寅	12 27	庚申	11 27	庚寅	10 29	辛酉	9 30	壬辰	8 31	壬戌
十七	1 27	辛卯	12 28	辛酉	11 28	辛卯	10 30	壬戌	10 1	癸巳	9 1	癸亥
十八	1 28	壬辰	12 29	壬戌	11 29	壬辰	10 31	癸亥	10 2	甲午	9 2	甲子
十九	1 29	癸巳	12 30	癸亥	11 30	癸巳	11 1	甲子	10 3	乙未	9 3	乙丑
二十	1 30	甲午	12 31	甲子	12 1	甲午	11 2	乙丑	10 4	丙申	9 4	丙寅
廿一	1 31	乙未	1 1	乙丑	12 2	乙未	11 3	丙寅	10 5	丁酉	9 5	丁卯
廿二	2 1	丙申	1 2	丙寅	12 3	丙申	11 4	丁卯	10 6	戊戌	9 6	戊辰
廿三	2 2	丁酉	1 3	丁卯	12 4	丁酉	11 5	戊辰	10 7	己亥	9 7	己巳
廿四	2 3	戊戌	1 4	戊辰	12 5	戊戌	11 6	己巳	10 8	庚子	9 8	庚午
廿五	2 4	己亥	1 5	己巳	12 6	己亥	11 7	庚午	10 9	辛丑	9 9	辛未
廿六	2 5	庚子	1 6	庚午	12 7	庚子	11 8	辛未	10 10	壬寅	9 10	壬申
廿七	2 6	辛丑	1 7	辛未	12 8	辛丑	11 9	壬申	10 11	癸卯	9 11	癸酉
廿八	2 7	壬寅	1 8	壬申	12 9	壬寅	11 10	癸酉	10 12	甲辰	9 12	甲戌
廿九	2 8	癸卯	1 9	癸酉	12 10	癸卯	11 11	甲戌	10 13	乙巳	9 13	乙亥
三十	太乙		1 10	甲戌	12 11	甲辰	天易		部落格搜尋		9 14	丙子

西元一九六七年 歲次丁未

民國五十六年

太歲姓繆名丙

納音屬水

生肖屬羊

年六白星

井宿值年

月別	正月		二月		三月		四月		五月		六月	
月柱	壬寅		癸卯		甲辰		乙巳		丙午		丁未	
紫白	五黃		四綠		三碧		二黑		一白		九紫	
節氣時間	2/19 十一 雨水 16時24分 申時	3/6 廿六 驚蟄 14時42分 未時	3/21 十一 春分 15時37分 申時	4/5 廿六 清明 19時45分 戌時	4/21 十二 穀雨 2時55分 丑時	5/6 廿七 立夏 13時17分 未時	5/22 十四 小滿 2時18分 丑時	6/6 廿九 芒種 17時36分 酉時	6/22 十五 夏至 10時23分 巳時		7/8 初一 小暑 3時53分 寅時	23 十 大暑 亥時
農曆	日柱	陽曆	日柱	陽曆	日柱	陽曆	日柱	陽曆	日柱	陽曆	日柱	陽
初一	甲辰	2 9	甲戌	3 11	甲辰	4 10	癸酉	5 9	癸卯	6 8	癸酉	8
初二	乙巳	2 10	乙亥	3 12	乙巳	4 11	甲戌	5 10	甲辰	6 9	甲戌	9
初三	丙午	2 11	丙子	3 13	丙午	4 12	乙亥	5 11	乙巳	6 10	乙亥	10
初四	丁未	2 12	丁丑	3 14	丁未	4 13	丙子	5 12	丙午	6 11	丙子	11
初五	戊申	2 13	戊寅	3 15	戊申	4 14	丁丑	5 13	丁未	6 12	丁丑	12
初六	己酉	2 14	己卯	3 16	己酉	4 15	戊寅	5 14	戊申	6 13	戊寅	13
初七	庚戌	2 15	庚辰	3 17	庚戌	4 16	己卯	5 15	己酉	6 14	己卯	14
初八	辛亥	2 16	辛巳	3 18	辛亥	4 17	庚辰	5 16	庚戌	6 15	庚辰	15
初九	壬子	2 17	壬午	3 19	壬子	4 18	辛巳	5 17	辛亥	6 16	辛巳	16
初十	癸丑	2 18	癸未	3 20	癸丑	4 19	壬午	5 18	壬子	6 17	壬午	17
十一	甲寅	2 19	甲申	3 21	甲寅	4 20	癸未	5 19	癸丑	6 18	癸未	18
十二	乙卯	2 20	乙酉	3 22	乙卯	4 21	甲申	5 20	甲寅	6 19	甲申	19
十三	丙辰	2 21	丙戌	3 23	丙辰	4 22	乙酉	5 21	乙卯	6 20	乙酉	20
十四	丁巳	2 22	丁亥	3 24	丁巳	4 23	丙戌	5 22	丙辰	6 21	丙戌	21
十五	戊午	2 23	戊子	3 25	戊午	4 24	丁亥	5 23	丁巳	6 22	丁亥	22
十六	己未	2 24	己丑	3 26	己未	4 25	戊子	5 24	戊午	6 23	戊子	23
十七	庚申	2 25	庚寅	3 27	庚申	4 26	己丑	5 25	己未	6 24	己丑	24
十八	辛酉	2 26	辛卯	3 28	辛酉	4 27	庚寅	5 26	庚申	6 25	庚寅	25
十九	壬戌	2 27	壬辰	3 29	壬戌	4 28	辛卯	5 27	辛酉	6 26	辛卯	26
二十	癸亥	2 28	癸巳	3 30	癸亥	4 29	壬辰	5 28	壬戌	6 27	壬辰	27
廿一	甲子	3 1	甲午	3 31	甲子	4 30	癸巳	5 29	癸亥	6 28	癸巳	28
廿二	乙丑	3 2	乙未	4 1	乙丑	5 1	甲午	5 30	甲子	6 29	甲午	29
廿三	丙寅	3 3	丙申	4 2	丙寅	5 2	乙未	5 31	乙丑	6 30	乙未	30
廿四	丁卯	3 4	丁酉	4 3	丁卯	5 3	丙申	6 1	丙寅	7 1	丙申	31
廿五	戊辰	3 5	戊戌	4 4	戊辰	5 4	丁酉	6 2	丁卯	7 2	丁酉	1
廿六	己巳	3 6	己亥	4 5	己巳	5 5	戊戌	6 3	戊辰	7 3	戊戌	2
廿七	庚午	3 7	庚子	4 6	庚午	5 6	己亥	6 4	己巳	7 4	己亥	3
廿八	辛未	3 8	辛丑	4 7	辛未	5 7	庚子	6 5	庚午	7 5	庚子	4
廿九	壬申	3 9	壬寅	4 8	壬申	5 8	辛丑	6 6	辛未	7 6	辛丑	5
三十	癸酉	3 10	癸卯	4 9	易天		壬寅	6 7	壬申	7 7	乙太	

月別	月二十		月一十		月十		月九		月八		月七	
月柱	丑癸		子壬		亥辛		戌庚		酉己		申戊	
紫白	碧三		綠四		黃五		白六		赤七		白八	
節氣時間	1/21	1/6	12/22	12/8	11/23	11/8	10/24	10/9	9/24	9/8	8/24	8/
	二廿	七初	一廿	七初	二廿	七初	一廿	六初	一廿	五初	九十	三
	7時54分 大寒辰時	14時26分 小寒未時	21時16分 冬至亥時	3時17分 大雪寅時	8時4分 小雪辰時	10時37分 立冬巳時	10時44分 霜降巳時	7時41分 寒露辰時	1時38分 秋分丑時	16時18分 白露申時	4時12分 處暑寅時	13時35分
農曆	曆陽	柱日	曆陽	柱日	曆陽	柱日	曆陽	柱日	曆陽	柱日	曆陽	柱
初一	12 31	巳己	12 2	子庚	11 2	午庚	10 4	丑辛	9 4	未辛	8 6	寅
初二	1 1	午庚	12 3	丑辛	11 3	未辛	10 5	寅壬	9 5	申壬	8 7	卯
初三	1 2	未辛	12 4	寅壬	11 4	申壬	10 6	卯癸	9 6	酉癸	8 8	辰
初四	1 3	申壬	12 5	卯癸	11 5	酉癸	10 7	辰甲	9 7	戌甲	8 9	巳
初五	1 4	酉癸	12 6	辰甲	11 6	戌甲	10 8	巳乙	9 8	亥乙	8 10	午
初六	1 5	戌甲	12 7	巳乙	11 7	亥乙	10 9	午丙	9 9	子丙	8 11	未
初七	1 6	亥乙	12 8	午丙	11 8	子丙	10 10	未丁	9 10	丑丁	8 12	申
初八	1 7	子丙	12 9	未丁	11 9	丑丁	10 11	申戊	9 11	寅戊	8 13	酉
初九	1 8	丑丁	12 10	申戊	11 10	寅戊	10 12	酉己	9 12	卯己	8 14	戌
初十	1 9	寅戊	12 11	酉己	11 11	卯己	10 13	戌庚	9 13	辰庚	8 15	亥
十一	1 10	卯己	12 12	戌庚	11 12	辰庚	10 14	亥辛	9 14	巳辛	8 16	子
十二	1 11	辰庚	12 13	亥辛	11 13	巳辛	10 15	子壬	9 15	午壬	8 17	丑
十三	1 12	巳辛	12 14	子壬	11 14	午壬	10 16	丑癸	9 16	未癸	8 18	寅
十四	1 13	午壬	12 15	丑癸	11 15	未癸	10 17	寅甲	9 17	申甲	8 19	卯
十五	1 14	未癸	12 16	寅甲	11 16	申甲	10 18	卯乙	9 18	酉乙	8 20	辰
十六	1 15	申甲	12 17	卯乙	11 17	酉乙	10 19	辰丙	9 19	戌丙	8 21	巳
十七	1 16	酉乙	12 18	辰丙	11 18	戌丙	10 20	巳丁	9 20	亥丁	8 22	午
十八	1 17	戌丙	12 19	巳丁	11 19	亥丁	10 21	午戊	9 21	子戊	8 23	未
十九	1 18	亥丁	12 20	午戊	11 20	子戊	10 22	未己	9 22	丑己	8 24	申
二十	1 19	子戊	12 21	未己	11 21	丑己	10 23	申庚	9 23	寅庚	8 25	酉
廿一	1 20	丑己	12 22	申庚	11 22	寅庚	10 24	酉辛	9 24	卯辛	8 26	戌
廿二	1 21	寅庚	12 23	酉辛	11 23	卯辛	10 25	戌壬	9 25	辰壬	8 27	亥
廿三	1 22	卯辛	12 24	戌壬	11 24	辰壬	10 26	亥癸	9 26	巳癸	8 28	子
廿四	1 23	辰壬	12 25	亥癸	11 25	巳癸	10 27	子甲	9 27	午甲	8 29	丑
廿五	1 24	巳癸	12 26	子甲	11 26	午甲	10 28	丑乙	9 28	未乙	8 30	寅
廿六	1 25	午甲	12 27	丑乙	11 27	未乙	10 29	寅丙	9 29	申丙	8 31	卯
廿七	1 26	未乙	12 28	寅丙	11 28	申丙	10 30	卯丁	9 30	酉丁	9 1	辰
廿八	1 27	申丙	12 29	卯丁	11 29	酉丁	10 31	辰戊	10 1	戌戊	9 2	巳
廿九	1 28	酉丁	12 30	辰戊	11 30	戌戊	11 1	巳己	10 2	亥己	9 3	午
三十	1 29	戌戊	乙太		12 1	亥己	易天		10 3	子庚	尋搜格落部	

西元一九六八年　歲次戊申

民國五十七年　太歲姓俞名志

納音屬土　生肖屬猴

年五黃星　鬼宿值年

月別	正月		二月		三月		四月		五月		六月	
月柱	甲寅		乙卯		丙辰		丁巳		戊午		己未	
紫白	二黑		一白		九紫		八白		七赤		六白	
	2/5	2/19	3/5	3/20	4/5	4/20	5/5	5/21	6/5	6/21	7/7	23
	初七	廿一	初七	廿二	初八	廿三	初九	廿五	初十	廿六	十二	廿
節氣時間	立春 丑時 2時7分	雨水 亥時 22時9分	驚蟄 戌時 20時18分	春分 亥時 21時22分	清明 丑時 1時21分	穀雨 辰時 8時41分	立夏 酉時 18時56分	小滿 辰時 8時6分	芒種 子時 23時19分	夏至 申時 16時13分	小暑 巳時 9時42分	大暑 寅時
農曆	日柱	陽曆	日柱	陽曆	日柱	陽曆	日柱	陽曆	日柱	陽曆	日柱	陽曆
初一	己亥	1 30	戊辰	2 28	戊戌	3 29	丁卯	4 27	丁酉	5 27	丁卯	26
初二	庚子	1 31	己巳	2 29	己亥	3 30	戊辰	4 28	戊戌	5 28	戊辰	27
初三	辛丑	2 1	庚午	3 1	庚子	3 31	己巳	4 29	己亥	5 29	己巳	28
初四	壬寅	2 2	辛未	3 2	辛丑	4 1	庚午	4 30	庚子	5 30	庚午	29
初五	癸卯	2 3	壬申	3 3	壬寅	4 2	辛未	5 1	辛丑	5 31	辛未	30
初六	甲辰	2 4	癸酉	3 4	癸卯	4 3	壬申	5 2	壬寅	6 1	壬申	1
初七	乙巳	2 5	甲戌	3 5	甲辰	4 4	癸酉	5 3	癸卯	6 2	癸酉	2
初八	丙午	2 6	乙亥	3 6	乙巳	4 5	甲戌	5 4	甲辰	6 3	甲戌	3
初九	丁未	2 7	丙子	3 7	丙午	4 6	乙亥	5 5	乙巳	6 4	乙亥	4
初十	戊申	2 8	丁丑	3 8	丁未	4 7	丙子	5 6	丙午	6 5	丙子	5
十一	己酉	2 9	戊寅	3 9	戊申	4 8	丁丑	5 7	丁未	6 6	丁丑	6
十二	庚戌	2 10	己卯	3 10	己酉	4 9	戊寅	5 8	戊申	6 7	戊寅	7
十三	辛亥	2 11	庚辰	3 11	庚戌	4 10	己卯	5 9	己酉	6 8	己卯	8
十四	壬子	2 12	辛巳	3 12	辛亥	4 11	庚辰	5 10	庚戌	6 9	庚辰	9
十五	癸丑	2 13	壬午	3 13	壬子	4 12	辛巳	5 11	辛亥	6 10	辛巳	10
十六	甲寅	2 14	癸未	3 14	癸丑	4 13	壬午	5 12	壬子	6 11	壬午	11
十七	乙卯	2 15	甲申	3 15	甲寅	4 14	癸未	5 13	癸丑	6 12	癸未	12
十八	丙辰	2 16	乙酉	3 16	乙卯	4 15	甲申	5 14	甲寅	6 13	甲申	13
十九	丁巳	2 17	丙戌	3 17	丙辰	4 16	乙酉	5 15	乙卯	6 14	乙酉	14
二十	戊午	2 18	丁亥	3 18	丁巳	4 17	丙戌	5 16	丙辰	6 15	丙戌	15
廿一	己未	2 19	戊子	3 19	戊午	4 18	丁亥	5 17	丁巳	6 16	丁亥	16
廿二	庚申	2 20	己丑	3 20	己未	4 19	戊子	5 18	戊午	6 17	戊子	17
廿三	辛酉	2 21	庚寅	3 21	庚申	4 20	己丑	5 19	己未	6 18	己丑	18
廿四	壬戌	2 22	辛卯	3 22	辛酉	4 21	庚寅	5 20	庚申	6 19	庚寅	19
廿五	癸亥	2 23	壬辰	3 23	壬戌	4 22	辛卯	5 21	辛酉	6 20	辛卯	20
廿六	甲子	2 24	癸巳	3 24	癸亥	4 23	壬辰	5 22	壬戌	6 21	壬辰	21
廿七	乙丑	2 25	甲午	3 25	甲子	4 24	癸巳	5 23	癸亥	6 22	癸巳	22
廿八	丙寅	2 26	乙未	3 26	乙丑	4 25	甲午	5 24	甲子	6 23	甲午	23
廿九	丁卯	2 27	丙申	3 27	丙寅	4 26	乙未	5 25	乙丑	6 24	乙未	24
三十	部落格搜尋		丁酉	3 28	天易		丙申	5 26	丙寅	6 25	太乙	

月別	月 二 十		月 一 十		月 十		月 九		月 八		月七閏		月 七	
月柱	丑 乙		子 甲		亥 癸		戌 壬		酉 辛				申 庚	
紫白	紫 九		白 一		黑 二		碧 三		綠 四				黃 五	
節氣時間	2/4 八十 7時59分 立春辰時	1/20 三初 13時38分 大寒未時	1/5 七十 20時17分 小寒戌時	12/22 三初 3時0分 冬至寅時	12/7 八十 9時8分 大雪巳時	11/22 三初 13時49分 小雪未時	11/7 七十 16時29分 立冬申時	10/23 二初 16時30分 霜降申時	10/8 七十 13時34分 寒露未時	9/23 二初 7時26分 秋分辰時		9/7 五十 22時11分 白露亥時	8/23 十三 10時3分 處暑巳時	8/7 四十 19時27分 立秋戌時
農曆	曆陽	柱日	曆陽	柱日	曆陽	柱日	曆陽	柱日	曆陽	柱日	曆陽	柱日	曆陽	柱日
初一	1 18	巳癸	12 20	子甲	11 20	午甲	10 22	丑乙	9 22	未乙	8 24	寅丙	7 25	申丙
初二	1 19	午甲	12 21	丑乙	11 21	未乙	10 23	寅丙	9 23	申丙	8 25	卯丁	7 26	酉丁
初三	1 20	未乙	12 22	寅丙	11 22	申丙	10 24	卯丁	9 24	酉丁	8 26	辰戊	7 27	戌戊
初四	1 21	申丙	12 23	卯丁	11 23	酉丁	10 25	辰戊	9 25	戌戊	8 27	巳己	7 28	亥己
初五	1 22	酉丁	12 24	辰戊	11 24	戌戊	10 26	巳己	9 26	亥己	8 28	午庚	7 29	子庚
初六	1 23	戌戊	12 25	巳己	11 25	亥己	10 27	午庚	9 27	子庚	8 29	未辛	7 30	丑辛
初七	1 24	亥己	12 26	午庚	11 26	子庚	10 28	未辛	9 28	丑辛	8 30	申壬	7 31	寅壬
初八	1 25	子庚	12 27	未辛	11 27	丑辛	10 29	申壬	9 29	寅壬	8 31	酉癸	8 1	卯癸
初九	1 26	丑辛	12 28	申壬	11 28	寅壬	10 30	酉癸	9 30	卯癸	9 1	戌甲	8 2	辰甲
初十	1 27	寅壬	12 29	酉癸	11 29	卯癸	10 31	戌甲	10 1	辰甲	9 2	亥乙	8 3	巳乙
十一	1 28	卯癸	12 30	戌甲	11 30	辰甲	11 1	亥乙	10 2	巳乙	9 3	子丙	8 4	午丙
十二	1 29	辰甲	12 31	亥乙	12 1	巳乙	11 2	子丙	10 3	午丙	9 4	丑丁	8 5	未丁
十三	1 30	巳乙	1 1	子丙	12 2	午丙	11 3	丑丁	10 4	未丁	9 5	寅戊	8 6	申戊
十四	1 31	午丙	1 2	丑丁	12 3	未丁	11 4	寅戊	10 5	申戊	9 6	卯己	8 7	酉己
十五	2 1	未丁	1 3	寅戊	12 4	申戊	11 5	卯己	10 6	酉己	9 7	辰庚	8 8	戌庚
十六	2 2	申戊	1 4	卯己	12 5	酉己	11 6	辰庚	10 7	戌庚	9 8	巳辛	8 9	亥辛
十七	2 3	酉己	1 5	辰庚	12 6	戌庚	11 7	巳辛	10 8	亥辛	9 9	午壬	8 10	子壬
十八	2 4	戌庚	1 6	巳辛	12 7	亥辛	11 8	午壬	10 9	子壬	9 10	未癸	8 11	丑癸
十九	2 5	亥辛	1 7	午壬	12 8	子壬	11 9	未癸	10 10	丑癸	9 11	申甲	8 12	寅甲
二十	2 6	子壬	1 8	未癸	12 9	丑癸	11 10	申甲	10 11	寅甲	9 12	酉乙	8 13	卯乙
廿一	2 7	丑癸	1 9	申甲	12 10	寅甲	11 11	酉乙	10 12	卯乙	9 13	戌丙	8 14	辰丙
廿二	2 8	寅甲	1 10	酉乙	12 11	卯乙	11 12	戌丙	10 13	辰丙	9 14	亥丁	8 15	巳丁
廿三	2 9	卯乙	1 11	戌丙	12 12	辰丙	11 13	亥丁	10 14	巳丁	9 15	子戊	8 16	午戊
廿四	2 10	辰丙	1 12	亥丁	12 13	巳丁	11 14	子戊	10 15	午戊	9 16	丑己	8 17	未己
廿五	2 11	巳丁	1 13	子戊	12 14	午戊	11 15	丑己	10 16	未己	9 17	寅庚	8 18	申庚
廿六	2 12	午戊	1 14	丑己	12 15	未己	11 16	寅庚	10 17	申庚	9 18	卯辛	8 19	酉辛
廿七	2 13	未己	1 15	寅庚	12 16	申庚	11 17	卯辛	10 18	酉辛	9 19	辰壬	8 20	戌壬
廿八	2 14	申庚	1 16	卯辛	12 17	酉辛	11 18	辰壬	10 19	戌壬	9 20	巳癸	8 21	亥癸
廿九	2 15	酉辛	1 17	辰壬	12 18	戌壬	11 19	巳癸	10 20	亥癸	9 21	午甲	8 22	子甲
三十	2 16	戌壬	乙太		12 19	亥癸	易天		10 21	子甲	尋搜格落部		8 23	丑乙

西元一九六九年 歲次己酉

民國五十八年

太歲姓程名寅

納音屬土

生肖屬雞

年四綠星

柳宿值年

月六		月五		月四		月三		月二		月正		別月
未辛		午庚		巳己		辰戊		卯丁		寅丙		柱月
碧三		綠四		黃五		白六		赤七		白八		白紫
8/8	7/23	7/7	6/21	6/6	5/21	5/6	4/20	4/5	3/21	3/6	2/19	節氣時間
六廿	十初	三廿	七初	二廿	六初	十二	四初	九十	四初	八十	三初	
…時…4分 立秋丑時	8時48分 大暑辰時	15時32分 小暑申時	21時55分 夏至亥時	5時11分 芒種卯時	13時50分 小滿未時	0時50分 立夏子時	14時27分 穀雨未時	7時15分 清明辰時	3時8分 春分寅時	2時11分 驚蟄丑時	3時54分 雨水寅時	
曆陽	柱日	曆陽	柱日	曆陽	柱日	曆陽	柱日	曆陽	柱日	曆陽	柱日	曆農
7 14	寅庚	6 15	酉辛	5 16	卯辛	4 17	戌壬	3 18	辰壬	2 17	亥癸	一初
7 15	卯辛	6 16	戌壬	5 17	辰壬	4 18	亥癸	3 19	巳癸	2 18	子甲	二初
7 16	辰壬	6 17	亥癸	5 18	巳癸	4 19	子甲	3 20	午甲	2 19	丑乙	三初
7 17	巳癸	6 18	子甲	5 19	午甲	4 20	丑乙	3 21	未乙	2 20	寅丙	四初
7 18	午甲	6 19	丑乙	5 20	未乙	4 21	寅丙	3 22	申丙	2 21	卯丁	五初
7 19	未乙	6 20	寅丙	5 21	申丙	4 22	卯丁	3 23	酉丁	2 22	辰戊	六初
7 20	申丙	6 21	卯丁	5 22	酉丁	4 23	辰戊	3 24	戌戊	2 23	巳己	七初
7 21	酉丁	6 22	辰戊	5 23	戌戊	4 24	巳己	3 25	亥己	2 24	午庚	八初
7 22	戌戊	6 23	巳己	5 24	亥己	4 25	午庚	3 26	子庚	2 25	未辛	九初
7 23	亥己	6 24	午庚	5 25	子庚	4 26	未辛	3 27	丑辛	2 26	申壬	十初
7 24	子庚	6 25	未辛	5 26	丑辛	4 27	申壬	3 28	寅壬	2 27	酉癸	一十
7 25	丑辛	6 26	申壬	5 27	寅壬	4 28	酉癸	3 29	卯癸	2 28	戌甲	二十
7 26	寅壬	6 27	酉癸	5 28	卯癸	4 29	戌甲	3 30	辰甲	3 1	亥乙	三十
7 27	卯癸	6 28	戌甲	5 29	辰甲	4 30	亥乙	3 31	巳乙	3 2	子丙	四十
7 28	辰甲	6 29	亥乙	5 30	巳乙	5 1	子丙	4 1	午丙	3 3	丑丁	五十
7 29	巳乙	6 30	子丙	5 31	午丙	5 2	丑丁	4 2	未丁	3 4	寅戊	六十
7 30	午丙	7 1	丑丁	6 1	未丁	5 3	寅戊	4 3	申戊	3 5	卯己	七十
7 31	未丁	7 2	寅戊	6 2	申戊	5 4	卯己	4 4	酉己	3 6	辰庚	八十
8 1	申戊	7 3	卯己	6 3	酉己	5 5	辰庚	4 5	戌庚	3 7	巳辛	九十
8 2	酉己	7 4	辰庚	6 4	戌庚	5 6	巳辛	4 6	亥辛	3 8	午壬	十二
8 3	戌庚	7 5	巳辛	6 5	亥辛	5 7	午壬	4 7	子壬	3 9	未癸	一廿
8 4	亥辛	7 6	午壬	6 6	子壬	5 8	未癸	4 8	丑癸	3 10	申甲	二廿
8 5	子壬	7 7	未癸	6 7	丑癸	5 9	申甲	4 9	寅甲	3 11	酉乙	三廿
8 6	丑癸	7 8	申甲	6 8	寅甲	5 10	酉乙	4 10	卯乙	3 12	戌丙	四廿
8 7	寅甲	7 9	酉乙	6 9	卯乙	5 11	戌丙	4 11	辰丙	3 13	亥丁	五廿
8 8	卯乙	7 10	戌丙	6 10	辰丙	5 12	亥丁	4 12	巳丁	3 14	子戊	六廿
8 9	辰丙	7 11	亥丁	6 11	巳丁	5 13	子戊	4 13	午戊	3 15	丑己	七廿
8 10	巳丁	7 12	子戊	6 12	午戊	5 14	丑己	4 14	未己	3 16	寅庚	八廿
8 11	午戊	7 13	丑己	6 13	未己	5 15	寅庚	4 15	申庚	3 17	卯辛	九廿
8 12	未己	乙太		6 14	申庚	易天		4 16	酉辛	尋搜格落部		十三

月別	月二十		月一十		月十		月九		月八		月七	
月柱	丑丁		子丙		亥乙		戌甲		酉癸		申壬	
紫白	白六		赤七		白八		紫九		白一		黑二	
節氣時間	2/4	1/20	1/6	12/22	12/7	11/22	11/7	10/23	10/8	9/23	9/8	8/2
	八廿	三十	九廿	四十	八廿	三十	八廿	三十	七廿	二十	七廿	一十
	13時46分 立春未時	19時24分 大寒戌時	2時2分 小寒丑時	8時44分 冬至辰時	14時51分 大雪未時	19時31分 小雪戌時	22時11分 立冬亥時	22時11分 霜降亥時	19時17分 寒露戌時	13時7分 秋分未時	3時55分 白露寅時	15時43分 處暑巳時
農曆	曆陽	柱日	曆陽	柱日	曆陽	柱日	曆陽	柱日	曆陽	柱日	曆陽	柱日
初一	1 8	子戊	12 9	午戊	11 10	丑己	10 11	未己	9 12	寅庚	8 13	申庚
初二	1 9	丑己	12 10	未己	11 11	寅庚	10 12	申庚	9 13	卯辛	8 14	酉辛
初三	1 10	寅庚	12 11	申庚	11 12	卯辛	10 13	酉辛	9 14	辰壬	8 15	戌壬
初四	1 11	卯辛	12 12	酉辛	11 13	辰壬	10 14	戌壬	9 15	巳癸	8 16	亥癸
初五	1 12	辰壬	12 13	戌壬	11 14	巳癸	10 15	亥癸	9 16	午甲	8 17	子甲
初六	1 13	巳癸	12 14	亥癸	11 15	午甲	10 16	子甲	9 17	未乙	8 18	丑乙
初七	1 14	午甲	12 15	子甲	11 16	未乙	10 17	丑乙	9 18	申丙	8 19	寅丙
初八	1 15	未乙	12 16	丑乙	11 17	申丙	10 18	寅丙	9 19	酉丁	8 20	卯丁
初九	1 16	申丙	12 17	寅丙	11 18	酉丁	10 19	卯丁	9 20	戌戊	8 21	辰戊
初十	1 17	酉丁	12 18	卯丁	11 19	戌戊	10 20	辰戊	9 21	亥己	8 22	巳己
十一	1 18	戌戊	12 19	辰戊	11 20	亥己	10 21	巳己	9 22	子庚	8 23	午庚
十二	1 19	亥己	12 20	巳己	11 21	子庚	10 22	午庚	9 23	丑辛	8 24	未辛
十三	1 20	子庚	12 21	午庚	11 22	丑辛	10 23	未辛	9 24	寅壬	8 25	申壬
十四	1 21	丑辛	12 22	未辛	11 23	寅壬	10 24	申壬	9 25	卯癸	8 26	酉癸
十五	1 22	寅壬	12 23	申壬	11 24	卯癸	10 25	酉癸	9 26	辰甲	8 27	戌甲
十六	1 23	卯癸	12 24	酉癸	11 25	辰甲	10 26	戌甲	9 27	巳乙	8 28	亥乙
十七	1 24	辰甲	12 25	戌甲	11 26	巳乙	10 27	亥乙	9 28	午丙	8 29	子丙
十八	1 25	巳乙	12 26	亥乙	11 27	午丙	10 28	子丙	9 29	未丁	8 30	丑丁
十九	1 26	午丙	12 27	子丙	11 28	未丁	10 29	丑丁	9 30	申戊	8 31	寅戊
二十	1 27	未丁	12 28	丑丁	11 29	申戊	10 30	寅戊	10 1	酉己	9 1	卯己
廿一	1 28	申戊	12 29	寅戊	11 30	酉己	10 31	卯己	10 2	戌庚	9 2	辰庚
廿二	1 29	酉己	12 30	卯己	12 1	戌庚	11 1	辰庚	10 3	亥辛	9 3	巳辛
廿三	1 30	戌庚	12 31	辰庚	12 2	亥辛	11 2	巳辛	10 4	子壬	9 4	午壬
廿四	1 31	亥辛	1 1	巳辛	12 3	子壬	11 3	午壬	10 5	丑癸	9 5	未癸
廿五	2 1	子壬	1 2	午壬	12 4	丑癸	11 4	未癸	10 6	寅甲	9 6	申甲
廿六	2 2	丑癸	1 3	未癸	12 5	寅甲	11 5	申甲	10 7	卯乙	9 7	酉乙
廿七	2 3	寅甲	1 4	申甲	12 6	卯乙	11 6	酉乙	10 8	辰丙	9 8	戌丙
廿八	2 4	卯乙	1 5	酉乙	12 7	辰丙	11 7	戌丙	10 9	巳丁	9 9	亥丁
廿九	2 5	辰丙	1 6	戌丙	12 8	巳丁	11 8	亥丁	10 10	午戊	9 10	子戊
三十	乙太		1 7	亥丁	易天		11 9	子戊	尋搜格落部		9 11	丑己

西元一九七〇年 歲次庚戌

月	六	月	五	月	四	月	三	月	二	月	正	別月
未	癸	午	壬	巳	辛	辰	庚	卯	己	寅	戊	柱月
紫	九	白	一	黑	二	碧	三	綠	四	黃	五	白紫
23	7/7	6/22	6/6	5/21	5/6		4/20	4/5	3/21	3/6	2/19	節氣時間
廿	五初	九十	三初	七十	二初		五十	九廿	四十	九廿	四十	
大暑未時	21時11分 小暑亥時	3時43分 夏至寅時	10時52分 芒種巳時	19時37分 小滿戌時	6時34分 立夏卯時		20時15分 穀雨戌時	13時2分 清明未時	8時56分 春分辰時	7時59分 驚蟄辰時	9時42分 雨水巳時	
陽	柱日	曆陽	柱日	曆陽	柱日	曆陽	柱日	曆陽	柱日	曆陽	柱日	曆農
3	申甲	6 4	卯乙	5 5	酉乙	4 6	辰丙	3 8	亥丁	2 6	巳丁	一初
4	酉乙	6 5	辰丙	5 6	戌丙	4 7	巳丁	3 9	子戊	2 7	午戊	二初
5	戌丙	6 6	巳丁	5 7	亥丁	4 8	午戊	3 10	丑己	2 8	未己	三初
6	亥丁	6 7	午戊	5 8	子戊	4 9	未己	3 11	寅庚	2 9	申庚	四初
7	子戊	6 8	未己	5 9	丑己	4 10	申庚	3 12	卯辛	2 10	酉辛	五初
8	丑己	6 9	申庚	5 10	寅庚	4 11	酉辛	3 13	辰壬	2 11	戌壬	六初
9	寅庚	6 10	酉辛	5 11	卯辛	4 12	戌壬	3 14	巳癸	2 12	亥癸	七初
10	卯辛	6 11	戌壬	5 12	辰壬	4 13	亥癸	3 15	午甲	2 13	子甲	八初
11	辰壬	6 12	亥癸	5 13	巳癸	4 14	子甲	3 16	未乙	2 14	丑乙	九初
12	巳癸	6 13	子甲	5 14	午甲	4 15	丑乙	3 17	申丙	2 15	寅丙	十初
13	午甲	6 14	丑乙	5 15	未乙	4 16	寅丙	3 18	酉丁	2 16	卯丁	一十
14	未乙	6 15	寅丙	5 16	申丙	4 17	卯丁	3 19	戌戊	2 17	辰戊	二十
15	申丙	6 16	卯丁	5 17	酉丁	4 18	辰戊	3 20	亥己	2 18	巳己	三十
16	酉丁	6 17	辰戊	5 18	戌戊	4 19	巳己	3 21	子庚	2 19	午庚	四十
17	戌戊	6 18	巳己	5 19	亥己	4 20	午庚	3 22	丑辛	2 20	未辛	五十
18	亥己	6 19	午庚	5 20	子庚	4 21	未辛	3 23	寅壬	2 21	申壬	六十
19	子庚	6 20	未辛	5 21	丑辛	4 22	申壬	3 24	卯癸	2 22	酉癸	七十
20	丑辛	6 21	申壬	5 22	寅壬	4 23	酉癸	3 25	辰甲	2 23	戌甲	八十
21	寅壬	6 22	酉癸	5 23	卯癸	4 24	戌甲	3 26	巳乙	2 24	亥乙	九十
22	卯癸	6 23	戌甲	5 24	辰甲	4 25	亥乙	3 27	午丙	2 25	子丙	十二
23	辰甲	6 24	亥乙	5 25	巳乙	4 26	子丙	3 28	未丁	2 26	丑丁	一廿
24	巳乙	6 25	子丙	5 26	午丙	4 27	丑丁	3 29	申戊	2 27	寅戊	二廿
25	午丙	6 26	丑丁	5 27	未丁	4 28	寅戊	3 30	酉己	2 28	卯己	三廿
26	未丁	6 27	寅戊	5 28	申戊	4 29	卯己	3 31	戌庚	3 1	辰庚	四廿
27	申戊	6 28	卯己	5 29	酉己	4 30	辰庚	4 1	亥辛	3 2	巳辛	五廿
28	酉己	6 29	辰庚	5 30	戌庚	5 1	巳辛	4 2	子壬	3 3	午壬	六廿
29	戌庚	6 30	巳辛	5 31	亥辛	5 2	午壬	4 3	丑癸	3 4	未癸	七廿
30	亥辛	7 1	午壬	6 1	子壬	5 3	未癸	4 4	寅甲	3 5	申甲	八廿
31	子壬	7 2	未癸	6 2	丑癸	5 4	申甲	4 5	卯乙	3 6	酉乙	九廿
1	丑癸	乙太		6 3	寅甲	易天		尋搜格落部		3 7	戌丙	十三

民國五十九年
太歲姓化名秋
納音屬金
生肖屬狗
年三碧星
星宿值年

月別	月二十		月一十		月十		月九		月八		月七	
月柱	丑己		子戊		亥丁		戌丙		酉乙		申甲	
紫白	碧三		綠四		黃五		白六		赤七		白八	
節氣時間	1/21	1/6	12/22	12/7	11/23	11/8	10/24	10/9	9/23	9/8	8/23	8/8
	五廿	十初	四廿	九初	五廿	十初	五廿	十初	三廿	八初	二廿	七初
	1時13分 大寒丑時	7時45分 小寒辰時	14時36分 冬至未時	20時37分 大雪戌時	1時25分 小雪丑時	3時58分 立冬寅時	4時4分 霜降寅時	1時1分 寒露丑時	18時59分 秋分酉時	9時38分 白露巳時	21時34分 處暑亥時	6時54分 立秋卯時
農曆	曆陽	柱日	曆陽	柱日	曆陽	柱日	曆陽	柱日	曆陽	柱日	曆陽	柱日
初一	12 28	午壬	11 29	丑癸	10 30	未癸	9 30	丑癸	9 1	申甲	8 2	寅甲
初二	12 29	未癸	11 30	寅甲	10 31	申甲	10 1	寅甲	9 2	酉乙	8 3	卯乙
初三	12 30	申甲	12 1	卯乙	11 1	酉乙	10 2	卯乙	9 3	戌丙	8 4	辰丙
初四	12 31	酉乙	12 2	辰丙	11 2	戌丙	10 3	辰丙	9 4	亥丁	8 5	巳丁
初五	1 1	戌丙	12 3	巳丁	11 3	亥丁	10 4	巳丁	9 5	子戊	8 6	午戊
初六	1 2	亥丁	12 4	午戊	11 4	子戊	10 5	午戊	9 6	丑己	8 7	未己
初七	1 3	子戊	12 5	未己	11 5	丑己	10 6	未己	9 7	寅庚	8 8	申庚
初八	1 4	丑己	12 6	申庚	11 6	寅庚	10 7	申庚	9 8	卯辛	8 9	酉辛
初九	1 5	寅庚	12 7	酉辛	11 7	卯辛	10 8	酉辛	9 9	辰壬	8 10	戌壬
初十	1 6	卯辛	12 8	戌壬	11 8	辰壬	10 9	戌壬	9 10	巳癸	8 11	亥癸
十一	1 7	辰壬	12 9	亥癸	11 9	巳癸	10 10	亥癸	9 11	午甲	8 12	子甲
十二	1 8	巳癸	12 10	子甲	11 10	午甲	10 11	子甲	9 12	未乙	8 13	丑乙
十三	1 9	午甲	12 11	丑乙	11 11	未乙	10 12	丑乙	9 13	申丙	8 14	寅丙
十四	1 10	未乙	12 12	寅丙	11 12	申丙	10 13	寅丙	9 14	酉丁	8 15	卯丁
十五	1 11	申丙	12 13	卯丁	11 13	酉丁	10 14	卯丁	9 15	戌戊	8 16	辰戊
十六	1 12	酉丁	12 14	辰戊	11 14	戌戊	10 15	辰戊	9 16	亥己	8 17	巳己
十七	1 13	戌戊	12 15	巳己	11 15	亥己	10 16	巳己	9 17	子庚	8 18	午庚
十八	1 14	亥己	12 16	午庚	11 16	子庚	10 17	午庚	9 18	丑辛	8 19	未辛
十九	1 15	子庚	12 17	未辛	11 17	丑辛	10 18	未辛	9 19	寅壬	8 20	申壬
二十	1 16	丑辛	12 18	申壬	11 18	寅壬	10 19	申壬	9 20	卯癸	8 21	酉癸
廿一	1 17	寅壬	12 19	酉癸	11 19	卯癸	10 20	酉癸	9 21	辰甲	8 22	戌甲
廿二	1 18	卯癸	12 20	戌甲	11 20	辰甲	10 21	戌甲	9 22	巳乙	8 23	亥乙
廿三	1 19	辰甲	12 21	亥乙	11 21	巳乙	10 22	亥乙	9 23	午丙	8 24	子丙
廿四	1 20	巳乙	12 22	子丙	11 22	午丙	10 23	子丙	9 24	未丁	8 25	丑丁
廿五	1 21	午丙	12 23	丑丁	11 23	未丁	10 24	丑丁	9 25	申戊	8 26	寅戊
廿六	1 22	未丁	12 24	寅戊	11 24	申戊	10 25	寅戊	9 26	酉己	8 27	卯己
廿七	1 23	申戊	12 25	卯己	11 25	酉己	10 26	卯己	9 27	戌庚	8 28	辰庚
廿八	1 24	酉己	12 26	辰庚	11 26	戌庚	10 27	辰庚	9 28	亥辛	8 29	巳辛
廿九	1 25	戌庚	12 27	巳辛	11 27	亥辛	10 28	巳辛	9 29	子壬	8 30	午壬
三十	1 26	亥辛	乙太		11 28	子壬	10 29	午壬	易天		8 31	未癸

西元一九七一年

歲次辛亥

民國六十年

太歲姓葉名堅

納音屬金

生肖屬豬

年二黑星

張宿值年

月六		月五閏		月五		月四		月三		月二		月正		別月
未乙				午甲		巳癸		辰壬		卯辛		寅庚		柱月
白六				赤七		白八		紫九		白一		黑二		白紫
8/8	7/23		7/8	6/22	6/6	5/22	5/6	4/21	4/5	3/21	3/6	2/19	2/4	節氣時間
八十	二初		六十	十三	四十	八廿	二十	六廿	十初	五廿	十初	四廿	九初	
立秋午時 2時0分	大暑戌時 20時15分		小暑丑時 2時51分	夏至巳時 9時20分	芒種申時 16時29分	小滿丑時 1時15分	立夏午時 12時8分	穀雨丑時 1時54分	清明酉時 18時36分	春分未時 14時38分	驚蟄未時 13時35分	雨水申時 15時27分	立春戌時 19時25分	
曆陽	柱日	曆陽	柱日	曆陽	柱日	曆陽	柱日	曆陽	柱日	曆陽	柱日	曆陽	柱日	曆農
7 22	申戊	6 23	卯己	5 24	酉己	4 25	辰庚	3 27	亥辛	2 25	巳辛	1 27	子壬	一初
7 23	酉己	6 24	辰庚	5 25	戌庚	4 26	巳辛	3 28	子壬	2 26	午壬	1 28	丑癸	二初
7 24	戌庚	6 25	巳辛	5 26	亥辛	4 27	午壬	3 29	丑癸	2 27	未癸	1 29	寅甲	三初
7 25	亥辛	6 26	午壬	5 27	子壬	4 28	未癸	3 30	寅甲	2 28	申甲	1 30	卯乙	四初
7 26	子壬	6 27	未癸	5 28	丑癸	4 29	申甲	3 31	卯乙	3 1	酉乙	1 31	辰丙	五初
7 27	丑癸	6 28	申甲	5 29	寅甲	4 30	酉乙	4 1	辰丙	3 2	戌丙	2 1	巳丁	六初
7 28	寅甲	6 29	酉乙	5 30	卯乙	5 1	戌丙	4 2	巳丁	3 3	亥丁	2 2	午戊	七初
7 29	卯乙	6 30	戌丙	5 31	辰丙	5 2	亥丁	4 3	午戊	3 4	子戊	2 3	未己	八初
7 30	辰丙	7 1	亥丁	6 1	巳丁	5 3	子戊	4 4	未己	3 5	丑己	2 4	申庚	九初
7 31	巳丁	7 2	子戊	6 2	午戊	5 4	丑己	4 5	申庚	3 6	寅庚	2 5	酉辛	十初
8 1	午戊	7 3	丑己	6 3	未己	5 5	寅庚	4 6	酉辛	3 7	卯辛	2 6	戌壬	一十
8 2	未己	7 4	寅庚	6 4	申庚	5 6	卯辛	4 7	戌壬	3 8	辰壬	2 7	亥癸	二十
8 3	申庚	7 5	卯辛	6 5	酉辛	5 7	辰壬	4 8	亥癸	3 9	巳癸	2 8	子甲	三十
8 4	酉辛	7 6	辰壬	6 6	戌壬	5 8	巳癸	4 9	子甲	3 10	午甲	2 9	丑乙	四十
8 5	戌壬	7 7	巳癸	6 7	亥癸	5 9	午甲	4 10	丑乙	3 11	未乙	2 10	寅丙	五十
8 6	亥癸	7 8	午甲	6 8	子甲	5 10	未乙	4 11	寅丙	3 12	申丙	2 11	卯丁	六十
8 7	子甲	7 9	未乙	6 9	丑乙	5 11	申丙	4 12	卯丁	3 13	酉丁	2 12	辰戊	七十
8 8	丑乙	7 10	申丙	6 10	寅丙	5 12	酉丁	4 13	辰戊	3 14	戌戊	2 13	巳己	八十
8 9	寅丙	7 11	酉丁	6 11	卯丁	5 13	戌戊	4 14	巳己	3 15	亥己	2 14	午庚	九十
8 10	卯丁	7 12	戌戊	6 12	辰戊	5 14	亥己	4 15	午庚	3 16	子庚	2 15	未辛	十二
8 11	辰戊	7 13	亥己	6 13	巳己	5 15	子庚	4 16	未辛	3 17	丑辛	2 16	申壬	一廿
8 12	巳己	7 14	子庚	6 14	午庚	5 16	丑辛	4 17	申壬	3 18	寅壬	2 17	酉癸	二廿
8 13	午庚	7 15	丑辛	6 15	未辛	5 17	寅壬	4 18	酉癸	3 19	卯癸	2 18	戌甲	三廿
8 14	未辛	7 16	寅壬	6 16	申壬	5 18	卯癸	4 19	戌甲	3 20	辰甲	2 19	亥乙	四廿
8 15	申壬	7 17	卯癸	6 17	酉癸	5 19	辰甲	4 20	亥乙	3 21	巳乙	2 20	子丙	五廿
8 16	酉癸	7 18	辰甲	6 18	戌甲	5 20	巳乙	4 21	子丙	3 22	午丙	2 21	丑丁	六廿
8 17	戌甲	7 19	巳乙	6 19	亥乙	5 21	午丙	4 22	丑丁	3 23	未丁	2 22	寅戊	七廿
8 18	亥乙	7 20	午丙	6 20	子丙	5 22	未丁	4 23	寅戊	3 24	申戊	2 23	卯己	八廿
8 19	子丙	7 21	未丁	6 21	丑丁	5 23	申戊	4 24	卯己	3 25	酉己	2 24	辰庚	九廿
8 20	丑丁	乙太		6 22	寅戊	易天		業事化文乙太		3 26	戌庚	尋搜格落部		十三

月別	月二十		月一十		月十		月九		月八		月七	
月柱	丑辛		子庚		亥己		戌戊		酉丁		申丙	
紫白	紫九		白一		黑二		碧三		綠四		黃五	
節氣時間	2/5	1/21	1/6	12/22	12/8	11/23	11/8	10/24	10/9	9/24	9/8	8/2
	一廿	六初	十二	五初	一廿	六初	一廿	六初	一廿	六初	九十	四初
	立春丑時 1時20分	大寒卯時 6時59分	小寒未時 13時42分	冬至戌時 20時24分	大雪丑時 2時36分	小雪辰時 7時14分	立冬巳時 9時57分	霜降巳時 9時53分	寒露卯時 6時58分	秋分子時 0時45分	白露申時 15時30分	處暑寅時 3時15分
農曆	曆陽	柱日	曆陽	柱日	曆陽	柱日	曆陽	柱日	曆陽	柱日	曆陽	柱日
初一	1 16	午丙	12 18	丑丁	11 18	未丁	10 19	丑丁	9 19	未丁	8 21	寅戊
初二	1 17	未丁	12 19	寅戊	11 19	申戊	10 20	寅戊	9 20	申戊	8 22	卯己
初三	1 18	申戊	12 20	卯己	11 20	酉己	10 21	卯己	9 21	酉己	8 23	辰庚
初四	1 19	酉己	12 21	辰庚	11 21	戌庚	10 22	辰庚	9 22	戌庚	8 24	巳辛
初五	1 20	戌庚	12 22	巳辛	11 22	亥辛	10 23	巳辛	9 23	亥辛	8 25	午壬
初六	1 21	亥辛	12 23	午壬	11 23	子壬	10 24	午壬	9 24	子壬	8 26	未癸
初七	1 22	子壬	12 24	未癸	11 24	丑癸	10 25	未癸	9 25	丑癸	8 27	申甲
初八	1 23	丑癸	12 25	申甲	11 25	寅甲	10 26	申甲	9 26	寅甲	8 28	酉乙
初九	1 24	寅甲	12 26	酉乙	11 26	卯乙	10 27	酉乙	9 27	卯乙	8 29	戌丙
初十	1 25	卯乙	12 27	戌丙	11 27	辰丙	10 28	戌丙	9 28	辰丙	8 30	亥丁
十一	1 26	辰丙	12 28	亥丁	11 28	巳丁	10 29	亥丁	9 29	巳丁	8 31	子戊
十二	1 27	巳丁	12 29	子戊	11 29	午戊	10 30	子戊	9 30	午戊	9 1	丑己
十三	1 28	午戊	12 30	丑己	11 30	未己	10 31	丑己	10 1	未己	9 2	寅庚
十四	1 29	未己	12 31	寅庚	12 1	申庚	11 1	寅庚	10 2	申庚	9 3	卯辛
十五	1 30	申庚	1 1	卯辛	12 2	酉辛	11 2	卯辛	10 3	酉辛	9 4	辰壬
十六	1 31	酉辛	1 2	辰壬	12 3	戌壬	11 3	辰壬	10 4	戌壬	9 5	巳癸
十七	2 1	戌壬	1 3	巳癸	12 4	亥癸	11 4	巳癸	10 5	亥癸	9 6	午甲
十八	2 2	亥癸	1 4	午甲	12 5	子甲	11 5	午甲	10 6	子甲	9 7	未乙
十九	2 3	子甲	1 5	未乙	12 6	丑乙	11 6	未乙	10 7	丑乙	9 8	申丙
二十	2 4	丑乙	1 6	申丙	12 7	寅丙	11 7	申丙	10 8	寅丙	9 9	酉丁
廿一	2 5	寅丙	1 7	酉丁	12 8	卯丁	11 8	酉丁	10 9	卯丁	9 10	戌戊
廿二	2 6	卯丁	1 8	戌戊	12 9	辰戊	11 9	戌戊	10 10	辰戊	9 11	亥己
廿三	2 7	辰戊	1 9	亥己	12 10	巳己	11 10	亥己	10 11	巳己	9 12	子庚
廿四	2 8	巳己	1 10	子庚	12 11	午庚	11 11	子庚	10 12	午庚	9 13	丑辛
廿五	2 9	午庚	1 11	丑辛	12 12	未辛	11 12	丑辛	10 13	未辛	9 14	寅壬
廿六	2 10	未辛	1 12	寅壬	12 13	申壬	11 13	寅壬	10 14	申壬	9 15	卯癸
廿七	2 11	申壬	1 13	卯癸	12 14	酉癸	11 14	卯癸	10 15	酉癸	9 16	辰甲
廿八	2 12	酉癸	1 14	辰甲	12 15	戌甲	11 15	辰甲	10 16	戌甲	9 17	巳乙
廿九	2 13	戌甲	1 15	巳乙	12 16	亥乙	11 16	巳乙	10 17	亥乙	9 18	午丙
三十	2 14	亥乙	乙太		12 17	子丙	11 17	午丙	10 18	子丙	易天	

西元一九七二年 歲次壬子

民國六十一年
太歲姓邱名德
納音屬木
生肖屬鼠
翼宿值年
年一白星

月別	正月		二月		三月		四月		五月		六月	
月柱	壬寅		癸卯		甲辰		乙巳		丙午		丁未	
紫白	八白		七赤		六白		五黃		四綠		三碧	
節氣時間	2/19 初五 雨水亥時 21時11分	3/5 二十 驚蟄戌時 19時28分	3/20 初六 春分戌時 20時21分	4/5 廿二 清明子時 0時29分	4/20 初七 穀雨辰時 7時37分	5/5 廿二 立夏酉時 18時1分	5/21 初九 小滿卯時 6時59分	6/5 廿四 芒種亥時 22時22分	6/21 十一 夏至申時 15時6分	7/7 廿七 小暑辰時 8時43分	7/23 十三 大暑丑時 2時3分	/7 廿 立秋酉時
農曆	日柱	陽曆	日柱	陽曆	日柱	陽曆	日柱	陽曆	日柱	陽曆	日柱	陽曆
初一	丙子	2 15	乙巳	3 15	乙亥	4 14	甲辰	5 13	癸酉	6 11	癸卯	11
初二	丁丑	2 16	丙午	3 16	丙子	4 15	乙巳	5 14	甲戌	6 12	甲辰	12
初三	戊寅	2 17	丁未	3 17	丁丑	4 16	丙午	5 15	乙亥	6 13	乙巳	13
初四	己卯	2 18	戊申	3 18	戊寅	4 17	丁未	5 16	丙子	6 14	丙午	14
初五	庚辰	2 19	己酉	3 19	己卯	4 18	戊申	5 17	丁丑	6 15	丁未	15
初六	辛巳	2 20	庚戌	3 20	庚辰	4 19	己酉	5 18	戊寅	6 16	戊申	16
初七	壬午	2 21	辛亥	3 21	辛巳	4 20	庚戌	5 19	己卯	6 17	己酉	17
初八	癸未	2 22	壬子	3 22	壬午	4 21	辛亥	5 20	庚辰	6 18	庚戌	18
初九	甲申	2 23	癸丑	3 23	癸未	4 22	壬子	5 21	辛巳	6 19	辛亥	19
初十	乙酉	2 24	甲寅	3 24	甲申	4 23	癸丑	5 22	壬午	6 20	壬子	20
十一	丙戌	2 25	乙卯	3 25	乙酉	4 24	甲寅	5 23	癸未	6 21	癸丑	21
十二	丁亥	2 26	丙辰	3 26	丙戌	4 25	乙卯	5 24	甲申	6 22	甲寅	22
十三	戊子	2 27	丁巳	3 27	丁亥	4 26	丙辰	5 25	乙酉	6 23	乙卯	23
十四	己丑	2 28	戊午	3 28	戊子	4 27	丁巳	5 26	丙戌	6 24	丙辰	24
十五	庚寅	2 29	己未	3 29	己丑	4 28	戊午	5 27	丁亥	6 25	丁巳	25
十六	辛卯	3 1	庚申	3 30	庚寅	4 29	己未	5 28	戊子	6 26	戊午	26
十七	壬辰	3 2	辛酉	3 31	辛卯	4 30	庚申	5 29	己丑	6 27	己未	27
十八	癸巳	3 3	壬戌	4 1	壬辰	5 1	辛酉	5 30	庚寅	6 28	庚申	28
十九	甲午	3 4	癸亥	4 2	癸巳	5 2	壬戌	5 31	辛卯	6 29	辛酉	29
二十	乙未	3 5	甲子	4 3	甲午	5 3	癸亥	6 1	壬辰	6 30	壬戌	30
廿一	丙申	3 6	乙丑	4 4	乙未	5 4	甲子	6 2	癸巳	7 1	癸亥	31
廿二	丁酉	3 7	丙寅	4 5	丙申	5 5	乙丑	6 3	甲午	7 2	甲子	1
廿三	戊戌	3 8	丁卯	4 6	丁酉	5 6	丙寅	6 4	乙未	7 3	乙丑	2
廿四	己亥	3 9	戊辰	4 7	戊戌	5 7	丁卯	6 5	丙申	7 4	丙寅	3
廿五	庚子	3 10	己巳	4 8	己亥	5 8	戊辰	6 6	丁酉	7 5	丁卯	4
廿六	辛丑	3 11	庚午	4 9	庚子	5 9	己巳	6 7	戊戌	7 6	戊辰	5
廿七	壬寅	3 12	辛未	4 10	辛丑	5 10	庚午	6 8	己亥	7 7	己巳	6
廿八	癸卯	3 13	壬申	4 11	壬寅	5 11	辛未	6 9	庚子	7 8	庚午	7
廿九	甲辰	3 14	癸酉	4 12	癸卯	5 12	壬申	6 10	辛丑	7 9	辛未	8
三十	部落格搜尋		甲戌	4 13	太乙文化事業		天易		壬寅	7 10	太乙	

月別	月 二 十		月 一 十		月 十		月 九		月 八		月 七	
月柱	丑 癸		子 壬		亥 辛		戌 庚		酉 己		申 戊	
紫白	白 六		赤 七		白 八		紫 九		白 一		黑 二	
節氣時間	1/20 七十 12時48分 大寒午時	1/5 二初 19時25分 小寒戌時	12/22 七十 2時13分 冬至丑時	12/7 二初 8時19分 大雪辰時	11/22 七十 13時3分 小雪未時	11/7 二初 15時39分 立冬申時	10/23 七十 15時41分 霜降申時	10/8 二初 12時42分 寒露午時		9/23 六十 6時33分 秋分卯時	9/7 十三 21時15分 白露亥時	8/23 五十 9時3分 處暑巳時
農曆	曆陽	柱日	曆陽	柱日	曆陽	柱日	曆陽	柱日	曆陽	柱日	曆陽	柱日
初一	1 4	子庚	12 6	未辛	11 6	丑辛	10 7	未辛	9 8	寅壬	8 9	申壬
初二	1 5	丑辛	12 7	申壬	11 7	寅壬	10 8	申壬	9 9	卯癸	8 10	酉癸
初三	1 6	寅壬	12 8	酉癸	11 8	卯癸	10 9	酉癸	9 10	辰甲	8 11	戌甲
初四	1 7	卯癸	12 9	戌甲	11 9	辰甲	10 10	戌甲	9 11	巳乙	8 12	亥乙
初五	1 8	辰甲	12 10	亥乙	11 10	巳乙	10 11	亥乙	9 12	午丙	8 13	子丙
初六	1 9	巳乙	12 11	子丙	11 11	午丙	10 12	子丙	9 13	未丁	8 14	丑丁
初七	1 10	午丙	12 12	丑丁	11 12	未丁	10 13	丑丁	9 14	申戊	8 15	寅戊
初八	1 11	未丁	12 13	寅戊	11 13	申戊	10 14	寅戊	9 15	酉己	8 16	卯己
初九	1 12	申戊	12 14	卯己	11 14	酉己	10 15	卯己	9 16	戌庚	8 17	辰庚
初十	1 13	酉己	12 15	辰庚	11 15	戌庚	10 16	辰庚	9 17	亥辛	8 18	巳辛
十一	1 14	戌庚	12 16	巳辛	11 16	亥辛	10 17	巳辛	9 18	子壬	8 19	午壬
十二	1 15	亥辛	12 17	午壬	11 17	子壬	10 18	午壬	9 19	丑癸	8 20	未癸
十三	1 16	子壬	12 18	未癸	11 18	丑癸	10 19	未癸	9 20	寅甲	8 21	申甲
十四	1 17	丑癸	12 19	申甲	11 19	寅甲	10 20	申甲	9 21	卯乙	8 22	酉乙
十五	1 18	寅甲	12 20	酉乙	11 20	卯乙	10 21	酉乙	9 22	辰丙	8 23	戌丙
十六	1 19	卯乙	12 21	戌丙	11 21	辰丙	10 22	戌丙	9 23	巳丁	8 24	亥丁
十七	1 20	辰丙	12 22	亥丁	11 22	巳丁	10 23	亥丁	9 24	午戊	8 25	子戊
十八	1 21	巳丁	12 23	子戊	11 23	午戊	10 24	子戊	9 25	未己	8 26	丑己
十九	1 22	午戊	12 24	丑己	11 24	未己	10 25	丑己	9 26	申庚	8 27	寅庚
二十	1 23	未己	12 25	寅庚	11 25	申庚	10 26	寅庚	9 27	酉辛	8 28	卯辛
廿一	1 24	申庚	12 26	卯辛	11 26	酉辛	10 27	卯辛	9 28	戌壬	8 29	辰壬
廿二	1 25	酉辛	12 27	辰壬	11 27	戌壬	10 28	辰壬	9 29	亥癸	8 30	巳癸
廿三	1 26	戌壬	12 28	巳癸	11 28	亥癸	10 29	巳癸	9 30	子甲	8 31	午甲
廿四	1 27	亥癸	12 29	午甲	11 29	子甲	10 30	午甲	10 1	丑乙	9 1	未乙
廿五	1 28	子甲	12 30	未乙	11 30	丑乙	10 31	未乙	10 2	寅丙	9 2	申丙
廿六	1 29	丑乙	12 31	申丙	12 1	寅丙	11 1	申丙	10 3	卯丁	9 3	酉丁
廿七	1 30	寅丙	1 1	酉丁	12 2	卯丁	11 2	酉丁	10 4	辰戊	9 4	戌戊
廿八	1 31	卯丁	1 2	戌戊	12 3	辰戊	11 3	戌戊	10 5	巳己	9 5	亥己
廿九	2 1	辰戊	1 3	亥己	12 4	巳己	11 4	亥己	10 6	午庚	9 6	子庚
三十	2 2	巳己	乙太		12 5	午庚	11 5	子庚	易天		9 7	丑辛

月 六		月 五		月 四		月 三		月 二		月 正		別月
未 己		午 戊		巳 丁		辰 丙		卯 乙		寅 甲		柱月
紫 九		白 一		黑 二		碧 三		綠 四		黃 五		白紫
7/23	7/7	6/21	6/6	5/21	5/5	4/20	4/5	3/21	3/6	2/19	2/4	節氣時間
四廿	八初	一廿	六初	九十	三初	八十	三初	七十	二初	七十	二初	
7時55分 大暑辰時	14時27分 小暑未時	21時1分 夏至亥時	4時7分 芒種寅時	12時54分 小滿午時	23時46分 立夏子時	13時30分 穀雨未時	6時14分 清明卯時	2時12分 春分丑時	1時13分 驚蟄丑時	3時1分 雨水寅時	7時4分 立春辰時	
曆陽	柱日	曆陽	柱日	曆陽	柱日	曆陽	柱日	曆陽	柱日	曆陽	柱日	曆農
6 30	酉丁	6 1	辰戊	5 3	亥己	4 3	巳己	3 5	子庚	2 3	午庚	一初
7 1	戌戊	6 2	巳己	5 4	子庚	4 4	午庚	3 6	丑辛	2 4	未辛	二初
7 2	亥己	6 3	午庚	5 5	丑辛	4 5	未辛	3 7	寅壬	2 5	申壬	三初
7 3	子庚	6 4	未辛	5 6	寅壬	4 6	申壬	3 8	卯癸	2 6	酉癸	四初
7 4	丑辛	6 5	申壬	5 7	卯癸	4 7	酉癸	3 9	辰甲	2 7	戌甲	五初
7 5	寅壬	6 6	酉癸	5 8	辰甲	4 8	戌甲	3 10	巳乙	2 8	亥乙	六初
7 6	卯癸	6 7	戌甲	5 9	巳乙	4 9	亥乙	3 11	午丙	2 9	子丙	七初
7 7	辰甲	6 8	亥乙	5 10	午丙	4 10	子丙	3 12	未丁	2 10	丑丁	八初
7 8	巳乙	6 9	子丙	5 11	未丁	4 11	丑丁	3 13	申戊	2 11	寅戊	九初
7 9	午丙	6 10	丑丁	5 12	申戊	4 12	寅戊	3 14	酉己	2 12	卯己	十初
7 10	未丁	6 11	寅戊	5 13	酉己	4 13	卯己	3 15	戌庚	2 13	辰庚	一十
7 11	申戊	6 12	卯己	5 14	戌庚	4 14	辰庚	3 16	亥辛	2 14	巳辛	二十
7 12	酉己	6 13	辰庚	5 15	亥辛	4 15	巳辛	3 17	子壬	2 15	午壬	三十
7 13	戌庚	6 14	巳辛	5 16	子壬	4 16	午壬	3 18	丑癸	2 16	未癸	四十
7 14	亥辛	6 15	午壬	5 17	丑癸	4 17	未癸	3 19	寅甲	2 17	申甲	五十
7 15	子壬	6 16	未癸	5 18	寅甲	4 18	申甲	3 20	卯乙	2 18	酉乙	六十
7 16	丑癸	6 17	申甲	5 19	卯乙	4 19	酉乙	3 21	辰丙	2 19	戌丙	七十
7 17	寅甲	6 18	酉乙	5 20	辰丙	4 20	戌丙	3 22	巳丁	2 20	亥丁	八十
7 18	卯乙	6 19	戌丙	5 21	巳丁	4 21	亥丁	3 23	午戊	2 21	子戊	九十
7 19	辰丙	6 20	亥丁	5 22	午戊	4 22	子戊	3 24	未己	2 22	丑己	十二
7 20	巳丁	6 21	子戊	5 23	未己	4 23	丑己	3 25	申庚	2 23	寅庚	一廿
7 21	午戊	6 22	丑己	5 24	申庚	4 24	寅庚	3 26	酉辛	2 24	卯辛	二廿
7 22	未己	6 23	寅庚	5 25	酉辛	4 25	卯辛	3 27	戌壬	2 25	辰壬	三廿
7 23	申庚	6 24	卯辛	5 26	戌壬	4 26	辰壬	3 28	亥癸	2 26	巳癸	四廿
7 24	酉辛	6 25	辰壬	5 27	亥癸	4 27	巳癸	3 29	子甲	2 27	午甲	五廿
7 25	戌壬	6 26	巳癸	5 28	子甲	4 28	午甲	3 30	丑乙	2 28	未乙	六廿
7 26	亥癸	6 27	午甲	5 29	丑乙	4 29	未乙	3 31	寅丙	3 1	申丙	七廿
7 27	子甲	6 28	未乙	5 30	寅丙	4 30	申丙	4 1	卯丁	3 2	酉丁	八廿
7 28	丑乙	6 29	申丙	5 31	卯丁	5 1	酉丁	4 2	辰戊	3 3	戌戊	九廿
7 29	寅丙	乙太		易天		5 2	戌戊	尋搜格落部		3 4	亥己	十三

西元一九七三年

歲次 癸丑

民國六十二年

太歲姓林名簿

納音屬木

生肖屬牛

年九紫星

軫宿值年

月別	月二十		月一十		月十		月九		月八		月七	
月柱	丑乙		子甲		亥癸		戌壬		酉辛		申庚	
紫白	碧三		綠四		黃五		白六		赤七		白八	
節氣時間	1/20	1/6	12/22	12/7	11/22	11/7	10/23	10/8	9/23	9/8	8/23	8/8
	八廿	四十	八廿	三十	八廿	三十	八廿	三十	七廿	二十	五廿	十初
	18時46分 大寒酉時	1時20分 小寒丑時	8時8分 冬至辰時	14時10分 大雪未時	18時54分 小雪酉時	21時28分 立冬亥時	21時30分 霜降亥時	18時27分 寒露酉時	12時21分 秋分午時	2時59分 白露丑時	14時54分 處暑未時	0時13分 立秋子時
農曆	曆陽	柱日	曆陽	柱日	曆陽	柱日	曆陽	柱日	曆陽	柱日	曆陽	柱日
初一	12 24	午甲	11 25	丑乙	10 26	未乙	9 26	丑乙	8 28	申丙	7 30	卯丁
初二	12 25	未乙	11 26	寅丙	10 27	申丙	9 27	寅丙	8 29	酉丁	7 31	辰戊
初三	12 26	申丙	11 27	卯丁	10 28	酉丁	9 28	卯丁	8 30	戌戊	8 1	巳己
初四	12 27	酉丁	11 28	辰戊	10 29	戌戊	9 29	辰戊	8 31	亥己	8 2	午庚
初五	12 28	戌戊	11 29	巳己	10 30	亥己	9 30	巳己	9 1	子庚	8 3	未辛
初六	12 29	亥己	11 30	午庚	10 31	子庚	10 1	午庚	9 2	丑辛	8 4	申壬
初七	12 30	子庚	12 1	未辛	11 1	丑辛	10 2	未辛	9 3	寅壬	8 5	酉癸
初八	12 31	丑辛	12 2	申壬	11 2	寅壬	10 3	申壬	9 4	卯癸	8 6	戌甲
初九	1 1	寅壬	12 3	酉癸	11 3	卯癸	10 4	酉癸	9 5	辰甲	8 7	亥乙
初十	1 2	卯癸	12 4	戌甲	11 4	辰甲	10 5	戌甲	9 6	巳乙	8 8	子丙
十一	1 3	辰甲	12 5	亥乙	11 5	巳乙	10 6	亥乙	9 7	午丙	8 9	丑丁
十二	1 4	巳乙	12 6	子丙	11 6	午丙	10 7	子丙	9 8	未丁	8 10	寅戊
十三	1 5	午丙	12 7	丑丁	11 7	未丁	10 8	丑丁	9 9	申戊	8 11	卯己
十四	1 6	未丁	12 8	寅戊	11 8	申戊	10 9	寅戊	9 10	酉己	8 12	辰庚
十五	1 7	申戊	12 9	卯己	11 9	酉己	10 10	卯己	9 11	戌庚	8 13	巳辛
十六	1 8	酉己	12 10	辰庚	11 10	戌庚	10 11	辰庚	9 12	亥辛	8 14	午壬
十七	1 9	戌庚	12 11	巳辛	11 11	亥辛	10 12	巳辛	9 13	子壬	8 15	未癸
十八	1 10	亥辛	12 12	午壬	11 12	子壬	10 13	午壬	9 14	丑癸	8 16	申甲
十九	1 11	子壬	12 13	未癸	11 13	丑癸	10 14	未癸	9 15	寅甲	8 17	酉乙
二十	1 12	丑癸	12 14	申甲	11 14	寅甲	10 15	申甲	9 16	卯乙	8 18	戌丙
廿一	1 13	寅甲	12 15	酉乙	11 15	卯乙	10 16	酉乙	9 17	辰丙	8 19	亥丁
廿二	1 14	卯乙	12 16	戌丙	11 16	辰丙	10 17	戌丙	9 18	巳丁	8 20	子戊
廿三	1 15	辰丙	12 17	亥丁	11 17	巳丁	10 18	亥丁	9 19	午戊	8 21	丑己
廿四	1 16	巳丁	12 18	子戊	11 18	午戊	10 19	子戊	9 20	未己	8 22	寅庚
廿五	1 17	午戊	12 19	丑己	11 19	未己	10 20	丑己	9 21	申庚	8 23	卯辛
廿六	1 18	未己	12 20	寅庚	11 20	申庚	10 21	寅庚	9 22	酉辛	8 24	辰壬
廿七	1 19	申庚	12 21	卯辛	11 21	酉辛	10 22	卯辛	9 23	戌壬	8 25	巳癸
廿八	1 20	酉辛	12 22	辰壬	11 22	戌壬	10 23	辰壬	9 24	亥癸	8 26	午甲
廿九	1 21	戌壬	12 23	巳癸	11 23	亥癸	10 24	巳癸	9 25	子甲	8 27	未乙
三十	1 22	亥癸	乙太		11 24	子甲	10 25	午甲	易天		尋搜格落部	

月	六	月	五	月四閏		月	四	月	三	月	二	月	正	別月
未	辛	午	庚			巳	己	辰	戊	卯	丁	寅	丙	柱月
白	六	赤	七			白	八	紫	九	白	一	黑	二	白紫
/8	7/23	7/7	6/22		6/6	5/21	5/6	4/20	4/5	3/21	3/6	2/19	2/4	節氣時間
廿	五初	八十	三初		六十	十三	五十	八廿	三十	八廿	三十	八廿	三十	
立秋卯時	13時30分 大暑未時	20時11分 小暑戌時	2時38分 夏至丑時		9時52分 芒種巳時	18時36分 小滿酉時	5時34分 立夏卯時	19時19分 穀雨戌時	12時5分 清明午時	8時7分 春分辰時	7時7分 驚蟄辰時	8時59分 雨水辰時	13時0分 立春未時	
曆陽	柱日	曆陽	柱日	曆陽	柱日	曆陽	柱日	曆陽	柱日	曆陽	柱日	曆陽	柱日	曆農
19	酉辛	6 20	辰壬	5 22	亥癸	4 22	巳癸	3 24	子甲	2 22	午甲	1 23	子甲	一初
20	戌壬	6 21	巳癸	5 23	子甲	4 23	午甲	3 25	丑乙	2 23	未乙	1 24	丑乙	二初
21	亥癸	6 22	午甲	5 24	丑乙	4 24	未乙	3 26	寅丙	2 24	申丙	1 25	寅丙	三初
22	子甲	6 23	未乙	5 25	寅丙	4 25	申丙	3 27	卯丁	2 25	酉丁	1 26	卯丁	四初
23	丑乙	6 24	申丙	5 26	卯丁	4 26	酉丁	3 28	辰戊	2 26	戌戊	1 27	辰戊	五初
24	寅丙	6 25	酉丁	5 27	辰戊	4 27	戌戊	3 29	巳己	2 27	亥己	1 28	巳己	六初
25	卯丁	6 26	戌戊	5 28	巳己	4 28	亥己	3 30	午庚	2 28	子庚	1 29	午庚	七初
26	辰戊	6 27	亥己	5 29	午庚	4 29	子庚	3 31	未辛	3 1	丑辛	1 30	未辛	八初
27	巳己	6 28	子庚	5 30	未辛	4 30	丑辛	4 1	申壬	3 2	寅壬	1 31	申壬	九初
28	午庚	6 29	丑辛	5 31	申壬	5 1	寅壬	4 2	酉癸	3 3	卯癸	2 1	酉癸	十初
29	未辛	6 30	寅壬	6 1	酉癸	5 2	卯癸	4 3	戌甲	3 4	辰甲	2 2	戌甲	一十
30	申壬	7 1	卯癸	6 2	戌甲	5 3	辰甲	4 4	亥乙	3 5	巳乙	2 3	亥乙	二十
31	酉癸	7 2	辰甲	6 3	亥乙	5 4	巳乙	4 5	子丙	3 6	午丙	2 4	子丙	三十
1	戌甲	7 3	巳乙	6 4	子丙	5 5	午丙	4 6	丑丁	3 7	未丁	2 5	丑丁	四十
2	亥乙	7 4	午丙	6 5	丑丁	5 6	未丁	4 7	寅戊	3 8	申戊	2 6	寅戊	五十
3	子丙	7 5	未丁	6 6	寅戊	5 7	申戊	4 8	卯己	3 9	酉己	2 7	卯己	六十
4	丑丁	7 6	申戊	6 7	卯己	5 8	酉己	4 9	辰庚	3 10	戌庚	2 8	辰庚	七十
5	寅戊	7 7	酉己	6 8	辰庚	5 9	戌庚	4 10	巳辛	3 11	亥辛	2 9	巳辛	八十
6	卯己	7 8	戌庚	6 9	巳辛	5 10	亥辛	4 11	午壬	3 12	子壬	2 10	午壬	九十
7	辰庚	7 9	亥辛	6 10	午壬	5 11	子壬	4 12	未癸	3 13	丑癸	2 11	未癸	十二
8	巳辛	7 10	子壬	6 11	未癸	5 12	丑癸	4 13	申甲	3 14	寅甲	2 12	申甲	一廿
9	午壬	7 11	丑癸	6 12	申甲	5 13	寅甲	4 14	酉乙	3 15	卯乙	2 13	酉乙	二廿
10	未癸	7 12	寅甲	6 13	酉乙	5 14	卯乙	4 15	戌丙	3 16	辰丙	2 14	戌丙	三廿
11	申甲	7 13	卯乙	6 14	戌丙	5 15	辰丙	4 16	亥丁	3 17	巳丁	2 15	亥丁	四廿
12	酉乙	7 14	辰丙	6 15	亥丁	5 16	巳丁	4 17	子戊	3 18	午戊	2 16	子戊	五廿
13	戌丙	7 15	巳丁	6 16	子戊	5 17	午戊	4 18	丑己	3 19	未己	2 17	丑己	六廿
14	亥丁	7 16	午戊	6 17	丑己	5 18	未己	4 19	寅庚	3 20	申庚	2 18	寅庚	七廿
15	子戊	7 17	未己	6 18	寅庚	5 19	申庚	4 20	卯辛	3 21	酉辛	2 19	卯辛	八廿
16	丑己	7 18	申庚	6 19	卯辛	5 20	酉辛	4 21	辰壬	3 22	戌壬	2 20	辰壬	九廿
17	寅庚	乙太		易天		5 21	戌壬	尋搜格落部		3 23	亥癸	2 21	巳癸	十三

西元一九七四年

歲次甲寅

民國六十三年
太歲姓張名朝

納音屬水
生肖屬虎

年八白星
角宿值年

日光節約時間：陽曆 (4 月 1 日至 9 月 30 日) 陰曆 (3 月 9 日至 8 月 15 日)

月別	月二十		月一十		月十		月九		月八		月七	
月柱	丑丁		子丙		亥乙		戌甲		酉癸		申壬	
紫白	紫九		白一		黑二		碧三		綠四		黃五	
節氣時間	2/4	1/21	1/6	12/22	12/7	11/23	11/8	10/24	10/9	9/23	9/8	8/23
	四廿	十初	四廿	九初	四廿	十初	五廿	十初	四廿	八初	二廿	六初
	18時59分 立春酉時	0時36分 大寒子時	7時17分 小寒辰時	13時56分 冬至未時	20時5分 大雪戌時	0時38分 小雪子時	3時18分 立冬寅時	3時11分 霜降寅時	0時15分 寒露子時	17時58分 秋分酉時	8時45分 白露辰時	20時29分 處暑戌時
農曆	曆陽	柱日	曆陽	柱日	曆陽	柱日	曆陽	柱日	曆陽	柱日	曆陽	柱日
初一	1 12	午戊	12 14	丑己	11 14	未己	10 15	丑己	9 16	申庚	8 18	卯辛
初二	1 13	未己	12 15	寅庚	11 15	申庚	10 16	寅庚	9 17	酉辛	8 19	辰壬
初三	1 14	申庚	12 16	卯辛	11 16	酉辛	10 17	卯辛	9 18	戌壬	8 20	巳癸
初四	1 15	酉辛	12 17	辰壬	11 17	戌壬	10 18	辰壬	9 19	亥癸	8 21	午甲
初五	1 16	戌壬	12 18	巳癸	11 18	亥癸	10 19	巳癸	9 20	子甲	8 22	未乙
初六	1 17	亥癸	12 19	午甲	11 19	子甲	10 20	午甲	9 21	丑乙	8 23	申丙
初七	1 18	子甲	12 20	未乙	11 20	丑乙	10 21	未乙	9 22	寅丙	8 24	酉丁
初八	1 19	丑乙	12 21	申丙	11 21	寅丙	10 22	申丙	9 23	卯丁	8 25	戌戊
初九	1 20	寅丙	12 22	酉丁	11 22	卯丁	10 23	酉丁	9 24	辰戊	8 26	亥己
初十	1 21	卯丁	12 23	戌戊	11 23	辰戊	10 24	戌戊	9 25	巳己	8 27	子庚
十一	1 22	辰戊	12 24	亥己	11 24	巳己	10 25	亥己	9 26	午庚	8 28	丑辛
十二	1 23	巳己	12 25	子庚	11 25	午庚	10 26	子庚	9 27	未辛	8 29	寅壬
十三	1 24	午庚	12 26	丑辛	11 26	未辛	10 27	丑辛	9 28	申壬	8 30	卯癸
十四	1 25	未辛	12 27	寅壬	11 27	申壬	10 28	寅壬	9 29	酉癸	8 31	辰甲
十五	1 26	申壬	12 28	卯癸	11 28	酉癸	10 29	卯癸	9 30	戌甲	9 1	巳乙
十六	1 27	酉癸	12 29	辰甲	11 29	戌甲	10 30	辰甲	10 1	亥乙	9 2	午丙
十七	1 28	戌甲	12 30	巳乙	11 30	亥乙	10 31	巳乙	10 2	子丙	9 3	未丁
十八	1 29	亥乙	12 31	午丙	12 1	子丙	11 1	午丙	10 3	丑丁	9 4	申戊
十九	1 30	子丙	1 1	未丁	12 2	丑丁	11 2	未丁	10 4	寅戊	9 5	酉己
二十	1 31	丑丁	1 2	申戊	12 3	寅戊	11 3	申戊	10 5	卯己	9 6	戌庚
廿一	2 1	寅戊	1 3	酉己	12 4	卯己	11 4	酉己	10 6	辰庚	9 7	亥辛
廿二	2 2	卯己	1 4	戌庚	12 5	辰庚	11 5	戌庚	10 7	巳辛	9 8	子壬
廿三	2 3	辰庚	1 5	亥辛	12 6	巳辛	11 6	亥辛	10 8	午壬	9 9	丑癸
廿四	2 4	巳辛	1 6	子壬	12 7	午壬	11 7	子壬	10 9	未癸	9 10	寅甲
廿五	2 5	午壬	1 7	丑癸	12 8	未癸	11 8	丑癸	10 10	申甲	9 11	卯乙
廿六	2 6	未癸	1 8	寅甲	12 9	申甲	11 9	寅甲	10 11	酉乙	9 12	辰丙
廿七	2 7	申甲	1 9	卯乙	12 10	酉乙	11 10	卯乙	10 12	戌丙	9 13	巳丁
廿八	2 8	酉乙	1 10	辰丙	12 11	戌丙	11 11	辰丙	10 13	亥丁	9 14	午戊
廿九	2 9	戌丙	1 11	巳丁	12 12	亥丁	11 12	巳丁	10 14	子戊	9 15	未己
三十	2 10	亥丁	乙太		12 13	子戊	11 13	午戊	易天		尋搜格落部	

月六		月五		月四		月三		月二		月正		別月
未癸		午壬		巳辛		辰庚		卯己		寅戊		柱月
碧三		綠四		黃五		白六		赤七		白八		白紫
	7/23	7/8	6/22	6/6	5/22	5/6	4/21	4/5	3/21	3/6	2/19	節氣時間
	五十	九廿	三十	七廿	二十	五廿	十初	四廿	九初	四廿	九初	
	19時22分 大暑戌時	1時59分 小暑丑時	8時26分 夏至辰時	15時42分 芒種申時	0時24分 小滿子時	11時27分 立夏午時	1時7分 穀雨丑時	18時1分 清明酉時	13時57分 春分未時	13時6分 驚蟄未時	14時50分 雨水未時	
曆陽	柱日	曆陽	柱日	曆陽	柱日	曆陽	柱日	曆陽	柱日	曆陽	柱日	曆農
9	辰丙	6 10	亥丁	5 11	巳丁	4 12	子戊	3 13	午戊	2 11	子戊	一初
10	巳丁	6 11	子戊	5 12	午戊	4 13	丑己	3 14	未己	2 12	丑己	二初
11	午戊	6 12	丑己	5 13	未己	4 14	寅庚	3 15	申庚	2 13	寅庚	三初
12	未己	6 13	寅庚	5 14	申庚	4 15	卯辛	3 16	酉辛	2 14	卯辛	四初
13	申庚	6 14	卯辛	5 15	酉辛	4 16	辰壬	3 17	戌壬	2 15	辰壬	五初
14	酉辛	6 15	辰壬	5 16	戌壬	4 17	巳癸	3 18	亥癸	2 16	巳癸	六初
15	戌壬	6 16	巳癸	5 17	亥癸	4 18	午甲	3 19	子甲	2 17	午甲	七初
16	亥癸	6 17	午甲	5 18	子甲	4 19	未乙	3 20	丑乙	2 18	未乙	八初
17	子甲	6 18	未乙	5 19	丑乙	4 20	申丙	3 21	寅丙	2 19	申丙	九初
18	丑乙	6 19	申丙	5 20	寅丙	4 21	酉丁	3 22	卯丁	2 20	酉丁	十初
19	寅丙	6 20	酉丁	5 21	卯丁	4 22	戌戊	3 23	辰戊	2 21	戌戊	一十
20	卯丁	6 21	戌戊	5 22	辰戊	4 23	亥己	3 24	巳己	2 22	亥己	二十
21	辰戊	6 22	亥己	5 23	巳己	4 24	子庚	3 25	午庚	2 23	子庚	三十
22	巳己	6 23	子庚	5 24	午庚	4 25	丑辛	3 26	未辛	2 24	丑辛	四十
23	午庚	6 24	丑辛	5 25	未辛	4 26	寅壬	3 27	申壬	2 25	寅壬	五十
24	未辛	6 25	寅壬	5 26	申壬	4 27	卯癸	3 28	酉癸	2 26	卯癸	六十
25	申壬	6 26	卯癸	5 27	酉癸	4 28	辰甲	3 29	戌甲	2 27	辰甲	七十
26	酉癸	6 27	辰甲	5 28	戌甲	4 29	巳乙	3 30	亥乙	2 28	巳乙	八十
27	戌甲	6 28	巳乙	5 29	亥乙	4 30	午丙	3 31	子丙	3 1	午丙	九十
28	亥乙	6 29	午丙	5 30	子丙	5 1	未丁	4 1	丑丁	3 2	未丁	十二
29	子丙	6 30	未丁	5 31	丑丁	5 2	申戊	4 2	寅戊	3 3	申戊	一廿
30	丑丁	7 1	申戊	6 1	寅戊	5 3	酉己	4 3	卯己	3 4	酉己	二廿
31	寅戊	7 2	酉己	6 2	卯己	5 4	戌庚	4 4	辰庚	3 5	戌庚	三廿
1	卯己	7 3	戌庚	6 3	辰庚	5 5	亥辛	4 5	巳辛	3 6	亥辛	四廿
2	辰庚	7 4	亥辛	6 4	巳辛	5 6	子壬	4 6	午壬	3 7	子壬	五廿
3	巳辛	7 5	子壬	6 5	午壬	5 7	丑癸	4 7	未癸	3 8	丑癸	六廿
4	午壬	7 6	丑癸	6 6	未癸	5 8	寅甲	4 8	申甲	3 9	寅甲	七廿
5	未癸	7 7	寅甲	6 7	申甲	5 9	卯乙	4 9	酉乙	3 10	卯乙	八廿
6	申甲	7 8	卯乙	6 8	酉乙	5 10	辰丙	4 10	戌丙	3 11	辰丙	九廿
乙太		易天		6 9	戌丙	尋搜格落部		4 11	亥丁	3 12	巳丁	十三

西元一九七五年

歲次乙卯

民國六十四年

太歲姓方名清

納音屬水

生肖屬兔

年七赤星

亢宿值年

日光節約時間：陽曆 (4 月 1 日至 9 月 30 日) 陰曆 (2 月 20 日至 8 月 25 日

月別	月二十		月一十		月十		月九		月八		月七	
月柱	丑己		子戊		亥丁		戌丙		酉乙		申甲	
紫白	白六		赤七		白八		紫九		白一		黑二	
節氣時間	1/21 一廿 6時25分 大寒卯時	1/6 六初 12時57分 小寒午時	12/22 十二 19時46分 冬至戌時	12/8 六初 1時46分 大雪丑時	11/23 一廿 6時31分 小雪卯時	11/8 六初 9時3分 立冬巳時	10/24 十二 9時6分 霜降巳時	10/9 五初 6時2分 寒露卯時	9/23 八十 23時55分 秋分子時	9/8 三初 14時33分 白露未時	8/24 八十 2時24分 處暑丑時	8/8 二初 11時45分 立秋午時
農曆	曆陽	柱日	曆陽	柱日	曆陽	柱日	曆陽	柱日	曆陽	柱日	曆陽	柱日
初一	1 1	子壬	12 3	未癸	11 3	丑癸	10 5	申甲	9 6	卯乙	8 7	酉乙
初二	1 2	丑癸	12 4	申甲	11 4	寅甲	10 6	酉乙	9 7	辰丙	8 8	戌丙
初三	1 3	寅甲	12 5	酉乙	11 5	卯乙	10 7	戌丙	9 8	巳丁	8 9	亥丁
初四	1 4	卯乙	12 6	戌丙	11 6	辰丙	10 8	亥丁	9 9	午戊	8 10	子戊
初五	1 5	辰丙	12 7	亥丁	11 7	巳丁	10 9	子戊	9 10	未己	8 11	丑己
初六	1 6	巳丁	12 8	子戊	11 8	午戊	10 10	丑己	9 11	申庚	8 12	寅庚
初七	1 7	午戊	12 9	丑己	11 9	未己	10 11	寅庚	9 12	酉辛	8 13	卯辛
初八	1 8	未己	12 10	寅庚	11 10	申庚	10 12	卯辛	9 13	戌壬	8 14	辰壬
初九	1 9	申庚	12 11	卯辛	11 11	酉辛	10 13	辰壬	9 14	亥癸	8 15	巳癸
初十	1 10	酉辛	12 12	辰壬	11 12	戌壬	10 14	巳癸	9 15	子甲	8 16	午甲
十一	1 11	戌壬	12 13	巳癸	11 13	亥癸	10 15	午甲	9 16	丑乙	8 17	未乙
十二	1 12	亥癸	12 14	午甲	11 14	子甲	10 16	未乙	9 17	寅丙	8 18	申丙
十三	1 13	子甲	12 15	未乙	11 15	丑乙	10 17	申丙	9 18	卯丁	8 19	酉丁
十四	1 14	丑乙	12 16	申丙	11 16	寅丙	10 18	酉丁	9 19	辰戊	8 20	戌戊
十五	1 15	寅丙	12 17	酉丁	11 17	卯丁	10 19	戌戊	9 20	巳己	8 21	亥己
十六	1 16	卯丁	12 18	戌戊	11 18	辰戊	10 20	亥己	9 21	午庚	8 22	子庚
十七	1 17	辰戊	12 19	亥己	11 19	巳己	10 21	子庚	9 22	未辛	8 23	丑辛
十八	1 18	巳己	12 20	子庚	11 20	午庚	10 22	丑辛	9 23	申壬	8 24	寅壬
十九	1 19	午庚	12 21	丑辛	11 21	未辛	10 23	寅壬	9 24	酉癸	8 25	卯癸
二十	1 20	未辛	12 22	寅壬	11 22	申壬	10 24	卯癸	9 25	戌甲	8 26	辰甲
廿一	1 21	申壬	12 23	卯癸	11 23	酉癸	10 25	辰甲	9 26	亥乙	8 27	巳乙
廿二	1 22	酉癸	12 24	辰甲	11 24	戌甲	10 26	巳乙	9 27	子丙	8 28	午丙
廿三	1 23	戌甲	12 25	巳乙	11 25	亥乙	10 27	午丙	9 28	丑丁	8 29	未丁
廿四	1 24	亥乙	12 26	午丙	11 26	子丙	10 28	未丁	9 29	寅戊	8 30	申戊
廿五	1 25	子丙	12 27	未丁	11 27	丑丁	10 29	申戊	9 30	卯己	8 31	酉己
廿六	1 26	丑丁	12 28	申戊	11 28	寅戊	10 30	酉己	10 1	辰庚	9 1	戌庚
廿七	1 27	寅戊	12 29	酉己	11 29	卯己	10 31	戌庚	10 2	巳辛	9 2	亥辛
廿八	1 28	卯己	12 30	戌庚	11 30	辰庚	11 1	亥辛	10 3	午壬	9 3	子壬
廿九	1 29	辰庚	12 31	亥辛	12 1	巳辛	11 2	子壬	10 4	未癸	9 4	丑癸
三十	1 30	巳辛	乙太		12 2	午壬	易天		尋搜格落部		9 5	寅甲

西元一九七六年 歲次丙辰

民國六十五年 太歲姓辛名亞

納音屬土 生肖屬龍

年六白星 氐宿值年

月六		月五		月四		月三		月二		月正		別月
未乙		午甲		巳癸		辰壬		卯辛		寅庚		柱月
紫九		白一		黑二		碧三		綠四		黃五		白紫
/23	7/7	6/21	6/5	5/21	5/5	4/20	4/4	3/20	3/5	2/19	2/5	節氣時間
廿	一十	四廿	八初	三廿	七初	一廿	五初	十二	五初	十二	六初	
大暑丑時	小暑辰時 7時51分	夏至未時 14時24分	芒種亥時 21時31分	小滿卯時 6時21分	立夏酉時 17時14分	穀雨辰時 7時3分	清明子時 23時46分	春分戌時 19時50分	驚蟄酉時 18時48分	雨水戌時 20時40分	立春子時 0時39分	
曆陽	柱日	曆陽	柱日	曆陽	柱日	曆陽	柱日	曆陽	柱日	曆陽	柱日	曆農
27	戌庚	5 29	巳辛	4 29	亥辛	3 31	午壬	3 1	子壬	1 31	午壬	一初
28	亥辛	5 30	午壬	4 30	子壬	4 1	未癸	3 2	丑癸	2 1	未癸	二初
29	子壬	5 31	未癸	5 1	丑癸	4 2	申甲	3 3	寅甲	2 2	申甲	三初
30	丑癸	6 1	申甲	5 2	寅甲	4 3	酉乙	3 4	卯乙	2 3	酉乙	四初
1	寅甲	6 2	酉乙	5 3	卯乙	4 4	戌丙	3 5	辰丙	2 4	戌丙	五初
2	卯乙	6 3	戌丙	5 4	辰丙	4 5	亥丁	3 6	巳丁	2 5	亥丁	六初
3	辰丙	6 4	亥丁	5 5	巳丁	4 6	子戊	3 7	午戊	2 6	子戊	七初
4	巳丁	6 5	子戊	5 6	午戊	4 7	丑己	3 8	未己	2 7	丑己	八初
5	午戊	6 6	丑己	5 7	未己	4 8	寅庚	3 9	申庚	2 8	寅庚	九初
6	未己	6 7	寅庚	5 8	申庚	4 9	卯辛	3 10	酉辛	2 9	卯辛	十初
7	申庚	6 8	卯辛	5 9	酉辛	4 10	辰壬	3 11	戌壬	2 10	辰壬	一十
8	酉辛	6 9	辰壬	5 10	戌壬	4 11	巳癸	3 12	亥癸	2 11	巳癸	二十
9	戌壬	6 10	巳癸	5 11	亥癸	4 12	午甲	3 13	子甲	2 12	午甲	三十
10	亥癸	6 11	午甲	5 12	子甲	4 13	未乙	3 14	丑乙	2 13	未乙	四十
11	子甲	6 12	未乙	5 13	丑乙	4 14	申丙	3 15	寅丙	2 14	申丙	五十
12	丑乙	6 13	申丙	5 14	寅丙	4 15	酉丁	3 16	卯丁	2 15	酉丁	六十
13	寅丙	6 14	酉丁	5 15	卯丁	4 16	戌戊	3 17	辰戊	2 16	戌戊	七十
14	卯丁	6 15	戌戊	5 16	辰戊	4 17	亥己	3 18	巳己	2 17	亥己	八十
15	辰戊	6 16	亥己	5 17	巳己	4 18	子庚	3 19	午庚	2 18	子庚	九十
16	巳己	6 17	子庚	5 18	午庚	4 19	丑辛	3 20	未辛	2 19	丑辛	十二
17	午庚	6 18	丑辛	5 19	未辛	4 20	寅壬	3 21	申壬	2 20	寅壬	一廿
18	未辛	6 19	寅壬	5 20	申壬	4 21	卯癸	3 22	酉癸	2 21	卯癸	二廿
19	申壬	6 20	卯癸	5 21	酉癸	4 22	辰甲	3 23	戌甲	2 22	辰甲	三廿
20	酉癸	6 21	辰甲	5 22	戌甲	4 23	巳乙	3 24	亥乙	2 23	巳乙	四廿
21	戌甲	6 22	巳乙	5 23	亥乙	4 24	午丙	3 25	子丙	2 24	午丙	五廿
22	亥乙	6 23	午丙	5 24	子丙	4 25	未丁	3 26	丑丁	2 25	未丁	六廿
23	子丙	6 24	未丁	5 25	丑丁	4 26	申戊	3 27	寅戊	2 26	申戊	七廿
24	丑丁	6 25	申戊	5 26	寅戊	4 27	酉己	3 28	卯己	2 27	酉己	八廿
25	寅戊	6 26	酉己	5 27	卯己	4 28	戌庚	3 29	辰庚	2 28	戌庚	九廿
26	卯己	乙太		5 28	辰庚	易天		3 30	巳辛	2 29	亥辛	十三

月別	月二十		月一十		月十		月九		月八閏		月八		月七	
月柱	丑辛		子庚		亥己		戌戊				酉丁		申丙	
紫白	碧三		綠四		黃五		白六				赤七		白八	
節氣時間	2/4	1/20	1/5	12/22	12/7	11/22	11/7	10/23		10/8	9/23	9/7	8/23	8/
	七十	二初	六十	二初	七十	二初	六十	一初		五十	十三	四十	八廿	二
	立春卯時 6時33分	大寒午時 12時14分	小寒酉時 18時51分	冬至丑時 1時35分	大雪辰時 7時41分	小雪午時 12時21分	立冬未時 14時59分	霜降未時 14時58分		寒露午時 11時58分	秋分卯時 5時48分	白露戌時 20時28分	處暑辰時 8時18分	17時38分
農曆	曆陽	柱日	曆陽	柱日	曆陽	柱日	曆陽	柱日	曆陽	柱日	曆陽	柱日	曆陽	柱
初一	1 19	子丙	12 21	未丁	11 21	丑丁	10 23	申戊	9 24	卯己	8 25	酉己	7 27	辰
初二	1 20	丑丁	12 22	申戊	11 22	寅戊	10 24	酉己	9 25	辰庚	8 26	戌庚	7 28	巳
初三	1 21	寅戊	12 23	酉己	11 23	卯己	10 25	戌庚	9 26	巳辛	8 27	亥辛	7 29	午
初四	1 22	卯己	12 24	戌庚	11 24	辰庚	10 26	亥辛	9 27	午壬	8 28	子壬	7 30	未
初五	1 23	辰庚	12 25	亥辛	11 25	巳辛	10 27	子壬	9 28	未癸	8 29	丑癸	7 31	申
初六	1 24	巳辛	12 26	子壬	11 26	午壬	10 28	丑癸	9 29	申甲	8 30	寅甲	8 1	酉
初七	1 25	午壬	12 27	丑癸	11 27	未癸	10 29	寅甲	9 30	酉乙	8 31	卯乙	8 2	戌
初八	1 26	未癸	12 28	寅甲	11 28	申甲	10 30	卯乙	10 1	戌丙	9 1	辰丙	8 3	亥
初九	1 27	申甲	12 29	卯乙	11 29	酉乙	10 31	辰丙	10 2	亥丁	9 2	巳丁	8 4	子
初十	1 28	酉乙	12 30	辰丙	11 30	戌丙	11 1	巳丁	10 3	子戊	9 3	午戊	8 5	丑
十一	1 29	戌丙	12 31	巳丁	12 1	亥丁	11 2	午戊	10 4	丑己	9 4	未己	8 6	寅
十二	1 30	亥丁	1 1	午戊	12 2	子戊	11 3	未己	10 5	寅庚	9 5	申庚	8 7	卯
十三	1 31	子戊	1 2	未己	12 3	丑己	11 4	申庚	10 6	卯辛	9 6	酉辛	8 8	辰
十四	2 1	丑己	1 3	申庚	12 4	寅庚	11 5	酉辛	10 7	辰壬	9 7	戌壬	8 9	巳
十五	2 2	寅庚	1 4	酉辛	12 5	卯辛	11 6	戌壬	10 8	巳癸	9 8	亥癸	8 10	午
十六	2 3	卯辛	1 5	戌壬	12 6	辰壬	11 7	亥癸	10 9	午甲	9 9	子甲	8 11	未
十七	2 4	辰壬	1 6	亥癸	12 7	巳癸	11 8	子甲	10 10	未乙	9 10	丑乙	8 12	申
十八	2 5	巳癸	1 7	子甲	12 8	午甲	11 9	丑乙	10 11	申丙	9 11	寅丙	8 13	酉
十九	2 6	午甲	1 8	丑乙	12 9	未乙	11 10	寅丙	10 12	酉丁	9 12	卯丁	8 14	戌
二十	2 7	未乙	1 9	寅丙	12 10	申丙	11 11	卯丁	10 13	戌戊	9 13	辰戊	8 15	亥
廿一	2 8	申丙	1 10	卯丁	12 11	酉丁	11 12	辰戊	10 14	亥己	9 14	巳己	8 16	子
廿二	2 9	酉丁	1 11	辰戊	12 12	戌戊	11 13	巳己	10 15	子庚	9 15	午庚	8 17	丑
廿三	2 10	戌戊	1 12	巳己	12 13	亥己	11 14	午庚	10 16	丑辛	9 16	未辛	8 18	寅
廿四	2 11	亥己	1 13	午庚	12 14	子庚	11 15	未辛	10 17	寅壬	9 17	申壬	8 19	卯
廿五	2 12	子庚	1 14	未辛	12 15	丑辛	11 16	申壬	10 18	卯癸	9 18	酉癸	8 20	辰
廿六	2 13	丑辛	1 15	申壬	12 16	寅壬	11 17	酉癸	10 19	辰甲	9 19	戌甲	8 21	巳
廿七	2 14	寅壬	1 16	酉癸	12 17	卯癸	11 18	戌甲	10 20	巳乙	9 20	亥乙	8 22	午
廿八	2 15	卯癸	1 17	戌甲	12 18	辰甲	11 19	亥乙	10 21	午丙	9 21	子丙	8 23	未
廿九	2 16	辰甲	1 18	亥乙	12 19	巳乙	11 20	子丙	10 22	未丁	9 22	丑丁	8 24	申
三十	2 17	巳乙	乙太		12 20	午丙	易天		業事化文乙太		9 23	寅戊	尋搜格落部	

西元一九七七年 歲次丁巳

民國六十六年

太歲姓易名彥

納音屬土

生肖屬蛇

年五黃星

房宿值年

月六		月五		月四		月三		月二		月正		別月
未丁		午丙		巳乙		辰甲		卯癸		寅壬		柱月
白六		赤七		白八		紫九		白一		黑二		白紫
/7	7/23	7/7	6/21	6/6	5/21	5/5	4/20	4/5	3/21	3/6	2/19	節氣時間
廿	八初	一廿	五初	十二	四初	八十	三初	七十	二初	七十	二初	
立秋子時	7時4分 大暑辰時	13時48分 小暑未時	20時14分 夏至戌時	3時32分 芒種寅時	12時14分 小滿午時	23時16分 立夏子時	12時57分 穀雨午時	5時46分 清明卯時	1時42分 春分丑時	0時44分 驚蟄子時	2時30分 雨水丑時	
陽	柱日	曆陽	柱日	曆陽	柱日	曆陽	柱日	曆陽	柱日	曆陽	柱日	曆農
16	戌甲	6 17	巳乙	5 18	亥乙	4 18	巳乙	3 20	子丙	2 18	午丙	一初
17	亥乙	6 18	午丙	5 19	子丙	4 19	午丙	3 21	丑丁	2 19	未丁	二初
18	子丙	6 19	未丁	5 20	丑丁	4 20	未丁	3 22	寅戊	2 20	申戊	三初
19	丑丁	6 20	申戊	5 21	寅戊	4 21	申戊	3 23	卯己	2 21	酉己	四初
20	寅戊	6 21	酉己	5 22	卯己	4 22	酉己	3 24	辰庚	2 22	戌庚	五初
21	卯己	6 22	戌庚	5 23	辰庚	4 23	戌庚	3 25	巳辛	2 23	亥辛	六初
22	辰庚	6 23	亥辛	5 24	巳辛	4 24	亥辛	3 26	午壬	2 24	子壬	七初
23	巳辛	6 24	子壬	5 25	午壬	4 25	子壬	3 27	未癸	2 25	丑癸	八初
24	午壬	6 25	丑癸	5 26	未癸	4 26	丑癸	3 28	申甲	2 26	寅甲	九初
25	未癸	6 26	寅甲	5 27	申甲	4 27	寅甲	3 29	酉乙	2 27	卯乙	十初
26	申甲	6 27	卯乙	5 28	酉乙	4 28	卯乙	3 30	戌丙	2 28	辰丙	一十
27	酉乙	6 28	辰丙	5 29	戌丙	4 29	辰丙	3 31	亥丁	3 1	巳丁	二十
28	戌丙	6 29	巳丁	5 30	亥丁	4 30	巳丁	4 1	子戊	3 2	午戊	三十
29	亥丁	6 30	午戊	5 31	子戊	5 1	午戊	4 2	丑己	3 3	未己	四十
30	子戊	7 1	未己	6 1	丑己	5 2	未己	4 3	寅庚	3 4	申庚	五十
31	丑己	7 2	申庚	6 2	寅庚	5 3	申庚	4 4	卯辛	3 5	酉辛	六十
1	寅庚	7 3	酉辛	6 3	卯辛	5 4	酉辛	4 5	辰壬	3 6	戌壬	七十
2	卯辛	7 4	戌壬	6 4	辰壬	5 5	戌壬	4 6	巳癸	3 7	亥癸	八十
3	辰壬	7 5	亥癸	6 5	巳癸	5 6	亥癸	4 7	午甲	3 8	子甲	九十
4	巳癸	7 6	子甲	6 6	午甲	5 7	子甲	4 8	未乙	3 9	丑乙	十二
5	午甲	7 7	丑乙	6 7	未乙	5 8	丑乙	4 9	申丙	3 10	寅丙	一廿
6	未乙	7 8	寅丙	6 8	申丙	5 9	寅丙	4 10	酉丁	3 11	卯丁	二廿
7	申丙	7 9	卯丁	6 9	酉丁	5 10	卯丁	4 11	戌戊	3 12	辰戊	三廿
8	酉丁	7 10	辰戊	6 10	戌戊	5 11	辰戊	4 12	亥己	3 13	巳己	四廿
9	戌戊	7 11	巳己	6 11	亥己	5 12	巳己	4 13	子庚	3 14	午庚	五廿
10	亥己	7 12	午庚	6 12	子庚	5 13	午庚	4 14	丑辛	3 15	未辛	六廿
11	子庚	7 13	未辛	6 13	丑辛	5 14	未辛	4 15	寅壬	3 16	申壬	七廿
12	丑辛	7 14	申壬	6 14	寅壬	5 15	申壬	4 16	卯癸	3 17	酉癸	八廿
13	寅壬	7 15	酉癸	6 15	卯癸	5 16	酉癸	4 17	辰甲	3 18	戌甲	九廿
14	卯癸	乙太		6 16	辰甲	5 17	戌甲	易天		3 19	亥乙	十三

月別	月二十		月一十		月十		月九		月八		月七	
月柱	丑癸		子壬		亥辛		戌庚		酉己		申戊	
紫白	紫九		白一		黑二		碧三		綠四		黃五	
節氣時間	2/4	1/20	1/6	12/22	12/7	11/22	11/7	10/23	10/8	9/23	9/8	8/23
	七廿	二十	七廿	二十	七廿	二十	六廿	一十	六廿	一十	五廿	九初
	12時27分 立春午時	18時4分 大寒酉時	0時43分 小寒子時	7時23分 冬至辰時	13時31分 大雪未時	18時7分 小雪酉時	20時46分 立冬戌時	20時41分 霜降戌時	17時44分 寒露酉時	11時29分 秋分午時	2時16分 白露丑時	14時0分 處暑未時
農曆	曆陽	柱日	曆陽	柱日	曆陽	柱日	曆陽	柱日	曆陽	柱日	曆陽	柱日
初一	1 9	未辛	12 11	寅壬	11 11	申壬	10 13	卯癸	9 13	酉癸	8 15	辰甲
初二	1 10	申壬	12 12	卯癸	11 12	酉癸	10 14	辰甲	9 14	戌甲	8 16	巳乙
初三	1 11	酉癸	12 13	辰甲	11 13	戌甲	10 15	巳乙	9 15	亥乙	8 17	午丙
初四	1 12	戌甲	12 14	巳乙	11 14	亥乙	10 16	午丙	9 16	子丙	8 18	未丁
初五	1 13	亥乙	12 15	午丙	11 15	子丙	10 17	未丁	9 17	丑丁	8 19	申戊
初六	1 14	子丙	12 16	未丁	11 16	丑丁	10 18	申戊	9 18	寅戊	8 20	酉己
初七	1 15	丑丁	12 17	申戊	11 17	寅戊	10 19	酉己	9 19	卯己	8 21	戌庚
初八	1 16	寅戊	12 18	酉己	11 18	卯己	10 20	戌庚	9 20	辰庚	8 22	亥辛
初九	1 17	卯己	12 19	戌庚	11 19	辰庚	10 21	亥辛	9 21	巳辛	8 23	子壬
初十	1 18	辰庚	12 20	亥辛	11 20	巳辛	10 22	子壬	9 22	午壬	8 24	丑癸
十一	1 19	巳辛	12 21	子壬	11 21	午壬	10 23	丑癸	9 23	未癸	8 25	寅甲
十二	1 20	午壬	12 22	丑癸	11 22	未癸	10 24	寅甲	9 24	申甲	8 26	卯乙
十三	1 21	未癸	12 23	寅甲	11 23	申甲	10 25	卯乙	9 25	酉乙	8 27	辰丙
十四	1 22	申甲	12 24	卯乙	11 24	酉乙	10 26	辰丙	9 26	戌丙	8 28	巳丁
十五	1 23	酉乙	12 25	辰丙	11 25	戌丙	10 27	巳丁	9 27	亥丁	8 29	午戊
十六	1 24	戌丙	12 26	巳丁	11 26	亥丁	10 28	午戊	9 28	子戊	8 30	未己
十七	1 25	亥丁	12 27	午戊	11 27	子戊	10 29	未己	9 29	丑己	8 31	申庚
十八	1 26	子戊	12 28	未己	11 28	丑己	10 30	申庚	9 30	寅庚	9 1	酉辛
十九	1 27	丑己	12 29	申庚	11 29	寅庚	10 31	酉辛	10 1	卯辛	9 2	戌壬
二十	1 28	寅庚	12 30	酉辛	11 30	卯辛	11 1	戌壬	10 2	辰壬	9 3	亥癸
廿一	1 29	卯辛	12 31	戌壬	12 1	辰壬	11 2	亥癸	10 3	巳癸	9 4	子甲
廿二	1 30	辰壬	1 1	亥癸	12 2	巳癸	11 3	子甲	10 4	午甲	9 5	丑乙
廿三	1 31	巳癸	1 2	子甲	12 3	午甲	11 4	丑乙	10 5	未乙	9 6	寅丙
廿四	2 1	午甲	1 3	丑乙	12 4	未乙	11 5	寅丙	10 6	申丙	9 7	卯丁
廿五	2 2	未乙	1 4	寅丙	12 5	申丙	11 6	卯丁	10 7	酉丁	9 8	辰戊
廿六	2 3	申丙	1 5	卯丁	12 6	酉丁	11 7	辰戊	10 8	戌戊	9 9	巳己
廿七	2 4	酉丁	1 6	辰戊	12 7	戌戊	11 8	巳己	10 9	亥己	9 10	午庚
廿八	2 5	戌戊	1 7	巳己	12 8	亥己	11 9	午庚	10 10	子庚	9 11	未辛
廿九	2 6	亥己	1 8	午庚	12 9	子庚	11 10	未辛	10 11	丑辛	9 12	申壬
三十	乙太		易天		12 10	丑辛	業事化文乙太		10 12	寅壬	尋搜格落部	

月 六		月 五		月 四		月 三		月 二		月 正		別月
未 己		午 戊		巳 丁		辰 丙		卯 乙		寅 甲		柱月
碧 三		綠 四		黃 五		白 六		赤 七		白 八		白紫
/23	7/7	6/22	6/6		5/21	5/6	4/20	4/5	3/21	3/6	2/19	節氣時間
十	三初	七十	一初		五十	十三	四十	八廿	三十	八廿	三十	
大暑未時	19時37分 小暑戌時	2時10分 夏至丑時	9時23分 芒種巳時		18時9分 小滿酉時	5時9分 立夏卯時	18時50分 穀雨酉時	11時39分 清明午時	7時34分 春分辰時	6時38分 驚蟄卯時	8時21分 雨水辰時	
曆陽	柱日	曆陽	柱日	曆陽	柱日	曆陽	柱日	曆陽	柱日	曆陽	柱日	曆農
5	辰戊	6 6	亥己	5 7	巳己	4 7	亥己	3 9	午庚	2 7	子庚	一初
6	巳己	6 7	子庚	5 8	午庚	4 8	子庚	3 10	未辛	2 8	丑辛	二初
7	午庚	6 8	丑辛	5 9	未辛	4 9	丑辛	3 11	申壬	2 9	寅壬	三初
8	未辛	6 9	寅壬	5 10	申壬	4 10	寅壬	3 12	酉癸	2 10	卯癸	四初
9	申壬	6 10	卯癸	5 11	酉癸	4 11	卯癸	3 13	戌甲	2 11	辰甲	五初
10	酉癸	6 11	辰甲	5 12	戌甲	4 12	辰甲	3 14	亥乙	2 12	巳乙	六初
11	戌甲	6 12	巳乙	5 13	亥乙	4 13	巳乙	3 15	子丙	2 13	午丙	七初
12	亥乙	6 13	午丙	5 14	子丙	4 14	午丙	3 16	丑丁	2 14	未丁	八初
13	子丙	6 14	未丁	5 15	丑丁	4 15	未丁	3 17	寅戊	2 15	申戊	九初
14	丑丁	6 15	申戊	5 16	寅戊	4 16	申戊	3 18	卯己	2 16	酉己	十初
15	寅戊	6 16	酉己	5 17	卯己	4 17	酉己	3 19	辰庚	2 17	戌庚	一十
16	卯己	6 17	戌庚	5 18	辰庚	4 18	戌庚	3 20	巳辛	2 18	亥辛	二十
17	辰庚	6 18	亥辛	5 19	巳辛	4 19	亥辛	3 21	午壬	2 19	子壬	三十
18	巳辛	6 19	子壬	5 20	午壬	4 20	子壬	3 22	未癸	2 20	丑癸	四十
19	午壬	6 20	丑癸	5 21	未癸	4 21	丑癸	3 23	申甲	2 21	寅甲	五十
20	未癸	6 21	寅甲	5 22	申甲	4 22	寅甲	3 24	酉乙	2 22	卯乙	六十
21	申甲	6 22	卯乙	5 23	酉乙	4 23	卯乙	3 25	戌丙	2 23	辰丙	七十
22	酉乙	6 23	辰丙	5 24	戌丙	4 24	辰丙	3 26	亥丁	2 24	巳丁	八十
23	戌丙	6 24	巳丁	5 25	亥丁	4 25	巳丁	3 27	子戊	2 25	午戊	九十
24	亥丁	6 25	午戊	5 26	子戊	4 26	午戊	3 28	丑己	2 26	未己	十二
25	子戊	6 26	未己	5 27	丑己	4 27	未己	3 29	寅庚	2 27	申庚	一廿
26	丑己	6 27	申庚	5 28	寅庚	4 28	申庚	3 30	卯辛	2 28	酉辛	二廿
27	寅庚	6 28	酉辛	5 29	卯辛	4 29	酉辛	3 31	辰壬	3 1	戌壬	三廿
28	卯辛	6 29	戌壬	5 30	辰壬	4 30	戌壬	4 1	巳癸	3 2	亥癸	四廿
29	辰壬	6 30	亥癸	5 31	巳癸	5 1	亥癸	4 2	午甲	3 3	子甲	五廿
30	巳癸	7 1	子甲	6 1	午甲	5 2	子甲	4 3	未乙	3 4	丑乙	六廿
31	午甲	7 2	丑乙	6 2	未乙	5 3	丑乙	4 4	申丙	3 5	寅丙	七廿
8 1	未乙	7 3	寅丙	6 3	申丙	5 4	寅丙	4 5	酉丁	3 6	卯丁	八廿
8 2	申丙	7 4	卯丁	6 4	酉丁	5 5	卯丁	4 6	戌戊	3 7	辰戊	九廿
8 3	酉丁	乙太		6 5	戌戊	5 6	辰戊	易天		3 8	巳己	十三

西元一九七八年

歲次戊午

民國六十七年
太歲姓姚名黎

納音屬火
生肖屬馬

年四綠星
心宿值年

月別	月二十		月一十		月十		月九		月八		月七	
月柱	丑乙		子甲		亥癸		戌壬		酉辛		申庚	
紫白	白六		赤七		白八		紫九		白一		黑二	
節氣時間	1/21	1/6	12/22	12/7	11/23	11/8	10/24	10/8	9/23	9/8	8/23	8/
	三廿	八初	三廿	八初	三廿	八初	三廿	七初	一廿	六初	十二	五
	0時0分 大寒子時	6時32分 小寒卯時	13時21分 冬至未時	19時20分 大雪戌時	0時5分 小雪子時	2時34分 立冬丑時	2時37分 霜降丑時	23時31分 寒露子時	17時25分 秋分酉時	8時2分 白露辰時	19時57分 處暑戌時	5時18分
農曆	曆陽	柱日	曆陽	柱日	曆陽	柱日	曆陽	柱日	曆陽	柱日	曆陽	柱日
初一	12 30	寅丙	11 30	申丙	11 1	卯丁	10 2	酉丁	9 3	辰戊	8 4	戌戊
初二	12 31	卯丁	12 1	酉丁	11 2	辰戊	10 3	戌戊	9 4	巳己	8 5	亥己
初三	1 1	辰戊	12 2	戌戊	11 3	巳己	10 4	亥己	9 5	午庚	8 6	子庚
初四	1 2	巳己	12 3	亥己	11 4	午庚	10 5	子庚	9 6	未辛	8 7	丑辛
初五	1 3	午庚	12 4	子庚	11 5	未辛	10 6	丑辛	9 7	申壬	8 8	寅壬
初六	1 4	未辛	12 5	丑辛	11 6	申壬	10 7	寅壬	9 8	酉癸	8 9	卯癸
初七	1 5	申壬	12 6	寅壬	11 7	酉癸	10 8	卯癸	9 9	戌甲	8 10	辰甲
初八	1 6	酉癸	12 7	卯癸	11 8	戌甲	10 9	辰甲	9 10	亥乙	8 11	巳乙
初九	1 7	戌甲	12 8	辰甲	11 9	亥乙	10 10	巳乙	9 11	子丙	8 12	午丙
初十	1 8	亥乙	12 9	巳乙	11 10	子丙	10 11	午丙	9 12	丑丁	8 13	未丁
十一	1 9	子丙	12 10	午丙	11 11	丑丁	10 12	未丁	9 13	寅戊	8 14	申戊
十二	1 10	丑丁	12 11	未丁	11 12	寅戊	10 13	申戊	9 14	卯己	8 15	酉己
十三	1 11	寅戊	12 12	申戊	11 13	卯己	10 14	酉己	9 15	辰庚	8 16	戌庚
十四	1 12	卯己	12 13	酉己	11 14	辰庚	10 15	戌庚	9 16	巳辛	8 17	亥辛
十五	1 13	辰庚	12 14	戌庚	11 15	巳辛	10 16	亥辛	9 17	午壬	8 18	子壬
十六	1 14	巳辛	12 15	亥辛	11 16	午壬	10 17	子壬	9 18	未癸	8 19	丑癸
十七	1 15	午壬	12 16	子壬	11 17	未癸	10 18	丑癸	9 19	申甲	8 20	寅甲
十八	1 16	未癸	12 17	丑癸	11 18	申甲	10 19	寅甲	9 20	酉乙	8 21	卯乙
十九	1 17	申甲	12 18	寅甲	11 19	酉乙	10 20	卯乙	9 21	戌丙	8 22	辰丙
二十	1 18	酉乙	12 19	卯乙	11 20	戌丙	10 21	辰丙	9 22	亥丁	8 23	巳丁
廿一	1 19	戌丙	12 20	辰丙	11 21	亥丁	10 22	巳丁	9 23	子戊	8 24	午戊
廿二	1 20	亥丁	12 21	巳丁	11 22	子戊	10 23	午戊	9 24	丑己	8 25	未己
廿三	1 21	子戊	12 22	午戊	11 23	丑己	10 24	未己	9 25	寅庚	8 26	申庚
廿四	1 22	丑己	12 23	未己	11 24	寅庚	10 25	申庚	9 26	卯辛	8 27	酉辛
廿五	1 23	寅庚	12 24	申庚	11 25	卯辛	10 26	酉辛	9 27	辰壬	8 28	戌壬
廿六	1 24	卯辛	12 25	酉辛	11 26	辰壬	10 27	戌壬	9 28	巳癸	8 29	亥癸
廿七	1 25	辰壬	12 26	戌壬	11 27	巳癸	10 28	亥癸	9 29	午甲	8 30	子甲
廿八	1 26	巳癸	12 27	亥癸	11 28	午甲	10 29	子甲	9 30	未乙	8 31	丑乙
廿九	1 27	午甲	12 28	子甲	11 29	未乙	10 30	丑乙	10 1	申丙	9 1	寅丙
三十	乙太		12 29	丑乙	易天		10 31	寅丙	尋搜格落部		9 2	卯丁

西元一九七九年 歲次己未

民國六十八年
太歲姓傅名稅
納音屬火
生肖屬羊
年三碧星
尾宿值年

六閏		月 六		月 五		月 四		月 三		月 二		月 正		別月
		未	辛	午	庚	巳	己	辰	戊	卯	丁	寅	丙	柱月
		紫	九	白	一	黑	二	碧	三	綠	四	黃	五	白紫
	8/8	7/23	7/8	6/22	6/6	5/21	5/6	4/21	4/5	3/21	3/6	2/19	2/4	節氣時間
	六十	十三	五十	八廿	二十	六廿	一十	五廿	九初	三廿	八初	三廿	八初	
	立秋午時 11時11分	大暑酉時 18時49分	小暑丑時 1時25分	夏至辰時 7時56分	芒種申時 15時5分	小滿子時 23時54分	立夏巳時 10時47分	穀雨子時 0時35分	清明酉時 17時18分	春分未時 13時22分	驚蟄午時 12時20分	雨水未時 14時13分	立春酉時 18時12分	
陽	柱日	曆陽	柱日	曆陽	柱日	曆陽	柱日	曆陽	柱日	曆陽	柱日	曆陽	柱日	曆農
24	辰壬	6 24	戌壬	5 26	巳癸	4 26	亥癸	3 28	午甲	2 27	丑乙	1 28	未乙	一初
25	巳癸	6 25	亥癸	5 27	午甲	4 27	子甲	3 29	未乙	2 28	寅丙	1 29	申丙	二初
26	午甲	6 26	子甲	5 28	未乙	4 28	丑乙	3 30	申丙	3 1	卯丁	1 30	酉丁	三初
27	未乙	6 27	丑乙	5 29	申丙	4 29	寅丙	3 31	酉丁	3 2	辰戊	1 31	戌戊	四初
28	申丙	6 28	寅丙	5 30	酉丁	4 30	卯丁	4 1	戌戊	3 3	巳己	2 1	亥己	五初
29	酉丁	6 29	卯丁	5 31	戌戊	5 1	辰戊	4 2	亥己	3 4	午庚	2 2	子庚	六初
30	戌戊	6 30	辰戊	6 1	亥己	5 2	巳己	4 3	子庚	3 5	未辛	2 3	丑辛	七初
31	亥己	7 1	巳己	6 2	子庚	5 3	午庚	4 4	丑辛	3 6	申壬	2 4	寅壬	八初
1	子庚	7 2	午庚	6 3	丑辛	5 4	未辛	4 5	寅壬	3 7	酉癸	2 5	卯癸	九初
2	丑辛	7 3	未辛	6 4	寅壬	5 5	申壬	4 6	卯癸	3 8	戌甲	2 6	辰甲	十初
3	寅壬	7 4	申壬	6 5	卯癸	5 6	酉癸	4 7	辰甲	3 9	亥乙	2 7	巳乙	一十
4	卯癸	7 5	酉癸	6 6	辰甲	5 7	戌甲	4 8	巳乙	3 10	子丙	2 8	午丙	二十
5	辰甲	7 6	戌甲	6 7	巳乙	5 8	亥乙	4 9	午丙	3 11	丑丁	2 9	未丁	三十
6	巳乙	7 7	亥乙	6 8	午丙	5 9	子丙	4 10	未丁	3 12	寅戊	2 10	申戊	四十
7	午丙	7 8	子丙	6 9	未丁	5 10	丑丁	4 11	申戊	3 13	卯己	2 11	酉己	五十
8	未丁	7 9	丑丁	6 10	申戊	5 11	寅戊	4 12	酉己	3 14	辰庚	2 12	戌庚	六十
9	申戊	7 10	寅戊	6 11	酉己	5 12	卯己	4 13	戌庚	3 15	巳辛	2 13	亥辛	七十
10	酉己	7 11	卯己	6 12	戌庚	5 13	辰庚	4 14	亥辛	3 16	午壬	2 14	子壬	八十
11	戌庚	7 12	辰庚	6 13	亥辛	5 14	巳辛	4 15	子壬	3 17	未癸	2 15	丑癸	九十
12	亥辛	7 13	巳辛	6 14	子壬	5 15	午壬	4 16	丑癸	3 18	申甲	2 16	寅甲	十二
13	子壬	7 14	午壬	6 15	丑癸	5 16	未癸	4 17	寅甲	3 19	酉乙	2 17	卯乙	一廿
14	丑癸	7 15	未癸	6 16	寅甲	5 17	申甲	4 18	卯乙	3 20	戌丙	2 18	辰丙	二廿
15	寅甲	7 16	申甲	6 17	卯乙	5 18	酉乙	4 19	辰丙	3 21	亥丁	2 19	巳丁	三廿
16	卯乙	7 17	酉乙	6 18	辰丙	5 19	戌丙	4 20	巳丁	3 22	子戊	2 20	午戊	四廿
17	辰丙	7 18	戌丙	6 19	巳丁	5 20	亥丁	4 21	午戊	3 23	丑己	2 21	未己	五廿
18	巳丁	7 19	亥丁	6 20	午戊	5 21	子戊	4 22	未己	3 24	寅庚	2 22	申庚	六廿
19	午戊	7 20	子戊	6 21	未己	5 22	丑己	4 23	申庚	3 25	卯辛	2 23	酉辛	七廿
20	未己	7 21	丑己	6 22	申庚	5 23	寅庚	4 24	酉辛	3 26	辰壬	2 24	戌壬	八廿
21	申庚	7 22	寅庚	6 23	酉辛	5 24	卯辛	4 25	戌壬	3 27	巳癸	2 25	亥癸	九廿
22	酉辛	7 23	卯辛	乙太		5 25	辰壬	易天		尋搜格落部		2 26	子甲	十三

日光節約時間：陽曆 (7 月 1 日至 9 月 30 日) 陰曆 (6 月 8 日至 8 月 10 日

月別	月二十		月一十		月十		月九		月八		月七	
月柱	丑丁		子丙		亥乙		戌甲		酉癸		申壬	
紫白	碧三		綠四		黃五		白六		赤七		白八	
節氣時間	2/5	1/21	1/6	12/22	12/8	11/23	11/8	10/24	10/9	9/23	9/8	8/2
	九十	四初	九十	四初	九十	四初	九十	四初	九十	三初	七十	二初
	0時10分 立春子時	5時49分 大寒卯時	12時29分 小寒午時	19時10分 冬至戌時	1時18分 大雪丑時	5時54分 小雪卯時	8時33分 立冬辰時	8時28分 霜降辰時	5時30分 寒露卯時	23時16分 秋分子時	14時0分 白露未時	1時47分 處暑
農曆	曆陽	柱日	曆陽	柱日	曆陽	柱日	曆陽	柱日	曆陽	柱日	曆陽	柱日
初一	1 18	寅庚	12 19	申庚	11 20	卯辛	10 21	酉辛	9 21	卯辛	8 23	戌壬
初二	1 19	卯辛	12 20	酉辛	11 21	辰壬	10 22	戌壬	9 22	辰壬	8 24	亥癸
初三	1 20	辰壬	12 21	戌壬	11 22	巳癸	10 23	亥癸	9 23	巳癸	8 25	子甲
初四	1 21	巳癸	12 22	亥癸	11 23	午甲	10 24	子甲	9 24	午甲	8 26	丑乙
初五	1 22	午甲	12 23	子甲	11 24	未乙	10 25	丑乙	9 25	未乙	8 27	寅丙
初六	1 23	未乙	12 24	丑乙	11 25	申丙	10 26	寅丙	9 26	申丙	8 28	卯丁
初七	1 24	申丙	12 25	寅丙	11 26	酉丁	10 27	卯丁	9 27	酉丁	8 29	辰戊
初八	1 25	酉丁	12 26	卯丁	11 27	戌戊	10 28	辰戊	9 28	戌戊	8 30	巳己
初九	1 26	戌戊	12 27	辰戊	11 28	亥己	10 29	巳己	9 29	亥己	8 31	午庚
初十	1 27	亥己	12 28	巳己	11 29	子庚	10 30	午庚	9 30	子庚	9 1	未辛
十一	1 28	子庚	12 29	午庚	11 30	丑辛	10 31	未辛	10 1	丑辛	9 2	申壬
十二	1 29	丑辛	12 30	未辛	12 1	寅壬	11 1	申壬	10 2	寅壬	9 3	酉癸
十三	1 30	寅壬	12 31	申壬	12 2	卯癸	11 2	酉癸	10 3	卯癸	9 4	戌甲
十四	1 31	卯癸	1 1	酉癸	12 3	辰甲	11 3	戌甲	10 4	辰甲	9 5	亥乙
十五	2 1	辰甲	1 2	戌甲	12 4	巳乙	11 4	亥乙	10 5	巳乙	9 6	子丙
十六	2 2	巳乙	1 3	亥乙	12 5	午丙	11 5	子丙	10 6	午丙	9 7	丑丁
十七	2 3	午丙	1 4	子丙	12 6	未丁	11 6	丑丁	10 7	未丁	9 8	寅戊
十八	2 4	未丁	1 5	丑丁	12 7	申戊	11 7	寅戊	10 8	申戊	9 9	卯己
十九	2 5	申戊	1 6	寅戊	12 8	酉己	11 8	卯己	10 9	酉己	9 10	辰庚
二十	2 6	酉己	1 7	卯己	12 9	戌庚	11 9	辰庚	10 10	戌庚	9 11	巳辛
廿一	2 7	戌庚	1 8	辰庚	12 10	亥辛	11 10	巳辛	10 11	亥辛	9 12	午壬
廿二	2 8	亥辛	1 9	巳辛	12 11	子壬	11 11	午壬	10 12	子壬	9 13	未癸
廿三	2 9	子壬	1 10	午壬	12 12	丑癸	11 12	未癸	10 13	丑癸	9 14	申甲
廿四	2 10	丑癸	1 11	未癸	12 13	寅甲	11 13	申甲	10 14	寅甲	9 15	酉乙
廿五	2 11	寅甲	1 12	申甲	12 14	卯乙	11 14	酉乙	10 15	卯乙	9 16	戌丙
廿六	2 12	卯乙	1 13	酉乙	12 15	辰丙	11 15	戌丙	10 16	辰丙	9 17	亥丁
廿七	2 13	辰丙	1 14	戌丙	12 16	巳丁	11 16	亥丁	10 17	巳丁	9 18	子戊
廿八	2 14	巳丁	1 15	亥丁	12 17	午戊	11 17	子戊	10 18	午戊	9 19	丑己
廿九	2 15	午戊	1 16	子戊	12 18	未己	11 18	丑己	10 19	未己	9 20	寅庚
三十	乙太		1 17	丑己	易天		11 19	寅庚	10 20	申庚	尋搜格落部	

西元一九八〇年 歲次庚申

民國六十九年
太歲姓毛名倖

納音屬木
生肖屬猴

年二黑星
箕宿值年

月	六	月 五		月 四		月 三		月 二		月 正		別月
未	癸	午 壬		巳 辛		辰 庚		卯 己		寅 戊		柱月
白	六	赤 七		白 八		紫 九		白 一		黑 二		白紫
7	7/23	7/7	6/21	6/5	5/21	5/5	4/20	4/4	3/20	3/5	2/19	節氣時間
廿	二十	五廿	九初	三廿	八初	一廿	六初	九十	四初	九十	四初	
立秋酉時	大暑子時 0時42分	小暑辰時 7時24分	夏至未時 13時47分	芒種亥時 21時4分	小滿卯時 5時42分	立夏申時 16時45分	穀雨卯時 6時23分	清明子時 23時15分	春分戌時 19時10分	驚蟄酉時 18時17分	雨水戌時 20時2分	
陽	柱日	曆陽	柱日	曆陽	柱日	曆陽	柱日	曆陽	柱日	曆陽	柱日	曆農
12	戌丙	6 13	巳丁	5 14	亥丁	4 15	午戊	3 17	丑己	2 16	未己	一初
13	亥丁	6 14	午戊	5 15	子戊	4 16	未己	3 18	寅庚	2 17	申庚	二初
14	子戊	6 15	未己	5 16	丑己	4 17	申庚	3 19	卯辛	2 18	酉辛	三初
15	丑己	6 16	申庚	5 17	寅庚	4 18	酉辛	3 20	辰壬	2 19	戌壬	四初
16	寅庚	6 17	酉辛	5 18	卯辛	4 19	戌壬	3 21	巳癸	2 20	亥癸	五初
17	卯辛	6 18	戌壬	5 19	辰壬	4 20	亥癸	3 22	午甲	2 21	子甲	六初
18	辰壬	6 19	亥癸	5 20	巳癸	4 21	子甲	3 23	未乙	2 22	丑乙	七初
19	巳癸	6 20	子甲	5 21	午甲	4 22	丑乙	3 24	申丙	2 23	寅丙	八初
20	午甲	6 21	丑乙	5 22	未乙	4 23	寅丙	3 25	酉丁	2 24	卯丁	九初
21	未乙	6 22	寅丙	5 23	申丙	4 24	卯丁	3 26	戌戊	2 25	辰戊	十初
22	申丙	6 23	卯丁	5 24	酉丁	4 25	辰戊	3 27	亥己	2 26	巳己	一十
23	酉丁	6 24	辰戊	5 25	戌戊	4 26	巳己	3 28	子庚	2 27	午庚	二十
24	戌戊	6 25	巳己	5 26	亥己	4 27	午庚	3 29	丑辛	2 28	未辛	三十
25	亥己	6 26	午庚	5 27	子庚	4 28	未辛	3 30	寅壬	2 29	申壬	四十
26	子庚	6 27	未辛	5 28	丑辛	4 29	申壬	3 31	卯癸	3 1	酉癸	五十
27	丑辛	6 28	申壬	5 29	寅壬	4 30	酉癸	4 1	辰甲	3 2	戌甲	六十
28	寅壬	6 29	酉癸	5 30	卯癸	5 1	戌甲	4 2	巳乙	3 3	亥乙	七十
29	卯癸	6 30	戌甲	5 31	辰甲	5 2	亥乙	4 3	午丙	3 4	子丙	八十
30	辰甲	7 1	亥乙	6 1	巳乙	5 3	子丙	4 4	未丁	3 5	丑丁	九十
31	巳乙	7 2	子丙	6 2	午丙	5 4	丑丁	4 5	申戊	3 6	寅戊	十二
1	午丙	7 3	丑丁	6 3	未丁	5 5	寅戊	4 6	酉己	3 7	卯己	一廿
2	未丁	7 4	寅戊	6 4	申戊	5 6	卯己	4 7	戌庚	3 8	辰庚	二廿
3	申戊	7 5	卯己	6 5	酉己	5 7	辰庚	4 8	亥辛	3 9	巳辛	三廿
4	酉己	7 6	辰庚	6 6	戌庚	5 8	巳辛	4 9	子壬	3 10	午壬	四廿
5	戌庚	7 7	巳辛	6 7	亥辛	5 9	午壬	4 10	丑癸	3 11	未癸	五廿
6	亥辛	7 8	午壬	6 8	子壬	5 10	未癸	4 11	寅甲	3 12	申甲	六廿
7	子壬	7 9	未癸	6 9	丑癸	5 11	申甲	4 12	卯乙	3 13	酉乙	七廿
8	丑癸	7 10	申甲	6 10	寅甲	5 12	酉乙	4 13	辰丙	3 14	戌丙	八廿
9	寅甲	7 11	酉乙	6 11	卯乙	5 13	戌丙	4 14	巳丁	3 15	亥丁	九廿
10	卯乙	乙太		6 12	辰丙	易天		尋搜格落部		3 16	子戊	十三

月別	月二十		月一十		月十		月九		月八		月七	
月柱	丑己		子戊		亥丁		戌丙		酉乙		申甲	
紫白	紫九		白一		黑二		碧三		綠四		黃五	
節氣時間	1/20	1/5	12/22	12/7		11/22	11/7	10/23	10/8	9/23	9/7	8/2
	五十	十三	六十	一初		五十	十三	五十	十三	五十	八廿	三
	11時36分 大寒午時	18時13分 小寒酉時	0時56分 冬至子時	7時1分 大雪辰時		11時41分 小雪午時	14時18分 立冬未時	14時18分 霜降未時	11時19分 寒露午時	5時9分 秋分卯時	19時53分 白露戌時	7時41分
農曆	曆陽	柱日	曆陽	柱日	曆陽	柱日	曆陽	柱日	曆陽	柱日	曆陽	柱日
初一	1 6	申甲	12 7	寅甲	11 8	酉乙	10 9	卯乙	9 9	酉乙	8 11	辰丙
初二	1 7	酉乙	12 8	卯乙	11 9	戌丙	10 10	辰丙	9 10	戌丙	8 12	巳丁
初三	1 8	戌丙	12 9	辰丙	11 10	亥丁	10 11	巳丁	9 11	亥丁	8 13	午戊
初四	1 9	亥丁	12 10	巳丁	11 11	子戊	10 12	午戊	9 12	子戊	8 14	未己
初五	1 10	子戊	12 11	午戊	11 12	丑己	10 13	未己	9 13	丑己	8 15	申庚
初六	1 11	丑己	12 12	未己	11 13	寅庚	10 14	申庚	9 14	寅庚	8 16	酉辛
初七	1 12	寅庚	12 13	申庚	11 14	卯辛	10 15	酉辛	9 15	卯辛	8 17	戌壬
初八	1 13	卯辛	12 14	酉辛	11 15	辰壬	10 16	戌壬	9 16	辰壬	8 18	亥癸
初九	1 14	辰壬	12 15	戌壬	11 16	巳癸	10 17	亥癸	9 17	巳癸	8 19	子甲
初十	1 15	巳癸	12 16	亥癸	11 17	午甲	10 18	子甲	9 18	午甲	8 20	丑乙
十一	1 16	午甲	12 17	子甲	11 18	未乙	10 19	丑乙	9 19	未乙	8 21	寅丙
十二	1 17	未乙	12 18	丑乙	11 19	申丙	10 20	寅丙	9 20	申丙	8 22	卯丁
十三	1 18	申丙	12 19	寅丙	11 20	酉丁	10 21	卯丁	9 21	酉丁	8 23	辰戊
十四	1 19	酉丁	12 20	卯丁	11 21	戌戊	10 22	辰戊	9 22	戌戊	8 24	巳己
十五	1 20	戌戊	12 21	辰戊	11 22	亥己	10 23	巳己	9 23	亥己	8 25	午庚
十六	1 21	亥己	12 22	巳己	11 23	子庚	10 24	午庚	9 24	子庚	8 26	未辛
十七	1 22	子庚	12 23	午庚	11 24	丑辛	10 25	未辛	9 25	丑辛	8 27	申壬
十八	1 23	丑辛	12 24	未辛	11 25	寅壬	10 26	申壬	9 26	寅壬	8 28	酉癸
十九	1 24	寅壬	12 25	申壬	11 26	卯癸	10 27	酉癸	9 27	卯癸	8 29	戌甲
二十	1 25	卯癸	12 26	酉癸	11 27	辰甲	10 28	戌甲	9 28	辰甲	8 30	亥乙
廿一	1 26	辰甲	12 27	戌甲	11 28	巳乙	10 29	亥乙	9 29	巳乙	8 31	子丙
廿二	1 27	巳乙	12 28	亥乙	11 29	午丙	10 30	子丙	9 30	午丙	9 1	丑丁
廿三	1 28	午丙	12 29	子丙	11 30	未丁	10 31	丑丁	10 1	未丁	9 2	寅戊
廿四	1 29	未丁	12 30	丑丁	12 1	申戊	11 1	寅戊	10 2	申戊	9 3	卯己
廿五	1 30	申戊	12 31	寅戊	12 2	酉己	11 2	卯己	10 3	酉己	9 4	辰庚
廿六	1 31	酉己	1 1	卯己	12 3	戌庚	11 3	辰庚	10 4	戌庚	9 5	巳辛
廿七	2 1	戌庚	1 2	辰庚	12 4	亥辛	11 4	巳辛	10 5	亥辛	9 6	午壬
廿八	2 2	亥辛	1 3	巳辛	12 5	子壬	11 5	午壬	10 6	子壬	9 7	未癸
廿九	2 3	子壬	1 4	午壬	12 6	丑癸	11 6	未癸	10 7	丑癸	9 8	申甲
三十	2 4	丑癸	1 5	未癸	乙太		11 7	申甲	10 8	寅甲	易天	

西元一九八一年 歲次辛酉

民國七十年 太歲姓文名政

納音屬木 生肖屬雞

年一白星 斗宿值年

月	六	月 五		月 四		月 三		月 二		月 正		別月
未	乙	午甲		巳癸		辰壬		卯辛		寅庚		柱月
碧	三	綠四		黃五		白六		赤七		白八		白紫
23	7/7	6/21	6/6	5/21	5/5	4/20	4/5	3/21	3/6	2/19	2/4	節氣時間
廿	六初	十二	五初	八十	二初	六十	一初	六十	一初	五十	十三	
大暑卯時	13時12分 小暑未時	19時45分 夏至戌時	2時53分 芒種丑時	11時39分 小滿午時	22時35分 立夏亥時	12時19分 穀雨午時	5時5分 清明卯時	1時3分 春分丑時	0時5分 驚蟄子時	1時52分 雨水丑時	5時55分 立春卯時	
陽	柱日	曆陽	柱日	曆陽	柱日	曆陽	柱日	曆陽	柱日	曆陽	柱日	曆農
2	巳辛	6 2	亥辛	5 4	午壬	4 5	丑癸	3 6	未癸	2 5	寅甲	一初
3	午壬	6 3	子壬	5 5	未癸	4 6	寅甲	3 7	申甲	2 6	卯乙	二初
4	未癸	6 4	丑癸	5 6	申甲	4 7	卯乙	3 8	酉乙	2 7	辰丙	三初
5	申甲	6 5	寅甲	5 7	酉乙	4 8	辰丙	3 9	戌丙	2 8	巳丁	四初
6	酉乙	6 6	卯乙	5 8	戌丙	4 9	巳丁	3 10	亥丁	2 9	午戊	五初
7	戌丙	6 7	辰丙	5 9	亥丁	4 10	午戊	3 11	子戊	2 10	未己	六初
8	亥丁	6 8	巳丁	5 10	子戊	4 11	未己	3 12	丑己	2 11	申庚	七初
9	子戊	6 9	午戊	5 11	丑己	4 12	申庚	3 13	寅庚	2 12	酉辛	八初
10	丑己	6 10	未己	5 12	寅庚	4 13	酉辛	3 14	卯辛	2 13	戌壬	九初
11	寅庚	6 11	申庚	5 13	卯辛	4 14	戌壬	3 15	辰壬	2 14	亥癸	十初
12	卯辛	6 12	酉辛	5 14	辰壬	4 15	亥癸	3 16	巳癸	2 15	子甲	一十
13	辰壬	6 13	戌壬	5 15	巳癸	4 16	子甲	3 17	午甲	2 16	丑乙	二十
14	巳癸	6 14	亥癸	5 16	午甲	4 17	丑乙	3 18	未乙	2 17	寅丙	三十
15	午甲	6 15	子甲	5 17	未乙	4 18	寅丙	3 19	申丙	2 18	卯丁	四十
16	未乙	6 16	丑乙	5 18	申丙	4 19	卯丁	3 20	酉丁	2 19	辰戊	五十
17	申丙	6 17	寅丙	5 19	酉丁	4 20	辰戊	3 21	戌戊	2 20	巳己	六十
18	酉丁	6 18	卯丁	5 20	戌戊	4 21	巳己	3 22	亥己	2 21	午庚	七十
19	戌戊	6 19	辰戊	5 21	亥己	4 22	午庚	3 23	子庚	2 22	未辛	八十
20	亥己	6 20	巳己	5 22	子庚	4 23	未辛	3 24	丑辛	2 23	申壬	九十
21	子庚	6 21	午庚	5 23	丑辛	4 24	申壬	3 25	寅壬	2 24	酉癸	十二
22	丑辛	6 22	未辛	5 24	寅壬	4 25	酉癸	3 26	卯癸	2 25	戌甲	一廿
23	寅壬	6 23	申壬	5 25	卯癸	4 26	戌甲	3 27	辰甲	2 26	亥乙	二廿
24	卯癸	6 24	酉癸	5 26	辰甲	4 27	亥乙	3 28	巳乙	2 27	子丙	三廿
25	辰甲	6 25	戌甲	5 27	巳乙	4 28	子丙	3 29	午丙	2 28	丑丁	四廿
26	巳乙	6 26	亥乙	5 28	午丙	4 29	丑丁	3 30	未丁	3 1	寅戊	五廿
27	午丙	6 27	子丙	5 29	未丁	4 30	寅戊	3 31	申戊	3 2	卯己	六廿
28	未丁	6 28	丑丁	5 30	申戊	5 1	卯己	4 1	酉己	3 3	辰庚	七廿
29	申戊	6 29	寅戊	5 31	酉己	5 2	辰庚	4 2	戌庚	3 4	巳辛	八廿
30	酉己	6 30	卯己	6 1	戌庚	5 3	巳辛	4 3	亥辛	3 5	午壬	九廿
乙太		7 1	辰庚	易天		業事化文乙太		4 4	子壬	尋搜格落部		十三

月別	月二十		月一十		月十		月九		月八		月七	
月柱	丑辛		子庚		亥己		戌戊		酉丁		申丙	
紫白	白六		赤七		白八		紫九		白一		黑二	
節氣時間	1/20	1/6	12/22	12/7	11/22	11/7	10/23	10/8	9/23	9/8	8/23	8/7
	六廿	二十	七廿	二十	六廿	一十	六廿	一十	六廿	一十	四廿	八初
	17時31分 大寒酉時	0時3分 小寒子時	6時51分 冬至卯時	12時51分 大雪午時	17時36分 小雪酉時	20時8分 立冬戌時	20時13分 霜降戌時	17時10分 寒露酉時	11時5分 秋分午時	1時43分 白露丑時	13時38分 處暑未時	22時57分 立秋亥時
農曆	曆陽	柱日	曆陽	柱日	曆陽	柱日	曆陽	柱日	曆陽	柱日	曆陽	柱日
初一	12 26	寅戊	11 26	申戊	10 28	卯己	9 28	酉己	8 29	卯己	7 31	戌庚
初二	12 27	卯己	11 27	酉己	10 29	辰庚	9 29	戌庚	8 30	辰庚	8 1	亥辛
初三	12 28	辰庚	11 28	戌庚	10 30	巳辛	9 30	亥辛	8 31	巳辛	8 2	子壬
初四	12 29	巳辛	11 29	亥辛	10 31	午壬	10 1	子壬	9 1	午壬	8 3	丑癸
初五	12 30	午壬	11 30	子壬	11 1	未癸	10 2	丑癸	9 2	未癸	8 4	寅甲
初六	12 31	未癸	12 1	丑癸	11 2	申甲	10 3	寅甲	9 3	申甲	8 5	卯乙
初七	1 1	申甲	12 2	寅甲	11 3	酉乙	10 4	卯乙	9 4	酉乙	8 6	辰丙
初八	1 2	酉乙	12 3	卯乙	11 4	戌丙	10 5	辰丙	9 5	戌丙	8 7	巳丁
初九	1 3	戌丙	12 4	辰丙	11 5	亥丁	10 6	巳丁	9 6	亥丁	8 8	午戊
初十	1 4	亥丁	12 5	巳丁	11 6	子戊	10 7	午戊	9 7	子戊	8 9	未己
十一	1 5	子戊	12 6	午戊	11 7	丑己	10 8	未己	9 8	丑己	8 10	申庚
十二	1 6	丑己	12 7	未己	11 8	寅庚	10 9	申庚	9 9	寅庚	8 11	酉辛
十三	1 7	寅庚	12 8	申庚	11 9	卯辛	10 10	酉辛	9 10	卯辛	8 12	戌壬
十四	1 8	卯辛	12 9	酉辛	11 10	辰壬	10 11	戌壬	9 11	辰壬	8 13	亥癸
十五	1 9	辰壬	12 10	戌壬	11 11	巳癸	10 12	亥癸	9 12	巳癸	8 14	子甲
十六	1 10	巳癸	12 11	亥癸	11 12	午甲	10 13	子甲	9 13	午甲	8 15	丑乙
十七	1 11	午甲	12 12	子甲	11 13	未乙	10 14	丑乙	9 14	未乙	8 16	寅丙
十八	1 12	未乙	12 13	丑乙	11 14	申丙	10 15	寅丙	9 15	申丙	8 17	卯丁
十九	1 13	申丙	12 14	寅丙	11 15	酉丁	10 16	卯丁	9 16	酉丁	8 18	辰戊
二十	1 14	酉丁	12 15	卯丁	11 16	戌戊	10 17	辰戊	9 17	戌戊	8 19	巳己
廿一	1 15	戌戊	12 16	辰戊	11 17	亥己	10 18	巳己	9 18	亥己	8 20	午庚
廿二	1 16	亥己	12 17	巳己	11 18	子庚	10 19	午庚	9 19	子庚	8 21	未辛
廿三	1 17	子庚	12 18	午庚	11 19	丑辛	10 20	未辛	9 20	丑辛	8 22	申壬
廿四	1 18	丑辛	12 19	未辛	11 20	寅壬	10 21	申壬	9 21	寅壬	8 23	酉癸
廿五	1 19	寅壬	12 20	申壬	11 21	卯癸	10 22	酉癸	9 22	卯癸	8 24	戌甲
廿六	1 20	卯癸	12 21	酉癸	11 22	辰甲	10 23	戌甲	9 23	辰甲	8 25	亥乙
廿七	1 21	辰甲	12 22	戌甲	11 23	巳乙	10 24	亥乙	9 24	巳乙	8 26	子丙
廿八	1 22	巳乙	12 23	亥乙	11 24	午丙	10 25	子丙	9 25	午丙	8 27	丑丁
廿九	1 23	午丙	12 24	子丙	11 25	未丁	10 26	丑丁	9 26	未丁	8 28	寅戊
三十	1 24	未丁	12 25	丑丁	乙太		10 27	寅戊	9 27	申戊	易天	

西元一九八二年 歲次壬戌

民國七十一年
太歲姓洪名范
納音屬水
生肖屬狗
年九紫星
牛宿值年

月 六		月 五		月四閏		月 四		月 三		月 二		月 正		別月
未 丁		午 丙				巳 乙		辰 甲		卯 癸		寅 壬		柱月
紫 九		白 一				黑 二		碧 三		綠 四		黃 五		白紫
8	7/23	7/7	6/22		6/6	5/21	5/6	4/20	4/5	3/21	3/6	2/19	2/4	節氣時間
十	三初	七十	二初		五十	八廿	三十	七廿	二十	六廿	一十	六廿	一十	
立秋寅時	12時15分 大暑午時	18時55分 小暑酉時	1時23分 夏至丑時		8時36分 芒種辰時	17時23分 小滿酉時	4時20分 立夏寅時	18時7分 穀雨酉時	10時53分 清明巳時	6時56分 春分卯時	5時55分 驚蟄卯時	7時47分 雨水辰時	11時45分 立春午時	
陽	柱日	曆陽	柱日	曆陽	柱日	曆陽	柱日	曆陽	柱日	曆陽	柱日	曆陽	柱日	曆農
21	巳乙	6 21	亥乙	5 23	午丙	4 24	丑丁	3 25	未丁	2 24	寅戊	1 25	申戊	一初
22	午丙	6 22	子丙	5 24	未丁	4 25	寅戊	3 26	申戊	2 25	卯己	1 26	酉己	二初
23	未丁	6 23	丑丁	5 25	申戊	4 26	卯己	3 27	酉己	2 26	辰庚	1 27	戌庚	三初
24	申戊	6 24	寅戊	5 26	酉己	4 27	辰庚	3 28	戌庚	2 27	巳辛	1 28	亥辛	四初
25	酉己	6 25	卯己	5 27	戌庚	4 28	巳辛	3 29	亥辛	2 28	午壬	1 29	子壬	五初
26	戌庚	6 26	辰庚	5 28	亥辛	4 29	午壬	3 30	子壬	3 1	未癸	1 30	丑癸	六初
27	亥辛	6 27	巳辛	5 29	子壬	4 30	未癸	3 31	丑癸	3 2	申甲	1 31	寅甲	七初
28	子壬	6 28	午壬	5 30	丑癸	5 1	申甲	4 1	寅甲	3 3	酉乙	2 1	卯乙	八初
29	丑癸	6 29	未癸	5 31	寅甲	5 2	酉乙	4 2	卯乙	3 4	戌丙	2 2	辰丙	九初
30	寅甲	6 30	申甲	6 1	卯乙	5 3	戌丙	4 3	辰丙	3 5	亥丁	2 3	巳丁	十初
31	卯乙	7 1	酉乙	6 2	辰丙	5 4	亥丁	4 4	巳丁	3 6	子戊	2 4	午戊	一十
1	辰丙	7 2	戌丙	6 3	巳丁	5 5	子戊	4 5	午戊	3 7	丑己	2 5	未己	二十
2	巳丁	7 3	亥丁	6 4	午戊	5 6	丑己	4 6	未己	3 8	寅庚	2 6	申庚	三十
3	午戊	7 4	子戊	6 5	未己	5 7	寅庚	4 7	申庚	3 9	卯辛	2 7	酉辛	四十
4	未己	7 5	丑己	6 6	申庚	5 8	卯辛	4 8	酉辛	3 10	辰壬	2 8	戌壬	五十
5	申庚	7 6	寅庚	6 7	酉辛	5 9	辰壬	4 9	戌壬	3 11	巳癸	2 9	亥癸	六十
6	酉辛	7 7	卯辛	6 8	戌壬	5 10	巳癸	4 10	亥癸	3 12	午甲	2 10	子甲	七十
7	戌壬	7 8	辰壬	6 9	亥癸	5 11	午甲	4 11	子甲	3 13	未乙	2 11	丑乙	八十
8	亥癸	7 9	巳癸	6 10	子甲	5 12	未乙	4 12	丑乙	3 14	申丙	2 12	寅丙	九十
9	子甲	7 10	午甲	6 11	丑乙	5 13	申丙	4 13	寅丙	3 15	酉丁	2 13	卯丁	十二
10	丑乙	7 11	未乙	6 12	寅丙	5 14	酉丁	4 14	卯丁	3 16	戌戊	2 14	辰戊	一廿
11	寅丙	7 12	申丙	6 13	卯丁	5 15	戌戊	4 15	辰戊	3 17	亥己	2 15	巳己	二廿
12	卯丁	7 13	酉丁	6 14	辰戊	5 16	亥己	4 16	巳己	3 18	子庚	2 16	午庚	三廿
13	辰戊	7 14	戌戊	6 15	巳己	5 17	子庚	4 17	午庚	3 19	丑辛	2 17	未辛	四廿
14	巳己	7 15	亥己	6 16	午庚	5 18	丑辛	4 18	未辛	3 20	寅壬	2 18	申壬	五廿
15	午庚	7 16	子庚	6 17	未辛	5 19	寅壬	4 19	申壬	3 21	卯癸	2 19	酉癸	六廿
16	未辛	7 17	丑辛	6 18	申壬	5 20	卯癸	4 20	酉癸	3 22	辰甲	2 20	戌甲	七廿
17	申壬	7 18	寅壬	6 19	酉癸	5 21	辰甲	4 21	戌甲	3 23	巳乙	2 21	亥乙	八廿
18	酉癸	7 19	卯癸	6 20	戌甲	5 22	巳乙	4 22	亥乙	3 24	午丙	2 22	子丙	九廿
乙太		7 20	辰甲	易天		業事化文乙太		4 23	子丙	尋搜格落部		2 23	丑丁	十三

月別	月二十		月一十		月十		月九		月八		月七	
月柱	丑癸		子壬		亥辛		戌庚		酉己		申戊	
紫白	碧三		綠四		黃五		白六		赤七		白八	
節氣時間	2/4	1/20	1/6	12/22	12/7	11/22	11/8	10/24	10/8	9/23	9/8	8/2
	二廿	七初	三廿	八初	三廿	八初	三廿	八初	二廿	七初	一廿	五
	17時40分 立春酉時	23時17分 大寒子時	5時59分 小寒卯時	12時38分 冬至午時	18時48分 大雪酉時	23時23分 小雪子時	2時4分 立冬丑時	1時58分 霜降丑時	23時2分 寒露子時	16時46分 秋分申時	7時32分 白露辰時	19時15分
農曆	曆陽	柱日	曆陽	柱日	曆陽	柱日	曆陽	柱日	曆陽	柱日	曆陽	柱日
初一	1 14	寅壬	12 15	申壬	11 15	寅壬	10 17	酉癸	9 17	卯癸	8 19	戌甲
初二	1 15	卯癸	12 16	酉癸	11 16	卯癸	10 18	戌甲	9 18	辰甲	8 20	亥乙
初三	1 16	辰甲	12 17	戌甲	11 17	辰甲	10 19	亥乙	9 19	巳乙	8 21	子丙
初四	1 17	巳乙	12 18	亥乙	11 18	巳乙	10 20	子丙	9 20	午丙	8 22	丑丁
初五	1 18	午丙	12 19	子丙	11 19	午丙	10 21	丑丁	9 21	未丁	8 23	寅戊
初六	1 19	未丁	12 20	丑丁	11 20	未丁	10 22	寅戊	9 22	申戊	8 24	卯己
初七	1 20	申戊	12 21	寅戊	11 21	申戊	10 23	卯己	9 23	酉己	8 25	辰庚
初八	1 21	酉己	12 22	卯己	11 22	酉己	10 24	辰庚	9 24	戌庚	8 26	巳辛
初九	1 22	戌庚	12 23	辰庚	11 23	戌庚	10 25	巳辛	9 25	亥辛	8 27	午壬
初十	1 23	亥辛	12 24	巳辛	11 24	亥辛	10 26	午壬	9 26	子壬	8 28	未癸
十一	1 24	子壬	12 25	午壬	11 25	子壬	10 27	未癸	9 27	丑癸	8 29	申甲
十二	1 25	丑癸	12 26	未癸	11 26	丑癸	10 28	申甲	9 28	寅甲	8 30	酉乙
十三	1 26	寅甲	12 27	申甲	11 27	寅甲	10 29	酉乙	9 29	卯乙	8 31	戌丙
十四	1 27	卯乙	12 28	酉乙	11 28	卯乙	10 30	戌丙	9 30	辰丙	9 1	亥丁
十五	1 28	辰丙	12 29	戌丙	11 29	辰丙	10 31	亥丁	10 1	巳丁	9 2	子戊
十六	1 29	巳丁	12 30	亥丁	11 30	巳丁	11 1	子戊	10 2	午戊	9 3	丑己
十七	1 30	午戊	12 31	子戊	12 1	午戊	11 2	丑己	10 3	未己	9 4	寅庚
十八	1 31	未己	1 1	丑己	12 2	未己	11 3	寅庚	10 4	申庚	9 5	卯辛
十九	2 1	申庚	1 2	寅庚	12 3	申庚	11 4	卯辛	10 5	酉辛	9 6	辰壬
二十	2 2	酉辛	1 3	卯辛	12 4	酉辛	11 5	辰壬	10 6	戌壬	9 7	巳癸
廿一	2 3	戌壬	1 4	辰壬	12 5	戌壬	11 6	巳癸	10 7	亥癸	9 8	午甲
廿二	2 4	亥癸	1 5	巳癸	12 6	亥癸	11 7	午甲	10 8	子甲	9 9	未乙
廿三	2 5	子甲	1 6	午甲	12 7	子甲	11 8	未乙	10 9	丑乙	9 10	申丙
廿四	2 6	丑乙	1 7	未乙	12 8	丑乙	11 9	申丙	10 10	寅丙	9 11	酉丁
廿五	2 7	寅丙	1 8	申丙	12 9	寅丙	11 10	酉丁	10 11	卯丁	9 12	戌戊
廿六	2 8	卯丁	1 9	酉丁	12 10	卯丁	11 11	戌戊	10 12	辰戊	9 13	亥己
廿七	2 9	辰戊	1 10	戌戊	12 11	辰戊	11 12	亥己	10 13	巳己	9 14	子庚
廿八	2 10	巳己	1 11	亥己	12 12	巳己	11 13	子庚	10 14	午庚	9 15	丑辛
廿九	2 11	午庚	1 12	子庚	12 13	午庚	11 14	丑辛	10 15	未辛	9 16	寅壬
三十	2 12	未辛	1 13	丑辛	12 14	未辛	乙太		10 16	申壬	易天	

西元一九八三年　歲次癸亥

民國七十二年　太歲姓虞名程

納音屬水　生肖屬豬

年八白星　女宿值年

月別	正月		二月		三月		四月		五月		六月	
月柱	甲寅		乙卯		丙辰		丁巳		戊午		己未	
紫白	二黑		一白		九紫		八白		七赤		六白	
節氣時間	2/19 初七 雨水 13時31分 未時	3/6 廿二 驚蟄 11時47分 午時	3/21 初七 春分 12時39分 午時	4/5 廿二 清明 16時44分 申時	4/20 初八 穀雨 23時50分 子時	5/6 廿四 立夏 10時11分 巳時	5/21 初九 小滿 23時6分 子時	6/6 廿五 芒種 14時26分 未時	6/22 十二 夏至 7時9分 辰時	7/8 廿八 小暑 0時43分 子時	7/23 十四 大暑 18時4分 酉時	/8 三 立秋 巳時
農曆	日柱	陽曆	日柱	陽曆	日柱	陽曆	日柱	陽曆	日柱	陽曆	日柱	陽
初一	壬申	2 13	壬寅	3 15	辛未	4 13	辛丑	5 13	庚午	6 11	己亥	10
初二	癸酉	2 14	癸卯	3 16	壬申	4 14	壬寅	5 14	辛未	6 12	庚子	11
初三	甲戌	2 15	甲辰	3 17	癸酉	4 15	癸卯	5 15	壬申	6 13	辛丑	12
初四	乙亥	2 16	乙巳	3 18	甲戌	4 16	甲辰	5 16	癸酉	6 14	壬寅	13
初五	丙子	2 17	丙午	3 19	乙亥	4 17	乙巳	5 17	甲戌	6 15	癸卯	14
初六	丁丑	2 18	丁未	3 20	丙子	4 18	丙午	5 18	乙亥	6 16	甲辰	15
初七	戊寅	2 19	戊申	3 21	丁丑	4 19	丁未	5 19	丙子	6 17	乙巳	16
初八	己卯	2 20	己酉	3 22	戊寅	4 20	戊申	5 20	丁丑	6 18	丙午	17
初九	庚辰	2 21	庚戌	3 23	己卯	4 21	己酉	5 21	戊寅	6 19	丁未	18
初十	辛巳	2 22	辛亥	3 24	庚辰	4 22	庚戌	5 22	己卯	6 20	戊申	19
十一	壬午	2 23	壬子	3 25	辛巳	4 23	辛亥	5 23	庚辰	6 21	己酉	20
十二	癸未	2 24	癸丑	3 26	壬午	4 24	壬子	5 24	辛巳	6 22	庚戌	21
十三	甲申	2 25	甲寅	3 27	癸未	4 25	癸丑	5 25	壬午	6 23	辛亥	22
十四	乙酉	2 26	乙卯	3 28	甲申	4 26	甲寅	5 26	癸未	6 24	壬子	23
十五	丙戌	2 27	丙辰	3 29	乙酉	4 27	乙卯	5 27	甲申	6 25	癸丑	24
十六	丁亥	2 28	丁巳	3 30	丙戌	4 28	丙辰	5 28	乙酉	6 26	甲寅	25
十七	戊子	3 1	戊午	3 31	丁亥	4 29	丁巳	5 29	丙戌	6 27	乙卯	26
十八	己丑	3 2	己未	4 1	戊子	4 30	戊午	5 30	丁亥	6 28	丙辰	27
十九	庚寅	3 3	庚申	4 2	己丑	5 1	己未	5 31	戊子	6 29	丁巳	28
二十	辛卯	3 4	辛酉	4 3	庚寅	5 2	庚申	6 1	己丑	6 30	戊午	29
廿一	壬辰	3 5	壬戌	4 4	辛卯	5 3	辛酉	6 2	庚寅	7 1	己未	30
廿二	癸巳	3 6	癸亥	4 5	壬辰	5 4	壬戌	6 3	辛卯	7 2	庚申	31
廿三	甲午	3 7	甲子	4 6	癸巳	5 5	癸亥	6 4	壬辰	7 3	辛酉	1
廿四	乙未	3 8	乙丑	4 7	甲午	5 6	甲子	6 5	癸巳	7 4	壬戌	2
廿五	丙申	3 9	丙寅	4 8	乙未	5 7	乙丑	6 6	甲午	7 5	癸亥	3
廿六	丁酉	3 10	丁卯	4 9	丙申	5 8	丙寅	6 7	乙未	7 6	甲子	4
廿七	戊戌	3 11	戊辰	4 10	丁酉	5 9	丁卯	6 8	丙申	7 7	乙丑	5
廿八	己亥	3 12	己巳	4 11	戊戌	5 10	戊辰	6 9	丁酉	7 8	丙寅	6
廿九	庚子	3 13	庚午	4 12	己亥	5 11	己巳	6 10	戊戌	7 9	丁卯	7
三十	辛丑	3 14	部落格搜尋		庚子	5 12	天易		太乙		戊辰	8

月別	月二十		月一十		月十		月九		月八		月七	
月柱	丑乙		子甲		亥癸		戌壬		酉辛		申庚	
紫白	紫九		白一		黑二		碧三		綠四		黃五	
節氣時間	1/21	1/6	12/22	12/8	11/23	11/8	10/24	10/9	9/23	9/8		8/2
	九十	四初	九十	五初	九十	四初	九十	四初	七十	二初		六十
	5時5分 大寒卯時	11時41分 小寒午時	18時30分 冬至酉時	0時34分 大雪子時	5時18分 小雪卯時	7時52分 立冬辰時	7時54分 霜降辰時	4時51分 寒露寅時	22時42分 秋分亥時	13時20分 白露未時		1時8分 處暑丑時
農曆	曆陽	柱日	曆陽	柱日	曆陽	柱日	曆陽	柱日	曆陽	柱日	曆陽	柱日
初一	1 3	申丙	12 4	寅丙	11 5	酉丁	10 6	卯丁	9 7	戌戊	8 9	巳己
初二	1 4	酉丁	12 5	卯丁	11 6	戌戊	10 7	辰戊	9 8	亥己	8 10	午庚
初三	1 5	戌戊	12 6	辰戊	11 7	亥己	10 8	巳己	9 9	子庚	8 11	未辛
初四	1 6	亥己	12 7	巳己	11 8	子庚	10 9	午庚	9 10	丑辛	8 12	申壬
初五	1 7	子庚	12 8	午庚	11 9	丑辛	10 10	未辛	9 11	寅壬	8 13	酉癸
初六	1 8	丑辛	12 9	未辛	11 10	寅壬	10 11	申壬	9 12	卯癸	8 14	戌甲
初七	1 9	寅壬	12 10	申壬	11 11	卯癸	10 12	酉癸	9 13	辰甲	8 15	亥乙
初八	1 10	卯癸	12 11	酉癸	11 12	辰甲	10 13	戌甲	9 14	巳乙	8 16	子丙
初九	1 11	辰甲	12 12	戌甲	11 13	巳乙	10 14	亥乙	9 15	午丙	8 17	丑丁
初十	1 12	巳乙	12 13	亥乙	11 14	午丙	10 15	子丙	9 16	未丁	8 18	寅戊
十一	1 13	午丙	12 14	子丙	11 15	未丁	10 16	丑丁	9 17	申戊	8 19	卯己
十二	1 14	未丁	12 15	丑丁	11 16	申戊	10 17	寅戊	9 18	酉己	8 20	辰庚
十三	1 15	申戊	12 16	寅戊	11 17	酉己	10 18	卯己	9 19	戌庚	8 21	巳辛
十四	1 16	酉己	12 17	卯己	11 18	戌庚	10 19	辰庚	9 20	亥辛	8 22	午壬
十五	1 17	戌庚	12 18	辰庚	11 19	亥辛	10 20	巳辛	9 21	子壬	8 23	未癸
十六	1 18	亥辛	12 19	巳辛	11 20	子壬	10 21	午壬	9 22	丑癸	8 24	申甲
十七	1 19	子壬	12 20	午壬	11 21	丑癸	10 22	未癸	9 23	寅甲	8 25	酉乙
十八	1 20	丑癸	12 21	未癸	11 22	寅甲	10 23	申甲	9 24	卯乙	8 26	戌丙
十九	1 21	寅甲	12 22	申甲	11 23	卯乙	10 24	酉乙	9 25	辰丙	8 27	亥丁
二十	1 22	卯乙	12 23	酉乙	11 24	辰丙	10 25	戌丙	9 26	巳丁	8 28	子戊
廿一	1 23	辰丙	12 24	戌丙	11 25	巳丁	10 26	亥丁	9 27	午戊	8 29	丑己
廿二	1 24	巳丁	12 25	亥丁	11 26	午戊	10 27	子戊	9 28	未己	8 30	寅庚
廿三	1 25	午戊	12 26	子戊	11 27	未己	10 28	丑己	9 29	申庚	8 31	卯辛
廿四	1 26	未己	12 27	丑己	11 28	申庚	10 29	寅庚	9 30	酉辛	9 1	辰壬
廿五	1 27	申庚	12 28	寅庚	11 29	酉辛	10 30	卯辛	10 1	戌壬	9 2	巳癸
廿六	1 28	酉辛	12 29	卯辛	11 30	戌壬	10 31	辰壬	10 2	亥癸	9 3	午甲
廿七	1 29	戌壬	12 30	辰壬	12 1	亥癸	11 1	巳癸	10 3	子甲	9 4	未乙
廿八	1 30	亥癸	12 31	巳癸	12 2	子甲	11 2	午甲	10 4	丑乙	9 5	申丙
廿九	1 31	子甲	1 1	午甲	12 3	丑乙	11 3	未乙	10 5	寅丙	9 6	酉丁
三十	2 1	丑乙	1 2	未乙	乙太		11 4	申丙	易天		尋搜格落部	

西元一九八四年 歲次甲子

民國七十三年 太歲姓金名赤

納音屬金 生肖屬鼠

年七赤星 虛宿值年

月	六	月	五	月	四	月	三	月	二	月	正	別月
未	辛	午	庚	巳	己	辰	戊	卯	丁	寅	丙	柱月
碧	三	綠	四	黃	五	白	六	赤	七	白	八	白紫
22	7/7	6/21	6/5	5/21	5/5	4/20	4/4	3/20	3/5	2/19	2/4	節氣時間
廿	九初	二廿	六初	一廿	五初	十二	四初	八十	三初	八十	三初	
大暑子時	小暑卯時 6時29分	夏至未時 13時2分	芒種戌時 20時9分	小滿寅時 4時58分	立夏申時 15時51分	穀雨卯時 5時38分	清明亥時 22時22分	春分酉時 18時24分	驚蟄酉時 17時25分	雨水戌時 19時16分	立春子時 23時19分	
陽	柱日	曆陽	柱日	曆陽	柱日	曆陽	柱日	曆陽	柱日	曆陽	柱日	曆農
29	午甲	5 31	丑乙	5 1	未乙	4 1	丑乙	3 3	申丙	2 2	寅丙	一初
30	未乙	6 1	寅丙	5 2	申丙	4 2	寅丙	3 4	酉丁	2 3	卯丁	二初
1	申丙	6 2	卯丁	5 3	酉丁	4 3	卯丁	3 5	戌戊	2 4	辰戊	三初
2	酉丁	6 3	辰戊	5 4	戌戊	4 4	辰戊	3 6	亥己	2 5	巳己	四初
3	戌戊	6 4	巳己	5 5	亥己	4 5	巳己	3 7	子庚	2 6	午庚	五初
4	亥己	6 5	午庚	5 6	子庚	4 6	午庚	3 8	丑辛	2 7	未辛	六初
5	子庚	6 6	未辛	5 7	丑辛	4 7	未辛	3 9	寅壬	2 8	申壬	七初
6	丑辛	6 7	申壬	5 8	寅壬	4 8	申壬	3 10	卯癸	2 9	酉癸	八初
7	寅壬	6 8	酉癸	5 9	卯癸	4 9	酉癸	3 11	辰甲	2 10	戌甲	九初
8	卯癸	6 9	戌甲	5 10	辰甲	4 10	戌甲	3 12	巳乙	2 11	亥乙	十初
9	辰甲	6 10	亥乙	5 11	巳乙	4 11	亥乙	3 13	午丙	2 12	子丙	一十
10	巳乙	6 11	子丙	5 12	午丙	4 12	子丙	3 14	未丁	2 13	丑丁	二十
11	午丙	6 12	丑丁	5 13	未丁	4 13	丑丁	3 15	申戊	2 14	寅戊	三十
12	未丁	6 13	寅戊	5 14	申戊	4 14	寅戊	3 16	酉己	2 15	卯己	四十
13	申戊	6 14	卯己	5 15	酉己	4 15	卯己	3 17	戌庚	2 16	辰庚	五十
14	酉己	6 15	辰庚	5 16	戌庚	4 16	辰庚	3 18	亥辛	2 17	巳辛	六十
15	戌庚	6 16	巳辛	5 17	亥辛	4 17	巳辛	3 19	子壬	2 18	午壬	七十
16	亥辛	6 17	午壬	5 18	子壬	4 18	午壬	3 20	丑癸	2 19	未癸	八十
17	子壬	6 18	未癸	5 19	丑癸	4 19	未癸	3 21	寅甲	2 20	申甲	九十
18	丑癸	6 19	申甲	5 20	寅甲	4 20	申甲	3 22	卯乙	2 21	酉乙	十二
19	寅甲	6 20	酉乙	5 21	卯乙	4 21	酉乙	3 23	辰丙	2 22	戌丙	一廿
20	卯乙	6 21	戌丙	5 22	辰丙	4 22	戌丙	3 24	巳丁	2 23	亥丁	二廿
21	辰丙	6 22	亥丁	5 23	巳丁	4 23	亥丁	3 25	午戊	2 24	子戊	三廿
22	巳丁	6 23	子戊	5 24	午戊	4 24	子戊	3 26	未己	2 25	丑己	四廿
23	午戊	6 24	丑己	5 25	未己	4 25	丑己	3 27	申庚	2 26	寅庚	五廿
24	未己	6 25	寅庚	5 26	申庚	4 26	寅庚	3 28	酉辛	2 27	卯辛	六廿
25	申庚	6 26	卯辛	5 27	酉辛	4 27	卯辛	3 29	戌壬	2 28	辰壬	七廿
26	酉辛	6 27	辰壬	5 28	戌壬	4 28	辰壬	3 30	亥癸	2 29	巳癸	八廿
27	戌壬	6 28	巳癸	5 29	亥癸	4 29	巳癸	3 31	子甲	3 1	午甲	九廿
乙太		易天		5 30	子甲	4 30	午甲	尋搜格落部		3 2	未乙	十三

月別	月二十		月一十		月十閏		月十		月九		月八		月七	
月柱	丑丁		子丙				亥乙		戌甲		酉癸		申壬	
紫白	白六		赤七				白八		紫九		白一		黑二	
節氣時間	2/4	1/20	1/5	12/22		12/7	11/22	11/7	10/23	10/8	9/23	9/7	8/23	8/
	五十	十三	五十	一初		五十	十三	五十	九廿	四十	八廿	二十	七廿	一
	5時12分 立春卯時	10時58分 大寒巳時	17時35分 小寒酉時	0時23分 冬至子時		6時28分 大雪卯時	11時11分 小雪午時	13時46分 立冬未時	13時46分 霜降未時	10時43分 寒露巳時	4時33分 秋分寅時	19時10分 白露戌時	7時0分 處暑辰時	16時18分
農曆	曆陽	柱日	曆陽	柱日	曆陽	柱日	曆陽	柱日	曆陽	柱日	曆陽	柱日	曆陽	柱日
初一	1 21	申庚	12 22	寅庚	11 23	酉辛	10 24	卯辛	9 25	戌壬	8 27	巳癸	7 28	亥
初二	1 22	酉辛	12 23	卯辛	11 24	戌壬	10 25	辰壬	9 26	亥癸	8 28	午甲	7 29	子
初三	1 23	戌壬	12 24	辰壬	11 25	亥癸	10 26	巳癸	9 27	子甲	8 29	未乙	7 30	丑
初四	1 24	亥癸	12 25	巳癸	11 26	子甲	10 27	午甲	9 28	丑乙	8 30	申丙	7 31	寅
初五	1 25	子甲	12 26	午甲	11 27	丑乙	10 28	未乙	9 29	寅丙	8 31	酉丁	8 1	卯
初六	1 26	丑乙	12 27	未乙	11 28	寅丙	10 29	申丙	9 30	卯丁	9 1	戌戊	8 2	辰
初七	1 27	寅丙	12 28	申丙	11 29	卯丁	10 30	酉丁	10 1	辰戊	9 2	亥己	8 3	巳
初八	1 28	卯丁	12 29	酉丁	11 30	辰戊	10 31	戌戊	10 2	巳己	9 3	子庚	8 4	午
初九	1 29	辰戊	12 30	戌戊	12 1	巳己	11 1	亥己	10 3	午庚	9 4	丑辛	8 5	未
初十	1 30	巳己	12 31	亥己	12 2	午庚	11 2	子庚	10 4	未辛	9 5	寅壬	8 6	申
十一	1 31	午庚	1 1	子庚	12 3	未辛	11 3	丑辛	10 5	申壬	9 6	卯癸	8 7	酉
十二	2 1	未辛	1 2	丑辛	12 4	申壬	11 4	寅壬	10 6	酉癸	9 7	辰甲	8 8	戌
十三	2 2	申壬	1 3	寅壬	12 5	酉癸	11 5	卯癸	10 7	戌甲	9 8	巳乙	8 9	亥
十四	2 3	酉癸	1 4	卯癸	12 6	戌甲	11 6	辰甲	10 8	亥乙	9 9	午丙	8 10	子
十五	2 4	戌甲	1 5	辰甲	12 7	亥乙	11 7	巳乙	10 9	子丙	9 10	未丁	8 11	丑
十六	2 5	亥乙	1 6	巳乙	12 8	子丙	11 8	午丙	10 10	丑丁	9 11	申戊	8 12	寅
十七	2 6	子丙	1 7	午丙	12 9	丑丁	11 9	未丁	10 11	寅戊	9 12	酉己	8 13	卯
十八	2 7	丑丁	1 8	未丁	12 10	寅戊	11 10	申戊	10 12	卯己	9 13	戌庚	8 14	辰
十九	2 8	寅戊	1 9	申戊	12 11	卯己	11 11	酉己	10 13	辰庚	9 14	亥辛	8 15	巳
二十	2 9	卯己	1 10	酉己	12 12	辰庚	11 12	戌庚	10 14	巳辛	9 15	子壬	8 16	午
廿一	2 10	辰庚	1 11	戌庚	12 13	巳辛	11 13	亥辛	10 15	午壬	9 16	丑癸	8 17	未
廿二	2 11	巳辛	1 12	亥辛	12 14	午壬	11 14	子壬	10 16	未癸	9 17	寅甲	8 18	申
廿三	2 12	午壬	1 13	子壬	12 15	未癸	11 15	丑癸	10 17	申甲	9 18	卯乙	8 19	酉
廿四	2 13	未癸	1 14	丑癸	12 16	申甲	11 16	寅甲	10 18	酉乙	9 19	辰丙	8 20	戌
廿五	2 14	申甲	1 15	寅甲	12 17	酉乙	11 17	卯乙	10 19	戌丙	9 20	巳丁	8 21	亥
廿六	2 15	酉乙	1 16	卯乙	12 18	戌丙	11 18	辰丙	10 20	亥丁	9 21	午戊	8 22	子
廿七	2 16	戌丙	1 17	辰丙	12 19	亥丁	11 19	巳丁	10 21	子戊	9 22	未己	8 23	丑
廿八	2 17	亥丁	1 18	巳丁	12 20	子戊	11 20	午戊	10 22	丑己	9 23	申庚	8 24	寅
廿九	2 18	子戊	1 19	午戊	12 21	丑己	11 21	未己	10 23	寅庚	9 24	酉辛	8 25	卯
三十	2 19	丑己	1 20	未己	乙太		11 22	申庚	易天		尋搜格落部		8 26	辰

西元一九八五年 歲次乙丑

民國七十四年 太歲姓陳名泰

納音屬金 生肖屬牛

年六白星 危宿值年

月別	正月		二月		三月		四月		五月		六月	
月柱	戊寅		己卯		庚辰		辛巳		壬午		癸未	
紫白	五黃		四綠		三碧		二黑		一白		九紫	
節氣時間	2/19 三十	3/5 十四	3/21 初一	4/5 十六	4/20 初一	5/5 十六	5/21 初二	6/6 十八	6/21 初四	7/7 二十	7/23 初六	/7 廿
	雨水丑時 1時7分	驚蟄子時 23時16分	春分子時 0時14分	清明寅時 4時14分	穀雨午時 11時26分	立夏亥時 21時42分	小滿巳時 10時43分	芒種丑時 2時0分	夏至酉時 18時44分	小暑午時 12時19分	大暑卯時 5時36分	立秋亥時
農曆	日柱	陽曆	日柱	陽曆	日柱	陽曆	日柱	陽曆	日柱	陽曆	日柱	陽曆
初一	庚寅	2 20	己未	3 21	己丑	4 20	己未	5 20	戊子	6 18	戊午	18
初二	辛卯	2 21	庚申	3 22	庚寅	4 21	庚申	5 21	己丑	6 19	己未	19
初三	壬辰	2 22	辛酉	3 23	辛卯	4 22	辛酉	5 22	庚寅	6 20	庚申	20
初四	癸巳	2 23	壬戌	3 24	壬辰	4 23	壬戌	5 23	辛卯	6 21	辛酉	21
初五	甲午	2 24	癸亥	3 25	癸巳	4 24	癸亥	5 24	壬辰	6 22	壬戌	22
初六	乙未	2 25	甲子	3 26	甲午	4 25	甲子	5 25	癸巳	6 23	癸亥	23
初七	丙申	2 26	乙丑	3 27	乙未	4 26	乙丑	5 26	甲午	6 24	甲子	24
初八	丁酉	2 27	丙寅	3 28	丙申	4 27	丙寅	5 27	乙未	6 25	乙丑	25
初九	戊戌	2 28	丁卯	3 29	丁酉	4 28	丁卯	5 28	丙申	6 26	丙寅	26
初十	己亥	3 1	戊辰	3 30	戊戌	4 29	戊辰	5 29	丁酉	6 27	丁卯	27
十一	庚子	3 2	己巳	3 31	己亥	4 30	己巳	5 30	戊戌	6 28	戊辰	28
十二	辛丑	3 3	庚午	4 1	庚子	5 1	庚午	5 31	己亥	6 29	己巳	29
十三	壬寅	3 4	辛未	4 2	辛丑	5 2	辛未	6 1	庚子	6 30	庚午	30
十四	癸卯	3 5	壬申	4 3	壬寅	5 3	壬申	6 2	辛丑	7 1	辛未	31
十五	甲辰	3 6	癸酉	4 4	癸卯	5 4	癸酉	6 3	壬寅	7 2	壬申	1
十六	乙巳	3 7	甲戌	4 5	甲辰	5 5	甲戌	6 4	癸卯	7 3	癸酉	2
十七	丙午	3 8	乙亥	4 6	乙巳	5 6	乙亥	6 5	甲辰	7 4	甲戌	3
十八	丁未	3 9	丙子	4 7	丙午	5 7	丙子	6 6	乙巳	7 5	乙亥	4
十九	戊申	3 10	丁丑	4 8	丁未	5 8	丁丑	6 7	丙午	7 6	丙子	5
二十	己酉	3 11	戊寅	4 9	戊申	5 9	戊寅	6 8	丁未	7 7	丁丑	6
廿一	庚戌	3 12	己卯	4 10	己酉	5 10	己卯	6 9	戊申	7 8	戊寅	7
廿二	辛亥	3 13	庚辰	4 11	庚戌	5 11	庚辰	6 10	己酉	7 9	己卯	8
廿三	壬子	3 14	辛巳	4 12	辛亥	5 12	辛巳	6 11	庚戌	7 10	庚辰	9
廿四	癸丑	3 15	壬午	4 13	壬子	5 13	壬午	6 12	辛亥	7 11	辛巳	10
廿五	甲寅	3 16	癸未	4 14	癸丑	5 14	癸未	6 13	壬子	7 12	壬午	11
廿六	乙卯	3 17	甲申	4 15	甲寅	5 15	甲申	6 14	癸丑	7 13	癸未	12
廿七	丙辰	3 18	乙酉	4 16	乙卯	5 16	乙酉	6 15	甲寅	7 14	甲申	13
廿八	丁巳	3 19	丙戌	4 17	丙辰	5 17	丙戌	6 16	乙卯	7 15	乙酉	14
廿九	戊午	3 20	丁亥	4 18	丁巳	5 18	丁亥	6 17	丙辰	7 16	丙戌	15
三十	部落格搜尋		戊子	4 19	戊午	5 19	天易		丁巳	7 17	太乙	

月別	月二十		月一十		月十		月九		月八		月七	
月柱	丑己		子戊		亥丁		戌丙		酉乙		申甲	
紫白	碧三		綠四		黃五		白六		赤七		白八	
節氣時間	2/4	1/20	1/5	12/22	12/7	11/22	11/7	10/23	10/8	9/23	9/8	8/2
	六廿	一十	五廿	一十	六廿	一十	五廿	十初	四廿	九初	四廿	八初
	11時8分 立春午時	16時46分 大寒申時	23時28分 小寒子時	6時8分 冬至卯時	12時16分 大雪午時	16時51分 小雪申時	19時29分 立冬戌時	19時22分 霜降戌時	16時25分 寒露申時	10時7分 秋分巳時	0時53分 白露子時	12時36分 處暑午時
農曆	曆陽	柱日	曆陽	柱日	曆陽	柱日	曆陽	柱日	曆陽	柱日	曆陽	柱日
初一	1 10	寅甲	12 12	酉乙	11 12	卯乙	10 14	戌丙	9 15	巳丁	8 16	亥丁
初二	1 11	卯乙	12 13	戌丙	11 13	辰丙	10 15	亥丁	9 16	午戊	8 17	子戊
初三	1 12	辰丙	12 14	亥丁	11 14	巳丁	10 16	子戊	9 17	未己	8 18	丑己
初四	1 13	巳丁	12 15	子戊	11 15	午戊	10 17	丑己	9 18	申庚	8 19	寅庚
初五	1 14	午戊	12 16	丑己	11 16	未己	10 18	寅庚	9 19	酉辛	8 20	卯辛
初六	1 15	未己	12 17	寅庚	11 17	申庚	10 19	卯辛	9 20	戌壬	8 21	辰壬
初七	1 16	申庚	12 18	卯辛	11 18	酉辛	10 20	辰壬	9 21	亥癸	8 22	巳癸
初八	1 17	酉辛	12 19	辰壬	11 19	戌壬	10 21	巳癸	9 22	子甲	8 23	午甲
初九	1 18	戌壬	12 20	巳癸	11 20	亥癸	10 22	午甲	9 23	丑乙	8 24	未乙
初十	1 19	亥癸	12 21	午甲	11 21	子甲	10 23	未乙	9 24	寅丙	8 25	申丙
十一	1 20	子甲	12 22	未乙	11 22	丑乙	10 24	申丙	9 25	卯丁	8 26	酉丁
十二	1 21	丑乙	12 23	申丙	11 23	寅丙	10 25	酉丁	9 26	辰戊	8 27	戌戊
十三	1 22	寅丙	12 24	酉丁	11 24	卯丁	10 26	戌戊	9 27	巳己	8 28	亥己
十四	1 23	卯丁	12 25	戌戊	11 25	辰戊	10 27	亥己	9 28	午庚	8 29	子庚
十五	1 24	辰戊	12 26	亥己	11 26	巳己	10 28	子庚	9 29	未辛	8 30	丑辛
十六	1 25	巳己	12 27	子庚	11 27	午庚	10 29	丑辛	9 30	申壬	8 31	寅壬
十七	1 26	午庚	12 28	丑辛	11 28	未辛	10 30	寅壬	10 1	酉癸	9 1	卯癸
十八	1 27	未辛	12 29	寅壬	11 29	申壬	10 31	卯癸	10 2	戌甲	9 2	辰甲
十九	1 28	申壬	12 30	卯癸	11 30	酉癸	11 1	辰甲	10 3	亥乙	9 3	巳乙
二十	1 29	酉癸	12 31	辰甲	12 1	戌甲	11 2	巳乙	10 4	子丙	9 4	午丙
廿一	1 30	戌甲	1 1	巳乙	12 2	亥乙	11 3	午丙	10 5	丑丁	9 5	未丁
廿二	1 31	亥乙	1 2	午丙	12 3	子丙	11 4	未丁	10 6	寅戊	9 6	申戊
廿三	2 1	子丙	1 3	未丁	12 4	丑丁	11 5	申戊	10 7	卯己	9 7	酉己
廿四	2 2	丑丁	1 4	申戊	12 5	寅戊	11 6	酉己	10 8	辰庚	9 8	戌庚
廿五	2 3	寅戊	1 5	酉己	12 6	卯己	11 7	戌庚	10 9	巳辛	9 9	亥辛
廿六	2 4	卯己	1 6	戌庚	12 7	辰庚	11 8	亥辛	10 10	午壬	9 10	子壬
廿七	2 5	辰庚	1 7	亥辛	12 8	巳辛	11 9	子壬	10 11	未癸	9 11	丑癸
廿八	2 6	巳辛	1 8	子壬	12 9	午壬	11 10	丑癸	10 12	申甲	9 12	寅甲
廿九	2 7	午壬	1 9	丑癸	12 10	未癸	11 11	寅甲	10 13	酉乙	9 13	卯乙
三十	2 8	未癸	乙太		12 11	申甲	易天		尋搜格落部		9 14	辰丙

月	六	月五		月四		月三		月二		月正		別月
未	乙	午甲		巳癸		辰壬		卯辛		寅庚		柱月
白	六	赤七		白八		紫九		白一		黑二		白紫
'23	7/7		6/22	6/6	5/21	5/6	4/20	4/5	3/21	3/6	2/19	節氣時間
十	一初		六十	九廿	三十	八廿	二十	七廿	二十	六廿	一十	
大暑午時	小暑酉時 18時1分		夏至子時 0時30分	芒種辰時 7時44分	小滿申時 16時28分	立夏寅時 3時31分	穀雨酉時 17時12分	清明巳時 10時6分	春分卯時 6時3分	驚蟄卯時 5時12分	雨水卯時 6時57分	
陽	柱日	曆陽	柱日	曆陽	柱日	曆陽	柱日	曆陽	柱日	曆陽	柱日	曆農
7	子壬	6 7	午壬	5 9	丑癸	4 9	未癸	3 10	丑癸	2 9	申甲	一初
8	丑癸	6 8	未癸	5 10	寅甲	4 10	申甲	3 11	寅甲	2 10	酉乙	二初
9	寅甲	6 9	申甲	5 11	卯乙	4 11	酉乙	3 12	卯乙	2 11	戌丙	三初
10	卯乙	6 10	酉乙	5 12	辰丙	4 12	戌丙	3 13	辰丙	2 12	亥丁	四初
11	辰丙	6 11	戌丙	5 13	巳丁	4 13	亥丁	3 14	巳丁	2 13	子戊	五初
12	巳丁	6 12	亥丁	5 14	午戊	4 14	子戊	3 15	午戊	2 14	丑己	六初
13	午戊	6 13	子戊	5 15	未己	4 15	丑己	3 16	未己	2 15	寅庚	七初
14	未己	6 14	丑己	5 16	申庚	4 16	寅庚	3 17	申庚	2 16	卯辛	八初
15	申庚	6 15	寅庚	5 17	酉辛	4 17	卯辛	3 18	酉辛	2 17	辰壬	九初
16	酉辛	6 16	卯辛	5 18	戌壬	4 18	辰壬	3 19	戌壬	2 18	巳癸	十初
17	戌壬	6 17	辰壬	5 19	亥癸	4 19	巳癸	3 20	亥癸	2 19	午甲	一十
18	亥癸	6 18	巳癸	5 20	子甲	4 20	午甲	3 21	子甲	2 20	未乙	二十
19	子甲	6 19	午甲	5 21	丑乙	4 21	未乙	3 22	丑乙	2 21	申丙	三十
20	丑乙	6 20	未乙	5 22	寅丙	4 22	申丙	3 23	寅丙	2 22	酉丁	四十
21	寅丙	6 21	申丙	5 23	卯丁	4 23	酉丁	3 24	卯丁	2 23	戌戊	五十
22	卯丁	6 22	酉丁	5 24	辰戊	4 24	戌戊	3 25	辰戊	2 24	亥己	六十
23	辰戊	6 23	戌戊	5 25	巳己	4 25	亥己	3 26	巳己	2 25	子庚	七十
24	巳己	6 24	亥己	5 26	午庚	4 26	子庚	3 27	午庚	2 26	丑辛	八十
25	午庚	6 25	子庚	5 27	未辛	4 27	丑辛	3 28	未辛	2 27	寅壬	九十
26	未辛	6 26	丑辛	5 28	申壬	4 28	寅壬	3 29	申壬	2 28	卯癸	十二
27	申壬	6 27	寅壬	5 29	酉癸	4 29	卯癸	3 30	酉癸	3 1	辰甲	一廿
28	酉癸	6 28	卯癸	5 30	戌甲	4 30	辰甲	3 31	戌甲	3 2	巳乙	二廿
29	戌甲	6 29	辰甲	5 31	亥乙	5 1	巳乙	4 1	亥乙	3 3	午丙	三廿
30	亥乙	6 30	巳乙	6 1	子丙	5 2	午丙	4 2	子丙	3 4	未丁	四廿
31	子丙	7 1	午丙	6 2	丑丁	5 3	未丁	4 3	丑丁	3 5	申戊	五廿
1	丑丁	7 2	未丁	6 3	寅戊	5 4	申戊	4 4	寅戊	3 6	酉己	六廿
2	寅戊	7 3	申戊	6 4	卯己	5 5	酉己	4 5	卯己	3 7	戌庚	七廿
3	卯己	7 4	酉己	6 5	辰庚	5 6	戌庚	4 6	辰庚	3 8	亥辛	八廿
4	辰庚	7 5	戌庚	6 6	巳辛	5 7	亥辛	4 7	巳辛	3 9	子壬	九廿
5	巳辛	7 6	亥辛	乙太		5 8	子壬	4 8	午壬	易天		十三

西元一九八六年 歲次丙寅

民國七十五年

太歲姓沈名興

納音屬火

生肖屬虎

年五黃星

室宿值年

月別	月二十		月一十		月十		月九		月八		月七	
月柱	丑辛		子庚		亥己		戌戊		酉丁		申丙	
紫白	紫九		白一		黑二		碧三		綠四		黃五	
節氣時間	1/20	1/6	12/22	12/7	11/22	11/8	10/24	10/8	9/23	9/8	8/23	8/8
	一廿	七初	一廿	六初	一廿	七初	一廿	五初	十二	五初	八十	三初
	22時40分 大寒亥時	5時13分 小寒卯時	12時2分 冬至午時	18時1分 大雪酉時	22時44分 小雪亥時	1時13分 立冬丑時	1時14分 霜降丑時	22時7分 寒露亥時	15時59分 秋分申時	6時35分 白露卯時	18時26分 處暑酉時	3時46分 立秋寅時
農曆	曆陽	柱日	曆陽	柱日	曆陽	柱日	曆陽	柱日	曆陽	柱日	曆陽	柱日
初一	12 31	酉己	12 2	辰庚	11 2	戌庚	10 4	巳辛	9 4	亥辛	8 6	午壬
初二	1 1	戌庚	12 3	巳辛	11 3	亥辛	10 5	午壬	9 5	子壬	8 7	未癸
初三	1 2	亥辛	12 4	午壬	11 4	子壬	10 6	未癸	9 6	丑癸	8 8	申甲
初四	1 3	子壬	12 5	未癸	11 5	丑癸	10 7	申甲	9 7	寅甲	8 9	酉乙
初五	1 4	丑癸	12 6	申甲	11 6	寅甲	10 8	酉乙	9 8	卯乙	8 10	戌丙
初六	1 5	寅甲	12 7	酉乙	11 7	卯乙	10 9	戌丙	9 9	辰丙	8 11	亥丁
初七	1 6	卯乙	12 8	戌丙	11 8	辰丙	10 10	亥丁	9 10	巳丁	8 12	子戊
初八	1 7	辰丙	12 9	亥丁	11 9	巳丁	10 11	子戊	9 11	午戊	8 13	丑己
初九	1 8	巳丁	12 10	子戊	11 10	午戊	10 12	丑己	9 12	未己	8 14	寅庚
初十	1 9	午戊	12 11	丑己	11 11	未己	10 13	寅庚	9 13	申庚	8 15	卯辛
十一	1 10	未己	12 12	寅庚	11 12	申庚	10 14	卯辛	9 14	酉辛	8 16	辰壬
十二	1 11	申庚	12 13	卯辛	11 13	酉辛	10 15	辰壬	9 15	戌壬	8 17	巳癸
十三	1 12	酉辛	12 14	辰壬	11 14	戌壬	10 16	巳癸	9 16	亥癸	8 18	午甲
十四	1 13	戌壬	12 15	巳癸	11 15	亥癸	10 17	午甲	9 17	子甲	8 19	未乙
十五	1 14	亥癸	12 16	午甲	11 16	子甲	10 18	未乙	9 18	丑乙	8 20	申丙
十六	1 15	子甲	12 17	未乙	11 17	丑乙	10 19	申丙	9 19	寅丙	8 21	酉丁
十七	1 16	丑乙	12 18	申丙	11 18	寅丙	10 20	酉丁	9 20	卯丁	8 22	戌戊
十八	1 17	寅丙	12 19	酉丁	11 19	卯丁	10 21	戌戊	9 21	辰戊	8 23	亥己
十九	1 18	卯丁	12 20	戌戊	11 20	辰戊	10 22	亥己	9 22	巳己	8 24	子庚
二十	1 19	辰戊	12 21	亥己	11 21	巳己	10 23	子庚	9 23	午庚	8 25	丑辛
廿一	1 20	巳己	12 22	子庚	11 22	午庚	10 24	丑辛	9 24	未辛	8 26	寅壬
廿二	1 21	午庚	12 23	丑辛	11 23	未辛	10 25	寅壬	9 25	申壬	8 27	卯癸
廿三	1 22	未辛	12 24	寅壬	11 24	申壬	10 26	卯癸	9 26	酉癸	8 28	辰甲
廿四	1 23	申壬	12 25	卯癸	11 25	酉癸	10 27	辰甲	9 27	戌甲	8 29	巳乙
廿五	1 24	酉癸	12 26	辰甲	11 26	戌甲	10 28	巳乙	9 28	亥乙	8 30	午丙
廿六	1 25	戌甲	12 27	巳乙	11 27	亥乙	10 29	午丙	9 29	子丙	8 31	未丁
廿七	1 26	亥乙	12 28	午丙	11 28	子丙	10 30	未丁	9 30	丑丁	9 1	申戊
廿八	1 27	子丙	12 29	未丁	11 29	丑丁	10 31	申戊	10 1	寅戊	9 2	酉己
廿九	1 28	丑丁	12 30	申戊	11 30	寅戊	11 1	酉己	10 2	卯己	9 3	戌庚
三十	乙太		易天		12 1	卯己	業事化文乙太		10 3	辰庚	尋搜格落部	

西元一九八七年 歲次丁卯

民國七十六年
太歲姓耿名章

納音屬火
生肖屬兔

年四綠星
壁宿值年

月六閏		月六		月五		月四		月三		月二		月正		別月
		未丁		午丙		巳乙		辰甲		卯癸		寅壬		柱月
		碧三		綠四		黃五		白六		赤七		白八		白紫
	8/8 四十 立秋 巳時 9時29分	7/23 八廿 大暑 酉時 17時6分	7/7 二十 小暑 子時 23時39分	6/22 七廿 夏至 卯時 6時11分	6/6 一十 芒種 未時 13時19分	5/21 四廿 小滿 亥時 22時10分	5/6 九初 立夏 巳時 9時6分	4/20 三廿 穀雨 亥時 22時58分	4/5 八初 清明 申時 15時44分	3/21 二廿 春分 午時 11時52分	3/6 七初 驚蟄 巳時 10時54分	2/19 二廿 雨水 午時 12時50分	2/4 七初 立春 申時 16時52分	節氣時間
曆陽	柱日	曆陽	柱日	曆陽	柱日	曆陽	柱日	曆陽	柱日	曆陽	柱日	曆陽	柱日	曆農
26	子丙	6 26	午丙	5 27	子丙	4 28	未丁	3 29	丑丁	2 28	申戊	1 29	寅戊	一初
27	丑丁	6 27	未丁	5 28	丑丁	4 29	申戊	3 30	寅戊	3 1	酉己	1 30	卯己	二初
28	寅戊	6 28	申戊	5 29	寅戊	4 30	酉己	3 31	卯己	3 2	戌庚	1 31	辰庚	三初
29	卯己	6 29	酉己	5 30	卯己	5 1	戌庚	4 1	辰庚	3 3	亥辛	2 1	巳辛	四初
30	辰庚	6 30	戌庚	5 31	辰庚	5 2	亥辛	4 2	巳辛	3 4	子壬	2 2	午壬	五初
31	巳辛	7 1	亥辛	6 1	巳辛	5 3	子壬	4 3	午壬	3 5	丑癸	2 3	未癸	六初
1	午壬	7 2	子壬	6 2	午壬	5 4	丑癸	4 4	未癸	3 6	寅甲	2 4	申甲	七初
2	未癸	7 3	丑癸	6 3	未癸	5 5	寅甲	4 5	申甲	3 7	卯乙	2 5	酉乙	八初
3	申甲	7 4	寅甲	6 4	申甲	5 6	卯乙	4 6	酉乙	3 8	辰丙	2 6	戌丙	九初
4	酉乙	7 5	卯乙	6 5	酉乙	5 7	辰丙	4 7	戌丙	3 9	巳丁	2 7	亥丁	十初
5	戌丙	7 6	辰丙	6 6	戌丙	5 8	巳丁	4 8	亥丁	3 10	午戊	2 8	子戊	一十
6	亥丁	7 7	巳丁	6 7	亥丁	5 9	午戊	4 9	子戊	3 11	未己	2 9	丑己	二十
7	子戊	7 8	午戊	6 8	子戊	5 10	未己	4 10	丑己	3 12	申庚	2 10	寅庚	三十
8	丑己	7 9	未己	6 9	丑己	5 11	申庚	4 11	寅庚	3 13	酉辛	2 11	卯辛	四十
9	寅庚	7 10	申庚	6 10	寅庚	5 12	酉辛	4 12	卯辛	3 14	戌壬	2 12	辰壬	五十
10	卯辛	7 11	酉辛	6 11	卯辛	5 13	戌壬	4 13	辰壬	3 15	亥癸	2 13	巳癸	六十
11	辰壬	7 12	戌壬	6 12	辰壬	5 14	亥癸	4 14	巳癸	3 16	子甲	2 14	午甲	七十
12	巳癸	7 13	亥癸	6 13	巳癸	5 15	子甲	4 15	午甲	3 17	丑乙	2 15	未乙	八十
13	午甲	7 14	子甲	6 14	午甲	5 16	丑乙	4 16	未乙	3 18	寅丙	2 16	申丙	九十
14	未乙	7 15	丑乙	6 15	未乙	5 17	寅丙	4 17	申丙	3 19	卯丁	2 17	酉丁	十二
15	申丙	7 16	寅丙	6 16	申丙	5 18	卯丁	4 18	酉丁	3 20	辰戊	2 18	戌戊	一廿
16	酉丁	7 17	卯丁	6 17	酉丁	5 19	辰戊	4 19	戌戊	3 21	巳己	2 19	亥己	二廿
17	戌戊	7 18	辰戊	6 18	戌戊	5 20	巳己	4 20	亥己	3 22	午庚	2 20	子庚	三廿
18	亥己	7 19	巳己	6 19	亥己	5 21	午庚	4 21	子庚	3 23	未辛	2 21	丑辛	四廿
19	子庚	7 20	午庚	6 20	子庚	5 22	未辛	4 22	丑辛	3 24	申壬	2 22	寅壬	五廿
8 20	丑辛	7 21	未辛	6 21	丑辛	5 23	申壬	4 23	寅壬	3 25	酉癸	2 23	卯癸	六廿
8 21	寅壬	7 22	申壬	6 22	寅壬	5 24	酉癸	4 24	卯癸	3 26	戌甲	2 24	辰甲	七廿
22	卯癸	7 23	酉癸	6 23	卯癸	5 25	戌甲	4 25	辰甲	3 27	亥乙	2 25	巳乙	八廿
23	辰甲	7 24	戌甲	6 24	辰甲	5 26	亥乙	4 26	巳乙	3 28	子丙	2 26	午丙	九廿
乙太		7 25	亥乙	6 25	巳乙	易天		4 27	午丙	尋搜格落部		2 27	未丁	十三

月別	月二十		月一十		月十		月九		月八		月七	
月柱	丑癸		子壬		亥辛		戌庚		酉己		申戊	
紫白	白六		赤七		白八		紫九		白一		黑二	
節氣時間	2/4	1/21	1/6	12/22	12/7	11/23	11/8	10/24	10/9	9/23	9/8	8/24
	七十	三初	七十	二初	七十	三初	七十	二初	七十	一初	六十	一初
	22時43分 立春亥時	4時24分 大寒寅時	11時4分 小寒午時	17時46分 冬至酉時	23時52分 大雪子時	4時29分 小雪寅時	7時6分 立冬辰時	7時1分 霜降辰時	4時0分 寒露寅時	21時45分 秋分亥時	12時24分 白露午時	0時10分 處暑子時
農曆	曆陽	柱日	曆陽	柱日	曆陽	柱日	曆陽	柱日	曆陽	柱日	曆陽	柱日
初一	1 19	酉癸	12 21	辰甲	11 21	戌甲	10 23	巳乙	9 23	亥乙	8 24	巳乙
初二	1 20	戌甲	12 22	巳乙	11 22	亥乙	10 24	午丙	9 24	子丙	8 25	午丙
初三	1 21	亥乙	12 23	午丙	11 23	子丙	10 25	未丁	9 25	丑丁	8 26	未丁
初四	1 22	子丙	12 24	未丁	11 24	丑丁	10 26	申戊	9 26	寅戊	8 27	申戊
初五	1 23	丑丁	12 25	申戊	11 25	寅戊	10 27	酉己	9 27	卯己	8 28	酉己
初六	1 24	寅戊	12 26	酉己	11 26	卯己	10 28	戌庚	9 28	辰庚	8 29	戌庚
初七	1 25	卯己	12 27	戌庚	11 27	辰庚	10 29	亥辛	9 29	巳辛	8 30	亥辛
初八	1 26	辰庚	12 28	亥辛	11 28	巳辛	10 30	子壬	9 30	午壬	8 31	子壬
初九	1 27	巳辛	12 29	子壬	11 29	午壬	10 31	丑癸	10 1	未癸	9 1	丑癸
初十	1 28	午壬	12 30	丑癸	11 30	未癸	11 1	寅甲	10 2	申甲	9 2	寅甲
十一	1 29	未癸	12 31	寅甲	12 1	申甲	11 2	卯乙	10 3	酉乙	9 3	卯乙
十二	1 30	申甲	1 1	卯乙	12 2	酉乙	11 3	辰丙	10 4	戌丙	9 4	辰丙
十三	1 31	酉乙	1 2	辰丙	12 3	戌丙	11 4	巳丁	10 5	亥丁	9 5	巳丁
十四	2 1	戌丙	1 3	巳丁	12 4	亥丁	11 5	午戊	10 6	子戊	9 6	午戊
十五	2 2	亥丁	1 4	午戊	12 5	子戊	11 6	未己	10 7	丑己	9 7	未己
十六	2 3	子戊	1 5	未己	12 6	丑己	11 7	申庚	10 8	寅庚	9 8	申庚
十七	2 4	丑己	1 6	申庚	12 7	寅庚	11 8	酉辛	10 9	卯辛	9 9	酉辛
十八	2 5	寅庚	1 7	酉辛	12 8	卯辛	11 9	戌壬	10 10	辰壬	9 10	戌壬
十九	2 6	卯辛	1 8	戌壬	12 9	辰壬	11 10	亥癸	10 11	巳癸	9 11	亥癸
二十	2 7	辰壬	1 9	亥癸	12 10	巳癸	11 11	子甲	10 12	午甲	9 12	子甲
廿一	2 8	巳癸	1 10	子甲	12 11	午甲	11 12	丑乙	10 13	未乙	9 13	丑乙
廿二	2 9	午甲	1 11	丑乙	12 12	未乙	11 13	寅丙	10 14	申丙	9 14	寅丙
廿三	2 10	未乙	1 12	寅丙	12 13	申丙	11 14	卯丁	10 15	酉丁	9 15	卯丁
廿四	2 11	申丙	1 13	卯丁	12 14	酉丁	11 15	辰戊	10 16	戌戊	9 16	辰戊
廿五	2 12	酉丁	1 14	辰戊	12 15	戌戊	11 16	巳己	10 17	亥己	9 17	巳己
廿六	2 13	戌戊	1 15	巳己	12 16	亥己	11 17	午庚	10 18	子庚	9 18	午庚
廿七	2 14	亥己	1 16	午庚	12 17	子庚	11 18	未辛	10 19	丑辛	9 19	未辛
廿八	2 15	子庚	1 17	未辛	12 18	丑辛	11 19	申壬	10 20	寅壬	9 20	申壬
廿九	2 16	丑辛	1 18	申壬	12 19	寅壬	11 20	酉癸	10 21	卯癸	9 21	酉癸
三十	乙太		易天		12 20	卯癸	尋搜格落部		10 22	辰甲	9 22	戌甲

西元一九八八年 歲次戊辰

月	六	月	五	月	四	月	三	月	二	月	正	別月
未	己	午	戊	巳	丁	辰	丙	卯	乙	寅	甲	柱月
紫	九	白	一	黑	二	碧	三	綠	四	黃	五	白紫
8/7	7/22	7/7	6/21	6/5	5/21	5/5	4/20	4/4	3/20	3/5	2/19	節氣時間
五廿	九初	四廿	八初	一廿	六初	十二	五初	八十	三初	八十	三初	
5 立 時 秋 0 申 分 時	22 大 時 暑 51 亥 分 時	5 小 時 暑 33 卯 分 時	11 夏 時 至 57 午 分 時	19 芒 時 種 15 戌 分 時	3 小 時 滿 57 寅 分 時	15 立 時 夏 2 申 分 時	4 穀 時 雨 45 寅 分 時	21 清 時 明 39 亥 分 時	17 春 時 分 39 酉 分 時	16 驚 時 蟄 47 申 分 時	18 雨 時 水 35 酉 分 時	
曆陽	柱日	曆陽	柱日	曆陽	柱日	曆陽	柱日	曆陽	柱日	曆陽	柱日	曆農
7 14	午庚	6 14	子庚	5 16	未辛	4 16	丑辛	3 18	申壬	2 17	寅壬	一初
7 15	未辛	6 15	丑辛	5 17	申壬	4 17	寅壬	3 19	酉癸	2 18	卯癸	二初
7 16	申壬	6 16	寅壬	5 18	酉癸	4 18	卯癸	3 20	戌甲	2 19	辰甲	三初
7 17	酉癸	6 17	卯癸	5 19	戌甲	4 19	辰甲	3 21	亥乙	2 20	巳乙	四初
7 18	戌甲	6 18	辰甲	5 20	亥乙	4 20	巳乙	3 22	子丙	2 21	午丙	五初
7 19	亥乙	6 19	巳乙	5 21	子丙	4 21	午丙	3 23	丑丁	2 22	未丁	六初
7 20	子丙	6 20	午丙	5 22	丑丁	4 22	未丁	3 24	寅戊	2 23	申戊	七初
7 21	丑丁	6 21	未丁	5 23	寅戊	4 23	申戊	3 25	卯己	2 24	酉己	八初
7 22	寅戊	6 22	申戊	5 24	卯己	4 24	酉己	3 26	辰庚	2 25	戌庚	九初
7 23	卯己	6 23	酉己	5 25	辰庚	4 25	戌庚	3 27	巳辛	2 26	亥辛	十初
7 24	辰庚	6 24	戌庚	5 26	巳辛	4 26	亥辛	3 28	午壬	2 27	子壬	一十
7 25	巳辛	6 25	亥辛	5 27	午壬	4 27	子壬	3 29	未癸	2 28	丑癸	二十
7 26	午壬	6 26	子壬	5 28	未癸	4 28	丑癸	3 30	申甲	2 29	寅甲	三十
7 27	未癸	6 27	丑癸	5 29	申甲	4 29	寅甲	3 31	酉乙	3 1	卯乙	四十
7 28	申甲	6 28	寅甲	5 30	酉乙	4 30	卯乙	4 1	戌丙	3 2	辰丙	五十
7 29	酉乙	6 29	卯乙	5 31	戌丙	5 1	辰丙	4 2	亥丁	3 3	巳丁	六十
7 30	戌丙	6 30	辰丙	6 1	亥丁	5 2	巳丁	4 3	子戊	3 4	午戊	七十
7 31	亥丁	7 1	巳丁	6 2	子戊	5 3	午戊	4 4	丑己	3 5	未己	八十
8 1	子戊	7 2	午戊	6 3	丑己	5 4	未己	4 5	寅庚	3 6	申庚	九十
8 2	丑己	7 3	未己	6 4	寅庚	5 5	申庚	4 6	卯辛	3 7	酉辛	十二
8 3	寅庚	7 4	申庚	6 5	卯辛	5 6	酉辛	4 7	辰壬	3 8	戌壬	一廿
8 4	卯辛	7 5	酉辛	6 6	辰壬	5 7	戌壬	4 8	巳癸	3 9	亥癸	二廿
8 5	辰壬	7 6	戌壬	6 7	巳癸	5 8	亥癸	4 9	午甲	3 10	子甲	三廿
8 6	巳癸	7 7	亥癸	6 8	午甲	5 9	子甲	4 10	未乙	3 11	丑乙	四廿
8 7	午甲	7 8	子甲	6 9	未乙	5 10	丑乙	4 11	申丙	3 12	寅丙	五廿
8 8	未乙	7 9	丑乙	6 10	申丙	5 11	寅丙	4 12	酉丁	3 13	卯丁	六廿
8 9	申丙	7 10	寅丙	6 11	酉丁	5 12	卯丁	4 13	戌戊	3 14	辰戊	七廿
8 10	酉丁	7 11	卯丁	6 12	戌戊	5 13	辰戊	4 14	亥己	3 15	巳己	八廿
8 11	戌戊	7 12	辰戊	6 13	亥己	5 14	巳己	4 15	子庚	3 16	午庚	九廿
乙太		7 13	巳己	易天		5 15	午庚	尋搜格落部		3 17	未辛	十三

民國七十七年 太歲姓趙名達

納音屬木 生肖屬龍

年三碧星 奎宿值年

月別	月 二 十		月 一 十		月 十		月 九		月 八		月 七	
月柱	丑 乙		子 甲		亥 癸		戌 壬		酉 辛		申 庚	
紫白	碧 三		綠 四		黃 五		白 六		赤 七		白 八	
節氣時間	2/4	1/20	1/5	12/21	12/7	11/22	11/7	10/23	10/8	9/23	9/7	8/23
	八廿	三十	八廿	三十	九廿	四十	八廿	三十	八廿	三十	七廿	二十
	4時27分 立春寅時	10時7分 大寒巳時	16時46分 小寒申時	23時28分 冬至子時	5時35分 大雪卯時	10時12分 小雪巳時	12時49分 立冬午時	12時44分 霜降午時	9時45分 寒露巳時	3時29分 秋分寅時	18時12分 白露酉時	5時54分 處暑卯時
農曆	曆陽	柱日	曆陽	柱日	曆陽	柱日	曆陽	柱日	曆陽	柱日	曆陽	柱日
初一	1 8	辰戊	12 9	戌戊	11 9	辰戊	10 11	亥己	9 11	巳己	8 12	亥己
初二	1 9	巳己	12 10	亥己	11 10	巳己	10 12	子庚	9 12	午庚	8 13	子庚
初三	1 10	午庚	12 11	子庚	11 11	午庚	10 13	丑辛	9 13	未辛	8 14	丑辛
初四	1 11	未辛	12 12	丑辛	11 12	未辛	10 14	寅壬	9 14	申壬	8 15	寅壬
初五	1 12	申壬	12 13	寅壬	11 13	申壬	10 15	卯癸	9 15	酉癸	8 16	卯癸
初六	1 13	酉癸	12 14	卯癸	11 14	酉癸	10 16	辰甲	9 16	戌甲	8 17	辰甲
初七	1 14	戌甲	12 15	辰甲	11 15	戌甲	10 17	巳乙	9 17	亥乙	8 18	巳乙
初八	1 15	亥乙	12 16	巳乙	11 16	亥乙	10 18	午丙	9 18	子丙	8 19	午丙
初九	1 16	子丙	12 17	午丙	11 17	子丙	10 19	未丁	9 19	丑丁	8 20	未丁
初十	1 17	丑丁	12 18	未丁	11 18	丑丁	10 20	申戊	9 20	寅戊	8 21	申戊
十一	1 18	寅戊	12 19	申戊	11 19	寅戊	10 21	酉己	9 21	卯己	8 22	酉己
十二	1 19	卯己	12 20	酉己	11 20	卯己	10 22	戌庚	9 22	辰庚	8 23	戌庚
十三	1 20	辰庚	12 21	戌庚	11 21	辰庚	10 23	亥辛	9 23	巳辛	8 24	亥辛
十四	1 21	巳辛	12 22	亥辛	11 22	巳辛	10 24	子壬	9 24	午壬	8 25	子壬
十五	1 22	午壬	12 23	子壬	11 23	午壬	10 25	丑癸	9 25	未癸	8 26	丑癸
十六	1 23	未癸	12 24	丑癸	11 24	未癸	10 26	寅甲	9 26	申甲	8 27	寅甲
十七	1 24	申甲	12 25	寅甲	11 25	申甲	10 27	卯乙	9 27	酉乙	8 28	卯乙
十八	1 25	酉乙	12 26	卯乙	11 26	酉乙	10 28	辰丙	9 28	戌丙	8 29	辰丙
十九	1 26	戌丙	12 27	辰丙	11 27	戌丙	10 29	巳丁	9 29	亥丁	8 30	巳丁
二十	1 27	亥丁	12 28	巳丁	11 28	亥丁	10 30	午戊	9 30	子戊	8 31	午戊
廿一	1 28	子戊	12 29	午戊	11 29	子戊	10 31	未己	10 1	丑己	9 1	未己
廿二	1 29	丑己	12 30	未己	11 30	丑己	11 1	申庚	10 2	寅庚	9 2	申庚
廿三	1 30	寅庚	12 31	申庚	12 1	寅庚	11 2	酉辛	10 3	卯辛	9 3	酉辛
廿四	1 31	卯辛	1 1	酉辛	12 2	卯辛	11 3	戌壬	10 4	辰壬	9 4	戌壬
廿五	2 1	辰壬	1 2	戌壬	12 3	辰壬	11 4	亥癸	10 5	巳癸	9 5	亥癸
廿六	2 2	巳癸	1 3	亥癸	12 4	巳癸	11 5	子甲	10 6	午甲	9 6	子甲
廿七	2 3	午甲	1 4	子甲	12 5	午甲	11 6	丑乙	10 7	未乙	9 7	丑乙
廿八	2 4	未乙	1 5	丑乙	12 6	未乙	11 7	寅丙	10 8	申丙	9 8	寅丙
廿九	2 5	申丙	1 6	寅丙	12 7	申丙	11 8	卯丁	10 9	酉丁	9 9	卯丁
三十	乙太		1 7	卯丁	12 8	酉丁	易天		10 10	戌戊	9 10	辰戊

西元一九八九年 歲次己巳

民國七十八年
太歲姓郭名燦

納音屬木
生肖屬蛇

年二黑星
婁宿值年

陽曆	日柱	陽曆	日柱	陽曆	日柱	陽曆	日柱	陽曆	日柱	陽曆	日柱	農曆
月	六	月	五	月	四	月	三	月	二	月	正	別月
未	辛	午	庚	巳	己	辰	戊	卯	丁	寅	丙	柱月
白	六	赤	七	白	八	紫	九	白	一	黑	二	白紫
7/23	7/7	6/21	6/6	5/21	5/5		4/20	4/5	3/20	3/5	2/19	節氣時間
一廿	五初	八十	三初	七十	一初		五十	九廿	三十	八廿	四十	
[illegible]時6分 大暑寅時	11時19分 小暑午時	17時53分 夏至酉時	1時5分 芒種丑時	9時54分 小滿巳時	20時54分 立夏戌時		10時39分 穀雨巳時	3時30分 清明寅時	23時28分 春分子時	22時34分 驚蟄亥時	0時20分 雨水子時	
曆陽	柱日	曆陽	柱日	曆陽	柱日	曆陽	柱日	曆陽	柱日	曆陽	柱日	曆農
7 3	子甲	6 4	未乙	5 5	丑乙	4 6	申丙	3 8	卯丁	2 6	酉丁	一初
7 4	丑乙	6 5	申丙	5 6	寅丙	4 7	酉丁	3 9	辰戊	2 7	戌戊	二初
7 5	寅丙	6 6	酉丁	5 7	卯丁	4 8	戌戊	3 10	巳己	2 8	亥己	三初
7 6	卯丁	6 7	戌戊	5 8	辰戊	4 9	亥己	3 11	午庚	2 9	子庚	四初
7 7	辰戊	6 8	亥己	5 9	巳己	4 10	子庚	3 12	未辛	2 10	丑辛	五初
7 8	巳己	6 9	子庚	5 10	午庚	4 11	丑辛	3 13	申壬	2 11	寅壬	六初
7 9	午庚	6 10	丑辛	5 11	未辛	4 12	寅壬	3 14	酉癸	2 12	卯癸	七初
7 10	未辛	6 11	寅壬	5 12	申壬	4 13	卯癸	3 15	戌甲	2 13	辰甲	八初
7 11	申壬	6 12	卯癸	5 13	酉癸	4 14	辰甲	3 16	亥乙	2 14	巳乙	九初
7 12	酉癸	6 13	辰甲	5 14	戌甲	4 15	巳乙	3 17	子丙	2 15	午丙	十初
7 13	戌甲	6 14	巳乙	5 15	亥乙	4 16	午丙	3 18	丑丁	2 16	未丁	一十
7 14	亥乙	6 15	午丙	5 16	子丙	4 17	未丁	3 19	寅戊	2 17	申戊	二十
7 15	子丙	6 16	未丁	5 17	丑丁	4 18	申戊	3 20	卯己	2 18	酉己	三十
7 16	丑丁	6 17	申戊	5 18	寅戊	4 19	酉己	3 21	辰庚	2 19	戌庚	四十
7 17	寅戊	6 18	酉己	5 19	卯己	4 20	戌庚	3 22	巳辛	2 20	亥辛	五十
7 18	卯己	6 19	戌庚	5 20	辰庚	4 21	亥辛	3 23	午壬	2 21	子壬	六十
7 19	辰庚	6 20	亥辛	5 21	巳辛	4 22	子壬	3 24	未癸	2 22	丑癸	七十
7 20	巳辛	6 21	子壬	5 22	午壬	4 23	丑癸	3 25	申甲	2 23	寅甲	八十
7 21	午壬	6 22	丑癸	5 23	未癸	4 24	寅甲	3 26	酉乙	2 24	卯乙	九十
7 22	未癸	6 23	寅甲	5 24	申甲	4 25	卯乙	3 27	戌丙	2 25	辰丙	十二
7 23	申甲	6 24	卯乙	5 25	酉乙	4 26	辰丙	3 28	亥丁	2 26	巳丁	一廿
7 24	酉乙	6 25	辰丙	5 26	戌丙	4 27	巳丁	3 29	子戊	2 27	午戊	二廿
7 25	戌丙	6 26	巳丁	5 27	亥丁	4 28	午戊	3 30	丑己	2 28	未己	三廿
7 26	亥丁	6 27	午戊	5 28	子戊	4 29	未己	3 31	寅庚	3 1	申庚	四廿
7 27	子戊	6 28	未己	5 29	丑己	4 30	申庚	4 1	卯辛	3 2	酉辛	五廿
7 28	丑己	6 29	申庚	5 30	寅庚	5 1	酉辛	4 2	辰壬	3 3	戌壬	六廿
7 29	寅庚	6 30	酉辛	5 31	卯辛	5 2	戌壬	4 3	巳癸	3 4	亥癸	七廿
7 30	卯辛	7 1	戌壬	6 1	辰壬	5 3	亥癸	4 4	午甲	3 5	子甲	八廿
7 31	辰壬	7 2	亥癸	6 2	巳癸	5 4	子甲	4 5	未乙	3 6	丑乙	九廿
8 1	巳癸	乙太		6 3	午甲	易天		尋搜格落部		3 7	寅丙	十三

月別	月二十		月一十		月十		月九		月八		月七	
月柱	丑丁		子丙		亥乙		戌甲		酉癸		申壬	
紫白	紫九		白一		黑二		碧三		綠四		黃五	
節氣時間	1/20	1/5	12/22	12/7	11/22	11/7	10/23	10/8	9/23	9/7	8/23	8/7
	四廿	九初	五廿	十初	五廿	十初	四廿	九初	四廿	八初	二廿	六初
	16時2分 大寒申時	22時33分 小寒亥時	5時22分 冬至卯時	11時21分 大雪午時	16時5分 小雪申時	18時34分 立冬酉時	18時35分 霜降酉時	15時27分 寒露申時	9時20分 秋分巳時	23時54分 白露子時	11時46分 處暑午時	21時4分 立秋亥時
農曆	曆陽	柱日	曆陽	柱日	曆陽	柱日	曆陽	柱日	曆陽	柱日	曆陽	柱日
初一	12 28	戌壬	11 28	辰壬	10 29	戌壬	9 30	巳癸	8 31	亥癸	8 2	午甲
初二	12 29	亥癸	11 29	巳癸	10 30	亥癸	10 1	午甲	9 1	子甲	8 3	未乙
初三	12 30	子甲	11 30	午甲	10 31	子甲	10 2	未乙	9 2	丑乙	8 4	申丙
初四	12 31	丑乙	12 1	未乙	11 1	丑乙	10 3	申丙	9 3	寅丙	8 5	酉丁
初五	1 1	寅丙	12 2	申丙	11 2	寅丙	10 4	酉丁	9 4	卯丁	8 6	戌戊
初六	1 2	卯丁	12 3	酉丁	11 3	卯丁	10 5	戌戊	9 5	辰戊	8 7	亥己
初七	1 3	辰戊	12 4	戌戊	11 4	辰戊	10 6	亥己	9 6	巳己	8 8	子庚
初八	1 4	巳己	12 5	亥己	11 5	巳己	10 7	子庚	9 7	午庚	8 9	丑辛
初九	1 5	午庚	12 6	子庚	11 6	午庚	10 8	丑辛	9 8	未辛	8 10	寅壬
初十	1 6	未辛	12 7	丑辛	11 7	未辛	10 9	寅壬	9 9	申壬	8 11	卯癸
十一	1 7	申壬	12 8	寅壬	11 8	申壬	10 10	卯癸	9 10	酉癸	8 12	辰甲
十二	1 8	酉癸	12 9	卯癸	11 9	酉癸	10 11	辰甲	9 11	戌甲	8 13	巳乙
十三	1 9	戌甲	12 10	辰甲	11 10	戌甲	10 12	巳乙	9 12	亥乙	8 14	午丙
十四	1 10	亥乙	12 11	巳乙	11 11	亥乙	10 13	午丙	9 13	子丙	8 15	未丁
十五	1 11	子丙	12 12	午丙	11 12	子丙	10 14	未丁	9 14	丑丁	8 16	申戊
十六	1 12	丑丁	12 13	未丁	11 13	丑丁	10 15	申戊	9 15	寅戊	8 17	酉己
十七	1 13	寅戊	12 14	申戊	11 14	寅戊	10 16	酉己	9 16	卯己	8 18	戌庚
十八	1 14	卯己	12 15	酉己	11 15	卯己	10 17	戌庚	9 17	辰庚	8 19	亥辛
十九	1 15	辰庚	12 16	戌庚	11 16	辰庚	10 18	亥辛	9 18	巳辛	8 20	子壬
二十	1 16	巳辛	12 17	亥辛	11 17	巳辛	10 19	子壬	9 19	午壬	8 21	丑癸
廿一	1 17	午壬	12 18	子壬	11 18	午壬	10 20	丑癸	9 20	未癸	8 22	寅甲
廿二	1 18	未癸	12 19	丑癸	11 19	未癸	10 21	寅甲	9 21	申甲	8 23	卯乙
廿三	1 19	申甲	12 20	寅甲	11 20	申甲	10 22	卯乙	9 22	酉乙	8 24	辰丙
廿四	1 20	酉乙	12 21	卯乙	11 21	酉乙	10 23	辰丙	9 23	戌丙	8 25	巳丁
廿五	1 21	戌丙	12 22	辰丙	11 22	戌丙	10 24	巳丁	9 24	亥丁	8 26	午戊
廿六	1 22	亥丁	12 23	巳丁	11 23	亥丁	10 25	午戊	9 25	子戊	8 27	未己
廿七	1 23	子戊	12 24	午戊	11 24	子戊	10 26	未己	9 26	丑己	8 28	申庚
廿八	1 24	丑己	12 25	未己	11 25	丑己	10 27	申庚	9 27	寅庚	8 29	酉辛
廿九	1 25	寅庚	12 26	申庚	11 26	寅庚	10 28	酉辛	9 28	卯辛	8 30	戌壬
三十	1 26	卯辛	12 27	酉辛	11 27	卯辛	乙太		9 29	辰壬	易天	

西元一九九〇年 歲次庚午

民國七十九年 太歲姓王名清

納音屬土 生肖屬馬

年一白星 胃宿值年

	月六	月五閏		月五		月四		月三		月二		月正		別月
未癸				午壬		巳辛		辰庚		卯己		寅戊		柱月
碧三				綠四		黃五		白六		赤七		白八		白紫
/8	7/23		7/7	6/21	6/6	5/21	5/6	4/20	4/5	3/21	3/6	2/19	2/4	節氣時間
十	二初		五十	九廿	四十	七廿	二十	五廿	十初	五廿	十初	四廿	九初	
立秋丑時	10時22分 大暑巳時		17時1分 小暑酉時	23時33分 夏至子時	6時46分 芒種卯時	15時37分 小滿申時	2時36分 立夏丑時	16時27分 穀雨申時	9時13分 清明巳時	5時19分 春分卯時	4時19分 驚蟄寅時	6時14分 雨水卯時	10時14分 立春巳時	
曆陽	柱日	曆陽	柱日	曆陽	柱日	曆陽	柱日	曆陽	柱日	曆陽	柱日	曆陽	柱日	曆農
22	子戊	6 23	未己	5 24	丑己	4 25	申庚	3 27	卯辛	2 25	酉辛	1 27	辰壬	一初
23	丑己	6 24	申庚	5 25	寅庚	4 26	酉辛	3 28	辰壬	2 26	戌壬	1 28	巳癸	二初
24	寅庚	6 25	酉辛	5 26	卯辛	4 27	戌壬	3 29	巳癸	2 27	亥癸	1 29	午甲	三初
25	卯辛	6 26	戌壬	5 27	辰壬	4 28	亥癸	3 30	午甲	2 28	子甲	1 30	未乙	四初
26	辰壬	6 27	亥癸	5 28	巳癸	4 29	子甲	3 31	未乙	3 1	丑乙	1 31	申丙	五初
27	巳癸	6 28	子甲	5 29	午甲	4 30	丑乙	4 1	申丙	3 2	寅丙	2 1	酉丁	六初
28	午甲	6 29	丑乙	5 30	未乙	5 1	寅丙	4 2	酉丁	3 3	卯丁	2 2	戌戊	七初
29	未乙	6 30	寅丙	5 31	申丙	5 2	卯丁	4 3	戌戊	3 4	辰戊	2 3	亥己	八初
30	申丙	7 1	卯丁	6 1	酉丁	5 3	辰戊	4 4	亥己	3 5	巳己	2 4	子庚	九初
31	酉丁	7 2	辰戊	6 2	戌戊	5 4	巳己	4 5	子庚	3 6	午庚	2 5	丑辛	十初
1	戌戊	7 3	巳己	6 3	亥己	5 5	午庚	4 6	丑辛	3 7	未辛	2 6	寅壬	一十
2	亥己	7 4	午庚	6 4	子庚	5 6	未辛	4 7	寅壬	3 8	申壬	2 7	卯癸	二十
3	子庚	7 5	未辛	6 5	丑辛	5 7	申壬	4 8	卯癸	3 9	酉癸	2 8	辰甲	三十
4	丑辛	7 6	申壬	6 6	寅壬	5 8	酉癸	4 9	辰甲	3 10	戌甲	2 9	巳乙	四十
5	寅壬	7 7	酉癸	6 7	卯癸	5 9	戌甲	4 10	巳乙	3 11	亥乙	2 10	午丙	五十
6	卯癸	7 8	戌甲	6 8	辰甲	5 10	亥乙	4 11	午丙	3 12	子丙	2 11	未丁	六十
7	辰甲	7 9	亥乙	6 9	巳乙	5 11	子丙	4 12	未丁	3 13	丑丁	2 12	申戊	七十
8	巳乙	7 10	子丙	6 10	午丙	5 12	丑丁	4 13	申戊	3 14	寅戊	2 13	酉己	八十
9	午丙	7 11	丑丁	6 11	未丁	5 13	寅戊	4 14	酉己	3 15	卯己	2 14	戌庚	九十
10	未丁	7 12	寅戊	6 12	申戊	5 14	卯己	4 15	戌庚	3 16	辰庚	2 15	亥辛	十二
11	申戊	7 13	卯己	6 13	酉己	5 15	辰庚	4 16	亥辛	3 17	巳辛	2 16	子壬	一廿
12	酉己	7 14	辰庚	6 14	戌庚	5 16	巳辛	4 17	子壬	3 18	午壬	2 17	丑癸	二廿
13	戌庚	7 15	巳辛	6 15	亥辛	5 17	午壬	4 18	丑癸	3 19	未癸	2 18	寅甲	三廿
14	亥辛	7 16	午壬	6 16	子壬	5 18	未癸	4 19	寅甲	3 20	申甲	2 19	卯乙	四廿
15	子壬	7 17	未癸	6 17	丑癸	5 19	申甲	4 20	卯乙	3 21	酉乙	2 20	辰丙	五廿
16	丑癸	7 18	申甲	6 18	寅甲	5 20	酉乙	4 21	辰丙	3 22	戌丙	2 21	巳丁	六廿
17	寅甲	7 19	酉乙	6 19	卯乙	5 21	戌丙	4 22	巳丁	3 23	亥丁	2 22	午戊	七廿
18	卯乙	7 20	戌丙	6 20	辰丙	5 22	亥丁	4 23	午戊	3 24	子戊	2 23	未己	八廿
19	辰丙	7 21	亥丁	6 21	巳丁	5 23	子戊	4 24	未己	3 25	丑己	2 24	申庚	九廿
乙太		易天		6 22	午戊	業事化文乙太		尋搜格落部		3 26	寅庚			十三

月別	月二十		月一十		月十		月九		月八		月七	
月柱	丑己		子戊		亥丁		戌丙		酉乙		申甲	
紫白	白六		赤七		白八		紫九		白一		黑二	
節氣時間	2/4	1/20	1/6	12/22	12/7	11/22	11/8	10/24	10/8	9/23	9/8	8/23
	十二	五初	一廿	六初	一廿	六初	二廿	七初	十二	五初	十二	四初
	16時8分 立春申時	21時47分 大寒亥時	4時28分 小寒寅時	11時7分 冬至午時	17時14分 大雪酉時	21時47分 小雪亥時	0時23分 立冬子時	0時14分 霜降子時	21時14分 寒露亥時	14時56分 秋分未時	5時38分 白露卯時	17時21分 處暑酉時
農曆	曆陽	柱日	曆陽	柱日	曆陽	柱日	曆陽	柱日	曆陽	柱日	曆陽	柱日
初一	1 16	戌丙	12 17	辰丙	11 17	戌丙	10 18	辰丙	9 19	亥丁	8 20	巳丁
初二	1 17	亥丁	12 18	巳丁	11 18	亥丁	10 19	巳丁	9 20	子戊	8 21	午戊
初三	1 18	子戊	12 19	午戊	11 19	子戊	10 20	午戊	9 21	丑己	8 22	未己
初四	1 19	丑己	12 20	未己	11 20	丑己	10 21	未己	9 22	寅庚	8 23	申庚
初五	1 20	寅庚	12 21	申庚	11 21	寅庚	10 22	申庚	9 23	卯辛	8 24	酉辛
初六	1 21	卯辛	12 22	酉辛	11 22	卯辛	10 23	酉辛	9 24	辰壬	8 25	戌壬
初七	1 22	辰壬	12 23	戌壬	11 23	辰壬	10 24	戌壬	9 25	巳癸	8 26	亥癸
初八	1 23	巳癸	12 24	亥癸	11 24	巳癸	10 25	亥癸	9 26	午甲	8 27	子甲
初九	1 24	午甲	12 25	子甲	11 25	午甲	10 26	子甲	9 27	未乙	8 28	丑乙
初十	1 25	未乙	12 26	丑乙	11 26	未乙	10 27	丑乙	9 28	申丙	8 29	寅丙
十一	1 26	申丙	12 27	寅丙	11 27	申丙	10 28	寅丙	9 29	酉丁	8 30	卯丁
十二	1 27	酉丁	12 28	卯丁	11 28	酉丁	10 29	卯丁	9 30	戌戊	8 31	辰戊
十三	1 28	戌戊	12 29	辰戊	11 29	戌戊	10 30	辰戊	10 1	亥己	9 1	巳己
十四	1 29	亥己	12 30	巳己	11 30	亥己	10 31	巳己	10 2	子庚	9 2	午庚
十五	1 30	子庚	12 31	午庚	12 1	子庚	11 1	午庚	10 3	丑辛	9 3	未辛
十六	1 31	丑辛	1 1	未辛	12 2	丑辛	11 2	未辛	10 4	寅壬	9 4	申壬
十七	2 1	寅壬	1 2	申壬	12 3	寅壬	11 3	申壬	10 5	卯癸	9 5	酉癸
十八	2 2	卯癸	1 3	酉癸	12 4	卯癸	11 4	酉癸	10 6	辰甲	9 6	戌甲
十九	2 3	辰甲	1 4	戌甲	12 5	辰甲	11 5	戌甲	10 7	巳乙	9 7	亥乙
二十	2 4	巳乙	1 5	亥乙	12 6	巳乙	11 6	亥乙	10 8	午丙	9 8	子丙
廿一	2 5	午丙	1 6	子丙	12 7	午丙	11 7	子丙	10 9	未丁	9 9	丑丁
廿二	2 6	未丁	1 7	丑丁	12 8	未丁	11 8	丑丁	10 10	申戊	9 10	寅戊
廿三	2 7	申戊	1 8	寅戊	12 9	申戊	11 9	寅戊	10 11	酉己	9 11	卯己
廿四	2 8	酉己	1 9	卯己	12 10	酉己	11 10	卯己	10 12	戌庚	9 12	辰庚
廿五	2 9	戌庚	1 10	辰庚	12 11	戌庚	11 11	辰庚	10 13	亥辛	9 13	巳辛
廿六	2 10	亥辛	1 11	巳辛	12 12	亥辛	11 12	巳辛	10 14	子壬	9 14	午壬
廿七	2 11	子壬	1 12	午壬	12 13	子壬	11 13	午壬	10 15	丑癸	9 15	未癸
廿八	2 12	丑癸	1 13	未癸	12 14	丑癸	11 14	未癸	10 16	寅甲	9 16	申甲
廿九	2 13	寅甲	1 14	申甲	12 15	寅甲	11 15	申甲	10 17	卯乙	9 17	酉乙
三十	2 14	卯乙	1 15	酉乙	12 16	卯乙	11 16	酉乙	乙太		9 18	戌丙

西元一九九一年 歲次辛未

民國八十年

太歲姓李名素

納音屬土

生肖屬羊

年九紫星

昴宿值年

月	六	月	五	月	四	月	三	月	二	月	正	別月
未	乙	午	甲	巳	癸	辰	壬	卯	辛	寅	庚	柱月
紫	九	白	一	黑	二	碧	三	綠	四	黃	五	白紫
/8	7/23	7/7	6/22	6/6	5/21	5/6	4/20	4/5	3/21	3/6	2/19	節氣時間
八廿	二十	六廿	一十	四廿	八初	二廿	六初	一廿	六初	十二	五初	
立秋辰時	16時11分 大暑申時	22時53分 小暑亥時	5時19分 夏至卯時	12時38分 芒種午時	21時20分 小滿亥時	8時27分 立夏辰時	22時8分 穀雨亥時	15時5分 清明申時	11時2分 春分午時	10時12分 驚蟄巳時	11時58分 雨水午時	
曆陽	柱日	曆陽	柱日	曆陽	柱日	曆陽	柱日	曆陽	柱日	曆陽	柱日	曆農
12	未癸	6 12	丑癸	5 14	申甲	4 15	卯乙	3 16	酉乙	2 15	辰丙	一初
13	申甲	6 13	寅甲	5 15	酉乙	4 16	辰丙	3 17	戌丙	2 16	巳丁	二初
14	酉乙	6 14	卯乙	5 16	戌丙	4 17	巳丁	3 18	亥丁	2 17	午戊	三初
15	戌丙	6 15	辰丙	5 17	亥丁	4 18	午戊	3 19	子戊	2 18	未己	四初
16	亥丁	6 16	巳丁	5 18	子戊	4 19	未己	3 20	丑己	2 19	申庚	五初
17	子戊	6 17	午戊	5 19	丑己	4 20	申庚	3 21	寅庚	2 20	酉辛	六初
18	丑己	6 18	未己	5 20	寅庚	4 21	酉辛	3 22	卯辛	2 21	戌壬	七初
19	寅庚	6 19	申庚	5 21	卯辛	4 22	戌壬	3 23	辰壬	2 22	亥癸	八初
20	卯辛	6 20	酉辛	5 22	辰壬	4 23	亥癸	3 24	巳癸	2 23	子甲	九初
21	辰壬	6 21	戌壬	5 23	巳癸	4 24	子甲	3 25	午甲	2 24	丑乙	十初
22	巳癸	6 22	亥癸	5 24	午甲	4 25	丑乙	3 26	未乙	2 25	寅丙	一十
23	午甲	6 23	子甲	5 25	未乙	4 26	寅丙	3 27	申丙	2 26	卯丁	二十
24	未乙	6 24	丑乙	5 26	申丙	4 27	卯丁	3 28	酉丁	2 27	辰戊	三十
25	申丙	6 25	寅丙	5 27	酉丁	4 28	辰戊	3 29	戌戊	2 28	巳己	四十
26	酉丁	6 26	卯丁	5 28	戌戊	4 29	巳己	3 30	亥己	3 1	午庚	五十
27	戌戊	6 27	辰戊	5 29	亥己	4 30	午庚	3 31	子庚	3 2	未辛	六十
28	亥己	6 28	巳己	5 30	子庚	5 1	未辛	4 1	丑辛	3 3	申壬	七十
29	子庚	6 29	午庚	5 31	丑辛	5 2	申壬	4 2	寅壬	3 4	酉癸	八十
30	丑辛	6 30	未辛	6 1	寅壬	5 3	酉癸	4 3	卯癸	3 5	戌甲	九十
31	寅壬	7 1	申壬	6 2	卯癸	5 4	戌甲	4 4	辰甲	3 6	亥乙	十二
1	卯癸	7 2	酉癸	6 3	辰甲	5 5	亥乙	4 5	巳乙	3 7	子丙	一廿
2	辰甲	7 3	戌甲	6 4	巳乙	5 6	子丙	4 6	午丙	3 8	丑丁	二廿
3	巳乙	7 4	亥乙	6 5	午丙	5 7	丑丁	4 7	未丁	3 9	寅戊	三廿
4	午丙	7 5	子丙	6 6	未丁	5 8	寅戊	4 8	申戊	3 10	卯己	四廿
5	未丁	7 6	丑丁	6 7	申戊	5 9	卯己	4 9	酉己	3 11	辰庚	五廿
6	申戊	7 7	寅戊	6 8	酉己	5 10	辰庚	4 10	戌庚	3 12	巳辛	六廿
7	酉己	7 8	卯己	6 9	戌庚	5 11	巳辛	4 11	亥辛	3 13	午壬	七廿
8	戌庚	7 9	辰庚	6 10	亥辛	5 12	午壬	4 12	子壬	3 14	未癸	八廿
9	亥辛	7 10	巳辛	6 11	子壬	5 13	未癸	4 13	丑癸	3 15	申甲	九廿
乙太		7 11	午壬	易天		業事化文乙太		4 14	寅甲	尋搜格落部		十三

月別	月二十		月一十		月十		月九		月八		月七	
月柱	丑辛		子庚		亥己		戌戊		酉丁		申丙	
紫白	碧三		綠四		黃五		白六		赤七		白八	
節氣時間	1/21	1/6	12/22	12/7	11/23	11/8	10/24	10/9	9/23	9/8		8/23
	七十	二初	七十	二初	八十	三初	七十	二初	六十	一初		四十
	3時33分 大寒寅時	10時9分 小寒巳時	16時54分 冬至申時	22時56分 大雪亥時	3時36分 小雪寅時	6時8分 立冬卯時	6時5分 霜降卯時	3時1分 寒露寅時	20時48分 秋分戌時	11時27分 白露午時		23時13分 處暑子時
農曆	曆陽	柱日	曆陽	柱日	曆陽	柱日	曆陽	柱日	曆陽	柱日	曆陽	柱日
初一	1 5	辰庚	12 6	戌庚	11 6	辰庚	10 8	亥辛	9 8	巳辛	8 10	子壬
初二	1 6	巳辛	12 7	亥辛	11 7	巳辛	10 9	子壬	9 9	午壬	8 11	丑癸
初三	1 7	午壬	12 8	子壬	11 8	午壬	10 10	丑癸	9 10	未癸	8 12	寅甲
初四	1 8	未癸	12 9	丑癸	11 9	未癸	10 11	寅甲	9 11	申甲	8 13	卯乙
初五	1 9	申甲	12 10	寅甲	11 10	申甲	10 12	卯乙	9 12	酉乙	8 14	辰丙
初六	1 10	酉乙	12 11	卯乙	11 11	酉乙	10 13	辰丙	9 13	戌丙	8 15	巳丁
初七	1 11	戌丙	12 12	辰丙	11 12	戌丙	10 14	巳丁	9 14	亥丁	8 16	午戊
初八	1 12	亥丁	12 13	巳丁	11 13	亥丁	10 15	午戊	9 15	子戊	8 17	未己
初九	1 13	子戊	12 14	午戊	11 14	子戊	10 16	未己	9 16	丑己	8 18	申庚
初十	1 14	丑己	12 15	未己	11 15	丑己	10 17	申庚	9 17	寅庚	8 19	酉辛
十一	1 15	寅庚	12 16	申庚	11 16	寅庚	10 18	酉辛	9 18	卯辛	8 20	戌壬
十二	1 16	卯辛	12 17	酉辛	11 17	卯辛	10 19	戌壬	9 19	辰壬	8 21	亥癸
十三	1 17	辰壬	12 18	戌壬	11 18	辰壬	10 20	亥癸	9 20	巳癸	8 22	子甲
十四	1 18	巳癸	12 19	亥癸	11 19	巳癸	10 21	子甲	9 21	午甲	8 23	丑乙
十五	1 19	午甲	12 20	子甲	11 20	午甲	10 22	丑乙	9 22	未乙	8 24	寅丙
十六	1 20	未乙	12 21	丑乙	11 21	未乙	10 23	寅丙	9 23	申丙	8 25	卯丁
十七	1 21	申丙	12 22	寅丙	11 22	申丙	10 24	卯丁	9 24	酉丁	8 26	辰戊
十八	1 22	酉丁	12 23	卯丁	11 23	酉丁	10 25	辰戊	9 25	戌戊	8 27	巳己
十九	1 23	戌戊	12 24	辰戊	11 24	戌戊	10 26	巳己	9 26	亥己	8 28	午庚
二十	1 24	亥己	12 25	巳己	11 25	亥己	10 27	午庚	9 27	子庚	8 29	未辛
廿一	1 25	子庚	12 26	午庚	11 26	子庚	10 28	未辛	9 28	丑辛	8 30	申壬
廿二	1 26	丑辛	12 27	未辛	11 27	丑辛	10 29	申壬	9 29	寅壬	8 31	酉癸
廿三	1 27	寅壬	12 28	申壬	11 28	寅壬	10 30	酉癸	9 30	卯癸	9 1	戌甲
廿四	1 28	卯癸	12 29	酉癸	11 29	卯癸	10 31	戌甲	10 1	辰甲	9 2	亥乙
廿五	1 29	辰甲	12 30	戌甲	11 30	辰甲	11 1	亥乙	10 2	巳乙	9 3	子丙
廿六	1 30	巳乙	12 31	亥乙	12 1	巳乙	11 2	子丙	10 3	午丙	9 4	丑丁
廿七	1 31	午丙	1 1	子丙	12 2	午丙	11 3	丑丁	10 4	未丁	9 5	寅戊
廿八	2 1	未丁	1 2	丑丁	12 3	未丁	11 4	寅戊	10 5	申戊	9 6	卯己
廿九	2 2	申戊	1 3	寅戊	12 4	申戊	11 5	卯己	10 6	酉己	9 7	辰庚
三十	2 3	酉己	1 4	卯己	12 5	酉己	乙太		10 7	戌庚	易天	

西元一九九二年 歲次壬申

民國八十一年 太歲姓劉名旺

納音屬金 生肖屬猴

年八白星 畢宿值年

月	六	月	五	月	四	月	三	月	二	月	正	別月
未	丁	午	丙	巳	乙	辰	甲	卯	癸	寅	壬	柱月
白	六	赤	七	白	八	紫	九	白	一	黑	二	白紫
/22	7/7	6/21	6/5	5/21	5/5	4/20	4/4	3/20	3/5	2/19	2/4	節氣時間
三廿	八初	一廿	五初	九十	三初	八十	二初	七十	二初	六十	一初	
大 暑 亥 時	4 小 時 暑 40 寅 分 時	11 夏 時 至 14 午 分 時	18 芒 時 種 22 酉 分 時	3 小 時 滿 12 寅 分 時	14 立 時 夏 9 未 分 時	3 穀 時 雨 57 寅 分 時	20 清 時 明 45 戌 分 時	16 春 時 分 48 申 分 時	15 驚 時 蟄 52 申 分 時	17 雨 時 水 43 酉 分 時	21 立 時 春 48 亥 分 時	
曆陽	柱日	曆陽	柱日	曆陽	柱日	曆陽	柱日	曆陽	柱日	曆陽	柱日	曆農
30	丑丁	6 1	申戊	5 3	卯己	4 3	酉己	3 4	卯己	2 4	戌庚	一初
1	寅戊	6 2	酉己	5 4	辰庚	4 4	戌庚	3 5	辰庚	2 5	亥辛	二初
2	卯己	6 3	戌庚	5 5	巳辛	4 5	亥辛	3 6	巳辛	2 6	子壬	三初
3	辰庚	6 4	亥辛	5 6	午壬	4 6	子壬	3 7	午壬	2 7	丑癸	四初
4	巳辛	6 5	子壬	5 7	未癸	4 7	丑癸	3 8	未癸	2 8	寅甲	五初
5	午壬	6 6	丑癸	5 8	申甲	4 8	寅甲	3 9	申甲	2 9	卯乙	六初
6	未癸	6 7	寅甲	5 9	酉乙	4 9	卯乙	3 10	酉乙	2 10	辰丙	七初
7	申甲	6 8	卯乙	5 10	戌丙	4 10	辰丙	3 11	戌丙	2 11	巳丁	八初
8	酉乙	6 9	辰丙	5 11	亥丁	4 11	巳丁	3 12	亥丁	2 12	午戊	九初
9	戌丙	6 10	巳丁	5 12	子戊	4 12	午戊	3 13	子戊	2 13	未己	十初
10	亥丁	6 11	午戊	5 13	丑己	4 13	未己	3 14	丑己	2 14	申庚	一十
11	子戊	6 12	未己	5 14	寅庚	4 14	申庚	3 15	寅庚	2 15	酉辛	二十
12	丑己	6 13	申庚	5 15	卯辛	4 15	酉辛	3 16	卯辛	2 16	戌壬	三十
13	寅庚	6 14	酉辛	5 16	辰壬	4 16	戌壬	3 17	辰壬	2 17	亥癸	四十
14	卯辛	6 15	戌壬	5 17	巳癸	4 17	亥癸	3 18	巳癸	2 18	子甲	五十
15	辰壬	6 16	亥癸	5 18	午甲	4 18	子甲	3 19	午甲	2 19	丑乙	六十
16	巳癸	6 17	子甲	5 19	未乙	4 19	丑乙	3 20	未乙	2 20	寅丙	七十
17	午甲	6 18	丑乙	5 20	申丙	4 20	寅丙	3 21	申丙	2 21	卯丁	八十
18	未乙	6 19	寅丙	5 21	酉丁	4 21	卯丁	3 22	酉丁	2 22	辰戊	九十
19	申丙	6 20	卯丁	5 22	戌戊	4 22	辰戊	3 23	戌戊	2 23	巳己	十二
20	酉丁	6 21	辰戊	5 23	亥己	4 23	巳己	3 24	亥己	2 24	午庚	一廿
21	戌戊	6 22	巳己	5 24	子庚	4 24	午庚	3 25	子庚	2 25	未辛	二廿
22	亥己	6 23	午庚	5 25	丑辛	4 25	未辛	3 26	丑辛	2 26	申壬	三廿
23	子庚	6 24	未辛	5 26	寅壬	4 26	申壬	3 27	寅壬	2 27	酉癸	四廿
24	丑辛	6 25	申壬	5 27	卯癸	4 27	酉癸	3 28	卯癸	2 28	戌甲	五廿
25	寅壬	6 26	酉癸	5 28	辰甲	4 28	戌甲	3 29	辰甲	2 29	亥乙	六廿
26	卯癸	6 27	戌甲	5 29	巳乙	4 29	亥乙	3 30	巳乙	3 1	子丙	七廿
27	辰甲	6 28	亥乙	5 30	午丙	4 30	子丙	3 31	午丙	3 2	丑丁	八廿
28	巳乙	6 29	子丙	5 31	未丁	5 1	丑丁	4 1	未丁	3 3	寅戊	九廿
29	午丙	乙太		易天		5 2	寅戊	4 2	申戊	尋搜格落部		十三

月別	月二十		月一十		月十		月九		月八		月七	
月柱	丑癸		子壬		亥辛		戌庚		酉己		申戊	
紫白	紫九		白一		黑二		碧三		綠四		黃五	
節氣時間	1/20	1/5	12/21	12/7	11/22	11/7	10/23	10/8	9/23	9/7	8/23	8/7
	八廿	三十	八廿	四十	八廿	三十	八廿	三十	七廿	一十	五廿	九初
	9時23分 大寒巳時	15時57分 小寒申時	22時43分 冬至亥時	4時44分 大雪寅時	9時26分 小雪巳時	11時57分 立冬午時	11時57分 霜降午時	8時52分 寒露辰時	2時43分 秋分丑時	17時18分 白露酉時	5時10分 處暑卯時	14時27分 立秋未時
農曆	曆陽	柱日	曆陽	柱日	曆陽	柱日	曆陽	柱日	曆陽	柱日	曆陽	柱日
初一	12 24	戌甲	11 24	辰甲	10 26	亥乙	9 26	巳乙	8 28	子丙	7 30	未丁
初二	12 25	亥乙	11 25	巳乙	10 27	子丙	9 27	午丙	8 29	丑丁	7 31	申戊
初三	12 26	子丙	11 26	午丙	10 28	丑丁	9 28	未丁	8 30	寅戊	8 1	酉己
初四	12 27	丑丁	11 27	未丁	10 29	寅戊	9 29	申戊	8 31	卯己	8 2	戌庚
初五	12 28	寅戊	11 28	申戊	10 30	卯己	9 30	酉己	9 1	辰庚	8 3	亥辛
初六	12 29	卯己	11 29	酉己	10 31	辰庚	10 1	戌庚	9 2	巳辛	8 4	子壬
初七	12 30	辰庚	11 30	戌庚	11 1	巳辛	10 2	亥辛	9 3	午壬	8 5	丑癸
初八	12 31	巳辛	12 1	亥辛	11 2	午壬	10 3	子壬	9 4	未癸	8 6	寅甲
初九	1 1	午壬	12 2	子壬	11 3	未癸	10 4	丑癸	9 5	申甲	8 7	卯乙
初十	1 2	未癸	12 3	丑癸	11 4	申甲	10 5	寅甲	9 6	酉乙	8 8	辰丙
十一	1 3	申甲	12 4	寅甲	11 5	酉乙	10 6	卯乙	9 7	戌丙	8 9	巳丁
十二	1 4	酉乙	12 5	卯乙	11 6	戌丙	10 7	辰丙	9 8	亥丁	8 10	午戊
十三	1 5	戌丙	12 6	辰丙	11 7	亥丁	10 8	巳丁	9 9	子戊	8 11	未己
十四	1 6	亥丁	12 7	巳丁	11 8	子戊	10 9	午戊	9 10	丑己	8 12	申庚
十五	1 7	子戊	12 8	午戊	11 9	丑己	10 10	未己	9 11	寅庚	8 13	酉辛
十六	1 8	丑己	12 9	未己	11 10	寅庚	10 11	申庚	9 12	卯辛	8 14	戌壬
十七	1 9	寅庚	12 10	申庚	11 11	卯辛	10 12	酉辛	9 13	辰壬	8 15	亥癸
十八	1 10	卯辛	12 11	酉辛	11 12	辰壬	10 13	戌壬	9 14	巳癸	8 16	子甲
十九	1 11	辰壬	12 12	戌壬	11 13	巳癸	10 14	亥癸	9 15	午甲	8 17	丑乙
二十	1 12	巳癸	12 13	亥癸	11 14	午甲	10 15	子甲	9 16	未乙	8 18	寅丙
廿一	1 13	午甲	12 14	子甲	11 15	未乙	10 16	丑乙	9 17	申丙	8 19	卯丁
廿二	1 14	未乙	12 15	丑乙	11 16	申丙	10 17	寅丙	9 18	酉丁	8 20	辰戊
廿三	1 15	申丙	12 16	寅丙	11 17	酉丁	10 18	卯丁	9 19	戌戊	8 21	巳己
廿四	1 16	酉丁	12 17	卯丁	11 18	戌戊	10 19	辰戊	9 20	亥己	8 22	午庚
廿五	1 17	戌戊	12 18	辰戊	11 19	亥己	10 20	巳己	9 21	子庚	8 23	未辛
廿六	1 18	亥己	12 19	巳己	11 20	子庚	10 21	午庚	9 22	丑辛	8 24	申壬
廿七	1 19	子庚	12 20	午庚	11 21	丑辛	10 22	未辛	9 23	寅壬	8 25	酉癸
廿八	1 20	丑辛	12 21	未辛	11 22	寅壬	10 23	申壬	9 24	卯癸	8 26	戌甲
廿九	1 21	寅壬	12 22	申壬	11 23	卯癸	10 24	酉癸	9 25	辰甲	8 27	亥乙
三十	1 22	卯癸	12 23	酉癸	乙太		10 25	戌甲	易天		尋搜格落部	

月別	正月		二月		三月		閏三月		四月		五月		六月	
月柱	甲寅		乙卯		丙辰				丁巳		戊午		己未	
紫白	八白		七赤		六白				五黃		四綠		三碧	
	2/4	2/18	3/5	3/20	4/5	4/20	5/5		5/21	6/6	6/21	7/7	7/23	/7
	十三	廿七	十三	廿八	十四	廿九	十四		初一	十七	初二	十八	初五	二
節氣時間	立春寅時 3時37分	雨水子時 23時35分	驚蟄亥時 21時42分	春分亥時 22時41分	清明丑時 2時37分	穀雨巳時 9時49分	立夏戌時 20時2分		小滿巳時 9時2分	芒種子時 0時15分	夏至酉時 17時0分	小暑巳時 10時32分	大暑寅時 3時51分	立秋戌時
農曆	日柱	陽曆	日柱	陽曆	日柱	陽曆	日柱	陽曆	日柱	陽曆	日柱	陽曆	日柱	陽
初一	甲辰	1 23	癸酉	2 21	癸卯	3 23	癸酉	4 22	壬寅	5 21	壬申	6 20	辛丑	19
初二	乙巳	1 24	甲戌	2 22	甲辰	3 24	甲戌	4 23	癸卯	5 22	癸酉	6 21	壬寅	20
初三	丙午	1 25	乙亥	2 23	乙巳	3 25	乙亥	4 24	甲辰	5 23	甲戌	6 22	癸卯	21
初四	丁未	1 26	丙子	2 24	丙午	3 26	丙子	4 25	乙巳	5 24	乙亥	6 23	甲辰	22
初五	戊申	1 27	丁丑	2 25	丁未	3 27	丁丑	4 26	丙午	5 25	丙子	6 24	乙巳	23
初六	己酉	1 28	戊寅	2 26	戊申	3 28	戊寅	4 27	丁未	5 26	丁丑	6 25	丙午	24
初七	庚戌	1 29	己卯	2 27	己酉	3 29	己卯	4 28	戊申	5 27	戊寅	6 26	丁未	25
初八	辛亥	1 30	庚辰	2 28	庚戌	3 30	庚辰	4 29	己酉	5 28	己卯	6 27	戊申	26
初九	壬子	1 31	辛巳	3 1	辛亥	3 31	辛巳	4 30	庚戌	5 29	庚辰	6 28	己酉	27
初十	癸丑	2 1	壬午	3 2	壬子	4 1	壬午	5 1	辛亥	5 30	辛巳	6 29	庚戌	28
十一	甲寅	2 2	癸未	3 3	癸丑	4 2	癸未	5 2	壬子	5 31	壬午	6 30	辛亥	29
十二	乙卯	2 3	甲申	3 4	甲寅	4 3	甲申	5 3	癸丑	6 1	癸未	7 1	壬子	30
十三	丙辰	2 4	乙酉	3 5	乙卯	4 4	乙酉	5 4	甲寅	6 2	甲申	7 2	癸丑	31
十四	丁巳	2 5	丙戌	3 6	丙辰	4 5	丙戌	5 5	乙卯	6 3	乙酉	7 3	甲寅	1
十五	戊午	2 6	丁亥	3 7	丁巳	4 6	丁亥	5 6	丙辰	6 4	丙戌	7 4	乙卯	2
十六	己未	2 7	戊子	3 8	戊午	4 7	戊子	5 7	丁巳	6 5	丁亥	7 5	丙辰	3
十七	庚申	2 8	己丑	3 9	己未	4 8	己丑	5 8	戊午	6 6	戊子	7 6	丁巳	4
十八	辛酉	2 9	庚寅	3 10	庚申	4 9	庚寅	5 9	己未	6 7	己丑	7 7	戊午	5
十九	壬戌	2 10	辛卯	3 11	辛酉	4 10	辛卯	5 10	庚申	6 8	庚寅	7 8	己未	6
二十	癸亥	2 11	壬辰	3 12	壬戌	4 11	壬辰	5 11	辛酉	6 9	辛卯	7 9	庚申	7
廿一	甲子	2 12	癸巳	3 13	癸亥	4 12	癸巳	5 12	壬戌	6 10	壬辰	7 10	辛酉	8
廿二	乙丑	2 13	甲午	3 14	甲子	4 13	甲午	5 13	癸亥	6 11	癸巳	7 11	壬戌	9
廿三	丙寅	2 14	乙未	3 15	乙丑	4 14	乙未	5 14	甲子	6 12	甲午	7 12	癸亥	10
廿四	丁卯	2 15	丙申	3 16	丙寅	4 15	丙申	5 15	乙丑	6 13	乙未	7 13	甲子	11
廿五	戊辰	2 16	丁酉	3 17	丁卯	4 16	丁酉	5 16	丙寅	6 14	丙申	7 14	乙丑	12
廿六	己巳	2 17	戊戌	3 18	戊辰	4 17	戊戌	5 17	丁卯	6 15	丁酉	7 15	丙寅	13
廿七	庚午	2 18	己亥	3 19	己巳	4 18	己亥	5 18	戊辰	6 16	戊戌	7 16	丁卯	14
廿八	辛未	2 19	庚子	3 20	庚午	4 19	庚子	5 19	己巳	6 17	己亥	7 17	戊辰	15
廿九	壬申	2 20	辛丑	3 21	辛未	4 20	辛丑	5 20	庚午	6 18	庚子	7 18	己巳	16
三十	部落格搜尋		壬寅	3 22	壬申	4 21	天易		辛未	6 19	太乙		庚午	17

西元一九九三年

歲次癸酉

民國八十二年

太歲姓康名忠

納音屬金

生肖屬雞

年七赤星

紫宿值年

月別	月二十		月一十		月十		月九		月八		月七	
月柱	丑乙		子甲		亥癸		戌壬		酉辛		申庚	
紫白	白六		赤七		白八		紫九		白一		黑二	
節氣時間	2/4	1/20	1/5	12/22	12/7	11/22	11/7	10/23	10/8	9/23	9/7	8/2
	四廿	九初	四廿	十初	四廿	九初	四廿	九初	三廿	八初	一廿	六初
	9時31分 立春巳時	15時7分 大寒申時	21時48分 小寒亥時	4時26分 冬至寅時	10時34分 大雪巳時	15時7分 小雪申時	17時46分 立冬酉時	17時37分 霜降酉時	14時40分 寒露未時	8時22分 秋分辰時	23時8分 白露子時	10時50分 處暑巳時
農曆	曆陽	柱日	曆陽	柱日	曆陽	柱日	曆陽	柱日	曆陽	柱日	曆陽	柱日
初一	1 12	戌戊	12 13	辰戊	11 14	亥己	10 15	巳己	9 16	子庚	8 18	未辛
初二	1 13	亥己	12 14	巳己	11 15	子庚	10 16	午庚	9 17	丑辛	8 19	申壬
初三	1 14	子庚	12 15	午庚	11 16	丑辛	10 17	未辛	9 18	寅壬	8 20	酉癸
初四	1 15	丑辛	12 16	未辛	11 17	寅壬	10 18	申壬	9 19	卯癸	8 21	戌甲
初五	1 16	寅壬	12 17	申壬	11 18	卯癸	10 19	酉癸	9 20	辰甲	8 22	亥乙
初六	1 17	卯癸	12 18	酉癸	11 19	辰甲	10 20	戌甲	9 21	巳乙	8 23	子丙
初七	1 18	辰甲	12 19	戌甲	11 20	巳乙	10 21	亥乙	9 22	午丙	8 24	丑丁
初八	1 19	巳乙	12 20	亥乙	11 21	午丙	10 22	子丙	9 23	未丁	8 25	寅戊
初九	1 20	午丙	12 21	子丙	11 22	未丁	10 23	丑丁	9 24	申戊	8 26	卯己
初十	1 21	未丁	12 22	丑丁	11 23	申戊	10 24	寅戊	9 25	酉己	8 27	辰庚
十一	1 22	申戊	12 23	寅戊	11 24	酉己	10 25	卯己	9 26	戌庚	8 28	巳辛
十二	1 23	酉己	12 24	卯己	11 25	戌庚	10 26	辰庚	9 27	亥辛	8 29	午壬
十三	1 24	戌庚	12 25	辰庚	11 26	亥辛	10 27	巳辛	9 28	子壬	8 30	未癸
十四	1 25	亥辛	12 26	巳辛	11 27	子壬	10 28	午壬	9 29	丑癸	8 31	申甲
十五	1 26	子壬	12 27	午壬	11 28	丑癸	10 29	未癸	9 30	寅甲	9 1	酉乙
十六	1 27	丑癸	12 28	未癸	11 29	寅甲	10 30	申甲	10 1	卯乙	9 2	戌丙
十七	1 28	寅甲	12 29	申甲	11 30	卯乙	10 31	酉乙	10 2	辰丙	9 3	亥丁
十八	1 29	卯乙	12 30	酉乙	12 1	辰丙	11 1	戌丙	10 3	巳丁	9 4	子戊
十九	1 30	辰丙	12 31	戌丙	12 2	巳丁	11 2	亥丁	10 4	午戊	9 5	丑己
二十	1 31	巳丁	1 1	亥丁	12 3	午戊	11 3	子戊	10 5	未己	9 6	寅庚
廿一	2 1	午戊	1 2	子戊	12 4	未己	11 4	丑己	10 6	申庚	9 7	卯辛
廿二	2 2	未己	1 3	丑己	12 5	申庚	11 5	寅庚	10 7	酉辛	9 8	辰壬
廿三	2 3	申庚	1 4	寅庚	12 6	酉辛	11 6	卯辛	10 8	戌壬	9 9	巳癸
廿四	2 4	酉辛	1 5	卯辛	12 7	戌壬	11 7	辰壬	10 9	亥癸	9 10	午甲
廿五	2 5	戌壬	1 6	辰壬	12 8	亥癸	11 8	巳癸	10 10	子甲	9 11	未乙
廿六	2 6	亥癸	1 7	巳癸	12 9	子甲	11 9	午甲	10 11	丑乙	9 12	申丙
廿七	2 7	子甲	1 8	午甲	12 10	丑乙	11 10	未乙	10 12	寅丙	9 13	酉丁
廿八	2 8	丑乙	1 9	未乙	12 11	寅丙	11 11	申丙	10 13	卯丁	9 14	戌戊
廿九	2 9	寅丙	1 10	申丙	12 12	卯丁	11 12	酉丁	10 14	辰戊	9 15	亥己
三十	乙太		1 11	酉丁	易天		11 13	戌戊	業事化文乙太		尋搜格落部	

西元一九九四年 歲次甲戌

月六		月五		月四		月三		月二		月正		別月
未辛		午庚		巳己		辰戊		卯丁		寅丙		柱月
紫九		白一		黑二		碧三		綠四		黃五		白紫
	7/23	7/7	6/21	6/6	5/21	5/6	4/20	4/5	3/21	3/6	2/19	節氣時間
	五十	九廿	三十	七廿	一十	六廿	十初	五廿	十初	五廿	十初	
	9時41分 大暑巳時	16時19分 小暑申時	22時48分 夏至亥時	6時5分 芒種卯時	14時48分 小滿未時	1時54分 立夏丑時	15時36分 穀雨申時	8時32分 清明辰時	4時28分 春分寅時	3時38分 驚蟄寅時	5時22分 雨水卯時	
曆陽	柱日	曆陽	柱日	曆陽	柱日	曆陽	柱日	曆陽	柱日	曆陽	柱日	曆農
9	申丙	6 9	寅丙	5 11	酉丁	4 11	卯丁	3 12	酉丁	2 10	卯丁	一初
10	酉丁	6 10	卯丁	5 12	戌戊	4 12	辰戊	3 13	戌戊	2 11	辰戊	二初
11	戌戊	6 11	辰戊	5 13	亥己	4 13	巳己	3 14	亥己	2 12	巳己	三初
12	亥己	6 12	巳己	5 14	子庚	4 14	午庚	3 15	子庚	2 13	午庚	四初
13	子庚	6 13	午庚	5 15	丑辛	4 15	未辛	3 16	丑辛	2 14	未辛	五初
14	丑辛	6 14	未辛	5 16	寅壬	4 16	申壬	3 17	寅壬	2 15	申壬	六初
15	寅壬	6 15	申壬	5 17	卯癸	4 17	酉癸	3 18	卯癸	2 16	酉癸	七初
16	卯癸	6 16	酉癸	5 18	辰甲	4 18	戌甲	3 19	辰甲	2 17	戌甲	八初
17	辰甲	6 17	戌甲	5 19	巳乙	4 19	亥乙	3 20	巳乙	2 18	亥乙	九初
18	巳乙	6 18	亥乙	5 20	午丙	4 20	子丙	3 21	午丙	2 19	子丙	十初
19	午丙	6 19	子丙	5 21	未丁	4 21	丑丁	3 22	未丁	2 20	丑丁	一十
20	未丁	6 20	丑丁	5 22	申戊	4 22	寅戊	3 23	申戊	2 21	寅戊	二十
21	申戊	6 21	寅戊	5 23	酉己	4 23	卯己	3 24	酉己	2 22	卯己	三十
22	酉己	6 22	卯己	5 24	戌庚	4 24	辰庚	3 25	戌庚	2 23	辰庚	四十
23	戌庚	6 23	辰庚	5 25	亥辛	4 25	巳辛	3 26	亥辛	2 24	巳辛	五十
24	亥辛	6 24	巳辛	5 26	子壬	4 26	午壬	3 27	子壬	2 25	午壬	六十
25	子壬	6 25	午壬	5 27	丑癸	4 27	未癸	3 28	丑癸	2 26	未癸	七十
26	丑癸	6 26	未癸	5 28	寅甲	4 28	申甲	3 29	寅甲	2 27	申甲	八十
27	寅甲	6 27	申甲	5 29	卯乙	4 29	酉乙	3 30	卯乙	2 28	酉乙	九十
28	卯乙	6 28	酉乙	5 30	辰丙	4 30	戌丙	3 31	辰丙	3 1	戌丙	十二
29	辰丙	6 29	戌丙	5 31	巳丁	5 1	亥丁	4 1	巳丁	3 2	亥丁	一廿
30	巳丁	6 30	亥丁	6 1	午戊	5 2	子戊	4 2	午戊	3 3	子戊	二廿
31	午戊	7 1	子戊	6 2	未己	5 3	丑己	4 3	未己	3 4	丑己	三廿
1	未己	7 2	丑己	6 3	申庚	5 4	寅庚	4 4	申庚	3 5	寅庚	四廿
2	申庚	7 3	寅庚	6 4	酉辛	5 5	卯辛	4 5	酉辛	3 6	卯辛	五廿
3	酉辛	7 4	卯辛	6 5	戌壬	5 6	辰壬	4 6	戌壬	3 7	辰壬	六廿
4	戌壬	7 5	辰壬	6 6	亥癸	5 7	巳癸	4 7	亥癸	3 8	巳癸	七廿
5	亥癸	7 6	巳癸	6 7	子甲	5 8	午甲	4 8	子甲	3 9	午甲	八廿
6	子甲	7 7	午甲	6 8	丑乙	5 9	未乙	4 9	丑乙	3 10	未乙	九廿
乙太		7 8	未乙	易天		5 10	申丙	4 10	寅丙	3 11	申丙	十三

民國八十三年
太歲姓誓名廣

納音屬火
生肖屬狗

年六白星
參宿值年

月別	月二十		月一十		月十		月九		月八		月七	
月柱	丑丁		子丙		亥乙		戌甲		酉癸		申壬	
紫白	碧三		綠四		黃五		白六		赤七		白八	
節氣時間	1/20	1/6	12/22	12/7	11/22	11/7	10/23	10/8	9/23	9/8	8/23	8/
	十二	六初	十二	五初	十二	五初	九十	四初	八十	三初	七十	二
	21時0分 大寒亥時	3時34分 小寒寅時	10時23分 冬至巳時	16時23分 大雪申時	21時6分 小雪亥時	23時36分 立冬子時	23時36分 霜降子時	20時29分 寒露戌時	14時19分 秋分未時	4時55分 白露寅時	16時44分 處暑申時	2時4分
農曆	曆陽	柱日	曆陽	柱日	曆陽	柱日	曆陽	柱日	曆陽	柱日	曆陽	柱日
初一	1 1	辰壬	12 3	亥癸	11 3	巳癸	10 5	子甲	9 6	未乙	8 7	丑
初二	1 2	巳癸	12 4	子甲	11 4	午甲	10 6	丑乙	9 7	申丙	8 8	寅
初三	1 3	午甲	12 5	丑乙	11 5	未乙	10 7	寅丙	9 8	酉丁	8 9	卯
初四	1 4	未乙	12 6	寅丙	11 6	申丙	10 8	卯丁	9 9	戌戊	8 10	辰
初五	1 5	申丙	12 7	卯丁	11 7	酉丁	10 9	辰戊	9 10	亥己	8 11	巳
初六	1 6	酉丁	12 8	辰戊	11 8	戌戊	10 10	巳己	9 11	子庚	8 12	午
初七	1 7	戌戊	12 9	巳己	11 9	亥己	10 11	午庚	9 12	丑辛	8 13	未
初八	1 8	亥己	12 10	午庚	11 10	子庚	10 12	未辛	9 13	寅壬	8 14	申
初九	1 9	子庚	12 11	未辛	11 11	丑辛	10 13	申壬	9 14	卯癸	8 15	酉
初十	1 10	丑辛	12 12	申壬	11 12	寅壬	10 14	酉癸	9 15	辰甲	8 16	戌
十一	1 11	寅壬	12 13	酉癸	11 13	卯癸	10 15	戌甲	9 16	巳乙	8 17	亥
十二	1 12	卯癸	12 14	戌甲	11 14	辰甲	10 16	亥乙	9 17	午丙	8 18	子
十三	1 13	辰甲	12 15	亥乙	11 15	巳乙	10 17	子丙	9 18	未丁	8 19	丑
十四	1 14	巳乙	12 16	子丙	11 16	午丙	10 18	丑丁	9 19	申戊	8 20	寅
十五	1 15	午丙	12 17	丑丁	11 17	未丁	10 19	寅戊	9 20	酉己	8 21	卯
十六	1 16	未丁	12 18	寅戊	11 18	申戊	10 20	卯己	9 21	戌庚	8 22	辰
十七	1 17	申戊	12 19	卯己	11 19	酉己	10 21	辰庚	9 22	亥辛	8 23	巳
十八	1 18	酉己	12 20	辰庚	11 20	戌庚	10 22	巳辛	9 23	子壬	8 24	午
十九	1 19	戌庚	12 21	巳辛	11 21	亥辛	10 23	午壬	9 24	丑癸	8 25	未
二十	1 20	亥辛	12 22	午壬	11 22	子壬	10 24	未癸	9 25	寅甲	8 26	申
廿一	1 21	子壬	12 23	未癸	11 23	丑癸	10 25	申甲	9 26	卯乙	8 27	酉
廿二	1 22	丑癸	12 24	申甲	11 24	寅甲	10 26	酉乙	9 27	辰丙	8 28	戌
廿三	1 23	寅甲	12 25	酉乙	11 25	卯乙	10 27	戌丙	9 28	巳丁	8 29	亥
廿四	1 24	卯乙	12 26	戌丙	11 26	辰丙	10 28	亥丁	9 29	午戊	8 30	子
廿五	1 25	辰丙	12 27	亥丁	11 27	巳丁	10 29	子戊	9 30	未己	8 31	丑
廿六	1 26	巳丁	12 28	子戊	11 28	午戊	10 30	丑己	10 1	申庚	9 1	寅
廿七	1 27	午戊	12 29	丑己	11 29	未己	10 31	寅庚	10 2	酉辛	9 2	卯
廿八	1 28	未己	12 30	寅庚	11 30	申庚	11 1	卯辛	10 3	戌壬	9 3	辰
廿九	1 29	申庚	12 31	卯辛	12 1	酉辛	11 2	辰壬	10 4	亥癸	9 4	巳
三十	1 30	酉辛	乙太		12 2	戌壬	易天		尋搜格落部		9 5	午

西元一九九五年 歲次乙亥

民國八十四年 太歲姓伍名保

納音屬火 生肖屬豬

年五黃星 井宿值年

月別	正月		二月		三月		四月		五月		六月	
月柱	戊寅		己卯		庚辰		辛巳		壬午		癸未	
紫白	二黑		一白		九紫		八白		七赤		六白	
節氣時間	2/4 初五 立春 15時13分 申時	2/19 十二 雨水 11時11分 午時	3/6 初六 驚蟄 9時16分 巳時	3/21 廿一 春分 10時14分 巳時	4/5 初六 清明 14時8分 未時	4/20 廿一 穀雨 21時21分 亥時	5/6 初七 立夏 7時30分 辰時	5/21 廿二 小滿 20時34分 戌時	6/6 初九 芒種 11時42分 午時	6/22 廿五 夏至 4時34分 寅時	7/7 初十 小暑 22時1分 亥時	23 廿 大暑 申時
農曆	日柱	陽曆	日柱	陽曆	日柱	陽曆	日柱	陽曆	日柱	陽曆	日柱	陽
初一	壬戌	1 31	辛卯	3 1	辛酉	3 31	辛卯	4 30	庚申	5 29	庚寅	28
初二	癸亥	2 1	壬辰	3 2	壬戌	4 1	壬辰	5 1	辛酉	5 30	辛卯	29
初三	甲子	2 2	癸巳	3 3	癸亥	4 2	癸巳	5 2	壬戌	5 31	壬辰	30
初四	乙丑	2 3	甲午	3 4	甲子	4 3	甲午	5 3	癸亥	6 1	癸巳	1
初五	丙寅	2 4	乙未	3 5	乙丑	4 4	乙未	5 4	甲子	6 2	甲午	2
初六	丁卯	2 5	丙申	3 6	丙寅	4 5	丙申	5 5	乙丑	6 3	乙未	3
初七	戊辰	2 6	丁酉	3 7	丁卯	4 6	丁酉	5 6	丙寅	6 4	丙申	4
初八	己巳	2 7	戊戌	3 8	戊辰	4 7	戊戌	5 7	丁卯	6 5	丁酉	5
初九	庚午	2 8	己亥	3 9	己巳	4 8	己亥	5 8	戊辰	6 6	戊戌	6
初十	辛未	2 9	庚子	3 10	庚午	4 9	庚子	5 9	己巳	6 7	己亥	7
十一	壬申	2 10	辛丑	3 11	辛未	4 10	辛丑	5 10	庚午	6 8	庚子	8
十二	癸酉	2 11	壬寅	3 12	壬申	4 11	壬寅	5 11	辛未	6 9	辛丑	9
十三	甲戌	2 12	癸卯	3 13	癸酉	4 12	癸卯	5 12	壬申	6 10	壬寅	10
十四	乙亥	2 13	甲辰	3 14	甲戌	4 13	甲辰	5 13	癸酉	6 11	癸卯	11
十五	丙子	2 14	乙巳	3 15	乙亥	4 14	乙巳	5 14	甲戌	6 12	甲辰	12
十六	丁丑	2 15	丙午	3 16	丙子	4 15	丙午	5 15	乙亥	6 13	乙巳	13
十七	戊寅	2 16	丁未	3 17	丁丑	4 16	丁未	5 16	丙子	6 14	丙午	14
十八	己卯	2 17	戊申	3 18	戊寅	4 17	戊申	5 17	丁丑	6 15	丁未	15
十九	庚辰	2 18	己酉	3 19	己卯	4 18	己酉	5 18	戊寅	6 16	戊申	16
二十	辛巳	2 19	庚戌	3 20	庚辰	4 19	庚戌	5 19	己卯	6 17	己酉	17
廿一	壬午	2 20	辛亥	3 21	辛巳	4 20	辛亥	5 20	庚辰	6 18	庚戌	18
廿二	癸未	2 21	壬子	3 22	壬午	4 21	壬子	5 21	辛巳	6 19	辛亥	19
廿三	甲申	2 22	癸丑	3 23	癸未	4 22	癸丑	5 22	壬午	6 20	壬子	20
廿四	乙酉	2 23	甲寅	3 24	甲申	4 23	甲寅	5 23	癸未	6 21	癸丑	21
廿五	丙戌	2 24	乙卯	3 25	乙酉	4 24	乙卯	5 24	甲申	6 22	甲寅	22
廿六	丁亥	2 25	丙辰	3 26	丙戌	4 25	丙辰	5 25	乙酉	6 23	乙卯	23
廿七	戊子	2 26	丁巳	3 27	丁亥	4 26	丁巳	5 26	丙戌	6 24	丙辰	24
廿八	己丑	2 27	戊午	3 28	戊子	4 27	戊午	5 27	丁亥	6 25	丁巳	25
廿九	庚寅	2 28	己未	3 29	己丑	4 28	己未	5 28	戊子	6 26	戊午	26
三十	部落格搜尋		庚申	3 30	庚寅	4 29	天易		己丑	6 27	太乙	

月別	月二十		月一十		月十		月九		月八閏		月八		月七	
月柱	丑己		子戊		亥丁		戌丙				酉乙		申甲	
紫白	紫九		白一		黑二		碧三				綠四		黃五	
節氣時間	2/4	1/21	1/6	12/22	12/7	11/23	11/8	10/24		10/9	9/23	9/8	8/23	8/
	六十	二初	六十	一初	六十	二初	六十	一初		五十	九廿	四十	八廿	三
	21時8分 立春亥時	2時53分 大寒丑時	9時31分 小寒巳時	16時17分 冬至申時	22時22分 大雪亥時	3時1分 小雪寅時	5時36分 立冬卯時	5時31分 霜降卯時		2時27分 寒露丑時	20時13分 秋分戌時	10時49分 白露巳時	22時35分 處暑亥時	7時52分
農曆	曆陽	柱日	曆陽	柱日	曆陽	柱日	曆陽	柱日	曆陽	柱日	曆陽	柱日	曆陽	柱
初一	1 20	辰丙	12 22	亥丁	11 22	巳丁	10 24	子戊	9 25	未己	8 26	丑己	7 27	未
初二	1 21	巳丁	12 23	子戊	11 23	午戊	10 25	丑己	9 26	申庚	8 27	寅庚	7 28	申
初三	1 22	午戊	12 24	丑己	11 24	未己	10 26	寅庚	9 27	酉辛	8 28	卯辛	7 29	酉
初四	1 23	未己	12 25	寅庚	11 25	申庚	10 27	卯辛	9 28	戌壬	8 29	辰壬	7 30	戌
初五	1 24	申庚	12 26	卯辛	11 26	酉辛	10 28	辰壬	9 29	亥癸	8 30	巳癸	7 31	亥
初六	1 25	酉辛	12 27	辰壬	11 27	戌壬	10 29	巳癸	9 30	子甲	8 31	午甲	8 1	子
初七	1 26	戌壬	12 28	巳癸	11 28	亥癸	10 30	午甲	10 1	丑乙	9 1	未乙	8 2	丑
初八	1 27	亥癸	12 29	午甲	11 29	子甲	10 31	未乙	10 2	寅丙	9 2	申丙	8 3	寅
初九	1 28	子甲	12 30	未乙	11 30	丑乙	11 1	申丙	10 3	卯丁	9 3	酉丁	8 4	卯
初十	1 29	丑乙	12 31	申丙	12 1	寅丙	11 2	酉丁	10 4	辰戊	9 4	戌戊	8 5	辰
十一	1 30	寅丙	1 1	酉丁	12 2	卯丁	11 3	戌戊	10 5	巳己	9 5	亥己	8 6	巳
十二	1 31	卯丁	1 2	戌戊	12 3	辰戊	11 4	亥己	10 6	午庚	9 6	子庚	8 7	午
十三	2 1	辰戊	1 3	亥己	12 4	巳己	11 5	子庚	10 7	未辛	9 7	丑辛	8 8	未
十四	2 2	巳己	1 4	子庚	12 5	午庚	11 6	丑辛	10 8	申壬	9 8	寅壬	8 9	申
十五	2 3	午庚	1 5	丑辛	12 6	未辛	11 7	寅壬	10 9	酉癸	9 9	卯癸	8 10	酉
十六	2 4	未辛	1 6	寅壬	12 7	申壬	11 8	卯癸	10 10	戌甲	9 10	辰甲	8 11	戌
十七	2 5	申壬	1 7	卯癸	12 8	酉癸	11 9	辰甲	10 11	亥乙	9 11	巳乙	8 12	亥
十八	2 6	酉癸	1 8	辰甲	12 9	戌甲	11 10	巳乙	10 12	子丙	9 12	午丙	8 13	子
十九	2 7	戌甲	1 9	巳乙	12 10	亥乙	11 11	午丙	10 13	丑丁	9 13	未丁	8 14	丑
二十	2 8	亥乙	1 10	午丙	12 11	子丙	11 12	未丁	10 14	寅戊	9 14	申戊	8 15	寅
廿一	2 9	子丙	1 11	未丁	12 12	丑丁	11 13	申戊	10 15	卯己	9 15	酉己	8 16	卯
廿二	2 10	丑丁	1 12	申戊	12 13	寅戊	11 14	酉己	10 16	辰庚	9 16	戌庚	8 17	辰
廿三	2 11	寅戊	1 13	酉己	12 14	卯己	11 15	戌庚	10 17	巳辛	9 17	亥辛	8 18	巳
廿四	2 12	卯己	1 14	戌庚	12 15	辰庚	11 16	亥辛	10 18	午壬	9 18	子壬	8 19	午
廿五	2 13	辰庚	1 15	亥辛	12 16	巳辛	11 17	子壬	10 19	未癸	9 19	丑癸	8 20	未
廿六	2 14	巳辛	1 16	子壬	12 17	午壬	11 18	丑癸	10 20	申甲	9 20	寅甲	8 21	申
廿七	2 15	午壬	1 17	丑癸	12 18	未癸	11 19	寅甲	10 21	酉乙	9 21	卯乙	8 22	酉
廿八	2 16	未癸	1 18	寅甲	12 19	申甲	11 20	卯乙	10 22	戌丙	9 22	辰丙	8 23	戌
廿九	2 17	申甲	1 19	卯乙	12 20	酉乙	11 21	辰丙	10 23	亥丁	9 23	巳丁	8 24	亥
三十	2 18	酉乙	乙太		12 21	戌丙	易天		尋搜格落部		9 24	午戊	8 25	子

西元一九九六年 歲次丙子

民國八十五年

太歲姓郭名嘉

納音屬水

生肖屬鼠

年四綠星

鬼宿值年

月 六		月 五		月 四		月 三		月 二		月 正		別月
未 乙		午 甲		巳 癸		辰 壬		卯 辛		寅 庚		柱月
碧 三		綠 四		黃 五		白 六		赤 七		白 八		白紫
/7	7/22	7/7	6/21	6/5	5/21	5/5	4/20	4/4	3/20	3/5	2/19	節氣時間
廿	七初	二廿	六初	十二	五初	八十	三初	七十	二初	六十	一初	
立秋未時	21時19分 大暑亥時	4時0分 小暑寅時	10時24分 夏至巳時	17時41分 芒種酉時	2時23分 小滿丑時	13時26分 立夏未時	3時10分 穀雨寅時	20時2分 清明戌時	16時3分 春分申時	15時10分 驚蟄申時	17時1分 雨水酉時	
陽	柱日	曆陽	柱日	曆陽	柱日	曆陽	柱日	曆陽	柱日	曆陽	柱日	曆農
16	寅甲	6 16	申甲	5 17	寅甲	4 18	酉乙	3 19	卯乙	2 19	戌丙	一初
17	卯乙	6 17	酉乙	5 18	卯乙	4 19	戌丙	3 20	辰丙	2 20	亥丁	二初
18	辰丙	6 18	戌丙	5 19	辰丙	4 20	亥丁	3 21	巳丁	2 21	子戊	三初
19	巳丁	6 19	亥丁	5 20	巳丁	4 21	子戊	3 22	午戊	2 22	丑己	四初
20	午戊	6 20	子戊	5 21	午戊	4 22	丑己	3 23	未己	2 23	寅庚	五初
21	未己	6 21	丑己	5 22	未己	4 23	寅庚	3 24	申庚	2 24	卯辛	六初
22	申庚	6 22	寅庚	5 23	申庚	4 24	卯辛	3 25	酉辛	2 25	辰壬	七初
23	酉辛	6 23	卯辛	5 24	酉辛	4 25	辰壬	3 26	戌壬	2 26	巳癸	八初
24	戌壬	6 24	辰壬	5 25	戌壬	4 26	巳癸	3 27	亥癸	2 27	午甲	九初
25	亥癸	6 25	巳癸	5 26	亥癸	4 27	午甲	3 28	子甲	2 28	未乙	十初
26	子甲	6 26	午甲	5 27	子甲	4 28	未乙	3 29	丑乙	2 29	申丙	一十
27	丑乙	6 27	未乙	5 28	丑乙	4 29	申丙	3 30	寅丙	3 1	酉丁	二十
28	寅丙	6 28	申丙	5 29	寅丙	4 30	酉丁	3 31	卯丁	3 2	戌戊	三十
29	卯丁	6 29	酉丁	5 30	卯丁	5 1	戌戊	4 1	辰戊	3 3	亥己	四十
30	辰戊	6 30	戌戊	5 31	辰戊	5 2	亥己	4 2	巳己	3 4	子庚	五十
31	巳己	7 1	亥己	6 1	巳己	5 3	子庚	4 3	午庚	3 5	丑辛	六十
1	午庚	7 2	子庚	6 2	午庚	5 4	丑辛	4 4	未辛	3 6	寅壬	七十
2	未辛	7 3	丑辛	6 3	未辛	5 5	寅壬	4 5	申壬	3 7	卯癸	八十
3	申壬	7 4	寅壬	6 4	申壬	5 6	卯癸	4 6	酉癸	3 8	辰甲	九十
4	酉癸	7 5	卯癸	6 5	酉癸	5 7	辰甲	4 7	戌甲	3 9	巳乙	十二
5	戌甲	7 6	辰甲	6 6	戌甲	5 8	巳乙	4 8	亥乙	3 10	午丙	一廿
6	亥乙	7 7	巳乙	6 7	亥乙	5 9	午丙	4 9	子丙	3 11	未丁	二廿
7	子丙	7 8	午丙	6 8	子丙	5 10	未丁	4 10	丑丁	3 12	申戊	三廿
8	丑丁	7 9	未丁	6 9	丑丁	5 11	申戊	4 11	寅戊	3 13	酉己	四廿
9	寅戊	7 10	申戊	6 10	寅戊	5 12	酉己	4 12	卯己	3 14	戌庚	五廿
10	卯己	7 11	酉己	6 11	卯己	5 13	戌庚	4 13	辰庚	3 15	亥辛	六廿
11	辰庚	7 12	戌庚	6 12	辰庚	5 14	亥辛	4 14	巳辛	3 16	子壬	七廿
12	巳辛	7 13	亥辛	6 13	巳辛	5 15	子壬	4 15	午壬	3 17	丑癸	八廿
13	午壬	7 14	子壬	6 14	午壬	5 16	丑癸	4 16	未癸	3 18	寅甲	九廿
乙太		7 15	丑癸	6 15	未癸	易天		4 17	申甲	尋搜格落部		十三

月別	月二十		月一十		月十		月九		月八		月七	
月柱	丑辛		子庚		亥己		戌戊		酉丁		申丙	
紫白	白六		赤七		白八		紫九		白一		黑二	
節氣時間	2/4	1/20	1/5	12/21	12/7	11/22	11/7	10/23	10/8	9/23	9/7	8/2
	七廿	二十	六廿	一十	七廿	二十	七廿	二十	六廿	一十	五廿	十初
	3時2分 立春寅時	8時43分 大寒辰時	15時24分 小寒申時	22時6分 冬至亥時	4時14分 大雪寅時	8時49分 小雪辰時	11時27分 立冬午時	11時19分 霜降午時	8時19分 寒露辰時	2時0分 秋分丑時	16時42分 白露申時	4時23分 處暑寅時
農曆	曆陽	柱日	曆陽	柱日	曆陽	柱日	曆陽	柱日	曆陽	柱日	曆陽	柱日
初一	1 9	亥辛	12 11	午壬	11 11	子壬	10 12	午壬	9 13	丑癸	8 14	未癸
初二	1 10	子壬	12 12	未癸	11 12	丑癸	10 13	未癸	9 14	寅甲	8 15	申甲
初三	1 11	丑癸	12 13	申甲	11 13	寅甲	10 14	申甲	9 15	卯乙	8 16	酉乙
初四	1 12	寅甲	12 14	酉乙	11 14	卯乙	10 15	酉乙	9 16	辰丙	8 17	戌丙
初五	1 13	卯乙	12 15	戌丙	11 15	辰丙	10 16	戌丙	9 17	巳丁	8 18	亥丁
初六	1 14	辰丙	12 16	亥丁	11 16	巳丁	10 17	亥丁	9 18	午戊	8 19	子戊
初七	1 15	巳丁	12 17	子戊	11 17	午戊	10 18	子戊	9 19	未己	8 20	丑己
初八	1 16	午戊	12 18	丑己	11 18	未己	10 19	丑己	9 20	申庚	8 21	寅庚
初九	1 17	未己	12 19	寅庚	11 19	申庚	10 20	寅庚	9 21	酉辛	8 22	卯辛
初十	1 18	申庚	12 20	卯辛	11 20	酉辛	10 21	卯辛	9 22	戌壬	8 23	辰壬
十一	1 19	酉辛	12 21	辰壬	11 21	戌壬	10 22	辰壬	9 23	亥癸	8 24	巳癸
十二	1 20	戌壬	12 22	巳癸	11 22	亥癸	10 23	巳癸	9 24	子甲	8 25	午甲
十三	1 21	亥癸	12 23	午甲	11 23	子甲	10 24	午甲	9 25	丑乙	8 26	未乙
十四	1 22	子甲	12 24	未乙	11 24	丑乙	10 25	未乙	9 26	寅丙	8 27	申丙
十五	1 23	丑乙	12 25	申丙	11 25	寅丙	10 26	申丙	9 27	卯丁	8 28	酉丁
十六	1 24	寅丙	12 26	酉丁	11 26	卯丁	10 27	酉丁	9 28	辰戊	8 29	戌戊
十七	1 25	卯丁	12 27	戌戊	11 27	辰戊	10 28	戌戊	9 29	巳己	8 30	亥己
十八	1 26	辰戊	12 28	亥己	11 28	巳己	10 29	亥己	9 30	午庚	8 31	子庚
十九	1 27	巳己	12 29	子庚	11 29	午庚	10 30	子庚	10 1	未辛	9 1	丑辛
二十	1 28	午庚	12 30	丑辛	11 30	未辛	10 31	丑辛	10 2	申壬	9 2	寅壬
廿一	1 29	未辛	12 31	寅壬	12 1	申壬	11 1	寅壬	10 3	酉癸	9 3	卯癸
廿二	1 30	申壬	1 1	卯癸	12 2	酉癸	11 2	卯癸	10 4	戌甲	9 4	辰甲
廿三	1 31	酉癸	1 2	辰甲	12 3	戌甲	11 3	辰甲	10 5	亥乙	9 5	巳乙
廿四	2 1	戌甲	1 3	巳乙	12 4	亥乙	11 4	巳乙	10 6	子丙	9 6	午丙
廿五	2 2	亥乙	1 4	午丙	12 5	子丙	11 5	午丙	10 7	丑丁	9 7	未丁
廿六	2 3	子丙	1 5	未丁	12 6	丑丁	11 6	未丁	10 8	寅戊	9 8	申戊
廿七	2 4	丑丁	1 6	申戊	12 7	寅戊	11 7	申戊	10 9	卯己	9 9	酉己
廿八	2 5	寅戊	1 7	酉己	12 8	卯己	11 8	酉己	10 10	辰庚	9 10	戌庚
廿九	2 6	卯己	1 8	戌庚	12 9	辰庚	11 9	戌庚	10 11	巳辛	9 11	亥辛
三十	乙太		易天		12 10	巳辛	11 10	亥辛	尋搜格落部		9 12	子壬

西元一九九七年 歲次丁丑

民國八十六年
太歲姓汪名文
納音屬水
生肖屬牛
年三碧星
柳宿值年

月	六	月	五	月	四	月	三	月	二	月	正	別月
未	丁	午	丙	巳	乙	辰	甲	卯	癸	寅	壬	柱月
紫	九	白	一	黑	二	碧	三	綠	四	黃	五	白紫
23	7/7	6/21	6/5		5/21	5/5	4/20	4/5	3/20	3/5	2/18	節氣時間
十	三初	七十	一初		五十	九廿	四十	八廿	二十	七廿	二十	
大暑寅時	9時49分 小暑巳時	16時20分 夏至申時	23時33分 芒種子時		8時18分 小滿辰時	19時19分 立夏戌時	9時3分 穀雨巳時	1時56分 清明丑時	21時55分 春分亥時	21時4分 驚蟄亥時	22時51分 雨水亥時	
陽	柱日	曆陽	柱日	曆陽	柱日	曆陽	柱日	曆陽	柱日	曆陽	柱日	曆農
5	申戊	6 5	寅戊	5 7	酉己	4 7	卯己	3 9	戌庚	2 7	辰庚	一初
6	酉己	6 6	卯己	5 8	戌庚	4 8	辰庚	3 10	亥辛	2 8	巳辛	二初
7	戌庚	6 7	辰庚	5 9	亥辛	4 9	巳辛	3 11	子壬	2 9	午壬	三初
8	亥辛	6 8	巳辛	5 10	子壬	4 10	午壬	3 12	丑癸	2 10	未癸	四初
9	子壬	6 9	午壬	5 11	丑癸	4 11	未癸	3 13	寅甲	2 11	申甲	五初
10	丑癸	6 10	未癸	5 12	寅甲	4 12	申甲	3 14	卯乙	2 12	酉乙	六初
11	寅甲	6 11	申甲	5 13	卯乙	4 13	酉乙	3 15	辰丙	2 13	戌丙	七初
12	卯乙	6 12	酉乙	5 14	辰丙	4 14	戌丙	3 16	巳丁	2 14	亥丁	八初
13	辰丙	6 13	戌丙	5 15	巳丁	4 15	亥丁	3 17	午戊	2 15	子戊	九初
14	巳丁	6 14	亥丁	5 16	午戊	4 16	子戊	3 18	未己	2 16	丑己	十初
15	午戊	6 15	子戊	5 17	未己	4 17	丑己	3 19	申庚	2 17	寅庚	一十
16	未己	6 16	丑己	5 18	申庚	4 18	寅庚	3 20	酉辛	2 18	卯辛	二十
17	申庚	6 17	寅庚	5 19	酉辛	4 19	卯辛	3 21	戌壬	2 19	辰壬	三十
18	酉辛	6 18	卯辛	5 20	戌壬	4 20	辰壬	3 22	亥癸	2 20	巳癸	四十
19	戌壬	6 19	辰壬	5 21	亥癸	4 21	巳癸	3 23	子甲	2 21	午甲	五十
20	亥癸	6 20	巳癸	5 22	子甲	4 22	午甲	3 24	丑乙	2 22	未乙	六十
21	子甲	6 21	午甲	5 23	丑乙	4 23	未乙	3 25	寅丙	2 23	申丙	七十
22	丑乙	6 22	未乙	5 24	寅丙	4 24	申丙	3 26	卯丁	2 24	酉丁	八十
23	寅丙	6 23	申丙	5 25	卯丁	4 25	酉丁	3 27	辰戊	2 25	戌戊	九十
24	卯丁	6 24	酉丁	5 26	辰戊	4 26	戌戊	3 28	巳己	2 26	亥己	十二
25	辰戊	6 25	戌戊	5 27	巳己	4 27	亥己	3 29	午庚	2 27	子庚	一廿
26	巳己	6 26	亥己	5 28	午庚	4 28	子庚	3 30	未辛	2 28	丑辛	二廿
27	午庚	6 27	子庚	5 29	未辛	4 29	丑辛	3 31	申壬	3 1	寅壬	三廿
28	未辛	6 28	丑辛	5 30	申壬	4 30	寅壬	4 1	酉癸	3 2	卯癸	四廿
29	申壬	6 29	寅壬	5 31	酉癸	5 1	卯癸	4 2	戌甲	3 3	辰甲	五廿
30	酉癸	6 30	卯癸	6 1	戌甲	5 2	辰甲	4 3	亥乙	3 4	巳乙	六廿
31	戌甲	7 1	辰甲	6 2	亥乙	5 3	巳乙	4 4	子丙	3 5	午丙	七廿
1	亥乙	7 2	巳乙	6 3	子丙	5 4	午丙	4 5	丑丁	3 6	未丁	八廿
2	子丙	7 3	午丙	6 4	丑丁	5 5	未丁	4 6	寅戊	3 7	申戊	九廿
乙太		7 4	未丁	易天		5 6	申戊	尋搜格落部		3 8	酉己	十三

月別	月 二 十		月 一 十		月 十		月 九		月 八		月 七	
月柱	丑 癸		子 壬		亥 辛		戌 庚		酉 己		申 戊	
紫白	碧 三		綠 四		黃 五		白 六		赤 七		白 八	
節氣時間	1/20	1/5	12/22	12/7	11/22	11/7	10/23	10/8	9/23	9/7	8/23	8/7
	二廿	七初	三廿	八初	三廿	八初	二廿	七初	二廿	六初	一廿	五初
	14時46分 大寒未時	21時18分 小寒亥時	4時7分 冬至寅時	10時5分 大雪巳時	14時48分 小雪未時	17時15分 立冬酉時	17時15分 霜降酉時	14時5分 寒露未時	7時56分 秋分辰時	22時29分 白露亥時	10時19分 處暑巳時	19時36分 立秋戌時
農曆	曆陽	柱日	曆陽	柱日	曆陽	柱日	曆陽	柱日	曆陽	柱日	曆陽	柱日
初一	12 30	午丙	11 30	子丙	10 31	午丙	10 2	丑丁	9 2	未丁	8 3	丑丁
初二	12 31	未丁	12 1	丑丁	11 1	未丁	10 3	寅戊	9 3	申戊	8 4	寅戊
初三	1 1	申戊	12 2	寅戊	11 2	申戊	10 4	卯己	9 4	酉己	8 5	卯己
初四	1 2	酉己	12 3	卯己	11 3	酉己	10 5	辰庚	9 5	戌庚	8 6	辰庚
初五	1 3	戌庚	12 4	辰庚	11 4	戌庚	10 6	巳辛	9 6	亥辛	8 7	巳辛
初六	1 4	亥辛	12 5	巳辛	11 5	亥辛	10 7	午壬	9 7	子壬	8 8	午壬
初七	1 5	子壬	12 6	午壬	11 6	子壬	10 8	未癸	9 8	丑癸	8 9	未癸
初八	1 6	丑癸	12 7	未癸	11 7	丑癸	10 9	申甲	9 9	寅甲	8 10	申甲
初九	1 7	寅甲	12 8	申甲	11 8	寅甲	10 10	酉乙	9 10	卯乙	8 11	酉乙
初十	1 8	卯乙	12 9	酉乙	11 9	卯乙	10 11	戌丙	9 11	辰丙	8 12	戌丙
十一	1 9	辰丙	12 10	戌丙	11 10	辰丙	10 12	亥丁	9 12	巳丁	8 13	亥丁
十二	1 10	巳丁	12 11	亥丁	11 11	巳丁	10 13	子戊	9 13	午戊	8 14	子戊
十三	1 11	午戊	12 12	子戊	11 12	午戊	10 14	丑己	9 14	未己	8 15	丑己
十四	1 12	未己	12 13	丑己	11 13	未己	10 15	寅庚	9 15	申庚	8 16	寅庚
十五	1 13	申庚	12 14	寅庚	11 14	申庚	10 16	卯辛	9 16	酉辛	8 17	卯辛
十六	1 14	酉辛	12 15	卯辛	11 15	酉辛	10 17	辰壬	9 17	戌壬	8 18	辰壬
十七	1 15	戌壬	12 16	辰壬	11 16	戌壬	10 18	巳癸	9 18	亥癸	8 19	巳癸
十八	1 16	亥癸	12 17	巳癸	11 17	亥癸	10 19	午甲	9 19	子甲	8 20	午甲
十九	1 17	子甲	12 18	午甲	11 18	子甲	10 20	未乙	9 20	丑乙	8 21	未乙
二十	1 18	丑乙	12 19	未乙	11 19	丑乙	10 21	申丙	9 21	寅丙	8 22	申丙
廿一	1 19	寅丙	12 20	申丙	11 20	寅丙	10 22	酉丁	9 22	卯丁	8 23	酉丁
廿二	1 20	卯丁	12 21	酉丁	11 21	卯丁	10 23	戌戊	9 23	辰戊	8 24	戌戊
廿三	1 21	辰戊	12 22	戌戊	11 22	辰戊	10 24	亥己	9 24	巳己	8 25	亥己
廿四	1 22	巳己	12 23	亥己	11 23	巳己	10 25	子庚	9 25	午庚	8 26	子庚
廿五	1 23	午庚	12 24	子庚	11 24	午庚	10 26	丑辛	9 26	未辛	8 27	丑辛
廿六	1 24	未辛	12 25	丑辛	11 25	未辛	10 27	寅壬	9 27	申壬	8 28	寅壬
廿七	1 25	申壬	12 26	寅壬	11 26	申壬	10 28	卯癸	9 28	酉癸	8 29	卯癸
廿八	1 26	酉癸	12 27	卯癸	11 27	酉癸	10 29	辰甲	9 29	戌甲	8 30	辰甲
廿九	1 27	戌甲	12 28	辰甲	11 28	戌甲	10 30	巳乙	9 30	亥乙	8 31	巳乙
三十	乙太		12 29	巳乙	11 29	亥乙	易天		10 1	子丙	9 1	午丙

月	六	月五閏		月	五	月	四	月	三	月	二	月	正	別月
未	己			午	戊	巳	丁	辰	丙	卯	乙	寅	甲	柱月
白	六			赤	七	白	八	紫	九	白	一	黑	二	白紫
8	7/23		7/7	6/21	6/6	5/21	5/6	4/20	4/5	3/21	3/6	2/19	2/4	節氣時間
十	一初		四十	七廿	二十	六廿	一十	四廿	九初	三廿	八初	三廿	八初	
立秋丑時	8時55分 大暑辰時		15時30分 小暑申時	22時3分 夏至亥時	5時13分 芒種卯時	14時5分 小滿未時	1時3分 立夏丑時	14時57分 穀雨未時	7時45分 清明辰時	3時55分 春分寅時	2時57分 驚蟄丑時	4時55分 雨水寅時	8時57分 立春辰時	
陽	柱日	曆陽	柱日	曆陽	柱日	曆陽	柱日	曆陽	柱日	曆陽	柱日	曆陽	柱日	曆農
23	未辛	6 24	寅壬	5 26	酉癸	4 26	卯癸	3 28	戌甲	2 27	巳乙	1 28	亥乙	一初
24	申壬	6 25	卯癸	5 27	戌甲	4 27	辰甲	3 29	亥乙	2 28	午丙	1 29	子丙	二初
25	酉癸	6 26	辰甲	5 28	亥乙	4 28	巳乙	3 30	子丙	3 1	未丁	1 30	丑丁	三初
26	戌甲	6 27	巳乙	5 29	子丙	4 29	午丙	3 31	丑丁	3 2	申戊	1 31	寅戊	四初
27	亥乙	6 28	午丙	5 30	丑丁	4 30	未丁	4 1	寅戊	3 3	酉己	2 1	卯己	五初
28	子丙	6 29	未丁	5 31	寅戊	5 1	申戊	4 2	卯己	3 4	戌庚	2 2	辰庚	六初
29	丑丁	6 30	申戊	6 1	卯己	5 2	酉己	4 3	辰庚	3 5	亥辛	2 3	巳辛	七初
30	寅戊	7 1	酉己	6 2	辰庚	5 3	戌庚	4 4	巳辛	3 6	子壬	2 4	午壬	八初
31	卯己	7 2	戌庚	6 3	巳辛	5 4	亥辛	4 5	午壬	3 7	丑癸	2 5	未癸	九初
1	辰庚	7 3	亥辛	6 4	午壬	5 5	子壬	4 6	未癸	3 8	寅甲	2 6	申甲	十初
2	巳辛	7 4	子壬	6 5	未癸	5 6	丑癸	4 7	申甲	3 9	卯乙	2 7	酉乙	一十
3	午壬	7 5	丑癸	6 6	申甲	5 7	寅甲	4 8	酉乙	3 10	辰丙	2 8	戌丙	二十
4	未癸	7 6	寅甲	6 7	酉乙	5 8	卯乙	4 9	戌丙	3 11	巳丁	2 9	亥丁	三十
5	申甲	7 7	卯乙	6 8	戌丙	5 9	辰丙	4 10	亥丁	3 12	午戊	2 10	子戊	四十
6	酉乙	7 8	辰丙	6 9	亥丁	5 10	巳丁	4 11	子戊	3 13	未己	2 11	丑己	五十
7	戌丙	7 9	巳丁	6 10	子戊	5 11	午戊	4 12	丑己	3 14	申庚	2 12	寅庚	六十
8	亥丁	7 10	午戊	6 11	丑己	5 12	未己	4 13	寅庚	3 15	酉辛	2 13	卯辛	七十
9	子戊	7 11	未己	6 12	寅庚	5 13	申庚	4 14	卯辛	3 16	戌壬	2 14	辰壬	八十
10	丑己	7 12	申庚	6 13	卯辛	5 14	酉辛	4 15	辰壬	3 17	亥癸	2 15	巳癸	九十
11	寅庚	7 13	酉辛	6 14	辰壬	5 15	戌壬	4 16	巳癸	3 18	子甲	2 16	午甲	十二
12	卯辛	7 14	戌壬	6 15	巳癸	5 16	亥癸	4 17	午甲	3 19	丑乙	2 17	未乙	一廿
13	辰壬	7 15	亥癸	6 16	午甲	5 17	子甲	4 18	未乙	3 20	寅丙	2 18	申丙	二廿
14	巳癸	7 16	子甲	6 17	未乙	5 18	丑乙	4 19	申丙	3 21	卯丁	2 19	酉丁	三廿
15	午甲	7 17	丑乙	6 18	申丙	5 19	寅丙	4 20	酉丁	3 22	辰戊	2 20	戌戊	四廿
16	未乙	7 18	寅丙	6 19	酉丁	5 20	卯丁	4 21	戌戊	3 23	巳己	2 21	亥己	五廿
17	申丙	7 19	卯丁	6 20	戌戊	5 21	辰戊	4 22	亥己	3 24	午庚	2 22	子庚	六廿
18	酉丁	7 20	辰戊	6 21	亥己	5 22	巳己	4 23	子庚	3 25	未辛	2 23	丑辛	七廿
19	戌戊	7 21	巳己	6 22	子庚	5 23	午庚	4 24	丑辛	3 26	申壬	2 24	寅壬	八廿
20	亥己	7 22	午庚	6 23	丑辛	5 24	未辛	4 25	寅壬	3 27	酉癸	2 25	卯癸	九廿
21	子庚	乙太		易天		5 25	申壬	業事化文乙太		尋搜格落部		2 26	辰甲	十三

西元一九九八年

歲次戊寅

民國八十七年

太歲姓曾名光

納音屬土

生肖屬虎

年二黑星

星宿值年

月別	月二十		月一十		月十		月九		月八		月七	
月柱	丑乙		子甲		亥癸		戌壬		酉辛		申庚	
紫白	紫九		白一		黑二		碧三		綠四		黃五	
節氣時間	2/4	1/20	1/6	12/22	12/7	11/22	11/7	10/23	10/8	9/23	9/8	8/2
	九十	四初	九十	四初	九十	四初	九十	四初	八十	三初	八十	二
	14時57分 立春未時	20時37分 大寒戌時	3時17分 小寒寅時	9時56分 冬至巳時	16時2分 大雪申時	20時34分 小雪戌時	23時8分 立冬子時	22時59分 霜降亥時	19時56分 寒露戌時	13時37分 秋分未時	4時16分 白露寅時	15時59分
農曆	曆陽	柱日	曆陽	柱日	曆陽	柱日	曆陽	柱日	曆陽	柱日	曆陽	柱日
初一	1 17	巳己	12 19	子庚	11 19	午庚	10 20	子庚	9 21	未辛	8 22	丑辛
初二	1 18	午庚	12 20	丑辛	11 20	未辛	10 21	丑辛	9 22	申壬	8 23	寅壬
初三	1 19	未辛	12 21	寅壬	11 21	申壬	10 22	寅壬	9 23	酉癸	8 24	卯癸
初四	1 20	申壬	12 22	卯癸	11 22	酉癸	10 23	卯癸	9 24	戌甲	8 25	辰甲
初五	1 21	酉癸	12 23	辰甲	11 23	戌甲	10 24	辰甲	9 25	亥乙	8 26	巳乙
初六	1 22	戌甲	12 24	巳乙	11 24	亥乙	10 25	巳乙	9 26	子丙	8 27	午丙
初七	1 23	亥乙	12 25	午丙	11 25	子丙	10 26	午丙	9 27	丑丁	8 28	未丁
初八	1 24	子丙	12 26	未丁	11 26	丑丁	10 27	未丁	9 28	寅戊	8 29	申戊
初九	1 25	丑丁	12 27	申戊	11 27	寅戊	10 28	申戊	9 29	卯己	8 30	酉己
初十	1 26	寅戊	12 28	酉己	11 28	卯己	10 29	酉己	9 30	辰庚	8 31	戌庚
十一	1 27	卯己	12 29	戌庚	11 29	辰庚	10 30	戌庚	10 1	巳辛	9 1	亥辛
十二	1 28	辰庚	12 30	亥辛	11 30	巳辛	10 31	亥辛	10 2	午壬	9 2	子壬
十三	1 29	巳辛	12 31	子壬	12 1	午壬	11 1	子壬	10 3	未癸	9 3	丑癸
十四	1 30	午壬	1 1	丑癸	12 2	未癸	11 2	丑癸	10 4	申甲	9 4	寅甲
十五	1 31	未癸	1 2	寅甲	12 3	申甲	11 3	寅甲	10 5	酉乙	9 5	卯乙
十六	2 1	申甲	1 3	卯乙	12 4	酉乙	11 4	卯乙	10 6	戌丙	9 6	辰丙
十七	2 2	酉乙	1 4	辰丙	12 5	戌丙	11 5	辰丙	10 7	亥丁	9 7	巳丁
十八	2 3	戌丙	1 5	巳丁	12 6	亥丁	11 6	巳丁	10 8	子戊	9 8	午戊
十九	2 4	亥丁	1 6	午戊	12 7	子戊	11 7	午戊	10 9	丑己	9 9	未己
二十	2 5	子戊	1 7	未己	12 8	丑己	11 8	未己	10 10	寅庚	9 10	申庚
廿一	2 6	丑己	1 8	申庚	12 9	寅庚	11 9	申庚	10 11	卯辛	9 11	酉辛
廿二	2 7	寅庚	1 9	酉辛	12 10	卯辛	11 10	酉辛	10 12	辰壬	9 12	戌壬
廿三	2 8	卯辛	1 10	戌壬	12 11	辰壬	11 11	戌壬	10 13	巳癸	9 13	亥癸
廿四	2 9	辰壬	1 11	亥癸	12 12	巳癸	11 12	亥癸	10 14	午甲	9 14	子甲
廿五	2 10	巳癸	1 12	子甲	12 13	午甲	11 13	子甲	10 15	未乙	9 15	丑乙
廿六	2 11	午甲	1 13	丑乙	12 14	未乙	11 14	丑乙	10 16	申丙	9 16	寅丙
廿七	2 12	未乙	1 14	寅丙	12 15	申丙	11 15	寅丙	10 17	酉丁	9 17	卯丁
廿八	2 13	申丙	1 15	卯丁	12 16	酉丁	11 16	卯丁	10 18	戌戊	9 18	辰戊
廿九	2 14	酉丁	1 16	辰戊	12 17	戌戊	11 17	辰戊	10 19	亥己	9 19	巳己
三十	2 15	戌戊	乙太		12 18	亥己	11 18	巳己	易天		9 20	午庚

西元一九九九年 歲次己卯

民國八十八年
太歲姓伍名仲
納音屬土
生肖屬兔
年一白星
張宿值年

月別	正月		二月		三月		四月		五月		六月	
月柱	丙寅		丁卯		戊辰		己巳		庚午		辛未	
紫白	八白		七赤		六白		五黃		四綠		三碧	
節氣時間	2/19	3/6	3/21	4/5	4/20	5/6	5/21	6/6	6/22	7/7	7/23	8
	初四	十九	初四	十九	初五	廿一	初七	廿三	初九	廿四	十一	廿
	雨水巳時 10時47分	驚蟄辰時 8時58分	春分巳時 9時46分	清明未時 13時45分	穀雨戌時 20時46分	立夏辰時 7時1分	小滿戌時 19時52分	芒種午時 11時9分	夏至寅時 3時49分	小暑亥時 21時25分	大暑未時 14時44分	立秋辰時
農曆	陽曆	日柱	陽曆	日柱	陽曆	日柱	陽曆	日柱	陽曆	日柱	陽曆	日柱
初一	2 16	己亥	3 18	己巳	4 16	戊戌	5 15	丁卯	6 14	丁酉	13	丙寅
初二	2 17	庚子	3 19	庚午	4 17	己亥	5 16	戊辰	6 15	戊戌	14	丁卯
初三	2 18	辛丑	3 20	辛未	4 18	庚子	5 17	己巳	6 16	己亥	15	戊辰
初四	2 19	壬寅	3 21	壬申	4 19	辛丑	5 18	庚午	6 17	庚子	16	己巳
初五	2 20	癸卯	3 22	癸酉	4 20	壬寅	5 19	辛未	6 18	辛丑	17	庚午
初六	2 21	甲辰	3 23	甲戌	4 21	癸卯	5 20	壬申	6 19	壬寅	18	辛未
初七	2 22	乙巳	3 24	乙亥	4 22	甲辰	5 21	癸酉	6 20	癸卯	19	壬申
初八	2 23	丙午	3 25	丙子	4 23	乙巳	5 22	甲戌	6 21	甲辰	20	癸酉
初九	2 24	丁未	3 26	丁丑	4 24	丙午	5 23	乙亥	6 22	乙巳	21	甲戌
初十	2 25	戊申	3 27	戊寅	4 25	丁未	5 24	丙子	6 23	丙午	22	乙亥
十一	2 26	己酉	3 28	己卯	4 26	戊申	5 25	丁丑	6 24	丁未	23	丙子
十二	2 27	庚戌	3 29	庚辰	4 27	己酉	5 26	戊寅	6 25	戊申	24	丁丑
十三	2 28	辛亥	3 30	辛巳	4 28	庚戌	5 27	己卯	6 26	己酉	25	戊寅
十四	3 1	壬子	3 31	壬午	4 29	辛亥	5 28	庚辰	6 27	庚戌	26	己卯
十五	3 2	癸丑	4 1	癸未	4 30	壬子	5 29	辛巳	6 28	辛亥	27	庚辰
十六	3 3	甲寅	4 2	甲申	5 1	癸丑	5 30	壬午	6 29	壬子	28	辛巳
十七	3 4	乙卯	4 3	乙酉	5 2	甲寅	5 31	癸未	6 30	癸丑	29	壬午
十八	3 5	丙辰	4 4	丙戌	5 3	乙卯	6 1	甲申	7 1	甲寅	30	癸未
十九	3 6	丁巳	4 5	丁亥	5 4	丙辰	6 2	乙酉	7 2	乙卯	31	甲申
二十	3 7	戊午	4 6	戊子	5 5	丁巳	6 3	丙戌	7 3	丙辰	1	乙酉
廿一	3 8	己未	4 7	己丑	5 6	戊午	6 4	丁亥	7 4	丁巳	2	丙戌
廿二	3 9	庚申	4 8	庚寅	5 7	己未	6 5	戊子	7 5	戊午	3	丁亥
廿三	3 10	辛酉	4 9	辛卯	5 8	庚申	6 6	己丑	7 6	己未	4	戊子
廿四	3 11	壬戌	4 10	壬辰	5 9	辛酉	6 7	庚寅	7 7	庚申	5	己丑
廿五	3 12	癸亥	4 11	癸巳	5 10	壬戌	6 8	辛卯	7 8	辛酉	6	庚寅
廿六	3 13	甲子	4 12	甲午	5 11	癸亥	6 9	壬辰	7 9	壬戌	7	辛卯
廿七	3 14	乙丑	4 13	乙未	5 12	甲子	6 10	癸巳	7 10	癸亥	8	壬辰
廿八	3 15	丙寅	4 14	丙申	5 13	乙丑	6 11	甲午	7 11	甲子	9	癸巳
廿九	3 16	丁卯	4 15	丁酉	5 14	丙寅	6 12	乙未	7 12	乙丑	10	甲午
三十	3 17	戊辰	部落格搜尋		太乙文化事業		6 13	丙申	天易		太乙	

月別	月二十		月一十		月十		月九		月八		月七	
月柱	丑丁		子丙		亥乙		戌甲		酉癸		申壬	
紫白	白六		赤七		白八		紫九		白一		黑二	
節氣時間	1/21 五十 2時23分 大寒丑時	1/6 十三 9時1分 小寒巳時	12/22 五十 15時44分 冬至申時	12/7 十三 21時48分 大雪亥時	11/23 六十 2時25分 小雪丑時	11/8 一初 4時58分 立冬寅時	10/24 六十 4時52分 霜降寅時	10/9 一初 1時48分 寒露丑時		9/23 四十 19時32分 秋分戌時	9/8 九廿 10時10分 白露巳時	8/2 三 21時51分
農曆	曆陽	柱日	曆陽	柱日	曆陽	柱日	曆陽	柱日	曆陽	柱日	曆陽	柱日
初一	1 7	子甲	12 8	午甲	11 8	子甲	10 9	午甲	9 10	丑乙	8 11	未乙
初二	1 8	丑乙	12 9	未乙	11 9	丑乙	10 10	未乙	9 11	寅丙	8 12	申丙
初三	1 9	寅丙	12 10	申丙	11 10	寅丙	10 11	申丙	9 12	卯丁	8 13	酉丁
初四	1 10	卯丁	12 11	酉丁	11 11	卯丁	10 12	酉丁	9 13	辰戊	8 14	戌戊
初五	1 11	辰戊	12 12	戌戊	11 12	辰戊	10 13	戌戊	9 14	巳己	8 15	亥己
初六	1 12	巳己	12 13	亥己	11 13	巳己	10 14	亥己	9 15	午庚	8 16	子庚
初七	1 13	午庚	12 14	子庚	11 14	午庚	10 15	子庚	9 16	未辛	8 17	丑辛
初八	1 14	未辛	12 15	丑辛	11 15	未辛	10 16	丑辛	9 17	申壬	8 18	寅壬
初九	1 15	申壬	12 16	寅壬	11 16	申壬	10 17	寅壬	9 18	酉癸	8 19	卯癸
初十	1 16	酉癸	12 17	卯癸	11 17	酉癸	10 18	卯癸	9 19	戌甲	8 20	辰甲
十一	1 17	戌甲	12 18	辰甲	11 18	戌甲	10 19	辰甲	9 20	亥乙	8 21	巳乙
十二	1 18	亥乙	12 19	巳乙	11 19	亥乙	10 20	巳乙	9 21	子丙	8 22	午丙
十三	1 19	子丙	12 20	午丙	11 20	子丙	10 21	午丙	9 22	丑丁	8 23	未丁
十四	1 20	丑丁	12 21	未丁	11 21	丑丁	10 22	未丁	9 23	寅戊	8 24	申戊
十五	1 21	寅戊	12 22	申戊	11 22	寅戊	10 23	申戊	9 24	卯己	8 25	酉己
十六	1 22	卯己	12 23	酉己	11 23	卯己	10 24	酉己	9 25	辰庚	8 26	戌庚
十七	1 23	辰庚	12 24	戌庚	11 24	辰庚	10 25	戌庚	9 26	巳辛	8 27	亥辛
十八	1 24	巳辛	12 25	亥辛	11 25	巳辛	10 26	亥辛	9 27	午壬	8 28	子壬
十九	1 25	午壬	12 26	子壬	11 26	午壬	10 27	子壬	9 28	未癸	8 29	丑癸
二十	1 26	未癸	12 27	丑癸	11 27	未癸	10 28	丑癸	9 29	申甲	8 30	寅甲
廿一	1 27	申甲	12 28	寅甲	11 28	申甲	10 29	寅甲	9 30	酉乙	8 31	卯乙
廿二	1 28	酉乙	12 29	卯乙	11 29	酉乙	10 30	卯乙	10 1	戌丙	9 1	辰丙
廿三	1 29	戌丙	12 30	辰丙	11 30	戌丙	10 31	辰丙	10 2	亥丁	9 2	巳丁
廿四	1 30	亥丁	12 31	巳丁	12 1	亥丁	11 1	巳丁	10 3	子戊	9 3	午戊
廿五	1 31	子戊	1 1	午戊	12 2	子戊	11 2	午戊	10 4	丑己	9 4	未己
廿六	2 1	丑己	1 2	未己	12 3	丑己	11 3	未己	10 5	寅庚	9 5	申庚
廿七	2 2	寅庚	1 3	申庚	12 4	寅庚	11 4	申庚	10 6	卯辛	9 6	酉辛
廿八	2 3	卯辛	1 4	酉辛	12 5	卯辛	11 5	酉辛	10 7	辰壬	9 7	戌壬
廿九	2 4	辰壬	1 5	戌壬	12 6	辰壬	11 6	戌壬	10 8	巳癸	9 8	亥癸
三十	乙太		1 6	亥癸	12 7	巳癸	11 7	亥癸	易天		9 9	子甲

西元二〇〇〇年 歲次庚辰

民國八十九年 太歲姓重名德

納音屬金 生肖屬龍

年九紫星 翼宿值年

月六		月五		月四		月三		月二		月正		別月
未癸		午壬		巳辛		辰庚		卯己		寅戊		柱月
紫九		白一		黑二		碧三		綠四		黃五		白紫
22	7/7	6/21	6/5	5/21	5/5	4/20	4/4	3/20	3/5	2/19	2/4	節氣時間
廿	六初	十二	四初	八十	二初	六十	十三	五十	十三	五十	九廿	
大暑戌時	3時14分 小暑寅時	9時48分 夏至巳時	16時59分 芒種申時	1時49分 小滿丑時	12時50分 立夏午時	2時40分 穀雨丑時	19時32分 清明戌時	15時35分 春分申時	14時43分 驚蟄未時	16時33分 雨水申時	20時40分 立春戌時	
陽	柱日	曆陽	柱日	曆陽	柱日	曆陽	柱日	曆陽	柱日	曆陽	柱日	曆農
2	酉辛	6 2	卯辛	5 4	戌壬	4 5	巳癸	3 6	亥癸	2 5	巳癸	一初
3	戌壬	6 3	辰壬	5 5	亥癸	4 6	午甲	3 7	子甲	2 6	午甲	二初
4	亥癸	6 4	巳癸	5 6	子甲	4 7	未乙	3 8	丑乙	2 7	未乙	三初
5	子甲	6 5	午甲	5 7	丑乙	4 8	申丙	3 9	寅丙	2 8	申丙	四初
6	丑乙	6 6	未乙	5 8	寅丙	4 9	酉丁	3 10	卯丁	2 9	酉丁	五初
7	寅丙	6 7	申丙	5 9	卯丁	4 10	戌戊	3 11	辰戊	2 10	戌戊	六初
8	卯丁	6 8	酉丁	5 10	辰戊	4 11	亥己	3 12	巳己	2 11	亥己	七初
9	辰戊	6 9	戌戊	5 11	巳己	4 12	子庚	3 13	午庚	2 12	子庚	八初
10	巳己	6 10	亥己	5 12	午庚	4 13	丑辛	3 14	未辛	2 13	丑辛	九初
11	午庚	6 11	子庚	5 13	未辛	4 14	寅壬	3 15	申壬	2 14	寅壬	十初
12	未辛	6 12	丑辛	5 14	申壬	4 15	卯癸	3 16	酉癸	2 15	卯癸	一十
13	申壬	6 13	寅壬	5 15	酉癸	4 16	辰甲	3 17	戌甲	2 16	辰甲	二十
14	酉癸	6 14	卯癸	5 16	戌甲	4 17	巳乙	3 18	亥乙	2 17	巳乙	三十
15	戌甲	6 15	辰甲	5 17	亥乙	4 18	午丙	3 19	子丙	2 18	午丙	四十
16	亥乙	6 16	巳乙	5 18	子丙	4 19	未丁	3 20	丑丁	2 19	未丁	五十
17	子丙	6 17	午丙	5 19	丑丁	4 20	申戊	3 21	寅戊	2 20	申戊	六十
18	丑丁	6 18	未丁	5 20	寅戊	4 21	酉己	3 22	卯己	2 21	酉己	七十
19	寅戊	6 19	申戊	5 21	卯己	4 22	戌庚	3 23	辰庚	2 22	戌庚	八十
20	卯己	6 20	酉己	5 22	辰庚	4 23	亥辛	3 24	巳辛	2 23	亥辛	九十
21	辰庚	6 21	戌庚	5 23	巳辛	4 24	子壬	3 25	午壬	2 24	子壬	十二
22	巳辛	6 22	亥辛	5 24	午壬	4 25	丑癸	3 26	未癸	2 25	丑癸	一廿
23	午壬	6 23	子壬	5 25	未癸	4 26	寅甲	3 27	申甲	2 26	寅甲	二廿
24	未癸	6 24	丑癸	5 26	申甲	4 27	卯乙	3 28	酉乙	2 27	卯乙	三廿
25	申甲	6 25	寅甲	5 27	酉乙	4 28	辰丙	3 29	戌丙	2 28	辰丙	四廿
26	酉乙	6 26	卯乙	5 28	戌丙	4 29	巳丁	3 30	亥丁	2 29	巳丁	五廿
27	戌丙	6 27	辰丙	5 29	亥丁	4 30	午戊	3 31	子戊	3 1	午戊	六廿
28	亥丁	6 28	巳丁	5 30	子戊	5 1	未己	4 1	丑己	3 2	未己	七廿
29	子戊	6 29	午戊	5 31	丑己	5 2	申庚	4 2	寅庚	3 3	申庚	八廿
30	丑己	6 30	未己	6 1	寅庚	5 3	酉辛	4 3	卯辛	3 4	酉辛	九廿
乙太		7 1	申庚	易天		尋搜格落部		4 4	辰壬	3 5	戌壬	十三

月別	月 二 十		月 一 十		月 十		月 九		月 八		月 七	
月柱	丑 己		子 戊		亥 丁		戌 丙		酉 乙		申 甲	
紫白	碧 三		綠 四		黃 五		白 六		赤 七		白 八	
節氣時間	1/20	1/5	12/21	12/7	11/22	11/7	10/23	10/8	9/23	9/7	8/23	8/7
	六廿	一十	六廿	二十	七廿	二十	六廿	一十	六廿	十初	四廿	八初
	8時16分 大寒辰時	14時49分 小寒未時	21時37分 冬至亥時	3時37分 大雪寅時	8時19分 小雪辰時	10時48分 立冬巳時	10時47分 霜降巳時	7時38分 寒露辰時	1時28分 秋分丑時	15時59分 白露申時	3時49分 處暑寅時	13時3分 立秋未時
農曆	曆陽	柱日	曆陽	柱日	曆陽	柱日	曆陽	柱日	曆陽	柱日	曆陽	柱日
初一	12 26	午戊	11 26	子戊	10 27	午戊	9 28	丑己	8 29	未己	7 31	寅庚
初二	12 27	未己	11 27	丑己	10 28	未己	9 29	寅庚	8 30	申庚	8 1	卯辛
初三	12 28	申庚	11 28	寅庚	10 29	申庚	9 30	卯辛	8 31	酉辛	8 2	辰壬
初四	12 29	酉辛	11 29	卯辛	10 30	酉辛	10 1	辰壬	9 1	戌壬	8 3	巳癸
初五	12 30	戌壬	11 30	辰壬	10 31	戌壬	10 2	巳癸	9 2	亥癸	8 4	午甲
初六	12 31	亥癸	12 1	巳癸	11 1	亥癸	10 3	午甲	9 3	子甲	8 5	未乙
初七	1 1	子甲	12 2	午甲	11 2	子甲	10 4	未乙	9 4	丑乙	8 6	申丙
初八	1 2	丑乙	12 3	未乙	11 3	丑乙	10 5	申丙	9 5	寅丙	8 7	酉丁
初九	1 3	寅丙	12 4	申丙	11 4	寅丙	10 6	酉丁	9 6	卯丁	8 8	戌戊
初十	1 4	卯丁	12 5	酉丁	11 5	卯丁	10 7	戌戊	9 7	辰戊	8 9	亥己
十一	1 5	辰戊	12 6	戌戊	11 6	辰戊	10 8	亥己	9 8	巳己	8 10	子庚
十二	1 6	巳己	12 7	亥己	11 7	巳己	10 9	子庚	9 9	午庚	8 11	丑辛
十三	1 7	午庚	12 8	子庚	11 8	午庚	10 10	丑辛	9 10	未辛	8 12	寅壬
十四	1 8	未辛	12 9	丑辛	11 9	未辛	10 11	寅壬	9 11	申壬	8 13	卯癸
十五	1 9	申壬	12 10	寅壬	11 10	申壬	10 12	卯癸	9 12	酉癸	8 14	辰甲
十六	1 10	酉癸	12 11	卯癸	11 11	酉癸	10 13	辰甲	9 13	戌甲	8 15	巳乙
十七	1 11	戌甲	12 12	辰甲	11 12	戌甲	10 14	巳乙	9 14	亥乙	8 16	午丙
十八	1 12	亥乙	12 13	巳乙	11 13	亥乙	10 15	午丙	9 15	子丙	8 17	未丁
十九	1 13	子丙	12 14	午丙	11 14	子丙	10 16	未丁	9 16	丑丁	8 18	申戊
二十	1 14	丑丁	12 15	未丁	11 15	丑丁	10 17	申戊	9 17	寅戊	8 19	酉己
廿一	1 15	寅戊	12 16	申戊	11 16	寅戊	10 18	酉己	9 18	卯己	8 20	戌庚
廿二	1 16	卯己	12 17	酉己	11 17	卯己	10 19	戌庚	9 19	辰庚	8 21	亥辛
廿三	1 17	辰庚	12 18	戌庚	11 18	辰庚	10 20	亥辛	9 20	巳辛	8 22	子壬
廿四	1 18	巳辛	12 19	亥辛	11 19	巳辛	10 21	子壬	9 21	午壬	8 23	丑癸
廿五	1 19	午壬	12 20	子壬	11 20	午壬	10 22	丑癸	9 22	未癸	8 24	寅甲
廿六	1 20	未癸	12 21	丑癸	11 21	未癸	10 23	寅甲	9 23	申甲	8 25	卯乙
廿七	1 21	申甲	12 22	寅甲	11 22	申甲	10 24	卯乙	9 24	酉乙	8 26	辰丙
廿八	1 22	酉乙	12 23	卯乙	11 23	酉乙	10 25	辰丙	9 25	戌丙	8 27	巳丁
廿九	1 23	戌丙	12 24	辰丙	11 24	戌丙	10 26	巳丁	9 26	亥丁	8 28	午戊
三十	乙太		12 25	巳丁	11 25	亥丁	易天		9 27	子戊	尋搜格落部	

西元二〇〇一年 歲次辛巳

月 六		月 五		月四閏		月 四		月 三		月 二		月 正		別月
未 乙		午 甲				巳 癸		辰 壬		卯 辛		寅 庚		柱月
白 六		赤 七				白 八		紫 九		白 一		黑 二		白紫
/7	7/23	7/7	6/21		6/5	5/21	5/5	4/20	4/5	3/20	3/5	2/18	2/4	節氣時間
十	三初	七十	一初		四十	九廿	三十	七廿	二十	六廿	一十	六廿	二十	
立秋酉時	2時26分 大暑丑時	9時7分 小暑巳時	15時38分 夏至申時		22時54分 芒種亥時	7時44分 小滿辰時	18時45分 立夏酉時	8時36分 穀雨辰時	1時24分 清明丑時	21時31分 春分亥時	20時33分 驚蟄戌時	22時27分 雨水亥時	2時29分 立春丑時	
陽	柱日	曆陽	柱日	曆陽	柱日	曆陽	柱日	曆陽	柱日	曆陽	柱日	曆陽	柱日	曆農
21	酉乙	6 21	卯乙	5 23	戌丙	4 23	辰丙	3 25	亥丁	2 23	巳丁	1 24	亥丁	一初
22	戌丙	6 22	辰丙	5 24	亥丁	4 24	巳丁	3 26	子戊	2 24	午戊	1 25	子戊	二初
23	亥丁	6 23	巳丁	5 25	子戊	4 25	午戊	3 27	丑己	2 25	未己	1 26	丑己	三初
24	子戊	6 24	午戊	5 26	丑己	4 26	未己	3 28	寅庚	2 26	申庚	1 27	寅庚	四初
25	丑己	6 25	未己	5 27	寅庚	4 27	申庚	3 29	卯辛	2 27	酉辛	1 28	卯辛	五初
26	寅庚	6 26	申庚	5 28	卯辛	4 28	酉辛	3 30	辰壬	2 28	戌壬	1 29	辰壬	六初
27	卯辛	6 27	酉辛	5 29	辰壬	4 29	戌壬	3 31	巳癸	3 1	亥癸	1 30	巳癸	七初
28	辰壬	6 28	戌壬	5 30	巳癸	4 30	亥癸	4 1	午甲	3 2	子甲	1 31	午甲	八初
29	巳癸	6 29	亥癸	5 31	午甲	5 1	子甲	4 2	未乙	3 3	丑乙	2 1	未乙	九初
30	午甲	6 30	子甲	6 1	未乙	5 2	丑乙	4 3	申丙	3 4	寅丙	2 2	申丙	十初
31	未乙	7 1	丑乙	6 2	申丙	5 3	寅丙	4 4	酉丁	3 5	卯丁	2 3	酉丁	一十
1	申丙	7 2	寅丙	6 3	酉丁	5 4	卯丁	4 5	戌戊	3 6	辰戊	2 4	戌戊	二十
2	酉丁	7 3	卯丁	6 4	戌戊	5 5	辰戊	4 6	亥己	3 7	巳己	2 5	亥己	三十
3	戌戊	7 4	辰戊	6 5	亥己	5 6	巳己	4 7	子庚	3 8	午庚	2 6	子庚	四十
4	亥己	7 5	巳己	6 6	子庚	5 7	午庚	4 8	丑辛	3 9	未辛	2 7	丑辛	五十
5	子庚	7 6	午庚	6 7	丑辛	5 8	未辛	4 9	寅壬	3 10	申壬	2 8	寅壬	六十
6	丑辛	7 7	未辛	6 8	寅壬	5 9	申壬	4 10	卯癸	3 11	酉癸	2 9	卯癸	七十
7	寅壬	7 8	申壬	6 9	卯癸	5 10	酉癸	4 11	辰甲	3 12	戌甲	2 10	辰甲	八十
8	卯癸	7 9	酉癸	6 10	辰甲	5 11	戌甲	4 12	巳乙	3 13	亥乙	2 11	巳乙	九十
9	辰甲	7 10	戌甲	6 11	巳乙	5 12	亥乙	4 13	午丙	3 14	子丙	2 12	午丙	十二
10	巳乙	7 11	亥乙	6 12	午丙	5 13	子丙	4 14	未丁	3 15	丑丁	2 13	未丁	一廿
11	午丙	7 12	子丙	6 13	未丁	5 14	丑丁	4 15	申戊	3 16	寅戊	2 14	申戊	二廿
12	未丁	7 13	丑丁	6 14	申戊	5 15	寅戊	4 16	酉己	3 17	卯己	2 15	酉己	三廿
13	申戊	7 14	寅戊	6 15	酉己	5 16	卯己	4 17	戌庚	3 18	辰庚	2 16	戌庚	四廿
14	酉己	7 15	卯己	6 16	戌庚	5 17	辰庚	4 18	亥辛	3 19	巳辛	2 17	亥辛	五廿
15	戌庚	7 16	辰庚	6 17	亥辛	5 18	巳辛	4 19	子壬	3 20	午壬	2 18	子壬	六廿
16	亥辛	7 17	巳辛	6 18	子壬	5 19	午壬	4 20	丑癸	3 21	未癸	2 19	丑癸	七廿
17	子壬	7 18	午壬	6 19	丑癸	5 20	未癸	4 21	寅甲	3 22	申甲	2 20	寅甲	八廿
18	丑癸	7 19	未癸	6 20	寅甲	5 21	申甲	4 22	卯乙	3 23	酉乙	2 21	卯乙	九廿
乙太		7 20	申甲	易天		5 22	酉乙	尋搜格落部		3 24	戌丙	2 22	辰丙	十三

民國九十年

太歲姓鄭名祖

納音屬金

生肖屬蛇

年八白星

軫宿值年

月別	月二十		月一十		月十		月九		月八		月七	
月柱	丑辛		子庚		亥己		戌戊		酉丁		申丙	
紫白	紫九		白一		黑二		碧三		綠四		黃五	
節氣時間	2/4	1/20	1/5	12/22	12/7	11/22	11/7	10/23	10/8	9/23	9/7	8/2
	三廿	八初	二廿	八初	三廿	八初	二廿	七初	二廿	七初	十二	五初
	8時24分 立春辰時	14時2分 大寒未時	20時44分 小寒戌時	3時21分 冬至寅時	9時29分 大雪巳時	14時1分 小雪未時	16時37分 立冬申時	16時26分 霜降申時	13時25分 寒露未時	7時5分 秋分辰時	21時46分 白露亥時	9時27分 處暑巳時
農曆	曆陽	柱日	曆陽	柱日	曆陽	柱日	曆陽	柱日	曆陽	柱日	曆陽	柱日
初一	1 13	巳辛	12 15	子壬	11 15	午壬	10 17	丑癸	9 17	未癸	8 19	寅甲
初二	1 14	午壬	12 16	丑癸	11 16	未癸	10 18	寅甲	9 18	申甲	8 20	卯乙
初三	1 15	未癸	12 17	寅甲	11 17	申甲	10 19	卯乙	9 19	酉乙	8 21	辰丙
初四	1 16	申甲	12 18	卯乙	11 18	酉乙	10 20	辰丙	9 20	戌丙	8 22	巳丁
初五	1 17	酉乙	12 19	辰丙	11 19	戌丙	10 21	巳丁	9 21	亥丁	8 23	午戊
初六	1 18	戌丙	12 20	巳丁	11 20	亥丁	10 22	午戊	9 22	子戊	8 24	未己
初七	1 19	亥丁	12 21	午戊	11 21	子戊	10 23	未己	9 23	丑己	8 25	申庚
初八	1 20	子戊	12 22	未己	11 22	丑己	10 24	申庚	9 24	寅庚	8 26	酉辛
初九	1 21	丑己	12 23	申庚	11 23	寅庚	10 25	酉辛	9 25	卯辛	8 27	戌壬
初十	1 22	寅庚	12 24	酉辛	11 24	卯辛	10 26	戌壬	9 26	辰壬	8 28	亥癸
十一	1 23	卯辛	12 25	戌壬	11 25	辰壬	10 27	亥癸	9 27	巳癸	8 29	子甲
十二	1 24	辰壬	12 26	亥癸	11 26	巳癸	10 28	子甲	9 28	午甲	8 30	丑乙
十三	1 25	巳癸	12 27	子甲	11 27	午甲	10 29	丑乙	9 29	未乙	8 31	寅丙
十四	1 26	午甲	12 28	丑乙	11 28	未乙	10 30	寅丙	9 30	申丙	9 1	卯丁
十五	1 27	未乙	12 29	寅丙	11 29	申丙	10 31	卯丁	10 1	酉丁	9 2	辰戊
十六	1 28	申丙	12 30	卯丁	11 30	酉丁	11 1	辰戊	10 2	戌戊	9 3	巳己
十七	1 29	酉丁	12 31	辰戊	12 1	戌戊	11 2	巳己	10 3	亥己	9 4	午庚
十八	1 30	戌戊	1 1	巳己	12 2	亥己	11 3	午庚	10 4	子庚	9 5	未辛
十九	1 31	亥己	1 2	午庚	12 3	子庚	11 4	未辛	10 5	丑辛	9 6	申壬
二十	2 1	子庚	1 3	未辛	12 4	丑辛	11 5	申壬	10 6	寅壬	9 7	酉癸
廿一	2 2	丑辛	1 4	申壬	12 5	寅壬	11 6	酉癸	10 7	卯癸	9 8	戌甲
廿二	2 3	寅壬	1 5	酉癸	12 6	卯癸	11 7	戌甲	10 8	辰甲	9 9	亥乙
廿三	2 4	卯癸	1 6	戌甲	12 7	辰甲	11 8	亥乙	10 9	巳乙	9 10	子丙
廿四	2 5	辰甲	1 7	亥乙	12 8	巳乙	11 9	子丙	10 10	午丙	9 11	丑丁
廿五	2 6	巳乙	1 8	子丙	12 9	午丙	11 10	丑丁	10 11	未丁	9 12	寅戊
廿六	2 7	午丙	1 9	丑丁	12 10	未丁	11 11	寅戊	10 12	申戊	9 13	卯己
廿七	2 8	未丁	1 10	寅戊	12 11	申戊	11 12	卯己	10 13	酉己	9 14	辰庚
廿八	2 9	申戊	1 11	卯己	12 12	酉己	11 13	辰庚	10 14	戌庚	9 15	巳辛
廿九	2 10	酉己	1 12	辰庚	12 13	戌庚	11 14	巳辛	10 15	亥辛	9 16	午壬
三十	2 11	戌庚	乙太		12 14	亥辛	易天		10 16	子壬	尋搜格落部	

西元二〇〇二年 歲次壬午

民國九十一年
太歲姓陸名明

納音屬木
生肖屬馬

年七赤星
角宿值年

月	六	月五		月四		月三		月二		月正		別月
未	丁	午丙		巳乙		辰甲		卯癸		寅壬		柱月
碧	三	綠四		黃五		白六		赤七		白八		白紫
/8	7/23	7/7	6/21	6/6	5/21	5/6	4/20	4/5	3/21	3/6	2/19	節氣時間
三	四十	七廿	一十	六廿	十初	四廿	八初	三廿	八初	三廿	八初	
立秋子時	8時15分 大暑辰時	14時56分 小暑未時	21時24分 夏至亥時	4時45分 芒種寅時	13時29分 小滿未時	0時37分 立夏子時	14時21分 穀雨未時	7時18分 清明辰時	3時16分 春分寅時	2時28分 驚蟄丑時	4時13分 雨水寅時	
陽	柱日	曆陽	柱日	曆陽	柱日	曆陽	柱日	曆陽	柱日	曆陽	柱日	曆農
10	卯己	6 11	戌庚	5 12	辰庚	4 13	亥辛	3 14	巳辛	2 12	亥辛	一初
11	辰庚	6 12	亥辛	5 13	巳辛	4 14	子壬	3 15	午壬	2 13	子壬	二初
12	巳辛	6 13	子壬	5 14	午壬	4 15	丑癸	3 16	未癸	2 14	丑癸	三初
13	午壬	6 14	丑癸	5 15	未癸	4 16	寅甲	3 17	申甲	2 15	寅甲	四初
14	未癸	6 15	寅甲	5 16	申甲	4 17	卯乙	3 18	酉乙	2 16	卯乙	五初
15	申甲	6 16	卯乙	5 17	酉乙	4 18	辰丙	3 19	戌丙	2 17	辰丙	六初
16	酉乙	6 17	辰丙	5 18	戌丙	4 19	巳丁	3 20	亥丁	2 18	巳丁	七初
17	戌丙	6 18	巳丁	5 19	亥丁	4 20	午戊	3 21	子戊	2 19	午戊	八初
18	亥丁	6 19	午戊	5 20	子戊	4 21	未己	3 22	丑己	2 20	未己	九初
19	子戊	6 20	未己	5 21	丑己	4 22	申庚	3 23	寅庚	2 21	申庚	十初
20	丑己	6 21	申庚	5 22	寅庚	4 23	酉辛	3 24	卯辛	2 22	酉辛	一十
21	寅庚	6 22	酉辛	5 23	卯辛	4 24	戌壬	3 25	辰壬	2 23	戌壬	二十
22	卯辛	6 23	戌壬	5 24	辰壬	4 25	亥癸	3 26	巳癸	2 24	亥癸	三十
23	辰壬	6 24	亥癸	5 25	巳癸	4 26	子甲	3 27	午甲	2 25	子甲	四十
24	巳癸	6 25	子甲	5 26	午甲	4 27	丑乙	3 28	未乙	2 26	丑乙	五十
25	午甲	6 26	丑乙	5 27	未乙	4 28	寅丙	3 29	申丙	2 27	寅丙	六十
26	未乙	6 27	寅丙	5 28	申丙	4 29	卯丁	3 30	酉丁	2 28	卯丁	七十
27	申丙	6 28	卯丁	5 29	酉丁	4 30	辰戊	3 31	戌戊	3 1	辰戊	八十
28	酉丁	6 29	辰戊	5 30	戌戊	5 1	巳己	4 1	亥己	3 2	巳己	九十
29	戌戊	6 30	巳己	5 31	亥己	5 2	午庚	4 2	子庚	3 3	午庚	十二
30	亥己	7 1	午庚	6 1	子庚	5 3	未辛	4 3	丑辛	3 4	未辛	一廿
31	子庚	7 2	未辛	6 2	丑辛	5 4	申壬	4 4	寅壬	3 5	申壬	二廿
1	丑辛	7 3	申壬	6 3	寅壬	5 5	酉癸	4 5	卯癸	3 6	酉癸	三廿
2	寅壬	7 4	酉癸	6 4	卯癸	5 6	戌甲	4 6	辰甲	3 7	戌甲	四廿
3	卯癸	7 5	戌甲	6 5	辰甲	5 7	亥乙	4 7	巳乙	3 8	亥乙	五廿
4	辰甲	7 6	亥乙	6 6	巳乙	5 8	子丙	4 8	午丙	3 9	子丙	六廿
5	巳乙	7 7	子丙	6 7	午丙	5 9	丑丁	4 9	未丁	3 10	丑丁	七廿
6	午丙	7 8	丑丁	6 8	未丁	5 10	寅戊	4 10	申戊	3 11	寅戊	八廿
7	未丁	7 9	寅戊	6 9	申戊	5 11	卯己	4 11	酉己	3 12	卯己	九廿
8	申戊	乙太		6 10	酉己	易天		4 12	戌庚	3 13	辰庚	十三

月別	月二十		月一十		月十		月九		月八		月七	
月柱	丑癸		子壬		亥辛		戌庚		酉己		申戊	
紫白	白六		赤七		白八		紫九		白一		黑二	
節氣時間	1/20	1/6	12/22	12/7	11/22	11/7	10/23	10/8	9/23	9/8		8/23
	八十	四初	九十	四初	八十	三初	八十	三初	七十	二初		五十
	19時53分 大寒戌時	2時28分 小寒丑時	9時14分 冬至巳時	15時14分 大雪申時	19時54分 小雪戌時	22時22分 立冬亥時	22時18分 霜降亥時	19時9分 寒露戌時	12時55分 秋分午時	3時31分 白露寅時		15時17分 處暑申時
農曆	曆陽	柱日	曆陽	柱日	曆陽	柱日	曆陽	柱日	曆陽	柱日	曆陽	柱日
初一	1 3	子丙	12 4	午丙	11 5	丑丁	10 6	未丁	9 7	寅戊	8 9	酉己
初二	1 4	丑丁	12 5	未丁	11 6	寅戊	10 7	申戊	9 8	卯己	8 10	戌庚
初三	1 5	寅戊	12 6	申戊	11 7	卯己	10 8	酉己	9 9	辰庚	8 11	亥辛
初四	1 6	卯己	12 7	酉己	11 8	辰庚	10 9	戌庚	9 10	巳辛	8 12	子壬
初五	1 7	辰庚	12 8	戌庚	11 9	巳辛	10 10	亥辛	9 11	午壬	8 13	丑癸
初六	1 8	巳辛	12 9	亥辛	11 10	午壬	10 11	子壬	9 12	未癸	8 14	寅甲
初七	1 9	午壬	12 10	子壬	11 11	未癸	10 12	丑癸	9 13	申甲	8 15	卯乙
初八	1 10	未癸	12 11	丑癸	11 12	申甲	10 13	寅甲	9 14	酉乙	8 16	辰丙
初九	1 11	申甲	12 12	寅甲	11 13	酉乙	10 14	卯乙	9 15	戌丙	8 17	巳丁
初十	1 12	酉乙	12 13	卯乙	11 14	戌丙	10 15	辰丙	9 16	亥丁	8 18	午戊
十一	1 13	戌丙	12 14	辰丙	11 15	亥丁	10 16	巳丁	9 17	子戊	8 19	未己
十二	1 14	亥丁	12 15	巳丁	11 16	子戊	10 17	午戊	9 18	丑己	8 20	申庚
十三	1 15	子戊	12 16	午戊	11 17	丑己	10 18	未己	9 19	寅庚	8 21	酉辛
十四	1 16	丑己	12 17	未己	11 18	寅庚	10 19	申庚	9 20	卯辛	8 22	戌壬
十五	1 17	寅庚	12 18	申庚	11 19	卯辛	10 20	酉辛	9 21	辰壬	8 23	亥癸
十六	1 18	卯辛	12 19	酉辛	11 20	辰壬	10 21	戌壬	9 22	巳癸	8 24	子甲
十七	1 19	辰壬	12 20	戌壬	11 21	巳癸	10 22	亥癸	9 23	午甲	8 25	丑乙
十八	1 20	巳癸	12 21	亥癸	11 22	午甲	10 23	子甲	9 24	未乙	8 26	寅丙
十九	1 21	午甲	12 22	子甲	11 23	未乙	10 24	丑乙	9 25	申丙	8 27	卯丁
二十	1 22	未乙	12 23	丑乙	11 24	申丙	10 25	寅丙	9 26	酉丁	8 28	辰戊
廿一	1 23	申丙	12 24	寅丙	11 25	酉丁	10 26	卯丁	9 27	戌戊	8 29	巳己
廿二	1 24	酉丁	12 25	卯丁	11 26	戌戊	10 27	辰戊	9 28	亥己	8 30	午庚
廿三	1 25	戌戊	12 26	辰戊	11 27	亥己	10 28	巳己	9 29	子庚	8 31	未辛
廿四	1 26	亥己	12 27	巳己	11 28	子庚	10 29	午庚	9 30	丑辛	9 1	申壬
廿五	1 27	子庚	12 28	午庚	11 29	丑辛	10 30	未辛	10 1	寅壬	9 2	酉癸
廿六	1 28	丑辛	12 29	未辛	11 30	寅壬	10 31	申壬	10 2	卯癸	9 3	戌甲
廿七	1 29	寅壬	12 30	申壬	12 1	卯癸	11 1	酉癸	10 3	辰甲	9 4	亥乙
廿八	1 30	卯癸	12 31	酉癸	12 2	辰甲	11 2	戌甲	10 4	巳乙	9 5	子丙
廿九	1 31	辰甲	1 1	戌甲	12 3	巳乙	11 3	亥乙	10 5	午丙	9 6	丑丁
三十	乙太		1 2	亥乙	易天		11 4	子丙	業事化文乙太		尋搜格落部	

西元二〇〇三年 歲次癸未

民國九十二年

太歲姓魏名仁

納音屬木　生肖屬羊

年六白星　亢宿值年

月別	正月	二月	三月	四月	五月	六月
月柱	甲寅	乙卯	丙辰	丁巳	戊午	己未
紫白	五黃	四綠	三碧	二黑	一白	九紫
節氣時間	2/4 初四 立春 14時5分 未時	3/6 初四 驚蟄 8時5分 辰時	4/5 初四 清明 12時53分 午時	5/6 初六 立夏 6時11分 卯時	6/6 初七 芒種 10時20分 巳時	7/7 初八 小暑 20時36分 戌時
節氣時間	2/19 十九 雨水 10時0分 巳時	3/21 十九 春分 9時0分 巳時	4/20 十九 穀雨 20時3分 戌時	5/21 廿一 小滿 19時12分 戌時	6/22 廿三 夏至 3時11分 寅時	7/23 廿四 大暑 4時4分 未時

農曆	正月 陽曆	正月 日柱	二月 陽曆	二月 日柱	三月 陽曆	三月 日柱	四月 陽曆	四月 日柱	五月 陽曆	五月 日柱	六月 陽曆	六月 日柱
初一	2 1	乙巳	3 3	乙亥	4 2	乙巳	5 1	甲戌	5 31	甲辰	6 30	甲戌
初二	2 2	丙午	3 4	丙子	4 3	丙午	5 2	乙亥	6 1	乙巳	7 1	乙亥
初三	2 3	丁未	3 5	丁丑	4 4	丁未	5 3	丙子	6 2	丙午	7 2	丙子
初四	2 4	戊申	3 6	戊寅	4 5	戊申	5 4	丁丑	6 3	丁未	7 3	丁丑
初五	2 5	己酉	3 7	己卯	4 6	己酉	5 5	戊寅	6 4	戊申	7 4	戊寅
初六	2 6	庚戌	3 8	庚辰	4 7	庚戌	5 6	己卯	6 5	己酉	7 5	己卯
初七	2 7	辛亥	3 9	辛巳	4 8	辛亥	5 7	庚辰	6 6	庚戌	7 6	庚辰
初八	2 8	壬子	3 10	壬午	4 9	壬子	5 8	辛巳	6 7	辛亥	7 7	辛巳
初九	2 9	癸丑	3 11	癸未	4 10	癸丑	5 9	壬午	6 8	壬子	7 8	壬午
初十	2 10	甲寅	3 12	甲申	4 11	甲寅	5 10	癸未	6 9	癸丑	7 9	癸未
十一	2 11	乙卯	3 13	乙酉	4 12	乙卯	5 11	甲申	6 10	甲寅	7 10	甲申
十二	2 12	丙辰	3 14	丙戌	4 13	丙辰	5 12	乙酉	6 11	乙卯	7 11	乙酉
十三	2 13	丁巳	3 15	丁亥	4 14	丁巳	5 13	丙戌	6 12	丙辰	7 12	丙戌
十四	2 14	戊午	3 16	戊子	4 15	戊午	5 14	丁亥	6 13	丁巳	7 13	丁亥
十五	2 15	己未	3 17	己丑	4 16	己未	5 15	戊子	6 14	戊午	7 14	戊子
十六	2 16	庚申	3 18	庚寅	4 17	庚申	5 16	己丑	6 15	己未	7 15	己丑
十七	2 17	辛酉	3 19	辛卯	4 18	辛酉	5 17	庚寅	6 16	庚申	7 16	庚寅
十八	2 18	壬戌	3 20	壬辰	4 19	壬戌	5 18	辛卯	6 17	辛酉	7 17	辛卯
十九	2 19	癸亥	3 21	癸巳	4 20	癸亥	5 19	壬辰	6 18	壬戌	7 18	壬辰
二十	2 20	甲子	3 22	甲午	4 21	甲子	5 20	癸巳	6 19	癸亥	7 19	癸巳
廿一	2 21	乙丑	3 23	乙未	4 22	乙丑	5 21	甲午	6 20	甲子	7 20	甲午
廿二	2 22	丙寅	3 24	丙申	4 23	丙寅	5 22	乙未	6 21	乙丑	7 21	乙未
廿三	2 23	丁卯	3 25	丁酉	4 24	丁卯	5 23	丙申	6 22	丙寅	7 22	丙申
廿四	2 24	戊辰	3 26	戊戌	4 25	戊辰	5 24	丁酉	6 23	丁卯	7 23	丁酉
廿五	2 25	己巳	3 27	己亥	4 26	己巳	5 25	戊戌	6 24	戊辰	7 24	戊戌
廿六	2 26	庚午	3 28	庚子	4 27	庚午	5 26	己亥	6 25	己巳	7 25	己亥
廿七	2 27	辛未	3 29	辛丑	4 28	辛未	5 27	庚子	6 26	庚午	7 26	庚子
廿八	2 28	壬申	3 30	壬寅	4 29	壬申	5 28	辛丑	6 27	辛未	7 27	辛丑
廿九	3 1	癸酉	3 31	癸卯	4 30	癸酉	5 29	壬寅	6 28	壬申	7 28	壬寅
三十	3 2	甲戌	4 1	甲辰	天易		5 30	癸卯	6 29	癸酉	太乙	

月別	月二十		月一十		月十		月九		月八		月七	
月柱	丑乙		子甲		亥癸		戌壬		酉辛		申庚	
紫白	碧三		綠四		黃五		白六		赤七		白八	
節氣時間	1/21	1/6	12/22	12/7	11/23	11/8	10/24	10/9	9/23	9/8	8/23	8/8
	十三	五十	九廿	四十	十三	五十	九廿	四十	七廿	二十	六廿	一十
	1時42分 大寒丑時	8時19分 小寒辰時	15時4分 冬至申時	21時5分 大雪亥時	1時43分 小雪丑時	4時13分 立冬寅時	4時8分 霜降寅時	1時0分 寒露丑時	18時47分 秋分酉時	9時20分 白露巳時	21時8分 處暑亥時	6時24分 立秋卯時
農曆	曆陽	柱日	曆陽	柱日	曆陽	柱日	曆陽	柱日	曆陽	柱日	曆陽	柱日
初一	12 23	午庚	11 24	丑辛	10 25	未辛	9 26	寅壬	8 28	酉癸	7 29	卯癸
初二	12 24	未辛	11 25	寅壬	10 26	申壬	9 27	卯癸	8 29	戌甲	7 30	辰甲
初三	12 25	申壬	11 26	卯癸	10 27	酉癸	9 28	辰甲	8 30	亥乙	7 31	巳乙
初四	12 26	酉癸	11 27	辰甲	10 28	戌甲	9 29	巳乙	8 31	子丙	8 1	午丙
初五	12 27	戌甲	11 28	巳乙	10 29	亥乙	9 30	午丙	9 1	丑丁	8 2	未丁
初六	12 28	亥乙	11 29	午丙	10 30	子丙	10 1	未丁	9 2	寅戊	8 3	申戊
初七	12 29	子丙	11 30	未丁	10 31	丑丁	10 2	申戊	9 3	卯己	8 4	酉己
初八	12 30	丑丁	12 1	申戊	11 1	寅戊	10 3	酉己	9 4	辰庚	8 5	戌庚
初九	12 31	寅戊	12 2	酉己	11 2	卯己	10 4	戌庚	9 5	巳辛	8 6	亥辛
初十	1 1	卯己	12 3	戌庚	11 3	辰庚	10 5	亥辛	9 6	午壬	8 7	子壬
十一	1 2	辰庚	12 4	亥辛	11 4	巳辛	10 6	子壬	9 7	未癸	8 8	丑癸
十二	1 3	巳辛	12 5	子壬	11 5	午壬	10 7	丑癸	9 8	申甲	8 9	寅甲
十三	1 4	午壬	12 6	丑癸	11 6	未癸	10 8	寅甲	9 9	酉乙	8 10	卯乙
十四	1 5	未癸	12 7	寅甲	11 7	申甲	10 9	卯乙	9 10	戌丙	8 11	辰丙
十五	1 6	申甲	12 8	卯乙	11 8	酉乙	10 10	辰丙	9 11	亥丁	8 12	巳丁
十六	1 7	酉乙	12 9	辰丙	11 9	戌丙	10 11	巳丁	9 12	子戊	8 13	午戊
十七	1 8	戌丙	12 10	巳丁	11 10	亥丁	10 12	午戊	9 13	丑己	8 14	未己
十八	1 9	亥丁	12 11	午戊	11 11	子戊	10 13	未己	9 14	寅庚	8 15	申庚
十九	1 10	子戊	12 12	未己	11 12	丑己	10 14	申庚	9 15	卯辛	8 16	酉辛
二十	1 11	丑己	12 13	申庚	11 13	寅庚	10 15	酉辛	9 16	辰壬	8 17	戌壬
廿一	1 12	寅庚	12 14	酉辛	11 14	卯辛	10 16	戌壬	9 17	巳癸	8 18	亥癸
廿二	1 13	卯辛	12 15	戌壬	11 15	辰壬	10 17	亥癸	9 18	午甲	8 19	子甲
廿三	1 14	辰壬	12 16	亥癸	11 16	巳癸	10 18	子甲	9 19	未乙	8 20	丑乙
廿四	1 15	巳癸	12 17	子甲	11 17	午甲	10 19	丑乙	9 20	申丙	8 21	寅丙
廿五	1 16	午甲	12 18	丑乙	11 18	未乙	10 20	寅丙	9 21	酉丁	8 22	卯丁
廿六	1 17	未乙	12 19	寅丙	11 19	申丙	10 21	卯丁	9 22	戌戊	8 23	辰戊
廿七	1 18	申丙	12 20	卯丁	11 20	酉丁	10 22	辰戊	9 23	亥己	8 24	巳己
廿八	1 19	酉丁	12 21	辰戊	11 21	戌戊	10 23	巳己	9 24	子庚	8 25	午庚
廿九	1 20	戌戊	12 22	巳己	11 22	亥己	10 24	午庚	9 25	丑辛	8 26	未辛
三十	1 21	亥己	乙太		11 23	子庚	易天		尋搜格落部		8 27	申壬

西元二〇〇四年 歲次甲申

民國九十三年
太歲姓方名公

納音屬水
生肖屬猴

年五黃星
氐宿值年

月六		月五		月四		月三		月二閏		月二		月正		別月
未辛		午庚		巳己		辰戊				卯丁		寅丙		柱月
白六		赤七		白八		紫九				白一		黑二		白紫
3/7	7/22	7/7	6/21	6/5	5/21	5/5	4/20		4/4	3/20	3/5	2/19	2/4	節氣時間
二廿	六初	十二	四初	八十	三初	七十	二初		五十	十三	五十	九廿	四十	
2時0分 立秋午時	19時50分 大暑戌時	2時31分 小暑丑時	8時57分 夏至辰時	16時14分 芒種申時	0時59分 小滿子時	12時2分 立夏午時	1時50分 穀雨丑時		18時43分 清明酉時	14時49分 春分未時	13時56分 驚蟄未時	15時50分 雨水申時	19時56分 立春戌時	
曆陽	柱日	曆陽	柱日	曆陽	柱日	曆陽	柱日	曆陽	柱日	曆陽	柱日	曆陽	柱日	曆農
7 17	酉丁	6 18	辰戊	5 19	戌戊	4 19	辰戊	3 21	亥己	2 20	巳己	1 22	子庚	一初
7 18	戌戊	6 19	巳己	5 20	亥己	4 20	巳己	3 22	子庚	2 21	午庚	1 23	丑辛	二初
7 19	亥己	6 20	午庚	5 21	子庚	4 21	午庚	3 23	丑辛	2 22	未辛	1 24	寅壬	三初
7 20	子庚	6 21	未辛	5 22	丑辛	4 22	未辛	3 24	寅壬	2 23	申壬	1 25	卯癸	四初
7 21	丑辛	6 22	申壬	5 23	寅壬	4 23	申壬	3 25	卯癸	2 24	酉癸	1 26	辰甲	五初
7 22	寅壬	6 23	酉癸	5 24	卯癸	4 24	酉癸	3 26	辰甲	2 25	戌甲	1 27	巳乙	六初
7 23	卯癸	6 24	戌甲	5 25	辰甲	4 25	戌甲	3 27	巳乙	2 26	亥乙	1 28	午丙	七初
7 24	辰甲	6 25	亥乙	5 26	巳乙	4 26	亥乙	3 28	午丙	2 27	子丙	1 29	未丁	八初
7 25	巳乙	6 26	子丙	5 27	午丙	4 27	子丙	3 29	未丁	2 28	丑丁	1 30	申戊	九初
7 26	午丙	6 27	丑丁	5 28	未丁	4 28	丑丁	3 30	申戊	2 29	寅戊	1 31	酉己	十初
7 27	未丁	6 28	寅戊	5 29	申戊	4 29	寅戊	3 31	酉己	3 1	卯己	2 1	戌庚	一十
7 28	申戊	6 29	卯己	5 30	酉己	4 30	卯己	4 1	戌庚	3 2	辰庚	2 2	亥辛	二十
7 29	酉己	6 30	辰庚	5 31	戌庚	5 1	辰庚	4 2	亥辛	3 3	巳辛	2 3	子壬	三十
7 30	戌庚	7 1	巳辛	6 1	亥辛	5 2	巳辛	4 3	子壬	3 4	午壬	2 4	丑癸	四十
7 31	亥辛	7 2	午壬	6 2	子壬	5 3	午壬	4 4	丑癸	3 5	未癸	2 5	寅甲	五十
8 1	子壬	7 3	未癸	6 3	丑癸	5 4	未癸	4 5	寅甲	3 6	申甲	2 6	卯乙	六十
8 2	丑癸	7 4	申甲	6 4	寅甲	5 5	申甲	4 6	卯乙	3 7	酉乙	2 7	辰丙	七十
8 3	寅甲	7 5	酉乙	6 5	卯乙	5 6	酉乙	4 7	辰丙	3 8	戌丙	2 8	巳丁	八十
8 4	卯乙	7 6	戌丙	6 6	辰丙	5 7	戌丙	4 8	巳丁	3 9	亥丁	2 9	午戊	九十
8 5	辰丙	7 7	亥丁	6 7	巳丁	5 8	亥丁	4 9	午戊	3 10	子戊	2 10	未己	十二
8 6	巳丁	7 8	子戊	6 8	午戊	5 9	子戊	4 10	未己	3 11	丑己	2 11	申庚	一廿
8 7	午戊	7 9	丑己	6 9	未己	5 10	丑己	4 11	申庚	3 12	寅庚	2 12	酉辛	二廿
8 8	未己	7 10	寅庚	6 10	申庚	5 11	寅庚	4 12	酉辛	3 13	卯辛	2 13	戌壬	三廿
8 9	申庚	7 11	卯辛	6 11	酉辛	5 12	卯辛	4 13	戌壬	3 14	辰壬	2 14	亥癸	四廿
8 10	酉辛	7 12	辰壬	6 12	戌壬	5 13	辰壬	4 14	亥癸	3 15	巳癸	2 15	子甲	五廿
8 11	戌壬	7 13	巳癸	6 13	亥癸	5 14	巳癸	4 15	子甲	3 16	午甲	2 16	丑乙	六廿
8 12	亥癸	7 14	午甲	6 14	子甲	5 15	午甲	4 16	丑乙	3 17	未乙	2 17	寅丙	七廿
8 13	子甲	7 15	未乙	6 15	丑乙	5 16	未乙	4 17	寅丙	3 18	申丙	2 18	卯丁	八廿
8 14	丑乙	7 16	申丙	6 16	寅丙	5 17	申丙	4 18	卯丁	3 19	酉丁	2 19	辰戊	九廿
8 15	寅丙	乙太		6 17	卯丁	5 18	酉丁	易天		3 20	戌戊	尋搜格落部		十三

月別	月 二 十		月 一 十		月 十		月 九		月 八		月 七	
月柱	丑 丁		子 丙		亥 乙		戌 甲		酉 癸		申 壬	
紫白	紫 九		白 一		黑 二		碧 三		綠 四		黃 五	
節氣時間	2/4	1/20	1/5	12/21	12/7	11/22	11/7	10/23	10/8	9/23	9/7	8/23
	六廿	一十	五廿	十初	六廿	一十	五廿	十初	五廿	十初	三廿	八初
	1時43分 立春丑時	7時22分 大寒辰時	14時3分 小寒未時	20時42分 冬至戌時	2時49分 大雪丑時	7時22分 小雪辰時	9時59分 立冬巳時	9時49分 霜降巳時	6時49分 寒露卯時	0時30分 秋分子時	15時13分 白露申時	2時53分 處暑丑時
農曆	曆陽	柱日	曆陽	柱日	曆陽	柱日	曆陽	柱日	曆陽	柱日	曆陽	柱日
初一	1 10	午甲	12 12	丑乙	11 12	未乙	10 14	寅丙	9 14	申丙	8 16	卯丁
初二	1 11	未乙	12 13	寅丙	11 13	申丙	10 15	卯丁	9 15	酉丁	8 17	辰戊
初三	1 12	申丙	12 14	卯丁	11 14	酉丁	10 16	辰戊	9 16	戌戊	8 18	巳己
初四	1 13	酉丁	12 15	辰戊	11 15	戌戊	10 17	巳己	9 17	亥己	8 19	午庚
初五	1 14	戌戊	12 16	巳己	11 16	亥己	10 18	午庚	9 18	子庚	8 20	未辛
初六	1 15	亥己	12 17	午庚	11 17	子庚	10 19	未辛	9 19	丑辛	8 21	申壬
初七	1 16	子庚	12 18	未辛	11 18	丑辛	10 20	申壬	9 20	寅壬	8 22	酉癸
初八	1 17	丑辛	12 19	申壬	11 19	寅壬	10 21	酉癸	9 21	卯癸	8 23	戌甲
初九	1 18	寅壬	12 20	酉癸	11 20	卯癸	10 22	戌甲	9 22	辰甲	8 24	亥乙
初十	1 19	卯癸	12 21	戌甲	11 21	辰甲	10 23	亥乙	9 23	巳乙	8 25	子丙
十一	1 20	辰甲	12 22	亥乙	11 22	巳乙	10 24	子丙	9 24	午丙	8 26	丑丁
十二	1 21	巳乙	12 23	子丙	11 23	午丙	10 25	丑丁	9 25	未丁	8 27	寅戊
十三	1 22	午丙	12 24	丑丁	11 24	未丁	10 26	寅戊	9 26	申戊	8 28	卯己
十四	1 23	未丁	12 25	寅戊	11 25	申戊	10 27	卯己	9 27	酉己	8 29	辰庚
十五	1 24	申戊	12 26	卯己	11 26	酉己	10 28	辰庚	9 28	戌庚	8 30	巳辛
十六	1 25	酉己	12 27	辰庚	11 27	戌庚	10 29	巳辛	9 29	亥辛	8 31	午壬
十七	1 26	戌庚	12 28	巳辛	11 28	亥辛	10 30	午壬	9 30	子壬	9 1	未癸
十八	1 27	亥辛	12 29	午壬	11 29	子壬	10 31	未癸	10 1	丑癸	9 2	申甲
十九	1 28	子壬	12 30	未癸	11 30	丑癸	11 1	申甲	10 2	寅甲	9 3	酉乙
二十	1 29	丑癸	12 31	申甲	12 1	寅甲	11 2	酉乙	10 3	卯乙	9 4	戌丙
廿一	1 30	寅甲	1 1	酉乙	12 2	卯乙	11 3	戌丙	10 4	辰丙	9 5	亥丁
廿二	1 31	卯乙	1 2	戌丙	12 3	辰丙	11 4	亥丁	10 5	巳丁	9 6	子戊
廿三	2 1	辰丙	1 3	亥丁	12 4	巳丁	11 5	子戊	10 6	午戊	9 7	丑己
廿四	2 2	巳丁	1 4	子戊	12 5	午戊	11 6	丑己	10 7	未己	9 8	寅庚
廿五	2 3	午戊	1 5	丑己	12 6	未己	11 7	寅庚	10 8	申庚	9 9	卯辛
廿六	2 4	未己	1 6	寅庚	12 7	申庚	11 8	卯辛	10 9	酉辛	9 10	辰壬
廿七	2 5	申庚	1 7	卯辛	12 8	酉辛	11 9	辰壬	10 10	戌壬	9 11	巳癸
廿八	2 6	酉辛	1 8	辰壬	12 9	戌壬	11 10	巳癸	10 11	亥癸	9 12	午甲
廿九	2 7	戌壬	1 9	巳癸	12 10	亥癸	11 11	午甲	10 12	子甲	9 13	未乙
三十	2 8	亥癸	乙太		12 11	子甲	易天		10 13	丑乙	尋搜格落部	

西元二〇〇五年 歲次乙酉

民國九十四年
太歲姓蔣名崇

納音屬水
生肖屬雞

年四綠星
房宿值年

月六		月五		月四		月三		月二		月正		別月
未癸		午壬		巳辛		辰庚		卯己		寅戊		柱月
碧三		綠四		黃五		白六		赤七		白八		白紫
/23	7/7		6/21	6/5	5/21	5/5	4/20	4/5	3/20	3/5	2/18	節氣時間
八十	二初		五十	九廿	四十	七廿	二十	七廿	一十	五廿	十初	
大暑丑時 1時1分	小暑辰時 8時17分		夏至未時 14時46分	芒種亥時 22時2分	小滿卯時 6時47分	立夏酉時 17時53分	穀雨辰時 7時37分	清明子時 0時34分	春分戌時 20時33分	驚蟄戌時 19時45分	雨水亥時 21時32分	
曆陽	柱日	曆陽	柱日	曆陽	柱日	曆陽	柱日	曆陽	柱日	曆陽	柱日	曆農
7 6	卯辛	6 7	戌壬	5 8	辰壬	4 9	亥癸	3 10	巳癸	2 9	子甲	一初
7 7	辰壬	6 8	亥癸	5 9	巳癸	4 10	子甲	3 11	午甲	2 10	丑乙	二初
7 8	巳癸	6 9	子甲	5 10	午甲	4 11	丑乙	3 12	未乙	2 11	寅丙	三初
7 9	午甲	6 10	丑乙	5 11	未乙	4 12	寅丙	3 13	申丙	2 12	卯丁	四初
7 10	未乙	6 11	寅丙	5 12	申丙	4 13	卯丁	3 14	酉丁	2 13	辰戊	五初
7 11	申丙	6 12	卯丁	5 13	酉丁	4 14	辰戊	3 15	戌戊	2 14	巳己	六初
7 12	酉丁	6 13	辰戊	5 14	戌戊	4 15	巳己	3 16	亥己	2 15	午庚	七初
7 13	戌戊	6 14	巳己	5 15	亥己	4 16	午庚	3 17	子庚	2 16	未辛	八初
7 14	亥己	6 15	午庚	5 16	子庚	4 17	未辛	3 18	丑辛	2 17	申壬	九初
7 15	子庚	6 16	未辛	5 17	丑辛	4 18	申壬	3 19	寅壬	2 18	酉癸	十初
7 16	丑辛	6 17	申壬	5 18	寅壬	4 19	酉癸	3 20	卯癸	2 19	戌甲	一十
7 17	寅壬	6 18	酉癸	5 19	卯癸	4 20	戌甲	3 21	辰甲	2 20	亥乙	二十
7 18	卯癸	6 19	戌甲	5 20	辰甲	4 21	亥乙	3 22	巳乙	2 21	子丙	三十
7 19	辰甲	6 20	亥乙	5 21	巳乙	4 22	子丙	3 23	午丙	2 22	丑丁	四十
7 20	巳乙	6 21	子丙	5 22	午丙	4 23	丑丁	3 24	未丁	2 23	寅戊	五十
7 21	午丙	6 22	丑丁	5 23	未丁	4 24	寅戊	3 25	申戊	2 24	卯己	六十
7 22	未丁	6 23	寅戊	5 24	申戊	4 25	卯己	3 26	酉己	2 25	辰庚	七十
7 23	申戊	6 24	卯己	5 25	酉己	4 26	辰庚	3 27	戌庚	2 26	巳辛	八十
7 24	酉己	6 25	辰庚	5 26	戌庚	4 27	巳辛	3 28	亥辛	2 27	午壬	九十
7 25	戌庚	6 26	巳辛	5 27	亥辛	4 28	午壬	3 29	子壬	2 28	未癸	十二
7 26	亥辛	6 27	午壬	5 28	子壬	4 29	未癸	3 30	丑癸	3 1	申甲	一廿
7 27	子壬	6 28	未癸	5 29	丑癸	4 30	申甲	3 31	寅甲	3 2	酉乙	二廿
7 28	丑癸	6 29	申甲	5 30	寅甲	5 1	酉乙	4 1	卯乙	3 3	戌丙	三廿
7 29	寅甲	6 30	酉乙	5 31	卯乙	5 2	戌丙	4 2	辰丙	3 4	亥丁	四廿
7 30	卯乙	7 1	戌丙	6 1	辰丙	5 3	亥丁	4 3	巳丁	3 5	子戊	五廿
7 31	辰丙	7 2	亥丁	6 2	巳丁	5 4	子戊	4 4	午戊	3 6	丑己	六廿
8 1	巳丁	7 3	子戊	6 3	午戊	5 5	丑己	4 5	未己	3 7	寅庚	七廿
8 2	午戊	7 4	丑己	6 4	未己	5 6	寅庚	4 6	申庚	3 8	卯辛	八廿
8 3	未己	7 5	寅庚	6 5	申庚	5 7	卯辛	4 7	酉辛	3 9	辰壬	九廿
8 4	申庚	乙太		6 6	酉辛	易天		4 8	戌壬	尋搜格落部		十三

月別	月二十		月一十		月十		月九		月八		月七	
月柱	丑己		子戊		亥丁		戌丙		酉乙		申甲	
紫白	白六		赤七		白八		紫九		白一		黑二	
節氣時間	1/20	1/5	12/22	12/7	11/22	11/7	10/23	10/8	9/23	9/7	8/23	8/7
	一廿	六初	二廿	七初	一廿	六初	一廿	六初	十二	四初	九十	三初
	13時15分 大寒未時	19時47分 小寒戌時	2時35分 冬至丑時	8時33分 大雪辰時	13時15分 小雪未時	15時42分 立冬申時	15時42分 霜降申時	12時33分 寒露午時	6時23分 秋分卯時	20時57分 白露戌時	8時45分 處暑辰時	18時3分 立秋酉時
農曆	曆陽	柱日	曆陽	柱日	曆陽	柱日	曆陽	柱日	曆陽	柱日	曆陽	柱日
初一	12 31	丑己	12 1	未己	11 2	寅庚	10 3	申庚	9 4	卯辛	8 5	酉辛
初二	1 1	寅庚	12 2	申庚	11 3	卯辛	10 4	酉辛	9 5	辰壬	8 6	戌壬
初三	1 2	卯辛	12 3	酉辛	11 4	辰壬	10 5	戌壬	9 6	巳癸	8 7	亥癸
初四	1 3	辰壬	12 4	戌壬	11 5	巳癸	10 6	亥癸	9 7	午甲	8 8	子甲
初五	1 4	巳癸	12 5	亥癸	11 6	午甲	10 7	子甲	9 8	未乙	8 9	丑乙
初六	1 5	午甲	12 6	子甲	11 7	未乙	10 8	丑乙	9 9	申丙	8 10	寅丙
初七	1 6	未乙	12 7	丑乙	11 8	申丙	10 9	寅丙	9 10	酉丁	8 11	卯丁
初八	1 7	申丙	12 8	寅丙	11 9	酉丁	10 10	卯丁	9 11	戌戊	8 12	辰戊
初九	1 8	酉丁	12 9	卯丁	11 10	戌戊	10 11	辰戊	9 12	亥己	8 13	巳己
初十	1 9	戌戊	12 10	辰戊	11 11	亥己	10 12	巳己	9 13	子庚	8 14	午庚
十一	1 10	亥己	12 11	巳己	11 12	子庚	10 13	午庚	9 14	丑辛	8 15	未辛
十二	1 11	子庚	12 12	午庚	11 13	丑辛	10 14	未辛	9 15	寅壬	8 16	申壬
十三	1 12	丑辛	12 13	未辛	11 14	寅壬	10 15	申壬	9 16	卯癸	8 17	酉癸
十四	1 13	寅壬	12 14	申壬	11 15	卯癸	10 16	酉癸	9 17	辰甲	8 18	戌甲
十五	1 14	卯癸	12 15	酉癸	11 16	辰甲	10 17	戌甲	9 18	巳乙	8 19	亥乙
十六	1 15	辰甲	12 16	戌甲	11 17	巳乙	10 18	亥乙	9 19	午丙	8 20	子丙
十七	1 16	巳乙	12 17	亥乙	11 18	午丙	10 19	子丙	9 20	未丁	8 21	丑丁
十八	1 17	午丙	12 18	子丙	11 19	未丁	10 20	丑丁	9 21	申戊	8 22	寅戊
十九	1 18	未丁	12 19	丑丁	11 20	申戊	10 21	寅戊	9 22	酉己	8 23	卯己
二十	1 19	申戊	12 20	寅戊	11 21	酉己	10 22	卯己	9 23	戌庚	8 24	辰庚
廿一	1 20	酉己	12 21	卯己	11 22	戌庚	10 23	辰庚	9 24	亥辛	8 25	巳辛
廿二	1 21	戌庚	12 22	辰庚	11 23	亥辛	10 24	巳辛	9 25	子壬	8 26	午壬
廿三	1 22	亥辛	12 23	巳辛	11 24	子壬	10 25	午壬	9 26	丑癸	8 27	未癸
廿四	1 23	子壬	12 24	午壬	11 25	丑癸	10 26	未癸	9 27	寅甲	8 28	申甲
廿五	1 24	丑癸	12 25	未癸	11 26	寅甲	10 27	申甲	9 28	卯乙	8 29	酉乙
廿六	1 25	寅甲	12 26	申甲	11 27	卯乙	10 28	酉乙	9 29	辰丙	8 30	戌丙
廿七	1 26	卯乙	12 27	酉乙	11 28	辰丙	10 29	戌丙	9 30	巳丁	8 31	亥丁
廿八	1 27	辰丙	12 28	戌丙	11 29	巳丁	10 30	亥丁	10 1	午戊	9 1	子戊
廿九	1 28	巳丁	12 29	亥丁	11 30	午戊	10 31	子戊	10 2	未己	9 2	丑己
三十	乙太		12 30	子戊	易天		11 1	丑己	尋搜格落部		9 3	寅庚

西元二〇〇六年 歲次丙戌

民國九十五年 太歲姓向名般

納音屬土 生肖屬狗

年三碧星 心宿值年

月六		月五		月四		月三		月二		月正		別月
未乙		午甲		巳癸		辰壬		卯辛		寅庚		柱月
紫九		白一		黑二		碧三		綠四		黃五		白紫
/23	7/7	6/21	6/6	5/21	5/5	4/20	4/5	3/21	3/6	2/19	2/4	節氣時間
八廿	二十	六廿	一十	四廿	八初	三廿	八初	二廿	七初	二廿	七初	
7時8分 大暑辰時	13時51分 小暑未時	20時26分 夏至戌時	3時37分 芒種寅時	12時32分 小滿午時	23時31分 立夏子時	13時26分 穀雨未時	6時16分 清明卯時	2時26分 春分丑時	1時29分 驚蟄丑時	3時26分 雨水寅時	7時27分 立春辰時	
曆陽	柱日	曆陽	柱日	曆陽	柱日	曆陽	柱日	曆陽	柱日	曆陽	柱日	曆農
6 26	戌丙	5 27	辰丙	4 28	亥丁	3 29	巳丁	2 28	子戊	1 29	午戊	一初
6 27	亥丁	5 28	巳丁	4 29	子戊	3 30	午戊	3 1	丑己	1 30	未己	二初
6 28	子戊	5 29	午戊	4 30	丑己	3 31	未己	3 2	寅庚	1 31	申庚	三初
6 29	丑己	5 30	未己	5 1	寅庚	4 1	申庚	3 3	卯辛	2 1	酉辛	四初
6 30	寅庚	5 31	申庚	5 2	卯辛	4 2	酉辛	3 4	辰壬	2 2	戌壬	五初
7 1	卯辛	6 1	酉辛	5 3	辰壬	4 3	戌壬	3 5	巳癸	2 3	亥癸	六初
7 2	辰壬	6 2	戌壬	5 4	巳癸	4 4	亥癸	3 6	午甲	2 4	子甲	七初
7 3	巳癸	6 3	亥癸	5 5	午甲	4 5	子甲	3 7	未乙	2 5	丑乙	八初
7 4	午甲	6 4	子甲	5 6	未乙	4 6	丑乙	3 8	申丙	2 6	寅丙	九初
7 5	未乙	6 5	丑乙	5 7	申丙	4 7	寅丙	3 9	酉丁	2 7	卯丁	十初
7 6	申丙	6 6	寅丙	5 8	酉丁	4 8	卯丁	3 10	戌戊	2 8	辰戊	一十
7 7	酉丁	6 7	卯丁	5 9	戌戊	4 9	辰戊	3 11	亥己	2 9	巳己	二十
7 8	戌戊	6 8	辰戊	5 10	亥己	4 10	巳己	3 12	子庚	2 10	午庚	三十
7 9	亥己	6 9	巳己	5 11	子庚	4 11	午庚	3 13	丑辛	2 11	未辛	四十
7 10	子庚	6 10	午庚	5 12	丑辛	4 12	未辛	3 14	寅壬	2 12	申壬	五十
7 11	丑辛	6 11	未辛	5 13	寅壬	4 13	申壬	3 15	卯癸	2 13	酉癸	六十
7 12	寅壬	6 12	申壬	5 14	卯癸	4 14	酉癸	3 16	辰甲	2 14	戌甲	七十
7 13	卯癸	6 13	酉癸	5 15	辰甲	4 15	戌甲	3 17	巳乙	2 15	亥乙	八十
7 14	辰甲	6 14	戌甲	5 16	巳乙	4 16	亥乙	3 18	午丙	2 16	子丙	九十
7 15	巳乙	6 15	亥乙	5 17	午丙	4 17	子丙	3 19	未丁	2 17	丑丁	十二
7 16	午丙	6 16	子丙	5 18	未丁	4 18	丑丁	3 20	申戊	2 18	寅戊	一廿
7 17	未丁	6 17	丑丁	5 19	申戊	4 19	寅戊	3 21	酉己	2 19	卯己	二廿
7 18	申戊	6 18	寅戊	5 20	酉己	4 20	卯己	3 22	戌庚	2 20	辰庚	三廿
7 19	酉己	6 19	卯己	5 21	戌庚	4 21	辰庚	3 23	亥辛	2 21	巳辛	四廿
7 20	戌庚	6 20	辰庚	5 22	亥辛	4 22	巳辛	3 24	子壬	2 22	午壬	五廿
7 21	亥辛	6 21	巳辛	5 23	子壬	4 23	午壬	3 25	丑癸	2 23	未癸	六廿
7 22	子壬	6 22	午壬	5 24	丑癸	4 24	未癸	3 26	寅甲	2 24	申甲	七廿
7 23	丑癸	6 23	未癸	5 25	寅甲	4 25	申甲	3 27	卯乙	2 25	酉乙	八廿
7 24	寅甲	6 24	申甲	5 26	卯乙	4 26	酉乙	3 28	辰丙	2 26	戌丙	九廿
乙太		6 25	酉乙	易天		4 27	戌丙	尋搜格落部		2 27	亥丁	十三

月別	月 二 十		月 一 十		月 十		月 九		月 八		月七閏		月 七	
月柱	丑 辛		子 庚		亥 己		戌 戊		酉 丁				申 丙	
紫白	碧 三		綠 四		黃 五		白 六		赤 七				白 八	
節氣時間	2/4	1/20	1/6	12/22	12/7	11/22	11/7	10/23	10/8	9/23		9/8	8/23	8/
	七十	二初	八十	三初	七十	二初	七十	二初	七十	二初		六十	十三	四
	13時18分 立春未時	19時1分 大寒戌時	1時40分 小寒丑時	8時22分 冬至辰時	14時27分 大雪未時	19時2分 小雪戌時	21時35分 立冬亥時	21時27分 霜降亥時	18時21分 寒露酉時	12時3分 秋分午時		2時39分 白露丑時	14時23分 處暑未時	23時41分
農曆	曆陽	柱日	曆陽	柱日	曆陽	柱日	曆陽	柱日	曆陽	柱日	曆陽	柱日	曆陽	柱日
初一	1 19	丑癸	12 20	未癸	11 21	寅甲	10 22	申甲	9 22	寅甲	8 24	酉乙	7 25	卯乙
初二	1 20	寅甲	12 21	申甲	11 22	卯乙	10 23	酉乙	9 23	卯乙	8 25	戌丙	7 26	辰丙
初三	1 21	卯乙	12 22	酉乙	11 23	辰丙	10 24	戌丙	9 24	辰丙	8 26	亥丁	7 27	巳丁
初四	1 22	辰丙	12 23	戌丙	11 24	巳丁	10 25	亥丁	9 25	巳丁	8 27	子戊	7 28	午戊
初五	1 23	巳丁	12 24	亥丁	11 25	午戊	10 26	子戊	9 26	午戊	8 28	丑己	7 29	未己
初六	1 24	午戊	12 25	子戊	11 26	未己	10 27	丑己	9 27	未己	8 29	寅庚	7 30	申庚
初七	1 25	未己	12 26	丑己	11 27	申庚	10 28	寅庚	9 28	申庚	8 30	卯辛	7 31	酉辛
初八	1 26	申庚	12 27	寅庚	11 28	酉辛	10 29	卯辛	9 29	酉辛	8 31	辰壬	8 1	戌壬
初九	1 27	酉辛	12 28	卯辛	11 29	戌壬	10 30	辰壬	9 30	戌壬	9 1	巳癸	8 2	亥癸
初十	1 28	戌壬	12 29	辰壬	11 30	亥癸	10 31	巳癸	10 1	亥癸	9 2	午甲	8 3	子甲
十一	1 29	亥癸	12 30	巳癸	12 1	子甲	11 1	午甲	10 2	子甲	9 3	未乙	8 4	丑乙
十二	1 30	子甲	12 31	午甲	12 2	丑乙	11 2	未乙	10 3	丑乙	9 4	申丙	8 5	寅丙
十三	1 31	丑乙	1 1	未乙	12 3	寅丙	11 3	申丙	10 4	寅丙	9 5	酉丁	8 6	卯丁
十四	2 1	寅丙	1 2	申丙	12 4	卯丁	11 4	酉丁	10 5	卯丁	9 6	戌戊	8 7	辰戊
十五	2 2	卯丁	1 3	酉丁	12 5	辰戊	11 5	戌戊	10 6	辰戊	9 7	亥己	8 8	巳己
十六	2 3	辰戊	1 4	戌戊	12 6	巳己	11 6	亥己	10 7	巳己	9 8	子庚	8 9	午庚
十七	2 4	巳己	1 5	亥己	12 7	午庚	11 7	子庚	10 8	午庚	9 9	丑辛	8 10	未辛
十八	2 5	午庚	1 6	子庚	12 8	未辛	11 8	丑辛	10 9	未辛	9 10	寅壬	8 11	申壬
十九	2 6	未辛	1 7	丑辛	12 9	申壬	11 9	寅壬	10 10	申壬	9 11	卯癸	8 12	酉癸
二十	2 7	申壬	1 8	寅壬	12 10	酉癸	11 10	卯癸	10 11	酉癸	9 12	辰甲	8 13	戌甲
廿一	2 8	酉癸	1 9	卯癸	12 11	戌甲	11 11	辰甲	10 12	戌甲	9 13	巳乙	8 14	亥乙
廿二	2 9	戌甲	1 10	辰甲	12 12	亥乙	11 12	巳乙	10 13	亥乙	9 14	午丙	8 15	子丙
廿三	2 10	亥乙	1 11	巳乙	12 13	子丙	11 13	午丙	10 14	子丙	9 15	未丁	8 16	丑丁
廿四	2 11	子丙	1 12	午丙	12 14	丑丁	11 14	未丁	10 15	丑丁	9 16	申戊	8 17	寅戊
廿五	2 12	丑丁	1 13	未丁	12 15	寅戊	11 15	申戊	10 16	寅戊	9 17	酉己	8 18	卯己
廿六	2 13	寅戊	1 14	申戊	12 16	卯己	11 16	酉己	10 17	卯己	9 18	戌庚	8 19	辰庚
廿七	2 14	卯己	1 15	酉己	12 17	辰庚	11 17	戌庚	10 18	辰庚	9 19	亥辛	8 20	巳辛
廿八	2 15	辰庚	1 16	戌庚	12 18	巳辛	11 18	亥辛	10 19	巳辛	9 20	子壬	8 21	午壬
廿九	2 16	巳辛	1 17	亥辛	12 19	午壬	11 19	子壬	10 20	午壬	9 21	丑癸	8 22	未癸
三十	2 17	午壬	1 18	子壬	乙太		11 20	丑癸	10 21	未癸	易天		8 23	申甲

陽曆	日柱	陽曆	日柱	陽曆	日柱	陽曆	日柱	陽曆	日柱	陽曆	日柱	
月六		月五		月四		月三		月二		月正		別月
未丁		午丙		巳乙		辰甲		卯癸		寅壬		柱月
白六		赤七		白八		紫九		白一		黑二		白紫
/8	7/23	7/7	6/22	6/6	5/21	5/6	4/20	4/5	3/21	3/6	2/19	節氣時間
六廿	十初	三廿	八初	一廿	五初	十二	四初	八十	三初	七十	二初	
立秋卯時	大暑未時 13時0分	小暑戌時 19時42分	夏至丑時 2時6分	芒種巳時 9時27分	小滿酉時 18時12分	立夏卯時 5時20分	穀雨戌時 19時7分	清明午時 12時5分	春分辰時 8時7分	驚蟄辰時 7時18分	雨水巳時 9時9分	
曆陽	柱日	曆陽	柱日	曆陽	柱日	曆陽	柱日	曆陽	柱日	曆陽	柱日	曆農
14	酉己	6 15	辰庚	5 17	亥辛	4 17	巳辛	3 19	子壬	2 18	未癸	一初
15	戌庚	6 16	巳辛	5 18	子壬	4 18	午壬	3 20	丑癸	2 19	申甲	二初
16	亥辛	6 17	午壬	5 19	丑癸	4 19	未癸	3 21	寅甲	2 20	酉乙	三初
17	子壬	6 18	未癸	5 20	寅甲	4 20	申甲	3 22	卯乙	2 21	戌丙	四初
18	丑癸	6 19	申甲	5 21	卯乙	4 21	酉乙	3 23	辰丙	2 22	亥丁	五初
19	寅甲	6 20	酉乙	5 22	辰丙	4 22	戌丙	3 24	巳丁	2 23	子戊	六初
20	卯乙	6 21	戌丙	5 23	巳丁	4 23	亥丁	3 25	午戊	2 24	丑己	七初
21	辰丙	6 22	亥丁	5 24	午戊	4 24	子戊	3 26	未己	2 25	寅庚	八初
22	巳丁	6 23	子戊	5 25	未己	4 25	丑己	3 27	申庚	2 26	卯辛	九初
23	午戊	6 24	丑己	5 26	申庚	4 26	寅庚	3 28	酉辛	2 27	辰壬	十初
24	未己	6 25	寅庚	5 27	酉辛	4 27	卯辛	3 29	戌壬	2 28	巳癸	一十
25	申庚	6 26	卯辛	5 28	戌壬	4 28	辰壬	3 30	亥癸	3 1	午甲	二十
26	酉辛	6 27	辰壬	5 29	亥癸	4 29	巳癸	3 31	子甲	3 2	未乙	三十
27	戌壬	6 28	巳癸	5 30	子甲	4 30	午甲	4 1	丑乙	3 3	申丙	四十
28	亥癸	6 29	午甲	5 31	丑乙	5 1	未乙	4 2	寅丙	3 4	酉丁	五十
29	子甲	6 30	未乙	6 1	寅丙	5 2	申丙	4 3	卯丁	3 5	戌戊	六十
30	丑乙	7 1	申丙	6 2	卯丁	5 3	酉丁	4 4	辰戊	3 6	亥己	七十
31	寅丙	7 2	酉丁	6 3	辰戊	5 4	戌戊	4 5	巳己	3 7	子庚	八十
1	卯丁	7 3	戌戊	6 4	巳己	5 5	亥己	4 6	午庚	3 8	丑辛	九十
2	辰戊	7 4	亥己	6 5	午庚	5 6	子庚	4 7	未辛	3 9	寅壬	十二
3	巳己	7 5	子庚	6 6	未辛	5 7	丑辛	4 8	申壬	3 10	卯癸	一廿
4	午庚	7 6	丑辛	6 7	申壬	5 8	寅壬	4 9	酉癸	3 11	辰甲	二廿
5	未辛	7 7	寅壬	6 8	酉癸	5 9	卯癸	4 10	戌甲	3 12	巳乙	三廿
6	申壬	7 8	卯癸	6 9	戌甲	5 10	辰甲	4 11	亥乙	3 13	午丙	四廿
7	酉癸	7 9	辰甲	6 10	亥乙	5 11	巳乙	4 12	子丙	3 14	未丁	五廿
8	戌甲	7 10	巳乙	6 11	子丙	5 12	午丙	4 13	丑丁	3 15	申戊	六廿
9	亥乙	7 11	午丙	6 12	丑丁	5 13	未丁	4 14	寅戊	3 16	酉己	七廿
10	子丙	7 12	未丁	6 13	寅戊	5 14	申戊	4 15	卯己	3 17	戌庚	八廿
11	丑丁	7 13	申戊	6 14	卯己	5 15	酉己	4 16	辰庚	3 18	亥辛	九廿
12	寅戊	乙太		易天		5 16	戌庚	業事化文乙太		尋搜格落部		十三

西元二〇〇七年

歲次丁亥

民國九十六年

太歲姓封名齊

納音屬土

生肖屬豬

年二黑星

尾宿值年

月別	月二十		月一十		月十		月九		月八		月七	
月柱	丑癸		子壬		亥辛		戌庚		酉己		申戊	
紫白	紫九		白一		黑二		碧三		綠四		黃五	
節氣時間	2/4	1/21	1/6	12/22	12/7	11/23	11/8	10/24	10/9	9/23	9/8	8/23
	八廿	四十	八廿	三十	八廿	四十	九廿	四十	九廿	三十	七廿	一十
	19時0分 立春戌時	0時43分 大寒子時	7時25分 小寒辰時	14時8分 冬至未時	20時14分 大雪戌時	0時50分 小雪子時	3時24分 立冬寅時	3時15分 霜降寅時	0時12分 寒露子時	17時51分 秋分酉時	8時29分 白露辰時	20時8分 處暑戌時
農曆	曆陽	柱日	曆陽	柱日	曆陽	柱日	曆陽	柱日	曆陽	柱日	曆陽	柱日
初一	1 8	未丁	12 10	寅戊	11 10	申戊	10 11	寅戊	9 11	申戊	8 13	卯己
初二	1 9	申戊	12 11	卯己	11 11	酉己	10 12	卯己	9 12	酉己	8 14	辰庚
初三	1 10	酉己	12 12	辰庚	11 12	戌庚	10 13	辰庚	9 13	戌庚	8 15	巳辛
初四	1 11	戌庚	12 13	巳辛	11 13	亥辛	10 14	巳辛	9 14	亥辛	8 16	午壬
初五	1 12	亥辛	12 14	午壬	11 14	子壬	10 15	午壬	9 15	子壬	8 17	未癸
初六	1 13	子壬	12 15	未癸	11 15	丑癸	10 16	未癸	9 16	丑癸	8 18	申甲
初七	1 14	丑癸	12 16	申甲	11 16	寅甲	10 17	申甲	9 17	寅甲	8 19	酉乙
初八	1 15	寅甲	12 17	酉乙	11 17	卯乙	10 18	酉乙	9 18	卯乙	8 20	戌丙
初九	1 16	卯乙	12 18	戌丙	11 18	辰丙	10 19	戌丙	9 19	辰丙	8 21	亥丁
初十	1 17	辰丙	12 19	亥丁	11 19	巳丁	10 20	亥丁	9 20	巳丁	8 22	子戊
十一	1 18	巳丁	12 20	子戊	11 20	午戊	10 21	子戊	9 21	午戊	8 23	丑己
十二	1 19	午戊	12 21	丑己	11 21	未己	10 22	丑己	9 22	未己	8 24	寅庚
十三	1 20	未己	12 22	寅庚	11 22	申庚	10 23	寅庚	9 23	申庚	8 25	卯辛
十四	1 21	申庚	12 23	卯辛	11 23	酉辛	10 24	卯辛	9 24	酉辛	8 26	辰壬
十五	1 22	酉辛	12 24	辰壬	11 24	戌壬	10 25	辰壬	9 25	戌壬	8 27	巳癸
十六	1 23	戌壬	12 25	巳癸	11 25	亥癸	10 26	巳癸	9 26	亥癸	8 28	午甲
十七	1 24	亥癸	12 26	午甲	11 26	子甲	10 27	午甲	9 27	子甲	8 29	未乙
十八	1 25	子甲	12 27	未乙	11 27	丑乙	10 28	未乙	9 28	丑乙	8 30	申丙
十九	1 26	丑乙	12 28	申丙	11 28	寅丙	10 29	申丙	9 29	寅丙	8 31	酉丁
二十	1 27	寅丙	12 29	酉丁	11 29	卯丁	10 30	酉丁	9 30	卯丁	9 1	戌戊
廿一	1 28	卯丁	12 30	戌戊	11 30	辰戊	10 31	戌戊	10 1	辰戊	9 2	亥己
廿二	1 29	辰戊	12 31	亥己	12 1	巳己	11 1	亥己	10 2	巳己	9 3	子庚
廿三	1 30	巳己	1 1	子庚	12 2	午庚	11 2	子庚	10 3	午庚	9 4	丑辛
廿四	1 31	午庚	1 2	丑辛	12 3	未辛	11 3	丑辛	10 4	未辛	9 5	寅壬
廿五	2 1	未辛	1 3	寅壬	12 4	申壬	11 4	寅壬	10 5	申壬	9 6	卯癸
廿六	2 2	申壬	1 4	卯癸	12 5	酉癸	11 5	卯癸	10 6	酉癸	9 7	辰甲
廿七	2 3	酉癸	1 5	辰甲	12 6	戌甲	11 6	辰甲	10 7	戌甲	9 8	巳乙
廿八	2 4	戌甲	1 6	巳乙	12 7	亥乙	11 7	巳乙	10 8	亥乙	9 9	午丙
廿九	2 5	亥乙	1 7	午丙	12 8	子丙	11 8	午丙	10 9	子丙	9 10	未丁
三十	2 6	子丙	乙太		12 9	丑丁	11 9	未丁	10 10	丑丁	易天	

西元二〇〇八年 歲次戊子

民國九十七年
太歲姓郢名班
納音屬火
生肖屬鼠
年一白星
箕宿值年

月 六		月 五		月 四		月 三		月 二		月 正		別月
未 己		午 戊		巳 丁		辰 丙		卯 乙		寅 甲		柱月
碧 三		綠 四		黃 五		白 六		赤 七		白 八		白紫
'22	7/7	6/21	6/5	5/21	5/5		4/20	4/4	3/20	3/5	2/19	節氣時間
-二	五初	八十	二初	七十	一初		五十	八廿	三十	八廿	三十	
大暑酉時	1時27分 小暑丑時	7時59分 夏至辰時	15時12分 芒種申時	0時1分 小滿子時	11時3分 立夏午時		0時51分 穀雨子時	17時46分 清明酉時	13時48分 春分未時	12時59分 驚蟄午時	14時50分 雨水未時	
曆陽	柱日	曆陽	柱日	曆陽	柱日	曆陽	柱日	曆陽	柱日	曆陽	柱日	曆農
3	辰甲	6 4	亥乙	5 5	巳乙	4 6	子丙	3 8	未丁	2 7	丑丁	一初
4	巳乙	6 5	子丙	5 6	午丙	4 7	丑丁	3 9	申戊	2 8	寅戊	二初
5	午丙	6 6	丑丁	5 7	未丁	4 8	寅戊	3 10	酉己	2 9	卯己	三初
6	未丁	6 7	寅戊	5 8	申戊	4 9	卯己	3 11	戌庚	2 10	辰庚	四初
7	申戊	6 8	卯己	5 9	酉己	4 10	辰庚	3 12	亥辛	2 11	巳辛	五初
8	酉己	6 9	辰庚	5 10	戌庚	4 11	巳辛	3 13	子壬	2 12	午壬	六初
9	戌庚	6 10	巳辛	5 11	亥辛	4 12	午壬	3 14	丑癸	2 13	未癸	七初
10	亥辛	6 11	午壬	5 12	子壬	4 13	未癸	3 15	寅甲	2 14	申甲	八初
11	子壬	6 12	未癸	5 13	丑癸	4 14	申甲	3 16	卯乙	2 15	酉乙	九初
12	丑癸	6 13	申甲	5 14	寅甲	4 15	酉乙	3 17	辰丙	2 16	戌丙	十初
13	寅甲	6 14	酉乙	5 15	卯乙	4 16	戌丙	3 18	巳丁	2 17	亥丁	一十
14	卯乙	6 15	戌丙	5 16	辰丙	4 17	亥丁	3 19	午戊	2 18	子戊	二十
15	辰丙	6 16	亥丁	5 17	巳丁	4 18	子戊	3 20	未己	2 19	丑己	三十
16	巳丁	6 17	子戊	5 18	午戊	4 19	丑己	3 21	申庚	2 20	寅庚	四十
17	午戊	6 18	丑己	5 19	未己	4 20	寅庚	3 22	酉辛	2 21	卯辛	五十
18	未己	6 19	寅庚	5 20	申庚	4 21	卯辛	3 23	戌壬	2 22	辰壬	六十
19	申庚	6 20	卯辛	5 21	酉辛	4 22	辰壬	3 24	亥癸	2 23	巳癸	七十
20	酉辛	6 21	辰壬	5 22	戌壬	4 23	巳癸	3 25	子甲	2 24	午甲	八十
21	戌壬	6 22	巳癸	5 23	亥癸	4 24	午甲	3 26	丑乙	2 25	未乙	九十
22	亥癸	6 23	午甲	5 24	子甲	4 25	未乙	3 27	寅丙	2 26	申丙	十二
23	子甲	6 24	未乙	5 25	丑乙	4 26	申丙	3 28	卯丁	2 27	酉丁	一廿
24	丑乙	6 25	申丙	5 26	寅丙	4 27	酉丁	3 29	辰戊	2 28	戌戊	二廿
25	寅丙	6 26	酉丁	5 27	卯丁	4 28	戌戊	3 30	巳己	2 29	亥己	三廿
26	卯丁	6 27	戌戊	5 28	辰戊	4 29	亥己	3 31	午庚	3 1	子庚	四廿
27	辰戊	6 28	亥己	5 29	巳己	4 30	子庚	4 1	未辛	3 2	丑辛	五廿
28	巳己	6 29	子庚	5 30	午庚	5 1	丑辛	4 2	申壬	3 3	寅壬	六廿
29	午庚	6 30	丑辛	5 31	未辛	5 2	寅壬	4 3	酉癸	3 4	卯癸	七廿
30	未辛	7 1	寅壬	6 1	申壬	5 3	卯癸	4 4	戌甲	3 5	辰甲	八廿
31	申壬	7 2	卯癸	6 2	酉癸	5 4	辰甲	4 5	亥乙	3 6	巳乙	九廿
乙太		易天		6 3	戌甲	業事化文乙太		尋搜格落部		3 7	午丙	十三

月別	月二十		月一十		月十		月九		月八		月七	
月柱	丑乙		子甲		亥癸		戌壬		酉辛		申庚	
紫白	白六		赤七		白八		紫九		白一		黑二	
節氣時間	1/20	1/5	12/21	12/7	11/22	11/7	10/23	10/8	9/22	9/7	8/23	8/7
	五廿	十初	四廿	十初	五廿	十初	五廿	十初	三廿	八初	三廿	七初
	6時40分 大寒卯時	13時14分 小寒未時	20時4分 冬至戌時	2時2分 大雪丑時	6時44分 小雪卯時	9時11分 立冬巳時	9時9分 霜降巳時	5時57分 寒露卯時	23時44分 秋分子時	14時14分 白露未時	2時2分 處暑丑時	11時16分 立秋午時
農曆	曆陽	柱日	曆陽	柱日	曆陽	柱日	曆陽	柱日	曆陽	柱日	曆陽	柱日
初一	12 27	丑辛	11 28	申壬	10 29	寅壬	9 29	申壬	8 31	卯癸	8 1	酉癸
初二	12 28	寅壬	11 29	酉癸	10 30	卯癸	9 30	酉癸	9 1	辰甲	8 2	戌甲
初三	12 29	卯癸	11 30	戌甲	10 31	辰甲	10 1	戌甲	9 2	巳乙	8 3	亥乙
初四	12 30	辰甲	12 1	亥乙	11 1	巳乙	10 2	亥乙	9 3	午丙	8 4	子丙
初五	12 31	巳乙	12 2	子丙	11 2	午丙	10 3	子丙	9 4	未丁	8 5	丑丁
初六	1 1	午丙	12 3	丑丁	11 3	未丁	10 4	丑丁	9 5	申戊	8 6	寅戊
初七	1 2	未丁	12 4	寅戊	11 4	申戊	10 5	寅戊	9 6	酉己	8 7	卯己
初八	1 3	申戊	12 5	卯己	11 5	酉己	10 6	卯己	9 7	戌庚	8 8	辰庚
初九	1 4	酉己	12 6	辰庚	11 6	戌庚	10 7	辰庚	9 8	亥辛	8 9	巳辛
初十	1 5	戌庚	12 7	巳辛	11 7	亥辛	10 8	巳辛	9 9	子壬	8 10	午壬
十一	1 6	亥辛	12 8	午壬	11 8	子壬	10 9	午壬	9 10	丑癸	8 11	未癸
十二	1 7	子壬	12 9	未癸	11 9	丑癸	10 10	未癸	9 11	寅甲	8 12	申甲
十三	1 8	丑癸	12 10	申甲	11 10	寅甲	10 11	申甲	9 12	卯乙	8 13	酉乙
十四	1 9	寅甲	12 11	酉乙	11 11	卯乙	10 12	酉乙	9 13	辰丙	8 14	戌丙
十五	1 10	卯乙	12 12	戌丙	11 12	辰丙	10 13	戌丙	9 14	巳丁	8 15	亥丁
十六	1 11	辰丙	12 13	亥丁	11 13	巳丁	10 14	亥丁	9 15	午戊	8 16	子戊
十七	1 12	巳丁	12 14	子戊	11 14	午戊	10 15	子戊	9 16	未己	8 17	丑己
十八	1 13	午戊	12 15	丑己	11 15	未己	10 16	丑己	9 17	申庚	8 18	寅庚
十九	1 14	未己	12 16	寅庚	11 16	申庚	10 17	寅庚	9 18	酉辛	8 19	卯辛
二十	1 15	申庚	12 17	卯辛	11 17	酉辛	10 18	卯辛	9 19	戌壬	8 20	辰壬
廿一	1 16	酉辛	12 18	辰壬	11 18	戌壬	10 19	辰壬	9 20	亥癸	8 21	巳癸
廿二	1 17	戌壬	12 19	巳癸	11 19	亥癸	10 20	巳癸	9 21	子甲	8 22	午甲
廿三	1 18	亥癸	12 20	午甲	11 20	子甲	10 21	午甲	9 22	丑乙	8 23	未乙
廿四	1 19	子甲	12 21	未乙	11 21	丑乙	10 22	未乙	9 23	寅丙	8 24	申丙
廿五	1 20	丑乙	12 22	申丙	11 22	寅丙	10 23	申丙	9 24	卯丁	8 25	酉丁
廿六	1 21	寅丙	12 23	酉丁	11 23	卯丁	10 24	酉丁	9 25	辰戊	8 26	戌戊
廿七	1 22	卯丁	12 24	戌戊	11 24	辰戊	10 25	戌戊	9 26	巳己	8 27	亥己
廿八	1 23	辰戊	12 25	亥己	11 25	巳己	10 26	亥己	9 27	午庚	8 28	子庚
廿九	1 24	巳己	12 26	子庚	11 26	午庚	10 27	子庚	9 28	未辛	8 29	丑辛
三十	1 25	午庚	乙太		11 27	未辛	10 28	丑辛	易天		8 30	寅壬

月	六	月五閏		月	五	月	四	月	三	月	二	月	正	別月
未	辛			午	庚	巳	己	辰	戊	卯	丁	寅	丙	柱月
紫	九			白	一	黑	二	碧	三	綠	四	黃	五	白紫
/7	7/23		7/7	6/21	6/5	5/21	5/5	4/20	4/4	3/20	3/5	2/18	2/4	節氣時間
十	二初		五十	九廿	三十	七廿	一十	五廿	九初	四廿	九初	四廿	十初	
立秋酉時	大暑子時 0時36分		小暑辰時 7時13分	夏至未時 13時46分	芒種戌時 20時59分	小滿卯時 5時51分	立夏申時 16時51分	穀雨卯時 6時44分	清明子時 23時34分	春分戌時 19時44分	驚蟄酉時 18時48分	雨水戌時 20時46分	立春子時 0時50分	
陽	柱日	曆陽	柱日	曆陽	柱日	曆陽	柱日	曆陽	柱日	曆陽	柱日	曆陽	柱日	曆農
22	辰戊	6 23	亥己	5 24	巳己	4 25	子庚	3 27	未辛	2 25	丑辛	1 26	未辛	一初
23	巳己	6 24	子庚	5 25	午庚	4 26	丑辛	3 28	申壬	2 26	寅壬	1 27	申壬	二初
24	午庚	6 25	丑辛	5 26	未辛	4 27	寅壬	3 29	酉癸	2 27	卯癸	1 28	酉癸	三初
25	未辛	6 26	寅壬	5 27	申壬	4 28	卯癸	3 30	戌甲	2 28	辰甲	1 29	戌甲	四初
26	申壬	6 27	卯癸	5 28	酉癸	4 29	辰甲	3 31	亥乙	3 1	巳乙	1 30	亥乙	五初
27	酉癸	6 28	辰甲	5 29	戌甲	4 30	巳乙	4 1	子丙	3 2	午丙	1 31	子丙	六初
28	戌甲	6 29	巳乙	5 30	亥乙	5 1	午丙	4 2	丑丁	3 3	未丁	2 1	丑丁	七初
29	亥乙	6 30	午丙	5 31	子丙	5 2	未丁	4 3	寅戊	3 4	申戊	2 2	寅戊	八初
30	子丙	7 1	未丁	6 1	丑丁	5 3	申戊	4 4	卯己	3 5	酉己	2 3	卯己	九初
31	丑丁	7 2	申戊	6 2	寅戊	5 4	酉己	4 5	辰庚	3 6	戌庚	2 4	辰庚	十初
1	寅戊	7 3	酉己	6 3	卯己	5 5	戌庚	4 6	巳辛	3 7	亥辛	2 5	巳辛	一十
2	卯己	7 4	戌庚	6 4	辰庚	5 6	亥辛	4 7	午壬	3 8	子壬	2 6	午壬	二十
3	辰庚	7 5	亥辛	6 5	巳辛	5 7	子壬	4 8	未癸	3 9	丑癸	2 7	未癸	三十
4	巳辛	7 6	子壬	6 6	午壬	5 8	丑癸	4 9	申甲	3 10	寅甲	2 8	申甲	四十
5	午壬	7 7	丑癸	6 7	未癸	5 9	寅甲	4 10	酉乙	3 11	卯乙	2 9	酉乙	五十
6	未癸	7 8	寅甲	6 8	申甲	5 10	卯乙	4 11	戌丙	3 12	辰丙	2 10	戌丙	六十
7	申甲	7 9	卯乙	6 9	酉乙	5 11	辰丙	4 12	亥丁	3 13	巳丁	2 11	亥丁	七十
8	酉乙	7 10	辰丙	6 10	戌丙	5 12	巳丁	4 13	子戊	3 14	午戊	2 12	子戊	八十
9	戌丙	7 11	巳丁	6 11	亥丁	5 13	午戊	4 14	丑己	3 15	未己	2 13	丑己	九十
10	亥丁	7 12	午戊	6 12	子戊	5 14	未己	4 15	寅庚	3 16	申庚	2 14	寅庚	十二
11	子戊	7 13	未己	6 13	丑己	5 15	申庚	4 16	卯辛	3 17	酉辛	2 15	卯辛	一廿
12	丑己	7 14	申庚	6 14	寅庚	5 16	酉辛	4 17	辰壬	3 18	戌壬	2 16	辰壬	二廿
13	寅庚	7 15	酉辛	6 15	卯辛	5 17	戌壬	4 18	巳癸	3 19	亥癸	2 17	巳癸	三廿
14	卯辛	7 16	戌壬	6 16	辰壬	5 18	亥癸	4 19	午甲	3 20	子甲	2 18	午甲	四廿
15	辰壬	7 17	亥癸	6 17	巳癸	5 19	子甲	4 20	未乙	3 21	丑乙	2 19	未乙	五廿
16	巳癸	7 18	子甲	6 18	午甲	5 20	丑乙	4 21	申丙	3 22	寅丙	2 20	申丙	六廿
17	午甲	7 19	丑乙	6 19	未乙	5 21	寅丙	4 22	酉丁	3 23	卯丁	2 21	酉丁	七廿
18	未乙	7 20	寅丙	6 20	申丙	5 22	卯丁	4 23	戌戊	3 24	辰戊	2 22	戌戊	八廿
19	申丙	7 21	卯丁	6 21	酉丁	5 23	辰戊	4 24	亥己	3 25	巳己	2 23	亥己	九廿
乙太		易天		6 22	戌戊	業事化文乙太		尋搜格落部		3 26	午庚	2 24	子庚	十三

西元二〇〇九年 歲次己丑

民國九十八年
太歲姓潘名蓋

納音屬火
生肖屬牛

年九紫星
斗宿值年

月別	月二十		月一十		月十		月九		月八		月七	
月柱	丑丁		子丙		亥乙		戌甲		酉癸		申壬	
紫白	碧三		綠四		黃五		白六		赤七		白八	
節氣時間	2/4	1/20	1/5	12/22	12/7	11/22	11/7	10/23	10/8	9/23	9/7	8/2
	一廿	六初	一廿	七初	一廿	六初	一廿	六初	十二	五初	九十	四初
	6時48分 立春卯時	12時28分 大寒午時	19時9分 小寒戌時	1時47分 冬至丑時	7時52分 大雪辰時	12時23分 小雪午時	14時56分 立冬未時	14時43分 霜降未時	11時40分 寒露午時	5時19分 秋分卯時	19時58分 白露戌時	7時39分 處暑辰時
農曆	曆陽	柱日	曆陽	柱日	曆陽	柱日	曆陽	柱日	曆陽	柱日	曆陽	柱日
初一	1 15	丑乙	12 16	未乙	11 17	寅丙	10 18	申丙	9 19	卯丁	8 20	酉丁
初二	1 16	寅丙	12 17	申丙	11 18	卯丁	10 19	酉丁	9 20	辰戊	8 21	戌戊
初三	1 17	卯丁	12 18	酉丁	11 19	辰戊	10 20	戌戊	9 21	巳己	8 22	亥己
初四	1 18	辰戊	12 19	戌戊	11 20	巳己	10 21	亥己	9 22	午庚	8 23	子庚
初五	1 19	巳己	12 20	亥己	11 21	午庚	10 22	子庚	9 23	未辛	8 24	丑辛
初六	1 20	午庚	12 21	子庚	11 22	未辛	10 23	丑辛	9 24	申壬	8 25	寅壬
初七	1 21	未辛	12 22	丑辛	11 23	申壬	10 24	寅壬	9 25	酉癸	8 26	卯癸
初八	1 22	申壬	12 23	寅壬	11 24	酉癸	10 25	卯癸	9 26	戌甲	8 27	辰甲
初九	1 23	酉癸	12 24	卯癸	11 25	戌甲	10 26	辰甲	9 27	亥乙	8 28	巳乙
初十	1 24	戌甲	12 25	辰甲	11 26	亥乙	10 27	巳乙	9 28	子丙	8 29	午丙
十一	1 25	亥乙	12 26	巳乙	11 27	子丙	10 28	午丙	9 29	丑丁	8 30	未丁
十二	1 26	子丙	12 27	午丙	11 28	丑丁	10 29	未丁	9 30	寅戊	8 31	申戊
十三	1 27	丑丁	12 28	未丁	11 29	寅戊	10 30	申戊	10 1	卯己	9 1	酉己
十四	1 28	寅戊	12 29	申戊	11 30	卯己	10 31	酉己	10 2	辰庚	9 2	戌庚
十五	1 29	卯己	12 30	酉己	12 1	辰庚	11 1	戌庚	10 3	巳辛	9 3	亥辛
十六	1 30	辰庚	12 31	戌庚	12 2	巳辛	11 2	亥辛	10 4	午壬	9 4	子壬
十七	1 31	巳辛	1 1	亥辛	12 3	午壬	11 3	子壬	10 5	未癸	9 5	丑癸
十八	2 1	午壬	1 2	子壬	12 4	未癸	11 4	丑癸	10 6	申甲	9 6	寅甲
十九	2 2	未癸	1 3	丑癸	12 5	申甲	11 5	寅甲	10 7	酉乙	9 7	卯乙
二十	2 3	申甲	1 4	寅甲	12 6	酉乙	11 6	卯乙	10 8	戌丙	9 8	辰丙
廿一	2 4	酉乙	1 5	卯乙	12 7	戌丙	11 7	辰丙	10 9	亥丁	9 9	巳丁
廿二	2 5	戌丙	1 6	辰丙	12 8	亥丁	11 8	巳丁	10 10	子戊	9 10	午戊
廿三	2 6	亥丁	1 7	巳丁	12 9	子戊	11 9	午戊	10 11	丑己	9 11	未己
廿四	2 7	子戊	1 8	午戊	12 10	丑己	11 10	未己	10 12	寅庚	9 12	申庚
廿五	2 8	丑己	1 9	未己	12 11	寅庚	11 11	申庚	10 13	卯辛	9 13	酉辛
廿六	2 9	寅庚	1 10	申庚	12 12	卯辛	11 12	酉辛	10 14	辰壬	9 14	戌壬
廿七	2 10	卯辛	1 11	酉辛	12 13	辰壬	11 13	戌壬	10 15	巳癸	9 15	亥癸
廿八	2 11	辰壬	1 12	戌壬	12 14	巳癸	11 14	亥癸	10 16	午甲	9 16	子甲
廿九	2 12	巳癸	1 13	亥癸	12 15	午甲	11 15	子甲	10 17	未乙	9 17	丑乙
三十	2 13	午甲	1 14	子甲	乙太		11 16	丑乙	易天		9 18	寅丙

西元二〇一〇年

歲次 庚寅

民國九十九年 太歲姓鄔名桓

納音屬木 生肖屬虎

年八白星 牛宿值年

月六		月五		月四		月三		月二		月正		別月
未癸		午壬		巳辛		辰庚		卯己		寅戊		柱月
白六		赤七		白八		紫九		白一		黑二		白紫
/7	7/23	7/7	6/21	6/6	5/21	5/5	4/20	4/5	3/21	3/6	2/19	節氣時間
廿	二十	六廿	十初	四廿	八初	二廿	七初	一廿	六初	一廿	六初	
立秋亥時	6時21分 大暑卯時	13時2分 小暑未時	19時28分 夏至戌時	2時49分 芒種丑時	11時34分 小滿午時	22時44分 立夏亥時	12時30分 穀雨午時	5時30分 清明卯時	1時32分 春分丑時	0時46分 驚蟄子時	2時36分 雨水丑時	
曆陽	柱日	曆陽	柱日	曆陽	柱日	曆陽	柱日	曆陽	柱日	曆陽	柱日	曆農
12	亥癸	6 12	巳癸	5 14	子甲	4 14	午甲	3 16	丑乙	2 14	未乙	一初
13	子甲	6 13	午甲	5 15	丑乙	4 15	未乙	3 17	寅丙	2 15	申丙	二初
14	丑乙	6 14	未乙	5 16	寅丙	4 16	申丙	3 18	卯丁	2 16	酉丁	三初
15	寅丙	6 15	申丙	5 17	卯丁	4 17	酉丁	3 19	辰戊	2 17	戌戊	四初
16	卯丁	6 16	酉丁	5 18	辰戊	4 18	戌戊	3 20	巳己	2 18	亥己	五初
17	辰戊	6 17	戌戊	5 19	巳己	4 19	亥己	3 21	午庚	2 19	子庚	六初
18	巳己	6 18	亥己	5 20	午庚	4 20	子庚	3 22	未辛	2 20	丑辛	七初
19	午庚	6 19	子庚	5 21	未辛	4 21	丑辛	3 23	申壬	2 21	寅壬	八初
20	未辛	6 20	丑辛	5 22	申壬	4 22	寅壬	3 24	酉癸	2 22	卯癸	九初
21	申壬	6 21	寅壬	5 23	酉癸	4 23	卯癸	3 25	戌甲	2 23	辰甲	十初
22	酉癸	6 22	卯癸	5 24	戌甲	4 24	辰甲	3 26	亥乙	2 24	巳乙	一十
23	戌甲	6 23	辰甲	5 25	亥乙	4 25	巳乙	3 27	子丙	2 25	午丙	二十
24	亥乙	6 24	巳乙	5 26	子丙	4 26	午丙	3 28	丑丁	2 26	未丁	三十
25	子丙	6 25	午丙	5 27	丑丁	4 27	未丁	3 29	寅戊	2 27	申戊	四十
26	丑丁	6 26	未丁	5 28	寅戊	4 28	申戊	3 30	卯己	2 28	酉己	五十
27	寅戊	6 27	申戊	5 29	卯己	4 29	酉己	3 31	辰庚	3 1	戌庚	六十
28	卯己	6 28	酉己	5 30	辰庚	4 30	戌庚	4 1	巳辛	3 2	亥辛	七十
29	辰庚	6 29	戌庚	5 31	巳辛	5 1	亥辛	4 2	午壬	3 3	子壬	八十
30	巳辛	6 30	亥辛	6 1	午壬	5 2	子壬	4 3	未癸	3 4	丑癸	九十
31	午壬	7 1	子壬	6 2	未癸	5 3	丑癸	4 4	申甲	3 5	寅甲	十二
1	未癸	7 2	丑癸	6 3	申甲	5 4	寅甲	4 5	酉乙	3 6	卯乙	一廿
2	申甲	7 3	寅甲	6 4	酉乙	5 5	卯乙	4 6	戌丙	3 7	辰丙	二廿
3	酉乙	7 4	卯乙	6 5	戌丙	5 6	辰丙	4 7	亥丁	3 8	巳丁	三廿
4	戌丙	7 5	辰丙	6 6	亥丁	5 7	巳丁	4 8	子戊	3 9	午戊	四廿
5	亥丁	7 6	巳丁	6 7	子戊	5 8	午戊	4 9	丑己	3 10	未己	五廿
6	子戊	7 7	午戊	6 8	丑己	5 9	未己	4 10	寅庚	3 11	申庚	六廿
7	丑己	7 8	未己	6 9	寅庚	5 10	申庚	4 11	卯辛	3 12	酉辛	七廿
8	寅庚	7 9	申庚	6 10	卯辛	5 11	酉辛	4 12	辰壬	3 13	戌壬	八廿
9	卯辛	7 10	酉辛	6 11	辰壬	5 12	戌壬	4 13	巳癸	3 14	亥癸	九廿
乙太		7 11	戌壬	易天		5 13	亥癸	尋搜格落部		3 15	子甲	十三

月別	十二月		十一月		十月		九月		八月		七月	
月柱	己丑		戊子		丁亥		丙戌		乙酉		甲申	
紫白	九紫		一白		二黑		三碧		四綠		五黃	
節氣時間	1/20	1/6	12/22	12/7	11/22	11/7	10/23	10/8	9/23	9/8		8/2
	十七	初三	十七	初二	十七	初二	十六	初一	十六	初一		四
	大寒酉時 18時19分	小寒子時 0時55分	冬至辰時 7時39分	大雪未時 13時38分	小雪酉時 18時15分	立冬戌時 20時42分	霜降戌時 20時35分	寒露酉時 17時26分	秋分午時 11時9分	白露丑時 1時45分		13時27分
農曆	陽曆	日柱	陽曆	日柱	陽曆	日柱	陽曆	日柱	陽曆	日柱	陽曆	日柱
初一	1 4	己未	12 6	庚寅	11 6	庚申	10 8	辛卯	9 8	辛酉	8 10	壬辰
初二	1 5	庚申	12 7	辛卯	11 7	辛酉	10 9	壬辰	9 9	壬戌	8 11	癸巳
初三	1 6	辛酉	12 8	壬辰	11 8	壬戌	10 10	癸巳	9 10	癸亥	8 12	甲午
初四	1 7	壬戌	12 9	癸巳	11 9	癸亥	10 11	甲午	9 11	甲子	8 13	乙未
初五	1 8	癸亥	12 10	甲午	11 10	甲子	10 12	乙未	9 12	乙丑	8 14	丙申
初六	1 9	甲子	12 11	乙未	11 11	乙丑	10 13	丙申	9 13	丙寅	8 15	丁酉
初七	1 10	乙丑	12 12	丙申	11 12	丙寅	10 14	丁酉	9 14	丁卯	8 16	戊戌
初八	1 11	丙寅	12 13	丁酉	11 13	丁卯	10 15	戊戌	9 15	戊辰	8 17	己亥
初九	1 12	丁卯	12 14	戊戌	11 14	戊辰	10 16	己亥	9 16	己巳	8 18	庚子
初十	1 13	戊辰	12 15	己亥	11 15	己巳	10 17	庚子	9 17	庚午	8 19	辛丑
十一	1 14	己巳	12 16	庚子	11 16	庚午	10 18	辛丑	9 18	辛未	8 20	壬寅
十二	1 15	庚午	12 17	辛丑	11 17	辛未	10 19	壬寅	9 19	壬申	8 21	癸卯
十三	1 16	辛未	12 18	壬寅	11 18	壬申	10 20	癸卯	9 20	癸酉	8 22	甲辰
十四	1 17	壬申	12 19	癸卯	11 19	癸酉	10 21	甲辰	9 21	甲戌	8 23	乙巳
十五	1 18	癸酉	12 20	甲辰	11 20	甲戌	10 22	乙巳	9 22	乙亥	8 24	丙午
十六	1 19	甲戌	12 21	乙巳	11 21	乙亥	10 23	丙午	9 23	丙子	8 25	丁未
十七	1 20	乙亥	12 22	丙午	11 22	丙子	10 24	丁未	9 24	丁丑	8 26	戊申
十八	1 21	丙子	12 23	丁未	11 23	丁丑	10 25	戊申	9 25	戊寅	8 27	己酉
十九	1 22	丁丑	12 24	戊申	11 24	戊寅	10 26	己酉	9 26	己卯	8 28	庚戌
二十	1 23	戊寅	12 25	己酉	11 25	己卯	10 27	庚戌	9 27	庚辰	8 29	辛亥
廿一	1 24	己卯	12 26	庚戌	11 26	庚辰	10 28	辛亥	9 28	辛巳	8 30	壬子
廿二	1 25	庚辰	12 27	辛亥	11 27	辛巳	10 29	壬子	9 29	壬午	8 31	癸丑
廿三	1 26	辛巳	12 28	壬子	11 28	壬午	10 30	癸丑	9 30	癸未	9 1	甲寅
廿四	1 27	壬午	12 29	癸丑	11 29	癸未	10 31	甲寅	10 1	甲申	9 2	乙卯
廿五	1 28	癸未	12 30	甲寅	11 30	甲申	11 1	乙卯	10 2	乙酉	9 3	丙辰
廿六	1 29	甲申	12 31	乙卯	12 1	乙酉	11 2	丙辰	10 3	丙戌	9 4	丁巳
廿七	1 30	乙酉	1 1	丙辰	12 2	丙戌	11 3	丁巳	10 4	丁亥	9 5	戊午
廿八	1 31	丙戌	1 2	丁巳	12 3	丁亥	11 4	戊午	10 5	戊子	9 6	己未
廿九	2 1	丁亥	1 3	戊午	12 4	戊子	11 5	己未	10 6	己丑	9 7	庚申
三十	2 2	戊子	太乙		12 5	己丑	天易		10 7	庚寅	部落格搜尋	

西元二〇一一年 歲次辛卯

民國一〇〇年 太歲姓范名寧

納音屬木 生肖屬兔

年七赤星 女宿值年

月六		月五		月四		月三		月二		月正		別月
未乙		午甲		巳癸		辰壬		卯辛		寅庚		柱月
碧三		綠四		黃五		白六		赤七		白八		白紫
23	7/7	6/22	6/6	5/21	5/6	4/20	4/5	3/21	3/6	2/19	2/4	節氣時間
廿	七初	一廿	五初	九十	四初	八十	三初	七十	二初	七十	二初	
大暑午時	18時42分 小暑酉時	1時16分 夏至丑時	8時27分 芒種辰時	17時21分 小滿酉時	4時23分 立夏寅時	18時17分 穀雨酉時	11時12分 清明午時	7時21分 春分辰時	6時30分 驚蟄卯時	8時25分 雨水辰時	12時33分 立春午時	
陽	柱日	曆陽	柱日	曆陽	柱日	曆陽	柱日	曆陽	柱日	曆陽	柱日	曆農
1	巳丁	6 2	子戊	5 3	午戊	4 3	子戊	3 5	未己	2 3	丑己	一初
2	午戊	6 3	丑己	5 4	未己	4 4	丑己	3 6	申庚	2 4	寅庚	二初
3	未己	6 4	寅庚	5 5	申庚	4 5	寅庚	3 7	酉辛	2 5	卯辛	三初
4	申庚	6 5	卯辛	5 6	酉辛	4 6	卯辛	3 8	戌壬	2 6	辰壬	四初
5	酉辛	6 6	辰壬	5 7	戌壬	4 7	辰壬	3 9	亥癸	2 7	巳癸	五初
6	戌壬	6 7	巳癸	5 8	亥癸	4 8	巳癸	3 10	子甲	2 8	午甲	六初
7	亥癸	6 8	午甲	5 9	子甲	4 9	午甲	3 11	丑乙	2 9	未乙	七初
8	子甲	6 9	未乙	5 10	丑乙	4 10	未乙	3 12	寅丙	2 10	申丙	八初
9	丑乙	6 10	申丙	5 11	寅丙	4 11	申丙	3 13	卯丁	2 11	酉丁	九初
10	寅丙	6 11	酉丁	5 12	卯丁	4 12	酉丁	3 14	辰戊	2 12	戌戊	十初
11	卯丁	6 12	戌戊	5 13	辰戊	4 13	戌戊	3 15	巳己	2 13	亥己	一十
12	辰戊	6 13	亥己	5 14	巳己	4 14	亥己	3 16	午庚	2 14	子庚	二十
13	巳己	6 14	子庚	5 15	午庚	4 15	子庚	3 17	未辛	2 15	丑辛	三十
14	午庚	6 15	丑辛	5 16	未辛	4 16	丑辛	3 18	申壬	2 16	寅壬	四十
15	未辛	6 16	寅壬	5 17	申壬	4 17	寅壬	3 19	酉癸	2 17	卯癸	五十
16	申壬	6 17	卯癸	5 18	酉癸	4 18	卯癸	3 20	戌甲	2 18	辰甲	六十
17	酉癸	6 18	辰甲	5 19	戌甲	4 19	辰甲	3 21	亥乙	2 19	巳乙	七十
18	戌甲	6 19	巳乙	5 20	亥乙	4 20	巳乙	3 22	子丙	2 20	午丙	八十
19	亥乙	6 20	午丙	5 21	子丙	4 21	午丙	3 23	丑丁	2 21	未丁	九十
20	子丙	6 21	未丁	5 22	丑丁	4 22	未丁	3 24	寅戊	2 22	申戊	十二
21	丑丁	6 22	申戊	5 23	寅戊	4 23	申戊	3 25	卯己	2 23	酉己	一廿
22	寅戊	6 23	酉己	5 24	卯己	4 24	酉己	3 26	辰庚	2 24	戌庚	二廿
23	卯己	6 24	戌庚	5 25	辰庚	4 25	戌庚	3 27	巳辛	2 25	亥辛	三廿
24	辰庚	6 25	亥辛	5 26	巳辛	4 26	亥辛	3 28	午壬	2 26	子壬	四廿
25	巳辛	6 26	子壬	5 27	午壬	4 27	子壬	3 29	未癸	2 27	丑癸	五廿
26	午壬	6 27	丑癸	5 28	未癸	4 28	丑癸	3 30	申甲	2 28	寅甲	六廿
27	未癸	6 28	寅甲	5 29	申甲	4 29	寅甲	3 31	酉乙	3 1	卯乙	七廿
28	申甲	6 29	卯乙	5 30	酉乙	4 30	卯乙	4 1	戌丙	3 2	辰丙	八廿
29	酉乙	6 30	辰丙	5 31	戌丙	5 1	辰丙	4 2	亥丁	3 3	巳丁	九廿
30	戌丙	乙太		6 1	亥丁	5 2	巳丁	易天		3 4	午戊	十三

月別	月 二 十		月 一 十		月 十		月 九		月 八		月 七	
月柱	丑 辛		子 庚		亥 己		戌 戊		酉 丁		申 丙	
紫白	白 六		赤 七		白 八		紫 九		白 一		黑 二	
節氣時間	1/21	1/6	12/22	12/7	11/23	11/8	10/24	10/8	9/23	9/8	8/23	8/8
	八廿	三十	八廿	三十	八廿	三十	八廿	二十	六廿	一十	四廿	九初
	0時10分 大寒子時	6時44分 小寒卯時	13時30分 冬至未時	19時29分 大雪戌時	0時8分 小雪子時	2時35分 立冬丑時	2時30分 霜降丑時	23時19分 寒露子時	17時5分 秋分酉時	7時34分 白露辰時	19時21分 處暑戌時	4時33分 立秋寅時
農曆	曆陽	柱日	曆陽	柱日	曆陽	柱日	曆陽	柱日	曆陽	柱日	曆陽	柱日
初一	12 25	寅甲	11 25	申甲	10 27	卯乙	9 27	酉乙	8 29	辰丙	7 31	亥丁
初二	12 26	卯乙	11 26	酉乙	10 28	辰丙	9 28	戌丙	8 30	巳丁	8 1	子戊
初三	12 27	辰丙	11 27	戌丙	10 29	巳丁	9 29	亥丁	8 31	午戊	8 2	丑己
初四	12 28	巳丁	11 28	亥丁	10 30	午戊	9 30	子戊	9 1	未己	8 3	寅庚
初五	12 29	午戊	11 29	子戊	10 31	未己	10 1	丑己	9 2	申庚	8 4	卯辛
初六	12 30	未己	11 30	丑己	11 1	申庚	10 2	寅庚	9 3	酉辛	8 5	辰壬
初七	12 31	申庚	12 1	寅庚	11 2	酉辛	10 3	卯辛	9 4	戌壬	8 6	巳癸
初八	1 1	酉辛	12 2	卯辛	11 3	戌壬	10 4	辰壬	9 5	亥癸	8 7	午甲
初九	1 2	戌壬	12 3	辰壬	11 4	亥癸	10 5	巳癸	9 6	子甲	8 8	未乙
初十	1 3	亥癸	12 4	巳癸	11 5	子甲	10 6	午甲	9 7	丑乙	8 9	申丙
十一	1 4	子甲	12 5	午甲	11 6	丑乙	10 7	未乙	9 8	寅丙	8 10	酉丁
十二	1 5	丑乙	12 6	未乙	11 7	寅丙	10 8	申丙	9 9	卯丁	8 11	戌戊
十三	1 6	寅丙	12 7	申丙	11 8	卯丁	10 9	酉丁	9 10	辰戊	8 12	亥己
十四	1 7	卯丁	12 8	酉丁	11 9	辰戊	10 10	戌戊	9 11	巳己	8 13	子庚
十五	1 8	辰戊	12 9	戌戊	11 10	巳己	10 11	亥己	9 12	午庚	8 14	丑辛
十六	1 9	巳己	12 10	亥己	11 11	午庚	10 12	子庚	9 13	未辛	8 15	寅壬
十七	1 10	午庚	12 11	子庚	11 12	未辛	10 13	丑辛	9 14	申壬	8 16	卯癸
十八	1 11	未辛	12 12	丑辛	11 13	申壬	10 14	寅壬	9 15	酉癸	8 17	辰甲
十九	1 12	申壬	12 13	寅壬	11 14	酉癸	10 15	卯癸	9 16	戌甲	8 18	巳乙
二十	1 13	酉癸	12 14	卯癸	11 15	戌甲	10 16	辰甲	9 17	亥乙	8 19	午丙
廿一	1 14	戌甲	12 15	辰甲	11 16	亥乙	10 17	巳乙	9 18	子丙	8 20	未丁
廿二	1 15	亥乙	12 16	巳乙	11 17	子丙	10 18	午丙	9 19	丑丁	8 21	申戊
廿三	1 16	子丙	12 17	午丙	11 18	丑丁	10 19	未丁	9 20	寅戊	8 22	酉己
廿四	1 17	丑丁	12 18	未丁	11 19	寅戊	10 20	申戊	9 21	卯己	8 23	戌庚
廿五	1 18	寅戊	12 19	申戊	11 20	卯己	10 21	酉己	9 22	辰庚	8 24	亥辛
廿六	1 19	卯己	12 20	酉己	11 21	辰庚	10 22	戌庚	9 23	巳辛	8 25	子壬
廿七	1 20	辰庚	12 21	戌庚	11 22	巳辛	10 23	亥辛	9 24	午壬	8 26	丑癸
廿八	1 21	巳辛	12 22	亥辛	11 23	午壬	10 24	子壬	9 25	未癸	8 27	寅甲
廿九	1 22	午壬	12 23	子壬	11 24	未癸	10 25	丑癸	9 26	申甲	8 28	卯乙
三十	乙太		12 24	丑癸	易天		10 26	寅甲	業事化文乙太		尋搜格落部	

西元二〇一二年 歲次壬辰

民國一〇一年
太歲姓彭名泰

納音屬水
生肖屬龍

年六白星
虛宿值年

月別	正月		二月		三月		四月		閏四月		五月		六月	
月柱	壬寅		癸卯		甲辰		乙巳				丙午		丁未	
紫白	五黃		四綠		三碧		二黑				一白		九紫	
節氣時間	2/4 十三 立春 酉時 18時22分	2/19 廿八 雨水 未時 14時18分	3/5 十三 驚蟄 午時 12時21分	3/20 廿八 春分 未時 13時14分	4/4 十四 清明 酉時 17時6分	4/20 三十 穀雨 子時 0時12分	5/5 十五 立夏 巳時 10時20分	5/20 三十 小滿 子時 23時16分	6/5 十六 芒種 未時 14時26分		6/21 初三 夏至 辰時 7時9分	7/7 十九 小暑 子時 0時41分	7/22 初四 大暑 酉時 18時1分	7… 二… 立秋 巳時
農曆	日柱	陽曆	日柱	陽曆	日柱	陽曆	日柱	陽曆	日柱	陽曆	日柱	陽曆	日柱	陽曆
初一	癸未	1 23	癸丑	2 22	壬午	3 22	壬子	4 21	壬午	5 21	辛亥	6 19	辛巳	19
初二	甲申	1 24	甲寅	2 23	癸未	3 23	癸丑	4 22	癸未	5 22	壬子	6 20	壬午	20
初三	乙酉	1 25	乙卯	2 24	甲申	3 24	甲寅	4 23	甲申	5 23	癸丑	6 21	癸未	21
初四	丙戌	1 26	丙辰	2 25	乙酉	3 25	乙卯	4 24	乙酉	5 24	甲寅	6 22	甲申	22
初五	丁亥	1 27	丁巳	2 26	丙戌	3 26	丙辰	4 25	丙戌	5 25	乙卯	6 23	乙酉	23
初六	戊子	1 28	戊午	2 27	丁亥	3 27	丁巳	4 26	丁亥	5 26	丙辰	6 24	丙戌	24
初七	己丑	1 29	己未	2 28	戊子	3 28	戊午	4 27	戊子	5 27	丁巳	6 25	丁亥	25
初八	庚寅	1 30	庚申	2 29	己丑	3 29	己未	4 28	己丑	5 28	戊午	6 26	戊子	26
初九	辛卯	1 31	辛酉	3 1	庚寅	3 30	庚申	4 29	庚寅	5 29	己未	6 27	己丑	27
初十	壬辰	2 1	壬戌	3 2	辛卯	3 31	辛酉	4 30	辛卯	5 30	庚申	6 28	庚寅	28
十一	癸巳	2 2	癸亥	3 3	壬辰	4 1	壬戌	5 1	壬辰	5 31	辛酉	6 29	辛卯	29
十二	甲午	2 3	甲子	3 4	癸巳	4 2	癸亥	5 2	癸巳	6 1	壬戌	6 30	壬辰	30
十三	乙未	2 4	乙丑	3 5	甲午	4 3	甲子	5 3	甲午	6 2	癸亥	7 1	癸巳	31
十四	丙申	2 5	丙寅	3 6	乙未	4 4	乙丑	5 4	乙未	6 3	甲子	7 2	甲午	1
十五	丁酉	2 6	丁卯	3 7	丙申	4 5	丙寅	5 5	丙申	6 4	乙丑	7 3	乙未	2
十六	戊戌	2 7	戊辰	3 8	丁酉	4 6	丁卯	5 6	丁酉	6 5	丙寅	7 4	丙申	3
十七	己亥	2 8	己巳	3 9	戊戌	4 7	戊辰	5 7	戊戌	6 6	丁卯	7 5	丁酉	4
十八	庚子	2 9	庚午	3 10	己亥	4 8	己巳	5 8	己亥	6 7	戊辰	7 6	戊戌	5
十九	辛丑	2 10	辛未	3 11	庚子	4 9	庚午	5 9	庚子	6 8	己巳	7 7	己亥	6
二十	壬寅	2 11	壬申	3 12	辛丑	4 10	辛未	5 10	辛丑	6 9	庚午	7 8	庚子	7
廿一	癸卯	2 12	癸酉	3 13	壬寅	4 11	壬申	5 11	壬寅	6 10	辛未	7 9	辛丑	8
廿二	甲辰	2 13	甲戌	3 14	癸卯	4 12	癸酉	5 12	癸卯	6 11	壬申	7 10	壬寅	9
廿三	乙巳	2 14	乙亥	3 15	甲辰	4 13	甲戌	5 13	甲辰	6 12	癸酉	7 11	癸卯	10
廿四	丙午	2 15	丙子	3 16	乙巳	4 14	乙亥	5 14	乙巳	6 13	甲戌	7 12	甲辰	11
廿五	丁未	2 16	丁丑	3 17	丙午	4 15	丙子	5 15	丙午	6 14	乙亥	7 13	乙巳	12
廿六	戊申	2 17	戊寅	3 18	丁未	4 16	丁丑	5 16	丁未	6 15	丙子	7 14	丙午	13
廿七	己酉	2 18	己卯	3 19	戊申	4 17	戊寅	5 17	戊申	6 16	丁丑	7 15	丁未	14
廿八	庚戌	2 19	庚辰	3 20	己酉	4 18	己卯	5 18	己酉	6 17	戊寅	7 16	戊申	15
廿九	辛亥	2 20	辛巳	3 21	庚戌	4 19	庚辰	5 19	庚戌	6 18	己卯	7 17	己酉	16
三十	壬子	2 21	部落格搜尋		辛亥	4 20	辛巳	5 20	天易		庚辰	7 18	太乙	

月別	月二十		月一十		月十		月九		月八		月七	
月柱	丑癸		子壬		亥辛		戌庚		酉己		申戊	
紫白	碧三		綠四		黃五		白六		赤七		白八	
節氣時間	2/4	1/20	1/5	12/21	12/7	11/22	11/7	10/23	10/8	9/22	9/7	8/2
	四廿	九初	四廿	九初	四廿	九初	四廿	九初	三廿	七初	二廿	七初
	0時13分 立春子時	5時52分 大寒卯時	12時34分 小寒午時	19時12分 冬至戌時	1時19分 大雪丑時	5時50分 小雪卯時	8時26分 立冬辰時	8時14分 霜降辰時	5時12分 寒露卯時	22時49分 秋分亥時	13時29分 白露未時	1時7分
農曆	曆陽	柱日	曆陽	柱日	曆陽	柱日	曆陽	柱日	曆陽	柱日	曆陽	柱日
初一	1 12	寅戊	12 13	申戊	11 14	卯己	10 15	酉己	9 16	辰庚	8 17	戌庚
初二	1 13	卯己	12 14	酉己	11 15	辰庚	10 16	戌庚	9 17	巳辛	8 18	亥辛
初三	1 14	辰庚	12 15	戌庚	11 16	巳辛	10 17	亥辛	9 18	午壬	8 19	子壬
初四	1 15	巳辛	12 16	亥辛	11 17	午壬	10 18	子壬	9 19	未癸	8 20	丑癸
初五	1 16	午壬	12 17	子壬	11 18	未癸	10 19	丑癸	9 20	申甲	8 21	寅甲
初六	1 17	未癸	12 18	丑癸	11 19	申甲	10 20	寅甲	9 21	酉乙	8 22	卯乙
初七	1 18	申甲	12 19	寅甲	11 20	酉乙	10 21	卯乙	9 22	戌丙	8 23	辰丙
初八	1 19	酉乙	12 20	卯乙	11 21	戌丙	10 22	辰丙	9 23	亥丁	8 24	巳丁
初九	1 20	戌丙	12 21	辰丙	11 22	亥丁	10 23	巳丁	9 24	子戊	8 25	午戊
初十	1 21	亥丁	12 22	巳丁	11 23	子戊	10 24	午戊	9 25	丑己	8 26	未己
十一	1 22	子戊	12 23	午戊	11 24	丑己	10 25	未己	9 26	寅庚	8 27	申庚
十二	1 23	丑己	12 24	未己	11 25	寅庚	10 26	申庚	9 27	卯辛	8 28	酉辛
十三	1 24	寅庚	12 25	申庚	11 26	卯辛	10 27	酉辛	9 28	辰壬	8 29	戌壬
十四	1 25	卯辛	12 26	酉辛	11 27	辰壬	10 28	戌壬	9 29	巳癸	8 30	亥癸
十五	1 26	辰壬	12 27	戌壬	11 28	巳癸	10 29	亥癸	9 30	午甲	8 31	子甲
十六	1 27	巳癸	12 28	亥癸	11 29	午甲	10 30	子甲	10 1	未乙	9 1	丑乙
十七	1 28	午甲	12 29	子甲	11 30	未乙	10 31	丑乙	10 2	申丙	9 2	寅丙
十八	1 29	未乙	12 30	丑乙	12 1	申丙	11 1	寅丙	10 3	酉丁	9 3	卯丁
十九	1 30	申丙	12 31	寅丙	12 2	酉丁	11 2	卯丁	10 4	戌戊	9 4	辰戊
二十	1 31	酉丁	1 1	卯丁	12 3	戌戊	11 3	辰戊	10 5	亥己	9 5	巳己
廿一	2 1	戌戊	1 2	辰戊	12 4	亥己	11 4	巳己	10 6	子庚	9 6	午庚
廿二	2 2	亥己	1 3	巳己	12 5	子庚	11 5	午庚	10 7	丑辛	9 7	未辛
廿三	2 3	子庚	1 4	午庚	12 6	丑辛	11 6	未辛	10 8	寅壬	9 8	申壬
廿四	2 4	丑辛	1 5	未辛	12 7	寅壬	11 7	申壬	10 9	卯癸	9 9	酉癸
廿五	2 5	寅壬	1 6	申壬	12 8	卯癸	11 8	酉癸	10 10	辰甲	9 10	戌甲
廿六	2 6	卯癸	1 7	酉癸	12 9	辰甲	11 9	戌甲	10 11	巳乙	9 11	亥乙
廿七	2 7	辰甲	1 8	戌甲	12 10	巳乙	11 10	亥乙	10 12	午丙	9 12	子丙
廿八	2 8	巳乙	1 9	亥乙	12 11	午丙	11 11	子丙	10 13	未丁	9 13	丑丁
廿九	2 9	午丙	1 10	子丙	12 12	未丁	11 12	丑丁	10 14	申戊	9 14	寅戊
三十	乙太		1 11	丑丁	易天		11 13	寅戊	尋搜格落部		9 15	卯己

西元二〇一三年 歲次癸巳

民國一〇二年 太歲姓徐名舜

納音屬水 生肖屬蛇

年五黃星 危宿值年

月	六	月	五	月	四	月	三	月	二	月	正	別月
未	己	午	戊	巳	丁	辰	丙	卯	乙	寅	甲	柱月
白	六	赤	七	白	八	紫	九	白	一	黑	二	白紫
	7/22	7/7	6/21	6/5	5/21	5/5	4/20	4/4	3/20	3/5	2/18	節氣時間
	五十	十三	四十	七廿	二十	六廿	一十	四廿	九初	四廿	九初	
	23時56分 大暑子時	6時35分 小暑卯時	13時4分 夏至未時	20時23分 芒種戌時	5時9分 小滿卯時	16時18分 立夏申時	6時3分 穀雨卯時	23時2分 清明子時	19時2分 春分戌時	18時15分 驚蟄酉時	20時2分 雨水戌時	
陽	柱日	曆陽	柱日	曆陽	柱日	曆陽	柱日	曆陽	柱日	曆陽	柱日	曆農
8	亥乙	6 8	巳乙	5 10	子丙	4 10	午丙	3 12	丑丁	2 10	未丁	一初
9	子丙	6 9	午丙	5 11	丑丁	4 11	未丁	3 13	寅戊	2 11	申戊	二初
10	丑丁	6 10	未丁	5 12	寅戊	4 12	申戊	3 14	卯己	2 12	酉己	三初
11	寅戊	6 11	申戊	5 13	卯己	4 13	酉己	3 15	辰庚	2 13	戌庚	四初
12	卯己	6 12	酉己	5 14	辰庚	4 14	戌庚	3 16	巳辛	2 14	亥辛	五初
13	辰庚	6 13	戌庚	5 15	巳辛	4 15	亥辛	3 17	午壬	2 15	子壬	六初
14	巳辛	6 14	亥辛	5 16	午壬	4 16	子壬	3 18	未癸	2 16	丑癸	七初
15	午壬	6 15	子壬	5 17	未癸	4 17	丑癸	3 19	申甲	2 17	寅甲	八初
16	未癸	6 16	丑癸	5 18	申甲	4 18	寅甲	3 20	酉乙	2 18	卯乙	九初
17	申甲	6 17	寅甲	5 19	酉乙	4 19	卯乙	3 21	戌丙	2 19	辰丙	十初
18	酉乙	6 18	卯乙	5 20	戌丙	4 20	辰丙	3 22	亥丁	2 20	巳丁	一十
19	戌丙	6 19	辰丙	5 21	亥丁	4 21	巳丁	3 23	子戊	2 21	午戊	二十
20	亥丁	6 20	巳丁	5 22	子戊	4 22	午戊	3 24	丑己	2 22	未己	三十
21	子戊	6 21	午戊	5 23	丑己	4 23	未己	3 25	寅庚	2 23	申庚	四十
22	丑己	6 22	未己	5 24	寅庚	4 24	申庚	3 26	卯辛	2 24	酉辛	五十
23	寅庚	6 23	申庚	5 25	卯辛	4 25	酉辛	3 27	辰壬	2 25	戌壬	六十
24	卯辛	6 24	酉辛	5 26	辰壬	4 26	戌壬	3 28	巳癸	2 26	亥癸	七十
25	辰壬	6 25	戌壬	5 27	巳癸	4 27	亥癸	3 29	午甲	2 27	子甲	八十
26	巳癸	6 26	亥癸	5 28	午甲	4 28	子甲	3 30	未乙	2 28	丑乙	九十
27	午甲	6 27	子甲	5 29	未乙	4 29	丑乙	3 31	申丙	3 1	寅丙	十二
28	未乙	6 28	丑乙	5 30	申丙	4 30	寅丙	4 1	酉丁	3 2	卯丁	一廿
29	申丙	6 29	寅丙	5 31	酉丁	5 1	卯丁	4 2	戌戊	3 3	辰戊	二廿
30	酉丁	6 30	卯丁	6 1	戌戊	5 2	辰戊	4 3	亥己	3 4	巳己	三廿
31	戌戊	7 1	辰戊	6 2	亥己	5 3	巳己	4 4	子庚	3 5	午庚	四廿
1	亥己	7 2	巳己	6 3	子庚	5 4	午庚	4 5	丑辛	3 6	未辛	五廿
2	子庚	7 3	午庚	6 4	丑辛	5 5	未辛	4 6	寅壬	3 7	申壬	六廿
3	丑辛	7 4	未辛	6 5	寅壬	5 6	申壬	4 7	卯癸	3 8	酉癸	七廿
4	寅壬	7 5	申壬	6 6	卯癸	5 7	酉癸	4 8	辰甲	3 9	戌甲	八廿
5	卯癸	7 6	酉癸	6 7	辰甲	5 8	戌甲	4 9	巳乙	3 10	亥乙	九廿
6	辰甲	7 7	戌甲	乙太		5 9	亥乙	易天		3 11	子丙	十三

月別	月 二 十		月 一 十		月 十		月 九		月 八		月 七	
月柱	丑 乙		子 甲		亥 癸		戌 壬		酉 辛		申 庚	
紫白	紫 九		白 一		黑 二		碧 三		綠 四		黃 五	
節氣時間	1/20	1/5	12/22	12/7	11/22	11/7	10/23	10/8	9/23	9/7	8/23	8/
	十二	五初	十二	五初	十二	五初	九十	四初	九十	三初	七十	一
	11時51分 大寒午時	18時24分 小寒酉時	1時11分 冬至丑時	7時9分 大雪辰時	11時48分 小雪午時	14時14分 立冬未時	14時10分 霜降未時	10時59分 寒露巳時	4時44分 秋分寅時	19時16分 白露戌時	7時2分 處暑辰時	16時20分
農曆	曆陽	柱日	曆陽	柱日	曆陽	柱日	曆陽	柱日	曆陽	柱日	曆陽	柱日
初一	1 1	申壬	12 3	卯癸	11 3	酉癸	10 5	辰甲	9 5	戌甲	8 7	巳乙
初二	1 2	酉癸	12 4	辰甲	11 4	戌甲	10 6	巳乙	9 6	亥乙	8 8	午丙
初三	1 3	戌甲	12 5	巳乙	11 5	亥乙	10 7	午丙	9 7	子丙	8 9	未丁
初四	1 4	亥乙	12 6	午丙	11 6	子丙	10 8	未丁	9 8	丑丁	8 10	申戊
初五	1 5	子丙	12 7	未丁	11 7	丑丁	10 9	申戊	9 9	寅戊	8 11	酉己
初六	1 6	丑丁	12 8	申戊	11 8	寅戊	10 10	酉己	9 10	卯己	8 12	戌庚
初七	1 7	寅戊	12 9	酉己	11 9	卯己	10 11	戌庚	9 11	辰庚	8 13	亥辛
初八	1 8	卯己	12 10	戌庚	11 10	辰庚	10 12	亥辛	9 12	巳辛	8 14	子壬
初九	1 9	辰庚	12 11	亥辛	11 11	巳辛	10 13	子壬	9 13	午壬	8 15	丑癸
初十	1 10	巳辛	12 12	子壬	11 12	午壬	10 14	丑癸	9 14	未癸	8 16	寅甲
十一	1 11	午壬	12 13	丑癸	11 13	未癸	10 15	寅甲	9 15	申甲	8 17	卯乙
十二	1 12	未癸	12 14	寅甲	11 14	申甲	10 16	卯乙	9 16	酉乙	8 18	辰丙
十三	1 13	申甲	12 15	卯乙	11 15	酉乙	10 17	辰丙	9 17	戌丙	8 19	巳丁
十四	1 14	酉乙	12 16	辰丙	11 16	戌丙	10 18	巳丁	9 18	亥丁	8 20	午戊
十五	1 15	戌丙	12 17	巳丁	11 17	亥丁	10 19	午戊	9 19	子戊	8 21	未己
十六	1 16	亥丁	12 18	午戊	11 18	子戊	10 20	未己	9 20	丑己	8 22	申庚
十七	1 17	子戊	12 19	未己	11 19	丑己	10 21	申庚	9 21	寅庚	8 23	酉辛
十八	1 18	丑己	12 20	申庚	11 20	寅庚	10 22	酉辛	9 22	卯辛	8 24	戌壬
十九	1 19	寅庚	12 21	酉辛	11 21	卯辛	10 23	戌壬	9 23	辰壬	8 25	亥癸
二十	1 20	卯辛	12 22	戌壬	11 22	辰壬	10 24	亥癸	9 24	巳癸	8 26	子甲
廿一	1 21	辰壬	12 23	亥癸	11 23	巳癸	10 25	子甲	9 25	午甲	8 27	丑乙
廿二	1 22	巳癸	12 24	子甲	11 24	午甲	10 26	丑乙	9 26	未乙	8 28	寅丙
廿三	1 23	午甲	12 25	丑乙	11 25	未乙	10 27	寅丙	9 27	申丙	8 29	卯丁
廿四	1 24	未乙	12 26	寅丙	11 26	申丙	10 28	卯丁	9 28	酉丁	8 30	辰戊
廿五	1 25	申丙	12 27	卯丁	11 27	酉丁	10 29	辰戊	9 29	戌戊	8 31	巳己
廿六	1 26	酉丁	12 28	辰戊	11 28	戌戊	10 30	巳己	9 30	亥己	9 1	午庚
廿七	1 27	戌戊	12 29	巳己	11 29	亥己	10 31	午庚	10 1	子庚	9 2	未辛
廿八	1 28	亥己	12 30	午庚	11 30	子庚	11 1	未辛	10 2	丑辛	9 3	申壬
廿九	1 29	子庚	12 31	未辛	12 1	丑辛	11 2	申壬	10 3	寅壬	9 4	酉癸
三十	1 30	丑辛	乙太		12 2	寅壬	易天		10 4	卯癸	尋搜格落部	

西元二〇一四年 歲次甲午

民國一〇三年
太歲姓張名詞

納音屬金
生肖屬馬

年四綠星
室宿值年

月	六	月	五	月	四	月	三	月	二	月	正	別月
未	辛	午	庚	巳	己	辰	戊	卯	丁	寅	丙	柱月
碧	三	綠	四	黃	五	白	六	赤	七	白	八	白紫
23	7/7	6/21	6/6	5/21	5/5	4/20	4/5	3/21	3/6	2/19	2/4	節氣時間
廿	一十	四廿	九初	三廿	七初	一廿	六初	一廿	六初	十二	五初	
大暑卯時	12時15分 小暑午時	18時51分 夏至酉時	2時3分 芒種丑時	10時59分 小滿巳時	21時59分 立夏亥時	11時56分 穀雨午時	4時47分 清明寅時	0時57分 春分子時	0時2分 驚蟄子時	2時0分 雨水丑時	6時3分 立春卯時	
陽	柱日	曆陽	柱日	曆陽	柱日	曆陽	柱日	曆陽	柱日	曆陽	柱日	曆農
27	巳己	5 29	子庚	4 29	午庚	3 31	丑辛	3 1	未辛	1 31	寅壬	一初
28	午庚	5 30	丑辛	4 30	未辛	4 1	寅壬	3 2	申壬	2 1	卯癸	二初
29	未辛	5 31	寅壬	5 1	申壬	4 2	卯癸	3 3	酉癸	2 2	辰甲	三初
30	申壬	6 1	卯癸	5 2	酉癸	4 3	辰甲	3 4	戌甲	2 3	巳乙	四初
1	酉癸	6 2	辰甲	5 3	戌甲	4 4	巳乙	3 5	亥乙	2 4	午丙	五初
2	戌甲	6 3	巳乙	5 4	亥乙	4 5	午丙	3 6	子丙	2 5	未丁	六初
3	亥乙	6 4	午丙	5 5	子丙	4 6	未丁	3 7	丑丁	2 6	申戊	七初
4	子丙	6 5	未丁	5 6	丑丁	4 7	申戊	3 8	寅戊	2 7	酉己	八初
5	丑丁	6 6	申戊	5 7	寅戊	4 8	酉己	3 9	卯己	2 8	戌庚	九初
6	寅戊	6 7	酉己	5 8	卯己	4 9	戌庚	3 10	辰庚	2 9	亥辛	十初
7	卯己	6 8	戌庚	5 9	辰庚	4 10	亥辛	3 11	巳辛	2 10	子壬	一十
8	辰庚	6 9	亥辛	5 10	巳辛	4 11	子壬	3 12	午壬	2 11	丑癸	二十
9	巳辛	6 10	子壬	5 11	午壬	4 12	丑癸	3 13	未癸	2 12	寅甲	三十
10	午壬	6 11	丑癸	5 12	未癸	4 13	寅甲	3 14	申甲	2 13	卯乙	四十
11	未癸	6 12	寅甲	5 13	申甲	4 14	卯乙	3 15	酉乙	2 14	辰丙	五十
12	申甲	6 13	卯乙	5 14	酉乙	4 15	辰丙	3 16	戌丙	2 15	巳丁	六十
13	酉乙	6 14	辰丙	5 15	戌丙	4 16	巳丁	3 17	亥丁	2 16	午戊	七十
14	戌丙	6 15	巳丁	5 16	亥丁	4 17	午戊	3 18	子戊	2 17	未己	八十
15	亥丁	6 16	午戊	5 17	子戊	4 18	未己	3 19	丑己	2 18	申庚	九十
16	子戊	6 17	未己	5 18	丑己	4 19	申庚	3 20	寅庚	2 19	酉辛	十二
17	丑己	6 18	申庚	5 19	寅庚	4 20	酉辛	3 21	卯辛	2 20	戌壬	一廿
18	寅庚	6 19	酉辛	5 20	卯辛	4 21	戌壬	3 22	辰壬	2 21	亥癸	二廿
19	卯辛	6 20	戌壬	5 21	辰壬	4 22	亥癸	3 23	巳癸	2 22	子甲	三廿
20	辰壬	6 21	亥癸	5 22	巳癸	4 23	子甲	3 24	午甲	2 23	丑乙	四廿
21	巳癸	6 22	子甲	5 23	午甲	4 24	丑乙	3 25	未乙	2 24	寅丙	五廿
22	午甲	6 23	丑乙	5 24	未乙	4 25	寅丙	3 26	申丙	2 25	卯丁	六廿
23	未乙	6 24	寅丙	5 25	申丙	4 26	卯丁	3 27	酉丁	2 26	辰戊	七廿
24	申丙	6 25	卯丁	5 26	酉丁	4 27	辰戊	3 28	戌戊	2 27	巳己	八廿
25	酉丁	6 26	辰戊	5 27	戌戊	4 28	巳己	3 29	亥己	2 28	午庚	九廿
26	戌戊	乙太		5 28	亥己	易天		3 30	子庚	尋搜格落部		十三

月別	月二十		月一十		月十		月九閏		月九		月八		月七	
月柱	丑丁		子丙		亥乙				戌甲		酉癸		申壬	
紫白	白六		赤七		白八				紫九		白一		黑二	
節氣時間	2/4	1/20	1/6	12/22	12/7	11/22		11/7	10/23	10/8	9/23	9/8	8/23	8/
	六十	一初	六十	一初	六十	一初		五十	十三	五十	十三	五十	八廿	二
	11時58分 立春午時	17時43分 大寒酉時	0時21分 小寒子時	7時3分 冬至辰時	13時4分 大雪未時	17時38分 小雪酉時		20時7分 立冬戌時	19時57分 霜降戌時	16時47分 寒露申時	10時29分 秋分巳時	1時1分 白露丑時	12時46分 處暑午時	22時3分
農曆	曆陽	柱日	曆陽	柱日	曆陽	柱日	曆陽	柱日	曆陽	柱日	曆陽	柱日	曆陽	柱
初一	1 20	申丙	12 22	卯丁	11 22	酉丁	10 24	辰戊	9 24	戌戊	8 25	辰戊	7 27	亥
初二	1 21	酉丁	12 23	辰戊	11 23	戌戊	10 25	巳己	9 25	亥己	8 26	巳己	7 28	子
初三	1 22	戌戊	12 24	巳己	11 24	亥己	10 26	午庚	9 26	子庚	8 27	午庚	7 29	丑
初四	1 23	亥己	12 25	午庚	11 25	子庚	10 27	未辛	9 27	丑辛	8 28	未辛	7 30	寅
初五	1 24	子庚	12 26	未辛	11 26	丑辛	10 28	申壬	9 28	寅壬	8 29	申壬	7 31	卯
初六	1 25	丑辛	12 27	申壬	11 27	寅壬	10 29	酉癸	9 29	卯癸	8 30	酉癸	8 1	辰
初七	1 26	寅壬	12 28	酉癸	11 28	卯癸	10 30	戌甲	9 30	辰甲	8 31	戌甲	8 2	巳
初八	1 27	卯癸	12 29	戌甲	11 29	辰甲	10 31	亥乙	10 1	巳乙	9 1	亥乙	8 3	午
初九	1 28	辰甲	12 30	亥乙	11 30	巳乙	11 1	子丙	10 2	午丙	9 2	子丙	8 4	未
初十	1 29	巳乙	12 31	子丙	12 1	午丙	11 2	丑丁	10 3	未丁	9 3	丑丁	8 5	申
十一	1 30	午丙	1 1	丑丁	12 2	未丁	11 3	寅戊	10 4	申戊	9 4	寅戊	8 6	酉
十二	1 31	未丁	1 2	寅戊	12 3	申戊	11 4	卯己	10 5	酉己	9 5	卯己	8 7	戌
十三	2 1	申戊	1 3	卯己	12 4	酉己	11 5	辰庚	10 6	戌庚	9 6	辰庚	8 8	亥
十四	2 2	酉己	1 4	辰庚	12 5	戌庚	11 6	巳辛	10 7	亥辛	9 7	巳辛	8 9	子
十五	2 3	戌庚	1 5	巳辛	12 6	亥辛	11 7	午壬	10 8	子壬	9 8	午壬	8 10	丑
十六	2 4	亥辛	1 6	午壬	12 7	子壬	11 8	未癸	10 9	丑癸	9 9	未癸	8 11	寅
十七	2 5	子壬	1 7	未癸	12 8	丑癸	11 9	申甲	10 10	寅甲	9 10	申甲	8 12	卯
十八	2 6	丑癸	1 8	申甲	12 9	寅甲	11 10	酉乙	10 11	卯乙	9 11	酉乙	8 13	辰
十九	2 7	寅甲	1 9	酉乙	12 10	卯乙	11 11	戌丙	10 12	辰丙	9 12	戌丙	8 14	巳
二十	2 8	卯乙	1 10	戌丙	12 11	辰丙	11 12	亥丁	10 13	巳丁	9 13	亥丁	8 15	午
廿一	2 9	辰丙	1 11	亥丁	12 12	巳丁	11 13	子戊	10 14	午戊	9 14	子戊	8 16	未
廿二	2 10	巳丁	1 12	子戊	12 13	午戊	11 14	丑己	10 15	未己	9 15	丑己	8 17	申
廿三	2 11	午戊	1 13	丑己	12 14	未己	11 15	寅庚	10 16	申庚	9 16	寅庚	8 18	酉
廿四	2 12	未己	1 14	寅庚	12 15	申庚	11 16	卯辛	10 17	酉辛	9 17	卯辛	8 19	戌
廿五	2 13	申庚	1 15	卯辛	12 16	酉辛	11 17	辰壬	10 18	戌壬	9 18	辰壬	8 20	亥
廿六	2 14	酉辛	1 16	辰壬	12 17	戌壬	11 18	巳癸	10 19	亥癸	9 19	巳癸	8 21	子
廿七	2 15	戌壬	1 17	巳癸	12 18	亥癸	11 19	午甲	10 20	子甲	9 20	午甲	8 22	丑
廿八	2 16	亥癸	1 18	午甲	12 19	子甲	11 20	未乙	10 21	丑乙	9 21	未乙	8 23	寅
廿九	2 17	子甲	1 19	未乙	12 20	丑乙	11 21	申丙	10 22	寅丙	9 22	申丙	8 24	卯
三十	2 18	丑乙	乙太		12 21	寅丙	易天		10 23	卯丁	9 23	酉丁	尋搜格落部	

西元二〇一五年 歲次乙未

民國一〇四年 太歲姓楊名賢

納音屬金 生肖屬羊

年三碧星 壁宿值年

月	六	月	五	月	四	月	三	月	二	月	正	別月
未	癸	午	壬	巳	辛	辰	庚	卯	己	寅	戊	柱月
紫	九	白	一	黑	二	碧	三	綠	四	黃	五	白紫
/8	7/23	7/7	6/22	6/6	5/21	5/6	4/20	4/5	3/21	3/6	2/19	節氣時間
廿	八初	二廿	七初	十二	四初	八十	二初	七十	二初	六十	一初	
立秋寅時	11時30分 大暑午時	18時12分 小暑酉時	0時38分 夏至子時	7時58分 芒種辰時	16時45分 小滿申時	3時53分 立夏寅時	17時42分 穀雨酉時	10時39分 清明巳時	6時45分 春分卯時	5時56分 驚蟄卯時	7時50分 雨水辰時	
陽	柱日	曆陽	柱日	曆陽	柱日	曆陽	柱日	曆陽	柱日	曆陽	柱日	曆農
16	巳癸	6 16	亥癸	5 18	午甲	4 19	丑乙	3 20	未乙	2 19	寅丙	一初
17	午甲	6 17	子甲	5 19	未乙	4 20	寅丙	3 21	申丙	2 20	卯丁	二初
18	未乙	6 18	丑乙	5 20	申丙	4 21	卯丁	3 22	酉丁	2 21	辰戊	三初
19	申丙	6 19	寅丙	5 21	酉丁	4 22	辰戊	3 23	戌戊	2 22	巳己	四初
20	酉丁	6 20	卯丁	5 22	戌戊	4 23	巳己	3 24	亥己	2 23	午庚	五初
21	戌戊	6 21	辰戊	5 23	亥己	4 24	午庚	3 25	子庚	2 24	未辛	六初
22	亥己	6 22	巳己	5 24	子庚	4 25	未辛	3 26	丑辛	2 25	申壬	七初
23	子庚	6 23	午庚	5 25	丑辛	4 26	申壬	3 27	寅壬	2 26	酉癸	八初
24	丑辛	6 24	未辛	5 26	寅壬	4 27	酉癸	3 28	卯癸	2 27	戌甲	九初
25	寅壬	6 25	申壬	5 27	卯癸	4 28	戌甲	3 29	辰甲	2 28	亥乙	十初
26	卯癸	6 26	酉癸	5 28	辰甲	4 29	亥乙	3 30	巳乙	3 1	子丙	一十
27	辰甲	6 27	戌甲	5 29	巳乙	4 30	子丙	3 31	午丙	3 2	丑丁	二十
28	巳乙	6 28	亥乙	5 30	午丙	5 1	丑丁	4 1	未丁	3 3	寅戊	三十
29	午丙	6 29	子丙	5 31	未丁	5 2	寅戊	4 2	申戊	3 4	卯己	四十
30	未丁	6 30	丑丁	6 1	申戊	5 3	卯己	4 3	酉己	3 5	辰庚	五十
31	申戊	7 1	寅戊	6 2	酉己	5 4	辰庚	4 4	戌庚	3 6	巳辛	六十
1	酉己	7 2	卯己	6 3	戌庚	5 5	巳辛	4 5	亥辛	3 7	午壬	七十
2	戌庚	7 3	辰庚	6 4	亥辛	5 6	午壬	4 6	子壬	3 8	未癸	八十
3	亥辛	7 4	巳辛	6 5	子壬	5 7	未癸	4 7	丑癸	3 9	申甲	九十
4	子壬	7 5	午壬	6 6	丑癸	5 8	申甲	4 8	寅甲	3 10	酉乙	十二
5	丑癸	7 6	未癸	6 7	寅甲	5 9	酉乙	4 9	卯乙	3 11	戌丙	一廿
6	寅甲	7 7	申甲	6 8	卯乙	5 10	戌丙	4 10	辰丙	3 12	亥丁	二廿
7	卯乙	7 8	酉乙	6 9	辰丙	5 11	亥丁	4 11	巳丁	3 13	子戊	三廿
8	辰丙	7 9	戌丙	6 10	巳丁	5 12	子戊	4 12	午戊	3 14	丑己	四廿
9	巳丁	7 10	亥丁	6 11	午戊	5 13	丑己	4 13	未己	3 15	寅庚	五廿
10	午戊	7 11	子戊	6 12	未己	5 14	寅庚	4 14	申庚	3 16	卯辛	六廿
11	未己	7 12	丑己	6 13	申庚	5 15	卯辛	4 15	酉辛	3 17	辰壬	七廿
12	申庚	7 13	寅庚	6 14	酉辛	5 16	辰壬	4 16	戌壬	3 18	巳癸	八廿
13	酉辛	7 14	卯辛	6 15	戌壬	5 17	巳癸	4 17	亥癸	3 19	午甲	九廿
乙太		7 15	辰壬	易天		業事化文乙太		4 18	子甲	尋搜格落部		十三

月別	月 二 十		月 一 十		月 十		月 九		月 八		月 七	
月柱	丑 己		子 戊		亥 丁		戌 丙		酉 乙		申 甲	
紫白	碧 三		綠 四		黃 五		白 六		赤 七		白 八	
節氣時間	2/4	1/20	1/6	12/22	12/7	11/22	11/8	10/24	10/8	9/23	9/8	8/2
	六廿	一十	七廿	二十	六廿	一十	七廿	二十	六廿	一十	六廿	十初
	17時46分 立春酉時	23時27分 大寒子時	6時8分 小寒卯時	12時48分 冬至午時	18時53分 大雪酉時	23時25分 小雪子時	1時59分 立冬丑時	1時47分 霜降丑時	22時43分 寒露亥時	16時21分 秋分申時	6時59分 白露卯時	18時37分 處暑酉時
農曆	曆陽	柱日	曆陽	柱日	曆陽	柱日	曆陽	柱日	曆陽	柱日	曆陽	柱日
初一	1 10	卯辛	12 11	酉辛	11 12	辰壬	10 13	戌壬	9 13	辰壬	8 14	戌壬
初二	1 11	辰壬	12 12	戌壬	11 13	巳癸	10 14	亥癸	9 14	巳癸	8 15	亥癸
初三	1 12	巳癸	12 13	亥癸	11 14	午甲	10 15	子甲	9 15	午甲	8 16	子甲
初四	1 13	午甲	12 14	子甲	11 15	未乙	10 16	丑乙	9 16	未乙	8 17	丑乙
初五	1 14	未乙	12 15	丑乙	11 16	申丙	10 17	寅丙	9 17	申丙	8 18	寅丙
初六	1 15	申丙	12 16	寅丙	11 17	酉丁	10 18	卯丁	9 18	酉丁	8 19	卯丁
初七	1 16	酉丁	12 17	卯丁	11 18	戌戊	10 19	辰戊	9 19	戌戊	8 20	辰戊
初八	1 17	戌戊	12 18	辰戊	11 19	亥己	10 20	巳己	9 20	亥己	8 21	巳己
初九	1 18	亥己	12 19	巳己	11 20	子庚	10 21	午庚	9 21	子庚	8 22	午庚
初十	1 19	子庚	12 20	午庚	11 21	丑辛	10 22	未辛	9 22	丑辛	8 23	未辛
十一	1 20	丑辛	12 21	未辛	11 22	寅壬	10 23	申壬	9 23	寅壬	8 24	申壬
十二	1 21	寅壬	12 22	申壬	11 23	卯癸	10 24	酉癸	9 24	卯癸	8 25	酉癸
十三	1 22	卯癸	12 23	酉癸	11 24	辰甲	10 25	戌甲	9 25	辰甲	8 26	戌甲
十四	1 23	辰甲	12 24	戌甲	11 25	巳乙	10 26	亥乙	9 26	巳乙	8 27	亥乙
十五	1 24	巳乙	12 25	亥乙	11 26	午丙	10 27	子丙	9 27	午丙	8 28	子丙
十六	1 25	午丙	12 26	子丙	11 27	未丁	10 28	丑丁	9 28	未丁	8 29	丑丁
十七	1 26	未丁	12 27	丑丁	11 28	申戊	10 29	寅戊	9 29	申戊	8 30	寅戊
十八	1 27	申戊	12 28	寅戊	11 29	酉己	10 30	卯己	9 30	酉己	8 31	卯己
十九	1 28	酉己	12 29	卯己	11 30	戌庚	10 31	辰庚	10 1	戌庚	9 1	辰庚
二十	1 29	戌庚	12 30	辰庚	12 1	亥辛	11 1	巳辛	10 2	亥辛	9 2	巳辛
廿一	1 30	亥辛	12 31	巳辛	12 2	子壬	11 2	午壬	10 3	子壬	9 3	午壬
廿二	1 31	子壬	1 1	午壬	12 3	丑癸	11 3	未癸	10 4	丑癸	9 4	未癸
廿三	2 1	丑癸	1 2	未癸	12 4	寅甲	11 4	申甲	10 5	寅甲	9 5	申甲
廿四	2 2	寅甲	1 3	申甲	12 5	卯乙	11 5	酉乙	10 6	卯乙	9 6	酉乙
廿五	2 3	卯乙	1 4	酉乙	12 6	辰丙	11 6	戌丙	10 7	辰丙	9 7	戌丙
廿六	2 4	辰丙	1 5	戌丙	12 7	巳丁	11 7	亥丁	10 8	巳丁	9 8	亥丁
廿七	2 5	巳丁	1 6	亥丁	12 8	午戊	11 8	子戊	10 9	午戊	9 9	子戊
廿八	2 6	午戊	1 7	子戊	12 9	未己	11 9	丑己	10 10	未己	9 10	丑己
廿九	2 7	未己	1 8	丑己	12 10	申庚	11 10	寅庚	10 11	申庚	9 11	寅庚
三十	乙太		1 9	寅庚	易天		11 11	卯辛	10 12	酉辛	9 12	卯辛

西元二〇一六年 歲次丙申

民國一〇五年 太歲姓管名仲

納音屬火 生肖屬猴

年二黑星 奎宿值年

月別	正月		二月		三月		四月		五月		六月	
月柱	庚寅		辛卯		壬辰		癸巳		甲午		乙未	
紫白	二黑		一白		九紫		八白		七赤		六白	
節氣時間	2/19 十二 雨水未時 13時34分	3/5 廿七 驚蟄午時 11時43分	3/20 十二 春分午時 12時30分	4/4 廿七 清明申時 16時28分	4/19 十三 穀雨子時 23時29分	5/5 廿九 立夏巳時 9時42分	5/20 十四 小滿亥時 22時36分		6/5 初一 芒種未時 13時48分	6/21 十七 夏至卯時 6時34分	7/7 初四 小暑子時 0時3分	/22 十 大暑酉時
農曆	日柱	陽曆	日柱	陽曆	日柱	陽曆	日柱	陽曆	日柱	陽曆	日柱	陽曆
初一	庚申	2 8	庚寅	3 9	己未	4 7	己丑	5 7	戊午	6 5	丁亥	4
初二	辛酉	2 9	辛卯	3 10	庚申	4 8	庚寅	5 8	己未	6 6	戊子	5
初三	壬戌	2 10	壬辰	3 11	辛酉	4 9	辛卯	5 9	庚申	6 7	己丑	6
初四	癸亥	2 11	癸巳	3 12	壬戌	4 10	壬辰	5 10	辛酉	6 8	庚寅	7
初五	甲子	2 12	甲午	3 13	癸亥	4 11	癸巳	5 11	壬戌	6 9	辛卯	8
初六	乙丑	2 13	乙未	3 14	甲子	4 12	甲午	5 12	癸亥	6 10	壬辰	9
初七	丙寅	2 14	丙申	3 15	乙丑	4 13	乙未	5 13	甲子	6 11	癸巳	10
初八	丁卯	2 15	丁酉	3 16	丙寅	4 14	丙申	5 14	乙丑	6 12	甲午	11
初九	戊辰	2 16	戊戌	3 17	丁卯	4 15	丁酉	5 15	丙寅	6 13	乙未	12
初十	己巳	2 17	己亥	3 18	戊辰	4 16	戊戌	5 16	丁卯	6 14	丙申	13
十一	庚午	2 18	庚子	3 19	己巳	4 17	己亥	5 17	戊辰	6 15	丁酉	14
十二	辛未	2 19	辛丑	3 20	庚午	4 18	庚子	5 18	己巳	6 16	戊戌	15
十三	壬申	2 20	壬寅	3 21	辛未	4 19	辛丑	5 19	庚午	6 17	己亥	16
十四	癸酉	2 21	癸卯	3 22	壬申	4 20	壬寅	5 20	辛未	6 18	庚子	17
十五	甲戌	2 22	甲辰	3 23	癸酉	4 21	癸卯	5 21	壬申	6 19	辛丑	18
十六	乙亥	2 23	乙巳	3 24	甲戌	4 22	甲辰	5 22	癸酉	6 20	壬寅	19
十七	丙子	2 24	丙午	3 25	乙亥	4 23	乙巳	5 23	甲戌	6 21	癸卯	20
十八	丁丑	2 25	丁未	3 26	丙子	4 24	丙午	5 24	乙亥	6 22	甲辰	21
十九	戊寅	2 26	戊申	3 27	丁丑	4 25	丁未	5 25	丙子	6 23	乙巳	22
二十	己卯	2 27	己酉	3 28	戊寅	4 26	戊申	5 26	丁丑	6 24	丙午	23
廿一	庚辰	2 28	庚戌	3 29	己卯	4 27	己酉	5 27	戊寅	6 25	丁未	24
廿二	辛巳	2 29	辛亥	3 30	庚辰	4 28	庚戌	5 28	己卯	6 26	戊申	25
廿三	壬午	3 1	壬子	3 31	辛巳	4 29	辛亥	5 29	庚辰	6 27	己酉	26
廿四	癸未	3 2	癸丑	4 1	壬午	4 30	壬子	5 30	辛巳	6 28	庚戌	27
廿五	甲申	3 3	甲寅	4 2	癸未	5 1	癸丑	5 31	壬午	6 29	辛亥	28
廿六	乙酉	3 4	乙卯	4 3	甲申	5 2	甲寅	6 1	癸未	6 30	壬子	29
廿七	丙戌	3 5	丙辰	4 4	乙酉	5 3	乙卯	6 2	甲申	7 1	癸丑	30
廿八	丁亥	3 6	丁巳	4 5	丙戌	5 4	丙辰	6 3	乙酉	7 2	甲寅	31
廿九	戊子	3 7	戊午	4 6	丁亥	5 5	丁巳	6 4	丙戌	7 3	乙卯	1
三十	己丑	3 8	部落格搜尋		戊子	5 6	天易		太乙		丙辰	2

月別	月二十		月一十		月十		月九		月八		月七	
月柱	丑辛		子庚		亥己		戌戊		酉丁		申丙	
紫白	紫九		白一		黑二		碧三		綠四		黃五	
節氣時間	1/20 三廿 5時24分 大寒卯時	1/5 八初 11時56分 小寒午時	12/21 三廿 18時44分 冬至酉時	12/7 九初 0時41分 大雪子時	11/22 三廿 5時22分 小雪卯時	11/7 八初 7時48分 立冬辰時	10/23 三廿 7時46分 霜降辰時	10/8 八初 4時33分 寒露寅時	9/22 二廿 22時21分 秋分亥時	9/7 七初 12時51分 白露午時	8/23 一廿 0時38分 處暑子時	8/7 五初 9時53分 立秋巳時
農曆	曆陽	柱日	曆陽	柱日	曆陽	柱日	曆陽	柱日	曆陽	柱日	曆陽	柱日
初一	12 29	酉乙	11 29	卯乙	10 31	戌丙	10 1	辰丙	9 1	戌丙	8 3	巳丁
初二	12 30	戌丙	11 30	辰丙	11 1	亥丁	10 2	巳丁	9 2	亥丁	8 4	午戊
初三	12 31	亥丁	12 1	巳丁	11 2	子戊	10 3	午戊	9 3	子戊	8 5	未己
初四	1 1	子戊	12 2	午戊	11 3	丑己	10 4	未己	9 4	丑己	8 6	申庚
初五	1 2	丑己	12 3	未己	11 4	寅庚	10 5	申庚	9 5	寅庚	8 7	酉辛
初六	1 3	寅庚	12 4	申庚	11 5	卯辛	10 6	酉辛	9 6	卯辛	8 8	戌壬
初七	1 4	卯辛	12 5	酉辛	11 6	辰壬	10 7	戌壬	9 7	辰壬	8 9	亥癸
初八	1 5	辰壬	12 6	戌壬	11 7	巳癸	10 8	亥癸	9 8	巳癸	8 10	子甲
初九	1 6	巳癸	12 7	亥癸	11 8	午甲	10 9	子甲	9 9	午甲	8 11	丑乙
初十	1 7	午甲	12 8	子甲	11 9	未乙	10 10	丑乙	9 10	未乙	8 12	寅丙
十一	1 8	未乙	12 9	丑乙	11 10	申丙	10 11	寅丙	9 11	申丙	8 13	卯丁
十二	1 9	申丙	12 10	寅丙	11 11	酉丁	10 12	卯丁	9 12	酉丁	8 14	辰戊
十三	1 10	酉丁	12 11	卯丁	11 12	戌戊	10 13	辰戊	9 13	戌戊	8 15	巳己
十四	1 11	戌戊	12 12	辰戊	11 13	亥己	10 14	巳己	9 14	亥己	8 16	午庚
十五	1 12	亥己	12 13	巳己	11 14	子庚	10 15	午庚	9 15	子庚	8 17	未辛
十六	1 13	子庚	12 14	午庚	11 15	丑辛	10 16	未辛	9 16	丑辛	8 18	申壬
十七	1 14	丑辛	12 15	未辛	11 16	寅壬	10 17	申壬	9 17	寅壬	8 19	酉癸
十八	1 15	寅壬	12 16	申壬	11 17	卯癸	10 18	酉癸	9 18	卯癸	8 20	戌甲
十九	1 16	卯癸	12 17	酉癸	11 18	辰甲	10 19	戌甲	9 19	辰甲	8 21	亥乙
二十	1 17	辰甲	12 18	戌甲	11 19	巳乙	10 20	亥乙	9 20	巳乙	8 22	子丙
廿一	1 18	巳乙	12 19	亥乙	11 20	午丙	10 21	子丙	9 21	午丙	8 23	丑丁
廿二	1 19	午丙	12 20	子丙	11 21	未丁	10 22	丑丁	9 22	未丁	8 24	寅戊
廿三	1 20	未丁	12 21	丑丁	11 22	申戊	10 23	寅戊	9 23	申戊	8 25	卯己
廿四	1 21	申戊	12 22	寅戊	11 23	酉己	10 24	卯己	9 24	酉己	8 26	辰庚
廿五	1 22	酉己	12 23	卯己	11 24	戌庚	10 25	辰庚	9 25	戌庚	8 27	巳辛
廿六	1 23	戌庚	12 24	辰庚	11 25	亥辛	10 26	巳辛	9 26	亥辛	8 28	午壬
廿七	1 24	亥辛	12 25	巳辛	11 26	子壬	10 27	午壬	9 27	子壬	8 29	未癸
廿八	1 25	子壬	12 26	午壬	11 27	丑癸	10 28	未癸	9 28	丑癸	8 30	申甲
廿九	1 26	丑癸	12 27	未癸	11 28	寅甲	10 29	申甲	9 29	寅甲	8 31	酉乙
三十	1 27	寅甲	12 28	申甲	乙太		10 30	酉乙	9 30	卯乙	易天	

月六閏		月六		月五		月四		月三		月二		月正		別月
		未丁		午丙		巳乙		辰甲		卯癸		寅壬		柱月
		碧三		綠四		黃五		白六		赤七		白八		白紫
	8/7	7/22	7/7	6/21	6/5	5/21	5/5	4/20	4/4	3/20	3/5	2/18	2/3	節氣時間
	六十	九廿	四十	七廿	一十	六廿	十初	四廿	八初	三廿	八初	二廿	七初	
	立秋申時 15時40分	大暑子時 23時15分	小暑卯時 5時51分	夏至午時 12時24分	芒種戌時 19時36分	小滿寅時 4時31分	立夏申時 15時31分	穀雨卯時 5時27分	清明亥時 22時17分	春分酉時 18時29分	驚蟄酉時 17時33分	雨水戌時 19時31分	立春子時 23時34分	
曆陽	柱日	曆陽	柱日	曆陽	柱日	曆陽	柱日	曆陽	柱日	曆陽	柱日	曆陽	柱日	曆農
23	亥辛	6 24	午壬	5 26	丑癸	4 26	未癸	3 28	寅甲	2 26	申甲	1 28	卯乙	一初
24	子壬	6 25	未癸	5 27	寅甲	4 27	申甲	3 29	卯乙	2 27	酉乙	1 29	辰丙	二初
25	丑癸	6 26	申甲	5 28	卯乙	4 28	酉乙	3 30	辰丙	2 28	戌丙	1 30	巳丁	三初
26	寅甲	6 27	酉乙	5 29	辰丙	4 29	戌丙	3 31	巳丁	3 1	亥丁	1 31	午戊	四初
27	卯乙	6 28	戌丙	5 30	巳丁	4 30	亥丁	4 1	午戊	3 2	子戊	2 1	未己	五初
28	辰丙	6 29	亥丁	5 31	午戊	5 1	子戊	4 2	未己	3 3	丑己	2 2	申庚	六初
29	巳丁	6 30	子戊	6 1	未己	5 2	丑己	4 3	申庚	3 4	寅庚	2 3	酉辛	七初
30	午戊	7 1	丑己	6 2	申庚	5 3	寅庚	4 4	酉辛	3 5	卯辛	2 4	戌壬	八初
31	未己	7 2	寅庚	6 3	酉辛	5 4	卯辛	4 5	戌壬	3 6	辰壬	2 5	亥癸	九初
1	申庚	7 3	卯辛	6 4	戌壬	5 5	辰壬	4 6	亥癸	3 7	巳癸	2 6	子甲	十初
2	酉辛	7 4	辰壬	6 5	亥癸	5 6	巳癸	4 7	子甲	3 8	午甲	2 7	丑乙	一十
3	戌壬	7 5	巳癸	6 6	子甲	5 7	午甲	4 8	丑乙	3 9	未乙	2 8	寅丙	二十
4	亥癸	7 6	午甲	6 7	丑乙	5 8	未乙	4 9	寅丙	3 10	申丙	2 9	卯丁	三十
5	子甲	7 7	未乙	6 8	寅丙	5 9	申丙	4 10	卯丁	3 11	酉丁	2 10	辰戊	四十
6	丑乙	7 8	申丙	6 9	卯丁	5 10	酉丁	4 11	辰戊	3 12	戌戊	2 11	巳己	五十
7	寅丙	7 9	酉丁	6 10	辰戊	5 11	戌戊	4 12	巳己	3 13	亥己	2 12	午庚	六十
8	卯丁	7 10	戌戊	6 11	巳己	5 12	亥己	4 13	午庚	3 14	子庚	2 13	未辛	七十
9	辰戊	7 11	亥己	6 12	午庚	5 13	子庚	4 14	未辛	3 15	丑辛	2 14	申壬	八十
10	巳己	7 12	子庚	6 13	未辛	5 14	丑辛	4 15	申壬	3 16	寅壬	2 15	酉癸	九十
11	午庚	7 13	丑辛	6 14	申壬	5 15	寅壬	4 16	酉癸	3 17	卯癸	2 16	戌甲	十二
12	未辛	7 14	寅壬	6 15	酉癸	5 16	卯癸	4 17	戌甲	3 18	辰甲	2 17	亥乙	一廿
13	申壬	7 15	卯癸	6 16	戌甲	5 17	辰甲	4 18	亥乙	3 19	巳乙	2 18	子丙	二廿
14	酉癸	7 16	辰甲	6 17	亥乙	5 18	巳乙	4 19	子丙	3 20	午丙	2 19	丑丁	三廿
15	戌甲	7 17	巳乙	6 18	子丙	5 19	午丙	4 20	丑丁	3 21	未丁	2 20	寅戊	四廿
16	亥乙	7 18	午丙	6 19	丑丁	5 20	未丁	4 21	寅戊	3 22	申戊	2 21	卯己	五廿
17	子丙	7 19	未丁	6 20	寅戊	5 21	申戊	4 22	卯己	3 23	酉己	2 22	辰庚	六廿
18	丑丁	7 20	申戊	6 21	卯己	5 22	酉己	4 23	辰庚	3 24	戌庚	2 23	巳辛	七廿
19	寅戊	7 21	酉己	6 22	辰庚	5 23	戌庚	4 24	巳辛	3 25	亥辛	2 24	午壬	八廿
20	卯己	7 22	戌庚	6 23	巳辛	5 24	亥辛	4 25	午壬	3 26	子壬	2 25	未癸	九廿
21	辰庚	乙太		易天		5 25	子壬	業事化文乙太		3 27	丑癸	尋搜格落部		十三

西元二〇一七年 歲次丁酉

民國一〇六年
太歲姓康名傑

納音屬火
生肖屬雞

年一白星
婁宿值年

月別	月二十		月一十		月十		月九		月八		月七	
月柱	丑癸		子壬		亥辛		戌庚		酉己		申戊	
紫白	白六		赤七		白八		紫九		白一		黑二	
節氣時間	2/4 九十 5時28分 立春卯時	1/20 四初 11時9分 大寒午時	1/5 九十 17時49分 小寒酉時	12/22 五初 0時28分 冬至子時	12/7 十二 6時33分 大雪卯時	11/22 五初 11時5分 小雪午時	11/7 九十 13時38分 立冬未時	10/23 四初 13時27分 霜降未時	10/8 九十 10時22分 寒露巳時	9/23 四初 4時2分 秋分寅時	9/7 七十 18時39分 白露酉時	8/23 二初 6時20分 處暑卯時
農曆	曆陽	柱日	曆陽	柱日	曆陽	柱日	曆陽	柱日	曆陽	柱日	曆陽	柱日
初一	1 17	酉己	12 18	卯己	11 18	酉己	10 20	辰庚	9 20	戌庚	8 22	巳辛
初二	1 18	戌庚	12 19	辰庚	11 19	戌庚	10 21	巳辛	9 21	亥辛	8 23	午壬
初三	1 19	亥辛	12 20	巳辛	11 20	亥辛	10 22	午壬	9 22	子壬	8 24	未癸
初四	1 20	子壬	12 21	午壬	11 21	子壬	10 23	未癸	9 23	丑癸	8 25	申甲
初五	1 21	丑癸	12 22	未癸	11 22	丑癸	10 24	申甲	9 24	寅甲	8 26	酉乙
初六	1 22	寅甲	12 23	申甲	11 23	寅甲	10 25	酉乙	9 25	卯乙	8 27	戌丙
初七	1 23	卯乙	12 24	酉乙	11 24	卯乙	10 26	戌丙	9 26	辰丙	8 28	亥丁
初八	1 24	辰丙	12 25	戌丙	11 25	辰丙	10 27	亥丁	9 27	巳丁	8 29	子戊
初九	1 25	巳丁	12 26	亥丁	11 26	巳丁	10 28	子戊	9 28	午戊	8 30	丑己
初十	1 26	午戊	12 27	子戊	11 27	午戊	10 29	丑己	9 29	未己	8 31	寅庚
十一	1 27	未己	12 28	丑己	11 28	未己	10 30	寅庚	9 30	申庚	9 1	卯辛
十二	1 28	申庚	12 29	寅庚	11 29	申庚	10 31	卯辛	10 1	酉辛	9 2	辰壬
十三	1 29	酉辛	12 30	卯辛	11 30	酉辛	11 1	辰壬	10 2	戌壬	9 3	巳癸
十四	1 30	戌壬	12 31	辰壬	12 1	戌壬	11 2	巳癸	10 3	亥癸	9 4	午甲
十五	1 31	亥癸	1 1	巳癸	12 2	亥癸	11 3	午甲	10 4	子甲	9 5	未乙
十六	2 1	子甲	1 2	午甲	12 3	子甲	11 4	未乙	10 5	丑乙	9 6	申丙
十七	2 2	丑乙	1 3	未乙	12 4	丑乙	11 5	申丙	10 6	寅丙	9 7	酉丁
十八	2 3	寅丙	1 4	申丙	12 5	寅丙	11 6	酉丁	10 7	卯丁	9 8	戌戊
十九	2 4	卯丁	1 5	酉丁	12 6	卯丁	11 7	戌戊	10 8	辰戊	9 9	亥己
二十	2 5	辰戊	1 6	戌戊	12 7	辰戊	11 8	亥己	10 9	巳己	9 10	子庚
廿一	2 6	巳己	1 7	亥己	12 8	巳己	11 9	子庚	10 10	午庚	9 11	丑辛
廿二	2 7	午庚	1 8	子庚	12 9	午庚	11 10	丑辛	10 11	未辛	9 12	寅壬
廿三	2 8	未辛	1 9	丑辛	12 10	未辛	11 11	寅壬	10 12	申壬	9 13	卯癸
廿四	2 9	申壬	1 10	寅壬	12 11	申壬	11 12	卯癸	10 13	酉癸	9 14	辰甲
廿五	2 10	酉癸	1 11	卯癸	12 12	酉癸	11 13	辰甲	10 14	戌甲	9 15	巳乙
廿六	2 11	戌甲	1 12	辰甲	12 13	戌甲	11 14	巳乙	10 15	亥乙	9 16	午丙
廿七	2 12	亥乙	1 13	巳乙	12 14	亥乙	11 15	午丙	10 16	子丙	9 17	未丁
廿八	2 13	子丙	1 14	午丙	12 15	子丙	11 16	未丁	10 17	丑丁	9 18	申戊
廿九	2 14	丑丁	1 15	未丁	12 16	丑丁	11 17	申戊	10 18	寅戊	9 19	酉己
三十	2 15	寅戊	1 16	申戊	12 17	寅戊	乙太		10 19	卯己	易天	

西元二〇一八年 歲次戊戌

民國一〇七年　太歲姓姜名武

納音屬木　生肖屬狗

年九紫星　胃宿值年

月別	正月		二月		三月		四月		五月		六月	
月柱	甲寅		乙卯		丙辰		丁巳		戊午		己未	
紫白	五黃		四綠		三碧		二黑		一白		九紫	
節氣時間	2/19 初四 雨水 1時18分 丑時	3/5 十八 驚蟄 23時28分 子時	3/21 初五 春分 0時15分 子時	4/5 二十 清明 4時13分 寅時	4/20 初五 穀雨 11時12分 午時	5/5 二十 立夏 21時25分 亥時	5/21 初七 小滿 10時15分 巳時	6/6 廿三 芒種 1時29分 丑時	6/21 初八 夏至 18時7分 酉時	7/7 廿四 小暑 11時42分 午時	7/23 十一 大暑 5時0分 卯時	/7 廿 立秋 亥時
農曆	陽曆	日柱	陽曆	日柱	陽曆	日柱	陽曆	日柱	陽曆	日柱	陽曆	日柱
初一	2 16	己卯	3 17	戊申	4 16	戊寅	5 15	丁未	6 14	丁丑	13	丙午
初二	2 17	庚辰	3 18	己酉	4 17	己卯	5 16	戊申	6 15	戊寅	14	丁未
初三	2 18	辛巳	3 19	庚戌	4 18	庚辰	5 17	己酉	6 16	己卯	15	戊申
初四	2 19	壬午	3 20	辛亥	4 19	辛巳	5 18	庚戌	6 17	庚辰	16	己酉
初五	2 20	癸未	3 21	壬子	4 20	壬午	5 19	辛亥	6 18	辛巳	17	庚戌
初六	2 21	甲申	3 22	癸丑	4 21	癸未	5 20	壬子	6 19	壬午	18	辛亥
初七	2 22	乙酉	3 23	甲寅	4 22	甲申	5 21	癸丑	6 20	癸未	19	壬子
初八	2 23	丙戌	3 24	乙卯	4 23	乙酉	5 22	甲寅	6 21	甲申	20	癸丑
初九	2 24	丁亥	3 25	丙辰	4 24	丙戌	5 23	乙卯	6 22	乙酉	21	甲寅
初十	2 25	戊子	3 26	丁巳	4 25	丁亥	5 24	丙辰	6 23	丙戌	22	乙卯
十一	2 26	己丑	3 27	戊午	4 26	戊子	5 25	丁巳	6 24	丁亥	23	丙辰
十二	2 27	庚寅	3 28	己未	4 27	己丑	5 26	戊午	6 25	戊子	24	丁巳
十三	2 28	辛卯	3 29	庚申	4 28	庚寅	5 27	己未	6 26	己丑	25	戊午
十四	3 1	壬辰	3 30	辛酉	4 29	辛卯	5 28	庚申	6 27	庚寅	26	己未
十五	3 2	癸巳	3 31	壬戌	4 30	壬辰	5 29	辛酉	6 28	辛卯	27	庚申
十六	3 3	甲午	4 1	癸亥	5 1	癸巳	5 30	壬戌	6 29	壬辰	28	辛酉
十七	3 4	乙未	4 2	甲子	5 2	甲午	5 31	癸亥	6 30	癸巳	29	壬戌
十八	3 5	丙申	4 3	乙丑	5 3	乙未	6 1	甲子	7 1	甲午	30	癸亥
十九	3 6	丁酉	4 4	丙寅	5 4	丙申	6 2	乙丑	7 2	乙未	31	甲子
二十	3 7	戊戌	4 5	丁卯	5 5	丁酉	6 3	丙寅	7 3	丙申	1	乙丑
廿一	3 8	己亥	4 6	戊辰	5 6	戊戌	6 4	丁卯	7 4	丁酉	2	丙寅
廿二	3 9	庚子	4 7	己巳	5 7	己亥	6 5	戊辰	7 5	戊戌	3	丁卯
廿三	3 10	辛丑	4 8	庚午	5 8	庚子	6 6	己巳	7 6	己亥	4	戊辰
廿四	3 11	壬寅	4 9	辛未	5 9	辛丑	6 7	庚午	7 7	庚子	5	己巳
廿五	3 12	癸卯	4 10	壬申	5 10	壬寅	6 8	辛未	7 8	辛丑	6	庚午
廿六	3 13	甲辰	4 11	癸酉	5 11	癸卯	6 9	壬申	7 9	壬寅	7	辛未
廿七	3 14	乙巳	4 12	甲戌	5 12	甲辰	6 10	癸酉	7 10	癸卯	8	壬申
廿八	3 15	丙午	4 13	乙亥	5 13	乙巳	6 11	甲戌	7 11	甲辰	9	癸酉
廿九	3 16	丁未	4 14	丙子	5 14	丙午	6 12	乙亥	7 12	乙巳	10	甲戌
三十	部落格搜尋		4 15	丁丑	太乙文化事業		6 13	丙子	天易		太乙	

月別	月 二 十		月 一 十		月 十		月 九		月 八		月 七	
月柱	丑 乙		子 甲		亥 癸		戌 壬		酉 辛		申 庚	
紫白	碧 三		綠 四		黃 五		白 六		赤 七		白 八	
節氣時間	1/20	1/5	12/22	12/7		11/22	11/7	10/23	10/8	9/23	9/8	8/23
	五十	十三	六十	一初		五十	十三	五十	九廿	四十	九廿	三十
	17時0分 大寒酉時	23時39分 小寒子時	6時23分 冬至卯時	12時26分 大雪午時		17時1分 小雪酉時	19時32分 立冬戌時	19時22分 霜降戌時	16時15分 寒露申時	9時54分 秋分巳時	0時30分 白露子時	12時9分 處暑午時
農曆	曆陽	柱日	曆陽	柱日	曆陽	柱日	曆陽	柱日	曆陽	柱日	曆陽	柱日
初一	1 6	卯癸	12 7	酉癸	11 8	辰甲	10 9	戌甲	9 10	巳乙	8 11	亥乙
初二	1 7	辰甲	12 8	戌甲	11 9	巳乙	10 10	亥乙	9 11	午丙	8 12	子丙
初三	1 8	巳乙	12 9	亥乙	11 10	午丙	10 11	子丙	9 12	未丁	8 13	丑丁
初四	1 9	午丙	12 10	子丙	11 11	未丁	10 12	丑丁	9 13	申戊	8 14	寅戊
初五	1 10	未丁	12 11	丑丁	11 12	申戊	10 13	寅戊	9 14	酉己	8 15	卯己
初六	1 11	申戊	12 12	寅戊	11 13	酉己	10 14	卯己	9 15	戌庚	8 16	辰庚
初七	1 12	酉己	12 13	卯己	11 14	戌庚	10 15	辰庚	9 16	亥辛	8 17	巳辛
初八	1 13	戌庚	12 14	辰庚	11 15	亥辛	10 16	巳辛	9 17	子壬	8 18	午壬
初九	1 14	亥辛	12 15	巳辛	11 16	子壬	10 17	午壬	9 18	丑癸	8 19	未癸
初十	1 15	子壬	12 16	午壬	11 17	丑癸	10 18	未癸	9 19	寅甲	8 20	申甲
十一	1 16	丑癸	12 17	未癸	11 18	寅甲	10 19	申甲	9 20	卯乙	8 21	酉乙
十二	1 17	寅甲	12 18	申甲	11 19	卯乙	10 20	酉乙	9 21	辰丙	8 22	戌丙
十三	1 18	卯乙	12 19	酉乙	11 20	辰丙	10 21	戌丙	9 22	巳丁	8 23	亥丁
十四	1 19	辰丙	12 20	戌丙	11 21	巳丁	10 22	亥丁	9 23	午戊	8 24	子戊
十五	1 20	巳丁	12 21	亥丁	11 22	午戊	10 23	子戊	9 24	未己	8 25	丑己
十六	1 21	午戊	12 22	子戊	11 23	未己	10 24	丑己	9 25	申庚	8 26	寅庚
十七	1 22	未己	12 23	丑己	11 24	申庚	10 25	寅庚	9 26	酉辛	8 27	卯辛
十八	1 23	申庚	12 24	寅庚	11 25	酉辛	10 26	卯辛	9 27	戌壬	8 28	辰壬
十九	1 24	酉辛	12 25	卯辛	11 26	戌壬	10 27	辰壬	9 28	亥癸	8 29	巳癸
二十	1 25	戌壬	12 26	辰壬	11 27	亥癸	10 28	巳癸	9 29	子甲	8 30	午甲
廿一	1 26	亥癸	12 27	巳癸	11 28	子甲	10 29	午甲	9 30	丑乙	8 31	未乙
廿二	1 27	子甲	12 28	午甲	11 29	丑乙	10 30	未乙	10 1	寅丙	9 1	申丙
廿三	1 28	丑乙	12 29	未乙	11 30	寅丙	10 31	申丙	10 2	卯丁	9 2	酉丁
廿四	1 29	寅丙	12 30	申丙	12 1	卯丁	11 1	酉丁	10 3	辰戊	9 3	戌戊
廿五	1 30	卯丁	12 31	酉丁	12 2	辰戊	11 2	戌戊	10 4	巳己	9 4	亥己
廿六	1 31	辰戊	1 1	戌戊	12 3	巳己	11 3	亥己	10 5	午庚	9 5	子庚
廿七	2 1	巳己	1 2	亥己	12 4	午庚	11 4	子庚	10 6	未辛	9 6	丑辛
廿八	2 2	午庚	1 3	子庚	12 5	未辛	11 5	丑辛	10 7	申壬	9 7	寅壬
廿九	2 3	未辛	1 4	丑辛	12 6	申壬	11 6	寅壬	10 8	酉癸	9 8	卯癸
三十	2 4	申壬	1 5	寅壬	乙太		11 7	卯癸	易天		9 9	辰甲

西元二〇一九年 歲次己亥

民國一〇八年
太歲姓謝名壽

納音屬木
生肖屬豬

年八白星
昴宿值年

月別	正月		二月		三月		四月		五月		六月	
月柱	丙寅		丁卯		戊辰		己巳		庚午		辛未	
紫白	二黑		一白		九紫		八白		七赤		六白	
節氣時間	2/4 十三 立春 11時14分 午時	2/19 十五 雨水 7時4分 辰時	3/6 十三 驚蟄 5時10分 卯時	3/21 十五 春分 5時58分 卯時	4/5 初一 清明 9時51分 巳時	4/20 十六 穀雨 16時55分 申時	5/6 初二 立夏 3時3分 寅時	5/21 十七 小滿 15時59分 申時	6/6 初四 芒種 7時6分 辰時	6/21 十九 夏至 23時54分 子時	7/7 初五 小暑 17時20分 酉時	7/23 廿一 大暑 0…時 0…分 巳時
農曆	陽曆	日柱	陽曆	日柱	陽曆	日柱	陽曆	日柱	陽曆	日柱	陽曆	日柱
初一	2 5	癸酉	3 7	癸卯	4 5	壬申	5 5	壬寅	6 3	辛未	7 3	辛丑
初二	2 6	甲戌	3 8	甲辰	4 6	癸酉	5 6	癸卯	6 4	壬申	7 4	壬寅
初三	2 7	乙亥	3 9	乙巳	4 7	甲戌	5 7	甲辰	6 5	癸酉	7 5	癸卯
初四	2 8	丙子	3 10	丙午	4 8	乙亥	5 8	乙巳	6 6	甲戌	7 6	甲辰
初五	2 9	丁丑	3 11	丁未	4 9	丙子	5 9	丙午	6 7	乙亥	7 7	乙巳
初六	2 10	戊寅	3 12	戊申	4 10	丁丑	5 10	丁未	6 8	丙子	7 8	丙午
初七	2 11	己卯	3 13	己酉	4 11	戊寅	5 11	戊申	6 9	丁丑	7 9	丁未
初八	2 12	庚辰	3 14	庚戌	4 12	己卯	5 12	己酉	6 10	戊寅	7 10	戊申
初九	2 13	辛巳	3 15	辛亥	4 13	庚辰	5 13	庚戌	6 11	己卯	7 11	己酉
初十	2 14	壬午	3 16	壬子	4 14	辛巳	5 14	辛亥	6 12	庚辰	7 12	庚戌
十一	2 15	癸未	3 17	癸丑	4 15	壬午	5 15	壬子	6 13	辛巳	7 13	辛亥
十二	2 16	甲申	3 18	甲寅	4 16	癸未	5 16	癸丑	6 14	壬午	7 14	壬子
十三	2 17	乙酉	3 19	乙卯	4 17	甲申	5 17	甲寅	6 15	癸未	7 15	癸丑
十四	2 18	丙戌	3 20	丙辰	4 18	乙酉	5 18	乙卯	6 16	甲申	7 16	甲寅
十五	2 19	丁亥	3 21	丁巳	4 19	丙戌	5 19	丙辰	6 17	乙酉	7 17	乙卯
十六	2 20	戊子	3 22	戊午	4 20	丁亥	5 20	丁巳	6 18	丙戌	7 18	丙辰
十七	2 21	己丑	3 23	己未	4 21	戊子	5 21	戊午	6 19	丁亥	7 19	丁巳
十八	2 22	庚寅	3 24	庚申	4 22	己丑	5 22	己未	6 20	戊子	7 20	戊午
十九	2 23	辛卯	3 25	辛酉	4 23	庚寅	5 23	庚申	6 21	己丑	7 21	己未
二十	2 24	壬辰	3 26	壬戌	4 24	辛卯	5 24	辛酉	6 22	庚寅	7 22	庚申
廿一	2 25	癸巳	3 27	癸亥	4 25	壬辰	5 25	壬戌	6 23	辛卯	7 23	辛酉
廿二	2 26	甲午	3 28	甲子	4 26	癸巳	5 26	癸亥	6 24	壬辰	7 24	壬戌
廿三	2 27	乙未	3 29	乙丑	4 27	甲午	5 27	甲子	6 25	癸巳	7 25	癸亥
廿四	2 28	丙申	3 30	丙寅	4 28	乙未	5 28	乙丑	6 26	甲午	7 26	甲子
廿五	3 1	丁酉	3 31	丁卯	4 29	丙申	5 29	丙寅	6 27	乙未	7 27	乙丑
廿六	3 2	戊戌	4 1	戊辰	4 30	丁酉	5 30	丁卯	6 28	丙申	7 28	丙寅
廿七	3 3	己亥	4 2	己巳	5 1	戊戌	5 31	戊辰	6 29	丁酉	7 29	丁卯
廿八	3 4	庚子	4 3	庚午	5 2	己亥	6 1	己巳	6 30	戊戌	7 30	戊辰
廿九	3 5	辛丑	4 4	辛未	5 3	庚子	6 2	庚午	7 1	己亥	7 31	己巳
三十	3 6	壬寅	部落格搜尋		5 4	辛丑	天易		7 2	庚子	太乙	

月別	月 二 十		月 一 十		月 十		月 九		月 八		月 七	
月柱	丑 丁		子 丙		亥 乙		戌 甲		酉 癸		申 壬	
紫白	紫 九		白 一		黑 二		碧 三		綠 四		黃 五	
節氣時間	1/20	1/6	12/22	12/7	11/22	11/8	10/24	10/8	9/23	9/8	8/23	8/8
	六廿	二十	七廿	二十	六廿	二十	六廿	十初	五廿	十初	三廿	八初
	22時54分 大寒亥時	5時30分 小寒卯時	12時19分 冬至午時	18時18分 大雪酉時	22時59分 小雪亥時	1時24分 立冬丑時	1時20分 霜降丑時	22時6分 寒露亥時	15時50分 秋分申時	6時17分 白露卯時	18時2分 處暑酉時	3時13分 立秋寅時
農曆	曆陽	柱日	曆陽	柱日	曆陽	柱日	曆陽	柱日	曆陽	柱日	曆陽	柱日
初一	12 26	酉丁	11 26	卯丁	10 28	戌戊	9 29	巳己	8 30	亥己	8 1	午庚
初二	12 27	戌戊	11 27	辰戊	10 29	亥己	9 30	午庚	8 31	子庚	8 2	未辛
初三	12 28	亥己	11 28	巳己	10 30	子庚	10 1	未辛	9 1	丑辛	8 3	申壬
初四	12 29	子庚	11 29	午庚	10 31	丑辛	10 2	申壬	9 2	寅壬	8 4	酉癸
初五	12 30	丑辛	11 30	未辛	11 1	寅壬	10 3	酉癸	9 3	卯癸	8 5	戌甲
初六	12 31	寅壬	12 1	申壬	11 2	卯癸	10 4	戌甲	9 4	辰甲	8 6	亥乙
初七	1 1	卯癸	12 2	酉癸	11 3	辰甲	10 5	亥乙	9 5	巳乙	8 7	子丙
初八	1 2	辰甲	12 3	戌甲	11 4	巳乙	10 6	子丙	9 6	午丙	8 8	丑丁
初九	1 3	巳乙	12 4	亥乙	11 5	午丙	10 7	丑丁	9 7	未丁	8 9	寅戊
初十	1 4	午丙	12 5	子丙	11 6	未丁	10 8	寅戊	9 8	申戊	8 10	卯己
十一	1 5	未丁	12 6	丑丁	11 7	申戊	10 9	卯己	9 9	酉己	8 11	辰庚
十二	1 6	申戊	12 7	寅戊	11 8	酉己	10 10	辰庚	9 10	戌庚	8 12	巳辛
十三	1 7	酉己	12 8	卯己	11 9	戌庚	10 11	巳辛	9 11	亥辛	8 13	午壬
十四	1 8	戌庚	12 9	辰庚	11 10	亥辛	10 12	午壬	9 12	子壬	8 14	未癸
十五	1 9	亥辛	12 10	巳辛	11 11	子壬	10 13	未癸	9 13	丑癸	8 15	申甲
十六	1 10	子壬	12 11	午壬	11 12	丑癸	10 14	申甲	9 14	寅甲	8 16	酉乙
十七	1 11	丑癸	12 12	未癸	11 13	寅甲	10 15	酉乙	9 15	卯乙	8 17	戌丙
十八	1 12	寅甲	12 13	申甲	11 14	卯乙	10 16	戌丙	9 16	辰丙	8 18	亥丁
十九	1 13	卯乙	12 14	酉乙	11 15	辰丙	10 17	亥丁	9 17	巳丁	8 19	子戊
二十	1 14	辰丙	12 15	戌丙	11 16	巳丁	10 18	子戊	9 18	午戊	8 20	丑己
廿一	1 15	巳丁	12 16	亥丁	11 17	午戊	10 19	丑己	9 19	未己	8 21	寅庚
廿二	1 16	午戊	12 17	子戊	11 18	未己	10 20	寅庚	9 20	申庚	8 22	卯辛
廿三	1 17	未己	12 18	丑己	11 19	申庚	10 21	卯辛	9 21	酉辛	8 23	辰壬
廿四	1 18	申庚	12 19	寅庚	11 20	酉辛	10 22	辰壬	9 22	戌壬	8 24	巳癸
廿五	1 19	酉辛	12 20	卯辛	11 21	戌壬	10 23	巳癸	9 23	亥癸	8 25	午甲
廿六	1 20	戌壬	12 21	辰壬	11 22	亥癸	10 24	午甲	9 24	子甲	8 26	未乙
廿七	1 21	亥癸	12 22	巳癸	11 23	子甲	10 25	未乙	9 25	丑乙	8 27	申丙
廿八	1 22	子甲	12 23	午甲	11 24	丑乙	10 26	申丙	9 26	寅丙	8 28	酉丁
廿九	1 23	丑乙	12 24	未乙	11 25	寅丙	10 27	酉丁	9 27	卯丁	8 29	戌戊
三十	1 24	寅丙	12 25	申丙	乙太		易天		9 28	辰戊	尋搜格落部	

西元二〇二〇年 歲次庚子

民國一〇九年 太歲姓虞名起

納音屬土 生肖屬鼠

年七赤星 畢宿值年

月別	正月		二月		三月		四月		閏四月		五月		六月	
月柱	戊寅		己卯		庚辰		辛巳				壬午		癸未	
紫白	八白		七赤		六白		五黃				四綠		三碧	
節氣時間	2/4 十一 立春 17時3分酉時	2/19 廿六 雨水 12時57分午時	3/5 十二 驚蟄 10時57分巳時	3/20 廿七 春分 11時49分午時	4/4 十二 清明 15時38分申時	4/19 廿七 穀雨 22時45分亥時	5/5 十三 立夏 8時51分辰時	5/20 廿八 小滿 21時49分亥時	6/5 十四 芒種 12時58分午時		6/21 初一 夏至 5時44分卯時	7/6 十六 小暑 23時14分子時	7/22 初二 大暑 16時37分申時	8/7 十八 立秋 巳時
農曆	陽曆	日柱	陽曆	日柱	陽曆	日柱	陽曆	日柱	陽曆	日柱	陽曆	日柱	陽曆	日柱
初一	1 25	丁卯	2 23	丙申	3 24	丙寅	4 23	丙申	5 23	丙寅	6 21	乙未	21	乙丑
初二	1 26	戊辰	2 24	丁酉	3 25	丁卯	4 24	丁酉	5 24	丁卯	6 22	丙申	22	丙寅
初三	1 27	己巳	2 25	戊戌	3 26	戊辰	4 25	戊戌	5 25	戊辰	6 23	丁酉	23	丁卯
初四	1 28	庚午	2 26	己亥	3 27	己巳	4 26	己亥	5 26	己巳	6 24	戊戌	24	戊辰
初五	1 29	辛未	2 27	庚子	3 28	庚午	4 27	庚子	5 27	庚午	6 25	己亥	25	己巳
初六	1 30	壬申	2 28	辛丑	3 29	辛未	4 28	辛丑	5 28	辛未	6 26	庚子	26	庚午
初七	1 31	癸酉	2 29	壬寅	3 30	壬申	4 29	壬寅	5 29	壬申	6 27	辛丑	27	辛未
初八	2 1	甲戌	3 1	癸卯	3 31	癸酉	4 30	癸卯	5 30	癸酉	6 28	壬寅	28	壬申
初九	2 2	乙亥	3 2	甲辰	4 1	甲戌	5 1	甲辰	5 31	甲戌	6 29	癸卯	29	癸酉
初十	2 3	丙子	3 3	乙巳	4 2	乙亥	5 2	乙巳	6 1	乙亥	6 30	甲辰	30	甲戌
十一	2 4	丁丑	3 4	丙午	4 3	丙子	5 3	丙午	6 2	丙子	7 1	乙巳	31	乙亥
十二	2 5	戊寅	3 5	丁未	4 4	丁丑	5 4	丁未	6 3	丁丑	7 2	丙午	8 1	丙子
十三	2 6	己卯	3 6	戊申	4 5	戊寅	5 5	戊申	6 4	戊寅	7 3	丁未	8 2	丁丑
十四	2 7	庚辰	3 7	己酉	4 6	己卯	5 6	己酉	6 5	己卯	7 4	戊申	8 3	戊寅
十五	2 8	辛巳	3 8	庚戌	4 7	庚辰	5 7	庚戌	6 6	庚辰	7 5	己酉	8 4	己卯
十六	2 9	壬午	3 9	辛亥	4 8	辛巳	5 8	辛亥	6 7	辛巳	7 6	庚戌	8 5	庚辰
十七	2 10	癸未	3 10	壬子	4 9	壬午	5 9	壬子	6 8	壬午	7 7	辛亥	8 6	辛巳
十八	2 11	甲申	3 11	癸丑	4 10	癸未	5 10	癸丑	6 9	癸未	7 8	壬子	8 7	壬午
十九	2 12	乙酉	3 12	甲寅	4 11	甲申	5 11	甲寅	6 10	甲申	7 9	癸丑	8 8	癸未
二十	2 13	丙戌	3 13	乙卯	4 12	乙酉	5 12	乙卯	6 11	乙酉	7 10	甲寅	8 9	甲申
廿一	2 14	丁亥	3 14	丙辰	4 13	丙戌	5 13	丙辰	6 12	丙戌	7 11	乙卯	8 10	乙酉
廿二	2 15	戊子	3 15	丁巳	4 14	丁亥	5 14	丁巳	6 13	丁亥	7 12	丙辰	8 11	丙戌
廿三	2 16	己丑	3 16	戊午	4 15	戊子	5 15	戊午	6 14	戊子	7 13	丁巳	8 12	丁亥
廿四	2 17	庚寅	3 17	己未	4 16	己丑	5 16	己未	6 15	己丑	7 14	戊午	8 13	戊子
廿五	2 18	辛卯	3 18	庚申	4 17	庚寅	5 17	庚申	6 16	庚寅	7 15	己未	8 14	己丑
廿六	2 19	壬辰	3 19	辛酉	4 18	辛卯	5 18	辛酉	6 17	辛卯	7 16	庚申	8 15	庚寅
廿七	2 20	癸巳	3 20	壬戌	4 19	壬辰	5 19	壬戌	6 18	壬辰	7 17	辛酉	8 16	辛卯
廿八	2 21	甲午	3 21	癸亥	4 20	癸巳	5 20	癸亥	6 19	癸巳	7 18	壬戌	8 17	壬辰
廿九	2 22	乙未	3 22	甲子	4 21	甲午	5 21	甲子	6 20	甲午	7 19	癸亥	8 18	癸巳
三十	部落格搜尋		3 23	乙丑	4 22	乙未	5 22	乙丑	天易		7 20	甲子	太乙	

月別	月二十		月一十		月十		月九		月八		月七	
月柱	丑己		子戊		亥丁		戌丙		酉乙		申甲	
紫白	白六		赤七		白八		紫九		白一		黑二	
節氣時間	2/3	1/20	1/5	12/21	12/7	11/22	11/7	10/23	10/8	9/22	9/7	8/22
	二廿	八初	二廿	七初	三廿	八初	二廿	七初	二廿	六初	十二	四初
	22時59分 立春亥時	4時40分 大寒寅時	11時23分 小寒午時	18時2分 冬至酉時	0時9分 大雪子時	4時40分 小雪寅時	7時14分 立冬辰時	6時59分 霜降卯時	3時55分 寒露寅時	21時31分 秋分亥時	12時8分 白露午時	23時45分 處暑子時
農曆	曆陽	柱日	曆陽	柱日	曆陽	柱日	曆陽	柱日	曆陽	柱日	曆陽	柱日
初一	1 13	酉辛	12 15	辰壬	11 15	戌壬	10 17	巳癸	9 17	亥癸	8 19	午甲
初二	1 14	戌壬	12 16	巳癸	11 16	亥癸	10 18	午甲	9 18	子甲	8 20	未乙
初三	1 15	亥癸	12 17	午甲	11 17	子甲	10 19	未乙	9 19	丑乙	8 21	申丙
初四	1 16	子甲	12 18	未乙	11 18	丑乙	10 20	申丙	9 20	寅丙	8 22	酉丁
初五	1 17	丑乙	12 19	申丙	11 19	寅丙	10 21	酉丁	9 21	卯丁	8 23	戌戊
初六	1 18	寅丙	12 20	酉丁	11 20	卯丁	10 22	戌戊	9 22	辰戊	8 24	亥己
初七	1 19	卯丁	12 21	戌戊	11 21	辰戊	10 23	亥己	9 23	巳己	8 25	子庚
初八	1 20	辰戊	12 22	亥己	11 22	巳己	10 24	子庚	9 24	午庚	8 26	丑辛
初九	1 21	巳己	12 23	子庚	11 23	午庚	10 25	丑辛	9 25	未辛	8 27	寅壬
初十	1 22	午庚	12 24	丑辛	11 24	未辛	10 26	寅壬	9 26	申壬	8 28	卯癸
十一	1 23	未辛	12 25	寅壬	11 25	申壬	10 27	卯癸	9 27	酉癸	8 29	辰甲
十二	1 24	申壬	12 26	卯癸	11 26	酉癸	10 28	辰甲	9 28	戌甲	8 30	巳乙
十三	1 25	酉癸	12 27	辰甲	11 27	戌甲	10 29	巳乙	9 29	亥乙	8 31	午丙
十四	1 26	戌甲	12 28	巳乙	11 28	亥乙	10 30	午丙	9 30	子丙	9 1	未丁
十五	1 27	亥乙	12 29	午丙	11 29	子丙	10 31	未丁	10 1	丑丁	9 2	申戊
十六	1 28	子丙	12 30	未丁	11 30	丑丁	11 1	申戊	10 2	寅戊	9 3	酉己
十七	1 29	丑丁	12 31	申戊	12 1	寅戊	11 2	酉己	10 3	卯己	9 4	戌庚
十八	1 30	寅戊	1 1	酉己	12 2	卯己	11 3	戌庚	10 4	辰庚	9 5	亥辛
十九	1 31	卯己	1 2	戌庚	12 3	辰庚	11 4	亥辛	10 5	巳辛	9 6	子壬
二十	2 1	辰庚	1 3	亥辛	12 4	巳辛	11 5	子壬	10 6	午壬	9 7	丑癸
廿一	2 2	巳辛	1 4	子壬	12 5	午壬	11 6	丑癸	10 7	未癸	9 8	寅甲
廿二	2 3	午壬	1 5	丑癸	12 6	未癸	11 7	寅甲	10 8	申甲	9 9	卯乙
廿三	2 4	未癸	1 6	寅甲	12 7	申甲	11 8	卯乙	10 9	酉乙	9 10	辰丙
廿四	2 5	申甲	1 7	卯乙	12 8	酉乙	11 9	辰丙	10 10	戌丙	9 11	巳丁
廿五	2 6	酉乙	1 8	辰丙	12 9	戌丙	11 10	巳丁	10 11	亥丁	9 12	午戊
廿六	2 7	戌丙	1 9	巳丁	12 10	亥丁	11 11	午戊	10 12	子戊	9 13	未己
廿七	2 8	亥丁	1 10	午戊	12 11	子戊	11 12	未己	10 13	丑己	9 14	申庚
廿八	2 9	子戊	1 11	未己	12 12	丑己	11 13	申庚	10 14	寅庚	9 15	酉辛
廿九	2 10	丑己	1 12	申庚	12 13	寅庚	11 14	酉辛	10 15	卯辛	9 16	戌壬
三十	2 11	寅庚	乙太		12 14	卯辛	易天		10 16	辰壬	尋搜格落部	

西元二〇二一年 歲次辛丑

民國一一〇年 太歲姓湯名信

納音屬土 生肖屬牛

年六白星 觜宿值年

月別	正月		二月		三月		四月		五月		六月	
月柱	庚寅		辛卯		壬辰		癸巳		甲午		乙未	
紫白	五黃		四綠		三碧		二黑		一白		九紫	
節氣時間	2/18 初七 雨水 18時44分酉時	3/5 廿二 驚蟄 16時53分申時	3/20 初八 春分 17時37分酉時	4/4 廿三 清明 21時35分亥時	4/20 初九 穀雨 4時33分寅時	5/5 廿四 立夏 14時47分未時	5/21 初十 小滿 3時37分寅時	6/5 廿五 芒種 18時52分酉時	6/21 十二 夏至 11時32分午時	7/7 廿八 小暑 5時5分卯時	7/22 十三 大暑 22時26分亥時	8/7 廿九 立秋 …4時…4分未時
農曆	日柱	陽曆	日柱	陽曆	日柱	陽曆	日柱	陽曆	日柱	陽曆	日柱	陽曆
初一	辛卯	2 12	庚申	3 13	庚寅	4 12	庚申	5 12	己丑	6 10	己未	… 10
初二	壬辰	2 13	辛酉	3 14	辛卯	4 13	辛酉	5 13	庚寅	6 11	庚申	… 11
初三	癸巳	2 14	壬戌	3 15	壬辰	4 14	壬戌	5 14	辛卯	6 12	辛酉	… 12
初四	甲午	2 15	癸亥	3 16	癸巳	4 15	癸亥	5 15	壬辰	6 13	壬戌	… 13
初五	乙未	2 16	甲子	3 17	甲午	4 16	甲子	5 16	癸巳	6 14	癸亥	… 14
初六	丙申	2 17	乙丑	3 18	乙未	4 17	乙丑	5 17	甲午	6 15	甲子	… 15
初七	丁酉	2 18	丙寅	3 19	丙申	4 18	丙寅	5 18	乙未	6 16	乙丑	… 16
初八	戊戌	2 19	丁卯	3 20	丁酉	4 19	丁卯	5 19	丙申	6 17	丙寅	… 17
初九	己亥	2 20	戊辰	3 21	戊戌	4 20	戊辰	5 20	丁酉	6 18	丁卯	… 18
初十	庚子	2 21	己巳	3 22	己亥	4 21	己巳	5 21	戊戌	6 19	戊辰	… 19
十一	辛丑	2 22	庚午	3 23	庚子	4 22	庚午	5 22	己亥	6 20	己巳	… 20
十二	壬寅	2 23	辛未	3 24	辛丑	4 23	辛未	5 23	庚子	6 21	庚午	… 21
十三	癸卯	2 24	壬申	3 25	壬寅	4 24	壬申	5 24	辛丑	6 22	辛未	… 22
十四	甲辰	2 25	癸酉	3 26	癸卯	4 25	癸酉	5 25	壬寅	6 23	壬申	… 23
十五	乙巳	2 26	甲戌	3 27	甲辰	4 26	甲戌	5 26	癸卯	6 24	癸酉	… 24
十六	丙午	2 27	乙亥	3 28	乙巳	4 27	乙亥	5 27	甲辰	6 25	甲戌	… 25
十七	丁未	2 28	丙子	3 29	丙午	4 28	丙子	5 28	乙巳	6 26	乙亥	… 26
十八	戊申	3 1	丁丑	3 30	丁未	4 29	丁丑	5 29	丙午	6 27	丙子	… 27
十九	己酉	3 2	戊寅	3 31	戊申	4 30	戊寅	5 30	丁未	6 28	丁丑	… 28
二十	庚戌	3 3	己卯	4 1	己酉	5 1	己卯	5 31	戊申	6 29	戊寅	… 29
廿一	辛亥	3 4	庚辰	4 2	庚戌	5 2	庚辰	6 1	己酉	6 30	己卯	… 30
廿二	壬子	3 5	辛巳	4 3	辛亥	5 3	辛巳	6 2	庚戌	7 1	庚辰	… 31
廿三	癸丑	3 6	壬午	4 4	壬子	5 4	壬午	6 3	辛亥	7 2	辛巳	8 1
廿四	甲寅	3 7	癸未	4 5	癸丑	5 5	癸未	6 4	壬子	7 3	壬午	8 2
廿五	乙卯	3 8	甲申	4 6	甲寅	5 6	甲申	6 5	癸丑	7 4	癸未	8 3
廿六	丙辰	3 9	乙酉	4 7	乙卯	5 7	乙酉	6 6	甲寅	7 5	甲申	8 4
廿七	丁巳	3 10	丙戌	4 8	丙辰	5 8	丙戌	6 7	乙卯	7 6	乙酉	8 5
廿八	戊午	3 11	丁亥	4 9	丁巳	5 9	丁亥	6 8	丙辰	7 7	丙戌	8 6
廿九	己未	3 12	戊子	4 10	戊午	5 10	戊子	6 9	丁巳	7 8	丁亥	8 7
三十	部落格搜尋		己丑	4 11	己未	5 11	天易		戊午	7 9	太乙	

月別	月 二 十		月 一 十		月 十		月 九		月 八		月 七	
月柱	丑 辛		子 庚		亥 己		戌 戊		酉 丁		申 丙	
紫白	碧 三		綠 四		黃 五		白 六		赤 七		白 八	
節氣時間	1/20	1/5	12/21	12/7	11/22	11/7	10/23	10/8	9/23	9/7		8/23
	八十	三初	八十	四初	八十	三初	八十	三初	七十	一初		六十
	10時39分 大寒巳時	17時14分 小寒酉時	23時59分 冬至子時	5時57分 大雪卯時	10時34分 小雪巳時	12時59分 立冬午時	12時51分 霜降午時	9時39分 寒露巳時	3時21分 秋分寅時	17時53分 白露酉時		5時35分 處暑卯時
農曆	曆陽	柱日	曆陽	柱日	曆陽	柱日	曆陽	柱日	曆陽	柱日	曆陽	柱日
初一	1 3	辰丙	12 4	戌丙	11 5	巳丁	10 6	亥丁	9 7	午戊	8 8	子戊
初二	1 4	巳丁	12 5	亥丁	11 6	午戊	10 7	子戊	9 8	未己	8 9	丑己
初三	1 5	午戊	12 6	子戊	11 7	未己	10 8	丑己	9 9	申庚	8 10	寅庚
初四	1 6	未己	12 7	丑己	11 8	申庚	10 9	寅庚	9 10	酉辛	8 11	卯辛
初五	1 7	申庚	12 8	寅庚	11 9	酉辛	10 10	卯辛	9 11	戌壬	8 12	辰壬
初六	1 8	酉辛	12 9	卯辛	11 10	戌壬	10 11	辰壬	9 12	亥癸	8 13	巳癸
初七	1 9	戌壬	12 10	辰壬	11 11	亥癸	10 12	巳癸	9 13	子甲	8 14	午甲
初八	1 10	亥癸	12 11	巳癸	11 12	子甲	10 13	午甲	9 14	丑乙	8 15	未乙
初九	1 11	子甲	12 12	午甲	11 13	丑乙	10 14	未乙	9 15	寅丙	8 16	申丙
初十	1 12	丑乙	12 13	未乙	11 14	寅丙	10 15	申丙	9 16	卯丁	8 17	酉丁
十一	1 13	寅丙	12 14	申丙	11 15	卯丁	10 16	酉丁	9 17	辰戊	8 18	戌戊
十二	1 14	卯丁	12 15	酉丁	11 16	辰戊	10 17	戌戊	9 18	巳己	8 19	亥己
十三	1 15	辰戊	12 16	戌戊	11 17	巳己	10 18	亥己	9 19	午庚	8 20	子庚
十四	1 16	巳己	12 17	亥己	11 18	午庚	10 19	子庚	9 20	未辛	8 21	丑辛
十五	1 17	午庚	12 18	子庚	11 19	未辛	10 20	丑辛	9 21	申壬	8 22	寅壬
十六	1 18	未辛	12 19	丑辛	11 20	申壬	10 21	寅壬	9 22	酉癸	8 23	卯癸
十七	1 19	申壬	12 20	寅壬	11 21	酉癸	10 22	卯癸	9 23	戌甲	8 24	辰甲
十八	1 20	酉癸	12 21	卯癸	11 22	戌甲	10 23	辰甲	9 24	亥乙	8 25	巳乙
十九	1 21	戌甲	12 22	辰甲	11 23	亥乙	10 24	巳乙	9 25	子丙	8 26	午丙
二十	1 22	亥乙	12 23	巳乙	11 24	子丙	10 25	午丙	9 26	丑丁	8 27	未丁
廿一	1 23	子丙	12 24	午丙	11 25	丑丁	10 26	未丁	9 27	寅戊	8 28	申戊
廿二	1 24	丑丁	12 25	未丁	11 26	寅戊	10 27	申戊	9 28	卯己	8 29	酉己
廿三	1 25	寅戊	12 26	申戊	11 27	卯己	10 28	酉己	9 29	辰庚	8 30	戌庚
廿四	1 26	卯己	12 27	酉己	11 28	辰庚	10 29	戌庚	9 30	巳辛	8 31	亥辛
廿五	1 27	辰庚	12 28	戌庚	11 29	巳辛	10 30	亥辛	10 1	午壬	9 1	子壬
廿六	1 28	巳辛	12 29	亥辛	11 30	午壬	10 31	子壬	10 2	未癸	9 2	丑癸
廿七	1 29	午壬	12 30	子壬	12 1	未癸	11 1	丑癸	10 3	申甲	9 3	寅甲
廿八	1 30	未癸	12 31	丑癸	12 2	申甲	11 2	寅甲	10 4	酉乙	9 4	卯乙
廿九	1 31	申甲	1 1	寅甲	12 3	酉乙	11 3	卯乙	10 5	戌丙	9 5	辰丙
三十	乙太		1 2	卯乙	易天		11 4	辰丙	尋搜格落部		9 6	巳丁

西元二〇二二年 歲次壬寅

民國一一一年
太歲姓賀名諤
納音屬金
生肖屬虎
年五黃星
參宿值年

月別	正月		二月		三月		四月		五月		六月	
月柱	壬寅		癸卯		甲辰		乙巳		丙午		丁未	
紫白	二黑		一白		九紫		八白		七赤		六白	
節氣時間	2/4 初四 立春寅時 4時51分	2/19 十九 雨水子時 0時43分	3/5 初三 驚蟄亥時 22時44分	3/20 十八 春分子時 23時33分	4/5 初五 清明寅時 3時20分	4/20 二十 穀雨巳時 10時24分	5/5 初五 立夏戌時 20時26分	5/21 廿一 小滿巳時 9時22分	6/6 初八 芒種子時 0時26分	6/21 廿三 夏至酉時 17時14分	7/7 初九 小暑巳時 10時38分	/23 廿五 大暑寅時
農曆	日柱	陽曆	日柱	陽曆	日柱	陽曆	日柱	陽曆	日柱	陽曆	日柱	陽曆
初一	乙酉	2 1	乙卯	3 3	甲申	4 1	甲寅	5 1	癸未	5 30	癸丑	29
初二	丙戌	2 2	丙辰	3 4	乙酉	4 2	乙卯	5 2	甲申	5 31	甲寅	30
初三	丁亥	2 3	丁巳	3 5	丙戌	4 3	丙辰	5 3	乙酉	6 1	乙卯	7 1
初四	戊子	2 4	戊午	3 6	丁亥	4 4	丁巳	5 4	丙戌	6 2	丙辰	7 2
初五	己丑	2 5	己未	3 7	戊子	4 5	戊午	5 5	丁亥	6 3	丁巳	7 3
初六	庚寅	2 6	庚申	3 8	己丑	4 6	己未	5 6	戊子	6 4	戊午	7 4
初七	辛卯	2 7	辛酉	3 9	庚寅	4 7	庚申	5 7	己丑	6 5	己未	7 5
初八	壬辰	2 8	壬戌	3 10	辛卯	4 8	辛酉	5 8	庚寅	6 6	庚申	7 6
初九	癸巳	2 9	癸亥	3 11	壬辰	4 9	壬戌	5 9	辛卯	6 7	辛酉	7 7
初十	甲午	2 10	甲子	3 12	癸巳	4 10	癸亥	5 10	壬辰	6 8	壬戌	7 8
十一	乙未	2 11	乙丑	3 13	甲午	4 11	甲子	5 11	癸巳	6 9	癸亥	7 9
十二	丙申	2 12	丙寅	3 14	乙未	4 12	乙丑	5 12	甲午	6 10	甲子	7 10
十三	丁酉	2 13	丁卯	3 15	丙申	4 13	丙寅	5 13	乙未	6 11	乙丑	7 11
十四	戊戌	2 14	戊辰	3 16	丁酉	4 14	丁卯	5 14	丙申	6 12	丙寅	7 12
十五	己亥	2 15	己巳	3 17	戊戌	4 15	戊辰	5 15	丁酉	6 13	丁卯	7 13
十六	庚子	2 16	庚午	3 18	己亥	4 16	己巳	5 16	戊戌	6 14	戊辰	7 14
十七	辛丑	2 17	辛未	3 19	庚子	4 17	庚午	5 17	己亥	6 15	己巳	7 15
十八	壬寅	2 18	壬申	3 20	辛丑	4 18	辛未	5 18	庚子	6 16	庚午	7 16
十九	癸卯	2 19	癸酉	3 21	壬寅	4 19	壬申	5 19	辛丑	6 17	辛未	7 17
二十	甲辰	2 20	甲戌	3 22	癸卯	4 20	癸酉	5 20	壬寅	6 18	壬申	7 18
廿一	乙巳	2 21	乙亥	3 23	甲辰	4 21	甲戌	5 21	癸卯	6 19	癸酉	7 19
廿二	丙午	2 22	丙子	3 24	乙巳	4 22	乙亥	5 22	甲辰	6 20	甲戌	7 20
廿三	丁未	2 23	丁丑	3 25	丙午	4 23	丙子	5 23	乙巳	6 21	乙亥	7 21
廿四	戊申	2 24	戊寅	3 26	丁未	4 24	丁丑	5 24	丙午	6 22	丙子	7 22
廿五	己酉	2 25	己卯	3 27	戊申	4 25	戊寅	5 25	丁未	6 23	丁丑	7 23
廿六	庚戌	2 26	庚辰	3 28	己酉	4 26	己卯	5 26	戊申	6 24	戊寅	7 24
廿七	辛亥	2 27	辛巳	3 29	庚戌	4 27	庚辰	5 27	己酉	6 25	己卯	7 25
廿八	壬子	2 28	壬午	3 30	辛亥	4 28	辛巳	5 28	庚戌	6 26	庚辰	7 26
廿九	癸丑	3 1	癸未	3 31	壬子	4 29	壬午	5 29	辛亥	6 27	辛巳	7 27
三十	甲寅	3 2	天易		癸丑	4 30	太乙		壬子	6 28	壬午	7 28

月別	月二十		月一十		月十		月九		月八		月七	
月柱	丑癸		子壬		亥辛		戌庚		酉己		申戊	
紫白	紫九		白一		黑二		碧三		綠四		黃五	
節氣時間	1/20	1/5	12/22	12/7	11/22	11/7	10/23	10/8	9/23	9/7	8/23	8/7
	九廿	四十	九廿	四十	九廿	四十	八廿	三十	八廿	二十	六廿	十初
	16時29分 大寒申時	23時5分 小寒子時	5時48分 冬至卯時	11時46分 大雪午時	16時20分 小雪申時	18時45分 立冬酉時	18時36分 霜降酉時	15時22分 寒露申時	9時3分 秋分巳時	23時32分 白露子時	11時16分 處暑午時	20時29分 立秋戌時
農曆	曆陽	柱日	曆陽	柱日	曆陽	柱日	曆陽	柱日	曆陽	柱日	曆陽	柱日
初一	12 23	戌庚	11 24	巳辛	10 25	亥辛	9 26	午壬	8 27	子壬	7 29	未癸
初二	12 24	亥辛	11 25	午壬	10 26	子壬	9 27	未癸	8 28	丑癸	7 30	申甲
初三	12 25	子壬	11 26	未癸	10 27	丑癸	9 28	申甲	8 29	寅甲	7 31	酉乙
初四	12 26	丑癸	11 27	申甲	10 28	寅甲	9 29	酉乙	8 30	卯乙	8 1	戌丙
初五	12 27	寅甲	11 28	酉乙	10 29	卯乙	9 30	戌丙	8 31	辰丙	8 2	亥丁
初六	12 28	卯乙	11 29	戌丙	10 30	辰丙	10 1	亥丁	9 1	巳丁	8 3	子戊
初七	12 29	辰丙	11 30	亥丁	10 31	巳丁	10 2	子戊	9 2	午戊	8 4	丑己
初八	12 30	巳丁	12 1	子戊	11 1	午戊	10 3	丑己	9 3	未己	8 5	寅庚
初九	12 31	午戊	12 2	丑己	11 2	未己	10 4	寅庚	9 4	申庚	8 6	卯辛
初十	1 1	未己	12 3	寅庚	11 3	申庚	10 5	卯辛	9 5	酉辛	8 7	辰壬
十一	1 2	申庚	12 4	卯辛	11 4	酉辛	10 6	辰壬	9 6	戌壬	8 8	巳癸
十二	1 3	酉辛	12 5	辰壬	11 5	戌壬	10 7	巳癸	9 7	亥癸	8 9	午甲
十三	1 4	戌壬	12 6	巳癸	11 6	亥癸	10 8	午甲	9 8	子甲	8 10	未乙
十四	1 5	亥癸	12 7	午甲	11 7	子甲	10 9	未乙	9 9	丑乙	8 11	申丙
十五	1 6	子甲	12 8	未乙	11 8	丑乙	10 10	申丙	9 10	寅丙	8 12	酉丁
十六	1 7	丑乙	12 9	申丙	11 9	寅丙	10 11	酉丁	9 11	卯丁	8 13	戌戊
十七	1 8	寅丙	12 10	酉丁	11 10	卯丁	10 12	戌戊	9 12	辰戊	8 14	亥己
十八	1 9	卯丁	12 11	戌戊	11 11	辰戊	10 13	亥己	9 13	巳己	8 15	子庚
十九	1 10	辰戊	12 12	亥己	11 12	巳己	10 14	子庚	9 14	午庚	8 16	丑辛
二十	1 11	巳己	12 13	子庚	11 13	午庚	10 15	丑辛	9 15	未辛	8 17	寅壬
廿一	1 12	午庚	12 14	丑辛	11 14	未辛	10 16	寅壬	9 16	申壬	8 18	卯癸
廿二	1 13	未辛	12 15	寅壬	11 15	申壬	10 17	卯癸	9 17	酉癸	8 19	辰甲
廿三	1 14	申壬	12 16	卯癸	11 16	酉癸	10 18	辰甲	9 18	戌甲	8 20	巳乙
廿四	1 15	酉癸	12 17	辰甲	11 17	戌甲	10 19	巳乙	9 19	亥乙	8 21	午丙
廿五	1 16	戌甲	12 18	巳乙	11 18	亥乙	10 20	午丙	9 20	子丙	8 22	未丁
廿六	1 17	亥乙	12 19	午丙	11 19	子丙	10 21	未丁	9 21	丑丁	8 23	申戊
廿七	1 18	子丙	12 20	未丁	11 20	丑丁	10 22	申戊	9 22	寅戊	8 24	酉己
廿八	1 19	丑丁	12 21	申戊	11 21	寅戊	10 23	酉己	9 23	卯己	8 25	戌庚
廿九	1 20	寅戊	12 22	酉己	11 22	卯己	10 24	戌庚	9 24	辰庚	8 26	亥辛
三十	1 21	卯己	乙太		11 23	辰庚	易天		9 25	巳辛	尋搜格落部	

西元二〇二三年 歲次 癸卯

民國一一二年　太歲姓皮名時

納音屬金　生肖屬兔

年星四綠　井宿值年

月別	正月		二月		閏二月		三月		四月		五月		六月	
月柱	甲寅		乙卯				丙辰		丁巳		戊午		己未	
紫白	八白		七赤				六白		五黃		四綠		三碧	
節氣時間	2/4 十四 立春 巳時 10時42分	2/19 廿九 雨水 卯時 6時34分	3/6 十五 驚蟄 寅時 4時36分	3/21 三十 春分 卯時 5時24分	4/5 十五 清明 巳時 9時13分		4/20 初一 穀雨 申時 16時13分	5/6 十七 立夏 丑時 2時19分	5/21 初三 小滿 申時 15時9分	6/6 十九 芒種 卯時 6時18分	6/21 初四 夏至 亥時 22時58分	7/7 二十 小暑 申時 16時30分	7/23 初六 大暑 巳時 9時50分	8/8 廿二 立秋 丑時
農曆	陽曆	日柱	陽曆	日柱	陽曆	日柱	陽曆	日柱	陽曆	日柱	陽曆	日柱	陽曆	日柱
初一	1 22	庚辰	2 20	己酉	3 22	己卯	4 20	戊申	5 19	丁丑	6 18	丁未	18	丁丑
初二	1 23	辛巳	2 21	庚戌	3 23	庚辰	4 21	己酉	5 20	戊寅	6 19	戊申	19	戊寅
初三	1 24	壬午	2 22	辛亥	3 24	辛巳	4 22	庚戌	5 21	己卯	6 20	己酉	20	己卯
初四	1 25	癸未	2 23	壬子	3 25	壬午	4 23	辛亥	5 22	庚辰	6 21	庚戌	21	庚辰
初五	1 26	甲申	2 24	癸丑	3 26	癸未	4 24	壬子	5 23	辛巳	6 22	辛亥	22	辛巳
初六	1 27	乙酉	2 25	甲寅	3 27	甲申	4 25	癸丑	5 24	壬午	6 23	壬子	23	壬午
初七	1 28	丙戌	2 26	乙卯	3 28	乙酉	4 26	甲寅	5 25	癸未	6 24	癸丑	24	癸未
初八	1 29	丁亥	2 27	丙辰	3 29	丙戌	4 27	乙卯	5 26	甲申	6 25	甲寅	25	甲申
初九	1 30	戊子	2 28	丁巳	3 30	丁亥	4 28	丙辰	5 27	乙酉	6 26	乙卯	26	乙酉
初十	1 31	己丑	3 1	戊午	3 31	戊子	4 29	丁巳	5 28	丙戌	6 27	丙辰	27	丙戌
十一	2 1	庚寅	3 2	己未	4 1	己丑	4 30	戊午	5 29	丁亥	6 28	丁巳	28	丁亥
十二	2 2	辛卯	3 3	庚申	4 2	庚寅	5 1	己未	5 30	戊子	6 29	戊午	29	戊子
十三	2 3	壬辰	3 4	辛酉	4 3	辛卯	5 2	庚申	5 31	己丑	6 30	己未	30	己丑
十四	2 4	癸巳	3 5	壬戌	4 4	壬辰	5 3	辛酉	6 1	庚寅	7 1	庚申	31	庚寅
十五	2 5	甲午	3 6	癸亥	4 5	癸巳	5 4	壬戌	6 2	辛卯	7 2	辛酉	1	辛卯
十六	2 6	乙未	3 7	甲子	4 6	甲午	5 5	癸亥	6 3	壬辰	7 3	壬戌	2	壬辰
十七	2 7	丙申	3 8	乙丑	4 7	乙未	5 6	甲子	6 4	癸巳	7 4	癸亥	3	癸巳
十八	2 8	丁酉	3 9	丙寅	4 8	丙申	5 7	乙丑	6 5	甲午	7 5	甲子	4	甲午
十九	2 9	戊戌	3 10	丁卯	4 9	丁酉	5 8	丙寅	6 6	乙未	7 6	乙丑	5	乙未
二十	2 10	己亥	3 11	戊辰	4 10	戊戌	5 9	丁卯	6 7	丙申	7 7	丙寅	6	丙申
廿一	2 11	庚子	3 12	己巳	4 11	己亥	5 10	戊辰	6 8	丁酉	7 8	丁卯	7	丁酉
廿二	2 12	辛丑	3 13	庚午	4 12	庚子	5 11	己巳	6 9	戊戌	7 9	戊辰	8	戊戌
廿三	2 13	壬寅	3 14	辛未	4 13	辛丑	5 12	庚午	6 10	己亥	7 10	己巳	9	己亥
廿四	2 14	癸卯	3 15	壬申	4 14	壬寅	5 13	辛未	6 11	庚子	7 11	庚午	10	庚子
廿五	2 15	甲辰	3 16	癸酉	4 15	癸卯	5 14	壬申	6 12	辛丑	7 12	辛未	11	辛丑
廿六	2 16	乙巳	3 17	甲戌	4 16	甲辰	5 15	癸酉	6 13	壬寅	7 13	壬申	12	壬寅
廿七	2 17	丙午	3 18	乙亥	4 17	乙巳	5 16	甲戌	6 14	癸卯	7 14	癸酉	13	癸卯
廿八	2 18	丁未	3 19	丙子	4 18	丙午	5 17	乙亥	6 15	甲辰	7 15	甲戌	14	甲辰
廿九	2 19	戊申	3 20	丁丑	4 19	丁未	5 18	丙子	6 16	乙巳	7 16	乙亥	15	乙巳
三十	部落格搜尋		3 21	戊寅	太乙文化事業		天易		6 17	丙午	7 17	丙子	太乙	

月別	月二十		月一十		月十		月九		月八		月七	
月柱	丑乙		子甲		亥癸		戌壬		酉辛		申庚	
紫白	白六		赤七		白八		紫九		白一		黑二	
節氣時間	2/4	1/20	1/6	12/22	12/7	11/22	11/8	10/24	10/8	9/23	9/8	8/23
	五廿	十初	五廿	十初	五廿	十初	五廿	十初	四廿	九初	四廿	八初
	16時27分 立春申時	22時7分 大寒亥時	4時49分 小寒寅時	11時27分 冬至午時	17時33分 大雪酉時	22時3分 小雪亥時	0時35分 立冬子時	0時21分 霜降子時	21時15分 寒露亥時	14時50分 秋分未時	5時26分 白露卯時	17時1分 處暑酉時
農曆	曆陽	柱日	曆陽	柱日	曆陽	柱日	曆陽	柱日	曆陽	柱日	曆陽	柱日
初一	1 11	戌甲	12 13	巳乙	11 13	亥乙	10 15	午丙	9 15	子丙	8 16	午丙
初二	1 12	亥乙	12 14	午丙	11 14	子丙	10 16	未丁	9 16	丑丁	8 17	未丁
初三	1 13	子丙	12 15	未丁	11 15	丑丁	10 17	申戊	9 17	寅戊	8 18	申戊
初四	1 14	丑丁	12 16	申戊	11 16	寅戊	10 18	酉己	9 18	卯己	8 19	酉己
初五	1 15	寅戊	12 17	酉己	11 17	卯己	10 19	戌庚	9 19	辰庚	8 20	戌庚
初六	1 16	卯己	12 18	戌庚	11 18	辰庚	10 20	亥辛	9 20	巳辛	8 21	亥辛
初七	1 17	辰庚	12 19	亥辛	11 19	巳辛	10 21	子壬	9 21	午壬	8 22	子壬
初八	1 18	巳辛	12 20	子壬	11 20	午壬	10 22	丑癸	9 22	未癸	8 23	丑癸
初九	1 19	午壬	12 21	丑癸	11 21	未癸	10 23	寅甲	9 23	申甲	8 24	寅甲
初十	1 20	未癸	12 22	寅甲	11 22	申甲	10 24	卯乙	9 24	酉乙	8 25	卯乙
十一	1 21	申甲	12 23	卯乙	11 23	酉乙	10 25	辰丙	9 25	戌丙	8 26	辰丙
十二	1 22	酉乙	12 24	辰丙	11 24	戌丙	10 26	巳丁	9 26	亥丁	8 27	巳丁
十三	1 23	戌丙	12 25	巳丁	11 25	亥丁	10 27	午戊	9 27	子戊	8 28	午戊
十四	1 24	亥丁	12 26	午戊	11 26	子戊	10 28	未己	9 28	丑己	8 29	未己
十五	1 25	子戊	12 27	未己	11 27	丑己	10 29	申庚	9 29	寅庚	8 30	申庚
十六	1 26	丑己	12 28	申庚	11 28	寅庚	10 30	酉辛	9 30	卯辛	8 31	酉辛
十七	1 27	寅庚	12 29	酉辛	11 29	卯辛	10 31	戌壬	10 1	辰壬	9 1	戌壬
十八	1 28	卯辛	12 30	戌壬	11 30	辰壬	11 1	亥癸	10 2	巳癸	9 2	亥癸
十九	1 29	辰壬	12 31	亥癸	12 1	巳癸	11 2	子甲	10 3	午甲	9 3	子甲
二十	1 30	巳癸	1 1	子甲	12 2	午甲	11 3	丑乙	10 4	未乙	9 4	丑乙
廿一	1 31	午甲	1 2	丑乙	12 3	未乙	11 4	寅丙	10 5	申丙	9 5	寅丙
廿二	2 1	未乙	1 3	寅丙	12 4	申丙	11 5	卯丁	10 6	酉丁	9 6	卯丁
廿三	2 2	申丙	1 4	卯丁	12 5	酉丁	11 6	辰戊	10 7	戌戊	9 7	辰戊
廿四	2 3	酉丁	1 5	辰戊	12 6	戌戊	11 7	巳己	10 8	亥己	9 8	巳己
廿五	2 4	戌戊	1 6	巳己	12 7	亥己	11 8	午庚	10 9	子庚	9 9	午庚
廿六	2 5	亥己	1 7	午庚	12 8	子庚	11 9	未辛	10 10	丑辛	9 10	未辛
廿七	2 6	子庚	1 8	未辛	12 9	丑辛	11 10	申壬	10 11	寅壬	9 11	申壬
廿八	2 7	丑辛	1 9	申壬	12 10	寅壬	11 11	酉癸	10 12	卯癸	9 12	酉癸
廿九	2 8	寅壬	1 10	酉癸	12 11	卯癸	11 12	戌甲	10 13	辰甲	9 13	戌甲
三十	2 9	卯癸	乙太		12 12	辰甲	易天		10 14	巳乙	9 14	亥乙

西元二〇二四年

歲次甲辰

民國一一三年

太歲姓李名成

納音屬火

生肖屬龍

年三碧星

鬼宿值年

月 六		月 五		月 四		月 三		月 二		月 正		別月
未 辛		午 庚		巳 己		辰 戊		卯 丁		寅 丙		柱月
紫 九		白 一		黑 二		碧 三		綠 四		黃 五		白紫
/22	7/6		6/21	6/5	5/20	5/5	4/19	4/4	3/20	3/5	2/19	節氣時間
十	一初		六十	九廿	三十	七廿	一十	六廿	一十	五廿	十初	
大暑申時	22時20分 小暑亥時		4時51分 夏至寅時	12時10分 芒種午時	20時59分 小滿戌時	8時10分 立夏辰時	21時59分 穀雨亥時	15時2分 清明申時	11時6分 春分午時	10時23分 驚蟄巳時	12時13分 雨水午時	
曆陽	柱日	曆陽	柱日	曆陽	柱日	曆陽	柱日	曆陽	柱日	曆陽	柱日	曆農
6	未辛	6 6	丑辛	5 8	申壬	4 9	卯癸	3 10	酉癸	2 10	辰甲	一初
7	申壬	6 7	寅壬	5 9	酉癸	4 10	辰甲	3 11	戌甲	2 11	巳乙	二初
8	酉癸	6 8	卯癸	5 10	戌甲	4 11	巳乙	3 12	亥乙	2 12	午丙	三初
9	戌甲	6 9	辰甲	5 11	亥乙	4 12	午丙	3 13	子丙	2 13	未丁	四初
10	亥乙	6 10	巳乙	5 12	子丙	4 13	未丁	3 14	丑丁	2 14	申戊	五初
11	子丙	6 11	午丙	5 13	丑丁	4 14	申戊	3 15	寅戊	2 15	酉己	六初
12	丑丁	6 12	未丁	5 14	寅戊	4 15	酉己	3 16	卯己	2 16	戌庚	七初
13	寅戊	6 13	申戊	5 15	卯己	4 16	戌庚	3 17	辰庚	2 17	亥辛	八初
14	卯己	6 14	酉己	5 16	辰庚	4 17	亥辛	3 18	巳辛	2 18	子壬	九初
15	辰庚	6 15	戌庚	5 17	巳辛	4 18	子壬	3 19	午壬	2 19	丑癸	十初
16	巳辛	6 16	亥辛	5 18	午壬	4 19	丑癸	3 20	未癸	2 20	寅甲	一十
17	午壬	6 17	子壬	5 19	未癸	4 20	寅甲	3 21	申甲	2 21	卯乙	二十
18	未癸	6 18	丑癸	5 20	申甲	4 21	卯乙	3 22	酉乙	2 22	辰丙	三十
19	申甲	6 19	寅甲	5 21	酉乙	4 22	辰丙	3 23	戌丙	2 23	巳丁	四十
20	酉乙	6 20	卯乙	5 22	戌丙	4 23	巳丁	3 24	亥丁	2 24	午戊	五十
21	戌丙	6 21	辰丙	5 23	亥丁	4 24	午戊	3 25	子戊	2 25	未己	六十
22	亥丁	6 22	巳丁	5 24	子戊	4 25	未己	3 26	丑己	2 26	申庚	七十
23	子戊	6 23	午戊	5 25	丑己	4 26	申庚	3 27	寅庚	2 27	酉辛	八十
24	丑己	6 24	未己	5 26	寅庚	4 27	酉辛	3 28	卯辛	2 28	戌壬	九十
25	寅庚	6 25	申庚	5 27	卯辛	4 28	戌壬	3 29	辰壬	2 29	亥癸	十二
26	卯辛	6 26	酉辛	5 28	辰壬	4 29	亥癸	3 30	巳癸	3 1	子甲	一廿
27	辰壬	6 27	戌壬	5 29	巳癸	4 30	子甲	3 31	午甲	3 2	丑乙	二廿
28	巳癸	6 28	亥癸	5 30	午甲	5 1	丑乙	4 1	未乙	3 3	寅丙	三廿
29	午甲	6 29	子甲	5 31	未乙	5 2	寅丙	4 2	申丙	3 4	卯丁	四廿
30	未乙	6 30	丑乙	6 1	申丙	5 3	卯丁	4 3	酉丁	3 5	辰戊	五廿
31	申丙	7 1	寅丙	6 2	酉丁	5 4	辰戊	4 4	戌戊	3 6	巳己	六廿
1	酉丁	7 2	卯丁	6 3	戌戊	5 5	巳己	4 5	亥己	3 7	午庚	七廿
2	戌戊	7 3	辰戊	6 4	亥己	5 6	午庚	4 6	子庚	3 8	未辛	八廿
3	亥己	7 4	巳己	6 5	子庚	5 7	未辛	4 7	丑辛	3 9	申壬	九廿
乙太		7 5	午庚	易天		業事化文乙太		4 8	寅壬	尋搜格落部		十三

月別	月二十		月一十		月十		月九		月八		月七	
月柱	丑丁		子丙		亥乙		戌甲		酉癸		申壬	
紫白	碧三		綠四		黃五		白六		赤七		白八	
節氣時間	1/20	1/5	12/21	12/6	11/22	11/7	10/23	10/8	9/22	9/7	8/22	8/7
	一廿	六初	一廿	六初	二廿	七初	一廿	六初	十二	五初	九十	四初
	4時0分 大寒寅時	10時32分 小寒巳時	17時20分 冬至酉時	23時17分 大雪子時	3時56分 小雪寅時	6時20分 立冬卯時	6時15分 霜降卯時	3時0分 寒露寅時	20時43分 秋分戌時	11時11分 白露午時	22時55分 處暑亥時	8時9分 立秋辰時
農曆	曆陽	柱日	曆陽	柱日	曆陽	柱日	曆陽	柱日	曆陽	柱日	曆陽	柱日
初一	12 31	巳己	12 1	亥己	11 1	巳己	10 3	子庚	9 3	午庚	8 4	子庚
初二	1 1	午庚	12 2	子庚	11 2	午庚	10 4	丑辛	9 4	未辛	8 5	丑辛
初三	1 2	未辛	12 3	丑辛	11 3	未辛	10 5	寅壬	9 5	申壬	8 6	寅壬
初四	1 3	申壬	12 4	寅壬	11 4	申壬	10 6	卯癸	9 6	酉癸	8 7	卯癸
初五	1 4	酉癸	12 5	卯癸	11 5	酉癸	10 7	辰甲	9 7	戌甲	8 8	辰甲
初六	1 5	戌甲	12 6	辰甲	11 6	戌甲	10 8	巳乙	9 8	亥乙	8 9	巳乙
初七	1 6	亥乙	12 7	巳乙	11 7	亥乙	10 9	午丙	9 9	子丙	8 10	午丙
初八	1 7	子丙	12 8	午丙	11 8	子丙	10 10	未丁	9 10	丑丁	8 11	未丁
初九	1 8	丑丁	12 9	未丁	11 9	丑丁	10 11	申戊	9 11	寅戊	8 12	申戊
初十	1 9	寅戊	12 10	申戊	11 10	寅戊	10 12	酉己	9 12	卯己	8 13	酉己
十一	1 10	卯己	12 11	酉己	11 11	卯己	10 13	戌庚	9 13	辰庚	8 14	戌庚
十二	1 11	辰庚	12 12	戌庚	11 12	辰庚	10 14	亥辛	9 14	巳辛	8 15	亥辛
十三	1 12	巳辛	12 13	亥辛	11 13	巳辛	10 15	子壬	9 15	午壬	8 16	子壬
十四	1 13	午壬	12 14	子壬	11 14	午壬	10 16	丑癸	9 16	未癸	8 17	丑癸
十五	1 14	未癸	12 15	丑癸	11 15	未癸	10 17	寅甲	9 17	申甲	8 18	寅甲
十六	1 15	申甲	12 16	寅甲	11 16	申甲	10 18	卯乙	9 18	酉乙	8 19	卯乙
十七	1 16	酉乙	12 17	卯乙	11 17	酉乙	10 19	辰丙	9 19	戌丙	8 20	辰丙
十八	1 17	戌丙	12 18	辰丙	11 18	戌丙	10 20	巳丁	9 20	亥丁	8 21	巳丁
十九	1 18	亥丁	12 19	巳丁	11 19	亥丁	10 21	午戊	9 21	子戊	8 22	午戊
二十	1 19	子戊	12 20	午戊	11 20	子戊	10 22	未己	9 22	丑己	8 23	未己
廿一	1 20	丑己	12 21	未己	11 21	丑己	10 23	申庚	9 23	寅庚	8 24	申庚
廿二	1 21	寅庚	12 22	申庚	11 22	寅庚	10 24	酉辛	9 24	卯辛	8 25	酉辛
廿三	1 22	卯辛	12 23	酉辛	11 23	卯辛	10 25	戌壬	9 25	辰壬	8 26	戌壬
廿四	1 23	辰壬	12 24	戌壬	11 24	辰壬	10 26	亥癸	9 26	巳癸	8 27	亥癸
廿五	1 24	巳癸	12 25	亥癸	11 25	巳癸	10 27	子甲	9 27	午甲	8 28	子甲
廿六	1 25	午甲	12 26	子甲	11 26	午甲	10 28	丑乙	9 28	未乙	8 29	丑乙
廿七	1 26	未乙	12 27	丑乙	11 27	未乙	10 29	寅丙	9 29	申丙	8 30	寅丙
廿八	1 27	申丙	12 28	寅丙	11 28	申丙	10 30	卯丁	9 30	酉丁	8 31	卯丁
廿九	1 28	酉丁	12 29	卯丁	11 29	酉丁	10 31	辰戊	10 1	戌戊	9 1	辰戊
三十	乙太		12 30	辰戊	11 30	戌戊	易天		10 2	亥己	9 2	巳己

西元二〇二五年 歲次乙巳

民國一一四年

太歲姓吳名逐

納音屬火

生肖屬蛇

年二黑星

柳宿值年

月別	正月		二月		三月		四月		五月		六月		閏六月	
月柱	戊寅		己卯		庚辰		辛巳		壬午		癸未			
紫白	二黑		一白		九紫		八白		七赤		六白			
節氣時間	2/3	2/18	3/5	3/20	4/4	4/20	5/5	5/21	6/5	6/21	7/7	7/22	8/7	
	初六	廿一	初六	廿一	初七	廿三	初八	廿四	初十	廿六	十三	廿八	十四	
	立春亥時 22時10分	雨水酉時 18時6分	驚蟄申時 16時7分	春分酉時 17時1分	清明戌時 20時48分	穀雨寅時 3時56分	立夏未時 13時57分	小滿丑時 2時54分	芒種酉時 17時56分	夏至巳時 10時42分	小暑寅時 4時5分	大暑亥時 21時29分	立秋未時 13時51分	
農曆	日柱	陽曆	日柱	陽曆	日柱	陽曆	日柱	陽曆	日柱	陽曆	日柱	陽曆	日柱	陽
初一	戊戌	1 29	戊辰	2 28	丁酉	3 29	丁卯	4 28	丙申	5 27	乙丑	6 25	乙未	25
初二	己亥	1 30	己巳	3 1	戊戌	3 30	戊辰	4 29	丁酉	5 28	丙寅	6 26	丙申	26
初三	庚子	1 31	庚午	3 2	己亥	3 31	己巳	4 30	戊戌	5 29	丁卯	6 27	丁酉	27
初四	辛丑	2 1	辛未	3 3	庚子	4 1	庚午	5 1	己亥	5 30	戊辰	6 28	戊戌	28
初五	壬寅	2 2	壬申	3 4	辛丑	4 2	辛未	5 2	庚子	5 31	己巳	6 29	己亥	29
初六	癸卯	2 3	癸酉	3 5	壬寅	4 3	壬申	5 3	辛丑	6 1	庚午	6 30	庚子	30
初七	甲辰	2 4	甲戌	3 6	癸卯	4 4	癸酉	5 4	壬寅	6 2	辛未	7 1	辛丑	31
初八	乙巳	2 5	乙亥	3 7	甲辰	4 5	甲戌	5 5	癸卯	6 3	壬申	7 2	壬寅	1
初九	丙午	2 6	丙子	3 8	乙巳	4 6	乙亥	5 6	甲辰	6 4	癸酉	7 3	癸卯	2
初十	丁未	2 7	丁丑	3 9	丙午	4 7	丙子	5 7	乙巳	6 5	甲戌	7 4	甲辰	3
十一	戊申	2 8	戊寅	3 10	丁未	4 8	丁丑	5 8	丙午	6 6	乙亥	7 5	乙巳	4
十二	己酉	2 9	己卯	3 11	戊申	4 9	戊寅	5 9	丁未	6 7	丙子	7 6	丙午	5
十三	庚戌	2 10	庚辰	3 12	己酉	4 10	己卯	5 10	戊申	6 8	丁丑	7 7	丁未	6
十四	辛亥	2 11	辛巳	3 13	庚戌	4 11	庚辰	5 11	己酉	6 9	戊寅	7 8	戊申	7
十五	壬子	2 12	壬午	3 14	辛亥	4 12	辛巳	5 12	庚戌	6 10	己卯	7 9	己酉	8
十六	癸丑	2 13	癸未	3 15	壬子	4 13	壬午	5 13	辛亥	6 11	庚辰	7 10	庚戌	9
十七	甲寅	2 14	甲申	3 16	癸丑	4 14	癸未	5 14	壬子	6 12	辛巳	7 11	辛亥	10
十八	乙卯	2 15	乙酉	3 17	甲寅	4 15	甲申	5 15	癸丑	6 13	壬午	7 12	壬子	11
十九	丙辰	2 16	丙戌	3 18	乙卯	4 16	乙酉	5 16	甲寅	6 14	癸未	7 13	癸丑	12
二十	丁巳	2 17	丁亥	3 19	丙辰	4 17	丙戌	5 17	乙卯	6 15	甲申	7 14	甲寅	13
廿一	戊午	2 18	戊子	3 20	丁巳	4 18	丁亥	5 18	丙辰	6 16	乙酉	7 15	乙卯	14
廿二	己未	2 19	己丑	3 21	戊午	4 19	戊子	5 19	丁巳	6 17	丙戌	7 16	丙辰	15
廿三	庚申	2 20	庚寅	3 22	己未	4 20	己丑	5 20	戊午	6 18	丁亥	7 17	丁巳	16
廿四	辛酉	2 21	辛卯	3 23	庚申	4 21	庚寅	5 21	己未	6 19	戊子	7 18	戊午	17
廿五	壬戌	2 22	壬辰	3 24	辛酉	4 22	辛卯	5 22	庚申	6 20	己丑	7 19	己未	18
廿六	癸亥	2 23	癸巳	3 25	壬戌	4 23	壬辰	5 23	辛酉	6 21	庚寅	7 20	庚申	19
廿七	甲子	2 24	甲午	3 26	癸亥	4 24	癸巳	5 24	壬戌	6 22	辛卯	7 21	辛酉	20
廿八	乙丑	2 25	乙未	3 27	甲子	4 25	甲午	5 25	癸亥	6 23	壬辰	7 22	壬戌	21
廿九	丙寅	2 26	丙申	3 28	乙丑	4 26	乙未	5 26	甲子	6 24	癸巳	7 23	癸亥	22
三十	丁卯	2 27	部落格搜尋		丙寅	4 27	太乙文化事業		天易		甲午	7 24	太乙	

月別	月二十		月一十		月十		月九		月八		月七	
月柱	丑己		子戊		亥丁		戌丙		酉乙		申甲	
紫白	紫九		白一		黑二		碧三		綠四		黃五	
節氣時間	2/4	1/20	1/5	12/21	12/7	11/22	11/7	10/23	10/8	9/23	9/7	8/23
	七十	二初	七十	二初	八十	三初	八十	三初	七十	二初	六十	一初
	4時2分 立春寅時	9時45分 大寒巳時	16時23分 小寒申時	23時3分 冬至子時	5時4分 大雪卯時	9時35分 小雪巳時	12時4分 立冬午時	11時51分 霜降午時	8時41分 寒露辰時	2時19分 秋分丑時	16時52分 白露申時	4時34分 處暑寅時
農曆	曆陽	柱日	曆陽	柱日	曆陽	柱日	曆陽	柱日	曆陽	柱日	曆陽	柱日
初一	1 19	巳癸	12 20	亥癸	11 20	巳癸	10 21	亥癸	9 22	午甲	8 23	子甲
初二	1 20	午甲	12 21	子甲	11 21	午甲	10 22	子甲	9 23	未乙	8 24	丑乙
初三	1 21	未乙	12 22	丑乙	11 22	未乙	10 23	丑乙	9 24	申丙	8 25	寅丙
初四	1 22	申丙	12 23	寅丙	11 23	申丙	10 24	寅丙	9 25	酉丁	8 26	卯丁
初五	1 23	酉丁	12 24	卯丁	11 24	酉丁	10 25	卯丁	9 26	戌戊	8 27	辰戊
初六	1 24	戌戊	12 25	辰戊	11 25	戌戊	10 26	辰戊	9 27	亥己	8 28	巳己
初七	1 25	亥己	12 26	巳己	11 26	亥己	10 27	巳己	9 28	子庚	8 29	午庚
初八	1 26	子庚	12 27	午庚	11 27	子庚	10 28	午庚	9 29	丑辛	8 30	未辛
初九	1 27	丑辛	12 28	未辛	11 28	丑辛	10 29	未辛	9 30	寅壬	8 31	申壬
初十	1 28	寅壬	12 29	申壬	11 29	寅壬	10 30	申壬	10 1	卯癸	9 1	酉癸
十一	1 29	卯癸	12 30	酉癸	11 30	卯癸	10 31	酉癸	10 2	辰甲	9 2	戌甲
十二	1 30	辰甲	12 31	戌甲	12 1	辰甲	11 1	戌甲	10 3	巳乙	9 3	亥乙
十三	1 31	巳乙	1 1	亥乙	12 2	巳乙	11 2	亥乙	10 4	午丙	9 4	子丙
十四	2 1	午丙	1 2	子丙	12 3	午丙	11 3	子丙	10 5	未丁	9 5	丑丁
十五	2 2	未丁	1 3	丑丁	12 4	未丁	11 4	丑丁	10 6	申戊	9 6	寅戊
十六	2 3	申戊	1 4	寅戊	12 5	申戊	11 5	寅戊	10 7	酉己	9 7	卯己
十七	2 4	酉己	1 5	卯己	12 6	酉己	11 6	卯己	10 8	戌庚	9 8	辰庚
十八	2 5	戌庚	1 6	辰庚	12 7	戌庚	11 7	辰庚	10 9	亥辛	9 9	巳辛
十九	2 6	亥辛	1 7	巳辛	12 8	亥辛	11 8	巳辛	10 10	子壬	9 10	午壬
二十	2 7	子壬	1 8	午壬	12 9	子壬	11 9	午壬	10 11	丑癸	9 11	未癸
廿一	2 8	丑癸	1 9	未癸	12 10	丑癸	11 10	未癸	10 12	寅甲	9 12	申甲
廿二	2 9	寅甲	1 10	申甲	12 11	寅甲	11 11	申甲	10 13	卯乙	9 13	酉乙
廿三	2 10	卯乙	1 11	酉乙	12 12	卯乙	11 12	酉乙	10 14	辰丙	9 14	戌丙
廿四	2 11	辰丙	1 12	戌丙	12 13	辰丙	11 13	戌丙	10 15	巳丁	9 15	亥丁
廿五	2 12	巳丁	1 13	亥丁	12 14	巳丁	11 14	亥丁	10 16	午戊	9 16	子戊
廿六	2 13	午戊	1 14	子戊	12 15	午戊	11 15	子戊	10 17	未己	9 17	丑己
廿七	2 14	未己	1 15	丑己	12 16	未己	11 16	丑己	10 18	申庚	9 18	寅庚
廿八	2 15	申庚	1 16	寅庚	12 17	申庚	11 17	寅庚	10 19	酉辛	9 19	卯辛
廿九	2 16	酉辛	1 17	卯辛	12 18	酉辛	11 18	卯辛	10 20	戌壬	9 20	辰壬
三十	乙太		1 18	辰壬	12 19	戌壬	11 19	辰壬	易天		9 21	巳癸

西元 二〇二六 年

歲次 丙午

月六		月五		月四		月三		月二		月正		別月
未乙		午甲		巳癸		辰壬		卯辛		寅庚		柱月
碧三		綠四		黃五		白六		赤七		白八		白紫
/7	7/23	7/7	6/21	6/5	5/21	5/5	4/20	4/5	3/20	3/5	2/18	節氣時間
…廿	十初	三廿	七初	十二	五初	九十	四初	八十	二初	七十	二初	
立秋戌時	3時13分 大暑寅時	9時57分 小暑巳時	16時24分 夏至申時	23時48分 芒種子時	8時36分 小滿辰時	19時48分 立夏戌時	9時39分 穀雨巳時	2時40分 清明丑時	22時46分 春分亥時	21時59分 驚蟄亥時	23時52分 雨水子時	
曆陽	柱日	曆陽	柱日	曆陽	柱日	曆陽	柱日	曆陽	柱日	曆陽	柱日	曆農
14	丑己	6 15	申庚	5 17	卯辛	4 17	酉辛	3 19	辰壬	2 17	戌壬	一初
15	寅庚	6 16	酉辛	5 18	辰壬	4 18	戌壬	3 20	巳癸	2 18	亥癸	二初
16	卯辛	6 17	戌壬	5 19	巳癸	4 19	亥癸	3 21	午甲	2 19	子甲	三初
17	辰壬	6 18	亥癸	5 20	午甲	4 20	子甲	3 22	未乙	2 20	丑乙	四初
18	巳癸	6 19	子甲	5 21	未乙	4 21	丑乙	3 23	申丙	2 21	寅丙	五初
19	午甲	6 20	丑乙	5 22	申丙	4 22	寅丙	3 24	酉丁	2 22	卯丁	六初
20	未乙	6 21	寅丙	5 23	酉丁	4 23	卯丁	3 25	戌戊	2 23	辰戊	七初
21	申丙	6 22	卯丁	5 24	戌戊	4 24	辰戊	3 26	亥己	2 24	巳己	八初
22	酉丁	6 23	辰戊	5 25	亥己	4 25	巳己	3 27	子庚	2 25	午庚	九初
23	戌戊	6 24	巳己	5 26	子庚	4 26	午庚	3 28	丑辛	2 26	未辛	十初
24	亥己	6 25	午庚	5 27	丑辛	4 27	未辛	3 29	寅壬	2 27	申壬	一十
25	子庚	6 26	未辛	5 28	寅壬	4 28	申壬	3 30	卯癸	2 28	酉癸	二十
26	丑辛	6 27	申壬	5 29	卯癸	4 29	酉癸	3 31	辰甲	3 1	戌甲	三十
27	寅壬	6 28	酉癸	5 30	辰甲	4 30	戌甲	4 1	巳乙	3 2	亥乙	四十
28	卯癸	6 29	戌甲	5 31	巳乙	5 1	亥乙	4 2	午丙	3 3	子丙	五十
29	辰甲	6 30	亥乙	6 1	午丙	5 2	子丙	4 3	未丁	3 4	丑丁	六十
30	巳乙	7 1	子丙	6 2	未丁	5 3	丑丁	4 4	申戊	3 5	寅戊	七十
31	午丙	7 2	丑丁	6 3	申戊	5 4	寅戊	4 5	酉己	3 6	卯己	八十
1	未丁	7 3	寅戊	6 4	酉己	5 5	卯己	4 6	戌庚	3 7	辰庚	九十
2	申戊	7 4	卯己	6 5	戌庚	5 6	辰庚	4 7	亥辛	3 8	巳辛	十二
3	酉己	7 5	辰庚	6 6	亥辛	5 7	巳辛	4 8	子壬	3 9	午壬	一廿
4	戌庚	7 6	巳辛	6 7	子壬	5 8	午壬	4 9	丑癸	3 10	未癸	二廿
5	亥辛	7 7	午壬	6 8	丑癸	5 9	未癸	4 10	寅甲	3 11	申甲	三廿
6	子壬	7 8	未癸	6 9	寅甲	5 10	申甲	4 11	卯乙	3 12	酉乙	四廿
7	丑癸	7 9	申甲	6 10	卯乙	5 11	酉乙	4 12	辰丙	3 13	戌丙	五廿
8	寅甲	7 10	酉乙	6 11	辰丙	5 12	戌丙	4 13	巳丁	3 14	亥丁	六廿
9	卯乙	7 11	戌丙	6 12	巳丁	5 13	亥丁	4 14	午戊	3 15	子戊	七廿
10	辰丙	7 12	亥丁	6 13	午戊	5 14	子戊	4 15	未己	3 16	丑己	八廿
11	巳丁	7 13	子戊	6 14	未己	5 15	丑己	4 16	申庚	3 17	寅庚	九廿
12	午戊	乙太		易天		5 16	寅庚	尋搜格落部		3 18	卯辛	十三

民國一一五年
太歲姓文名折

納音屬水
生肖屬馬

年一白星
星宿值年

月別	月二十		月一十		月十		月九		月八		月七	
月柱	丑辛		子庚		亥己		戌戊		酉丁		申丙	
紫白	白六		赤七		白八		紫九		白一		黑二	
節氣時間	2/4	1/20	1/5	12/22	12/7	11/22	11/7	10/23	10/8	9/23	9/7	8/2
	八廿	三十	八廿	四十	九廿	四十	九廿	四十	八廿	三十	六廿	一
	9時46分 立春巳時	15時30分 大寒申時	22時10分 小寒亥時	4時50分 冬至寅時	10時52分 大雪巳時	15時23分 小雪申時	17時52分 立冬酉時	17時38分 霜降酉時	14時29分 寒露未時	8時5分 秋分辰時	22時41分 白露亥時	10時18分
農曆	曆陽	柱日	曆陽	柱日	曆陽	柱日	曆陽	柱日	曆陽	柱日	曆陽	柱
初一	1 8	亥丁	12 9	巳丁	11 9	亥丁	10 10	巳丁	9 11	子戊	8 13	未
初二	1 9	子戊	12 10	午戊	11 10	子戊	10 11	午戊	9 12	丑己	8 14	申
初三	1 10	丑己	12 11	未己	11 11	丑己	10 12	未己	9 13	寅庚	8 15	酉
初四	1 11	寅庚	12 12	申庚	11 12	寅庚	10 13	申庚	9 14	卯辛	8 16	戌
初五	1 12	卯辛	12 13	酉辛	11 13	卯辛	10 14	酉辛	9 15	辰壬	8 17	亥
初六	1 13	辰壬	12 14	戌壬	11 14	辰壬	10 15	戌壬	9 16	巳癸	8 18	子
初七	1 14	巳癸	12 15	亥癸	11 15	巳癸	10 16	亥癸	9 17	午甲	8 19	丑
初八	1 15	午甲	12 16	子甲	11 16	午甲	10 17	子甲	9 18	未乙	8 20	寅
初九	1 16	未乙	12 17	丑乙	11 17	未乙	10 18	丑乙	9 19	申丙	8 21	卯
初十	1 17	申丙	12 18	寅丙	11 18	申丙	10 19	寅丙	9 20	酉丁	8 22	辰
十一	1 18	酉丁	12 19	卯丁	11 19	酉丁	10 20	卯丁	9 21	戌戊	8 23	巳
十二	1 19	戌戊	12 20	辰戊	11 20	戌戊	10 21	辰戊	9 22	亥己	8 24	午
十三	1 20	亥己	12 21	巳己	11 21	亥己	10 22	巳己	9 23	子庚	8 25	未
十四	1 21	子庚	12 22	午庚	11 22	子庚	10 23	午庚	9 24	丑辛	8 26	申
十五	1 22	丑辛	12 23	未辛	11 23	丑辛	10 24	未辛	9 25	寅壬	8 27	酉
十六	1 23	寅壬	12 24	申壬	11 24	寅壬	10 25	申壬	9 26	卯癸	8 28	戌
十七	1 24	卯癸	12 25	酉癸	11 25	卯癸	10 26	酉癸	9 27	辰甲	8 29	亥
十八	1 25	辰甲	12 26	戌甲	11 26	辰甲	10 27	戌甲	9 28	巳乙	8 30	子
十九	1 26	巳乙	12 27	亥乙	11 27	巳乙	10 28	亥乙	9 29	午丙	8 31	丑
二十	1 27	午丙	12 28	子丙	11 28	午丙	10 29	子丙	9 30	未丁	9 1	寅
廿一	1 28	未丁	12 29	丑丁	11 29	未丁	10 30	丑丁	10 1	申戊	9 2	卯
廿二	1 29	申戊	12 30	寅戊	11 30	申戊	10 31	寅戊	10 2	酉己	9 3	辰
廿三	1 30	酉己	12 31	卯己	12 1	酉己	11 1	卯己	10 3	戌庚	9 4	巳
廿四	1 31	戌庚	1 1	辰庚	12 2	戌庚	11 2	辰庚	10 4	亥辛	9 5	午
廿五	2 1	亥辛	1 2	巳辛	12 3	亥辛	11 3	巳辛	10 5	子壬	9 6	未
廿六	2 2	子壬	1 3	午壬	12 4	子壬	11 4	午壬	10 6	丑癸	9 7	申
廿七	2 3	丑癸	1 4	未癸	12 5	丑癸	11 5	未癸	10 7	寅甲	9 8	酉
廿八	2 4	寅甲	1 5	申甲	12 6	寅甲	11 6	申甲	10 8	卯乙	9 9	戌
廿九	2 5	卯乙	1 6	酉乙	12 7	卯乙	11 7	酉乙	10 9	辰丙	9 10	亥
三十	乙太		1 7	戌丙	12 8	辰丙	11 8	戌丙	易天		尋搜格落部	

西元二〇二七年 歲次丁未

民國一一六年 太歲姓僇名丙

納音屬水 生肖屬羊

年九紫星 張宿值年

月六		月五		月四		月三		月二		月正		別月
未丁		午丙		巳乙		辰甲		卯癸		寅壬		柱月
紫九		白一		黑二		碧三		綠四		黃五		白紫
23	7/7	6/21	6/6	5/21	5/6		4/20	4/5	3/21	3/6	2/19	節氣時間
二	四初	七十	二初	六十	一初		四十	九廿	四十	九廿	四十	
大暑巳時	15時37分 小暑申時	22時11分 夏至亥時	5時25分 芒種卯時	14時18分 小滿未時	1時25分 立夏丑時		15時17分 穀雨申時	8時17分 清明辰時	4時24分 春分寅時	3時39分 驚蟄寅時	5時33分 雨水卯時	
陽	柱日	曆陽	柱日	曆陽	柱日	曆陽	柱日	曆陽	柱日	曆陽	柱日	曆農
4	申甲	6 5	卯乙	5 6	酉乙	4 7	辰丙	3 8	戌丙	2 6	辰丙	一初
5	酉乙	6 6	辰丙	5 7	戌丙	4 8	巳丁	3 9	亥丁	2 7	巳丁	二初
6	戌丙	6 7	巳丁	5 8	亥丁	4 9	午戊	3 10	子戊	2 8	午戊	三初
7	亥丁	6 8	午戊	5 9	子戊	4 10	未己	3 11	丑己	2 9	未己	四初
8	子戊	6 9	未己	5 10	丑己	4 11	申庚	3 12	寅庚	2 10	申庚	五初
9	丑己	6 10	申庚	5 11	寅庚	4 12	酉辛	3 13	卯辛	2 11	酉辛	六初
10	寅庚	6 11	酉辛	5 12	卯辛	4 13	戌壬	3 14	辰壬	2 12	戌壬	七初
11	卯辛	6 12	戌壬	5 13	辰壬	4 14	亥癸	3 15	巳癸	2 13	亥癸	八初
12	辰壬	6 13	亥癸	5 14	巳癸	4 15	子甲	3 16	午甲	2 14	子甲	九初
13	巳癸	6 14	子甲	5 15	午甲	4 16	丑乙	3 17	未乙	2 15	丑乙	十初
14	午甲	6 15	丑乙	5 16	未乙	4 17	寅丙	3 18	申丙	2 16	寅丙	一十
15	未乙	6 16	寅丙	5 17	申丙	4 18	卯丁	3 19	酉丁	2 17	卯丁	二十
16	申丙	6 17	卯丁	5 18	酉丁	4 19	辰戊	3 20	戌戊	2 18	辰戊	三十
17	酉丁	6 18	辰戊	5 19	戌戊	4 20	巳己	3 21	亥己	2 19	巳己	四十
18	戌戊	6 19	巳己	5 20	亥己	4 21	午庚	3 22	子庚	2 20	午庚	五十
19	亥己	6 20	午庚	5 21	子庚	4 22	未辛	3 23	丑辛	2 21	未辛	六十
20	子庚	6 21	未辛	5 22	丑辛	4 23	申壬	3 24	寅壬	2 22	申壬	七十
21	丑辛	6 22	申壬	5 23	寅壬	4 24	酉癸	3 25	卯癸	2 23	酉癸	八十
22	寅壬	6 23	酉癸	5 24	卯癸	4 25	戌甲	3 26	辰甲	2 24	戌甲	九十
23	卯癸	6 24	戌甲	5 25	辰甲	4 26	亥乙	3 27	巳乙	2 25	亥乙	十二
24	辰甲	6 25	亥乙	5 26	巳乙	4 27	子丙	3 28	午丙	2 26	子丙	一廿
25	巳乙	6 26	子丙	5 27	午丙	4 28	丑丁	3 29	未丁	2 27	丑丁	二廿
26	午丙	6 27	丑丁	5 28	未丁	4 29	寅戊	3 30	申戊	2 28	寅戊	三廿
27	未丁	6 28	寅戊	5 29	申戊	4 30	卯己	3 31	酉己	3 1	卯己	四廿
28	申戊	6 29	卯己	5 30	酉己	5 1	辰庚	4 1	戌庚	3 2	辰庚	五廿
29	酉己	6 30	辰庚	5 31	戌庚	5 2	巳辛	4 2	亥辛	3 3	巳辛	六廿
30	戌庚	7 1	巳辛	6 1	亥辛	5 3	午壬	4 3	子壬	3 4	午壬	七廿
31	亥辛	7 2	午壬	6 2	子壬	5 4	未癸	4 4	丑癸	3 5	未癸	八廿
1	子壬	7 3	未癸	6 3	丑癸	5 5	申甲	4 5	寅甲	3 6	申甲	九廿
乙太		易天		6 4	寅甲	尋搜格落部		4 6	卯乙	3 7	酉乙	十三

月別	月 二 十		月 一 十		月 十		月 九		月 八		月 七	
月柱	丑 癸		子 壬		亥 辛		戌 庚		酉 己		申 戊	
紫白	碧 三		綠 四		黃 五		白 六		赤 七		白 八	
節氣時間	1/20	1/6	12/22	12/7	11/22	11/7	10/23	10/8	9/23	9/8	8/23	8/8
	四廿	十初	五廿	十初	五廿	十初	四廿	九初	三廿	八初	二廿	七初
	21時22分 大寒亥時	3時54分 小寒寅時	10時42分 冬至巳時	16時37分 大雪申時	21時16分 小雪亥時	23時38分 立冬子時	23時33分 霜降子時	20時17分 寒露戌時	14時1分 秋分未時	4時28分 白露寅時	16時14分 處暑申時	1時26分 立秋子時
農曆	曆陽	柱日	曆陽	柱日	曆陽	柱日	曆陽	柱日	曆陽	柱日	曆陽	柱日
初一	12 28	巳辛	11 28	亥辛	10 29	巳辛	9 30	子壬	9 1	未癸	8 2	丑癸
初二	12 29	午壬	11 29	子壬	10 30	午壬	10 1	丑癸	9 2	申甲	8 3	寅甲
初三	12 30	未癸	11 30	丑癸	10 31	未癸	10 2	寅甲	9 3	酉乙	8 4	卯乙
初四	12 31	申甲	12 1	寅甲	11 1	申甲	10 3	卯乙	9 4	戌丙	8 5	辰丙
初五	1 1	酉乙	12 2	卯乙	11 2	酉乙	10 4	辰丙	9 5	亥丁	8 6	巳丁
初六	1 2	戌丙	12 3	辰丙	11 3	戌丙	10 5	巳丁	9 6	子戊	8 7	午戊
初七	1 3	亥丁	12 4	巳丁	11 4	亥丁	10 6	午戊	9 7	丑己	8 8	未己
初八	1 4	子戊	12 5	午戊	11 5	子戊	10 7	未己	9 8	寅庚	8 9	申庚
初九	1 5	丑己	12 6	未己	11 6	丑己	10 8	申庚	9 9	卯辛	8 10	酉辛
初十	1 6	寅庚	12 7	申庚	11 7	寅庚	10 9	酉辛	9 10	辰壬	8 11	戌壬
十一	1 7	卯辛	12 8	酉辛	11 8	卯辛	10 10	戌壬	9 11	巳癸	8 12	亥癸
十二	1 8	辰壬	12 9	戌壬	11 9	辰壬	10 11	亥癸	9 12	午甲	8 13	子甲
十三	1 9	巳癸	12 10	亥癸	11 10	巳癸	10 12	子甲	9 13	未乙	8 14	丑乙
十四	1 10	午甲	12 11	子甲	11 11	午甲	10 13	丑乙	9 14	申丙	8 15	寅丙
十五	1 11	未乙	12 12	丑乙	11 12	未乙	10 14	寅丙	9 15	酉丁	8 16	卯丁
十六	1 12	申丙	12 13	寅丙	11 13	申丙	10 15	卯丁	9 16	戌戊	8 17	辰戊
十七	1 13	酉丁	12 14	卯丁	11 14	酉丁	10 16	辰戊	9 17	亥己	8 18	巳己
十八	1 14	戌戊	12 15	辰戊	11 15	戌戊	10 17	巳己	9 18	子庚	8 19	午庚
十九	1 15	亥己	12 16	巳己	11 16	亥己	10 18	午庚	9 19	丑辛	8 20	未辛
二十	1 16	子庚	12 17	午庚	11 17	子庚	10 19	未辛	9 20	寅壬	8 21	申壬
廿一	1 17	丑辛	12 18	未辛	11 18	丑辛	10 20	申壬	9 21	卯癸	8 22	酉癸
廿二	1 18	寅壬	12 19	申壬	11 19	寅壬	10 21	酉癸	9 22	辰甲	8 23	戌甲
廿三	1 19	卯癸	12 20	酉癸	11 20	卯癸	10 22	戌甲	9 23	巳乙	8 24	亥乙
廿四	1 20	辰甲	12 21	戌甲	11 21	辰甲	10 23	亥乙	9 24	午丙	8 25	子丙
廿五	1 21	巳乙	12 22	亥乙	11 22	巳乙	10 24	子丙	9 25	未丁	8 26	丑丁
廿六	1 22	午丙	12 23	子丙	11 23	午丙	10 25	丑丁	9 26	申戊	8 27	寅戊
廿七	1 23	未丁	12 24	丑丁	11 24	未丁	10 26	寅戊	9 27	酉己	8 28	卯己
廿八	1 24	申戊	12 25	寅戊	11 25	申戊	10 27	卯己	9 28	戌庚	8 29	辰庚
廿九	1 25	酉己	12 26	卯己	11 26	酉己	10 28	辰庚	9 29	亥辛	8 30	巳辛
三十	乙太		12 27	辰庚	11 27	戌庚	易天		尋搜格落部		8 31	午壬

西元二〇二八年 歲次戊申

月	六	月五閏		月	五	月	四	月	三	月	二	月	正	別月
未	己			午	戊	巳	丁	辰	丙	卯	乙	寅	甲	柱月
白	六			赤	七	白	八	紫	九	白	一	黑	二	白紫
7	7/22		7/6	6/21	6/5	5/20	5/5	4/19	4/4	3/20	3/5	2/19	2/4	節氣時間
十	一初		四十	九廿	三十	六廿	一十	五廿	十初	五廿	十初	五廿	十初	
立秋辰時	大暑未時 14時54分		小暑亥時 21時30分	夏至寅時 4時2分	芒種午時 11時16分	小滿戌時 20時9分	立夏辰時 7時12分	穀雨亥時 21時9分	清明未時 14時3分	春分巳時 10時17分	驚蟄巳時 9時24分	雨水午時 11時26分	立春申時 15時31分	
陽	柱日	曆陽	柱日	曆陽	柱日	曆陽	柱日	曆陽	柱日	曆陽	柱日	曆陽	柱日	曆農
22	申戊	6 23	卯己	5 24	酉己	4 25	辰庚	3 26	戌庚	2 25	辰庚	1 26	戌庚	一初
23	酉己	6 24	辰庚	5 25	戌庚	4 26	巳辛	3 27	亥辛	2 26	巳辛	1 27	亥辛	二初
24	戌庚	6 25	巳辛	5 26	亥辛	4 27	午壬	3 28	子壬	2 27	午壬	1 28	子壬	三初
25	亥辛	6 26	午壬	5 27	子壬	4 28	未癸	3 29	丑癸	2 28	未癸	1 29	丑癸	四初
26	子壬	6 27	未癸	5 28	丑癸	4 29	申甲	3 30	寅甲	2 29	申甲	1 30	寅甲	五初
27	丑癸	6 28	申甲	5 29	寅甲	4 30	酉乙	3 31	卯乙	3 1	酉乙	1 31	卯乙	六初
28	寅甲	6 29	酉乙	5 30	卯乙	5 1	戌丙	4 1	辰丙	3 2	戌丙	2 1	辰丙	七初
29	卯乙	6 30	戌丙	5 31	辰丙	5 2	亥丁	4 2	巳丁	3 3	亥丁	2 2	巳丁	八初
30	辰丙	7 1	亥丁	6 1	巳丁	5 3	子戊	4 3	午戊	3 4	子戊	2 3	午戊	九初
31	巳丁	7 2	子戊	6 2	午戊	5 4	丑己	4 4	未己	3 5	丑己	2 4	未己	十初
1	午戊	7 3	丑己	6 3	未己	5 5	寅庚	4 5	申庚	3 6	寅庚	2 5	申庚	一十
2	未己	7 4	寅庚	6 4	申庚	5 6	卯辛	4 6	酉辛	3 7	卯辛	2 6	酉辛	二十
3	申庚	7 5	卯辛	6 5	酉辛	5 7	辰壬	4 7	戌壬	3 8	辰壬	2 7	戌壬	三十
4	酉辛	7 6	辰壬	6 6	戌壬	5 8	巳癸	4 8	亥癸	3 9	巳癸	2 8	亥癸	四十
5	戌壬	7 7	巳癸	6 7	亥癸	5 9	午甲	4 9	子甲	3 10	午甲	2 9	子甲	五十
6	亥癸	7 8	午甲	6 8	子甲	5 10	未乙	4 10	丑乙	3 11	未乙	2 10	丑乙	六十
7	子甲	7 9	未乙	6 9	丑乙	5 11	申丙	4 11	寅丙	3 12	申丙	2 11	寅丙	七十
8	丑乙	7 10	申丙	6 10	寅丙	5 12	酉丁	4 12	卯丁	3 13	酉丁	2 12	卯丁	八十
9	寅丙	7 11	酉丁	6 11	卯丁	5 13	戌戊	4 13	辰戊	3 14	戌戊	2 13	辰戊	九十
10	卯丁	7 12	戌戊	6 12	辰戊	5 14	亥己	4 14	巳己	3 15	亥己	2 14	巳己	十二
11	辰戊	7 13	亥己	6 13	巳己	5 15	子庚	4 15	午庚	3 16	子庚	2 15	午庚	一廿
12	巳己	7 14	子庚	6 14	午庚	5 16	丑辛	4 16	未辛	3 17	丑辛	2 16	未辛	二廿
13	午庚	7 15	丑辛	6 15	未辛	5 17	寅壬	4 17	申壬	3 18	寅壬	2 17	申壬	三廿
14	未辛	7 16	寅壬	6 16	申壬	5 18	卯癸	4 18	酉癸	3 19	卯癸	2 18	酉癸	四廿
15	申壬	7 17	卯癸	6 17	酉癸	5 19	辰甲	4 19	戌甲	3 20	辰甲	2 19	戌甲	五廿
16	酉癸	7 18	辰甲	6 18	戌甲	5 20	巳乙	4 20	亥乙	3 21	巳乙	2 20	亥乙	六廿
17	戌甲	7 19	巳乙	6 19	亥乙	5 21	午丙	4 21	子丙	3 22	午丙	2 21	子丙	七廿
18	亥乙	7 20	午丙	6 20	子丙	5 22	未丁	4 22	丑丁	3 23	未丁	2 22	丑丁	八廿
19	子丙	7 21	未丁	6 21	丑丁	5 23	申戊	4 23	寅戊	3 24	申戊	2 23	寅戊	九廿
乙太		易天		6 22	寅戊	尋搜格落部		4 24	卯己	3 25	酉己	2 24	卯己	十三

民國一一七年
太歲姓俞名志
納音屬土
生肖屬猴
年八白星
翼宿值年

月別	月二十		月一十		月十		月九		月八		月七	
月柱	丑乙		子甲		亥癸		戌壬		酉辛		申庚	
紫白	紫九		白一		黑二		碧三		綠四		黃五	
節氣時間	2/3	1/20	1/5	12/21	12/6	11/22	11/7	10/23	10/8	9/22	9/7	8/2
	十二	六初	一廿	六初	一廿	七初	一廿	六初	十二	四初	九十	三初
	21時20分 立春亥時	3時1分 大寒寅時	9時42分 小寒巳時	16時19分 冬至申時	22時24分 大雪亥時	2時54分 小雪丑時	5時27分 立冬卯時	5時13分 霜降卯時	2時8分 寒露丑時	19時45分 秋分戌時	10時22分 白露巳時	22時1分
農曆	曆陽	柱日	曆陽	柱日	曆陽	柱日	曆陽	柱日	曆陽	柱日	曆陽	柱日
初一	1 15	巳乙	12 16	亥乙	11 16	巳乙	10 18	子丙	9 19	未丁	8 20	丑丁
初二	1 16	午丙	12 17	子丙	11 17	午丙	10 19	丑丁	9 20	申戊	8 21	寅戊
初三	1 17	未丁	12 18	丑丁	11 18	未丁	10 20	寅戊	9 21	酉己	8 22	卯己
初四	1 18	申戊	12 19	寅戊	11 19	申戊	10 21	卯己	9 22	戌庚	8 23	辰庚
初五	1 19	酉己	12 20	卯己	11 20	酉己	10 22	辰庚	9 23	亥辛	8 24	巳辛
初六	1 20	戌庚	12 21	辰庚	11 21	戌庚	10 23	巳辛	9 24	子壬	8 25	午壬
初七	1 21	亥辛	12 22	巳辛	11 22	亥辛	10 24	午壬	9 25	丑癸	8 26	未癸
初八	1 22	子壬	12 23	午壬	11 23	子壬	10 25	未癸	9 26	寅甲	8 27	申甲
初九	1 23	丑癸	12 24	未癸	11 24	丑癸	10 26	申甲	9 27	卯乙	8 28	酉乙
初十	1 24	寅甲	12 25	申甲	11 25	寅甲	10 27	酉乙	9 28	辰丙	8 29	戌丙
十一	1 25	卯乙	12 26	酉乙	11 26	卯乙	10 28	戌丙	9 29	巳丁	8 30	亥丁
十二	1 26	辰丙	12 27	戌丙	11 27	辰丙	10 29	亥丁	9 30	午戊	8 31	子戊
十三	1 27	巳丁	12 28	亥丁	11 28	巳丁	10 30	子戊	10 1	未己	9 1	丑己
十四	1 28	午戊	12 29	子戊	11 29	午戊	10 31	丑己	10 2	申庚	9 2	寅庚
十五	1 29	未己	12 30	丑己	11 30	未己	11 1	寅庚	10 3	酉辛	9 3	卯辛
十六	1 30	申庚	12 31	寅庚	12 1	申庚	11 2	卯辛	10 4	戌壬	9 4	辰壬
十七	1 31	酉辛	1 1	卯辛	12 2	酉辛	11 3	辰壬	10 5	亥癸	9 5	巳癸
十八	2 1	戌壬	1 2	辰壬	12 3	戌壬	11 4	巳癸	10 6	子甲	9 6	午甲
十九	2 2	亥癸	1 3	巳癸	12 4	亥癸	11 5	午甲	10 7	丑乙	9 7	未乙
二十	2 3	子甲	1 4	午甲	12 5	子甲	11 6	未乙	10 8	寅丙	9 8	申丙
廿一	2 4	丑乙	1 5	未乙	12 6	丑乙	11 7	申丙	10 9	卯丁	9 9	酉丁
廿二	2 5	寅丙	1 6	申丙	12 7	寅丙	11 8	酉丁	10 10	辰戊	9 10	戌戊
廿三	2 6	卯丁	1 7	酉丁	12 8	卯丁	11 9	戌戊	10 11	巳己	9 11	亥己
廿四	2 7	辰戊	1 8	戌戊	12 9	辰戊	11 10	亥己	10 12	午庚	9 12	子庚
廿五	2 8	巳己	1 9	亥己	12 10	巳己	11 11	子庚	10 13	未辛	9 13	丑辛
廿六	2 9	午庚	1 10	子庚	12 11	午庚	11 12	丑辛	10 14	申壬	9 14	寅壬
廿七	2 10	未辛	1 11	丑辛	12 12	未辛	11 13	寅壬	10 15	酉癸	9 15	卯癸
廿八	2 11	申壬	1 12	寅壬	12 13	申壬	11 14	卯癸	10 16	戌甲	9 16	辰甲
廿九	2 12	酉癸	1 13	卯癸	12 14	酉癸	11 15	辰甲	10 17	亥乙	9 17	巳乙
三十	乙太		1 14	辰甲	12 15	戌甲	易天		尋搜格落部		9 18	午丙

西元二〇二九年 歲次己酉

民國一一八年
太歲姓程名寅
納音屬土
生肖屬雞
年七赤星
軫宿值年

月六		月五		月四		月三		月二		月正		別月
未辛		午庚		巳己		辰戊		卯丁		寅丙		柱月
碧三		綠四		黃五		白六		赤七		白八		白紫
7	7/22	7/7	6/21	6/5	5/21	5/5	4/20	4/4	3/20	3/5	2/18	節氣時間
廿	二十	六廿	十初	四廿	九初	二廿	七初	一廿	六初	一廿	六初	
立秋未時	大暑 20時42分 戌時	小暑 3時22分 寅時	夏至 9時48分 巳時	芒種 17時10分 酉時	小滿 1時55分 丑時	立夏 13時7分 未時	穀雨 2時55分 丑時	清明 19時58分 戌時	春分 16時2分 申時	驚蟄 15時17分 申時	雨水 17時8分 酉時	
陽	柱日	暦陽	柱日	暦陽	柱日	暦陽	柱日	暦陽	柱日	暦陽	柱日	暦農
11	寅壬	6 12	酉癸	5 13	卯癸	4 14	戌甲	3 15	辰甲	2 13	戌甲	一初
12	卯癸	6 13	戌甲	5 14	辰甲	4 15	亥乙	3 16	巳乙	2 14	亥乙	二初
13	辰甲	6 14	亥乙	5 15	巳乙	4 16	子丙	3 17	午丙	2 15	子丙	三初
14	巳乙	6 15	子丙	5 16	午丙	4 17	丑丁	3 18	未丁	2 16	丑丁	四初
15	午丙	6 16	丑丁	5 17	未丁	4 18	寅戊	3 19	申戊	2 17	寅戊	五初
16	未丁	6 17	寅戊	5 18	申戊	4 19	卯己	3 20	酉己	2 18	卯己	六初
17	申戊	6 18	卯己	5 19	酉己	4 20	辰庚	3 21	戌庚	2 19	辰庚	七初
18	酉己	6 19	辰庚	5 20	戌庚	4 21	巳辛	3 22	亥辛	2 20	巳辛	八初
19	戌庚	6 20	巳辛	5 21	亥辛	4 22	午壬	3 23	子壬	2 21	午壬	九初
20	亥辛	6 21	午壬	5 22	子壬	4 23	未癸	3 24	丑癸	2 22	未癸	十初
21	子壬	6 22	未癸	5 23	丑癸	4 24	申甲	3 25	寅甲	2 23	申甲	一十
22	丑癸	6 23	申甲	5 24	寅甲	4 25	酉乙	3 26	卯乙	2 24	酉乙	二十
23	寅甲	6 24	酉乙	5 25	卯乙	4 26	戌丙	3 27	辰丙	2 25	戌丙	三十
24	卯乙	6 25	戌丙	5 26	辰丙	4 27	亥丁	3 28	巳丁	2 26	亥丁	四十
25	辰丙	6 26	亥丁	5 27	巳丁	4 28	子戊	3 29	午戊	2 27	子戊	五十
26	巳丁	6 27	子戊	5 28	午戊	4 29	丑己	3 30	未己	2 28	丑己	六十
27	午戊	6 28	丑己	5 29	未己	4 30	寅庚	3 31	申庚	3 1	寅庚	七十
28	未己	6 29	寅庚	5 30	申庚	5 1	卯辛	4 1	酉辛	3 2	卯辛	八十
29	申庚	6 30	卯辛	5 31	酉辛	5 2	辰壬	4 2	戌壬	3 3	辰壬	九十
30	酉辛	7 1	辰壬	6 1	戌壬	5 3	巳癸	4 3	亥癸	3 4	巳癸	十二
31	戌壬	7 2	巳癸	6 2	亥癸	5 4	午甲	4 4	子甲	3 5	午甲	一廿
1	亥癸	7 3	午甲	6 3	子甲	5 5	未乙	4 5	丑乙	3 6	未乙	二廿
2	子甲	7 4	未乙	6 4	丑乙	5 6	申丙	4 6	寅丙	3 7	申丙	三廿
3	丑乙	7 5	申丙	6 5	寅丙	5 7	酉丁	4 7	卯丁	3 8	酉丁	四廿
4	寅丙	7 6	酉丁	6 6	卯丁	5 8	戌戊	4 8	辰戊	3 9	戌戊	五廿
5	卯丁	7 7	戌戊	6 7	辰戊	5 9	亥己	4 9	巳己	3 10	亥己	六廿
6	辰戊	7 8	亥己	6 8	巳己	5 10	子庚	4 10	午庚	3 11	子庚	七廿
7	巳己	7 9	子庚	6 9	午庚	5 11	丑辛	4 11	未辛	3 12	丑辛	八廿
8	午庚	7 10	丑辛	6 10	未辛	5 12	寅壬	4 12	申壬	3 13	寅壬	九廿
9	未辛	乙太		6 11	申壬	易天		4 13	酉癸	3 14	卯癸	十三

月別	月二十		月一十		月十		月九		月八		月七	
月柱	丑丁		子丙		亥乙		戌甲		酉癸		申壬	
紫白	白六		赤七		白八		紫九		白一		黑二	
節氣時間	1/20	1/5	12/21	12/7	11/22	11/7	10/23	10/8		9/23	9/7	8/2
	七十	二初	七十	三初	七十	二初	六十	一初		六十	九廿	四一
	8時54分 大寒辰時	15時30分 小寒申時	22時14分 冬至亥時	4時13分 大雪寅時	8時49分 小雪辰時	11時16分 立冬午時	11時8分 霜降午時	7時58分 寒露辰時		1時38分 秋分丑時	16時12分 白露申時	3時51分
農曆	曆陽	柱日	曆陽	柱日	曆陽	柱日	曆陽	柱日	曆陽	柱日	曆陽	柱日
初一	1 4	亥己	12 5	巳己	11 6	子庚	10 8	未辛	9 8	丑辛	8 10	申壬
初二	1 5	子庚	12 6	午庚	11 7	丑辛	10 9	申壬	9 9	寅壬	8 11	酉癸
初三	1 6	丑辛	12 7	未辛	11 8	寅壬	10 10	酉癸	9 10	卯癸	8 12	戌甲
初四	1 7	寅壬	12 8	申壬	11 9	卯癸	10 11	戌甲	9 11	辰甲	8 13	亥乙
初五	1 8	卯癸	12 9	酉癸	11 10	辰甲	10 12	亥乙	9 12	巳乙	8 14	子丙
初六	1 9	辰甲	12 10	戌甲	11 11	巳乙	10 13	子丙	9 13	午丙	8 15	丑丁
初七	1 10	巳乙	12 11	亥乙	11 12	午丙	10 14	丑丁	9 14	未丁	8 16	寅戊
初八	1 11	午丙	12 12	子丙	11 13	未丁	10 15	寅戊	9 15	申戊	8 17	卯己
初九	1 12	未丁	12 13	丑丁	11 14	申戊	10 16	卯己	9 16	酉己	8 18	辰庚
初十	1 13	申戊	12 14	寅戊	11 15	酉己	10 17	辰庚	9 17	戌庚	8 19	巳辛
十一	1 14	酉己	12 15	卯己	11 16	戌庚	10 18	巳辛	9 18	亥辛	8 20	午壬
十二	1 15	戌庚	12 16	辰庚	11 17	亥辛	10 19	午壬	9 19	子壬	8 21	未癸
十三	1 16	亥辛	12 17	巳辛	11 18	子壬	10 20	未癸	9 20	丑癸	8 22	申甲
十四	1 17	子壬	12 18	午壬	11 19	丑癸	10 21	申甲	9 21	寅甲	8 23	酉乙
十五	1 18	丑癸	12 19	未癸	11 20	寅甲	10 22	酉乙	9 22	卯乙	8 24	戌丙
十六	1 19	寅甲	12 20	申甲	11 21	卯乙	10 23	戌丙	9 23	辰丙	8 25	亥丁
十七	1 20	卯乙	12 21	酉乙	11 22	辰丙	10 24	亥丁	9 24	巳丁	8 26	子戊
十八	1 21	辰丙	12 22	戌丙	11 23	巳丁	10 25	子戊	9 25	午戊	8 27	丑己
十九	1 22	巳丁	12 23	亥丁	11 24	午戊	10 26	丑己	9 26	未己	8 28	寅庚
二十	1 23	午戊	12 24	子戊	11 25	未己	10 27	寅庚	9 27	申庚	8 29	卯辛
廿一	1 24	未己	12 25	丑己	11 26	申庚	10 28	卯辛	9 28	酉辛	8 30	辰壬
廿二	1 25	申庚	12 26	寅庚	11 27	酉辛	10 29	辰壬	9 29	戌壬	8 31	巳癸
廿三	1 26	酉辛	12 27	卯辛	11 28	戌壬	10 30	巳癸	9 30	亥癸	9 1	午甲
廿四	1 27	戌壬	12 28	辰壬	11 29	亥癸	10 31	午甲	10 1	子甲	9 2	未乙
廿五	1 28	亥癸	12 29	巳癸	11 30	子甲	11 1	未乙	10 2	丑乙	9 3	申丙
廿六	1 29	子甲	12 30	午甲	12 1	丑乙	11 2	申丙	10 3	寅丙	9 4	酉丁
廿七	1 30	丑乙	12 31	未乙	12 2	寅丙	11 3	酉丁	10 4	卯丁	9 5	戌戊
廿八	1 31	寅丙	1 1	申丙	12 3	卯丁	11 4	戌戊	10 5	辰戊	9 6	亥己
廿九	2 1	卯丁	1 2	酉丁	12 4	辰戊	11 5	亥己	10 6	巳己	9 7	子庚
三十	2 2	辰戊	1 3	戌戊	乙太		昜天		10 7	午庚	尋搜格落部	

西元二〇三〇年 歲次庚戌

民國一一九年 太歲姓化名秋

納音屬金 生肖屬狗

年六白星 角宿值年

月別	正月		二月		三月		四月		五月		六月	
月柱	戊寅		己卯		庚辰		辛巳		壬午		癸未	
紫白	五黃		四綠		三碧		二黑		一白		九紫	
節氣時間	2/4	2/18	3/5	3/20	4/5	4/20	5/5	5/21	6/5	6/21	7/7	23
	初二	十六	初二	十七	初三	十八	初四	二十	初五	廿一	初七	廿
	立春 3時8分寅時	雨水 23時0分子時	驚蟄 21時3分亥時	春分 21時52分亥時	清明 1時41分丑時	穀雨 8時43分辰時	立夏 18時46分酉時	小滿 7時41分辰時	芒種 22時44分亥時	夏至 15時31分申時	小暑 8時55分辰時	大暑 丑時
農曆	陽曆	日柱	陽曆	日柱	陽曆	日柱	陽曆	日柱	陽曆	日柱	陽	日柱
初一	2 3	己巳	3 4	戊戌	4 3	戊辰	5 2	丁酉	6 1	丁卯	1	丁酉
初二	2 4	庚午	3 5	己亥	4 4	己巳	5 3	戊戌	6 2	戊辰	2	戊戌
初三	2 5	辛未	3 6	庚子	4 5	庚午	5 4	己亥	6 3	己巳	3	己亥
初四	2 6	壬申	3 7	辛丑	4 6	辛未	5 5	庚子	6 4	庚午	4	庚子
初五	2 7	癸酉	3 8	壬寅	4 7	壬申	5 6	辛丑	6 5	辛未	5	辛丑
初六	2 8	甲戌	3 9	癸卯	4 8	癸酉	5 7	壬寅	6 6	壬申	6	壬寅
初七	2 9	乙亥	3 10	甲辰	4 9	甲戌	5 8	癸卯	6 7	癸酉	7	癸卯
初八	2 10	丙子	3 11	乙巳	4 10	乙亥	5 9	甲辰	6 8	甲戌	8	甲辰
初九	2 11	丁丑	3 12	丙午	4 11	丙子	5 10	乙巳	6 9	乙亥	9	乙巳
初十	2 12	戊寅	3 13	丁未	4 12	丁丑	5 11	丙午	6 10	丙子	10	丙午
十一	2 13	己卯	3 14	戊申	4 13	戊寅	5 12	丁未	6 11	丁丑	11	丁未
十二	2 14	庚辰	3 15	己酉	4 14	己卯	5 13	戊申	6 12	戊寅	12	戊申
十三	2 15	辛巳	3 16	庚戌	4 15	庚辰	5 14	己酉	6 13	己卯	13	己酉
十四	2 16	壬午	3 17	辛亥	4 16	辛巳	5 15	庚戌	6 14	庚辰	14	庚戌
十五	2 17	癸未	3 18	壬子	4 17	壬午	5 16	辛亥	6 15	辛巳	15	辛亥
十六	2 18	甲申	3 19	癸丑	4 18	癸未	5 17	壬子	6 16	壬午	16	壬子
十七	2 19	乙酉	3 20	甲寅	4 19	甲申	5 18	癸丑	6 17	癸未	17	癸丑
十八	2 20	丙戌	3 21	乙卯	4 20	乙酉	5 19	甲寅	6 18	甲申	18	甲寅
十九	2 21	丁亥	3 22	丙辰	4 21	丙戌	5 20	乙卯	6 19	乙酉	19	乙卯
二十	2 22	戊子	3 23	丁巳	4 22	丁亥	5 21	丙辰	6 20	丙戌	20	丙辰
廿一	2 23	己丑	3 24	戊午	4 23	戊子	5 22	丁巳	6 21	丁亥	21	丁巳
廿二	2 24	庚寅	3 25	己未	4 24	己丑	5 23	戊午	6 22	戊子	22	戊午
廿三	2 25	辛卯	3 26	庚申	4 25	庚寅	5 24	己未	6 23	己丑	23	己未
廿四	2 26	壬辰	3 27	辛酉	4 26	辛卯	5 25	庚申	6 24	庚寅	24	庚申
廿五	2 27	癸巳	3 28	壬戌	4 27	壬辰	5 26	辛酉	6 25	辛卯	25	辛酉
廿六	2 28	甲午	3 29	癸亥	4 28	癸巳	5 27	壬戌	6 26	壬辰	26	壬戌
廿七	3 1	乙未	3 30	甲子	4 29	甲午	5 28	癸亥	6 27	癸巳	27	癸亥
廿八	3 2	丙申	3 31	乙丑	4 30	乙未	5 29	甲子	6 28	甲午	28	甲子
廿九	3 3	丁酉	4 1	丙寅	5 1	丙申	5 30	乙丑	6 29	乙未	29	乙丑
三十	部落格搜尋		4 2	丁卯	天易		5 31	丙寅	6 30	丙申	太乙	

月別	十二月		十一月		十月		九月		八月		七月	
月柱	己丑		戊子		丁亥		丙戌		乙酉		甲申	
紫白	三碧		四綠		五黃		六白		七赤		八白	
節氣時間	1/20	1/5	12/22	12/7	11/22	11/7	10/23	10/8	9/23	9/7	8/23	8/7
	廿七	十二	廿八	十三	廿七	十二	廿七	十二	廿六	初十	廿五	初九
	14時48分 大寒未時	21時23分 小寒亥時	4時9分 冬至寅時	10時7分 大雪巳時	14時44分 小雪未時	17時8分 立冬酉時	17時0分 霜降酉時	13時45分 寒露未時	7時27分 秋分辰時	21時52分 白露亥時	9時36分 處暑巳時	18時47分 立秋酉時
農曆	陽曆	日柱	陽曆	日柱	陽曆	日柱	陽曆	日柱	陽曆	日柱	陽曆	日柱
初一	12 25	甲午	11 25	甲子	10 27	乙未	9 27	乙丑	8 29	丙申	7 30	丙寅
初二	12 26	乙未	11 26	乙丑	10 28	丙申	9 28	丙寅	8 30	丁酉	7 31	丁卯
初三	12 27	丙申	11 27	丙寅	10 29	丁酉	9 29	丁卯	8 31	戊戌	8 1	戊辰
初四	12 28	丁酉	11 28	丁卯	10 30	戊戌	9 30	戊辰	9 1	己亥	8 2	己巳
初五	12 29	戊戌	11 29	戊辰	10 31	己亥	10 1	己巳	9 2	庚子	8 3	庚午
初六	12 30	己亥	11 30	己巳	11 1	庚子	10 2	庚午	9 3	辛丑	8 4	辛未
初七	12 31	庚子	12 1	庚午	11 2	辛丑	10 3	辛未	9 4	壬寅	8 5	壬申
初八	1 1	辛丑	12 2	辛未	11 3	壬寅	10 4	壬申	9 5	癸卯	8 6	癸酉
初九	1 2	壬寅	12 3	壬申	11 4	癸卯	10 5	癸酉	9 6	甲辰	8 7	甲戌
初十	1 3	癸卯	12 4	癸酉	11 5	甲辰	10 6	甲戌	9 7	乙巳	8 8	乙亥
十一	1 4	甲辰	12 5	甲戌	11 6	乙巳	10 7	乙亥	9 8	丙午	8 9	丙子
十二	1 5	乙巳	12 6	乙亥	11 7	丙午	10 8	丙子	9 9	丁未	8 10	丁丑
十三	1 6	丙午	12 7	丙子	11 8	丁未	10 9	丁丑	9 10	戊申	8 11	戊寅
十四	1 7	丁未	12 8	丁丑	11 9	戊申	10 10	戊寅	9 11	己酉	8 12	己卯
十五	1 8	戊申	12 9	戊寅	11 10	己酉	10 11	己卯	9 12	庚戌	8 13	庚辰
十六	1 9	己酉	12 10	己卯	11 11	庚戌	10 12	庚辰	9 13	辛亥	8 14	辛巳
十七	1 10	庚戌	12 11	庚辰	11 12	辛亥	10 13	辛巳	9 14	壬子	8 15	壬午
十八	1 11	辛亥	12 12	辛巳	11 13	壬子	10 14	壬午	9 15	癸丑	8 16	癸未
十九	1 12	壬子	12 13	壬午	11 14	癸丑	10 15	癸未	9 16	甲寅	8 17	甲申
二十	1 13	癸丑	12 14	癸未	11 15	甲寅	10 16	甲申	9 17	乙卯	8 18	乙酉
廿一	1 14	甲寅	12 15	甲申	11 16	乙卯	10 17	乙酉	9 18	丙辰	8 19	丙戌
廿二	1 15	乙卯	12 16	乙酉	11 17	丙辰	10 18	丙戌	9 19	丁巳	8 20	丁亥
廿三	1 16	丙辰	12 17	丙戌	11 18	丁巳	10 19	丁亥	9 20	戊午	8 21	戊子
廿四	1 17	丁巳	12 18	丁亥	11 19	戊午	10 20	戊子	9 21	己未	8 22	己丑
廿五	1 18	戊午	12 19	戊子	11 20	己未	10 21	己丑	9 22	庚申	8 23	庚寅
廿六	1 19	己未	12 20	己丑	11 21	庚申	10 22	庚寅	9 23	辛酉	8 24	辛卯
廿七	1 20	庚申	12 21	庚寅	11 22	辛酉	10 23	辛卯	9 24	壬戌	8 25	壬辰
廿八	1 21	辛酉	12 22	辛卯	11 23	壬戌	10 24	壬辰	9 25	癸亥	8 26	癸巳
廿九	1 22	壬戌	12 23	壬辰	11 24	癸亥	10 25	癸巳	9 26	甲子	8 27	甲午
三十	太乙		12 24	癸巳	天易		10 26	甲午	部落格搜尋		8 28	乙未

西元二〇三一年 歲次 辛亥

民國一二〇年 太歲姓葉名堅

納音屬金 生肖屬豬

年五黃星 亢宿值年

六月		五月		四月		閏三月		三月		二月		正月		別月
未乙		午甲		巳癸				辰壬		卯辛		寅庚		柱月
白六		赤七		白八				紫九		白一		黑二		白紫
/8	7/23	7/7	6/21	6/6	5/21		5/6	4/20	4/5	3/21	3/6	2/19	2/4	節氣時間
廿	五初	八十	二初	七十	一初		五十	九廿	四十	九廿	四十	八廿	三十	
立秋子時	8時10分 大暑辰時	14時48分 小暑未時	21時17分 夏至亥時	4時35分 芒種寅時	13時28分 小滿未時		0時35分 立夏子時	14時31分 穀雨未時	7時28分 清明辰時	3時41分 春分寅時	2時51分 驚蟄丑時	4時50分 雨水寅時	8時58分 立春辰時	
陽	柱日	曆陽	柱日	曆陽	柱日	曆陽	柱日	曆陽	柱日	曆陽	柱日	曆陽	柱日	曆農
19	申庚	6 20	卯辛	5 21	酉辛	4 22	辰壬	3 23	戌壬	2 21	辰壬	1 23	亥癸	一初
20	酉辛	6 21	辰壬	5 22	戌壬	4 23	巳癸	3 24	亥癸	2 22	巳癸	1 24	子甲	二初
21	戌壬	6 22	巳癸	5 23	亥癸	4 24	午甲	3 25	子甲	2 23	午甲	1 25	丑乙	三初
22	亥癸	6 23	午甲	5 24	子甲	4 25	未乙	3 26	丑乙	2 24	未乙	1 26	寅丙	四初
23	子甲	6 24	未乙	5 25	丑乙	4 26	申丙	3 27	寅丙	2 25	申丙	1 27	卯丁	五初
24	丑乙	6 25	申丙	5 26	寅丙	4 27	酉丁	3 28	卯丁	2 26	酉丁	1 28	辰戊	六初
25	寅丙	6 26	酉丁	5 27	卯丁	4 28	戌戊	3 29	辰戊	2 27	戌戊	1 29	巳己	七初
26	卯丁	6 27	戌戊	5 28	辰戊	4 29	亥己	3 30	巳己	2 28	亥己	1 30	午庚	八初
27	辰戊	6 28	亥己	5 29	巳己	4 30	子庚	3 31	午庚	3 1	子庚	1 31	未辛	九初
28	巳己	6 29	子庚	5 30	午庚	5 1	丑辛	4 1	未辛	3 2	丑辛	2 1	申壬	十初
29	午庚	6 30	丑辛	5 31	未辛	5 2	寅壬	4 2	申壬	3 3	寅壬	2 2	酉癸	一十
30	未辛	7 1	寅壬	6 1	申壬	5 3	卯癸	4 3	酉癸	3 4	卯癸	2 3	戌甲	二十
31	申壬	7 2	卯癸	6 2	酉癸	5 4	辰甲	4 4	戌甲	3 5	辰甲	2 4	亥乙	三十
1	酉癸	7 3	辰甲	6 3	戌甲	5 5	巳乙	4 5	亥乙	3 6	巳乙	2 5	子丙	四十
2	戌甲	7 4	巳乙	6 4	亥乙	5 6	午丙	4 6	子丙	3 7	午丙	2 6	丑丁	五十
3	亥乙	7 5	午丙	6 5	子丙	5 7	未丁	4 7	丑丁	3 8	未丁	2 7	寅戊	六十
4	子丙	7 6	未丁	6 6	丑丁	5 8	申戊	4 8	寅戊	3 9	申戊	2 8	卯己	七十
5	丑丁	7 7	申戊	6 7	寅戊	5 9	酉己	4 9	卯己	3 10	酉己	2 9	辰庚	八十
6	寅戊	7 8	酉己	6 8	卯己	5 10	戌庚	4 10	辰庚	3 11	戌庚	2 10	巳辛	九十
7	卯己	7 9	戌庚	6 9	辰庚	5 11	亥辛	4 11	巳辛	3 12	亥辛	2 11	午壬	十二
8	辰庚	7 10	亥辛	6 10	巳辛	5 12	子壬	4 12	午壬	3 13	子壬	2 12	未癸	一廿
9	巳辛	7 11	子壬	6 11	午壬	5 13	丑癸	4 13	未癸	3 14	丑癸	2 13	申甲	二廿
10	午壬	7 12	丑癸	6 12	未癸	5 14	寅甲	4 14	申甲	3 15	寅甲	2 14	酉乙	三廿
11	未癸	7 13	寅甲	6 13	申甲	5 15	卯乙	4 15	酉乙	3 16	卯乙	2 15	戌丙	四廿
12	申甲	7 14	卯乙	6 14	酉乙	5 16	辰丙	4 16	戌丙	3 17	辰丙	2 16	亥丁	五廿
13	酉乙	7 15	辰丙	6 15	戌丙	5 17	巳丁	4 17	亥丁	3 18	巳丁	2 17	子戊	六廿
14	戌丙	7 16	巳丁	6 16	亥丁	5 18	午戊	4 18	子戊	3 19	午戊	2 18	丑己	七廿
15	亥丁	7 17	午戊	6 17	子戊	5 19	未己	4 19	丑己	3 20	未己	2 19	寅庚	八廿
16	子戊	7 18	未己	6 18	丑己	5 20	申庚	4 20	寅庚	3 21	申庚	2 20	卯辛	九廿
17	丑己	乙太		6 19	寅庚	易天		4 21	卯辛	3 22	酉辛	尋搜格落部		十三

月別	月二十		月一十		月十		月九		月八		月七	
月柱	丑辛		子庚		亥己		戌戊		酉丁		申丙	
紫白	紫九		白一		黑二		碧三		綠四		黃五	
節氣時間	2/4	1/20	1/6	12/22	12/7	11/22	11/7	10/23	10/8	9/23	9/8	8/2
	三廿	八初	四廿	九初	三廿	八初	三廿	八初	二廿	七初	二廿	六初
	14時48分 立春未時	20時31分 大寒戌時	3時16分 小寒寅時	9時55分 冬至巳時	16時3分 大雪申時	20時32分 小雪戌時	23時5分 立冬子時	22時49分 霜降亥時	19時43分 寒露戌時	13時15分 秋分未時	3時50分 白露寅時	15時23分 處暑巳時
農曆	曆陽	柱日	曆陽	柱日	曆陽	柱日	曆陽	柱日	曆陽	柱日	曆陽	柱日
初一	1 13	午戊	12 14	子戊	11 15	未己	10 16	丑己	9 17	申庚	8 18	寅庚
初二	1 14	未己	12 15	丑己	11 16	申庚	10 17	寅庚	9 18	酉辛	8 19	卯辛
初三	1 15	申庚	12 16	寅庚	11 17	酉辛	10 18	卯辛	9 19	戌壬	8 20	辰壬
初四	1 16	酉辛	12 17	卯辛	11 18	戌壬	10 19	辰壬	9 20	亥癸	8 21	巳癸
初五	1 17	戌壬	12 18	辰壬	11 19	亥癸	10 20	巳癸	9 21	子甲	8 22	午甲
初六	1 18	亥癸	12 19	巳癸	11 20	子甲	10 21	午甲	9 22	丑乙	8 23	未乙
初七	1 19	子甲	12 20	午甲	11 21	丑乙	10 22	未乙	9 23	寅丙	8 24	申丙
初八	1 20	丑乙	12 21	未乙	11 22	寅丙	10 23	申丙	9 24	卯丁	8 25	酉丁
初九	1 21	寅丙	12 22	申丙	11 23	卯丁	10 24	酉丁	9 25	辰戊	8 26	戌戊
初十	1 22	卯丁	12 23	酉丁	11 24	辰戊	10 25	戌戊	9 26	巳己	8 27	亥己
十一	1 23	辰戊	12 24	戌戊	11 25	巳己	10 26	亥己	9 27	午庚	8 28	子庚
十二	1 24	巳己	12 25	亥己	11 26	午庚	10 27	子庚	9 28	未辛	8 29	丑辛
十三	1 25	午庚	12 26	子庚	11 27	未辛	10 28	丑辛	9 29	申壬	8 30	寅壬
十四	1 26	未辛	12 27	丑辛	11 28	申壬	10 29	寅壬	9 30	酉癸	8 31	卯癸
十五	1 27	申壬	12 28	寅壬	11 29	酉癸	10 30	卯癸	10 1	戌甲	9 1	辰甲
十六	1 28	酉癸	12 29	卯癸	11 30	戌甲	10 31	辰甲	10 2	亥乙	9 2	巳乙
十七	1 29	戌甲	12 30	辰甲	12 1	亥乙	11 1	巳乙	10 3	子丙	9 3	午丙
十八	1 30	亥乙	12 31	巳乙	12 2	子丙	11 2	午丙	10 4	丑丁	9 4	未丁
十九	1 31	子丙	1 1	午丙	12 3	丑丁	11 3	未丁	10 5	寅戊	9 5	申戊
二十	2 1	丑丁	1 2	未丁	12 4	寅戊	11 4	申戊	10 6	卯己	9 6	酉己
廿一	2 2	寅戊	1 3	申戊	12 5	卯己	11 5	酉己	10 7	辰庚	9 7	戌庚
廿二	2 3	卯己	1 4	酉己	12 6	辰庚	11 6	戌庚	10 8	巳辛	9 8	亥辛
廿三	2 4	辰庚	1 5	戌庚	12 7	巳辛	11 7	亥辛	10 9	午壬	9 9	子壬
廿四	2 5	巳辛	1 6	亥辛	12 8	午壬	11 8	子壬	10 10	未癸	9 10	丑癸
廿五	2 6	午壬	1 7	子壬	12 9	未癸	11 9	丑癸	10 11	申甲	9 11	寅甲
廿六	2 7	未癸	1 8	丑癸	12 10	申甲	11 10	寅甲	10 12	酉乙	9 12	卯乙
廿七	2 8	申甲	1 9	寅甲	12 11	酉乙	11 11	卯乙	10 13	戌丙	9 13	辰丙
廿八	2 9	酉乙	1 10	卯乙	12 12	戌丙	11 12	辰丙	10 14	亥丁	9 14	巳丁
廿九	2 10	戌丙	1 11	辰丙	12 13	亥丁	11 13	巳丁	10 15	子戊	9 15	午戊
三十	乙太		1 12	巳丁	易天		11 14	午戊	尋搜格落部		9 16	未己

月 六		月 五		月 四		月 三		月 二		月 正		別月
未 丁		午 丙		巳 乙		辰 甲		卯 癸		寅 壬		柱月
碧 三		綠 四		黃 五		白 六		赤 七		白 八		白紫
	7/22	7/6	6/21	6/5	5/20	5/5	4/19	4/4	3/20	3/5	2/19	節氣時間
	六十	九廿	四十	八廿	二十	六廿	十初	四廿	九初	四廿	九初	
	14時4分 大暑未時	20時40分 小暑戌時	3時8分 夏至寅時	10時28分 芒種巳時	19時15分 小滿戌時	6時25分 立夏卯時	20時14分 穀雨戌時	13時17分 清明未時	9時21分 春分巳時	8時40分 驚蟄辰時	10時32分 雨水巳時	
陽	柱日	曆陽	柱日	曆陽	柱日	曆陽	柱日	曆陽	柱日	曆陽	柱日	曆農
7	寅甲	6 8	酉乙	5 9	卯乙	4 10	戌丙	3 12	巳丁	2 11	亥丁	一初
8	卯乙	6 9	戌丙	5 10	辰丙	4 11	亥丁	3 13	午戊	2 12	子戊	二初
9	辰丙	6 10	亥丁	5 11	巳丁	4 12	子戊	3 14	未己	2 13	丑己	三初
10	巳丁	6 11	子戊	5 12	午戊	4 13	丑己	3 15	申庚	2 14	寅庚	四初
11	午戊	6 12	丑己	5 13	未己	4 14	寅庚	3 16	酉辛	2 15	卯辛	五初
12	未己	6 13	寅庚	5 14	申庚	4 15	卯辛	3 17	戌壬	2 16	辰壬	六初
13	申庚	6 14	卯辛	5 15	酉辛	4 16	辰壬	3 18	亥癸	2 17	巳癸	七初
14	酉辛	6 15	辰壬	5 16	戌壬	4 17	巳癸	3 19	子甲	2 18	午甲	八初
15	戌壬	6 16	巳癸	5 17	亥癸	4 18	午甲	3 20	丑乙	2 19	未乙	九初
16	亥癸	6 17	午甲	5 18	子甲	4 19	未乙	3 21	寅丙	2 20	申丙	十初
17	子甲	6 18	未乙	5 19	丑乙	4 20	申丙	3 22	卯丁	2 21	酉丁	一十
18	丑乙	6 19	申丙	5 20	寅丙	4 21	酉丁	3 23	辰戊	2 22	戌戊	二十
19	寅丙	6 20	酉丁	5 21	卯丁	4 22	戌戊	3 24	巳己	2 23	亥己	三十
20	卯丁	6 21	戌戊	5 22	辰戊	4 23	亥己	3 25	午庚	2 24	子庚	四十
21	辰戊	6 22	亥己	5 23	巳己	4 24	子庚	3 26	未辛	2 25	丑辛	五十
22	巳己	6 23	子庚	5 24	午庚	4 25	丑辛	3 27	申壬	2 26	寅壬	六十
23	午庚	6 24	丑辛	5 25	未辛	4 26	寅壬	3 28	酉癸	2 27	卯癸	七十
24	未辛	6 25	寅壬	5 26	申壬	4 27	卯癸	3 29	戌甲	2 28	辰甲	八十
25	申壬	6 26	卯癸	5 27	酉癸	4 28	辰甲	3 30	亥乙	2 29	巳乙	九十
26	酉癸	6 27	辰甲	5 28	戌甲	4 29	巳乙	3 31	子丙	3 1	午丙	十二
27	戌甲	6 28	巳乙	5 29	亥乙	4 30	午丙	4 1	丑丁	3 2	未丁	一廿
28	亥乙	6 29	午丙	5 30	子丙	5 1	未丁	4 2	寅戊	3 3	申戊	二廿
29	子丙	6 30	未丁	5 31	丑丁	5 2	申戊	4 3	卯己	3 4	酉己	三廿
30	丑丁	7 1	申戊	6 1	寅戊	5 3	酉己	4 4	辰庚	3 5	戌庚	四廿
31	寅戊	7 2	酉己	6 2	卯己	5 4	戌庚	4 5	巳辛	3 6	亥辛	五廿
1	卯己	7 3	戌庚	6 3	辰庚	5 5	亥辛	4 6	午壬	3 7	子壬	六廿
2	辰庚	7 4	亥辛	6 4	巳辛	5 6	子壬	4 7	未癸	3 8	丑癸	七廿
3	巳辛	7 5	子壬	6 5	午壬	5 7	丑癸	4 8	申甲	3 9	寅甲	八廿
4	午壬	7 6	丑癸	6 6	未癸	5 8	寅甲	4 9	酉乙	3 10	卯乙	九廿
5	未癸	乙太		6 7	申甲	易天		尋搜格落部		3 11	辰丙	十三

西元二〇三二年

歲次 壬子

民國一二一年
太歲姓邱名德

納音屬木
生肖屬鼠

年四綠星
氐宿值年

月別	月二十		月一十		月十		月九		月八		月七	
月柱	丑癸		子壬		亥辛		戌庚		酉己		申戊	
紫白	白六		赤七		白八		紫九		白一		黑二	
節氣時間	1/20	1/5	12/21	12/6	11/22	11/7	10/23	10/8	9/22	9/7	8/22	8/7
	十二	五初	九十	四初	十二	五初	十二	五初	八十	三初	七十	二初
	2時32分 大寒丑時	9時8分 小寒巳時	15時55分 冬至申時	21時53分 大雪亥時	2時31分 小雪丑時	4時54分 立冬寅時	4時46分 霜降寅時	1時30分 寒露丑時	19時10分 秋分戌時	9時37分 白露巳時	21時18分 處暑亥時	6時32分 立秋卯時
農曆	曆陽	柱日	曆陽	柱日	曆陽	柱日	曆陽	柱日	曆陽	柱日	曆陽	柱日
初一	1 1	子壬	12 3	未癸	11 3	丑癸	10 4	未癸	9 5	寅甲	8 6	申甲
初二	1 2	丑癸	12 4	申甲	11 4	寅甲	10 5	申甲	9 6	卯乙	8 7	酉乙
初三	1 3	寅甲	12 5	酉乙	11 5	卯乙	10 6	酉乙	9 7	辰丙	8 8	戌丙
初四	1 4	卯乙	12 6	戌丙	11 6	辰丙	10 7	戌丙	9 8	巳丁	8 9	亥丁
初五	1 5	辰丙	12 7	亥丁	11 7	巳丁	10 8	亥丁	9 9	午戊	8 10	子戊
初六	1 6	巳丁	12 8	子戊	11 8	午戊	10 9	子戊	9 10	未己	8 11	丑己
初七	1 7	午戊	12 9	丑己	11 9	未己	10 10	丑己	9 11	申庚	8 12	寅庚
初八	1 8	未己	12 10	寅庚	11 10	申庚	10 11	寅庚	9 12	酉辛	8 13	卯辛
初九	1 9	申庚	12 11	卯辛	11 11	酉辛	10 12	卯辛	9 13	戌壬	8 14	辰壬
初十	1 10	酉辛	12 12	辰壬	11 12	戌壬	10 13	辰壬	9 14	亥癸	8 15	巳癸
十一	1 11	戌壬	12 13	巳癸	11 13	亥癸	10 14	巳癸	9 15	子甲	8 16	午甲
十二	1 12	亥癸	12 14	午甲	11 14	子甲	10 15	午甲	9 16	丑乙	8 17	未乙
十三	1 13	子甲	12 15	未乙	11 15	丑乙	10 16	未乙	9 17	寅丙	8 18	申丙
十四	1 14	丑乙	12 16	申丙	11 16	寅丙	10 17	申丙	9 18	卯丁	8 19	酉丁
十五	1 15	寅丙	12 17	酉丁	11 17	卯丁	10 18	酉丁	9 19	辰戊	8 20	戌戊
十六	1 16	卯丁	12 18	戌戊	11 18	辰戊	10 19	戌戊	9 20	巳己	8 21	亥己
十七	1 17	辰戊	12 19	亥己	11 19	巳己	10 20	亥己	9 21	午庚	8 22	子庚
十八	1 18	巳己	12 20	子庚	11 20	午庚	10 21	子庚	9 22	未辛	8 23	丑辛
十九	1 19	午庚	12 21	丑辛	11 21	未辛	10 22	丑辛	9 23	申壬	8 24	寅壬
二十	1 20	未辛	12 22	寅壬	11 22	申壬	10 23	寅壬	9 24	酉癸	8 25	卯癸
廿一	1 21	申壬	12 23	卯癸	11 23	酉癸	10 24	卯癸	9 25	戌甲	8 26	辰甲
廿二	1 22	酉癸	12 24	辰甲	11 24	戌甲	10 25	辰甲	9 26	亥乙	8 27	巳乙
廿三	1 23	戌甲	12 25	巳乙	11 25	亥乙	10 26	巳乙	9 27	子丙	8 28	午丙
廿四	1 24	亥乙	12 26	午丙	11 26	子丙	10 27	午丙	9 28	丑丁	8 29	未丁
廿五	1 25	子丙	12 27	未丁	11 27	丑丁	10 28	未丁	9 29	寅戊	8 30	申戊
廿六	1 26	丑丁	12 28	申戊	11 28	寅戊	10 29	申戊	9 30	卯己	8 31	酉己
廿七	1 27	寅戊	12 29	酉己	11 29	卯己	10 30	酉己	10 1	辰庚	9 1	戌庚
廿八	1 28	卯己	12 30	戌庚	11 30	辰庚	10 31	戌庚	10 2	巳辛	9 2	亥辛
廿九	1 29	辰庚	12 31	亥辛	12 1	巳辛	11 1	亥辛	10 3	午壬	9 3	子壬
三十	1 30	巳辛	乙太		12 2	午壬	11 2	子壬	易天		9 4	丑癸

西元二〇三三年 歲次癸丑

月六		月五		月四		月三		月二		月正		別月
未己		午戊		巳丁		辰丙		卯乙		寅甲		柱月
紫九		白一		黑二		碧三		綠四		黃五		白紫
/22	7/7	6/21	6/5	5/21	5/5	4/20	4/4	3/20	3/5	2/18	2/3	節氣時間
六廿	一十	五廿	九初	三廿	七初	一廿	五初	十二	五初	九十	四初	
9 2 大暑戌時	2時24分 小暑丑時	9時1分 夏至巳時	16時13分 芒種申時	1時11分 小滿丑時	12時13分 立夏午時	2時13分 穀雨丑時	19時8分 清明戌時	15時22分 春分申時	14時32分 驚蟄未時	16時33分 雨水申時	20時41分 立春戌時	
曆陽	柱日	曆陽	柱日	曆陽	柱日	曆陽	柱日	曆陽	柱日	曆陽	柱日	曆農
27	酉己	5 28	卯己	4 29	戌庚	3 31	巳辛	3 1	亥辛	1 31	午壬	一初
28	戌庚	5 29	辰庚	4 30	亥辛	4 1	午壬	3 2	子壬	2 1	未癸	二初
29	亥辛	5 30	巳辛	5 1	子壬	4 2	未癸	3 3	丑癸	2 2	申甲	三初
30	子壬	5 31	午壬	5 2	丑癸	4 3	申甲	3 4	寅甲	2 3	酉乙	四初
1	丑癸	6 1	未癸	5 3	寅甲	4 4	酉乙	3 5	卯乙	2 4	戌丙	五初
7 2	寅甲	6 2	申甲	5 4	卯乙	4 5	戌丙	3 6	辰丙	2 5	亥丁	六初
7 3	卯乙	6 3	酉乙	5 5	辰丙	4 6	亥丁	3 7	巳丁	2 6	子戊	七初
7 4	辰丙	6 4	戌丙	5 6	巳丁	4 7	子戊	3 8	午戊	2 7	丑己	八初
7 5	巳丁	6 5	亥丁	5 7	午戊	4 8	丑己	3 9	未己	2 8	寅庚	九初
7 6	午戊	6 6	子戊	5 8	未己	4 9	寅庚	3 10	申庚	2 9	卯辛	十初
7 7	未己	6 7	丑己	5 9	申庚	4 10	卯辛	3 11	酉辛	2 10	辰壬	一十
7 8	申庚	6 8	寅庚	5 10	酉辛	4 11	辰壬	3 12	戌壬	2 11	巳癸	二十
7 9	酉辛	6 9	卯辛	5 11	戌壬	4 12	巳癸	3 13	亥癸	2 12	午甲	三十
7 10	戌壬	6 10	辰壬	5 12	亥癸	4 13	午甲	3 14	子甲	2 13	未乙	四十
7 11	亥癸	6 11	巳癸	5 13	子甲	4 14	未乙	3 15	丑乙	2 14	申丙	五十
7 12	子甲	6 12	午甲	5 14	丑乙	4 15	申丙	3 16	寅丙	2 15	酉丁	六十
7 13	丑乙	6 13	未乙	5 15	寅丙	4 16	酉丁	3 17	卯丁	2 16	戌戊	七十
7 14	寅丙	6 14	申丙	5 16	卯丁	4 17	戌戊	3 18	辰戊	2 17	亥己	八十
7 15	卯丁	6 15	酉丁	5 17	辰戊	4 18	亥己	3 19	巳己	2 18	子庚	九十
7 16	辰戊	6 16	戌戊	5 18	巳己	4 19	子庚	3 20	午庚	2 19	丑辛	十二
7 17	巳己	6 17	亥己	5 19	午庚	4 20	丑辛	3 21	未辛	2 20	寅壬	一廿
7 18	午庚	6 18	子庚	5 20	未辛	4 21	寅壬	3 22	申壬	2 21	卯癸	二廿
7 19	未辛	6 19	丑辛	5 21	申壬	4 22	卯癸	3 23	酉癸	2 22	辰甲	三廿
7 20	申壬	6 20	寅壬	5 22	酉癸	4 23	辰甲	3 24	戌甲	2 23	巳乙	四廿
7 21	酉癸	6 21	卯癸	5 23	戌甲	4 24	巳乙	3 25	亥乙	2 24	午丙	五廿
7 22	戌甲	6 22	辰甲	5 24	亥乙	4 25	午丙	3 26	子丙	2 25	未丁	六廿
7 23	亥乙	6 23	巳乙	5 25	子丙	4 26	未丁	3 27	丑丁	2 26	申戊	七廿
7 24	子丙	6 24	午丙	5 26	丑丁	4 27	申戊	3 28	寅戊	2 27	酉己	八廿
7 25	丑丁	6 25	未丁	5 27	寅戊	4 28	酉己	3 29	卯己	2 28	戌庚	九廿
乙太		6 26	申戊	易天		業事化文乙太		3 30	辰庚	尋搜格落部		十三

民國一二二年
太歲姓林名簿
納音屬木
生肖屬牛
年三碧星
房宿值年

月別	月 二 十		月一十閏		月 一 十		月 十		月 九		月 八		月 七	
月柱	丑 乙				子 甲		亥 癸		戌 壬		酉 辛		申 庚	
紫白	碧 三				綠 四		黃 五		白 六		赤 七		白 八	
節氣時間	2/4	1/20	1/5	12/21	12/7	11/22	11/7	10/23	10/8	9/23		9/7	8/23	8/
	六十	一初	五十	十三	六十	一初	六十	一初	六十	一初		四十	九廿	三-
	立春丑時 2時41分	大寒辰時 8時27分	小寒申時 15時4分	冬至亥時 21時46分	大雪寅時 3時45分	小雪辰時 8時16分	立冬巳時 10時41分	霜降巳時 10時27分	寒露辰時 7時13分	秋分子時 0時51分		白露申時 15時20分	處暑寅時 3時1分	12時15分
農曆	曆陽	柱日	曆陽	柱日	曆陽	柱日	曆陽	柱日	曆陽	柱日	曆陽	柱日	曆陽	柱
初一	1 20	子丙	12 22	未丁	11 22	丑丁	10 23	未丁	9 23	丑丁	8 25	申戊	7 26	寅
初二	1 21	丑丁	12 23	申戊	11 23	寅戊	10 24	申戊	9 24	寅戊	8 26	酉己	7 27	卯
初三	1 22	寅戊	12 24	酉己	11 24	卯己	10 25	酉己	9 25	卯己	8 27	戌庚	7 28	辰
初四	1 23	卯己	12 25	戌庚	11 25	辰庚	10 26	戌庚	9 26	辰庚	8 28	亥辛	7 29	巳
初五	1 24	辰庚	12 26	亥辛	11 26	巳辛	10 27	亥辛	9 27	巳辛	8 29	子壬	7 30	午
初六	1 25	巳辛	12 27	子壬	11 27	午壬	10 28	子壬	9 28	午壬	8 30	丑癸	7 31	未
初七	1 26	午壬	12 28	丑癸	11 28	未癸	10 29	丑癸	9 29	未癸	8 31	寅甲	8 1	申
初八	1 27	未癸	12 29	寅甲	11 29	申甲	10 30	寅甲	9 30	申甲	9 1	卯乙	8 2	酉
初九	1 28	申甲	12 30	卯乙	11 30	酉乙	10 31	卯乙	10 1	酉乙	9 2	辰丙	8 3	戌
初十	1 29	酉乙	12 31	辰丙	12 1	戌丙	11 1	辰丙	10 2	戌丙	9 3	巳丁	8 4	亥
十一	1 30	戌丙	1 1	巳丁	12 2	亥丁	11 2	巳丁	10 3	亥丁	9 4	午戊	8 5	子
十二	1 31	亥丁	1 2	午戊	12 3	子戊	11 3	午戊	10 4	子戊	9 5	未己	8 6	丑
十三	2 1	子戊	1 3	未己	12 4	丑己	11 4	未己	10 5	丑己	9 6	申庚	8 7	寅
十四	2 2	丑己	1 4	申庚	12 5	寅庚	11 5	申庚	10 6	寅庚	9 7	酉辛	8 8	卯
十五	2 3	寅庚	1 5	酉辛	12 6	卯辛	11 6	酉辛	10 7	卯辛	9 8	戌壬	8 9	辰
十六	2 4	卯辛	1 6	戌壬	12 7	辰壬	11 7	戌壬	10 8	辰壬	9 9	亥癸	8 10	巳
十七	2 5	辰壬	1 7	亥癸	12 8	巳癸	11 8	亥癸	10 9	巳癸	9 10	子甲	8 11	午
十八	2 6	巳癸	1 8	子甲	12 9	午甲	11 9	子甲	10 10	午甲	9 11	丑乙	8 12	未
十九	2 7	午甲	1 9	丑乙	12 10	未乙	11 10	丑乙	10 11	未乙	9 12	寅丙	8 13	申
二十	2 8	未乙	1 10	寅丙	12 11	申丙	11 11	寅丙	10 12	申丙	9 13	卯丁	8 14	酉
廿一	2 9	申丙	1 11	卯丁	12 12	酉丁	11 12	卯丁	10 13	酉丁	9 14	辰戊	8 15	戌
廿二	2 10	酉丁	1 12	辰戊	12 13	戌戊	11 13	辰戊	10 14	戌戊	9 15	巳己	8 16	亥
廿三	2 11	戌戊	1 13	巳己	12 14	亥己	11 14	巳己	10 15	亥己	9 16	午庚	8 17	子
廿四	2 12	亥己	1 14	午庚	12 15	子庚	11 15	午庚	10 16	子庚	9 17	未辛	8 18	丑
廿五	2 13	子庚	1 15	未辛	12 16	丑辛	11 16	未辛	10 17	丑辛	9 18	申壬	8 19	寅
廿六	2 14	丑辛	1 16	申壬	12 17	寅壬	11 17	申壬	10 18	寅壬	9 19	酉癸	8 20	卯
廿七	2 15	寅壬	1 17	酉癸	12 18	卯癸	11 18	酉癸	10 19	卯癸	9 20	戌甲	8 21	辰
廿八	2 16	卯癸	1 18	戌甲	12 19	辰甲	11 19	戌甲	10 20	辰甲	9 21	亥乙	8 22	巳
廿九	2 17	辰甲	1 19	亥乙	12 20	巳乙	11 20	亥乙	10 21	巳乙	9 22	子丙	8 23	午
三十	2 18	巳乙	乙太		12 21	午丙	11 21	子丙	10 22	午丙	易天		8 24	未

西元二〇三四年

歲次甲寅

民國一二三年　太歲姓張名朝

納音屬水　生肖屬虎

年二黑星　心宿值年

月	六	月	五	月	四	月	三	月	二	月	正	別月
未	辛	午	庚	巳	己	辰	戊	卯	丁	寅	丙	柱月
白	六	赤	七	白	八	紫	九	白	一	黑	二	白紫
/7	7/23	7/7	6/21	6/5	5/21	5/5	4/20	4/5	3/20	3/5	2/18	節氣時間
廿	八初	二廿	六初	九十	四初	七十	二初	七十	一初	五十	十三	
立秋酉時	1時36分 大暑丑時	8時17分 小暑辰時	14時44分 夏至未時	22時6分 芒種亥時	6時56分 小滿卯時	18時9分 立夏酉時	8時3分 穀雨辰時	1時6分 清明丑時	21時17分 春分亥時	20時32分 驚蟄戌時	22點30分 雨水亥時	
曆陽	柱日	曆陽	柱日	曆陽	柱日	曆陽	柱日	曆陽	柱日	曆陽	柱日	曆農
16	酉癸	6 16	卯癸	5 18	戌甲	4 19	巳乙	3 20	亥乙	2 19	午丙	一初
17	戌甲	6 17	辰甲	5 19	亥乙	4 20	午丙	3 21	子丙	2 20	未丁	二初
18	亥乙	6 18	巳乙	5 20	子丙	4 21	未丁	3 22	丑丁	2 21	申戊	三初
19	子丙	6 19	午丙	5 21	丑丁	4 22	申戊	3 23	寅戊	2 22	酉己	四初
20	丑丁	6 20	未丁	5 22	寅戊	4 23	酉己	3 24	卯己	2 23	戌庚	五初
21	寅戊	6 21	申戊	5 23	卯己	4 24	戌庚	3 25	辰庚	2 24	亥辛	六初
22	卯己	6 22	酉己	5 24	辰庚	4 25	亥辛	3 26	巳辛	2 25	子壬	七初
23	辰庚	6 23	戌庚	5 25	巳辛	4 26	子壬	3 27	午壬	2 26	丑癸	八初
24	巳辛	6 24	亥辛	5 26	午壬	4 27	丑癸	3 28	未癸	2 27	寅甲	九初
25	午壬	6 25	子壬	5 27	未癸	4 28	寅甲	3 29	申甲	2 28	卯乙	十初
26	未癸	6 26	丑癸	5 28	申甲	4 29	卯乙	3 30	酉乙	3 1	辰丙	一十
27	申甲	6 27	寅甲	5 29	酉乙	4 30	辰丙	3 31	戌丙	3 2	巳丁	二十
28	酉乙	6 28	卯乙	5 30	戌丙	5 1	巳丁	4 1	亥丁	3 3	午戊	三十
29	戌丙	6 29	辰丙	5 31	亥丁	5 2	午戊	4 2	子戊	3 4	未己	四十
30	亥丁	6 30	巳丁	6 1	子戊	5 3	未己	4 3	丑己	3 5	申庚	五十
31	子戊	7 1	午戊	6 2	丑己	5 4	申庚	4 4	寅庚	3 6	酉辛	六十
1	丑己	7 2	未己	6 3	寅庚	5 5	酉辛	4 5	卯辛	3 7	戌壬	七十
2	寅庚	7 3	申庚	6 4	卯辛	5 6	戌壬	4 6	辰壬	3 8	亥癸	八十
3	卯辛	7 4	酉辛	6 5	辰壬	5 7	亥癸	4 7	巳癸	3 9	子甲	九十
4	辰壬	7 5	戌壬	6 6	巳癸	5 8	子甲	4 8	午甲	3 10	丑乙	十二
5	巳癸	7 6	亥癸	6 7	午甲	5 9	丑乙	4 9	未乙	3 11	寅丙	一廿
6	午甲	7 7	子甲	6 8	未乙	5 10	寅丙	4 10	申丙	3 12	卯丁	二廿
7	未乙	7 8	丑乙	6 9	申丙	5 11	卯丁	4 11	酉丁	3 13	辰戊	三廿
8	申丙	7 9	寅丙	6 10	酉丁	5 12	辰戊	4 12	戌戊	3 14	巳己	四廿
9	酉丁	7 10	卯丁	6 11	戌戊	5 13	巳己	4 13	亥己	3 15	午庚	五廿
10	戌戊	7 11	辰戊	6 12	亥己	5 14	午庚	4 14	子庚	3 16	未辛	六廿
11	亥己	7 12	巳己	6 13	子庚	5 15	未辛	4 15	丑辛	3 17	申壬	七廿
12	子庚	7 13	午庚	6 14	丑辛	5 16	申壬	4 16	寅壬	3 18	酉癸	八廿
13	丑辛	7 14	未辛	6 15	寅壬	5 17	酉癸	4 17	卯癸	3 19	戌甲	九廿
乙太		7 15	申壬	易天		業事化文乙太		4 18	辰甲	尋搜格落部		十三

月別	月二十		月一十		月十		月九		月八		月七	
月柱	丑丁		子丙		亥乙		戌甲		酉癸		申壬	
紫白	紫九		白一		黑二		碧三		綠四		黃五	
節氣時間	2/4	1/20	1/5	12/22	12/7	11/22	11/7	10/23	10/8	9/23	9/7	8/23
	七廿	二十	六廿	二十	七廿	二十	七廿	二十	六廿	一十	五廿	十初
	8時31分 立春辰時	14時14分 大寒未時	20時55分 小寒戌時	3時34分 冬至寅時	9時36分 大雪巳時	14時4分 小雪未時	16時33分 立冬申時	16時16分 霜降申時	13時7分 寒露未時	6時39分 秋分卯時	21時14分 白露亥時	8時47分 處暑辰時
農曆	曆陽	柱日	曆陽	柱日	曆陽	柱日	曆陽	柱日	曆陽	柱日	曆陽	柱日
初一	1 9	午庚	12 11	丑辛	11 11	未辛	10 12	丑辛	9 13	申壬	8 14	寅壬
初二	1 10	未辛	12 12	寅壬	11 12	申壬	10 13	寅壬	9 14	酉癸	8 15	卯癸
初三	1 11	申壬	12 13	卯癸	11 13	酉癸	10 14	卯癸	9 15	戌甲	8 16	辰甲
初四	1 12	酉癸	12 14	辰甲	11 14	戌甲	10 15	辰甲	9 16	亥乙	8 17	巳乙
初五	1 13	戌甲	12 15	巳乙	11 15	亥乙	10 16	巳乙	9 17	子丙	8 18	午丙
初六	1 14	亥乙	12 16	午丙	11 16	子丙	10 17	午丙	9 18	丑丁	8 19	未丁
初七	1 15	子丙	12 17	未丁	11 17	丑丁	10 18	未丁	9 19	寅戊	8 20	申戊
初八	1 16	丑丁	12 18	申戊	11 18	寅戊	10 19	申戊	9 20	卯己	8 21	酉己
初九	1 17	寅戊	12 19	酉己	11 19	卯己	10 20	酉己	9 21	辰庚	8 22	戌庚
初十	1 18	卯己	12 20	戌庚	11 20	辰庚	10 21	戌庚	9 22	巳辛	8 23	亥辛
十一	1 19	辰庚	12 21	亥辛	11 21	巳辛	10 22	亥辛	9 23	午壬	8 24	子壬
十二	1 20	巳辛	12 22	子壬	11 22	午壬	10 23	子壬	9 24	未癸	8 25	丑癸
十三	1 21	午壬	12 23	丑癸	11 23	未癸	10 24	丑癸	9 25	申甲	8 26	寅甲
十四	1 22	未癸	12 24	寅甲	11 24	申甲	10 25	寅甲	9 26	酉乙	8 27	卯乙
十五	1 23	申甲	12 25	卯乙	11 25	酉乙	10 26	卯乙	9 27	戌丙	8 28	辰丙
十六	1 24	酉乙	12 26	辰丙	11 26	戌丙	10 27	辰丙	9 28	亥丁	8 29	巳丁
十七	1 25	戌丙	12 27	巳丁	11 27	亥丁	10 28	巳丁	9 29	子戊	8 30	午戊
十八	1 26	亥丁	12 28	午戊	11 28	子戊	10 29	午戊	9 30	丑己	8 31	未己
十九	1 27	子戊	12 29	未己	11 29	丑己	10 30	未己	10 1	寅庚	9 1	申庚
二十	1 28	丑己	12 30	申庚	11 30	寅庚	10 31	申庚	10 2	卯辛	9 2	酉辛
廿一	1 29	寅庚	12 31	酉辛	12 1	卯辛	11 1	酉辛	10 3	辰壬	9 3	戌壬
廿二	1 30	卯辛	1 1	戌壬	12 2	辰壬	11 2	戌壬	10 4	巳癸	9 4	亥癸
廿三	1 31	辰壬	1 2	亥癸	12 3	巳癸	11 3	亥癸	10 5	午甲	9 5	子甲
廿四	2 1	巳癸	1 3	子甲	12 4	午甲	11 4	子甲	10 6	未乙	9 6	丑乙
廿五	2 2	午甲	1 4	丑乙	12 5	未乙	11 5	丑乙	10 7	申丙	9 7	寅丙
廿六	2 3	未乙	1 5	寅丙	12 6	申丙	11 6	寅丙	10 8	酉丁	9 8	卯丁
廿七	2 4	申丙	1 6	卯丁	12 7	酉丁	11 7	卯丁	10 9	戌戊	9 9	辰戊
廿八	2 5	酉丁	1 7	辰戊	12 8	戌戊	11 8	辰戊	10 10	亥己	9 10	巳己
廿九	2 6	戌戊	1 8	巳己	12 9	亥己	11 9	巳己	10 11	子庚	9 11	午庚
三十	2 7	亥己	乙太		12 10	子庚	11 10	午庚	易天		9 12	未辛

西元二〇三五年 歲次乙卯

月別	月六		月五		月四		月三		月二		月正	
月柱	未癸		午壬		巳辛		辰庚		卯己		寅戊	
紫白	碧三		綠四		黃五		白六		赤七		白八	
節氣時間	7/23	7/7	6/21	6/6		5/21	5/5	4/20	4/5	3/21	3/6	2/19
	九十	三初	六十	一初		四十	八廿	三十	七廿	二十	七廿	二十
	7時28分 大暑辰時	14時1分 小暑未時	20時33分 夏至戌時	3時50分 芒種寅時		12時43分 小滿午時	23時54分 立夏子時	13時48分 穀雨未時	6時53分 清明卯時	3時2分 春分寅時	2時21分 驚蟄丑時	4時16分 雨水寅時
曆農	曆陽	柱日	曆陽	柱日	曆陽	柱日	曆陽	柱日	曆陽	柱日	曆陽	柱日
一初	7 5	卯丁	6 6	戌戊	5 8	巳己	4 8	亥己	3 10	午庚	2 8	子庚
二初	7 6	辰戊	6 7	亥己	5 9	午庚	4 9	子庚	3 11	未辛	2 9	丑辛
三初	7 7	巳己	6 8	子庚	5 10	未辛	4 10	丑辛	3 12	申壬	2 10	寅壬
四初	7 8	午庚	6 9	丑辛	5 11	申壬	4 11	寅壬	3 13	酉癸	2 11	卯癸
五初	7 9	未辛	6 10	寅壬	5 12	酉癸	4 12	卯癸	3 14	戌甲	2 12	辰甲
六初	7 10	申壬	6 11	卯癸	5 13	戌甲	4 13	辰甲	3 15	亥乙	2 13	巳乙
七初	7 11	酉癸	6 12	辰甲	5 14	亥乙	4 14	巳乙	3 16	子丙	2 14	午丙
八初	7 12	戌甲	6 13	巳乙	5 15	子丙	4 15	午丙	3 17	丑丁	2 15	未丁
九初	7 13	亥乙	6 14	午丙	5 16	丑丁	4 16	未丁	3 18	寅戊	2 16	申戊
十初	7 14	子丙	6 15	未丁	5 17	寅戊	4 17	申戊	3 19	卯己	2 17	酉己
一十	7 15	丑丁	6 16	申戊	5 18	卯己	4 18	酉己	3 20	辰庚	2 18	戌庚
二十	7 16	寅戊	6 17	酉己	5 19	辰庚	4 19	戌庚	3 21	巳辛	2 19	亥辛
三十	7 17	卯己	6 18	戌庚	5 20	巳辛	4 20	亥辛	3 22	午壬	2 20	子壬
四十	7 18	辰庚	6 19	亥辛	5 21	午壬	4 21	子壬	3 23	未癸	2 21	丑癸
五十	7 19	巳辛	6 20	子壬	5 22	未癸	4 22	丑癸	3 24	申甲	2 22	寅甲
六十	7 20	午壬	6 21	丑癸	5 23	申甲	4 23	寅甲	3 25	酉乙	2 23	卯乙
七十	7 21	未癸	6 22	寅甲	5 24	酉乙	4 24	卯乙	3 26	戌丙	2 24	辰丙
八十	7 22	申甲	6 23	卯乙	5 25	戌丙	4 25	辰丙	3 27	亥丁	2 25	巳丁
九十	7 23	酉乙	6 24	辰丙	5 26	亥丁	4 26	巳丁	3 28	子戊	2 26	午戊
十二	7 24	戌丙	6 25	巳丁	5 27	子戊	4 27	午戊	3 29	丑己	2 27	未己
一廿	7 25	亥丁	6 26	午戊	5 28	丑己	4 28	未己	3 30	寅庚	2 28	申庚
二廿	7 26	子戊	6 27	未己	5 29	寅庚	4 29	申庚	3 31	卯辛	3 1	酉辛
三廿	7 27	丑己	6 28	申庚	5 30	卯辛	4 30	酉辛	4 1	辰壬	3 2	戌壬
四廿	7 28	寅庚	6 29	酉辛	5 31	辰壬	5 1	戌壬	4 2	巳癸	3 3	亥癸
五廿	7 29	卯辛	6 30	戌壬	6 1	巳癸	5 2	亥癸	4 3	午甲	3 4	子甲
六廿	7 30	辰壬	7 1	亥癸	6 2	午甲	5 3	子甲	4 4	未乙	3 5	丑乙
七廿	7 31	巳癸	7 2	子甲	6 3	未乙	5 4	丑乙	4 5	申丙	3 6	寅丙
八廿	8 1	午甲	7 3	丑乙	6 4	申丙	5 5	寅丙	4 6	酉丁	3 7	卯丁
九廿	8 2	未乙	7 4	寅丙	6 5	酉丁	5 6	卯丁	4 7	戌戊	3 8	辰戊
十三	8 3	申丙	乙太		易天		5 7	辰戊	尋搜格落部		3 9	巳己

民國一二四年

太歲姓方名清

納音屬水

生肖屬兔

年一白星

尾宿值年

月別	十二月		十一月		十月		九月		八月		七月	
月柱	己丑		戊子		丁亥		丙戌		乙酉		甲申	
紫白	六白		七赤		八白		九紫		一白		二黑	
節氣時間	1/20	1/6	12/22	12/7	11/22	11/7	10/23	10/8	9/23	9/8	8/23	8/7
	廿三	初九	廿三	初八	廿三	初八	廿三	初八	廿二	初七	二十	初四
	大寒戌時 20時10分	小寒丑時 2時43分	冬至巳時 9時30分	大雪申時 15時25分	小雪戌時 20時3分	立冬亥時 22時23分	霜降亥時 22時16分	寒露酉時 18時57分	秋分午時 12時38分	白露寅時 3時2分	處暑未時 14時44分	立秋子時 23時54分
農曆	陽曆	日柱	陽曆	日柱	陽曆	日柱	陽曆	日柱	陽曆	日柱	陽曆	日柱
初一	12 29	甲子	11 30	乙未	10 31	乙丑	10 1	乙未	9 2	丙寅	8 4	丁酉
初二	12 30	乙丑	12 1	丙申	11 1	丙寅	10 2	丙申	9 3	丁卯	8 5	戊戌
初三	12 31	丙寅	12 2	丁酉	11 2	丁卯	10 3	丁酉	9 4	戊辰	8 6	己亥
初四	1 1	丁卯	12 3	戊戌	11 3	戊辰	10 4	戊戌	9 5	己巳	8 7	庚子
初五	1 2	戊辰	12 4	己亥	11 4	己巳	10 5	己亥	9 6	庚午	8 8	辛丑
初六	1 3	己巳	12 5	庚子	11 5	庚午	10 6	庚子	9 7	辛未	8 9	壬寅
初七	1 4	庚午	12 6	辛丑	11 6	辛未	10 7	辛丑	9 8	壬申	8 10	癸卯
初八	1 5	辛未	12 7	壬寅	11 7	壬申	10 8	壬寅	9 9	癸酉	8 11	甲辰
初九	1 6	壬申	12 8	癸卯	11 8	癸酉	10 9	癸卯	9 10	甲戌	8 12	乙巳
初十	1 7	癸酉	12 9	甲辰	11 9	甲戌	10 10	甲辰	9 11	乙亥	8 13	丙午
十一	1 8	甲戌	12 10	乙巳	11 10	乙亥	10 11	乙巳	9 12	丙子	8 14	丁未
十二	1 9	乙亥	12 11	丙午	11 11	丙子	10 12	丙午	9 13	丁丑	8 15	戊申
十三	1 10	丙子	12 12	丁未	11 12	丁丑	10 13	丁未	9 14	戊寅	8 16	己酉
十四	1 11	丁丑	12 13	戊申	11 13	戊寅	10 14	戊申	9 15	己卯	8 17	庚戌
十五	1 12	戊寅	12 14	己酉	11 14	己卯	10 15	己酉	9 16	庚辰	8 18	辛亥
十六	1 13	己卯	12 15	庚戌	11 15	庚辰	10 16	庚戌	9 17	辛巳	8 19	壬子
十七	1 14	庚辰	12 16	辛亥	11 16	辛巳	10 17	辛亥	9 18	壬午	8 20	癸丑
十八	1 15	辛巳	12 17	壬子	11 17	壬午	10 18	壬子	9 19	癸未	8 21	甲寅
十九	1 16	壬午	12 18	癸丑	11 18	癸未	10 19	癸丑	9 20	甲申	8 22	乙卯
二十	1 17	癸未	12 19	甲寅	11 19	甲申	10 20	甲寅	9 21	乙酉	8 23	丙辰
廿一	1 18	甲申	12 20	乙卯	11 20	乙酉	10 21	乙卯	9 22	丙戌	8 24	丁巳
廿二	1 19	乙酉	12 21	丙辰	11 21	丙戌	10 22	丙辰	9 23	丁亥	8 25	戊午
廿三	1 20	丙戌	12 22	丁巳	11 22	丁亥	10 23	丁巳	9 24	戊子	8 26	己未
廿四	1 21	丁亥	12 23	戊午	11 23	戊子	10 24	戊午	9 25	己丑	8 27	庚申
廿五	1 22	戊子	12 24	己未	11 24	己丑	10 25	己未	9 26	庚寅	8 28	辛酉
廿六	1 23	己丑	12 25	庚申	11 25	庚寅	10 26	庚申	9 27	辛卯	8 29	壬戌
廿七	1 24	庚寅	12 26	辛酉	11 26	辛卯	10 27	辛酉	9 28	壬辰	8 30	癸亥
廿八	1 25	辛卯	12 27	壬戌	11 27	壬辰	10 28	壬戌	9 29	癸巳	8 31	甲子
廿九	1 26	壬辰	12 28	癸亥	11 28	癸巳	10 29	癸亥	9 30	甲午	9 1	乙丑
三十	1 27	癸巳	太乙		11 29	甲午	10 30	甲子	天易		部落格搜尋	

西元二〇三六年 歲次丙辰

民國一二五年

太歲姓辛名亞

納音屬土

生肖屬龍

年九紫星

箕宿值年

月別	正月		二月		三月		四月		五月		六月		閏六月	
月柱	庚寅		辛卯		壬辰		癸巳		甲午		乙未			
紫白	五黃		四綠		三碧		二黑		一白		九紫			
節氣時間	2/4	2/19	3/5	3/20	4/4	4/19	5/5	5/20	6/5	6/21	7/6	7/22	8/7	
	初八	廿三	初八	廿三	初八	廿三	初十	廿五	十一	廿七	十三	廿九	十六	
	立春 14時19分 未時	雨水 10時14分 巳時	驚蟄 8時11分 辰時	春分 9時2分 巳時	清明 12時46分 午時	穀雨 19時50分 戌時	立夏 5時49分 卯時	小滿 18時44分 酉時	芒種 9時47分 巳時	夏至 2時32分 丑時	小暑 19時57分 戌時	大暑 13時22分 未時	立秋 5時48分 卯時	
農曆	陽曆	日柱	陽曆	日柱	陽曆	日柱	陽曆	日柱	陽曆	日柱	陽曆	日柱	陽曆	日柱
初一	1 28	甲午	2 27	甲子	3 28	甲午	4 26	癸亥	5 26	癸巳	6 24	壬戌	23	辛卯
初二	1 29	乙未	2 28	乙丑	3 29	乙未	4 27	甲子	5 27	甲午	6 25	癸亥	24	壬辰
初三	1 30	丙申	2 29	丙寅	3 30	丙申	4 28	乙丑	5 28	乙未	6 26	甲子	25	癸巳
初四	1 31	丁酉	3 1	丁卯	3 31	丁酉	4 29	丙寅	5 29	丙申	6 27	乙丑	26	甲午
初五	2 1	戊戌	3 2	戊辰	4 1	戊戌	4 30	丁卯	5 30	丁酉	6 28	丙寅	27	乙未
初六	2 2	己亥	3 3	己巳	4 2	己亥	5 1	戊辰	5 31	戊戌	6 29	丁卯	28	丙申
初七	2 3	庚子	3 4	庚午	4 3	庚子	5 2	己巳	6 1	己亥	6 30	戊辰	29	丁酉
初八	2 4	辛丑	3 5	辛未	4 4	辛丑	5 3	庚午	6 2	庚子	7 1	己巳	30	戊戌
初九	2 5	壬寅	3 6	壬申	4 5	壬寅	5 4	辛未	6 3	辛丑	7 2	庚午	31	己亥
初十	2 6	癸卯	3 7	癸酉	4 6	癸卯	5 5	壬申	6 4	壬寅	7 3	辛未	1	庚子
十一	2 7	甲辰	3 8	甲戌	4 7	甲辰	5 6	癸酉	6 5	癸卯	7 4	壬申	2	辛丑
十二	2 8	乙巳	3 9	乙亥	4 8	乙巳	5 7	甲戌	6 6	甲辰	7 5	癸酉	3	壬寅
十三	2 9	丙午	3 10	丙子	4 9	丙午	5 8	乙亥	6 7	乙巳	7 6	甲戌	4	癸卯
十四	2 10	丁未	3 11	丁丑	4 10	丁未	5 9	丙子	6 8	丙午	7 7	乙亥	5	甲辰
十五	2 11	戊申	3 12	戊寅	4 11	戊申	5 10	丁丑	6 9	丁未	7 8	丙子	6	乙巳
十六	2 12	己酉	3 13	己卯	4 12	己酉	5 11	戊寅	6 10	戊申	7 9	丁丑	7	丙午
十七	2 13	庚戌	3 14	庚辰	4 13	庚戌	5 12	己卯	6 11	己酉	7 10	戊寅	8	丁未
十八	2 14	辛亥	3 15	辛巳	4 14	辛亥	5 13	庚辰	6 12	庚戌	7 11	己卯	9	戊申
十九	2 15	壬子	3 16	壬午	4 15	壬子	5 14	辛巳	6 13	辛亥	7 12	庚辰	10	己酉
二十	2 16	癸丑	3 17	癸未	4 16	癸丑	5 15	壬午	6 14	壬子	7 13	辛巳	11	庚戌
廿一	2 17	甲寅	3 18	甲申	4 17	甲寅	5 16	癸未	6 15	癸丑	7 14	壬午	12	辛亥
廿二	2 18	乙卯	3 19	乙酉	4 18	乙卯	5 17	甲申	6 16	甲寅	7 15	癸未	13	壬子
廿三	2 19	丙辰	3 20	丙戌	4 19	丙辰	5 18	乙酉	6 17	乙卯	7 16	甲申	14	癸丑
廿四	2 20	丁巳	3 21	丁亥	4 20	丁巳	5 19	丙戌	6 18	丙辰	7 17	乙酉	15	甲寅
廿五	2 21	戊午	3 22	戊子	4 21	戊午	5 20	丁亥	6 19	丁巳	7 18	丙戌	16	乙卯
廿六	2 22	己未	3 23	己丑	4 22	己未	5 21	戊子	6 20	戊午	7 19	丁亥	17	丙辰
廿七	2 23	庚申	3 24	庚寅	4 23	庚申	5 22	己丑	6 21	己未	7 20	戊子	18	丁巳
廿八	2 24	辛酉	3 25	辛卯	4 24	辛酉	5 23	庚寅	6 22	庚申	7 21	己丑	19	戊午
廿九	2 25	壬戌	3 26	壬辰	4 25	壬戌	5 24	辛卯	6 23	辛酉	7 22	庚寅	20	己未
三十	2 26	癸亥	3 27	癸巳	部落格搜尋		5 25	壬辰	天易		太乙		21	庚申

月別	月二十		月一十		月十		月九		月八		月七	
月柱	丑辛		子庚		亥己		戌戊		酉丁		申丙	
紫白	碧三		綠四		黃五		白六		赤七		白八	
節氣時間	2/3	1/20	1/5	12/21	12/6	11/22	11/7	10/23	10/8	9/22	9/7	8/22
	九十	五初	十二	五初	九十	五初	十二	五初	九十	三初	七十	一初
	20時11分 立春戌時	1時53分 大寒丑時	8時34分 小寒辰時	15時12分 冬至申時	21時16分 大雪亥時	1時45分 小雪丑時	4時14分 立冬寅時	3時58分 霜降寅時	0時48分 寒露子時	18時23分 秋分酉時	8時54分 白露辰時	20時32分 處暑戌時
農曆	曆陽	柱日	曆陽	柱日	曆陽	柱日	曆陽	柱日	曆陽	柱日	曆陽	柱日
初一	1 16	子戊	12 17	午戊	11 18	丑己	10 19	未己	9 20	寅庚	8 22	酉辛
初二	1 17	丑己	12 18	未己	11 19	寅庚	10 20	申庚	9 21	卯辛	8 23	戌壬
初三	1 18	寅庚	12 19	申庚	11 20	卯辛	10 21	酉辛	9 22	辰壬	8 24	亥癸
初四	1 19	卯辛	12 20	酉辛	11 21	辰壬	10 22	戌壬	9 23	巳癸	8 25	子甲
初五	1 20	辰壬	12 21	戌壬	11 22	巳癸	10 23	亥癸	9 24	午甲	8 26	丑乙
初六	1 21	巳癸	12 22	亥癸	11 23	午甲	10 24	子甲	9 25	未乙	8 27	寅丙
初七	1 22	午甲	12 23	子甲	11 24	未乙	10 25	丑乙	9 26	申丙	8 28	卯丁
初八	1 23	未乙	12 24	丑乙	11 25	申丙	10 26	寅丙	9 27	酉丁	8 29	辰戊
初九	1 24	申丙	12 25	寅丙	11 26	酉丁	10 27	卯丁	9 28	戌戊	8 30	巳己
初十	1 25	酉丁	12 26	卯丁	11 27	戌戊	10 28	辰戊	9 29	亥己	8 31	午庚
十一	1 26	戌戊	12 27	辰戊	11 28	亥己	10 29	巳己	9 30	子庚	9 1	未辛
十二	1 27	亥己	12 28	巳己	11 29	子庚	10 30	午庚	10 1	丑辛	9 2	申壬
十三	1 28	子庚	12 29	午庚	11 30	丑辛	10 31	未辛	10 2	寅壬	9 3	酉癸
十四	1 29	丑辛	12 30	未辛	12 1	寅壬	11 1	申壬	10 3	卯癸	9 4	戌甲
十五	1 30	寅壬	12 31	申壬	12 2	卯癸	11 2	酉癸	10 4	辰甲	9 5	亥乙
十六	1 31	卯癸	1 1	酉癸	12 3	辰甲	11 3	戌甲	10 5	巳乙	9 6	子丙
十七	2 1	辰甲	1 2	戌甲	12 4	巳乙	11 4	亥乙	10 6	午丙	9 7	丑丁
十八	2 2	巳乙	1 3	亥乙	12 5	午丙	11 5	子丙	10 7	未丁	9 8	寅戊
十九	2 3	午丙	1 4	子丙	12 6	未丁	11 6	丑丁	10 8	申戊	9 9	卯己
二十	2 4	未丁	1 5	丑丁	12 7	申戊	11 7	寅戊	10 9	酉己	9 10	辰庚
廿一	2 5	申戊	1 6	寅戊	12 8	酉己	11 8	卯己	10 10	戌庚	9 11	巳辛
廿二	2 6	酉己	1 7	卯己	12 9	戌庚	11 9	辰庚	10 11	亥辛	9 12	午壬
廿三	2 7	戌庚	1 8	辰庚	12 10	亥辛	11 10	巳辛	10 12	子壬	9 13	未癸
廿四	2 8	亥辛	1 9	巳辛	12 11	子壬	11 11	午壬	10 13	丑癸	9 14	申甲
廿五	2 9	子壬	1 10	午壬	12 12	丑癸	11 12	未癸	10 14	寅甲	9 15	酉乙
廿六	2 10	丑癸	1 11	未癸	12 13	寅甲	11 13	申甲	10 15	卯乙	9 16	戌丙
廿七	2 11	寅甲	1 12	申甲	12 14	卯乙	11 14	酉乙	10 16	辰丙	9 17	亥丁
廿八	2 12	卯乙	1 13	酉乙	12 15	辰丙	11 15	戌丙	10 17	巳丁	9 18	子戊
廿九	2 13	辰丙	1 14	戌丙	12 16	巳丁	11 16	亥丁	10 18	午戊	9 19	丑己
三十	2 14	巳丁	1 15	亥丁	乙太		11 17	子戊	易天		尋搜格落部	

西元二〇三七年 歲次丁巳

民國一二六年 太歲姓易名彥

納音屬土 生肖屬蛇

年八白星 斗宿值年

月六		月五		月四		月三		月二		月正		別月
未丁		午丙		巳乙		辰甲		卯癸		寅壬		柱月
白六		赤七		白八		紫九		白一		黑二		白紫
8/7	7/22	7/7	6/21	6/5	5/21	5/5	4/20	4/4	3/20	3/5	2/18	節氣時間
六廿	十初	四廿	八初	二廿	七初	十二	五初	九十	四初	九十	四初	
1時 2分 立秋午時	19時12分 大暑戌時	1時55分 小暑丑時	8時22分 夏至辰時	15時46分 芒種申時	0時35分 小滿子時	11時49分 立夏午時	1時40分 穀雨丑時	18時43分 清明酉時	14時50分 春分未時	14時6分 驚蟄未時	15時58分 雨水申時	
曆陽	柱日	曆陽	柱日	曆陽	柱日	曆陽	柱日	曆陽	柱日	曆陽	柱日	曆農
7 13	戌丙	6 14	巳丁	5 15	亥丁	4 16	午戊	3 17	子戊	2 15	午戊	一初
7 14	亥丁	6 15	午戊	5 16	子戊	4 17	未己	3 18	丑己	2 16	未己	二初
7 15	子戊	6 16	未己	5 17	丑己	4 18	申庚	3 19	寅庚	2 17	申庚	三初
7 16	丑己	6 17	申庚	5 18	寅庚	4 19	酉辛	3 20	卯辛	2 18	酉辛	四初
7 17	寅庚	6 18	酉辛	5 19	卯辛	4 20	戌壬	3 21	辰壬	2 19	戌壬	五初
7 18	卯辛	6 19	戌壬	5 20	辰壬	4 21	亥癸	3 22	巳癸	2 20	亥癸	六初
7 19	辰壬	6 20	亥癸	5 21	巳癸	4 22	子甲	3 23	午甲	2 21	子甲	七初
7 20	巳癸	6 21	子甲	5 22	午甲	4 23	丑乙	3 24	未乙	2 22	丑乙	八初
7 21	午甲	6 22	丑乙	5 23	未乙	4 24	寅丙	3 25	申丙	2 23	寅丙	九初
7 22	未乙	6 23	寅丙	5 24	申丙	4 25	卯丁	3 26	酉丁	2 24	卯丁	十初
7 23	申丙	6 24	卯丁	5 25	酉丁	4 26	辰戊	3 27	戌戊	2 25	辰戊	一十
7 24	酉丁	6 25	辰戊	5 26	戌戊	4 27	巳己	3 28	亥己	2 26	巳己	二十
7 25	戌戊	6 26	巳己	5 27	亥己	4 28	午庚	3 29	子庚	2 27	午庚	三十
7 26	亥己	6 27	午庚	5 28	子庚	4 29	未辛	3 30	丑辛	2 28	未辛	四十
7 27	子庚	6 28	未辛	5 29	丑辛	4 30	申壬	3 31	寅壬	3 1	申壬	五十
7 28	丑辛	6 29	申壬	5 30	寅壬	5 1	酉癸	4 1	卯癸	3 2	酉癸	六十
7 29	寅壬	6 30	酉癸	5 31	卯癸	5 2	戌甲	4 2	辰甲	3 3	戌甲	七十
7 30	卯癸	7 1	戌甲	6 1	辰甲	5 3	亥乙	4 3	巳乙	3 4	亥乙	八十
7 31	辰甲	7 2	亥乙	6 2	巳乙	5 4	子丙	4 4	午丙	3 5	子丙	九十
8 1	巳乙	7 3	子丙	6 3	午丙	5 5	丑丁	4 5	未丁	3 6	丑丁	十二
8 2	午丙	7 4	丑丁	6 4	未丁	5 6	寅戊	4 6	申戊	3 7	寅戊	一廿
8 3	未丁	7 5	寅戊	6 5	申戊	5 7	卯己	4 7	酉己	3 8	卯己	二廿
8 4	申戊	7 6	卯己	6 6	酉己	5 8	辰庚	4 8	戌庚	3 9	辰庚	三廿
8 5	酉己	7 7	辰庚	6 7	戌庚	5 9	巳辛	4 9	亥辛	3 10	巳辛	四廿
8 6	戌庚	7 8	巳辛	6 8	亥辛	5 10	午壬	4 10	子壬	3 11	午壬	五廿
8 7	亥辛	7 9	午壬	6 9	子壬	5 11	未癸	4 11	丑癸	3 12	未癸	六廿
8 8	子壬	7 10	未癸	6 10	丑癸	5 12	申甲	4 12	寅甲	3 13	申甲	七廿
8 9	丑癸	7 11	申甲	6 11	寅甲	5 13	酉乙	4 13	卯乙	3 14	酉乙	八廿
8 10	寅甲	7 12	酉乙	6 12	卯乙	5 14	戌丙	4 14	辰丙	3 15	戌丙	九廿
乙太		易天		6 13	辰丙	尋搜格落部		4 15	巳丁	3 16	亥丁	十三

月別	月二十		月一十		月十		月九		月八		月七	
月柱	丑癸		子壬		亥辛		戌庚		酉己		申戊	
紫白	紫九		白一		黑二		碧三		綠四		黃五	
節氣時間	1/20	1/5	12/21	12/7	11/22	11/7		10/23	10/8	9/23	9/7	8/23
	六十	一初	五十	一初	六十	一初		五十	九廿	四十	八廿	三十
	大寒辰時 7時48分	小寒未時 14時26分	冬至亥時 21時7分	大雪寅時 3時7分	小雪辰時 7時38分	立冬巳時 10時4分		霜降巳時 9時49分	寒露卯時 6時37分	秋分子時 0時13分	白露未時 14時45分	處暑丑時 2時21分
農曆	曆陽	柱日	曆陽	柱日	曆陽	柱日	曆陽	柱日	曆陽	柱日	曆陽	柱日
初一	1 5	午壬	12 7	丑癸	11 7	未癸	10 9	寅甲	9 10	酉乙	8 11	卯乙
初二	1 6	未癸	12 8	寅甲	11 8	申甲	10 10	卯乙	9 11	戌丙	8 12	辰丙
初三	1 7	申甲	12 9	卯乙	11 9	酉乙	10 11	辰丙	9 12	亥丁	8 13	巳丁
初四	1 8	酉乙	12 10	辰丙	11 10	戌丙	10 12	巳丁	9 13	子戊	8 14	午戊
初五	1 9	戌丙	12 11	巳丁	11 11	亥丁	10 13	午戊	9 14	丑己	8 15	未己
初六	1 10	亥丁	12 12	午戊	11 12	子戊	10 14	未己	9 15	寅庚	8 16	申庚
初七	1 11	子戊	12 13	未己	11 13	丑己	10 15	申庚	9 16	卯辛	8 17	酉辛
初八	1 12	丑己	12 14	申庚	11 14	寅庚	10 16	酉辛	9 17	辰壬	8 18	戌壬
初九	1 13	寅庚	12 15	酉辛	11 15	卯辛	10 17	戌壬	9 18	巳癸	8 19	亥癸
初十	1 14	卯辛	12 16	戌壬	11 16	辰壬	10 18	亥癸	9 19	午甲	8 20	子甲
十一	1 15	辰壬	12 17	亥癸	11 17	巳癸	10 19	子甲	9 20	未乙	8 21	丑乙
十二	1 16	巳癸	12 18	子甲	11 18	午甲	10 20	丑乙	9 21	申丙	8 22	寅丙
十三	1 17	午甲	12 19	丑乙	11 19	未乙	10 21	寅丙	9 22	酉丁	8 23	卯丁
十四	1 18	未乙	12 20	寅丙	11 20	申丙	10 22	卯丁	9 23	戌戊	8 24	辰戊
十五	1 19	申丙	12 21	卯丁	11 21	酉丁	10 23	辰戊	9 24	亥己	8 25	巳己
十六	1 20	酉丁	12 22	辰戊	11 22	戌戊	10 24	巳己	9 25	子庚	8 26	午庚
十七	1 21	戌戊	12 23	巳己	11 23	亥己	10 25	午庚	9 26	丑辛	8 27	未辛
十八	1 22	亥己	12 24	午庚	11 24	子庚	10 26	未辛	9 27	寅壬	8 28	申壬
十九	1 23	子庚	12 25	未辛	11 25	丑辛	10 27	申壬	9 28	卯癸	8 29	酉癸
二十	1 24	丑辛	12 26	申壬	11 26	寅壬	10 28	酉癸	9 29	辰甲	8 30	戌甲
廿一	1 25	寅壬	12 27	酉癸	11 27	卯癸	10 29	戌甲	9 30	巳乙	8 31	亥乙
廿二	1 26	卯癸	12 28	戌甲	11 28	辰甲	10 30	亥乙	10 1	午丙	9 1	子丙
廿三	1 27	辰甲	12 29	亥乙	11 29	巳乙	10 31	子丙	10 2	未丁	9 2	丑丁
廿四	1 28	巳乙	12 30	子丙	11 30	午丙	11 1	丑丁	10 3	申戊	9 3	寅戊
廿五	1 29	午丙	12 31	丑丁	12 1	未丁	11 2	寅戊	10 4	酉己	9 4	卯己
廿六	1 30	未丁	1 1	寅戊	12 2	申戊	11 3	卯己	10 5	戌庚	9 5	辰庚
廿七	1 31	申戊	1 2	卯己	12 3	酉己	11 4	辰庚	10 6	亥辛	9 6	巳辛
廿八	2 1	酉己	1 3	辰庚	12 4	戌庚	11 5	巳辛	10 7	子壬	9 7	午壬
廿九	2 2	戌庚	1 4	巳辛	12 5	亥辛	11 6	午壬	10 8	丑癸	9 8	未癸
三十	2 3	亥辛	乙太		12 6	子壬	易天		尋搜格落部		9 9	申甲

西元二〇三八年

歲次戊午

民國一二七年
太歲姓姚名黎

納音屬火
生肖屬馬

年七赤星
牛宿值年

月 六		月 五		月 四		月 三		月 二		月 正		別月
未 己		午 戊		巳 丁		辰 丙		卯 乙		寅 甲		柱月
碧 三		綠 四		黃 五		白 六		赤 七		白 八		白紫
/23	7/7	6/21	6/5	5/21	5/5	4/20	4/5	3/20	3/5	2/18	2/4	節氣時間
二廿	六初	九十	三初	八十	二初	六十	一初	五十	十三	五十	一初	
[illegible]時9分 大暑子時	7時32分 小暑辰時	14時9分 夏至未時	21時25分 芒種亥時	6時22分 小滿卯時	17時31分 立夏酉時	7時28分 穀雨辰時	0時29分 清明子時	20時40分 春分戌時	19時55分 驚蟄戌時	21時52分 雨水亥時	2時3分 立春丑時	
曆陽	柱日	曆陽	柱日	曆陽	柱日	曆陽	柱日	曆陽	柱日	曆陽	柱日	曆農
2	辰庚	6 3	亥辛	5 4	巳辛	4 5	子壬	3 6	午壬	2 4	子壬	一初
3	巳辛	6 4	子壬	5 5	午壬	4 6	丑癸	3 7	未癸	2 5	丑癸	二初
4	午壬	6 5	丑癸	5 6	未癸	4 7	寅甲	3 8	申甲	2 6	寅甲	三初
5	未癸	6 6	寅甲	5 7	申甲	4 8	卯乙	3 9	酉乙	2 7	卯乙	四初
6	申甲	6 7	卯乙	5 8	酉乙	4 9	辰丙	3 10	戌丙	2 8	辰丙	五初
7	酉乙	6 8	辰丙	5 9	戌丙	4 10	巳丁	3 11	亥丁	2 9	巳丁	六初
8	戌丙	6 9	巳丁	5 10	亥丁	4 11	午戊	3 12	子戊	2 10	午戊	七初
9	亥丁	6 10	午戊	5 11	子戊	4 12	未己	3 13	丑己	2 11	未己	八初
10	子戊	6 11	未己	5 12	丑己	4 13	申庚	3 14	寅庚	2 12	申庚	九初
11	丑己	6 12	申庚	5 13	寅庚	4 14	酉辛	3 15	卯辛	2 13	酉辛	十初
12	寅庚	6 13	酉辛	5 14	卯辛	4 15	戌壬	3 16	辰壬	2 14	戌壬	一十
13	卯辛	6 14	戌壬	5 15	辰壬	4 16	亥癸	3 17	巳癸	2 15	亥癸	二十
14	辰壬	6 15	亥癸	5 16	巳癸	4 17	子甲	3 18	午甲	2 16	子甲	三十
15	巳癸	6 16	子甲	5 17	午甲	4 18	丑乙	3 19	未乙	2 17	丑乙	四十
16	午甲	6 17	丑乙	5 18	未乙	4 19	寅丙	3 20	申丙	2 18	寅丙	五十
17	未乙	6 18	寅丙	5 19	申丙	4 20	卯丁	3 21	酉丁	2 19	卯丁	六十
7 18	申丙	6 19	卯丁	5 20	酉丁	4 21	辰戊	3 22	戌戊	2 20	辰戊	七十
7 19	酉丁	6 20	辰戊	5 21	戌戊	4 22	巳己	3 23	亥己	2 21	巳己	八十
7 20	戌戊	6 21	巳己	5 22	亥己	4 23	午庚	3 24	子庚	2 22	午庚	九十
7 21	亥己	6 22	午庚	5 23	子庚	4 24	未辛	3 25	丑辛	2 23	未辛	十二
7 22	子庚	6 23	未辛	5 24	丑辛	4 25	申壬	3 26	寅壬	2 24	申壬	一廿
7 23	丑辛	6 24	申壬	5 25	寅壬	4 26	酉癸	3 27	卯癸	2 25	酉癸	二廿
7 24	寅壬	6 25	酉癸	5 26	卯癸	4 27	戌甲	3 28	辰甲	2 26	戌甲	三廿
7 25	卯癸	6 26	戌甲	5 27	辰甲	4 28	亥乙	3 29	巳乙	2 27	亥乙	四廿
7 26	辰甲	6 27	亥乙	5 28	巳乙	4 29	子丙	3 30	午丙	2 28	子丙	五廿
7 27	巳乙	6 28	子丙	5 29	午丙	4 30	丑丁	3 31	未丁	3 1	丑丁	六廿
7 28	午丙	6 29	丑丁	5 30	未丁	5 1	寅戊	4 1	申戊	3 2	寅戊	七廿
7 29	未丁	6 30	寅戊	5 31	申戊	5 2	卯己	4 2	酉己	3 3	卯己	八廿
7 30	申戊	7 1	卯己	6 1	酉己	5 3	辰庚	4 3	戌庚	3 4	辰庚	九廿
7 31	酉己	乙太		6 2	戌庚	易天		4 4	亥辛	3 5	巳辛	十三

月別	月二十		月一十		月十		月九		月八		月七	
月柱	丑乙		子甲		亥癸		戌壬		酉辛		申庚	
紫白	白六		赤七		白八		紫九		白一		黑二	
節氣時間	1/20	1/5	12/22	12/7	11/22	11/7	10/23	10/8	9/23	9/7	8/23	8/7
	六廿	一十	七廿	二十	六廿	一十	五廿	十初	五廿	九初	三廿	七初
	13時43分 大寒未時	20時16分 小寒戌時	3時2分 冬至寅時	8時56分 大雪辰時	13時31分 小雪未時	15時50分 立冬申時	15時40分 霜降申時	12時21分 寒露午時	6時2分 秋分卯時	20時26分 白露戌時	8時10分 處暑辰時	17時21分 立秋酉時
農曆	曆陽	柱日	曆陽	柱日	曆陽	柱日	曆陽	柱日	曆陽	柱日	曆陽	柱日
初一	12 26	丑丁	11 26	未丁	10 28	寅戊	9 29	酉己	8 30	卯己	8 1	戌庚
初二	12 27	寅戊	11 27	申戊	10 29	卯己	9 30	戌庚	8 31	辰庚	8 2	亥辛
初三	12 28	卯己	11 28	酉己	10 30	辰庚	10 1	亥辛	9 1	巳辛	8 3	子壬
初四	12 29	辰庚	11 29	戌庚	10 31	巳辛	10 2	子壬	9 2	午壬	8 4	丑癸
初五	12 30	巳辛	11 30	亥辛	11 1	午壬	10 3	丑癸	9 3	未癸	8 5	寅甲
初六	12 31	午壬	12 1	子壬	11 2	未癸	10 4	寅甲	9 4	申甲	8 6	卯乙
初七	1 1	未癸	12 2	丑癸	11 3	申甲	10 5	卯乙	9 5	酉乙	8 7	辰丙
初八	1 2	申甲	12 3	寅甲	11 4	酉乙	10 6	辰丙	9 6	戌丙	8 8	巳丁
初九	1 3	酉乙	12 4	卯乙	11 5	戌丙	10 7	巳丁	9 7	亥丁	8 9	午戊
初十	1 4	戌丙	12 5	辰丙	11 6	亥丁	10 8	午戊	9 8	子戊	8 10	未己
十一	1 5	亥丁	12 6	巳丁	11 7	子戊	10 9	未己	9 9	丑己	8 11	申庚
十二	1 6	子戊	12 7	午戊	11 8	丑己	10 10	申庚	9 10	寅庚	8 12	酉辛
十三	1 7	丑己	12 8	未己	11 9	寅庚	10 11	酉辛	9 11	卯辛	8 13	戌壬
十四	1 8	寅庚	12 9	申庚	11 10	卯辛	10 12	戌壬	9 12	辰壬	8 14	亥癸
十五	1 9	卯辛	12 10	酉辛	11 11	辰壬	10 13	亥癸	9 13	巳癸	8 15	子甲
十六	1 10	辰壬	12 11	戌壬	11 12	巳癸	10 14	子甲	9 14	午甲	8 16	丑乙
十七	1 11	巳癸	12 12	亥癸	11 13	午甲	10 15	丑乙	9 15	未乙	8 17	寅丙
十八	1 12	午甲	12 13	子甲	11 14	未乙	10 16	寅丙	9 16	申丙	8 18	卯丁
十九	1 13	未乙	12 14	丑乙	11 15	申丙	10 17	卯丁	9 17	酉丁	8 19	辰戊
二十	1 14	申丙	12 15	寅丙	11 16	酉丁	10 18	辰戊	9 18	戌戊	8 20	巳己
廿一	1 15	酉丁	12 16	卯丁	11 17	戌戊	10 19	巳己	9 19	亥己	8 21	午庚
廿二	1 16	戌戊	12 17	辰戊	11 18	亥己	10 20	午庚	9 20	子庚	8 22	未辛
廿三	1 17	亥己	12 18	巳己	11 19	子庚	10 21	未辛	9 21	丑辛	8 23	申壬
廿四	1 18	子庚	12 19	午庚	11 20	丑辛	10 22	申壬	9 22	寅壬	8 24	酉癸
廿五	1 19	丑辛	12 20	未辛	11 21	寅壬	10 23	酉癸	9 23	卯癸	8 25	戌甲
廿六	1 20	寅壬	12 21	申壬	11 22	卯癸	10 24	戌甲	9 24	辰甲	8 26	亥乙
廿七	1 21	卯癸	12 22	酉癸	11 23	辰甲	10 25	亥乙	9 25	巳乙	8 27	子丙
廿八	1 22	辰甲	12 23	戌甲	11 24	巳乙	10 26	子丙	9 26	午丙	8 28	丑丁
廿九	1 23	巳乙	12 24	亥乙	11 25	午丙	10 27	丑丁	9 27	未丁	8 29	寅戊
三十	乙太		12 25	子丙	易天		業事化文乙太		9 28	申戊	尋搜格落部	

月	六	月五閏		月	五	月	四	月	三	月	二	月	正	別月
未	辛			午	庚	巳	己	辰	戊	卯	丁	寅	丙	柱月
紫	九			白	一	黑	二	碧	三	綠	四	黃	五	白紫
/7	7/23		7/7	6/21	6/6	5/21	5/5	4/20	4/5	3/21	3/6	2/19	2/4	節氣時間
十	三初		六十	十三	五十	九廿	三十	七廿	二十	七廿	二十	七廿	二十	
立秋子時	大暑卯時 6時48分		小暑未時 13時26分	夏至戌時 19時57分	芒種寅時 3時15分	小滿午時 12時10分	立夏子時 23時18分	穀雨未時 13時17分	清明卯時 6時15分	春分丑時 2時31分	驚蟄丑時 1時42分	雨水寅時 3時45分	立春辰時 7時52分	
曆陽	柱日	曆陽	柱日	曆陽	柱日	曆陽	柱日	曆陽	柱日	曆陽	柱日	曆陽	柱日	曆農
21	辰甲	6 22	亥乙	5 23	巳乙	4 23	亥乙	3 25	午丙	2 23	子丙	1 24	午丙	一初
22	巳乙	6 23	子丙	5 24	午丙	4 24	子丙	3 26	未丁	2 24	丑丁	1 25	未丁	二初
23	午丙	6 24	丑丁	5 25	未丁	4 25	丑丁	3 27	申戊	2 25	寅戊	1 26	申戊	三初
24	未丁	6 25	寅戊	5 26	申戊	4 26	寅戊	3 28	酉己	2 26	卯己	1 27	酉己	四初
25	申戊	6 26	卯己	5 27	酉己	4 27	卯己	3 29	戌庚	2 27	辰庚	1 28	戌庚	五初
26	酉己	6 27	辰庚	5 28	戌庚	4 28	辰庚	3 30	亥辛	2 28	巳辛	1 29	亥辛	六初
27	戌庚	6 28	巳辛	5 29	亥辛	4 29	巳辛	3 31	子壬	3 1	午壬	1 30	子壬	七初
28	亥辛	6 29	午壬	5 30	子壬	4 30	午壬	4 1	丑癸	3 2	未癸	1 31	丑癸	八初
29	子壬	6 30	未癸	5 31	丑癸	5 1	未癸	4 2	寅甲	3 3	申甲	2 1	寅甲	九初
30	丑癸	7 1	申甲	6 1	寅甲	5 2	申甲	4 3	卯乙	3 4	酉乙	2 2	卯乙	十初
31	寅甲	7 2	酉乙	6 2	卯乙	5 3	酉乙	4 4	辰丙	3 5	戌丙	2 3	辰丙	一十
1	卯乙	7 3	戌丙	6 3	辰丙	5 4	戌丙	4 5	巳丁	3 6	亥丁	2 4	巳丁	二十
2	辰丙	7 4	亥丁	6 4	巳丁	5 5	亥丁	4 6	午戊	3 7	子戊	2 5	午戊	三十
3	巳丁	7 5	子戊	6 5	午戊	5 6	子戊	4 7	未己	3 8	丑己	2 6	未己	四十
4	午戊	7 6	丑己	6 6	未己	5 7	丑己	4 8	申庚	3 9	寅庚	2 7	申庚	五十
5	未己	7 7	寅庚	6 7	申庚	5 8	寅庚	4 9	酉辛	3 10	卯辛	2 8	酉辛	六十
6	申庚	7 8	卯辛	6 8	酉辛	5 9	卯辛	4 10	戌壬	3 11	辰壬	2 9	戌壬	七十
7	酉辛	7 9	辰壬	6 9	戌壬	5 10	辰壬	4 11	亥癸	3 12	巳癸	2 10	亥癸	八十
8	戌壬	7 10	巳癸	6 10	亥癸	5 11	巳癸	4 12	子甲	3 13	午甲	2 11	子甲	九十
9	亥癸	7 11	午甲	6 11	子甲	5 12	午甲	4 13	丑乙	3 14	未乙	2 12	丑乙	十二
10	子甲	7 12	未乙	6 12	丑乙	5 13	未乙	4 14	寅丙	3 15	申丙	2 13	寅丙	一廿
11	丑乙	7 13	申丙	6 13	寅丙	5 14	申丙	4 15	卯丁	3 16	酉丁	2 14	卯丁	二廿
12	寅丙	7 14	酉丁	6 14	卯丁	5 15	酉丁	4 16	辰戊	3 17	戌戊	2 15	辰戊	三廿
13	卯丁	7 15	戌戊	6 15	辰戊	5 16	戌戊	4 17	巳己	3 18	亥己	2 16	巳己	四廿
14	辰戊	7 16	亥己	6 16	巳己	5 17	亥己	4 18	午庚	3 19	子庚	2 17	午庚	五廿
15	巳己	7 17	子庚	6 17	午庚	5 18	子庚	4 19	未辛	3 20	丑辛	2 18	未辛	六廿
16	午庚	7 18	丑辛	6 18	未辛	5 19	丑辛	4 20	申壬	3 21	寅壬	2 19	申壬	七廿
17	未辛	7 19	寅壬	6 19	申壬	5 20	寅壬	4 21	酉癸	3 22	卯癸	2 20	酉癸	八廿
18	申壬	7 20	卯癸	6 20	酉癸	5 21	卯癸	4 22	戌甲	3 23	辰甲	2 21	戌甲	九廿
19	酉癸	乙太		6 21	戌甲	5 22	辰甲	易天		3 24	巳乙	2 22	亥乙	十三

西元二〇三九年

歲次己未

民國一二八年

太歲姓傅名稅

納音屬火

生肖屬羊

年六白星

女宿值年

月別	月二十		月一十		月十		月九		月八		月七	
月柱	丑丁		子丙		亥乙		戌甲		酉癸		申壬	
紫白	碧三		綠四		黃五		白六		赤七		白八	
節氣時間	2/4	1/20	1/6	12/22	12/7	11/22	11/7	10/23	10/8	9/23	9/8	8/23
	二廿	七初	二廿	七初	二廿	七初	一廿	六初	一廿	六初	十二	四初
	13時39分 立春未時	19時21分 大寒戌時	2時3分 小寒丑時	8時40分 冬至辰時	14時44分 大雪未時	19時12分 小雪戌時	21時42分 立冬亥時	21時24分 霜降亥時	18時17分 寒露酉時	11時49分 秋分午時	2時23分 白露丑時	13時58分 處暑未時
農曆	曆陽	柱日	曆陽	柱日	曆陽	柱日	曆陽	柱日	曆陽	柱日	曆陽	柱日
初一	1 14	丑辛	12 16	申壬	11 16	寅壬	10 18	酉癸	9 18	卯癸	8 20	戌甲
初二	1 15	寅壬	12 17	酉癸	11 17	卯癸	10 19	戌甲	9 19	辰甲	8 21	亥乙
初三	1 16	卯癸	12 18	戌甲	11 18	辰甲	10 20	亥乙	9 20	巳乙	8 22	子丙
初四	1 17	辰甲	12 19	亥乙	11 19	巳乙	10 21	子丙	9 21	午丙	8 23	丑丁
初五	1 18	巳乙	12 20	子丙	11 20	午丙	10 22	丑丁	9 22	未丁	8 24	寅戊
初六	1 19	午丙	12 21	丑丁	11 21	未丁	10 23	寅戊	9 23	申戊	8 25	卯己
初七	1 20	未丁	12 22	寅戊	11 22	申戊	10 24	卯己	9 24	酉己	8 26	辰庚
初八	1 21	申戊	12 23	卯己	11 23	酉己	10 25	辰庚	9 25	戌庚	8 27	巳辛
初九	1 22	酉己	12 24	辰庚	11 24	戌庚	10 26	巳辛	9 26	亥辛	8 28	午壬
初十	1 23	戌庚	12 25	巳辛	11 25	亥辛	10 27	午壬	9 27	子壬	8 29	未癸
十一	1 24	亥辛	12 26	午壬	11 26	子壬	10 28	未癸	9 28	丑癸	8 30	申甲
十二	1 25	子壬	12 27	未癸	11 27	丑癸	10 29	申甲	9 29	寅甲	8 31	酉乙
十三	1 26	丑癸	12 28	申甲	11 28	寅甲	10 30	酉乙	9 30	卯乙	9 1	戌丙
十四	1 27	寅甲	12 29	酉乙	11 29	卯乙	10 31	戌丙	10 1	辰丙	9 2	亥丁
十五	1 28	卯乙	12 30	戌丙	11 30	辰丙	11 1	亥丁	10 2	巳丁	9 3	子戊
十六	1 29	辰丙	12 31	亥丁	12 1	巳丁	11 2	子戊	10 3	午戊	9 4	丑己
十七	1 30	巳丁	1 1	子戊	12 2	午戊	11 3	丑己	10 4	未己	9 5	寅庚
十八	1 31	午戊	1 2	丑己	12 3	未己	11 4	寅庚	10 5	申庚	9 6	卯辛
十九	2 1	未己	1 3	寅庚	12 4	申庚	11 5	卯辛	10 6	酉辛	9 7	辰壬
二十	2 2	申庚	1 4	卯辛	12 5	酉辛	11 6	辰壬	10 7	戌壬	9 8	巳癸
廿一	2 3	酉辛	1 5	辰壬	12 6	戌壬	11 7	巳癸	10 8	亥癸	9 9	午甲
廿二	2 4	戌壬	1 6	巳癸	12 7	亥癸	11 8	午甲	10 9	子甲	9 10	未乙
廿三	2 5	亥癸	1 7	午甲	12 8	子甲	11 9	未乙	10 10	丑乙	9 11	申丙
廿四	2 6	子甲	1 8	未乙	12 9	丑乙	11 10	申丙	10 11	寅丙	9 12	酉丁
廿五	2 7	丑乙	1 9	申丙	12 10	寅丙	11 11	酉丁	10 12	卯丁	9 13	戌戊
廿六	2 8	寅丙	1 10	酉丁	12 11	卯丁	11 12	戌戊	10 13	辰戊	9 14	亥己
廿七	2 9	卯丁	1 11	戌戊	12 12	辰戊	11 13	亥己	10 14	巳己	9 15	子庚
廿八	2 10	辰戊	1 12	亥己	12 13	巳己	11 14	子庚	10 15	午庚	9 16	丑辛
廿九	2 11	巳己	1 13	子庚	12 14	午庚	11 15	丑辛	10 16	未辛	9 17	寅壬
三十	乙太		易天		12 15	未辛	業事化文乙太		10 17	申壬	尋搜格落部	

月 六		月 五		月 四		月 三		月 二		月 正		別月
未 癸		午 壬		巳 辛		辰 庚		卯 己		寅 戊		柱月
白 六		赤 七		白 八		紫 九		白 一		黑 二		白紫
3/7	7/22	7/6	6/21	6/5	5/20	5/5	4/19	4/4	3/20	3/5	2/19	節氣時間
十三	四十	七廿	二十	六廿	十初	五廿	九初	三廿	八初	三廿	八初	
…時…分 立秋卯時	12時40分 大暑午時	19時19分 小暑戌時	1時46分 夏至丑時	9時7分 芒種巳時	17時55分 小滿酉時	5時9分 立夏卯時	18時59分 穀雨酉時	12時5分 清明午時	8時11分 春分辰時	7時31分 驚蟄辰時	9時23分 雨水巳時	
曆陽	柱日	曆陽	柱日	曆陽	柱日	曆陽	柱日	曆陽	柱日	曆陽	柱日	曆農
7 9	戌戊	6 10	巳己	5 11	亥己	4 11	巳己	3 13	子庚	2 12	午庚	一初
7 10	亥己	6 11	午庚	5 12	子庚	4 12	午庚	3 14	丑辛	2 13	未辛	二初
7 11	子庚	6 12	未辛	5 13	丑辛	4 13	未辛	3 15	寅壬	2 14	申壬	三初
7 12	丑辛	6 13	申壬	5 14	寅壬	4 14	申壬	3 16	卯癸	2 15	酉癸	四初
7 13	寅壬	6 14	酉癸	5 15	卯癸	4 15	酉癸	3 17	辰甲	2 16	戌甲	五初
7 14	卯癸	6 15	戌甲	5 16	辰甲	4 16	戌甲	3 18	巳乙	2 17	亥乙	六初
7 15	辰甲	6 16	亥乙	5 17	巳乙	4 17	亥乙	3 19	午丙	2 18	子丙	七初
7 16	巳乙	6 17	子丙	5 18	午丙	4 18	子丙	3 20	未丁	2 19	丑丁	八初
7 17	午丙	6 18	丑丁	5 19	未丁	4 19	丑丁	3 21	申戊	2 20	寅戊	九初
7 18	未丁	6 19	寅戊	5 20	申戊	4 20	寅戊	3 22	酉己	2 21	卯己	十初
7 19	申戊	6 20	卯己	5 21	酉己	4 21	卯己	3 23	戌庚	2 22	辰庚	一十
7 20	酉己	6 21	辰庚	5 22	戌庚	4 22	辰庚	3 24	亥辛	2 23	巳辛	二十
7 21	戌庚	6 22	巳辛	5 23	亥辛	4 23	巳辛	3 25	子壬	2 24	午壬	三十
7 22	亥辛	6 23	午壬	5 24	子壬	4 24	午壬	3 26	丑癸	2 25	未癸	四十
7 23	子壬	6 24	未癸	5 25	丑癸	4 25	未癸	3 27	寅甲	2 26	申甲	五十
7 24	丑癸	6 25	申甲	5 26	寅甲	4 26	申甲	3 28	卯乙	2 27	酉乙	六十
7 25	寅甲	6 26	酉乙	5 27	卯乙	4 27	酉乙	3 29	辰丙	2 28	戌丙	七十
7 26	卯乙	6 27	戌丙	5 28	辰丙	4 28	戌丙	3 30	巳丁	2 29	亥丁	八十
7 27	辰丙	6 28	亥丁	5 29	巳丁	4 29	亥丁	3 31	午戊	3 1	子戊	九十
7 28	巳丁	6 29	子戊	5 30	午戊	4 30	子戊	4 1	未己	3 2	丑己	十二
7 29	午戊	6 30	丑己	5 31	未己	5 1	丑己	4 2	申庚	3 3	寅庚	一廿
7 30	未己	7 1	寅庚	6 1	申庚	5 2	寅庚	4 3	酉辛	3 4	卯辛	二廿
7 31	申庚	7 2	卯辛	6 2	酉辛	5 3	卯辛	4 4	戌壬	3 5	辰壬	三廿
8 1	酉辛	7 3	辰壬	6 3	戌壬	5 4	辰壬	4 5	亥癸	3 6	巳癸	四廿
8 2	戌壬	7 4	巳癸	6 4	亥癸	5 5	巳癸	4 6	子甲	3 7	午甲	五廿
8 3	亥癸	7 5	午甲	6 5	子甲	5 6	午甲	4 7	丑乙	3 8	未乙	六廿
8 4	子甲	7 6	未乙	6 6	丑乙	5 7	未乙	4 8	寅丙	3 9	申丙	七廿
8 5	丑乙	7 7	申丙	6 7	寅丙	5 8	申丙	4 9	卯丁	3 10	酉丁	八廿
8 6	寅丙	7 8	酉丁	6 8	卯丁	5 9	酉丁	4 10	辰戊	3 11	戌戊	九廿
8 7	卯丁	乙太		6 9	辰戊	5 10	戌戊	易天		3 12	亥己	十三

西元二〇四〇年

歲次 庚申

民國一二九年

太歲姓毛名倖

納音屬木

生肖屬猴

年五黃星

虛宿值年

月別	月 二 十		月 一 十		月 十		月 九		月 八		月 七	
月柱	丑 己		子 戊		亥 丁		戌 丙		酉 乙		申 甲	
紫白	紫 九		白 一		黑 二		碧 三		綠 四		黃 五	
節氣時間	1/20	1/5	12/21	12/6	11/22	11/7	10/23	10/8	9/22	9/7		8/22
	八十	三初	八十	三初	八十	三初	八十	三初	七十	二初		五十
	大寒丑時 1時13分	小寒辰時 7時47分	冬至未時 14時32分	大雪戌時 20時29分	小雪丑時 1時5分	立冬寅時 3時29分	霜降寅時 3時19分	寒露子時 0時5分	秋分酉時 17時44分	白露辰時 8時13分		處暑戌時 19時53分
農曆	曆陽	柱日	曆陽	柱日	曆陽	柱日	曆陽	柱日	曆陽	柱日	曆陽	柱日
初一	1 3	申丙	12 4	寅丙	11 5	酉丁	10 6	卯丁	9 6	酉丁	8 8	辰戊
初二	1 4	酉丁	12 5	卯丁	11 6	戌戊	10 7	辰戊	9 7	戌戊	8 9	巳己
初三	1 5	戌戊	12 6	辰戊	11 7	亥己	10 8	巳己	9 8	亥己	8 10	午庚
初四	1 6	亥己	12 7	巳己	11 8	子庚	10 9	午庚	9 9	子庚	8 11	未辛
初五	1 7	子庚	12 8	午庚	11 9	丑辛	10 10	未辛	9 10	丑辛	8 12	申壬
初六	1 8	丑辛	12 9	未辛	11 10	寅壬	10 11	申壬	9 11	寅壬	8 13	酉癸
初七	1 9	寅壬	12 10	申壬	11 11	卯癸	10 12	酉癸	9 12	卯癸	8 14	戌甲
初八	1 10	卯癸	12 11	酉癸	11 12	辰甲	10 13	戌甲	9 13	辰甲	8 15	亥乙
初九	1 11	辰甲	12 12	戌甲	11 13	巳乙	10 14	亥乙	9 14	巳乙	8 16	子丙
初十	1 12	巳乙	12 13	亥乙	11 14	午丙	10 15	子丙	9 15	午丙	8 17	丑丁
十一	1 13	午丙	12 14	子丙	11 15	未丁	10 16	丑丁	9 16	未丁	8 18	寅戊
十二	1 14	未丁	12 15	丑丁	11 16	申戊	10 17	寅戊	9 17	申戊	8 19	卯己
十三	1 15	申戊	12 16	寅戊	11 17	酉己	10 18	卯己	9 18	酉己	8 20	辰庚
十四	1 16	酉己	12 17	卯己	11 18	戌庚	10 19	辰庚	9 19	戌庚	8 21	巳辛
十五	1 17	戌庚	12 18	辰庚	11 19	亥辛	10 20	巳辛	9 20	亥辛	8 22	午壬
十六	1 18	亥辛	12 19	巳辛	11 20	子壬	10 21	午壬	9 21	子壬	8 23	未癸
十七	1 19	子壬	12 20	午壬	11 21	丑癸	10 22	未癸	9 22	丑癸	8 24	申甲
十八	1 20	丑癸	12 21	未癸	11 22	寅甲	10 23	申甲	9 23	寅甲	8 25	酉乙
十九	1 21	寅甲	12 22	申甲	11 23	卯乙	10 24	酉乙	9 24	卯乙	8 26	戌丙
二十	1 22	卯乙	12 23	酉乙	11 24	辰丙	10 25	戌丙	9 25	辰丙	8 27	亥丁
廿一	1 23	辰丙	12 24	戌丙	11 25	巳丁	10 26	亥丁	9 26	巳丁	8 28	子戊
廿二	1 24	巳丁	12 25	亥丁	11 26	午戊	10 27	子戊	9 27	午戊	8 29	丑己
廿三	1 25	午戊	12 26	子戊	11 27	未己	10 28	丑己	9 28	未己	8 30	寅庚
廿四	1 26	未己	12 27	丑己	11 28	申庚	10 29	寅庚	9 29	申庚	8 31	卯辛
廿五	1 27	申庚	12 28	寅庚	11 29	酉辛	10 30	卯辛	9 30	酉辛	9 1	辰壬
廿六	1 28	酉辛	12 29	卯辛	11 30	戌壬	10 31	辰壬	10 1	戌壬	9 2	巳癸
廿七	1 29	戌壬	12 30	辰壬	12 1	亥癸	11 1	巳癸	10 2	亥癸	9 3	午甲
廿八	1 30	亥癸	12 31	巳癸	12 2	子甲	11 2	午甲	10 3	子甲	9 4	未乙
廿九	1 31	子甲	1 1	午甲	12 3	丑乙	11 3	未乙	10 4	丑乙	9 5	申丙
三十	乙太		1 2	未乙	易天		11 4	申丙	10 5	寅丙	尋搜格落部	

西元二○四一年 歲次辛酉

民國一三○年

太歲姓文名政

納音屬木

生肖屬雞

年四綠星

危宿值年

月六		月五		月四		月三		月二		月正		別月
未乙		午甲		巳癸		辰壬		卯辛		寅庚		柱月
碧三		綠四		黃五		白六		赤七		白八		白紫
/22	7/7	6/21	6/5	5/20	5/5	4/20	4/4	3/20	3/5	2/18	2/3	節氣時間
廿	十初	三廿	七初	一廿	六初	十二	四初	九十	四初	八十	三初	
大暑酉時	0時58分 小暑子時	7時35分 夏至辰時	14時49分 芒種未時	23時48分 小滿子時	10時54分 立夏巳時	0時54分 穀雨子時	17時52分 清明酉時	14時6分 春分未時	13時17分 驚蟄未時	15時17分 雨水申時	19時25分 立春戌時	
曆陽	柱日	曆陽	柱日	曆陽	柱日	曆陽	柱日	曆陽	柱日	曆陽	柱日	曆農
28	辰壬	5 30	亥癸	4 30	巳癸	4 1	子甲	3 2	午甲	2 1	丑乙	一初
29	巳癸	5 31	子甲	5 1	午甲	4 2	丑乙	3 3	未乙	2 2	寅丙	二初
30	午甲	6 1	丑乙	5 2	未乙	4 3	寅丙	3 4	申丙	2 3	卯丁	三初
1	未乙	6 2	寅丙	5 3	申丙	4 4	卯丁	3 5	酉丁	2 4	辰戊	四初
2	申丙	6 3	卯丁	5 4	酉丁	4 5	辰戊	3 6	戌戊	2 5	巳己	五初
3	酉丁	6 4	辰戊	5 5	戌戊	4 6	巳己	3 7	亥己	2 6	午庚	六初
4	戌戊	6 5	巳己	5 6	亥己	4 7	午庚	3 8	子庚	2 7	未辛	七初
5	亥己	6 6	午庚	5 7	子庚	4 8	未辛	3 9	丑辛	2 8	申壬	八初
6	子庚	6 7	未辛	5 8	丑辛	4 9	申壬	3 10	寅壬	2 9	酉癸	九初
7	丑辛	6 8	申壬	5 9	寅壬	4 10	酉癸	3 11	卯癸	2 10	戌甲	十初
8	寅壬	6 9	酉癸	5 10	卯癸	4 11	戌甲	3 12	辰甲	2 11	亥乙	一十
9	卯癸	6 10	戌甲	5 11	辰甲	4 12	亥乙	3 13	巳乙	2 12	子丙	二十
10	辰甲	6 11	亥乙	5 12	巳乙	4 13	子丙	3 14	午丙	2 13	丑丁	三十
11	巳乙	6 12	子丙	5 13	午丙	4 14	丑丁	3 15	未丁	2 14	寅戊	四十
12	午丙	6 13	丑丁	5 14	未丁	4 15	寅戊	3 16	申戊	2 15	卯己	五十
13	未丁	6 14	寅戊	5 15	申戊	4 16	卯己	3 17	酉己	2 16	辰庚	六十
14	申戊	6 15	卯己	5 16	酉己	4 17	辰庚	3 18	戌庚	2 17	巳辛	七十
15	酉己	6 16	辰庚	5 17	戌庚	4 18	巳辛	3 19	亥辛	2 18	午壬	八十
16	戌庚	6 17	巳辛	5 18	亥辛	4 19	午壬	3 20	子壬	2 19	未癸	九十
17	亥辛	6 18	午壬	5 19	子壬	4 20	未癸	3 21	丑癸	2 20	申甲	十二
18	子壬	6 19	未癸	5 20	丑癸	4 21	申甲	3 22	寅甲	2 21	酉乙	一廿
19	丑癸	6 20	申甲	5 21	寅甲	4 22	酉乙	3 23	卯乙	2 22	戌丙	二廿
20	寅甲	6 21	酉乙	5 22	卯乙	4 23	戌丙	3 24	辰丙	2 23	亥丁	三廿
21	卯乙	6 22	戌丙	5 23	辰丙	4 24	亥丁	3 25	巳丁	2 24	子戊	四廿
22	辰丙	6 23	亥丁	5 24	巳丁	4 25	子戊	3 26	午戊	2 25	丑己	五廿
23	巳丁	6 24	子戊	5 25	午戊	4 26	丑己	3 27	未己	2 26	寅庚	六廿
24	午戊	6 25	丑己	5 26	未己	4 27	寅庚	3 28	申庚	2 27	卯辛	七廿
25	未己	6 26	寅庚	5 27	申庚	4 28	卯辛	3 29	酉辛	2 28	辰壬	八廿
26	申庚	6 27	卯辛	5 28	酉辛	4 29	辰壬	3 30	戌壬	3 1	巳癸	九廿
27	酉辛	乙太		5 29	戌壬	易天		3 31	亥癸	尋搜格落部		十三

月別	十二月		十一月		十月		九月		八月		七月	
月柱	辛丑		庚子		己亥		戊戌		丁酉		丙申	
紫白	六白		七赤		八白		九紫		一白		二黑	
節氣時間	1/20	1/5	12/21	12/7	11/22	11/7	10/23	10/8	9/22	9/7	8/23	8/7
	廿九	十四	廿八	十四	廿九	十四	廿九	十四	廿七	十二	廿七	十一
	大寒 6時59分 卯時	小寒 13時34分 未時	冬至 20時18分 戌時	大雪 2時15分 丑時	小雪 6時49分 卯時	立冬 9時12分 巳時	霜降 9時1分 巳時	寒露 5時46分 卯時	秋分 23時26分 子時	白露 13時53分 未時	處暑 1時36分 丑時	立秋 10時48分 巳時
農曆	陽曆	日柱	陽曆	日柱	陽曆	日柱	陽曆	日柱	陽曆	日柱	陽曆	日柱
初一	12 23	庚寅	11 24	辛酉	10 25	辛卯	9 25	辛酉	8 27	壬辰	7 28	壬戌
初二	12 24	辛卯	11 25	壬戌	10 26	壬辰	9 26	壬戌	8 28	癸巳	7 29	癸亥
初三	12 25	壬辰	11 26	癸亥	10 27	癸巳	9 27	癸亥	8 29	甲午	7 30	甲子
初四	12 26	癸巳	11 27	甲子	10 28	甲午	9 28	甲子	8 30	乙未	7 31	乙丑
初五	12 27	甲午	11 28	乙丑	10 29	乙未	9 29	乙丑	8 31	丙申	8 1	丙寅
初六	12 28	乙未	11 29	丙寅	10 30	丙申	9 30	丙寅	9 1	丁酉	8 2	丁卯
初七	12 29	丙申	11 30	丁卯	10 31	丁酉	10 1	丁卯	9 2	戊戌	8 3	戊辰
初八	12 30	丁酉	12 1	戊辰	11 1	戊戌	10 2	戊辰	9 3	己亥	8 4	己巳
初九	12 31	戊戌	12 2	己巳	11 2	己亥	10 3	己巳	9 4	庚子	8 5	庚午
初十	1 1	己亥	12 3	庚午	11 3	庚子	10 4	庚午	9 5	辛丑	8 6	辛未
十一	1 2	庚子	12 4	辛未	11 4	辛丑	10 5	辛未	9 6	壬寅	8 7	壬申
十二	1 3	辛丑	12 5	壬申	11 5	壬寅	10 6	壬申	9 7	癸卯	8 8	癸酉
十三	1 4	壬寅	12 6	癸酉	11 6	癸卯	10 7	癸酉	9 8	甲辰	8 9	甲戌
十四	1 5	癸卯	12 7	甲戌	11 7	甲辰	10 8	甲戌	9 9	乙巳	8 10	乙亥
十五	1 6	甲辰	12 8	乙亥	11 8	乙巳	10 9	乙亥	9 10	丙午	8 11	丙子
十六	1 7	乙巳	12 9	丙子	11 9	丙午	10 10	丙子	9 11	丁未	8 12	丁丑
十七	1 8	丙午	12 10	丁丑	11 10	丁未	10 11	丁丑	9 12	戊申	8 13	戊寅
十八	1 9	丁未	12 11	戊寅	11 11	戊申	10 12	戊寅	9 13	己酉	8 14	己卯
十九	1 10	戊申	12 12	己卯	11 12	己酉	10 13	己卯	9 14	庚戌	8 15	庚辰
二十	1 11	己酉	12 13	庚辰	11 13	庚戌	10 14	庚辰	9 15	辛亥	8 16	辛巳
廿一	1 12	庚戌	12 14	辛巳	11 14	辛亥	10 15	辛巳	9 16	壬子	8 17	壬午
廿二	1 13	辛亥	12 15	壬午	11 15	壬子	10 16	壬午	9 17	癸丑	8 18	癸未
廿三	1 14	壬子	12 16	癸未	11 16	癸丑	10 17	癸未	9 18	甲寅	8 19	甲申
廿四	1 15	癸丑	12 17	甲申	11 17	甲寅	10 18	甲申	9 19	乙卯	8 20	乙酉
廿五	1 16	甲寅	12 18	乙酉	11 18	乙卯	10 19	乙酉	9 20	丙辰	8 21	丙戌
廿六	1 17	乙卯	12 19	丙戌	11 19	丙辰	10 20	丙戌	9 21	丁巳	8 22	丁亥
廿七	1 18	丙辰	12 20	丁亥	11 20	丁巳	10 21	丁亥	9 22	戊午	8 23	戊子
廿八	1 19	丁巳	12 21	戊子	11 21	戊午	10 22	戊子	9 23	己未	8 24	己丑
廿九	1 20	戊午	12 22	己丑	11 22	己未	10 23	己丑	9 24	庚申	8 25	庚寅
三十	1 21	己未	太乙		11 23	庚申	10 24	庚寅	天易		8 26	辛卯

月六		月五		月四		月三		月二閏		月二		月正		別月
未丁		午丙		巳乙		辰甲				卯癸		寅壬		柱月
紫九		白一		黑二		碧三				綠四		黃五		白紫
/7	7/23	7/7	6/21	6/5	5/21	5/5	4/20		4/4	3/20	3/5	2/18	2/4	節氣時間
二廿	七初	十二	四初	八十	三初	六十	一初		四十	九廿	四十	八廿	四十	
立秋申時	0時6分 大暑子時	6時47分 小暑卯時	13時15分 夏至未時	20時38分 芒種戌時	5時31分 小滿卯時	16時42分 立夏申時	6時39分 穀雨卯時		23時40分 清明子時	19時53分 春分戌時	19時5分 驚蟄戌時	21時4分 雨水亥時	1時12分 立春丑時	
曆陽	柱日	曆陽	柱日	曆陽	柱日	曆陽	柱日	曆陽	柱日	曆陽	柱日	曆陽	柱日	曆農
17	辰丙	6 18	亥丁	5 19	巳丁	4 20	子戊	3 22	未己	2 20	丑己	1 22	申庚	一初
18	巳丁	6 19	子戊	5 20	午戊	4 21	丑己	3 23	申庚	2 21	寅庚	1 23	酉辛	二初
19	午戊	6 20	丑己	5 21	未己	4 22	寅庚	3 24	酉辛	2 22	卯辛	1 24	戌壬	三初
20	未己	6 21	寅庚	5 22	申庚	4 23	卯辛	3 25	戌壬	2 23	辰壬	1 25	亥癸	四初
21	申庚	6 22	卯辛	5 23	酉辛	4 24	辰壬	3 26	亥癸	2 24	巳癸	1 26	子甲	五初
22	酉辛	6 23	辰壬	5 24	戌壬	4 25	巳癸	3 27	子甲	2 25	午甲	1 27	丑乙	六初
23	戌壬	6 24	巳癸	5 25	亥癸	4 26	午甲	3 28	丑乙	2 26	未乙	1 28	寅丙	七初
24	亥癸	6 25	午甲	5 26	子甲	4 27	未乙	3 29	寅丙	2 27	申丙	1 29	卯丁	八初
25	子甲	6 26	未乙	5 27	丑乙	4 28	申丙	3 30	卯丁	2 28	酉丁	1 30	辰戊	九初
26	丑乙	6 27	申丙	5 28	寅丙	4 29	酉丁	3 31	辰戊	3 1	戌戊	1 31	巳己	十初
27	寅丙	6 28	酉丁	5 29	卯丁	4 30	戌戊	4 1	巳己	3 2	亥己	2 1	午庚	一十
28	卯丁	6 29	戌戊	5 30	辰戊	5 1	亥己	4 2	午庚	3 3	子庚	2 2	未辛	二十
29	辰戊	6 30	亥己	5 31	巳己	5 2	子庚	4 3	未辛	3 4	丑辛	2 3	申壬	三十
30	巳己	7 1	子庚	6 1	午庚	5 3	丑辛	4 4	申壬	3 5	寅壬	2 4	酉癸	四十
31	午庚	7 2	丑辛	6 2	未辛	5 4	寅壬	4 5	酉癸	3 6	卯癸	2 5	戌甲	五十
8 1	未辛	7 3	寅壬	6 3	申壬	5 5	卯癸	4 6	戌甲	3 7	辰甲	2 6	亥乙	六十
8 2	申壬	7 4	卯癸	6 4	酉癸	5 6	辰甲	4 7	亥乙	3 8	巳乙	2 7	子丙	七十
8 3	酉癸	7 5	辰甲	6 5	戌甲	5 7	巳乙	4 8	子丙	3 9	午丙	2 8	丑丁	八十
8 4	戌甲	7 6	巳乙	6 6	亥乙	5 8	午丙	4 9	丑丁	3 10	未丁	2 9	寅戊	九十
8 5	亥乙	7 7	午丙	6 7	子丙	5 9	未丁	4 10	寅戊	3 11	申戊	2 10	卯己	十二
8 6	子丙	7 8	未丁	6 8	丑丁	5 10	申戊	4 11	卯己	3 12	酉己	2 11	辰庚	一廿
8 7	丑丁	7 9	申戊	6 9	寅戊	5 11	酉己	4 12	辰庚	3 13	戌庚	2 12	巳辛	二廿
8 8	寅戊	7 10	酉己	6 10	卯己	5 12	戌庚	4 13	巳辛	3 14	亥辛	2 13	午壬	三廿
8 9	卯己	7 11	戌庚	6 11	辰庚	5 13	亥辛	4 14	午壬	3 15	子壬	2 14	未癸	四廿
8 10	辰庚	7 12	亥辛	6 12	巳辛	5 14	子壬	4 15	未癸	3 16	丑癸	2 15	申甲	五廿
8 11	巳辛	7 13	子壬	6 13	午壬	5 15	丑癸	4 16	申甲	3 17	寅甲	2 16	酉乙	六廿
8 12	午壬	7 14	丑癸	6 14	未癸	5 16	寅甲	4 17	酉乙	3 18	卯乙	2 17	戌丙	七廿
8 13	未癸	7 15	寅甲	6 15	申甲	5 17	卯乙	4 18	戌丙	3 19	辰丙	2 18	亥丁	八廿
8 14	申甲	7 16	卯乙	6 16	酉乙	5 18	辰丙	4 19	亥丁	3 20	巳丁	2 19	子戊	九廿
8 15	酉乙	乙太		6 17	戌丙	易天		業事化文乙太		3 21	午戊	尋搜格落部		十三

西元二〇四二年 歲次壬戌

民國一三一年
太歲姓洪名范

納音屬水
生肖屬狗

年三碧星
室宿值年

月別	月二十		月一十		月十		月九		月八		月七	
月柱	丑癸		子壬		亥辛		戌庚		酉己		申戊	
紫白	碧三		綠四		黃五		白六		赤七		白八	
節氣時間	2/4	1/20	1/5	12/22	12/7	11/22	11/7	10/23	10/8	9/23	9/7	8/2
	五廿	十初	五廿	一十	五廿	十初	五廿	十初	五廿	十初	三廿	八初
	6時58分 立春卯時	12時41分 大寒午時	19時25分 小寒戌時	2時3分 冬至丑時	8時9分 大雪辰時	12時37分 小雪午時	15時7分 立冬申時	14時49分 霜降未時	11時40分 寒露午時	5時11分 秋分卯時	19時45分 白露戌時	7時17分
農曆	曆陽	柱日	曆陽	柱日	曆陽	柱日	曆陽	柱日	曆陽	柱日	曆陽	柱日
初一	1 11	寅甲	12 12	申甲	11 13	卯乙	10 14	酉乙	9 14	卯乙	8 16	戌丙
初二	1 12	卯乙	12 13	酉乙	11 14	辰丙	10 15	戌丙	9 15	辰丙	8 17	亥丁
初三	1 13	辰丙	12 14	戌丙	11 15	巳丁	10 16	亥丁	9 16	巳丁	8 18	子戊
初四	1 14	巳丁	12 15	亥丁	11 16	午戊	10 17	子戊	9 17	午戊	8 19	丑己
初五	1 15	午戊	12 16	子戊	11 17	未己	10 18	丑己	9 18	未己	8 20	寅庚
初六	1 16	未己	12 17	丑己	11 18	申庚	10 19	寅庚	9 19	申庚	8 21	卯辛
初七	1 17	申庚	12 18	寅庚	11 19	酉辛	10 20	卯辛	9 20	酉辛	8 22	辰壬
初八	1 18	酉辛	12 19	卯辛	11 20	戌壬	10 21	辰壬	9 21	戌壬	8 23	巳癸
初九	1 19	戌壬	12 20	辰壬	11 21	亥癸	10 22	巳癸	9 22	亥癸	8 24	午甲
初十	1 20	亥癸	12 21	巳癸	11 22	子甲	10 23	午甲	9 23	子甲	8 25	未乙
十一	1 21	子甲	12 22	午甲	11 23	丑乙	10 24	未乙	9 24	丑乙	8 26	申丙
十二	1 22	丑乙	12 23	未乙	11 24	寅丙	10 25	申丙	9 25	寅丙	8 27	酉丁
十三	1 23	寅丙	12 24	申丙	11 25	卯丁	10 26	酉丁	9 26	卯丁	8 28	戌戊
十四	1 24	卯丁	12 25	酉丁	11 26	辰戊	10 27	戌戊	9 27	辰戊	8 29	亥己
十五	1 25	辰戊	12 26	戌戊	11 27	巳己	10 28	亥己	9 28	巳己	8 30	子庚
十六	1 26	巳己	12 27	亥己	11 28	午庚	10 29	子庚	9 29	午庚	8 31	丑辛
十七	1 27	午庚	12 28	子庚	11 29	未辛	10 30	丑辛	9 30	未辛	9 1	寅壬
十八	1 28	未辛	12 29	丑辛	11 30	申壬	10 31	寅壬	10 1	申壬	9 2	卯癸
十九	1 29	申壬	12 30	寅壬	12 1	酉癸	11 1	卯癸	10 2	酉癸	9 3	辰甲
二十	1 30	酉癸	12 31	卯癸	12 2	戌甲	11 2	辰甲	10 3	戌甲	9 4	巳乙
廿一	1 31	戌甲	1 1	辰甲	12 3	亥乙	11 3	巳乙	10 4	亥乙	9 5	午丙
廿二	2 1	亥乙	1 2	巳乙	12 4	子丙	11 4	午丙	10 5	子丙	9 6	未丁
廿三	2 2	子丙	1 3	午丙	12 5	丑丁	11 5	未丁	10 6	丑丁	9 7	申戊
廿四	2 3	丑丁	1 4	未丁	12 6	寅戊	11 6	申戊	10 7	寅戊	9 8	酉己
廿五	2 4	寅戊	1 5	申戊	12 7	卯己	11 7	酉己	10 8	卯己	9 9	戌庚
廿六	2 5	卯己	1 6	酉己	12 8	辰庚	11 8	戌庚	10 9	辰庚	9 10	亥辛
廿七	2 6	辰庚	1 7	戌庚	12 9	巳辛	11 9	亥辛	10 10	巳辛	9 11	子壬
廿八	2 7	巳辛	1 8	亥辛	12 10	午壬	11 10	子壬	10 11	午壬	9 12	丑癸
廿九	2 8	午壬	1 9	子壬	12 11	未癸	11 11	丑癸	10 12	未癸	9 13	寅甲
三十	2 9	未癸	1 10	丑癸	乙太		11 12	寅甲	10 13	申甲	易天	

西元二〇四三年

歲次 癸亥

民國一三二年

太歲姓虞名程

納音屬水

生肖屬豬

年二黑星

壁宿值年

月	六	月	五	月	四	月	三	月	二	月	正	別月
未	己	午	戊	巳	丁	辰	丙	卯	乙	寅	甲	柱月
白	六	赤	七	白	八	紫	九	白	一	黑	二	白紫
23	7/7		6/21	6/6	5/21	5/5	4/20	4/5	3/21	3/6	2/19	節氣時間
十	一初		五十	九廿	三十	六廿	一十	六廿	一十	五廿	十初	
大暑卯時	12時27分 小暑午時		18時58分 夏至酉時	2時18分 芒種丑時	11時8分 小滿午時	22時21分 立夏亥時	12時14分 穀雨午時	5時20分 清明卯時	1時27分 春分丑時	0時47分 驚蟄子時	2時41分 雨水丑時	
陽	柱日	曆陽	柱日	曆陽	柱日	曆陽	柱日	曆陽	柱日	曆陽	柱日	曆農
7	亥辛	6 7	巳辛	5 9	子壬	4 10	未癸	3 11	丑癸	2 10	申甲	一初
8	子壬	6 8	午壬	5 10	丑癸	4 11	申甲	3 12	寅甲	2 11	酉乙	二初
9	丑癸	6 9	未癸	5 11	寅甲	4 12	酉乙	3 13	卯乙	2 12	戌丙	三初
10	寅甲	6 10	申甲	5 12	卯乙	4 13	戌丙	3 14	辰丙	2 13	亥丁	四初
11	卯乙	6 11	酉乙	5 13	辰丙	4 14	亥丁	3 15	巳丁	2 14	子戊	五初
12	辰丙	6 12	戌丙	5 14	巳丁	4 15	子戊	3 16	午戊	2 15	丑己	六初
13	巳丁	6 13	亥丁	5 15	午戊	4 16	丑己	3 17	未己	2 16	寅庚	七初
14	午戊	6 14	子戊	5 16	未己	4 17	寅庚	3 18	申庚	2 17	卯辛	八初
15	未己	6 15	丑己	5 17	申庚	4 18	卯辛	3 19	酉辛	2 18	辰壬	九初
16	申庚	6 16	寅庚	5 18	酉辛	4 19	辰壬	3 20	戌壬	2 19	巳癸	十初
17	酉辛	6 17	卯辛	5 19	戌壬	4 20	巳癸	3 21	亥癸	2 20	午甲	一十
18	戌壬	6 18	辰壬	5 20	亥癸	4 21	午甲	3 22	子甲	2 21	未乙	二十
19	亥癸	6 19	巳癸	5 21	子甲	4 22	未乙	3 23	丑乙	2 22	申丙	三十
20	子甲	6 20	午甲	5 22	丑乙	4 23	申丙	3 24	寅丙	2 23	酉丁	四十
21	丑乙	6 21	未乙	5 23	寅丙	4 24	酉丁	3 25	卯丁	2 24	戌戊	五十
22	寅丙	6 22	申丙	5 24	卯丁	4 25	戌戊	3 26	辰戊	2 25	亥己	六十
23	卯丁	6 23	酉丁	5 25	辰戊	4 26	亥己	3 27	巳己	2 26	子庚	七十
24	辰戊	6 24	戌戊	5 26	巳己	4 27	子庚	3 28	午庚	2 27	丑辛	八十
25	巳己	6 25	亥己	5 27	午庚	4 28	丑辛	3 29	未辛	2 28	寅壬	九十
26	午庚	6 26	子庚	5 28	未辛	4 29	寅壬	3 30	申壬	3 1	卯癸	十二
27	未辛	6 27	丑辛	5 29	申壬	4 30	卯癸	3 31	酉癸	3 2	辰甲	一廿
28	申壬	6 28	寅壬	5 30	酉癸	5 1	辰甲	4 1	戌甲	3 3	巳乙	二廿
29	酉癸	6 29	卯癸	5 31	戌甲	5 2	巳乙	4 2	亥乙	3 4	午丙	三廿
30	戌甲	6 30	辰甲	6 1	亥乙	5 3	午丙	4 3	子丙	3 5	未丁	四廿
31	亥乙	7 1	巳乙	6 2	子丙	5 4	未丁	4 4	丑丁	3 6	申戊	五廿
1	子丙	7 2	午丙	6 3	丑丁	5 5	申戊	4 5	寅戊	3 7	酉己	六廿
2	丑丁	7 3	未丁	6 4	寅戊	5 6	酉己	4 6	卯己	3 8	戌庚	七廿
3	寅戊	7 4	申戊	6 5	卯己	5 7	戌庚	4 7	辰庚	3 9	亥辛	八廿
4	卯己	7 5	酉己	6 6	辰庚	5 8	亥辛	4 8	巳辛	3 10	子壬	九廿
乙太		7 6	戌庚	易天		業事化文乙太		4 9	午壬	尋搜格落部		十三

月別	月二十		月一十		月十		月九		月八		月七	
月柱	丑乙		子甲		亥癸		戌壬		酉辛		申庚	
紫白	紫九		白一		黑二		碧三		綠四		黃五	
節氣時間	1/20	1/6	12/22	12/7	11/22	11/7	10/23	10/8	9/23	9/8	8/23	8/
	一廿	七初	二廿	七初	一廿	六初	一廿	六初	一廿	六初	九十	三初
	18時37分 大寒酉時	1時12分 小寒丑時	8時1分 冬至辰時	13時57分 大雪未時	18時34分 小雪酉時	20時55分 立冬戌時	20時46分 霜降戌時	17時27分 寒露酉時	11時6分 秋分午時	1時30分 白露丑時	13時9分 處暑未時	22時20分
農曆	曆陽	柱日	曆陽	柱日	曆陽	柱日	曆陽	柱日	曆陽	柱日	曆陽	柱日
初一	12 31	申戊	12 1	寅戊	11 2	酉己	10 3	卯己	9 3	酉己	8 5	辰庚
初二	1 1	酉己	12 2	卯己	11 3	戌庚	10 4	辰庚	9 4	戌庚	8 6	巳辛
初三	1 2	戌庚	12 3	辰庚	11 4	亥辛	10 5	巳辛	9 5	亥辛	8 7	午壬
初四	1 3	亥辛	12 4	巳辛	11 5	子壬	10 6	午壬	9 6	子壬	8 8	未癸
初五	1 4	子壬	12 5	午壬	11 6	丑癸	10 7	未癸	9 7	丑癸	8 9	申甲
初六	1 5	丑癸	12 6	未癸	11 7	寅甲	10 8	申甲	9 8	寅甲	8 10	酉乙
初七	1 6	寅甲	12 7	申甲	11 8	卯乙	10 9	酉乙	9 9	卯乙	8 11	戌丙
初八	1 7	卯乙	12 8	酉乙	11 9	辰丙	10 10	戌丙	9 10	辰丙	8 12	亥丁
初九	1 8	辰丙	12 9	戌丙	11 10	巳丁	10 11	亥丁	9 11	巳丁	8 13	子戊
初十	1 9	巳丁	12 10	亥丁	11 11	午戊	10 12	子戊	9 12	午戊	8 14	丑己
十一	1 10	午戊	12 11	子戊	11 12	未己	10 13	丑己	9 13	未己	8 15	寅庚
十二	1 11	未己	12 12	丑己	11 13	申庚	10 14	寅庚	9 14	申庚	8 16	卯辛
十三	1 12	申庚	12 13	寅庚	11 14	酉辛	10 15	卯辛	9 15	酉辛	8 17	辰壬
十四	1 13	酉辛	12 14	卯辛	11 15	戌壬	10 16	辰壬	9 16	戌壬	8 18	巳癸
十五	1 14	戌壬	12 15	辰壬	11 16	亥癸	10 17	巳癸	9 17	亥癸	8 19	午甲
十六	1 15	亥癸	12 16	巳癸	11 17	子甲	10 18	午甲	9 18	子甲	8 20	未乙
十七	1 16	子甲	12 17	午甲	11 18	丑乙	10 19	未乙	9 19	丑乙	8 21	申丙
十八	1 17	丑乙	12 18	未乙	11 19	寅丙	10 20	申丙	9 20	寅丙	8 22	酉丁
十九	1 18	寅丙	12 19	申丙	11 20	卯丁	10 21	酉丁	9 21	卯丁	8 23	戌戊
二十	1 19	卯丁	12 20	酉丁	11 21	辰戊	10 22	戌戊	9 22	辰戊	8 24	亥己
廿一	1 20	辰戊	12 21	戌戊	11 22	巳己	10 23	亥己	9 23	巳己	8 25	子庚
廿二	1 21	巳己	12 22	亥己	11 23	午庚	10 24	子庚	9 24	午庚	8 26	丑辛
廿三	1 22	午庚	12 23	子庚	11 24	未辛	10 25	丑辛	9 25	未辛	8 27	寅壬
廿四	1 23	未辛	12 24	丑辛	11 25	申壬	10 26	寅壬	9 26	申壬	8 28	卯癸
廿五	1 24	申壬	12 25	寅壬	11 26	酉癸	10 27	卯癸	9 27	酉癸	8 29	辰甲
廿六	1 25	酉癸	12 26	卯癸	11 27	戌甲	10 28	辰甲	9 28	戌甲	8 30	巳乙
廿七	1 26	戌甲	12 27	辰甲	11 28	亥乙	10 29	巳乙	9 29	亥乙	8 31	午丙
廿八	1 27	亥乙	12 28	巳乙	11 29	子丙	10 30	午丙	9 30	子丙	9 1	未丁
廿九	1 28	子丙	12 29	午丙	11 30	丑丁	10 31	未丁	10 1	丑丁	9 2	申戊
三十	1 29	丑丁	12 30	未丁	乙太		11 1	申戊	10 2	寅戊	易天	

西元二〇四四年

歲次甲子

民國一三三年
太歲姓金名赤

納音屬金
生肖屬鼠

年一白星
奎宿值年

月六		月五		月四		月三		月二		月正		別月
未辛		午庚		巳己		辰戊		卯丁		寅丙		柱月
碧三		綠四		黃五		白六		赤七		白八		白紫
22	7/6	6/21	6/5	5/20	5/5	4/19	4/4	3/20	3/5	2/19	2/4	節氣時間
廿	二十	六廿	十初	三廿	八初	二廿	七初	一廿	六初	一廿	六初	
大暑午時	18時15分 小暑酉時	0時50分 夏至子時	8時3分 芒種辰時	17時1分 小滿酉時	4時5分 立夏寅時	18時6分 穀雨酉時	11時2分 清明午時	7時20分 春分辰時	6時31分 驚蟄卯時	8時35分 雨水辰時	12時44分 立春午時	
陽	柱日	曆陽	柱日	曆陽	柱日	曆陽	柱日	曆陽	柱日	曆陽	柱日	曆農
25	巳乙	5 27	子丙	4 28	未丁	3 29	丑丁	2 29	申戊	1 30	寅戊	一初
26	午丙	5 28	丑丁	4 29	申戊	3 30	寅戊	3 1	酉己	1 31	卯己	二初
27	未丁	5 29	寅戊	4 30	酉己	3 31	卯己	3 2	戌庚	2 1	辰庚	三初
28	申戊	5 30	卯己	5 1	戌庚	4 1	辰庚	3 3	亥辛	2 2	巳辛	四初
29	酉己	5 31	辰庚	5 2	亥辛	4 2	巳辛	3 4	子壬	2 3	午壬	五初
30	戌庚	6 1	巳辛	5 3	子壬	4 3	午壬	3 5	丑癸	2 4	未癸	六初
1	亥辛	6 2	午壬	5 4	丑癸	4 4	未癸	3 6	寅甲	2 5	申甲	七初
2	子壬	6 3	未癸	5 5	寅甲	4 5	申甲	3 7	卯乙	2 6	酉乙	八初
3	丑癸	6 4	申甲	5 6	卯乙	4 6	酉乙	3 8	辰丙	2 7	戌丙	九初
4	寅甲	6 5	酉乙	5 7	辰丙	4 7	戌丙	3 9	巳丁	2 8	亥丁	十初
5	卯乙	6 6	戌丙	5 8	巳丁	4 8	亥丁	3 10	午戊	2 9	子戊	一十
6	辰丙	6 7	亥丁	5 9	午戊	4 9	子戊	3 11	未己	2 10	丑己	二十
7	巳丁	6 8	子戊	5 10	未己	4 10	丑己	3 12	申庚	2 11	寅庚	三十
8	午戊	6 9	丑己	5 11	申庚	4 11	寅庚	3 13	酉辛	2 12	卯辛	四十
9	未己	6 10	寅庚	5 12	酉辛	4 12	卯辛	3 14	戌壬	2 13	辰壬	五十
10	申庚	6 11	卯辛	5 13	戌壬	4 13	辰壬	3 15	亥癸	2 14	巳癸	六十
11	酉辛	6 12	辰壬	5 14	亥癸	4 14	巳癸	3 16	子甲	2 15	午甲	七十
12	戌壬	6 13	巳癸	5 15	子甲	4 15	午甲	3 17	丑乙	2 16	未乙	八十
13	亥癸	6 14	午甲	5 16	丑乙	4 16	未乙	3 18	寅丙	2 17	申丙	九十
14	子甲	6 15	未乙	5 17	寅丙	4 17	申丙	3 19	卯丁	2 18	酉丁	十二
15	丑乙	6 16	申丙	5 18	卯丁	4 18	酉丁	3 20	辰戊	2 19	戌戊	一廿
16	寅丙	6 17	酉丁	5 19	辰戊	4 19	戌戊	3 21	巳己	2 20	亥己	二廿
17	卯丁	6 18	戌戊	5 20	巳己	4 20	亥己	3 22	午庚	2 21	子庚	三廿
18	辰戊	6 19	亥己	5 21	午庚	4 21	子庚	3 23	未辛	2 22	丑辛	四廿
19	巳己	6 20	子庚	5 22	未辛	4 22	丑辛	3 24	申壬	2 23	寅壬	五廿
20	午庚	6 21	丑辛	5 23	申壬	4 23	寅壬	3 25	酉癸	2 24	卯癸	六廿
21	未辛	6 22	寅壬	5 24	酉癸	4 24	卯癸	3 26	戌甲	2 25	辰甲	七廿
22	申壬	6 23	卯癸	5 25	戌甲	4 25	辰甲	3 27	亥乙	2 26	巳乙	八廿
23	酉癸	6 24	辰甲	5 26	亥乙	4 26	巳乙	3 28	子丙	2 27	午丙	九廿
24	戌甲	乙太		易天		4 27	午丙	尋搜格落部		2 28	未丁	十三

月別	月二十		月一十		月十		月九		月八		月七閏		月七	
月柱	丑丁		子丙		亥乙		戌甲		酉癸				申壬	
紫白	白六		赤七		白八		紫九		白一				黑二	
節氣時間	2/3	1/20	1/5	12/21	12/6	11/22	11/7	10/23	10/7	9/22		9/7	8/22	8/
	七十	三初	八十	三初	八十	四初	八十	三初	七十	二初		六十	九廿	四
	18時36分 立春酉時	0時21分 大寒子時	7時2分 小寒辰時	13時43分 冬至未時	19時45分 大雪戌時	0時15分 小雪子時	2時41分 立冬丑時	2時26分 霜降丑時	23時13分 寒露子時	16時47分 秋分申時		7時16分 白露辰時	18時54分 處暑酉時	4時8分
農曆	曆陽	柱日	曆陽	柱日	曆陽	柱日	曆陽	柱日	曆陽	柱日	曆陽	柱日	曆陽	柱
初一	1 18	申壬	12 19	寅壬	11 19	申壬	10 21	卯癸	9 21	酉癸	8 23	辰甲	7 25	亥
初二	1 19	酉癸	12 20	卯癸	11 20	酉癸	10 22	辰甲	9 22	戌甲	8 24	巳乙	7 26	子
初三	1 20	戌甲	12 21	辰甲	11 21	戌甲	10 23	巳乙	9 23	亥乙	8 25	午丙	7 27	丑
初四	1 21	亥乙	12 22	巳乙	11 22	亥乙	10 24	午丙	9 24	子丙	8 26	未丁	7 28	寅
初五	1 22	子丙	12 23	午丙	11 23	子丙	10 25	未丁	9 25	丑丁	8 27	申戊	7 29	卯
初六	1 23	丑丁	12 24	未丁	11 24	丑丁	10 26	申戊	9 26	寅戊	8 28	酉己	7 30	辰
初七	1 24	寅戊	12 25	申戊	11 25	寅戊	10 27	酉己	9 27	卯己	8 29	戌庚	7 31	巳
初八	1 25	卯己	12 26	酉己	11 26	卯己	10 28	戌庚	9 28	辰庚	8 30	亥辛	8 1	午
初九	1 26	辰庚	12 27	戌庚	11 27	辰庚	10 29	亥辛	9 29	巳辛	8 31	子壬	8 2	未
初十	1 27	巳辛	12 28	亥辛	11 28	巳辛	10 30	子壬	9 30	午壬	9 1	丑癸	8 3	申
十一	1 28	午壬	12 29	子壬	11 29	午壬	10 31	丑癸	10 1	未癸	9 2	寅甲	8 4	酉
十二	1 29	未癸	12 30	丑癸	11 30	未癸	11 1	寅甲	10 2	申甲	9 3	卯乙	8 5	戌
十三	1 30	申甲	12 31	寅甲	12 1	申甲	11 2	卯乙	10 3	酉乙	9 4	辰丙	8 6	亥
十四	1 31	酉乙	1 1	卯乙	12 2	酉乙	11 3	辰丙	10 4	戌丙	9 5	巳丁	8 7	子
十五	2 1	戌丙	1 2	辰丙	12 3	戌丙	11 4	巳丁	10 5	亥丁	9 6	午戊	8 8	丑
十六	2 2	亥丁	1 3	巳丁	12 4	亥丁	11 5	午戊	10 6	子戊	9 7	未己	8 9	寅
十七	2 3	子戊	1 4	午戊	12 5	子戊	11 6	未己	10 7	丑己	9 8	申庚	8 10	卯
十八	2 4	丑己	1 5	未己	12 6	丑己	11 7	申庚	10 8	寅庚	9 9	酉辛	8 11	辰
十九	2 5	寅庚	1 6	申庚	12 7	寅庚	11 8	酉辛	10 9	卯辛	9 10	戌壬	8 12	巳
二十	2 6	卯辛	1 7	酉辛	12 8	卯辛	11 9	戌壬	10 10	辰壬	9 11	亥癸	8 13	午
廿一	2 7	辰壬	1 8	戌壬	12 9	辰壬	11 10	亥癸	10 11	巳癸	9 12	子甲	8 14	未
廿二	2 8	巳癸	1 9	亥癸	12 10	巳癸	11 11	子甲	10 12	午甲	9 13	丑乙	8 15	申
廿三	2 9	午甲	1 10	子甲	12 11	午甲	11 12	丑乙	10 13	未乙	9 14	寅丙	8 16	酉
廿四	2 10	未乙	1 11	丑乙	12 12	未乙	11 13	寅丙	10 14	申丙	9 15	卯丁	8 17	戌
廿五	2 11	申丙	1 12	寅丙	12 13	申丙	11 14	卯丁	10 15	酉丁	9 16	辰戊	8 18	亥
廿六	2 12	酉丁	1 13	卯丁	12 14	酉丁	11 15	辰戊	10 16	戌戊	9 17	巳己	8 19	子
廿七	2 13	戌戊	1 14	辰戊	12 15	戌戊	11 16	巳己	10 17	亥己	9 18	午庚	8 20	丑
廿八	2 14	亥己	1 15	巳己	12 16	亥己	11 17	午庚	10 18	子庚	9 19	未辛	8 21	寅
廿九	2 15	子庚	1 16	午庚	12 17	子庚	11 18	未辛	10 19	丑辛	9 20	申壬	8 22	卯
三十	2 16	丑辛	1 17	未辛	12 18	丑辛	乙太		10 20	寅壬	易天		尋搜格落部	

西元二〇四五年 歲次乙丑

民國一三四年 太歲姓陳名泰

納音屬金 生肖屬牛

年九紫星 婁宿值年

月 六		月 五		月 四		月 三		月 二		月 正		別月
未 癸		午 壬		巳 辛		辰 庚		卯 己		寅 戊		柱月
紫 九		白 一		黑 二		碧 三		綠 四		黃 五		白紫
7	7/22	7/7	6/21	6/5	5/20	5/5	4/19	4/4	3/20	3/5	2/18	節氣時間
廿	九初	三廿	七初	十二	四初	九十	三初	七十	二初	七十	二初	
立秋巳時	17時26分 大暑酉時	0時7分 小暑子時	6時33分 夏至卯時	13時56分 芒種未時	22時45分 小滿亥時	9時59分 立夏巳時	23時52分 穀雨子時	16時57分 清明申時	13時7分 春分未時	12時24分 驚蟄午時	14時22分 雨水未時	
陽	柱日	曆陽	柱日	曆陽	柱日	曆陽	柱日	曆陽	柱日	曆陽	柱日	曆農
14	巳己	6 15	子庚	5 17	未辛	4 17	丑辛	3 19	申壬	2 17	寅壬	一初
15	午庚	6 16	丑辛	5 18	申壬	4 18	寅壬	3 20	酉癸	2 18	卯癸	二初
16	未辛	6 17	寅壬	5 19	酉癸	4 19	卯癸	3 21	戌甲	2 19	辰甲	三初
17	申壬	6 18	卯癸	5 20	戌甲	4 20	辰甲	3 22	亥乙	2 20	巳乙	四初
18	酉癸	6 19	辰甲	5 21	亥乙	4 21	巳乙	3 23	子丙	2 21	午丙	五初
19	戌甲	6 20	巳乙	5 22	子丙	4 22	午丙	3 24	丑丁	2 22	未丁	六初
20	亥乙	6 21	午丙	5 23	丑丁	4 23	未丁	3 25	寅戊	2 23	申戊	七初
21	子丙	6 22	未丁	5 24	寅戊	4 24	申戊	3 26	卯己	2 24	酉己	八初
22	丑丁	6 23	申戊	5 25	卯己	4 25	酉己	3 27	辰庚	2 25	戌庚	九初
23	寅戊	6 24	酉己	5 26	辰庚	4 26	戌庚	3 28	巳辛	2 26	亥辛	十初
24	卯己	6 25	戌庚	5 27	巳辛	4 27	亥辛	3 29	午壬	2 27	子壬	一十
25	辰庚	6 26	亥辛	5 28	午壬	4 28	子壬	3 30	未癸	2 28	丑癸	二十
26	巳辛	6 27	子壬	5 29	未癸	4 29	丑癸	3 31	申甲	3 1	寅甲	三十
27	午壬	6 28	丑癸	5 30	申甲	4 30	寅甲	4 1	酉乙	3 2	卯乙	四十
28	未癸	6 29	寅甲	5 31	酉乙	5 1	卯乙	4 2	戌丙	3 3	辰丙	五十
29	申甲	6 30	卯乙	6 1	戌丙	5 2	辰丙	4 3	亥丁	3 4	巳丁	六十
30	酉乙	7 1	辰丙	6 2	亥丁	5 3	巳丁	4 4	子戊	3 5	午戊	七十
31	戌丙	7 2	巳丁	6 3	子戊	5 4	午戊	4 5	丑己	3 6	未己	八十
1	亥丁	7 3	午戊	6 4	丑己	5 5	未己	4 6	寅庚	3 7	申庚	九十
2	子戊	7 4	未己	6 5	寅庚	5 6	申庚	4 7	卯辛	3 8	酉辛	十二
3	丑己	7 5	申庚	6 6	卯辛	5 7	酉辛	4 8	辰壬	3 9	戌壬	一廿
4	寅庚	7 6	酉辛	6 7	辰壬	5 8	戌壬	4 9	巳癸	3 10	亥癸	二廿
5	卯辛	7 7	戌壬	6 8	巳癸	5 9	亥癸	4 10	午甲	3 11	子甲	三廿
6	辰壬	7 8	亥癸	6 9	午甲	5 10	子甲	4 11	未乙	3 12	丑乙	四廿
7	巳癸	7 9	子甲	6 10	未乙	5 11	丑乙	4 12	申丙	3 13	寅丙	五廿
8	午甲	7 10	丑乙	6 11	申丙	5 12	寅丙	4 13	酉丁	3 14	卯丁	六廿
9	未乙	7 11	寅丙	6 12	酉丁	5 13	卯丁	4 14	戌戊	3 15	辰戊	七廿
10	申丙	7 12	卯丁	6 13	戌戊	5 14	辰戊	4 15	亥己	3 16	巳己	八廿
11	酉丁	7 13	辰戊	6 14	亥己	5 15	巳己	4 16	子庚	3 17	午庚	九廿
12	戌戊	乙太		易天		5 16	午庚	尋搜格落部		3 18	未辛	十三

月別	月二十		月一十		月十		月九		月八		月七	
月柱	丑己		子戊		亥丁		戌丙		酉乙		申甲	
紫白	碧三		綠四		黃五		白六		赤七		白八	
節氣時間	2/4	1/20	1/5	12/21	12/7	11/22	11/7	10/23	10/8	9/22	9/7	8/2
	九廿	四十	九廿	四十	九廿	四十	九廿	四十	八廿	二十	六廿	一十
	立春子時 0時30分	大寒卯時 6時15分	小寒午時 12時55分	冬至戌時 19時34分	大雪丑時 1時35分	小雪卯時 6時3分	立冬辰時 8時29分	霜降辰時 8時12分	寒露卯時 5時0分	秋分亥時 22時32分	白露未時 13時5分	0時38分
農曆	曆陽	柱日	曆陽	柱日	曆陽	柱日	曆陽	柱日	曆陽	柱日	曆陽	柱日
初一	1 7	寅丙	12 8	申丙	11 9	卯丁	10 10	酉丁	9 11	辰戊	8 13	亥己
初二	1 8	卯丁	12 9	酉丁	11 10	辰戊	10 11	戌戊	9 12	巳己	8 14	子庚
初三	1 9	辰戊	12 10	戌戊	11 11	巳己	10 12	亥己	9 13	午庚	8 15	丑辛
初四	1 10	巳己	12 11	亥己	11 12	午庚	10 13	子庚	9 14	未辛	8 16	寅壬
初五	1 11	午庚	12 12	子庚	11 13	未辛	10 14	丑辛	9 15	申壬	8 17	卯癸
初六	1 12	未辛	12 13	丑辛	11 14	申壬	10 15	寅壬	9 16	酉癸	8 18	辰甲
初七	1 13	申壬	12 14	寅壬	11 15	酉癸	10 16	卯癸	9 17	戌甲	8 19	巳乙
初八	1 14	酉癸	12 15	卯癸	11 16	戌甲	10 17	辰甲	9 18	亥乙	8 20	午丙
初九	1 15	戌甲	12 16	辰甲	11 17	亥乙	10 18	巳乙	9 19	子丙	8 21	未丁
初十	1 16	亥乙	12 17	巳乙	11 18	子丙	10 19	午丙	9 20	丑丁	8 22	申戊
十一	1 17	子丙	12 18	午丙	11 19	丑丁	10 20	未丁	9 21	寅戊	8 23	酉己
十二	1 18	丑丁	12 19	未丁	11 20	寅戊	10 21	申戊	9 22	卯己	8 24	戌庚
十三	1 19	寅戊	12 20	申戊	11 21	卯己	10 22	酉己	9 23	辰庚	8 25	亥辛
十四	1 20	卯己	12 21	酉己	11 22	辰庚	10 23	戌庚	9 24	巳辛	8 26	子壬
十五	1 21	辰庚	12 22	戌庚	11 23	巳辛	10 24	亥辛	9 25	午壬	8 27	丑癸
十六	1 22	巳辛	12 23	亥辛	11 24	午壬	10 25	子壬	9 26	未癸	8 28	寅甲
十七	1 23	午壬	12 24	子壬	11 25	未癸	10 26	丑癸	9 27	申甲	8 29	卯乙
十八	1 24	未癸	12 25	丑癸	11 26	申甲	10 27	寅甲	9 28	酉乙	8 30	辰丙
十九	1 25	申甲	12 26	寅甲	11 27	酉乙	10 28	卯乙	9 29	戌丙	8 31	巳丁
二十	1 26	酉乙	12 27	卯乙	11 28	戌丙	10 29	辰丙	9 30	亥丁	9 1	午戊
廿一	1 27	戌丙	12 28	辰丙	11 29	亥丁	10 30	巳丁	10 1	子戊	9 2	未己
廿二	1 28	亥丁	12 29	巳丁	11 30	子戊	10 31	午戊	10 2	丑己	9 3	申庚
廿三	1 29	子戊	12 30	午戊	12 1	丑己	11 1	未己	10 3	寅庚	9 4	酉辛
廿四	1 30	丑己	12 31	未己	12 2	寅庚	11 2	申庚	10 4	卯辛	9 5	戌壬
廿五	1 31	寅庚	1 1	申庚	12 3	卯辛	11 3	酉辛	10 5	辰壬	9 6	亥癸
廿六	2 1	卯辛	1 2	酉辛	12 4	辰壬	11 4	戌壬	10 6	巳癸	9 7	子甲
廿七	2 2	辰壬	1 3	戌壬	12 5	巳癸	11 5	亥癸	10 7	午甲	9 8	丑乙
廿八	2 3	巳癸	1 4	亥癸	12 6	午甲	11 6	子甲	10 8	未乙	9 9	寅丙
廿九	2 4	午甲	1 5	子甲	12 7	未乙	11 7	丑乙	10 9	申丙	9 10	卯丁
三十	2 5	未乙	1 6	丑乙	乙太		11 8	寅丙	易天		尋搜格落部	

西元二〇四六年　歲次丙寅

民國一三五年　太歲姓沈名興

納音屬火　生肖屬虎

年八白星　胃宿值年

月別	正月		二月		三月		四月		五月		六月	
月柱	庚寅		辛卯		壬辰		癸巳		甲午		乙未	
紫白	二黑		一白		九紫		八白		七赤		六白	
節氣時間	2/18	3/5	3/20	4/4	4/20	5/5	5/21		6/5	6/21	7/7	22
	十三	廿八	十三	廿八	十五	三十	十六		初二	十八	初四	十
	雨水 20時15分 戌時	驚蟄 18時17分 酉時	春分 18時57分 酉時	清明 22時44分 亥時	穀雨 5時38分 卯時	立夏 15時40分 申時	小滿 4時28分 寅時		芒種 19時32分 戌時	夏至 12時14分 午時	小暑 5時40分 卯時	大暑 子時
農曆	日柱	陽曆	日柱	陽曆	日柱	陽曆	日柱	陽曆	日柱	陽曆	日柱	陽
初一	丙申	2 6	丙寅	3 8	乙未	4 6	乙丑	5 6	甲午	6 4	甲子	4
初二	丁酉	2 7	丁卯	3 9	丙申	4 7	丙寅	5 7	乙未	6 5	乙丑	5
初三	戊戌	2 8	戊辰	3 10	丁酉	4 8	丁卯	5 8	丙申	6 6	丙寅	6
初四	己亥	2 9	己巳	3 11	戊戌	4 9	戊辰	5 9	丁酉	6 7	丁卯	7
初五	庚子	2 10	庚午	3 12	己亥	4 10	己巳	5 10	戊戌	6 8	戊辰	8
初六	辛丑	2 11	辛未	3 13	庚子	4 11	庚午	5 11	己亥	6 9	己巳	9
初七	壬寅	2 12	壬申	3 14	辛丑	4 12	辛未	5 12	庚子	6 10	庚午	10
初八	癸卯	2 13	癸酉	3 15	壬寅	4 13	壬申	5 13	辛丑	6 11	辛未	11
初九	甲辰	2 14	甲戌	3 16	癸卯	4 14	癸酉	5 14	壬寅	6 12	壬申	12
初十	乙巳	2 15	乙亥	3 17	甲辰	4 15	甲戌	5 15	癸卯	6 13	癸酉	13
十一	丙午	2 16	丙子	3 18	乙巳	4 16	乙亥	5 16	甲辰	6 14	甲戌	14
十二	丁未	2 17	丁丑	3 19	丙午	4 17	丙子	5 17	乙巳	6 15	乙亥	15
十三	戊申	2 18	戊寅	3 20	丁未	4 18	丁丑	5 18	丙午	6 16	丙子	16
十四	己酉	2 19	己卯	3 21	戊申	4 19	戊寅	5 19	丁未	6 17	丁丑	17
十五	庚戌	2 20	庚辰	3 22	己酉	4 20	己卯	5 20	戊申	6 18	戊寅	18
十六	辛亥	2 21	辛巳	3 23	庚戌	4 21	庚辰	5 21	己酉	6 19	己卯	19
十七	壬子	2 22	壬午	3 24	辛亥	4 22	辛巳	5 22	庚戌	6 20	庚辰	20
十八	癸丑	2 23	癸未	3 25	壬子	4 23	壬午	5 23	辛亥	6 21	辛巳	21
十九	甲寅	2 24	甲申	3 26	癸丑	4 24	癸未	5 24	壬子	6 22	壬午	22
二十	乙卯	2 25	乙酉	3 27	甲寅	4 25	甲申	5 25	癸丑	6 23	癸未	23
廿一	丙辰	2 26	丙戌	3 28	乙卯	4 26	乙酉	5 26	甲寅	6 24	甲申	24
廿二	丁巳	2 27	丁亥	3 29	丙辰	4 27	丙戌	5 27	乙卯	6 25	乙酉	25
廿三	戊午	2 28	戊子	3 30	丁巳	4 28	丁亥	5 28	丙辰	6 26	丙戌	26
廿四	己未	3 1	己丑	3 31	戊午	4 29	戊子	5 29	丁巳	6 27	丁亥	27
廿五	庚申	3 2	庚寅	4 1	己未	4 30	己丑	5 30	戊午	6 28	戊子	28
廿六	辛酉	3 3	辛卯	4 2	庚申	5 1	庚寅	5 31	己未	6 29	己丑	29
廿七	壬戌	3 4	壬辰	4 3	辛酉	5 2	辛卯	6 1	庚申	6 30	庚寅	30
廿八	癸亥	3 5	癸巳	4 4	壬戌	5 3	壬辰	6 2	辛酉	7 1	辛卯	31
廿九	甲子	3 6	甲午	4 5	癸亥	5 4	癸巳	6 3	壬戌	7 2	壬辰	1
三十	乙丑	3 7	部落格搜尋		甲子	5 5	天易		癸亥	7 3	太乙	

月別	月 二 十		月 一 十		月 十		月 九		月 八		月 七	
月柱	丑 辛		子 庚		亥 己		戌 戊		酉 丁		申 丙	
紫白	紫 九		白 一		黑 二		碧 三		綠 四		黃 五	
節氣時間	1/20	1/5	12/22	12/7	11/22	11/7	10/23	10/8	9/23	9/7	8/23	8/7
	五廿	十初	五廿	十初	五廿	十初	四廿	九初	三廿	七初	二廿	六初
	12時9分 大寒午時	18時42分 小寒酉時	1時28分 冬至丑時	7時21分 大雪辰時	11時56分 小雪午時	14時13分 立冬未時	14時3分 霜降未時	10時42分 寒露巳時	4時21分 秋分寅時	18時42分 白露酉時	6時24分 處暑卯時	15時33分 立秋
農曆	曆陽	柱日	曆陽	柱日	曆陽	柱日	曆陽	柱日	曆陽	柱日	曆陽	柱日
初一	12 27	申庚	11 28	卯辛	10 29	酉辛	9 30	辰壬	9 1	亥癸	8 2	巳癸
初二	12 28	酉辛	11 29	辰壬	10 30	戌壬	10 1	巳癸	9 2	子甲	8 3	午甲
初三	12 29	戌壬	11 30	巳癸	10 31	亥癸	10 2	午甲	9 3	丑乙	8 4	未乙
初四	12 30	亥癸	12 1	午甲	11 1	子甲	10 3	未乙	9 4	寅丙	8 5	申丙
初五	12 31	子甲	12 2	未乙	11 2	丑乙	10 4	申丙	9 5	卯丁	8 6	酉丁
初六	1 1	丑乙	12 3	申丙	11 3	寅丙	10 5	酉丁	9 6	辰戊	8 7	戌戊
初七	1 2	寅丙	12 4	酉丁	11 4	卯丁	10 6	戌戊	9 7	巳己	8 8	亥己
初八	1 3	卯丁	12 5	戌戊	11 5	辰戊	10 7	亥己	9 8	午庚	8 9	子庚
初九	1 4	辰戊	12 6	亥己	11 6	巳己	10 8	子庚	9 9	未辛	8 10	丑辛
初十	1 5	巳己	12 7	子庚	11 7	午庚	10 9	丑辛	9 10	申壬	8 11	寅壬
十一	1 6	午庚	12 8	丑辛	11 8	未辛	10 10	寅壬	9 11	酉癸	8 12	卯癸
十二	1 7	未辛	12 9	寅壬	11 9	申壬	10 11	卯癸	9 12	戌甲	8 13	辰甲
十三	1 8	申壬	12 10	卯癸	11 10	酉癸	10 12	辰甲	9 13	亥乙	8 14	巳乙
十四	1 9	酉癸	12 11	辰甲	11 11	戌甲	10 13	巳乙	9 14	子丙	8 15	午丙
十五	1 10	戌甲	12 12	巳乙	11 12	亥乙	10 14	午丙	9 15	丑丁	8 16	未丁
十六	1 11	亥乙	12 13	午丙	11 13	子丙	10 15	未丁	9 16	寅戊	8 17	申戊
十七	1 12	子丙	12 14	未丁	11 14	丑丁	10 16	申戊	9 17	卯己	8 18	酉己
十八	1 13	丑丁	12 15	申戊	11 15	寅戊	10 17	酉己	9 18	辰庚	8 19	戌庚
十九	1 14	寅戊	12 16	酉己	11 16	卯己	10 18	戌庚	9 19	巳辛	8 20	亥辛
二十	1 15	卯己	12 17	戌庚	11 17	辰庚	10 19	亥辛	9 20	午壬	8 21	子壬
廿一	1 16	辰庚	12 18	亥辛	11 18	巳辛	10 20	子壬	9 21	未癸	8 22	丑癸
廿二	1 17	巳辛	12 19	子壬	11 19	午壬	10 21	丑癸	9 22	申甲	8 23	寅甲
廿三	1 18	午壬	12 20	丑癸	11 20	未癸	10 22	寅甲	9 23	酉乙	8 24	卯乙
廿四	1 19	未癸	12 21	寅甲	11 21	申甲	10 23	卯乙	9 24	戌丙	8 25	辰丙
廿五	1 20	申甲	12 22	卯乙	11 22	酉乙	10 24	辰丙	9 25	亥丁	8 26	巳丁
廿六	1 21	酉乙	12 23	辰丙	11 23	戌丙	10 25	巳丁	9 26	子戊	8 27	午戊
廿七	1 22	戌丙	12 24	巳丁	11 24	亥丁	10 26	午戊	9 27	丑己	8 28	未己
廿八	1 23	亥丁	12 25	午戊	11 25	子戊	10 27	未己	9 28	寅庚	8 29	申庚
廿九	1 24	子戊	12 26	未己	11 26	丑己	10 28	申庚	9 29	卯辛	8 30	酉辛
三十	1 25	丑己	乙太		11 27	寅庚	易天		尋搜格落部		8 31	戌壬

西元二〇四七年 歲次丁卯

民國一三六年
太歲姓耿名章
納音屬火
生肖屬兔
年七赤星
昴宿值年

月 六		月五閏		月 五		月 四		月 三		月 二		月 正		別月
未 丁				午 丙		巳 乙		辰 甲		卯 癸		寅 壬		柱月
碧 三				綠 四		黃 五		白 六		赤 七		白 八		白紫
7	7/23		7/7	6/21	6/6	5/21	5/5	4/20	4/5	3/21	3/6	2/19	2/4	節氣時間
十	一初		五十	八廿	三十	七廿	一十	六廿	一十	五廿	十初	五廿	十初	
立秋亥時	大暑寅時 4時55分		小暑午時 11時30分	夏至酉時 18時3分	芒種丑時 1時20分	小滿巳時 10時19分	立夏亥時 21時28分	穀雨午時 11時32分	清明寅時 4時32分	春分子時 0時52分	驚蟄子時 0時5分	雨水丑時 2時10分	立春卯時 6時17分	
陽	柱日	曆陽	柱日	曆陽	柱日	曆陽	柱日	曆陽	柱日	曆陽	柱日	曆陽	柱日	曆農
23	子戊	6 23	午戊	5 25	丑己	4 25	未己	3 26	丑己	2 25	申庚	1 26	寅庚	一初
24	丑己	6 24	未己	5 26	寅庚	4 26	申庚	3 27	寅庚	2 26	酉辛	1 27	卯辛	二初
25	寅庚	6 25	申庚	5 27	卯辛	4 27	酉辛	3 28	卯辛	2 27	戌壬	1 28	辰壬	三初
26	卯辛	6 26	酉辛	5 28	辰壬	4 28	戌壬	3 29	辰壬	2 28	亥癸	1 29	巳癸	四初
27	辰壬	6 27	戌壬	5 29	巳癸	4 29	亥癸	3 30	巳癸	3 1	子甲	1 30	午甲	五初
28	巳癸	6 28	亥癸	5 30	午甲	4 30	子甲	3 31	午甲	3 2	丑乙	1 31	未乙	六初
29	午甲	6 29	子甲	5 31	未乙	5 1	丑乙	4 1	未乙	3 3	寅丙	2 1	申丙	七初
30	未乙	6 30	丑乙	6 1	申丙	5 2	寅丙	4 2	申丙	3 4	卯丁	2 2	酉丁	八初
31	申丙	7 1	寅丙	6 2	酉丁	5 3	卯丁	4 3	酉丁	3 5	辰戊	2 3	戌戊	九初
1	酉丁	7 2	卯丁	6 3	戌戊	5 4	辰戊	4 4	戌戊	3 6	巳己	2 4	亥己	十初
2	戌戊	7 3	辰戊	6 4	亥己	5 5	巳己	4 5	亥己	3 7	午庚	2 5	子庚	一十
3	亥己	7 4	巳己	6 5	子庚	5 6	午庚	4 6	子庚	3 8	未辛	2 6	丑辛	二十
4	子庚	7 5	午庚	6 6	丑辛	5 7	未辛	4 7	丑辛	3 9	申壬	2 7	寅壬	三十
5	丑辛	7 6	未辛	6 7	寅壬	5 8	申壬	4 8	寅壬	3 10	酉癸	2 8	卯癸	四十
6	寅壬	7 7	申壬	6 8	卯癸	5 9	酉癸	4 9	卯癸	3 11	戌甲	2 9	辰甲	五十
7	卯癸	7 8	酉癸	6 9	辰甲	5 10	戌甲	4 10	辰甲	3 12	亥乙	2 10	巳乙	六十
8	辰甲	7 9	戌甲	6 10	巳乙	5 11	亥乙	4 11	巳乙	3 13	子丙	2 11	午丙	七十
9	巳乙	7 10	亥乙	6 11	午丙	5 12	子丙	4 12	午丙	3 14	丑丁	2 12	未丁	八十
10	午丙	7 11	子丙	6 12	未丁	5 13	丑丁	4 13	未丁	3 15	寅戊	2 13	申戊	九十
11	未丁	7 12	丑丁	6 13	申戊	5 14	寅戊	4 14	申戊	3 16	卯己	2 14	酉己	十二
12	申戊	7 13	寅戊	6 14	酉己	5 15	卯己	4 15	酉己	3 17	辰庚	2 15	戌庚	一廿
13	酉己	7 14	卯己	6 15	戌庚	5 16	辰庚	4 16	戌庚	3 18	巳辛	2 16	亥辛	二廿
14	戌庚	7 15	辰庚	6 16	亥辛	5 17	巳辛	4 17	亥辛	3 19	午壬	2 17	子壬	三廿
15	亥辛	7 16	巳辛	6 17	子壬	5 18	午壬	4 18	子壬	3 20	未癸	2 18	丑癸	四廿
16	子壬	7 17	午壬	6 18	丑癸	5 19	未癸	4 19	丑癸	3 21	申甲	2 19	寅甲	五廿
17	丑癸	7 18	未癸	6 19	寅甲	5 20	申甲	4 20	寅甲	3 22	酉乙	2 20	卯乙	六廿
18	寅甲	7 19	申甲	6 20	卯乙	5 21	酉乙	4 21	卯乙	3 23	戌丙	2 21	辰丙	七廿
19	卯乙	7 20	酉乙	6 21	辰丙	5 22	戌丙	4 22	辰丙	3 24	亥丁	2 22	巳丁	八廿
20	辰丙	7 21	戌丙	6 22	巳丁	5 23	亥丁	4 23	巳丁	3 25	子戊	2 23	午戊	九廿
乙太		7 22	亥丁	易天		5 24	子戊	4 24	午戊	尋搜格落部		2 24	未己	十三

月別	月 二 十		月 一 十		月 十		月 九		月 八		月 七	
月柱	丑 癸		子 壬		亥 辛		戌 庚		酉 己		申 戊	
紫白	白 六		赤 七		白 八		紫 九		白 一		黑 二	
節氣時間	2/4 一廿 12時4分 立春午時	1/20 六初 17時46分 大寒酉時	1/6 一廿 0時29分 小寒子時	12/22 六初 7時7分 冬至辰時	12/7 一廿 13時10分 大雪未時	11/22 六初 17時38分 小雪酉時	11/7 十二 20時7分 立冬戌時	10/23 五初 19時48分 霜降戌時	10/8 九十 16時37分 寒露申時	9/23 四初 10時7分 秋分巳時	9/8 九十 0時37分 白露子時	8/2 三初 12時10分 處暑午時
農曆	曆陽	柱日	曆陽	柱日	曆陽	柱日	曆陽	柱日	曆陽	柱日	曆陽	柱日
初一	1 15	申甲	12 17	卯乙	11 17	酉乙	10 19	辰丙	9 20	亥丁	8 21	巳丁
初二	1 16	酉乙	12 18	辰丙	11 18	戌丙	10 20	巳丁	9 21	子戊	8 22	午戊
初三	1 17	戌丙	12 19	巳丁	11 19	亥丁	10 21	午戊	9 22	丑己	8 23	未己
初四	1 18	亥丁	12 20	午戊	11 20	子戊	10 22	未己	9 23	寅庚	8 24	申庚
初五	1 19	子戊	12 21	未己	11 21	丑己	10 23	申庚	9 24	卯辛	8 25	酉辛
初六	1 20	丑己	12 22	申庚	11 22	寅庚	10 24	酉辛	9 25	辰壬	8 26	戌壬
初七	1 21	寅庚	12 23	酉辛	11 23	卯辛	10 25	戌壬	9 26	巳癸	8 27	亥癸
初八	1 22	卯辛	12 24	戌壬	11 24	辰壬	10 26	亥癸	9 27	午甲	8 28	子甲
初九	1 23	辰壬	12 25	亥癸	11 25	巳癸	10 27	子甲	9 28	未乙	8 29	丑乙
初十	1 24	巳癸	12 26	子甲	11 26	午甲	10 28	丑乙	9 29	申丙	8 30	寅丙
十一	1 25	午甲	12 27	丑乙	11 27	未乙	10 29	寅丙	9 30	酉丁	8 31	卯丁
十二	1 26	未乙	12 28	寅丙	11 28	申丙	10 30	卯丁	10 1	戌戊	9 1	辰戊
十三	1 27	申丙	12 29	卯丁	11 29	酉丁	10 31	辰戊	10 2	亥己	9 2	巳己
十四	1 28	酉丁	12 30	辰戊	11 30	戌戊	11 1	巳己	10 3	子庚	9 3	午庚
十五	1 29	戌戊	12 31	巳己	12 1	亥己	11 2	午庚	10 4	丑辛	9 4	未辛
十六	1 30	亥己	1 1	午庚	12 2	子庚	11 3	未辛	10 5	寅壬	9 5	申壬
十七	1 31	子庚	1 2	未辛	12 3	丑辛	11 4	申壬	10 6	卯癸	9 6	酉癸
十八	2 1	丑辛	1 3	申壬	12 4	寅壬	11 5	酉癸	10 7	辰甲	9 7	戌甲
十九	2 2	寅壬	1 4	酉癸	12 5	卯癸	11 6	戌甲	10 8	巳乙	9 8	亥乙
二十	2 3	卯癸	1 5	戌甲	12 6	辰甲	11 7	亥乙	10 9	午丙	9 9	子丙
廿一	2 4	辰甲	1 6	亥乙	12 7	巳乙	11 8	子丙	10 10	未丁	9 10	丑丁
廿二	2 5	巳乙	1 7	子丙	12 8	午丙	11 9	丑丁	10 11	申戊	9 11	寅戊
廿三	2 6	午丙	1 8	丑丁	12 9	未丁	11 10	寅戊	10 12	酉己	9 12	卯己
廿四	2 7	未丁	1 9	寅戊	12 10	申戊	11 11	卯己	10 13	戌庚	9 13	辰庚
廿五	2 8	申戊	1 10	卯己	12 11	酉己	11 12	辰庚	10 14	亥辛	9 14	巳辛
廿六	2 9	酉己	1 11	辰庚	12 12	戌庚	11 13	巳辛	10 15	子壬	9 15	午壬
廿七	2 10	戌庚	1 12	巳辛	12 13	亥辛	11 14	午壬	10 16	丑癸	9 16	未癸
廿八	2 11	亥辛	1 13	午壬	12 14	子壬	11 15	未癸	10 17	寅甲	9 17	申甲
廿九	2 12	子壬	1 14	未癸	12 15	丑癸	11 16	申甲	10 18	卯乙	9 18	酉乙
三十	2 13	丑癸	乙太		12 16	寅甲	易天		尋搜格落部		9 19	戌丙

月六		月五		月四		月三		月二		月正		別月
未己		午戊		巳丁		辰丙		卯乙		寅甲		柱月
紫九		白一		黑二		碧三		綠四		黃五		白紫
/7	7/22	7/6	6/20	6/5	5/20	5/5	4/19	4/4	3/20	3/5	2/19	節氣時間
廿	二十	六廿	十初	四廿	八初	三廿	七初	二廿	七初	一廿	六初	
立秋寅時	10時46分 大暑巳時	17時26分 小暑酉時	23時53分 夏至子時	7時18分 芒種辰時	16時7分 小滿申時	3時24分 立夏寅時	17時17分 穀雨酉時	10時25分 清明巳時	6時33分 春分卯時	5時53分 驚蟄卯時	7時48分 雨水辰時	
曆陽	柱日	曆陽	柱日	曆陽	柱日	曆陽	柱日	曆陽	柱日	曆陽	柱日	曆農
11	午壬	6 11	子壬	5 13	未癸	4 13	丑癸	3 14	未癸	2 14	寅甲	一初
12	未癸	6 12	丑癸	5 14	申甲	4 14	寅甲	3 15	申甲	2 15	卯乙	二初
13	申甲	6 13	寅甲	5 15	酉乙	4 15	卯乙	3 16	酉乙	2 16	辰丙	三初
14	酉乙	6 14	卯乙	5 16	戌丙	4 16	辰丙	3 17	戌丙	2 17	巳丁	四初
15	戌丙	6 15	辰丙	5 17	亥丁	4 17	巳丁	3 18	亥丁	2 18	午戊	五初
16	亥丁	6 16	巳丁	5 18	子戊	4 18	午戊	3 19	子戊	2 19	未己	六初
17	子戊	6 17	午戊	5 19	丑己	4 19	未己	3 20	丑己	2 20	申庚	七初
18	丑己	6 18	未己	5 20	寅庚	4 20	申庚	3 21	寅庚	2 21	酉辛	八初
19	寅庚	6 19	申庚	5 21	卯辛	4 21	酉辛	3 22	卯辛	2 22	戌壬	九初
20	卯辛	6 20	酉辛	5 22	辰壬	4 22	戌壬	3 23	辰壬	2 23	亥癸	十初
21	辰壬	6 21	戌壬	5 23	巳癸	4 23	亥癸	3 24	巳癸	2 24	子甲	一十
22	巳癸	6 22	亥癸	5 24	午甲	4 24	子甲	3 25	午甲	2 25	丑乙	二十
23	午甲	6 23	子甲	5 25	未乙	4 25	丑乙	3 26	未乙	2 26	寅丙	三十
24	未乙	6 24	丑乙	5 26	申丙	4 26	寅丙	3 27	申丙	2 27	卯丁	四十
25	申丙	6 25	寅丙	5 27	酉丁	4 27	卯丁	3 28	酉丁	2 28	辰戊	五十
26	酉丁	6 26	卯丁	5 28	戌戊	4 28	辰戊	3 29	戌戊	2 29	巳己	六十
27	戌戊	6 27	辰戊	5 29	亥己	4 29	巳己	3 30	亥己	3 1	午庚	七十
28	亥己	6 28	巳己	5 30	子庚	4 30	午庚	3 31	子庚	3 2	未辛	八十
29	子庚	6 29	午庚	5 31	丑辛	5 1	未辛	4 1	丑辛	3 3	申壬	九十
30	丑辛	6 30	未辛	6 1	寅壬	5 2	申壬	4 2	寅壬	3 4	酉癸	十二
31	寅壬	7 1	申壬	6 2	卯癸	5 3	酉癸	4 3	卯癸	3 5	戌甲	一廿
1	卯癸	7 2	酉癸	6 3	辰甲	5 4	戌甲	4 4	辰甲	3 6	亥乙	二廿
2	辰甲	7 3	戌甲	6 4	巳乙	5 5	亥乙	4 5	巳乙	3 7	子丙	三廿
3	巳乙	7 4	亥乙	6 5	午丙	5 6	子丙	4 6	午丙	3 8	丑丁	四廿
4	午丙	7 5	子丙	6 6	未丁	5 7	丑丁	4 7	未丁	3 9	寅戊	五廿
5	未丁	7 6	丑丁	6 7	申戊	5 8	寅戊	4 8	申戊	3 10	卯己	六廿
6	申戊	7 7	寅戊	6 8	酉己	5 9	卯己	4 9	酉己	3 11	辰庚	七廿
7	酉己	7 8	卯己	6 9	戌庚	5 10	辰庚	4 10	戌庚	3 12	巳辛	八廿
8	戌庚	7 9	辰庚	6 10	亥辛	5 11	巳辛	4 11	亥辛	3 13	午壬	九廿
9	亥辛	7 10	巳辛	乙太		5 12	午壬	4 12	子壬	易天		十三

西元二〇四八年

歲次戊辰

民國一三七年

太歲姓趙名達

納音屬木

生肖屬龍

年六白星

畢宿值年

月別	月二十		月一十		月十		月九		月八		月七	
月柱	丑乙		子甲		亥癸		戌壬		酉辛		申庚	
紫白	碧三		綠四		黃五		白六		赤七		白八	
節氣時間	1/19	1/5	12/21	12/6	11/21	11/7		10/23	10/7	9/22	9/7	8/22
	六十	二初	七十	二初	六十	二初		六十	十三	五十	九廿	三十
	23時40分 大寒子時	6時18分 小寒卯時	13時1分 冬至未時	19時0分 大雪戌時	23時33分 小雪子時	1時56分 立冬丑時		1時42分 霜降丑時	22時26分 寒露亥時	16時0分 秋分申時	6時27分 白露卯時	18時2分 處暑酉時
農曆	曆陽	柱日	曆陽	柱日	曆陽	柱日	曆陽	柱日	曆陽	柱日	曆陽	柱日
初一	1 4	卯己	12 5	酉己	11 6	辰庚	10 8	亥辛	9 8	巳辛	8 10	子壬
初二	1 5	辰庚	12 6	戌庚	11 7	巳辛	10 9	子壬	9 9	午壬	8 11	丑癸
初三	1 6	巳辛	12 7	亥辛	11 8	午壬	10 10	丑癸	9 10	未癸	8 12	寅甲
初四	1 7	午壬	12 8	子壬	11 9	未癸	10 11	寅甲	9 11	申甲	8 13	卯乙
初五	1 8	未癸	12 9	丑癸	11 10	申甲	10 12	卯乙	9 12	酉乙	8 14	辰丙
初六	1 9	申甲	12 10	寅甲	11 11	酉乙	10 13	辰丙	9 13	戌丙	8 15	巳丁
初七	1 10	酉乙	12 11	卯乙	11 12	戌丙	10 14	巳丁	9 14	亥丁	8 16	午戊
初八	1 11	戌丙	12 12	辰丙	11 13	亥丁	10 15	午戊	9 15	子戊	8 17	未己
初九	1 12	亥丁	12 13	巳丁	11 14	子戊	10 16	未己	9 16	丑己	8 18	申庚
初十	1 13	子戊	12 14	午戊	11 15	丑己	10 17	申庚	9 17	寅庚	8 19	酉辛
十一	1 14	丑己	12 15	未己	11 16	寅庚	10 18	酉辛	9 18	卯辛	8 20	戌壬
十二	1 15	寅庚	12 16	申庚	11 17	卯辛	10 19	戌壬	9 19	辰壬	8 21	亥癸
十三	1 16	卯辛	12 17	酉辛	11 18	辰壬	10 20	亥癸	9 20	巳癸	8 22	子甲
十四	1 17	辰壬	12 18	戌壬	11 19	巳癸	10 21	子甲	9 21	午甲	8 23	丑乙
十五	1 18	巳癸	12 19	亥癸	11 20	午甲	10 22	丑乙	9 22	未乙	8 24	寅丙
十六	1 19	午甲	12 20	子甲	11 21	未乙	10 23	寅丙	9 23	申丙	8 25	卯丁
十七	1 20	未乙	12 21	丑乙	11 22	申丙	10 24	卯丁	9 24	酉丁	8 26	辰戊
十八	1 21	申丙	12 22	寅丙	11 23	酉丁	10 25	辰戊	9 25	戌戊	8 27	巳己
十九	1 22	酉丁	12 23	卯丁	11 24	戌戊	10 26	巳己	9 26	亥己	8 28	午庚
二十	1 23	戌戊	12 24	辰戊	11 25	亥己	10 27	午庚	9 27	子庚	8 29	未辛
廿一	1 24	亥己	12 25	巳己	11 26	子庚	10 28	未辛	9 28	丑辛	8 30	申壬
廿二	1 25	子庚	12 26	午庚	11 27	丑辛	10 29	申壬	9 29	寅壬	8 31	酉癸
廿三	1 26	丑辛	12 27	未辛	11 28	寅壬	10 30	酉癸	9 30	卯癸	9 1	戌甲
廿四	1 27	寅壬	12 28	申壬	11 29	卯癸	10 31	戌甲	10 1	辰甲	9 2	亥乙
廿五	1 28	卯癸	12 29	酉癸	11 30	辰甲	11 1	亥乙	10 2	巳乙	9 3	子丙
廿六	1 29	辰甲	12 30	戌甲	12 1	巳乙	11 2	子丙	10 3	午丙	9 4	丑丁
廿七	1 30	巳乙	12 31	亥乙	12 2	午丙	11 3	丑丁	10 4	未丁	9 5	寅戊
廿八	1 31	午丙	1 1	子丙	12 3	未丁	11 4	寅戊	10 5	申戊	9 6	卯己
廿九	2 1	未丁	1 2	丑丁	12 4	申戊	11 5	卯己	10 6	酉己	9 7	辰庚
三十	乙太		1 3	寅戊	易天		業事化文乙太		10 7	戌庚	尋搜格落部	

西元二〇四九年 歲次己巳

民國一三八年 太歲姓郭名燦

納音屬木 生肖屬蛇

年五黃星 紫宿值年

月 六		月 五		月 四		月 三		月 二		月 正		別月
未 辛		午 庚		巳 己		辰 戊		卯 丁		寅 丙		柱月
白 六		赤 七		白 八		紫 九		白 一		黑 二		白紫
/22	7/6	6/21	6/5	5/20	5/5	4/19	4/4	3/20	3/5	2/18	2/3	節氣時間
廿	七初	二廿	六初	九十	四初	八十	三初	七十	二初	七十	二初	
大暑申時	23時8分 小暑子時	5時47分 夏至卯時	13時3分 芒種未時	22時3分 小滿亥時	9時12分 立夏巳時	23時13分 穀雨子時	16時14分 清明申時	12時28分 春分午時	11時42分 驚蟄午時	13時42分 雨水未時	17時53分 立春酉時	
曆陽	柱日	曆陽	柱日	曆陽	柱日	曆陽	柱日	曆陽	柱日	曆陽	柱日	曆農
30	子丙	5 31	午丙	5 2	丑丁	4 2	未丁	3 4	寅戊	2 2	申戊	一初
1	丑丁	6 1	未丁	5 3	寅戊	4 3	申戊	3 5	卯己	2 3	酉己	二初
2	寅戊	6 2	申戊	5 4	卯己	4 4	酉己	3 6	辰庚	2 4	戌庚	三初
3	卯己	6 3	酉己	5 5	辰庚	4 5	戌庚	3 7	巳辛	2 5	亥辛	四初
4	辰庚	6 4	戌庚	5 6	巳辛	4 6	亥辛	3 8	午壬	2 6	子壬	五初
5	巳辛	6 5	亥辛	5 7	午壬	4 7	子壬	3 9	未癸	2 7	丑癸	六初
6	午壬	6 6	子壬	5 8	未癸	4 8	丑癸	3 10	申甲	2 8	寅甲	七初
7	未癸	6 7	丑癸	5 9	申甲	4 9	寅甲	3 11	酉乙	2 9	卯乙	八初
8	申甲	6 8	寅甲	5 10	酉乙	4 10	卯乙	3 12	戌丙	2 10	辰丙	九初
9	酉乙	6 9	卯乙	5 11	戌丙	4 11	辰丙	3 13	亥丁	2 11	巳丁	十初
10	戌丙	6 10	辰丙	5 12	亥丁	4 12	巳丁	3 14	子戊	2 12	午戊	一十
11	亥丁	6 11	巳丁	5 13	子戊	4 13	午戊	3 15	丑己	2 13	未己	二十
12	子戊	6 12	午戊	5 14	丑己	4 14	未己	3 16	寅庚	2 14	申庚	三十
13	丑己	6 13	未己	5 15	寅庚	4 15	申庚	3 17	卯辛	2 15	酉辛	四十
14	寅庚	6 14	申庚	5 16	卯辛	4 16	酉辛	3 18	辰壬	2 16	戌壬	五十
15	卯辛	6 15	酉辛	5 17	辰壬	4 17	戌壬	3 19	巳癸	2 17	亥癸	六十
16	辰壬	6 16	戌壬	5 18	巳癸	4 18	亥癸	3 20	午甲	2 18	子甲	七十
17	巳癸	6 17	亥癸	5 19	午甲	4 19	子甲	3 21	未乙	2 19	丑乙	八十
18	午甲	6 18	子甲	5 20	未乙	4 20	丑乙	3 22	申丙	2 20	寅丙	九十
19	未乙	6 19	丑乙	5 21	申丙	4 21	寅丙	3 23	酉丁	2 21	卯丁	十二
20	申丙	6 20	寅丙	5 22	酉丁	4 22	卯丁	3 24	戌戊	2 22	辰戊	一廿
21	酉丁	6 21	卯丁	5 23	戌戊	4 23	辰戊	3 25	亥己	2 23	巳己	二廿
22	戌戊	6 22	辰戊	5 24	亥己	4 24	巳己	3 26	子庚	2 24	午庚	三廿
23	亥己	6 23	巳己	5 25	子庚	4 25	午庚	3 27	丑辛	2 25	未辛	四廿
24	子庚	6 24	午庚	5 26	丑辛	4 26	未辛	3 28	寅壬	2 26	申壬	五廿
25	丑辛	6 25	未辛	5 27	寅壬	4 27	申壬	3 29	卯癸	2 27	酉癸	六廿
26	寅壬	6 26	申壬	5 28	卯癸	4 28	酉癸	3 30	辰甲	2 28	戌甲	七廿
27	卯癸	6 27	酉癸	5 29	辰甲	4 29	戌甲	3 31	巳乙	3 1	亥乙	八廿
28	辰甲	6 28	戌甲	5 30	巳乙	4 30	亥乙	4 1	午丙	3 2	子丙	九廿
29	巳乙	6 29	亥乙	乙太		5 1	子丙	易天		3 3	丑丁	十三

月別	月二十		月一十		月十		月九		月八		月七	
月柱	丑丁		子丙		亥乙		戌甲		酉癸		申壬	
紫白	紫九		白一		黑二		碧三		綠四		黃五	
節氣時間	1/20	1/5	12/21	12/7	11/22	11/7	10/23	10/8	9/22	9/7	8/22	8/7
	七廿	二十	七廿	三十	七廿	二十	七廿	二十	六廿	一十	四廿	九初
	5時33分 大寒卯時	12時7分 小寒午時	18時51分 冬至酉時	0時46分 大雪子時	5時19分 小雪卯時	7時38分 立冬辰時	7時24分 霜降辰時	4時4分 寒露寅時	21時42分 秋分亥時	12時5分 白露午時	23時47分 處暑子時	8時57分 立秋辰時
農曆	曆陽	柱日	曆陽	柱日	曆陽	柱日	曆陽	柱日	曆陽	柱日	曆陽	柱日
初一	12 25	戌甲	11 25	辰甲	10 27	亥乙	9 27	巳乙	8 28	亥乙	7 30	午丙
初二	12 26	亥乙	11 26	巳乙	10 28	子丙	9 28	午丙	8 29	子丙	7 31	未丁
初三	12 27	子丙	11 27	午丙	10 29	丑丁	9 29	未丁	8 30	丑丁	8 1	申戊
初四	12 28	丑丁	11 28	未丁	10 30	寅戊	9 30	申戊	8 31	寅戊	8 2	酉己
初五	12 29	寅戊	11 29	申戊	10 31	卯己	10 1	酉己	9 1	卯己	8 3	戌庚
初六	12 30	卯己	11 30	酉己	11 1	辰庚	10 2	戌庚	9 2	辰庚	8 4	亥辛
初七	12 31	辰庚	12 1	戌庚	11 2	巳辛	10 3	亥辛	9 3	巳辛	8 5	子壬
初八	1 1	巳辛	12 2	亥辛	11 3	午壬	10 4	子壬	9 4	午壬	8 6	丑癸
初九	1 2	午壬	12 3	子壬	11 4	未癸	10 5	丑癸	9 5	未癸	8 7	寅甲
初十	1 3	未癸	12 4	丑癸	11 5	申甲	10 6	寅甲	9 6	申甲	8 8	卯乙
十一	1 4	申甲	12 5	寅甲	11 6	酉乙	10 7	卯乙	9 7	酉乙	8 9	辰丙
十二	1 5	酉乙	12 6	卯乙	11 7	戌丙	10 8	辰丙	9 8	戌丙	8 10	巳丁
十三	1 6	戌丙	12 7	辰丙	11 8	亥丁	10 9	巳丁	9 9	亥丁	8 11	午戊
十四	1 7	亥丁	12 8	巳丁	11 9	子戊	10 10	午戊	9 10	子戊	8 12	未己
十五	1 8	子戊	12 9	午戊	11 10	丑己	10 11	未己	9 11	丑己	8 13	申庚
十六	1 9	丑己	12 10	未己	11 11	寅庚	10 12	申庚	9 12	寅庚	8 14	酉辛
十七	1 10	寅庚	12 11	申庚	11 12	卯辛	10 13	酉辛	9 13	卯辛	8 15	戌壬
十八	1 11	卯辛	12 12	酉辛	11 13	辰壬	10 14	戌壬	9 14	辰壬	8 16	亥癸
十九	1 12	辰壬	12 13	戌壬	11 14	巳癸	10 15	亥癸	9 15	巳癸	8 17	子甲
二十	1 13	巳癸	12 14	亥癸	11 15	午甲	10 16	子甲	9 16	午甲	8 18	丑乙
廿一	1 14	午甲	12 15	子甲	11 16	未乙	10 17	丑乙	9 17	未乙	8 19	寅丙
廿二	1 15	未乙	12 16	丑乙	11 17	申丙	10 18	寅丙	9 18	申丙	8 20	卯丁
廿三	1 16	申丙	12 17	寅丙	11 18	酉丁	10 19	卯丁	9 19	酉丁	8 21	辰戊
廿四	1 17	酉丁	12 18	卯丁	11 19	戌戊	10 20	辰戊	9 20	戌戊	8 22	巳己
廿五	1 18	戌戊	12 19	辰戊	11 20	亥己	10 21	巳己	9 21	亥己	8 23	午庚
廿六	1 19	亥己	12 20	巳己	11 21	子庚	10 22	午庚	9 22	子庚	8 24	未辛
廿七	1 20	子庚	12 21	午庚	11 22	丑辛	10 23	未辛	9 23	丑辛	8 25	申壬
廿八	1 21	丑辛	12 22	未辛	11 23	寅壬	10 24	申壬	9 24	寅壬	8 26	酉癸
廿九	1 22	寅壬	12 23	申壬	11 24	卯癸	10 25	酉癸	9 25	卯癸	8 27	戌甲
三十	乙太		12 24	酉癸	易天		10 26	戌甲	9 26	辰甲	尋搜格落部	

西元二〇五〇年 歲次庚午

民國一三九年 太歲姓王名清

納音屬土 生肖屬馬

年四綠星 參宿值年

月六		月五		月四		月三閏		月三		月二		月正		別月
未癸		午壬		巳辛				辰庚		卯己		寅戊		柱月
碧三		綠四		黃五				白六		赤七		白八		白紫
/7	7/22	7/7	6/21	6/5	5/21		5/5	4/20	4/4	3/20	3/5	2/18	2/3	節氣時間
-二	四初	九十	三初	六十	一初		五十	九廿	三十	八廿	三十	七廿	二十	
立秋未時	大暑亥時 22時21分	小暑卯時 5時1分	夏至午時 11時32分	芒種酉時 18時54分	小滿寅時 3時50分		立夏申時 15時1分	穀雨卯時 5時1分	清明亥時 22時2分	春分酉時 18時19分	驚蟄酉時 17時32分	雨水戌時 19時34分	立春子時 23時43分	
曆陽	柱日	曆陽	柱日	曆陽	柱日	曆陽	柱日	曆陽	柱日	曆陽	柱日	曆陽	柱日	曆農
19	子庚	6 19	午庚	5 21	丑辛	4 21	未辛	3 23	寅壬	2 21	申壬	1 23	卯癸	一初
20	丑辛	6 20	未辛	5 22	寅壬	4 22	申壬	3 24	卯癸	2 22	酉癸	1 24	辰甲	二初
21	寅壬	6 21	申壬	5 23	卯癸	4 23	酉癸	3 25	辰甲	2 23	戌甲	1 25	巳乙	三初
22	卯癸	6 22	酉癸	5 24	辰甲	4 24	戌甲	3 26	巳乙	2 24	亥乙	1 26	午丙	四初
23	辰甲	6 23	戌甲	5 25	巳乙	4 25	亥乙	3 27	午丙	2 25	子丙	1 27	未丁	五初
24	巳乙	6 24	亥乙	5 26	午丙	4 26	子丙	3 28	未丁	2 26	丑丁	1 28	申戊	六初
25	午丙	6 25	子丙	5 27	未丁	4 27	丑丁	3 29	申戊	2 27	寅戊	1 29	酉己	七初
26	未丁	6 26	丑丁	5 28	申戊	4 28	寅戊	3 30	酉己	2 28	卯己	1 30	戌庚	八初
27	申戊	6 27	寅戊	5 29	酉己	4 29	卯己	3 31	戌庚	3 1	辰庚	1 31	亥辛	九初
28	酉己	6 28	卯己	5 30	戌庚	4 30	辰庚	4 1	亥辛	3 2	巳辛	2 1	子壬	十初
29	戌庚	6 29	辰庚	5 31	亥辛	5 1	巳辛	4 2	子壬	3 3	午壬	2 2	丑癸	一十
30	亥辛	6 30	巳辛	6 1	子壬	5 2	午壬	4 3	丑癸	3 4	未癸	2 3	寅甲	二十
31	子壬	7 1	午壬	6 2	丑癸	5 3	未癸	4 4	寅甲	3 5	申甲	2 4	卯乙	三十
1	丑癸	7 2	未癸	6 3	寅甲	5 4	申甲	4 5	卯乙	3 6	酉乙	2 5	辰丙	四十
2	寅甲	7 3	申甲	6 4	卯乙	5 5	酉乙	4 6	辰丙	3 7	戌丙	2 6	巳丁	五十
3	卯乙	7 4	酉乙	6 5	辰丙	5 6	戌丙	4 7	巳丁	3 8	亥丁	2 7	午戊	六十
4	辰丙	7 5	戌丙	6 6	巳丁	5 7	亥丁	4 8	午戊	3 9	子戊	2 8	未己	七十
5	巳丁	7 6	亥丁	6 7	午戊	5 8	子戊	4 9	未己	3 10	丑己	2 9	申庚	八十
6	午戊	7 7	子戊	6 8	未己	5 9	丑己	4 10	申庚	3 11	寅庚	2 10	酉辛	九十
7	未己	7 8	丑己	6 9	申庚	5 10	寅庚	4 11	酉辛	3 12	卯辛	2 11	戌壬	十二
8	申庚	7 9	寅庚	6 10	酉辛	5 11	卯辛	4 12	戌壬	3 13	辰壬	2 12	亥癸	一廿
9	酉辛	7 10	卯辛	6 11	戌壬	5 12	辰壬	4 13	亥癸	3 14	巳癸	2 13	子甲	二廿
10	戌壬	7 11	辰壬	6 12	亥癸	5 13	巳癸	4 14	子甲	3 15	午甲	2 14	丑乙	三廿
11	亥癸	7 12	巳癸	6 13	子甲	5 14	午甲	4 15	丑乙	3 16	未乙	2 15	寅丙	四廿
12	子甲	7 13	午甲	6 14	丑乙	5 15	未乙	4 16	寅丙	3 17	申丙	2 16	卯丁	五廿
13	丑乙	7 14	未乙	6 15	寅丙	5 16	申丙	4 17	卯丁	3 18	酉丁	2 17	辰戊	六廿
14	寅丙	7 15	申丙	6 16	卯丁	5 17	酉丁	4 18	辰戊	3 19	戌戊	2 18	巳己	七廿
15	卯丁	7 16	酉丁	6 17	辰戊	5 18	戌戊	4 19	巳己	3 20	亥己	2 19	午庚	八廿
16	辰戊	7 17	戌戊	6 18	巳己	5 19	亥己	4 20	午庚	3 21	子庚	2 20	未辛	九廿
乙太		7 18	亥己	易天		5 20	子庚	業事化文乙太		3 22	丑辛	尋搜格落部		十三

月別	月 二 十		月 一 十		月 十		月 九		月 八		月 七	
月柱	丑 己		子 戊		亥 丁		戌 丙		酉 乙		申 甲	
紫白	白 六		赤 七		白 八		紫 九		白 一		黑 二	
節氣時間	2/4	1/20	1/5	12/22	12/7	11/22	11/7	10/23	10/8	9/23	9/7	8/23
	三廿	八初	三廿	九初	四廿	九初	三廿	八初	三廿	八初	二廿	七初
	5時35分 立春卯時	11時18分 大寒午時	18時1分 小寒酉時	0時38分 冬至子時	6時41分 大雪卯時	11時6分 小雪午時	13時33分 立冬未時	13時11分 霜降未時	9時59分 寒露巳時	3時28分 秋分寅時	18時0分 白露酉時	5時32分 處暑卯時
農曆	曆陽	柱日	曆陽	柱日	曆陽	柱日	曆陽	柱日	曆陽	柱日	曆陽	柱日
初一	1 13	戌戊	12 14	辰戊	11 14	戌戊	10 16	巳己	9 16	亥己	8 17	巳己
初二	1 14	亥己	12 15	巳己	11 15	亥己	10 17	午庚	9 17	子庚	8 18	午庚
初三	1 15	子庚	12 16	午庚	11 16	子庚	10 18	未辛	9 18	丑辛	8 19	未辛
初四	1 16	丑辛	12 17	未辛	11 17	丑辛	10 19	申壬	9 19	寅壬	8 20	申壬
初五	1 17	寅壬	12 18	申壬	11 18	寅壬	10 20	酉癸	9 20	卯癸	8 21	酉癸
初六	1 18	卯癸	12 19	酉癸	11 19	卯癸	10 21	戌甲	9 21	辰甲	8 22	戌甲
初七	1 19	辰甲	12 20	戌甲	11 20	辰甲	10 22	亥乙	9 22	巳乙	8 23	亥乙
初八	1 20	巳乙	12 21	亥乙	11 21	巳乙	10 23	子丙	9 23	午丙	8 24	子丙
初九	1 21	午丙	12 22	子丙	11 22	午丙	10 24	丑丁	9 24	未丁	8 25	丑丁
初十	1 22	未丁	12 23	丑丁	11 23	未丁	10 25	寅戊	9 25	申戊	8 26	寅戊
十一	1 23	申戊	12 24	寅戊	11 24	申戊	10 26	卯己	9 26	酉己	8 27	卯己
十二	1 24	酉己	12 25	卯己	11 25	酉己	10 27	辰庚	9 27	戌庚	8 28	辰庚
十三	1 25	戌庚	12 26	辰庚	11 26	戌庚	10 28	巳辛	9 28	亥辛	8 29	巳辛
十四	1 26	亥辛	12 27	巳辛	11 27	亥辛	10 29	午壬	9 29	子壬	8 30	午壬
十五	1 27	子壬	12 28	午壬	11 28	子壬	10 30	未癸	9 30	丑癸	8 31	未癸
十六	1 28	丑癸	12 29	未癸	11 29	丑癸	10 31	申甲	10 1	寅甲	9 1	申甲
十七	1 29	寅甲	12 30	申甲	11 30	寅甲	11 1	酉乙	10 2	卯乙	9 2	酉乙
十八	1 30	卯乙	12 31	酉乙	12 1	卯乙	11 2	戌丙	10 3	辰丙	9 3	戌丙
十九	1 31	辰丙	1 1	戌丙	12 2	辰丙	11 3	亥丁	10 4	巳丁	9 4	亥丁
二十	2 1	巳丁	1 2	亥丁	12 3	巳丁	11 4	子戊	10 5	午戊	9 5	子戊
廿一	2 2	午戊	1 3	子戊	12 4	午戊	11 5	丑己	10 6	未己	9 6	丑己
廿二	2 3	未己	1 4	丑己	12 5	未己	11 6	寅庚	10 7	申庚	9 7	寅庚
廿三	2 4	申庚	1 5	寅庚	12 6	申庚	11 7	卯辛	10 8	酉辛	9 8	卯辛
廿四	2 5	酉辛	1 6	卯辛	12 7	酉辛	11 8	辰壬	10 9	戌壬	9 9	辰壬
廿五	2 6	戌壬	1 7	辰壬	12 8	戌壬	11 9	巳癸	10 10	亥癸	9 10	巳癸
廿六	2 7	亥癸	1 8	巳癸	12 9	亥癸	11 10	午甲	10 11	子甲	9 11	午甲
廿七	2 8	子甲	1 9	午甲	12 10	子甲	11 11	未乙	10 12	丑乙	9 12	未乙
廿八	2 9	丑乙	1 10	未乙	12 11	丑乙	11 12	申丙	10 13	寅丙	9 13	申丙
廿九	2 10	寅丙	1 11	申丙	12 12	寅丙	11 13	酉丁	10 14	卯丁	9 14	酉丁
三十	乙太		1 12	酉丁	12 13	卯丁	易天		10 15	辰戊	9 15	戌戊

西元二〇五一年 歲次辛未

民國一四〇年
太歲姓李名素

納音屬土
生肖屬羊

年三碧星
井宿值年

月六		月五		月四		月三		月二		月正		別月
未乙		午甲		巳癸		辰壬		卯辛		寅庚		柱月
紫九		白一		黑二		碧三		綠四		黃五		白紫
	7/23	7/7	6/21	6/6	5/21	5/5	4/20	4/5	3/20	3/5	2/19	節氣時間
	六十	九廿	三十	八廿	二十	五廿	十初	四廿	八初	三廿	九初	
	4時12分 大暑寅時	10時49分 小暑巳時	17時18分 夏至酉時	0時40分 芒種子時	9時31分 小滿巳時	20時46分 立夏戌時	10時40分 穀雨巳時	3時49分 清明寅時	23時58分 春分子時	23時21分 驚蟄子時	1時17分 雨水丑時	
曆陽	柱日	曆陽	柱日	曆陽	柱日	曆陽	柱日	曆陽	柱日	曆陽	柱日	曆農
7 8	午甲	6 9	丑乙	5 10	未乙	4 11	寅丙	3 13	酉丁	2 11	卯丁	一初
7 9	未乙	6 10	寅丙	5 11	申丙	4 12	卯丁	3 14	戌戊	2 12	辰戊	二初
7 10	申丙	6 11	卯丁	5 12	酉丁	4 13	辰戊	3 15	亥己	2 13	巳己	三初
7 11	酉丁	6 12	辰戊	5 13	戌戊	4 14	巳己	3 16	子庚	2 14	午庚	四初
7 12	戌戊	6 13	巳己	5 14	亥己	4 15	午庚	3 17	丑辛	2 15	未辛	五初
7 13	亥己	6 14	午庚	5 15	子庚	4 16	未辛	3 18	寅壬	2 16	申壬	六初
7 14	子庚	6 15	未辛	5 16	丑辛	4 17	申壬	3 19	卯癸	2 17	酉癸	七初
7 15	丑辛	6 16	申壬	5 17	寅壬	4 18	酉癸	3 20	辰甲	2 18	戌甲	八初
7 16	寅壬	6 17	酉癸	5 18	卯癸	4 19	戌甲	3 21	巳乙	2 19	亥乙	九初
7 17	卯癸	6 18	戌甲	5 19	辰甲	4 20	亥乙	3 22	午丙	2 20	子丙	十初
7 18	辰甲	6 19	亥乙	5 20	巳乙	4 21	子丙	3 23	未丁	2 21	丑丁	一十
7 19	巳乙	6 20	子丙	5 21	午丙	4 22	丑丁	3 24	申戊	2 22	寅戊	二十
7 20	午丙	6 21	丑丁	5 22	未丁	4 23	寅戊	3 25	酉己	2 23	卯己	三十
7 21	未丁	6 22	寅戊	5 23	申戊	4 24	卯己	3 26	戌庚	2 24	辰庚	四十
7 22	申戊	6 23	卯己	5 24	酉己	4 25	辰庚	3 27	亥辛	2 25	巳辛	五十
7 23	酉己	6 24	辰庚	5 25	戌庚	4 26	巳辛	3 28	子壬	2 26	午壬	六十
7 24	戌庚	6 25	巳辛	5 26	亥辛	4 27	午壬	3 29	丑癸	2 27	未癸	七十
7 25	亥辛	6 26	午壬	5 27	子壬	4 28	未癸	3 30	寅甲	2 28	申甲	八十
7 26	子壬	6 27	未癸	5 28	丑癸	4 29	申甲	3 31	卯乙	3 1	酉乙	九十
7 27	丑癸	6 28	申甲	5 29	寅甲	4 30	酉乙	4 1	辰丙	3 2	戌丙	十二
7 28	寅甲	6 29	酉乙	5 30	卯乙	5 1	戌丙	4 2	巳丁	3 3	亥丁	一廿
7 29	卯乙	6 30	戌丙	5 31	辰丙	5 2	亥丁	4 3	午戊	3 4	子戊	二廿
7 30	辰丙	7 1	亥丁	6 1	巳丁	5 3	子戊	4 4	未己	3 5	丑己	三廿
7 31	巳丁	7 2	子戊	6 2	午戊	5 4	丑己	4 5	申庚	3 6	寅庚	四廿
8 1	午戊	7 3	丑己	6 3	未己	5 5	寅庚	4 6	酉辛	3 7	卯辛	五廿
8 2	未己	7 4	寅庚	6 4	申庚	5 6	卯辛	4 7	戌壬	3 8	辰壬	六廿
8 3	申庚	7 5	卯辛	6 5	酉辛	5 7	辰壬	4 8	亥癸	3 9	巳癸	七廿
8 4	酉辛	7 6	辰壬	6 6	戌壬	5 8	巳癸	4 9	子甲	3 10	午甲	八廿
8 5	戌壬	7 7	巳癸	6 7	亥癸	5 9	午甲	4 10	丑乙	3 11	未乙	九廿
乙太		易天		6 8	子甲	業事化文乙太		尋搜格落部		3 12	申丙	十三

月別	月二十		月一十		月十		月九		月八		月七	
月柱	丑辛		子庚		亥己		戌戊		酉丁		申丙	
紫白	碧三		綠四		黃五		白六		赤七		白八	
節氣時間	1/20	1/5	12/22	12/7	11/22	11/7	10/23	10/8	9/23	9/7	8/23	8/7
	九十	四初	十二	五初	十二	五初	九十	四初	九十	三初	八十	二初
	17時13分 大寒酉時	23時48分 小寒子時	6時33分 冬至卯時	12時28分 大雪午時	17時2分 小雪酉時	19時21分 立冬戌時	19時9分 霜降戌時	15時50分 寒露申時	9時27分 秋分巳時	23時51分 白露子時	11時28分 處暑午時	20時41分 立秋戌時
農曆	曆陽	柱日	曆陽	柱日	曆陽	柱日	曆陽	柱日	曆陽	柱日	曆陽	柱日
初一	1 2	辰壬	12 3	戌壬	11 3	辰壬	10 5	亥癸	9 5	巳癸	8 6	亥癸
初二	1 3	巳癸	12 4	亥癸	11 4	巳癸	10 6	子甲	9 6	午甲	8 7	子甲
初三	1 4	午甲	12 5	子甲	11 5	午甲	10 7	丑乙	9 7	未乙	8 8	丑乙
初四	1 5	未乙	12 6	丑乙	11 6	未乙	10 8	寅丙	9 8	申丙	8 9	寅丙
初五	1 6	申丙	12 7	寅丙	11 7	申丙	10 9	卯丁	9 9	酉丁	8 10	卯丁
初六	1 7	酉丁	12 8	卯丁	11 8	酉丁	10 10	辰戊	9 10	戌戊	8 11	辰戊
初七	1 8	戌戊	12 9	辰戊	11 9	戌戊	10 11	巳己	9 11	亥己	8 12	巳己
初八	1 9	亥己	12 10	巳己	11 10	亥己	10 12	午庚	9 12	子庚	8 13	午庚
初九	1 10	子庚	12 11	午庚	11 11	子庚	10 13	未辛	9 13	丑辛	8 14	未辛
初十	1 11	丑辛	12 12	未辛	11 12	丑辛	10 14	申壬	9 14	寅壬	8 15	申壬
十一	1 12	寅壬	12 13	申壬	11 13	寅壬	10 15	酉癸	9 15	卯癸	8 16	酉癸
十二	1 13	卯癸	12 14	酉癸	11 14	卯癸	10 16	戌甲	9 16	辰甲	8 17	戌甲
十三	1 14	辰甲	12 15	戌甲	11 15	辰甲	10 17	亥乙	9 17	巳乙	8 18	亥乙
十四	1 15	巳乙	12 16	亥乙	11 16	巳乙	10 18	子丙	9 18	午丙	8 19	子丙
十五	1 16	午丙	12 17	子丙	11 17	午丙	10 19	丑丁	9 19	未丁	8 20	丑丁
十六	1 17	未丁	12 18	丑丁	11 18	未丁	10 20	寅戊	9 20	申戊	8 21	寅戊
十七	1 18	申戊	12 19	寅戊	11 19	申戊	10 21	卯己	9 21	酉己	8 22	卯己
十八	1 19	酉己	12 20	卯己	11 20	酉己	10 22	辰庚	9 22	戌庚	8 23	辰庚
十九	1 20	戌庚	12 21	辰庚	11 21	戌庚	10 23	巳辛	9 23	亥辛	8 24	巳辛
二十	1 21	亥辛	12 22	巳辛	11 22	亥辛	10 24	午壬	9 24	子壬	8 25	午壬
廿一	1 22	子壬	12 23	午壬	11 23	子壬	10 25	未癸	9 25	丑癸	8 26	未癸
廿二	1 23	丑癸	12 24	未癸	11 24	丑癸	10 26	申甲	9 26	寅甲	8 27	申甲
廿三	1 24	寅甲	12 25	申甲	11 25	寅甲	10 27	酉乙	9 27	卯乙	8 28	酉乙
廿四	1 25	卯乙	12 26	酉乙	11 26	卯乙	10 28	戌丙	9 28	辰丙	8 29	戌丙
廿五	1 26	辰丙	12 27	戌丙	11 27	辰丙	10 29	亥丁	9 29	巳丁	8 30	亥丁
廿六	1 27	巳丁	12 28	亥丁	11 28	巳丁	10 30	子戊	9 30	午戊	8 31	子戊
廿七	1 28	午戊	12 29	子戊	11 29	午戊	10 31	丑己	10 1	未己	9 1	丑己
廿八	1 29	未己	12 30	丑己	11 30	未己	11 1	寅庚	10 2	申庚	9 2	寅庚
廿九	1 30	申庚	12 31	寅庚	12 1	申庚	11 2	卯辛	10 3	酉辛	9 3	卯辛
三十	1 31	酉辛	1 1	卯辛	12 2	酉辛	乙太		10 4	戌壬	9 4	辰壬

西元二〇五二年 歲次壬申

民國一四一年　太歲姓劉名旺

納音屬金　生肖屬猴

年二黑星　鬼宿值年

月別	正月		二月		三月		四月		五月		六月	
月柱	壬寅		癸卯		甲辰		乙巳		丙午		丁未	
紫白	二黑		一白		九紫		八白		七赤		六白	
節氣時間	2/4 初四 立春午時 11時22分	2/19 十九 雨水辰時 7時13分	3/5 初五 驚蟄卯時 5時9分	3/20 二十 春分卯時 5時55分	4/4 初五 清明巳時 9時37分	4/19 二十 穀雨申時 16時37分	5/5 初七 立夏丑時 2時34分	5/20 廿二 小滿申時 15時28分	6/5 初九 芒種卯時 6時29分	6/20 廿四 夏至子時 23時16分	7/6 初十 小暑申時 16時39分	7/22 廿六 大暑巳時 …0時…分
農曆	日柱	陽曆	日柱	陽曆	日柱	陽曆	日柱	陽曆	日柱	陽曆	日柱	陽曆
初一	壬戌	2 1	辛卯	3 1	辛酉	3 31	庚寅	4 29	己未	5 28	己丑	6 27
初二	癸亥	2 2	壬辰	3 2	壬戌	4 1	辛卯	4 30	庚申	5 29	庚寅	6 28
初三	甲子	2 3	癸巳	3 3	癸亥	4 2	壬辰	5 1	辛酉	5 30	辛卯	6 29
初四	乙丑	2 4	甲午	3 4	甲子	4 3	癸巳	5 2	壬戌	5 31	壬辰	6 30
初五	丙寅	2 5	乙未	3 5	乙丑	4 4	甲午	5 3	癸亥	6 1	癸巳	7 1
初六	丁卯	2 6	丙申	3 6	丙寅	4 5	乙未	5 4	甲子	6 2	甲午	7 2
初七	戊辰	2 7	丁酉	3 7	丁卯	4 6	丙申	5 5	乙丑	6 3	乙未	7 3
初八	己巳	2 8	戊戌	3 8	戊辰	4 7	丁酉	5 6	丙寅	6 4	丙申	7 4
初九	庚午	2 9	己亥	3 9	己巳	4 8	戊戌	5 7	丁卯	6 5	丁酉	7 5
初十	辛未	2 10	庚子	3 10	庚午	4 9	己亥	5 8	戊辰	6 6	戊戌	7 6
十一	壬申	2 11	辛丑	3 11	辛未	4 10	庚子	5 9	己巳	6 7	己亥	7 7
十二	癸酉	2 12	壬寅	3 12	壬申	4 11	辛丑	5 10	庚午	6 8	庚子	7 8
十三	甲戌	2 13	癸卯	3 13	癸酉	4 12	壬寅	5 11	辛未	6 9	辛丑	7 9
十四	乙亥	2 14	甲辰	3 14	甲戌	4 13	癸卯	5 12	壬申	6 10	壬寅	7 10
十五	丙子	2 15	乙巳	3 15	乙亥	4 14	甲辰	5 13	癸酉	6 11	癸卯	7 11
十六	丁丑	2 16	丙午	3 16	丙子	4 15	乙巳	5 14	甲戌	6 12	甲辰	7 12
十七	戊寅	2 17	丁未	3 17	丁丑	4 16	丙午	5 15	乙亥	6 13	乙巳	7 13
十八	己卯	2 18	戊申	3 18	戊寅	4 17	丁未	5 16	丙子	6 14	丙午	7 14
十九	庚辰	2 19	己酉	3 19	己卯	4 18	戊申	5 17	丁丑	6 15	丁未	7 15
二十	辛巳	2 20	庚戌	3 20	庚辰	4 19	己酉	5 18	戊寅	6 16	戊申	7 16
廿一	壬午	2 21	辛亥	3 21	辛巳	4 20	庚戌	5 19	己卯	6 17	己酉	7 17
廿二	癸未	2 22	壬子	3 22	壬午	4 21	辛亥	5 20	庚辰	6 18	庚戌	7 18
廿三	甲申	2 23	癸丑	3 23	癸未	4 22	壬子	5 21	辛巳	6 19	辛亥	7 19
廿四	乙酉	2 24	甲寅	3 24	甲申	4 23	癸丑	5 22	壬午	6 20	壬子	7 20
廿五	丙戌	2 25	乙卯	3 25	乙酉	4 24	甲寅	5 23	癸未	6 21	癸丑	7 21
廿六	丁亥	2 26	丙辰	3 26	丙戌	4 25	乙卯	5 24	甲申	6 22	甲寅	7 22
廿七	戊子	2 27	丁巳	3 27	丁亥	4 26	丙辰	5 25	乙酉	6 23	乙卯	7 23
廿八	己丑	2 28	戊午	3 28	戊子	4 27	丁巳	5 26	丙戌	6 24	丙辰	7 24
廿九	庚寅	2 29	己未	3 29	己丑	4 28	戊午	5 27	丁亥	6 25	丁巳	7 25
三十	部落格搜尋		庚申	3 30	太乙文化事業		天易		戊子	6 26	太乙	

月別	月二十		月一十		月十		月九		月八閏		月八		月七	
月柱	丑癸		子壬		亥辛		戌庚				酉己		申戊	
紫白	紫九		白一		黑二		碧三				綠四		黃五	
節氣時間	2/3	1/19	1/5	12/21	12/6	11/21	11/7	10/23		10/7	9/22	9/7	8/22	8/7
	五十	十三	六十	一初	六十	一初	七十	二初		五十	十三	五十	八廿	三十
	17時12分 立春酉時	22時59分 大寒亥時	5時35分 小寒卯時	12時16分 冬至午時	18時15分 大雪酉時	22時45分 小雪亥時	1時9分 立冬丑時	0時54分 霜降子時		21時39分 寒露亥時	15時15分 秋分申時	5時41分 白露卯時	17時21分 處暑酉時	2時33分 立秋子時
農曆	曆陽	柱日	曆陽	柱日	曆陽	柱日	曆陽	柱日	曆陽	柱日	曆陽	柱日	曆陽	柱日
初一	1 20	辰丙	12 21	戌丙	11 21	辰丙	10 22	戌丙	9 23	巳丁	8 24	亥丁	7 26	午戊
初二	1 21	巳丁	12 22	亥丁	11 22	巳丁	10 23	亥丁	9 24	午戊	8 25	子戊	7 27	未己
初三	1 22	午戊	12 23	子戊	11 23	午戊	10 24	子戊	9 25	未己	8 26	丑己	7 28	申庚
初四	1 23	未己	12 24	丑己	11 24	未己	10 25	丑己	9 26	申庚	8 27	寅庚	7 29	酉辛
初五	1 24	申庚	12 25	寅庚	11 25	申庚	10 26	寅庚	9 27	酉辛	8 28	卯辛	7 30	戌壬
初六	1 25	酉辛	12 26	卯辛	11 26	酉辛	10 27	卯辛	9 28	戌壬	8 29	辰壬	7 31	亥癸
初七	1 26	戌壬	12 27	辰壬	11 27	戌壬	10 28	辰壬	9 29	亥癸	8 30	巳癸	8 1	子甲
初八	1 27	亥癸	12 28	巳癸	11 28	亥癸	10 29	巳癸	9 30	子甲	8 31	午甲	8 2	丑乙
初九	1 28	子甲	12 29	午甲	11 29	子甲	10 30	午甲	10 1	丑乙	9 1	未乙	8 3	寅丙
初十	1 29	丑乙	12 30	未乙	11 30	丑乙	10 31	未乙	10 2	寅丙	9 2	申丙	8 4	卯丁
十一	1 30	寅丙	12 31	申丙	12 1	寅丙	11 1	申丙	10 3	卯丁	9 3	酉丁	8 5	辰戊
十二	1 31	卯丁	1 1	酉丁	12 2	卯丁	11 2	酉丁	10 4	辰戊	9 4	戌戊	8 6	巳己
十三	2 1	辰戊	1 2	戌戊	12 3	辰戊	11 3	戌戊	10 5	巳己	9 5	亥己	8 7	午庚
十四	2 2	巳己	1 3	亥己	12 4	巳己	11 4	亥己	10 6	午庚	9 6	子庚	8 8	未辛
十五	2 3	午庚	1 4	子庚	12 5	午庚	11 5	子庚	10 7	未辛	9 7	丑辛	8 9	申壬
十六	2 4	未辛	1 5	丑辛	12 6	未辛	11 6	丑辛	10 8	申壬	9 8	寅壬	8 10	酉癸
十七	2 5	申壬	1 6	寅壬	12 7	申壬	11 7	寅壬	10 9	酉癸	9 9	卯癸	8 11	戌甲
十八	2 6	酉癸	1 7	卯癸	12 8	酉癸	11 8	卯癸	10 10	戌甲	9 10	辰甲	8 12	亥乙
十九	2 7	戌甲	1 8	辰甲	12 9	戌甲	11 9	辰甲	10 11	亥乙	9 11	巳乙	8 13	子丙
二十	2 8	亥乙	1 9	巳乙	12 10	亥乙	11 10	巳乙	10 12	子丙	9 12	午丙	8 14	丑丁
廿一	2 9	子丙	1 10	午丙	12 11	子丙	11 11	午丙	10 13	丑丁	9 13	未丁	8 15	寅戊
廿二	2 10	丑丁	1 11	未丁	12 12	丑丁	11 12	未丁	10 14	寅戊	9 14	申戊	8 16	卯己
廿三	2 11	寅戊	1 12	申戊	12 13	寅戊	11 13	申戊	10 15	卯己	9 15	酉己	8 17	辰庚
廿四	2 12	卯己	1 13	酉己	12 14	卯己	11 14	酉己	10 16	辰庚	9 16	戌庚	8 18	巳辛
廿五	2 13	辰庚	1 14	戌庚	12 15	辰庚	11 15	戌庚	10 17	巳辛	9 17	亥辛	8 19	午壬
廿六	2 14	巳辛	1 15	亥辛	12 16	巳辛	11 16	亥辛	10 18	午壬	9 18	子壬	8 20	未癸
廿七	2 15	午壬	1 16	子壬	12 17	午壬	11 17	子壬	10 19	未癸	9 19	丑癸	8 21	申甲
廿八	2 16	未癸	1 17	丑癸	12 18	未癸	11 18	丑癸	10 20	申甲	9 20	寅甲	8 22	酉乙
廿九	2 17	申甲	1 18	寅甲	12 19	申甲	11 19	寅甲	10 21	酉乙	9 21	卯乙	8 23	戌丙
三十	2 18	酉乙	1 19	卯乙	12 20	酉乙	11 20	卯乙	乙太		9 22	辰丙	易天	

西元二〇五三年

歲次 癸酉

月 六		月 五		月 四		月 三		月 二		月 正		別月
未 己		午 戊		巳 丁		辰 丙		卯 乙		寅 甲		柱月
碧 三		綠 四		黃 五		白 六		赤 七		白 八		白紫
8/7	7/22	7/6	6/21	6/5	5/20	5/5	4/19	4/4	3/20	3/5	2/18	節氣時間
三廿	七初	一廿	六初	九十	三初	七十	一初	六十	一初	五十	十三	
立秋 時 9 分 辰時	大暑 15 時 55 分 申時	小暑 22 時 36 分 亥時	夏至 5 時 3 分 卯時	芒種 12 時 27 分 午時	小滿 21 時 19 分 亥時	立夏 8 時 33 分 辰時	穀雨 22 時 29 分 亥時	清明 15 時 34 分 申時	春分 11 時 47 分 午時	驚蟄 11 時 3 分 午時	雨水 13 時 1 分 未時	
曆陽	柱日	曆陽	柱日	曆陽	柱日	曆陽	柱日	曆陽	柱日	曆陽	柱日	曆農
7 16	丑癸	6 16	未癸	5 18	寅甲	4 19	酉乙	3 20	卯乙	2 19	戌丙	一初
7 17	寅甲	6 17	申甲	5 19	卯乙	4 20	戌丙	3 21	辰丙	2 20	亥丁	二初
7 18	卯乙	6 18	酉乙	5 20	辰丙	4 21	亥丁	3 22	巳丁	2 21	子戊	三初
7 19	辰丙	6 19	戌丙	5 21	巳丁	4 22	子戊	3 23	午戊	2 22	丑己	四初
7 20	巳丁	6 20	亥丁	5 22	午戊	4 23	丑己	3 24	未己	2 23	寅庚	五初
7 21	午戊	6 21	子戊	5 23	未己	4 24	寅庚	3 25	申庚	2 24	卯辛	六初
7 22	未己	6 22	丑己	5 24	申庚	4 25	卯辛	3 26	酉辛	2 25	辰壬	七初
7 23	申庚	6 23	寅庚	5 25	酉辛	4 26	辰壬	3 27	戌壬	2 26	巳癸	八初
7 24	酉辛	6 24	卯辛	5 26	戌壬	4 27	巳癸	3 28	亥癸	2 27	午甲	九初
7 25	戌壬	6 25	辰壬	5 27	亥癸	4 28	午甲	3 29	子甲	2 28	未乙	十初
7 26	亥癸	6 26	巳癸	5 28	子甲	4 29	未乙	3 30	丑乙	3 1	申丙	一十
7 27	子甲	6 27	午甲	5 29	丑乙	4 30	申丙	3 31	寅丙	3 2	酉丁	二十
7 28	丑乙	6 28	未乙	5 30	寅丙	5 1	酉丁	4 1	卯丁	3 3	戌戊	三十
7 29	寅丙	6 29	申丙	5 31	卯丁	5 2	戌戊	4 2	辰戊	3 4	亥己	四十
7 30	卯丁	6 30	酉丁	6 1	辰戊	5 3	亥己	4 3	巳己	3 5	子庚	五十
7 31	辰戊	7 1	戌戊	6 2	巳己	5 4	子庚	4 4	午庚	3 6	丑辛	六十
8 1	巳己	7 2	亥己	6 3	午庚	5 5	丑辛	4 5	未辛	3 7	寅壬	七十
8 2	午庚	7 3	子庚	6 4	未辛	5 6	寅壬	4 6	申壬	3 8	卯癸	八十
8 3	未辛	7 4	丑辛	6 5	申壬	5 7	卯癸	4 7	酉癸	3 9	辰甲	九十
8 4	申壬	7 5	寅壬	6 6	酉癸	5 8	辰甲	4 8	戌甲	3 10	巳乙	十二
8 5	酉癸	7 6	卯癸	6 7	戌甲	5 9	巳乙	4 9	亥乙	3 11	午丙	一廿
8 6	戌甲	7 7	辰甲	6 8	亥乙	5 10	午丙	4 10	子丙	3 12	未丁	二廿
8 7	亥乙	7 8	巳乙	6 9	子丙	5 11	未丁	4 11	丑丁	3 13	申戊	三廿
8 8	子丙	7 9	午丙	6 10	丑丁	5 12	申戊	4 12	寅戊	3 14	酉己	四廿
8 9	丑丁	7 10	未丁	6 11	寅戊	5 13	酉己	4 13	卯己	3 15	戌庚	五廿
8 10	寅戊	7 11	申戊	6 12	卯己	5 14	戌庚	4 14	辰庚	3 16	亥辛	六廿
8 11	卯己	7 12	酉己	6 13	辰庚	5 15	亥辛	4 15	巳辛	3 17	子壬	七廿
8 12	辰庚	7 13	戌庚	6 14	巳辛	5 16	子壬	4 16	午壬	3 18	丑癸	八廿
8 13	巳辛	7 14	亥辛	6 15	午壬	5 17	丑癸	4 17	未癸	3 19	寅甲	九廿
乙太		7 15	子壬	易天		業事化文乙太		4 18	申甲	尋搜格落部		十三

民國一四二年
太歲姓康名忠

納音屬金
生肖屬雞

年一白星
柳宿值年

月別	月二十		月一十		月十		月九		月八		月七	
月柱	丑乙		子甲		亥癸		戌壬		酉辛		申庚	
紫白	白六		赤七		白八		紫九		白一		黑二	
節氣時間	2/3 六廿 23時7分 立春子時	1/20 二十 4時50分 大寒寅時	1/5 七廿 11時31分 小寒午時	12/21 二十 18時9分 冬至酉時	12/7 八廿 0時11分 大雪子時	11/22 三十 4時38分 小雪寅時	11/7 七廿 7時5分 立冬辰時	10/23 二十 6時47分 霜降卯時	10/8 七廿 3時35分 寒露寅時	9/22 一十 21時5分 秋分亥時	9/7 五廿 11時38分 白露午時	8/22 九初 23時9分 處暑子時
農曆	曆陽	柱日	曆陽	柱日	曆陽	柱日	曆陽	柱日	曆陽	柱日	曆陽	柱日
初一	1 9	戌庚	12 10	辰庚	11 10	戌庚	10 12	巳辛	9 12	亥辛	8 14	午壬
初二	1 10	亥辛	12 11	巳辛	11 11	亥辛	10 13	午壬	9 13	子壬	8 15	未癸
初三	1 11	子壬	12 12	午壬	11 12	子壬	10 14	未癸	9 14	丑癸	8 16	申甲
初四	1 12	丑癸	12 13	未癸	11 13	丑癸	10 15	申甲	9 15	寅甲	8 17	酉乙
初五	1 13	寅甲	12 14	申甲	11 14	寅甲	10 16	酉乙	9 16	卯乙	8 18	戌丙
初六	1 14	卯乙	12 15	酉乙	11 15	卯乙	10 17	戌丙	9 17	辰丙	8 19	亥丁
初七	1 15	辰丙	12 16	戌丙	11 16	辰丙	10 18	亥丁	9 18	巳丁	8 20	子戊
初八	1 16	巳丁	12 17	亥丁	11 17	巳丁	10 19	子戊	9 19	午戊	8 21	丑己
初九	1 17	午戊	12 18	子戊	11 18	午戊	10 20	丑己	9 20	未己	8 22	寅庚
初十	1 18	未己	12 19	丑己	11 19	未己	10 21	寅庚	9 21	申庚	8 23	卯辛
十一	1 19	申庚	12 20	寅庚	11 20	申庚	10 22	卯辛	9 22	酉辛	8 24	辰壬
十二	1 20	酉辛	12 21	卯辛	11 21	酉辛	10 23	辰壬	9 23	戌壬	8 25	巳癸
十三	1 21	戌壬	12 22	辰壬	11 22	戌壬	10 24	巳癸	9 24	亥癸	8 26	午甲
十四	1 22	亥癸	12 23	巳癸	11 23	亥癸	10 25	午甲	9 25	子甲	8 27	未乙
十五	1 23	子甲	12 24	午甲	11 24	子甲	10 26	未乙	9 26	丑乙	8 28	申丙
十六	1 24	丑乙	12 25	未乙	11 25	丑乙	10 27	申丙	9 27	寅丙	8 29	酉丁
十七	1 25	寅丙	12 26	申丙	11 26	寅丙	10 28	酉丁	9 28	卯丁	8 30	戌戊
十八	1 26	卯丁	12 27	酉丁	11 27	卯丁	10 29	戌戊	9 29	辰戊	8 31	亥己
十九	1 27	辰戊	12 28	戌戊	11 28	辰戊	10 30	亥己	9 30	巳己	9 1	子庚
二十	1 28	巳己	12 29	亥己	11 29	巳己	10 31	子庚	10 1	午庚	9 2	丑辛
廿一	1 29	午庚	12 30	子庚	11 30	午庚	11 1	丑辛	10 2	未辛	9 3	寅壬
廿二	1 30	未辛	12 31	丑辛	12 1	未辛	11 2	寅壬	10 3	申壬	9 4	卯癸
廿三	1 31	申壬	1 1	寅壬	12 2	申壬	11 3	卯癸	10 4	酉癸	9 5	辰甲
廿四	2 1	酉癸	1 2	卯癸	12 3	酉癸	11 4	辰甲	10 5	戌甲	9 6	巳乙
廿五	2 2	戌甲	1 3	辰甲	12 4	戌甲	11 5	巳乙	10 6	亥乙	9 7	午丙
廿六	2 3	亥乙	1 4	巳乙	12 5	亥乙	11 6	午丙	10 7	子丙	9 8	未丁
廿七	2 4	子丙	1 5	午丙	12 6	子丙	11 7	未丁	10 8	丑丁	9 9	申戊
廿八	2 5	丑丁	1 6	未丁	12 7	丑丁	11 8	申戊	10 9	寅戊	9 10	酉己
廿九	2 6	寅戊	1 7	申戊	12 8	寅戊	11 9	酉己	10 10	卯己	9 11	戌庚
三十	2 7	卯己	1 8	酉己	12 9	卯己	乙太		10 11	辰庚	易天	

西元二〇五四年 歲次甲戌

民國一四三年 太歲姓誓名廣

納音屬火 生肖屬狗

年九紫星 星宿值年

月別	正月		二月		三月		四月		五月		六月	
月柱	丙寅		丁卯		戊辰		己巳		庚午		辛未	
紫白	五黃		四綠		三碧		二黑		一白		九紫	
節氣時間	2/18 十一 雨水 18時51分 酉時	3/5 廿六 驚蟄 16時55分 申時	3/20 十二 春分 17時34分 酉時	4/4 廿七 清明 21時22分 亥時	4/20 十三 穀雨 4時14分 寅時	5/5 廿八 立夏 14時17分 未時	5/21 十四 小滿 3時2分 寅時	6/5 廿九 芒種 18時7分 酉時	6/21 十六 夏至 10時46分 巳時		7/7 初三 小暑 4時13分 寅時	7/22 十八 大暑 [illegible]1時[illegible]0分 亥時
農曆	陽曆	日柱	陽曆	日柱	陽曆	日柱	陽曆	日柱	陽曆	日柱	陽曆	日柱
初一	2 8	庚辰	3 9	己酉	4 8	己卯	5 8	己酉	6 6	戊寅	7 5	丁未
初二	2 9	辛巳	3 10	庚戌	4 9	庚辰	5 9	庚戌	6 7	己卯	7 6	戊申
初三	2 10	壬午	3 11	辛亥	4 10	辛巳	5 10	辛亥	6 8	庚辰	7 7	己酉
初四	2 11	癸未	3 12	壬子	4 11	壬午	5 11	壬子	6 9	辛巳	7 8	庚戌
初五	2 12	甲申	3 13	癸丑	4 12	癸未	5 12	癸丑	6 10	壬午	7 9	辛亥
初六	2 13	乙酉	3 14	甲寅	4 13	甲申	5 13	甲寅	6 11	癸未	7 10	壬子
初七	2 14	丙戌	3 15	乙卯	4 14	乙酉	5 14	乙卯	6 12	甲申	7 11	癸丑
初八	2 15	丁亥	3 16	丙辰	4 15	丙戌	5 15	丙辰	6 13	乙酉	7 12	甲寅
初九	2 16	戊子	3 17	丁巳	4 16	丁亥	5 16	丁巳	6 14	丙戌	7 13	乙卯
初十	2 17	己丑	3 18	戊午	4 17	戊子	5 17	戊午	6 15	丁亥	7 14	丙辰
十一	2 18	庚寅	3 19	己未	4 18	己丑	5 18	己未	6 16	戊子	7 15	丁巳
十二	2 19	辛卯	3 20	庚申	4 19	庚寅	5 19	庚申	6 17	己丑	7 16	戊午
十三	2 20	壬辰	3 21	辛酉	4 20	辛卯	5 20	辛酉	6 18	庚寅	7 17	己未
十四	2 21	癸巳	3 22	壬戌	4 21	壬辰	5 21	壬戌	6 19	辛卯	7 18	庚申
十五	2 22	甲午	3 23	癸亥	4 22	癸巳	5 22	癸亥	6 20	壬辰	7 19	辛酉
十六	2 23	乙未	3 24	甲子	4 23	甲午	5 23	甲子	6 21	癸巳	7 20	壬戌
十七	2 24	丙申	3 25	乙丑	4 24	乙未	5 24	乙丑	6 22	甲午	7 21	癸亥
十八	2 25	丁酉	3 26	丙寅	4 25	丙申	5 25	丙寅	6 23	乙未	7 22	甲子
十九	2 26	戊戌	3 27	丁卯	4 26	丁酉	5 26	丁卯	6 24	丙申	7 23	乙丑
二十	2 27	己亥	3 28	戊辰	4 27	戊戌	5 27	戊辰	6 25	丁酉	7 24	丙寅
廿一	2 28	庚子	3 29	己巳	4 28	己亥	5 28	己巳	6 26	戊戌	7 25	丁卯
廿二	3 1	辛丑	3 30	庚午	4 29	庚子	5 29	庚午	6 27	己亥	7 26	戊辰
廿三	3 2	壬寅	3 31	辛未	4 30	辛丑	5 30	辛未	6 28	庚子	7 27	己巳
廿四	3 3	癸卯	4 1	壬申	5 1	壬寅	5 31	壬申	6 29	辛丑	7 28	庚午
廿五	3 4	甲辰	4 2	癸酉	5 2	癸卯	6 1	癸酉	6 30	壬寅	7 29	辛未
廿六	3 5	乙巳	4 3	甲戌	5 3	甲辰	6 2	甲戌	7 1	癸卯	7 30	壬申
廿七	3 6	丙午	4 4	乙亥	5 4	乙巳	6 3	乙亥	7 2	甲辰	7 31	癸酉
廿八	3 7	丁未	4 5	丙子	5 5	丙午	6 4	丙子	7 3	乙巳	8 1	甲戌
廿九	3 8	戊申	4 6	丁丑	5 6	丁未	6 5	丁丑	7 4	丙午	8 2	乙亥
三十	部落格搜尋		4 7	戊寅	5 7	戊申	天易		太乙		8 3	丙子

月別	月二十		月一十		月十		月九		月八		月七	
月柱	丑丁		子丙		亥乙		戌甲		酉癸		申壬	
紫白	碧三		綠四		黃五		白六		赤七		白八	
節氣時間	1/20	1/5	12/22	12/7	11/22	11/7	10/23	10/8	9/23	9/7	8/23	8/7
	三廿	八初	四廿	九初	三廿	八初	三廿	八初	二廿	六初	十二	四初
	10時48分 大寒巳時	17時22分 小寒酉時	0時9分 冬至子時	6時3分 大雪卯時	10時38分 小雪巳時	12時56分 立冬午時	12時44分 霜降午時	9時21分 寒露巳時	2時59分 秋分丑時	17時19分 白露酉時	4時58分 處暑寅時	14時6分 立秋未時
農曆	曆陽	柱日	曆陽	柱日	曆陽	柱日	曆陽	柱日	曆陽	柱日	曆陽	柱日
初一	12 29	辰甲	11 29	戌甲	10 31	巳乙	10 1	亥乙	9 2	午丙	8 4	丑丁
初二	12 30	巳乙	11 30	亥乙	11 1	午丙	10 2	子丙	9 3	未丁	8 5	寅戊
初三	12 31	午丙	12 1	子丙	11 2	未丁	10 3	丑丁	9 4	申戊	8 6	卯己
初四	1 1	未丁	12 2	丑丁	11 3	申戊	10 4	寅戊	9 5	酉己	8 7	辰庚
初五	1 2	申戊	12 3	寅戊	11 4	酉己	10 5	卯己	9 6	戌庚	8 8	巳辛
初六	1 3	酉己	12 4	卯己	11 5	戌庚	10 6	辰庚	9 7	亥辛	8 9	午壬
初七	1 4	戌庚	12 5	辰庚	11 6	亥辛	10 7	巳辛	9 8	子壬	8 10	未癸
初八	1 5	亥辛	12 6	巳辛	11 7	子壬	10 8	午壬	9 9	丑癸	8 11	申甲
初九	1 6	子壬	12 7	午壬	11 8	丑癸	10 9	未癸	9 10	寅甲	8 12	酉乙
初十	1 7	丑癸	12 8	未癸	11 9	寅甲	10 10	申甲	9 11	卯乙	8 13	戌丙
十一	1 8	寅甲	12 9	申甲	11 10	卯乙	10 11	酉乙	9 12	辰丙	8 14	亥丁
十二	1 9	卯乙	12 10	酉乙	11 11	辰丙	10 12	戌丙	9 13	巳丁	8 15	子戊
十三	1 10	辰丙	12 11	戌丙	11 12	巳丁	10 13	亥丁	9 14	午戊	8 16	丑己
十四	1 11	巳丁	12 12	亥丁	11 13	午戊	10 14	子戊	9 15	未己	8 17	寅庚
十五	1 12	午戊	12 13	子戊	11 14	未己	10 15	丑己	9 16	申庚	8 18	卯辛
十六	1 13	未己	12 14	丑己	11 15	申庚	10 16	寅庚	9 17	酉辛	8 19	辰壬
十七	1 14	申庚	12 15	寅庚	11 16	酉辛	10 17	卯辛	9 18	戌壬	8 20	巳癸
十八	1 15	酉辛	12 16	卯辛	11 17	戌壬	10 18	辰壬	9 19	亥癸	8 21	午甲
十九	1 16	戌壬	12 17	辰壬	11 18	亥癸	10 19	巳癸	9 20	子甲	8 22	未乙
二十	1 17	亥癸	12 18	巳癸	11 19	子甲	10 20	午甲	9 21	丑乙	8 23	申丙
廿一	1 18	子甲	12 19	午甲	11 20	丑乙	10 21	未乙	9 22	寅丙	8 24	酉丁
廿二	1 19	丑乙	12 20	未乙	11 21	寅丙	10 22	申丙	9 23	卯丁	8 25	戌戊
廿三	1 20	寅丙	12 21	申丙	11 22	卯丁	10 23	酉丁	9 24	辰戊	8 26	亥己
廿四	1 21	卯丁	12 22	酉丁	11 23	辰戊	10 24	戌戊	9 25	巳己	8 27	子庚
廿五	1 22	辰戊	12 23	戌戊	11 24	巳己	10 25	亥己	9 26	午庚	8 28	丑辛
廿六	1 23	巳己	12 24	亥己	11 25	午庚	10 26	子庚	9 27	未辛	8 29	寅壬
廿七	1 24	午庚	12 25	子庚	11 26	未辛	10 27	丑辛	9 28	申壬	8 30	卯癸
廿八	1 25	未辛	12 26	丑辛	11 27	申壬	10 28	寅壬	9 29	酉癸	8 31	辰甲
廿九	1 26	申壬	12 27	寅壬	11 28	酉癸	10 29	卯癸	9 30	戌甲	9 1	巳乙
三十	1 27	酉癸	12 28	卯癸	乙太		10 30	辰甲	易天		尋搜格落部	

西元二〇五五年 歲次乙亥

民國一四四年 太歲姓伍名保

納音屬火 生肖屬豬

年八白星 張宿值年

月別	正月		二月		三月		四月		五月		六月		閏六月	
月柱	戊寅		己卯		庚辰		辛巳		壬午		癸未			
紫白	二黑		一白		九紫		八白		七赤		六白			
節氣時間	2/4	2/19	3/5	3/20	4/5	4/20	5/5	5/21	6/5	6/21	7/7	7/23	8/7	
	初八	廿三	初八	廿三	初九	廿四	初九	廿五	十一	廿七	十三	廿九	十五	
	立春寅時 4時55分	雨水子時 0時47分	驚蟄亥時 22時41分	春分子時 23時28分	清明寅時 3時7分	穀雨巳時 10時8分	立夏戌時 20時3分	小滿辰時 8時55分	芒種子時 23時55分	夏至申時 16時39分	小暑巳時 10時5分	大暑寅時 3時31分	立秋戌時 20時0分	
農曆	日柱	陽曆	日柱	陽曆	日柱	陽曆	日柱	陽曆	日柱	陽曆	日柱	陽曆	日柱	陽曆
初一	甲戌	1 28	癸卯	2 26	癸酉	3 28	癸卯	4 27	壬申	5 26	壬寅	6 25	辛未	24
初二	乙亥	1 29	甲辰	2 27	甲戌	3 29	甲辰	4 28	癸酉	5 27	癸卯	6 26	壬申	25
初三	丙子	1 30	乙巳	2 28	乙亥	3 30	乙巳	4 29	甲戌	5 28	甲辰	6 27	癸酉	26
初四	丁丑	1 31	丙午	3 1	丙子	3 31	丙午	4 30	乙亥	5 29	乙巳	6 28	甲戌	27
初五	戊寅	2 1	丁未	3 2	丁丑	4 1	丁未	5 1	丙子	5 30	丙午	6 29	乙亥	28
初六	己卯	2 2	戊申	3 3	戊寅	4 2	戊申	5 2	丁丑	5 31	丁未	6 30	丙子	29
初七	庚辰	2 3	己酉	3 4	己卯	4 3	己酉	5 3	戊寅	6 1	戊申	7 1	丁丑	30
初八	辛巳	2 4	庚戌	3 5	庚辰	4 4	庚戌	5 4	己卯	6 2	己酉	7 2	戊寅	31
初九	壬午	2 5	辛亥	3 6	辛巳	4 5	辛亥	5 5	庚辰	6 3	庚戌	7 3	己卯	8 1
初十	癸未	2 6	壬子	3 7	壬午	4 6	壬子	5 6	辛巳	6 4	辛亥	7 4	庚辰	8 2
十一	甲申	2 7	癸丑	3 8	癸未	4 7	癸丑	5 7	壬午	6 5	壬子	7 5	辛巳	8 3
十二	乙酉	2 8	甲寅	3 9	甲申	4 8	甲寅	5 8	癸未	6 6	癸丑	7 6	壬午	8 4
十三	丙戌	2 9	乙卯	3 10	乙酉	4 9	乙卯	5 9	甲申	6 7	甲寅	7 7	癸未	8 5
十四	丁亥	2 10	丙辰	3 11	丙戌	4 10	丙辰	5 10	乙酉	6 8	乙卯	7 8	甲申	8 6
十五	戊子	2 11	丁巳	3 12	丁亥	4 11	丁巳	5 11	丙戌	6 9	丙辰	7 9	乙酉	8 7
十六	己丑	2 12	戊午	3 13	戊子	4 12	戊午	5 12	丁亥	6 10	丁巳	7 10	丙戌	8 8
十七	庚寅	2 13	己未	3 14	己丑	4 13	己未	5 13	戊子	6 11	戊午	7 11	丁亥	8 9
十八	辛卯	2 14	庚申	3 15	庚寅	4 14	庚申	5 14	己丑	6 12	己未	7 12	戊子	8 10
十九	壬辰	2 15	辛酉	3 16	辛卯	4 15	辛酉	5 15	庚寅	6 13	庚申	7 13	己丑	8 11
二十	癸巳	2 16	壬戌	3 17	壬辰	4 16	壬戌	5 16	辛卯	6 14	辛酉	7 14	庚寅	8 12
廿一	甲午	2 17	癸亥	3 18	癸巳	4 17	癸亥	5 17	壬辰	6 15	壬戌	7 15	辛卯	8 13
廿二	乙未	2 18	甲子	3 19	甲午	4 18	甲子	5 18	癸巳	6 16	癸亥	7 16	壬辰	8 14
廿三	丙申	2 19	乙丑	3 20	乙未	4 19	乙丑	5 19	甲午	6 17	甲子	7 17	癸巳	8 15
廿四	丁酉	2 20	丙寅	3 21	丙申	4 20	丙寅	5 20	乙未	6 18	乙丑	7 18	甲午	8 16
廿五	戊戌	2 21	丁卯	3 22	丁酉	4 21	丁卯	5 21	丙申	6 19	丙寅	7 19	乙未	8 17
廿六	己亥	2 22	戊辰	3 23	戊戌	4 22	戊辰	5 22	丁酉	6 20	丁卯	7 20	丙申	8 18
廿七	庚子	2 23	己巳	3 24	己亥	4 23	己巳	5 23	戊戌	6 21	戊辰	7 21	丁酉	8 19
廿八	辛丑	2 24	庚午	3 25	庚子	4 24	庚午	5 24	己亥	6 22	己巳	7 22	戊戌	8 20
廿九	壬寅	2 25	辛未	3 26	辛丑	4 25	辛未	5 25	庚子	6 23	庚午	7 23	己亥	8 21
三十	部落格搜尋		壬申	3 27	壬寅	4 26	天易		辛丑	6 24	太乙		庚子	8 22

月別	月 二 十		月 一 十		月 十		月 九		月 八		月 七	
月柱	丑 己		子 戊		亥 丁		戌 丙		酉 乙		申 甲	
紫白	紫 九		白 一		黑 二		碧 三		綠 四		黃 五	
節氣時間	2/4	1/20	1/5	12/22	12/7	11/22	11/7	10/23	10/8	9/23	9/7	8/23
	九十	四初	九十	五初	九十	四初	九十	四初	八十	三初	六十	一初
	10時46分 立春巳時	16時32分 大寒申時	23時15分 小寒子時	5時55分 冬至卯時	11時58分 大雪午時	16時25分 小雪申時	18時52分 立冬酉時	18時33分 霜降酉時	15時18分 寒露申時	8時48分 秋分辰時	23時15分 白露子時	10時48分 處暑巳時
農曆	曆陽	柱日	曆陽	柱日	曆陽	柱日	曆陽	柱日	曆陽	柱日	曆陽	柱日
初一	1 17	辰戊	12 18	戌戊	11 19	巳己	10 20	亥己	9 21	午庚	8 23	丑辛
初二	1 18	巳己	12 19	亥己	11 20	午庚	10 21	子庚	9 22	未辛	8 24	寅壬
初三	1 19	午庚	12 20	子庚	11 21	未辛	10 22	丑辛	9 23	申壬	8 25	卯癸
初四	1 20	未辛	12 21	丑辛	11 22	申壬	10 23	寅壬	9 24	酉癸	8 26	辰甲
初五	1 21	申壬	12 22	寅壬	11 23	酉癸	10 24	卯癸	9 25	戌甲	8 27	巳乙
初六	1 22	酉癸	12 23	卯癸	11 24	戌甲	10 25	辰甲	9 26	亥乙	8 28	午丙
初七	1 23	戌甲	12 24	辰甲	11 25	亥乙	10 26	巳乙	9 27	子丙	8 29	未丁
初八	1 24	亥乙	12 25	巳乙	11 26	子丙	10 27	午丙	9 28	丑丁	8 30	申戊
初九	1 25	子丙	12 26	午丙	11 27	丑丁	10 28	未丁	9 29	寅戊	8 31	酉己
初十	1 26	丑丁	12 27	未丁	11 28	寅戊	10 29	申戊	9 30	卯己	9 1	戌庚
十一	1 27	寅戊	12 28	申戊	11 29	卯己	10 30	酉己	10 1	辰庚	9 2	亥辛
十二	1 28	卯己	12 29	酉己	11 30	辰庚	10 31	戌庚	10 2	巳辛	9 3	子壬
十三	1 29	辰庚	12 30	戌庚	12 1	巳辛	11 1	亥辛	10 3	午壬	9 4	丑癸
十四	1 30	巳辛	12 31	亥辛	12 2	午壬	11 2	子壬	10 4	未癸	9 5	寅甲
十五	1 31	午壬	1 1	子壬	12 3	未癸	11 3	丑癸	10 5	申甲	9 6	卯乙
十六	2 1	未癸	1 2	丑癸	12 4	申甲	11 4	寅甲	10 6	酉乙	9 7	辰丙
十七	2 2	申甲	1 3	寅甲	12 5	酉乙	11 5	卯乙	10 7	戌丙	9 8	巳丁
十八	2 3	酉乙	1 4	卯乙	12 6	戌丙	11 6	辰丙	10 8	亥丁	9 9	午戊
十九	2 4	戌丙	1 5	辰丙	12 7	亥丁	11 7	巳丁	10 9	子戊	9 10	未己
二十	2 5	亥丁	1 6	巳丁	12 8	子戊	11 8	午戊	10 10	丑己	9 11	申庚
廿一	2 6	子戊	1 7	午戊	12 9	丑己	11 9	未己	10 11	寅庚	9 12	酉辛
廿二	2 7	丑己	1 8	未己	12 10	寅庚	11 10	申庚	10 12	卯辛	9 13	戌壬
廿三	2 8	寅庚	1 9	申庚	12 11	卯辛	11 11	酉辛	10 13	辰壬	9 14	亥癸
廿四	2 9	卯辛	1 10	酉辛	12 12	辰壬	11 12	戌壬	10 14	巳癸	9 15	子甲
廿五	2 10	辰壬	1 11	戌壬	12 13	巳癸	11 13	亥癸	10 15	午甲	9 16	丑乙
廿六	2 11	巳癸	1 12	亥癸	12 14	午甲	11 14	子甲	10 16	未乙	9 17	寅丙
廿七	2 12	午甲	1 13	子甲	12 15	未乙	11 15	丑乙	10 17	申丙	9 18	卯丁
廿八	2 13	未乙	1 14	丑乙	12 16	申丙	11 16	寅丙	10 18	酉丁	9 19	辰戊
廿九	2 14	申丙	1 15	寅丙	12 17	酉丁	11 17	卯丁	10 19	戌戊	9 20	巳己
三十	乙太		1 16	卯丁	易天		11 18	辰戊	業事化文乙太		尋搜格落部	

西元二〇五六年 歲次丙子

民國一四五年 太歲姓郭名嘉

納音屬水 生肖屬鼠

年七赤星 翼宿值年

月 六		月 五		月 四		月 三		月 二		月 正		別月
未 乙		午 甲		巳 癸		辰 壬		卯 辛		寅 庚		柱月
碧 三		綠 四		黃 五		白 六		赤 七		白 八		白紫
8/7	7/22	7/6	6/20	6/5	5/20	5/5	4/19	4/4	3/20	3/5	2/19	節氣時間
六廿	十初	四廿	八初	二廿	六初	一廿	五初	十二	五初	十二	五初	
立秋丑時 [illegible]時[illegible]5分	大暑巳時 9時21分	小暑申時 16時2分	夏至亥時 22時27分	芒種卯時 5時52分	小滿未時 14時41分	立夏丑時 1時57分	穀雨申時 15時51分	清明辰時 8時59分	春分卯時 5時10分	驚蟄寅時 4時31分	雨水卯時 6時29分	
曆陽	柱日	曆陽	柱日	曆陽	柱日	曆陽	柱日	曆陽	柱日	曆陽	柱日	曆農
13	寅丙	6 13	申丙	5 15	卯丁	4 15	酉丁	3 16	卯丁	2 15	酉丁	一初
14	卯丁	6 14	酉丁	5 16	辰戊	4 16	戌戊	3 17	辰戊	2 16	戌戊	二初
15	辰戊	6 15	戌戊	5 17	巳己	4 17	亥己	3 18	巳己	2 17	亥己	三初
16	巳己	6 16	亥己	5 18	午庚	4 18	子庚	3 19	午庚	2 18	子庚	四初
7 17	午庚	6 17	子庚	5 19	未辛	4 19	丑辛	3 20	未辛	2 19	丑辛	五初
7 18	未辛	6 18	丑辛	5 20	申壬	4 20	寅壬	3 21	申壬	2 20	寅壬	六初
7 19	申壬	6 19	寅壬	5 21	酉癸	4 21	卯癸	3 22	酉癸	2 21	卯癸	七初
7 20	酉癸	6 20	卯癸	5 22	戌甲	4 22	辰甲	3 23	戌甲	2 22	辰甲	八初
7 21	戌甲	6 21	辰甲	5 23	亥乙	4 23	巳乙	3 24	亥乙	2 23	巳乙	九初
7 22	亥乙	6 22	巳乙	5 24	子丙	4 24	午丙	3 25	子丙	2 24	午丙	十初
7 23	子丙	6 23	午丙	5 25	丑丁	4 25	未丁	3 26	丑丁	2 25	未丁	一十
7 24	丑丁	6 24	未丁	5 26	寅戊	4 26	申戊	3 27	寅戊	2 26	申戊	二十
7 25	寅戊	6 25	申戊	5 27	卯己	4 27	酉己	3 28	卯己	2 27	酉己	三十
7 26	卯己	6 26	酉己	5 28	辰庚	4 28	戌庚	3 29	辰庚	2 28	戌庚	四十
7 27	辰庚	6 27	戌庚	5 29	巳辛	4 29	亥辛	3 30	巳辛	2 29	亥辛	五十
7 28	巳辛	6 28	亥辛	5 30	午壬	4 30	子壬	3 31	午壬	3 1	子壬	六十
7 29	午壬	6 29	子壬	5 31	未癸	5 1	丑癸	4 1	未癸	3 2	丑癸	七十
7 30	未癸	6 30	丑癸	6 1	申甲	5 2	寅甲	4 2	申甲	3 3	寅甲	八十
7 31	申甲	7 1	寅甲	6 2	酉乙	5 3	卯乙	4 3	酉乙	3 4	卯乙	九十
8 1	酉乙	7 2	卯乙	6 3	戌丙	5 4	辰丙	4 4	戌丙	3 5	辰丙	十二
8 2	戌丙	7 3	辰丙	6 4	亥丁	5 5	巳丁	4 5	亥丁	3 6	巳丁	一廿
8 3	亥丁	7 4	巳丁	6 5	子戊	5 6	午戊	4 6	子戊	3 7	午戊	二廿
8 4	子戊	7 5	午戊	6 6	丑己	5 7	未己	4 7	丑己	3 8	未己	三廿
8 5	丑己	7 6	未己	6 7	寅庚	5 8	申庚	4 8	寅庚	3 9	申庚	四廿
8 6	寅庚	7 7	申庚	6 8	卯辛	5 9	酉辛	4 9	卯辛	3 10	酉辛	五廿
8 7	卯辛	7 8	酉辛	6 9	辰壬	5 10	戌壬	4 10	辰壬	3 11	戌壬	六廿
8 8	辰壬	7 9	戌壬	6 10	巳癸	5 11	亥癸	4 11	巳癸	3 12	亥癸	七廿
8 9	巳癸	7 10	亥癸	6 11	午甲	5 12	子甲	4 12	午甲	3 13	子甲	八廿
8 10	午甲	7 11	子甲	6 12	未乙	5 13	丑乙	4 13	未乙	3 14	丑乙	九廿
乙太		7 12	丑乙	易天		5 14	寅丙	4 14	申丙	3 15	寅丙	十三

月別	月二十		月一十		月十		月九		月八		月七	
月柱	丑辛		子庚		亥己		戌戊		酉丁		申丙	
紫白	白六		赤七		白八		紫九		白一		黑二	
節氣時間	1/19	1/5	12/21	12/6	11/21	11/7		10/23	10/7	9/22	9/7	8/22
	五十	一初	五十	十三	五十	一初		五十	八廿	三十	八廿	二十
	22時29分 大寒亥時	5時9分 小寒卯時	11時51分 冬至午時	17時50分 大雪酉時	22時19分 小雪亥時	0時42分 立冬子時		0時25分 霜降子時	21時8分 寒露亥時	14時39分 秋分未時	5時7分 白露卯時	16時38分 處暑申時
農曆	曆陽	柱日	曆陽	柱日	曆陽	柱日	曆陽	柱日	曆陽	柱日	曆陽	柱日
初一	1 5	戌壬	12 7	巳癸	11 7	亥癸	10 9	午甲	9 10	丑乙	8 11	未乙
初二	1 6	亥癸	12 8	午甲	11 8	子甲	10 10	未乙	9 11	寅丙	8 12	申丙
初三	1 7	子甲	12 9	未乙	11 9	丑乙	10 11	申丙	9 12	卯丁	8 13	酉丁
初四	1 8	丑乙	12 10	申丙	11 10	寅丙	10 12	酉丁	9 13	辰戊	8 14	戌戊
初五	1 9	寅丙	12 11	酉丁	11 11	卯丁	10 13	戌戊	9 14	巳己	8 15	亥己
初六	1 10	卯丁	12 12	戌戊	11 12	辰戊	10 14	亥己	9 15	午庚	8 16	子庚
初七	1 11	辰戊	12 13	亥己	11 13	巳己	10 15	子庚	9 16	未辛	8 17	丑辛
初八	1 12	巳己	12 14	子庚	11 14	午庚	10 16	丑辛	9 17	申壬	8 18	寅壬
初九	1 13	午庚	12 15	丑辛	11 15	未辛	10 17	寅壬	9 18	酉癸	8 19	卯癸
初十	1 14	未辛	12 16	寅壬	11 16	申壬	10 18	卯癸	9 19	戌甲	8 20	辰甲
十一	1 15	申壬	12 17	卯癸	11 17	酉癸	10 19	辰甲	9 20	亥乙	8 21	巳乙
十二	1 16	酉癸	12 18	辰甲	11 18	戌甲	10 20	巳乙	9 21	子丙	8 22	午丙
十三	1 17	戌甲	12 19	巳乙	11 19	亥乙	10 21	午丙	9 22	丑丁	8 23	未丁
十四	1 18	亥乙	12 20	午丙	11 20	子丙	10 22	未丁	9 23	寅戊	8 24	申戊
十五	1 19	子丙	12 21	未丁	11 21	丑丁	10 23	申戊	9 24	卯己	8 25	酉己
十六	1 20	丑丁	12 22	申戊	11 22	寅戊	10 24	酉己	9 25	辰庚	8 26	戌庚
十七	1 21	寅戊	12 23	酉己	11 23	卯己	10 25	戌庚	9 26	巳辛	8 27	亥辛
十八	1 22	卯己	12 24	戌庚	11 24	辰庚	10 26	亥辛	9 27	午壬	8 28	子壬
十九	1 23	辰庚	12 25	亥辛	11 25	巳辛	10 27	子壬	9 28	未癸	8 29	丑癸
二十	1 24	巳辛	12 26	子壬	11 26	午壬	10 28	丑癸	9 29	申甲	8 30	寅甲
廿一	1 25	午壬	12 27	丑癸	11 27	未癸	10 29	寅甲	9 30	酉乙	8 31	卯乙
廿二	1 26	未癸	12 28	寅甲	11 28	申甲	10 30	卯乙	10 1	戌丙	9 1	辰丙
廿三	1 27	申甲	12 29	卯乙	11 29	酉乙	10 31	辰丙	10 2	亥丁	9 2	巳丁
廿四	1 28	酉乙	12 30	辰丙	11 30	戌丙	11 1	巳丁	10 3	子戊	9 3	午戊
廿五	1 29	戌丙	12 31	巳丁	12 1	亥丁	11 2	午戊	10 4	丑己	9 4	未己
廿六	1 30	亥丁	1 1	午戊	12 2	子戊	11 3	未己	10 5	寅庚	9 5	申庚
廿七	1 31	子戊	1 2	未己	12 3	丑己	11 4	申庚	10 6	卯辛	9 6	酉辛
廿八	2 1	丑己	1 3	申庚	12 4	寅庚	11 5	酉辛	10 7	辰壬	9 7	戌壬
廿九	2 2	寅庚	1 4	酉辛	12 5	卯辛	11 6	戌壬	10 8	巳癸	9 8	亥癸
三十	2 3	卯辛	乙太		12 6	辰壬	易天		尋搜格落部		9 9	子甲

西元二〇五七年 歲次丁丑

民國一四六年
太歲姓汪名文

納音屬水
生肖屬牛

年六白星
軫宿值年

月	六	月	五	月	四	月	三	月	二	月	正	別月
未	丁	午	丙	巳	乙	辰	甲	卯	癸	寅	壬	柱月
紫	九	白	一	黑	二	碧	三	綠	四	黃	五	白紫
/22	7/6	6/21	6/5	5/20	5/5	4/19	4/4	3/20	3/5	2/18	2/3	節氣時間
-廿	五初	十二	四初	七十	二初	六十	一初	六十	一初	五十	十三	
大暑申時	21時42分 小暑亥時	4時18分 夏至寅時	11時36分 芒種午時	20時35分 小滿戌時	7時46分 立夏辰時	21時47分 穀雨亥時	14時52分 清明未時	11時7分 春分午時	10時26分 驚蟄巳時	12時27分 雨水午時	16時42分 立春申時	
曆陽	柱日	曆陽	柱日	曆陽	柱日	曆陽	柱日	曆陽	柱日	曆陽	柱日	曆農
2	申庚	6 2	寅庚	5 4	酉辛	4 4	卯辛	3 5	酉辛	2 4	辰壬	一初
3	酉辛	6 3	卯辛	5 5	戌壬	4 5	辰壬	3 6	戌壬	2 5	巳癸	二初
4	戌壬	6 4	辰壬	5 6	亥癸	4 6	巳癸	3 7	亥癸	2 6	午甲	三初
5	亥癸	6 5	巳癸	5 7	子甲	4 7	午甲	3 8	子甲	2 7	未乙	四初
6	子甲	6 6	午甲	5 8	丑乙	4 8	未乙	3 9	丑乙	2 8	申丙	五初
7	丑乙	6 7	未乙	5 9	寅丙	4 9	申丙	3 10	寅丙	2 9	酉丁	六初
8	寅丙	6 8	申丙	5 10	卯丁	4 10	酉丁	3 11	卯丁	2 10	戌戊	七初
9	卯丁	6 9	酉丁	5 11	辰戊	4 11	戌戊	3 12	辰戊	2 11	亥己	八初
10	辰戊	6 10	戌戊	5 12	巳己	4 12	亥己	3 13	巳己	2 12	子庚	九初
11	巳己	6 11	亥己	5 13	午庚	4 13	子庚	3 14	午庚	2 13	丑辛	十初
12	午庚	6 12	子庚	5 14	未辛	4 14	丑辛	3 15	未辛	2 14	寅壬	一十
13	未辛	6 13	丑辛	5 15	申壬	4 15	寅壬	3 16	申壬	2 15	卯癸	二十
14	申壬	6 14	寅壬	5 16	酉癸	4 16	卯癸	3 17	酉癸	2 16	辰甲	三十
15	酉癸	6 15	卯癸	5 17	戌甲	4 17	辰甲	3 18	戌甲	2 17	巳乙	四十
16	戌甲	6 16	辰甲	5 18	亥乙	4 18	巳乙	3 19	亥乙	2 18	午丙	五十
17	亥乙	6 17	巳乙	5 19	子丙	4 19	午丙	3 20	子丙	2 19	未丁	六十
18	子丙	6 18	午丙	5 20	丑丁	4 20	未丁	3 21	丑丁	2 20	申戊	七十
19	丑丁	6 19	未丁	5 21	寅戊	4 21	申戊	3 22	寅戊	2 21	酉己	八十
20	寅戊	6 20	申戊	5 22	卯己	4 22	酉己	3 23	卯己	2 22	戌庚	九十
21	卯己	6 21	酉己	5 23	辰庚	4 23	戌庚	3 24	辰庚	2 23	亥辛	十二
22	辰庚	6 22	戌庚	5 24	巳辛	4 24	亥辛	3 25	巳辛	2 24	子壬	一廿
23	巳辛	6 23	亥辛	5 25	午壬	4 25	子壬	3 26	午壬	2 25	丑癸	二廿
24	午壬	6 24	子壬	5 26	未癸	4 26	丑癸	3 27	未癸	2 26	寅甲	三廿
25	未癸	6 25	丑癸	5 27	申甲	4 27	寅甲	3 28	申甲	2 27	卯乙	四廿
26	申甲	6 26	寅甲	5 28	酉乙	4 28	卯乙	3 29	酉乙	2 28	辰丙	五廿
27	酉乙	6 27	卯乙	5 29	戌丙	4 29	辰丙	3 30	戌丙	3 1	巳丁	六廿
28	戌丙	6 28	辰丙	5 30	亥丁	4 30	巳丁	3 31	亥丁	3 2	午戊	七廿
29	亥丁	6 29	巳丁	5 31	子戊	5 1	午戊	4 1	子戊	3 3	未己	八廿
30	子戊	6 30	午戊	6 1	丑己	5 2	未己	4 2	丑己	3 4	申庚	九廿
乙太		7 1	未己	易天		5 3	申庚	4 3	寅庚	尋搜格落部		十三

月別	月二十		月一十		月十		月九		月八		月七	
月柱	丑癸		子壬		亥辛		戌庚		酉己		申戊	
紫白	碧三		綠四		黃五		白六		赤七		白八	
節氣時間	1/20	1/5	12/21	12/6	11/22	11/7	10/23	10/8	9/22	9/7	8/22	8/7
	六廿	一十	六廿	一十	六廿	一十	五廿	十初	四廿	九初	三廿	八初
	4時25分 大寒寅時	10時58分 小寒巳時	17時42分 冬至酉時	23時34分 大雪子時	4時6分 小雪寅時	6時22分 立冬卯時	6時8分 霜降卯時	2時45分 寒露丑時	20時23分 秋分戌時	10時43分 白露巳時	22時24分 處暑亥時	7時33分 立秋辰時
農曆	曆陽	柱日	曆陽	柱日	曆陽	柱日	曆陽	柱日	曆陽	柱日	曆陽	柱日
初一	12 26	巳丁	11 26	亥丁	10 28	午戊	9 29	丑己	8 30	未己	7 31	丑己
初二	12 27	午戊	11 27	子戊	10 29	未己	9 30	寅庚	8 31	申庚	8 1	寅庚
初三	12 28	未己	11 28	丑己	10 30	申庚	10 1	卯辛	9 1	酉辛	8 2	卯辛
初四	12 29	申庚	11 29	寅庚	10 31	酉辛	10 2	辰壬	9 2	戌壬	8 3	辰壬
初五	12 30	酉辛	11 30	卯辛	11 1	戌壬	10 3	巳癸	9 3	亥癸	8 4	巳癸
初六	12 31	戌壬	12 1	辰壬	11 2	亥癸	10 4	午甲	9 4	子甲	8 5	午甲
初七	1 1	亥癸	12 2	巳癸	11 3	子甲	10 5	未乙	9 5	丑乙	8 6	未乙
初八	1 2	子甲	12 3	午甲	11 4	丑乙	10 6	申丙	9 6	寅丙	8 7	申丙
初九	1 3	丑乙	12 4	未乙	11 5	寅丙	10 7	酉丁	9 7	卯丁	8 8	酉丁
初十	1 4	寅丙	12 5	申丙	11 6	卯丁	10 8	戌戊	9 8	辰戊	8 9	戌戊
十一	1 5	卯丁	12 6	酉丁	11 7	辰戊	10 9	亥己	9 9	巳己	8 10	亥己
十二	1 6	辰戊	12 7	戌戊	11 8	巳己	10 10	子庚	9 10	午庚	8 11	子庚
十三	1 7	巳己	12 8	亥己	11 9	午庚	10 11	丑辛	9 11	未辛	8 12	丑辛
十四	1 8	午庚	12 9	子庚	11 10	未辛	10 12	寅壬	9 12	申壬	8 13	寅壬
十五	1 9	未辛	12 10	丑辛	11 11	申壬	10 13	卯癸	9 13	酉癸	8 14	卯癸
十六	1 10	申壬	12 11	寅壬	11 12	酉癸	10 14	辰甲	9 14	戌甲	8 15	辰甲
十七	1 11	酉癸	12 12	卯癸	11 13	戌甲	10 15	巳乙	9 15	亥乙	8 16	巳乙
十八	1 12	戌甲	12 13	辰甲	11 14	亥乙	10 16	午丙	9 16	子丙	8 17	午丙
十九	1 13	亥乙	12 14	巳乙	11 15	子丙	10 17	未丁	9 17	丑丁	8 18	未丁
二十	1 14	子丙	12 15	午丙	11 16	丑丁	10 18	申戊	9 18	寅戊	8 19	申戊
廿一	1 15	丑丁	12 16	未丁	11 17	寅戊	10 19	酉己	9 19	卯己	8 20	酉己
廿二	1 16	寅戊	12 17	申戊	11 18	卯己	10 20	戌庚	9 20	辰庚	8 21	戌庚
廿三	1 17	卯己	12 18	酉己	11 19	辰庚	10 21	亥辛	9 21	巳辛	8 22	亥辛
廿四	1 18	辰庚	12 19	戌庚	11 20	巳辛	10 22	子壬	9 22	午壬	8 23	子壬
廿五	1 19	巳辛	12 20	亥辛	11 21	午壬	10 23	丑癸	9 23	未癸	8 24	丑癸
廿六	1 20	午壬	12 21	子壬	11 22	未癸	10 24	寅甲	9 24	申甲	8 25	寅甲
廿七	1 21	未癸	12 22	丑癸	11 23	申甲	10 25	卯乙	9 25	酉乙	8 26	卯乙
廿八	1 22	申甲	12 23	寅甲	11 24	酉乙	10 26	辰丙	9 26	戌丙	8 27	辰丙
廿九	1 23	酉乙	12 24	卯乙	11 25	戌丙	10 27	巳丁	9 27	亥丁	8 28	巳丁
三十	乙太		12 25	辰丙	易天		尋搜格落部		9 28	子戊	8 29	午戊

西元二〇五八年 歲次戊寅

民國一四七年 太歲姓曾名光

納音屬土 生肖屬虎

年五黃星 角宿值年

月 六		月 五		月四閏		月 四		月 三		月 二		月 正		別月
未 己		午 戊				巳 丁		辰 丙		卯 乙		寅 甲		柱月
白 六		赤 七				白 八		紫 九		白 一		黑 二		白紫
/7	7/22	7/7	6/21		6/5	5/21	5/5	4/20	4/4	3/20	3/5	2/18	2/3	節氣時間
十	三初	七十	一初		五十	九廿	三十	八廿	二十	六廿	一十	六廿	一十	
立秋未時	大暑戌時 20時53分	小暑寅時 3時31分	夏至巳時 10時3分		芒種酉時 17時24分	小滿丑時 2時23分	立夏未時 13時35分	穀雨寅時 3時40分	清明戌時 20時43分	春分酉時 17時4分	驚蟄申時 16時19分	雨水酉時 18時25分	立春亥時 22時34分	
曆陽	柱日	曆陽	柱日	曆陽	柱日	曆陽	柱日	曆陽	柱日	曆陽	柱日	曆陽	柱日	曆農
20	未癸	6 21	寅甲	5 22	申甲	4 23	卯乙	3 24	酉乙	2 23	辰丙	1 24	戌丙	一初
21	申甲	6 22	卯乙	5 23	酉乙	4 24	辰丙	3 25	戌丙	2 24	巳丁	1 25	亥丁	二初
22	酉乙	6 23	辰丙	5 24	戌丙	4 25	巳丁	3 26	亥丁	2 25	午戊	1 26	子戊	三初
23	戌丙	6 24	巳丁	5 25	亥丁	4 26	午戊	3 27	子戊	2 26	未己	1 27	丑己	四初
24	亥丁	6 25	午戊	5 26	子戊	4 27	未己	3 28	丑己	2 27	申庚	1 28	寅庚	五初
25	子戊	6 26	未己	5 27	丑己	4 28	申庚	3 29	寅庚	2 28	酉辛	1 29	卯辛	六初
26	丑己	6 27	申庚	5 28	寅庚	4 29	酉辛	3 30	卯辛	3 1	戌壬	1 30	辰壬	七初
27	寅庚	6 28	酉辛	5 29	卯辛	4 30	戌壬	3 31	辰壬	3 2	亥癸	1 31	巳癸	八初
28	卯辛	6 29	戌壬	5 30	辰壬	5 1	亥癸	4 1	巳癸	3 3	子甲	2 1	午甲	九初
29	辰壬	6 30	亥癸	5 31	巳癸	5 2	子甲	4 2	午甲	3 4	丑乙	2 2	未乙	十初
30	巳癸	7 1	子甲	6 1	午甲	5 3	丑乙	4 3	未乙	3 5	寅丙	2 3	申丙	一十
31	午甲	7 2	丑乙	6 2	未乙	5 4	寅丙	4 4	申丙	3 6	卯丁	2 4	酉丁	二十
1	未乙	7 3	寅丙	6 3	申丙	5 5	卯丁	4 5	酉丁	3 7	辰戊	2 5	戌戊	三十
2	申丙	7 4	卯丁	6 4	酉丁	5 6	辰戊	4 6	戌戊	3 8	巳己	2 6	亥己	四十
3	酉丁	7 5	辰戊	6 5	戌戊	5 7	巳己	4 7	亥己	3 9	午庚	2 7	子庚	五十
4	戌戊	7 6	巳己	6 6	亥己	5 8	午庚	4 8	子庚	3 10	未辛	2 8	丑辛	六十
5	亥己	7 7	午庚	6 7	子庚	5 9	未辛	4 9	丑辛	3 11	申壬	2 9	寅壬	七十
6	子庚	7 8	未辛	6 8	丑辛	5 10	申壬	4 10	寅壬	3 12	酉癸	2 10	卯癸	八十
7	丑辛	7 9	申壬	6 9	寅壬	5 11	酉癸	4 11	卯癸	3 13	戌甲	2 11	辰甲	九十
8	寅壬	7 10	酉癸	6 10	卯癸	5 12	戌甲	4 12	辰甲	3 14	亥乙	2 12	巳乙	十二
9	卯癸	7 11	戌甲	6 11	辰甲	5 13	亥乙	4 13	巳乙	3 15	子丙	2 13	午丙	一廿
10	辰甲	7 12	亥乙	6 12	巳乙	5 14	子丙	4 14	午丙	3 16	丑丁	2 14	未丁	二廿
11	巳乙	7 13	子丙	6 13	午丙	5 15	丑丁	4 15	未丁	3 17	寅戊	2 15	申戊	三廿
12	午丙	7 14	丑丁	6 14	未丁	5 16	寅戊	4 16	申戊	3 18	卯己	2 16	酉己	四廿
13	未丁	7 15	寅戊	6 15	申戊	5 17	卯己	4 17	酉己	3 19	辰庚	2 17	戌庚	五廿
14	申戊	7 16	卯己	6 16	酉己	5 18	辰庚	4 18	戌庚	3 20	巳辛	2 18	亥辛	六廿
15	酉己	7 17	辰庚	6 17	戌庚	5 19	巳辛	4 19	亥辛	3 21	午壬	2 19	子壬	七廿
16	戌庚	7 18	巳辛	6 18	亥辛	5 20	午壬	4 20	子壬	3 22	未癸	2 20	丑癸	八廿
17	亥辛	7 19	午壬	6 19	子壬	5 21	未癸	4 21	丑癸	3 23	申甲	2 21	寅甲	九廿
8 18	子壬	乙太		6 20	丑癸	易天		4 22	寅甲	尋搜格落部		2 22	卯乙	十三

月別	月二十		月一十		月十		月九		月八		月七	
月柱	丑乙		子甲		亥癸		戌壬		酉辛		申庚	
紫白	紫九		白一		黑二		碧三		綠四		黃五	
節氣時間	2/4	1/20	1/5	12/21	12/7	11/22	11/7	10/23	10/8	9/23	9/7	8/2
	二廿	七初	一廿	六初	二廿	七初	二廿	七初	一廿	六初	十二	五初
	4時23分 立春寅時	10時6分 大寒巳時	16時48分 小寒申時	23時24分 冬至子時	5時26分 大雪卯時	9時50分 小雪巳時	12時16分 立冬午時	11時54分 霜降午時	8時40分 寒露辰時	2時8分 秋分丑時	16時37分 白露申時	4時8分 處暑寅時
農曆	曆陽	柱日	曆陽	柱日	曆陽	柱日	曆陽	柱日	曆陽	柱日	曆陽	柱日
初一	1 14	巳辛	12 16	子壬	11 16	午壬	10 17	子壬	9 18	未癸	8 19	丑癸
初二	1 15	午壬	12 17	丑癸	11 17	未癸	10 18	丑癸	9 19	申甲	8 20	寅甲
初三	1 16	未癸	12 18	寅甲	11 18	申甲	10 19	寅甲	9 20	酉乙	8 21	卯乙
初四	1 17	申甲	12 19	卯乙	11 19	酉乙	10 20	卯乙	9 21	戌丙	8 22	辰丙
初五	1 18	酉乙	12 20	辰丙	11 20	戌丙	10 21	辰丙	9 22	亥丁	8 23	巳丁
初六	1 19	戌丙	12 21	巳丁	11 21	亥丁	10 22	巳丁	9 23	子戊	8 24	午戊
初七	1 20	亥丁	12 22	午戊	11 22	子戊	10 23	午戊	9 24	丑己	8 25	未己
初八	1 21	子戊	12 23	未己	11 23	丑己	10 24	未己	9 25	寅庚	8 26	申庚
初九	1 22	丑己	12 24	申庚	11 24	寅庚	10 25	申庚	9 26	卯辛	8 27	酉辛
初十	1 23	寅庚	12 25	酉辛	11 25	卯辛	10 26	酉辛	9 27	辰壬	8 28	戌壬
十一	1 24	卯辛	12 26	戌壬	11 26	辰壬	10 27	戌壬	9 28	巳癸	8 29	亥癸
十二	1 25	辰壬	12 27	亥癸	11 27	巳癸	10 28	亥癸	9 29	午甲	8 30	子甲
十三	1 26	巳癸	12 28	子甲	11 28	午甲	10 29	子甲	9 30	未乙	8 31	丑乙
十四	1 27	午甲	12 29	丑乙	11 29	未乙	10 30	丑乙	10 1	申丙	9 1	寅丙
十五	1 28	未乙	12 30	寅丙	11 30	申丙	10 31	寅丙	10 2	酉丁	9 2	卯丁
十六	1 29	申丙	12 31	卯丁	12 1	酉丁	11 1	卯丁	10 3	戌戊	9 3	辰戊
十七	1 30	酉丁	1 1	辰戊	12 2	戌戊	11 2	辰戊	10 4	亥己	9 4	巳己
十八	1 31	戌戊	1 2	巳己	12 3	亥己	11 3	巳己	10 5	子庚	9 5	午庚
十九	2 1	亥己	1 3	午庚	12 4	子庚	11 4	午庚	10 6	丑辛	9 6	未辛
二十	2 2	子庚	1 4	未辛	12 5	丑辛	11 5	未辛	10 7	寅壬	9 7	申壬
廿一	2 3	丑辛	1 5	申壬	12 6	寅壬	11 6	申壬	10 8	卯癸	9 8	酉癸
廿二	2 4	寅壬	1 6	酉癸	12 7	卯癸	11 7	酉癸	10 9	辰甲	9 9	戌甲
廿三	2 5	卯癸	1 7	戌甲	12 8	辰甲	11 8	戌甲	10 10	巳乙	9 10	亥乙
廿四	2 6	辰甲	1 8	亥乙	12 9	巳乙	11 9	亥乙	10 11	午丙	9 11	子丙
廿五	2 7	巳乙	1 9	子丙	12 10	午丙	11 10	子丙	10 12	未丁	9 12	丑丁
廿六	2 8	午丙	1 10	丑丁	12 11	未丁	11 11	丑丁	10 13	申戊	9 13	寅戊
廿七	2 9	未丁	1 11	寅戊	12 12	申戊	11 12	寅戊	10 14	酉己	9 14	卯己
廿八	2 10	申戊	1 12	卯己	12 13	酉己	11 13	卯己	10 15	戌庚	9 15	辰庚
廿九	2 11	酉己	1 13	辰庚	12 14	戌庚	11 14	辰庚	10 16	亥辛	9 16	巳辛
三十	乙太		易天		12 15	亥辛	11 15	巳辛	尋搜格落部		9 17	午壬

西元二〇五九年 歲次己卯

月	六	月	五	月	四	月	三	月	二	月	正	別月
未	辛	午	庚	巳	己	辰	戊	卯	丁	寅	丙	柱月
碧	三	綠	四	黃	五	白	六	赤	七	白	八	白紫
7	7/23	7/7	6/21	6/5	5/21	5/5	4/20	4/5	3/20	3/5	2/19	節氣時間
廿	四十	八廿	二十	五廿	十初	四廿	九初	三廿	七初	二廿	八初	
立秋戌時	大暑丑時 2時40分	小暑巳時 9時18分	夏至申時 15時47分	芒種子時 23時11分	小滿辰時 8時4分	立夏戌時 19時23分	穀雨巳時 9時19分	清明丑時 2時32分	春分亥時 22時44分	驚蟄亥時 22時8分	雨水子時 0時4分	
陽	柱日	曆陽	柱日	曆陽	柱日	曆陽	柱日	曆陽	柱日	曆陽	柱日	曆農
10	寅戊	6 10	申戊	5 12	卯己	4 12	酉己	3 14	辰庚	2 12	戌庚	一初
11	卯己	6 11	酉己	5 13	辰庚	4 13	戌庚	3 15	巳辛	2 13	亥辛	二初
12	辰庚	6 12	戌庚	5 14	巳辛	4 14	亥辛	3 16	午壬	2 14	子壬	三初
13	巳辛	6 13	亥辛	5 15	午壬	4 15	子壬	3 17	未癸	2 15	丑癸	四初
14	午壬	6 14	子壬	5 16	未癸	4 16	丑癸	3 18	申甲	2 16	寅甲	五初
15	未癸	6 15	丑癸	5 17	申甲	4 17	寅甲	3 19	酉乙	2 17	卯乙	六初
16	申甲	6 16	寅甲	5 18	酉乙	4 18	卯乙	3 20	戌丙	2 18	辰丙	七初
17	酉乙	6 17	卯乙	5 19	戌丙	4 19	辰丙	3 21	亥丁	2 19	巳丁	八初
18	戌丙	6 18	辰丙	5 20	亥丁	4 20	巳丁	3 22	子戊	2 20	午戊	九初
19	亥丁	6 19	巳丁	5 21	子戊	4 21	午戊	3 23	丑己	2 21	未己	十初
20	子戊	6 20	午戊	5 22	丑己	4 22	未己	3 24	寅庚	2 22	申庚	一十
21	丑己	6 21	未己	5 23	寅庚	4 23	申庚	3 25	卯辛	2 23	酉辛	二十
22	寅庚	6 22	申庚	5 24	卯辛	4 24	酉辛	3 26	辰壬	2 24	戌壬	三十
23	卯辛	6 23	酉辛	5 25	辰壬	4 25	戌壬	3 27	巳癸	2 25	亥癸	四十
24	辰壬	6 24	戌壬	5 26	巳癸	4 26	亥癸	3 28	午甲	2 26	子甲	五十
25	巳癸	6 25	亥癸	5 27	午甲	4 27	子甲	3 29	未乙	2 27	丑乙	六十
26	午甲	6 26	子甲	5 28	未乙	4 28	丑乙	3 30	申丙	2 28	寅丙	七十
27	未乙	6 27	丑乙	5 29	申丙	4 29	寅丙	3 31	酉丁	3 1	卯丁	八十
28	申丙	6 28	寅丙	5 30	酉丁	4 30	卯丁	4 1	戌戊	3 2	辰戊	九十
29	酉丁	6 29	卯丁	5 31	戌戊	5 1	辰戊	4 2	亥己	3 3	巳己	十二
30	戌戊	6 30	辰戊	6 1	亥己	5 2	巳己	4 3	子庚	3 4	午庚	一廿
31	亥己	7 1	巳己	6 2	子庚	5 3	午庚	4 4	丑辛	3 5	未辛	二廿
1	子庚	7 2	午庚	6 3	丑辛	5 4	未辛	4 5	寅壬	3 6	申壬	三廿
2	丑辛	7 3	未辛	6 4	寅壬	5 5	申壬	4 6	卯癸	3 7	酉癸	四廿
3	寅壬	7 4	申壬	6 5	卯癸	5 6	酉癸	4 7	辰甲	3 8	戌甲	五廿
4	卯癸	7 5	酉癸	6 6	辰甲	5 7	戌甲	4 8	巳乙	3 9	亥乙	六廿
5	辰甲	7 6	戌甲	6 7	巳乙	5 8	亥乙	4 9	午丙	3 10	子丙	七廿
6	巳乙	7 7	亥乙	6 8	午丙	5 9	子丙	4 10	未丁	3 11	丑丁	八廿
7	午丙	7 8	子丙	6 9	未丁	5 10	丑丁	4 11	申戊	3 12	寅戊	九廿
乙太		7 9	丑丁	易天		5 11	寅戊	尋搜格落部		3 13	卯己	十三

民國一四八年 太歲姓伍名仲

納音屬土 生肖屬兔

年四綠星 亢宿值年

月別	月二十		月一十		月十		月九		月八		月七	
月柱	丑丁		子丙		亥乙		戌甲		酉癸		申壬	
紫白	白六		赤七		白八		紫九		白一		黑二	
節氣時間	1/20	1/5	12/22	12/7	11/22	11/7	10/23	10/8	9/23	9/7		8/2
	七十	二初	八十	三初	八十	三初	八十	三初	七十	一初		六十
	15時57分 大寒申時	22時33分 小寒亥時	5時17分 冬至卯時	11時13分 大雪午時	15時45分 小雪申時	18時5分 立冬酉時	17時50分 霜降酉時	14時30分 寒露未時	8時3分 秋分辰時	22時26分 白露亥時		9時59分 處暑巳時
農曆	曆陽	柱日	曆陽	柱日	曆陽	柱日	曆陽	柱日	曆陽	柱日	曆陽	柱日
初一	1 4	子丙	12 5	午丙	11 5	子丙	10 6	午丙	9 7	丑丁	8 8	未丁
初二	1 5	丑丁	12 6	未丁	11 6	丑丁	10 7	未丁	9 8	寅戊	8 9	申戊
初三	1 6	寅戊	12 7	申戊	11 7	寅戊	10 8	申戊	9 9	卯己	8 10	酉己
初四	1 7	卯己	12 8	酉己	11 8	卯己	10 9	酉己	9 10	辰庚	8 11	戌庚
初五	1 8	辰庚	12 9	戌庚	11 9	辰庚	10 10	戌庚	9 11	巳辛	8 12	亥辛
初六	1 9	巳辛	12 10	亥辛	11 10	巳辛	10 11	亥辛	9 12	午壬	8 13	子壬
初七	1 10	午壬	12 11	子壬	11 11	午壬	10 12	子壬	9 13	未癸	8 14	丑癸
初八	1 11	未癸	12 12	丑癸	11 12	未癸	10 13	丑癸	9 14	申甲	8 15	寅甲
初九	1 12	申甲	12 13	寅甲	11 13	申甲	10 14	寅甲	9 15	酉乙	8 16	卯乙
初十	1 13	酉乙	12 14	卯乙	11 14	酉乙	10 15	卯乙	9 16	戌丙	8 17	辰丙
十一	1 14	戌丙	12 15	辰丙	11 15	戌丙	10 16	辰丙	9 17	亥丁	8 18	巳丁
十二	1 15	亥丁	12 16	巳丁	11 16	亥丁	10 17	巳丁	9 18	子戊	8 19	午戊
十三	1 16	子戊	12 17	午戊	11 17	子戊	10 18	午戊	9 19	丑己	8 20	未己
十四	1 17	丑己	12 18	未己	11 18	丑己	10 19	未己	9 20	寅庚	8 21	申庚
十五	1 18	寅庚	12 19	申庚	11 19	寅庚	10 20	申庚	9 21	卯辛	8 22	酉辛
十六	1 19	卯辛	12 20	酉辛	11 20	卯辛	10 21	酉辛	9 22	辰壬	8 23	戌壬
十七	1 20	辰壬	12 21	戌壬	11 21	辰壬	10 22	戌壬	9 23	巳癸	8 24	亥癸
十八	1 21	巳癸	12 22	亥癸	11 22	巳癸	10 23	亥癸	9 24	午甲	8 25	子甲
十九	1 22	午甲	12 23	子甲	11 23	午甲	10 24	子甲	9 25	未乙	8 26	丑乙
二十	1 23	未乙	12 24	丑乙	11 24	未乙	10 25	丑乙	9 26	申丙	8 27	寅丙
廿一	1 24	申丙	12 25	寅丙	11 25	申丙	10 26	寅丙	9 27	酉丁	8 28	卯丁
廿二	1 25	酉丁	12 26	卯丁	11 26	酉丁	10 27	卯丁	9 28	戌戊	8 29	辰戊
廿三	1 26	戌戊	12 27	辰戊	11 27	戌戊	10 28	辰戊	9 29	亥己	8 30	巳己
廿四	1 27	亥己	12 28	巳己	11 28	亥己	10 29	巳己	9 30	子庚	8 31	午庚
廿五	1 28	子庚	12 29	午庚	11 29	子庚	10 30	午庚	10 1	丑辛	9 1	未辛
廿六	1 29	丑辛	12 30	未辛	11 30	丑辛	10 31	未辛	10 2	寅壬	9 2	申壬
廿七	1 30	寅壬	12 31	申壬	12 1	寅壬	11 1	申壬	10 3	卯癸	9 3	酉癸
廿八	1 31	卯癸	1 1	酉癸	12 2	卯癸	11 2	酉癸	10 4	辰甲	9 4	戌甲
廿九	2 1	辰甲	1 2	戌甲	12 3	辰甲	11 3	戌甲	10 5	巳乙	9 5	亥乙
三十	乙太		1 3	亥乙	12 4	巳乙	11 4	亥乙	易天		9 6	子丙

西元二〇六〇年 歲次庚辰

民國一四九年
太歲姓重名德
納音屬金
生肖屬龍
年三碧星
氐宿值年

月六		月五		月四		月三		月二		月正		別月
未癸		午壬		巳辛		辰庚		卯己		寅戊		柱月
紫九		白一		黑二		碧三		綠四		黃五		白紫
22	7/6	6/20	6/5	5/20	5/5	4/19	4/4	3/20	3/5	2/19	2/4	節氣時間
廿	九初	二廿	七初	一廿	六初	九十	四初	八十	三初	八十	三初	
大暑辰時	15時6分 小暑申時	21時45分 夏至亥時	5時1分 芒種卯時	14時3分 小滿未時	1時12分 立夏丑時	15時17分 穀雨申時	8時19分 清明辰時	4時38分 春分寅時	3時53分 驚蟄寅時	5時57分 雨水卯時	10時7分 立春巳時	
陽	柱日	曆陽	柱日	曆陽	柱日	曆陽	柱日	曆陽	柱日	曆陽	柱日	曆農
28	申壬	5 30	卯癸	4 30	酉癸	4 1	辰甲	3 3	亥乙	2 2	巳乙	一初
29	酉癸	5 31	辰甲	5 1	戌甲	4 2	巳乙	3 4	子丙	2 3	午丙	二初
30	戌甲	6 1	巳乙	5 2	亥乙	4 3	午丙	3 5	丑丁	2 4	未丁	三初
1	亥乙	6 2	午丙	5 3	子丙	4 4	未丁	3 6	寅戊	2 5	申戊	四初
2	子丙	6 3	未丁	5 4	丑丁	4 5	申戊	3 7	卯己	2 6	酉己	五初
3	丑丁	6 4	申戊	5 5	寅戊	4 6	酉己	3 8	辰庚	2 7	戌庚	六初
4	寅戊	6 5	酉己	5 6	卯己	4 7	戌庚	3 9	巳辛	2 8	亥辛	七初
5	卯己	6 6	戌庚	5 7	辰庚	4 8	亥辛	3 10	午壬	2 9	子壬	八初
6	辰庚	6 7	亥辛	5 8	巳辛	4 9	子壬	3 11	未癸	2 10	丑癸	九初
7	巳辛	6 8	子壬	5 9	午壬	4 10	丑癸	3 12	申甲	2 11	寅甲	十初
8	午壬	6 9	丑癸	5 10	未癸	4 11	寅甲	3 13	酉乙	2 12	卯乙	一十
9	未癸	6 10	寅甲	5 11	申甲	4 12	卯乙	3 14	戌丙	2 13	辰丙	二十
10	申甲	6 11	卯乙	5 12	酉乙	4 13	辰丙	3 15	亥丁	2 14	巳丁	三十
11	酉乙	6 12	辰丙	5 13	戌丙	4 14	巳丁	3 16	子戊	2 15	午戊	四十
12	戌丙	6 13	巳丁	5 14	亥丁	4 15	午戊	3 17	丑己	2 16	未己	五十
13	亥丁	6 14	午戊	5 15	子戊	4 16	未己	3 18	寅庚	2 17	申庚	六十
14	子戊	6 15	未己	5 16	丑己	4 17	申庚	3 19	卯辛	2 18	酉辛	七十
15	丑己	6 16	申庚	5 17	寅庚	4 18	酉辛	3 20	辰壬	2 19	戌壬	八十
16	寅庚	6 17	酉辛	5 18	卯辛	4 19	戌壬	3 21	巳癸	2 20	亥癸	九十
17	卯辛	6 18	戌壬	5 19	辰壬	4 20	亥癸	3 22	午甲	2 21	子甲	十二
18	辰壬	6 19	亥癸	5 20	巳癸	4 21	子甲	3 23	未乙	2 22	丑乙	一廿
19	巳癸	6 20	子甲	5 21	午甲	4 22	丑乙	3 24	申丙	2 23	寅丙	二廿
20	午甲	6 21	丑乙	5 22	未乙	4 23	寅丙	3 25	酉丁	2 24	卯丁	三廿
21	未乙	6 22	寅丙	5 23	申丙	4 24	卯丁	3 26	戌戊	2 25	辰戊	四廿
22	申丙	6 23	卯丁	5 24	酉丁	4 25	辰戊	3 27	亥己	2 26	巳己	五廿
23	酉丁	6 24	辰戊	5 25	戌戊	4 26	巳己	3 28	子庚	2 27	午庚	六廿
24	戌戊	6 25	巳己	5 26	亥己	4 27	午庚	3 29	丑辛	2 28	未辛	七廿
25	亥己	6 26	午庚	5 27	子庚	4 28	未辛	3 30	寅壬	2 29	申壬	八廿
26	子庚	6 27	未辛	5 28	丑辛	4 29	申壬	3 31	卯癸	3 1	酉癸	九廿
乙太		易天		5 29	寅壬	業事化文乙太		尋搜格落部		3 2	戌甲	十三

月別	十二月		十一月		十月		九月		八月		七月	
月柱	己丑		戊子		丁亥		丙戌		乙酉		甲申	
紫白	三碧		四綠		五黃		六白		七赤		八白	
節氣時間	1/19	1/5	12/21	12/6	11/21	11/6	10/22	10/7	9/22	9/7	8/22	8/7
	廿八	十四	廿九	十四	廿九	十四	廿九	十四	廿八	十三	廿七	十二
	大寒亥時 21時42分	小寒寅時 4時18分	冬至午時 11時1分	大雪申時 16時57分	小雪亥時 21時28分	立冬子時 23時48分	霜降子時 23時33分	寒露戌時 20時13分	秋分未時 13時47分	白露寅時 4時10分	處暑申時 15時49分	立[illegible] 0時58分
農曆	陽曆	日柱	陽曆	日柱	陽曆	日柱	陽曆	日柱	陽曆	日柱	陽曆	日柱
初一	12 23	庚午	11 23	庚子	10 24	庚午	9 24	庚子	8 26	辛未	7 27	辛丑
初二	12 24	辛未	11 24	辛丑	10 25	辛未	9 25	辛丑	8 27	壬申	7 28	壬寅
初三	12 25	壬申	11 25	壬寅	10 26	壬申	9 26	壬寅	8 28	癸酉	7 29	癸卯
初四	12 26	癸酉	11 26	癸卯	10 27	癸酉	9 27	癸卯	8 29	甲戌	7 30	甲辰
初五	12 27	甲戌	11 27	甲辰	10 28	甲戌	9 28	甲辰	8 30	乙亥	7 31	乙巳
初六	12 28	乙亥	11 28	乙巳	10 29	乙亥	9 29	乙巳	8 31	丙子	8 1	丙午
初七	12 29	丙子	11 29	丙午	10 30	丙子	9 30	丙午	9 1	丁丑	8 2	丁未
初八	12 30	丁丑	11 30	丁未	10 31	丁丑	10 1	丁未	9 2	戊寅	8 3	戊申
初九	12 31	戊寅	12 1	戊申	11 1	戊寅	10 2	戊申	9 3	己卯	8 4	己酉
初十	1 1	己卯	12 2	己酉	11 2	己卯	10 3	己酉	9 4	庚辰	8 5	庚戌
十一	1 2	庚辰	12 3	庚戌	11 3	庚辰	10 4	庚戌	9 5	辛巳	8 6	辛亥
十二	1 3	辛巳	12 4	辛亥	11 4	辛巳	10 5	辛亥	9 6	壬午	8 7	壬子
十三	1 4	壬午	12 5	壬子	11 5	壬午	10 6	壬子	9 7	癸未	8 8	癸丑
十四	1 5	癸未	12 6	癸丑	11 6	癸未	10 7	癸丑	9 8	甲申	8 9	甲寅
十五	1 6	甲申	12 7	甲寅	11 7	甲申	10 8	甲寅	9 9	乙酉	8 10	乙卯
十六	1 7	乙酉	12 8	乙卯	11 8	乙酉	10 9	乙卯	9 10	丙戌	8 11	丙辰
十七	1 8	丙戌	12 9	丙辰	11 9	丙戌	10 10	丙辰	9 11	丁亥	8 12	丁巳
十八	1 9	丁亥	12 10	丁巳	11 10	丁亥	10 11	丁巳	9 12	戊子	8 13	戊午
十九	1 10	戊子	12 11	戊午	11 11	戊子	10 12	戊午	9 13	己丑	8 14	己未
二十	1 11	己丑	12 12	己未	11 12	己丑	10 13	己未	9 14	庚寅	8 15	庚申
廿一	1 12	庚寅	12 13	庚申	11 13	庚寅	10 14	庚申	9 15	辛卯	8 16	辛酉
廿二	1 13	辛卯	12 14	辛酉	11 14	辛卯	10 15	辛酉	9 16	壬辰	8 17	壬戌
廿三	1 14	壬辰	12 15	壬戌	11 15	壬辰	10 16	壬戌	9 17	癸巳	8 18	癸亥
廿四	1 15	癸巳	12 16	癸亥	11 16	癸巳	10 17	癸亥	9 18	甲午	8 19	甲子
廿五	1 16	甲午	12 17	甲子	11 17	甲午	10 18	甲子	9 19	乙未	8 20	乙丑
廿六	1 17	乙未	12 18	乙丑	11 18	乙未	10 19	乙丑	9 20	丙申	8 21	丙寅
廿七	1 18	丙申	12 19	丙寅	11 19	丙申	10 20	丙寅	9 21	丁酉	8 22	丁卯
廿八	1 19	丁酉	12 20	丁卯	11 20	丁酉	10 21	丁卯	9 22	戊戌	8 23	戊辰
廿九	1 20	戊戌	12 21	戊辰	11 21	戊戌	10 22	戊辰	9 23	己亥	8 24	己巳
三十	太乙		12 22	己巳	11 22	己亥	10 23	己巳	天易		8 25	庚午

西元二〇六一年 歲次辛巳

民國一五〇年
太歲姓鄭名祖
納音屬金
生肖屬蛇
年二黑星
房宿值年

月別	正月		二月		三月		閏三月		四月		五月		六月	
月柱	庚寅		辛卯		壬辰				癸巳		甲午		乙未	
紫白	二黑		一白		九紫				八白		七赤		六白	
節氣時間	2/3 十四 立春 15時53分申時	2/18 廿九 雨水 11時42分午時	3/5 十四 驚蟄 9時41分巳時	3/20 廿九 春分 10時26分巳時	4/4 十四 清明 14時10分未時	4/19 廿九 穀雨 21時6分亥時	5/5 十六 立夏 7時6分辰時		5/20 初二 小滿 19時51分戌時	6/5 十八 芒種 10時56分巳時	6/21 初四 夏至 3時32分寅時	7/6 十九 小暑 21時1分亥時	7/22 初六 大暑 14時20分未時	7 廿 立秋 卯時
農曆	日柱	陽曆	日柱	陽曆	日柱	陽曆	日柱	陽曆	日柱	陽曆	日柱	陽曆	日柱	陽曆
初一	己亥	1 21	己巳	2 20	己亥	3 22	戊辰	4 20	丁酉	5 19	丁卯	6 18	丙申	17
初二	庚子	1 22	庚午	2 21	庚子	3 23	己巳	4 21	戊戌	5 20	戊辰	6 19	丁酉	18
初三	辛丑	1 23	辛未	2 22	辛丑	3 24	庚午	4 22	己亥	5 21	己巳	6 20	戊戌	19
初四	壬寅	1 24	壬申	2 23	壬寅	3 25	辛未	4 23	庚子	5 22	庚午	6 21	己亥	20
初五	癸卯	1 25	癸酉	2 24	癸卯	3 26	壬申	4 24	辛丑	5 23	辛未	6 22	庚子	21
初六	甲辰	1 26	甲戌	2 25	甲辰	3 27	癸酉	4 25	壬寅	5 24	壬申	6 23	辛丑	22
初七	乙巳	1 27	乙亥	2 26	乙巳	3 28	甲戌	4 26	癸卯	5 25	癸酉	6 24	壬寅	23
初八	丙午	1 28	丙子	2 27	丙午	3 29	乙亥	4 27	甲辰	5 26	甲戌	6 25	癸卯	24
初九	丁未	1 29	丁丑	2 28	丁未	3 30	丙子	4 28	乙巳	5 27	乙亥	6 26	甲辰	25
初十	戊申	1 30	戊寅	3 1	戊申	3 31	丁丑	4 29	丙午	5 28	丙子	6 27	乙巳	26
十一	己酉	1 31	己卯	3 2	己酉	4 1	戊寅	4 30	丁未	5 29	丁丑	6 28	丙午	27
十二	庚戌	2 1	庚辰	3 3	庚戌	4 2	己卯	5 1	戊申	5 30	戊寅	6 29	丁未	28
十三	辛亥	2 2	辛巳	3 4	辛亥	4 3	庚辰	5 2	己酉	5 31	己卯	6 30	戊申	29
十四	壬子	2 3	壬午	3 5	壬子	4 4	辛巳	5 3	庚戌	6 1	庚辰	7 1	己酉	30
十五	癸丑	2 4	癸未	3 6	癸丑	4 5	壬午	5 4	辛亥	6 2	辛巳	7 2	庚戌	31
十六	甲寅	2 5	甲申	3 7	甲寅	4 6	癸未	5 5	壬子	6 3	壬午	7 3	辛亥	1
十七	乙卯	2 6	乙酉	3 8	乙卯	4 7	甲申	5 6	癸丑	6 4	癸未	7 4	壬子	2
十八	丙辰	2 7	丙戌	3 9	丙辰	4 8	乙酉	5 7	甲寅	6 5	甲申	7 5	癸丑	3
十九	丁巳	2 8	丁亥	3 10	丁巳	4 9	丙戌	5 8	乙卯	6 6	乙酉	7 6	甲寅	4
二十	戊午	2 9	戊子	3 11	戊午	4 10	丁亥	5 9	丙辰	6 7	丙戌	7 7	乙卯	5
廿一	己未	2 10	己丑	3 12	己未	4 11	戊子	5 10	丁巳	6 8	丁亥	7 8	丙辰	6
廿二	庚申	2 11	庚寅	3 13	庚申	4 12	己丑	5 11	戊午	6 9	戊子	7 9	丁巳	7
廿三	辛酉	2 12	辛卯	3 14	辛酉	4 13	庚寅	5 12	己未	6 10	己丑	7 10	戊午	8
廿四	壬戌	2 13	壬辰	3 15	壬戌	4 14	辛卯	5 13	庚申	6 11	庚寅	7 11	己未	9
廿五	癸亥	2 14	癸巳	3 16	癸亥	4 15	壬辰	5 14	辛酉	6 12	辛卯	7 12	庚申	10
廿六	甲子	2 15	甲午	3 17	甲子	4 16	癸巳	5 15	壬戌	6 13	壬辰	7 13	辛酉	11
廿七	乙丑	2 16	乙未	3 18	乙丑	4 17	甲午	5 16	癸亥	6 14	癸巳	7 14	壬戌	12
廿八	丙寅	2 17	丙申	3 19	丙寅	4 18	乙未	5 17	甲子	6 15	甲午	7 15	癸亥	13
廿九	丁卯	2 18	丁酉	3 20	丁卯	4 19	丙申	5 18	乙丑	6 16	乙未	7 16	甲子	14
三十	戊辰	2 19	戊戌	3 21	部落格搜尋		太乙文化事業		丙寅	6 17	天易		太乙	

月別	月二十		月一十		月十		月九		月八		月七	
月柱	丑辛		子庚		亥己		戌戊		酉丁		申丙	
紫白	紫九		白一		黑二		碧三		綠四		黃五	
節氣時間	2/3	1/20	1/5	12/21	12/6	11/22	11/7	10/23	10/8	9/22	9/7	8/22
	四廿	十初	五廿	十初	五廿	一十	六廿	一十	五廿	九初	四廿	八初
	21時46分 立春亥時	3時29分 大寒寅時	10時12分 小寒巳時	16時48分 冬至申時	22時50分 大雪亥時	3時13分 小雪寅時	5時39分 立冬卯時	5時17分 霜降卯時	2時3分 寒露丑時	19時31分 秋分戌時	10時2分 白露巳時	21時32分 處暑亥時
農曆	曆陽	柱日	曆陽	柱日	曆陽	柱日	曆陽	柱日	曆陽	柱日	曆陽	柱日
初一	1 11	午甲	12 12	子甲	11 12	午甲	10 13	子甲	9 14	未乙	8 15	丑乙
初二	1 12	未乙	12 13	丑乙	11 13	未乙	10 14	丑乙	9 15	申丙	8 16	寅丙
初三	1 13	申丙	12 14	寅丙	11 14	申丙	10 15	寅丙	9 16	酉丁	8 17	卯丁
初四	1 14	酉丁	12 15	卯丁	11 15	酉丁	10 16	卯丁	9 17	戌戊	8 18	辰戊
初五	1 15	戌戊	12 16	辰戊	11 16	戌戊	10 17	辰戊	9 18	亥己	8 19	巳己
初六	1 16	亥己	12 17	巳己	11 17	亥己	10 18	巳己	9 19	子庚	8 20	午庚
初七	1 17	子庚	12 18	午庚	11 18	子庚	10 19	午庚	9 20	丑辛	8 21	未辛
初八	1 18	丑辛	12 19	未辛	11 19	丑辛	10 20	未辛	9 21	寅壬	8 22	申壬
初九	1 19	寅壬	12 20	申壬	11 20	寅壬	10 21	申壬	9 22	卯癸	8 23	酉癸
初十	1 20	卯癸	12 21	酉癸	11 21	卯癸	10 22	酉癸	9 23	辰甲	8 24	戌甲
十一	1 21	辰甲	12 22	戌甲	11 22	辰甲	10 23	戌甲	9 24	巳乙	8 25	亥乙
十二	1 22	巳乙	12 23	亥乙	11 23	巳乙	10 24	亥乙	9 25	午丙	8 26	子丙
十三	1 23	午丙	12 24	子丙	11 24	午丙	10 25	子丙	9 26	未丁	8 27	丑丁
十四	1 24	未丁	12 25	丑丁	11 25	未丁	10 26	丑丁	9 27	申戊	8 28	寅戊
十五	1 25	申戊	12 26	寅戊	11 26	申戊	10 27	寅戊	9 28	酉己	8 29	卯己
十六	1 26	酉己	12 27	卯己	11 27	酉己	10 28	卯己	9 29	戌庚	8 30	辰庚
十七	1 27	戌庚	12 28	辰庚	11 28	戌庚	10 29	辰庚	9 30	亥辛	8 31	巳辛
十八	1 28	亥辛	12 29	巳辛	11 29	亥辛	10 30	巳辛	10 1	子壬	9 1	午壬
十九	1 29	子壬	12 30	午壬	11 30	子壬	10 31	午壬	10 2	丑癸	9 2	未癸
二十	1 30	丑癸	12 31	未癸	12 1	丑癸	11 1	未癸	10 3	寅甲	9 3	申甲
廿一	1 31	寅甲	1 1	申甲	12 2	寅甲	11 2	申甲	10 4	卯乙	9 4	酉乙
廿二	2 1	卯乙	1 2	酉乙	12 3	卯乙	11 3	酉乙	10 5	辰丙	9 5	戌丙
廿三	2 2	辰丙	1 3	戌丙	12 4	辰丙	11 4	戌丙	10 6	巳丁	9 6	亥丁
廿四	2 3	巳丁	1 4	亥丁	12 5	巳丁	11 5	亥丁	10 7	午戊	9 7	子戊
廿五	2 4	午戊	1 5	子戊	12 6	午戊	11 6	子戊	10 8	未己	9 8	丑己
廿六	2 5	未己	1 6	丑己	12 7	未己	11 7	丑己	10 9	申庚	9 9	寅庚
廿七	2 6	申庚	1 7	寅庚	12 8	申庚	11 8	寅庚	10 10	酉辛	9 10	卯辛
廿八	2 7	酉辛	1 8	卯辛	12 9	酉辛	11 9	卯辛	10 11	戌壬	9 11	辰壬
廿九	2 8	戌壬	1 9	辰壬	12 10	戌壬	11 10	辰壬	10 12	亥癸	9 12	巳癸
三十	乙太		1 10	巳癸	12 11	亥癸	11 11	巳癸	易天		9 13	午甲

月 六		月 五		月 四		月 三		月 二		月 正		別月
未丁		午丙		巳乙		辰甲		卯癸		寅壬		柱月
碧三		綠四		黃五		白六		赤七		白八		白紫
22	7/7		6/21	6/5	5/21	5/5	4/20	4/4	3/20	3/5	2/18	節氣時間
十	一初		五十	八廿	三十	六廿	一十	五廿	十初	五廿	十初	
大暑戌時	小暑丑時 2時38分		夏至巳時 9時11分	芒種申時 16時34分	小滿丑時 1時29分	立夏午時 12時47分	穀雨丑時 2時44分	清明戌時 19時55分	春分申時 16時7分	驚蟄申時 15時31分	雨水酉時 17時28分	
陽	柱日	曆陽	柱日	曆陽	柱日	曆陽	柱日	曆陽	柱日	曆陽	柱日	曆農
7	卯辛	6 7	酉辛	5 9	辰壬	4 10	亥癸	3 11	巳癸	2 9	亥癸	一初
8	辰壬	6 8	戌壬	5 10	巳癸	4 11	子甲	3 12	午甲	2 10	子甲	二初
9	巳癸	6 9	亥癸	5 11	午甲	4 12	丑乙	3 13	未乙	2 11	丑乙	三初
10	午甲	6 10	子甲	5 12	未乙	4 13	寅丙	3 14	申丙	2 12	寅丙	四初
11	未乙	6 11	丑乙	5 13	申丙	4 14	卯丁	3 15	酉丁	2 13	卯丁	五初
12	申丙	6 12	寅丙	5 14	酉丁	4 15	辰戊	3 16	戌戊	2 14	辰戊	六初
13	酉丁	6 13	卯丁	5 15	戌戊	4 16	巳己	3 17	亥己	2 15	巳己	七初
14	戌戊	6 14	辰戊	5 16	亥己	4 17	午庚	3 18	子庚	2 16	午庚	八初
15	亥己	6 15	巳己	5 17	子庚	4 18	未辛	3 19	丑辛	2 17	未辛	九初
16	子庚	6 16	午庚	5 18	丑辛	4 19	申壬	3 20	寅壬	2 18	申壬	十初
17	丑辛	6 17	未辛	5 19	寅壬	4 20	酉癸	3 21	卯癸	2 19	酉癸	一十
18	寅壬	6 18	申壬	5 20	卯癸	4 21	戌甲	3 22	辰甲	2 20	戌甲	二十
19	卯癸	6 19	酉癸	5 21	辰甲	4 22	亥乙	3 23	巳乙	2 21	亥乙	三十
20	辰甲	6 20	戌甲	5 22	巳乙	4 23	子丙	3 24	午丙	2 22	子丙	四十
21	巳乙	6 21	亥乙	5 23	午丙	4 24	丑丁	3 25	未丁	2 23	丑丁	五十
22	午丙	6 22	子丙	5 24	未丁	4 25	寅戊	3 26	申戊	2 24	寅戊	六十
23	未丁	6 23	丑丁	5 25	申戊	4 26	卯己	3 27	酉己	2 25	卯己	七十
24	申戊	6 24	寅戊	5 26	酉己	4 27	辰庚	3 28	戌庚	2 26	辰庚	八十
25	酉己	6 25	卯己	5 27	戌庚	4 28	巳辛	3 29	亥辛	2 27	巳辛	九十
26	戌庚	6 26	辰庚	5 28	亥辛	4 29	午壬	3 30	子壬	2 28	午壬	十二
27	亥辛	6 27	巳辛	5 29	子壬	4 30	未癸	3 31	丑癸	3 1	未癸	一廿
28	子壬	6 28	午壬	5 30	丑癸	5 1	申甲	4 1	寅甲	3 2	申甲	二廿
29	丑癸	6 29	未癸	5 31	寅甲	5 2	酉乙	4 2	卯乙	3 3	酉乙	三廿
30	寅甲	6 30	申甲	6 1	卯乙	5 3	戌丙	4 3	辰丙	3 4	戌丙	四廿
31	卯乙	7 1	酉乙	6 2	辰丙	5 4	亥丁	4 4	巳丁	3 5	亥丁	五廿
1	辰丙	7 2	戌丙	6 3	巳丁	5 5	子戊	4 5	午戊	3 6	子戊	六廿
2	巳丁	7 3	亥丁	6 4	午戊	5 6	丑己	4 6	未己	3 7	丑己	七廿
3	午戊	7 4	子戊	6 5	未己	5 7	寅庚	4 7	申庚	3 8	寅庚	八廿
4	未己	7 5	丑己	6 6	申庚	5 8	卯辛	4 8	酉辛	3 9	卯辛	九廿
乙太		7 6	寅庚	易天		尋搜格落部		4 9	戌壬	3 10	辰壬	十三

西元二〇六二年 歲次壬午

民國一五一年

太歲姓陸名明

納音屬木

生肖屬馬

年一白星

心宿值年

月別	月二十		月一十		月十		月九		月八		月七	
月柱	丑癸		子壬		亥辛		戌庚		酉己		申戊	
紫白	白六		赤七		白八		紫九		白一		黑二	
節氣時間	1/20	1/5	12/21	12/7	11/22	11/7	10/23	10/8	9/23	9/7	8/23	8/
	一廿	六初	一廿	七初	二廿	七初	一廿	六初	一廿	五初	九十	三
	9時23分 大寒巳時	15時56分 小寒申時	22時42分 冬至亥時	4時34分 大雪寅時	9時6分 小雪巳時	11時22分 立冬午時	11時8分 霜降午時	7時44分 寒露辰時	1時19分 秋分丑時	15時40分 白露申時	3時18分 處暑寅時	12時28分
農曆	曆陽	柱日	曆陽	柱日	曆陽	柱日	曆陽	柱日	曆陽	柱日	曆陽	柱日
初一	12 31	子戊	12 1	午戊	11 1	子戊	10 3	未己	9 3	丑己	8 5	申庚
初二	1 1	丑己	12 2	未己	11 2	丑己	10 4	申庚	9 4	寅庚	8 6	酉辛
初三	1 2	寅庚	12 3	申庚	11 3	寅庚	10 5	酉辛	9 5	卯辛	8 7	戌壬
初四	1 3	卯辛	12 4	酉辛	11 4	卯辛	10 6	戌壬	9 6	辰壬	8 8	亥癸
初五	1 4	辰壬	12 5	戌壬	11 5	辰壬	10 7	亥癸	9 7	巳癸	8 9	子甲
初六	1 5	巳癸	12 6	亥癸	11 6	巳癸	10 8	子甲	9 8	午甲	8 10	丑乙
初七	1 6	午甲	12 7	子甲	11 7	午甲	10 9	丑乙	9 9	未乙	8 11	寅丙
初八	1 7	未乙	12 8	丑乙	11 8	未乙	10 10	寅丙	9 10	申丙	8 12	卯丁
初九	1 8	申丙	12 9	寅丙	11 9	申丙	10 11	卯丁	9 11	酉丁	8 13	辰戊
初十	1 9	酉丁	12 10	卯丁	11 10	酉丁	10 12	辰戊	9 12	戌戊	8 14	巳己
十一	1 10	戌戊	12 11	辰戊	11 11	戌戊	10 13	巳己	9 13	亥己	8 15	午庚
十二	1 11	亥己	12 12	巳己	11 12	亥己	10 14	午庚	9 14	子庚	8 16	未辛
十三	1 12	子庚	12 13	午庚	11 13	子庚	10 15	未辛	9 15	丑辛	8 17	申壬
十四	1 13	丑辛	12 14	未辛	11 14	丑辛	10 16	申壬	9 16	寅壬	8 18	酉癸
十五	1 14	寅壬	12 15	申壬	11 15	寅壬	10 17	酉癸	9 17	卯癸	8 19	戌甲
十六	1 15	卯癸	12 16	酉癸	11 16	卯癸	10 18	戌甲	9 18	辰甲	8 20	亥乙
十七	1 16	辰甲	12 17	戌甲	11 17	辰甲	10 19	亥乙	9 19	巳乙	8 21	子丙
十八	1 17	巳乙	12 18	亥乙	11 18	巳乙	10 20	子丙	9 20	午丙	8 22	丑丁
十九	1 18	午丙	12 19	子丙	11 19	午丙	10 21	丑丁	9 21	未丁	8 23	寅戊
二十	1 19	未丁	12 20	丑丁	11 20	未丁	10 22	寅戊	9 22	申戊	8 24	卯己
廿一	1 20	申戊	12 21	寅戊	11 21	申戊	10 23	卯己	9 23	酉己	8 25	辰庚
廿二	1 21	酉己	12 22	卯己	11 22	酉己	10 24	辰庚	9 24	戌庚	8 26	巳辛
廿三	1 22	戌庚	12 23	辰庚	11 23	戌庚	10 25	巳辛	9 25	亥辛	8 27	午壬
廿四	1 23	亥辛	12 24	巳辛	11 24	亥辛	10 26	午壬	9 26	子壬	8 28	未癸
廿五	1 24	子壬	12 25	午壬	11 25	子壬	10 27	未癸	9 27	丑癸	8 29	申甲
廿六	1 25	丑癸	12 26	未癸	11 26	丑癸	10 28	申甲	9 28	寅甲	8 30	酉乙
廿七	1 26	寅甲	12 27	申甲	11 27	寅甲	10 29	酉乙	9 29	卯乙	8 31	戌丙
廿八	1 27	卯乙	12 28	酉乙	11 28	卯乙	10 30	戌丙	9 30	辰丙	9 1	亥丁
廿九	1 28	辰丙	12 29	戌丙	11 29	辰丙	10 31	亥丁	10 1	巳丁	9 2	子戊
三十	乙太		12 30	亥丁	11 30	巳丁	易天		10 2	午戊	尋搜格落部	

西元二〇六三年

歲次癸未

民國一五二年

太歲姓魏名仁

納音屬木

生肖屬羊

年九紫星

尾宿值年

月別	正月		二月		三月		四月		五月		六月	
月柱	甲寅		乙卯		丙辰		丁巳		戊午		己未	
紫白	五黃		四綠		三碧		二黑		一白		九紫	
節氣時間	2/4	2/18	3/5	3/20	4/5	4/20	5/5	5/21	6/5	6/21	7/7	23
	初七	廿一	初六	廿一	初七	廿二	初八	廿四	初九	廿五	十二	廿
	立春寅時 3時30分	雨水子時 23時21分	驚蟄亥時 21時14分	春分亥時 21時58分	清明丑時 1時36分	穀雨辰時 8時34分	立夏酉時 18時28分	小滿辰時 7時19分	芒種亥時 22時17分	夏至申時 15時1分	小暑辰時 8時25分	大暑丑時
農曆	日柱	陽曆	日柱	陽曆	日柱	陽曆	日柱	陽曆	日柱	陽曆	日柱	陽
初一	丁巳	1 29	丁亥	2 28	丁巳	3 30	丙戌	4 28	丙辰	5 28	乙酉	26
初二	戊午	1 30	戊子	3 1	戊午	3 31	丁亥	4 29	丁巳	5 29	丙戌	27
初三	己未	1 31	己丑	3 2	己未	4 1	戊子	4 30	戊午	5 30	丁亥	28
初四	庚申	2 1	庚寅	3 3	庚申	4 2	己丑	5 1	己未	5 31	戊子	29
初五	辛酉	2 2	辛卯	3 4	辛酉	4 3	庚寅	5 2	庚申	6 1	己丑	30
初六	壬戌	2 3	壬辰	3 5	壬戌	4 4	辛卯	5 3	辛酉	6 2	庚寅	1
初七	癸亥	2 4	癸巳	3 6	癸亥	4 5	壬辰	5 4	壬戌	6 3	辛卯	2
初八	甲子	2 5	甲午	3 7	甲子	4 6	癸巳	5 5	癸亥	6 4	壬辰	3
初九	乙丑	2 6	乙未	3 8	乙丑	4 7	甲午	5 6	甲子	6 5	癸巳	4
初十	丙寅	2 7	丙申	3 9	丙寅	4 8	乙未	5 7	乙丑	6 6	甲午	5
十一	丁卯	2 8	丁酉	3 10	丁卯	4 9	丙申	5 8	丙寅	6 7	乙未	6
十二	戊辰	2 9	戊戌	3 11	戊辰	4 10	丁酉	5 9	丁卯	6 8	丙申	7
十三	己巳	2 10	己亥	3 12	己巳	4 11	戊戌	5 10	戊辰	6 9	丁酉	8
十四	庚午	2 11	庚子	3 13	庚午	4 12	己亥	5 11	己巳	6 10	戊戌	9
十五	辛未	2 12	辛丑	3 14	辛未	4 13	庚子	5 12	庚午	6 11	己亥	10
十六	壬申	2 13	壬寅	3 15	壬申	4 14	辛丑	5 13	辛未	6 12	庚子	11
十七	癸酉	2 14	癸卯	3 16	癸酉	4 15	壬寅	5 14	壬申	6 13	辛丑	12
十八	甲戌	2 15	甲辰	3 17	甲戌	4 16	癸卯	5 15	癸酉	6 14	壬寅	13
十九	乙亥	2 16	乙巳	3 18	乙亥	4 17	甲辰	5 16	甲戌	6 15	癸卯	14
二十	丙子	2 17	丙午	3 19	丙子	4 18	乙巳	5 17	乙亥	6 16	甲辰	15
廿一	丁丑	2 18	丁未	3 20	丁丑	4 19	丙午	5 18	丙子	6 17	乙巳	16
廿二	戊寅	2 19	戊申	3 21	戊寅	4 20	丁未	5 19	丁丑	6 18	丙午	17
廿三	己卯	2 20	己酉	3 22	己卯	4 21	戊申	5 20	戊寅	6 19	丁未	18
廿四	庚辰	2 21	庚戌	3 23	庚辰	4 22	己酉	5 21	己卯	6 20	戊申	19
廿五	辛巳	2 22	辛亥	3 24	辛巳	4 23	庚戌	5 22	庚辰	6 21	己酉	20
廿六	壬午	2 23	壬子	3 25	壬午	4 24	辛亥	5 23	辛巳	6 22	庚戌	21
廿七	癸未	2 24	癸丑	3 26	癸未	4 25	壬子	5 24	壬午	6 23	辛亥	22
廿八	甲申	2 25	甲寅	3 27	甲申	4 26	癸丑	5 25	癸未	6 24	壬子	23
廿九	乙酉	2 26	乙卯	3 28	乙酉	4 27	甲寅	5 26	甲申	6 25	癸丑	24
三十	丙戌	2 27	丙辰	3 29	天易		乙卯	5 27	太乙		甲寅	25

月別	月二十		月一十		月十		月九		月八		月七閏		月七	
月柱	丑乙		子甲		亥癸		戌壬		酉辛				申庚	
紫白	碧三		綠四		黃五		白六		赤七				白八	
節氣時間	2/4	1/20	1/5	12/22	12/7	11/22	11/7	10/23	10/8	9/23		9/7	8/23	8/
	八十	三初	七十	三初	八十	三初	七十	二初	七十	二初		五十	九廿	三
	9時14分 立春巳時	15時1分 大寒申時	21時40分 小寒亥時	4時20分 冬至寅時	10時20分 大雪巳時	14時48分 小雪未時	17時11分 立冬酉時	16時53分 霜降申時	13時36分 寒露未時	7時8分 秋分辰時		21時33分 白露亥時	9時8分 處暑巳時	18時19分
農曆	曆陽	柱日	曆陽	柱日	曆陽	柱日	曆陽	柱日	曆陽	柱日	曆陽	柱日	曆陽	柱
初一	1 18	亥辛	12 20	午壬	11 20	子壬	10 22	未癸	9 22	丑癸	8 24	申甲	7 26	卯
初二	1 19	子壬	12 21	未癸	11 21	丑癸	10 23	申甲	9 23	寅甲	8 25	酉乙	7 27	辰
初三	1 20	丑癸	12 22	申甲	11 22	寅甲	10 24	酉乙	9 24	卯乙	8 26	戌丙	7 28	巳
初四	1 21	寅甲	12 23	酉乙	11 23	卯乙	10 25	戌丙	9 25	辰丙	8 27	亥丁	7 29	午
初五	1 22	卯乙	12 24	戌丙	11 24	辰丙	10 26	亥丁	9 26	巳丁	8 28	子戊	7 30	未
初六	1 23	辰丙	12 25	亥丁	11 25	巳丁	10 27	子戊	9 27	午戊	8 29	丑己	7 31	申
初七	1 24	巳丁	12 26	子戊	11 26	午戊	10 28	丑己	9 28	未己	8 30	寅庚	8 1	酉
初八	1 25	午戊	12 27	丑己	11 27	未己	10 29	寅庚	9 29	申庚	8 31	卯辛	8 2	戌
初九	1 26	未己	12 28	寅庚	11 28	申庚	10 30	卯辛	9 30	酉辛	9 1	辰壬	8 3	亥
初十	1 27	申庚	12 29	卯辛	11 29	酉辛	10 31	辰壬	10 1	戌壬	9 2	巳癸	8 4	子
十一	1 28	酉辛	12 30	辰壬	11 30	戌壬	11 1	巳癸	10 2	亥癸	9 3	午甲	8 5	丑
十二	1 29	戌壬	12 31	巳癸	12 1	亥癸	11 2	午甲	10 3	子甲	9 4	未乙	8 6	寅
十三	1 30	亥癸	1 1	午甲	12 2	子甲	11 3	未乙	10 4	丑乙	9 5	申丙	8 7	卯
十四	1 31	子甲	1 2	未乙	12 3	丑乙	11 4	申丙	10 5	寅丙	9 6	酉丁	8 8	辰
十五	2 1	丑乙	1 3	申丙	12 4	寅丙	11 5	酉丁	10 6	卯丁	9 7	戌戊	8 9	巳
十六	2 2	寅丙	1 4	酉丁	12 5	卯丁	11 6	戌戊	10 7	辰戊	9 8	亥己	8 10	午
十七	2 3	卯丁	1 5	戌戊	12 6	辰戊	11 7	亥己	10 8	巳己	9 9	子庚	8 11	未
十八	2 4	辰戊	1 6	亥己	12 7	巳己	11 8	子庚	10 9	午庚	9 10	丑辛	8 12	申
十九	2 5	巳己	1 7	子庚	12 8	午庚	11 9	丑辛	10 10	未辛	9 11	寅壬	8 13	酉
二十	2 6	午庚	1 8	丑辛	12 9	未辛	11 10	寅壬	10 11	申壬	9 12	卯癸	8 14	戌
廿一	2 7	未辛	1 9	寅壬	12 10	申壬	11 11	卯癸	10 12	酉癸	9 13	辰甲	8 15	亥
廿二	2 8	申壬	1 10	卯癸	12 11	酉癸	11 12	辰甲	10 13	戌甲	9 14	巳乙	8 16	子
廿三	2 9	酉癸	1 11	辰甲	12 12	戌甲	11 13	巳乙	10 14	亥乙	9 15	午丙	8 17	丑
廿四	2 10	戌甲	1 12	巳乙	12 13	亥乙	11 14	午丙	10 15	子丙	9 16	未丁	8 18	寅
廿五	2 11	亥乙	1 13	午丙	12 14	子丙	11 15	未丁	10 16	丑丁	9 17	申戊	8 19	卯
廿六	2 12	子丙	1 14	未丁	12 15	丑丁	11 16	申戊	10 17	寅戊	9 18	酉己	8 20	辰
廿七	2 13	丑丁	1 15	申戊	12 16	寅戊	11 17	酉己	10 18	卯己	9 19	戌庚	8 21	巳
廿八	2 14	寅戊	1 16	酉己	12 17	卯己	11 18	戌庚	10 19	辰庚	9 20	亥辛	8 22	午
廿九	2 15	卯己	1 17	戌庚	12 18	辰庚	11 19	亥辛	10 20	巳辛	9 21	子壬	8 23	未
三十	2 16	辰庚	乙太		12 19	巳辛	易天		10 21	午壬	業事化文乙太		尋搜格落部	

月 六		月 五		月 四		月 三		月 二		月 正		別月
未 辛		午 庚		巳 己		辰 戊		卯 丁		寅 丙		柱月
白 六		赤 七		白 八		紫 九		白 一		黑 二		白紫
/7	7/22	7/6	6/20	6/5	5/20	5/5	4/19	4/4	3/20	3/5	2/19	節氣時間
廿	九初	二廿	六初	一廿	五初	九十	三初	八十	三初	八十	三初	
立秋子時	大暑辰時 7時39分	小暑未時 14時19分	夏至戌時 20時45分	芒種寅時 4時9分	小滿未時 13時1分	立夏子時 0時18分	穀雨未時 14時15分	清明辰時 7時24分	春分寅時 3時38分	驚蟄丑時 2時59分	雨水寅時 4時59分	
陽	柱日	曆陽	柱日	曆陽	柱日	曆陽	柱日	曆陽	柱日	曆陽	柱日	曆農
14	酉己	6 15	辰庚	5 16	戌庚	4 17	巳辛	3 18	亥辛	2 17	巳辛	一初
15	戌庚	6 16	巳辛	5 17	亥辛	4 18	午壬	3 19	子壬	2 18	午壬	二初
16	亥辛	6 17	午壬	5 18	子壬	4 19	未癸	3 20	丑癸	2 19	未癸	三初
17	子壬	6 18	未癸	5 19	丑癸	4 20	申甲	3 21	寅甲	2 20	申甲	四初
18	丑癸	6 19	申甲	5 20	寅甲	4 21	酉乙	3 22	卯乙	2 21	酉乙	五初
19	寅甲	6 20	酉乙	5 21	卯乙	4 22	戌丙	3 23	辰丙	2 22	戌丙	六初
20	卯乙	6 21	戌丙	5 22	辰丙	4 23	亥丁	3 24	巳丁	2 23	亥丁	七初
21	辰丙	6 22	亥丁	5 23	巳丁	4 24	子戊	3 25	午戊	2 24	子戊	八初
22	巳丁	6 23	子戊	5 24	午戊	4 25	丑己	3 26	未己	2 25	丑己	九初
23	午戊	6 24	丑己	5 25	未己	4 26	寅庚	3 27	申庚	2 26	寅庚	十初
24	未己	6 25	寅庚	5 26	申庚	4 27	卯辛	3 28	酉辛	2 27	卯辛	一十
25	申庚	6 26	卯辛	5 27	酉辛	4 28	辰壬	3 29	戌壬	2 28	辰壬	二十
26	酉辛	6 27	辰壬	5 28	戌壬	4 29	巳癸	3 30	亥癸	2 29	巳癸	三十
27	戌壬	6 28	巳癸	5 29	亥癸	4 30	午甲	3 31	子甲	3 1	午甲	四十
28	亥癸	6 29	午甲	5 30	子甲	5 1	未乙	4 1	丑乙	3 2	未乙	五十
29	子甲	6 30	未乙	5 31	丑乙	5 2	申丙	4 2	寅丙	3 3	申丙	六十
30	丑乙	7 1	申丙	6 1	寅丙	5 3	酉丁	4 3	卯丁	3 4	酉丁	七十
31	寅丙	7 2	酉丁	6 2	卯丁	5 4	戌戊	4 4	辰戊	3 5	戌戊	八十
1	卯丁	7 3	戌戊	6 3	辰戊	5 5	亥己	4 5	巳己	3 6	亥己	九十
2	辰戊	7 4	亥己	6 4	巳己	5 6	子庚	4 6	午庚	3 7	子庚	十二
3	巳己	7 5	子庚	6 5	午庚	5 7	丑辛	4 7	未辛	3 8	丑辛	一廿
4	午庚	7 6	丑辛	6 6	未辛	5 8	寅壬	4 8	申壬	3 9	寅壬	二廿
5	未辛	7 7	寅壬	6 7	申壬	5 9	卯癸	4 9	酉癸	3 10	卯癸	三廿
6	申壬	7 8	卯癸	6 8	酉癸	5 10	辰甲	4 10	戌甲	3 11	辰甲	四廿
7	酉癸	7 9	辰甲	6 9	戌甲	5 11	巳乙	4 11	亥乙	3 12	巳乙	五廿
8	戌甲	7 10	巳乙	6 10	亥乙	5 12	午丙	4 12	子丙	3 13	午丙	六廿
9	亥乙	7 11	午丙	6 11	子丙	5 13	未丁	4 13	丑丁	3 14	未丁	七廿
10	子丙	7 12	未丁	6 12	丑丁	5 14	申戊	4 14	寅戊	3 15	申戊	八廿
11	丑丁	7 13	申戊	6 13	寅戊	5 15	酉己	4 15	卯己	3 16	酉己	九廿
12	寅戊	乙太		6 14	卯己	易天		4 16	辰庚	3 17	戌庚	十三

西元二〇六四年 歲次甲申

民國一五三年
太歲姓方名公

納音屬水
生肖屬猴

年八白星
箕宿值年

月別	月二十		月一十		月十		月九		月八		月七	
月柱	丑丁		子丙		亥乙		戌甲		酉癸		申壬	
紫白	紫九		白一		黑二		碧三		綠四		黃五	
節氣時間	2/3	1/19	1/5	12/21	12/6	11/21	11/6	10/22	10/7	9/22	9/7	8/22
	八廿	三十	九廿	四十	八廿	三十	八廿	三十	七廿	二十	六廿	十初
	15時3分 立春申時	20時48分 大寒戌時	3時29分 小寒寅時	10時8分 冬至巳時	16時9分 大雪申時	20時36分 小雪戌時	23時1分 立冬子時	22時42分 霜降亥時	19時27分 寒露戌時	12時56分 秋分午時	3時26分 白露寅時	14時56分 處暑未時
農曆	曆陽	柱日	曆陽	柱日	曆陽	柱日	曆陽	柱日	曆陽	柱日	曆陽	柱日
初一	1 7	午丙	12 8	子丙	11 9	未丁	10 10	丑丁	9 11	申戊	8 13	卯己
初二	1 8	未丁	12 9	丑丁	11 10	申戊	10 11	寅戊	9 12	酉己	8 14	辰庚
初三	1 9	申戊	12 10	寅戊	11 11	酉己	10 12	卯己	9 13	戌庚	8 15	巳辛
初四	1 10	酉己	12 11	卯己	11 12	戌庚	10 13	辰庚	9 14	亥辛	8 16	午壬
初五	1 11	戌庚	12 12	辰庚	11 13	亥辛	10 14	巳辛	9 15	子壬	8 17	未癸
初六	1 12	亥辛	12 13	巳辛	11 14	子壬	10 15	午壬	9 16	丑癸	8 18	申甲
初七	1 13	子壬	12 14	午壬	11 15	丑癸	10 16	未癸	9 17	寅甲	8 19	酉乙
初八	1 14	丑癸	12 15	未癸	11 16	寅甲	10 17	申甲	9 18	卯乙	8 20	戌丙
初九	1 15	寅甲	12 16	申甲	11 17	卯乙	10 18	酉乙	9 19	辰丙	8 21	亥丁
初十	1 16	卯乙	12 17	酉乙	11 18	辰丙	10 19	戌丙	9 20	巳丁	8 22	子戊
十一	1 17	辰丙	12 18	戌丙	11 19	巳丁	10 20	亥丁	9 21	午戊	8 23	丑己
十二	1 18	巳丁	12 19	亥丁	11 20	午戊	10 21	子戊	9 22	未己	8 24	寅庚
十三	1 19	午戊	12 20	子戊	11 21	未己	10 22	丑己	9 23	申庚	8 25	卯辛
十四	1 20	未己	12 21	丑己	11 22	申庚	10 23	寅庚	9 24	酉辛	8 26	辰壬
十五	1 21	申庚	12 22	寅庚	11 23	酉辛	10 24	卯辛	9 25	戌壬	8 27	巳癸
十六	1 22	酉辛	12 23	卯辛	11 24	戌壬	10 25	辰壬	9 26	亥癸	8 28	午甲
十七	1 23	戌壬	12 24	辰壬	11 25	亥癸	10 26	巳癸	9 27	子甲	8 29	未乙
十八	1 24	亥癸	12 25	巳癸	11 26	子甲	10 27	午甲	9 28	丑乙	8 30	申丙
十九	1 25	子甲	12 26	午甲	11 27	丑乙	10 28	未乙	9 29	寅丙	8 31	酉丁
二十	1 26	丑乙	12 27	未乙	11 28	寅丙	10 29	申丙	9 30	卯丁	9 1	戌戊
廿一	1 27	寅丙	12 28	申丙	11 29	卯丁	10 30	酉丁	10 1	辰戊	9 2	亥己
廿二	1 28	卯丁	12 29	酉丁	11 30	辰戊	10 31	戌戊	10 2	巳己	9 3	子庚
廿三	1 29	辰戊	12 30	戌戊	12 1	巳己	11 1	亥己	10 3	午庚	9 4	丑辛
廿四	1 30	巳己	12 31	亥己	12 2	午庚	11 2	子庚	10 4	未辛	9 5	寅壬
廿五	1 31	午庚	1 1	子庚	12 3	未辛	11 3	丑辛	10 5	申壬	9 6	卯癸
廿六	2 1	未辛	1 2	丑辛	12 4	申壬	11 4	寅壬	10 6	酉癸	9 7	辰甲
廿七	2 2	申壬	1 3	寅壬	12 5	酉癸	11 5	卯癸	10 7	戌甲	9 8	巳乙
廿八	2 3	酉癸	1 4	卯癸	12 6	戌甲	11 6	辰甲	10 8	亥乙	9 9	午丙
廿九	2 4	戌甲	1 5	辰甲	12 7	亥乙	11 7	巳乙	10 9	子丙	9 10	未丁
三十	乙太		1 6	巳乙	易天		11 8	午丙	業事化文乙太		尋搜格落部	

西元二〇六五年 歲次乙酉

民國一五四年 太歲姓蔣名嵩

納音屬水 生肖屬雞

年七赤星 斗宿值年

月六		月五		月四		月三		月二		月正		別月
未癸		午壬		巳辛		辰庚		卯己		寅戊		柱月
碧三		綠四		黃五		白六		赤七		白八		白紫
/22	7/6	6/21	6/5	5/20	5/5		4/19	4/4	3/20	3/5	2/18	節氣時間
九十	三初	八十	二初	六十	一初		四十	九廿	四十	九廿	四十	
3時4分 大暑未時	19時56分 小暑戌時	2時32分 夏至丑時	9時51分 芒種巳時	18時50分 小滿酉時	6時5分 立夏卯時		20時5分 穀雨戌時	13時13分 清明未時	9時28分 春分巳時	8時48分 驚蟄辰時	10時47分 雨水巳時	
曆陽	柱日	曆陽	柱日	曆陽	柱日	曆陽	柱日	曆陽	柱日	曆陽	柱日	曆農
7 4	辰甲	6 4	戌甲	5 5	辰甲	4 6	亥乙	3 7	巳乙	2 5	亥乙	一初
7 5	巳乙	6 5	亥乙	5 6	巳乙	4 7	子丙	3 8	午丙	2 6	子丙	二初
7 6	午丙	6 6	子丙	5 7	午丙	4 8	丑丁	3 9	未丁	2 7	丑丁	三初
7 7	未丁	6 7	丑丁	5 8	未丁	4 9	寅戊	3 10	申戊	2 8	寅戊	四初
7 8	申戊	6 8	寅戊	5 9	申戊	4 10	卯己	3 11	酉己	2 9	卯己	五初
7 9	酉己	6 9	卯己	5 10	酉己	4 11	辰庚	3 12	戌庚	2 10	辰庚	六初
7 10	戌庚	6 10	辰庚	5 11	戌庚	4 12	巳辛	3 13	亥辛	2 11	巳辛	七初
7 11	亥辛	6 11	巳辛	5 12	亥辛	4 13	午壬	3 14	子壬	2 12	午壬	八初
7 12	子壬	6 12	午壬	5 13	子壬	4 14	未癸	3 15	丑癸	2 13	未癸	九初
7 13	丑癸	6 13	未癸	5 14	丑癸	4 15	申甲	3 16	寅甲	2 14	申甲	十初
7 14	寅甲	6 14	申甲	5 15	寅甲	4 16	酉乙	3 17	卯乙	2 15	酉乙	一十
7 15	卯乙	6 15	酉乙	5 16	卯乙	4 17	戌丙	3 18	辰丙	2 16	戌丙	二十
7 16	辰丙	6 16	戌丙	5 17	辰丙	4 18	亥丁	3 19	巳丁	2 17	亥丁	三十
7 17	巳丁	6 17	亥丁	5 18	巳丁	4 19	子戊	3 20	午戊	2 18	子戊	四十
7 18	午戊	6 18	子戊	5 19	午戊	4 20	丑己	3 21	未己	2 19	丑己	五十
7 19	未己	6 19	丑己	5 20	未己	4 21	寅庚	3 22	申庚	2 20	寅庚	六十
7 20	申庚	6 20	寅庚	5 21	申庚	4 22	卯辛	3 23	酉辛	2 21	卯辛	七十
7 21	酉辛	6 21	卯辛	5 22	酉辛	4 23	辰壬	3 24	戌壬	2 22	辰壬	八十
7 22	戌壬	6 22	辰壬	5 23	戌壬	4 24	巳癸	3 25	亥癸	2 23	巳癸	九十
7 23	亥癸	6 23	巳癸	5 24	亥癸	4 25	午甲	3 26	子甲	2 24	午甲	十二
7 24	子甲	6 24	午甲	5 25	子甲	4 26	未乙	3 27	丑乙	2 25	未乙	一廿
7 25	丑乙	6 25	未乙	5 26	丑乙	4 27	申丙	3 28	寅丙	2 26	申丙	二廿
7 26	寅丙	6 26	申丙	5 27	寅丙	4 28	酉丁	3 29	卯丁	2 27	酉丁	三廿
7 27	卯丁	6 27	酉丁	5 28	卯丁	4 29	戌戊	3 30	辰戊	2 28	戌戊	四廿
7 28	辰戊	6 28	戌戊	5 29	辰戊	4 30	亥己	3 31	巳己	3 1	亥己	五廿
7 29	巳己	6 29	亥己	5 30	巳己	5 1	子庚	4 1	午庚	3 2	子庚	六廿
7 30	午庚	6 30	子庚	5 31	午庚	5 2	丑辛	4 2	未辛	3 3	丑辛	七廿
7 31	未辛	7 1	丑辛	6 1	未辛	5 3	寅壬	4 3	申壬	3 4	寅壬	八廿
8 1	申壬	7 2	寅壬	6 2	申壬	5 4	卯癸	4 4	酉癸	3 5	卯癸	九廿
乙太		7 3	卯癸	6 3	酉癸	易天		4 5	戌甲	3 6	辰甲	十三

月別	十二月		十一月		十月		九月		八月		七月	
月柱	己丑		戊子		丁亥		丙戌		乙酉		甲申	
紫白	六白		七赤		八白		九紫		一白		二黑	
節氣時間	1/20 廿五 大寒 2時41分 丑時	1/5 初十 小寒 9時14分 巳時	12/21 廿四 冬至 16時0分 申時	12/6 初九 大雪 21時52分 亥時	11/22 廿五 小雪 2時26分 丑時	11/7 初十 立冬 4時42分 寅時	10/23 廿四 霜降 4時29分 寅時	10/8 初九 寒露 1時5分 丑時	9/22 廿二 秋分 18時42分 酉時	9/7 初七 白露 9時1分 巳時	8/22 廿一 處暑 20時41分 戌時	8/7 初六 立秋 5時48分 卯時
農曆	陽曆	日柱	陽曆	日柱	陽曆	日柱	陽曆	日柱	陽曆	日柱	陽曆	日柱
初一	12 27	庚子	11 28	辛未	10 29	辛丑	9 30	壬申	9 1	癸卯	8 2	癸酉
初二	12 28	辛丑	11 29	壬申	10 30	壬寅	10 1	癸酉	9 2	甲辰	8 3	甲戌
初三	12 29	壬寅	11 30	癸酉	10 31	癸卯	10 2	甲戌	9 3	乙巳	8 4	乙亥
初四	12 30	癸卯	12 1	甲戌	11 1	甲辰	10 3	乙亥	9 4	丙午	8 5	丙子
初五	12 31	甲辰	12 2	乙亥	11 2	乙巳	10 4	丙子	9 5	丁未	8 6	丁丑
初六	1 1	乙巳	12 3	丙子	11 3	丙午	10 5	丁丑	9 6	戊申	8 7	戊寅
初七	1 2	丙午	12 4	丁丑	11 4	丁未	10 6	戊寅	9 7	己酉	8 8	己卯
初八	1 3	丁未	12 5	戊寅	11 5	戊申	10 7	己卯	9 8	庚戌	8 9	庚辰
初九	1 4	戊申	12 6	己卯	11 6	己酉	10 8	庚辰	9 9	辛亥	8 10	辛巳
初十	1 5	己酉	12 7	庚辰	11 7	庚戌	10 9	辛巳	9 10	壬子	8 11	壬午
十一	1 6	庚戌	12 8	辛巳	11 8	辛亥	10 10	壬午	9 11	癸丑	8 12	癸未
十二	1 7	辛亥	12 9	壬午	11 9	壬子	10 11	癸未	9 12	甲寅	8 13	甲申
十三	1 8	壬子	12 10	癸未	11 10	癸丑	10 12	甲申	9 13	乙卯	8 14	乙酉
十四	1 9	癸丑	12 11	甲申	11 11	甲寅	10 13	乙酉	9 14	丙辰	8 15	丙戌
十五	1 10	甲寅	12 12	乙酉	11 12	乙卯	10 14	丙戌	9 15	丁巳	8 16	丁亥
十六	1 11	乙卯	12 13	丙戌	11 13	丙辰	10 15	丁亥	9 16	戊午	8 17	戊子
十七	1 12	丙辰	12 14	丁亥	11 14	丁巳	10 16	戊子	9 17	己未	8 18	己丑
十八	1 13	丁巳	12 15	戊子	11 15	戊午	10 17	己丑	9 18	庚申	8 19	庚寅
十九	1 14	戊午	12 16	己丑	11 16	己未	10 18	庚寅	9 19	辛酉	8 20	辛卯
二十	1 15	己未	12 17	庚寅	11 17	庚申	10 19	辛卯	9 20	壬戌	8 21	壬辰
廿一	1 16	庚申	12 18	辛卯	11 18	辛酉	10 20	壬辰	9 21	癸亥	8 22	癸巳
廿二	1 17	辛酉	12 19	壬辰	11 19	壬戌	10 21	癸巳	9 22	甲子	8 23	甲午
廿三	1 18	壬戌	12 20	癸巳	11 20	癸亥	10 22	甲午	9 23	乙丑	8 24	乙未
廿四	1 19	癸亥	12 21	甲午	11 21	甲子	10 23	乙未	9 24	丙寅	8 25	丙申
廿五	1 20	甲子	12 22	乙未	11 22	乙丑	10 24	丙申	9 25	丁卯	8 26	丁酉
廿六	1 21	乙丑	12 23	丙申	11 23	丙寅	10 25	丁酉	9 26	戊辰	8 27	戊戌
廿七	1 22	丙寅	12 24	丁酉	11 24	丁卯	10 26	戊戌	9 27	己巳	8 28	己亥
廿八	1 23	丁卯	12 25	戊戌	11 25	戊辰	10 27	己亥	9 28	庚午	8 29	庚子
廿九	1 24	戊辰	12 26	己亥	11 26	己巳	10 28	庚子	9 29	辛未	8 30	辛丑
三十	1 25	己巳	太乙		11 27	庚午	天易		部落格搜尋		8 31	壬寅

盤

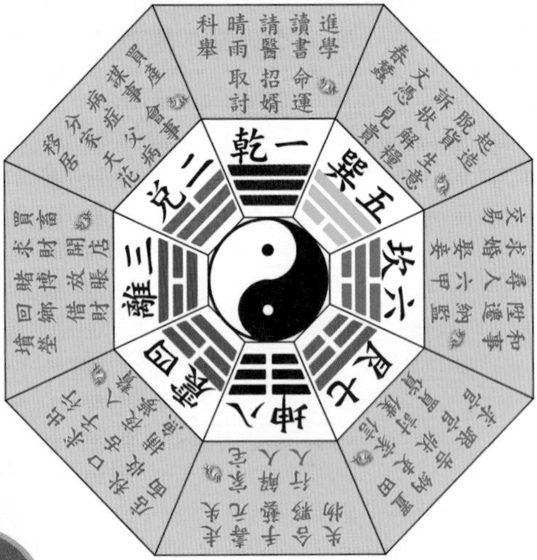

先天盤

坤	艮	坎	巽	震	離	兌	乾
家宅 解人 行人 走失 壽元 手藝 合夥 失物	家信 討僕 買貨 置田 納吏 告狀 跟官 求官	納監 六甲 娶妾 和事 陞遷 尋人 求婚 交易	生意 解糧 見貴 起造 脫貨 訴狀 文憑 春蠶	入贅 夜夢 捕魚 出行 求子 口舌 秋收 店面	開店 放賬 借財 買畜 求財 賭博 回鄉 墳塋	會事 父病 天花 買屋 謀事 病症 分家 移居	命運 招婿 取討 進學 讀書 請醫 晴雨 科舉

業出版
6巷2號
om.tw

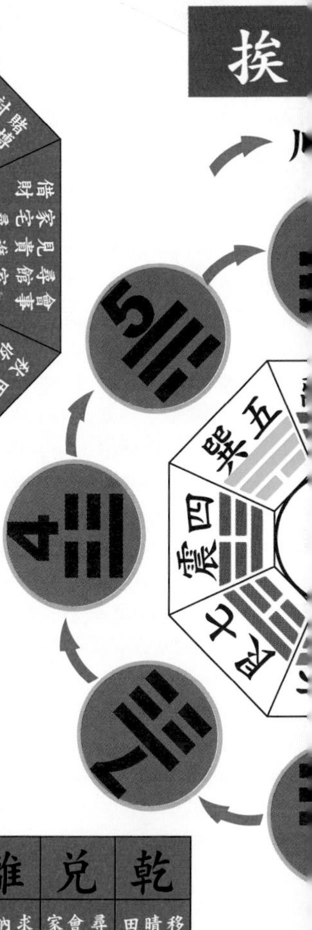

後天盤

坤	艮	坎	巽	震	離	兌	乾
娶妾 口舌 科舉 賭博 討僕 訴狀 解人 天花	交易 病症 入贅 手藝 跟官 請醫 文憑 墳塋	生意 命運 求官 夜夢 行人 分家 放賬 六甲	置產 婚姻 走失 買貨 起造 招婿 回鄉 捕魚	出行 開店 失物 告狀 解糧 和事 取討 父病	求子 讀書 合夥 納吏 納監 謀事 買畜 春蠶	尋人 進學 家信 會事 尋館 見貴 家宅 借財	移居 求財 壽元 晴雨 陞遷 脫貨 田產 秋收

太乙文化事業八字授課內容說明

●長長久久終身八字職業班面授總課程表

課程內容	課程說明
1. 五行及十天干、十二地支申論類化。 2. 八字排盤定位、大運、流年。 3. 地支藏干排列組合應用法。 4. 十神申論類化，六親宮位定位法則。 5. 刑、沖、會、合、害、申論、變化、抽爻換象法。 6. 格局取象及宮位互動變化均衡式論命法。 7. 十二長生及空亡應用論斷法。 8. 十天干四時喜忌論命法。	以上1至8大題讓你將五行、十天干、十二地支、十神、六親及刑沖會合害，深入淺出，往下延伸類化，是實戰重要的築基篇，不可跳躍的課程。
9. 長相、個性、心性論斷法。 10. 父母宮位、緣份、助力論斷法。 11. 兄弟姊妹、朋友、客戶緣份或成就論斷。 12. 桃花、感情、婚姻、外遇及夫妻緣份之論斷。 13. 夫妻先天命卦合參論斷法。 14. 考運、學業、成就論斷。 15. 子媳緣份及成就論斷。 16. 財富、事業、官貴、成就論斷。 17. 疾病、傷害、疤痕申論類化論斷。 18. 神煞法的應用、論斷及準確度分析。	9至18大題是人生的妻、財、子、祿論斷技法分析演練，讓你掌握住精髓，快速又準確。
19. 陽宅、陰宅、方位及居家環境申論類化。 20. 數目字演化論斷。	

21. 六親定位配盤法。 22. 大運、流年、流月、流日起伏論斷、應期法及化解法。 23. 掐指神算演化實戰法(不需任何資料就能掌握住對方的過去、現況及未來，快、狠、準)。	19至23大題是職業八字論斷秘訣，是坊間千古不傳之祕，讓你深入其中之祕，讚嘆不已。
24. 六十甲子配卦論斷法，一柱論命法，將每一柱詳細作情境解析。 25. 干支獨立分析論斷法。 26. 命卦合參論斷法。	24至26大題，讓你一窺八字結合易經之妙，體悟祕中精髓，深入觀象類化，再窺因果之祕。
27. 奇門遁甲化解、轉化法。 28. 奇門遁甲時空造運催動法。 29. 綜合實戰技巧演練，及成果分享。	27至28大題，讓你掌握造運之竅，催動無形能量，創造磁場。

※以上課程總時數102年下半年度起改為80小時(含演練，及成果分享)。

※每堂課程，開始二十分鐘複習上一堂的課程，以便進度銜接，快速靈活應用。

※課程以小班制為主，7人以上開班(不足七人將會縮短時數，也視當下學習進度調整)。

※另有一對一的課程，時間彈性，總時數約56小時(7個月之內完成)，也可以速成班方式學習，馬上能學以致用，成為優秀的師資。

◎上課中歡迎同學提問題發問，乃可當實例解說，所以以上的課程內容及應用論斷法，會以同學提出的案例解析，直接套入應用說明演練，及用約一小時多的時間邀請前幾期同學分享精彩案例，作為直斷式解說演練。課程結束後，不定時回訓及心得分享。

◎有再開八字課程時，可無限期旁聽複訓。

※太乙(天易)老師經歷簡介

●**經歷**：民國79年成立太乙三元地命理擇日中心，開始從事命理諮詢、陽宅、風水、堪輿服務，目前積極從事推廣五術，用大自然觀象法理論教學及諮詢服務。

●**現任**：◎台南市國立生活美學館(前社教館)命理五術　授課老師
◎附設長青生活美學大學　命理五術　授課老師
◎高雄市救國團(高雄學苑)命理五術　授課老師
◎台南市救國團大學路本部命理五術指導老師

●**指導項目**：
◎十個數字看一生　◎揭開數字、姓名文字密碼
◎時空論命、生活易數　◎揭開八字神秘的面紗
◎傳統擇日學選擇吉課　◎姓名、易經、心易占卜
◎直斷式姓名學與八字學　◎十全派姓名學
◎八字時空洩天機直斷應用　◎六十四卦陽宅學
◎梅花心易　◎奇門遁甲　◎數字、兩儀卦
◎易經六十四卦　◎文王六十四卦占卜

※太乙(天易)老師著作簡介

◎七九年統一日報命理專欄作家，著作「果老星學祕論」。筆名：王皇智
◎八十年著作中原時區陰陽對照萬年曆，文國書局出版。筆名：王皇智
◎九九年十月著作的中原時區陰陽對照彩色版萬年曆，文國書局出版。筆名：王皇智
◎一百年八月著作「窮通寶鑑評註」，筆名：太乙。文國書局出版
◎一百年十月著作「八字時空洩天機-雷集」。雅書堂出版
◎一零一年三月出版「八字時空洩天機-風集」。雅書堂出版出版
◎一零一年七月出版「史上最便宜、最豐富、最實用彩色精校萬年曆」易林堂文化出版。於一零四年三月重新增修及增加先天易數占卜卦詩應用。
◎一零一年八月出版《教您使用農民曆》易林堂出版
◎一零一年九月出版《教您使用農民曆及紅皮通書的第一本教材(上冊)》。易林堂文化出版
◎一零一年十一月《解開神奇數字代碼一》易林堂出版
◎一零一年十二月《解開神奇數字代碼二》易林堂出版
◎一零二年元月《八字十神洩天機-上冊》易林堂出版
◎一零二年七月《八字決戰一生-生肖占卜篇上、下冊》易林堂出版
◎《八字決戰一生-生肖占卜下冊專解篇DVD教學》易林堂出版
◎一零二年九月《八字決戰一生-先天易數白話專解篇》易林堂出版
◎一零三年四月《八字十神洩天機-中冊》易林堂出版
◎《八字決戰一生》系列全套書籍，陸陸續續出版中
◎一零三年九月《八字時空洩天機-火集》雅書堂出版
◎一零四年四月《八字十神洩天機-下冊》易林堂出版
◎一零四年六月《八字時空洩天機-地集》雅書堂即將出版

服務地址：台南市國民路270巷75弄33號
服務電話：(06)2130327

本書編者，廣為十方大德服務

★陰宅或陽宅鑑定，鄰近地區每間、每次壹萬陸仟捌佰元。

★陽宅興建規劃設計每建坪一仟二佰元。廠房另議。

★現場八字時空卦象解析諮詢，每小時貳仟肆佰元整，超過另計(每十分鐘肆佰元)。

★細批流年每年六仟六佰元整。

★姓名鑑定隨緣。

★取名改名每人六仟六佰元整。

★剖腹生產選時辰八字一萬六仟八佰元整。

★一般擇日每項六仟六佰元整(一項：嫁娶吉課)(二項：動土、上樑、入宅)(三項：入殮、進塔吉課)。

請事先以電話預約服務時間。以上價格至民國105年止，另行調整。

★八字、時空卦終身班師資傳授面議。(不需任何資料直斷過去、現況、未來)。

★梅花易數、數字、兩儀卦傳授。

★手機、電話號碼選號及能量催動傳授。

★十全派姓名學傳授面議。

★陽宅、風水、易經六十四卦陽宅學傳授面議。

★九宮派陽宅學傳授面議。

★擇日學、婚課、葬課全選傳授面議。

★文王六十四卦占卜傳授。

★易經六十四卦三百八十四爻之應用傳授。

★奇門遁甲教學傳授。

以上的教學小班制。一對一為責任教學，保證學成。

好消息

函授資訊 DVD來了

千載難逢的自然生態八字命理DVD實典出爐了

鐵口直斷的切入角度 讓您茅塞頓開 馬上讓您快速進入命理堂奧

◎八字時空洩天機教學篇（初、中級）

「八字時空洩天機-雷、風集」的基礎理論及中階課程已錄製好現場教學DVD影片，共有10集，每集約1小時30分鐘，此套課程由「**十天干、十二地支的基礎延申，八字排盤、掌訣、大運排法，刑、沖、會、合、害的延申、應用實際案例解析，太乙兩儀卦應用、實戰、分析，讓您掌握快、狠、準的現況分析**」；全套10集共約15小時（價格低於市價，市價平均每小時六佰元），原價六千六百元，優惠「雷、風集」的讀者三千九百八十元，再附送彩色萬年曆及《八字十神洩天機-上冊》一本或改換其它教材一本，是學習此套學術最有經濟價值、最好最划算的一套現場教學錄製DVD，內容活潑生動，原汁原味，可反覆播放研究，讓您快速學習到此套精華的學術。

♥ **此套教學DVD影片，比外面市售三萬元的教學內容還要精彩，更能快速學成。**

♥ **看過此套DVD，保證讓您八字功力大增10年。**

◎購買此套DVD兩個月內，觀看影片內容有任何問題歡迎來電諮詢

《八字時空洩天機-雷、風集》集數影片內容介紹（十集共八片）	
第1片	第一集：十天干之導讀、撲克牌代表義意及案例解說
第2片	第二集：十二地支、生命週期的春夏秋冬分析

第3片	第三集：地支三合、生肖與生肖的互動關係、神煞法
第4片	第四集：地支六合、地支六害、地支三刑、八字排盤與掌訣
第5片	第五集：地支六沖、地支三會　第六集：大運排列與運用、推算歲數掌訣
第6片	第七集：六親推演　第八集：十神運用分析(比肩、劫財，食神、傷官，正財、偏財)
第7片	第九集：十神運用分析(正官、偏官，正印、偏印)、宮位定位論斷
第8片	第十集：春秋之道、解盤分析、孤鸞煞解析、兩儀卦解析、案例分析

◎讀者如不知影片內容的精彩程度，可先購買「先睹爲快試閱影片」，本片五百元，欲購全套者，再補足三千四百八十元，收到款項將爲您寄上全套影片、課本一本及附送萬年曆一本。

◎購買「先睹爲快試閱影片」，請註明姓名、電話、住址，並連同匯款單一起傳真。

太乙文化事業(痞客邦搜尋)　電話：06-2130327　0918324015　傳真：(06)2130812

信箱：too_sg@yahoo.com.tw　地址：台南市中華南路一段186巷2號

※電話諮詢時間：星期一至星期五早上十點至十一點，下午四點至五點

※諮詢專線：06-2130327（楊小姐、杜小姐）

※訂購方法：❶請撥06-2130327（楊小姐、杜小姐）❷傳E-mail到 too_sg@yahoo.com.tw

❸傳真訂購專線：06-2130812　※請註明訂購者姓名、電話、地址以及購買內容

※付款方法：❶郵局帳號：局號0031204　帳號0571561　戶名：楊貴美

太乙文化事業部，有很多即時資訊，歡迎上部落格觀賞。

八字時空洩天機【雷集】軟皮精裝訂價:380元　雅書堂出版

結合「鐵板神數」之理論，利用當下的時間，作為一個契機的引動，也將一個時辰兩個小時的組合轉化為一百二十分鐘，每十分鐘為一個變化、一個命式，套入此契機法，配合主、客體的交媾直斷事項結果，結合第五柱論命的原理，及易象法則。　本書突破子平八字命理推命法則，及同年同月同日同時生的迷惑，快、準、狠讓求算者嘖嘖稱奇。以最自然的生態，帶入時空，推敲八字中的奧妙與玄機。

八字時空洩天機【風集】軟皮精裝訂價:380元　雅書堂出版
八字時空洩天機【火集】軟皮精裝訂價:380元　雅書堂出版

【風集】從八字基礎《易經》六十四卦、五行概念，以十神篇，說明《八字時空洩天機》的契機法，算出自己想知的答案，讓你在輕鬆的氛圍中，領悟出相關卦象及自然科學生態循環之要點。

【火集】創新、專業的論命斷法。感應天地五行能量，結合星宿時空變化，層層演算推進，讓你率先掌握人生成功契機！

八字十神洩天機【上冊】作者：太乙易林堂　定價：398元

「八字十神洩天機－上冊、中冊」經過精心設計編排的基礎五行、十天干、十二地支，彙集十神生成導引之事項延申、時空論斷及推命之步驟要領、八字天機秘論、個性導引十神代表，以及六十甲子一柱論事業、公司、老闆、六十甲子配合六十四卦、一柱斷訣之情性，結合時空論命訣竅及易經原理、直斷訣，論命技巧與思想、精華串連起來彙集而成的一套學術。

八字十神洩天機【中冊/附玩命遊戲DVD】易林堂　定價:398 元

史上最便宜、最精準、最實用的彩色精校萬年曆

作者：太乙 精裝版 608 頁特優價精裝：389 元

方便攜帶型 11 公分*18.9 公分特優定價 289 元

本書系除了提供正確精算的陰陽曆書外，亦包括擇日、八字五柱排盤、斗數排盤、命名、印相、六十四卦、納甲裝卦、先天易數占卜、陽宅學等基本知識，為星命相學家之最好的一本工具書，更是一本命理八字的活字典。

八字決戰一生系列書籍介紹

八字決戰一生完整的整套 系列編輯書籍介紹　易林堂出版

2. 生肖占卜篇上、下兩冊

生肖占卜篇者可應用於地支與地支的交媾組合，作詳細的延申推演，個人生肖與週遭人事之對待關係，共有 144 組的不同人事互動組合，也可透過精心設計的十二地支占卜牌卡，作為占卜的應用，讓您即時掌握人事之對待、財運、事業、婚姻、感情，共十二項應用對照，超高準確度，可隨時隨地查詢，是學習八字陰陽五行的活字典，也是開館諮詢師必備的生財器具書籍。生肖占卜篇上冊是將生肖與生肖的對應關係作詳細的解析．可用於人事的對待、八字四柱宮位的對待關係，作為八字推演的訓練、應用、查尋。下冊者是將每一組生肖地支與生肖地支的對待關係分成十二大項目，作細項的解析應用對照。(上、下冊二本共 1064 元，特價 798 元)。

先天易數白話專解篇

先天易數是按先後天數的卦理配數組合而成的五百一十二條卦詩，以八為度，每一方主生卜事有八件，而八方共有卜事六十四事，為六十四卦。再每八件上註一卦名，而八方共成八卦，此以伏羲之先天作為天盤。而另設一圖後天易數盤，圖上註八事，八圖共得卜事六十四事，為六十四卦，再每圖上註一卦名，此為文王的後天八卦，即作為地盤。將天地二盤相合，先天用數、後天用卦，候數，即知先後天蘊孕之妙。

八字決戰一生系列書籍介紹 即將出版 敬請期待！

4. 數字占卜篇 上、下兩冊及專解細項篇 易林堂出版

透過太乙精心設計的十天干數字占卜牌卡，利用 10 個數字交媾應用組合，延100 組數字的互動關係，作詳細的延申推演，再針對婚姻感情、工作事業、身健康、財運、人際、工作等十二項目作詳細深入的解析，準確度達到 95%，好請一位專業命理諮詢師回家，隨時隨地可諮詢，也是學習高級八字論斷推演的一本活字典。

5. 學理推演篇
6. 十神對待篇
7. 一柱論命篇
8. 公式口訣篇
9. 六親緣份篇
10. 生日數字篇
11. 時空契機篇
12. 擇日開運篇
13. 實戰案例篇
14. 風水開運篇
15. 姓名開運篇
16. 易經連結篇

此系列書籍於三八〇、三八一頁有詳細的書籍大綱介紹。出版先後順序會因需要而調整。易林堂出版

本套書的精華在於用大自然法則為學理根據，並山、醫、命卜、相只一套學理標準，完全可連結任何學術。陸續在出版中，敬請期待。

現書供應中，歡迎郵購或至全省各大書局購買

◎八字決戰一生計劃出版系類書籍

5.學理推演篇

透過大自然生態生存之道，木成長的元素，套入天干、地支的刑、沖、會、合、害及交互作用，包含年、月、日、時、分五柱十字的宮位解析、論斷、推演，是學習八字及時空論斷的重要學理推演，此學理推演是八字學及八字實戰的重要依據，比傳統學理更準確、論斷更快速，解象更多元化，是初階必讀，深入研究者及實戰論斷必備的精準元素。

6. 十神對待篇

比肩、劫財、食神、傷官、正財、偏財、正官、偏官、正印、偏印，各個星宿在年、月、日、時不同的柱限、宮位、所產生不同質氣的變化，可用對照、查詢，讓您學習到八字十神法真正的精髓核心，再應用日主不同十天干對照，所延申的100組十神對待，不同於傳統不分日主天干的元素，本書十神對待篇是八字的精髓及活字典。

7. 一柱論命篇

天干配合地支，產生了六十組的組合，此六十組的組合，套入出生年、月、日、時，就產生不同宮位，人事物之變化，透過一組一組活生生剖析其情性，讓您論命不用同時要有年、月、日、時四柱的組合才能精準掌握，一柱論命可用於日常生活上的應用，快速而精準的一柱論命應用篇，讓您隨時掌握流月、流日的變化，趨吉避凶，也是職業論命必備的活字典。

8. 公式口訣篇

在繁雜的學理推演上，透過條文式整理，成為簡便的口訣，可應用到各個不同的星宿，將公式口訣進入各個柱限、限運、宮位、年、月、日、時、分，所產生不同的應用論斷，快速又精準。

9. 六親緣份篇

針對個案剖析，分六親緣份、環境論斷、財運機會、事業官祿，本篇為六親緣份篇，直接針對祖上、父母、兄弟姊妹、配偶、子女及部屬、朋友、客戶，快速精準的應用解析，他們與您的相處模式、緣份之對待關係之解析、論斷、應用。

10. 生日數字篇

創世之作，透過國曆的民國出生年、月、日的數字組合，是用民國的年數，而非坊間的西元年數，因為我們生存在於中華民國的土地上。此民國年數配合月、日的不同數字交媾組合，會產生事項變化，舉凡習慣個性、工作事業、投資理財、婚姻感情、身體健康、金錢財運、人際關係，一一的解釋，是人生的活字典，也是首創精準的一套學理。

11. 時空契機篇

四柱八字學是應用人出生的年、月、日、時，作為推命之資料，而時空契機篇是用當下的時空，年、月、日、時到分作為資料，不用任何求問者的資料，只要您進入此時空，利用當下契機，就能精準論斷過去、現況、未來之人、事、物，也可作為平時訓練八字推演的活教材。

12.擇日開運篇

此學理可連結到擇日學、陽宅學、易經、六十四卦、姓名學及日常生活之道，擇日學除了傳統刑、沖、會、合、害之喜忌概念、農民曆的應用之外，連結此套學術，更是如何應用操控運勢、時機點重要的方式，是坊間不傳之祕，如同奇門遁甲之應用與掌控，應用擇日達到佈局開運的法門。

13. 實戰案例篇

透過50個活生生的實際案例推演、論斷、解析，能讓您快速掌握實戰的應用、推論，讓您面對客戶不再緊張，而且能快、狠、準的直接切入論斷。

14. 風水開運篇

如何應用居家風水、居家環境，也就是利用周遭可看得到的一切環境、景象、人事，來趨吉避凶，製造財富，360度24個方位學上，解除對坊間數十派的風水學說之困惑，讓您能快速靈活應用，掌握風水開運致富。

15. 姓名開運篇

姓名開運篇，是將姓名文字的部首、字根，套入十天干、十二地支之交媾互動變化論事象吉凶，破解坊間數派姓名學之爭議及迷失，因為與八字決戰一生之系列學理，完全是相同的、相通的，沒有模稜兩可，讓您不再為名字的好壞而影響到您的生活，善用父母親賜給您最寶貴的文字禮物。

16. 易經連結篇

易經六十四卦，應用於日常生活的食、衣、住、行，讓學習易經不再花費數十年的青春歲月，應用干支的二十二個字，陰陽五行，表現這艱難無味的八卦交媾變化。擁有本書，就能洞察到六十四卦在日常生活中的六十四種生活方式及樂趣。保證讓研究數十年的易經學者大開眼界，讓剛入門學習者，大開最方便的法門。也可透過太乙為您精心設計的六十四卦占卜牌卡，作為占卜應用。

空前的套書組合。本套書的精華在於用大自然法則為學理根據，並山、醫、命、卜、相只有一套學理標準，完全可連結任何學術。陸續在出版中，敬請期待。

天易數占卜網路教學影片及整套工具組合

直接上網免費查詢(**太乙文化事業痞客邦**)教導如何使用天易數的影片，內有免費講解八卦先天數，及後天數的排應用與占卦的步驟。讓您馬上能應用先天易數作為占卜的具，成為占卜大師，快速、明確，不會模稜兩可。

套工具組合 1. 2. 3. 共 1851 元，超級組合價特優 873 元

一面彩色繡布印製「**先天易數**」的先後天挨數盤一面(面寬約 58 公分×42 公分)。訂價:600 元　特價:400 元

五百一十二條卦詩(有白話註解)，可供參考占卜查看卦詩解釋用。全書二八八頁。訂價:451 元　特價:356 元

牌卡一副四十三張:牌卡五張(自行切開成十張圖卡，先後天各 1 圖卡、八卦圖卡 8 張)，另一組三十二張八卦牌卡(用於先天易數取數用，也可用於易經占卜用)，及六張動爻牌卡(用於易經占卜動爻使用)。

訂價:800 元　特價:400 元

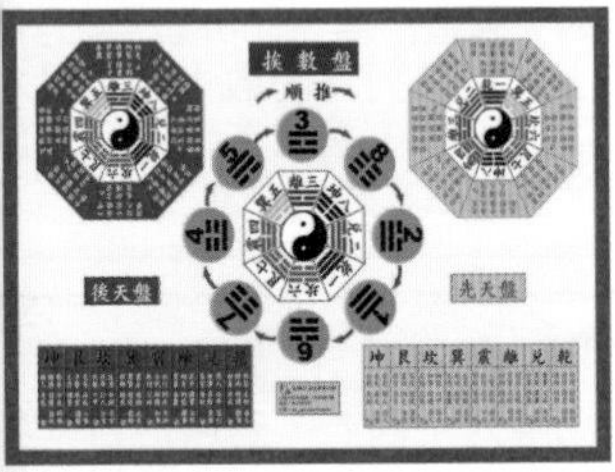

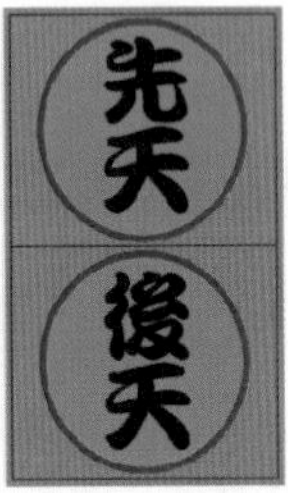

卦牌卡

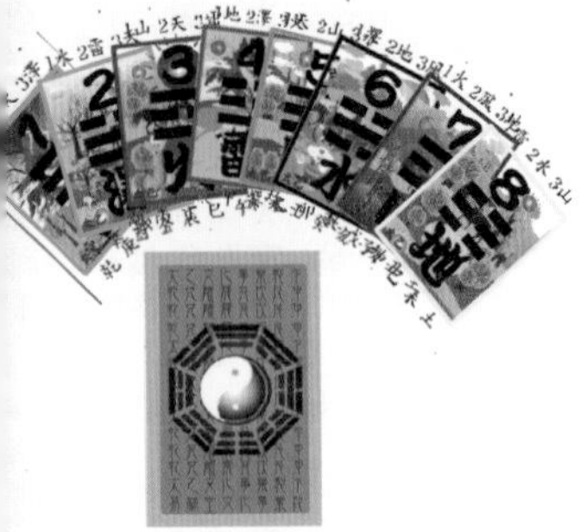

動爻牌卡

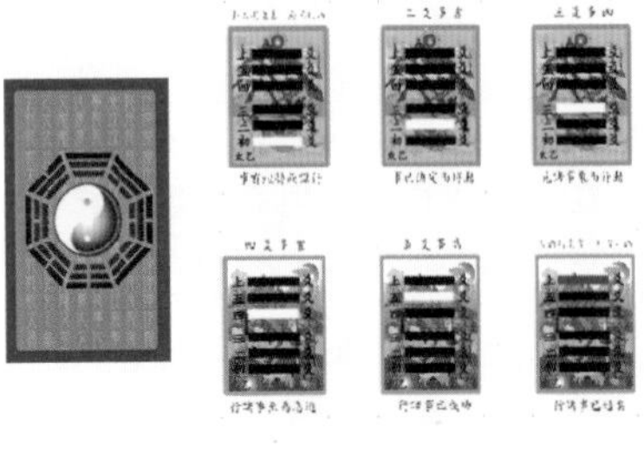

十二生肖地支占卜法秘訣面授

(附送 DVD 三集，數字天干、生肖牌卡共二副，生肖占卜教材上、下冊二本、專解下冊十二項推理來源一本)

太乙老師親自面授，指導十二生肖地支占卜的實戰應用。簡單、易學、用價值高(也可訓練八字的推理、解象，也可連結八字、擇日學、姓名學、陽宅學)，不用任何資料，基礎，只要有興趣，透過太乙為您設計的十二生占卜牌卡，就可速成。

面授選擇: 面授、諮詢指導兩個小時就可學成，讓您馬上成為占卜大師。費每人**壹萬貳仟捌佰元**「含教材上、下冊二本。附送現場教學 DVD 數字天干十二生肖三集共約五小時五十分(可反覆複習)、十二生肖占卜牌卡一副(48 與數字天干牌卡一副(40 張)及生肖占卜篇專解下冊十二項目的推理由來 320 一本 」。 預約電話:(06)2158531

面授、諮詢 :0982243349　0929208166 楊小姐

購買選擇: 可先購置現場教學 DVD 三集(共約五小時五十分)，原 **4400 元**，特優價 **3200 元**。再免費附送十二生肖牌卡一副與數字天干卡一副及生肖占卜篇專解下冊十二項目的推理由來一本。 建議可先買觀看預習後再面授，效果更佳。回來面授時，可由 12800 元再扣先購買的 DVD 3200 元，再補足 9600 元即可。

八字決戰一生/生肖占卜下冊專解篇是將這十二大項目細項推演作學理的交待，可訓練推演論命解盤的功力。看完生肖占卜篇這三冊會讓您大吃一驚，單用這十二個生肖地支的符號，就能直接作有效的人事應用對待及占卜，而且不模糊，快、狠、準。 傳統的學術不是不能用，而是解讀的時候速度不快，判斷時模稜兩可，學理較沒有依據，看不到來源，而且各家解讀不一，成了爭辯。但我們的學理依據簡單，您又看得到數據，讓您有信心切入作論斷解析，而且學習進入快、應用快，答案明確。再透過太乙為您錄製三卷 DVD 十天干與十二地支的應用，相信您在實戰應用方面已掌握了最佳的時效，在此恭喜您！八字決戰一生的整套系列書籍，已陸陸續續完成出版，謝謝您的支持。